Sources
in the History of Mathematics and
Physical Sciences

2

April 1929. Fähre von Warnemünde: Pauli und Ehrenfest, auf dem Wege nach Kopenhagen.
Aufnahme: Sam Goudsmit

WOLFGANG PAULI

Wissenschaftlicher Briefwechsel mit Bohr, Einstein, Heisenberg u.a.
Band I: 1919–1929

Scientific Correspondence with Bohr, Einstein, Heisenberg, a.o.
Volume I: 1919–1929

Herausgegeben von / Edited by

A. Hermann K. v. Meyenn V. F. Weisskopf

Springer-Verlag
New York Heidelberg Berlin

A. HERMANN
K. v. MEYENN
Historisches Institut
Lehrstuhl f. Geschichte
d. Naturwissenschaften u. Technik
Universität Stuttgart
7000 Stuttgart
Federal Republic of Germany

V. F. WEISSKOPF
Department of Physics
Massachusetts Institute of Technology
Cambridge, MA 02139
USA

Library of Congress Cataloging in Publication Data
Main entry under title:
Wolfgang Pauli, wissenschaftlicher Briefwechsel mit Bohr, Einstein, Heisenberg, u.a.
= Wolfgang Pauli, scientific correspondence with Bohr, Einstein, Heisenberg, a.o.
(Sources in the history of mathematics and physical sciences; v. 2)
CONTENTS: Bd. 1. 1919–1929.
1. Pauli, Wolfgang, 1900–1958. 2. Physicists-Correspondence. I. Pauli, Wolfgang, 1900–1958.
II. Hermann, Armin, 1933– III. Meyenn, K. v. IV. Title.
V. Title: Wolfgang Pauli, scientific correspondence with Bohr, Einstein, Heisenberg, a.o.
QC16.P37W64 530'.092'4 79–4654

Printed in the United States of America.

9 8 7 6 5 4 3 2 1

ISBN 0-387-08962-4 Springer-Verlag New York
ISBN 3-540-08962-4 Springer-Verlag Berlin Heidelberg

Vorwort

Die vorliegende Briefsammlung enthält Briefe von und an Wolfgang Pauli während der Zeitspanne 1919 bis 1929. Viele Autoren haben diese Zeit mit Recht als die „goldene Periode der Physik" betrachtet. Bis zu dieser Zeit hatten die Physiker eine ungeheure Menge von Fakten über die Eigenschaften der Atome angesammelt, insbesondere in den Resultaten der Spektralanalyse. Alle diese Resultate widersprachen den Erwartungen der klassischen Physik. Zwar war das Bohrsche Atommodell, ergänzt durch die Betrachtungen Sommerfelds, wohl im Stande, einige dieser Tatsachen zu beschreiben, solange es sich um die einfachsten Atome handelte, in denen man bloß die Bewegung eines Elektrons in Betracht zu ziehen hatte, wie in Wasserstoffatomen oder in den Alkaliatomen. In allen Mehr-Elektronensystemen und in den Fragen der Feinstruktur der Spektrallinien versagte aber dieses Modell völlig, und selbst in den Einzel-Elektron-Problemen erschienen die Grundlagen des Modells als plausible, aber willkürliche Annahmen. Dann kam die Quantenmechanik und änderte alles mit einem Schlag. Die Rätsel waren gelöst, das Verhalten der Atome konnte mit eindeutigen und logischen Mitteln erklärt und im Prinzip berechnet werden. Selten, vielleicht noch nie in der Geistesgeschichte, haben so wenig Leute soviel in so kurzer Zeit geleistet. Innerhalb weniger Jahre, von 1925 bis 1928, waren die Prinzipien festgelegt, auf denen die Spezifität und die Stabilität der Atome beruhen; es wurden die Grundlagen der chemischen Bindung aufgedeckt und ebenso die Grundlagen der Struktur der Metalle und anderer Festkörper. Alles fügte sich zusammen in ein logisches Gebäude, das auf ganz neuartigen Ideen beruhte, die den Grundideen der klassischen Physik in revolutionärer Weise widersprachen. Es stellte aber doch ein kohärentes Ganzes dar, das eine neue Einstellung zu den Begriffen der Realität des physikalischen Weltbildes erforderte. Vielleicht ist es sogar berechtigt, den Durchbruch der Quantenmechanik als noch revolutionärer und erschütternder anzusehen als den der Relativitätstheorien Einsteins. Die letzteren sind eher als eine Krönung der klassischen Physik zu bezeichnen, die durch die Raum-Zeit-Symmetrie eine Vereinigung der elektromagnetischen und mechanischen Erscheinungswelt erzielte und die dann in der allgemeinen Relativitätstheorie auch noch die Gravitation mit einbezog.

Eine Anzahl von Physikern waren an der Schöpfung der Quantenmechanik beteiligt: Louis de Broglie, Niels Bohr, Werner Heisenberg, Max Born, Erwin Schrödinger, Paul A. M. Dirac, Pascual Jordan, Hendrik A. Kramers, und einige andere. Aber Wolfgang Pauli spielte eine ganz besondere Rolle: Es gab kaum einen

Schritt, kaum eine neue Einsicht, kaum eine Gedankenentwicklung, an der Pauli nicht kritisch oder schöpfersich beteiligt war. Die vorliegende Briefsammlung zeigt dies viel klarer als ein Studium der publizierten Literatur. Pauli hat unzählige Male in den Entstehungsprozeß der Quantenmechanik eingegriffen. Er hat Ideen kritisiert, die auf Abwege führten, er hat Anregungen für neue Ansätze gegeben, ohne je auf ein Urheberrecht Anspruch zu erheben. Im Gegenteil, er war oft froh, seine Anregungen nicht selbst ausführen zu müssen. Als Kritiker und Warner gegen irreführende Gedanken war er wohlbekannt und weit geschätzt. Er wurde „Das Gewissen der Physik" genannt. Gelegentlich hat seine scharfe und streng-puritanische Kritik allerdings neuen, noch unausgebildeten Begriffsbildungen geschadet. „Der Kronig hätt' den Spin entdeckt, hätt' Pauli ihn nicht abgeschreckt" lautete ein zynischer Vers, der unter den jungen Physikern dieser Zeit kursierte. Aber in den meisten Fällen hat seine scharfe Kritik und seine Insistenz auf klare und logische Begriffsführung seinen Freunden außerordentlich geholfen und die Entwicklung der Quantenmechanik im großen Maße gefördert.

Dazu kommt noch sein Witz und Humor, der seine scharfe Kritik vermenschlicht hat. Die Briefe sind voll von überaus witzigen Bemerkungen und Analogien, die seine Argumente schlagartig beleuchten. Die ungeheure geistige Spannung, unter der die Schöpfer der Quantenmechanik damals lebten, wurde durch Paulis Humor erträglicher und durch die geistigen Kurzschlüsse seiner Witze belebter und produktiver gemacht. Als treuer Freund und Berater Niels Bohrs hat Pauli viel zum „Kopenhagener Geist" beigetragen. Es war der Geist und die Stimmung, die damals unter den „Quantenmechanikern" herrschten, eine Atmosphäre des schöpferischen Zusammenseins von jungen, optimistischen, witzigen, begeisterten Leuten, die die tiefsten Rätsel der Natur mit jugendlichem Übermut angriffen, frei von konventionellen Bindungen, voller Enthusiasmus und einer übersprudelnden Freude an den neuen Entdeckungen. Als ich als ganz junger Mann das Glück hatte, mich dieser Gruppe in Kopenhagen anschließen zu dürfen, war ich von den Witzen und humorvollen Anspielungen, die die Diskussionen begleiteten, etwas verwirrt. Niels Bohr gab mir die folgende Erklärung: „Es gibt Dinge, die so ernst sind, daß man darüber nur scherzen kann."

Dieser Ausspruch charakterisiert Paulis Witz und Humor. Sein Witz war nie verletzend gemeint, obwohl er manchmal verletzend gewirkt hat. Paulis Kritik war ehrlich und klar. Er sagte frei, was er meinte, und verlangte das auch von anderen. Er duldete nichts unklares oder triviales. Er hatte hohe Ansprüche im Bezug auf Bedeutung und Wesentlichkeit einer wissenschaftlichen Arbeit. Dies zeigt sich in seiner berühmten kritischen Bemerkung, als ihm ein recht triviales Manuskript vorgelegt wurde: „Es ist nicht einmal falsch!"

Pauli hatte eine spezielle Art, Wissenschaft zu treiben. Er hat einen eigenen Stil des Denkens und Forschens geschaffen, der die Physik tief beeinflußt und geleitet hat. Es ist ein Stil, der das Wesentliche und das Symmetrische der Naturgesetze betont, und es ohne viel Worte und Gerede in mathematische Formeln faßt. Seine Art zu denken, und sein ganzes Wesen schwebt allen Physikern als etwas Ideales, Klares und Reines vor.

Aber es ist mehr als sein Werk selbst, es ist eine tiefe menschliche Klarheit und Unbedingtheit, die von Pauli ausstrahlte und die alle Beziehungen zu seinen Mitmenschen bestimmte. Die berühmte Schärfe seiner Kritik, die Unbarmherzigkeit und Ironie, mit der er falsche Ideen bekämpfte, der Witz und die Verachtung, mit denen er Dingen begegnete, die ihm halb und unecht schienen, waren der Ausdruck seines Strebens nach letzter Klarheit und Reinheit in der Wissenschaft und in menschlichen Belangen.

Die vorliegenden Briefe zeigen uns deutlich Paulis Persönlichkeit. Nicht nur er wird lebendig vor unseren Augen, wenn wir diese Briefe lesen, wir sehen auch weitere große Persönlichkeiten vor uns, Bohr, Kramers, Ehrenfest und viele andere. Wir sehen die menschliche Seite des großen Ringens mit den Rätseln des Atombaus, das sich damals abgespielt hat. Wir sehen die Freuden und Leiden, die die Geburt dieser großen Ideen mit sich geführt hat. Das Dramatische, das Komische, und das Herrliche dieses Erkenntnisprozesses steht vor uns auf. Jeder, der sich mit dieser Frage je beschäftigt hat, wird bei dem Lesen dieser Briefe die Entdeckungsgeschichte der Quantenmechanik neu miterleben. Die Lektüre wird für ihn packender und aufregender sein als der spannendste Roman.

VICTOR F. WEISSKOPF

Inhaltsverzeichnis

Die Funktion und Bedeutung von Briefen

Armin Hermann*

Es gibt Phasen in der Geschichte, in denen einzelne Bereiche der Wissenschaft oder Kunst weit über ihre Grenzen hinaus ausstrahlen und auf die ganze Menschheitsentwicklung Einfluß gewinnen. In der Renaissance wurden die begabten jungen Menschen von der Malerei und Bildhauerei angezogen; Ende des 18. Jahrhunderts gingen sie nach Jena und schufen sich einen Namen als Novalis, Schelling und Hegel. Nach dem Ende des Ersten Weltkrieges war es die theoretische Physik, die die große Faszination ausübte. Innerhalb weniger Jahre hatte sich die kleine, unbeachtete Spezialdisziplin zum Kern- und Grundlagenfach der gesamten Naturwissenschaften entwickelt, und binnen kurzem sollte sich zeigen, daß die gewonnenen Aussagen nicht nur die Untersuchungsobjekte betrafen, sondern daß das menschliche Denken selbst auf eine neue Grundlage gestellt war.

Im Juli und August 1945 wurde dann, mit der Explosion der ersten Atombomben, der alte Satz bestätigt: Wissen ist Macht. Der Erweiterung des Denkens entsprach in der Dimension die Erweiterung der Macht. Die Welt war eine andere geworden.

Nicht nur durch die technischen Folgen, sondern allein durch sich selbst hat der „Umsturz im Weltbild der Physik“ großes Interesse gefunden. Er ist heute bevorzugter Untersuchungsgegenstand für die Wissenschafts- und Kulturgeschichte und für die Wissenschaftstheorie.

Aber auch für den Physiker selbst ist es zum Verständnis seiner Wissenschaft nötig, wenigstens solche entscheidenden Entwicklungsphasen zu kennen. „Wie soll man begreifen, was die Quantentheorie heute ist“, meint John Wheeler, „wenn man nicht weiß, wie sie entstanden ist? Viele junge Wissenschaftler sind sich wichtiger Probleme der Quantentheorie, mit der sie ständig umgehen, gar nicht bewußt und können ein tieferes Verständnis nicht gewinnen, weil ihnen die Diskussionen unbekannt sind, mit denen die Schöpfer der Theorie diese Probleme bewältigt haben.“[1]**

Die Geschichte der Wissenschaft ist die Wissenschaft selbst, hat schon Goethe gesagt. „A thorough understanding of a physical theory can be reached only by the historical method“[2], meint auch van der Waerden: Das soll heißen, man kann eine Theorie nur verstehen, wenn man den Denkprozeß, der zu dieser Theorie führt, selbst noch einmal nachvollzieht: Wer den Zusammenhang von Spin und Statistik

* Karl von Meyenn sei herzlich für seine Mithilfe gedankt.

** Hochgestellte Ziffern verweisen auf die Literaturangaben auf S. XLIV ff., Ziffern in eckigen Klammern auf die in diesem Band abgedruckten und durchnumerierten Briefe.

der Elementarteilchen erfassen will, muß die historischen Arbeiten von Pauli kennen.
Viele zeitgenössische Gelehrte stehen zum Wort Goethes, daß man die großen Schöpfungen, um sie ganz zu begreifen, nicht nur in ihrer Vollendung gesehen, sondern auch in ihrem Werden belauscht haben muß.
Als die faszinierendste Schöpfung galt den Physikern die Quantentheorie. Auf einzelne Etappen und Episoden kam immer wieder das Gespräch, und der eine oder andere der „Alten", die dabeigewesen waren, griff bei Gelegenheit eines Jubiläums zur Feder. So erfuhr die nachfolgende Generation ständig Neues über dieses „heroische Zeitalter", und sorglos erwartete man wohl, daß dies für alle Zeiten so fortgehen würde.
„Selbstverständlich", schrieb John Wheeler 1967, „sind die gedruckten Arbeiten, in denen die Grundzüge der Relativitätstheorie und der Quantenmechanik zum ersten Mal der wissenschaftlichen Welt bekanntgegeben wurden, leicht zugänglich. Jedoch kann eine wirkliche Ideengeschichte nur in den seltensten Fällen, wenn überhaupt, allein auf der Grundlage der gedruckten Arbeiten geschrieben werden. Obwohl der Historiker mit den Publikationen beginnt, ist es ihm nicht möglich, die Entwicklungslinien nachzuzeichnen, ohne auf unpublizierte Manuskripte zurückzugreifen, wie Notizbücher, autobiographische Erinnerungen und Briefe."[3]
Unabhängig von den „Sources" begann etwa um die gleiche Zeit auf private Initiative die Sammlung von Briefen Wolfgang Paulis. Vier Jahrzehnte hindurch hatte dieser die Entwicklung der Physik geprägt mit Ideen, Anregungen, Warnungen und Kritik. „Paulis große Beiträge", so hieß es in dem Rundschreiben an die Kollegen, mit dem die Sammelaktion eingeleitet wurde, „sind nicht nur in seinen Publikationen zu finden. Er hat den Lauf der Physik sehr persönlich und in subtiler Weise durch Briefe an Freunde und Kollegen beeinflußt. Diese Briefe sind geistige Dokumente; sie enthalten Ideen und Argumente von einzigartiger Bedeutung." So entstand – zunächst in Zollikon bei Zürich – die sogenannte „Pauli Letter Collection"* mit etwa 2000 Briefen von und an Pauli.
Die Sammlung von Briefen ist jedoch nur der erste Schritt: die Edition muß sich anschließen. Was für Politik, Literatur, Philosophie und die frühen Epochen der Wissenschaft (etwa im Falle Galilei, Kepler, Huygens und Newton) längst selbstverständlich ist, die große Briefedition, kommt nun endlich auch für die Physik des 20. Jahrhunderts.
1972 hat die Herausgabe der „Collected Works of Niels Bohr"[4] begonnen, die auf acht Großbände angelegt sind und neben den gedruckten Arbeiten auch seinerzeit unpubliziert gebliebene Manuskripte und eine Briefauswahl enthalten. Eine „Albert Einstein Edition" wird vorbereitet, die große Teile des Briefwechsels mitumfassen soll. Unabhängig davon liegt die Korrespondenz Einsteins mit einer Anzahl von

* Wortlaut dieses von Niels Bohr, Ralf Kronig, Victor F. Weisskopf und Franca Pauli unterzeichneten Rundschreibens auf S. 532, dort auch weitere Informationen über die Pauli Letter Collection.

Kollegen bereits vor; andere Briefe sind ausschnittsweise in Sammelbänden, wie „Einstein on Peace", reproduziert.
Im Falle Wolfgang Pauli sind bereits 1964 in zwei Bänden die „Collected Scientific Papers"[5] erschienen, also die zu Lebzeiten von Pauli selbst veröffentlichten Abhandlungen. Die Vorlesungen Paulis liegen ebenfalls gedruckt vor.[6] Die mit dem vorliegenden Band I beginnende Edition wird der wissenschaftlichen Korrespondenz (von und an Pauli) gewidmet sein.
Warum sind Briefeditionen so wichtig für die Geschichtsschreibung? Man könnte doch die Meinung vertreten: Es seien schließlich bei dem bekannten Publikationsdrang der Wissenschaftler praktisch alle relevanten Ergebnisse und Zwischenergebnisse veröffentlicht – folglich müsse es möglich sein, allein an Hand der Zeitschriftenaufsätze das Entstehen der modernen Physik zu rekonstruieren. Für die Berechtigung dieser Auffassung gebe es sogar positive Belege. Vor Jahren entstandene, durchaus gründliche und gediegene Analysen haben sich – im wesentlichen – nur auf publizierte Arbeiten gestützt.

I.

Um den Wert von Briefen für die Geschichtsschreibung zu erfassen, muß man die Frage beantworten: Welche Informationen kann man nicht aus den Zeitschriftenaufsätzen, wohl aber aus den Briefen gewinnen? Aus einem Referat von 1919[7] und einer – ebenfalls gedruckten – Diskussionsbemerkung bei der Versammlung der Deutschen Naturforscher und Ärzte in Bad Nauheim 1920[8] geht hervor, daß Pauli sich am Beispiel der elektrischen Feldstärke im Innern des Elektrons dafür aussprach, „in die Physik nur prinzipiell beobachtbare Größen einzuführen." Daß er aber auch die Vorstellung von den Elektronenbahnen im Atom schon in den frühen zwanziger Jahren zu den „prinzipiell nicht beobachtbaren Größen" rechnete, geht nicht aus seinen Veröffentlichungen, wohl aber seinen Briefen hervor. An Niels Bohr schrieb Pauli am 12. Dezember 1924: „Ich glaube, daß Energie- und Impulswerte der stationären Zustände etwas viel realeres sind als ›Bahnen‹. Das (noch unerreichte) Ziel muß sein, diese und alle anderen physikalisch realen, beobachtbaren Eigenschaften der stationären Zustände aus den (ganzen) Quantenzahlen und quantentheoretischen Gesetzen zu deduzieren" [74].
Dem gleichen Brief ist zu entnehmen, daß Heisenberg damals Gast am Institut in Kopenhagen war, und man darf schließen (wenn man noch andere Briefe oder auch Interviews[9] heranzieht), daß Heisenberg diese Zeilen sehr aufmerksam gelesen hat. Damit fällt neues Licht auf die Anfänge der Göttinger Quantenmechanik.[10]
Unsere Behauptung ist: Aus Briefen lassen sich Informationen ziehen, die weit über das hinausgehen, was uns die gedruckten Abhandlungen an Kenntnissen vermitteln. Um die Behauptung abzustützen, wollen wir für ein ganzes Jahr Publikationen und Briefe miteinander vergleichen: Was sagen uns die Publikationen und was

sagen uns die Briefe über das, was Pauli an Eigenem hervorgebracht hat? Wir wählen als Beispiel das Jahr 1926.

1926 sind zwei Publikationen erschienen. Eine davon, die Berechnung des Wasserstoffspektrums auf der Grundlage der neuen Göttinger Quantenmechanik (1926 a)*, ist bereits im Jahr zuvor fertiggestellt gewesen und kann also hier nicht gerechnet werden. Dafür ist die 1927 im Druck vorgelegte Abhandlung über Gasentartung und Paramagnetismus (1927a) zu berücksichtigen, weil sie 1926 verfaßt wurde.

Erarbeitet hat Pauli im Jahre 1926 also zwei Publikationen. Die erste (1926b) ist die Wiederholung einer Berechnung der Dielektrizitätskonstanten von Dipolgasen von 1921, nun nach dem neuen Formalismus der Quantenmechanik. Die Arbeit ist unter Paulis Anleitung von Lucy Mensing ausgeführt.

Wichtiger ist die zum Jahresende 1926 fertiggestellte Abhandlung „Über Gasentartung und Paramagnetismus" (1927a). Hier wird das Ausschließungsprinzip auf die Elektronen im Metallgitter angewendet. Allein an Hand der Zeitschriften ließe sich durch Vergleich feststellen, daß es sich um die erste diesbezügliche Veröffentlichung handelt. Um aber zuverlässig zu erfahren, welche Wirkung diese Arbeit damals gehabt hat, braucht man zusätzliche Informationen. Jedem Physiker bekannt sind die schönen Ergebnisse, die Sommerfeld und seine Schüler auf dem Gebiet „Elektronentheorie der Metalle" gewonnen haben. Zu Beginn seiner ersten Veröffentlichung[11] geht Sommerfeld ausführlich auf Paulis Ergebnisse ein. Daß gerade sie der Anlaß für Sommerfeld waren, die neue Arbeitsrichtung aufzugreifen, läßt sich aber nur aus Briefen entnehmen, wie diesem von Pauli: „Sommerfeld passed Hamburg in the spring of 1927, where I gave him proofs of my paper. The next day he said to me, that he was very much impressed by it and that one should make further applications to other parts of metal-theory like Wiedemann-Franz law, thermoelektric effects etc. As I was not eager to do that, he made then these further applications himself."[12]

Paulis Abhandlung über Gasentartung und Paramagnetismus würde hinreichen, seinen Ruf als Physiker zu begründen. Auf den größeren Teil seiner Aktivität im Jahre 1926 aber gäbe es kaum einen Hinweis, hätten wir nicht die Briefe. So wurde von ihm der Formalismus zur Quantenmechanik der nicht-periodischen Bewegungen entwickelt und in einem Brief [118] an Heisenberg mitgeteilt. „Im Märzheft der Proceedings of the Royal Society", schrieb er fünf Wochen später [125], „steht eine sehr schöne Arbeit von Dirac, die alle Resultate enthält, die ich mir seit Weihnachten betreffend die Erweiterung des Matrizenkalküls auf nicht periodische Größen überlegt habe."

Im April, während eines Studienaufenthaltes in Kopenhagen, fand er den Äquivalenzbeweis für die beiden konkurrierenden neuen Quantentheorien. Auch hier kam es zu keiner Veröffentlichung Paulis, weil Schrödinger schneller publizierte. Ebenso ging es mit der Berechnung der Linienintensitäten beim Wasserstoff.

* Die in runde Klammern gesetzten Jahreszahlen verweisen auf in diesem Jahr erschienene Publikationen Paulis. Ein Verzeichnis findet man auf S. 542ff.

„Ich komme mir doch sehr ordinär vor“, heißt es in einem Briefe Schrödingers [151], „daß ich Dir immer schreiben muß: Was Du mir schreibst, ist bereits in einer Annalennote im Druck.“

Die vielleicht wichtigste Leistung Paulis im Jahre 1926 war sein Beitrag zur physikalisch-erkenntnistheoretischen Analyse der Quantentheorie. Der im Manuskript zwölf Seiten lange Brief an Heisenberg vom 19. Oktober 1926 hat diesem die Richtung zur späteren Unschärferelation gewiesen; schon bei Pauli aber finden sich charakteristische Formulierungen wie diese: „Die erste Frage ist, warum denn nur die p's, und jedenfalls nicht sowohl die p's als auch die q's, beide mit beliebiger Genauigkeit vorgeschrieben werden dürfen“ [143].

Aus diesem Brief hat wahrscheinlich auch Dirac, der sich damals am Bohrschen Institut aufhielt, wesentliche Anregungen entnommen, und zwar für seine Transformationstheorie.

Wie von Kollegen und Schülern mehrfach festgestellt: Die Veröffentlichungen Paulis enthalten („wie dies bei der ungewöhnlich kritischen Einstellung Paulis begreiflich ist“) nur einen sehr kleinen Teil der von ihm geleisteten Arbeit. Wollte man Pauli allein auf der Grundlage der Publikationen beurteilen, gäbe das ein völlig falsches Bild. Natürlich können auch die Briefe seine Bedeutung nicht vollständig zeigen, denn seine Gespräche und seine persönliche Überzeugungskraft sind nicht mehr faßbar. Aber die Briefe lassen seine Wirkung doch wenigstens in den Umrissen erkennen.

Die positiven Beiträge Paulis sind, soweit sie unpubliziert blieben, heute vielfach vergessen. In Erinnerung behalten haben die Physiker aber Paulis Widerstand – im gleichen Jahr 1926 – gegen die Interpretation des vierten Freiheitsgrades des Elektrons als Eigenrotation: „Looking back“, schreibt John C. Slater, „we can hardly regard Pauli's refusal at first to accept the spinning electron in any more charitable way than as pure stubborness.“[13] Paulis Haltung aber war nichts weniger als das. Sie war konsequent vom Standpunkt der neuen Quantentheorie. Die aus der Anschauung entlehnte „Eigenrotation“ des Elektrons mußte Pauli als Rückfall in die alten „Modellvorstellungen“ erscheinen, die doch jetzt so glücklich überwunden waren. Die weitere Entwicklung des Spinkonzeptes erwies die Berechtigung seiner Argumente.[14]

Die Diskrepanz zwischen der tatsächlichen und der in den Publikationen faßbaren Leistung tritt bei Wolfgang Pauli besonders kraß hervor. Sie ist aber auch – im Prinzip – bei jedem anderen Gelehrten vorhanden.

Auch bei Themen, über die Publikationen vorliegen, sind die Kenntnisse beträchtlich, die der Historiker aus den Briefen zusätzlich gewinnen kann. Vor allem erhält man Auskünfte über die Zwischenstationen auf dem oft verschlungenen Weg zur Erkenntnis und die vielfältigen Anregungen durch den Dialog mit den Kollegen.

Der tiefere Grund für die (relative) Dürftigkeit der in den gedruckten Abhandlungen gegebenen Informationen liegt darin, daß es sich bei dem Zeitschriftenwesen um ein hochgradig formalisiertes Informationssystem handelt. Wie etwa die Tischsitten eine lange Tradition besitzen und dem jungen Menschen erst mühsam beigebracht werden müssen, so gehört zur „Erziehung" des jungen Forschers das Wissen, was sich ziemt beim Publizieren.

Seine Erziehungsaufgabe hat der Doktorvater Paulis, Arnold Sommerfeld, in jeder Hinsicht sehr ernst genommen. Im März 1921 intervenierte Sommerfeld, um Alfred Landé von einer Veröffentlichung abzuhalten. „Es schickt sich nicht", erläuterte er sein Vorgehen, „dem Experimentator die Schlußfolgerung aus seinen Versuchen vorweg zu publizieren".[15] Er machte kein Hehl aus seiner Verstimmung: „Ich bin ernstlich böse auf Landé."

Der Wissenschaftler, der seine Gedanken offiziell einbringen wollte, mußte sich den Normen der „scientific community" unterwerfen. Die Einhaltung wurde durch die meist sehr scharfe Reaktion der Kollegen erzwungen. Sommerfeld hatte selbst einmal eine von Pauli brieflich mitgeteilte Information sogleich veröffentlicht, worauf er sich von seinem Schüler sagen lassen mußte: „Sollte ich einmal zu faul sein, eine Sache selbst zu publizieren, so werde ich sie Ihnen brieflich mitteilen. Sie werden sie dann bestimmt in irgend einer Form früher oder später publizieren . . . Es ist dies überhaupt eine sehr angenehme Methode der Veröffentlichung, die mir schon einmal Herr Landé so gut besorgt hat" [70].

Auch für den Zeitschriftenredakteur galten Normen, bei deren Verletzung eine scharfe Reaktion eintrat. „Sie sind nicht ermächtigt", heißt es in einem Brief Paulis an Kramers, „irgendwelche Änderungen an meiner Arbeit vorzunehmen, ohne mich vorher zu fragen, ob ich auch einverstanden bin. Wenn Ihnen solche Änderungen wünschenswert erscheinen, dann müssen Sie sich schon die Mühe machen, mir zu schreiben" [97].

Die im Zeitschriftenwesen geltenden Regeln haben sich durch eine lange historische Entwicklung herausgebildet. In der Generation von Galilei und Kepler gab es noch keine wissenschaftlichen Journale. Wohl aber gab es einen gut funktionierenden Nachrichtenaustausch durch Briefe und Flugschriften. Ohne einen solchen literarischen Betrieb hätte die „Nuova Scienza", die neuzeitliche Physik, gar nicht entstehen können. In der wissenschaftlichen Korrespondenz des 17. Jahrhunderts stößt man auf Gelehrte, die mehr als andere Briefe empfingen und hinausschickten. Sogenannte Polyhistoren waren es, die mit lebhaftem Interesse alles Neue aufnahmen und in großen Kompendien zusammentrugen. So hat man Marin Mersenne den „Generalsekretär des gelehrten Europa" genannt. Wollte man eine Mitteilung zur Kenntnis der wissenschaftlichen Welt gelangen lassen, schrieb man einen Brief an den Paulanerpater. Mersenne sorgte zuverlässig für die Weitergabe.

Mit der Gründung der wissenschaftlichen Gesellschaften und der Zeitschriften wurde das bestehende Kommunikationssystem institutionalisiert. Gegenüber dem bisherigen Gelehrtenbriefwechsel hatten die Zeitschriften entscheidende Vorteile: Es machte keine Schwierigkeiten, die laufend sich vergrößernde Zahl von Gelehrten an das Informationsnetz anzuschließen. Die Wissenschaft, ehedem ein kultivierter Zeitvertreib für Individualisten, wurde zur Beschäftigung und schließlich zum Beruf für einen größer werdenden Kreis. Es entstand die „scientific community".

Mit der Beteiligung von immer mehr Menschen aus immer mehr Ländern etablierten sich Spielregeln. Mit einem Zeitschriftenaufsatz sicherte man sich die Priorität einer Entdeckung. Nur der konnte Mitglied werden in der „Gesellschaft Deutscher Naturforscher und Ärzte", der neben seiner Dissertation wenigstens eine wissenschaftliche Veröffentlichung vorwies.
In seiner Geschichte des Zeitschriftenwesens hat Joachim Kirchner konstatiert, daß nach Gründung der gelehrten Journale in der zweiten Hälfte des 17. Jahrhunderts „die Zeitschriften die wissenschaftliche Korrespondenz abzulösen begannen".[16] Das ist ein Irrtum. Der Zeitschriftenaufsatz ist aus dem Brief entstanden; er hat aber den Brief nicht verdrängt.
Der Grund dafür ist in den Konventionen zu suchen, die sich seit dem 17. Jahrhundert in der scientific community entwickelten. Man dürfe einer Entdekkung, wenn man sie bekanntmache, pflegte Carl Friedrich Gauß zu sagen, wie einem vollendeten Bauwerk das Gerüst nicht mehr ansehen. Dieser Grundsatz spricht sich auch in dem Siegel aus, das Gauß benutzte: Es zeigt einen Baum mit wenigen Früchten und der Umschrift: Pauca sed matura.
Gauß war für die folgenden Generationen von Mathematikern und Physikern das Vorbild, auch was den knappen Stil seiner Veröffentlichungen betrifft. Als Alfred Landé die Veröffentlichung von „Halbfertigfabrikaten" vorbereitete, die, wie Sommerfeld meinte, „in der nächsten Publikation abgeändert werden", mahnte der Geheimrat: „Pauca sed matura. Mit den Prioritäten ist's nicht so gefährlich."[17]
Im Laufe des 20. Jahrhunderts wurde der Stil der wissenschaftlichen Abhandlung womöglich noch unpersönlicher und knapper. Fast schon war der Gebrauch des Wortes „ich" verpönt, und es mußte in der 3. Person und abgekürzt „Verf." heißen. Pauli hätte in einem Zeitschriftenaufsatz nicht mehr schreiben dürfen (aber im Brief konnte er es): „Jetzt halte ich schon auf Seite 12, und 2 Uhr 40 Nacht ist auch, ein Zeitpunkt, wo ich in Ehren und mit gutem Gewissen schlafen gehen kann . . . Ich freue mich schon sehr auf Ihre Antwort. Jetzt können *Sie* einmal kritisieren und pöbeln!" [143]
Der Zeitschriftenherausgeber verlangte Kürze. „Der Materialandrang ist so stark", schrieb Ende 1909 der Redakteur der Physikalischen Zeitschrift, „daß ich ihn nur mit Mühe unterbringen kann auch bei starker Durchsiebung. So bin ich gezwungen, in bezug auf Knappheit und Kürze der Darstellung die äußersten Anforderungen zu stellen."[18]
Die zum äußersten getriebene Kürze galt aber nicht etwa als ein durch die rasch steigende Zahl der Physiker, die alle in den wenigen Zeitschriften gedruckt sein wollten, bedingter Notstand, dem man sich fügen mußte, so gut es eben ging. Die Knappheit war vielmehr das methodische Ideal, wie es, fast schon zum Exzeß getrieben, Gustav Kirchhoff in seinen Lehrbüchern demonstriert hatte. Von Kirchhoff schreibt sich wesentlich der Stil her: als vornehmstes Gesetz das Vermeiden voreiliger Hypothesen anzusehen und jede persönliche Anteilnahme, Entdeckerfreude oder staunende Bewunderung vor der unerschöpflich geheimnisvollen Welt der Erscheinungen zu unterdrücken.[19]

Dreihundert Jahre nach Kepler hätte eine Veröffentlichung seiner Art als Zumutung gegolten. Keine Spur mehr von der einstigen behaglichen Breite; kein persönliches Wort, das den Leser ermunterte, kein Exkurs, der nicht direkt mit der Sache zu tun hatte.

In den exakten Naturwissenschaften „schwebt als Ideal vor", so hat sich Erwin Schrödinger einmal geäußert, „alles Persönliche, Subjektive muß ausgeschaltet werden, das Ziel ist ausschließlich die Auffindung reiner, objektiver Wahrheit, die jeder nachprüfen kann mit demselben Ergebnis, unabhängig von seinem Temperament. Oft hört man sogar: nicht nur der einzelne Mensch solle als Subjekt ausgeschaltet werden, auch die Gattung Mensch als Subjekt des Forschens. Es müsse mit jeder Art von „Anthropomorphismen" aufgeräumt werden, so daß wenigstens hier [in den exakten Naturwissenschaften] nicht mehr, wie die Sophisten wollten, der Mensch das Maß aller Dinge sei."[20]

Galilei und Kepler hatten über das geschrieben, was ihnen am Herzen lag. Seither hat die öffentliche wissenschaftliche Mitteilung ihre Form völlig gewandelt. „Man legte sich einen Stil zu", konstatierte H. A. Kramers, „in dem alle menschlichen Regungen von nicht rein verstandesmäßiger Art verboten waren."[21] Mit der Zusammendrängung der Ergebnisse auf engsten Raum fielen gerade die für den Leser interessanten Angaben fort. Wer nach der Lektüre selbst weiterarbeiten wollte, war fast immer auf zusätzliche Informationen angewiesen.

Eine große Ausnahme stellte eine Publikation Paul Ehrenfests dar, als er in den Spalten der Zeitschrift für Physik „einige die Quantentheorie betreffende Erkundigungsfragen" publizierte. Er schrieb: „Wohl können diese Fragen als ›sinnlos‹ beiseite geschoben werden, wenn man es sich bequem machen will. Der gute Ton verlangt das sogar." Und er setzte hinzu: „Ja selbst W. Pauli scheint es vermeiden zu wollen, schlafende Hunde wach zu machen."

Ehrenfest nahm „das Odium auf sich" und trug die unklar gebliebenen Punkte vor.[22] „Die erörterten Fragen", so schrieb ihm Pauli sogleich, „gehören eben zu denjenigen, auf die ich selbst gestoßen bin, als ich meinen neuen Handbuchartikel über die Prinzipien der Wellenmechanik zusammenschrieb und die für mich ein brennendes Interesse haben." Einige Monate später nahm Pauli auch öffentlich Stellung. Ein solches Verfahren war aber ganz unüblich. Die Diskussionen über Grund- und Grenzfragen der Wissenschaft, über die wirklich wichtigen Probleme, „bei denen das Herz zittert", spielten sich nicht in den Spalten der Fachzeitschriften ab.

Wissenschaftstheoretiker unterscheiden zwischen dem „context of discovery" und dem „context of justification". In den Zeitschriftenaufsätzen erschienen die Ergebnisse nur im Rahmen des „Begründungszusammenhanges". Sorgfältig getilgt waren die anthropomorphen Vorstellungen, die Analogien, die Elemente der Anschauung, die zur Entdeckung geführt hatten.

Wolfgang Pauli, der immer über die engen Fachgrenzen hinausblickte, hat sich auch, angeregt durch Carl Gustav Jung, mit dem Geheimnis der geistigen

Schöpfung befaßt und dazu, wie wir heute sagen würden, eine „Fallstudie" über Johannes Kepler angefertigt. Entscheidend sind, wie Pauli konstatiert, die in der Seele präexististenten Urbilder oder Archetypen. Diese Urbilder dürfen nicht in das Bewußtsein verlegt oder auf bestimmte rational formulierbare Ideen bezogen werden. Vielmehr handelt es sich um Formen des unbewußten Bereichs der menschlichen Seele, Bilder von stark emotionalem Gehalt, „die nicht gedacht, sondern gleichsam malend geschaut werden."[23]

Geistige Schöpfung ist etwas dem Menschen Eigentümliches und folglich unabhängig von der Zeit. Sie läuft bei Kepler prinzipiell nach den gleichen Mustern ab wie bei Pauli. Über Emotionen und Affekte, die eine so große Rolle spielen, durfte aber – das verlangten die Konventionen – in den Zeitschriften nicht die Rede sein.

Erwin Schrödinger hat gesagt, daß in einem Aufsatz die eigentlichen Beweggründe des Autors, die Anlaß für die Untersuchung waren, meist im Dunkel bleiben. Erst im persönlichen Gespräch, „wenn wir dann uns bemühen, die Zusammenhänge aufzudecken, unser Interesse zu verteidigen: dann zeigt sich deutlich an der plötzlich verstärkten Beteiligung des Gemüts, daß wir erst jetzt auf das zu sprechen kommen, was uns eigentlich am Herzen liegt."[24]

Vieles Wesentliche war nur im Gespräch und im Brief – der Fortsetzung des Gespräches mit anderen Mitteln – zu erfahren. Nur *der* Physiker konnte damit rechnen, die aktuellen Probleme zu verstehen und zu ihrer Lösung beizutragen, der an den Diskussionen teilnahm und selbst Briefe schrieb und erhielt.

„Über die neuesten Entwicklungen erfuhren wir", so erzählte Heisenberg vom Münchener Institut für theoretische Physik, „entweder durch die neuen Zeitschriften, oder durch die Briefe, die Sommerfeld erhalten hatte. Wenn er einen Brief von Einstein oder Bohr oder von anderen aus der Kopenhagener Gruppe erhalten hatte, dann gab er für gewöhnlich diesen Brief an Pauli und sagte: ›Pauli, hier sehen Sie, Einstein schreibt das – – – was denken Sie darüber?‹"

Das galt für die Jahre bis 1921. Später waren es dann vor allem Briefe Paulis (aus Göttingen, Hamburg und Kopenhagen), die für die Münchener wegen ihres hohen Informationsgehaltes Bedeutung hatten. So berichtete Pauli im Juni 1923 an Sommerfeld, als dieser nach sechsmonatigem Aufenthalt in den USA wieder nach München zurückgekehrt war, über die inzwischen in Kopenhagen erreichten Fortschritte [37].

Auch in Kopenhagen spielten Pauli-Briefe eine entscheidende Rolle: „Vielen Dank für Ihren langen Brief", schrieb Heisenberg am 28. Oktober 1926: „Daß ich so spät antworte, kommt daher, daß Ihr Brief dauernd hier die Runde macht und Bohr, Dirac und Hund uns darum raufen."

1924 hatte Bohr zusammen mit Kramers und Slater auf sehr unkonventionelle Weise versucht, den Durchbruch zu erzielen: Die Erhaltung der Energie sollte für atomare Einzelprozesse nur im statistischen Mittel gültig bleiben. Born, Schrödinger und andere Kollegen stimmten lebhaft zu. Pauli aber hielt das für einen gefährlichen Irrweg. In einem langen Brief [66] übermittelte er seine und Einsteins Gegenargumente.

„A letter of Pauli was quite an event", erzählte Léon Rosenfeld: „Bohr would take it with him when going about his business, and lose no occasion of looking it up again or showing it to those who would be interested in the problem at issue. On the pretext of drafting a reply, he would for days on end pursue with the absent friend an imaginary dialogue almost as vivid as if he had been sitting there, listening with his sardonic smile."[25]
Seinen Beweis für die Äquivalenz der Göttinger Quantentheorie und der Schrödingerschen Wellenmechanik legte Pauli (damals Kopenhagen) in einem mit Schreibmaschine geschriebenen Brief [131] an Jordan in Göttingen dar. Dieser Brief war ebenso für Born bestimmt. Ein Durchschlag ging an Gregor Wentzel. Wie in München Briefe aus Kopenhagen behandelt wurden, wußte Pauli aus eigener Erfahrung.
„In den zwanziger Jahren", erinnerte sich Goudsmit, „war ein mit der Maschine geschriebener Brief für ein größeres Publikum gedacht und deshalb besonders sorgfältig überlegt." Als Vervielfältigungsapparate zur selbstverständlichen Ausrüstung von Forschungsinstituten gehörten, entwickelte sich aus dem Schreibmaschinenbrief der „Preprint".
Fassen wir zusammen: Das Kommunikationssystem in der „scientific community" des 20. Jahrhunderts gründete sich auf Zeitschriften und Briefe. Das Zeitschriftenwesen war streng reglementiert. Deshalb ist der zusätzliche Informationswert der Briefe erheblich. „Informationswert" bedeutet zunächst Informationswert für den Empfänger des Briefes, also für den zeitgenössischen Physiker, bedeutet aber auch Informationswert für den heutigen Wissenschaftshistoriker. Eine Geschichtsschreibung, die lediglich die zeitgenössischen Publikationen benutzt, kann nur als erster Anfang betrachtet werden. Die Briefeditionen ermöglichen die wissenschaftshistorische Arbeit auf einem höheren Informationsniveau.

II.

„Geschichte soll zeigen", sagte Hans Schimank, „wie Zeitprobleme sich in den Einzelpersönlichkeiten individualisierten und wie der Einzelne das beste Teil seiner Kraft hergab, um aus dem Chaos des Ungewußten und Unerkannten ein Stückchen Kosmos zu schaffen."[26] Wir wollen hinter dem Werk den Menschen sehen, den ganzen Menschen. Das ist legitim vom Standpunkt des Wissenschaftshistorikers: Spielen doch psychologische Faktoren bei der geistigen Produktion eine eminente Rolle. Auch Pauli war davon überzeugt, am eigenen Beispiel und durch seine umfangreichen und immer wieder aufgenommenen psychologisch-philosophischen Studien.[27]
„Wer mit empfänglichem Sinn die Briefe liest und auf sich wirken läßt, wird ergriffen . . . von der Größe der Probleme, um deren Lösung unablässig sich zu mühen er wie eine auferlegte Pflicht empfunden hat; der Leser wird immer neu gebannt von Leben und Werk des überzeugungstreuen, gottesfürchtigen Man-

nes."[28] So hatten Max Caspar und Walther von Dyck über die Briefe Keplers geschrieben, mit dem Pauli eine Wahlverwandtschaft verband, und so ist es auch mit den Briefen Paulis.

In der Tat wird man immer neu gebannt von Leben und Leistung: von der ersten Bewunderung für den 19jährigen Studenten in München, die ein so zurückhaltender und reifer Forscher wie Hermann Weyl ausspricht [1], über die Stationen der akademischen Laufbahn, wie die Habilitation, um die sich gleichsam nicht Pauli bewirbt, sondern in Konkurrenz gegeneinander die Fakultäten in Hamburg und München [37].

Diese Rückblicke in den Briefen Paulis gewähren uns auch Aufschlüsse über die Jugendjahre, und das von Pauli Mitgeteilte wird ergänzt durch Briefe von früheren Klassenkameraden.[29]

Dabei sind es keineswegs nur die äußeren Lebensereignisse, die in der Korrespondenz ihren Niederschlag finden: „Am Beginn dieses Semesters (Herbst 1928) war mir die Physik ziemlich ferne", schrieb er an Oskar Klein, „zu meinem eigenen Amüsement machte ich damals einen kurzen Entwurf zu einem utopischen Roman, der den Titel ›Gullivers Reise nach Uranien‹ haben sollte . . . In solchen Träumen befangen, kam mir im Januar plötzlich eine Nachricht von Heisenberg zu . . . So wurde ich plötzlich aus einer Periode träumerischer Faulheit in eine solche intensiver Arbeit gestürzt; der utopische Entwurf wurde (sicher zu meinem Glück) tief in meinem Schreibtisch vergraben" [216].

Als die jungen Physiker die Quantentheorie zu einer allgemeinen Theorie der Felder ausgestalten wollten, gab es neue, ganz unerwartete Schwierigkeiten, die nur gelegentlich trickreich umgangen, aber nicht wirklich gelöst werden konnten. Mit dieser Grundlagenkrise der Physik fiel bei Pauli eine persönliche Krise zusammen: „Ich hatte große Angst vor allem Gefühlsmäßigen und habe daher dieses verdrängt. Dies bewirkte schließlich eine Anhäufung aller gefühlsmäßigen Ansprüche im Unbewußten und eine Revolte des letzteren gegen eine zu einseitig gewordene Einstellung des Bewußtseins, was sich in Verstimmung, Werteverlust und sonstigen neurotischen Erscheinungen geäußert hat. Nachdem ich so etwa im Winter 1931/32 zu einem ziemlichen Tiefpunkt gekommen war, ging es dann langsam wieder aufwärts. Dabei machte ich auch Bekanntschaft mit psychischen Dingen, die ich früher nicht kannte und die ich unter dem Namen Eigentätigkeit der Seele zusammenfassen will. Daß es hier Dinge gibt, die spontane Wachstumsprodukte sind und als Symbole bezeichnet werden können, ein Objektiv-Psychisches, das nicht aus materiellen Ursachen erklärt werden kann und soll, steht für mich außer Zweifel."[30]

Wie der Brief zeigt, hatte sich Pauli damals (1934) bereits ausführlich mit der Lehre von Carl Gustav Jung beschäftigt. Bei Jung spielt der Begriff des „Symbols" eine große Rolle. Das „Symbol" in seinem Sinne drückt einen „geahnten, aber noch unbekannten Sachverhalt" aus, wie Pauli in einem späteren Brief – unter Hinweis auf das Werk von C. G. Jung „Psychologische Typen" – selbst erläuterte.[31]

In Zürich war es zu zahlreichen Begegnungen zwischen dem Physiker und dem Psychologen gekommen. Pauli begann, sich mit dem Zusammenhang von Erkenntnis und Psyche zu beschäftigen. Hierüber wird später insbesondere der Briefwechsel mit Markus Fierz Auskunft geben.

Die Krise überwand Pauli, als er nach einer gescheiterten ersten Ehe mit Franca Bertram zusammentraf und am 4. April 1934 im wahrsten Sinne den „Bund für das Leben" schloß. „Pauli ist der anerkannt kritische Meister der modernen Theorien, jetzt in bester Verfassung an der Seite einer klugen und gewandten Frau"[32], berichtete Sommerfeld an Fajans. „Mit meiner Frau habe ich doch ebenso Glück gehabt im Leben wie mit meinem Beruf und da muß man das übrige als ›20th century noise‹ betrachten (diesen Ausdruck habe ich erfunden)"[33], äußerte er sich selbst gegenüber Carl Alfred Meier.

Nach dem Einbruch des Nationalsozialismus war Pauli, auch das geht aus den Briefen hervor, um das Schicksal der aus ihren Stellungen entlassenen Kollegen besorgt. Insbesondere als durch den „Anschluß" Österreichs nahestehende Freunde und Verwandte von dem sogenannten „Gesetz zur Wiederherstellung des Berufsbeamtentums" und anderen „Gesetzen" betroffen wurden, fühlte er sich zur Hilfe aufgerufen.

Am 1. September 1938 war Erwin Schrödinger, der die Lehrkanzel für theoretische Physik an der Universität Graz innehatte, fristlos entlassen worden[34], worüber Gerüchte bis nach Zürich drangen. „Weißt Du, ob der Wellenmechaniker, den Du bei der Planck-Feier in Berlin getroffen hast, noch im Amte ist?"[35], erkundigte er sich vorsichtig bei Heisenberg in Leipzig.

Bei Einstein bemühte er sich um Hilfe für Friedrich Kottler, der einstens, 1920, wie er einen Aufsatz über die Relativitätstheorie für die Mathematische Enzyklopädie geschrieben hatte und mit dem er deshalb in Briefverbindung getreten war.[36] Jetzt hatte Kottler „als Jude ... gleich nach dem Märzumsturz in Wien seine Stelle verloren",[37] und sich an Pauli gewandt, da er dringend eine Stelle im Ausland suchte.

„Sie können sich denken", antwortete Einstein, und auch dieser Brief ist ein Dokument, „daß bei der beispiellosen Härte des gegenwärtigen jüdischen Schicksals meine Bereitwilligkeit zu helfen, eine unbedingte ist"[38]. Aber auch Einstein konnte vorerst nichts erreichen: „Es ist zum Verzweifeln".

Briefe Paulis an Dirac Ende 1938 behandeln die Quantisierung der Wellengleichungen von Teilchen mit beliebigem Spin, mit der sich insbesondere Markus Fierz beschäftigte, und Bitten, einem jungen jüdischen Verwandten, Felix Pauli, zu helfen (was Dirac bereitwillig tat).

Mitte Juli 1938 erfuhr Pauli von Heisenberg, daß die Annalen der Physik ein Festheft zum 70. Geburtstag von Sommerfeld vorbereiteten. Der Kreis der zur Beteiligung Eingeladenen war jedoch, wie Heisenberg formulierte, „durch politische Nebenbedingungen eingeschränkt": „Der Verlag lehnt die Beteiligung ›nichtarischer‹ Forscher ab; ich brauche Dir hierzu wohl keinen Kommentar zu schreiben."[39] Pauli antwortete: „Was die von Verlegern aufgestellten nichtwissenschaftlichen Nebenbedingungen für Autoren betrifft, so hoffe ich, daß die Zeitschriften solcher Verleger von einer zunehmenden Anzahl von Autoren nicht mehr zu Publikationen benützt werden mögen, gleichgültig ob die Autoren zur weißen oder zur schwarzen Klasse von Theoretikern gezählt werden. Im vorliegenden Fall von Sommerfelds 70. Geburtstag ist diese Konsequenz (ganz ohne mein Zutun) schon eingetreten, und es werden . . . verschiedene Schüler Sommerfelds . . . im Physical Review vom 1. Dezember Arbeiten publizieren."[40]

Sein tätiges Interesse für die Opfer des Nazismus hat ihn aber nicht abgehalten, das Ideal der reinen Wissenschaft weiter zu pflegen und hochzuhalten. „I think it is my job to take care for the continuation of the spiritual life in a time like the present one". schrieb er nach Ausbruch des Krieges. Noch wichtiger als früher war es jetzt, Briefe zu schreiben: „I had some correspondence with Schrödinger, who is safe and happy in Dublin, and with Belinfante (Leiden) ... Géhéniau wrote me a letter ... Proca wrote me once from the French army ... On the other hand our famous collegue H[eisenberg] in Germany, with whom I had a regular exchange of letters about physics until to the end of August, wrote a letter to Wentzel, that seemed to indicate that he doesn't venture more to write me, though he would like to do so very much himself." Da blieb nichts als der Trost in der Physik: „Well, let's talk about physics."[41]

Als Inhaber eines österreichischen Passes bekam Pauli nun auch selbst Probleme mit den „politischen Nebenbedingungen". Schwierigkeiten hatten sich schon vor dem Krieg zuerst bei Reisen ergeben (worüber er den Kollegen berichtete) und jetzt auch in der Schweiz selbst (worüber er nicht berichtete).

Im Sommer 1940 entschloß er sich, am Institute for Advanced Study in Princeton eine Gastprofessur anzunehmen. Der Aufsatz in der „Physical Review" über den Zusammenhang von Spin und Statistik war der Auftakt des USA-Aufenthaltes.[42] Pauli hatte das Thema für den Solvay-Kongreß ausgearbeitet, der Ende Oktober 1939 in Brüssel stattfinden sollte. Im Briefwechsel mit Heisenberg wird eingehend über die Konzeption verhandelt.

Die Briefe aus den Kriegsjahren sind meist in Englisch geschrieben. In dieser dunklen Zeit bemühte er sich, so gut es ging, die Verbindungen zu halten. „From Bhabha I got a very peaceful letter from Bombay, which was written in January and reached me over Africa, South-America in about two months."[43] Immer schlimmer wurden die Nachrichten aus Deutschland, die Pauli an die Kollegen weitergab: „From Switzerland I heard just now that the collaborator of Heisenberg, Dr. Euler, was killed in action on the Russian front."[44]

„I am very well here and belong to the very few people in the world, which are continuing their pure scientific work during the war. Of course, I am a bit lonesome", heißt es am 3. November 1943 in einem Brief an Bohr. Die jungen Atomphysiker arbeiteten nun nicht mehr miteinander, um die Rätsel des Mikrokosmos zu lösen, sie arbeiteten gegeneinander: die einen am „Manhattan District", dem amerikanischen Atomenergieprojekt, und die anderen im deutschen Konkurrenzunternehmen, dem „Uran-Verein."

Pauli war einer der wenigen, die keine Kriegsforschung betrieben. Daß dahinter eine bewußte Entscheidung stand, davon ist jeder überzeugt, der Pauli kannte oder sich mit ihm historisch beschäftigt.[45] „Nach Ausbruch des Ersten Weltkrieges", berichtete später ein ehemaliger Mitschüler im Döblinger Gymnasium, „erwachte in ihm ein leidenschaftliches Interesse für Politik, das sicherlich auch von seiner sozialistisch orientierten und schriftstellerisch tätigen Mutter genährt wurde. Je länger der Krieg dauerte, desto schärfer wurde seine Opposition gegen ihn."[46]
Pauli war also keineswegs unpolitisch. Er hat sich nur nicht öffentlich zu politischen Fragen geäußert. Mit Bohr führte er – persönlich und in Briefen – eine heftige politische Debatte: Soll ein Wissenschaftler in die Politik eingreifen? Bohrs Antwort war ein entschiedenes Ja, Paulis Antwort ein Nein[47]: „Wer dem ›Willen zur Macht‹ etwas anderes, Geistiges entgegensetzen will, darf nicht selbst einem Machtwillen so weit erliegen, daß er sich einen größeren Einfluß auf die Weltgeschichte zurechnet, als er der Natur der Sache nach haben kann. Ein chinesisches Sprichwort sagt: ›Ist das rechte Mittel in der Hand des verkehrten Mannes, so wird das richtige Mittel verkehrt. Daher lege man kein Mittel in die Hand des verkehrten Mannes.‹"[48]
1945 erhielt Pauli den Nobelpreis für sein Ausschließungsprinzip. In einer Feier im Institute for Advanced Study sprach Einstein: Nun müsse Pauli in der Physik vollenden, was ihm (Einstein) nicht mehr gelungen sei. „Nie werde ich die Rede vergessen," schrieb Pauli anläßlich des Todes von Einstein: „Er war wie ein König, der abdankt, und mich als eine Art ‚Wahlsohn' zum Nachfolger einsetzt. Leider existieren keine Aufzeichnungen über diese Rede Einsteins (sie war improvisiert und ein Manuskript existiert auch nicht)."[49] Von den Ohrenzeugen dieser Rede leben heute nur noch wenige unter uns – und in zwanzig Jahren werden vielleicht diese und ähnliche Stellen in den Briefen Paulis der einzige sichere Beleg sein für die symbolische Übergabe der Königswürde in der Physik von Einstein auf Pauli.

Kurz nach dem Ende des Zweiten Weltkrieges und der Befreiung der Niederlande, so berichtete H. B. G. Casimir, habe er an Pauli geschrieben und mitgeteilt, daß sie sich ziemlich isoliert gefühlt hätten, daß jetzt aber eine große Zahl von Zeitschriften aus den letzten Jahren eintreffe. Könne nicht Pauli die wichtigsten Entwicklungen bezeichnen, die sich während des Krieges in den Vereinigten Staaten abgespielt hätten? Pauli schrieb: „This country is ideal for large projects like radar, or nuclear weapons, but nothing of any importance has happened here. So prepare yourself for a great disappointment when the journals arrive." Als er aber seine Antwort noch einmal überdachte, änderte Pauli sein Urteil doch etwas und schickte einen Sonderdruck von Onsager. „Let us be grateful", so resümierte Casimir, „that there have existed, that there still do exist, people who rate the theory of order–disorder transitions higher than nuclear weapons or nuclear power."[50]
Als die Universitäten wieder an die Zukunft der Wissenschaft denken konnten, gelangten drei Rufe an Pauli.[51] Insbesondere das Angebot der Columbia University New York hat ihn gereizt. Er kehrte jedoch nach Zürich an die Eidgenössische

Technische Hochschule zurück. Physiker am nötigsten, empfand er, hat jetzt das materiell und geistig niedergetrampelte Europa.[52]
Wie er erfreut bei der Rückkehr konstatierte, war Zürich „keineswegs ein Alpendorf"[53] Die beiden Hochschulen gewannen – vor allem durch ihn – wieder die alte Anziehungskraft. „Unter meinen Mitarbeitern sind nicht nur Schweizer, sondern auch Schweden und Belgier."[54]
Noch mehr als früher wurde Pauli zum großen Briefschreiber. Als sich Elsasser einmal bei ihm entschuldigte, daß er das Englische benutze, weil er dann seiner Sekretärin diktieren könne, antwortete Pauli: „Bei mir ist es so, daß ich in keiner Sprache gern diktiere und in allen gerne mit eigener Hand schreibe."
Allein am Schreibtisch, vor sich die Bogen mit dem Kopf „Physikalisches Institut der Eidg. Technischen Hochschule Zürich", konnte Pauli über alles reflektieren, was ihn bewegte, und seine „Erkundigungsfragen" formulieren. Wenn er noch mehr Konzentration nötig hatte, schrieb er zu Hause, auf seinem persönlichen Briefpapier „Prof. Dr. W. Pauli, Zollikon-Zürich, Bergstraße 35". So setzte er sich auseinander mit den Gedanken der Kollegen, die in Sonderdrucken und Briefen an ihn herangetragen wurden, und er erfaßte das Wesentliche. „Inzwischen habe ich zu Nacht gegessen, habe länger und länger über Ihr P. S. nachgedacht und schließlich bin ich dagegen", äußerte er sich: „Ich schreibe das Folgende nicht so sehr als endgültige Meinung, als vielmehr in der Hoffnung, von Ihnen eines Besseren belehrt zu werden."[55] So führte Pauli das wissenschaftliche Gespräch, indem er die Antithese entwickelte, und in diesem Sinne war er ungewöhnlich dialogisch veranlagt.
In Amerika hatte er viele Kollegen kennengelernt und neue Beziehungen angeknüpft, mit dem Schriftsteller Hermann Broch, dem Geschichtsphilosophen Erich von Kahler und dem Kunsthistoriker Erwin Panofsky. Neben der Physik pflegte er nunmehr auch seine anderen Interessen. „Inzwischen habe ich meinen Ausflug ins 17. Jahrhundert weiter fortgesetzt", berichtete er Ende 1947 an Markus Fierz: „Daß Newton Raum und Zeit quasi zur rechten Hand Gottes gesetzt hat und zwar auf den leergewordenen Platz des von ihm von dort vertriebenen Gottessohnes, ist eine besondere Pikanterie der Geistesgeschichte . . . Bekanntlich hat es dann einer ganz außerordentlichen Anstrengung bedurft, um Raum und Zeit aus diesem Olymp wieder herunterzuholen. Diese Aufgabe wurde noch künstlich erschwert durch Kants philosophischen Versuch, den Zugang zu diesem Olymp für die menschliche Vernunft zu sperren. Deshalb ist für mich die Zeit besonders interessant, wo Raum und Zeit *noch nicht* dort oben waren und zwar der Moment gerade vor dieser verhängnisvollen Operation. Daher mein Studium von Kepler."[56]
Besonders faszinierte ihn der unbewußte Bereich der menschlichen Seele und die Mitwirkung des Unbewußten beim Prozeß der geistigen Schöpfung. Das galt für Kepler wie für seine eigene Person: „Ich habe bemerkt, daß in meinen eigenen Träumen physikalische Begriffe und Vorstellungen (wie Frequenz, Spektrallinien etc.) symbolisch benutzt wurden, um offenbar noch unverstandene physikalische

Sachverhalte auszudrücken. Diese Art von Träumen kümmert sich nicht darum, daß ich irgendetwas von Physik verstehe und scheint die physikalischen Begriffe gleichsam ›nach eigenem Gutdünken‹ zu gebrauchen. Ich habe nun weiter bemerkt, daß Leute mit ungenügender wissenschaftlicher Bildung (besonders solche mit ›psychologischem‹ Einschlag) physikalische Begriffe oft sehr ähnlich anwenden wie das in gewissen Träumen von mir der Fall ist. – Nun beginne ich mir langsam über diesen Sachverhalt eine eigene Theorie zu bilden. Aber das wird zu lange für einen Brief."[57]

Seine intellektuelle Kraft konzentrierte sich, nach wie vor, auf sein eigenes Fach. Allerdings versetzte ihn die theoretische Physik oft „in einen außerordentlich unbefriedigenden geistigen Zustand": „Ich habe zwar das bestimmte Gefühl, daß alle vorliegenden Vorschläge zur Verbesserung der Theorie gerade am Wesentlichen vorbeigehen, weiß aber selber keinen Weg, der weiter führt."[58]

So heißt es in einem Brief 1947. Und zehn Jahre später: „Man wird uns zur Physikergeneration zählen, der eine Synthese der allgemeinen Relativitätstheorie und der Quantentheorie nicht gelungen ist und die so wesentliche Probleme wie Atomistik der Elektrizität (Feinstrukturkonstante), Selbstenergie des Elektrons (und der übrigen sogenannten „Elementar"-teilchen) ungelöst zurückließ . . . Allmählich gewöhne ich mich an den Gedanken, einen wirklichen Fortschritt . . . nicht mehr zu erleben. Meine wenn auch unbefriedigte Neugier ist allerdings unverändert geblieben, und es erscheint mir als die Wurzel der Schwierigkeit, daß wir alle, Alte und Junge, noch viel zu sehr in alten, überlieferten Denkgewohnheiten stecken".[59]

Aber es gab doch immer wieder Fortschritte. Am 15. Juni 1956 erhielt Pauli ein Telegramm von Fred Reines und Clyde Cowan aus Los Alamos: „We are happy to inform you that we have definitely detected neutrinos from fission fragments by observing inverse beta decay of protons. Observed cross-section agrees well with expected $6 \cdot 10^{-44}$ cm^2."[60]

Damit war endlich das zur Erklärung des kontinuierlichen Energiespektrums der Elektronen beim β-Zerfall von Pauli 1930 hypothetisch angenommene Elementarteilchen experimentell nachgewiesen. Auf dem „CERN Symposium on high energy accelerators and pion physics" im Juni 1956 gab Pauli diese Entdeckung öffentlich bekannt: „I make this announcement because otherwise everybody would ask me seperately."

Pauli nahm Anteil und Pauli hatte Anteil an allem Neuen. 1956 wurden Chen-Ning Yang und Tsung-Dao Lee darauf aufmerksam, daß das immer als richtig angesehene Gesetz der Erhaltung der Parität, der Rechts-Links-Symmetrie, im Falle der schwachen Wechselwirkungen noch niemals empirisch geprüft worden war. Pauli erwartete keine Sensation: „I believe in reflection invariance in contrast to Yang and Lee." Allerdings hatte Pauli hinzugefügt: „Between believing and knowing is a difference and in the last end such questions must be decided experimentally."[61]

„Ich glaube nicht", bekräftigte er am 17. Januar gegenüber Weisskopf, „daß der

Herrgott ein schwacher Linkshänder ist und wäre bereit, hoch zu wetten, daß das Experiment symmetrische Winkelverteilung der Elektronen (Spiegelinvarianz) ergeben wird. Denn ich sehe keine logische Verbindung von Stärke einer Wechselwirkung und ihrer Spiegelinvarianz."[62]

Zwei Tage später aber erhielt er einen Brief von John M. Blatt: Die Experimente von Frau Wu zeigten eine asymmetrische Winkelverteilung der Elektronen, also Verletzung der Parität. „Sehr aufregend" war das: „Der Herrgott hat in der linken Hand (e_-, ν), in der rechten (e_+, $\bar{\nu}$)."[63]

„Nun ist der erste Schock vorüber und ich beginne, mich wieder ›zusammenzuklauben‹ (wie die Leute in München sagten)", berichtete er am 27. Januar 1957: „Gut, daß ich keine Wette gemacht habe, das hätte schwer ins Geld gehen können (was ich mir nicht leisten kann), so habe ich mich nur blamiert (was ich mir, glaube ich, leisten kann) – übrigens nur in Briefen und mündlich, nicht in etwas Gedrucktem. Aber die Lacher sind mit Recht auf Seiten der anderen."[64]

Eindeutig ergaben die Versuche von Lee und Yang, von Frau Wu und anderen, daß bei den schwachen Wechselwirkungen die Symmetrien C (Vertauschung von Teilchen und Antiteilchen) und P (Raumspiegelung) nicht einzeln erfüllt sind. Um ganz zu verstehen, was diese Entdeckung für Pauli bedeutet hat, muß man sich sein wissenschaftliches Weltbild vor Augen führen (am besten, indem man seine Briefe liest): „Noch wichtiger als die Erhaltungssätze von Energie und Impuls sind mir die Erhaltungssätze aller diskret quantisierten Größen",[65] hatte er schon 1933 an Heisenberg geschrieben.

Deutlicher auch und umfangreicher als in den Publikationen ist in den Briefen der erkenntnistheoretische Standpunkt dargelegt und begründet: „Um zwingende Aussagen darüber machen zu können, was – nicht nur technisch, sondern im Prinzip – ›beobachtbar‹ ist, muß man bereits eine Theorie haben. Diese Aussagen sind daher immer relativ zur akzeptierten Theorie. Bei der Beurteilung einer physikalischen Theorie ist ihre logische und mathematische Struktur (mindestens) ebenso wichtig wie ihre Beziehung zur Empirie (für mich persönlich ist erstere noch wichtiger). Wenn ich darüber nachdenke, wo eine Theorie verbesserungsbedürftig ist, gehe ich nie von Betrachtungen über Meßbarkeit aus, sondern von solchen Folgerungen aus der Theorie, wo die Mathematik nicht stimmt (wie Unendlichkeiten oder Divergenzen)".[66]

An geistiger Dramatik kaum mehr zu überbieten ist sein Ringen gemeinsam mit Heisenberg und gegen Heisenberg um die „Einheitliche Theorie der Elementarteilchen". Vielleicht wird dieser Briefwechsel später einmal mit demjenigen zwischen Leibniz und Newton verglichen werden.[67]

In seinen Lebenserinnerungen „Der Teil und das Ganze" hat Heisenberg Zitate aus seiner Korrespondenz mit Pauli angeführt. Liest man die Briefe im Zusammenhang, tritt auch der sozusagen komplementäre Gesichtspunkt hervor: Pauli war gewiß begeistert von einigen Ergebnissen, aber an vielen wichtigen Stellen schien ihm eine weitere Klärung unabdingbar. „Wait with manuscript until matter clarified", ist eine typische Stellungnahme.

Zu einer gemeinsamen Publikation, wie von Heisenberg erhofft, ist es nicht gekommen, wohl aber zu einem gemeinsamen „Preprint", der an 70 führende Physiker versandt wurde. Hier seine Zustimmung gegeben zu haben – gegen seine warnende innere Stimme – hat Pauli bald tief bedrückt.

Als die Zeitungen die „Einheitliche Feldtheorie" als „Abschluß der Physik" feierten, sandte Pauli an einige Kollegen einen „Kommentar". Dieser bestand nur aus einem weißen Briefbogen, auf dem mit vier Strichen ein großes Rechteck gemalt war. Darüber war zu lesen: „This is to show the world that I can paint like Titian", und darunter: „Only technical details are missing."[68] Pauli wollte zum Ausdruck bringen, daß die Theorie vorläufig nur den großen Rahmen abstecke, daß aber von einem „Abbild der Natur" noch keine Rede sein könne.

Als „echt Pauli" wurde diese Stellungnahme von vielen Physikern belacht; sie sahen damit aber nur die Außenseite. Pauli hat schwer gerungen, um mit sich, mit Heisenberg, mit der Sache ins reine zu kommen. Am 7. April teilte Pauli seine „definitive Entscheidung" mit: „Ich muß den Plan mit Dir zusammen eine Arbeit ... zu publizieren, gänzlich fallen lassen. Es ist die einzige Entscheidung, die mir von nun an logisch und ehrlich erscheint, da wesentliche Teile des Preprint sich nicht mehr mit meiner Meinung decken. Auch kann ich Dich nicht länger hinhalten, einmal muß man zu einem Punkt kommen ... Uns beiden ist nun volle Freiheit des Handelns wiedergegeben ..."[69]

So ist Pauli, wie er sich ausdrückte, „aus dem Heisenberg-Zug" ausgestiegen. Am 4. August unterzeichnete er ein Rundschreiben: „As essential parts of the preprint with the title ›On the Isospingroup in the Theory of Elementary Particles‹ don't any longer agree with my opinion, I am forced to give up the plan to publish a common paper with Heisenberg on the subject in question."

„Wer mit empfänglichem Sinn die Briefe liest und auf sich wirken läßt, wird ergriffen von der Größe der Probleme, um deren Lösung unablässig sich zu mühen er wie eine auferlegte Pflicht empfunden hat." Das hatten Caspar und Dyck über Kepler geschrieben, und das wird auch von Pauli gelten, wenn einmal dieser Teil seiner Korrespondenz veröffentlicht sein wird.

Während er mit den jüngeren Kollegen im ständigen Gedankenaustausch blieb und ihren Enthusiasmus stimulierte, griffen gleichzeitig seine geistigen Interessen weiter aus. In Anspielung an Goethes Faust, der im hohen Alter den letzten Sinn des Lebens darin sieht, neues Land zu gewinnen für die künftigen Generationen, meinte er: „Ich glaube nicht, daß ich bei zunehmendem Alter Sümpfe trocken legen werde (womöglich mit Atomenergie); ich muß mir etwas anderes aussuchen ... Bei mir ist wohl immer noch die Mischung von Mystik und Mathematik dominant, die ihre Hauptresultate in der Physik findet. Aber auch die Nachbargebiete wie Parapsychologie und Biologie interessieren mich in zunehmendem Maße."[70]

Wie es bei Pauli nicht anders sein konnte: Er fühlte sich nicht gedrängt, mit seinen Einsichten an die Öffentlichkeit zu treten. Bezüglich der Parapsychologie war er wohl ohnehin der Ansicht, daß es verfrüht sei, von einer Wissenschaft zu sprechen. In seinen Veröffentlichungen finden sich aber auch kaum Spuren der jahrzehntelangen Auseinandersetzungen über das Konzept der biologischen Evolution; wohl aber legen davon Zeugnis ab Dutzende von Briefen an Bohr, Elsasser, Delbrück, Jordan, Gagnebin und andere. Immer war sein Streben darauf gerichtet, im Dialog mit Fachleuten möglichst scharf die Voraussetzungen der bisherigen Theorien herauszuarbeiten, kritisch zu prüfen und zu neuen Ansätzen zu gelangen.

Wilhelm Ostwald, der sich viel mit Biographien von Physikern und Chemikern beschäftigt hat, versichert dem Leser seiner „Großen Männer", daß er, wo es nur möglich gewesen sei, Briefsammlungen benutzt habe. Für Wilhelm Ostwald sind die Briefe deshalb eine hervorragende Quelle, weil der Gelehrte sich hier mit den „kleinen Ereignissen des täglichen Lebens" beschäftigte, und er uns damit als Mensch „wie Du und ich" verständlich werde.

Pauli jedoch behandelt die persönlichen Ereignisse ganz als Nebensache. Wenn überhaupt erwähnt, werden sie mit ein paar Sätzen abgetan. Wir finden nicht wie bei Wilhelm Wien die Randszenen einer Tagung geschildert, nicht wie bei Erwin Schrödinger die Charaktereigenheiten eines Kollegen beschrieben. Pauli geht es fast ausschließlich um Wissenschaft; nur selten einmal wird ein besonders wichtiges oder besonders charakteristisches Ereignis erwähnt. In seinen Briefen können wir eine Zusammenfassung der wichtigsten Ergebnisse einer Tagung erwarten und die Wiedergabe und kritische Würdigung der erkenntnistheoretischen Position eines Kollegen.

Das Fehlen von Alltäglichkeiten tritt durch den Vergleich als besonders bemerkenswertes Faktum hervor. Die Aussage Ostwalds, die Briefe seien eine hervorragende Quelle für das Leben eines Gelehrten, bleibt also auch im Falle Pauli richtig; nur die Begründung ist eine andere: Bei ihm stoßen wir auf einen Menschen, dessen Existenz gleichsam nur im geistigen Raum faßbar wird.

In einer erst noch zu schreibenden Biographie Wolfgang Paulis wird es also kaum auf die „kleinen Ereignisse des täglichen Lebens" ankommen, denn sein Leben bezieht die Dramatik aus der geistigen Auseinandersetzung, als vielmehr darauf, die Spannweite der Interessen zu erfassen. Nichts jedoch ermöglicht einen besseren Einblick in die „Werkstatt des Geistes", hierin hat Wilhelm Ostwald Recht, als die wissenschaftliche Korrespondenz.

„Ich las noch die Übersetzung eines alten chinesischen Romans", berichtete Pauli von einer Seereise. Der Roman schließt damit, „daß der Held der Geschichte (ein junger Intellektueller) zugleich zwei Mädchen (Cousinen) aus gutem Hause heiratet und seine beiden Hochzeitsnächte in Freude verbringt (nachdem ihm dies alles mit Hilfe der I Ging richtig vorhergesagt wurde). Möge dies nun ein gutes Omen sein für meine Beziehung zur Physik und Psychologie, die sicherlich zu den Besonderheiten meiner geistigen Existenz gehört."[71]

Neben Physik und Psychologie (und neben der Biologie) waren bevorzugte Gebiete die Wissenschafts- und die Philosophiegeschichte. Er las die Naturphilosophen der Antike und des Mittelalters und insbesondere des 17. Jahrhunderts. Im Nachlaß gibt es philosophische und literarische Notizen, die seine eingehende Beschäftigung mit Schopenhauer zeigen. Von Schopenhauer beeinflußt haben „indische und chinesische Denkweisen" stets eine starke Anziehungskraft auf ihn ausgeübt: „Mehr noch Laotse als die Inder."[72]

Als er vom „Institut für europäische Geschichte" in Mainz zu einem Vortrag über „Die Wissenschaft und das abendländische Denken" eingeladen wurde, sagte er gegenüber Pascual Jordan: „Das Thema lockt mich. Denn es ist die Wissenschaft (und nicht die christliche Religion), die mich geistig ans Abendland fesselt. Sowohl für indische Mystik wie für Laotse habe ich gefühlsmäßig viel übrig, aber das wissenschaftliche Denken wird bei mir eine etwaige Konversion zum Osten (wie beim Deutschen R. Wilhelm und beim Engländer A. Huxley) mit Sicherheit verhindern."[73] Ein Brief an Gerhard Huber ergänzt: „So ergibt sich von selbst das Verlangen nach einem Gottesbegriff oder Gottesbild („Chiffre" = Bild), das oberhalb der Unterschiede des christlichen Gottes, des chinesischen Tao und des buddhistischen ›Pfades der Erlösung‹ steht."

Für ihn selbst der wichtigste Anreger in diesen allgemeinen Fragen war wohl Niels Bohr. Dieser suchte sein für die Physik entwickeltes „Komplementaritätsprinzip" auf weitere Bereiche auszudehnen. Auch Wolfgang Pauli sah im „Komplementaritätsprinzip" einen tragfähigen Ansatzpunkt für eine allgemeine Philosophie. Als ihm Karl Jaspers sein Buch „Die Atombombe und die Zukunft des Menschen" zusandte, urteilte Pauli gegenüber einem Kollegen: „Jaspers Unterscheidung von Verstand und Vernunft ist mir keineswegs entgangen ... Seine Unterscheidung ist lehrreich, läßt aber bei mir den in dem Brief an ihn [Jaspers] formulierten Einwand fortbestehen. Die in Frage stehenden komplementären (im Bohrschen oder taoistischen Sinne) Gegensatzpaare sind für mich:

Bewußtsein – Unbewußtes
Denken – Fühlen
Vernunft – Instinkt
Logos – Eros

Die sprachliche Fixierung zugunsten der einen Hälfte eines solchen Gegensatzpaares ist nur ... das sichere Symptom, daß ... die menschliche Ganzheit psychologisch nicht erreicht, oder sogar blockiert ist."[74] Immer wieder formuliert Pauli in den Briefen „daß die ›Einheit der Persönlichkeit‹ auch eine Frage des Vorhandenseins und des gesunden Funktionierens des Unbewußten ist."[75]

Über alles geben die Briefe Auskunft: über die philosophische und die politische Weltanschauung, über Erlebnisse und Träume, Hoffnung und Resignation. Was Pauli bewundert, wird uns klar und was er verachtet, wofür er sich engagiert und woran er keinen Gedanken verschwendet.

Die Zitate, die hier erwähnt werden, werfen ein helles Licht auf das äußere Leben und die inneren Gedanken dieses Mannes und auf die Entwicklung seiner Wissenschaft. Unsere Absicht ist nicht, hier eine Biographie in den Umrissen anzudeuten, sondern allein, den Satz zu demonstrieren: Die Briefe stellen eine hervorragende historische Quelle dar.

Im Falle Pauli ist aus dieser Quelle noch kaum geschöpft. Die vorliegende Edition, so hoffen die Herausgeber, wird den Zugang öffnen zum Verständnis dieses geheimnisvoll-anziehenden Menschen, dieses einzigartigen Denkers, der nach dem Urteile Borns nur mit Einstein vergleichbar war, „ja wissenschaftlich vielleicht noch größer".[76]

Zu den direkt mitgeteilten Fakten kommen die indirekt zu erschließenden. Nicht nur *was* gesagt wird, ist eine Information, sondern auch *wie* es gesagt wird. Im Jahre 1946 schrieb Heisenberg einen Aufsatz über die deutschen Arbeiten zur Verwertung der Kernenergie,[77] eine Rechtfertigung gegenüber den von den Kollegen aus den alliierten Ländern erhobenen Vorwürfen. Heisenberg sandte einen Sonderdruck auch an Pauli. „Deine Annahme", erwidert dieser, „ich würde mich für ›Deutsche Atombomben‹ (bzw. für Artikel über dieses oder ähnliche Themen) interessieren, hat mich sehr erstaunt."[78]

Die aus den Briefen zu ziehenden biographischen Informationen sind also eine hervorragend wichtige Quelle für die Geschichtsschreibung. Dabei kann jede Einzelheit wichtig sein oder später einmal wichtig werden.

Die Summe ist mehr als die Teile. Erst wenn man die Korrespondenz Paulis in ihrer Gesamtheit vor sich hat, erkennt man die Größe dieses Mannes und seine geistige Reinheit. Pathos kennt er nicht. Bedeutendes sagt er schlicht und spielt es womöglich durch einen Scherz herunter. Er fühlte nicht den Drang, ständig in die Öffentlichkeit treten zu müssen. „Da diese Überlegungen einen prinzipiellen Fortschritt nicht bringen", heißt es in einer typischen Briefstelle, „habe ich auch nicht die Absicht, sie ausführlich zu publizieren" [100].

Er kämpft unerbittlich, wenn die Physik auf Abwege kommt: Keinen Gedanken verschwendet er daran, daß man sich durch ungebetene Kritik Feinde, durch ein gefälliges Lob gute Freunde machen kann. Kritik und Lob nach diplomatischen Rücksichten zu vergeben, war seine Art nicht. Wenn er bei Kollegen, eingeschlossen verehrungswürdige Persönlichkeiten, Züge entdeckt, die er als „schlampig" empfand, dann bringt er das zum Ausdruck, und er war ungehalten, daß andere mit ehrerbietigem Schweigen darüber hinweggingen.

Der Briefwechsel zeigt einen Mann, einzig in seiner Art. Weder Einstein noch Heisenberg, Männer, die man Pauli an die Seite zu stellen pflegt, haben sich so wie er für die Physik verantwortlich gefühlt. Einstein und Heisenberg waren – dies gilt zumindest für ihre schöpferischen Phasen – absorbiert von ihren Problemen und vermochten dann nicht recht Anteil zu nehmen an den Vorgängen ringsum. Man sieht es an den Briefen Heisenbergs in der vorliegenden Edition: Leidenschaftlich interessiert ihn alles, was ihm auf dem Wege liegt, was er zur Lösung seiner Aufgabe gerade braucht. Um das andere sorgt er sich jetzt nicht; er schiebt es zur Seite und wird es, wenn nötig, zur gegebenen Zeit wieder aufgreifen.

Ganz anders Pauli. In jedem Augenblick nimmt er an allem in der Grundlagenphysik Anteil. Er weist hin auf fruchtbare Ansätze, hilft Kollegen bei Schwierigkeiten, warnt vor unklaren, mit Mathematik aufgeblähten Aufsätzen. Genau werden die „unbegrabenen Leichen" mit ihren „Mathematik-geschwollenen" Bäuchen mit Namen genannt: „Der Leichenberg, hinter dem allerlei Gesindel Deckung sucht, hat einen Zuwachs erfahren: Es wird gewarnt vor der Arbeit von Levi-Civita, Diracsche und Schrödingersche Gleichungen. Berl. Ber. 1933. Alle sollten abgehalten werden, diese Arbeit zu lesen oder gar zu versuchen, sie zu verstehen. Ferner gehören sämtliche auf S. 241 dieser Arbeit zitierten Arbeiten dem Leichenberg an.“[79]

Viel deutlicher als jeder Zeitschriftenaufsatz zeigen die Briefe Paulis Denken. Zu den ihm vorgelegten Gedanken entwickelte er immer sogleich die Antithese. „Im Laufe meines längeren Umganges mit Ihnen“, schrieb Pauli an den Freund Erich Hecke, „hat sich bei mir, als eine Art Opposition gegen Sie, die Überzeugung gefestigt ...“ In einem Brief an Heisenberg heißt es: „Meine eigene Psychologie ist, daß ich leichter *das* sehe, was gegen das spricht, was der andere sagt.“[80]

„Seine Rolle als produktiver Kritiker war in der Entwicklung der Quantentheorie unentbehrlich“, urteilte Carl Friedrich von Weizsäcker in seinem Nachruf: „Nur wer ihn nicht gut kannte, konnte von seinen Äußerungen verletzt sein. Wahrscheinlich stand hinter ihnen eine sehr sensible Seele, die mit sich selbst oft genug in Konflikt lag, und ein überklarer Verstand, der unter der Unklarheit anderer gleichsam physisch zu leiden vermochte.“[81]

Pauli hat gefühlt, daß er oft verletzte, auch wenn er es bewußt nicht wollte. Er war darum fast glücklich, als ihm Hendrik Antony Kramers einmal sagte: „Pauli, Dein Herz ist besser als Dein Verstand.“ Oft hat er dieses Wort zitiert.

Immer verfolgte Pauli sehr genau die Entwicklung der Grundlagenphysik und immer griff er ein, wo es ihm notwendig schien. „Nun kommt ein Punkt“, schrieb er an Oskar Klein, „wo Du nach meiner Meinung einem Irrtum zum Opfer gefallen bist, der dringend Berichtigung erfordert. Es ist dies die Frage des Spinmomentes in einer Theorie mit einem Vierervektor ...“[82]

„Um meiner alten Gewohnheit treu zu bleiben“, heißt es in einem Brief Heisenbergs[83], „unklare Gedanken durch Briefe an Dich zu verbessern, will ich Dir ausführlicher schreiben.“ So zwang Pauli auch im schriftlichen Dialog seinen Partner zur Klarheit, was für das persönliche Gespräch Markus Fierz[84] konstatiert hat: „In der Diskussion war er in keiner Weise bereit, und vielleicht sogar unfähig, ungenaue Formulierungen durchgehen zu lassen.“

Die Kritik Paulis ist streng sachlich und darum oft schonungslos. Sie ist aber immer konstruktiv. Er will nicht vernichten, sondern klären. Gehässigkeit oder Neid – unter Menschen die wohl häufigste Triebfeder für negative Urteile – gibt es nicht. „Bei mir fällt das Ausdenken boshafter Bemerkungen“, konstatiert er, „immer zusammen mit Nachdenken über den Gegenstand.“ „Boshaft“ ist jedoch nicht das passende Wort. Witzig allerdings ist er auf Kosten anderer, sehr witzig (auch wohl auf eigene Kosten); er will jedoch nur die Sache treffen, nicht die Person. Nie setzt er herab, um etwa selbst größer zu erscheinen. „Seine Art, sein Denken und sein Wesen schwebt jedem von uns vor als etwas Ideales, Klares und Reines“, sagte Victor F. Weisskopf bei der Trauerfeier im Fraumünster zu Zürich. So waren Paulis Motive.

Und die Reaktion bei den Kollegen? Für Heisenberg und viele andere war er der

„oberste Richter". Ehrenfest nannte ihn die „Geißel Gottes" und liebte ihn. Viele liebten ihn. Niels Bohr gehörte dazu, Arnold Sommerfeld, Léon Rosenfeld, Isodor Rabi, Ralf Kronig und Victor F. Weisskopf.

Freilich, es gehörte schon Format dazu, die unverblümte Kritik Paulis zu nehmen, wie sie gedacht war: als heuristisches Hilfsmittel. Ein schönes Dokument für die Abgeklärtheit des fünzigjährigen Einstein ist seine Antwort [240] auf die Vorhaltungen Paulis [239].

Nicht alle haben die geistige Überlegenheit ertragen. Max Born war empfindlich.[85] Thomas und Goudsmit triumphierten, als sich Pauli einmal geirrt hatte, und Thomas schrieb, „daß die Unfehlbarkeit des göttlichen Wesens sich nicht auf seinen selbsternannten Stellvertreter auf Erden erstrecke."[86] „Er selbst wollte gar nicht als unfehlbare Autorität betrachtet werden", sagte dazu Oskar Klein, „sondern nur seine Freiheit bewahren, das zu meinen, was er meinte, und es zu sagen": Als die Ideen von Lee und Yang von den Versuchen bestätigt wurden, habe er beide besonders gelobt, daß sie unbekümmert um seine Kritik ihre Arbeit fortgesetzt hätten.[87]

Man hat Leibniz den letzten Gelehrten genannt, der noch alles Wissen seiner Zeit in sich vereinte, Alexander von Humboldt den letzten, der wenigstens die Naturwissenschaften noch voll überblickte. Wolfgang Pauli wird man den letzten Universalisten der Physik nennen können, der in allen Grundlagenproblemen Kompetenz besaß. „Er war allmählich zu einer Art Institution geworden", schrieb Oskar Klein in seinem Nachruf, „der man seine Einfälle vorlegte ohne ausweichende Höflichkeit befürchten zu müssen."

Da in die Edition nicht nur die Briefe Paulis aufgenommen werden, sondern auch die Gegenstücke, so lassen sich nicht nur über Wolfgang Pauli, sondern auch über die Hauptkorrespondenten wesentliche Schlüsse ziehen: Aus 61 Briefen Heisenbergs allein in diesem ersten Band (aus den Jahren bis 1929 also) formt sich ein deutliches Bild des Forschers, und ähnliches gilt für die 32 Briefe Bohrs.

Alles was Rang und Namen hat in der theoretischen Physik – und zudem viele bedeutende Experimentalphysiker – sind unter den Korrespondenten vertreten. Reizvoll ist es da, den Stil der Koryphäen zu vergleichen. Man hat hier eine noch ganz unausgeschöpfte Quelle vor sich: für die Eigenart der Schreiber wir für ihr Verhältnis zu Pauli.

„Mit ungeheurer Freude empfing und las ich gestern ihren Brief! Ich hatte aus Angst vor Bohr und Ihnen (›und sonst niemandem in der Welt‹) mehr als ein Jahr an dem Entschluß herumgewürgt, die paar Zeilen drucken zu lassen, bis mich schließlich eine Art Verzweiflung dazu trieb. Denn immer hilfloser fühlte ich mich als Schulmeister den jüngeren Leuten gegenüber, die natürlich überzeugt sind, daß ich alles wissen und alles verstehen *muß*." Das kann nur Paul Ehrenfest geschrieben haben.[88]

Oder: „Verzeih diese abgerissenen und etwas gehetzten Gedanken. Im Ganzen habe ich gleich Dir sehr gute Hoffnung. Wir werden uns nur alle und von allen Seiten her noch tüchtig plagen müssen; wenn auch vorläufig mit etwas verschiedenen nuancierter Grundeinstellung – zum Schluß kommen wir schon zusammen. Besonders da wir alle nette Menschen sind und lediglich an der *Sache* interessiert sind, nicht daran, ob es schließlich so herauskommt, wie man selbst oder wie der andere von Anfang an vermutet hat.“ Das ist der (von Sommerfeld so genannte) „Schrödinger-Stil“.[89]

Und, als letzte Stilprobe, ein Dankschreiben auf die Gratulation zum 70. Geburtstag aus der Feder von Arnold Sommerfeld: „Sie haben in Ihrem Briefe so feingestimmte Töne angeschlagen, daß ich Sie lebhaft vor mir sehe, nachdenklich und zugleich schalkhaft – ich meinerseits ganz ohne ›ernstes Stirnrunzeln‹. Hinter Ihrem Brief steht wohl auch der Gedanke, daß über die intellektuellen Bande doch noch die charakterliche Verbundenheit geht und daß dies ein Geheimnis ist, das ›sich selbst bewahrt‹.“[90]

„Wieviel vom lebendigen Autor fühlt der Leser in einem Zeitschriftenartikel?“ hatte H. A. Kramers in seiner Leidener Antrittsvorlesung gefragt und die Antwort gegeben: „Äußerst wenig natürlich ... Die übergroße Mehrzahl der modernen Arbeiten in der Fachliteratur ist nun einmal sehr sachlich und mehr oder weniger unpersönlich geschrieben. Und so ist es eigenartig anzusehen, wie manche Fachkollegen aus dem Zwange ihrer eigenen Persönlichkeit heraus nicht nachlassen können, den Menschen zu suchen zwischen den Zeilen ... Und wie oft werden sie dabei schwer getäuscht.“[91]

Ganz anders in den Briefen. Da ist der Schreiber gleichsam lebendig in seinen Formulierungen. Würde man nichts wissen von Pauli und hätte nur seine Briefe vor sich: Man schlösse unmittelbar auf eine geistig reiche Persönlichkeit von genialer schöpferischer und kritischer Kraft.

III.

Im 19. Jahrhundert und im 20. bis in die jüngste Vergangenheit haben die Historiker den großen Einzelnen als wesentlich geschichtsbestimmende Kraft in die Mitte der wissenschaftlichen Betrachtung gerückt. Als Reaktion darauf entwickelte sich in den letzten Jahren die Sozialgeschichte. Untersuchungsgegenstand ist eine abgrenzbare Gruppe von Personen, in der politischen Geschichte meist eine soziale Schicht, in der Wissenschaftsgeschichte eine „scientific community“. Anders als der politische Historiker hat es der Sozialgeschichte treibende Wissenschaftshistoriker im allgemeinen mit kleinen Zahlen zu tun.

Wie ist im vorliegenden Fall die scientific community zu definieren? Die Schüler und Mitarbeiter von Sommerfeld, von Bohr und von Born waren in ihrem eigenen Selbstverständnis nicht schlechthin „Physiker“, sondern „theoretische Physiker“. Carl Friedrich von Weizsäcker sprach von ihrem „besonderen Habitus“ und Rudolf Peierls davon, daß sie sich als „kleine Familie“ fühlen.[92]

In der theoretischen Physik werden mit mathematischen Methoden physikalische Probleme behandelt; aber theoretische Physik war nicht lediglich angewandte

Mathematik, sondern ein eigenständiges Fach, das verwirklichte, was Philosophie und Erkenntnistheorie früherer Jahrhunderte gewollt hatten. „Man klagt zu Unrecht", sagte Adolf von Harnack, „daß unsere Zeit keine Philosophen mehr habe. Sie sitzen nur jetzt in der anderen Fakultät und ihre Namen sind Planck und Einstein." Sommerfeld zitierte gern dieses Wort, wobei er freilich zugab, daß er selbst „nur die Technik der Quanten fördern" könne, aber Einstein und andere aufforderte, „die Philosophie der Quanten" zu machen.

Pauli selbst dachte von Anfang an bewußt philosophisch. Von Anfang an soll heißen: seit wir seine Gedanken an Hand des wissenschaftlichen Briefwechsels verfolgen können. Sein Hauptvorbehalt gegen den jungen Heisenberg – den er im übrigen hoch schätzte, sogar bewunderte – war dessen „unphilosophische Einstellung". An Bohr schrieb er: „Es geht mir immer sehr merkwürdig mit Heisenberg. Wenn ich über seine Ideen nachdenke, so kommen sie mir gräßlich vor und ich schimpfe innerlich sehr darüber. Denn er ist sehr unphilosophisch; er achtet nicht auf klare Herausarbeitung der Grundannahmen und ihren Zusammenhang mit den bisherigen Theorien. Wenn ich aber mit ihm spreche, so gefällt er mir sehr gut und ich sehe, er hat allerlei neue Argumente – wenigstens im Herzen. Ich halte ihn dann – abgesehen davon, daß er persönlich auch ein sehr netter Mensch ist – für sehr bedeutend, sogar für genial und glaube, daß er die Wissenschaft noch einmal sehr vorwärts bringen wird ... Hoffentlich wird Heisenberg eine philosophische Einstellung seiner Gedanken mit nach Hause bringen" [54].

Eineinhalb Jahre später, als Heisenberg die Ansätze zur neuen Göttinger Quantenmechanik vorgelegt hatte, schrieb Pauli begeistert an Kramers: „Was mich so sehr an den Heisenbergschen Überlegungen gefreut hat, das ist die Methode seines Vorgehens und die Bestrebung, aus der heraus er diese Überlegungen angestellt hat" [97]. Bekanntlich war von Heisenberg gezeigt worden, wie unter Verzicht auf unbeobachtbare Größen (wie die Vorstellung von Elektronenbahnen) quantentheoretische Ausdrücke konstruiert werden können und wie die Regeln für das Rechnen mit diesen Ausdrücken beschaffen sein müssen. So heißt es in dem Brief Paulis an H. A. Kramers: „Überhaupt glaube ich, daß ich jetzt hinsichtlich meiner wissenschaftlichen Ansichten Heisenberg sehr nahe gekommen bin und daß wir ziemlich in allem übereinstimmende Meinungen haben, soweit dies überhaupt bei zwei selbständig denkenden Menschen möglich ist. Mit Freude habe ich auch wahrgenommen, daß Heisenberg in Kopenhagen bei Bohr ein bißchen das philosophische Denken gelernt hat und sich vom rein Formalen doch merklich abwendet" [97].

Heisenberg und Pauli ging es besonders um den physikalisch-erkenntnistheoretischen Gehalt der neuen Quantentheorie: die Revision der kinematischen und mechanischen Grundbegriffe. Von den Göttinger Mathematikern aber wurde die mathematisch-formale Seite ganz in den Vordergrund gestellt. Auch Born und Jordan tendierten in diese Richtung. „Ich hab' mir alle Mühe gegeben, die Dreimänner-Arbeit physikalischer zu machen, als sie war, und bin so halb zufrieden damit", schrieb Heisenberg an Pauli: „Aber ich bin immer noch ziemlich unglücklich über die ganze Theorie und war so froh, daß Sie mit der Ansicht über Mathematik und Physik so ganz auf meiner Seite stehen" [105].

In seinem Brief an Ralf Kronig äußerte sich Pauli in ähnlichem Sinne; seine Worte sind von Physikern und Physikhistorikern unzählige Male zitiert worden: „Man muß versuchen, die Heisenbergsche Mechanik noch etwas mehr vom Göttinger formalen Gelehrsamkeitsschwall zu befreien und ihren physikalischen Kern noch besser bloßzulegen" [100].

Den Unterschied von angewandter Mathematik und theoretischer Physik hat der junge Einstein dem großen Mathematiker Felix Klein einmal sehr direkt vorgehalten: „Es scheint mir doch, daß Sie den Wert formaler Gesichtspunkte sehr überschätzen. Dieselben sind wohl wertvoll, wenn es gilt, eine schon gefundene Wahrheit endgültig zu formulieren, aber sie versagen fast stets als heuristische Hilfsmittel."[93]

In seinen späteren Jahren verfiel Einstein selbst in denselben Fehler. „Ich hoffe", schrieb Pauli 1938 an Einstein, „daß Ihnen Herr B. noch nützlich sein wird. Er ist ein guter Mathematiker ... Seine Schwierigkeit war immer die, daß er kein richtiges Gefühl dafür hatte, wie man ein physikalisches Problem mathematisch anzusetzen hat; also eben das, was den Mathematiker vom theoretischen Physiker unterscheiden soll, fiel ihm schwer. Und in dieser Verbindung möchte ich nun mit einer kleinen Bosheit schließen: Bei der Art Ihrer jetzigen Beschäftigung wird Ihnen das kaum sehr unangenehm auffallen."[94]

Innerhalb der Physik war „die Theorie" eine kleine (zunächst geringgeschätzte) Sonderdisziplin geblieben. Die Heranführung von Nachwuchs war darum besonders wichtig. Als nach Heisenberg, Pauli und Wentzel auch Oskar Klein einen Lehrstuhl erhielt, in Stockholm, da schickte ihm Pauli einen langen Brief mit Ratschlägen: „Ich hoffe, Du wirst jetzt das Wort erfüllen ›Gehet hin und lehret die Völker‹. Deine großen pädagogischen Fähigkeiten waren immer eine Deiner stärksten Seiten und für sie wird in Schweden ein weites Anwendungsfeld vorhanden sein. Bis jetzt gab es ja in Schweden praktisch fast keine theoretische Physik – ein Mißverhältnis besonders auch zur Experimentalphysik, die ja durch Siegbahn und Hulthén so glänzend vertreten ist. Nun braucht man in Schweden einen mit der *modernen* theoretischen Physik vertrauten Mann, der es versteht, die jungen Leute mit Begeisterung zu erfüllen und der der großen Schule schwedischer Experimentalphysiker eine ebensogroße und ebensogute von Theoretikern an die Seite stellen soll."[95]

Das Adjektiv „modern" bei dem Wort „theoretische Physik" hatte Pauli unterstrichen. Es gab also noch eine ältere Richtung. Man stößt auf Namen wie Des Coudres, Volkmann, Gans, Philipp Frank, Theoretiker zweifellos, die sich nicht mit den in den zwanziger Jahren aktuellen Fragen der Atomphysik befaßt haben und mit denen folglich auch keine wissenschaftliche Kommunikation bestand. Andererseits gab es einen engen Gedankenaustausch mit Experimentalphysikern, mit James Franck etwa (der befreundet war mit Niels Bohr und Max Born) und mit Friedrich Paschen in Tübingen und Leonard Ornstein in Utrecht, für deren spektroskopische Messungen Pauli sich brennend interessierte. Bei dem „besonderen Habitus" der jungen Theoretiker war das Verhältnis freilich nicht ganz frei von gelegentlichen Verstimmungen. „Das vertrauensvolle Zusammenarbeiten mit der Praxis, insbesondere derjenigen des Paschenschen Instituts, darf im Interesse der Theorie nicht gestört werden", mahnte Arnold Sommerfeld 1921: „Ich fürchte bei dem sensiblen Charakter von Paschen und der zarten Natur von Back, daß sich ein dauernder Mißklang ergeben kann, wenn wir hier nicht mit aller Delikatesse vorgehen."[96]

Auch für Pauli spielten häufig empirische Befunde eine wichtige Rolle. 1929 endeten die Bemühungen um die Erklärung des kontinuierlichen β-Spektrums in einer Sackgasse, und Bohr suchte den Ausweg erneut – und erneut vergeblich – im Verzicht auf das Energieprinzip für den atomaren Einzelprozeß. Pauli unterbrach die Reise zur Konferenz mit Bohr in Berlin, „um, wenn möglich, Lise Meitner zu sprechen zwecks Sammlung von empirischem Material gegen Kopenhagener theoretischen Unfug" [218]. Das Experiment entschied tatsächlich gegen die Auffassung Bohrs und das Tor zur Neutrino-Hypothese Paulis war geöffnet.

Es ist also nicht empfehlenswert, die theoretische und die experimentelle Seite der Physik auseinanderzureißen und die „scientific community" über die gemeinsame Methode zu definieren. Ist es dann sinnvoller, das Gebiet als Kriterium zu wählen, das Gebiet, auf dem sie gemeinsam forschten? Aber was war das gemeinsame Gebiet? Die Atomphysik? Und was ist dann mit der Kosmologie, die sie auch interessierte und die sie nur aus pragmatischen Gründen – weil hier ein Fortschritt über Einsteins Allgemeine Relativitätstheorie hinaus nicht in Sicht war – nicht derart nachdrücklich betrieben? Und außerdem: Auch Wilhelm Wien arbeitete über Atomphysik, der doch eine ganz andere Haltung einnahm in allen grundsätzlichen Fragen.

Wenn man konsequent sozialwissenschaftlich vorgehen will, so muß man die Zugehörigkeit zur Gruppe über die wissenschaftliche Kommunikation definieren. Die scientific community, der die Nuova Scienza zu danken ist, die neuzeitliche Physik, bestand aus den Gelehrten, die im Umkreis von Galilei und Kepler, von Mersenne und Oldenburg lebten und mit ihnen Briefe wechselten. Genau so war es im 20. Jahrhundert. Die Mitglieder der scientific community, die die neue Atomphysik hervorgebracht hat, sind die Gesprächs- und Briefpartner von Bohr, Sommerfeld, Born, Pauli und Heisenberg. Neben einer Kerngruppe (der die Genannten zugehören) gibt es Physiker, die deutlich weniger eingeschaltet sind in diesen Gedankenaustausch, und Randfiguren, die nur selten einmal eine Meinung in die Debatte werfen oder Information einholen.

So pflegte Planck über Fragen der Quantentheorie einen Briefverkehr mit Einstein, Lorentz, Wien, Sommerfeld und einigen anderen, der 1905 beginnt, angestoßen von der Lichtquantenhypothese Einsteins, langsam intensiver wird und nach einem Höhepunkt um 1911 wieder abfällt. Bei Pauli setzt der Gedankenaustausch bereits in jungen Jahren ein, steigert sich in kurzer Zeit zur maximalen Höhe und hält sich dort.

Man müßte den Wissenstransfer in den Briefen informationstheoretisch analysieren: Ganz gewiß bleibt Planck in der Zahl der „bits" auch in seinem besten Jahr 1911 weit unter Pauli in einem durchschnittlichen Jahr (etwa 1928). Nimmt man das Integral über das ganze Leben, ist der Unterschied um ein Vielfaches größer. Zum Ausdruck kommt hier, daß Planck, der im Jahre 1900 mit seinem Quantenansatz die Entwicklung eingeleitet hatte, im Aufbau der Theorie seit Ende des Ersten Weltkrieges nur noch eine Randrolle spielte.

„Naturwissenschaft beruht auf Experimenten", sagte Heisenberg, [97] „sie gelangt zu ihren Ergebnissen durch die Gespräche der in ihr Tätigen, die miteinander über die Deutung der Experimente beraten." Die Quantenphysiker verständigten sich darüber, wie relevante Experimente zu interpretieren und neue Ideen zu beurteilen sind: „Es ist Ihnen damals [an Ostern] gelungen", schrieb Pauli an Bohr, „mein wissenschaftliches Gewissen durch Ihre Argumente zum Schweigen zu bringen. Dies war aber nur für kurze Zeit der Fall, und heute stehe ich dieser Auffassung der Strahlungserscheinungen vollkommen ablehnend gegenüber. Ich wurde in dieser Ansicht auch sehr bestärkt, daß auch sehr viele andere Physiker, vielleicht sogar die meisten, diese Auffassung ablehnen, wenn auch zum Teil aus anderen Gründen. Unter diesen anderen Physikern ist vor allem auch Einstein. Sie sagten schon zu Ostern wiederholt zu mir, Sie möchten gerne wissen, was Einsteins Argumente sind ... Ich möchte bei dieser Gelegenheit so frei sein, auch meine eigenen Argumente mitzuteilen." [66]

Die Einwände Einsteins waren für Bohr „beunruhigend"[98], und unter dem „katalytischen Einfluß von Pauli"[99], wie Ralf Kronig urteilte, kam Bohr wieder ab von seiner Theorie. Die Ergebnisse der Experimente von Bothe und Geiger in Berlin und von Compton in Chicago bestätigten die neugewonnene Auffassung. „Es ist zwar natürlich richtig, daß Bohr selbst, auch wenn diese Experimente nicht gemacht worden wären, nicht mehr an dieser Auffassung festgehalten hätte", urteilte Pauli: „Aber viele ausgezeichnete Physiker (wie etwa Ladenburg, Mie, Born) hätten daran festgehalten, und diese unglückselige Abhandlung von Bohr, Kramers und Slater wäre vielleicht für lange ein Hemmnis des Fortschrittes der theoretischen Physik geworden." [97].

Der Mechaniker erreicht eine perfekte Ebene (eine „Standard-Ebene" absoluter Richtigkeit nach Henry Maudslay) nur dadurch, daß er mindestens drei Ebenen zugleich herstellt und durch abwechselndes Aufeinanderreiben jeder mit jeder anderen die vorspringenden Spitzen beseitigt. So entstand die richtige Form der Atomphysik durch ständige Konfrontation der Argumente: Bohr mit Pauli, Pauli mit Einstein, Einstein mit Heisenberg, Heisenberg mit Bohr. Bohr allein mit Pauli konnte (vorübergehend) dessen „wissenschaftliches Gewissen zum Schweigen bringen", aber Bohr war nur für Tage oder höchstens Wochen allein mit Pauli. Danach ergaben sich unweigerlich Gespräche mit anderen, und ein erneutes Überprüfen der Argumente, der eigenen und der fremden. „Selbst wenn es für mich psychologisch möglich wäre, mir meine wissenschaftlichen Meinungen auf Grund einer Art von Autoritätsglauben zu bilden", schrieb Pauli dazu an Bohr, „so wäre dies doch logisch unmöglich, da die Meinungen zweier Autoritäten einander hier so sehr widersprechen“ [66].

Das Verfahren zeigt, daß eine „scientific community“ mehr ist als eine „wissenschaftliche Schule“. In einer wissenschaftlichen Schule dominiert eine Persönlichkeit und in Streitfällen mag deren Autorität oft entscheidend sein. In der „scientific community“ existieren mehrere Autoritäten (größere und kleinere) und Subjektivitäten schleifen sich viel schneller ab.

Bereits im 18. Jahrhundert gab es ein institutionalisiertes Verfahren, wie eine neue Entdeckung in die scientific community eingebracht wird. „Wenn ein Wissenschaftler eine Entdeckung gemacht hatte“, schrieb Henry E. Sigerist, „wurde sie von ihm nicht sofort publiziert, wohl aber einigen Freunden in einem lateinischen Brief mitgeteilt. Diese pflegten dann diese Briefe mit ihren Kollegen und Schülern zu diskutieren, die angegebenen Experimente zu wiederholen und über ihre Erfahrungen zu berichten. Nachdem eine Entdeckung auf diese Weise überprüft war, wurde sie dann wohl auch veröffentlicht, entweder in einer Monographie oder den Mitteilungen einer Akademie.“[100]

Nicht viel anders war es im 20. Jahrhundert. Seinen Aufsatz, mit dem er das neuentdeckte Ausschließungsprinzip bekannt machen wollte, hatte Pauli Anfang Dezember 1924 fertiggestellt. Er reichte ihn aber noch nicht gleich bei der Zeitschrift für Physik ein. Pauli war daran gelegen, „erst einmal die Reaktion von Bohr und Heisenberg zu erfahren“, und er wollte die Gültigkeit des Prinzips auch bei den komplizierteren Spektren überprüfen. Er sandte deshalb sein Manuskript und einen langen Brief [74] nach Kopenhagen, und in den Weihnachtsferien besuchte er Ernst Back in Tübingen, der den Zeemaneffekt der Bleilinien genau ausgemessen hatte. Erst als sich in beiden Fällen seine Erwartungen bestätigten, kam es zur Publikation.

Die dritte Möglichkeit, die „scientific community“ der Quantenphysiker in den zwanziger Jahren zu definieren, ist der Vergleich mit einem politischen Gemeinwesen. In seinem Buch „Structure of Scientific Revolution“ hat Thomas S. Kuhn diese Analogie herausgearbeitet: Deutlich scheiden sich – dies gilt wohl für alle demokratisch verfaßten Industriegesellschaften – die Konservativen von der Reformpartei, und bei jeder in der Öffentlichkeit stehenden Persönlichkeit weiß der politisch Engagierte: Das ist einer von uns, oder: Das ist einer von den anderen.

So war es damals in der Physik. Zu der scientific community gehörten alle Physiker, die überzeugt waren: Ohne eine grundlegende Reformation oder Revolution kommen wir in der Physik nicht weiter; mit den tradierten Grundprinzipien lassen sich die Eigenschaften der Atome nicht verstehen. „Wir dürfen nicht“, schrieb Pauli an Bohr, „die Atome in die Fesseln unserer Vorurteile schlagen wollen (zu denen nach meiner Meinung auch die Annahme der Existenz von Elektronenbahnen im Sinne der gewöhnlichen Kinematik gehört), sondern wir müssen umgekehrt unsere Begriffe der Erfahrung anpassen“ [74].

Die Quantenphysiker sind gekennzeichnet durch die gemeinsame Überzeugung, daß mit den Lehrbuchmethoden der „normal science" die Probleme nicht gelöst werden können. Da die klassische Physik mit stetig veränderlichen Größen arbeitete, die neue Theorie aber offenbar auf abzählbare Quantenzustände gegründet werden mußte, hatte Max Born 1923 die Aufgabe scherzhaft und doppelsinnig umrissen als „Diskretitierung der Atomphysik" [47].
Es war eine kleine, sich durchaus elitär empfindende Gruppe, die wußte, daß eine neue Physik geschaffen werden mußte. Die große Mehrheit hielt – aus welchen Gründen auch immer – an den bisherigen Denkkategorien fest. So beklagte sich Wilhelm Wien im Juni 1922 über die von der Quantentheorie und der Relativitätstheorie ausgelösten Krisen. „Diese hängen untrennbar mit der Vorwärtsentwicklung unserer Wissenschaft zusammen, sind also sachlich unvermeidlich", antwortete ihm Planck: „Es ist wahr, früher war die Physik einfacher, harmonischer und daher auch befriedigender. Man hatte schöne Theorien und durfte auf sie vertrauen. Heute ist das anders geworden. Neue Ideen sind aufgetaucht, nicht als überflüssiger Luxus, sondern als unerbittliche Folgerungen aus neuen Tatsachen, und die alten Anschauungen lassen sich nun einmal nicht ganz unverändert aufrechterhalten, wenn auch noch keineswegs feststeht, welcher Art die Modifikationen sind, die man daran anbringen muß. Würde die Forschung vor diesen Neuerungen zurückschrecken oder sie ignorieren, so würden wir stillstehen ... Jede Neuerung ist mit unbehaglichen Übergangserscheinungen verbunden, und wir stehen jetzt m. E. mitten in denselben drin."[101]
Unbehagliche Übergangserscheinungen: Auch Pauli empfand sie oft quälend. „Die Atomphysiker in Deutschland zerfallen jetzt in zwei Klassen", spottete er Anfang 1924: „Die einen rechnen ein bestimmtes Problem zuerst mit halbzahligen Werten der Quantenzahlen durch und wenn es dann mit der Erfahrung nicht stimmt, rechnen sie es dann doch mit ganzen Quantenzahlen. Die anderen rechnen zuerst mit ganzen Zahlen und wenn es nicht stimmt, dann rechnen sie eben mit halben. Beide Klassen von Atomphysikern haben aber die Eigenschaft gemeinsam, daß aus ihren Theorien a priori keinerlei Argumente zu gewinnen sind, bei welchen Quantenzahlen und bei welchen Atomen man mit halbzahligen Werten der Quantenzahlen und bei welchen man mit ganzzahligen Werten zu rechnen hat. Dies können sie vielmehr bloß a posteriori durch Vergleich mit der Erfahrung entscheiden" [57].
Um die Krise zu charakterisieren und den endlichen Durchbruch hat Thomas S. Kuhn zwei Briefe Paulis nebeneinandergestellt, an Ralf Kronig und an Anthony Kramers. Am 21. Mai 1925 schrieb Pauli: „Die Physik ist momentan wieder einmal sehr verfahren. Für mich ist sie jedenfalls viel zu schwierig, und ich wollte, ich wäre Filmkomiker oder so etwas und hätte nie etwas von Physik gehört" [89]. Zwei Monate später, am 27. Juli 1925, dann eine ganz andere Stimmung: „Ich habe Heisenbergs kühne Ansätze mit Jubel begrüßt" [97].
Die Beschreibung der scientific community in Analogie zur größeren politischen Gemeinschaft entspricht dem Selbstverständnis der jungen Physiker. Da das

politische Leben in Deutschland sehr bewegt verlief und man viele Revolutionen – von rechts und von links – erlebte, drängte sich ein solcher Vergleich von selbst auf. So nannte Pauli einmal die Theorie von Bohr, Kramers und Slater, die ihm ganz und gar nicht gefiel, „einen reaktionären Kopenhagener Putsch".

„Eine neue wissenschaftliche Wahrheit pflegt sich nicht in der Weise durchzusetzen, daß ihre Gegner überzeugt werden und sich als belehrt erklären, sondern vielmehr dadurch, daß die Gegner allmählich aussterben und daß die heranwachsende Generation von vornherein mit der Wahrheit vertraut gemacht ist."[102] Das hatte Max Planck geschrieben und dabei an Erfahrungen gedacht, die er in der Jugend gesammelt hatte. Jetzt gehörte er selbst mit Schrödinger, Laue und Einstein zur älteren Generation.

„Einstein hat sich wieder einmal zur Quantenmechanik öffentlich geäußert", registrierte Pauli 1935: „Bekanntlich ist das jedesmal eine Katastrophe, wenn es geschieht. ›Weil, so schließt er messerscharf, nicht sein kann, was nicht sein darf‹ (Morgenstern). Immerhin möchte ich ihm zugestehen, daß ich, wenn mir ein Student in jüngeren Semestern solche Einwände machen würde, diesen für ganz intelligent und hoffnungsvoll halten würde."[103] Der Zweck des Briefes an Heisenberg war, diesen zu einer Erwiderung zu veranlassen, um der „Gefahr einer Verwirrung der öffentlichen Meinung, namentlich in Amerika" entgegenzuwirken.

Überzeugen ließen sich die „älteren Herren" nicht, das wußten sie. Es ging darum – wie in der Politik – die Restauration des überwundenen Paradigmas zu verhindern. Das etwas makabere „Aussterben der Gegner", von dem Planck gesprochen hatte, ließ sich nun einmal nicht beschleunigen. (Ein Punkt, in dem die Analogie zur politischen Umwälzung nicht durchweg gilt.)

Unmittelbar nach der geglückten Revolution haben die Revolutionäre ihre große Zeit; sie halten (zumindest fürs erste) noch fester zusammen, um die Früchte ihrer Anstrengungen zu ernten. In ähnlicher Lage verhielten sich die jungen Physiker ähnlich. „Es war eine wirklich wundervolle Zeit", erinnerte sich Rudolf Peierls, „denn man mußte nur irgendein Problem nehmen, wo die klassische Mechanik nicht die richtige Antwort geben konnte und das niemand schon Zeit gehabt hatte zu diskutieren, und dann kam im allgemeinen die richtige Antwort heraus."

Nur dann kann sich eine neue Forschungsrichtung behaupten, wenn ihre besten Vertreter auf Lehrstühle gelangen und Nachwuchs heranbringen. Mit der Berufung Heisenbergs, Paulis und Wentzels auf Ordinariate in Leipzig und Zürich 1927/28 festigte sich die institutionelle Verankerung der neuen Richtung. Paulis Briefe an Ralf Kronig [184] und Oskar Klein[104] zeigen, wie bewußt die neuen Lehrstuhlinhaber Gleichgesinnte nachzogen: Im Falle Kronig ging es Pauli darum, für seine Assistentenstelle, für die er bei seiner Berufung sehr gekämpft hatte, „einen vernünftigen Quantenmann zu finden".

Die Architekten der neuen Atomphysik verhielten sich ähnlich wie noch heute Politiker, wenn sie ein möglicherweise umstrittenes Projekt gebilligt haben wollen.

Es gibt den sozusagen direkten Weg, die Vorstellungen, die man hat, fertig auszuarbeiten und dem Entscheidungsgremium zur Abstimmung vorzulegen. Dabei läuft man das Risiko der offiziellen Ablehnung. Klüger ist es, zunächst einmal, gleichsam versuchsweise, die Reaktionen zu testen. So lassen sich gewisse Ausgestaltungen noch korrigieren, Ausgestaltungen, die vielleicht nebensächlich sind, und das Projekt als Ganzes unnötig gefährden. Erst wenn das Urteil überwiegend positiv ausfällt, bringt der Politiker seinen Vorschlag als „Drucksache" offiziell vor das Parlament.

Als Pauli zur Erklärung des kontinuierlichen β-Spektrums ein hypothetisches Teilchen postulierte, das später sogenannte Neutrino, „traute" er sich, wie er berichtete, zunächst nicht, „etwas über die Idee zu publizieren." Er schrieb statt dessen einen „Offenen Brief". Empfänger waren die Teilnehmer einer kleinen Physikertagung in Tübingen. Ein halbes Jahr später trug Pauli selbst seine Idee auf einer Tagung der American Physical Society persönlich vor: „Die Sache schien mir aber noch recht unsicher, und ich ließ meinen Vortrag nicht drucken."

Wie im 17. Jahrhundert einzelne Polyhistoren es waren, die mehr als andere Briefe schrieben und empfingen, mehr als andere informiert waren über die neuesten Entwicklungen, gab es auch jetzt Zentralfiguren, an die sich die Kollegen bevorzugt wandten. Eine ganz einzigartige Rolle spielte in diesem Kommunikationsnetz Wolfgang Pauli. Er war eine Institution. „In kritischen Zeiten, wenn man nicht erkennen konnte, ob neue Ideen ernst genommen werden mußten, neigten wir dazu", so berichtete Rudolf Peierls, „zu fragen: ›Was sagt Pauli?‹"

„Ich habe nie eine Arbeit veröffentlicht, ohne daß Pauli sie vorher gelesen hätte", konstatierte Heisenberg [105]. Man bedenke, welche intellektuelle Kraft von seiten Paulis das erforderte: Bis 1958 zählt das Schriftenverzeichnis Heisenbergs 128 Nummern.[106] Dazu kommen etwa 250 Briefe, die Heisenberg an Pauli gerichtet hat. Vor allem in den letzten Jahren 1957 und 1958, als Heisenberg unter allen Umständen den Durchbruch mit der „Einheitlichen Theorie der Elementarteilchen" erzielen wollte, fühlte sich Pauli mit dieser Aufgabe physisch und psychisch schwer belastet.

Und es gab nicht nur Heisenberg. Niels Bohr, Arnold Sommerfeld, Oskar Klein, Ralf Kronig – alle, alle erwarteten und erhielten auf eine Anfrage eine profunde Stellungnahme. Bis zu einem gewissen Grade ungewollt, sagte Hans Thirring, ist Pauli in die Rolle eines „obersten Richters" in Fragen von Wert und Richtigkeit physikalischer Theorien hineingewachsen: „Ein anerkennendes Wort von Wolfgang Pauli war ziemlich die höchste Auszeichnung, die einem jungen Theoretiker zuteil werden konnte."[107]

Heroen- oder Sozialgeschichte der Wissenschaft? Trefflich läßt sich streiten über den „richtigen" Standpunkt. Historisch-kritisch durchgeführt müssen aber Analysen, die den großen Physiker in die Mitte stellen, und solche, die die scientific community behandeln, einander ergänzen: Zum Individuum gehört die Beziehung zu den Kollegen, zum sozialen System die Existenz besonders wichtiger Netz- und Knotenpunkte. In einer Biographie bilden die Zeitgenossen und die gesellschaftlichen Normen den entscheidenden Hintergrund; in einer Geschichte der sozialen Organisation heben sich die großen Persönlichkeiten besonders hervor, weil von ihnen die Impulse ausgehen, die das starre Gefüge mit Leben erfüllen.

Biographie und Sozialgeschichte sind komplementäre Betrachtensweisen: Wissenschaft ist ein soziales Phänomen. Auch das Genie kann nur nach gehöriger Auseinandersetzung mit den Auffassungen der Vorgänger und Zeitgenossen Erkenntnis gewinnen. Und erst dann erreicht individuelle Einsicht den Rang von „Wissenschaft", wenn sie anderen Menschen zur Kenntnis gelangt, nach gewissen Kriterien geprüft und dann entweder akzeptiert oder verworfen wird.

Für den Wissensfortschritt ist also der große Gelehrte erforderlich, aber auch die Existenz einer „scientific community" mit einem funktionierenden Übermittlungssystem, das die neugewonnenen Aussagen schnell verbreitet und zur Diskussion stellt. Nur so kann aus subjektiver „Meinung" intersubjektive „Erkenntnis" entstehen.

Es wäre also sicher falsch, in einer wissenschaftshistorischen Darstellung das Augenmerk allein auf Galilei und Kepler, Bohr und Pauli zu richten. Die Genies spielen eine entscheidende Rolle. Daneben jedoch muß eingegangen werden auf die Bildung von wissenschaftlichen Schulen, der sogenannten „invisible colleges".

Wie aber auch immer der Standpunkt sein mag: Ob man mehr an die großen Beweger in der Geschichte glaubt, oder ob man es mit Bert Brecht hält, der forderte, als „Erbauer des siebentorigen Theben" neben dem König auch die Zimmerleute und Maurer zu nennen. Es gilt unabhängig vom Standpunkt und unabhängig von der speziellen Fragestellung: Die Briefe sind eine hervorragende Quelle. Sie sind es, weil die Insider damals, was sie an Informationen besaßen, zum großen Teil aus diesen Briefen gezogen haben. Weil sie ihr aus diesen Informationen geformtes Bild ebenfalls wieder in Briefen niederlegten. „Ihr verdammten Obergescheiterln", scherzte damals Paul Ehrenfest gegenüber Wolfgang Pauli, „die Ihr durch mündliche Besprechungen und Briefwechsel immer schon lange wißt, was alles falsch ist, bevor es noch publiziert ist."[108]

Die Briefe sind Momentaufnahmen des komplizierten Prozesses, den wir „Entstehen der modernen Physik" nennen. Sie sind kein statisches Bild, sondern zeigen die Entwicklungsrichtung. In einem Zeitschriftenband stehen die Aufsätze kommentarlos hintereinander; in den Briefen aber finden sich Wertungen. Im Zeitschriftenaufsatz fehlt mit Absicht oft das Entscheidende: weil es umstritten ist. In den Briefen aber wird gerade darüber verhandelt.

Man brauchte also, wenn man beitragen wollte zum Fortschritt der Wissenschaft, den persönlichen Gedankenaustausch. Nur der Physiker konnte mitwirken am Aufbau der Atomphysik, der im mündlichen und schriftlichen Kontakt stand mit den Großen seiner Wissenschaft.

Der Briefwechsel hatte funtionale Bedeutung für das Entstehen der Atomphysik. Nichts kann uns heute einen besseren Einblick gewähren in dieses wohl faszinierendste Kapitel in der Geschichte des menschlichen Geistes.

Anmerkungen

Bei den zitierten Briefen ist Absender und Adressat angegeben. Fehlt eine Angabe, handelt es sich um Wolfgang Pauli. Brief an Niels Bohr bedeutet also „Brief von Wolfgang Pauli an Niels Bohr".

1. John Archibald Wheeler: Preface. In: Thomas S. Kuhn, John L. Heilbron, Paul Forman und Lini Allen: Sources for History of Quantum Physics. Philadelphia 1967. Hier S. VIII
2. Theoretical Physics in the Twentieth Century. A Memorial Volume to Wolfgang Pauli. New York 1960, S. 199. Im folgenden zitiert als Pauli Memorial Volume.
3. John Archibald Wheeler: A. a. O.
4. Niels Bohr: Collected Works. Under the general editorship of Léon Rosenfeld and J. Rud Nielsen. North Holland Publishing Company, Amsterdam 1972 ff.
5. Collected Scientific Papers by Wolfgang Pauli. 2 Vols. Edited by R. Kronig und V. F. Weisskopf. Interscience Publishers, New York 1964. Im folgenden zitiert als CSP
6. Die sechs Bände erschienen zuerst, von Hörern ausgearbeitet, im Verlag des Vereins der Mathematiker und Physiker an der ETH Zürich; sie liegen heute auch in einem Nachdruck vor (Editore Boringhieri, Torino 1962–63). Eine englische Bearbeitung wurde von Charles P. Enz bei der MIT Press, Cambridge, Mass. herausgegeben.
7. Wolfgang Pauli: Merkurperihelbewegung und Strahlenablenkung in Weyls Gravitationstheorie. In: Verhandlungen der Deutschen Physikalischen Gesellschaft **21,** 742–750 (1919); CSP II, S. 1–9
8. Physikalische Zeitschrift **21,** 650 (1920)
9. Gemeint sind insbesondere die von den Sources for History of Quantum Physics durchgeführten Interviews.
10. Der Aufsatz Heisenbergs, der die physikalisch-erkenntnistheoretische Grundlage der Göttinger Quantenmechanik bildet [Zeitschrift für Physik **33,** 879–893 (1925)], beginnt mit den Worten: „Bekanntlich läßt sich gegen die formalen Regeln, die allgemein in der Quantentheorie zur Berechnung beobachtbarer Größen (z. B. der Energie im Wasserstoffatom) benutzt werden, der schwerwiegende Einwand erheben, daß jene Rechenregeln als wesentlichen Bestandteil Beziehungen enthalten zwischen Größen, die ... prinzipiell nicht beobachtet werden können (wie z. B. Ort, Umlaufzeit des Elektrons)."
11. Arnold Sommerfeld: Zur Elektronentheorie der Metalle. In: Die Naturwissenschaften **15,** 825–832 (1927). Gesammelte Schriften II, S. 385–392
12. Brief an Franco Rasetti, 30. Oktober 1956
13. John C. Slater: Solid State and Molecular Theory: A Scientific Biography. New York 1975, S. 27
14. Bartel L. van der Waerden: Exclusion Principle and Spin. In: Pauli Memorial Volume, S. 215 ff.
15. Brief von Arnold Sommerfeld an Max Born, 8. März 1921
16. Joachim Kirchner: Das deutsche Zeitschriftenwesen. Seine Geschichte und seine Probleme. Teil I. Wiesbaden 1958, S. 14
17. Brief von Arnold Sommerfeld an Alfred Landé, 18. Dezember 1919
18. Brief von Friedrich Krüger an Johannes Stark, 10. Dezember 1909
19. Felix Klein: Vorlesungen über die Mathematik im 19. Jahrhundert. Bd. 1. Berlin 1926, S. 219

20. Erwin Schrödinger: Über Indeterminismus in der Physik. Ist die Naturwissenschaft milieubedingt? Zwei Vorträge ... Leipzig 1932, S. 26
21. Hendrik Antony Kramers: Physiker als Stilisten. In: Die Naturwissenschaften **23,** 297–301 (1935)
22. Paul Ehrenfest: Einige die Quantenmechanik betreffenden Erkundigungsfragen. In: Zeitschrift für Physik **78,** 555–559 (1932)
23. Der Einfluß archtypischer Vorstellungen auf die Bildung naturwissenschaftlicher Theorien bei Kepler. CSP I, S. 1023–1114. Ausführlicher noch ist Pauli in seinen Briefen an Markus Fierz.
24. Erwin Schrödinger: Anm. 18, S. 33 f.
25. Léon Rosenfeld: Niels Bohr in the Thirties. In: Stefan Rozental (Hrsg.): Niels Bohr. His life and work as seen by his friends. Amsterdam 1968, S. 119
26. Hans Schimank: Edmund Hoppe oder über Inhalt, Sinn und Verfahren einer Geschichtsschreibung der Physik. In: Archiv für Geschichte der Mathematik, der Naturwissenschaften und der Technik **11,** 345–351 (1928/29)
27. Vgl. den Brief an Karl Jaspers, 30. September 1958
28. Max Caspar und Walther von Dyck (Hrsg.): Johannes Kepler in seinen Briefen. 2 Bde. München und Berlin 1930. Hier Bd. I, S. XI
29. So etwa der Brief von Erich Hula, 6. Mai 1968. Vgl. Anm. 46
30. Brief an Ralf Kronig, 3. August 1934
31. Brief an Markus Fierz, 7. Januar 1948. Vgl. Anm. 23
32. Brief von Arnold Sommerfeld an Kasimir Fajans, 8. Dezember 1948
33. Brief an Carl Alfred Meier, 23. April 1941
34. Vgl. die Biographie Schrödingers in: Dokumente der Naturwissenschaft. Bd. 3. Stuttgart 1963, S. 189
35. Brief an Werner Heisenberg vom 19. September 1938
36. Vgl. den vorliegenden Band S. 14
37. Brief an Albert Einstein, 6. September 1938
38. Brief von Albert Einstein, ohne Datum, wahrscheinlich September 1938
39. Brief von Werner Heisenberg, 15. Juli 1938
40. Brief an Werner Heisenberg, 15. August 1938
41. Brief an Nicholas Kemmer, 24. November 1939
42. Wolfgang Pauli: The Connection Between Spin and Statistics. In: Physical Review **58,** 716–722 (1940); CSP II, S. 911–917
43. Brief an Paul A. M. Dirac, 27. Juni 1942
44. Ebd.
45. Es ist zu hoffen, daß Dokumente im Nachlaß nähere Auskunft geben werden.
46. Brief von Erich Hula an „Professor", 6. Mai 1968. Das Schreiben ist wahrscheinlich an das Döblinger Gymnasium gerichtet.
47. Brief an Torsten Gustafson, ohne Datum [1951]
48. Brief an Niels Bohr, 3. Oktober 1950
49. Brief an Max Born, 24. April 1955. Vgl. auch Brief an Albert Einstein, 7. März 1949
50. H. B. G. Casimir: Theoretische Physik und industrielle Forschung. In: Philips technische Rundschau **32,** 157–164 (1971/72).
51. Die offiziellen Schreiben befinden sich im Pauli-Nachlaß.
52. Brief an Albert Einstein, 19. September 1946
53. Brief an Albert Einstein, 19. September 1946

54. Ebd.
55. Brief an Walter Elsasser, 30. September 1958
56. Brief an Markus Fierz, 29. Dezember 1947
57. Brief an Pascual Jordan, 23. März 1948
58. Brief an Werner Heisenberg, 11. Juli 1947
59. Brief an Erwin Schrödinger, 9. August 1957
60. CERN Symposium on high energy accelerators and pion physics. Proceedings. Vol. 2. Genf 1956, S. 258
61. Brief an Raymond Davis, 19. Dezember 1956
62. Brief an Victor F. Weisskopf, 17. Januar 1957
63. Brief an Victor F. Weisskopf, 19. Januar 1957
64. Brief an Victor F. Weisskopf, 27. Januar 1957. Faksimile mit englischer Übersetzung abgedruckt in CSP I, S. XIII–XVIII
65. Brief an Werner Heisenberg, 14. Juli 1933
66. Brief an Erwin Schrödinger, 27. Januar 1955
67. Streitschriften zwischen Leibniz und Clarke (1715–1716). In: Gottfried Wilhelm Leibniz: Hauptschriften zur Philosophie. Übersetzt von A. Buchenau ... herausgegeben von Ernst Casirer. Band I. 3. Aufl. 1966, S. 120–241. Die Korrespondenz ließ Newton durch seinen Schüler und Freund Samuel Clarke führen. Es war aber Newton selbst, der hier sprach, wie aus nachgelassenen Manuskripten hervorgeht.
68. Brief an George Gamow, 1. März 1958. Faksimile abgedruckt in: George Gamow: Thirty years that shook physics. New York 1966, S. 162
69. Brief an Werner Heisenberg, 7. April 1958
70. Brief an Ralf Kronig, 5. April 1955
71. Brief an Markus Fierz, 26. September 1949
72. Brief an Martin Göhring, 2. Juni 1954
73. Brief an Pascual Jordan, 19. Mai 1954
74. Brief an Gerhard Huber, 30. September 1958
75. Brief an Markus Fierz, 30. Oktober 1958. Man vergleiche hierzu Paulis Vortrag: Die philosophische Bedeutung der Idee der Komplementarität. In: Experientia **6,** 72–81 (1950); CSP II, S. 1149–1158
76. Albert Einstein/Hedwig und Max Born: Briefwechsel 1916–1955. München 1969, S. 301
77. Werner Heisenberg: Über die Arbeiten zur technischen Ausnutzung der Atomkernenergie in Deutschland. In: Die Naturwissenschaften **33,** 325–329 (1946)
78. Brief an Werner Heisenberg, 25. Dezember 1946
79. Rundschreiben Paulis „für die Physiker der älteren Generation" (Ende 1933/Anfang 1934).
80. Brief an Werner Heisenberg, 7. Januar 1957. Scherzhaft fügte Pauli hinzu: „Bin ich also zwischen zwei Feuern, so habe ich eine gute Chance, das richtige zu finden."
81. Carl Friedrich von Weizsäcker: Erinnerungen an Wolfgang Pauli. In: Zeitschrift für Naturforschung **14a,** 439–440 (1959)
82. Brief an Oskar Klein, 7. September 1935
83. Brief von Werner Heisenberg, 22. März 1935
84. Markus Fierz: Pauli, Wolfgang. In: Dictionary of Scientific Biography. Vol. X. New York 1974, S. 422–425

85. Man vergleiche Borns Kommentare zum Briefwechsel mit Einstein (Anm. 74), insbesondere S. 301
86. Brief von Llewelyn H. Thomas an Samuel Goudsmit, 15. März 1926
87. Oskar Klein: Wolfgang Pauli. In: Kosmos **37,** 9–12 (1959). Zitiert nach einer von O. Klein selbst angefertigten deutschen Übersetzung im Pauli-Nachlaß.
88. Brief von Paul Ehrenfest, 31. Oktober 1932
89. Brief von Erwin Schrödinger, 15. Dezember 1926 [151]
90. Brief von Arnold Sommerfeld, 1. Januar 1939
91. Hendrik Antony Kramers: Physiker als Stilisten. In: Die Naturwissenschaften **23,** 297–301 (1935)
92. Physik – Wohin? [Podiumsgespräch bei der 40. Physikertagung in Bonn]. In: Bild der Wissenschaft. Heft 4/1977, S. 168–181
93. Karte von Albert Einstein an Felix Klein, 15. Dezember 1917
94. Brief an Albert Einstein, 6. September 1938
95. Brief an Oskar Klein, 12. Dezember 1930
96. Brief von Arnold Sommerfeld an Alfred Landé, 3. März 1921
97. Werner Heisenberg: Der Teil und das Ganze. Vorwort.
98. Brief von Niels Bohr an Hans Geiger, 21. April 1925
99. Brief von Ralf Kronig an Samuel Goudsmit, 5. April 1925
100. Henry E. Sigerist: Nationalism and internationalism in medicine. In: Bulletin of the History of Medicine **21,** 5–16 (1947)
101. Brief von Max Planck an Wilhelm Wien, 13. Juni 1922
102. Wissenschaftliche Selbstbiographie. In: Max Planck, Physikalische Abhandlungen und Vorträge. Bd. III. Braunschweig 1958, S. 389
103. Brief an Werner Heisenberg, 15. Juni 1935
104. Brief an Oskar Klein, 12. Dezember 1930
105. Carl Friedrich von Weizsäcker: Erinnerungen an Wolfgang Pauli. In: Zeitschrift für Naturforschung **14a,** 439–440 (1959)
106. Verzeichnis der Schriften von Werner Heisenberg. Zusammengestellt von Annemarie Giese. In: Denken und Umdenken. München 1977, S. 260–273
107. Hans Thirring, Rundfunkansprache zum Tode Paulis. Österr. Rundfunk II. Freitag, 19. Dezember 1958
108. Brief von Paul Ehrenfest, 31. Oktober 1932

Faksimile des Briefes auf Seite 512.

Physikalisches Institut
der Eidg. Technischen Hochschule
Zürich

ZÜRICH 7, 17. Juli 29
Gloriastrasse 35

(Bitte schreib an diese Adresse; ich reise zwar nächste Woche ab, aber es wird nachgeschickt!)

Lieber Bohr,

Vielen Dank für Deinen ausführlichen Brief, der mir viel Freude gemacht hat. Hoffentlich bist Du inzwischen von Deiner Segeltour gut erholt zurückgekommen.

Die kleine Note über das magnetische Elektron hat mir so gut gefallen, daß ich es außerordentlich bedauert habe, daß sie nicht fertiggestellt und zum Druck abgeschickt ist. Wenn ich Dir einen Rat geben darf, so ist es der, vor allem anderen diese Note abzuschicken und dies möglichst bald zu tun! – Anders ist es mit der Note über die β-Strahlen. Ich muß sagen, daß sie mich wenig befriedigt hat. Sie fängt schon so unerfreulich an mit der Besprechung der unsinnigen Bemerkungen von G. P. Thomson und die Engländer werden daraus nur den [illegible] Schluss ziehen, daß Du diese Bemerkungen für wichtig hältst. Dann kommt die unangenehme Einführung des Elektronendurchmessers d; ich meine nicht, daß das geradezu unerlaubt ist, aber es ist immer eine gewagte Sache. Man müßte dann auch berücksichtigen, daß für nahezu mit Lichtgeschwindigkeit bewegte Elektronen infolge der Lorentzkontraktion d viel kleiner ist als $\frac{e^2}{m_0c^2}$, nämlich $\frac{e^2}{mc^2}$ $\left(m = m_0/\sqrt{1-v^2/c^2}\right)$ wenigstens in der Längsdimension. – In Zürich hat uns Frl. Meitner einen schönen Vortrag über die experimentelle Seite der Frage gehalten und sie hat mich beinahe davon überzeugt,

3340

daß man das kontinuierliche β-Strahlspektrum *nicht* durch sekundäre Prozesse (γ-Strahlaussendung etc.) erklären kann. Wir wissen also wirklich *nicht*, was da los ist; Du weißt es auch nicht, kannst nur Gründe dafür angeben, *warum* wir nichts verstehen. Du schreibst ja selbst, der Zweck der Note sei der, zu betonen, „eine wie geringe Grundlage wir besitzen für eine theoretische Behandlung des Problems des β-Strahl-zerfalles." Hier muß ich aber die Frage aufwerfen, ob ein so negativer Zweck es überhaupt rechtfertigen kann, eine Note zu publizieren! *Lasse die Note also jedenfalls noch recht lange liegen.* (und lasse die Sterne in Frieden strahlen!)

Betreffend die Möglichkeit, über „Statistik und Reziprozität in der Quantenmechanik" etwas *Neues* sagen zu können bin ich zwar etwas skeptisch, aber ich zweifle nicht, daß alles was Du darüber sagen wirst, schön und interessant sein wird(*). Ich glaube auch, daß Du glücklicher und zufriedener sein wirst, nachdem Du die neue Abhandlung geschrieben haben wirst. – Von Deinem Artikel im Planck-Heft war ich *gerade deshalb* sehr befriedigt, *weil* alle Physik ausgelassen war; das war einmal etwas Neues, Originelles und Anregendes! (Ob es richtig ist, darüber zu urteilen, muß auch ich den Psychologen und Fach-philosophen überlassen, ich fühle mich da ebenso – oder vielleicht sogar noch *mehr* – als Laie wie Du). – Gegen die Namensveränderung Reziprozität statt Komplementarität habe ich gar nichts, nur hätte ich eine nähere Darlegung der *Gründe*, die Dich dazu geführt haben, in dem Artikel gewünscht. —— Ich fahre wahrscheinlich Anfang August mit Hecke nach Süd-Schweden. Die Versuchung, Dich dann (etwa Mitte August) in Deinem Haus ohne Wasserleitung zu besuchen (ich würde viele Verse mitbringen!) ist groß. *Ich will Dir aber keine Mühe machen, könnte ja ein paar Tage in Tisvilde im Hotel wohnen!* Ich vermute übrigens, daß Klein in einem anderen Haus ohne Wasser-

(*) Du siehst: ich sage *nicht* „geistreich und interessant"

II

Physikalisches Institut
der Eidg. Technischen Hochschule
Zürich

ZÜRICH 7, ...
Gloriastrasse 35

Heizung und ohne Licht (ausgenommen den Fall, daß das Haus der Frau Maar gehört) in der Nähe von Dir wohnen wird; und es würde mich auch sehr freuen, Dich zu sehen.

Ich könnte mit einem kürzeren Aufenthalt in Dänemark noch den anderen Zweck verbinden, selbst eine ~~kleine~~ Arbeit zusammenzuschreiben, die Oppenheimer und ich gemeinsam in Zürich gemacht haben und die eine Weiterführung der Arbeit von Heisenberg und mir über Quantenelektrodynamik enthält. Sehr befriedigt bin ich von der ganzen ~~Arbeit~~ Theorie von Heisenberg und mir nicht (obwohl ich schon glaube, daß sie „gewisse Züge" mit einer künftigen richtigen Theorie gemeinsam haben wird). Insbesondere macht die Eigenenergie der Elektronen viel größere Schwierigkeiten als Heisenberg anfangs gedacht hat. Auch sind die neuen Resultate, zu denen unsere Theorie führt, überhaupt sehr dürftig und die Gefahr liegt nahe, daß die ganze Angelegenheit allmählich den Kontakt mit der Physik verliert und in reine Mathematik ausartet. (Ich werde sehr gerne hören, was Du darüber meinst; dann kannst Du kritisieren und die Reziprozität wird vollständig hergestellt sein!) – Trotz allem habe ich aber das starke Bedürfnis, gewisse Gedankengänge noch weiter und zu Ende zu denken!

Was sind Deine Reisepläne für nächstes Jahr? Wie hast Du Dich bezüglich der Amerikareise entschieden?

Viele herzliche Grüße von Deinem

W. Pauli

3340

Empfehlungen an Deine Frau!

I. Das Jahr 1919

Auseinandersetzung mit der Allgemeinen Relativitätstheorie

[1]	Weyl an Pauli	Zürich	10. Mai 1919
[2]	Weyl an Pauli	Zürich	9. Dez. 1919
[3]	Pauli an Landé	[München	18. Dez. 1919]
[4]	Born an Pauli	Frankfurt	23. Dez. 1919

Als Wolfgang Pauli nach seinem Abitur am Gymnasium in Wien-Döbling im Oktober 1918 zum Studium nach München kam, „war er schon im vollen Besitz der mathematischen und mathematisch-physikalischen Methoden", wie Arnold Sommerfeld staunend registrierte: „Er brachte eine fertige Arbeit zur Allgemeinen Relativitätstheorie mit (1919a), die sofort Einsteins Aufmerksamkeit und Bewunderung erregte"[1]. In seinen ersten beiden Semestern an der Ludwig-Maximilians-Universität befaßte er sich zunächst mit den neuen Ideen von Hermann Weyl, wovon die beiden Briefe [1] und [2] und die Veröffentlichungen (1919b, c) Zeugnis ablegen.

Die Quantenphänomene und die Existenz und Stabilität von Elektron und Proton, der beiden damals bekannten Elementarteilchen, hatten bisher ungelöste Rätsel aufgegeben. Durch die Erfolge der Allgemeinen Relativitätstheorie Einsteins entstand die Hoffnung, nun bereits den Schlüssel zu einem „Weltgesetz, das alle Erscheinungen restlos erklärt"[2], in Händen zu haben.

Wie sich aber bald herausstellte, vermochten die Einsteinschen Gravitationsgleichungen – jedenfalls in ihrer ursprünglichen Gestalt – für die Probleme des Mikrokosmos keine Hilfe zu bringen[3]. Verschiedene Ansätze zielten nun darauf ab, die elektromagnetischen Felder in die Theorie einzubeziehen.

Nach einem ersten Versuch von Gustav Mie schien der Vorschlag von Hermann Weyl erfolgversprechend. Bekanntlich spielt bei der (der Allgemeinen Relativitätstheorie zugrundeliegenden) Riemannschen Geometrie die Parallelverschiebung für die Untersuchung der Raumstruktur eine fundamentale Rolle. Verschiebt man einen Vektor parallel zu sich selbst, d.h. immer in der Tangentialebene der entsprechenden Kurve liegend, längs einer geschlossenen Kurve, so ist er im allgemeinen nach einem Umlauf nicht mehr parallel zu dem Ausgangsvektor[4]. Seine Länge aber bleibt bei dieser Operation erhalten.

Weyl war der Ansicht, daß die Riemannsche Geometrie ganz willkürlich Elemente einer *infinitesimalen* mit derjenigen einer *endlichen* Geometrie verknüpft: sie gestattet nämlich, die Längen von Linienelementen $ds^2 = g_{\mu\nu} dx^\mu dx^\nu$ an endlich voneinander getrennten Punkten miteinander zu vergleichen.

Konsequent verlangte Weyl deshalb in seiner „Infinitesimalen Geometrie", daß nur Längen von unendlich zueinander benachbarten Punkten verglichen werden dürfen[5]. Für endliche Wege wird jetzt also im allgemeinen nicht nur die Richtung, sondern auch die Länge eines Vektors vom Zwischenwege abhängen.

Ausgehend von dieser Idee gelangte Weyl schließlich zu dem Ergebnis: Die physikalischen Gesetze müssen nicht nur invariant gegenüber den kontinuierlichen Koordinatentransformationen, sondern außerdem invariant gegenüber der sogenannten Eichtransformation sein:[6]

$$\bar{g}_{ik} = \lambda g_{ik}; \quad \bar{\varphi}_i = \varphi_i - \frac{1}{\lambda}\frac{d\lambda}{dx_i}$$

{λ beliebige Ortsfunktion; die φ_i sind ein Maß für die Längenänderung: $ds'^2 = (1 + \varphi_i dx^i) ds^2$}.

Als Tensoren im erweiterten Sinne werden diejenigen Größen bezeichnet, die sich zusätzlich bei der Eichtransformation mit einer Potenz von λ multiplizieren. Der Exponent dieser Potenz heißt das Gewicht des Tensors. (Z. B. ist $\sqrt{g}$ für die vierdimensionale Welt vom Gewicht zwei.) Absolut eichinvariante Größen müssen das Gewicht 0 besitzen.

Der Übergang von der Geometrie zur Physik findet nun in bekannter Weise über das Wirkungsintegral $\int \sqrt{g} W dx$ statt. W muß eine Invariante vom Gewicht -2 sein.

Als ersten Erfolg konnte die Weylsche Theorie verbuchen, daß sich aus den φ_i durch die Operation Rot ein antisymmetrischer Tensor F_{ik} bilden läßt, der die Eigenschaften des elektromagnetischen Feldtensors besitzt, und sich zu einer Invarianten $\frac{1}{2} F_{ik} F^{ik}$ vom Gewicht -2 zusammensetzt. Weitere solche einfache Invarianten zu finden, die mit Hilfe der Variation des Wirkungsintegrals zu den richtigen physikalischen Gesetzen führen, war das Programm der nun folgenden Untersuchungen.

[1] Protokoll über das Examen rigorosum des Herrn Pauli Wolfgang ... Archiv der Ludwig-Maximilians-Universität München.

[2] H. Weyl: Massenträgheit und Kosmos. Naturwiss. **12,** 197–204 (1924).

[3] So äußert sich Einstein am 9. Dezember 1915 in einem Brief an Sommerfeld. A. Einstein/A. Sommerfeld: Briefwechsel. Sechzig Briefe aus dem goldenen Zeitalter der modernen Physik. Basel/Stuttgart: Schwabe Verlag 1968, S. 36.

[4] Das Ergebnis dieser Operation hängt eng mit der Krümmung des Raumes zusammen, die durch den Krümmungstensor $R^h_{i\,jk}$ (auch Riemann-Christoffelscher Tensor genannt) ausgedrückt wird. Nur für den Fall der euklidischen Geometrie wird das Ergebnis einer solchen Parallelverschiebung vom Wege unabhängig.

[5] H. Weyl: Reine Infinitesimalgeometrie. Mathem. Z. **2**, 384–411 (1918). H. Weyl: Gravitation und Elektrizität. Sitzungsberichte der Preußischen Akademie der Wissenschaften 1918, S. 465–478, vorgelegt in der Sitzung vom 2. 5. 1918. Diese Arbeit wurde auch in die Sammlung von Abhandlungen „Das Relativitätsprinzip". [5]Stuttgart 1923, aufgenommen.

[6] Eine ausführliche Darstellung findet man in Paulis Relativitätsartikel [1921] S. 759ff. (siehe Literaturverzeichnis S. 542).

[1] WEYL AN PAULI

Zürich, 10. Mai 1919

Sehr geehrter Herr Pauli!

Es freut mich außerordentlich, Sie als Mitarbeiter begrüßen zu können. Wie Sie es allerdings fertig gebracht haben, sich in so jungen Jahren in den Besitz all der Erkenntnismittel zu setzen und diejenige Freiheit des Denkens zu erwerben, die nötig ist, um sich die Relativitätstheorie zu eigen zu machen, ist mir nahezu unbegreiflich.

Von der 3. Auflage meines Buches[a] habe ich kurz, nachdem ich Herrn Dr. Thirring schrieb, Korrekturbogen erhalten (sie wird vorläufig nur gesetzt; wann sie gedruckt wird und herauskommt, ist noch unbestimmt). Ich schicke an Herrn Thirring die Bogen, welche die, wie ich glaube, endgültige Darstellung der „reinen Infinitesimalgeometrie" enthalten, und den Schluß des Buches, der von ihrer physikalischen Bedeutung (Elektrizität und Gravitation) handelt. Leider kann ich nur ein Exemplar entbehren; aber ich nehme an, daß Sie sich die Abzüge leicht von Herrn Dr. Thirring verschaffen können, wenn Sie sie einsehen wollen.

Darin glaube ich, ist die Frage, welche Größen bei einem beliebigen Wirkungsprinzip als Strom und Energie-Impuls einzuführen sind, klar beantwortet. Die von Ihnen angegebenen Invarianten habe ich natürlich keineswegs übersehen; man stößt ja zuerst auf sie, wenn man von der Einsteinschen Theorie herkommt. Zu den vier von Ihnen erwähnten füge ich als fünfte noch $R_{iklm} R^{ilmk}$ [b]. Läßt sich jede aus den Krümmungskomponenten R quadratisch aufgebaute Invariante vom Gewichte -2 linear aus diesen 5 zusammensetzen? Ich habe es nicht explizite geprüft; die Frage läßt sich aber sicher leicht, wenn auch mit einigem Aufwand an Rechnung entscheiden. A. a. O. betrachte ich auch gerade die Invariante R^2; ich finde, daß man dabei ganz zwangsläufig auf das kosmologische Glied kommt. Die Bemerkungen über die Normierung $R =$ const. daselbst werden Sie mit den Ihren in Einklang finden. Viel Kopfzerbrechen hat mir die Aufstellung der mechanischen Gleichungen für ein materielles Teilchen bereitet. Gerade um darin Klarheit zu gewinnen, habe ich zunächst die Untersuchung des Wirkungsprinzips $R_{iklm} R^{iklm}$ fallen gelassen und habe statt dessen einerseits versucht, ganz allgemein gültige Konsequenzen meiner Theorie zu ziehen, andrerseits das am leichtesten zu diskutierende und den Anschluß an Maxwell-Einstein unmittelbar darbietende R^2 vorgenommen. Da werde ich also zum Teil mit Ihren Ergebnissen zusammentreffen. In der Arbeit in den Annalen der Physik[c] habe ich auch gerade für diesen einfachsten Fall das Elektron-Problem formuliert[d], ohne es lösen zu können (ich habe die Elimination nicht einmal so weit bewerkstelligt, wie es Ihnen gelungen ist: auf eine einzige Gleichung 3. Ordnung – wenn ich auch durch eine Quadratur das Problem von der 4. auf die 3. Ordnung erniedrigte).

Publizieren Sie nur Ihre Resultate in der Ihnen angemessen scheinenden Form[e]; eine Kollision in dem einen oder andern Punkte ist ja schließlich kein Unglück. Von der Annalenarbeit habe ich noch nicht einmal Korrektur; wer weiß, wann die herauskommt! Sie enthält aber außer demjenigen, was ich in die beiden letzten §§ des Buches aufgenommen habe, nur noch die Formulierung des Elektronproblems.

Zu der Frage der Ungleichwertigkeit von positiver und negativer Elektrizität bemerke ich dies: Ist die in das Wirkungsintegral eingehende Invariante rational aus den g_{ik}, φ_i und deren Ableitungen gebildet, so ist die Ladung eines Körpers unabhängig von jeder Maßeinheit inkl[usive] des Vorzeichens bestimmt, sofern in dem Weltkanal, den der Körper durchfegt, ein bestimmter Durchlaufungssinn Vergangenheit $\rightarrow$ Zukunft ausgezeichnet ist. Die Ungleichwertigkeit der Elektrizitäten wäre also auf die Ungleichwertigkeit von Vergangenheit und Zukunft zurückgeführt, die freilich in den „Weltgesetzen" nicht zum Ausdruck kommt[f]. Aber wie dies Problem einmal zu lösen ist, davon wissen wir ja heute noch gar nichts. Ich halte es für keineswegs ausgeschlossen, daß in der Materie doch noch etwas prinzipiell Anderes drin steckt als ein bloßer „Knoten" des gravi-elektromagnetischen Feldes. Sie müssen mich nicht für so einen Dogmatiker halten, daß ich glaubte: jetzt sei der Stein der Weisen endgültig gefunden. – Zieht man auch Wirkungsinvarianten in Betracht, die nicht rational gebildet sind, sondern etwa mit einer Quadratwurzel, so kann die Ungleichwertigkeit der Elektrizitäten natürlich auch unabhängig von Vergangenheit und Zukunft herauskommen.

Von meiner Arbeit in den Berliner Berichten[g] habe ich leider keine Separata mehr (sie sind überhaupt vergriffen); die in der Zeitschrift für Mathematik veröffentlichte[h] lege ich Ihrem Wunsche gemäß bei, obschon ich sie jetzt zu Gunsten der verbesserten Darstellung in der 3. Auflage von R[aum]-Z[eit]-M[aterie][a] gern unterdrücken möchte.

Es würde mich sehr freuen, wenn der Weg Ihrer Studien Sie einmal nach Zürich führen sollte. Wenn Sie schon jetzt in die Schweiz kommen wollten, so wäre es, glaube ich, nicht so schwer, Ihnen von hier aus die Einreisebewilligung zu verschaffen.

Mit den besten Grüßen Ihr ergebener

H. Weyl

[a] H. Weyl: Raum-Zeit-Materie. [3]Berlin: Springer 1920. [b] In seiner zweiten Arbeit vom Juni 1919 (1919b) zeigte Pauli, daß jede Invariante $R_{iklm} R^{i'k'l'm'}$ ($i'k'l'm'$ sei eine bestimmte Permutation der $iklm$) linear durch die 4 Invarianten $R_{iklm} R^{iklm}$, $R_{ik} R^{ik}$, R^2 und $F_{ik} F^{ik}$ ausgedrückt werden kann. Insbesondere gilt

$$R_{iklm} R^{ilmk} = -\frac{1}{2} R_{iklm} R^{iklm}.$$

Weitere, rational aus den Komponenten des Krümmungstensors gebildete Invarianten vom Gewicht – 2 treten in der Weylschen Theorie nicht auf. [c] H. Weyl: Eine neue Erweiterung der Relativitätstheorie. Ann. d. Physik. **59**, 101 – 133 (1919). Eingegangen 7. Januar 1919. [d] Es handelt sich hierbei um die

Suche nach kugelsymmetrischen, statischen Lösungen der aus dem Wirkungsprinzip gewonnenen Feldgleichungen, die nirgends singulär sind. [e] Pauli veröffentlichte seine Ergebnisse wenig später in der Physikalischen Zeitschrift (1919b). [f] Vergleiche hierzu die Fußnote auf S. 462 von Paulis Veröffentlichung (1919b). Dort verweist Pauli auf diese briefliche Mitteilung Weyls. [g] H. Weyl: Gravitation und Elektrizität. Sitzungsberichte der Preußischen Akademie der Wissenschaften 1918. S. 465–478, sowie die Diskussion Weyl-Einstein: S. 478–480. Vorgelegt am 2. Mai 1918. [h] H. Weyl: Reine Infinitesimalgeometrie. Math. Z. **2,** 384–411 (1918).

[2] Weyl an Pauli

Zürich, 9. Dezember 1919

Sehr geehrter Herr Pauli!

Vielen Dank für die Korrekturbogen[a] und Ihre Arbeit[b] aus der Physikalischen Zeitschrift! Nehmen Sie mir bitte mein allzu langes Stillschweigen nicht gar so übel. Mir ist aller schriftlicher Verkehr mit Menschen ein Greuel; zudem war ich die letzte Zeit mit ganz andern Dingen beschäftigt, logischen Grundlagen der Analysis, und durch schwankenden Gesundheitszustand gehemmt.

Über Ihr Ergebnis, daß das Einsteinsche Feld eines „Massenpunktes" auch eine strenge Lösung der zur Wirkungsgröße $R_{iklm} R^{iklm}$ gehörigen Feldgleichungen ist, freue ich mich natürlich[c]. – Die Überbestimmtheit des statischen Falls finde ich gleichfalls eher erfreulich als beunruhigend. Ich finde, nur der *statisch-kugelsymmetrische* hat einen physikalischen Sinn (eine wirklich statische Lösung kann doch nur kugelsymmetrisch sein), und da verschwindet die Überbestimmtheit. Mir scheint also, man darf es von strengen Feldgleichungen gar nicht anders erwarten. Die Wesensverschiedenheit der beiden Elektrizitäten[d] kann in der Mieschen Theorie durch eine Wurzel z. B. $\sqrt{\varphi_i \varphi_i}$ so hineinkommen: man setzt jene Wurzel im statischen Fall, gemäß dem Prinzip der analytischen Fortsetzung, $=\varphi_0$ *und nicht etwa* $=|\varphi_0|$ (ich nehme $ds^2 = dx_0^2 - dx_1^2 - dx_2^2 - dx_3^2$). In einem wenig davon abweichenden nicht-statischen Feld kann dann unmöglich überall $\varphi_i \varphi^i > 0$ sein; man müßte das genauer diskutieren. Jedenfalls wird bei vieldeutigen Funktionen im Wirkungsprinzip darunter ein einzelner analytischer Zweig zu verstehen sein, dessen Auswahl *nicht* koordinaten-invariant ausfallen *kann*. Warum sollte das in meiner Theorie ausgeschlossen sein? Sehen wir aber jetzt von einer solchen möglichen Vieldeutigkeit ab! Hat man ein isoliertes System, das einen Weltkanal durchfegt, so ist seine Ladung e gleich dem Fluß der Vektordichte $\mathfrak{E}^i$ durch irgendeinen Querschnitt S des Kanals:

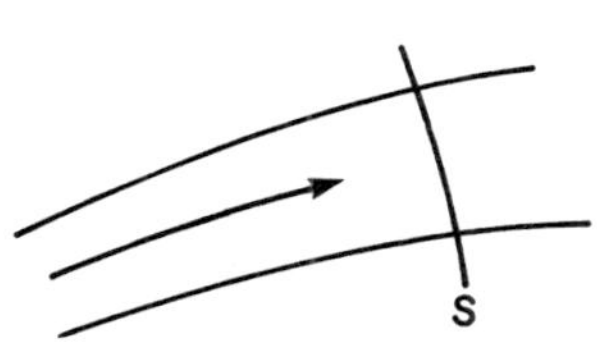

e ist eine absolut bestimmte Zahl, sobald im Kanal ein bestimmter Strömungssinn (Vergangenheit → Zukunft) festgelegt ist. Das meinte ich mit meiner Behauptung, daß das Vorzeichen der Ladung abhängig ist von der Unterscheidung zwischen Vergangenheit und Zukunft. Ihren Wesensunterschied halte ich, im Gegensatz zu den meisten Physikern, für eine Tatsache von noch viel fundamentalerer Bedeutung als den Wesensunterschied zwischen positiver und negativer Elektrizität. Trotzdem kann die moderne Physik darin Recht haben, daß er in der „Gesetzes-" oder „Feld-Physik" keine Stelle findet. Denn ich bin fest überzeugt davon, daß die Statistik etwas prinzipiell selbstständiges gegenüber der Kausalität, dem „Gesetz" ist; weil es überhaupt widersinnig ist, sich ein Kontinuum als etwas fertig-Seiendes vorzustellen. Die Feldphysik, denke ich mir, spielt wirklich nur die Rolle der „Weltgeometrie"; in der Materie steckt noch etwas Anderes, Reales darin, das nicht kausal faßbar ist, sondern vielleicht unter dem Bilde „selbständiger Entscheidungen" zu denken ist, und dem wir in der Physik durch die Statistik Rechnung tragen. Es ist gut möglich, daß wir diesem den Wesensunterschied zwischen Vergangenheit und Zukunft, zwischen positiver und negativer Elektrizität überlassen müssen; daß er in der Feldphysik also noch keinen Platz findet. Dies sind *Andeutungen*, deren genauere Ausführung allzu viel Raum einnehmen müßte.

Ich bin mit Ihnen darin einverstanden, daß sich die Berechtigung, einen Erhaltungssatz $\frac{\partial \gamma_i^k}{\partial x_k} = 0$ als Energie-Impulssatz anzusprechen, ausweisen muß dadurch, daß er für ein materielles Teilchen die mechanischen Gleichungen ergibt. Ihre im letzten Brief mitgeteilte Herleitung derselben erscheint mir aber nicht als zwingend.

Daß man die Felder im Innern des Elektrons nicht messen könnte[e], kann doch wohl nur besagen: Verschiedenheiten im Innern des Elektrons können niemals solche Veränderungen des Weltablaufs kausal bedingen, die sich zu unmittelbar wahrnehmbarer Größenordnung auswachsen. Sobald nämlich solche Effekte eintreten, kann ich sie zur „Messung" jener inneren Verschiedenheiten benutzen. Warum aber soll das nicht geschehen! Ich glaube z. B., daß der Umstand, daß das Elektron in den stationären Bohrschen Bahnen nicht strahlt, Anzeichen einer durch die Beschleunigung hervorgerufenen inneren Veränderung des Elektrons ist, die es befähigt, seine Energie bei sich zu behalten; denn warum sollte es sich auch bei nicht-quasistationärer Beschleunigung verhalten wie eine starre Kugel mit starrer Ladung?

Mit bestem Dank und Gruß Ihr ergebener

H. WEYL

[a] Es handelt sich hier um die Korrekturen für Paulis kurz vorher eingereichte Arbeit (1919c). [b] Pauli: (1919b). [c] Hermann Weyl hatte in seinem Bericht Gravitation und Elektrizität (siehe Fußnote 5 des vorangehenden Begleittextes) darauf hingewiesen, daß die Einsteinschen Gravitationsgleichungen – bei Abwesenheit von elektromagnetischen Feldern – nicht als Grenzfall in den seinen enthalten waren. Pauli

zeigte daraufhin (1919b), daß von den genannten 4 Invarianten nur die aus $R_{iklm}R^{iklm}$ gebildete Weltfunktion, welcher Weyl den Vorzug gab, nicht zu den Einsteinschen Gleichungen führt. Ebenso wies er nach, daß die Lösung der Einsteinschen Gleichung (Einstein-Feld) eine strenge spezielle Lösung der Weylschen Differentialgleichungen darstellt. [d] Als schwerwiegendsten Mangel hat Pauli die Invarianz der Weylschen Gleichungen gegenüber einer Vertauschung des Ladungsvorzeichens angesehen. Dadurch wurde die in der Natur realisierte Asymmetrie zwischen dem leichten Elektron und dem schweren Proton nicht beschrieben. [e] Siehe dazu Paulis Schlußbemerkung in (1919c). S. 749f. Auch nach dem Referat Weyls auf der Naturforscherversammlung in Bad Nauheim am 19. September 1920 hat Pauli dieses Thema wieder aufgegriffen. Vgl. den Kommentar S. 21.

Von der Immatrikulation am 4. Oktober 1918 bis zur mündlichen Doktorprüfung am 25. Juli 1921 verbrachte Wolfgang Pauli sechs Semester, die von der Promotionsordnung vorgeschriebene Mindeststudienzeit, an der Ludwig-Maximilians-Universität.

Die Vorlesungen Sommerfelds wurden von ihm regelmäßig belegt[1] – von einem regelmäßigen Besuch kann nicht die Rede sein. Am eigentlichen wissenschaftlichen Leben des Instituts – den Seminaren und den fast täglichen, oft Stunden dauernden Gesprächen im engeren Kreis der Mitarbeiter – hat er aber immer teilgenommen, engagiert wie kaum ein anderer. Hauptdiskussionsgegenstand war der Aufbau der komplizierteren atomaren Systeme.

Im zweiten Teil seiner Abhandlungen über Atombau aus dem Jahre 1913[2] hatte Niels Bohr bereits ein Modell für die Struktur der Elemente mit mehreren Elektronen vorgeschlagen. Die Elektronen sollten sich, in konzentrischen Ringen angeordnet, um den Kern bewegen, wobei jedem Elektron unabhängig von seiner Bahn der Drehimpuls $h/2\pi$ zugeordnet wurde. Dieses Modell gestattete Arnold Sommerfeld 1916[3] die Termschemata der optischen Spektren durch Berücksichtigung der Wechselwirkung der Ringe untereinander theoretisch zu interpretieren.

Auch bei der Deutung der Röntgenspektren erwies sich das Ringmodell als nützlich. Aufschlüsse über die Anzahl der Ringe sowie ihre jeweilige Besetzung durch Elektronen konnten aus den beobachteten Spektren gewonnen werden. Insbesondere behandelte Sommerfeld den Fall von zwei koplanaren Elektronenringen[4]. Seine Ergebnisse wurden von Alfred Landé in einer Arbeit über die Wechselwirkung von mehreren Elektronenringen[5] teils bestätigt, teils ergänzt.

Diese Arbeit übersandte Landé zur Begutachtung an Sommerfeld. Landé hatte 1914 bei Sommerfeld promoviert und sich erst kürzlich – im Sommer 1919 – bei Max Born in Frankfurt habilitiert[6].

Es entsprach dem Stil Sommerfelds, seine Studenten von Anfang an mit den aktuellen Problemen zu konfrontieren. So gab er den Sonderdruck[5] an Wolfgang Pauli weiter und bat um Meinungsäußerung.

[1] Kollegienbuch der Universität München (PLC).

[2] N. Bohr: On the Constitution of Atoms and Molecules. Phil. Mag. **26,** 476 – 502 (1913). Die berühmten Arbeiten Bohrs wurden mehrfach nachgedruckt, zuletzt in Niels Bohr: Collected Works. Vol. 2. Work on Atomic Physics (1912 – 1917). Amsterdam: North-Holland Publishing Company 1977.

[3] A. Sommerfeld: Zur Quantentheorie der Spektrallinien, Ergänzungen und Erweiterungen. Sitzungsberichte der Mathemat.-physikal. Klasse der Königl.-Bayerischen Akademie der Wissenschaften zu München. München 1916, S. 131 – 182. Auch in: Gesammelte Schriften. Bd. III, S. 326 – 377.

[4] A. Sommerfeld: Atombau und Röntgenspektren. I. Teil. Physik. Z. **19,** 297–307 (1918). Auch in: Gesammelte Schriften. Bd. III, S. 459–569.
[5] A. Landé: Adiabatenmethode zur Quantentheorie gestörter Elektronensysteme. Verhandlungen der Deutschen Physikalischen Gesellschaft **21,** 578–584 (1919). Eingegangen am 11. Juli 1919.
[6] P. Forman: Alfred Landé and the Anomalous Zeeman Effect, 1919–1921. Historical Studies in the Physical Sciences **2,** 153–261 (1970).

[3] Pauli an Landé

[München, 18. Dezember 1919]

Sehr geehrter Herr Dr. Landé!

Auf Veranlassung von Herrn Geheimrat Sommerfeld habe ich Ihre Arbeit über die Berücksichtigung der Wechselwirkung von Kreisbahnen bei ihrer Quantelung mit Hilfe der Adiabatenhypothese genauer studiert. Ich habe gefunden, daß man viel einfacher zum Ziel kommt, wenn man nicht wie Sie die kinetische Energie als Funktion der a aus der Gleichgewichtsbedingung entnimmt, sondern die Impulsmomente einführt und die Gleichgewichtsbedingung in der Hamiltonschen statt in der Lagrangeschen Form schreibt

$$H_k(p_k, a_k) = \frac{p_k^2}{2ma_k^2} + U_k$$

$$\frac{\partial}{\partial a_k}\Big(H_k + \sum_{j\neq k} V_{jk}\Big) = 0. \tag{1}$$

Ihre Bedingung

$$dW_k + \frac{\partial}{\partial a_k}\Big(\sum_{j\neq k} V_{jk}\Big) da_k = 0 \tag{3}$$

sagt dann nichts anderes aus als die adiabatische Invarianz des Impulsmomentes. Es ist nämlich

$$dW_k = dH_k = \frac{\partial H_k}{\partial a_k} da_k + \frac{\partial H_k}{\partial p_k} dp_k,$$

also wird (3)

$$\left[\frac{\partial \mathrm{H}_k}{\partial \mathrm{a}_k} + \frac{\partial}{\partial a_k}\sum_{j\neq k} V_{jk}\right] da_k + \frac{\partial H_k}{\partial p_k} dp_k = 0,$$

also zufolge (1)

$$dp_k = 0.$$

Damit erübrigt sich auch Ihre längere Untersuchung, ob Ihre Gleichung (3) integrabel ist.Man wird vielmehr unmittelbar auf die Sommerfeldsche Vorschrift geführt, die hiermit auch vom Standpunkt der Adiabatenhypothese gerechtfertigt ist: Man ermittle die Ringradien aus den Gleichgewichtsbedingungen (1) als Funktion der Impulsmomente p_k und setze diese gleich den ungestörten Werten, d. h. gleich $n_k \frac{h}{2\pi}$.

Mit den besten Grüßen Ihr ergebener

Pauli

Sommerfeld ging nun unter dem gleichen 18. Dezember 1919 auf die Zusendungen Landés ein und fügte seiner Antwort den Brief Paulis [3] bei. In dem Schreiben Sommerfelds an Landé heißt es: „Die ... Bemerkung von Hn. Pauli bestätigt mich in dem allgemeinen Eindruck, ob Sie nicht doch ein wenig zu schnell publizieren, bevor Sie den vollen Überblick über Ihre Resultate haben. Ich habe noch immer gute Erfahrungen damit gemacht, wenn ich ein Resultat ein halbes Jahr reifen ließ. Pauca sed Matura! Mit den Prioritäten ist's nicht so gefährlich.“[1]

Im Winterhalbjahr 1919/20 belegte Pauli außer den Veranstaltungen Sommerfelds eine Vorlesung von Peter Paul Ewald über die Dynamik der Kristallgitter, die wohl in Anlehnung an das Standardwerk von Max Born[2] abgehalten wurde. Bei dieser Gelegenheit dürfte Pauli den in dem Brief [4] genannten Verbesserungsvorschlag gemacht haben. Der weitere Inhalt des Briefes bezieht sich auf die Arbeiten Paulis zur Allgemeinen Relativitätstheorie.

Die Anregung zur Beschäftigung mit der Festkörperphysik griff Pauli nicht auf, wie er überhaupt während seines ganzen Lebens Themen aus diesem Gebiet selten behandelt hat[3]. Zur Kooperation mit Born kam es erst im Herbst 1921, als Pauli in München promoviert und Born das Ordinariat in Göttingen übernommen hatte.

1 Vgl. dazu Paul Forman a. a. O.
2 M. Born: Dynamik der Kristallgitter. Leipzig: G. B. Teubner 1915.
3 Vgl. Casimir und Peierls im Wolfgang Pauli Memorial Volume, S. 137–139 und S. 140–160. Pauli interessierte sich jedoch nur für die fundamentalen Probleme. Seine Theorie des Paramagnetismus (1927a) hat bekanntlich den ersten Anstoß zur modernen Elektronentheorie der Metalle gegeben. Als ihm sein späterer Assistent Rudolf Peierls eine Rechnung über den Restwiderstand durch Verunreinigungen vorlegte, schrieb Pauli: „Ich halte es für schädlich, wenn die jüngeren Physiker sich an die Größenordnungsphysik gewöhnen. Der Restwiderstand ist ein Dreckeffekt, und im Dreck soll man nicht wühlen.“

[4] Born an Pauli

Frankfurt, 23. Dezember 1919

Sehr geehrter Herr Pauli!

Meine Antwort an Ewald, die dieser Ihnen wohl gezeigt hat, wird Ihnen schon bewiesen haben, daß ich mich über Ihre Mitteilung sehr gefreut habe. Die von Ihnen gebrauchte Umsummierung habe ich für den Fall der Oberflächenenergie (Kapillarkonstante) selbst schon angewandt, aber nicht bemerkt, daß sie auch bei den Spannungskomponenten gebraucht werden kann. Ich nehme mit Ihrer Erlaubnis diese Überlegung in den Enzyklopädieartikel auf[a]; wollen Sie aber nicht irgendwo kurz publizieren?

Ihre Arbeit in dem neuen Hefte der Verhandlungen der Deutschen Physikalischen Gesellschaft über die Weylsche Theorie habe ich mit großem Interesse gelesen; allerdings bin ich augenblicklich nicht ganz in den Formeln der Relativitätstheorie zu Hause, weil ich monatelang nicht daran gedacht habe, aber den Sinn Ihrer Betrachtungen habe ich verstanden. Besonders interessiert hat mich Ihre Bemerkung am Schlusse, daß Sie die Anwendung der Kontinuumstheorie auf das Innere des Elektrons für sinnlos halten, weil es sich dabei um prinzipiell nicht beobachtbare Dinge handelt. Gerade diesen Gedanken verfolge ich seit längerer Zeit, allerdings bisher ohne positiven Erfolg, nämlich, daß der Ausweg aus allen Quantenschwierigkeiten von ganz prinzipiellen Punkten aus gesucht werden muß: man darf die Begriffe des Raumes und der Zeit als eines 4-dimensionalen Kontinuums nicht von der makroskopischen Erfahrungswelt auf die atomistische Welt übertragen, diese verlangt offenbar eine andere Art von Zahlenmannigfaltigkeit als adäquates Bild. Aber wie das zu machen wäre, davon habe ich keine Ahnung. Ich bin zwar noch nicht alt, aber schon zu alt und belastet, als daß mir so etwas einfallen könnte. Das ist Ihre Aufgabe; nach allem, was ich von Ihnen höre, sind Sie für solche Probleme berufen.

Wenn Sie aber vorläufig in den Niederungen der gewöhnlichen Physik wandern wollen, so empfehle ich Ihnen sehr ein Problem, das an eine eben erschienene Arbeit von Stern und mir anknüpft, die ich Ihnen gleichzeitig schicke[b]. Man soll beweisen, daß die Oberflächenenergie der Würfelfläche des NaCl-Kristalls (gegen das Vakuum und beim absoluten Nullpunkte) kleiner ist als die irgend einer anderen Fläche. Das Problem erfordert, glaube ich, ein ziemlich tiefes Studium der Potentiale von Halbgittern; da können vielleicht die Methoden von Ewald[c] von Vorteil sein. Ich muß allerdings gestehen, daß ich bisher immer das Verfahren von Madelung zur Berechnung von Gitterpotentialen bequemer und anschaulicher gefunden habe.

Ich würde mich sehr freuen, wenn Sie uns einmal hier besuchen oder gar einige Zeit mit uns arbeiten würden. Wenn auch alle Verhältnisse hier enger sind wie in München, so haben wir doch einige Spezialitäten von anderer Art wie dort.

Mit den besten Grüßen an Sommerfeld, Ewald und alle andern Kollegen.

Ihr sehr ergebener

M. Born

[a] M. Born: Atomtheorie des festen Zustandes (Dynamik der Kristallgitter), in: Enzyklopädie der mathematischen Wissenschaften, Bd. V, 3. S. 526 – 781. Leipzig: B. G. Teubner 1923 (Ausgabedatum 24.

Oktober 1923). Hier die Fußnote auf S. 545, in der Born auf Paulis Mitteilung Bezug nimmt. [b] M. Born und O. Stern: Über die Oberflächenenergie der Kristalle und ihren Einfluss auf die Kristallgestalt. Sitzungsberichte der Preußischen Akademie der Wissenschaften. S. 901 – 913 (1919). Mitteilung vom 13. November. [c] P. P. Ewald veröffentlichte seine bekannte Methode zur Berechnung von Gitterpotentialen erst im folgenden Jahr: Die Berechnung optischer und elektrostatischer Gitterpotentiale. Ann. Phys. **64,** 258 – 287 (1921). Eingegangen am 7. August 1920.

Auf Vorschlag Sommerfelds, der damals als Vorsitzender der Deutschen Physikalischen Gesellschaft amtierte, wurde – am 14. November 1919 – Wolfgang Pauli Mitglied der Gesellschaft[1]. Vermutlich ebenfalls auf Veranlassung Sommerfelds sandte Pauli sein Referat über „Merkurperihelbewegung und Strahlenablenkung in Weyls Gravitationstheorie“ (1919c) an die Zeitschrift der Gesellschaft, die „Verhandlungen“. Hier lautet die wichtige Stelle, auf die Born in seinem Brief [4] einging: „Wir operieren in Weyls Theorie fortwährend mit der Feldstärke im Innern des Elektrons. Für den Physiker ist diese aber nur als die Kraft auf einen Probekörper definiert, und da es keine kleineren Probekörper gibt als das Elektron selbst, scheint der Begriff der elektrischen Feldstärke in einem mathematischen Punkte eine leere, inhaltslose Fiktion zu sein. Man möchte doch gern daran festhalten, in die Physik nur prinzipiell beobachtbare Größen einzuführen. Sollten wir überhaupt mit den Kontinuumstheorien für das Feld im Innern des Elektrons auf einer falschen Fährte sein?“[2]

Es liegt nahe, bei diesen Worten an einen Einfluß des Positivismus zu denken. Über Paulis Vater bestand eine enge persönliche Beziehung zu Ernst Mach. Mach war Taufpate und gab – während der Gymnasialjahre – Ratschläge für die wissenschaftliche Lektüre[3].

Ganz sicher war der reife Pauli kein Positivist. „Wenn ich darüber nachdenke, wo eine Theorie verbesserungsbedürftig ist“, schrieb er am 27. Januar 1955 an Erwin Schrödinger, „gehe ich nie von Betrachtungen über Meßbarkeit aus, sondern von solchen Folgerungen aus der Theorie, wo die Mathematik nicht stimmt (wie Unendlichkeiten oder Divergenzen).“[4]

Auch der junge Pauli war wohl kein Positivist und viel stärker von Einstein als von Mach beeinflußt. Als Pauli bei der Naturforscherversammlung 1920 diese Problematik erneut aufgriff, wandte er sich direkt an Einstein (vgl. S. 21).

[1] Verhandlungen der Deutschen Physikalischen Gesellschaft. Jg. **21,** 795 (1919).
[2] (1919c), S. 749f.
[3] Brief von Ernst Mach an Wolfgang Pauli (Vater) vom 12. Januar 1914 (PLC).
[4] PLC

II. Das Jahr 1920

„Relativitätsartikel" und erste Arbeiten zur Atomphysik

[5]	Pauli an Oppenheim (MSD)	München	7. Mai 1920
[6]	Pauli an Landé	[München]	12. Mai [1920]
[7]	de Sitter an Pauli	Arosa	25. Mai 1920
[8]	Schrödinger an Pauli	Jena	12. Jul. 1920

Felix Klein, der große Mathematiker und Wissenschaftsorganisator, hatte seit 1894 das Riesenprojekt der „Encyklopädie der Mathematischen Wissenschaften" in Gang gebracht, eine umfassende Bestandsaufnahme der Mathematik als einzigartiger Kulturleistung des Menschen. Offiziell ein Werk des Kartells der deutschen Akademien, das bis 1935 schließlich auf 24 Einzelbände anwuchs, war es tatsächlich nur dadurch zur realisieren, daß sich Klein für drei Jahrzehnte in den Dienst des Unternehmens stellte. Die Mathematische Enzyklopädie beschränkt sich nicht, bezeichnend für die Auffassung Kleins, auf die reine Mathematik, sondern behandelt auch die Geodäsie, die Astronomie und die theoretische Physik.

Seinen Interessen entsprechend behielt sich Klein die Herausgabe der „Mechanik" (Band IV) selbst vor, während er die Physik (Band V) seinem Freund und ehemaligem Schüler Arnold Sommerfeld anvertraute. Nach der ursprünglichen Disposition sollte der Artikel über Relativitätstheorie von Albert Einstein geschrieben werden; als dieser absagte, wollte Sommerfeld die Arbeit selbst übernehmen. Er bat Pauli um seine Hilfe[1].

Der erste Entwurf beeindruckte Sommerfeld so sehr, daß er nun Pauli das gesamte Referat übertrug. Nachdem es Sommerfeld gelungen war, wie er mit Stolz in der „Vorrede" schrieb, „für Band V die hervorragendsten Forscher, zum Teil die eigentlichen Schöpfer der zu bearbeitenden Gebiete als Berichterstatter zu gewinnen"[2], kommt darin ein geradezu unerhörtes Vertrauen in die Fähigkeiten eines Studenten im 3. Semester zum Ausdruck.

Wie für Band V (im Rahmen der theoretischen Physik also) der Artikel „Relativitätstheorie" vorgesehen war, sollte auch in Band VI (im Rahmen der Astronomie) ein Abschnitt über „Gravitation und Relativitätstheorie" erscheinen. Dafür war Friedrich Kottler gewonnen worden[3]. Der Brief [5] ist an Samuel Oppenheim gerichtet[4], den Herausgeber des astronomischen Teils von Band VI der Enzyklopädie.

[1] Vgl. A. Sommerfeld: Some Reminiscenses of my Teaching Career. American Journal of Physics **12**, 315 – 316 (1949).

[2] A. Sommerfeld: Vorrede zum fünften Bande. Encyklopädie der mathematischen Wissenschaften . . . Bd. V, 1. Leipzig: B.G. Teubner 1903 – 1921, S. V.

[3] F. Kottler: Gravitation und Relativitätstheorie. Encyklopädie der mathematischen Wissenschaften. Bd. VI, 2, 2. Hälfte. S. 159 – 237. Leipzig: B. G. Teubner 1922 (Ausgabedatum 18. September 1922).

[4] Der Brief nennt keinen Adressaten. Aus einem Brief Kottlers vom 31. Mai 1920 an Sommerfeld geht hervor, daß es sich um Samuel Oppenheim handelt. Dazu stimmt ein Brief von Felix Klein an

Sommerfeld vom 14. Mai 1920, in dem es heißt: „Die Schriften von Pauli und sein Brief an Oppenheim, die ich eben von Ihnen erhalte, machen einen sehr guten Eindruck. In die Verständigung zwischen Pauli und Kottler will ich hier nicht weiter hineinreden.“

[5] Pauli an Oppenheim

München, 7. Mai 1920

[Maschinenschriftlicher Durchschlag]

Sehr geehrter Herr Professor!

Herr Geheimrat Sommerfeld hat mir Ihren Wunsch, genaueres vom Artikel über Relativitätstheorie des physikalischen Bandes der Enzyklopädie zu erfahren, übermittelt und ich teile Ihnen deshalb dessen Disposition mit:

I. Kritische Besprechung der Grundlagen der speziellen Rel[ativitäts]theorie.

II. Mathematische Hilfsmittel (Tensorkalkül, Variationssätze).

III. Weiterer Ausbau der speziellen Rel[ativitäts]theorie (Anwendungen auf Elektrodynamik, Mechanik, etc.).

IV. Grundlagen der allgemeinen Rel[ativitäts]theorie. (Äquivalenzhypothese, Allgemeines über das Verhalten von Maßstäben und Uhren, Bewegung von Massenpunkt und Lichtstrahl, Einfluß des Gravitationsfeldes auf materielle Vorgänge.)

V. Einsteins Feldgleichungen der Gravitation und ihre Konsequenzen. (Verschiedene Ableitungen derselben, Anwendungen auf spezielle Fälle. Merkurperihelbewegung, Strahlenablenkung, Einsteins näherungsweise Integration, Relativität der Zentrifugalkräfte, Gravitationswellen. Energie des Gravitationsfeldes.)

VI. Kosmologisches.

VII. Theorien über die Natur der elektrischen Elementarteilchen. (Poincaré, Mie, Weyl, Einstein.)

Eine Kollision mit Herrn Kottlers Artikel wird sich bei Besprechung der allgemeinen Grundlagen der Relativitätstheorie kaum vermeiden lassen, dagegen könnte in folgenden Punkten eine Vereinbarung getroffen werden: a) Ich hatte die Absicht im Abschnitt III. auch die Versuche von Poincaré u. a., die Gravitation unter die spezielle Re[lativitäts]theorie einzuordnen, etwas näher auszuführen. Da Herr Kottler sie aber nach Ihren Mitteilungen ohnehin eingehend behandeln wird, werde ich mich kurz fassen. b) Ich möchte fragen, ob Herr Kottler auch die Nordströmsche Theorie erwähnen wird. Es würde genügen, wenn in einem der beiden Artikel darüber etwas stünde. Gern würde ich mit Herrn Kottler diesbezüglich etwas vereinbaren.

c) Auch was Einsteins kosmologische Betrachtungen anlangt, ließe sich vielleicht eine Arbeitsteilung erzielen.

Es wäre vielleicht gut, wenn in beiden Artikeln dieselbe Bezeichnungsweise verwendet würde und ich möchte da folgende Vorschläge machen:

1) Dem Linienelement ds^2 auch in der allgemeinen Rel[ativitäts]theorie 3 positive und 1 negatives (und nicht, wie es viele Autoren tun, 1 positives und 3 negative) Vorzeichen zu geben.
2) Die Koordinaten nach dem Vorgang von Hessenberg mit $x^1, \ldots x^4$ (statt mit $x_1, \ldots x_4$) zu bezeichnen.
3) Statt $\left\{ {rs \atop i} \right\}$ und $\left[{rs \atop i} \right]$ immer nur Γ^i_{rs} und $\Gamma_{i,rs}$ zu schreiben und diese Größen die geodätischen Komponenten (des betreffenden Koordinatensystems) zu nennen.

Ich möchte Sie bitten, diese Vorschläge Herrn Kottler mitzuteilen, es wird wohl das beste sein, wenn ich mich dann mit ihm direkt ins Einvernehmen setze.

Ihr sehr ergebener

PAULI

Der Brief Paulis [5] ist mit einer Nachbemerkung Sommerfelds versehen: „Sehr geehrter Herr College! Der Vorschlag 2) von Herrn Pauli ist mir an sich nicht gerade sympathisch, ich sehe aber seine Vernünftigkeit ein. Wenn wir innerhalb der Enc[yklopädie] Einigung zustande bringen (mit Herrn Kottler und Klein), so können wir diese Änderung wohl verantworten. Dahin gehört auch der Vorschlag von Klein (autograph[ierte] Vorles[ung] über Invariantenth[eorie]) die Bezeichnungen covariant und contravariant gegenüber Einstein umzukehren."

Dem folgenden Brief [6] war eine längere Korrespondenz zwischen Landé und Sommerfeld vorausgegangen. Sommerfeld war es bisher nicht gelungen, in dem empirischen Ausdruck für das relativistische L-Dublett im Röntgengebiet

$$\Delta \nu_l = \frac{N\alpha^2}{2^4}(Z-z)^4$$

(N Rydbergsche Zahl, α Feinstrukturkonstante, Z Kernladungszahl) den Kernladungsdefekt $z=3{,}5$ aus seiner relativistischen Theorie abzuleiten[1]. Er versuchte nun, sein Modell zu erweitern: Elektronenringe mit verschiedenen Besetzungszahlen, Ellipsenbahnen (der sogenannte „Ellipsenverein") und gegeneinander geneigte Bahnen wurden betrachtet.

Auch Alfred Landé bemühte sich, die richtigen Atommodelle zu finden, und war deshalb mit diesen Problemen gut vertraut[2]. So wies er auf mehrere „Schwierigkeiten" hin, die der Durchführung der Sommerfeldschen Vorstellungen entgegenstanden. Am 5. Mai 1920 schrieb Sommerfeld an Landé: „Ihre Schwierigkeiten . . . kann ich beim besten Willen nicht verstehen, trotzdem ich lange, auch zusammen mit Pauli, darüber nachgedacht habe . . . Aber auch Ihr Einwand mit der potentiellen Energie scheint mir nicht stichhaltig. Wie wollen Sie denn beim H-Modell die potentielle Energie zwischen Kern und Elektron bei der Elektronen-Masse in Rechnung setzen? Wenn Sie die potentielle Energie der Ringelektronen in die Masse einführen, so dürfen Sie die des Kerns nicht ausschließen. Ich bleibe dabei, daß die Elektronenmasse mit $m_0/\sqrt{1-\beta^2}$ richtig angesetzt wird; statistisch können Sie neben den elektrostatischen die magnetischen und elektrodynamischen Kräfte der übrigen Elektronen berücksichtigen, aber als Kräfte, nicht als Masse, und dies auch nur teilweise, weil die Ausstrahlung prinzipiell auszuschließen ist.“

Bereits am 8. Mai antwortete Landé: „Auch Ihren Einwand gegen die relativistische Massenvergrößerung durch potentielle Energie kann ich nicht anerkennen. (Ich hatte mir selbst früher dieselben Einwendungen gemacht, sie dann aber nicht als stichhaltig erkannt.) Sie fragen, wie ich denn beim H-Modell die potentielle Energie zwischen Kern und Elektron bei der Elektronenmasse in Rechnung setzen wolle. Für die Trägheit des ganzen Systems Kern + Elektron gegen Fortbewegung kommt sie in Betracht, nicht aber für Umlaufsbewegungen des Elektrons um den ruhenden Kern. Beim H-Modell sagen Sie ganz richtig, trete die elektrostatische Wirkung des Kerns eben nur als Kraft, nicht als Massenänderung auf. Solange nämlich das Kernfeld ruht, ist die Trägheit des Elektrons auf seiner Bahn von der Anwesenheit des ruhenden Kernfeldes unabhängig. Ebenso auch bei einem Ring von p Elektronen; auch dessen Trägheit gegen Beschleunigung seines Umlaufs ist ganz unabhängig von der Anwesenheit eines überlagernden *ruhenden* Kernfeldes; letzteres kann man sich also bei der Berechnung der Ringmasse wegdenken (nicht aber wenn das ganze Atom fortbewegt werden soll). Andererseits ist aber bekannt, daß ein Ring von p Elektronen eine größere Trägheit gegen Umlaufsbeschleunigung hat, als p einzelne Elektronen auf derselben Umlaufsbahn, weil hier die sich überlagernden Felder *gemeinsam beschleunigt* werden sollen. Der Effekt ist der, daß statt des Faktors Z'^4 der Faktor $Z'^2 Z^2$ in $\Delta\nu$ auftritt . . .“ Sommerfeld bat nun seinen Doktoranden, Landé in geeigneter Weise zu erwidern.

[1] Vgl. dazu A. Sommerfeld: Atombau und Spektrallinien. 2. Auflage. Braunschweig: Friedr. Vieweg und Sohn 1921, S. 357ff. und den Kommentar zu Brief [83].
[2] Vgl. Paul Forman, a. a. O.

[6] Pauli an Landé

[München], 12. Mai [1920[a]]

Lieber Dr. Landé!

Im Einverständnis mit Herrn Geheimrat Sommerfeld möchte ich so frei sein, Ihnen meine Ansicht über die Trägheit der potentiellen Energie, die Sie postulieren, mitzuteilen. Ich gehe davon aus, daß die Bewegungsgleichungen auf jeden Fall lauten müssen

$$\frac{d}{dt}\frac{m_0\vec{r}}{\sqrt{1-\frac{v^2}{c^2}}}=e\left(\vec{E}+\frac{1}{c}[\vec{v}\,\vec{H}]\right). \qquad (1)$$

Eine etwa vorhandene Trägheit der potentiellen Energie muß also dadurch verursacht sein, daß das elektromagnetische Feld vom Coulombschen abweicht. Erstens ist ein magnetisches Feld vorhanden und zweitens ist statt mit dem Coulombschen mit dem *retardierten* (Vierer-) Potential zu rechnen. Die Rechnung (die übrigens Herr *Fokker* im Detail ausgeführt hat und demnächst im Archive Néerlandaise publizieren wird)[b] zeigt, daß die Sache sich durchaus nicht so einfach

verhält, wie Sie annehmen. Es tritt zwar auf der rechten Seite ein Glied mit $\ddot{\vec{r}}$ auf, dieses hat aber nicht dieselbe Form wie das Glied, das sich aus Ihrem Ansatz ergibt. Soviel ich sehe, hängt das mit dem Umstand zusammen, daß sich die Elektronen nicht in jedem Augenblick parallel bewegen, wie es bei den *zusätzlichen* Geschwindigkeiten der Elektronen bei einer Gesamttranslation des Ringes der Fall ist. Wenn eine *äußere* Kraft auf den ganzen Ring wirkt, muß die Rechnung mit retardierten Potentialen natürlich auf die Trägheit der potentiellen Energie führen, wenigstens abgesehen von Zusatzgliedern höherer Ordnung. – Hierbei ist noch die prinzipielle Schwierigkeit vorhanden, daß man nie weiß, wie weit die klassische Elektrodynamik richtig ist. Würde man ganz konsequent nach dem klassischen Schema rechnen, so käme man natürlich auf Ausstrahlung in den statischen Bahnen. Meine Ansicht ist also, kurz zusammengefaßt, die folgende: Die Theorie der Dubletts ist durch Berücksichtigung der Retardierung zu verbessern. Eine etwa vorhandene Trägheit der potentiellen Energie *hat ebenfalls die Retardierung als Ursache* und wäre schon mitberücksichtigt. Die Rechnung zeigt jedoch, daß Ihr einfacher Ansatz unrichtig und durch einen viel komplizierteren zu ersetzen ist.
Indem ich noch für die seinerzeitige Zusendung Ihrer Separata bestens danke, verbleibe ich

Ihr sehr ergebener

PAULI

[a] Ort und Datum gehen aus dem Poststempel des erhaltenen Kuverts hervor. [b] A. D. Fokker: La théorie des électrons a l'intérieur des atomes. Archives Néederlandaises des Sciences exactes et naturelles. Serie III A **5**, 193–242 (1921).

Wilhelm de Sitter, bekannt durch sein Weltmodell sowie weitere Arbeiten zur Gravitationstheorie, war seit 1919 Direktor der Sternwarte in Leiden. Pauli hatte ihm offenbar geschrieben und ihn um seine Arbeiten zur Relativitätstheorie für seinen Enzyklopädieartikel gebeten.

[7] DE SITTER AN PAULI

Arosa, 25. Mai 1920

Sehr geehrter Herr Doktor!

Vielen Dank für Ihre interessanten Arbeiten. Separatabdrücke von mein[en] Arbeiten[a] werden Ihnen aus Leiden zugeschickt werden. Ich erlaube mir auf zwei Punkte – zwar von nebensächlichem Interesse – die in meinen gedruckten Arbeiten nicht, oder nur in Fußnoten hervorgehoben sind, die Aufmerksamkeit zu lenken.

1. Das von Einstein eingeführte λ-Glied scheint jetzt wohl allgemein das „Kosmologische Glied“ genannt zu werden. Das ist falsch. Es hat mit Kosmologie nichts auszustehen. Zwar fängt Einsteins Abhandlung[b] Kosmologische Betrachtungen – worin er es einführt, an mit der Erwähnung eines kosmologischen Problems; aber, wie ich gezeigt habe, das Problem wird durch das λ *nicht* gelöst, selbst gar nicht berührt. Wenn man dem λ einen Namen geben will, so nenne man es den *Inertial-Fluß*, oder Inertial-Koeffizient, denn er dient um die Trägheit relativ zu machen. Mit Kosmologie hat die Trägheit nichts mehr oder weniger auszustehen als z. B. die Gravitation, oder das Licht, oder der Magnetismus.

2. In derselben Abhandlung hat Einstein für die dreidimensionale physische Welt einen endlichen Raum von konstanter positiver Krümmung angenommen. Es gibt deren zwei: die elliptische (einfach-elliptische) und die sphärische (doppelt-elliptische). In fast allen Schriften wird die zweite besprochen, doch ist die *erstere*, die *einfach-elliptische*, die einfachere und natürlichere. Der sphärische Raum ist nur eine ganz unnötige Verdopplung daraus.

Unsere gewöhnliche Euklidische Geometrie ist der Grenzfall des elliptischen, nicht des sphärischen, Raumes. Denn eine Gerade hat im Unendlichen einen Pun[k]t, eine Ebene eine *Linie*, zwei Geraden können sich nicht in mehr als *einem* Punkte (im Endlichen oder im Unendlichen) schneiden, und zuletzt das Paradox, daß in dem elliptischen Raum eine Ebene *ein*-seitig ist, besteht in unserer Euklidischen Geometrie auch: Wenn wir längs einem Aste einer Hyperbel zum Unendlichen gehen, kommen wir auf dem anderen Aste zurück, und zwar auf der anderen Seite der Asymptote (oder jeder anderen Linie) ohne die Asymptote gekreuzt zu haben. Wollte man auf der selben Seite zurückkommen, so müßte man die Reise zweimal machen.

Ihr ergebener

W. DE SITTER

[a] Es ist anzunehmen, daß es sich dabei um die in Paulis Relativitätstheorie [1921], S. 748 zitierten Arbeiten von W. de Sitter handelt. [b] A. Einstein: Kosmologische Betrachtungen zur allgemeinen Relativitätstheorie. Sitzungsberichte der Preußischen Akademie der Wissenschaften 1917. S. 142 – 152.

Neben seinen Arbeiten zur Relativitätstheorie begann Pauli sich während seiner Münchener Studienjahre immer mehr der Quanten- und Atomphysik zuzuwenden. Sein Interesse galt vorerst den magnetischen und elektrischen Effekten, die als eine Folge der Atomstruktur auftraten. Im Sommersemester 1920 belegte er u. a. die Vorlesungen „Einführung in die statistische Mechanik“ bei Herzfeld und „Ausgewählte Kapitel der Elektronenoptik“ bei Ewald, in denen dieser Komplex wohl eingehend behandelt wurde. Seine erste Arbeit zum Diamagnetismus von Edelgasen (1920b) knüpfte an eine Arbeit von Peter Debye an. Er versuchte, über das elektrische Quadrupolmoment Einsicht in die Atomstruktur zu gewinnen. Infolge der damaligen schlechten Messungen gelangte er zu Aussagen über die Flächen der Elektronenbahnen, die mit dem Atommodell unvereinbar waren[1].

Während Pauli vermutete, daß diese „Diskrepanz" zwischen Theorie und Experiment auf Messungsfehlern beruhte, suchte Schrödinger in dem vorliegenden Schreiben [8] die Ursache dafür dem Atomkern zuzuschreiben.

Der 1887 in Wien geborene und dort aufgewachsene Erwin Schrödinger hatte 1918 als Nachfolger Geitlers das Extraordinariat für theoretische Physik in Czernowitz übernehmen sollen. Der Zusammenbruch Österreich-Ungarns machte diesen Ruf gegenstandslos, und so verbrachte Schrödinger nach Ende des Krieges noch eineinhalb Jahre als Privatdozent an seinem „geliebten Wiener Institut". Vermutlich haben sich die beiden Österreicher hier kennengelernt, denn Pauli pflegte, wenn er in den Ferien bei den Eltern in Wien war, das Institut aufzusuchen.

Der erste Ruf, den Schrödinger annehmen konnte, führte ihn als Assistenten Max Wiens nach Jena, wo er zugleich als Dozent für theoretische Physik wirkte.

[1] Vgl. K.F. Herzfeld: Größe und Bau der Moleküle. In: Handbuch der Physik. Bd 24/2, S. 1–252. Berlin: Springer 1933. Hier S. 160.

[8] Schrödinger an Pauli

Jena, 12. Juli 1920

Lieber Herr Pauli!

Vielen Dank für Ihren Brief. Ich bin froh zu hören, daß Sie sich dem armen, seit längerer Zeit vernachlässigten Magnetismus zugewendet haben und darüber schöne Resultate in nahe Aussicht stellen, und auch froh, daß wir uns darüber verständigt haben, weil es ja Unsinn wäre, parallel und durcheinander zu arbeiten, heute, wo das Arbeitsfeld in Modellangelegenheiten wahrlich groß genug ist, um im Gegenteil die allersparsamste Arbeits*teilung* zum dringenden Gebot zu machen. Da die Sache aber allerdings nicht aufhört mich sehr dringend zu interessieren, wäre ich Ihnen sehr dankbar, wenn Sie es möglich machen könnten, daß ich seiner Zeit möglichst bald einen Probedruck Ihrer in Aussicht stehenden Arbeit[a] erhalten – bei den heutigen Publikationsverhältnissen dauert es sonst gar zu lange, bis man eventuelle weitere Überlegungen anschließen kann und das Leben ist kurz.

Sehr neugierig bin ich auf Ihre diamagnetische Notiz[b]. Mir scheint nämlich, daß z.B. beim Helium die Bohrschen Bahnen durchaus nicht hinreichen zur Erklärung des relativ starken Diamagnetismus ($\kappa = -11 \cdot 10^{-9}$), selbst wenn derselbe nicht durch einen, hier freilich sehr schwachen, Orientierungseffekt teilweise verdeckt würde. Darum dürfte der Diamagnetismus zum Teil Kerneigenschaft sein, was recht interessant wäre – er würde dann, genügend genaue Messung vorausgesetzt, neben Gravitation und Radioaktivität ein drittes Mittel zur Unterscheidung von Isotopen abgeben.

Daß das Kreiselmodell *nicht* das Curiesche Gesetz geben sollte, würde mich wundern, und ich kann an dieses Ergebnis, das Sie selbst nur mit großem Vorbehalt aussprechen, nicht recht glauben. – Beim Kreiselmodell liegt für mich eine große Schwierigkeit in folgendem. Ich will die Bewegung *ohne* H-Feld eine Thermopräzession nennen, die Öffnungswinkel derselben sind dann „gequantelt", in bekannter Weise. Das Moment *in der Feldrichtung** soll aber nach Epstein (Physikalische Zeitschrift **20,** 291 ff., 1919) *nur dann* zu quanteln sein, wenn die Feldrichtung im *Inneren* des Thermopräzessionskegels liegt[c]. Ich kann das nicht glauben, obwohl ich den formalen Grund, den Sie a. a. O. auseinandergesetzt finden, wohl würdige.

Auch das Verbot der Zustände: Magnetaxe ⊥ Feld durch Bohr scheint mir etwas bedenklich. Bei nur *einem* Quant würde das eine volle Ausrichtung der Axen schon im schwächsten Feld und zwar nahezu zur Hälfte *in die* Feldrichtung, zur Hälfte ⊥ dazu bedeuten. Das müßte eine starke, auch anderweitig, z. B. elektrisch oder optisch bemerkbare Anisotropie hervorbringen und zwar, wie gesagt, schon im schwächsten Feld, „proportional der nullten Potenz" der Feldstärke. Das widerspricht dem physikalischen Gefühl.

Was endlich das Molekül mit Magnetaxe ⊥ Verbindungslinie der Kerne anlangt, so habe ich auch schon daran gedacht. Ein solches Modell halte ich deshalb für unwahrscheinlich, weil ich glaube, zeigen zu können, daß sein Elektronenimpulsmoment bei der Thermobewegung beständig kontinuierliche Änderungen von seiner eigenen Größenordnung erleiden würde. Betrachten Sie die 4 Vektoren $\vec{J}_e$ (Elektronenimpuls), $\vec{J}_k$ (Kernimpuls inf[olge] Thermobeweg[un]g), $\vec{J}$ (Totalimpuls), $\vec{r}$ (Radiusvektor eines Kerns vom Schwerpunkt aus). Es ist $\vec{J} = \vec{J}_e + \vec{J}_k$, weil bzw. wenn man vom „Elektronenimpuls infolge Thermobeweg[un]g" absehen kann.

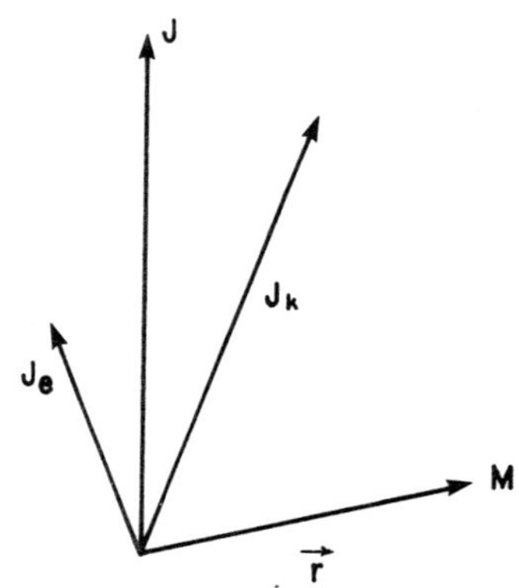

Nun ist $\vec{r} \perp \vec{J}_k$ (weil $\vec{J}_k = 2M\,[\vec{r}\ \dot{\vec{r}}]$) und $\vec{r} \perp \vec{J}_e$ (nach Annahme), also auch $\vec{r} \perp \vec{J}$. Dann könnte aber die Kernbewegung nur in einem Umlauf um die invariable Axe bestehen, es müßte also auch J_e diese Richtung haben. Das kann doch nicht immer der Fall sein.

* mithin der Kosinus des Winkels Feldrichtung – Thermopräzessionsaxe.

Wenn vorstehende Überlegung ein grobes Loch haben sollte, so blamieren Sie mich bitte nicht vor anderen; aber ich glaube, daß sie Stich hält. – Ja, das H_2^+ muß natürlich nach Jakobi[d] berechenbar sein. Nur ist die Durchrechnung jeder einzelnen Möglichkeit so mühevoll, daß man ohne weitere Anhaltspunkte nicht gern viel herumprobiert.

Seien Sie herzlichst gegrüßt von Ihrem ergebenen

SCHRÖDINGER

[a] Pauli (1920c). [b] Pauli (1920b). [c] Paul S. Epstein: Bemerkungen zur Frage der Quantelung des Kreisels. Physik. Z. **20,** 289 – 294 (1919). Eingegangen am 22. März 1919. [d] Schrödinger schrieb schon hier den Namen des Mathematikers Carl Gustav Jacobi (1804 – 1851) mit k, ein „Schönheitsfehler", auf den ihn Max Planck in einem Brief vom 2. April 1926 aufmerksam machte. Vgl. Schrödinger, Planck, Einstein, Lorentz: Briefe zur Wellenmechanik. Wien: Springer-Verlag 1963, S. 3.

Aus diesem Brief Schrödingers läßt sich der Inhalt des vorausgegangenen und verlorenen Briefes von Pauli teilweise rekonstruieren. Dazu gehört – aus den letzten Zeilen zu erschließen – das Interesse Paulis am Wasserstoffmolekülion. Das sollte das Thema seiner Dissertation (1922a) werden.

Auf der Naturforscherversammlung in Bad Nauheim gab Pauli die weiteren Ergebnisse seiner Untersuchungen zum Atommagnetismus bekannt. Zum erstenmal führte er hier den Begriff des Bohrschen Magnetons ein. Er verallgemeinerte die Langevinsche Formel $\chi = \frac{\mu^2}{3RT}$ für den Fall, daß bei der Bestimmung des magnetischen Moments die Richtungsquantelung berücksichtigt wird, und gelangte so zu einem von 1/3 abweichenden Faktor.

Um seine Ergebnisse an der Erfahrung zu prüfen, wandte er sie anschließend auf zweiatomige Moleküle an, die ein magnetisches Moment erwarten lassen. Auf die Bemerkung Schrödingers über die mögliche Richtung der Magnetachse weist eine Fußnote in seiner späteren Veröffentlichung (1920c) hin.

Die 86. Versammlung der „Deutschen Naturforscher und Ärzte" in Bad Nauheim vom 16. – 25. September 1920 war der erste große wissenschaftliche Kongreß nach dem Kriege und für Pauli der erste wissenschaftliche Kongreß überhaupt. Nach Einsteins Vortrag entwickelte sich die Diskussion über die Allgemeine Relativitätstheorie zu einem „Zweikampf" zwischen Einstein und Lenard, in dem „entgegengesetzte erkenntnistheoretische Grundauffassungen aufeinanderstießen", wie Hermann Weyl euphemistisch referierte[1]; in Wirklichkeit war es das antisemitische Ressentiment, das Lenard zu seinen ungewohnt scharfen Angriffen veranlaßte.

An der Aussprache über das Referat Weyls über „Elektrizität und Gravitation" – die in einer sachlichen Atmosphäre stattfand – hat sich Pauli mit einer Diskussionsbemerkung beteiligt[2]. Diese zielte wiederum auf den „Begriff der elektrischen Feldstärke im Innern des Elektrons", die „eine leere inhaltslose Fiktion" sein müsse, „der nichts Wirkliches entspricht."

Es war Einstein gewesen, der die Ausmerzung von Begriffen, „denen keine Eigenschaften der Erscheinungen entsprechen"[3], zum Ausgangspunkt gewählt und die Spezielle Relativitätstheorie begründet hatte. So wandte sich Pauli mit seiner Bemerkung insbesondere an Einstein.

Einstein war unsicher, wie zukünftig die Antwort ausfallen werde. Pauli aber betonte immer wieder, daß die Physik von „realen, beobachtbaren Eigenschaften" handle: „Wir dürfen nicht", schrieb er am 12. Dezember 1924 an Bohr, „die Atome in die Fesseln unserer Vorurteile schlagen wollen (zu denen nach meiner Meinung auch die Annahme der Existenz von Elektronenbahnen im Sinne der gewöhnlichen Kinematik gehört), sondern wir müssen umgekehrt unsere Begriffe der Erfahrung anpassen" [74]. Für Heisenberg wurde dann 1925 die Ausmerzung der „prinzipiell unbeobachtbaren Größen" der Ansatz für die neue Quantentheorie.

[1] H. Weyl: Die Relativitätstheorie auf der Naturforscherversammlung in Bad Nauheim. Jahresberichte der Deutschen Mathematiker-Vereinigung. **31,** 51 – 63 (1922).

[2] Phys. Z. **21,** 650 (1920).

[3] A. Einstein: Zur Elektrodynamik bewegter Körper. Ann. Phys. **17,** 891 – 921 (1905).

III. Das Jahr 1921

Dissertation über das Wasserstoffmolekülion

[9]	Schrödinger an Pauli	[Stuttgart]	13. Feb.	1921
[10]	F. Klein an Pauli	Göttingen	8. Mär.	1921
[11]	F. Klein an Pauli	Göttingen	28. Apr.	1921
[12]	F. Klein an Pauli	Göttingen	7. Mai	1921
[13]	F. Klein an Pauli	Göttingen	8. Mai	1921
[14]	Pauli an Landé	München	5. Okt.	1921
[15]	Schrödinger an Pauli	Zürich	7. Nov.	1921
[16]	Heisenberg an Pauli	München	19. Nov.	[1921]
[17]	Heisenberg an Pauli	München	25. Nov.	[1921]
[18]	Heisenberg an Pauli	München	17. Dez.	[1921]

Seine große Ausarbeitung über „Relativitätstheorie" schloß Pauli im Januar oder Februar 1921 ab[1]. Das Manuskript ging an Felix Klein, der am 8. März für „die Zusendung" [10] dankte. „Einfach meisterhaft, zumal für einen Studenten im 5ten Semester", berichtete Sommerfeld am 14. März 1921 an Einstein[2]. Auch anderen Kollegen gegenüber rühmte Sommerfeld die Leistung. „Paulis Enzyklopädieartikel soll fertig sein und $2\frac{1}{2}$ kg Papiergewicht haben – woraus das geistige Gewicht zu ermessen ist". Mit diesen Worten gab Max Born die Neuigkeit weiter: „Der kleine Kerl ist doch nicht nur klug, sondern auch fleißig."[3]

Der Relativitätsartikel sollte Pauli im April und Mai 1921 – als die Korrekturfahnen gelesen werden mußten – noch viel Arbeit kosten. Trotzdem fand er die Zeit, seine Dissertation über das Wasserstoffmolekülion weiterzuführen und sich an der Diskussion über die allgemeinen Probleme der Atomphysik zu beteiligen; leider sind die Briefe Paulis an Schrödinger aus diesen ersten Jahren verloren und nur die Gegenstücke (die Briefe Schrödingers) erhalten.

Erwin Schrödinger hatte inzwischen seine Assistentenstelle bei Max Wien in Jena mit einem Extraordinariat an der Technischen Hochschule Stuttgart vertauscht. Am 11. Januar 1921 ging seine Arbeit[4] bei der neugegründeten Zeitschrift für Physik ein, in der er mit dem Begriff der Tauchbahnen ein Modell zur Deutung der optischen Spektren der Alkalien vorschlug.

Als Beispiel für Systeme mit mehreren Elektronen waren in den zwanziger Jahren die optischen Spektren der Alkaliatome aufgrund ihrer Einfachheit Gegenstand eingehender Untersuchungen. Die durch Ritz verfeinerte empirische Termformel[5]

$$(m,a)=\frac{N}{[m+a+\alpha(m,a)]^2}$$

(N Rydbergzahl, m Laufzahl, a Rydberg-Korrektion, α Ritz-Korrektion), hatte bereits 1916 ihre theoretische Begründung durch Sommerfeld gefunden[6], der von der Vorstellung ausgegangen war, daß sich das äußerste Elektron (Leuchtelektron) in dem Felde außerhalb des Atomrumpfes bewegt (Außenbahnen). Der Sommerfeldsche Ausdruck versagte jedoch bei der sogenannten scharfen Nebenserie mit dem Laufterm $\left(m+\frac{1}{2}, s\right)$. Hier trat eine halbzahlige Laufzahl auf, während Sommerfelds Ableitung nur ganzzahlige Laufzahlen zuließ.

Schrödinger wies nun in seiner Arbeit darauf hin, daß das äußerste Elektron, wenn es entsprechend der Landéschen Vorstellung[7] eine Ellipsenbahn statt einer Kreisbahn ausbilden kann (im Brief als Ellbogenfreiheit bezeichnet), für gewisse Bahnen in den Atomrumpf eindringt (Tauchbahnen). Unter vereinfachenden Annahmen berechnete er diesen Fall.

Außerhalb des Ionenrumpfes beschreibt das Leuchtelektron danach eine Keplerellipse im Felde einer effektiven Ladung Z, im Inneren dagegen spürt es eine größere effektive Ladung Z'. An der Übergangsstelle wird Stetigkeit des Anschlusses gefordert. Einige Bemerkungen Paulis zu diesen Ergebnissen werden in dem Brief [9] beantwortet. Auch auf den komplizierteren Fall der Erdalkalispektren mit zwei äußeren Elektronen wird hingewiesen.

Die Idee der Ellipsenvereine geht auf Sommerfeld zurück[8]. Will man mehr als ein Elektron auf einer Ellipsenbahn unterbringen, so wird dadurch die Zentralsymmetrie des Feldes wesentlich gestört. Diese Schwierigkeit wird durch den Ellipsenverein umgangen: Jedes Elektron für sich beschreibt eine Ellipse und bildet dabei mit den übrigen Elektronen dauernd die Ecken eines größer und kleiner werdenden regulären Polygons.

Aber auch die Vorstellung von ebenen Atommodellen, wie sie durch die Ringmodelle (siehe Brief [3]) und den Sommerfeldschen Ellipsenverein dargestellt wurden, mußte bald infolge einer großen Reihe von Tatsachen (wie z. B. die Tetraedersymmetrie des Kohlenstoffatoms und die Existenz von stabilen Kristallstrukturen) einer räumlichen Struktur Platz machen[9].

Die besondere Rolle, die eine stabile Konfiguration von acht Elektronen spielt, führte weiter zu der Würfelhypothese. Die Theorie dieser uns heute recht sonderlich anmutenden Würfelatome hat Alfred Landé durchgeführt, indem er auf Sommerfelds ebenen Ellipsenverein zurückgriff und diesen für eine räumliche Struktur verallgemeinerte[10]. In eine gänzlich neue Richtung wurden diese Bestrebungen später durch das Bohrsche Aufbauprinzip geleitet.

1 Der Artikel trägt den Vermerk „Abgeschlossen im Dezember 1920." Dies sollte aber eher bedeuten, daß die Berücksichtigung der Literatur „mit Ende 1920 abschneidet" (Sommerfeld).

2 Einstein/Sommerfeld: Briefwechsel, S. 79

3 Brief Borns an Einstein vom 12. Februar 1921. Einstein/Born: Briefwechsel, S. 82f.

4 E. Schrödinger: Versuch zur modellmäßigen Deutung des Terms der scharfen Nebenserien. Z. Phys. **4**, 347–354 (1921). Eingegangen am 11. Januar 1921.

5 A. Sommerfeld: Atombau und Spektrallinien. [1]Braunschweig: Friedrich Vieweg und Sohn 1919. Dort S. 280.

6 A. Sommerfeld: Zur Quantentheorie der Spektrallinien, Ergänzungen und Erweiterungen. Sitzungsberichte der Mathematisch-physikalischen Klasse der Königlich-Bayerischen Akademie der Wissenschaften zu München, S. 131–182, München 1916. Vorgetragen in der Sitzung am 4. November 1916.

7 A. Landé: Bemerkung über die Größe der Atome. Z. Phys. **2**, 87–89 (1920). Eingegangen am 21. April 1920.

[8] A. Sommerfeld: Atombau und Röntgenspektren. I. Teil. Physik. Z. **19,** 297–307 (1918). Eingegangen am 6. April 1918.
[9] A. Landé: Würfelatome, periodisches System und Molekülbildung. Z. Physik **2,** 380–404 (1920). Eingegangen am 21. Juli 1920.
[10] Siehe dazu die übersichtliche Darstellung von M. Born: Quantentheorie und Störungsrechnung. Naturwiss. **11,** 537–542 (1923). Dort S. 539 und 541.

[9] Schrödinger an Pauli[a]

[Stuttgart,] 13. Februar 1921

Lieber Herr Pauli!

Auch für Ihre Anregungen danke ich Ihnen sehr. Die Schwierigkeiten, die Sie erwähnen, *bestehen* natürlich. Immerhin kann man sich darauf folgende Verse machen.

Die Nichtexistenz der Kreisbahn $n=1, n'=0$[b] wäre in Parallele zu setzen damit, daß sich (nach Landé, Zeitschrift für Physik **2,** 87, 1920)[c] bei den Alkali*ionen nicht* die Kreisschale, sondern die Ellipsenschale ausbildet. Vielleicht neigt ganz allgemein das äußerste System infolge Ellbogenfreiheit auch außen zum Ellipsenzustand. Jedenfalls *wenn* meine Vorstellung überhaupt richtig ist, dann *muß* natürlich, wegen der Stetigkeit des Anschlusses von $\frac{3}{2}S$ an $\frac{5}{2}S\ldots$, die Normalbahn meine niederste Bahn $n=1$, $n'=1$, oder eventuell sogar $n=1$, $n'=2$, sein und keine andere. Wenigstens bei den Alkalien. Bei den Erdalkalien ist die Normalbahn $\frac{3}{2}$S (Einfachlinien). Hier scheint ein „Sprung" gegen $\frac{5}{2}S$ u.s.w. tatsächlich vorhanden zu sein, (wenn ich *Dunz*[d] recht verstehe). Er kann vielleicht daher rühren, daß bei $\frac{3}{2}S$ die beiden Elektronen in einem „Biellipsenverein" laufen (ich meine beide symmetrisch zum Kern in dem von mir durchgerechneten Bahntypus), bei $\frac{5}{2}S\ldots$ dagegen nur *eines* von ihnen weiter herausgehoben ist. Für die Erdalkalitripletts möchte ich *ein* Elektron in die Kreisbahn legen ($n=1, n'=0$) – die völlige Ellbogenfreiheit besteht ja nicht mehr – das *andere* eine Bahn des neuen Typus durchlaufen lassen. Überhaupt wären Tripletterme und Einfachterme durch das unterschiedliche Verhalten des *zweiten* Elektrons unterschieden und dadurch das Auftreten *zweier* Seriensysteme statt eines einzigen sehr ungezwungen erklärt. – Natürlich erfordert das alles quantitative Durchrechnung, die leider wegen der vernachlässigten Störungen doch immer nur sehr qualitative Resultate ergeben können. – Auch die Erdalkalidubletts habe ich noch nicht gerechnet. In Abwesenheit meiner Frau, die meine Mutter nach Wien begleiten mußte, führe ich gegenwärtig „eigene Küche", und das nimmt ziemlich viel Zeit weg.

Die Sache mit dem Röntgendublett muß ich mir ansehen. Die Landéschen Ellipsenvereine, die da wohl für die L-Schale in Betracht kommen, haben das lästige, daß sich die hohe (Würfel—)Symmetrie erst säkular durch die relativistische Perihelwanderung einstellt. Sie entsprechen – etwa – Kugelschalen, die *pulsieren* und gleichzeitig *Abplattungsschwingungen* machen, wobei Pulsationsfrequenz und Abplattungsfrequenz leicht verschieden sind, so daß „Schwebungen" auftreten; z. B. die stärkste Abplattung oder die Kugelform bald mit dem Stadium größten, bald mit dem Stadium kleinsten Volumens zusammentrifft. (Die Abplattung erfolgt in raschem Wechsel nach den drei Koordinatenrichtungen.) Die Ersetzung dieser Gebilde durch gleichmäßig belegte pulsierende Kugelschalen wird noch weniger gestattet sein, als bei der Schale mit Kreisbahnen. Oder ist das schon gehupft wie gesprungen?

Seien Sie herzlich gegrüßt von Ihrem ergebenen

SCHRÖDINGER

[a] Am oberen Briefrand befindet sich die Bemerkung: Bitte um freundliche Weitergabe an Herrn Pauli! [b] In Schrödingers Arbeit (siehe Fußnote 4 im Begleittext) ist $n(=n_{\varphi})$ die azimutale und $n'(=n_r)$ die radiale Quantenzahl. [c] Siehe Fußnote 7 im Begleittext. [d] Vermutlich bezieht sich dieser Hinweis auf die u. a. auch von Sommerfeld in der 1. Auflage von „Atombau und Spektrallinien" auf S. 228 zitierte Dissertation von Berthold Dunz: Bearbeitung unserer Kenntnis von den Serien. Tübingen 1911. Im gleichen Jahre erschien außerdem von Dunz: Seriengesetze der Linienspektra. Leipzig 1911, mit einem Anhang von F. Paschen: Erweiterung der Seriengesetze.

Schon Ende März kamen von Teubner die ersten Druckfahnen des Relativitätsartikels. Die Durchsicht gab Anlaß zu einer umfangreichen Korrespondenz zwischen Pauli und Felix Klein. Aus den zehn Briefen Kleins, die sich erhalten haben, geben wir nur den ersten [10] vollständig, drei weitere [11], [12], [13] in Auszügen wieder[1]. In diesen Briefen geht es im wesentlichen um redaktionelle Probleme. Felix Klein gab zahlreiche Anregungen für historische und bibliographische Zusätze.

[1] Ansonsten ist in der Edition das Prinzip verfolgt, Briefe ohne Kürzungen abzudrucken. Eine Übersicht über die Korrespondenz gibt das vollständige Briefverzeichnis S. 547 und das nach Korrespondenten geordnete Briefverzeichnis S. 553.

[10] F. Klein an Pauli

Göttingen, 8. März 1921

Lieber H[er]r Pauli!

Ihre Zusendung ist mir richtig zugekommen und indem ich Ihnen und Sommerfeld dafür danke, erkläre ich mich auch mit diesem Modus procedendi einverstanden. Ich habe also gleich an Teubner geschrieben, daß er mit dem Satz beginnen solle, ihm auch wegen der Korrektursendungen die gewünschte Anweisung gegeben. Hoffentlich hat das auf Kottlers Arbeit fördernden Einfluß.

Meine eigenen Arbeiten enthalten ja nichts von naturphilosophischen Spekulationen, sondern nur Glättung des math[ematischen] Gedankenganges, der mir bei Laue z. B. vielfach als sehr gequält und darum undurchsichtig schien. Ich berufe mich gern darauf, daß mir Einstein in dieser Hinsicht zu meiner dritten Note[a] schrieb: er fühle sich glücklich, wie ein Kind, das von seiner Mutter eine Tafel Schokolade geschenkt bekommen habe (Einstein ist in seinen persönlichen Äußerungen immer so liebenswürdig, ganz im Gegensatz zu dem törichten Reklametum, das ihm zu Ehren in Bewegung gesetzt wird). Eine andere Sache, die ich insbesondere auch in meinen Vorlesungsheften klar zu stellen versucht habe, ist die des historischen Tatbestandes. Es ist nun doch einmal so, daß Poincarés erste Note in den Comptes Rendus 140[b] vor Einstein[c] liegt und er im Anschluß daran (in den Rendiconti di Palermo[d]) zuerst zeigte, daß es sich bei Lorentz um eine *Gruppe* von Transformationen handele. Von da aus ein Gegensatz, der allein es verständlich macht, daß P[oincaré] 1911 in seinem Göttinger Vortrag „sur la nouvelle mécanique"[e] den Namen Einstein überhaupt nicht nennt. Ich würde es für wichtig halten, daß solche und ähnliche Tatsachen in Ihrem Referate hervortreten*. Es bleibt darum doch genug für Einstein übrig.

Sie können übrigens meine Hefte so lange behalten, bis die ganze Arbeit an dem Enzy[klopädie] Artikel erledigt ist. Vielleicht sollten noch stärker, als es bei mir geschehen ist, betreffs der Einzelfragen die Holländer herangezogen werden. Ich bin da lange Zeit durch die mir ungewohnte Sprache gehindert worden, da ich nur die holländisch geschriebenen Originale zur Hand habe.

Eine andere viel einfachere Sache. Nachdem Batemann[g] darauf aufmerksam gemacht hat, daß die Maxwellschen Gleichungen durch seine G_{15} in sich übergehen, ist aus den E. Noetherschen Sätzen klar, daß es für die genannten Gleichungen 15 Divergenzrelationen gibt.[h] Diese hat inzwischen einer meiner Schüler, Dr. Bessel-Hagen, explizite aufgestellt und findet einige in der Literatur bisher anscheinend unbekannte Beziehungen. Ich möchte das aber, ehe ich es in die Mathemat[ischen] Annalen nehme, vorher von physikalischer Seite kontrolliert haben[i]. Dr. Bessel-

* Dahin gehört auch die Beziehung Einstein-Hilbert, für die ich in Bd I meiner Abhandlungen[f] die genauen Daten gegeben habe. E[instein] und H[ilbert] hatten dabei vorher verschiedentlich verkehrt und korrespondiert, aber an einander vorbeigeredet, wie das zwischen gleichzeitig produzierenden Mathematikern nicht selten ist! Die Physiker aber schweigen Hilberts Leistung, die allerdings in eine sehr krause Darstellung eingewickelt ist, meist tot.

Hagen ist eben in die Ferien nach Berlin gereist (Adresse Berlin W., Kurfürstendamm 200) und ich riet ihm, da er über persönliche Beziehungen verfügt, die Sache Planck vorzulegen. Vielleicht ist es aber daneben sehr nützlich, wenn er mit Ihnen in persönliche Beziehung kommt. Ich möchte also anfragen, ob Sie etwas über diese Frage zu sagen wissen, ev. ob ich Bessel-Hagen auffordern darf, sich mit Ihnen in Verbindung zu setzen.

Ich selbst kann ja leider jetzt auf diese Dinge nicht genauer eingehen. Ich habe z. Z. den Bd. II meiner gesammelten Abhandlungen[j] vorzubereiten und ich stecke dementsprechend im Augenblicke wieder einmal tief in der Theorie der algebraischen Gleichungen.

Es grüßt bestens Ihr ergebener

KLEIN

[a] Chr. Felix Klein: Über die Integralform der Erhaltungssätze und die Theorie der räumlich geschlossenen Welt. Nachrichten von der Königlichen Gesellschaft der Wissenschaften zu Göttingen. Mathematisch-physikalische Klasse. S. 394–423 (1918). [b] H. Poincaré: Sur la dynamique de l'électron. Comptes Rendus Hebdomadaires des Séances de l'Académie des Sciences. **140,** 1504–1508, (1905). Séance du 5 Juin 1905. [c] A. Einstein: Zur Elektrodynamik bewegter Körper. Ann. Physik. **17,** 891–921 (1905). Eingegangen am 30. Juni 1905. [d] H. Poincaré: Sur la dynamique de l'électron. Rendiconti del Circolo Matematico di Palermo. **21,** 129–175 (1906). [e] Der letzte Vortrag vom 28. 4. 1909 in: H. Poincaré: Sechs Vorträge über ausgewählte Gegenstände aus der reinen Mathematik und mathematischen Physik. Leipzig 1910. Vergleiche außerdem Poincarés Vortrag 1910 in Berlin: Die neue Mechanik. Berlin 1910. [f] F. Klein: Gesammelte Mathematische Abhandlungen. Bd. 1. Berlin 1921. Vgl. S. 565–567 (Anmerkungen), insbesondere die Fußnote 8 auf S. 566, in der Klein die entsprechenden Literaturhinweise gibt. Vergleiche außerdem Kleins Brief an Pauli vom 8. Mai 1921 und die Fußnote 277 auf S. 705 von Paulis Relativitätsartikel [1921]. [g] H. Bateman: The transformations of coordinates which can be used to transform one physical problem into another. Proceedings of the London Mathematical Society (2) **8** (1910). Vgl. auch F. Kleins Vorlesungen über die Entwicklung der Mathematik im 19. Jahrhundert. Teil II. Berlin 1927. Dort S. 117. [h] Es handelt sich um die 15-parametrige konforme Gruppe, der gemäß den Sätzen von Emmy Noether 15 Erhaltungssätze entsprechen. Die konforme Gruppe war ein Lieblingsthema von Felix Klein, das er immer wieder aufgegriffen hat. [i] E. Bessel-Hagen: Über die Erhaltungssätze der Elektrodynamik. Math. Ann. **84,** 258–276 (1921). Eingegangen am 3. März 1921. [j] F. Klein: Gesammelte Mathematische Abhandlungen. Bd. 2. Berlin 1922.

[11] F. KLEIN AN PAULI

Göttingen, 28. April 1921

Lieber Herr Pauli!

... Allgemein würde ich Sie bitten zu prüfen, ob die Darstellung für denjenigen, der Belehrung sucht, hinreichend klar geschrieben und geordnet ist. Sie kennen alle diese Dinge natürlich aus hundertfacher persönlicher Unterhaltung im Sommerfeldschen Seminar, was doch beim Leser nicht vorausgesetzt werden kann und vielleicht auch zu gelegentlicher Verschwommenheit des Ausdrucks (der bei täglichem Zusammensein nicht stört) Anlaß gegeben hat.

Bestens grüßend Ihr ergebner

KLEIN

... Im Allgemeinen würde ich sagen, man soll die Dinge jetzt kurzweg vom Standpunkt der neuen Theorie darstellen und immer nur hinterher sagen, wie kompliziert, bzw. unsymmetrisch die Dinge früher herauskamen. Der umgekehrte Weg, welcher dem Leser zumutet, sich von der unvollkommenen Fassung aus zu der besseren immer erst durchzuarbeiten, macht das Buch von Laue so ungenießbar[a], Ihre Darstellung ist bereits viel mehr in meinem Sinne[b] ...

[a] Max v. Laue: Das Relativitätsprinzip. [1]Braunschweig 1911. Das gleiche Werk erschien später in erweiterter Form unter dem Namen „Die Relativitätstheorie" in zwei Bänden. 1. Bd.: Das Relativitätsprinzip der Lorentztransformation. [2]Braunschweig: Friedr. Vieweg und Sohn 1919. 2. Bd.: Die allgemeine Relativitätstheorie und Einsteins Lehre von der Schwerkraft. [1]Braunschweig: Friedr. Vieweg und Sohn 1921. [b] Seine Zufriedenheit über Paulis Artikel drückt Klein in einem Brief vom 2. April 1921 an Sommerfeld aus: „Ich habe nun erst die Fahnen 1 – 18 vor mir, habe aber doch einen starken Eindruck, daß das Referat nach Einteilung und Inhalt vorzüglich ist."

[12] F. KLEIN AN PAULI

Göttingen, 7. Mai 1921

Lieber Herr Pauli!

... Natürlich soll in Ihrem Referat das Physikalische zur Geltung kommen. Aber das Mathematische, wie ich es verstehe, ist nur eine Erleichterung. Sie müssen auch immer bedenken, daß durch Ihr Referat das Bedürfnis der sonstigen Benützer der Enzyklo[pädie] mit gedeckt werden soll ...

... Wenn Sie das Wort „Ruhemasse" und dergl[eichen] beibehalten, müssen Sie es doch mit 2 Worten erklären. Das Referat ist nicht bloß für die Physiker des jetzigen Quinquenniums geschrieben ...

... Sie sind sonst nicht so konservativ, aber daß Sie alle Formeln erst durch das β verunstalten, damit es hinterher herausfällt, ist mir sehr unsympathisch. Das ist der Stil Laue ...

... „Relativistische" Mechanik und ähnliche Ausdrucksweisen sind Münchener Jargon. Die klassische Mechanik ist genau so „relativistisch" nur betreffs einer anderen Gruppe. Der Ausdruck läßt sich aber erst recht nicht halten, seit es eine „große" Relativitätstheorie gibt. Sagen wir doch Mechanik der Lorentzgruppe (Poincaré sagte la nouvelle mécanique, was schon heute nicht mehr paßt)[a].

Ich weiß nicht, wie geschickt die beiden Bombenwerfer sein müssen. Natürlich arbeiten sie im schwerefreien Feld. Aber wie machen sie es, daß der Stoßdurchmesser die Richtung der y-Axe hat?[b] . . .

. . . Daß sich alle Kräfte auf elektromagnetische zurückführen lassen, *wissen* wir nicht, sondern *glauben* es heutzutage. Nb., wie Sie selbst gleich hinterher ausführen, für einen beschränkten Bereich[c]. Wir wissen nur, daß sich solche Glaubensartikel (die ich als jeweilige Arbeitshypothesen gelten lasse) alle 10 Jahre umwandeln . . .

. . . Überhaupt Genauigkeit der Zitate. Man kann Laue sagen oder v. Laue, aber nicht beides durcheinander, wie es gerade der Zufall gefügt hat, etc. etc. . . .

Beste Grüße Ihres ergebenen

Klein

[a] Dieser Einwand Kleins veranlaßte Pauli offenbar zum nachträglichen Einfügen der Fußnote 213a in seinen Artikel [1921]. [b] Klein bezieht sich hier auf ein Gedankenexperiment zum elastischen Stoß, das auf S. 676 in Paulis Relativitätstheorie [1921] beschrieben wird. [c] Das betrifft eine Äußerung Paulis auf S. 682 des genannten Relativitätsartikels, der Pauli daraufhin durch die Fußnote 227 Rechnung trug.

[13] F. Klein an Pauli

Göttingen, 8. Mai 1921

Lieber Herr Pauli!

. . . Nun aber zur Entwicklung von Einstein[a], die, wie es sich bei einem Genie gehört, irrational ist: eine Verquickung philosophischer Bedürfnisse mit einem starken physikalischen Instinkt und allmählichem Eindringen in die Vorarbeiten der Mathematiker.

Sein Ausgangspunkt ist durch den Namen „Relativitätstheorie" gekennzeichnet: es ist ihm ein inneres Bedürfnis, alle Bewegungen als relativ zu begreifen. Dies führt ihn zur allgemeinen Koordinatentransformation, wie sie Lagrange hat. Aber er muß, gerade wie mutatis mutandis Lagrange, die Transformation der unabhängigen Parameter $x^1 \ldots x^n$ durch die vermöge dieser Transf[ormation] *induzierte* Transf[ormation] der $g_{\mu\nu}$ und ihrer Differentialquotienten erweitern. Dies ist also etwas ganz anderes, als das Verhalten der klassischen Mechanik zur Galilei-Newton-Gruppe, oder das der der Lorentz-Mechanik zur Lorentzgruppe. Sie verstecken diesen Gegensatz in Ihrer Darstellung dadurch, daß Sie statt Invarianz plötzlich Kovarianz sagen. Kann das aber der Leser ohne nachdrückliche Erläuterung verstehen? Erst Fahne 83 unten kommt es bei Ihnen zum Vorschein.

Nun hat E[instein] von vornherein gefühlt, daß die $g_{\mu\nu}$ beschränkenden Feldgleichungen unterworfen werden müssen. Aber weil ihm die Mathematik noch fern lag, hat er diese zunächst nicht in kovarianter Form aufzustellen vermocht. Das war sein Standpunkt 1915, als er in Göttingen Vorträge hielt. Und nun kommt der Parallelismus seiner Bestrebungen mit denen von *Hilbert*, die man doch nicht mit Stillschweigen übergehen darf. Ich habe mich darüber in Bd. I meiner Abhandlungen[b] p. 565 – 567 unter genauer Angabe der Daten geäußert. Die entscheidende Gedankenwendung erfolgte bei Hilbert im Herbst 1915 in Rügen; Sommerfeld wird darüber Genaueres wissen. Auch bei Hilbert ist (in seiner 1. Note)[c] viel subjektive Konstruktion: der fanatische Glauben an die Variationsprinzipien, die Meinung, daß man durch bloßes math[ematisches] Nachdenken das Wesen der Natur erklären könne. Dazu mathematisch eine ganz ungeordnete Darstellung . . .

. . . Statt aber so seinen eigentlichen Gedankengang klarzulegen, wählt er eine axiomatische Darstellung, die Niemand versteht, der nicht das ganze Ding schon gemeistert hat.

Wie dem nun sei: die Publikation von Einstein[d] und Hilbert (die zudem miteinander korrespondiert, aber, wie es so geht, dabei aneinander vorbeigeredet haben) sind so genau gleichzeitig, wie überhaupt möglich . . .

. . . Trotzdem meine ich, daß in Ihrem Referat, am besten vielleicht gleich in Nr. 50, auf die H[ilbert]sche Note Bezug genommen werden sollte[e].

Überhaupt möchte ich hier betr[effend] Literatur eine Bemerkung machen. Daß Sie die ganze populäre Literatur mit ihren Torheiten bei Seite lassen, überhaupt nicht in die Verhimmelung Einsteins einstimmen, scheint mir ein großer Vorteil Ihres Referates. Ich würde sogar noch weitergehen und von vorneherein Einsteins Theorie nicht als ein Definitivum, sondern als die z. Z. erreichte Formulierung hinstellen . . .

Jedenfalls hat man, wenn man die Gesamtheit aller kanonischen Substitutionen zu Grunde legt (wie im Erlanger Programm[f] in Aussicht genommen), einen Standpunkt, der Einsteins Relativitätstheorie weit hinter sich läßt.

Ich bin neugierig, ob Sie diese kurzen Andeutungen (die ich nicht präziser fassen kann, weil ich mich seit Monaten nicht damit beschäftigt habe) verstehen werden. Jedenfalls ist meine Meinung, daß sich die Physiker zu solcher Allgemeinheit der Auffassung durchringen sollten. Ob es möglich und empfehlenswert ist, sie irgend in Ihr Referat einzuarbeiten, wage ich nicht zu entscheiden.

Mit besten Grüssen Ihr ergebener

KLEIN

[a] Vergleiche Paulis historische Darstellung im Kapitel IV/50. S. 701 – 705 seiner Relativitätstheorie [1921]. [b] Felix Klein: Gesammelte Mathematische Abhandlungen. 3 Bde. Berlin 1921 – 23.
[c] D. Hilbert: Die Grundlagen der Physik (Erste Mitteilung). Nachrichten von der Königlichen Gesellschaft der Wissenschaften zu Göttingen. Mathematisch-physikalische Klasse. 1915. S. 395 – 407. [d] A. Einstein: Zur allgemeinen Relativitätstheorie. Sitzungsberichte der Königlich Preußischen Akademie der Wissenschaften 1915, S. 778 – 786, vorgelegt am 4. November 1915. Nachtrag ebd. S. 799 – 801 vom 11. November 1915. Die Feldgleichungen der Gravitation. Ebd. S. 844 – 847 vom 25. November 1915. [e] Vgl. die Fußnote 277 in Paulis Relativitätstheorie [1921]. [f] Das Erlanger Programm wurde durch Klein bekanntgegeben in der Schrift: Vergleichende Betrachtungen über neuere

geometrische Forschungen. Programm zum Eintritt in die philosophische Fakultät und den Senat der Friedrich Alexander-Universität zu Erlangen. Erlangen 1872. Vgl. auch: Felix Klein: Gesammelte Mathematische Abhandlungen. Bd. 1. Berlin 1921. Hier: S. 460–497.

Die Korrektur der Druckbogen und die Hinweise von Klein und Sommerfeld veranlaßten Pauli im April und Mai 1921, einige einschlägige Probleme erneut aufzugreifen. Etwa um die gleiche Zeit schloß er auch seine Dissertation über das Wasserstoffmolekülion[1] ab.

Am 25. Juli 1921 bestand Pauli an der Universität München die mündliche Doktorprüfung summa cum laude und der Note I in allen Fächern. Prüfer waren im Hauptfach Physik Arnold Sommerfeld und Wilhelm Wien, in den Nebenfächern Mathematik Ferdinand Lindemann und Astronomie Hugo von Seeliger. Die Dissertation Paulis zeigte, wie Sommerfeld in seinem Votum schrieb, „ebenso wie die vielen schon veröffentlichten kleineren Untersuchungen und wie sein großer Enzyklopädie-Artikel, die volle Beherrschung des modernen mathematisch-physikalischen Rüstzeuges.“[2]

Ein Hinweis, daß sich Pauli mit dem Problem des Wasserstoffmolekülions beschäftigte, findet sich bereits in der ersten, Ende 1919 erschienenen Auflage von Sommerfelds „Atombau und Spektrallinien“[3]. Die strenge Behandlung eines Zweizentrensystems mit nur einem Elektron auf der Grundlage der Bohr-Sommerfeldschen Quantentheorie der Periodizitätssysteme wird als eine der ehrgeizigsten Anwendungen dieser Theorie überhaupt angesehen[4]. Das Ergebnis war jedoch enttäuschend; die berechnete Ionisierungsspannung stimmte mit den experimentellen Werten nicht überein. Somit wurde dieser Mißerfolg zu einem wichtigen Hinweis auf die Schwächen der älteren Quantentheorie. Ebenso hat er dazu beigetragen, daß man sich von nun an bei der Behandlung spezieller Atomprobleme immer weniger auf die Theorie der Periodizitätssysteme verließ und mehr auf die Leitung durch allgemeine Prinzipien wie das Bohrsche Korrespondenzprinzip und das Ehrenfestsche Adiabatenprinzip vertraute[5].

In der Woche vom 19. bis zum 24. September 1921 fand die 1. Deutsche Physikertagung in Jena statt[6]. Hier hatte Pauli Gelegenheit, sich mit Alfred Landé über den neuesten Stand der Untersuchungen zum anomalen Zeemaneffekt auseinanderzusetzen.

Das Jahr 1921 hatte große Fortschritte in der Spektroskopie mit sich gebracht. Vor allen Dingen waren es die beiden grundlegenden Arbeiten von Landé über den anomalen Zeemaneffekt[7], die eine systematische Ordnung in die komplizierten Spektren von Atomen mit mehr als einem Elektron brachten.

Die kurz zuvor von Sommerfeld eingeführte[8] innere Quantenzahl j mit der Auswahlregel $\Delta j=0, \pm 1$ wurde nun von Landé dem Gesamtdrehimpuls zugeordnet. Ebenso forderte er eine Ergänzung der Sommerfeldschen Auswahlregel, indem er Kombinationen $0 \rightarrow 0$ für j verbot[9], worauf sich Pauli am Ende des Briefes [14] bezieht.

Die Frage nach der Bedeutung von j sollte Pauli auch noch während der folgenden Jahre beschäftigen. Sie fand dank seiner Vorarbeiten endlich im Herbst 1925 ihre endgültige Antwort durch die Hypothese des Elektronenspins.

[1] Pauli (1922a). Diese Arbeit ist eine verbesserte und erweiterte Fassung der Dissertation und wurde erst im März 1922 von Pauli zur Publikation eingereicht. Mit dem gleichen Thema befaßte sich wenig später und unabhängig davon eine 1922 in Utrecht angefertigte Doktorarbeit von Karel F. Niessen: Zur Quantentheorie des Wasserstoffmolekülions. Utrecht: I. van Druten 1922. Ein kurzer Auszug wurde in

Ann. Phys. **70**, 129 – 134 (1922) veröffentlicht. Eingegangen am 16. Oktober 1922. Siehe außerdem die Bemerkung von W. Heisenberg in: Der Teil und das Ganze, S. 58.
[2] Protokoll über das Examen rigorosum. Archiv der Ludwig-Maximilians-Universität München.
[3] A. Sommerfeld: Atombau und Spektrallinien. [1]Braunschweig: Friedr. Vieweg und Sohn 1919. Dort S. 510.
[4] R. E. Peierls: Wolfgang Ernst Pauli. Biographical Memoirs of Fellows of the Royal Society. **5**, 175 – 192 (1960).
[5] Pauli [1926]. Dort S. 35.
[6] Einige Vorträge und Diskussionen dieser Tagung sind in Phys. Z. **22**, 610 – 639 (1921) veröffentlicht. Vgl. hierzu auch Paulis Brief „An Hermann Weyl zum 6. November 1955". Dort erinnert sich Pauli: „Auf Nauheim folgte im nächsten Jahr eine gemeinsame Bahnfahrt von München zum Mathematiker- und Physikertag in Jena, wo auch Edgar Meyer in Erscheinung trat. Ihr kamt aus dem mir damals fremden Zürich und ich erinnere mich wohl der fröhlichen Stimmung in dem Eisenbahnzug. Der Krieg war aus, bei Sommerfeld war ich in das richtige Fahrwasser gekommen, was kümmerten mich als jungen Menschen dann noch die politischen und wirtschaftlichen Verhältnisse in Deutschland und Österreich?"
[7] A. Landé: Über den anomalen Zeemaneffekt. Teil I und II. Z. Physik **5**, 231 – 241 (1921), **7**, 318 – 405 (1921). Eingegangen am 16. April und 5. Oktober 1921.
[8] A. Sommerfeld: Allgemeine spektroskopische Gesetze, insbesondere ein magnetooptischer Zerlegungssatz. Ann. Phys. **63**, 221 – 263 (1920). Eingegangen am 22. März. 1920. Dort wird für die innere Quantenzahl das Symbol n_1 verwendet. Die heute übliche Bezeichnung mit j geht auf eine spätere Anregung von Bohr zurück. Landé benutzte dagegen das Symbol k für die inneren Quantenzahlen. (Siehe die in der Fußnote 7 zitierten Arbeiten.)
[9] A. Landé: Anomaler Zeemaneffekt und Serienterme bei *Ne* und *Hg*. Physik. Z. **22**, 417 – 422 (1921). Eingegangen am 27. Juni 1921.

[14] Pauli an Landé

München, 5. Oktober 1921

Lieber Herr Dr. Landé!

Ich habe inzwischen noch eingehender nachgedacht über die Frage, ob n oder k das gesamte Impulsmoment des Atoms bestimmen[a], über die wir in Jena gesprochen haben[b]. Es scheint mir nun doch folgender Umstand sehr für die *alte* Auffassung zu sprechen, daß n die Impulsmoment-Quantenzahl bedeutet: Die Erfahrung zeigt, daß das Auswahlprinzip für n durch elektrische Felder sehr leicht durchbrochen wird, während das Auswahlprinzip für k in elektrischen Feldern bestehen bleibt und nur durch Magnetfelder aufgehoben wird. Nun ist für diejenige Quantenzahl, die das Impulsmoment des Atoms bestimmt, eine leichte Durchbrechung ihres Auswahlprinzips durch elektrische Felder theoretisch unbedingt zu fordern[c], in vollständiger Analogie zum Auftreten der durch das Auswahlprinzip verbotenen Feinstrukturkomponenten von *He* in Paschens Aufnahmen[d]. Ihre Auffassung, wonach das gesamte Impulsmoment durch k bestimmt ist, hat also mit der großen Schwierigkeit zu kämpfen, daß es dann völlig unverständlich bliebe, warum nicht durch elektrische Felder das Auftreten sämtlicher 4 Komponenten des vollständigen Dubletts statt der 3 und ähnliche Effekte ohne weiteres zu erzwingen sind. Dies scheint mir zu Gunsten der alten Auffassung *sehr* ins Gewicht zu fallen.

Paschen hat jetzt auch Kombinationslinien zweier p-Terme bei den Erdalkalien gefunden, wobei sich eine sehr schöne Bestätigung Ihres Verbotes des Sprunges $0 \rightarrow 0$ für k sowie der nach Ihrer Theorie zu erwartenden Zeemanaufspaltungen ergab.

Mit den besten Grüßen Ihr sehr ergebener

PAULI

[a] Mit $n(=l+1$ in der heutigen Bezeichnungsweise) ist hier die azimutale und $k(=j+\frac{1}{2}$ in der heutigen Bezeichnungsweise) die innere Quantenzahl gemeint (siehe dazu die Fußnote 8 und die unter der Fußnote 7 genannten Arbeiten von Landé im Begleittext). [b] Dieses Gespräch fand auf der Deutschen Physikertagung vom 18.–24. September 1921 in Jena statt, an der Pauli und Landé teilnahmen. [c] Paulis Standpunkt in dieser Frage dürfte wohl mit der von Sommerfeld in der im Januar 1922 abgeschlossenen 3. Auflage von Atombau und Spektrallinien (S. 37) niedergelegten Auffassung übereinstimmen, da Pauli bei den drei ersten Auflagen dieses Werkes mitgewirkt hatte (vgl. Brief [72]). [d] F. Paschen: Bohrs Heliumlinien. Ann. Phys. **80**, 901–940 (1916). Dort Fig. 2.

Am 19. September 1921, also gerade zu Beginn der Physikertagung in Jena, war Paulis Enzyklopädiartikel „Relativitätstheorie" im Buchhandel erschienen.

[15] SCHRÖDINGER AN PAULI

Zürich, 7. November 1921

Lieber Freund!

Bitte messen Sie meine Freude und meinen Dank für die freundliche Überlassung eines Exemplars Ihrer schönen Enzyklopädiearbeit nicht an dem Reziproken der Zeit, die ich gebraucht habe, um ihn explizite auszudrücken. Es war sehr lieb von Ihnen, an mich zu denken, ich hoffe nur, Sie haben nicht Not an Exemplaren – die Verleger sind heute sehr zurückhaltend – und ich komme mir eigentlich etwas schäbig vor, daß gerade ich mit meiner Protzenvaluta Ihren und Herzfelds[a] Artikel im Freiexemplar genieße.

Über das Sachliche Ihres Artikels darf ich mir kein Urteil anmaßen, denn da stecken Sie mich ja zehnmal in den Sack. (Nb. übrigens eine schöne Vorstellung, wie der Pauli zehn Schrödingers in den Sack steckt! Haben Sie keinen bekannten Karikaturisten, der das zeichnen könnte?) Was ich aber sagen darf, ist, daß mir Ihre Anordnung des Stoffes vom didaktischen Standpunkt aus sehr gut gefällt; nämlich, daß Sie erst das ganze mathematische Rüstzeug vorbereiten, noch ohne Beziehung auf jede physikalische Theorie, damit die Schwierigkeiten der einen mit denen der anderen Art sich nicht vermengen; ferner, daß Sie den für viele Leser neuartigen Tensorspuk so weit möglich noch *vor* der Riemannschen Erweiterung des Raumbegriffs bringen, so daß man genau sieht, was daran nur *scheinbar*, und was *wirklich* kompliziert ist – mit welch' letzterem ich eben das meine, was erst im Kontinuum mit variabler Metrik auftritt. – In die tieferen und schwierigeren Teile bin ich leider aus Zeitmangel noch nicht vorgedrungen.

Darf ich Sie übrigens, wenn Sie einmal sehr viel Zeit haben, mit folgender wahrscheinlich sehr ungeschickter Frage behelligen, die mir von Zeit zu Zeit immer wieder aufstößt, wie ein guter Münchener schwarzer *Radi*? Sind die Elektronenbahnen geodätische Linien oder nicht? Offenbar nicht. Denn wenn ich im Felde eines geladenen und massebegabten Kerns vom gleichen Punkt in gleicher Richtung und mit gleicher Anfangsgeschwindigkeit ein Elektron und einen ungeladenen Massenpunkt loslasse, so bewegen sie sich ganz verschieden. Wenn ich damit recht habe, dann finde ich es aber doch eigentlich sehr komisch, daß das Gesetz der geodätischen Linie so im Vordergrund steht, wo es doch in Wirklichkeit wahrscheinlich gar keine ungeladenen Massenpunkte gibt, also auf der ganzen Welt keinen einzigen Punkt, dessen Weltlinie wirklich eine geodätische ist. Das Gesetz hat dann jedenfalls keine *elementare* Bedeutung, sondern gilt eben nur für die Schwerpunkte größerer im Ganzen ungeladener Systeme angenähert, in Feldern und auf Bahnen, gegen deren Struktur die Dimensionen des Systems vernachlässigbar klein sind. Wenn es so gemeint, dann ist es mir schon recht.

Seien Sie auf's herzlichste gegrüßt und nochmals vielen Dank von Ihrem ergebenen

SCHRÖDINGER

[a] K. F. Herzfeld: Physikalische und Elektrochemie. Enzyklopädie der mathematischen Wissenschaften, Bd. 5, Teil 1, S. 947–1112. Leipzig: B. G. Teubner 1921 (Ausgabedatum 1. November 1921).

Vermutlich Mitte Oktober 1921 war Pauli – von Sommerfeld empfohlen[1] – zu Max Born nach Göttingen gegangen. Born nannte Pauli mit Stolz „ seinen Assistenten"[2], und er hatte tatsächlich die Pflichten eines solchen; so mußte er Born oft in der Vorlesung vertreten. Eine offizielle Assistentenstelle nahm Pauli an der Georg-August-Universität aber nicht ein, so daß er wohl aus Stiftungsmitteln besoldet wurde – möglicherweise von der unter dem Vorsitz Felix Kleins stehenden „Göttinger Vereinigung zur Förderung der angewandten Physik und Mathematik".

Die Trennung von dem um eineinhalb Jahre jüngeren Werner Heisenberg, mit dem er sich in München angefreundet hatte, führte nun dazu, daß der Gedankenaustausch schriftlich fortgesetzt wurde. So stammen die ersten Briefe von Heisenberg an Pauli vom November 1921[3].

In Göttingen arbeitete Pauli zusammen mit Max Born an der Übertragung der astronomischen Störungsrechnung auf die Probleme der Atomdynamik. Die Rechnungen über das Wasserstoffmolekülion hatten jedoch bei ihm Zweifel an der Quantentheorie der bedingt periodischen Systeme begründet und seine Aufmerksamkeit auf andere Ansätze gelenkt. Besonders interessierte ihn der anomale Zeemaneffekt. Im Sommerfeldschen Seminar war von Heisenberg eine eigene Theorie vorgeschlagen worden, die in mehreren Punkten von der damals gültigen Quantentheorie abwich[4].

In dem ersten Abschnitt seines Briefes [16] geht Heisenberg noch einmal auf Paulis Rechnungen über das Wasserstoffmolekülion ein. Pauli hatte gefunden, daß nicht alle Gleichgewichtsbahnen des Elektrons im Felde von zwei Zentren möglich sind. So schließt er Bahnen aus, die in der Mittelebene zwischen den beiden Kernen verlaufen, weil sie bei einem Anstoß des Elektrons senkrecht zu seiner Bahnebene instabil werden (1922a, S. 216). Unter diese Bahnen fallen aber auch die Kreisbahnen, die Niels Bohr für seine Molekülmodelle verwendet hatte. Da diese ebenfalls einem Stabilitätskriterium genügen müssen, konnte Bohr folgern, daß nur Bahnen mit zwei oder drei Elektronen stabil bleiben können[5]. Sommerfeld benutzte hingegen unbekümmert auch Bahnen mit einem Elektron für seine Molekülmodelle[6], und Heisenberg, noch unter dem Einfluß der Münchener Schule, zweifelte deshalb, ob Paulis Stabilitätsbetrachtungen auch in der Quantentheorie berechtigt seien.

Anschließend berichtet Heisenberg über seine Theorie des anomalen Zeemaneffektes, die er einen Monat darauf veröffentlichte[7]. Es ist Heisenbergs erste Publikation und die erste Theorie überhaupt, die eine quantitative Übereinstimmung mit den Experimenten erzielte. Um dieses zu erreichen, mußte Heisenberg, wie bereits bemerkt, die Regeln der Quantentheorie verletzen. Aber auch Pauli hatte ja seine schlechten Erfahrungen mit dieser Theorie gemacht, und sein Motto lautete seitdem: „Der Erfolg heiligt die Mittel.“

Was Heisenberg hier im Briefe über seine Theorie darlegt, deckt sich im wesentlichen mit dem Inhalt seiner Veröffentlichung. Seine Darstellung umfaßt die Theorie der Dublett- und der Triplettatome. Höhere Multipletts wurden damals noch nicht beobachtet, hätten aber durch die Theorie vorhergesagt werden können[8] und so eine Testmöglichkeit für seine Theorie dargestellt.

Hier seien noch die Grundgedanken der Heisenbergschen Theorie der Dublettatome erläutert: Das äußerste Valenzelektron (1) erzeugt in der Umgebung des Restatomes, dem sog. Rumpf (2), ein magnetisches Feld $\vec{H}_i$ und tritt mit diesem in Wechselwirkung[9]

$$\Delta E_i = -\vec{\mu}_{\mathrm{Rumpf}} \cdot \vec{H}_i = -\mu_{\mathrm{Rumpf}} \cdot H_i \cos \vartheta_{12}.$$

Den gesamten Drehimpuls des Atoms $n\hbar$ verteilt Heisenberg im zeitlichen Mittel auf den Rumpf $\left(\frac{1}{2}\hbar\right)$ und den Rest $n^*\hbar = \left(n - \frac{1}{2}\right)\hbar$ auf das umlaufende Valenzelektron[10]. Für das magnetische Moment des Rumpfes ergibt sich damit ein halbes Bohrsches Magneton:

$$\mu_{\mathrm{Rumpf}} = \frac{1}{2} \frac{\hbar e}{2mc}.$$

Der Winkel ϑ_{12} ist nach Sommerfeld durch die räumliche Quantelung festgelegt. Schaltet man nun ein äußeres Magnetfeld $\vec{H}$ ein, so stellt sich Bahn und Rumpf in der gleichen Weise auch in diesem Felde ein. Das führt zu weiteren Wechselwirkungsenergien

$$\Delta E_1 = -\vec{\mu}_{\text{Bahn}} \cdot \vec{H} = -n^* \frac{\hbar e}{2mc} H \cos \vartheta_1$$

$$\Delta E_2 = -\vec{\mu}_{\text{Rumpf}} \cdot \vec{H} = -\frac{1}{2} \frac{\hbar e}{2mc} H \cos \vartheta_2$$

und zu der Beziehung $m^* = n^* \cos \vartheta_1$ für die magnetische Quantenzahl.

Die gesamte Energie magnetischer Herkunft ist dann

$$\Delta E = \Delta E_i + \Delta E_1 + \Delta E_2 = \left(m^* + \frac{\cos \vartheta_2}{2} - \frac{\cos \vartheta_{12}}{2} \frac{H_i}{H} \right) \frac{e\hbar}{2mc} H.$$

Der Winkel ϑ_{12} zwischen $\vec{\mu}_{\text{Rumpf}}$ und $\vec{\mu}_{\text{Bahn}}$ wird durch den Kosinussatz bestimmt:

$$\cos \vartheta_{12} = \cos \vartheta_1 \cos \vartheta_2 + \sin \vartheta_1 \sin \vartheta_2 \cos(\gamma_1 - \gamma_2).$$

γ_1 und γ_2 sind durch die Schnittgeraden (Knotenlinien) der Bahnebenen von Valenzelektron und Rumpf mit der Ebene senkrecht zum Felde $\vec{H}$ gegeben.

Nun wird verlangt, daß sich der Rumpf im Felde von $\vec{H} + \vec{H}_i$ in eine Gleichgewichtslage einstellt. Daraus folgt eine Extremalforderung zur Bestimmung von ϑ_2 und γ_2, womit das Problem vollständig bestimmt ist.

Heisenberg erhält so die bewährte Voigtsche Formel der anomalen Zeemandubletts, die dieser aus einer phänomenologischen Theorie hergeleitet hatte[11]. Die Theorie der Tripletts wird in der gleichen Weise gehandhabt.

Im zweiten Brief [17] beantwortet Heisenberg einige der Einwände Paulis zu seiner Theorie.

[1] M. Born: Mein Leben. Die Erinnerungen des Nobelpreisträgers. München: Nymphenburger Verlagshandlung 1976, S. 290.

[2] A. Einstein, H. und M. Born: Briefwechsel 1916–1955. München: Nymphenburger Verlagshandlung 1969, S. 88.

[3] Aus der Periode 1919–1929 befinden sich unter den 64 Briefen der Korrespondenz Pauli-Heisenberg nur drei von Pauli.

[4] Vgl. D.C. Cassidy: Werner Heisenberg and the Crisis in Quantum Theory, 1920–1925. Purdue University Phil. Diss. 1976.

[5] N. Bohr: On the Constitution of Atoms and Molecules. Part III. Systems containing several nuclei. Phil. Mag. **26,** 857–875 (1913). Dort S. 861 und 867.

[6] A. Sommerfeld: Atombau und Spektrallinien. [3]Braunschweig: Friedr. Vieweg 1922, S. 731.

[7] W. Heisenberg: Zur Quantentheorie der Linienstruktur und der anomalen Zeemaneffekte. Z. Physik **8,** 273–297 (1922). Eingegangen am 17. Dezember 1921.

[8] Siehe hierzu auch die Bemerkungen von F. Hund: Linienspektren und Periodisches System der Elemente. Berlin: Julius Springer 1927. Dort S. 73.

[9] In Heisenbergs sowie auch in Sommerfelds Darstellungen (siehe z. B. den Nachtrag zu Sommerfelds Buch a.a.O. auf S. 497) wird das negative Vorzeichen der magnetischen Wechselwirkungsenergie unterdrückt.

[10] Diese zeitliche Mittelung ist allerdings nach der Auswahlregel von Rubinowicz für den Drehimpuls nicht erlaubt, denn sie verstößt (wie schon Heisenberg in 7 S. 281 bemerkte) gegen die strenge Erhaltung des Drehimpulses von Atom und Strahlungsfeld.
[11] Eine vereinfachte Herleitung der Voigtschen Theorie stammt von A. Sommerfeld: Zur Voigtschen Theorie des Zeeman-Effektes. Nachrichten der Königlichen Gesellschaft der Wissenschaften zu Göttingen, Mathematisch-physikalische Klasse, Göttingen 1914, S. 207 – 229. Vorgelegt von W. Voigt in der Sitzung vom 7. März 1914.

[16] Heisenberg an Pauli

München, 19. November [1921][a]

Lieber Pauli!

Für Ihren Brief vielen Dank! Ihr Motto gefällt mir ausgezeichnet; ja, wer hätte von dem unschuldigen H_2^+ [b] so etwas gedacht! Übrigens: Eigentlich schreckt die Quantentheorie vor instabilen Zuständen garnicht zurück: Beispiel: Wasserstoff im Magnetfeld. Er kann sich so einstellen, daß er räumlich gequantelt ist mit $\cos\vartheta_1 = -1$. Ersetzt man das Wasserstoffatom durch einen kleinen Magneten, so sieht man, daß die Stellung instabil ist. Also, ob das eine Bezieh[un]g zu Ihren Stabilitätsfragen hat, ist mir unklar. – Aber ich soll Ihnen ja einen Vortrag halten (cf. Seminar) über die Atomystik[c] der anomalen Zeemaneffekte: Motto: „Der Erfolg heiligt die Mittel". Also – – –

1.) Dublettatome; sie bestehen aus einem Valenzel[ektron] und einem Rumpf. Im Normalszust[and] (s Term) hat das Atom den Gesamtimpuls 1. Dieser verteilt sich (jetzt kommt's!) im Zeitmittel gleichmäßig auf Rumpf und Elektron[d]. Also *mittlerer* Impuls $\frac{1}{2}+\frac{1}{2}$. Im angeregten Zustand: Mittlerer Impuls vom Rumpf wieder $\frac{1}{2}$, vom Valenzelektr[on] $n-\frac{1}{2}$. Zwischen beiden besteht eine magnetische Wechselwirkung (Größe nachher!) H_i. – Die beiden Impulse $\frac{1}{2}$ und $n-\frac{1}{2}$ stellen sich quantenmäßig gegeneinander ein. Sei ϑ_{12} der Winkel zwischen den beiden Impulsvektoren, so wird die Wechselwirkungsenergie $\varDelta E=\left(\frac{1}{2}\right) H_i \frac{eh}{4\pi mc}\cos\vartheta$. $\frac{1}{2}$ kommt daher, daß H_i das Magnetfeld des äußeren Elektron am Rumpf bezeichnen soll. Quantenbedingungen: $\cos\vartheta = +1$ oder -1; das sind die beiden Dublettniveaus. Gesamtimpuls also $n-\frac{1}{2}+\frac{1}{2}=n$ oder $n-\frac{1}{2}-\frac{1}{2}=n-1$. Die Quantenbeding[un]g[en] für $\cos\vartheta_{12}$ ersetzen wir durch die äquiv[alente] mechanische (der Einfachheit halber) $\frac{\partial \varDelta E}{\partial \vartheta}=0$. Dies Atom setzen wir jetzt in ein äußeres

Magnetfeld H. Die Lage der Impulsebenen (für das äußere Elektron = mittlere Bahnebene) charakterisieren wir durch die Knotenlinie γ_1 bzw. γ_2 (Index 1 für das äußere El[ektron], Ind[ex] 2 für den Rumpf) und, (dazu konjugiert) durch den mittl[eren] Impuls um die Feldachse $\overline{q}_1$ und $\overline{q}_2$. ϑ_1 und ϑ_2 seien die Neigungen der Bahnebenen[e].

Also $\cos\vartheta_1 = \frac{\overline{q}_1}{\overline{p}_1}$; $\cos\vartheta_2 = \frac{\overline{q}_2}{\overline{p}_2}$ und $\cos\vartheta_1 = \frac{2\pi\overline{q}_1}{n-\frac{1}{2}}$; $\cos\vartheta_2 = \frac{2\pi\overline{q}_2}{\frac{1}{2}}$.

Dann wird, wie man leicht rechnen kann:

$$\cos\vartheta_{12} = \cos\vartheta_1\cos\vartheta_2 + \sin\vartheta_1\sin\vartheta_2\cos(\gamma_1-\gamma_2).$$

Jetzt schreibe ich die ganze Störungsenergie als Funktion der Variabeln:

$$\Delta E = \Delta\nu_n \cdot h\left[\left(n-\frac{1}{2}\right)\cos\vartheta_1 + \frac{1}{2}(\cos\vartheta_2 + v\cos\vartheta_{12})\right],$$

wo $\Delta\,\nu_n$ die normale magn[etische] Aufsp[altung] $\frac{eH}{4\pi mc}$ und $v = \frac{H_i}{H}$. Der erste Term kommt vom äußeren Feld und Valenzelektron, der zweite vom äuß[eren] F[eld] und Rumpf, der dritte von der Wechselwirkung. Nach der Einstellungsbeding[un]g des Rumpfes muß ϑ_2 und γ_2 so gewählt sein, daß ΔE ein Extremum wird.
Sei also

$$X = \cos\vartheta_2 + v\cos\vartheta_{12} = \cos\vartheta_2 + v(\cos\vartheta_1\cos\vartheta_2 + \sin\vartheta_1\sin\vartheta_2\cos(\gamma_1-\gamma_2), \quad (1)$$

so muß sein

$$\frac{\partial X}{\partial\vartheta_2} = 0 = \sin\vartheta_2 + v(\cos\vartheta_1\sin\vartheta_2 - \sin\vartheta_1\cos\vartheta_2\cos(\gamma_1-\gamma_2) \quad (2)$$

und

$$\frac{\partial X}{\partial\gamma_2} = 0 \qquad \text{d. h.} \quad \sin(\gamma_1-\gamma_2) = 0. \quad (3)$$

Nun multipliziere man (1) mit $\cos\vartheta_2$ und (2) mit $\sin\vartheta_2$, ein anderes Mal (1) mit $\cos\vartheta_{12}$ und (2) mit $(\cos\vartheta_1\sin\vartheta_2 - \sin\vartheta_1\cos\vartheta_2\cos(\gamma_1-\gamma_2))$ und addiere, so kommt:

$$X\cos\vartheta_2 = 1 + v\cos\vartheta_1$$

und

$$X\cos\vartheta_{12} = \cos\vartheta_1 + v[\cos^2\vartheta_1 + \sin^2\vartheta_1\cos^2(\gamma_1-\gamma_2)].$$

Bedenkt man nun, daß $\cos^2(\gamma_1-\gamma_2)$ nach (3) = 1 ist, so ergibt sich durch Einsetzen der letzten beiden Gleichungen in (1)

$$X^2 = 1 + 2\,v\cos\vartheta_2 + v^2.$$

Ersetzt man nun noch $\cos\vartheta_1$ durch $\dfrac{2\pi\bar{q}_1}{n-\frac{1}{2}}$ wie oben steht, so wird

$$\Delta E = \Delta v_n \cdot h \frac{1}{2}\left(2\pi\bar{q}_1 \pm \frac{1}{2}\sqrt{1 + \frac{2\pi\bar{q}_1}{n-\frac{1}{2}} v + v^2}\right).$$

Hierin kommt γ_1 nicht mehr vor; also zyklisch. Es ist zu quanteln

$$\int_0^{2\pi} \bar{q}_1 d\gamma_1 = mh;$$

außerdem ist für m ein Auswahlpr[inzip] wegen Zyklizität vorhanden. Es kommt

$$\Delta E = \Delta v_n \cdot h\left(m \pm \frac{1}{2}\sqrt{1 + 2\frac{m}{n-\frac{1}{2}} v + v^2}\right).$$

Das sind die *Voigtschen Formeln* (extrapoliert). Daß m die Werte $\left(\frac{1}{2}, \frac{3}{2}, \frac{5}{2}\right)$, nicht 1, 2, 3 einnimmt, ist plausibel, da $2\pi\bar{p}$ auch $n-\frac{1}{2}$ ist, wie oben angenommen. Bevor ich zu den Tripletts übergehe, noch einige quantitative Schlager: 1.) Wir berechnen die Dublettbreite bei Li, denn das ist, für den $2p$ Term, das einzige Element, wo man den Rumpf in guter Näherung als unendl[ich] klein voraussetzen kann. Das äußere Elektron beschreibt eine Ellipsenbahn (wasserstoffähnlich gerechnet, was natürlich ungenau wird), mit den Achsen $a \cdot 2^2 = 4a$ und $a \cdot 2 \cdot \frac{3}{2} = 3a$.(Denn für den Term $2p$ ist die „Gesamt“ quantenzahl 2, die Impulsqu[antenzahl] nach meiner Annahme $\frac{3}{2}$.)

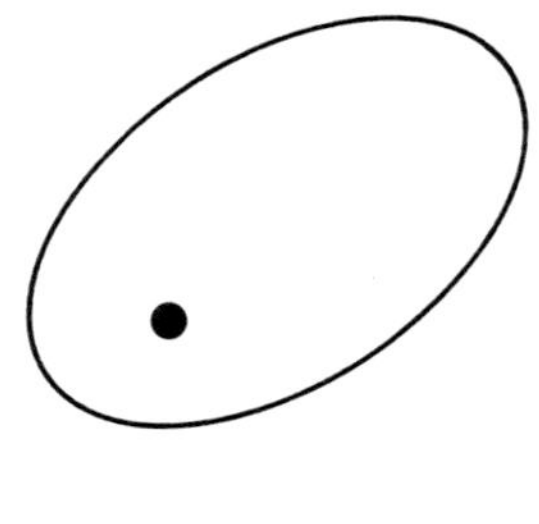

(a Wasserstoffradius). Ferner wird (Biot-Savart)

$$H_i = \frac{e}{c}\frac{[\vec{v}\,\vec{r}]}{r^3} = \frac{e}{mc}\frac{m[\vec{v}\,\vec{r}]}{r^3};$$

nun ist

$$m[\vec{v}\,\vec{r}]=\frac{3}{2}\frac{h}{2\pi};$$

es handelt sich jetzt noch um das Zeitmittel von $\frac{1}{r^3}$. Das wird (u mittlere Anom[alie], a_1 große Achse, a_2 kleine Achse, ε Exzentriz[ität])[f]

$$\overline{\frac{1}{r^3}}=\frac{1}{2\pi}\int_0^{2\pi}\frac{du}{a_1^3(1+\varepsilon\cos u)^2}=\frac{1}{a_2^3}.$$

Also

$$H_i=\frac{3}{2}\frac{h}{2\pi}\cdot\frac{1}{a^3\cdot 27}=\frac{h}{2\pi a^3\cdot 18}.$$

Daraus folgt Dublettaufspalt[un]g

$$\Delta\nu=\frac{e}{4\pi mc}\cdot H_i$$

und das wird

$$\Delta\nu=0{,}32\,\text{cm}^{-1}.$$

Der experimentelle Wert ist 0,34 cm^{-1}.

Die Abnahme vom p Term auf den d Term usw. in $\Delta\nu$ geht mit $\sim\frac{1}{n^3\left(n-\frac{1}{2}\right)^2}$. Auch das ist vernünftig. – Noch etwas anderes will ich erwähnen. Im Zeemanheft der Physica mißt, für mittlere Magnetfelder, *Paschen*[9] gewisse Verschiebungen ϑ; diese kommen durch die Formeln bis auf $\pm 0{,}004$ Å richtig heraus, auch bei den Tripletts (da ist an einer Stelle ein größerer Fehler, nämlich 0,009 Å).

Nun kommen, (ehe Sie zur Verdauung dieses physikalischen Knödels kommen – entschuldigen Sie die unschöne Ausdrucksweise) die Tripletts an die Reihe. Aus dem Dublett machen wir ein Triplettatom, indem wir noch ein zweites Valenzelektron dazufügen mit dem Impuls 1, diesen Impuls aber wieder gleichmäßig auf Rumpf und Elektron verteilen. Das gibt zwei Möglichkeiten der Impulsverteilung:

	1	2
Rumpf	0	1
Valenzel[ektron]	$+\frac{1}{2}$	$+\frac{1}{2}$
Valenzel[ektron]	$-\frac{1}{2}$	$+\frac{1}{2}$
Dies ist	$1S$	$1s$

Dem entspricht im angeregten Zustande:

Rumpf	0	1
Valenzelektr[on]	$n-\frac{1}{2}$	$n-\frac{1}{2}$
Valenzel[ektron]	$-\frac{1}{2}$(Einfachlinien)	$+\frac{1}{2}$(Triplettsystem)

Daß der Rumpfimpuls 0 ein Einfachliniensyst[em] liefert, ist klar, denn der kann sich nicht einstellen. Er hat auch normalen Zeemaneff[ekt], da hier natürlich die räumliche Quantelung so heißt:

$$\left(n-\frac{1}{2}\right)\cos\vartheta_1+\frac{1}{2}\cos\vartheta_2=m, \tag{4}$$

wo der Index 2 sich auf das innere Valenzelektron bezieht. Bei der 2. Möglichkeit (Triplettsy[stem] wollen wir zunächst die Koppelung zwischen innerem Valenzel-[ektron] und Rumpf so stark annehmen, daß beide in erster Näherung dieselben Koordinaten haben; γ_2, ϑ_2, $\bar{q}_2$. Dann wird, genau wie bei den Dubletts (ich nehme jetzt von Anfang an, der Einfachheit halber, $\gamma_1=\gamma_2$ an):

$$\Delta E=\Delta\nu_n\cdot h\left[\left(n-\frac{1}{2}\right)\cos\ \vartheta_1+\frac{1}{2}\cos\vartheta_2+\cos\vartheta_2+\frac{3}{2}v\cos(\vartheta_1-\vartheta_2)\right].$$

Führen wir wieder eine Größe X ein und setzen noch $\frac{3}{2}v=v'$ und $n-\frac{1}{2}=n_a$, so ist

$$\Delta E=\Delta\nu_n\cdot h(m+X) \tag{5}$$

und
$$X=\cos\vartheta_2+v'\cos(\vartheta_1-\vartheta_2); \tag{6}$$

$$\frac{\partial X}{\partial\vartheta_2}=0=\sin\vartheta_2+v'\sin(\vartheta_2-\vartheta_1); \tag{7}$$

dazu wieder (4)

$$m=n_a\cos\vartheta_1+\frac{1}{2}\cos\vartheta_2;$$

Aus (6) und (7) folgt wieder

$$X^2=1+2v'\cos\vartheta_1+v'^2 \tag{8}$$

Aus (7) außerdem[h]

$$\sin\vartheta_2(1+v'\cos\vartheta_1)=\cos\vartheta_2\sin\vartheta_1$$

und
$$\cos\vartheta_2=\frac{1+v'\cos\vartheta_1}{\sqrt{1+2v'\cos\vartheta_1+v'^2}}=\frac{1+v'\cos\vartheta_1}{X};$$

Nun ist $$\cos\vartheta_2 = 2(m - n_a \cos\vartheta_1)$$
und daraus kommt

$$\cos\vartheta_1 = \frac{2Xm-1}{2Xn_a+v'};$$

vergleicht man mit (8) so kommt:

$$X^2 - 1 - v'^2 = 2v' \frac{2Xm-1}{2Xn_a+v'};$$

also

$$X^3 + \frac{v'}{2n_a} X^2 - X\left(1 + 2v\frac{m}{n_a} + v'^2\right) - \frac{v'^3 - v'}{2n_a} = 0; \tag{9}$$

Eine kubische (!) Gleichung für X.
Lösen wir sie auf für $v \to \infty$, indem wir $X = \alpha v' + \beta$ setzen und *neg[ative] Potenz[en] von v' vernachlässigen, so* folgen die Gleichungen

$$\alpha^3 + \frac{\alpha^2}{2n_a} - \alpha = \frac{1}{2n_a}.$$

(β weiß ich nicht mehr genau.) Jedenfalls kommt also heraus

1.) $$\Delta E = \Delta \nu_n h\left[+v' + m\left(1 + \frac{1}{n}\right)\right]$$

2.) $$\Delta E = \Delta \nu_n h\left[-\frac{v'}{2n_a} + m\left(1 + \frac{1}{n(n-1)}\right)\right]$$

3.) $$\Delta E = \Delta \nu_n h\left[-v' + m\left(1 - \frac{1}{n-1}\right)\right].$$

Also alles so, wie es sein soll: Auch der verrückte Bruch $\frac{7}{6}$ u.s.w. Für $v=0$ kommt aus (9) $X^3 - X = 0$; $X = 1, 0, -1$. Also Paschen-Backeffekt mit Niveauüberlagerung (siehe Mg!).

Die quantitative Pointe ist aber folgendes:
Wir wollen das Abstandverhältnis der drei Triplettniveaus berechnen:

$$\frac{\Delta E_1 - \Delta E_2}{\Delta E_2 - \Delta E_3};$$

Dies wird:

$$\frac{v' + \dfrac{v'}{2n_a}}{v' - \dfrac{v'}{2n_a}} = \frac{n}{n-1}.$$

Das Verhältnis im p Term $\frac{p_1-p_2}{p_2-p_3}$ wird also 2 : 1, genau wie grundsätzlich überall gemessen, ferner im d Term $\frac{3}{2}=1{,}5$, wie auch ständig beobachtet. Mehr kann man, hinsichtlich der Beobachtungen, nicht verlangen.

Zum guten Ende meines Vortrags will ich aber auch die Schattenseiten dieser Theorie nicht verheimlichen: 1.) n_J bedeutet bei den Tripletts keineswegs den Gesamtimpuls, sondern dieser wird beim mittleren Niveau nicht einmal mehr ganzzahlig. 2.) Die Auswahlregel von Rubinowicz ist also verletzt, das Auswahlpr[inzip] läßt sich aber korrespondenzpr[inzip]mäßig begründen. 3.) Das mittlere Triplettniveau hat überhaupt noch seine grundsätzlichen Mucken, die sich aber schon einigermaßen wegschaffen lassen. 4.) Bei den Dubletts und Tripletts muß der Bewegungsvorgang noch aufgeklärt werden. Aber trotzdem: der Erfolg heiligt die Mittel.

Schreiben Sie mir bitte alles, was Sie dazu meinen und lassen Sie Ihren Spektroskopiker lieber auf ein Triplett los. (Etwa Be 4?). Die Frage beim Paschen-Backeff[ekt] von D ist falsch gestellt, es bleiben ja am Schluß immer noch Aufspaltungen von der Größenord[nung] der ursprüngl[ichen] Dubletts bzw. Tripletts, ganz egal, ob Einfachlinien oder nicht (vgl. Li, λ 6708).

Seien Sie also recht schön gegrüßt und leben Sie sich in Gött[ingen] gut ein: Für Ihr Separatum vielen Dank!

Ihr

Werner Heisenberg

[a] Die fehlende Jahreszahl ergibt sich u.a. aus dem Schluß des Briefes: Wolfgang Pauli war im November 1921 zu Max Born nach Göttingen gegangen. [b] Diese Bemerkung bezieht sich auf Paulis Dissertation, (1922a). (An Stelle des + Zeichens bei H_2^+ setzte Heisenberg ein Kreuz.) [c] Diese Umbildung des Ausdrucks Atomistik ist eine Anspielung auf Sommerfelds Ausdrucksweise (siehe z. B. A. Sommerfeld: Ein Zahlenmysterium in der Theorie des Zeeman-Effektes. Naturwiss. **8**, 61 – 64 (1920).) [d] Eine soche halbzahlige Quantenaufteilung des Drehimpulses war besonders vom Standpunkt der älteren Quantentheorie problematisch. Bei langsamer Entfernung des Leuchtelektrons vom Atomrumpf würde bei Abnahme der Wechselwirkung schließlich ein Rumpf mit halbzahligem Drehimpuls übrigbleiben. [e] Eine Betrachtung von zueinander geneigten Bahnebenen im Jahr 1919 durch Landé war ursprünglich bei Sommerfeld auf starke Ablehnung gestoßen. Später ging diese Betrachtungsweise unter dem Schlagwort Neigungsauffassung der Komplexstruktur in die Literatur ein. (Siehe z.B. W. Pauli [1926]. Dort S. 219.) [f] Für die Ellipsenbahnen gilt nach Sommerfeld $a_1=(n_r+n_\varphi)^2\,a$, $a_2=(n_r+n_\varphi)\cdot n_\varphi a$. Für den ϱ Term ist $n_r+n_\varphi=2$ und $n_\varphi=\frac{3}{2}$, also $a_2=3a$. Den Faktor e/mc hat Heisenberg weggelassen. [g] F. Paschen und E. Back: Liniengruppen magnetisch vervollständigt. Physica **1**, 261 – 273 (1921). Ausgegeben am 31. Oktober 1921. Die Nummern 8, 9 und 10 dieser Zeitschrift, öfters als Zeemanheft zitiert, wurden zum Jubiläum von P. Zeeman veröffentlicht. [h] In der folgenden Formel fehlt auf der rechten Seite ein Faktor v!

[17] HEISENBERG AN PAULI

München, 25. November [1921]

Lieber Pauli!

Für Ihren Brief vielen Dank! Es freut mich, daß Sie im allgemeinen mit meiner Theorie einverstanden sind. Zu Ihren Einwänden will ich folgendes bemerken: Einwand 2.) und 3.) (Inhomogenität des Feldes u.s.w.) ist natürlich berechtigt; am Resultat würde die Inhomogenität aber nur wenig ändern, im Anfangszustand ($v = \infty$) und Endzustand ($v = 0$) überhaupt nichts[a]. Es ist ja auch wohl möglich, daß die Voigtschen Formeln eine idealisierte Annäherung bedeuten; um eine Theorie zu geben, kann man jedenfalls nicht anders rechnen, als das Feld homogen voraussetzen.

Für das einzelne Modell kann man dann noch genauer rechnen. Viel schwieriger ist 4.) Die mechanische Stabilität ist allerdings nicht recht gesichert, wie Sie richtig bemerken[b]. Man kann sie tatsächlich durch eine Quantenbedingung ersetzen: Sie heißt: In einem Magnetfelde stellt sich der Rumpf so ein, daß sein mittlerer Impuls *um* die Feldachse $+\frac{1}{2}$ oder $-\frac{1}{2}$ ist. Wirkt nun ein äußeres und ein inneres Feld auf den Rumpf, so stellt er sich in die *Resultante* beider Felder ein. Das ist doch sicher vernünftig. Die Schwierigkeit ist aber bei dieser Auffass[un]g die, daß die genannte Resultante eine Präzession, also eine Beweg[un]g ausführt. Diese Bewegung ist aber, so glaube ich, kann man sagen, unendlich langsam gegenüber den Perioden des Rumpfes, also stellt diese Präzession der Resultante eine *adiabatische* Veränderung dar. Vielleicht ist damit die Schwierigkeit 4.) einigermaßen behoben.

Übrigens führt nach meiner Theorie das äußere Elektron tatsächlich genau *die* Bewegung aus, die ich seinerzeit aus [dem] Korrespondenzpr[inzip] berechnet habe, nämlich [eine] modifizierte Larmorpräzession, $v\left(1 \pm \frac{1}{2n-1}\right)$ usw. Dies will ich z.B. hier vorrechnen:

ϑ_1 und ϑ_2 habe wieder dieselbe Bedeut[un]g, wie im letzten Brief ($\gamma_1 = \gamma_2$). Der dick gezeichnete Vektor H_R repräsentiere das Magnetfeld des *Rumpfes* auf das äußere Elektron. Dies ist doch jedenfalls $\frac{+H_i}{n-\frac{1}{2}}$, wo H_i das Feld des äußeren Elektrons auf den Rumpf ist[c]. H_R zerlege ich jetzt vektoriell in eine Komponente X in Richtung von H[d] und eine in Richt[un]g von ϑ_1. Dann gilt:

$$\frac{X}{H_R} = \frac{\sin(\vartheta_1 - \vartheta_2)}{\sin \vartheta_1};$$

$$X = H_R \frac{\sin(\vartheta_1 - \vartheta_2)}{\sin \vartheta_1} = \frac{-H_i}{n-\frac{1}{2}} \frac{\sin(\vartheta_1 - \vartheta_2)}{\sin \vartheta_1} = (-H) \frac{v}{n-\frac{1}{2}} \frac{\sin(\vartheta_1 - \vartheta_2)}{\sin \vartheta_1};$$

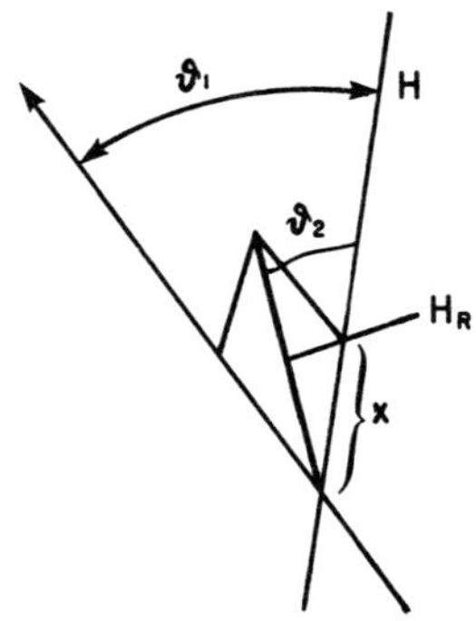

nun war aber

$$v \sin(\vartheta_1 - \vartheta_2) = -\sin\vartheta_2;$$

also

$$X = \frac{H}{n-\frac{1}{2}} \frac{\sin\vartheta_2}{\sin\vartheta_1};$$

dem entspricht eine Präzession von der Größe $v \frac{1}{n-\frac{1}{2}} \cdot \frac{\sin\vartheta_2}{\sin\vartheta_1}$. Nun ist für schwache Felder $\vartheta_2 \approx \vartheta_1$[e], also kommt die genannte Zusatzpräzession – aber, wie ich eben sehe, stimmt ein Faktor 1/2 nicht[c]. Ich hab mich also wieder einmal verrechnet. Könnten Sie nicht so gut sein, und sich die Bewegung wirklich einmal genau überlegen? Ich verrechne mich ja doch zehnmal. Vielleicht ist auch H_R nicht richtig. So eine Wechselwirk[un]g ist etwas schauderhaftes, man kennt sich nie aus, wohin man sie verteilen soll.

Das Wachsen der Dubletts mit der Ordnungszahl ist doch wohl darauf zurückzuführen, daß H_i mit $1/r^3$ geht[f]. Bei schweren Atomen z. B. wird r schon deswegen kleiner sein, weil die für das Valenzelektron in Betracht kommende Kernlad[un]g Z_{eff} nicht mehr genau 1 sein wird, sondern größer. 1 ist sie nur, wenn die Bahn „unendlich" weit vom Rumpf weg ist. Außerdem kommt für schwere Atome vielleicht eine *elektrische* Wechselwirkung dazu. Das würde an meinen Rechnungen *qualitativ* nichts ändern, wohl aber quantitativ. – Was Sie über den mittleren Impuls 1/2 schreiben, glaub ich nicht. Er muß, so viel ich sehen kann, auch im *b* Term, *g* Term, *h*[g] u.s.w. stets 1/2 bleiben. Die Schwierigkeit bleibt also, glaube ich, bestehen, daß der Rumpf den Impuls 1/2 hat. Er hat aber eben auch größere Kernlad[un]g wie das Edelgas.

Das Triplettverhältnis $\frac{n}{n-1}$ stimmt bei *leichten* Atomen auf 3% genau, bei schweren schlechter[h]. Das ist sehr erklärlich. Im übrigen machen die Tripletts noch immer Schwierigkeiten. – Daß man H_i aus einer anderen Mittel[un]g rechnen muß, ist mir plausibel. Doch kann man das erst, wenn man das Modell hat. – Bohr hat ja das Li-Modell[i]. Dann kann man ja sehen! – Also schreiben Sie mir recht bald wieder; mit vielen Grüßen

Ihr

WERNER HEISENBERG

[a] In seiner späteren Veröffentlichung (vgl. Fußnote 7 des Kommentars, dort S. 295) geht Heisenberg nochmals auf diese Einwände ein. [b] Auch hierzu äußerte sich Heisenberg in der oben zitierten Arbeit[a] (dort S. 280). [c] Diese Beziehung folgt direkt aus $\vec{H}_i \cdot \vec{\mu}_{\text{Rumpf}} = \vec{H}_R \cdot \vec{\mu}_{\text{Bahn}}$. Dabei erscheint dann auch der später von Heisenberg vermißte Faktor 1/2:

$$\frac{1}{2} H_i = \left(n - \frac{1}{2}\right) H_R.$$

Ebenso verschwindet das von Heisenberg verwendete negative Vorzeichen, wenn man weiter unten anstelle von $v \cdot \sin\,(\vartheta_1 - \vartheta_2) = -\sin\vartheta_2$ die Beziehung (7) aus dem vorangehenden Brief [16] verwendet. [d] Nur diese Komponente X trägt zu einer Änderung der Präzession der Bahnebene um die Feldrichtung bei. [e] Siehe hierzu die unter *a*) zitierte Arbeit, dort S. 283. [f] Siehe hierzu den Brief [16]. [g] *b* Terme (von Bergmannserie) werden heute als *f* Terme (von Fundamentalserie) bezeichnet. [h] Siehe hierzu die unter *a*) zitierte Arbeit, dort S. 285. [i] P. Ehrenfest and N. Bohr: The Difference Between Series Spectra of Isotopes. Nature **109**, 745 (1922). In dieser Arbeit wird insbesondere die Vorstellung von Tauchbahnen beim Lithium diskutiert und der Einfluß von Isotopie-Effekten auf die Spektralterme untersucht.

Die kühnen Hypothesen, die Heisenberg so erfolgreich zur Deutung vom anomalen Zeemaneffekt bis hin zum Paschen-Back-Effekt anwendete, wurden besonders von den Physikern der älteren Generation mit Skepsis betrachtet. Sie schienen unvereinbar mit den Grundsätzen der Mechanik, Elektrodynamik und Quantentheorie. Selbst Niels Bohr äußerte sich zurückhaltend und sah noch zu dieser Zeit den Grund in einer ungenügenden Kenntnis der magnetischen Eigenschaften der Atomsysteme[1], im Gegensatz zu Heisenberg, der „ja gerade die Biot-Savartsche Kraft ungeändert gelassen" hatte[2].

Vorerst konnte Heisenberg jedoch den meisten Einwänden begegnen, die gegen seine Theorie gemacht wurden. Die Beobachtung verbotener Übergänge $d_1 p_2$ in mittleren Magnetfeldern durch Paschen ergaben überraschenderweise gewisse Linien-„Verschiebungen ϑ", die beim gewöhnlichen anomalen Zeemaneffekt nicht auftreten durften[3]. Aber Heisenberg konnte auch diesen Effekt leicht durch sein Modell deuten: Der adiabatisch in Richtung von $\vec{H}_i + \vec{H}$ eingestellte Rumpf[4] erzeugt über sein Magnetfeld neben einer Zusatzpräzession auch eine Zusatzrotation des Valenzelektrons in seiner Bahn und führt damit zu der genannten „Verschiebung ϑ".

Außer mit Pauli führte Heisenberg einen intensiven Briefwechsel über den Zeemaneffekt mit Alfred Landé, einem der damals führenden Forscher auf diesem Gebiete[5], der auf mehr empirischem Wege zu seinen berühmten Formeln für die Grundfaktoren, heute in einer später verallgemeinerten Form als Landé- oder g -Faktoren bekannt, gelangt war[6].

Landé war auch der erste, der einen Zusammenhang zwischen anomalem Zeemaneffekt und der Anomalie, die beim Einstein-de Haas- und Barnetteffekt auftrat[7], vermutete[8].

[1] So äußerte sich Niels Bohr in einer Zufügung zu einem am 18. Oktober 1921 in Kopenhagen gehaltenen Vortrag, der später in deutscher Sprache in der Sammlung: Drei Aufsätze über Spektren und Atombau. Braunschweig: Friedr. Vieweg und Sohn 1922, erschien. Dort S. 98.
[2] Zitiert nach dem folgenden Brief [18].
[3] F. Paschen und E. Back: Liniengruppen magnetisch vervollständigt. Physica **1**, 261–273 (1921). Ausgegeben am 31. Oktober 1921.
[4] Viel problematischer war der später von Landé gemachte Einwand, daß nämlich der Rumpf, anstatt sich adiabatisch in einem Magnetfelde auszurichten, ebenfalls eine Präzessionsbewegung um die Feldachse ausführen müßte. Siehe dazu auch die Ansicht Heisenbergs in seinem Brief [21] vom 6. März 1922 an Pauli.
[5] Siehe hierzu die sehr detaillierte Studie von Paul Forman: Alfred Landé and the Anomalous Zeeman Effect, 1919–1921. Historical Studies in Physical Sciences **2**, 153–261 (1970).
[6] A. Landé: Über den anomalen Zeemaneffekt (Teil I.) Z. Phys. **5**, 231–241 (1921). Eingegangen am 16. April 1921. Die Bezeichnung Grundfaktor (und daher wohl auch g-Faktor) verwendete Landé in seinem Aufsatz: Über den anomalen Zeemaneffekt. Naturwiss. **9**, 926–928 (1921). Dort S. 928.
[7] Diese Anomalie der magneto-mechanischen Effekte wurde 1919 bei den exakten Versuchen von E. Beck: Zum experimentellen Nachweis der Ampèreschen Molekularströme. Ann. Physik **60**, 109–148 (1919) beobachtet. Siehe auch W. Braunbek: Eine Erklärung des Einstein- de Haas- Effektes durch Annahme rotierender Atomkerne. Physik. Z. **23**, 307–309 (1922). Eingegangen am 19. Juni 1922.
[8] Siehe hierzu den 2. Teil von A. Landé: Über den anomalen Zeemaneffekt. Z. Physik **7**, 398–405 (1921). Dort S. 404.

[18] Heisenberg an Pauli

München, 17. Dezember [1921]

Lieber Pauli!

Haben Sie vielen Dank für Ihren Brief. Der wesentliche mechanische und physikalische Sinn meiner Theorie scheint mir, (so, wie ich sie jetzt auffasse), der zu sein: Die stationären Zustände des Atoms sind stets durch räumliche Quantelung des *äußeren* Elektrons gegeben: wenn kein äußeres Feld vorhanden ist, relativ zum Magnetfeld des Rumpfes; ist eines vorhanden, *außerdem* noch relativ zu diesem. Dieses „außerdem" ist der springende Punkt. Bei kleinen Feldern H nämlich vertragen sich beide Quantelungen sehr gut miteinander, denn es gibt zwei Freiheitsgrade die zu quanteln sind:

1.) Die Stellung des Elektrons relativ zum Rumpf. 2.) Die Stellung des Atoms relativ zum Feld, gegeben durch die *Stellung des äußeren Elektrons* zum Feld. Was nun bei stärker werdendem H geschieht, will ich etwas summarisch so ausdrücken: Der Freiheitsgrad 1.) stirbt allmählich ab und an seine Stelle tritt die Stellung des Rumpfes relativ zum äußeren Feld als zu quantelnder Freiheitsgrad. Anschaulich ist das so zu denken: bei kleinem H sind Rumpf und Elektronenbahn parallel:

Bei wachsendem Feld wird der Rumpf adiabatisch gedreht: bis er im völligen Paschen-Backeffekt senkrecht zu H steht.

Das innere Feld H_i ist dann schon sehr klein, sein Mittelwert hat auch ständig die Richtung von H, es herrscht nur noch die normale Larmorpräzession, deren

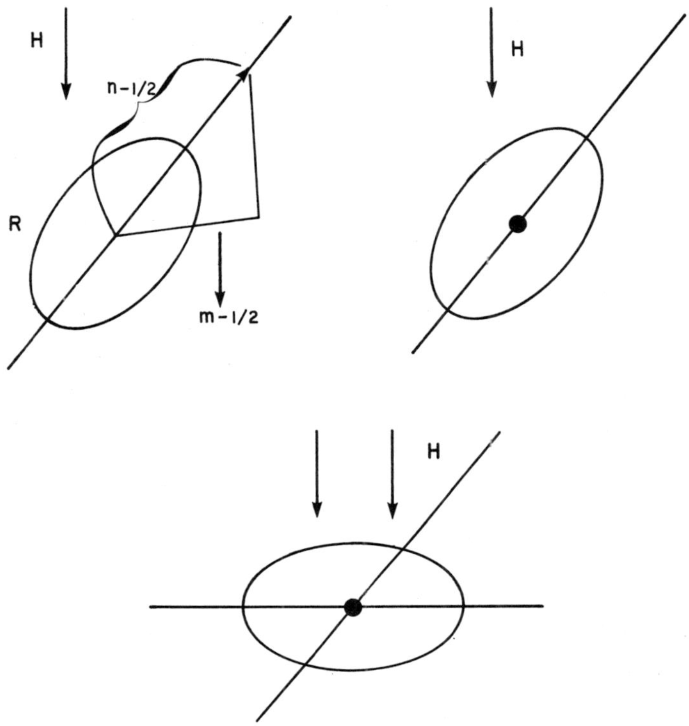

Größe durch H_i nur wenig modifiziert wird. Diese genannte adiabatische Drehung des Rumpfes erfolgt eben durch die Einstellung in die Resultante.

Die Zusatzrotation in der Bahnebene ergibt sich durch die selbe Rechnung, die ich neulich schrieb:

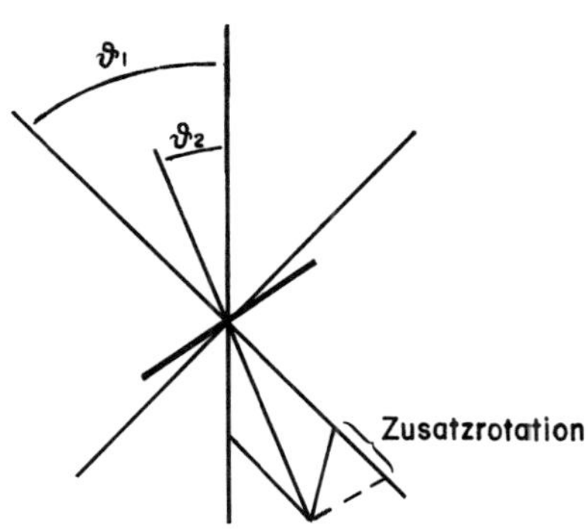

Ich habe, wie Sie sehen, dieselbe Figur nocheinmal gezeichnet und den Vektor der Zusatzrotation, der negativ ist, angezeichnet. Er unterscheidet sich also von dem neulich berechneten um den Faktor $-\cos\vartheta$ und ergibt sich zu $-\frac{2m\omega}{(2n-1)^2}$, wie wir auch seinerzeit ausgerechnet hatten. Mir scheint die Tatsache, daß die Bewegung richtig herauskommt, auch eine wesentliche Bestätigung zu sein. Ich glaube also, daß man freie Drehbarkeit, oder ähnliche Hypothesen gar nicht machen braucht; mechanisch ist alles normal. Aber die endgültige Entscheidung wird sofort möglich sein, wenn Bohrs Li da ist. Dann werde ich natürlich meine ganze Theorie mit Störungsquantelung am Li direkt zu erhalten suchen. Bis jetzt ist eine exakte Störungsrechnung, soviel ich sehe, unmöglich, weil man eben mit *starren* mittleren Impulsen u.s.w. rechnen müßte, und dann erst recht nicht weiß, was passiert. –

Über den Einstein-de Haaseffekt bin ich garnicht klar. Wieso hat Landé mit diamagnetischen Körpern gerechnet[a]? Er nimmt doch Atome *mit* magnetischem Moment an. Ob sich überhaupt der Einstein-de Haaseffekt durch meine Theorie erklären läßt, ist mir fraglich; denn ich habe ja gerade die Biot-Savartsche Kraft ungeändert gelassen. Wichtig scheint mir zu sein, daß geprüft wird, bei welchen Körpern der $\frac{1}{2}$ Einstein-de Haaseffekt auftritt – oder weiß man bzw. wissen Sie es schon? Aber da merk' ich gerade – der Einstein-de Haaseffekt kann ja nur bei ferromagnetischen Körpern auftreten. Aber wo tritt der *Barnett*effekt anomal auf? Der muß doch prinzipiell auch etwa an Cu, Mg, Al zu beobachten sein. Jedenfalls – wenn der Barnetteffekt auch *nur* an ferromagnetischen Körpern anomal ist, so ist damit eine Sonderstellung dieser Körper zweifellos; dies wäre mir sympathisch, schon deswegen, weil Eisen zweifellos *kein* Dublettspektrum besitzt. Also – wenn die anomalen magnetomechanischen Effekte *nur* an den ferromagnetischen Körpern beobachtet sind, so – wasche ich meine Hände in Unschuld.

Als Antwort auf Ihre Frage vom $p_i\, d\, Ag$ zeichne ich einfach die Backsche Figur auf:

	$\pm\frac{0}{2}$	$\pm\frac{1}{2}$	$\pm\frac{2}{2}$	$\pm\frac{3}{2}$	$\pm\frac{4}{2}$	(norm[ale] Aufspaltung)
$p_1 d$	π, σ	π, σ	π, σ	σ	σ	
$p_2 d$	σ(!)	π, σ	π	σ	σ	
$p_3 d$	π, σ	0	π, σ	0	0	

Die Figur steht in „Naturwissenschaften“ 1921, Heft 12; „Ein weiteres Zahlenmysterium“ usw.[b] Theoretisch folgt diese Figur daraus, daß beim totalen Paschen-Back-Effekt eines *Termes* zu einem magnetischen Niveau *mehrere* frühere d.h. bei klein[em] H geltende magnetische Quantenzahlen gehören. Also auch diese sonderbare Überlagerung von π und σ Komponenten ergibt sich theoretisch völlig zwanglos.

In der nächsten Zeit will ich die Zeemaneffekte in der Zeitschrift für Physik publizieren[c] und dann mit dem Professor eine Arbeit über die Intensitätsfragen schreiben, die nach [dem] Korrespondenzpr[inzip] auch wunderschön herauskommen[d].

Sobald Bohrs Li da ist, werde ich mich natürlich darauf stürzen.

Also schreiben Sie mir bald wieder und seien Sie herzlich gegrüßt von Ihrem

WERNER HEISENBERG

Fröhliche Weihnachten und gute Feiertage!

[a] Hier bezieht sich Heisenberg offensichtlich auf den 2. Teil der Arbeit von A. Landé: Über den anomalen Zeemaneffekt (II. Teil). Z. Phys. **7,** 398–405 (1921), eingegangen am 5. Oktober 1921. [b] E. Back: Ein weiteres Zahlenmysterium in der Theorie des Zeemaneffektes. Naturwissenschaften **9,** 199–204 (1921). Signiert Tübingen, den 10. Februar 1921. [c] Heisenbergs Arbeit: Zur Quantentheorie der Linienstruktur und der anomalen Zeemaneffekte. Z. Phys. **8,** 273–297 (1922), war schon am 17. Dezember 1921, also am gleichen Tage als er diesen Brief schrieb, bei der Redaktion eingegangen. [d] A. Sommerfeld und W. Heisenberg: Die Intensitäten der Mehrfachlinien und ihrer Zeemankomponenten Z. Physik **11,** 131–154 (1922). Eingegangen am 26. August 1922.

IV. Das Jahr 1922

Göttingen – Hamburg – Kopenhagen

[19]	Pauli an Gerlach (PK)	[Wien]	1. Jan. [1922]
[20]	Pauli an Gerlach (PK)	[Göttingen]	17. Feb. [1922]
[21]	Heisenberg an Pauli	München	6. Mär. [1922]
[22]	Bohr an Pauli (MS)	Kopenhagen	3. Jul. 1922
[23]	Pauli an Bohr	[Hamburg]	7. Jul. [1922]
[24]	Pauli an Bohr	Hamburg	5. Sep. 1922
[25]	Pauli an Bohr	Hamburg	6. Sep. 1922
[26]	Bohr an Pauli (MSD)	[Kopenhagen]	8. Sep. 1922
[27]	Pauli an Bohr	Hamburg	15. Sep. 1922
[28]	Heisenberg an Pauli	München	29. Sep. [1922]
[29]	Schrödinger an Pauli	[Zürich]	8. Nov. 1922
[30]	Heisenberg an Pauli	Göttingen	12. Dez. 1922

In der Bohr-Sommerfeldschen Quantentheorie spielte – insbesondere wenn man den anomalen Zeeman-Effekt behandeln wollte – die „räumliche Quantelung" eine Rolle. Der Zusammenhang zwischen diesem Konzept und den beobachteten Zeeman-Aufspaltungen blieb aber im dunkeln, da offenbar noch unbekannte andere Faktoren eine Rolle spielten.

Der Fortschritt in der Technik der Atom- und Molekularstrahlen[1], den Otto Stern und Mitarbeiter am Physikalischen Institut in Frankfurt seit Ende 1919 erreichten, ließ einen direkten experimentellen Nachweis der „Richtungsquantelung" erhoffen. Zusammen mit Walther Gerlach konzipierte Otto Stern die Versuchsanordnung[2]. Gerlach war im Herbst 1920 als Assistent und Privatdozent an das Institut für Experimentalphysik gekommen und hier 1921 zum a.o. Professor ernannt worden.

Im September 1921 folgte Stern einem Ruf auf das Extraordinariat für theoretische Physik an der Universität Rostock. Die Durchführung des Experiments fiel also Gerlach zu. Stern kam aber noch besuchsweise an sein altes Frankfurter Institut, zum Jahreswechsel 1921/22 und zu Ostern 1922.

Pauli war an den Messungen lebhaft interessiert, denn er hatte in seiner Quantentheorie des Magnetons (1920c) die Konsequenzen der räumlichen Quantelung auf die paramagnetischen Erscheinungen untersucht. Ebenso erhoffte er sich von den Resultaten Fortschritte für die Theorie des anomalen Zeeman-Effektes.

[1] Otto Stern war es kurz vorher gelungen, die Maxwellsche Geschwindigkeitsverteilung in einem Molekularstrahl direkt nachzuweisen. Siehe dazu seinen Vortrag auf der 86. Naturforscherversammlung in Nauheim: Eine direkte Messung der thermischen Molekulargeschwindigkeit. Physik. Z. **21**, 582 (1920) und Z. Phys. **2**, 49 – 56 (1920). Eingegangen am 27. April 1920.

[2] O. Stern: Ein Weg zur experimentellen Prüfung der Richtungsquantelung im Magnetfeld. Z. Phys. **7,** 249–253 (1921); W. Gerlach und O. Stern: Der experimentelle Nachweis des magnetischen Moments des Silberatoms. Z. Phys. **8,** 110–111 (1922). Eingegangen am 18. November 1921.

[19] PAULI AN GERLACH

[Wien], 1. Januar [1922]

[Postkarte]

Lieber Herr Professor Gerlach!

Ich bin jetzt während der Weihnachtsferien in Wien und möchte gerne bei meiner Rückreise nach Göttingen auch Frankfurt berühren, um Sie und Prof. Madelung[a] dort zu besuchen und mir auch das physikalische Institut anzusehen. Ich würde ca. am 8. auf ein bis zwei Tage nach Frankfurt kommen. Nun möchte ich Sie fragen, ob Stern um diese Zeit noch in Frankfurt sein wird und wissen Sie vielleicht, ob und wie lange *Lenz*[b] während der Weihnachtsferien in Frankfurt ist?

Mit den besten Grüßen an Sie und alle Bekannten.

Ihr ergebener

PAULI

[a] Erwin Madelung war als Nachfolger von Max Born o. Professor für theoretische Physik in Frankfurt geworden. [b] Wie Pauli hatte Wilhelm Lenz zum engsten Kreis um Sommerfeld gehört, war 1920 auf dessen energische Empfehlung Extraordinarius in Rostock und 1921 o. Professor für theoretische Physik in Hamburg geworden. In Rostock wurde Otto Stern sein Nachfolger.

Die Erwartungen waren ganz unsicher. Peter Debye glaubte überhaupt nicht an einen quantenmechanischen Effekt. Auch Stern selbst war skeptisch. Sommerfeld schwankte zwischen einer (klassischen) Verbreiterung und einer Dreiteilung des Atomstrahles im inhomogenen Magnetfeld. Bohr dagegen vermutete richtig eine Aufspaltung in zwei Strahlen.

Die ersten Versuche mit Silber-Atomstrahlen zeigten eine Verbreiterung ohne Struktur, schienen also für Sommerfeld zu sprechen. Die Verbesserung des Auflösungsvermögens stellte Anfang Februar 1922 die Dublett-Aufspaltung sicher, weshalb Gerlach nach Rostock an Stern telegraphierte: „Bohr hat doch recht." Gleichzeitig sandte Gerlach Mikrophotographien ohne weiteren Kommentar an einige besonders interessierte Kollegen. Der Erfolg des Stern-Gerlach-Versuchs erregte überall großes Aufsehen.[1]

[1] An historischen Darstellungen vergleiche man: O. Stern: The method of molecular rays. In: Les Prix Nobel en 1946. Stockholm: P. A. Nordtedt 1948, S. 123–130; W. Schütz: Persönliche Erinnerungen an die Entdeckung des Stern-Gerlach-Effektes. Phys. Bl. **25,** 343–345 (1969); W. Gerlach: Otto Stern zum

Gedenken. Phys. Bl. **25,** 412 f. (1969); ders.: Zur Entdeckung des „Stern-Gerlach-Effektes". Ebd. **25,** 472 (1969); I. Estermann: History of molecular beam research: Personal reminiscenses of the important evolutionary period 1919 – 1933. Amer. J. Physics **43,** 661 – 671 (1975).

[20] Pauli an Gerlach

[Göttingen], 17. Februar [1922]

[Postkarte]

Lieber Herr Gerlach!

Meinen herzlichsten Glückwunsch zum gelungenen Experiment! Jetzt wird hoffentlich auch der ungläubige Stern von der Richtungsquantelung überzeugt sein.

Nur eine Einzelheit möchte ich noch erwähnen. Daß die eine Seite stärker ist als die andere, ist nicht ohne weiteres erklärlich. Sollte es nicht irgendeine sekundäre Störung[a] sein? Sie erwähnen mich in Ihrem Brief an Franck. Der paramagnetische Effekt, den ich seinerzeit (an Langevin anknüpfend) ausgerechnet habe[b], ist jedoch viel zu klein und kommt hier nicht in Frage. Ich bin also an der Sache unschuldig.

Mit den besten Grüßen an Sie, sowie Prof. Madelung und Landé.

Ihr ergebener

Pauli

[a] In der Veröffentlichung, in der sie ihre Ergebnisse vorlegten, führten Stern und Gerlach die Asymmetrie auf das Magnetfeld zurück. W. Gerlach und O. Stern: Der experimentelle Nachweis der Richtungsquantelung im Magnetfeld. Z. Phys. **9,** 349 – 353 (1922). Eingegangen am 1. März 1922. [b] Hier bezieht sich Pauli auf seine Arbeit (1920 c).

Anfang März 1922 hatte Heisenberg die Korrekturen seiner Veröffentlichung über den anomalen Zeemaneffekt erhalten, die er daraufhin als „Zeemanbraten mit Quantensauce" seinen Kollegen präsentierte. Schon vorher waren die Grundgedanken bekanntgeworden.

In einem nachträglichen Zusatz zu seinem bedeutungsvollen Vortrag über das Aufbauprinzip der Elemente, den Bohr am 18. Oktober 1921 in Kopenhagen gehalten hatte und den er später in deutscher Sprache u. a. in der Sammlung Vieweg herausgab[1], äußerte sich Bohr zurückhaltend zu Heisenbergs „interessanten Ansätzen". Bohr wollte vielmehr die Komplexstruktur als Folge einer elektrischen Wechselwirkung des nicht-zentralsymmetrischen Kerns mit dem Bahnelektron verstanden wissen.

Am Ende des Briefes findet sich erstmals ein Hinweis auf Heisenbergs Interesse für das Helium-Problem. Am Helium scheiterten ebenso wie beim Wasserstoffmolekülion und dem anomalen Zeemaneffekt die Versuche, in deduktiver Weise auf der Grundlage der Bohr-Sommerfeldschen Quantentheorie die beobachteten Spektren herzuleiten. Bohrs erster

Vorschlag[2], ein Modell mit doppelt besetztem Elektronenring, hatte zu einer falschen Ionisierungsenergie geführt.

Spätere Modelle berücksichtigten neben ebenen zueinander geneigte Elektronenbahnen, um Ortho- und Parheliumzustände zu erfassen. Dem Grundzustand entsprach danach ein System von zwei symmetrischen einquantigen und unter 120° gegeneinander geneigten Elektronenkreisbahnen[3]. Der daraus resultierende Gesamtdrehimpuls ist wieder $1 \cdot (h/2\pi)$. Experimentell verhielt sich He jedoch diamagnetisch, so daß man diesen Sachverhalt damals nur durch eine Einstellung der Atomachse senkrecht zum magnetischen Feld zu deuten wußte[4].

[1] N. Bohr: Drei Aufsätze über Spektren und Atombau. Braunschweig: Friedr. Vieweg und Sohn 1922. Dort S. 97ff. Der Aufsatz war außerdem kurz zuvor unter dem Titel: Der Bau der Atome und die physikalischen und chemischen Eigenschaften der Elemente in Z. Phys. **9,** 1–67 (1922) erschienen.
[2] N. Bohr: Über die Konstitution von Atomen und Molekülen. 2. Teil. Phil. Mag. 26, 476–502 (1913). In der deutschen Ausgabe: Abhandlungen über Atombau aus den Jahren 1913–1916. Braunschweig: Friedr. Vieweg und Sohn 1921 auf S. 38.
[3] N. Bohr: Drei Aufsätze über Spektren und Atombau. Braunschweig: Friedr. Vieweg und Sohn 1922. Dort S. 100.
[4] Eine Begründung dieser Auffassung findet man in N. Bohr: Linienspektren und Atombau. Ann. Phys. **71,** 228–288 (1923). Eingegangen am 15. März 1923. Dort S. 278.

[21] Heisenberg an Pauli

München, 6. März [1922]

Lieber Pauli!

Obwohl Sie mir auf meinen Brief, den ich Ihnen, enthaltend alle möglichen Ansichten über Zeemaneffekte, als Antwort auf einen Brief von Ihnen, in dem Sie interessante Dinge über Li und He und einen Vortrag von Ihnen über Zeemaneffekte, erzählten, in der Absicht, daß ich möglichst bald wieder etwas von Ihnen hörte, schrieb, natürlich noch längst nicht geantwortet haben, was bei Ihrem H_2^+ sehr verständlich ist, schicke ich Ihnen hiermit meinen Zeemanbraten mit Quantensauce, ohne damit die Absicht zu verbinden, Sie von meiner Ansicht zu überzeugen. Der erste Satz ist leider etwas lang geraten; man darf Bohr nicht in allen Dingen nachahmen[a]. Wie Sie außerdem sehen, bin ich bereits sehr stark in Ferienstimmung und daher nicht ganz zurechnungsfähig.

Übrigens, im Ernst, meine Ansicht über den physikalischen Grund der Z[eeman–] E[ffekte] hat sich, während der Arbeit, die ich mit dem Professor zusammen schrieb, noch recht erheblich geändert. Garnicht aber durch Bohrs Arbeit, die ich in der deutschen Übersetz[un]g schon gelesen habe[b], im Gegenteil, ich bin von der Richtigkeit meiner Ansichten jetzt erst recht überzeugt, da sie sich in manchen Punkten ganz den Bohrschen Gesichtspunkten anpassen. Die einzige Diskrepanz (und die ist in Wirklichkeit garnicht so groß) ist, daß Bohr bei den Multiplizitäten wesentlich elektrische Abweichungen von der Zentralsymmetrie im Auge hat[c]. Es läßt sich zeigen, daß, wenn man sonst meine Annahmen auf diesen

Fall übernimmt, auch Bohrs Multiplizitäten dieselben anomalen Zeemaneffekte und Paschen-B[ack] ef[fekte] usw. lieferte, wie meine magnetische Annahme. Nur bei mittleren Feldern sind (kleine) Abweichungen da. Dann folgt trotzdem, daß wenigstens bei *Li* das Magnetfeld stärker ist, als das elektrische.

Aber noch kurz etwas über den physikalischen Grund. Ich glaube jetzt, daß die Resultanteneinstellung klassisch *un*möglich wäre[d]; daß aber quantentheoretisch sie folgendermaßen zu fordern ist: Erzeugen wir den Paschen-Backeffekt durch Abnahme von H_i (H = const) und rechnen wir *klassisch*! Die Präzession der beiden Impulsvektoren (Rumpf-Elektron) um die Achse des Gesamtimpulses ist *stets gleichförmig*. Quantentheor[etisch] aber wissen wir: Für $H_i = 0$ haben wir zwei mechanische Systeme (Rumpf-El[ektron]) die *einzeln* und *unabhängig* räumlich zu quanteln sind. Es ist aber physikalisch ein Unsinn, anzunehmen, daß bei $H_i \approx 0$ im Lauf der Zeit alle möglichen Stellungen z. B. des Rumpfes möglich sind, bei $H_i = 0$, jedoch nur ganz bestimmte ausgezeichnete*. Ich glaube also, daß aus diesem Grund die *Quantentheorie* die *Elektrodynamik im Atom durchbrechen* muß und den Übergang von $H_i \sim 0$ zu $H^i = 0$ kontinuierlich macht. Daraus folgt alles weitere.

Aus einem Satz in Bohrs Arbeit glaube ich, schließen zu können, daß Bohr an etwas ähnliches auch schon gedacht hat. Er spricht da von Paschen (Physiker). Näheres schreib ich Ihnen, wenn Bohr uns geantwortet hat. (Wir haben unsere Arbeiten an Bohr geschickt.)[e]

Übrigens, was sagen Sie dazu, daß He den Impuls $+1\frac{h}{2\pi}$ hat? Den Diamagnetismus kann dann Bohr doch nur so erklären, daß er annimmt, He stelle sich im Magnetfeld stets so ein, daß sein Impuls um die Feldachse 0 ist. Mir gefällt das nicht besonders, aber man kann natürlich nicht zweifeln, daß Bohr recht hat.

Mit dem Spektrum Ihres H_2^+ beschäftigt sich hier ein Engländer. Bei aller politischen Feindschaft gegen England – ein solcher Auftrag scheint mir fast ein Völkerrechtsbruch zu sein. Nach dem Umfang Ihrer Arbeit zu schließen, wird der Engländer ein Greis über dieser Ausrechnung.

Zu dem Urteil Einsteins über Ihren Enzyklop[ädie–] Art[ikel] gratuliere ich Ihnen herzlich; ich hab mich sehr darüber gefreut. – Kommen Sie Ostern hierher? Es wäre sehr nett.

Also auf baldiges Wiedersehn und gute Ferien!

Ihr

WERNER HEISENBERG

* (Von Entartung ist hier nicht die Rede.)

[a] Siehe hierzu die Bemerkung Paulis in seinem Aufsatz: Niels Bohr on His 60th Birthday. In Rev. Mod. Phys. **17**, 97 – 101 (1945). [b] Aus einem Schreiben (BSC 7,3) vom 2. März, das Kramers im Namen von Niels Bohr an Sommerfeld richtete, geht hervor, daß der Verlag Vieweg eine zweite Korrektur der Übersetzung von Bohrs dänischem Vortrag nach München schicken sollte, wo Heisenberg ihn dann einsehen konnte. [c] Einen Tag zuvor schrieb Sommerfeld an Bohr (BSC 7,3): „Ich habe Ihnen die Korrektur einer Arbeit von mir und von meinem Schüler Heisenberg zuschicken lassen. Sie werden daraus sehen, daß wir den Ursprung der Termmultiplizitäten ins Magnetische legen, ebenso wie es Paschen aus seinen Beobachtungen geschlossen hat. Wie ich aus Göttingen höre, sind Sie in ihrem

dänischen Vortrage zu dem Resultat gekommen, daß die Multiplizitäten elektrischen Ursprungs sind. Ich glaube dies nicht, weil aus unserer Annahme sowohl die numerischen Werte der feldfreien Dubletts und Tripletts, als auch die Zeemaneffekte in allen Einzelheiten folgen (cfr. Heisenberg) ... Die Vorstellung von Heisenberg ist nicht bequem und hätte mehr geglättet werden sollen. Heisenberg ist Student im 3. Semester und ungeheuer begabt. Ich konnte seinen Publikationseifer nicht länger zügeln und finde seine Resultate so wichtig, daß ich ihrer Veröffentlichung zustimmte...“ Bohr, von Landé über seine Meinung zu Heisenbergs Theorie befragt (Brief vom 15. Mai 1922 [BSC 4,3]), verweist diesen ebenfalls auf seine „Zusätze“. [d] Siehe dazu die Fußnote 4 des Kommentars zu Brief [18]. [e] Gleichzeitig mit Heisenberg veröffentlichte A. Sommerfeld seine Ergebnisse: Quantentheoretische Umdeutung der Voigtschen Theorie des anomalen Zeemaneffektes vom *D*-Linientypus. Z. Phys. **8**, 257–272 (1922). Eingegangen am 12. Dezember 1921.

Bei dem von Heisenberg erwähnten „Urteil Einsteins über den Enzyklopädieartikel“ handelt es sich um die Besprechung in der Zeitschrift „Die Naturwissenschaften“[1]. Die Rezension besaß geradezu den Charakter eines „Ritterschlages“. Einstein hatte geschrieben: „Wer dieses reife und groß angelegte Werk studiert, möchte nicht glauben, daß der Verfasser ein Mann von einundzwanzig Jahren ist. Man weiß nicht, was man am meisten bewundern soll, das psychologische Verständnis für die Ideenentwicklung, die Sicherheit der mathematischen Deduktion, den tiefen physikalischen Blick, das Vermögen übersichtlicher systematischer Darstellung, die Literaturkenntnis, die sachliche Vollständigkeit, die Sicherheit der Kritik.“

Mit Wirkung vom 1. April 1922 war Pauli „wissenschaftlicher Hilfsarbeiter“ am Lehrstuhl für theoretische Physik an der Universität Hamburg geworden[2]. Seit Gründung dieses Lehrstuhles am 1. Juni 1921 wirkte hier der Sommerfeldschüler Wilhelm Lenz als Ordinarius, den Pauli von seiner Münchener Zeit her gut kannte. Als sicher darf angenommen werden, daß Lenz die Besetzung der Stelle mit Sommerfeld abgesprochen hat.

Da die positive Entscheidung der Hochschulbehörde erst am 29. März an Wilhelm Lenz erging, ist zu vermuten, daß sich Pauli nicht sofort von Göttingen gelöst hat. Born und Pauli schlossen noch ihre gemeinsame Untersuchung über die Anwendung der Störungsrechnung auf die Probleme der Atomphysik ab (1922b).

Das herausragende wissenschaftliche Ereignis dieser Zeit waren die sogenannten „Göttinger Bohr-Festspiele“, ein Zyklus von Vorträgen Bohrs über „Quantentheorie und Periodensystem der Elemente“[3]. Nicht nur die Göttinger Mathematiker und Physiker beteiligten sich, sondern auch viele auswärtige Gelehrte. Aus München kamen Sommerfeld und Heisenberg[4], aus Hamburg Wolfgang Pauli.

Wie für die meisten Zuhörer war es für Pauli die erste Begegnung mit Niels Bohr[5]. „A new phase of my scientific life began“, sagte er später. Auch Niels Bohr war von Pauli und Heisenberg beeindruckt; er lud beide – und zwar zunächst Pauli – nach Kopenhagen ein. Pauli berichtete später: „He needed a collaborator in the editing of his works which he wanted to publish in German. I was much surprised, and after considering a little while I answered with that certainty of which only a young man is capable: ›I hardly think that the scientific demands which you will make on me will cause any difficulty, but the learning of a foreign tongue like Danish far exceeds my abilities.‹ The result was a hearty burst of laughter from Bohr and Klein.“[6]

Auf Bohrs Rückreise begleitete ihn Pauli bis Hamburg[7]. Wilhelm Lenz hatte wegen einer leichten Erkrankung nicht an den Göttinger Vorträgen teilnehmen können und wollte nun nicht versäumen, Niels Bohr wenigstens am Bahnhof in Hamburg zu begrüßen. Im Gespräch erwähnte Lenz ein (vermeintliches) Versagen der klassischen Dispersionstheorie[8], was Bohr zu einer Stellungnahme in dem nun folgenden Brief [22] veranlaßte.

[1] Die Naturwissenschaften **10,** 184–185 (1922).
[2] Auskunft des Hamburgischen Staatsarchivs.
[3] Die Verhandlungen mit Bohr führte von Göttingen aus Richard Courant; zahlreiche Briefe geben über die Vorbereitungen Auskunft. So heißt es in einem Schreiben Courants vom 9. Mai 1922 (BSC 1,4): „Scherrer und Bär aus Zürich, Sommerfeld, Madelung, Gerlach, . . ., allerdings auch Landé" werden kommen; „Sie brauchen übrigens keine Sorge zu haben, daß Sie zu sehr von allen den Leuten, besonders den allzu neugierigen, ausgefragt und bedrängt werden". Die Antwort Bohrs vom 19. Mai (BSC 1,4) lautete: „Ich werde vorbereitet sein, drei Vorträge Montag, Dienstag und Mittwoch des 12., 13. und 14. zu halten, und drei andere Montag, Dienstag und Mittwoch des 19., 20. und 21. Ich weiß nicht, ob Sie genaue Titel für die Vorträge wünschen."
[4] Unabhängig von der Göttinger Gruppe hatte sich auch Arnold Sommerfeld mit Bohr über seine Teilnahme abgesprochen. Am 1. Juni 1922 schreibt Sommerfeld (BSC 7,3): „Ich will am 11.–15. Juni in Göttingen sein . . . Ich werde Heisenberg nach Göttingen mitbringen."
[5] Über die „Bohr-Festspiele" gibt es mehrere Berichte von Teilnehmern. So Werner Heisenberg: Schritte über Grenzen. München: R. Piper 1971, S. 52 ff. und Friedrich Hund: Göttingen, Kopenhagen, Leipzig im Rückblick. In: Werner Heisenberg und die Physik unserer Zeit. Braunschweig: Friedrich Vieweg & Sohn 1961, S. 2.
[6] Wolfgang Pauli: Remarks on the History of the Exclusion Principle. Science **103,** 213–215 (1946).
[7] Am 15. Juli 1922 berichtete Bohr seinem Mitarbeiter H. A. Kramers über seine Begegnung mit Pauli: „I myself had a strenuous but also very interesting time in Göttingen; I am looking forward to telling you about it in some detail when we meet again. Today I just want to tell you, what I think will interest you, that Pauli is coming up here in October to stay for about half a year. He is an excellent man in all respects and will most certainly be very helpful. He is at present in Hamburg with Lenz, but he was until recently in Göttingen where he has calculated on various problems together with Born; among other things, they have solved the problem of the helium orbits, and they have in all details verified our results, which I had outlined to Born in Berlin. Pauli has now carried through the calculations of H_2^+, and his results, which I do not know in detail, will very soon appear in Ann. d. Phys. He would now like to try his hand on the helium atom, and is, I believe, at the moment busy looking at it by a method different from that used by you. He emphasized strongly that he was doing it only for his pleasure and that he, of course, would not publish anything before you have published your results . . . I talked a little with Pauli about band spectra, and it appears to me that your computations might be of value even for such simple compounds as HCL. Pauli was of the opinion that the spectra indicate that the axis of angular momentum makes an angle with the molecular axis; however, he had not been able to solve the mathematical problem himself . . ." In: Niels Bohr, Collected Works. Volume 3, edited by J. Rud Nielsen. Amsterdam: North-Holland Publishing Company 1976.
[8] Wenig früher hatte Clemens Schaefer eine Arbeit über den gleichen Gegenstand eingereicht: Über Gesetzmäßigkeiten ultraroter Spektren und ein Versagen der klassischen Dispersionstheorie. Ann. Physik **67,** 407–419 (1922). Eingegangen am 29. März 1922. In dieser Arbeit versucht der Autor, die beobachteten Obertöne bei den Molekül- und Festkörperspektren als anharmonische Schwingungen von Oszillatoren zu beschreiben und gelangte zu dem überraschenden Ergebnis, daß seine Theorie zu keiner selektiven Absorption an den Stellen der Kombinationsschwingungen führte. Diesen Widerspruch zur Erfahrung brachte er mit einem Versagen der klassischen Theorien, ähnlich dem Zeemaneffekt, in Zusammenhang.

[22] Bohr an Pauli

Kopenhagen, 3. Juli 1922

[Maschinenschrift]

Lieber Herr Pauli!

Es war mir eine große Freude während meines Besuches in Göttingen die Gelegenheit zu bekommen, Ihnen kennen zu lernen. Ich freue mich sehr, daß Sie zu Kopenhagen kommen, und hoffe daß Sie auch selbst von Ihrem Aufenthalt hier Vergnügen haben sollen. Wie wir verabredeten, werden Sie ja später schreiben, wann Sie kommen denken.

Es war sehr freundlich von Professor Lenz mit an den Bahnhof zu kommen, und ich war sehr interessiert in unseren Gesprächen. In dem Zug überlegte ich mich nochmals die von Professor Lenz zuletzt erwähnte Frage, und wurde unsicher ob ich ihn vielleicht nicht mißverstanden hatte. Ich verstand seine Aussage als eine allgemeine Behauptung, daß nach der klassischen Theorie eine Oberschwingung für sich allein zu selektiver Absorption nicht Anlaß geben wollte. Ich war überrascht und war auch im Zuge bei näher Überlegung nicht im Stande es zu verstehen. Nachher dachte ich aber, daß es sich vielleicht nur um den Spezialfall eines inharmonischen Oszillators handelte, der bei Bestrahlung sich anfänglich in seiner Ruhelage befindet, und wo ja für eine unendlich kleine Schwingung die Amplitude der Oberschwingung von höherer Größenordnung sind. Der Gegensatz zwischen klassischer Theorie und Quantentheorie, der dabei zur Tage tritt, ist wohl sehr ähnlich mit, was man bei Übergängen trifft, wo die Amplituden der korrespondierenden Schwingung in einem betreffenden stationären Zuständen verschwindet. Von solchen Beispielen hat man viele im Starkeffekt, ja, es gibt, wie von Kramers gezeigt, sogar Übergänge einer endlichen Wahrscheinlichkeit, wo die Amplituden in beiden Zuständen verschwinden, natürlich aber nicht in den zwischenliegenden „mechanisch" denkbaren Bewegungsmöglichkeiten. Um eine solchen Fall handelt es sich doch aber nicht bei selektiver Absorption in Metalldämpfe, weil ja im Normalzustand des Metallatoms die Bahn schon der allgemeine Typus einer Zentralbahn ist, (es wäre natürlich anders, wenn man, wie ich früher dachte, daß das Serieelektron im Normalzustand in einer zirkulären 1_1 Bahn läuft). Ich schreibe dies an Sie, weil ich nicht Professor Lenz mit einer Antwort belästigen will, und weil ich fühle, daß ich vielleicht seine ganze Fragestellung mißverstanden habe.
Mit herzlichen Grüßen an Professor Lenz und Sie selbst,

Ihr ergebener

Niels Bohr

Mit der systematischen Ausarbeitung der Störungsrechnung durch Bohr[1], Epstein[2], und Born und Mitarbeiter[3] verfügte man gegen Ende 1921 über ein zuverlässiges Werkzeug, um die zahlreichen Modelle für das Heliumatom durchzurechnen.

Beim Helium treten zwei nicht miteinander kombinierende Termserien auf, und sie hatten deshalb Alfred Landé[4] zu der später allgemein akzeptierten Auffassung geführt, daß es sich hier um zwei Klassen von stationären Zuständen handelt: während beim Parhelium die Ebenen der Elektronenbahnen zueinander geneigt sind, bewegen sich die Elektronen im Orthoheliumzustand in einer Ebene. Der Grundzustand des Heliums ist dabei vom Parheliumtypus.

Die Landéschen Vorstellungen wurden insbesondere von Bohr und Kramers für das Paraheliummodell weitergeführt und gelangten wegen der unbefriedigenden Resultate erst gegen Ende 1922 zur Veröffentlichung[5].

Das Orthoheliummodell wurde hingegen von Born an Pauli zur Berechnung nach der Störungstheorie anvertraut[6], jedoch ohne daß Pauli später etwas darüber publizierte.

Aus den folgenden Briefen [23] und [24] geht hervor, daß Pauli sich ebenfalls mit dem Normalzustand des Heliumatoms beschäftigt hat. Außerdem enthalten diese wie auch die folgenden Briefe [25], [26] und [27] einige Hinweise auf Paulis Vorbereitungen zu der Reise nach Kopenhagen im Herbst 1922.

[1] N. Bohr: On the quantum theory of line-spectra. Kongelige Danske Videnskabernes Selskabs Skrifter Naturvidenskabelig og mathematisk Afdeling. 8. Raekke IV, 1 – 118 (1918).
[2] P. Epstein: Die Störungsrechnung im Dienste der Quantentheorie: I. Eine Methode der Störungsrechnung. Z. Phys. **8**, 211 – 228 (1922). Eingegangen am 9. November 1921; II. Die numerische Durchführung der Methode. Z. Phys. **8**, 305 – 320 (1922). Eingegangen am 9. November 1921; III. Kritische Bemerkungen zur Dispersionstheorie. Z. Phys. **9**, 92 – 110 (1922). Eingegangen am 18. Dezember 1921.
[3] M. Born und E. Brody: Die Schwingungen eines mechanischen Systems mit endlicher Amplitude und ihrer Quantelung. Z. Phys. **6**, 140 – 152 (1921). Eingegangen am 9. Juli 1921. M. Born und W. Pauli (1922b).
[4] A. Landé: Das Serienspektrum des Heliums. Physik. Z. **20**, 228 – 234 (1919). Eingegangen am 25. März 1919. A. Landé: Störungstheorie des Heliums. Physik. Z. **21**, 114 – 122 (1920). Eingegangen am 17. August 1919.
[5] H. A. Kramers: Über das Modell des Heliumatoms. Z. Phys. **13**, 312 – 341 (1923). Eingegangen am 31. Dezember 1922.
[6] Am 30. April 1922 berichtete Born darüber an Einstein: „Auch haben wir das Orthohelium zu rechnen angefangen . . . Pauli hat die Arbeit nach Hamburg mitgenommen und will sie dort fertig machen . . .“ Der Brief ist in der Sammlung Albert Einstein, Max Born. Briefwechsel. München 1969, enthalten.

[23] Pauli an Bohr

[Hamburg], 7. Juli [1922]

Sehr verehrter Herr Professor!

Besten Dank noch für Ihren freundlichen Brief. Über die Frage, ob nach der klassischen Theorie eine Oberschwingung für sich allein zu selektiver Absorption Anlaß gibt, berichtet schon Prof. Lenz selbst im beiliegenden Brief[a]. Es ist in der Tat so und unsere frühere Meinung war ein Irrtum. Es ist interessant, daß derselbe

Irrtum auch in einer eben in den Annalen der Physik erschienenen Arbeit von Herrn C. Schaefer[b] unterlaufen ist.

Ich rechne jetzt sehr fleißig an Ihrem Modell für den Normalzustand des He und hoffe doch, daß es gelingen wird, zu einem sicheren Resultat zu kommen.

Auf meinen Aufenthalt in Kopenhagen und die Arbeit in Ihrem Institut freue ich mich schon riesig. Ich möchte gerne, wenn es Ihnen recht ist, Ende September kommen. Gegen den 20. September ist nämlich Naturforscherversammlung in Leipzig, und die würde ich gerne noch besuchen. Über Näheres werde ich Ihnen bestimmt spätestens im September noch schreiben. Ich möchte Ihnen endlich noch vielmals danken für die große Freundlichkeit, mit der Sie mir in Göttingen über die verschiedensten physikalischen Fragen Auskunft gegeben haben, was mir ein ganz unschätzbarer Gewinn war.

Ihr ganz ergebener

PAULI

[a] In diesem erhaltenen Schreiben vom 7. Juli 1922 (BSC 4,4) wiederruft Lenz seine Behauptung und weist auf eine Rechnung von Pauli hin: „Herr Pauli hat jetzt die allgemeine Lösung studiert und gefunden, daß man tatsächlich jede Oberschwingung anregen kann." Im gleichen Jahre wurde in einer Arbeit von Walter Gordon und Hartmut Kallmann: Zur Theorie der Dispersion in einem System asymmetrischer Dipole. Ann. Phys. **70**, 121 – 128 (1922), eingegangen am 1. September 1922, ein Fehler in der Berechnung von Cl. Schaefer nachgewiesen: er war bei der Lösung der Schwingungsgleichung irrtümlicherweise von einem partikulären Integral ausgegangen. [b] Siehe Fußnote 8 des Kommentars zu [22].

[24] PAULI AN BOHR

Hamburg, 5. September 1922

Sehr verehrter Herr Professor!

Ich möchte zunächst vielmals danken für Ihre große Freundlichkeit, mir ein Exemplar Ihrer 3 Aufsätze über Spektren und Atombau[a] geschenkt zu haben. Es ist mir sehr wertvoll, es zu besitzen und ich habe auch mit großem Interesse Ihre neuen Zusätze gelesen.

Inzwischen habe ich mich sehr eingehend mit Ihrem Modell für den Normalzustand des *He*-Atoms beschäftigt und eine große Rechnung darüber begonnen. Sie ist noch nicht abgeschlossen, aber ich hoffe doch sehr, daß die Frage, ob dieses Modell die richtige Ionisationsspannung liefert, sich entscheiden lassen wird. Ich freue mich schon sehr darauf, auch mit Herrn Dr. Kramers über diese Sache sprechen zu können[b]. Es liegt mir natürlich völlig fern, ihm mit einer Publikation in die Quere kommen zu wollen, und ich habe nur deshalb dieses Problem des He im Normalzustand in Angriff genommen, weil ich auf das Resultat schon sehr neugierig bin.

Natürlich freue ich mich schon sehr darauf, nach Kopenhagen zu kommen und ich werde Ihnen gewiß stets behilflich sein, wo Sie es von mir verlangen und so gut ich es kann. Ich würde gerne, wenn es Ihnen so recht ist, am 28. oder 29. September in Kopenhagen eintreffen. *Genau* kann ich Ihnen ja den Tag später noch schreiben. Doch habe ich eine große Bitte. Könnten Sie die große Freundlichkeit haben, Herr Professor, und mir im Voraus einige dänische Kronen schicken? Ich bin nämlich infolge des neuerlichen Marksturzes leider nicht imstande, mit meinem deutschen Geld die Reise nach Kopenhagen zu bezahlen. Dann möchte ich noch so frei sein, Sie wegen der Frage der Wohnung in Kopenhagen um Auskunft zu bitten. Würden Sie es für ratsam halten, wenn ich zuerst einige Tage im Hotel wohne und mir dann in Kopenhagen selbst eine Wohnung suche? Ich weiß nämlich gar nicht, ob das sehr teuer ist oder nicht. Oder kann einer der Herren von Ihrem Institut so liebenswürdig sein und mir eine besorgen? Ich würde gerne wissen, was Sie darüber meinen. Ich möchte übrigens sehr um Entschuldigung bitten, daß ich Sie mit diesen Fragen belästigen muß.

Ich hoffe, daß Sie sich in den Ferien gut erholt haben und daß ich Sie ausgeruht und gesund in Kopenhagen wiedersehen werde, w[o]rauf ich mich schon sehr freue. Auch freue ich mich darauf, Herrn Dr. Kramers kennen zu lernen und ich lasse ihn bestens grüßen. Ich habe schon viele physikalische Dinge mir zurecht gelegt, die ich ihn gerne fragen möchte.

Im voraus dankend für Ihre Bemühungen

Ihr Sie sehr verehrender

W. Pauli

[a] N. Bohr: Drei Aufsätze über Spektren und Atombau. Braunschweig: Friedr. Vieweg und Sohn 1922. [b] Vgl. die Fußnote 7 des Kommentars zu [22].

[25] Pauli an Bohr

Hamburg, 6. September 1922

Sehr geehrter Herr Professor!

Leider muß ich Ihnen nochmals wegen meiner Reise nach Kopenhagen schreiben; es tut mir sehr leid, daß ich Ihnen so viel Ungelegenheiten machen muß. Man hat mir heute auf dem dänischen Konsulat die Auskunft erteilt, daß ich nur dann das Einreise-Visum bekommen könne, wenn Sie an das Justizministerium in Kopenhagen ein Gesuch schreiben, da es sich bei mir um eine besoldete Stellung (wenn auch um keine staatliche) handle. Das Visum würde mir dann erteilt, wenn der Bescheid vom Ministerium beim dänischen Konsulat in Hamburg eintreffe. Es handelt sich jedenfalls nicht um eine sehr ernstliche Schwierigkeit und man sagte mir, bis zum 28. September könne leicht alles erledigt sein.

Ich weiß aber nicht, inwiefern diese Auskunft wirklich richtig ist, denn ich sehe gar nicht ein, was das Justizministerium mit der Sache zu tun haben soll. Sollte es vielleicht schon genügen, wenn Sie an das dänische Konsulat in Hamburg (Badestraße 32) einen Brief schreiben?

Hoffentlich macht es Ihnen nicht zu viel Mühe, diese kleine Schwierigkeit aus dem Weg zu räumen. Ich bitte nochmals um Entschuldigung wegen dieser Belästigung und danke Ihnen im Voraus für Ihre Bemühungen in dieser Sache. Auf jeden Fall schreibe ich Ihnen meine Personaldaten: Dr. Wolfgang Pauli, geboren am 25. April 1900 in Wien, dorthin zuständig, deutschösterreichischer Staatsbürger.

Mit den besten Grüßen an Herrn Dr. Kramers

Ihr Sie sehr verehrender

PAULI

[26] BOHR AN PAULI

[Kopenhagen], 8. September 1922

[Maschinenschriftlicher Durchschlag]

Lieber Herr Pauli,

Vielen Dank für Ihren Brief. Wir freuen uns alle an Ihren Besuch, und hoffe[n], daß Sie auch selbst Freude davon haben werden. Wir versuchen eine Wohnung für Sie zu finden; sollten wir aber keine geschaffen haben schon vor Ihrer Ankunft, gibt es hier mehrere gute Hotelle, die nicht allzu teuer sind, wo Sie anfangs wohnen können. Ich schließe in diesem Brief 200 dänische Kronen ein für die Bestreitung Ihrer Reisekosten.

Ihr ergebener,

[NIELS BOHR]

P.S. Ich habe eben Ihren zweiten Brief bekommen und habe sofort an das Justizministerium über Ihr Visum geschrieben, so daß ich hoffe, daß es alles rechtzeitig in Ordnung gebracht wird.

[27] Pauli an Bohr

Hamburg 15. September 1922

Sehr geehrter Herr Professor!

Ich möchte Ihnen vielmals danken für Ihren Brief und die Sendung der 200 Kronen, sowie auch für Ihre großen Bemühungen wegen meines Visums und der Wohnung. Es ist wirklich äußerst liebenswürdig von Ihnen, daß Sie sich meiner so sehr annehmen, und es tut mir nur leid, daß Ich Ihnen so viel zu schaffen mache. Jetzt möchte ich Sie nur noch bitten, mich zu verständigen, w[a]nn die Angelegenheit des Visums im Justizministerium erledigt ist, damit ich dann wieder ins Konsulat gehen kann. Es werden sich wohl keine weiteren Schwierigkeiten ergeben. Nächste Woche fahre ich für einige Tage zum Kongreß nach Leipzig, und hernach werde ich zur Abreise nach Kopenhagen rüsten. Den genauen Tag der Reise werde ich Ihnen gewiß noch rechtzeitig schreiben.

Nochmals herzlichst dankend für Ihre Bemühungen und mit den besten Grüßen an alle Kollegen in Ihrem Institut

Ihr Sie sehr verehrender

Pauli

Am 6. September 1922 war Arnold Sommerfeld mit der „George Washington" von Bremen aus in die Vereinigten Staaten abgereist, wo er an der Staatsuniversität von Wisconsin in Madison für ein Semester die Carl-Schurz-Gastprofessur übernahm. Kurz zuvor hatte er zusammen mit Heisenberg eine Arbeit über das Problem der natürlichen Linienbreite von Spektrallinien aus der Sicht der Quantentheorie fertiggestellt[1]. Der klassische Zusammenhang zwischen Linienbreite und Strahlungsdämpfung konnte hier durch eine Erweiterung der korrespondenzmäßigen Betrachtungsweise in die Quantentheorie übersetzt werden, ohne dabei in Konflikt mit der Bohrschen Auffassung über die stationären Zustände zu geraten[2]. Motiviert wurden diese Untersuchungen durch die Beobachtungen von Leuchterscheinungen an Kanalstrahlen, die Wilhelm Wien in München durchführte[3].

Auf den Rat Sommerfelds besuchte Heisenberg die Versammlung der „Deutschen Naturforscher und Ärzte"; die Gesellschaft feierte in diesem Jahr ihr 100. Jubiläum[4]. Heisenberg kam vor allem nach Leibzig, um Albert Einstein zu hören, den er persönlich noch nicht kannte. Es ist Heisenberg nicht bewußt geworden, daß am 18. September 1922 nicht Einstein, sondern Laue über „Die Relativitätstheorie in der Physik" gesprochen hat[5]. Mit ein Grund dafür ist jedenfalls die überstürzte Abreise aus Leibzig, von der er im folgenden Brief berichtet, die zu klärenden Gesprächen mit Kollegen keine Gelegenheit mehr ließ.

[1] A. Sommerfeld und W. Heisenberg: Eine Bemerkung über relativistische Röntgendubletts und Linienschärfe. Z. Phys. **10**, 393–398 (1922). Eingegangen am 3. August 1922.

[2] Siehe die Bemerkung von N. Bohr in: Über die Quantentheorie der Linienspektren, Braunschweig: Friedr. Vieweg 1923. Hier S. 94. (Teil I und Teil II waren schon 1918 in englischer Sprache erschienen.) An dieser Stelle befindet sich auch ein Hinweis auf die Rolle von Strahlungswiderstand und Trägheit beim

Strahlungsmechanismus, eine Anregung, die, wie so oft, von Sommerfeld aufgenommen wurde und zu der hier besprochenen Arbeit führte.

[3] W. Wien: Ann. Phys. **60,** 597 – 637 (1919) und Ann. Phys. **66,** 229 – 236 (1921). Eine zusammenfassende Darstellung findet man in dem Beitrag über Kanalstrahlen von Wilhelm Wien zur 2. Auflage des Handbuches der Radiologie, herausgegeben von Dr. Erich Marx, Leipzig: Akademische Verlagsgesellschaft 1923, 4. Band, 1. Teil. Hier S. 280 ff.

[4] Die „Gesellschaft der Deutschen Naturforscher und Ärzte“ war einhundert Jahre zuvor von Lorenz Oken gegründet worden. Max Planck, der im Jubiläumsjahr 1922 als Vorsitzender amtierte, wollte mit einer im äußeren Rahmen bescheidenen, wissenschaftlich aber glanzvollen Veranstaltung in einer Zeit der politischen Zerrissenheit das Zusammengehörigkeitsgefühl der deutschen Gelehrten stärken. Albert Einstein hatte es übernommen, in der ersten allgemeinen Sitzung am 18. September einen großen Überblicksvortrag über die Relativitätstheorie zu halten.

Nach dem Mord an Walther Rathenau wurden neue Wogen der politischen Leidenschaft aufgewühlt. Unter dem Eindruck antisemitischer Drohungen zog Einstein die gegebene Zusage, in Leipzig zu sprechen, zurück. Auf Bitten Plancks erklärte sich daraufhin Laue bereit, das Referat zu übernehmen.

[5] Heisenberg ist in den folgenden Jahren und Jahrzehnten der Meinung geblieben, in Leipzig Einstein gehört zu haben. Dieser Irrtum hat deshalb Eingang in seine Autobiographie „Der Teil und das Ganze“ (vgl. S. 68) gefunden. Aus Heisenbergs Schilderung könnte man auch auf Sommerfelds Anwesenheit in Leipzig schließen. Sommerfeld war jedoch – wie oben angeführt – bereits in den U.S.A.

[28] Heisenberg an Pauli

München, 29. September [1922]

Lieber Pauli!

Haben Sie vielen Dank für Brief und Karte! Auf Ihrer Karte haben Sie aber doch daneben geraten, wenn Sie glauben, ich hätte gar kein Geld mehr gehabt; sondern die G'schicht' war die: Als ich am Dienstag abend[a] in die Jugendherberge kam, in der ich wohnte, war mein ganzes Gepäck, Hose, Rasierzeug, Waschzeug etc. gestohlen. Da ich nun am nächsten Tag wirklich nicht ungewaschen und unrasiert zur Tagung kommen konnte, blieb nichts übrig, als heim zu fahren. Zu Haus hab' ich jetzt ein paar Tage den Erdarbeiter markiert und auf diese Weise das Geld für die gestohlenen Sachen einigermaßen wieder herausgeschlagen. Also: Sie sehen, Ihre Karte war eine grobe Beleidigung, und ich werde Sie auf lange Säbel (20 m Distanz) fordern!

Vor Ihrem traurigen Ende aber muß ich Ihnen noch auf Ihren Brief physikalischer Weise antworten.

1.) Daß die klassische „Leuchtdauer“ mit n^6 geht, die Verweilzeit aber nur mit n^5, ist ganz selbstverständlich. [b] Denn was Sie als „Leuchtdauer“ definieren ist $1/\gamma$, also etwa die Zeit, die der Oszillator braucht, um die Hälfte seiner Energie abgegeben zu haben (beim Bohrschen Atom ist's etwas komplizierter). Die Anzahl der Sprünge, die das Elektron dazu braucht, um die Hälfte seiner Energie abzugeben, ist aber von der Ordnung n, es ist also selbstverständlich, daß $^1/_\gamma$ von der Ordnung n^6 ist, wenn die Verweilzeit n^5 ist. $^1/_\gamma$ ist eben eine Art „Halbwertzeit“, während U/h etwas ganz anderes ist.

2.) Ich bin überzeugt, daß die Formel $\frac{U_1}{h} - \frac{U_2}{h} = \Delta\nu_{\mathrm{qu}}$ im Grenzfall großer Quantenzahlen stets die klassische Abklingung liefert. Einen allgemeinen Beweis hab' ich mir allerdings nicht überlegt, doch werd' ich Ihnen schnell den Fall des unharmonischen Oszillators vorrechnen, aus dem man den allgemeinen Fall vermutlich verallgemeinern kann. Die Gleichung des Oszillators sei (δ sehr klein)

$$\ddot{x} + \omega^2 x + \delta x^2 = 0.$$

Wir versuchen

$$x = a e^{i\omega t} + a_2 e^{2i\omega t} + a_3 e^{3i\omega t} + \cdots$$

Es ergibt sich

$$a_2 = \left(\frac{\delta \cdot a}{\omega^2}\right) a \cdot \frac{1}{3};$$

$$a_3 = \left(\frac{\delta \cdot a}{\omega^2}\right)^2 a \cdot \frac{1}{12};$$

$$a_4 = \left(\frac{\delta \cdot a}{\omega^2}\right)^3 a \cdot \frac{1}{54} \quad \text{u.s.w.}$$

allgemein

$$a_n = \left(\frac{\delta \cdot a}{\omega^2}\right)^{n-1} \cdot a \cdot Z,$$

wo Z eine reine Zahl ist.

Also $$x = a e^{i\omega t} + \frac{1}{3}\left(\frac{\delta}{\omega^2}\right) a_2 e^{2i\omega t} + \frac{1}{12}\left(\frac{\delta}{\omega^2}\right)^2 a_3 e^{3i\omega t} + \cdots$$

Ist nun der Oszillator noch gedämpft, d. h. wird die Strahlung berücksichtigt, so tritt ann Stelle von a augenscheinlich $ae^{-\gamma t}$; also wird x

$$x = a e^{-\gamma t + i\omega t} + \frac{1}{3}\left(\frac{\delta}{\omega^2}\right) a_2 e^{-2\gamma t + 2i\omega t} + \cdots$$

Tatsächlich wird also die Dämpfung der τ. Oberschwingung τ mal so groß, wie die Grundschwingung. Dies folgt bei dieser Rechnung, wie man sieht, aus einer Art Dimensionsgleichung, und ich glaube, daß sich damit der allgemeine Beweis führen läßt, wenngleich ich's nicht sicher sagen kann. Die Durchrechnung im Falle der Ellipse ist schon recht kompliziert.

3.) Was Sie meinen, wenn Sie sagen: „Die Anwendung auf die Wienschen Versuche[c] schließt die Voraussetzung ein, daß es sich bei ihnen nicht um Verweilzeit, sondern um Leuchtdauer handelt" – verstehe ich nicht.

Wenn ich von der Linienbreite auf die Abklingungskonstante etwas schließen will, so muß ich etwas über die Strahlung selbst wissen. Entweder nehme ich die rein klassische Strahlung:

oder eine radikal quantentheoretische:

oder ein Mittelding à la Mie[d] an. In allen Fällen ergeben sich Werte für die Abklingungskonst[ante]; diese werden sich untereinander nur um einen Zahlenfaktor der Ordnung 1 unterscheiden. Um der Schwierigkeit aus dem Wege zu gehen, haben wir die *klassische* Beziehung zwischen Linienbreite und γ benützt und dies als hypothetisch hervorgehoben; *qualitativ* ändert sich auch bei anderer Strahlung nichts an den Resultaten. Quantitativ könnte die Abklingung von H_α etwas anders werden.

4.) Zum Punkt 2 ist noch zu bemerken, daß in der Tat der allgemeine Beweis, daß $\frac{U_1}{h} - \frac{U_2}{h} = \Delta\nu_{\mathrm{qu}}$ im Falle hoher Quantenzahlen das klassische liefert, grundlegend ist für eine wirklich ausgedehnte Anwendung dieser neuen Art des Bohrschen Korrespondenzprinzips. Wäre der Satz allgemein *nicht* richtig, so steht überhaupt die Unsicherheit der quantentheor[ethischen] Methoden und die Linienbreite in keinem eindeutigen Zusammenhang, dann ist der Bohrsche Gesichtspunkt konsequent nicht durchführbar. Ich glaube, daß in Wirklichkeit der Satz allgemein gilt. In unserer Arbeit wollten wir aber das garnicht beantworten, weil's viel zu lang geworden wäre, sondern nur ein Beispiel geben, in dem die Methode fruchtbar wird.

Na, hoffentlich ham's jetzt genug! Mit herzlichen Grüßen Ihr

WERNER HEISENBERG

[a] 19. September 1922. [b] Siehe die in dem voranstehenden Kommentar zitierte Arbeit 1 von A. Sommerfeld und W. Heisenberg. [c] W. Wien: Über Messungen der Leuchtdauer der Atome und der Dämpfung der Spektrallinien. I. und II. Ann. Phys. **60,** 597–637 (1919). Eingegangen am 18. Juni 1919. Ann. Phys. **66,** 229–236 (1921). Eingegangen am 5. Oktober 1921. [d] G. Mie: Über die Abklingung der Lichtemission eines Atoms. Ann. Phys. **66,** 237–260 (1921). Eingegangen am 17. September 1921. Nach der Auffassung von Mie sollten die Elektronen nur dann strahlen, wenn sie die Bohrschen Bahnen verlassen, wobei das Maximum der Strahlenintensität dann erreicht wird, wenn die Umlauffrequenz mit der Strahlungsfrequenz übereinstimmt.

Der historische Streit um die „richtige" Theorie des Lichtes wurde durch Einsteins Lichtquantenhypothese neu belebt[1]. Für die Beschreibung der Wechselwirkung von Strahlung und Materie erwies sich die quantenhaft-korpuskulare Auffassung der wellentheoretischen als überlegen, die wiederum für die Ausbreitung des Lichtes im freien Raume und den damit zusammenhängenden Erscheinungen von Interferenz und Beugung besonders geeignet war[2]. Es war ein Erfolg für die Anhänger der korpuskularen Auffassung, als Erwin Schrödinger mit Hilfe der Lichtquanten die typisch wellentheoretische Dopplerverschiebung von Spektrallinien zu deuten vermochte[3].

Die grundsätzlichen Schwierigkeiten bestanden aber weiterhin. Schrödingers Antwort [29] auf einen verlorenen Brief von Pauli zeigt, daß er fast keinen Ausweg mehr sah aus dem Welle-Teilchen-Dilemma. Um die „schrecklichen Widersprüche" aufzulösen, zog Schrödinger die exakte Gültigkeit der Erhaltungssätze für Energie und Impuls bei atomaren Prozessen in Zweifel. Ebenso plädierte er für eine statistische, akausale Interpretation der Naturgesetze. In allgemeiner Form hat Schrödinger seine Gedanken einen Monat nach Abfassung dieses Briefes, nämlich in seiner am 9. Dezember 1922 gehaltenen Züricher Antrittsrede[4], ausgeführt.

Schrödinger hat wenige Jahre später seine physikalische Weltanschauung grundlegend revidiert. In der Antrittsrede und im vorliegenden Brief haben wir es mit dem „jungen Schrödinger" zu tun.

[1] A. Einstein: Über einen die Erzeugung und Verwandlung des Lichtes betreffenden heuristischen Gesichtspunkt. Ann. Phys. **17,** 132–148 (1905).
[2] Siehe hierzu auch die übersichtliche Darstellung von A. Sommerfeld in der 4. Auflage, S. 50ff. von Atombau und Spektrallinien. Braunschweig: Friedr. Vieweg und Sohn A.G. 1924.
[3] E. Schrödinger: Dopplerprinzip und Bohrsche Frequenzbedingung. Physik. Z. **23,** 301–303 (1922). Eingegangen am 7. Juni 1922.
[4] E. Schrödinger: Was ist ein Naturgesetz? Naturwiss. **17,** 9–11 (1929).

[29] Schrödinger an Pauli

[Zürich], 8. November 1922

Lieber Herr Pauli!

Seien Sie mir nicht böse, daß ich erst heute auf Ihren lieben Brief vom 26. August antworte – ich fand ihn erst vor einer Woche bei meiner Rückkehr nach Zürich vor. Ich war nämlich bis Ende Oktober nach Arosa beurlaubt und man hat Briefe, die zufällig in's Institut gerichtet waren, unter einem großen Haufen von Drucksachen vergraben und mir nicht nachgeschickt.

Es hat mich sehr gefreut wieder von Ihnen zu hören. Freue mich sehr, daß Sie zu Bohr kommen, wohin ich diesen Brief adressiere[a]. Es wird Ihnen dort besser gehen. Ich hoffe, Sie kommen in absehbarer Zeit nicht von dort zurück, denn wenn ich mir denke, daß ich jetzt wieder nach Deutschland sollte, so graut mir, und so wird es Ihnen nach einem halben Jahr auch ergehen. Man braucht aber doch zur Arbeit etwas „otium", d.h. Sorgenfreiheit, und die gibt es nicht, wenn der Preis der Butter oder des Gasthausabonnements vom Kurszettel abhängt. Ich erschrak zuerst, daß Sie gegen meine Notiz[b] Einwände hätten. Mir scheint aber, das ist ja doch eigentlich nicht der Fall. Sie sagen nur, daß Ihnen die Sache schon bekannt war und zwar von einer Seite her, wo man viel einfacher dazu gelangt. Ich bin froh, daß Sie mich auf diesen sehr einfachen Zusammenhang mit den allgemeinen Transformationsformeln von Energie-Impuls aufmerksam machen, der mir entgangen war[c]. Was die Frage „einfacher oder verwickelter" angelangt, so glaube ich freilich, handelt es hier um einen von den vielen Fällen, wo *die* Ableitung, die von einem höheren, allgemeineren Gesichtspunkt aus operiert (in unserem Fall die *Ihre*), rechnerisch viel einfacher und eleganter, aber für nicht sehr stark mathematisch veranlagte Naturen schwerer zugänglich, minder anschaulich und befriedigend ist. Einen sehr berühmten Parallelfall dazu haben Sie in der Einsteinschen und der Smoluchowskischen Theorie der Brownschen Bewegung[d]. *Ich* möchte letztere nicht missen, *obwohl* sie zu dem falschen Koeffizienten führt – *Sie* werden sie wahrscheinlich nach der Einsteinschen (und sie ist *nach* ihr publiziert!) überflüssig finden. Nicht? – Übrigens – entschuldigen Sie – aber, wenn Sie meine Formeln (12) und (12′) wirklich finden wollen (d.h. auf den Unterschied der Atomgeschwindigkeit vor und nach dem Stoß Rücksicht nehmen wollen), so müssen Sie wohl auch noch ein paar Gänge rechnen, und wenn Sie das Ganze zusammenschreiben, ich weiß nicht ob es *viel* kürzer wird!?

Nun, viel wichtiger als das, wäre natürlich eine Entscheidung zwischen dem, was Sie Fall 1.) und Fall 2.) nennen. Ich habe freilich in meiner Notiz so getan, als ob nur der Fall 2.) möglich wäre; aber Einstein hat ja doch auch gezeigt, daß jedenfalls *der Rückstoß da sein muß*, so *als ob* Fall 2.) vorläge. Andererseits muß wohl auch eine Kugelwelle da sein, sonst gäbe es keine Interferenz und Beugung. Das ist ja aber das fatale Dilemma. Ich für meinen Teil glaube, daß bei der Ausstrahlung – horribile dictu – der Energie-Impulssatz verletzt ist. – *Was* sagen uns dann die ganzen sog. „$h\nu$-Beziehungen"? (Die experimentellen meine ich!) Daß eine *Äquivalenz* besteht zwischen Elektronen oder Atomen von bestimmter Energie und Strahlung bestimmter *Frequenz*, Äquivalenz hinsichtlich des Zustandebringens eines gewissen Effektes in einem atomistischen System. Mehr nicht. Daß in dem Falle, wo der Effekt durch *Strahlung* hervorgebracht wird, gerade auch dasselbe „Quantum" Strahlungsenergie dazu aufgewendet wird, die das auslösende Elektron besitzen muß, wenn *es* den Effekt hervorbringen soll: das *setzen wir als selbstverständlich voraus* — das scheint mir aber *nicht* selbstverständlich. Um ein *Gleichnis* zu gebrauchen: ich kann mir doch eine Sperrklinke vorstellen, die ich entweder mit einem Projektil bestimmter Energie aufschlagen kann, oder durch „Schütteln" in bestimmtem Tempo; und daß zwischen Tempo und Energie bei verschiedenen solcher Sperrklinken eine Proportionalität besteht, ohne daß ich beim Schütteln gerade genau dieselbe Energie aufwenden muß. Natürlich bei einer konservativ-mechanischen Sperrklinke schon. Aber der Teufel weiß, ob unsere atomistischen Systeme auch nur *zwangläufig* veränderlich, *streng kausal* bestimmt sind – geschweige denn, ob sie sich gerade wie konservative mech[anische] Syst[eme] verhalten. (Ich erinnere Sie an Ihren Satz auf S. 186, wo Sie das mechanische Korrespondenzprinzip aufstellen[e]: „es erscheint fraglich, ob dieser zwangläufige Zusammenhang der Wirklichkeit entspricht" – eine Skepsis, die ich voll unterschreibe, und sehr weit ausgedehnt haben möchte, im Sinne der letzten Kapitel von F. Exners Buch „Über die physikalischen Grundlagen der Naturwissenschaften"[f].) Ich glaube ganz sicher, daß die „Lösung" der schrecklichen Widersprüche der Quantentheorie irgendwie in solcher Richtung zu suchen ist. Z.B. halte ich es für wahrscheinlich, daß man im vorliegenden Fall etwa annehmen muß: es wird eine

Kugelwelle emittiert – und es ist doch ein Rückstoß da. Widerspruch? Warum? Kann die Erhaltung von Energie-Impuls nicht ebenso nur eine makroskopisch gültige Mittelwertsbeziehung sein, von der die Atomphysik nichts weiß, wie der 2. Hauptsatz?

Mindestens: es *kann* so sein – und ich sehe fast keinen anderen Ausweg. Noch danke ich Ihnen vielmals für das Separatum, aus dem ich oben früher zitiert habe. Ich bin dabei, es zu lesen, noch nicht fertig. Bitte nehmen Sie mir's auch in Zukunft nicht übel, wenn ich mich für Separata nicht sogleich bedanke und meine eigenen kleinen Sachen (zu *viel* komme ich jetzt nicht) immer erst gesammelt ausschicke: Das Porto ist ja schauderhaft teuer, daß man, leider, die Höflichkeit reduzieren muß, wenn es nicht zu einer erheblichen Budgetpost anwachsen soll – und nur schreibt, wenn man Stoff und Zeit hat, auch was zu sagen. – Bitte empfehlen Sie mich an N. Bohr bestens.

Ich sehe noch, daß Sie so freundlich sind, nach meinem Befinden zu fragen: Das ist momentan ganz vorzüglich, die 4 Monate in Arosa haben mir ausgezeichnet angeschlagen. Ich war aber auch – was ich erst jetzt merke – schon so kaputt, daß ich keinen vernünftigen Gedanken mehr fassen konnte. Daran war nicht zum wenigsten die viele Umzieherei schuld, die beständigen Entscheidungen über das eigene Schicksal, Verhandlungen mit den Ministerien etc., wozu ich gar nicht geschaffen bin. Jetzt hat das wohl für lange Zeit ein Ende.

Von meiner Frau soll ich Ihnen viele Grüße sagen. Alles Beste wünscht Ihnen herzlichst

Ihr ergebener

SCHRÖDINGER

[a] Pauli war Ende September oder Anfang Oktober 1922 nach Kopenhagen gekommen. Man vgl. die Briefe [24], [25] und [27]. [b] E. Schrödinger: Dopplerprinzip und Bohrsche Frequenzbedingung. Physik. Z. **23,** 301 – 303 (1922). Eingegangen am 7. Juni 1922. [c] Paulis Herleitung ist vermutlich identisch mit der später in seinem Handbuchartikel über Quantentheorie [1926], S. 16, dargestellten. [d] A. Einstein: Über die von der molekularkinetischen Theorie der Wärme geforderte Bewegung von in ruhenden Flüssigkeiten suspendierten Teilchen. Ann. Phys. **17,** 549 – 560 (1905); M. v. Smoluchowski: Zur kinetischen Theorie der Brownschen Molekularbewegung und der Suspensionen. Ann. Phys. **21,** 756 – 780 (1906). Man vgl. dazu A. Teske: Einstein und Smoluchowski. Zur Geschichte der Brownschen Bewegung und der Opaleszenz. Sudhoffs Archiv **53,** 292 – 305 (1969) [e] Schrödinger bezieht sich auf Paulis inzwischen veröffentlichte Dissertation (1922a). Auf S. 187 formulierte Pauli sein „mechanisches Korrespondenzprinzip", das eine Erweiterung des Bohrschen Korrespondenzprinzips auf unelastische Stöße beinhaltet und von Sommerfeld als eine der „allgemeinen Betrachtungen, die erhebliche Tragweite gewinnen können" angesehen wurde. Vgl. Protokoll über das Examen rigorosum. Archiv der Ludwig-Maximilians-Universität München. Bohr hingegen lehnte eine solche Verallgemeinerung des Korrespondenzprinzips ab. (Vgl. Z. Phys. **13,** 117–165 (1923). Dort die Fußnote auf S. 130.) [f] F. Exner: Vorlesungen über die physikalischen Grundlagen der Naturwissenschaften. [2] Leipzig und Wien: Franz Deuticke 1922. Erwin Schrödingers Antrittsrede „Was ist ein Naturgesetz?" am 9. Dezember 1922 an der Universität Zürich stützt sich ebenfalls auf den Exnerschen Ideenkreis. Der Vortrag wurde später in Naturwiss. **17,** 9 – 11 (1929) gedruckt.

Im Wintersemester 1922/23 wirkte Sommerfeld als Gastprofessor in Madison. Vor der Abreise hatte er noch mit Born vereinbart, daß Heisenberg – damals Student im 5. Semester – diese Zeit in Göttingen verbringen sollte[1].

Im Zentrum des Interesses stand weiterhin das Heliumproblem. Heisenberg hatte schon in München seine Vorstellungen hierzu entwickelt und Sommerfeld verleitet, nun auch ein drehimpulsloses Heliummodell zu entwerfen, wobei er für das Parhelium ein ebenes Modell heranzog, das auf natürliche Weise zu halben Quantenzahlen führte[2].

Heisenberg setzte seine Helium-Rechnungen in Göttingen fort. Sein mehrfach periodisches Modell für das Parhelium lieferte zwar die richtige Ionisierungsspannung von 24,6 V, war aber instabil und wurde deshalb später aufgegeben[3].

Einen neuen Zugang zu diesem schwierigen Problem eröffneten die Methoden der Störungsrechnung, die von Born und Pauli im Hinblick auf das quantentheoretische Mehrkörperproblem, insbesondere das Heliumproblem, entwickelt worden sind. Paulis Berechnungen des Orthoheliummodells nach Bohr[4] wurden wegen ihrer schlechten quantitativen Übereinstimmung nie veröffentlicht. Zusammen mit Born begann nun Heisenberg die Störungsrechnung der zufällig entarteten Systeme zu entwickeln[5]. Dieser Fall der zufälligen Entartung, der in den astronomischen Problemen äußerst selten vorkommt, tritt bei den atomaren Systemen häufig auf und führte hier zu einfachen Phasenbeziehungen zwischen den Elektronenbewegungen[6]. Dadurch wurden aus der Menge der komplizierten Bewegungen des mechanischen Mehrkörperproblems besonders einfache stationäre Zustände durch die Quantenbedingungen herausgehoben. Die Aussicht, nun die einheitliche Struktur der Atome und das periodische System der Elemente zu verstehen, wie es Bohr aufgrund seines halbempirischen Aufbauprinzips anstrebte, schien gegeben und veranlaßte Heisenberg zu seinen optimistischen Bemerkungen.

Waren zunächst bei der Beobachtung von Spektrallinien im Magnetfeld nur Dublette und Triplette aufgetreten, so mußte durch die Ergebnisse von Catalán[7] und Giesler[8] an Mangan und Chrom nun die Existenz höherer Multiplette hingenommen werden. Die Erfahrungen mit der Theorie der anomalen Zeemaneffekte[9] ließen Heisenberg das sog. „Permanenzgesetz der Multiplizitäten" für diesen allgemeineren Fall vermuten[10]. Eine Ausarbeitung seiner Ideen wurde von Landé ausgeführt[11], die damit zu einem vorläufigen Abschluß der halbempirischen Theorie der anomalen Zeemaneffekte führte.

[1] Siehe den Brief Max Born an Arnold Sommerfeld vom 5. Januar 1923. Zitiert bei Ulrich Benz: Arnold Sommerfeld. Eine wissenschaftliche Biographie. Dissertation Stuttgart 1974. Dort S. 205. Dieser Zeitpunkt wird ebenfalls durch einen Brief Heisenbergs aus Göttingen vom 14. Dezember [1922] an Bohr (BSC 3,1) belegt, in dem er sich dankbar über die rücksichtsvolle Behandlung seiner durch Bohr abgelehnten Theorie der Zeemaneffekte während der Göttinger Vorträge äußert. Am Schluß des Briefes heißt es: „Bitte grüßen Sie Pauli, er möchte mir doch einmal wieder über Linienbreiten oder seine eigenen Arbeiten schreiben."

[2] A. Sommerfeld: The model of the neutral helium atom. Journal of the Optical Society of America. Review of Scientist Instruments **7**, 509 – 515 (1923). Am Ende seiner Mitteilung weist Sommerfeld auf einen Brief von Heisenberg hin, der ihn zu der Veröffentlichung veranlaßte.

[3] Siehe die Bemerkung auf S. 206 von A. Sommerfeld in der 4. Auflage seines Buches: Atombau und Spektrallinien. Ebenso O. Laporte, Phys. Ber. **5**, 91 (1924) sowie Paulis Einwände in [37].

[4] Vgl. [24]. Siehe außerdem Max Borns Brief vom 7. April 1923 an Albert Einstein in: Albert Einstein – Hedwig und Max Born. Briefwechsel 1916 – 1955. München: Nymphenburger Verlagshandlung GmbH 1969. Ebenso Max Born an Alfred Landé am 29. Mai 1922 (SHQP, MF. 4.)

[5] M. Born und W. Heisenberg: Über Phasenbeziehungen bei den Bohrschen Modellen von Atomen und Molekülen. Z. Phys. **14,** 44 – 55 (1923). Eingegangen am 16. Januar 1923. Paulis Bedenken über die praktische Bedeutung dieser Arbeit sind am Ende von [37] aufgeführt.

[6] Eine ausführliche Darstellung dieser Methode findet man in Max Borns „Vorlesungen über Atommechanik. Berlin: Julius Springer 1925. Dort S. 302 ff.
[7] M. A. Catalán: Series and other regularities in the spectrum of manganese. Phil. Trans. London (A) **223,** 127 – 173 (1922). Eingegangen am 22. Februar 1922.
[8] H. Gieseler: Serienzusammenhänge im Bogenspektrum von Chrom. Dissertation Tübingen (1922); Das Bogenspektrum des Chroms. Z. Phys. **22,** 228 – 244 (1924). Eingegangen am 15. Januar 1924.
[9] Siehe den Kommentar zu Brief [16].
[10] A. Sommerfeld weist auf eine Mitteilung durch Heisenberg hin in: Über die Deutung verwickelter Spektren (Mangan, Chrom usw.) nach der Methode der inneren Quantenzahlen. Ann. Phys. **70,** 32 – 62 (1923). Eingegangen am 20. August 1922.
[11] A. Landé: Termstruktur und Zeemaneffekt der Multipletts. Z. Phys. **15,** 189 – 205 (1923). Eingegangen am 5. März 1923. Eine umfassende Darstellung über dieses Gebiet findet man in seiner zusammen mit E. Back veröffentlichten Darstellung: Zeemaneffekt und Multiplettstruktur der Spektrallinien. Berlin: Julius Springer 1925.

[30] Heisenberg an Pauli

Göttingen, 12. Dezember 1922

Lieber Pauli!

Haben Sie vielen Dank für Ihren Brief, der mich sehr interessiert hat. Daß Sie nun auch über anomale Zeemaneffekte arbeiten, find ich sehr schön von Ihnen. In München bin ich bis zum 9. Januar etwa; wenn Sie nach Wien fahren, seien Sie doch so gut und schreiben mir irgendwoher nach München, wann Sie nach Mü[nchen] kommen; auch ich bin sehr auf Ihre Ansichten gespannt.

Über die Arbeiten, die hier inzwischen verbrochen worden sind, muß ich Ihnen jetzt etwas erzählen. Zunächst hab ich auf die Nachricht hin, daß das Bohrsche He falsch herauskommt (van Vleck hat die Rechnung im Philosophical Magazine schon vor einigen Monaten publiziert[a]), mich an die Rechnung des He $+\frac{1}{2}, -\frac{1}{2}$ Gesamtimpuls 0 gemacht. Das Ergebnis ist ein für meine Ansichten in zweifacher Weise erfreuliches. Erstens ergibt sich bei der Berücksichtigung der ersten drei Entwicklungsglieder (die ja schon bei Kramers auch völlig genügen) für die Ionisierungsspannung 24,6 V. Dabei ist aber zu berücksichtigen, daß die ersten drei Glieder selbst nicht so genau sind, wie bei Kramers, so daß man mit einem Fehler von 0,5 V wohl rechnen muß. Die Rechnung wird in den Weihnachtsferien teils von einer Dame hier genau gemacht. Zweitens zeigt sich, daß man die Hypothese der halben Quantenzahlen *garnicht nötig* hat; die halbzahligen Impulse kommen bei *ganzzahliger* Quantelung *automatisch* herein. Der Grund ist kurz folgender: Zum Impuls eines Elektrons ist die Differenz der Perihelwinkel konjugiert, wie immer, wenn der Gesamtimpuls eingeführt ist. In dem Perihelwinkel ist die Bewegung aber erst mit der Periode 4π periodisch, *nicht* mit 2π; nach 2π vertauschen sich beide Elektronen, nach 4π nochmal und dann ist der ursprüngliche Zustand da*. Sie

* Es läßt sich dann auch verstehen, daß die inneren Elektronen bei den Röntgenspektren *ganz*zahlig gequantelt werden, wie alles andere, d.h. daß auch keine *scheinbare* Halbzahligkeit besteht.

können sich denken, daß ich aus diesen beiden Gründen an mein *He*-Modell und die Zeemaneffekte immer mehr glaube. Wichtiger scheint mir noch folgendes:
Die endgültige Entscheidung, welche Ansicht richtig ist, *muß* sich aus dem Starkeffekt bei Li, vielleicht auch He erbringen lassen. Beim Starkeff. 1. Ordnung von Li (der beobachtet ist) müßten nach meiner Ansicht „halbe" Quantenzahlen auftreten, nach Ihrer Meinung jedenfalls ganze Quantenz[ahlen). Leider ist der Starkeffekt 1. Ordn[ung] weder bei He noch bei Li so genau beobachtet („Feinzerlegung"), daß man irgendwelche Schlüsse daraus ziehen kann; experimentell gibt es aber sicher keine unüberwindliche Schwierigkeit, die dieser Untersuchung im Wege stände. – Mit Born arbeite ich an einer Erweiterung Ihrer Störungstheorie nach Poincaré[b], durch die der Fall erledigt wird, daß „zufällig" (d.h. für bestimmte J_k^0) einige $\nu_k^0 = 0$ oder kommensurabel werden, was bei Ihnen nicht mögl[ich] war. Die Ergebnisse sind sehr erfreulich und merkwürdig. Als erstes Resultat ergibt sich die *Phasenbeziehung* zwischen den Elektronen, als zweites das völlige Herausfallen einiger Perioden. Ich glaube augenblicklich, daß sämtliche Atome im Normalzustand *rein*periodische Systeme sind; trotzdem müssen alle Freiheitsgrade gequantelt werden. Wie dies zustande kommt, kann ich Ihnen so kurz nicht schreiben. Born ist sehr begeistert von diesen Resultaten, weil man nun vielleicht eine einfache mathematische Methode hat, die Symmetrieverhältnisse und Länge der Perioden im System der Elemente zu bestimmen. Wir studieren hier nämlich alle mit Gewalt Poincaré und in dem steht eigentlich die Quantentheorie aller Atommodelle schon drin.

Weiter ist von der Physik in Deutschland bemerkenswert, daß Landé schreibt, er habe eine vollständige Theorie aller Multipletts (Mn, Chr, Ne) und ihrer Zeemaneffekte, stets mit scheinbar halben Quantenzahlen, nach Analogie der Dubletts und Tripletts, jedoch in einigen Kleinigkeiten mit Verbesserungen gefunden. Es ist ja sehr wahrscheinlich, daß Sie das dann auch von Ihrem Standpunkt aus verstehen können. Aber auch bei Landé kommt (wie bei mir bei den Tripletts) das Verhältnis der Linienabstände im Multiplett ohne Zeemaneffekt stets richtig heraus, was mir für die Realität der Deutung zu sprechen scheint. Von Ihren zwei im Magnetfeld hinzugefügten Niveaus hab ich den Verdacht, daß es folgende sind:

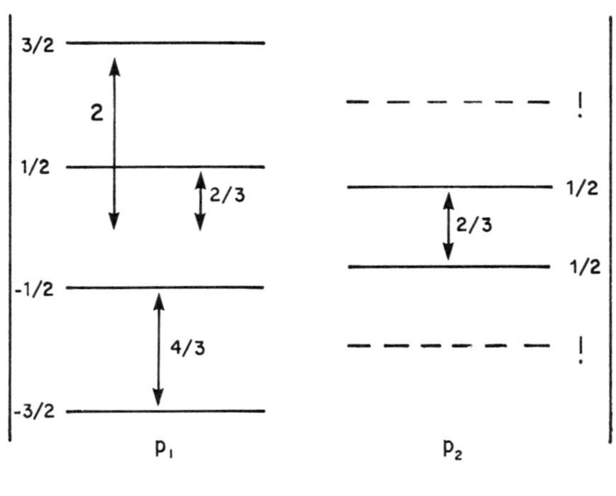

wobei sich die Figur auf den p_1 und p_2 Term bezieht; an die von mir geratenen Niveaus hab' ich ein Ausrufezeichen gemacht. Vielleicht hab' ich aber auch falsch geraten. Nun, ich hoffe, mit Ihnen in M[ünchen] verhandeln zu können, soll Ihnen von Born auch die Störungsarbeit zeigen.

Also weiter viel Glück und nette Feiertage!

Ihr WERNER HEISENBERG

[a] J.H. van Vleck: The Normal Helium Atom and its Relation to the Quantum Theory. Phil. Mag. **44,** 842 –869 (1922). Eingegangen am 13. März 1922, erschienen im November 1922. Vgl. außerdem die Mitteilung vom gleichen Autor in Phys. Rev. **21,** 372 (1923). [b] H. Poincaré: Les méthodes nouvelles de la mécanique céleste. Bde. I–III. Paris: Gauthier-Villars 1892–1899. Der hier erörterte Fall wird in Bd. II, Kap. 9 ff. behandelt.

V. Das Jahr 1923

Anomaler Zeemaneffekt

[31]	Heisenberg an Pauli	München	19. Feb. [1923]
[32]	Heisenberg an Pauli (PK)	Göttingen	21. Feb. [1923]
[33]	Pauli an Landé (MS)	Kopenhagen	10. Mär. 1923
[34]	Heisenberg an Pauli	München	26. Mär. [1923]
[35]	Pauli an Landé	Kopenhagen	23. Mai 1923
[36]	Pauli an Landé	Kopenhagen	5. Jun. 1923
[37]	Pauli an Sommerfeld	Kopenhagen	6. Jun. 1923
[38]	Pauli an Hansen (PK)	[Seebad Bansin]	6. Jul. [1923]
[39]	Pauli an Bohr	[Seebad Bansin]	16. Jul. [1923]
[40]	Pauli an Sommerfeld	[Seebad Bansin]	19. Jul. [1923]
[40a]	Bohr an Pauli	Tibirke Bakker	[20. Jul. 1923]
[41]	Pauli an Landé	Kopenhagen	26. Jul. 1923
[42]	Pauli an Landé (PK)	[Kopenhagen]	17. Aug. [1923]
[43]	Pauli an Bohr	[Kopenhagen	12. Sep. 1923]
[44]	Pauli an Landé (PK)	[Kopenhagen]	15. Sep. [1923]
[45]	Pauli an Eddington (MSD)	[Kopenhagen]	20. Sep. 1923
[46]	Pauli an Landé	Kopenhagen	23. Sep. 1923
[47]	Heisenberg an Pauli	Göttingen	9. Okt. 1923
[48]	Pauli an Einstein	Hamburg	10. Nov. 1923
[49]	Pauli an Landé	Hamburg	28. Nov. 1923
[50]	Heisenberg an Pauli	Göttingen	7. Dez. 1923
[51]	Pauli an Landé (PK)	Hamburg	14. Dez. [1923]
[52]	Pauli an Kramers	Hamburg	19. Dez. 1923

Zum Jahresende 1922 fuhr Pauli nach Wien und verbrachte dort die Weihnachtstage. Er benutzte die Gelegenheit und traf einige Kollegen, um die neuesten Ergebnisse in der Atomtheorie zu besprechen[1].

Wahrscheinlich auf der Rückreise nach Kopenhagen hat er in Göttingen Heisenberg besucht[2]. Neben Gesprächen über quantentheoretische Phasenbeziehungen zwischen den Elektronenbewegungen, auf die sich der erste Absatz des Briefes [31] bezieht, dürfte ihr Interesse vor allen Dingen dem Heliumproblem gegolten haben.

Inzwischen hatte es sich jedoch herausgestellt, daß Sommerfeld sich in seiner Veröffentlichung zu dem gleichen Thema[3] fälschlich auf Heisenbergs störungstheoretische Ergebnisse berufen hatte. Heisenbergs Rechnungen bezogen sich, anders als die von Sommerfeld, auf ein zweifach periodisches Modell mit Perihelbewegung für das Parhelium. Um das Problem der Stabilität dieses Systems geht es im anschließenden Teil des Briefes.

Hauptthema ist jedoch eine grundlegende und ganz allgemeine Untersuchung des angeregten Heliumatoms zusammen mit Born[4], ähnlich wie sie einst Pauli und Niessen für das Wasserstoffmolekülion durchgeführt hatten. Diese wohl letzte groß angelegte Rechnung mit Hilfe der Bohr-Sommerfeldschen Quantentheorie bewirkte wegen ihres negativen Ergebnisses eine endgültige Abwendung von dieser Theorie[5].

Ausgehend von der allgemeinen Hamilton-Funktion des Dreikörperproblems und unter der Voraussetzung, daß eines der Elektronen sich in erheblich größerer Entfernung vom Kern befindet, als das andere, gelang eine Aufspaltung dieser Funktion in drei Terme verschiedener Größenordnung, die sich sukzessiv nach den Methoden der Born-Paulischen Störungstheorie berechnen ließen.

Die an diese Rechnung geknüpften Erwartungen, die Bewegungsformen der Elektronen mit ihren entsprechenden Energiewerten und eine Erklärung für das Auftreten nicht kombinierender Termsysteme zu liefern, wurden, wie schon erwähnt, nicht erfüllt. Zwar ergeben sich im wesentlichen die von Bohr vertretenen Bewegungstypen, aber schon die Energieformel vom Rydberschen Typ

$$W = \frac{W_0 (Z-1)^2}{(n+\delta)^2},$$

wobei n die Hauptquantenzahl des äußeren Elektrons, W_0 die Energie des Wasserstoffs im Grundzustand und δ die in dem Brief wiedergegebene Rydbergkorrektion ist, führte auf völlig falsche Werte.

Nachdem Max Born die Zustimmung von Bohr eingeholt hatte, veröffentlichte er dieses „Zeugnis für die Unzulänglichkeit der jetzigen Grundlage der Quantentheorie, soweit es Systeme mit mehreren Elektronen betrifft“[6].

[1] Otto Halpern berichtet in einem Schreiben vom 31. Dezember 1922 an Albert Rubinowicz (SHQP, MF. 17) über eine Zusammenkunft mit Pauli in Wien, in der er Bohrs Ansichten über das Orthohelium erfuhr: „Als ich Mittwoch ins Institut kam, traf ich dort Pauli und machte mit ihm eine Zusammenkunft für den 30. aus... Nichts liegt nach Bohr also näher als anzunehmen, daß die Mechanik bei Systemen von mehreren Elektronen auch in Quantenbahnen nicht gilt. Pauli schließt sich dieser Auffassung voll an. Born und Pauli haben das Orthohelium gerechnet, die Terme kommen vollkommen falsch heraus.“

[2] Siehe dazu die Bemerkung im 2. Absatz des folgenden Briefes [31].

[3] Siehe die Fußnote 2 des vorangehenden Kommentars, sowie die Zusammenfassung der Sommerfeldschen Untersuchung von Otto Laporte in Phys. Ber. **5**, 90–91 (1924), wo er auf dieses Versehen von Sommerfeld hinweist.

[4] M. Born und W. Heisenberg: Die Elektronenbahnen im angeregten Heliumatom. Z. Phys. **16**, 229–243 (1923). Eingegangen am 11. Mai 1923.

[5] Zur gleichen Zeit beendete Lothar Nordheim bei Max Born seine Untersuchung: Zur Quantentheorie des Wasserstoffmoleküls. Z. Phys. **19**, 69–93 (1923), eingegangen am 15. August 1923, nach dem gleichen Verfahren, er unterließ jedoch eine weitere Fortsetzung seiner Rechnung mit dem Hinweis auf die negativen Ergebnisse beim Helium.

[6] Aus einem Brief Niels Bohrs an Max Born vom 2. Mai 1923. (BSC MF. 9.)

[31] Heisenberg an Pauli

München, 19. Februar [1923]

Lieber Pauli!

Leider komme ich erst jetzt dazu, Ihnen zu antworten, wo ich vorübergehend für zwei Tage in München bin. Morgen nachmittag bin ich wieder in Göttingen. Also für Ihren Brief vielen Dank. Hinsichtlich der Stabilität der Phasen haben Sie natürlich völlig recht – es war ein dummer Rechenfehler von uns, denn es kommt nur auf das Minimum von $H_1/(1/2!)\dfrac{\partial^2 H_0}{\partial J^2}$ an, wie man sofort sieht.[a]

In Göttingen hatt' ich Sie damals völlig falsch verstanden. Auch über das He kann ich natürlich noch nichts aussagen – ich halte es aber für möglich, daß es trotzdem stabil ist, weil man nicht nur über eine Ellipse, sondern über die *ganze* Bahn mitteln muß. Daß die Stabilitätsfrage für H_2 zu einer Katastrophe führt, zeigt eigentlich eher, daß eben die Stabilitätsforderung falsch ist, als daß die Mechanik falsch ist[b]. Zur Stabilität benützt man ja immer die Mechanik auch in den *nicht*stationären Zuständen (nämlich denen, die kleine Schwingungen aufweisen). Aber ich hab' noch einen schweren Einwand gegen die mechanische Definition der Stabilität. Wenn Sie etwa zwei H-Atome in der „stabilen" Phase etwas stören, so treten, wie man weiß, kleine Schwingungen mit konstanter Amplitude auf. Berücksichtigt man jedoch den Strahlungswiderstand, so wird, wie ich aus hydrodynamischen Erfahrungen[c] bestimmt vermute, die Amplitude dieser Schwingungen *anwachsend*.

Leider kann ich dies noch nicht beweisen; wenn es aber wahr ist, was soll man dann machen? Ferner muß ich Ihnen von einer zweiten Katastrophe erzählen. Born und ich haben jetzt das allgemeinste angeregte He-Modell nach allen Ecken und Kanten durchgerechnet – noch in größerer Näherung sogar, als Bohr das Orthohelium, indem wir außer dem Dipolglied noch das mit $\frac{1}{r^3}$ berücksichtigten und finden, daß die Energie sicher falsch herauskommt[d]. Es war ziemlich leicht, alle möglichen Bewegungstypen zu übersehen, es gibt, wie zu erwarten, nur drei quantentheoretisch mögliche Klassen von Bewegungen (das Bohrsche Ortho- und Parhelium, außerdem das entgegenläufige Orthohelium), ferner ein paar Quantenlösungen, bei denen das innere Elektron durch den Kern läuft (oder dies wenigstens für $k \to \infty$ tut). Die ersten drei Klassen hängen ferner alle stetig miteinander zusammen, sodaß man nach [dem] Korresp[ondenz]pr[inzip] das getrennte Par- und Orthohelium wohl kaum verstehen könnte. Für die drei Klassen kann man allgemein die Energieformel hinschreiben. Bei alledem setz' ich natürlich voraus, daß wir uns nicht verrechnet haben, was möglich, aber hoffentlich nicht der Fall ist. Die *Rydberg*korrektion lautet:

$$\delta = \frac{9}{4Z^2k^2}\left(-\frac{p}{2}+\frac{1-p^2}{4k}\right)+\frac{Z-1}{8\,Z^2k^3}\left(5+3\,p^2\left(1-\frac{p}{k}\right)-6\Delta\right).$$

Dies gilt bis auf Größen der Ordnung $\frac{1}{k^5}$. Hierin ist $j=k+p$; j Gesamtimpuls, k Impulsquantenzahl des äußeren Elektrons, Δ läßt sich mit elliptischen Integralen aus k^*, der Impulsquantenzahl des inneren Elektrons, berechnen und wird für den quantentheoretisch allein interessanten Fall $k^*=1$

$$\Delta = 1 + \frac{p(1-p^2)}{2k}.$$

j, k und k^* müssen natürlich der Bedingung genügen:

$$\left|\frac{j^2-k^2-k^{*2}}{2kk^*}\right| \leqslant 1; \quad |k^*| \leqslant 1.$$

Für Bohrs Orthohelium ist $p=1$, $k^*=1$, für Bohrs Parhe $p=0$, $k^*=1$. Die Übereinstimmung mit der Erfahrung ist nicht vorhanden, nur beim P-Term und p-Term ist sie verhältnismäßig gut. In der Tat zeigen auch die empirischen δ-Werte von p zum d, bzw. P z[um] D Term eine merkwürdige, theoretisch kaum ohne ganz neue Hypothesen zu verstehende Unstetigkeit. – Auch den Einfluß der Relativität haben wir noch untersucht und gefunden, daß sie erst von $n=100$ ab die Bahntypen merklich ändern kann (n = Hauptquantenzahl des äußeren Elektrons). Das Resultat scheint mir, wenn nicht doch noch irgendwo Fehler stecken sollten, sehr schlimm für unsere bisherigen Vorstellungen; man muß doch wohl ganz neue Hypothesen einführen – entweder neue Quantenbedingungen, oder Abänderungsvorschläge für die Mechanik.

Hinsichtlich des Bohrschen Orthoheliums hab' ich noch eine besondere Frage: Kann man es nicht adiabatisch zum Kernzusammenstoß bringen? Wenn nämlich das äußere Elektron weit draußen ist, so steht das innere scheinbar unter einem Starkeffekt (2. Ordnung wegen Relativ[ität])[e]; beim Orthohelium befindet sich das innere Elektron aber gerade in einer *verbotenen* Starkeffektbahn. Also müßte man es, so scheint mir, durch Festhalten des äußeren Elektrons und Verstärkung des Feldes zum Zusammenstoß treiben können. – Born und ich wollen uns noch die Aufgabe stellen – ich weiß nicht, ob Sie es für zweckvoll halten – unter Annahme, daß die Formel für δ wenigstens qu*alit*ativ stimme, zu berechnen, wie die Bahnen etwa aussehen müßten, damit die Energie etwa richtig herauskäme. *Ein* Resultat ist dafür schon sicher, daß dann nur „erlaubte" Starkeffektbahnen vorkämen.

Um alles kurz zusammenzufassen: „es ist ein Jammer". Für Ihre und besonders Bohrs Meinung würde ich mich riesig interessieren; was man jetzt anfangen soll, müssen Sie wissen. Ich würd' mich gern mit Ihnen besprechen – können Sie nicht mal wieder hierherschauen? Allerdings bleib' ich, wenn Born 1. März hier wegreist, wohl auch nicht länger hier.

Viele Grüße

Ihr W. Heisenberg

[a] Siehe hierzu M. Born: Vorlesungen über Atommechanik. Berlin: Julius Springer 1925. Dort S. 311. [b] Eine etwas andere Ansicht vertrat Heisenberg, als er am 15. Januar 1923 Sommerfeld berichtete, der sich noch in den Vereinigten Staaten aufhielt: „Interessieren wird es Sie, wie die Physik in Kopenhagen steht. Bohr will die Mechanik jedenfalls nicht mehr gelten lassen; d. h. nur mit gewisser Annäherung. An halbe Quanten und Helium glaubt er bis jetzt nicht, Pauli sagt aber, daß dieser Nichtglaube unsicherer geworden sei. Wie sehr Bohr aber die Übereinstimmung mit der Erfahrung außer Acht läßt und nur theoretische Gründe gelten läßt, zeigt folgende wahre Geschichte: Bis zum Franckschen Beweis, daß es metastabile Terme gibt, glaubte Bohr (ohne es zu publizieren) fest, daß alle Atome nur aus einquantigen Bahnen bestehen können, allen Röntgengesetzen zu Spott und Hohn!! Also ist es sehr verständlich, daß Bohr sich nicht zu halben Quantenzahlen entschließt. Aber die Bohrsche Ansicht, die Mechanik sei falsch, halte ich für richtig, jedoch in einem bestimmten Sinn. Pauli (und Bohr) gegenüber haben wir uns hier auf folgenden (auch schon von Ihnen im Brief fast genauso gegebenen) Satz festgelegt: die Abweichung der Quantentheorie von der Mechanik besteht darin, daß die Phasenintegrale nicht nur gegen adiabatische, sondern auch gegen schnellere Prozesse invariant sind. In dieser Formel sind die Zeemaneffekte und der Stern-Gerlach Versuch eingeschlossen." [c] W. Heisenberg: Die absoluten Dimensionen der Kármánschen Wirbelbewegung. Physik. Z. **23,** 363–366 (1922). Eingegangen am 29. Juli 1922. Ebenso Heisenbergs Dissertation: Über Stabilität und Turbulenz von Flüssigkeitsströmen, die in den Ann. Phys. **74,** 577–627 (1924) veröffentlicht wurde. [d] Die hier folgende Darstellung schließt sich eng an die spätere Veröffentlichung an (siehe Fußnote 4 des vorangehenden Textes). [e] Der quadratische Starkeffekt wurde bereits 1920 von H. A. Kramers untersucht in seiner Arbeit: Über den Einfluß eines elektrischen Feldes auf die Feinstruktur der Wasserstofflinien. Z. Phys. **3,** 199–223 (1920). Eingegangen am 1. Oktober 1920. Im Sommerfeldschen Seminar hatte Heisenberg über diese Arbeit referiert. Vgl. hierzu W. Heisenberg: Quantum Theory and its Interpretation. In: Niels Bohr. His life and work as seen by his friends and colleagues. Edited by S. Rozental. Amsterdam: North-Holland Publ. Co. 1968.

[32] Heisenberg an Pauli

Göttingen, 21. Februar [1923]

[Postkarte]

Lieber Pauli!

Nachdem ich heut' früh einen Brief an Sie losgelassen hab', bekomme ich Ihren etwas streitbaren Brief. Bedenken Sie, daß unsere Säbelforderung noch nicht ausgetragen ist. – Landés Resultate find' ich sehr schön[a], seine Summier[un]g der Quantenzahlen ist ja willkürlich. Daß Sie an Ihrem „$k-1$ Prinzip" zu zweifeln beginnen, freut mich sehr. Vielleicht einigen wir uns noch auf die Mitte zwischen dem klassischen und Ihrem Wert, also zwischen k und $k-1$, nämlich $k-\frac{1}{2}$; doch Freunde, nicht diese Töne[b].

Mein He-Modell[c] halt' ich nach den Resultaten über's angeregte He[d] für sehr zweifelhaft; aber wenn man nichts besseres hat? Daß man in der K-Schale Bohrs Modell zu benützen hat, davon war ich von jeher überzeugt von Beryllium etc. (vgl. Zeemaneff[ekt]). Bei Lithium hab' ich $\frac{1}{2}$ und bei He 0 für den Gesamtimpuls der K-Schale. Außerdem weiß man doch bei den Röntgentermen, daß k ganzzahlig ist, wenn die Relativität eine Rolle spielt. An die Dubletts glaub' ich aber trotz Landé und Ihnen noch fest. Ich werde nächstens folgendes Axiom als Motto für die

Zeitschrift für Physik publizieren: Eine Theorie kann immer noch falsch sein, wenn sie etwas richtiges ergibt, aber sie kann *nie* richtig sein, wenn sie etwas falsches ergibt. – Augenblicklich halt' ich das He für die wichtigste Frage – für die Zeemaneffekte ist es noch zu früh.

Viele Grüße Ihr

W. Heisenberg

[a] Alfred Landé hatte seine Untersuchungen zur Multiplettheorie Niels Bohr mitgeteilt, so daß Pauli auch Heisenberg darüber informieren konnte. Wenig später veröffentlichte Landé seine Ergebnisse: Termstruktur und Zeemaneffekt der Multipletts. Z. Phys. **15,** 189–205 (1923). Eingegangen am 5. März 1923. [b] Heisenberg bezieht sich hier auf sein Rumpfmodell zum anomalen Zeemaneffekt. (Siehe z. B. Brief [16]). [c] Es handelt sich hier um Heisenbergs unveröffentlichte Untersuchungen des Parheliums. (Siehe Fußnote 3 des Textes zu Brief [30]). [d] Fußnote 4 zum Text von Brief [31].

Hatten die Methoden der älteren Quantentheorie auch beim Heliumspektrum versagt, so glaubte man vorerst noch an ihre Gültigkeit bei den mehrfach periodischen Systemen. Später zeigte sich, daß die Brauchbarkeit dieser Theorie selbst bei den mehrfach periodischen Systemen auf spezielle Fälle beschränkt war.

Man sah sich deshalb dazu veranlaßt, die mechanischen Modelle aufzugeben und der Klassifizierung der Spektralterme zuzuwenden, um auf diese Weise vorerst zu empirischen Gesetzen zu gelangen[1]. In dem umfangreichen spektroskopischen Material zum anomalen Zeemaneffekt bot sich dafür eine willkommene Gelegenheit, und schon zu Anfang des Jahres 1923 begann Pauli sich mit diesem Problem zu befassen.[2]

Seine erste Untersuchung galt der Verwandlung der Multipletts beim Übergang vom schwachen zum starken Magnetfeld. Während Heisenberg diesen Vorgang schon bei den Dublett- und Triplettsystemen untersucht hatte[3], fand Pauli nun ganz allgemein die als „Permanenz der g-Summen“ bekannte Regel[4] für die höheren Multipletts. Diese Regel ist eine Folge der Erhaltung der Drehimpulskomponente parallel zum Feld und gestattet, die g-Formel für schwache Felder aus der Kenntnis der Termwerte bei starken Feldern herzuleiten[5]. Eine modellmäßige Begründung seiner allgemeinen Regel fand Pauli noch im gleichen Jahr, indem er auch die Zuordnung der Terme in schwachen zu den Termen in starken Feldern theoretisch ermittelte[6].

[1] Siehe hierzu Paulis Aufsatz: „Sommerfelds Beiträge zur Quantentheorie“ zu Sommerfelds 60. Geburtstag in Naturwiss. **35,** 129–132 (1948).

[2] Eine gemeinsame Arbeit mit Bohr zur quantentheoretischen Deutung des Zeemaneffektes war schon an die Zeitschrift für Physik eingesandt, wurde aber wegen auftretender Zweifel Ende März wieder zurückgezogen. Siehe hierzu die Briefe Bohrs an Landé vom 3. März und an Scheel vom 21. März 1923. (BSC, MF. 13, 16).

[3] W. Heisenberg: Zur Quantentheorie der Linienstruktur und der anomalen Zeemaneffekte. Z. Phys. **8,** 273–297 (1922). Eingegangen am 17. Dezember 1921. Dort S. 281.

[4] Diese Bezeichnung benutzte zum ersten Mal A. Landé in „Feinstruktur und Zeemaneffekt der Multipletts“, Z. Phys. **19,** 112–123 (1923). Eingegangen am 16. August 1923. Siehe hier auch die Hinweise auf Paulis Mitteilungen.

[5] Siehe hierzu insbesondere die ausführliche Darstellung von E. Back und A. Landé: Zeemaneffekt und Multiplettstruktur der Spektrallinien. Berlin: Julius Springer 1925, S. 69ff. Eine historische Darstellung enthält der Aufsatz von B. L. van der Waerden: Exclusion Principle and Spin, in: Theoretical Physics in the Twentieth Century. A Memorial Volume to Wolfgang Pauli. Edited by M. Fierz und V. F. Weisskopf. New York: Interscience Publishers Inc. 1960.
[6] Pauli (1924a) und Briefe [36] und [40].

[33] Pauli an Landé

Kopenhagen, 10. März 1923

[Maschinenschrift]

Lieber Professor Landé!

Wie Ihnen neulich schon Professor Bohr schrieb[a], bin ich mit einer theoretischen Untersuchung über den Zeemaneffekt beschäftigt. Von einer endgültigen Theorie bin ich vielleicht noch sehr weit entfernt, aber ich habe einige Resultate, die vielleicht von Wichtigkeit sind, namentlich über das Verhalten der Atome bei *großen* Magnetfeldern. Ich möchte Sie nun erstens fragen, ob Sie das wunderschöne Schema der Zeemaneffekte der Multipletts, das Sie uns nach Kopenhagen sandten, bald publizieren wollen, resp. ob Ihre betreffende Abhandlung[b] schon im Druck ist, damit ich in einer eventuellen eigenen Publikation darauf hinweisen kann. Natürlich will ich Ihnen gar nicht irgendwie in die Quere kommen, und ich werde nichts ohne Ihr Einverständnis tun.

Weiter glaube ich, daß Ihr Schema nur für solche Multipletts gilt, bei denen das vorletzte Elektron in einer Bahn gebunden ist, die einem S-Term entspricht, bei denen also der Aufspaltungsfaktor des isolierten Atomrestes gleich 2 oder eventuell 0 ist. Wenn dies nicht der Fall ist, muß man, glaube ich, noch andere Zeemantypen erwarten. Darauf deuten auch die von Ihnen seinerzeit ermittelten Kombinationsterme der Zeemaneffekte des Neonspektrums[c] hin, die ja nicht unter Ihr jetziges Schema fallen. Ich glaube nun, ein einfaches formales Prinzip zu besitzen, das gestattet, stets die Aufspaltungsfaktoren zu berechnen, wenn der Aufspaltungsfaktor g_1 des Atomrestes sowie dessen Impuls bekannt ist. Der physikalische Sinn dieses Prinzips ist mir aber leider noch völlig unklar[d].

Ein einfaches Beispiel, um es zu prüfen, hat man vielleicht im Bleispektrum. Gemäß dem Normalzustand des Thalliums sollte man erwarten, daß der Atomrest im Blei eine Konfiguration haben kann, die einem $2p_2$ Term entspricht. Da diesem derselbe Wert des Gesamtimpulses zukommt wie dem s-Term, soll man also zunächst ein Triplettspektrum erwarten. Die Zeemaneffekte, welche dem erwähnten Prinzip gemäß bei solchen Tripletts auftreten sollten, sind aber gänzlich verschieden von den Zeemaneffekten der Erdalkalientripletts und durch folgende Tabelle gegeben:

−3	−2	−1	0	1	2	3	m / Term	g
		−2/3	0	2/3			s	2/3
	−5/3	−5/6	0	5/6	5/3		p_1	5/6
		−5/6	0	5/6			p_2	5/6
			0				p_3	0/0
−8/3	−16/9	−8/9	0	8/9	16/9	8/3	d_1	8/9
	−17/9	−17/18	0	17/18	17/9		d_2	17/18
		−7/6	0	7/6			d_3	7/6

Es ist nun sehr gut möglich, daß bei den von Thorsen geordneten Linien[e] der Atomrest gerade der hier vorausgesetzte ist. Da Sie an Professor Bohr schrieben, daß Herr Back über Zeemaneffekte dieser Linien experimentelle Resultate hat, möchte ich Sie zweitens fragen, ob die Messungen mit der angeschriebenen Tabelle übereinstimmen. Selbst wenn dies nicht der Fall ist, könnte das formale Prinzip zur Berechnung der g-Werte noch immer richtig sein; es würden dann eben diese Linien zu einem anderen Atomrest gehören. Auch ist natürlich zu erwarten, daß es außer den genannten Tripletts noch viele andere Bleilinien gibt. So muß auch der Normalzustand des Bleiatoms, der nach einer brieflichen Mitteilung von Herrn Grotrian[f] ein P-Term ist, einer Termreihe zugeschrieben werden, bei der der Atomrest ein anderer ist. Auch kommt vielleicht eine metastabile Konfiguration des Atomrestes vor, die einem $2p_1$ Term entspricht. In diesem Fall müßte man Quintetts erwarten, deren Zeemaneffekte von den Chromquintetts verschieden sind und sich auf Grund des erwähnten Prinzips leicht berechnen ließen. Bevor ich dies ausführe, möchte ich aber gerne wissen, ob die erwarteten Liniengruppen mit den in der Tabelle angegebenen Zeemaneffekten wirklich vorhanden sind.

Falls Herr Back die Zeemaneffekte der Thorsenschen Linien nicht selbst näher untersucht oder bald zu untersuchen beabsichtigt, würden eventuell im hiesigen Laboratorium Versuche darüber gemacht werden[g]. Auf Ihre Antwort bin ich schon sehr gespannt. Mit den besten Grüßen von Professor Bohr und von mir selbst,

Ihr sehr ergebener

Pauli

Empfehlungen an Herrn Professor Paschen und Grüße an Herrn Back.

[a] Diese Briefe Bohrs an Landé vom 14. Februar und 3. März 1923 befinden sich in der Sammlung BSC, MF. 13. (Siehe auch SHQP, MF. 4) [b] A. Landé: Termstruktur und Zeemaneffekt der Multipletts. [Erste Mitteilung.] Z. Phys. **15,** 189–205 (1923). Eingegangen am 5. März 1923. [c] A. Landé: Anomaler Zeemaneffekt und Seriensysteme bei *Ne* und *Hg*. Physik. Z. **22,** 417–422 (1921). Eingegangen am 27. Juni 1921. [d] Seine Ergebnisse hatte Pauli auf der Grundlage einer Modellvorstellung gewonnen. Er veröffentlichte jedoch nur seine Resultate (1923 b), weil das Modell einige Unvollkommenheiten besaß, wie noch an den folgenden Briefen erläutert wird. Das Modell wird auch in dem unter 5 angeführten Werk auf S. 79 ff. sowie in dem Brief [35] näher besprochen. [e] Auf eine Anregung von N. Bohr wurde von V. Thorsen zu jener Zeit eine Untersuchung des Bleispektrums im Kopenhagener Institut durchgeführt. Eine vorläufige Mitteilung erschien in Naturwiss. **11,** 78–79 (1923) unter dem Titel: Serien im Blei-Bogenspektrum. Eingesandt am 27. Dezember 1922. Vgl. hierzu auch den Brief [53]. [f] Briefe W. Grotians vom 6. und 26. Februar 1923 an Bohr. BSC MF. 11. [g] Seine weiteren Ergebnisse „Zur Seriendarstellung des Bleispektrums“ veröffentlichte V. Thorsen in Naturwiss. **12,** 705 (1924); signiert 16. Juli 1924.

[34] Heisenberg an Pauli

München, 26. März [1923]

Lieber Pauli!

Über Ihren Brief hab' ich mich, wie Sie sich denken können, ganz kolossal gefreut. Hoffentlich fördert der Stimmungsumschwung in Kop[enhagen] noch manches Wertvolle zu Tage, wozu ja die Aussicht sehr groß zu sein scheint. Ausführlich auf Ihren Brief kann ich noch nicht gut antworten.

Ihre Anfangsliste der Quantenzahlen ist mir noch zu theoretisch, die Formulierung des Wechselsatzes dagegen finde ich sehr schön[a]. Die Halbzahligkeit von k finde ich auch unabweisbar, die Forderung $i=0$ für Einfachterme, die daraus folgt, ist mir auch völlig überzeugend; mir schien das immer die einzige Möglichkeit, den normalen Zeemaneffekt zu verstehen. Auch mit der Inkonstanz von k bei den Tauchbahnen bin ich sehr einverstanden. Es ist eben alles doch noch komplizierter, als man zunächst meint. Nicht einverstanden bin ich damit, daß der Impuls des Atomrumpfes immer dem des vorhergehenden Atoms entsprechen soll. Wenn das äußere Elektron entfernt wird, wird es im allgemeinen eine Stelle passieren, wo seine Relativität $\left(\frac{1}{r^3}\right)$ die Rumpfwirkung $\left(\text{ca. } \frac{1}{r^4}\right)$ überwiegt. Also können da noch Umstellungen der Impulswerte erfolgen.

Außerordentlich schön finde ich Ihre Entdeckung, daß man das Summationsprinzip umgekehrt benützen kann, die g-Werte zu berechnen. Daß der Satz richtig ist auch für Landés Multipletts, wußte ich schon. Die Wichtigkeit, die ich ihm beimaß, können Sie daraus ersehen, daß ich den Satz in meiner Arbeit unitis veribus d. h. mit aller Gewalt begründen wollte[b]. Aber die Möglichkeit, damit allein das ganze empirische Material zu bekommen, hab' ich übersehen. Übrigens halte ich die Tendenz meines „Schwindels höherer Ordnung“ für nicht so unvernünftig insofern, als der Satz sicher, glaub' ich, ein statistisches Überbleibsel der klassischen Theorie ist.

Die Hauptschwierigkeit bei meiner Dublettheorie ist zweifellos die Beschränk[un]g $m \leqslant j$. Einen gangbaren Ausweg hab ich noch nicht gefunden und ich halte es jetzt für wahrscheinlich, daß der „magnetischen" Auffassung[c], wie Sie das nennen, ein formaler Wahrheitsgehalt immer noch zukommt. Zur Energieberechnung ist nach meiner Überzeugung nur die „mechanische" Auffassung geeignet, zur Erklärung der Auswahlregeln nur die „magnetische". Ich hab' lang' drüber nachgedacht und vermute, daß beide in diesem Sinn gleichzeitig richtig sind. Natürlich ist das bis jetzt Bieridee, aber vielleicht kommen Sie noch zur selben Überzeugung. An den Tripletts gibt es sicher noch viel zu bessern, dagegen sind die Dubletts bei mir, soweit die Logik richtig ist, glaub' ich, in Ordnung.

Zum He möchte ich bemerken, daß wir uns, soviel ich sehe, schon einig sind[d]. Wenn wir behaupten: Ortho- und Parhe hängen stetig zusammen, so heißt das bloß: es gibt zwischen ihnen bedingt periodische Lösungen und zwar überall dicht. Das trifft nun allerdings bei Ihren Bahntypen auch zu; aber es ist ein gradweiser Unterschied vorhanden: Wenn man über die Bewegung des inneren Elektrons mittelt (wodurch man die Möglichkeit verschweigt, daß durch höhere Kommensurabilität die Bahn unharmonisch werden kann), so stellen Ihre Ortho- und Parhebahnen *kontinuierliche* periodische Lösungen dar. Im Zwischengebiet liegen die harmonischen Lösungen *nur* überall dicht; erst wenn man auch über die Bahn des äußeren Elektrons mittelt und den gewöhnlichen Störungsstiefel anwendet, werden auch diese Zwischenbahnen zur kontinuierlichen Mannigfaltigkeit. Ich halte aber Ihre Abgrenzung für willkürlich. – Ihren Satz: „Wenn die Stabilität nicht klassisch behandelt werden kann, so kann es auch die Energie nicht" müssen Sie beweisen. – Aber wir wollen uns nicht unnötig streiten. Im Grunde sind wir beide der Überzeugung, daß alle bisherigen He-Modelle ebenso falsch sind, wie die ganze Atomphysik. Hoffen wir, daß der jetzige prachtvolle Frühling (und bei Ihnen noch das Ewig-Weibliche) „alles, alles wendet."

Mit vielen Empfehlungen an Bohr bin ich

Ihr

WERNER HEISENBERG

(Sommerfeld kommt Anfang Mai zurück.)

[a] Pauli gab in der Einleitung zu seiner späteren Veröffentlichung (1923 b) eine Zusammenfassung und erreichte durch die Einführung geeigneter Quantenzahlen n (Hauptquantenzahl), $j,k(=L+1)$, $i(=S+\frac{1}{2}$ in der heute üblichen Bezeichnung) sowie m als neue Quantenzahl (wobei er die Bedeutung der einzelnen Quantenzahlen vorsichtigerweise offenließ) eine besonders elegante Darstellung der Ergebnisse zum anomalen Zeemaneffekt. [b] W. Heisenberg: Zur Quantentheorie der Linienstruktur und der anomalen Zeemaneffekte. Z. Phys. **8,** 273–297 (1922). Eingegangen am 17. Dezember 1921. [c] Pauli unterscheidet zwischen seiner „magnetischen" und Heisenbergs „mechanischen" Auffassung zur Deutung der magnetomechanischen Anomalie. In der ersteren wird das Biot-Savartsche Gesetz verletzt, in der zweiten wird nur eine statistische Erhaltung des Drehimpulses gefordert. Siehe hierzu Brief [35]. [d] Siehe Kommentar zu Brief [31].

[35] Pauli an Landé

Kopenhagen, den 23. Mai 1923

[Poststempel vom 22. 5. 1923]

Lieber Herr Landé!

Ich möchte Sie zunächst bitten, es nicht als Unhöflichkeit aufzufassen, daß ich Ihren letzten Brief so lange nicht beantwortet habe. Der Grund war teils Zeitmangel, teils wollte ich warten, bis meine eigenen Ansichten über den Zeemaneffekt mehr geklärt waren. Ich danke Ihnen noch vielmals für die freundliche Zusendung der Korrektur Ihrer Arbeit[a] und ich sende Ihnen nun mit gleicher Post die Korrektur meiner eigenen Arbeit[b]. Wie Sie sehen werden, habe ich mich auf das rein phänomenologische beschränkt und alle modellmäßigen Betrachtungen weggelassen. Ich bin sehr betrübt darüber, daß es mir nicht gelungen ist, eine befriedigende modellmäßige Deutung zu finden für diese so verblüffend einfachen Gesetzmäßigkeiten. Vielleicht sind Sie oder andere glücklicher als ich, vielleicht komme ich selbst später noch weiter mit der Sache. Momentan habe ich sie zurückgestellt und rechne über den Einfluß eines äußeren *elektrischen* Feldes auf die Komplexstruktur, worüber schöne Beobachtungen im hiesigen Institut gemacht sind[c]. Es handelt sich um das Hervorlocken der Kombinationen $2p_i - mp_j$ (nicht Götzesche Terme[d], sondern zwei gewöhnliche p-Terme) im elektrischen Feld. Die verschiedenen Komponenten treten mit charakteristischen Intensitäten und Polarisationen auf. Das mechanische Problem ist in vieler Hinsicht interessant.

Nun will ich Ihnen aber noch kurz einige Überlegungen zur Modellfrage des Zeemaneffektes mitteilen, die ich aus Vorsicht nicht in die Arbeit aufgenommen habe. Es ist zunächst sehr naheliegend in starken Feldern $m_1 \frac{h}{2\pi}$ als die Impulskomponente des äußeren Elektrons, $\mu \frac{h}{2\pi}$ als die des inneren Systems parallel dem Feld zu deuten[e]. Es ist dann $m\frac{h}{2\pi}$ $(m = m_1 + \mu)$ bei allen Feldstärken die Totalimpulskomponente parallel dem Feld, im Gegensatz zu Heisenbergs Theorie, wo z. B. bei den Dubletts $m \frac{h}{2\pi}$ als die Impulskomponente des äußeren Elektrons gedeutet wird. Die Energiewerte bei starken Feldern lassen sich dann bei dieser Deutung durch die Annahme interpretieren, daß das magnetische Moment des inneren Systems doppelt so groß ist als es nach der klassischen Elektronentheorie des Magnetismus seinem Impulsmoment entsprechen würde, während das äußere Elektron ein magnetisches Moment erzeugt, welches mit dem Biot-Savartschen Gesetz in Einklang ist. Es wird hier also angenommen, daß das Biot-Savartsche Gesetz versagt, daß aber der mechanische Begriff des Impulsmomentes in Ordnung bleibt. – Die Heisenbergsche Theorie kann man dagegen, soweit sie einen vernünftigen Sinn hat, am einfachsten dadurch charakterisieren, daß zwar das Biot-

Savartsche Gesetz beibehalten wird, daß aber die Gleichung „zeitliche Änderung des Impulsmomentes = Drehmoment der äußeren Kräfte" modifiziert wird. (Jeder Atomteil erfährt im äußeren Magnetfeld der Stärke $\vec{H}$ entsprechend seinem magnetischen Moment $\vec{M}$ ein Drehmoment $[\vec{M}\,\vec{H}]$.) Man muß vielmehr ein vom kinematischen Impulsmoment verschiedenes *effektives* (dynamisches) Impulsmoment einführen, für welches die Gleichung „zeitliche Änderung des effektiven Impulsmomentes = Drehmoment der äußeren Kräfte" erfüllt ist. Hierdurch kommt auch der Zusammenhang zwischen der Anomalie der Zeemaneffekte und der magnetomechanischen Effekte in ein klares Licht. Bei der Wechselwirkung der Atome mit dem starren Gerüst des festen Körpers bleibt der Gesamtimpuls nicht erhalten, sondern nur die Summe aus dem *effektiven* Impulsmoment der Atome und dem (beobachteten) Impulsmoment des starren Gerüstes. Sie sehen, daß das Resultat vollständig mit dem Ihren übereinstimmt: Der Aufspaltungsfaktor g ist ein direktes Maß für die Anomalie der magnetomechanischen Effekte. Die Begründung ist aber eine etwas andere. Das Resultat ist offenbar bei der oben beschriebenen „magnetischen" Auffassung dasselbe. Dort ist g direkt gleich dem Quotienten aus magnetischem und Impulsmoment (ersteres in Bohrschen Magnetonen, letzteres in der Einheit $\frac{h}{2\pi}$ ausgedrückt), hier ist g gleich dem Quotienten aus kinematischem und effektivem Impulsmoment.

Beide Auffassungen führen jedoch zu Schwierigkeiten bei der Erklärung der tatsächlichen Werte von g. Wenn man zunächst bei der „magnetischen" Auffassung (bei der $m\frac{h}{2\pi}$ die Totalimpulskomponente parallel dem Feld ist) annimmt, daß die magnetischen Momente der Teilsysteme des Atoms unveränderlich sind (nicht von der Feldstärke abhängen) so daß also auch bei schwachen Feldern das magnetische Moment des inneren Systems doppelt so groß als normal, das des äußeren Elektrons normal ist, so kommt man zu dem g-Wert:

$$g=\frac{3}{2}-\frac{1}{2}\frac{i^2-k^2}{j^2}.$$

Der Nenner j besteht aus zwei gleichen Faktoren, statt aus den zwei verschiedenen Faktoren j und $j+1$ (oder $j+\frac{1}{2}$ und $j-\frac{1}{2}$ je nach der Normierung von j) und die formale Symmetrieregel meiner Arbeit ist nicht erfüllt. Es verhält sich dieser g-Wert zum wirklichen bezüglich der Abhängigkeit von j wie der Differentialquotient zum Differenzenquotient*.

* Auch den halben Wert von m kann man formal auffassen als $\int\limits_m^{m+1} m\,dm=m+\frac{1}{2}$, ebenso wie

$$\frac{1}{(j-1)j}=\frac{1}{j-1}-\frac{1}{j}=\int\limits_{j-1}^{j}\frac{dj}{j^2}.$$

Was bedeutet das aber physikalisch??

Bei der sich mehr an Heisenbergs Arbeit anlehnenden „mechanischen“ Auffassung, bei der $m\frac{h}{2\pi}$ gleich ist der Komponente des effektiven Impulsmomentes parallel dem Feld, bekommt man zunächst für die Triplet[t]s (und höheren Multiplet[t]s) überhaupt zu keiner haltbaren Theorie, wie Sie es auch in Ihrer Arbeit dargelegt haben. Es stehen jedoch auch schon bei den Dublet[t]s der Heisenbergschen Theorie zwei unüberwindliche Schwierigkeiten entgegen. Heisenberg schreibt hier dem inneren System das Impulsmoment $\frac{1}{2}\cdot\frac{h}{2\pi}$ und das effektive Impulsmoment *Null* zu, während für das äußere Elektron das wahre und das effektive Impulsmoment beide gleich $k\frac{h}{2\pi}$ sind ($k=\frac{1}{2}, \frac{3}{2}, \ldots$ beim $s, p, d, \ldots$ Term). Dies hat zur Folge, daß $m\frac{h}{2\pi}$ der Impulskomponente parall[el] dem Feld des äußeren Elektrons allein gleichgesetzt werden muß. Dann sollte man jedoch bei den Dublet[t]niveaus ($j=k-\frac{1}{2}$ und $j=k+\frac{1}{2}$) erwarten, daß m die Werte $\pm\frac{1}{2}, \pm\frac{3}{2}, \ldots, \pm k$ annehmen kann. *Man bekommt kein Verständnis der Tatsache, daß die Anzahl der Werte von m durch das j reguliert wird* (Ausfall der Stellung $m=\pm k$ für $j=k-\frac{1}{2}$). Warum sollte diese Stellung $\overset{\frac{1}{2}}{\longleftarrow\!\!\dashv}\,\overset{k}{\mapsto}$ fortfallen, wenn die Stellung $\xrightarrow{\frac{1}{2}\;\; k}$ ($\underrightarrow{\text{Richtung } H}$) möglich ist? – *Zweitens bekommt man kein Verständnis für die Auswahlregel für die Quantenzahl j* ($j\frac{h}{2\pi}$ ist ja nicht der *effektive* Impuls, dieser ist bei beiden Dublet[t]niveaus gleich $k\frac{h}{2\pi}$.) Da hier niemals die Impulse des inneren Systems und des äußeren Elektrons gekreuzt stehen, kommt zunächst in den stationären Zuständen selbst keine Komponente vor, die zum Sprung $\Delta j=0$ korrespondiert, sondern nur solche Komponenten, die den Sprüngen $\Delta j=\pm 1$ korrespondieren. Zur Begründung des Vorkommens des Sprunges $\Delta j=0$ (und des gleichzeitigen Nichtvorkommens der Sprünge $\Delta j=\pm 2$), die einem Umklappen des inneren Impulses entsprechen, muß man sich auf die Zwischenbahnen berufen, in denen die beiden Impulse gekreuzt stehen und muß annehmen, daß in diesen Zwischenbahnen die beiden Impulse präzessieren, d. h. man muß die Kreiselkinematik auf den inneren Impuls anwenden. Dies wiederspricht aber dem Wesen der zur Erklärung des Zeemaneffektes benutzten Annahme, daß das innere System den effektiven Impuls 0 hat und sich stabmagnetartig einstellt.

Was die Verallgemeinerung der Theorie betrifft, so liegt es sehr nahe, statt dem inneren System ein doppelt so großes magnetisches Moment zuzuschreiben, einen beliebigen Faktor α anzusetzen. Man bekommt dann für starke Felder

$$\frac{E}{oh}=\alpha\mu+m_1=m+(\alpha-1)\mu.$$

Auf Grund der Summierungsregel bekommt man dann für kleine Felder

$$g = 1 + (\alpha - 1)\gamma,$$

wenn $1+\gamma$ der durch Ihre Formel gegebene g-Wert ist[f]. Deshalb möchte ich diese Verallgemeinerung, die Sie mir in Ihrem Brief mitteilten, für sehr wahrscheinlich richtig halten. Da beim Blei das innere System ein $2p_2$-Dublett-Term, setzte ich α gleich dem g-Wert $\frac{2}{3}$ für diesen Term, woraus $g = 1 - \frac{1}{3\gamma}$ folgt. Sie schreiben mir nun, daß dies nicht stimmt, und ich glaube, daß es daran liegt, daß der Atomrest sich anders verhält, als wenn dieselbe Konfiguration frei auftritt: Es ist α nicht gleich dem g-Wert der freien Konfiguration. Dafür sprechen auch andere Gründe. Es kommt nun natürlich alles darauf an, welchen Gesetzen das α genügt und ich hoffe, daß es Ihnen gelingen wird, auf Grund der Messungen des Tübinger Institutes diese Gesetze zu ermitteln. Es würde mich sehr interessieren zu erfahren, welche Werte von g beim Bleispektrum sich empirisch ergeben haben[g].

Grüße an Herrn Back, auf dessen Arbeit über das Mn-Spektrum ich schon sehr gespannt bin[h], Empfehlungen an Prof. Paschen und die besten Grüße auch an Sie selbst

von Ihrem sehr ergebenen

PAULI

P.S. Die Arbeit von Prof. Bohr im Kayserjubiläumsheft der Annalen der Physik[i], die eine ausführliche Diskussion des gegenwärtigen Standes der Theorie der optischen Spektren enthält, wird sehr bald erscheinen; die letzten Korrekturbogen sind bereits abgegangen. Es wird darin der Standpunkt vertreten, daß an der ganzzahligen Quantisierung von k und an der Bedeutung dieser Zahl festzuhalten ist, während man es bei der Frage der Quantisierung von j und m mit neuartigen Erscheinungen zu tun hat, bei denen die bisherige Grundlage der Quantentheorie versagt.

[a] A. Landé: Termstruktur und Zeemaneffekt der Multipletts. [Erste Mitteilung]. Z. Phys. **15,** 189–205 (1923). Eingegangen am 5. März 1923. [b] Pauli (1923 b). [c] Es handelt sich um die Untersuchungen von H. M. Hansen, T. Takamine und S. Werner über die Beeinflussung der Serienspektren durch magnetische und elektrische Felder: On the effect of magnetic and electric fields on the mercury spectrum. Kgl. Danske Videnskab. Selskab, Mat.-Fys. Medd. **5,** Nr. 3 (1923). Signiert Oktober 1922. Pauli publizierte seine Ergebnisse erst 2 Jahre später (1925 c). [d] R. Götze. Ann. Phys. **66,** 285 (1921). Vgl. auch [1926], S. 265. [e] $m_1 = M_L$ und $\mu = M_S$ in der heute üblichen Bezeichnung. [f] γ bedeutet hier der von Landé eingeführte Intervallfaktor. Siehe hierzu die zweite Mitteilung von A. Landé: Termstruktur und Zeemaneffekt des Multipletts. Z. Phys. **19,** 112–123 (1923). Eingegangen am 16. August 1923. [g] In seiner späteren Veröffentlichung: Zur Struktur des Neonspektrums, Z. Phys. **17,** 292–294 (1923), eingegangen am 5. Juli 1923, weist A. Landé auf die von Back in Tübingen durchgeführten Untersuchungen des Pb-Bogenspektrums hin. Siehe auch E. Back: Zeemaneffekt des Bleispektrums. Z. Phys. **37,** 193–209 (1926). Eingegangen am 5. März 1926. [h] E. Back: Der Zeemaneffekt des Bogen- und Funkenspektrums von Mangan. Z. Phys. **15,** 206 – 243 (1923). Eingegangen am 5. März 1923. [i] N. Bohr: Linienspektrum und Atombau. Ann. Phys. **71,** 228–288 (1923). Eingegangen am 15. März 1923. Dieser Aufsatz erschien als Beitrag in einem Sonderheft zu Heinrich Kaysers 70. Geburtstag am 16. März 1923.

[36] Pauli an Landé

Kopenhagen, 5. Juni 1923

Lieber Herr Landé!

Besten Dank für Ihre Karte und Ihre freundlichen Auskünfte. Ich habe nunmehr Herrn Backs Arbeit in der Zeitschrift für Physik[a] gelesen und finde sie ganz herrlich, ich möchte ihm herzlich gratulieren dazu. Natürlich werde ich seinen Anteil an der Ermittlung der g-Werte der Multipletts noch mehr in meiner Arbeit[b] hervorheben. Die Bezeichnungen sind aber denen in Bohrs Annalenarbeit[c] angeschlossen und ich möchte sie nicht verändern. Eine endgültige Einigung über die Bezeichnungen wird ja doch erst möglich sein, wenn man eine wirkliche Modelltheorie haben wird. Daß Pb und Sn nur eine rätselvolle Ausbeute von g-Werten ergeben haben, liegt vielleicht daran, daß hier die wahren g-Werte sehr große Nenner haben.

In meiner Arbeit blieb die Frage offen, zu welchem j-Wert bei kleinen Feldern ein jeder der Termwerte des geg[ebenen] m bei großen Feldern gehört. Ich habe nun ausgerechnet, welche Zuordnung bei dem Modell resultiert, das ich in meinem letzten Brief erwähnte, bei dem das innere System ein doppelt so großes magn[etisches] Moment hat als es klassisch haben sollte. Ich finde die Zuordnung[d]

$$\mu=j-k \quad \text{für} \quad m\geqslant\left(i+\frac{1}{2}\right)-k$$

$$\mu=m+j-\left(i+\frac{1}{2}\right) \quad \text{für} \quad m\leqslant\left(i+\frac{1}{2}\right)-k$$

Aber nun ist die Frage, ob sie der Wirklichkeit entspricht. Für Dubletts stimmt sie ganz mit der Sommerfeld-Heisenbergschen Zuordnung überein, für Tripletts abgesehen vom m-Wert $m=-k-1$.

Dort ist die Zuordnung von Sommerfeld und Heisenberg gewiß schon aus Symmetriegründen falsch, wie ich in meiner Arbeit angegeben. Neben der aus dem Modell folgenden Zuordnung ist aber noch eine zweite in Betracht zu ziehen, die ich auch noch anführe (Schlüsse aus einem Modell, von dem [man] von vornherein schon weiß, daß es nicht in jeder Hinsicht zutrifft, sind natürlich sehr zweifelhaft): Tripletts, $m=-(k-1)$:

	Sommerfeld-Heisenberg	Modell	2. Möglichkeit
$j=k+1$	$E=m+1$	m	$m-1$
$j=k$	$E=m$	$m-1$	m

Für den Übergang zu starken Feldern resultiert daraus beim Triplett ($p_i S$):

Backs Bezeichnung bei *Be*	Polarisation	Aufspaltung bei kleinen Feldern	Aufspaltung bei großen Feldern		
			Sommerfeld-Heisenberg	Modell	2. Möglichkeit
(π_6)	π	$\frac{1}{2}a$, (sp_1)	$2a$ (Intensität 0)	$1a$ (Intensität 0)	0
(σ_8)	σ	$-\frac{3}{2}a$, (sp_1)	0 (Intensität 0)	$-1a$	$-2a$ (Intensität 0)
(π_3)	π	$\frac{1}{2}a$, (sp_2)	$1a$ (Intensität 0)	0	$1a$ (Intensität 0)
(σ_4)	σ	$-\frac{3}{2}a$, (sp_2)	$-1a$	$-2a$ (Intensität 0)	$-1a$

Die Beobachtungen von Back am Be scheinen mir am meisten für die Modellzuordnung zu sprechen, jedenfalls gegen die zuletzt stehende Möglichkeit. Die Zuordnung Sommerfeld-Heisenberg halte ich schon aus anderen Gründen für ausgeschlossen. Es würde mich interessieren, was Herr Back dazu meint. (In den übrigen Komponenten muß Sommerfeld-Heisenbergs Zuordnung wohl richtig sein. Vgl. die Figur der Heisenbergschen Arbeit[e].)

Ihre Frage nach den experimentellen Belegen für die Termwerte bei starken Feldern, soweit sie in meiner Arbeit angegeben sind, möchte ich dahin beantworten, daß sie für Dubletts und Tripletts auf Grund der Ergebnisse von Herrn Back über den *partiellen* Paschen-Backeffekt als gesichert gelten können[f]. Für Multipletts sind sie nur eine Extrapolation. Aber an deren Richtigkeit ist, glaube ich, kaum zu zweifeln. Mit den besten Grüßen an Sie und Herrn Back und nochmals dankend für Ihre freundl[ichen] Auskünfte

Ihr

W. Pauli

[a] E. Back: Der Zeemaneffekt des Bogen- und Funkenspektrums von Mangan. I. Z. Phys. **15,** 206–243 (1923). Eingegangen am 5. März 1923. [b] Pauli (1932 b). [c] N. Bohr: Linienspektren und Atombau. Ann. Phys. **71,** 228–288 (1923). Eingegangen am 15. März 1923. [d] Diese Ergebnisse veröffentlichte Pauli noch im gleichen Jahr (1924 a). [e] W. Heisenberg: Zur Quantentheorie der Linienstruktur und der anomalen Zeemaneffekte. Z. Phys. **8,** 273–297 (1922). Eingegangen am 17. Dezember 1921. [f] Siehe Pauli (1923 b). Dort S. 160.

Sommerfeld ließ sich durch seine Meisterschüler Pauli und Heisenberg regelmäßig über die neuesten Entwicklungen unterrichten[1]. Besonders aufmerksam verfolgte Sommerfeld, was man in Kopenhagen Neues dachte. Von seiner Amerikareise zurückgekehrt, erhielt er nun den vorliegenden Brief [37] von Pauli, der einen interessanten Einblick in die vielseitigen Tätigkeiten des Kopenhagener Institutes gestattet.

Durch die Mitwirkung bei der Abfassung und Übersetzung von Bohrs Publikationen war Pauli gründlich mit Bohrs Ansichten vertraut. Damit hatte er sich selbst ein sicheres Fundament für seine eigenen zukünftigen Arbeiten geschaffen.

In seinem Bericht an Sommerfeld skizzierte Pauli die „Stärken und Schwächen" der Bohrschen Theorie des periodischen Systems. Die wichtigste Leistung der Theorie war die Erklärung für das Auftreten der Gruppe der Seltenen Erden, der Eisen- und der Platingruppe. Es dürfte Sommerfeld erfreut haben, daß die Erklärung nicht aus dem Korrespondenzprinzip abgeleitet wurde, dem er skeptisch gegenüberstand,[2] sondern rein mechanisch aus der Vorstellung der Tauchbahnen.

Als unbefriedigend empfand Pauli, daß die Bohrsche Theorie nicht in der Lage war, die Länge der Perioden 2, 8, 18, 32 . . . zu begründen.[3] Die Lösung dieses Problems lieferte er später selbst mit seinem Ausschließungsprinzip.

Im Brief [37] folgt dann eine Betrachtung über die Quantentheorie der Mehrkörperprobleme: „Die Schwierigkeiten . . . (sind) physikalischer und nicht mathematischer Art." Beispiele waren die Franck-Hertz-Versuche und die Heliumrechnung (auf die Pauli auch am Schluß des Briefes nochmals eingeht).

Pauli berichtete auch über seine mühevollen Rechnungen über den anomalen Zeemaneffekt. „Aber es wollte und wollte nicht stimmen. Dies ist mir bis jetzt einmal gründlich schief gegangen! Eine Zeit lang war ich ganz verzweifelt." Bei dieser Gelegenheit ist auch die Rede von einem sog. „Ersatzmodell"; das zu untersuchende System wird dabei durch ein einfacheres, bedingt periodisches ersetzt und dadurch einer quantentheoretischen Behandlung zugänglich gemacht[4].

Die Idee der Ersatzmodelle wurde nicht nur bei der Theorie der anomalen Zeemaneffekte fruchtbar, sondern fand auch bald Eingang in andere Gebiete, z. B. in die Dispersionstheorie in Gestalt der Ersatzoszillatoren[5]. Landé sprach sogar von einer „Ersatzmechanik"[6].

Auch auf gute Zusammenarbeit zwischen Theorie und Experiment am Bohrschen Institut gibt der Brief Hinweise. Pauli war damit beschäftigt, eine Theorie der soeben von Hansen und Mitarbeitern beobachteten Durchbrechung der Auswahlregeln bei Anwesenheit eines äußeren elektrischen Feldes aufzustellen. Die Arbeit wurde jedoch erst zwei Jahre später abgeschlossen. Auch für die Kramerssche Theorie des Röntgenbremsspektrums interessierte sich Pauli; es war das ein Thema, mit dem er sich während seiner Münchener Jahre schon befaßt hatte. In München verfolgte man diese Arbeiten weiterhin besonders aufmerksam; hier beschäftigte sich Gregor Wentzel, fußend auf den Meßergebnissen von Helmuth Kulenkampff[7], mit der Quantentheorie des Röntgenbremsspektrums[8].

[1] Ein weiteres Beispiel ist der Brief Heisenbergs an Sommerfeld, aus dem wir in einer Fußnote *b* zu [31] zitiert haben.

[2] Eine interessante Darstellung über diesen Standpunkt finden wir in P. Jordans Aufsatz „Die Lichtquantenhypothese. Entwicklung und gegenwärtiger Stand" in den Ergebnissen der Exakten Naturwissenschaften, **7**, 158 – 208 (1928). Dort S. 171.

[3] Auf diese Problematik weist Pauli Ende September erneut in einem Brief an Landé [46] hin.

[4] Die Idee eines solchen Ersatzmodells zur Deutung des anomalen Zeemaneffektes, zuerst von Landé eingeführt (Z. Phys. **19**, 112 (1923)), ist dann erst bei Pauli (1924a) näher ausgearbeitet.

[5] Vergleiche z. B. G. Wentzel: Wellenmechanik der Stoß- und Strahlungsvorgänge, in Handbuch der Physik, Band 24, 1. Teil, S. 695 – 784, [2]Berlin: Julius Springer 1933. Dort S. 781 und die dort zitierte Literatur.
[6] A. Landé: Schwierigkeiten in der Quantentheorie des Atombaues, besonders magnetischer Art. Physik. Z. **24,** 441 – 444 (1923). Ausarbeitung eines Vortrages auf dem Deutschen Physikertag in Bonn vom 16. – 22. September 1923.
[7] Eine ausgezeichnete Darstellung mit zahlreichen Literaturangaben findet man in dem Beitrag „Das kontinuierliche Röntgenspektrum" von H. Kulenkampff in: Handbuch der Physik, Band 23, S. 433 – 476. Berlin: Julius Springer 1926.
[8] G. Wentzel: Zur Quantentheorie des Röntgenbremsspektrums. Z. Phys. **27,** 257 – 284 (1924). Eingegangen am 24. Juli 1924.

[37] Pauli an Sommerfeld

Kopenhagen, 6. Juni 1923

Lieber Herr Professor!

Vielen Dank für Ihren Brief, der mich sehr erfreut hat. Ich hatte es mir schon lange vorgenommen, Ihnen zu schreiben, kam aber nie dazu, weil ich in den letzten Monaten furchtbar viel zu tun hatte. Es ist sehr freundlich von Ihnen, wenn Sie wünschen, daß ich mich schließlich in München habilitieren soll. Nun ist es damit eine sehr schwierige Sache. Einerseits drängen die Hamburger sehr, daß ich mich dort habilitieren soll; dies ist auch ein wenig verlockend, denn seitdem nun Lenz, Stern und Minkowski[a] dort sind, ist ein sehr schöner wissenschaftlicher Betrieb dort, auch sind die Hamburger Mathematiker sehr vernünftig und interessieren sich immer sehr für die Probleme der Mechanik. Andrerseits will Bohr gerne, daß ich wieder zu ihm komme, sobald er von Amerika zurückkehrt[b]. Dies wäre mir natürlich aus vielen Gründen sehr gelegen, aber es hat auch seine Schwierigkeiten. Denn ich werde ja doch nicht immer hier bleiben können und mich früher oder später an einer deutschen Universität habilitieren müssen; auch ist meine Anwesenheit hier für Bohr dann nicht so dringend, weil er über seine Publikationsnot im wesentlichen hinweggekommen ist (worüber sogleich näheres). Bohrs Angebot bestimmt mich aber doch zunächst, die Frage meiner Habilitation noch offen zu lassen. Sicher ist zunächst nur, daß ich nächstes Semester in Hamburg sein werde (es sei denn, daß Bohr noch im letzten Augenblick seine Amerikareise absagt, was zwar sehr unwahrscheinlich, aber nicht ausgeschlossen ist). Was später geschieht, weiß ich vorläufig ebensowenig, wie ein Elektron weiß, wohin es nach 10^{-8} sec springen wird. (Ich habe nur die von München ablenkenden Kräfte beschrieben, doch brauche ich Ihnen nicht besonders zu sagen, daß selbstverständlich auch sehr starke anziehende Kräfte von München ausgehen.) Ich möchte gerne im Herbst Ihnen noch einmal über diese Frage schreiben, falls ich sie bis dahin nicht persönlich spechen kann.

Unabhängig davon, ob ich später wieder nach Kopenhagen zurückkommen werde, ist Ihre Frage, ob Heisenberg im Sommer 1924 herkommen kann[c]. Bohr zieht dies sehr ernstlich in Betracht (die pekuniären Mittel hierzu sind jedenfalls vorhanden). Er sagte mir und anderen wiederholt, was er für einen günstigen Eindruck von Heisenberg bekommen hat, als er ihn in Göttingen sprach. Natürlich kann er sich jetzt noch nicht endgültig entscheiden.

Dies ist es, was ich jetzt über die persönlichen Fragen sagen kann. Nun zur Physik. Ich habe inzwischen die Bohrsche Theorie des periodischen Systems genau kennen gelernt und kenne sowohl ihre Stärken, als auch ihre Schwächen (letzterer ist sich natürlich auch Bohr selbst vollkommen bewußt). Das wichtigste scheint mir die Erklärung des Auftretens der seltenen Erden (und der analogen Triaden)[d] zu sein, welche wieder durch die Einführung der Tauchbahnen ermöglicht ist. (Man weiß nicht nur, daß sich eine Zwischenschale ausbildet, sondern auch, warum dies der Fall ist; es ist keine Korrespondenzfrage, sondern nur eine Frage der Bindungsstärke der verschiedenen n_k-Bahnen.) Endgültig festzustehen scheint mir ferner, daß Bahnen mit denselben Werten der Quantenzahlen n und k im selben Gebiet des Atoms nur möglich sind, wenn die Bahnen äquivalent sind, d. h. dieselbe Form und Umlaufperiode haben.* (Also z. B. *kein* He oder Li-Modell, bei dem das (resp. die) inneren Elektronen in 1_1 Bahnen sich bewegen, das äußere aber in einer nicht äquivalenten 1_1 Bahn, welche die inneren Bahnen umschließt.) Weiter das Zerfallen der Bahnen einer Elektronenschale in Untergruppen gemäß n_k-Klassifizierung. Die Schwäche der Theorie ist, daß sie keine Erklärung für die Werte 2, 8, 18, 32, . . . der Periodenlängen gibt, da man keine sicheren Schlüsse ziehen kann, an welcher Stelle der Abschluß der Perioden erfolgt. Und vor allem daß sie wegen des Versagens der klassischen Mechanik auch in den stationären Zuständen selbst bei Systemen mit mehr als einem Elektron überhaupt keine ausreichende Grundlage für die quantitative Berechnung der Spektren solcher Systeme liefert.

An diesem Versagen kann kaum mehr gezweifelt werden und es scheint mir eines der wichtigsten Ergebnisse des letzten Jahres zu sein, daß die Schwierigkeiten des Mehrkörperproblems bei den Atomen physikalischer und nicht mathematischer Art sind. (Wenn z. B. bei Born und Heisenberg[e] die He-Terme falsch herauskommen, so liegt dies gewiß *nicht* daran, daß die Näherung nicht ausreichend ist.) Von großem Interesse ist diesbezüglich auch die von Bohr in seiner Arbeit über die Grundpostulate angedeutete Überlegung, daß das Versagen der klassischen Mechanik in den Quantenzuständen von Systemen mit mehreren Elektronen durchaus zu erwarten ist, da die Mechanik bei den Franck-Hertzschen Stößen versagt[f]. Daß diese elastisch verlaufen, wenn die Anfangsenergie des stoßenden Elektrons kleiner ist als es der Resonanzspannung entspricht, ist mechanisch gewiß unerklärbar. Genau analog ist es aber, daß z. B. bei einer Tauchbahn das Elektron wieder mit derselben Geschwindigkeit aus dem Atominneren herauskommt, die es (in derselben Entfernung) vor dem Hineinfallen ins Innere hatte. Betrachtet man z. B. einen s-Term mit sehr großer Hauptquantenzahl, so unterscheidet sich die

* Es ist aber zu beachten, daß z. B. bei Cs es sowohl eine 3_3 Bahn im Inneren des Atoms (M-Schale) gibt, als auch ganz außen im optischen 3d-Term.

Bahn in der Nähe des Gebietes der anderen Elektronen nur beliebig wenig von der Bahn eines aus dem Unendlichen kommenden auf ein Ion stoßenden Elektrons.

Der nächstliegende Standpunkt demgegenüber wäre der, daß man immer das Atom der klassischen Mechanik durch ein in Strenge bedingt periodisches System ersetzt, z. B. Zentralfeld, oder bloß Beibehaltung der säkularen Störungen bei He, oder zwei Gyrostaten mit den unveränderlichen Momenten $i\frac{h}{2\pi}$ und $k\frac{h}{2\pi}$, die aufeinander entgegengesetzt gleiche Drehmomente ausüben, deren Richtung senkrecht auf der durch die beiden Gyrostatachsen gelegten Ebene steht und deren Betrag nur vom Winkel dieser Achsen abhängt. Ein solches Modell verwendet man bei der Komplexstruktur der Serienspektren. Es führt zur dritten Quantenzahl j und zur zugehörigen Auswahlregel sowie zur Permanenz der Multiplizität, gibt aber stets eine ungerade Zahl von Niveaus und liefert keine Erklärung des Wechselsatzes. Auch für den anomalen Zeemaneffekt fand ich ein solches bedingt periodisches Modell, mit dem man ein Stück weit, sogar *ziemlich* weit, kommen kann, aber doch nicht bis and Ende[g]. Es ist also klar, daß man mit diesem Ersatz durch bedingt periodische Systeme auch nicht durchkommt. Die Sache muß vielmehr wesentlich tiefer liegen. Ich denke oft daran, daß vielleicht nicht bei der Dispersion, wo es sich um die Einwirkung einer einfach harmonischen, periodischen äußeren Kraft handelt, sondern auch bei der Wechselwirkung der Elektronen im Atom, sich die einzelnen Elektronenbahnen mehr wie ein System von Oszillatoren verhalten, deren Frequenzen nicht mit denen der Bewegung, sondern mit denen der Übergänge übereinstimmen. (Etwas ähnliches hat schon Epstein gesagt.)

Bohr hat für ein Kayserjubiläumsheft (zu Kaysers 70. Geburtstag) der Annalen der Physik eine Arbeit geschrieben, von der schon vor einiger Zeit die letzten Korrekturbogen abgesandt wurden, die also jeden Augenblick erscheinen kann[h]. Sie enthält alles wesentliche, was Bohr derzeit über die optischen Spektren weiß, so wie die Arbeit von Bohr und Coster[i] alles enthält, was Bohr über die Röntgenspektren weiß. Insbesondere enthält sie die Werte der Hauptquantenzahlen für die Terme aller Spektren mit einfacherem Bau und ich glaube, daß diese nun endgültig feststehen. Auch setzt Bohr dort seinen jetzigen Standpunkt zur Komplexstruktur auseinander. Wir haben stundenlang darüber diskutiert und die Arbeit wurde eine große Zahl von Malen umgeschrieben. (Kayser ist so durch Bohr um einige Monate jünger geworden.) Wir sind aber nicht zu einer Lösung des Problems gekommen. Bohr will erstens an der Ganzzahligkeit des k und dessen modellmäßiger Deutung festhalten[j].

Zweitens meint er, daß die Notwendigkeit formal halbe Quantenzahlen j und m einzuführen (er setzt für Dubletts die Werte $j=k+\frac{1}{2}$, $k-\frac{1}{2}$, für Tripletts die Werte $j=k+1, k, k-1$ an) auf eine Seite der Erscheinungen hindeutet, die gegenüber der Theorie der bedingt periodischen Systeme etwas ganz Fremdartiges und Neues bedeutet. (Er pflegt oft gesprächsweise die Theorie der bedingt periodischen Systeme die „klassische Quantentheorie“ zu nennen.) Das was ich im Brief an

Heisenberg das „Aufbauprinzip" nannte, kann nicht aufrecht erhalten werden. Es scheint vielmehr charakteristisch zu sein, daß eine Elektronenkonfiguration sich als Rumpf anders verhält, als wenn sie frei ist.

Mit dieser Arbeit hat Bohr eigentlich alle seine wesentlichen Resultate veröffentlicht und man soll in Deutschland nicht glauben, daß er irgendwelche schwierigen Begründungen geheimhält. Außer einigen Einzelheiten, die nicht von wesentlicher Bedeutung sind, hat Bohr nun nichts mehr, was er nicht publiziert hat. Er plant aber, im Juli und August noch eine Schlußarbeit für die Zeitschrift für Physik zu schreiben, worin auf alle bestehenden Schwierigkeiten hingewiesen wird. Es ist nicht ausgeschlossen, daß diese Arbeit wirklich noch fertig wird. Jedenfalls wird Bohr dann aber dann nochmals alles gründlich durchdenken und vielleicht fällt ihm dann etwas Neues ein. Bohrs Nobelvortrag habe ich ins Deutsche übersetzt und er ist in den „Naturwissenschaften" im Druck[k].

Ich habe mich sehr lange mit dem anomalen Zeemaneffekt geplagt, wobei ich oft auf Irrwege geriet und eine Unzahl von Annahmen prüfte und dann wieder verwarf. Aber es wollte und wollte nicht stimmen! Dies ist mir bis jetzt einmal gründlich schief gegangen! Eine Zeit lang war ich ganz verzweifelt. Auf Bohrs Drängen habe ich schließlich eine kleine Note an die Zeitschrift für Physik geschickt[l], die ohne irgend welche Modellbetrachtungen die Termaufspaltungen in *starken* Feldern für die Multipletts und die formale Symmetrieregel für den Übergang enthält, welche die g-Werte bestimmt und die ich schon in dem Brief an Heisenberg dargelegt habe. Wenn ich die 2. Korrektur bekomme, will ich sie Ihnen senden. Aber ich habe das Ganze mit einer Träne im Augenwinkel geschrieben und habe davon wenig Freude.

Nunmehr rechne ich über den Einfluß eines äußeren *elektrischen* Feldes auf die Komplexstruktur. Darüber liegen schöne Beobachtungen von Takamine, Hansen und Werner aus dem hiesigen Institut am Hg-Spektrum vor, die nunmehr in den Kopenhagener Akademieberichten publiziert werden[m]; es werden verschiedene Komplexstrukturkomponenten der Kombination zweier gewöhnlicher p-Terme im Feld hervorgelockt, auch solche, die die Auswahlregel für j nicht erfüllen und zwar mit charakteristischen Intensitäten und Polarisationen. Andrerseits kann man theoretisch mit Korrespondenzprinzip und Störungstheorie den Einfluß eines homogenen elektrischen Feldes auf eine präzessierende Zentralbahn berechnen. Man kann auf diese Weise einige der experimentellen Resultate einfach erklären, aber ich weiß noch nicht, ob man *alles* erklären kann (wenn nicht, so wäre dies nicht sehr verwunderlich, da man ja schon weiß, daß das verwandte Modell nicht in jeder Hinsicht zutrifft). Der Fall stärkerer elektrischer Felder erfordert ziemlich umfangreiche Rechnungen, die ich zum Teil ausgeführt habe. Vielleicht kann ich dies zu einer Habilitationsschrift ausbauen, vielleicht schließe ich dies auch kurz ab und mache dann eine andere Arbeit[n].

Den Plan der Schwarzschild-Herausgabe möchte ich gerne fallen lassen[o]. Es war damals geplant, daß ich im zweiten Teil des Buches die Anwendung der Störungstheorie auf die Atome darstellen soll. Da nun aber die Theorie für Atome mit mehr als einem Elektron noch so unklar ist, paßt das kaum zusammen. Dann ist eigentlich kein Grund vorhanden, daß ein Physiker diese Herausgabe vornimmt, es kann diese dann besser ein Astronom besorgen. Außerdem habe ich seit dem Enzyklopädieartikel genug von literarischen Arbeiten und ich möchte mir nicht so viel Zeit für meine eigenen Arbeiten wegnehmen.

Kramers hat eine sehr schöne Theorie des kontinuierlichen Röntgenspektrums[p]. Der Ansatz ist genau derselbe wie ich ihn seinerzeit machte[q], man kann einfach das klassische Spektrum der Bewegung auf der Hyperbel (es genügt praktisch, wenn man die Parabel nimmt) bei der Grenzfrequenz abschneiden. Dann erhielte man die Intensitätsverteilung des Röntgenspektrums bei einer unendlich dünnen Metallschicht. Für den wirklichen Fall muß man das Gesetz der Geschwindigkeitsabnahme der Elektronen mit der Schichtdecke, die durch Ionisation bewirkt wird, in Rechnung stellen. Dafür verwendet Kramers die (theoretisch begründeten) Formeln, wie sie bei Whiddington, J. J. Thomson und in der alten Reichweitetheorie von Bohr abgeleitet werden[r]. (Diese Theorie kannte ich damals nicht.) Die Abhängigkeit von Frequenz, Ordnungszahl und Spannung kommt dann richtig heraus. Auch die Abhängigkeit von der Ordnungszahl ist beim wirklichen Fall eine andere (nämlich lineare) als bei der unendlich dünnen Schicht. Kramers hat zugleich auch eine Theorie der Absorption der Röntgenstrahlen und es kommt heraus, daß der Absorptionskoeffizient proportional $Z^4\lambda^3$ ist, was mit den Beobachtungen ganz gut stimmt. Er schreibt darüber eine Abhandlung im Philosophical Magazine, die hoffentlich noch diesen Monat fertig wird[s].

Ich kann nicht zugeben, daß die Heisenbergsche Theorie für die Dubletts „alles Wünschenswerte leistet". Sie gibt zwar die richtigen Termwerte im Feld, aber sie gibt keine Erklärung dafür, daß die Anzahl der Termwerte im Feld durch das j reguliert wird und auch keine Erklärung dafür, daß das j auch unverändert bleiben kann. Ich habe dies öfters mit Heisenberg besprochen. Es sind dies doch zwei wesentliche Gesetze der Erscheinung.

Bezüglich des Heisenbergschen Modells[t] für den Normalzustand des *He* meine ich, daß man die Energieberechnung jedenfalls einmal genau durchführen soll, solange man kein besseres Modell hat. Aber ich glaube, daß diesem Modell nur eine geringe Wahrscheinlichkeit zukommt, weil es zwei sehr unangenehme Eigenschaften besitzt. *Erstens* sind die Exzentrizitäten der beiden kongruenten Ellipsen nicht konstant (dies nimmt, soviel ich sehe, auch die Möglichkeit, die Quantelung direkt mit Hilfe der Phasenintegrale $\oint p_r\,dr$ und $\oint p_\varphi d\varphi$ vorzunehmen), sondern säkularen Störungen unterworfen. Und zwar passiert die Exzentrizität dabei auch den Wert 1, wo die oskulierende Ellipse in eine Gerade ausartet, was im allgemeinen bewirkt, daß die Elektronen *dem Kern beliebig nahe kommen*. Eine Bahn, wo dies wirklich der Fall ist, ist gewiß nicht als Quantenzustand möglich, schon deshalb, weil hier die klassisch berechneten Strahlungsreaktionen nicht mehr klein gegen die Coulombschen Kräfte sind (auch die Berücksichtigung der Relativität hilft *dagegen* nichts). Man kann dem nur durch die Annahme einer Kommensurabilität zwischen der säkularen Periode der Änderung der Exzentrizität und der Umlaufsperiode der

Elektronen entgehen. Solche Kommensurabilitäten von Perioden werden in der in der Zeitschrift für Physik publizierten Arbeit von Born und Heisenberg allgemein angenommen. Dies ist aber nur eine sehr graue Theorie. Man hat niemals einen Anhaltspunkt finden können, daß so etwas in Wirklichkeit vorkommt (insofern es sich nicht um ein völliges Zusammenfallen von Perioden handelt). Das Modell ist dann nur bestimmt, wenn man das Periodenverhältnis vorgibt. Aber wie groß soll man es wählen? $\frac{1}{20}, \frac{1}{19}$ oder $\frac{1}{21}$? Die Energie wird natürlich in höheren Näherungen verschieden sein, je nach dem (rationalen) Wert dieses Verhältnisses. Ich würde mich niemals dazu entschließen, eine solche Unbestimmtheit in die Theorie einzuführen. – *Zweitens* bringt das säkulare Schwanken der Exzentrizität mit sich, daß harmonische Komponenten in der Bewegung auftreten, die *einem Sprung von k um mehr als* 1 *korrespondieren*. Dies steht im Widerspruch zu den allgemeinen Gesetzen der Absorption der Spektrallinien. Umgekehrt geht aus diesen hervor, daß im wirklichen He die Exzentrizität der Bahnen konstant (eventuell gleich Null) sein muß. – Es wäre endlich doch nur ein großes Wunder, wenn bei einer so verwickelten Bewegung wie im Heisenbergschen He Modell die klassische Mechanik gelten würde, während sie bei der viel einfacheren Bewegung des angeregten Orthohe bereits versagt. Es scheint mir sicher, daß man beim angeregten *He* mit einer bloßen Änderung der Quantenvorschriften nicht durchkommt und daß auch die klassischen Bewegungsgesetzte modifiziert werden müssen. Ich bin schon sehr neugierig, wie Sie sich mit den He-Termen auseinandersetzen werden und hoffe, daß es Ihnen gelingen wird, damit weiterzukommen.

Über Thorsen[u] sind wir hier ganz Ihrer Meinung und zweifeln nicht, daß das *j*-Schema sich bei den Spektren aller Atome ausnahmslos bewähren wird. Die Komplikation bei Pb kommt wahrscheinlich daher, daß Einfach- und Tripletterme durcheinander liegen. Herr Thorsen hat jetzt einen Vakuumspektrograph aufgestellt und sucht weitere Linien im Ultraviolett.

Ich komme zwar im Sommer nach Deutschland, aber nicht so weit nach Süden. Vielleicht kann ich Sie aber in Bonn[v] treffen, was mich sehr freuen würde.

Grüße an alle Bekannten, besonders an Heisenberg von Ihrem dankbaren Schüler

Pauli

Herzliche Grüße von Bohr.

[a] Rudolph Minkowski war, ebenso wie Pauli, 1922 von Göttingen als Assistent nach Hamburg gekommen. [b] Niels Bohr beabsichtigte zum Jahresende eine kurze Reise nach Amerika anzutreten (siehe hierzu [46]). [c] Nach einem kurzen Besuch im März ging Heisenberg erst nach seiner Habilitation in Göttingen zum Wintersemester 1924/1925 für eine längere Zeit nach Kopenhagen. [d] Bohr hatte in seiner Arbeit zusammen mit Coster über „Röntgenspektren und periodisches System der Elemente", Z. Phys. **12**, 342 – 374 (1923), eingegangen am 2. Februar 1922, das Auftreten der Familie der seltenen Erden mit der Ausbildung der vierquantigen Elektronengruppe in Zusammenhang gebracht. In seinem Vortrag „Über den Bau der Atome" anläßlich der Entgegennahme des Nobelpreises am 11. Dezember 1922, den

Pauli für die Zeitschrift „Die Naturwissenschaften"[k] übersetzte, gibt Bohr nochmals einen Überblick über seine Ansichten zu diesen Problemen. Siehe hierzu auch Paulis späteren Brief [46] an Landé. [e] M. Born und W. Heisenberg: Die Elektronenbahnen im angeregten Heliumatom. Z. Phys. **16,** 224–243 (1923). Eingegangen am 11. Mai 1923. [f] N. Bohr: Über die Anwendung der Quantentheorie auf den Atombau. I. Die Grundpostulate der Quantentheorie. Z. Phys. **13,** 117–165 (1923). Eingegangen am 15. November 1922. Dort S. 134ff. [g] Das hier geschilderte Modell bildete die Grundlage zu Paulis Veröffentlichungen (1923b) und (1924a), wovon die erstere schon im April abgeschlossen war. [h] N. Bohr: Linienspektren und Atombau. Ann. Phys. **71,** 228–288 (1923). Eingegangen am 15. März 1923. Das 9.–12. Heft war Heinrich Kayser, bekannt durch sein mehrbändiges Handbuch der Spektroskopie, gewidmet und wurde schon am 23. Mai 1923 ausgegeben. [i] Siehe die unter *d* zitierte Arbeit. [j] Bohrs Argumente gegen die halbzahligen Quantenzahlen werden in einer Fußnote auf S. 266 sowie auf S. 277ff. der unter *h* zitierten Annalenarbeit zusammengestellt. [k] N. Bohr: Über den Bau der Atome. Naturwiss. **11,** 606–624 (1923). Ausgegeben am 6. Juli 1923. [l] Pauli (1923b). [m] H. M. Hansen, T. Takamine und S. Werner: On the effect of magnetic and electric fields on the mercury spectrum. Det Kongelige Danske Videnskabernes Selskab. Mathematisk-fysiske Meddelelser V, 3 (1923). [n] Pauli veröffentlichte diese Untersuchungen erst zwei Jahre später (1925c). Siehe hierzu auch Paulis Bemerkungen in [89]. [o] Karl Schwarzschild zu Ehren war zu seinem 50. Geburtstag am 9. Oktober 1923 eine Festschrift geplant. Siehe auch den Aufsatz von S. Oppenheim: Zum 50. Geburtstag von Karl Schwarzschild. Vjschr. astron. Ges. **58,** 191–209 (1923). [p] H. A. Kramers: On the Theory of X-Ray Asorption and of the Continous X-Ray Spectrum. Phil. Mag. (6) **46,** 836–871 (1923). Ausgegeben im November 1923. [q] Während einer Vorlesung im Wintersemester 1920/1921 bei Sommerfeld in München hatte Pauli seine Überlegungen zum Bremsspektrum mitgeteilt, auf die hier hingewiesen wird. Näheres darüber berichtet O. Laporte in dem Interview vom 29. Jan. 1964. SHQP, Ses. 1 (Tape 99a). Ebenso weist G. Wentzel in seiner Veröffentlichung „Quantentheorie des Röntgenbremsspektrums", Z. Phys. **27,** 257–284 (1924), eingegangen am 24. Juli 1924, auf Paulis Vorarbeiten zu diesem Thema hin. [r] Die genannten Arbeiten beziehen sich auf das Thomson-Whiddingtonsche Reichweitegesetz, dessen Theorie von Bohr ausgearbeitet wurde. R. Whiddington: The production of characteristic Röntgen radiation. Proc. Roy. Soc. (London) A **85,** 323–332 (1911); J. J. Thomson: Conduction of Electricity through Gases. Cambridge 1903; N. Bohr: On the Theory of the Decrease of Velocity of Moving Electrified Particles on Passing Through Matter. Phil. Mag. **25,** 10–31 (1913); On the Decrease of Velocity of Swiftly Moving Electrified Particles in Passing Through Matter. Phil. Mag. **30,** 581–613 (1915). [s] Siehe *p*. In dem zweiten Teil dieser Abhandlung gelangt Kramers durch Anwendung von korrespondenzmäßigen Überlegungen zu der hier erwähnten Abhängigkeit für den atomaren Absorptionskoeffizienten. [t] Wahrscheinlich hatte sich Sommerfeld nach seiner Heimkehr von der Amerikareise (Abreise von New York am 4. April 1923) erneut mit Optimismus dem Heisenbergschen Modell für das Parhelium zugewendet. Siehe hierzu den Kommentar zu [30] und die dort zitierte Literatur. [u] Siehe die unter [33] zitierten Mitteilungen von Thorsen. [v] Die 2. Deutsche Physikertagung fand vom 16.–22. September 1923 in Bonn statt, allerdings ohne Pauli. Einige der dort gehaltenen Vorträge wurden in der Physikalischen Zeitschrift, Band **24** (1923) publiziert.

Der Einfluß der störenden Wirkung von gekreuzten elektrischen und magnetischen Feldern auf das Wasserstoffatom war der Anlaß zu kontroversen Auffassungen, was eine Reihe von Untersuchungen nach sich zog[1]. Bohr[2] sowie auch Born und Pauli[3] vertraten die Ansicht, daß diese Störung eine Unschärfe der Quantenzustände zur Folge haben sollte, während Paul S. Epstein aufgrund seiner störungstheoretischen Untersuchungen[4] scharfe aufgespaltene Balmerlinien prognostizierte. Das Ergebnis hängt davon ab, ob die Störungen vollständig unperiodisch oder von mehrfach periodischem Charakter sind.

Pauli fuhr im Juli zur Erholung in das Seebad Bansin an die Ostsee, nachdem er kurz zuvor in Hamburg einen Vortrag von Epstein über die soeben publizierten Rechnungen[5] gehört hatte. Epsteins Argumente überzeugten nun auch Pauli, und er schrieb sofort an Hans Marius Hansen nach Kopenhagen [38], um Niels Bohr davon in Kenntnis zu setzen. Bohr bereitete gerade seine ein Jahr zuvor vor der Physical Society gehaltene 7. Guthrie Lecture über den Einfluß elektrischer und magnetischer Felder auf die Spektrallinien zur Veröffentlichung vor.[6]

[1] O. Halpern: Über den Einfluß gekreuzter elektrischer und magnetischer Felder auf das Wasserstoffspektrum. Z. Phys. **18,** 287–303 (1923). Eingegangen am 13. August 1923. O. Klein: Über die gleichzeitige Wirkung von gekreuzten homogenen elektrischen und magnetischen Feldern auf das Wasserstoffatom. I. Z. Phys. **22,** 109–118 (1924). Eingegangen am 23. Januar 1924. W. Lenz: Über den Bewegungsverlauf und die Quantenzustände der gestörten Keplerbewegung. Z. Phys. **24,** 197–207 (1924). Eingegangen am 2. April 1924.

[2] N. Bohr: On the quantum theory of line spectra, Part II. Det Kgl. Danske Videnskabernes Selskab. Mathematisk-fysiske Meddelelser. IV, 1. Dort S. 93.

[3] Pauli (1922 b). Dort S. 158.

[4] P. S. Epstein: Die Störungsrechnung im Dienste der Quantentheorie. II. Z. Phys. **8,** 305–320 (1922). In der Fußnote auf S. 319 kündigte Epstein seine Ergebnisse an, deren Herleitung er auf einen IV. Teil zurückstellte (der jedoch nie erschien).

[5] P. S. Epstein: Simultaneous action of an electric and magnetic field on an hydrogenlike atom. Phys. Rev. **22,** 202 (1923). Vorgelegt am 5. Mai 1923.

[6] N. Bohr: The seventh Guthrie Lecture, delivered March 24, 1922. The Effect of Electric and Magnetic Fields on Spectral Lines. Proc. Phys. Soc. London **35,** 275–303 (1923).

[38] Pauli an Hansen

[Seebad Bansin], 6. Juli [1923]

[Postkarte]

Lieber Herr Hansen!

Ich schreibe Ihnen vor allem, um Ihnen mitzuteilen, daß Friedrich noch in Freiburg ist.[a] – Sonst geht es mir gut und ich erhole mich sehr. In Hamburg gab es noch schöne Physik. Nun bin ich in *Bansin a. d. Ostsee, Hotel zur Post;* ich möchte bitten, daß mir die Post nun hierher statt nach Hamburg geschickt wird. Ich will bis ca. den 18. hier bleiben und ca. den 20. wieder nach Kopenhagen kommen. – Bitte können Sie Prof. Bohr folgendes ausrichten: In Hamburg traf ich Epstein, der zu Besuch in Deutschland ist[b] und er hielt einen längeren Vortrag über den Fall der Balmerlinien in gekreuzten elektrischen und magnetischen Feldern.[c] Das Resultat ist, daß entgegen unserer bisherigen Meinung die Mechanik auch hier zu harmonischen Lösungen führt; die mechanischen Gleichungen für die säkularen Störungen lassen sich integrieren. Es sind also scharfe Komponenten zu erwarten. Ich habe es nachgerechnet und fand, daß Epstein Recht hat. Ich schreibe dies, damit Bohr in der Guthrie-Lecture nichts Unrichtiges über diesen Fall schreibt. (Ich weiß nicht, ob sie abgesandt ist; wenn ja, kann ja in der Korrektur noch etwas geändert werden[d].) – Grüße auch an Hevesy. Koch[e] ist bereit, evtl. eine Photometrierung zu übernehmen. Grüße an alle Bekannten.

Herzlichst Ihr

Pauli

[a] Walther Friedrich, seit 1921 a.o. Professor an der Universität Freiburg i. Br., wurde 1923 zum o. Professor und Direktor des Instituts für Strahlenforschung der Universität Berlin ernannt. [b] Paul S. Epstein war seit 1921 Professor in Pasadena (Kalifornien). [c] Siehe hierzu die unter Fußnote 5 zitierte Arbeit. [d] Die unter 6 zitierte Arbeit enthält den Vermerk, daß die Arbeit im Juli abgeschlossen wurde. [e] Peter Paul Koch arbeitete auf dem Gebiet der photographischen Spektralphotometrie und war seit 1919 Professor in Hamburg.

[39] Pauli an Bohr

[Seebad Bansin], 16. Juli [1923]

Sehr verehrter lieber Herr Professor!

Ich hoffe, daß es Ihnen nicht unangenehm ist, daß ich noch nicht zurückgekommen bin. Ich will am 23. oder 24. bestimmt wieder in Kopenhagen sein. Ich hoffe, daß Sie inzwischen auch Zeit gefunden haben, sich zu erholen und auszuruhen.

Ich bin selbst sehr ausgeruht und von der Sonne ganz braun gebrannt. Hier an der Ostsee treibe ich gar nicht Physik. In Hamburg habe ich einige Rechnungen über das thermische Gleichgewicht zwischen Strahlung und freien Elektronen im wesentlichen abgeschlossen[a]. Diese Arbeit hat mir viel Freude gemacht; ich möchte gerne mit Ihnen über diesbezügliche prinzipielle Fragen ein wenig sprechen und die Überlegungen dann publizieren. Als ich von Kopenhagen abreiste, habe ich gefürchtet, in Deutschland würden die wirtschaftlichen und politischen Verhältnisse inzwischen auf den wissenschaftlichen Betrieb in den Instituten lähmend gewirkt haben. Und ich war dann sehr erfreut zu sehen, daß das – wenigstens in Hamburg – keineswegs der Fall ist. Seitdem auch noch Stern dort ist, herrscht dort ein sehr reges wissenschaftliches Leben[b]. Stern hat inzwischen auch Hg- und Cd-Atomstrahlen im Magnetfeld untersucht. Diese Atome erwiesen sich als unmagnetisiert, wie es zu erwarten war.

Heute erhielt ich eine Nachricht von Berliner (etwas verspätet, sie ist vom 4. Juli datiert) betreffend die deutsche Übersetzung Ihrer Nobelrede, die in „Naturwissenschaften" erscheinen soll[c]. Er meint, es wäre vielleicht für das Verständnis günstig, wenn noch einige stilistische Änderungen, vor allem Zerteilungen von längeren Sätzen vorgenommen würden. Da die Nachricht wegen des Nachsendens von Kopenhagen nach Hamburg und dann von Hamburg hierher so verspätet eintraf, weiß ich nicht, ob Sie nicht inzwischen bereits die letzte Revision abgeschickt haben. Berliner schlägt vor, daß er ein von ihm durchgearbeitetes Exemplar mit Abänderungsvorschlägen an uns sendet. Ich antworte ihm heute, daß ich ohne Sie nichts abmachen kann. Er soll also entweder den Vorschlag fallen lassen oder bis nächsten Dienstag warten, wo ich bestimmt wieder in Kopenhagen sein werde. Und dies gelte natürlich nur, falls er mit Ihnen inzwischen nicht etwas anderes abgemacht hat. Ich glaube überdies, Sie sollen sich deshalb weder Mühe noch Sorgen machen. Wenn alles so bleibt, wie es ist, ist es auch gut.

Ich freue mich schon sehr darauf, Sie wiederzusehen und mit Ihnen zusammen zu arbeiten. Vielleicht kommt Ihnen im Lauf des Sommers doch noch eine rettende Idee betreffend Komplexstruktur der Serienspektren und anomalen Zeemaneffekt. Falls sie aber Ihren Plan ändern, die Arbeit für die Zeitschrift der Physik[d] fallen lassen und lieber sich noch erholen wollen, möchte ich, daß Sie sich in keiner Weise durch irgendwelche Rücksichten auf mich in Ihren Entschlüssen beeinflussen lassen.

Empfehlungen auch an Ihre Frau Gemahlin. Ich verspreche ihr, daß ich mit Ihnen nicht *zu* fleißig sein werde.

An Sie selbst nochmals die besten Wünsche einer guten Erholung.

Ihr stets dankbarer

PAULI

[a] Pauli (1923 c). [b] Otto Stern hatte seit 1923 die Stelle eines ordentlichen Professors der physikalischen Chemie an der Universität Hamburg inne, wo er in Zusammenarbeit mit seinen Kollegen Koch, Lenz, R. Minkowski, Unsöld u. a. einen regen wissenschaftlichen Betrieb unterhielt. [c] N. Bohr: Über den Bau der Atome. Naturwiss. **11,** 606–624 (1923). Heft 27 vom 6. Juli 1923. [d] Bohr plante eine gemeinsame Publikation mit Pauli über den Zeemaneffekt (siehe Kommentar zu [33] und dort die Fußnote 2). In diesem Zusammenhang zitieren wir aus einem Brief Bohrs an Heisenberg vom 31. Januar 1924 (BSC, MF. 11): „In den nächsten Tagen beabsichtige ich indessen mich wieder mit den mit dem anomalen Zeemaneffekt zusammenhängenden Fragen zu beschäftigen, in Verbindung mit der Fertigstellung für den Druck des zweiten Teils meiner Arbeit über Quantentheorie und Atombau, deren erster Teil vor einem Jahr in der Zeitschrift für Physik [**13,** 117–165 (1923)] erschien. In der letzten Zeit bevor er von hier wegfuhr, hat Pauli mich tatkräftig unterstützt bei meinem Bestreben, diesen zweiten Teil fertig zu machen. Obwohl ein Manuskript schließlich vorlag, mußte ich jedoch die Veröffentlichung aufschieben." Vgl. Niels Bohr, Collected Works, Vol. 3, S. 41 ff.

Seine gegen Ende April abgeschlossene Arbeit über den anomalen Zeemaneffekt[1] war im Juli im Druck erschienen, und regte Pauli an, sich erneut mit diesem Thema zu beschäftigen.

Jetzt berichtete Pauli etwas genaueres über sein Modell, das dort nicht erläutert wurde, da es trotz seiner Nützlichkeit zu Widersprüchen mit der Erfahrung führte. Während Alfred Landé aus dem empirischen Material durch systematisches Ordnen die allgemeine Formel für die g-Werte

$$g=\frac{3}{2}-\frac{1}{2}\frac{K^2-R^2}{\left(J^2-\frac{1}{4}\right)}=\left\{\frac{3}{2}-\frac{1}{2}\frac{\left(k-\frac{1}{2}\right)^2-i^2}{j(j+1)}=\frac{3}{2}-\frac{1}{2}\frac{l(l+1)-s(s+1)}{j'(j'+1)}\right\}$$

ableitete[2], erhielt Pauli aufgrund seines Vektormodells und der Annahme eines doppelt so großen magnetischen Moments für den Rumpf, als ihm gemäß der Elektronentheorie zukommt, dafür den Ausdruck

$$g=\frac{3}{2}-\frac{1}{2}\frac{k^2-i^2}{j^2}.$$

Pauli vertrat schon damals die Ansicht, daß aus diesen widersprechenden „Erfahrungsresultaten Anhaltspunkte für die Formulierung der tatsächlich geltenden allgemeinen quantentheoretischen Gesetze zu gewinnen" seien[3]. Die anschließende Bemerkung über einen Zusammenhang mit der Beziehung zwischen Differential- und Differenzenquotient wurde in einer folgenden Arbeit von Heisenberg[4] verwendet und stellt eine weitere Bemühung in dieser Richtung dar. Sie dürfte auch ein Hinweis auf den regen Gedankenaustausch geben, der zwischen Pauli und Heisenberg ohne Unterbrechung stattgefunden hatte.

Über den Inhalt seiner ersten Arbeit hinausgehend kündigte Pauli die Möglichkeit an, jetzt auch die Zuordnung der Terme bei schwachen Feldern zu denen bei starken Feldern mit Hilfe seiner Modellvorstellung zu gewinnen. Dieses Programm führte Pauli in den folgenden Monaten durch[5].

Mit der Entdeckung[6] und Deutung des Comptoneffektes im Jahre 1923 wurde erneut das Interesse an der Einsteinschen Lichtquantenhypothese in den Vordergrund gedrängt. Compton selbst, aber auch Peter Debye, gelang in kurzer Folge eine Theorie dieses Effektes[7], welche die korpuskulare Natur des Lichtes zu bestätigen schien. Pauli selbst nahm die Ergebnisse des Comptoneffektes als Anlaß, um Einsteins Untersuchung des statistischen Gleichgewichts zwischen einem Planckschen Strahlungsfeld und Atomen gleicher Temperatur[8] auf ein Elektronengas mit Maxwellscher Geschwindigkeitsverteilung auszudehnen. Eine wesentliche Voraussetzung der Einsteinschen Betrachtung sind Bindungskräfte zwischen Elektronen und Atom, die groß sind gegenüber den Kräften, die das Strahlungsfeld auf die Elektronen ausübt. Im Falle von freien Elektronen ist diese Voraussetzung natürlich nicht erfüllt. Pauli gelangte zu dem Ergebnis[9], daß man ein thermodynamisches Gleichgewicht zwischen freien Elektronen und Strahlung nur dann erreicht, wenn für den Mechanismus der Wechselwirkung eine Verallgemeinerung der von Einstein eingeführten Annahmen gemacht wird. Darüber unterrichtet der Brief [40]. Der dort angegebene zweite Term $b\varrho_\nu\varrho_{\nu 1}$ für die Wahrscheinlichkeit einer Wechselwirkung zwischen Photon und Elektron (ϱ_ν bedeutet Strahlungsdichte bei der Frequenz ν), den Pauli selbst als eigentümlich empfindet, konnte später von Walther Bothe durch Einführung von sog. „Mehrfachquanten" gedeutet werden[10].

[1] Pauli (1923 b). Siehe auch Briefe [33] und [35]. Eine Zusammenfassung seiner Arbeit verfaßte Pauli für die Phys. Ber. **5,** 489 – 490 (1924).

[2] A. Landé: Termstruktur und Zeemaneffekt der Multipletts. Z. Phys. **15,** 189 – 205 (1923). Eingegangen am 5. März 1923. Landé verwendet dabei die Quantenzahlen

$$R\left(=i=s+\frac{1}{2}\right),\ K\left(=k-\frac{1}{2}=l+\frac{1}{2}\right),\ J=\left(j-\frac{1}{2}=j'+\frac{1}{2}\right).$$

In Klammern ist der Zusammenhang mit den von Pauli benutzten und den heute üblichen Quantenzahlen angegeben.

[3] Pauli [1926]. Dort S. 222.

[4] W. Heisenberg: Über eine Abänderung der formalen Regeln der Quantentheorie beim Problem der anomalen Zeemaneffekte. Z. Phys. **26**, 291 – 307 (1924). Eingegangen am 13. Juni 1924. Vgl. auch [35] und [47].

[5] Pauli (1924 a).

[6] A. H. Compton: Secondary radiations produced by x-rays, and some of their applications to physical problems. Bulletin of the National Research Council. Vol. 4 (Part 2), Nr. 20, Oktober 1922.

[7] P. Debye: Zerstreuung von Röntgenstrahlen und Quantentheorie. Physik. Z. **24,** 161 – 166 (1923). Eingegangen am 14. März 1923. A. H. Compton: A quantum theory of the scattering of x-rays by light elements. Phys. Rev. **21,** 483 – 502 (1923).

[8] A. Einstein: Zur Quantentheorie der Strahlung. Physik. Z. **18,** 121 – 128 (1917).

[9] Pauli (1923 c). Siehe auch [39].
[10] W. Bothe: Über die Wechselwirkung zwischen Strahlung und freien Elektronen. Z. Phys. **23,** 214–224 (1924). Eingegangen am 8. März 1924. Siehe auch Pauli [1926], S. 22 ff.

[40] Pauli an Sommerfeld

[Seebad Bansin], 19. Juli [1923]

Lieber Herr Professor!

Ich sende Ihnen und den anderen Mitgliedern des Instituts mit gleicher Post Separata meiner unglückseligen Arbeit über den anomalen Zeemaneffekt[a] und möchte gerne noch einiges hinzufügen. Wie Sie sehen werden, war ich durch den Mißerfolg aller meiner modellmäßigen Überlegungen so eingeschüchtert, daß ich sogar das Wort Impulsmoment in der Arbeit sorgfältig vermieden habe. Auf die dort angegebene Darstellung der Termwerte bei starken Feldern wäre ich jedoch nie gekommen, wenn ich dabei nicht von Modellvorstellungen geleitet gewesen wäre. Es ist nämlich zu erwarten, daß bei starken Feldern die Impulskomponenten parallel dem Feld des äußeren und des inneren Systems für sich gequantelt sind. Und ich hatte die Vorstellung, daß $m_1\frac{h}{2\pi}$ gleich der ersteren, $\mu\frac{h}{2\pi}$ gleich der letzteren Impulskomponente ist. Man versteht dann auch korrespondenzmäßig, daß beim totalen Paschen-Backeffekt bei den Quantensprüngen stets μ unverändert bleibt.

Weiter legt die Form $m_1+2\mu$ der Termwerte bei starken Feldern die Annahme nahe, daß das innere System ein doppelt so großes magnetisches Moment besitzt als es ihm gemäß dem Biot-Savartschen Gesetz auf Grund seines Impulsmomentes zukommen würde, während das äußere System magnetisch normal ist. Dieses bedingt periodische Modell hat weitgehende Ähnlichkeiten, aber auch charakteristische Unterschiede vom Verhalten der wirklichen Atome. Es liefert für schwache Felder den g-Wert

$$g=\frac{3}{2}-\frac{1}{2}\frac{k^2-i^2}{j^2}$$

(i, k, j sind jetzt Impulsquantenzahlen) statt des wirklichen g-Wertes

$$g=\frac{3}{2}-\frac{1}{2}\frac{\left(k-\frac{1}{2}\right)^2-i^2}{j(j-1)}$$

Der Bau der Ausdrücke ist ganz ähnlich, jedoch läßt sich der Unterschied durch eine Änderung der Normierung der in i, k und j steckenden unbestimmten additiven Konstanten *nicht* zum Verschwinden bringen. Denn in einem Fall besteht der Rungesche Nenner aus zwei gleichen Faktoren $(j\cdot j)$ im anderen Fall aus zwei verschiedenen $(j\cdot\overline{j-1})$. Man kann auch sagen, daß sich die beiden Ausdrücke zueinander wie Differentialquotient $\frac{d}{dj}\cdot\frac{1}{j}$ zum Differenzenquotient $\left(\frac{1}{j}-\frac{1}{j-1}\right)$[b] verhalten, was auf etwas Unmechanisches zu deuten scheint.

Die Summierungsregel[c] ist beim Modell natürlich nicht erfüllt.

Doch kann man das Modell vielleicht bei der Beantwortung der Frage der speziellen Zuordnung der Termwerte bei starken und schwachen Feldern zueinander gebrauchen. (Diese Frage ist auf S. 160 der Arbeit erwähnt und dort offen gelassen mangels ausreichender experimenteller und theoretischer Unterlagen.) Ich verfolgte auf Grund des Modells den Übergang von starken zu schwachen Feldern genauer und fand, (nach passendem Zurechtschieben der halben und ganzen Quantenzahlen) die Zuordnung*

$$\mu=j-k \text{ für } m\geqslant\bar{i}-k$$
$$\mu=m+j-\bar{i} \text{ für } m\leqslant\bar{i}-k.$$

(Dabei ist $\bar{i}=i+\frac{1}{2}$ als Impulsquantenzahl des inneren Systems eingeführt, also $\bar{i}=\frac{3}{2}, 2, \ldots$ bei Dubletts, Tripletts, ...) Diese Zuordnung halte ich auch für die der Wirklichkeit entsprechende (abgesehen vielleicht von den verkehrten Termen[d]). Bei den Dubletts stimmt sie überein mit der aus der Voigtschen Formel folgenden, bei den Tripletts ist eine Diskrepanz mit der in Ihrem Buch[e] angegebenen Zuordnung nur für den „vorletzten" m-Wert $m=-(k-1)$ vorhanden. Hier ergibt sich, daß dem größeren j-Wert der Termwert $\frac{E}{oh}=-(k-1)$ dem kleineren j-Wert der Termwert $\frac{E}{oh}=-k$ bei starken Feldern entspricht. Dies scheint auch mit den Beobachtungen von Back am *Be*[f] besser zu stimmen als die durch Vertauschung der Termwerte aus der obigen entstehende Zuordnung. – Ich habe mich nicht getraut, dies zu publizieren, weil bei diesen Überlegungen ein gewiß nicht in jeder Hinsicht zutreffendes Modell zu Grunde liegt und weil die Experimente noch nichts Endgültiges über die spezielle Zuordnung auszusagen gestatten.

Mit der Theorie des anomalen Zeemaneffektes und überhaupt mit den Atomen mit mehr als einem Elektron ist es momentan ein großer Jammer! Doch setzen wir alle große Hoffnungen auf Ihre Überlegungen betreffend das *He*-Atom und sind sehr neugierig, wie Sie damit durchkommen, insbesondere auch mit den Termwerten des angeregten Atoms.

Vor kurzem habe ich einige Überlegungen und Rechnungen im wesentlichen abgeschlossen, in denen keine Atome, sondern nur freie Elektronen und Strahlung vorkommen[g]. Sie knüpfen an Debyes Arbeit in der Physikalischen Zeitschrift über die Zerstreuung der γ-Strahlen[h] an und behandeln die Frage, welche allgemeinen Annahmen über die Wechselwirkung zwischen Strahlung und freien Elektronen erforderlich sind, damit die Elektronen in einem Planckschen Strahlungsfeld im

* Es ist das Resultat einer längeren Rechnung.

thermischen Gleichgewicht sind. Ein Mechanismus, der diese Forderung erfüllt, ist bisher noch nicht angegeben worden. (H.A. Lorentz hat auf dem Solvaykongreß etwas vorgetragen über das Resultat der Anwendung der klassischen Theorie auf dieses Gleichgewi[ch]t[i]. Man kommt natürlich zum Rayleighschen Strahlungsgesetz. Fokker hat später die Rechnungen ausführlich durchgeführt[j].) Wenn man nun die allgemeinen Annahmen von Debye zu Grunde legt, kommt man eindeutig zu folgendem Resultat: Die Wahrscheinlichkeit eines Überganges $h\nu \rightarrow h\nu_1$, setzt sich additiv aus zwei Termen zusammen. Der erste $a\varrho_\nu$ ist proportional der Strahlungsdichte ϱ_ν an der Stelle der Frequenz ν zu Beginn des Prozesses. Der zweite Term $b\varrho_\nu\varrho_{\nu_1}$ ist proportional dem Produkt der beiden Strahlungsdichten bei den Frequenzen am Anfang und Ende des Prozesses und trägt der Wechselwirkung der Strahlenbündel Rechnung. Er geht für lange Wellen asymptotisch über in den von den Interferenzschwankungen herrührenden Term der klassischen Theorie, der zu ϱ_ν^2 proportional ist. Das eigentümliche Resultat ist, daß – vorausgesetzt, daß Debyes allgemeine Annah[m]en richtig sind – sozusagen Strahlenbündel verschiedener Frequenz interferieren müssen! Die Koeffizienten b und a verhalten sich zueinander wie Einsteins Wahrscheinlichkeitskoeffizienten B^m und A_n^m; nämlich $\frac{a}{b}=\frac{8\pi h}{c^3}\nu^3$. Hätte man den zweiten Term fortgelassen ($b=0$), so wäre man auf das Wiensche statt auf das Plancksche Strahlungsgesetz gekommen.

Ich sitze jetzt an der Ostsee und verbringe hier meine Ferien, die heuer etwas früher sind als die Ihren. Dienstag bin ich wieder in Ko[pe]nhagen, wo ich noch bis Mitte September viel zu arbeiten haben werde. Falls ein Kongreß in Marburg stattfindet und Sie hinkommen, will ich bestimmt auch hinfahren, um Sie zu treffen.

Als ich in Hamburg war, hat Stern eben Cd- und Hg-Atomstrahlen im Magnetfeld untersucht. Diese Atome sind unmagnetisch wie zu erwarten war.

Viele herzliche Grüße an Sie selbst und die Anderen, besonders auch an Heisenberg von Ihrem stets dankbaren

PAULI

[a] Pauli (1923b). Siehe hierzu auch Brief [33] zusammen mit dem Kommentarteil. [b] Vgl. hierzu die Darstellung bei F. Hund: Geschichte der Quantentheorie. Mannheim: Bibliographisches Institut 1967. Dort S. 107ff. [c] Die Summenregel ist eine empirische aufgestellte Regel, die besagt, daß die Energiewerte zu festem l und m während der magnetischen Verwandlung stets eine lineare Funktion der Feldstärke bleibt. Aus dem Ersatzmodell ließ sich die Summenregel jedoch nicht herleiten. (Siehe Pauli [1926], dort S. 237). [d] Als „verkehrt" werden solche Terme bezeichnet, bei denen die Energie der Terme mit wachsendem j abnimmt. [e] A. Sommerfeld: Atombau und Spektrallinien. [3] Braunschweig: Friedr. Vieweg und Sohn (1922). Dort S. 492ff. [f] E. Back: Zur Kenntnis des Zeemaneffekts. Ann. Phys. **70,** 333–372 (1923). Eingegangen am 25. September 1922. [g] Pauli (1923c). [h] P. Debye: Zerstreuung von Röntgenstrahlen und Quantentheorie. Physik. Z. **24,** 161–166 (1923). Eingegangen am 14. März 1923. [i] H.A. Lorentz: Die Anwendung des Satzes von der gleichmäßigen Energieverteilung auf die Strahlung. Premier Conseil de Physique Solvay, Bruxelles, 29. Octobre-3 Novembre 1911. [j] A.D. Fokker: Sur les mouvements browniens dans le champ du rayonnement noir. Archives néerlandaises des sciences exactes et naturelles. A. **4,** 379–401 (1919). Siehe ebenso die Dissertation des gleichen Autors in Leiden (1913).

[40 a] Bohr an Pauli[a]

Tibirke Bakker, [20.(?) Juli 1923]

Lieber Pauli!

Ich war sehr froh darüber von Ihnen zu hören und ich freue mich sehr darauf, die Arbeit wieder aufzunehmen, wenn Sie nach Dänemark kommen. Wir freuen uns alle darauf Sie hier zu haben. Hevesy wird Ihnen wegen dem Weg Bescheid geben und ich werde Sie beim Zug abholen, wenn Sie mir ein Paar [Zeilen] schicken, an welchem Tag Sie kommen. Ich freue mich sehr darauf, über alles was Sie diesen Sommer gedacht und erlebt haben ausführlich zu hören.

Mit vielen freundlichen Grüßen an Sie und an Ihre Familie von uns allen

Ihr ergebener

Niels Bohr

Dieser kleine Gruß wird in größter Eile mit Hevesy geschickt, der heute hier ist. Deshalb warte ich damit Ihnen zu erzählen was ich erlebt habe bis wir uns sehen. Ich will Ihnen nur sagen, daß die Guthrie-Lecture schon längst abgeschickt ist.

[a] Dieser Brief wurde gefunden, als sich das vorliegende Werk schon im Druck befand. Herrn E. Rüdinger sind wir für seinen Hinweis und die Übersetzung zu Dank verpflichtet.

[41] Pauli an Landé

Kopenhagen, 26. Juli 1923

Lieber Herr Landé!

Besten Dank für Ihren Brief vom 18. d[es Monats]. Ich beantworte ihn etwas verspätet, weil ich inzwischen auf Urlaub und verreist war. Ich freue mich, daß Sie nun anscheinend doch meine Termwerte für starke Felder akzeptieren. Was Sie mir über die Modelle und den Ersatz meiner i,j,k durch Ihre R,K,J schreiben[a], stand zwar nicht in dem Brief, den ich Ihnen seinerzeit geschrieben (ich konnte ja da nicht alle Einzelheiten hineinschreiben, sonst wäre er zu lang geworden) ist mir aber seit langem bekannt. Dies gilt auch vom Zusammenhang mit dem Umstand, daß stets eine Stellung weniger vorhanden ist, als man zunächst erwarten möchte. Es ist zwar richtig, daß auf diese Weise die Gesetze scheinbar formal schöner werden, aber auf Grund von längeren Diskussionen mit Bohr möchte ich diesen Umstand kaum als eine physikalische Realität ansehen.[b] Wenn man nämlich k halbzahlig annimmt, so müßte dies *schon unabhängig von der Komplexstruktur* empirisch (etwa aus der

Größe der Serienterme) oder theoretisch begründet werden; denn k hat ja schon unabhängig von der Komplexstruktur eine Bedeutung (im Gegensatz zu i, j, m). Und ebenso wie man eine Theorie der Balmerformel machen konnte, als man noch keine Theorie der relativistischen Feinstruktur hatte, kann man wohl auch eine allgemeine Theorie der Serienspektren abgesehen von der Komplexstruktur machen. Und an dieser Theorie wird die Theorie der Komplexstruktur nach dieser Auffassung hinterher nichts mehr ändern können, ebensowenig wie Sommerfelds Theorie der relativistischen Feinstruktur an der Theorie der Balmerserie etwas geändert hat. Außerdem scheint es mir nicht viel zu bedeuten, Aussagen über die Werte von i und j zu machen, bevor man nicht weiß, was diese Quantenzahlen eigentlich bedeuten und wie der Impulsbegriff hier zu fassen ist und bevor man eine vollständige Theorie des anomalen Zeemaneffektes hat. Aus diesen Gründen möchte ich *nicht* eine *gemeinsame* Note, wie Sie es vorschlagen, mit Ihnen publizieren. Sie können ja ohne schlechtes Gewissen ein Note publizieren mit einem Hinweis auf meine (früheren) brieflichen Mitteilungen, insbesondere darauf, daß ich Sie auf die Möglichkeit aufmerksam machte, $m_1 \frac{h}{2\pi}$ und $\mu \frac{h}{2\pi}$ als Impulskomponenten parallel dem Feld des äußeren und inneren Systems zu interpretieren. Doch möchte ich Sie bitten, *mir* in diesem Fall noch vor der Absendung des Manuskriptes an die Redaktion das Manuskript zu senden, damit ich sehen kann, ob ich auch für alles die Verantwortung tragen kann, wofür Sie mich zitieren.[c]

Professor Bohr versucht eben, eine Arbeit über die prinzipiellen Fragen des Atombaues für die Zeitschrift für Physik (als Fortsetzung der „Grundpostulate“[d]) zu schreiben, in der diese Fragen etwas genauer diskutiert werden, als es im Kayserheft[e] geschehen ist. Er interessiert sich deshalb sehr für Ihre in Ihrem Brief erwähnte Note über die Röntgenspektren[f] und wäre Ihnen dankbar, wenn Sie ihm eine Korrektur senden könnten. Ich selbst habe kürzlich an Wentzel geschrieben, daß ich glaube, die in seiner letzten Arbeit[g] gefundene Gesetzmäßigkeit sei analog der (von Ihnen gefundenen) Ganzzahligkeit der Quotienten der $\delta\ \nu$ bei den Multipletts und man solle sein $\varphi(m)$ gleich $\frac{m(m-1)}{2}$ setzen.

Mit den besten Grüßen an Sie selbst und Herrn Back, Empfehlungen an Prof. Paschen und besten Dank für die Zusendung der Separata

Ihr sehr ergebener

PAULI

[a] Über den Zusammenhang der Landéschen Bezeichnungen RKJ mit Paulis ikj siehe den Kommentar zu [40], Fußnote 2. [b] Über Bohrs Gründe für die Ablehnung der halben Quantenzahlen für k findet man weitere Hinweise in der Fußnote j zu [37]. [c] In zwei späteren Briefen vom 15. und 23. September ([44] und [46]) kommt Pauli nochmals auf diesen Punkt zurück. [d] N. Bohr: Über die Anwendung der Quantentheorie auf den Atombau. I. Die Grundpostulate der Quantentheorie. Z. Phys. **13**, 117–165 (1923). Eingegangen am 15. November 1922. Ein druckfertiges Manuskript mit der Überschrift ›Theorie

der Serienspektren⟨ befindet sich im Bohr-Archiv in Kopenhagen. Vgl. Niels Bohr, Collected Works, Vol. 3, ed. by Rud Nielsen. Amsterdam: North-Holland Publ. Co. 1976. [e] Niels Bohr: Linienspektren und Atombau. Ann.Phys. **71,** 228–288 (1923). Eingegangen am 15. März 1923. [f] A. Landé: Zur Theorie der Röntgenspektren. Z. Phys. **16,** 391–396 (1923). Eingegangen am 12. Juni 1923. [g] G. Wentzel: Neue numerische Untersuchung der Röntgenspektralterme. Z. Phys. **16,** 46–53 (1923). Eingegangen am 25. April 1923. Dort S. 50 ff.

[42] Pauli an Landé

[Kopenhagen], 17 August [1923]

[Postkarte]

Lieber Herr Landé!

Ich will Ihnen noch vielmals für Ihre letzte Karte danken. Ihre Mitteilungen haben mich sehr interessiert und erfreut. Denn wenn die Summierungsregel[a] wirklich nicht nur zufällig sein soll, muß sie unbedingt auch für den Vergleich der konstanten (von der Feldstärke in gewissen Grenzen unabhängigen) Teile der Energieterme bei starken und schw[achen] Feldern gelten und nicht nur für die zu H proportionalen Teile. Wenn man sagt, daß die in Rede stehenden Summen lineare (nicht *homogene* lineare) Funktionen von H sind, so ist alles mit eingeschlossen. – Ich bin schon sehr gespannt auf Ihr Manuskript[b], denn ich hoffe daraus Näheres über die Gesetze der Verzerrung der Komplexstrukturintervalle bei starken Feldern zu erfahren. Soviel ich sehe, liefern nämlich die Intervallregel[c] und die Summierungsregel noch nicht die hinreichende Anzahl von Bestimmungsgleichungen. – Die Frage nach der Normierung der Quantenzahlen ist für mich momentan eine sekundäre[d]. Denn ich bin überzeugt, daß es für den anomalen Zeemaneffekt kein bedingt periodisches Modell gibt und man etwas prinzipiell Neues machen muß.

Mit besten Grüßen Ihr

W. Pauli

[a] Siehe hierzu Fußnote *c* von [40] und die Darstellung in Paulis Quantenartikel [1926], S. 233 ff. [b] A. Landé: Termstruktur und Zeemaneffekt der Multipletts. (Zweite Mitteilung.) Z. Phys. **19,** 112–123 (1923). Eingegangen am 16. August 1923. [c] Die Intervallregel, zuerst von Heisenberg für die Tripletts gefunden, wurde von Landé auch für die höheren Multipletts als gültig erkannt. Danach besteht zwischen den Termen eines Multipletts (bei festem l und s, bzw. k und i in der älteren Nomenklatur) die Beziehung (siehe z. B. Pauli [1926], S. 229):

$$(\nu_j - \nu_{j-1}) : (\nu_{j+1} - \nu_j) : \ldots = j(j+1),$$

oder, was gleichbedeutend ist:

$$\nu_j = a(l,s)\, j(j+1) + b(l,s).$$

[d] Während z. B. die Quantenzahl j vorerst nur durch ihre Auswahlregel $\Delta j = 0, \pm 1$ bis auf eine freibleibende additive Konstante bestimmt war, wurde durch die Einführung der Quantenzahl m mit der Bedingung $-j \leqslant m \leqslant j$ eine Normierung für j möglich.

Bereits in einem Brief vom Juni an Sommerfeld [37] war davon die Rede gewesen, daß Bohr beabsichtigte, im Herbst eine kürzere Reise nach England und Amerika anzutreten[1], und daß Pauli deshalb für das Wintersemester nach Hamburg zurückkehren wollte. Doch die spontane Entscheidung von Bohr, Kramers zu seiner Begleitung mit nach England zu nehmen, durchkreuzte Paulis Pläne. Seiner Verstimmung gibt er sehr freimütig [43] Ausdruck[2].

[1] Die Abreise erfolgte um den 15. September. Vgl. Paulis Brief [44] an Landé. Vgl. auch [56] über den Zweck dieser Reise.
[2] Ende September war Kramers schon wieder aus England zurückgekehrt und hat Pauli noch die letzten Tage in Kopenhagen Gesellschaft geleistet. Am 11. Oktober schreibt Kramers an Bohr: „. . . I have used the last two weeks on (a) entertaining Pauli, (b) . . . Pauli left in good shape after some pleasant evenings of leavetaking. He left me as Hero used to leave Leander . . ." (In: Niels Bohr, Collected Works. Volume 3, edited by J. Rud Nielsen. Amsterdam: North-Holland Publishing Company 1976.)

[43] Pauli an Bohr

[Kopenhagen, 12. September 1923][a] Mittwoch Abend

Sehr geehrter Herr Professor!

Ich habe mich sehr darüber gekränkt, daß Sie nun Kramers bewogen haben, mit Ihnen nach England zu fahren. Denn ich habe mich schon lange darauf gefreut, mich mit ihm ein wenig zu zerstreuen, was ich nach meinen letzten wissenschaftlichen Mißerfolgen sehr nötig hatte. Sie haben diesen Plan erst so spät gefaßt, daß ich meine eigenen Pläne nicht mehr danach einrichten kann. Ich wäre sonst vielleicht nach Bonn[b] gefahren, was sich aber jetzt kaum mehr machen läßt. Ich habe übrigens im Sommer mit Ihnen darüber gesprochen, eventuell mit Kramers zusammen nach Bonn zu fahren und Sie sagten mir damals, daß es sich deswegen nicht gut machen ließe, weil der Unterricht hier dann ganz aussetzen würde. Ich sehe aber nun aus Kramers Reise nach England, daß dieser Grund keineswegs zutrifft.

Wenn ich auch dies alles wirklich nicht als sehr rücksichtsvoll gegen mich ansehen kann, so würde ich es doch gar nicht in Betracht ziehen, wenn ich einsehen würde, daß Sie wirklich einen nennenswerten Nutzen von Kramers Begleitung hätten. Dies vermag ich jedoch nicht. Soviel ich sehe, ist Ihr Hauptgrund, noch auf dem Schiffe oder in England an der Abhandlung für die Zeitschrift für Physik[c] arbeiten zu können. (Alle anderen möglichen Gründe bestanden ja auch schon früher, waren also nicht ausschlaggebend.) Davon kann jedoch in Wirklichkeit nicht ernstlich die Rede sein. Es ist ja schon rein physisch kaum möglich und könnte Ihrem Gesundheitszustand sehr schaden. Ferner werden Sie mit der Vorbereitung Ihrer Vorträge in England und Amerika vollauf beschäftigt sein. Vor allem aber ist die Ihnen zur Verfügung stehende Zeit trotzdem unter keinen Umständen mehr dazu ausreichend, die ganze Abhandlung jetzt noch fertigzustellen. Es gibt keine andere Wahl, als entweder einen Teil jetzt zu publizieren oder das ganze bis Januar liegen zu lassen. Wenn Sie glauben, daß es noch eine andere Möglichkeit gibt, so ist das nur eine Illusion. Und ich glaube, ich erweise Ihnen nur einen guten Dienst, wenn ich versuche, Ihnen diese Illusion gleich zu nehmen. Sie müssen ja früher oder später sich ja doch damit abfinden. Wenn die Abhandlung bis Januar liegen bleibt, so ist das, glaube ich, überdies gar kein Unglück. Sie würde dadurch inhaltlich nur gewinnen, und Sie könnten noch einige ruhige Tage haben!

Wenn Sie nur ganz wenig darüber nachdenken, so bin ich überzeugt, daß Sie mir zustimmen werden. Aber es kränkt mich sehr, und ich empfinde es als eine unverdiente Ungerechtigkeit gegen mich, daß Sie so wenig den Nutzen und die Notwendigkeit des Entschlusses erwogen haben, mit Kramers zu reisen – eines Entschlusses, der mir so sehr nahe geht, weil die Anwesenheit meines Freundes jetzt seelisch sehr viel für mich bedeuten würde. Ich habe mich stets redlich bemüht, Ihnen nach meinen besten Kräften zu helfen, und es wird mir trotz allem eine große Freude sein, wenn ich dies auch noch in Zukunft einmal werde tun können. Jetzt aber bin ich über die bevorstehende Abreise von Kramers so traurig, und ich fühle mich so unwohl, daß ich Sie bitten muß, mich Samstag Abend zu entschuldigen. Ich würde nur allen anderen den Abend verderben.[d]

Denken Sie nicht schlecht über Ihren sehr betrübten

PAULI

der Sie bis jetzt stets so sehr geehrt und geliebt.

N. S. Ich teile Ihnen dies auch deshalb schriftlich mit, weil ich nicht sicher bin, ob ich mich in den nächsten Tagen so weit wohl fühlen werde, daß ich werde ins Institut kommen können.

[a] Das Datum läßt sich aus dem Text dieses und des folgenden Briefes erschließen. [b] In Bonn fand in diesem Jahre vom 16. – 22. September die 2. Deutsche Physikertagung statt, an der u. a. Einstein, Born, Wien, Sommerfeld, Franck, Landé teilnahmen. Man vgl. den Brief Borns an Einstein vom 15. August 1923. Einstein/Born-Briefwechsel, S. 116. [c] Es dürfte sich hier um die geplante Fortsetzung der Arbeit über die Grundpostulate der Quantentheorie (siehe [41] und dort die Fußnote d) handeln. [d] In einem Brief vom 1. Oktober 1923 (BSC, MF. 11) berichtet Hansen an Bohr: „Heute abend spricht Pauli im Physikalischen Verein; am Donnerstag reist er ab, und ich habe den Eindruck, daß er jetzt wieder ganz froh ist, so daß der Aufenthalt in jeder Hinsicht in Harmonie endet."

[44] Pauli an Landé

[Kopenhagen], 15. September [1923]

[Postkarte]

Lieber Herr Landé!

Prof. Bohr ist nun zu einer Gastvorlesung nach Amerika gefahren und ich werde deshalb jedenfalls im Wintersemester in Hamburg sein. Ungefähr 2 Wochen bin ich noch hier. Ich möchte Sie gerne fragen, wie es nun mit dem Manuskript steht, das Sie mir zu senden versprachen[a]. Ich möchte [nur] gerne sehen, in welcher Weise Sie mich zitiert haben. Wenn ich die Korrektur sehen kann, so genügt es wohl auch. – Oder wollen Sie etwa Ihre Publikation aus irgend einem Grund verschieben? – Bezüglich der bei starken Feldern zurückbleibenden Verschiebung der Komplexstrukturterme habe ich mir inzwischen überlegt, daß folgender Ausdruck für die Energie ungeheuer wahrscheinlich ist (ich schreibe jetzt Ihre Zahlen J, K, R, obwohl ich diesen *nicht* den Vorzug gebe):[b]

(Beide Formeln in der Näherung, mit der Ihre Intervallregel[c] zutrifft.)

$$E = mg\,oh + \frac{a}{2}\cdot\left(J^2 - K^2 - R^2 + \frac{1}{4}\right) \qquad \text{schwache Felder}$$

$$E = (m_1 + 2\mu)oh + am_1\mu \qquad \text{starke Felder}$$

(Der Ausdruck bei starken Feldern soll bis auf Glieder gelten, die für $H \to \infty$ verschwinden.) Der Nullpunkt der Zählung ist so gewählt, daß bei schwachen Feldern der zweite Term für Einfachterme und s-Terme verschwindet; a soll nur von K und R abhängen. Auf spezielle Zuordnungen von m_1 und μ zu J kommt es *nicht* an. Wie man nachrechnet, ist die Summierungsregel allgemein erfüllt. Das bedingt periodische Modell (inneres System „doppelt magnetisch") würde dieselben Formeln liefern *bis auf das Glied* $\frac{1}{4}$ im Ausdr[uck] für schwache Felder. Die Formeln sind ferner im Einklang mit Voigts Formeln für Dubletts, auch mit Heisenbergs kubischen Gleichungen für Tripletts!

Beste Grüße! Ihr

Pauli

[a] Eine bereits mehrfach zitierte Arbeit von Landé (z. B. [42], Fußnote b) war schon vor einem Monat bei der Zeitschrift für Physik eingegangen, erschien aber erst im Oktober 1923. [b] Paulis Überlegungen nehmen den Inhalt von Landés Veröffentlichung vorweg. Siehe hierzu [46]. [c] Siehe hierzu die Fußnote c in [42] sowie Pauli [1926].

An wiederholten Versuchen zur Formulierung einer einheitlichen Feldtheorie, in der neben dem metrischen auch das elektromagnetische Feld seinen Platz einnimmt, und der Hoffnung, daraus die atomare Struktur der Materie ableiten zu können, hat es nicht gefehlt. Anknüpfend an die Ansätze von Weyl (vgl. [1] und [2]) schlug Arthur Stanley Eddington[1] eine Verschmelzung von Elektrizität und Gravitation durch Zurückführung der entsprechenden Tensoren auf einen gemeinsamen Tensor vor. In der Sprache Einsteins sollte also Gravitationsäther und Lichtäther zu einem Weltäther vereinigt werden. Hier wie auch bei Weyl wird dieses Programm nur durch Erweiterung der Riemannschen Geometrie zu einer affinen Differentialgeometrie möglich: das Transformationsgesetz eines Tensors A^μ bei einer Parallelverschiebung von einem Weltpunkt P mit den Koordinaten x_μ zu einem unendlich benachbarten P' mit den Koordinaten $x_\mu + dx_\mu$ wird durch den affinen Zusammenhang

$$dA^\mu = -\Gamma_{\nu\alpha}^{\mu} A^\alpha dx_\mu$$

gegeben. Der Symmetrieforderung $\Gamma_{\nu\alpha}^{\mu} = \Gamma_{\alpha\nu}^{\mu}$ zufolge reduzieren sich die den affinen Zusammenhang vermittelnden $\Gamma_{\nu\alpha}^{\mu}$ auf 40 unabhängige Koeffizienten, aus denen sich u. a. ein Tensor $*B_{\mu\nu}$ zusammensetzen läßt, der eine Erweiterung des Riemannschen Krümmungstensors darstellt und eine Verbindung zu dem Einsteinschen kosmologischen Gravitationsgesetz herzustellen erlaubte. Durch Zerlegung dieser Tensoren in einen symmetrischen und einen antisymmetrischen Anteil erhält man die der Gravitation und der Elektrizität entsprechenden Bestandteile. Noch im Jahre 1923 konnte Einstein zeigen[2], daß die Gleichungen, welche die Komponenten des affinen Zusammenhanges $\Gamma_{\nu\alpha}^{\mu}$ durch die metrischen Tensoren $g_{\alpha\beta}$ ausdrücken, aus einem Wirkungsprinzip abzuleitende Naturgesetze darstellen[3].

Mit der Zusendung seines Buches „The Mathematical Theory of Relativity“[1] veranlaßte Eddington Pauli erneut Stellung zu der von ihm vorerst zurückgestellten Relativitätstheorie zu nehmen, nun aus der Sicht seiner Erfahrungen mit den Quantenphänomenen, die in Eddingtons wie auch Einsteins Betrachtungen überhaupt nicht in Erscheinung treten.

Anläßlich einer Besprechung[4] der deutschen Übersetzung des Eddingtonschen Lehrbuches faßte Pauli später nochmals seine in [45] geäußerten Bedenken gegenüber Eddingtons Theorie zusammen.

[1] A. S. Eddington: The Mathematical Theory of Relativity. Cambridge 1923. Seine eigene Theorie entwickelt Eddington hier im Anschluß an eine Besprechung der Weylschen Theorie im letzten Kapitel dieses Werkes.

[2] A. Einstein: Zur allgemeinen Relativitätstheorie. Sitzungsberichte der Preußischen Akademie der Wissenschaften. 1923, S. 32–38. Sitzung der Physikalisch-mathematischen Klasse vom 15. Februar 1923.

[3] Siehe hierzu die Berichte von H. Weyl: „Geometrie und Physik“. Naturwiss. **19,** 49–58 (1931). Rouse Ball Lecture an der Universität Cambridge, Mai 1930 und „50 Jahre Relativitätstheorie“. Naturwiss. **38,** 73–83 (1951).

[4] W. Pauli: Naturwiss. **14,** 273–274 (1926).

[45] Pauli an Eddington

[Kopenhagen], 20. September 1923

[Maschinenschriftlicher Durchschlag]

Sehr geehrter Herr Professor!

Ich möchte Ihnen noch vielmals danken für die freundliche Zusendung Ihres Buches, mit der Sie mir viel Freude gemacht haben[a]. Ich habe inzwischen Zeit gehabt, es genauer zu studieren, auch habe ich nunmehr Einsteins letzte Arbeit in den Berliner Berichten gelesen[b]. So viel ich sehe, steht alles wesentliche bereits in Ihrem Buche und Einstein hat nur die mathematische Formulierung des Wirkungsprinzips modifiziert, indem er im Wirkungsintegral zunächst nach den $\Gamma_{\nu\alpha}^{\mu}$ variiert und spezielle Ansätze für die Wirkungsfunktion verfolgt. In sehr vielen Punkten habe ich ganz dieselbe Ansicht wie Sie, namentlich in Bezug auf das Prinzip der kleinsten Wirkung. Im Gegensatz zu Ihnen und auch zu Einstein glaube ich jedoch *nicht*, daß die formale Zusammenfassung von elektromagnetischem und Gravitationsfeld, wie sie in Ihrer affinen Feldtheorie erfolgt, wirklich physikalisch richtig ist und uns der Lösung der hierher gehörigen physikalischen Probleme näher bringt. Ich möchte nun gerne bei dieser Gelegenheit meine Ansichten über diese Fragen etwas ausführlicher darlegen, möchte aber gleich um Nachsicht bitten, falls mir irgend ein Irrtum unterlaufen sollte: ich habe mich jetzt 2 Jahre nicht mehr mit Relativitätstheorie beschäftigt.

1. Das Unbefriedigendste an der Elektronentheorie von H.A. Lorentz und Larmor ist wohl, daß sie keine Theorie des Elektrons ist, wie man etwas scherzhaft sagen kann. Warum gibt es nur zwei Arten von Elementarteilchen, negative und positive Elektronen (Wasserstoffkerne)[c]? Warum haben deren elektrischen Ladungen den gleichen Betrag, wenn ihre Massen so ganz verschieden sind? Wieso kann überhaupt ein Elementarteilchen trotz der Coulombschen Abstoßungskräfte zwischen seinen Teilen bestehen? Da letzteres nach der Maxwell-Lorentzschen Theorie nicht der Fall sein kann, so kann auch nicht sowohl Impuls als auch Energie eines gleichförmig bewegten Elektrons zur Gänze auf Grund dieser Theorie aus dem elektromagnetischen Feld berechnet werden. Die Zurückführung der ganzen Trägheit auf das elektromagnetische Feld gelingt also, solange man sich an diese Theorie hält, *nicht*.

Ich glaube nun überhaupt nicht, daß dieses Problem der elektrischen Elementarteilchen von irgend einer Theorie gelöst werden kann, die den Begriff der kontinuierlich variierenden Feldstärken, die gewissen Differentialgleichungen genügen, auf die Gebiete im Inneren der Elementarteilchen anwendet. Die Gründe habe ich am Schluß meines Enzyklopädiereferates[d] zusammengestellt und halte sie auch jetzt noch für überzeugend. Das schwerwiegendste Argument scheint mir dabei dasjenige zu sein, daß die Ungleichwertigkeit von positiver und negativer Elektrizität mit der Kovarianz der Gleichungen bei Umkehr der Zeitkoordinaten formal in Widerspruch ist. Andererseits bringt auch Weyls Auffassung der Teilchen als echte Singularität das Problem in keiner Hinsicht auch nur um einen Schritt weiter. Auch sie verwendet ja den klassischen Feldbegriff und kann überdies keine einzige der oben erwähnten Fragen beantworten.

2. Wie in der Quantentheorie gezeigt wird, versagt die klassische Elektrodynamik auch in Gebieten, deren Dimensionen groß sind gegenüber den Dimensionen der Elementarteilchen, sobald es sich um rasch veränderliche Felder handelt. Sie trifft (in diesen Gebieten) nur zu, wenn die Felder statisch oder quasistatisch sind, wie zum Beispiel bei einem mit konstanter Geschwindigkeit sich bewegenden Elektron. Für die anderen Fälle führt sie nur in Bezug auf die statistischen Mittelwerte über viele Einzelprozesse in gewissem Umfang zu richtigen Resultaten.

Ich möchte besonders betonen, daß die Quantentheorie keineswegs nur eine Modifikation der Lichttheorie verlangt, sondern überhaupt eine neue Definition des Begriffes des elektromagnetischen Feldes für nichtstatische Vorgänge. So versagt ja die klassische Theorie auch bei der Beschreibung des Zusammenstoßes von Elektronen mit Atomen sowie des Verhaltens der Elektronen im Atom in einem zeitlich veränderlichen Feld (Dispersionstheorie). Die berühmten Widersprüche zwischen Interferenzfähigkeit des in den verschiedenen Richtungen emittierten Lichtes und dessen Eigenschaft, zum Beispiel beim lichtelektrischen Effekt stets in Energiequanten $h\nu$ disponibel zu bleiben (Einsteins „Lichtquanten"), die kommen nur daher, daß wir zwar die *Gesetze* der klassischen Theorie aufgeben, aber doch noch immer mit den *Begriffen* dieser Theorie operieren. Was meinen wir denn eigentlich mit der Angabe, in einer linear polarisierten Lichtwelle sei die elektrische Feldstärke $E_x = A\cos 2\pi\nu\left(t-\frac{z}{c}\right)$, $E_y = E_z = 0$?

Wir meinen nur, wenn wir ein Elektron in die Lichtwelle hineinsetzen, so vollführt es eine vibratorische Bewegung in der x-Richtung und es ist in jedem Augenblick die Beschleunigung $x = \frac{e}{m} A\cos 2\pi\nu\left(t-\frac{z}{c}\right)$.

(Wir können dabei die Bewegung des Elektrons ruhig als prinzipiell beobachtbar ansehen, etwa nach Art der C. T. R. Wilsonschen Bilder. Um *technische* Schwierigkeiten brauchen wir uns bei *prinzipiellen Betrachtungen* nicht zu kümmern.) Wir wissen nun sowohl aus experimentellen Ergebnissen wie aus quantentheoretischen Betrachtungen, auf die ich hier jedoch der Kürze wegen nicht eingehen will, daß sich das Elektron in der Lichtwelle in Wirklichkeit keineswegs in der angegebenen Weise bewegen wird. Das Feld einer Lichtquelle ist also zunächst nicht definiert. Aber der Ort des Elektrons (allgemein in einem rasch veränderlichen Feld) ist es ebensowenig. Diesen könnte man ja nur durch die Wirkung des Elektrons auf andere Elementarteilchen definieren und diese genügt im nicht statischen Feld wiederum nicht den klassischen Gesetzen. Manche Physiker sind auf den Gedanken verfallen, angesichts der früher erwähnten beim Licht auftretenden Paradoxien den Begriff des Feldes der Lichtwelle gänzlich aufzugeben und nur die Bewegung der Elektronen zu beschreiben. Dies müssen wir gänzlich ablehnen;

denn einerseits hilft dieser Gedanke garnicht über die Schwierigkeiten hinweg und andererseits macht er den Anschluß an die klassische Theorie, die sich doch in großen Erscheinungsgebieten so glänzend bewährt hat, gänzlich unmöglich. Es kann sich nur um eine Modifikation, nicht um ein Aufgeben des Feldbegriffs handeln. So sehr also das Zurückgehen auf den Vor-Maxwellschen Standpunkt einen Rückschritt bedeuten würde, so sehr müssen wir uns vor Augen halten, daß der Feldbegriff nur einen Sinn hat, wenn wir eine Reaktion angeben, die prinzipiell gestattet, in jedem Raumzeitpunkt die Feldstärke zu messen, wenn wir dies wollen. Wir können sodann dem Feld eine Realität auch dann gedanklich zuordnen, wenn wir nicht gerade die Reaktion ausführen. Wesentlich ist nur, daß wir sie prinzipiell stets ausführen *können*, wenn wir *wollen*. Sobald aber die Reaktion nicht stets angebbar und prinzipiell ausführbar ist, ist der betreffende Feldbegriff nicht mehr definiert*.

In der Definition der elektromagnetischen Feldstärke in der klassischen Theorie ist nun die betreffende Reaktion die Kraft auf einen geladenen Probekörper. Dies bringt mit sich, daß schon bei der Definition der elektromagnetischen Feldstärke die Mechanik (Kraft- und Massenbegriff) benutzt wird. Schon deswegen ist die Zurückführung der Mechanik auf die Elektrodynamik nur Schein, solange die letztere nicht wesentlich modifiziert wird. Viel befriedigender wäre es, wenn die Messung der Feldstärken allein auf *Abzählungen* gegründet werden könnte, ohne Benutzung der mechanischen Begriffe. Statt diskontinuierliche Funktionen einzuführen, wird man vielleicht zweckmäßig dieselben willkürlich zu kontinuierlichen Funktionen ergänzen, und so wie die Gesetze der Relativitätstheorie gegenüber Koordinatentransformation invariant sind, so werden die Gesetze der zukünftigen Quantenphysik vielleicht auch gegenüber Abänderungen der Feldfunktionen selbst invariant sein, sofern diese nur gewisse Abzählungsergebnisse unverändert lassen.

Zusammenfassend möchte ich also sagen: Wir wissen heute noch nicht, was wir an den rasch veränderlichen elektromagnetischen Vorgängen prinzipiell beobachten können und was nicht. Sobald wir dies wissen werden, wird das Quantenrätsel gelöst sein. Wegen der Stellung der Definition der elektromagnetischen Feldstärken in der klassischen Theorie zur Mechanik glaube ich, daß *dieselbe* Loslösung des Feldbegriffs von der Mechanik mit gleichzeitiger Einführung von irgend einer Art von Atomismus (abzählbare Mengen statt Kontinuen) das Verständnis der Quantentatsachen und der elektrischen Elementarteilchen bringen wird.

3. Wir wollen nun von diesen schwierigen Fragen ganz absehen und in dem Gültigkeitsbereich der klassischen Theorie bleiben. Hier erhebt sich die Frage: Sind elektromagnetisches und Gravitationsfeld ihren Gesetzen und ihrer Beschaffenheit

* Es ist oft gesagt worden, man könne die Maxwellschen Gleichungen im Vakuum (ladungsfreien Raum) beibehalten. Nur die Wechselwirkung zwischen Licht und materiellen Systemen könne mit Hilfe der klassischen Theorie nicht beschrieben werden. In Wirklichkeit ist jedoch beides nicht trennbar. Nur mittels dieser Wechselwirkung kann das elektromagnetische Feld der Lichtwelle definiert werden. Die Maxwellschen Gleichungen im Vakuum sind weder richtig noch unrichtig; sie sind *sinnlos* in allen Anwendungen, wo die klassische Theorie versagt, und wo es sich nicht um statistische Mittelwerte handelt.

nach wirklich so weitgehend unabhängig voneinander, als es nach dem bisherigen Stand der Relativitätstheorie zu sein scheint? Kann man nicht besser theoretisch verstehen, warum die elektromagnetischen Feldstärken gerade einen antisymmetrischen Flächentensor bilden? Gelingt es nicht einen Standpunkt zu gewinnen, von dem aus elektromagnetisches und Gravitationsfeld als eine Wesenseinheit erscheinen? Wir wissen nicht a priori, ob es möglich sein wird, diese Fragen ohne Rücksicht auf die Quanten zu beantworten. Es *kann* ja der Fall sein. Dann muß aber die Frage nach meiner Meinung rein phänomenologisch behandelt werden, ohne Rücksicht auf die Natur der elektrischen Elementarteilchen.

Ferner stehe ich auf dem (natürlich nicht beweisbaren) Standpunkt, daß eine jede physikalische Theorie, die eine sinngemäße Antwort auf diese Frage zu geben beansprucht, mit einer Definition der in ihr verwendeten Feldgrößen beginnen muß, die angibt, wie diese Größen gemessen werden können. Sie muß ferner Beziehungen zwischen elektromagnetischen und auf andere Weise gemessenen Größen aufdekken. (Die schönste Leistung der Relativitätstheorie war ja, die Meßergebnisse von Maßstäben und Uhren, die Bahnen der frei fallenden Massenpunkte, und die der Lichtstrahlen miteinander in eine feste, innige Verbindung gebracht zu haben.) Logisch, oder erkenntnistheoretisch, beweisen lassen sich diese Postulate nicht. Ich bin aber von ihrer Richtigkeit überzeugt.

Die ursprüngliche Form der Weylschen Theorie erfüllt diese Forderungen. Sie ist jedoch bekanntlich nicht im Einklang mit der Erfahrung. Die Längen der Maßstäbe und die Perioden der Uhren hängen in Wirklichkeit von ihrer Vorgeschichte nicht ab[e]. Auch scheint dem Viererpotential φ_i nur die Bedeutung einer Rechengröße zuzukommen; physikalische Bedeutung haben nur die F_{ik}*. In der zweiten Form der Weylschen Theorie und in Ihrer affinen Feldtheorie wird jedoch ein ganz neuer Standpunkt eingenommen, den Sie so treffend durch den Unterschied von „natural geometry" und „world geometry" gekennzeichnet haben, von denen die letztere nur eine „graphische Darstellung" der Wirklichkeit ist. (In den Einsteinschen Arbeiten habe ich die Hervorhebung dieses Unterschiedes sehr vermißt.) Diese Theorien genügen nicht den angegebenen Postulaten. Die Größen $\Gamma_{\nu\alpha}^{\mu}$ können nicht direkt gemessen, sondern müssen aus den direkt gemessenen Größen erst durch komplizierte Rechenoperationen gewonnen werden. Niemand kann empirisch einen affinen Zusammenhang zwischen Vektoren in benachbarten Punkten feststellen, wenn er nicht vorher bereits das Linienelement ermittelt hat. Deswegen halte ich im Gegensatz zu Ihnen und Einstein die Erfindung der Mathematiker, daß man auch ohne Linienelement auf einen affinen Zusammenhang eine Geometrie gründen könne, zunächst für die Physik bedeutungslos. Wenn die direkt aus den Messungen entnommenen Größen $(g_{ik} - F_{ik})$ in der Theorie als abgeleitete Größen erscheinen und umgekehrt die in der Theorie als Gundbegrif-

* Weyl postuliert Invarianz der Naturgesetze gegenüber der Substitution $g_{ik} = \lambda g_{ik}$, $\varphi_i = \varphi_i + \frac{\partial}{\partial x_i} \log \lambda$. In Wirklichkeit muß dann jedenfalls bei der letzteren Substitution und unveränderten g_{ik} auch Invarianz vorhanden sein.

fe fungierenden Größen ($\Gamma^{\mu}_{\nu\alpha}$) nur durch komplizierte Rechenoperationen aus den gemessenen Größen gewonnen werden können – dann haben wir nicht nur keine „natural geometry", sondern auch keine „natural theory". Es handelt sich wie gesagt um keinen logischen Widerspruch in Ihrer Theorie, aber ich bin von der physikalischen Unfruchtbarkeit dieser Betrachtungsweise überzeugt.

Eine geometrische Interpretation des elektromagnetischen Feldes scheint überhaupt zunächst nicht sehr aussichtsvoll: Ein Analogon zum Äquivalenzprinzip bei der Gravitation besteht hier nicht. (Deswegen haben auch die geodätischen Linien in Ihrer und Weyls Theorie keine unmittelbare physikalische Bedeutung.) Ich sehe zunächst noch keinen physikalischen Zugang zum elektromagnetischen Feld, wenn man vom Gravitationsfeld ausgeht. Wie gesagt: ich halte es für möglich, daß *dieses* Problem auch ohne Rücksicht auf die Quanten lösbar ist. Für gelöst halte ich es aber jedenfalls noch nicht.

Nun habe ich Ihre Geduld aber schon zu lange in Anspruch genommen. Nochmals bestens dankend

Ihr sehr ergebener

[Pauli]

[a] A. S. Eddington: The Mathematical Theory of Relativity. Cambridge 1923. Eine deutsche Übersetzung von Alexander Ostrowski und Harry Schmidt erschien 1925 unter dem Titel: Relativitätstheorie in mathematischer Behandlung. Berlin: Julius Springer 1925. Die deutsche Ausgabe war außerdem durch einen Anhang: „Eddingtons Theorie und Hamiltonsches Prinzip" von Albert Einstein bereichert worden. [b] Albert Einstein veröffentlichte im Jahre 1923 zu dem gleichen Thema mehrere Aufsätze in den Sitzungsberichten der Preußischen Akademie der Wissenschaften, Physik.-Mathem. Klasse: Zur allgemeinen Relativitätstheorie, S. 32–38 und S. 76–77. Zur affinen Feldtheorie. S. 137–140. Die letzte, auf die Pauli sich hier bezieht, wurde am 31. Mai vorgelegt und erschien am 28. Juni 1923. [c] Nach Entdeckung der Antiteilchen wurde dieser Einwand natürlich hinfällig. [d] Pauli [1921]. Paulis späterer Standpunkt wird in den ergänzenden Anmerkungen zu der späteren englischen und der italienischen Ausgabe dargestellt. [e] Zu diesem auf Einstein zurückgehenden Einwand (siehe z. B. die Diskussion nach dem Vortrag von Weyl auf der 86. Naturforscherversammlung in Nauheim vom 19.–25. September 1920, Physik. Z. **21,** 651 (1920)), wurde später von Weyl ein Ausweg vorgeschlagen. (Siehe hierzu die beiden unter 3 genannten Aufsätze Weyls in den Naturwissenschaften.)

[46] Pauli an Landé

Kopenhagen, 23. September 1923

Lieber Herr Landé!

Vielen Dank für die Zusendung der Korrekturbogen Ihrer Arbeit[a]. Über meine letzte Karte werden Sie sich wohl sehr amüsiert haben. Die Sache war einfach die: Ihre Arbeit kam lange Zeit nicht und da dachte ich inzwischen darüber nach, was wohl darin stehen dürfte. Nun fand ich es sehr lustig, daß ich das wesentliche richtig erraten habe. Sie haben mir mit der Publikation meiner brieflichen Mitteilungen an Sie einen sehr großen Dienst erwiesen, denn ich hätte mein Gewissen kaum beruhigen können, wenn ich diese unabgeschlossenen Modellbetrachtungen in einer eigenen Arbeit publiziert hätte. Andererseits ist es mir sehr lieb, daß sie nun doch gedruckt sind, ohne daß ich die volle Verantwortung dafür tragen muß. Vielleicht können Sie oder andere sie viel eher weiterbilden als ich selbst.

Ich möchte nun der Reihe nach diejenigen Punkte besprechen, wo ich etwas zu fragen habe bzw. einer etwas abweichenden Ansicht bin.

1. Sie sagen auf S. 3 nur ganz kurz, daß die in Rede stehende Zuordnung die einzige ist, die mit den Beobachtungen verträglich ist[b], ohne anzugeben, um was für Beobachtungen es sich handelt. Auf welche Multipletts beziehen sie sich? Sind sie publiziert?

2. Wie steht es mit der Prüfung der γ-Formel[c] bei starken Feldern durch die Beobachtung? Es ist zu betonen, daß die γ-Formel und die spezielle Zuordnung der Terme zunächst logisch voneinander ganz unabhängig sind.

3. Die Normierung des Schwerpunktes des Multipletts[d] ist in der Tat eine sehr natürliche. Man kann nämlich Ihre Fußnote 2 auf S. 3 dahin verallgemeinern, daß der Schwerpunkt stets zu bilden ist, indem man jeden J-Wert mit seinem statistischen Gewicht (der Anzahl $2J$ der zugehörigen m-Werte) versieht; bezeichnet man mit $(E)_0$ den normierten Energiewert $\gamma\omega$, so gilt allgemein

$$\sum_J J\,\gamma_J = \sum_m \sum_J (E)_0 = 0.$$

Da $\sum_m (E)_0$ bei starken und schwachen Feldern denselben Wert hat (Permanenz), so genügt es, das Verschwinden der Doppelsumme bei starken Feldern nachzuweisen. Hier kann man aber auch nach m_R, m_k summieren statt nach m, J, und es ist in der Tat

$$\sum\sum (E)_0 = \frac{1}{KR} \sum_{m_R} \sum_{m_k} m_k m_R = 0,$$

da ebenso viele positive wie negative Werte von m_k und m_R vorhanden sind.

4. Zu S. 9.[e] Es handelt sich *bei gegebenem m* natürlich nicht um $4RK$ Werte von g und γ und also auch nicht im ganzen um $(4RK)$! Vertauschungsmöglichkeiten, da man ja nur zum gleichen m-Wert gehörige Werte unter sich vertauschen kann.

5. Das Minimumprinzip (13) scheint mir zunächst zu mystisch zu sein. Auch scheint mir Ihre Deutung als Minimum des Energieaufwandes nicht zutreffend zu sein, denn dieser ist ja

$$|(mg_{\text{stark}} - mg_{\text{schwach}})\, oh + (\gamma_{\text{stark}} - \gamma_{\text{schwach}})\, \omega|$$

und *nicht*

$$|(mg_{\text{stark}} - mg_{\text{schwach}}) + (\gamma_{\text{stark}} - \gamma_{\text{schwach}})|.$$

Wie ich Ihnen, glaube ich, schon früher schrieb, Sie aber in Ihrer Arbeit nicht erwähnen, ist aber die fragliche Zuordnung diejenige, die beim am Schlusse Ihrer Arbeit besprochenen Ersatzmodell zutrifft*. Ich vermute überdies, daß sie auf Grund der Mechanik auch bei anderen Wechselwirkungskräften, unabhängig vom speziellen Modell, resultieren dürfte, sofern man nur nicht durch mechanisch instabile Bewegungen hindurchgeht. Bis jetzt konnte ich diese Verallgemeinerung jedoch nicht beweisen. Falls mir dies gelingt, will ich eventuell darüber eine Note in die Zeitschrift für Physik schreiben.[f] Es ist überhaupt bemerkenswert, daß gewisse *allgemeine* Ergebnisse der Quantentheorie der bedingt periodischen Systeme gültig bleiben.

6. Ihr Vorschlag zur Berechnung der Parheterme[g] ist sehr witzig. Nun müssen Sie es aber auch ausrechnen. Dies dürfte kaum Schwierigkeiten bieten, und für die angeregten Terme dürften die zwei ersten Näherungen bereits ausreichen. Man müßte das säkulare Verhalten der Exzentrizitäten der Bahnellipsen im Fall starker Felder aus der Mechanik entnehmen und das innere System mit doppelt so schneller Winkelgeschwindigkeit um die Feldachse präzessieren lassen wie das äußere. Ich glaube, man sollte dies unbedingt probieren! Natürlich ist aber sehr wohl möglich, daß die Mechanik bei der Berechnung der Wechselwirkungsenergie hier auch schon in starken Feldern versagt. Dafür scheint schon das formale Auftreten des halbzahligen K in den Formeln (oder wie ich allgemeiner sagen möchte (vgl. unten) die „k-Anomalie") zu sprechen.

7. Zur Ihrer Note in „Naturwissenschaften"[h] und den Fußnoten 1 bis 3 auf S. 2.[i]

Ich möchte zunächst sehr protestieren gegen Ihren Schluß, im Normalzustand des He könnten die beiden Elektronenbahnen nicht äquivalent sein. Erstens sehe ich nicht, wieso ein solcher Schluß aus Ihren Zahlenwerten für R, K, J gezogen werden kann, da hier ja $R = K$ ist, die einzige Bedingung, die die Forderung der Äquivalenz *zweier* Elektronenbahnen diesen Zahlenwerten auferlegt. Zweitens enthält die Bohrsche Auffassung eine überzeugende Stütze in dem Umstand, daß bei den Erdalkalien die Hauptquantenzahl des größten s-Terms um 1 größer ist als die des s-Terms im Funkenspektrum, während die des größten S-Termes mit dieser übereinstimmt**. Man sieht hieraus: *Wenn bereits Elektronen mit bestimmten Werten von n und k vorhanden sind, so ist die Bindung eines weiteren Elektrons mit denselben Werten von n und k nur unter besonderen Umständen möglich.* Wenn die Bahnen nicht äquivalent wären, wäre dies kaum zu verstehen. Welches diese besonderen Umstände sind, ist noch nicht genau ermittelt; doch wird man vermuten, daß die in Frage stehende Bindung jedenfalls nur möglich ist, *wenn der betreffende Term einer Reihe von Einfachtermen angehört.* (Dies hält Bohr für wahrscheinlich, wenn auch noch nicht für gesichert. Man versteht dann z. B., daß in der 3. Reihe des periodischen Systems der Normalzustand ein p-Term ist.) – Auch ist das Aufbauprinzip nicht „erschüttert", wenn man es nur für die Quantenzahlen n

* Dies ist das Resultat einer längeren Rechnung. Ich bin aber auf diese Weise auf die Zuordnung gekommen.

** Dies sieht man beim ersten Anblick der empirischen Termwerte.

und k behauptet und nicht für j. (Letzteres hat Bohr auch nie getan.) Man kann es etwa so formulieren: Denkt man sich ein neutrales Atom dadurch gebildet, daß ein Elektron nach dem anderen gebunden wird, so behalten die Elektronen ihre Werte von n und k, die sie im Normalzustand der zugehörigen Ionen einmal erhalten haben, stets bei. Dies genügt, um im Verein mit der Vorstellung der in das innere eindringenden Bahnen, zu einem allgemeinen Verständnis der Eisen- und Platintriaden und der seltenen Erden zu gelangen. (Was man noch nicht versteht, sind die Periodenlängen 2, 8, 18, 32, . . .)

Das Verbot der Stellung $m=0$ hat Bohr nur für das H-Atom (und He^+, Li^{++}, etc.) ausgesprochen und hier will er auch daran festhalten. Das H-Spektrum nimmt ja auch noch in anderer Hinsicht eine Sonderstellung ein, z. B. in Bezug auf den Wechselsatz. Bei den anderen Atomen würde die analoge Betrachtung übrigens gar nicht auf das Verbot von $m=0$, sondern auf das Verbot derjenigen Stellungen führen, bei denen im starken Feld $m_k=0$ ist. Daß dieses Verbot *nicht* zutrifft, liegt wohl am allgemeinen Versagen der Quantentheorie der bedingt periodischen Systeme.

Eine wichtige Aufgabe ist nun, die in Wirklichkeit zutreffenden Formeln für mittlere Felder zu finden. Mit der Näherung, mit der die Intervallregel gilt, müssen es ja ganz bestimmte Formeln sein. Ob die Voigtschen Formeln für Dubletts und Heisenbergs kubische Gleichungen für Tripletts richtig sind? Sie sind jedenfalls mit der γ-Formel im Einklang. Vielleicht kann man eine formale Verallgemeinerung für höhere Multipletts finden, auch ohne das ganze physikalische Problem wirklich zu lösen. Die γ-Formel ist ja ein erster Schritt in dieser Richtung.

Ich bin ferner gar nicht mit Ihnen einig, daß man die Zahlen R, K, J als die wahren Impulse ansehen muß. Ich hoffe, Ihnen noch mehr darüber sagen zu können, wenn ich mehr über die Sache nachgedacht haben werde. Hier will ich nur folgendes bemerken: Man führe statt Ihrer Zahlen R, K, J die Zahlen $r=R+\frac{1}{2}$, $k=K+\frac{1}{2}$, $j=J+\frac{1}{2}$ ein (also k, j mit den Zahlen meiner Arbeit identisch; das dortige i wird aber nicht mehr verwendet). Die Formeln für g und γ schreiben sich dann einfach

$$g=\frac{3}{2}+\frac{1}{2}\cdot\frac{r(r-1)-k(k-1)}{j(j-1)},$$

$$\gamma=\frac{j(j-1)-r(r-1)-k(k-1)}{(\textit{Nenner fraglich})}.$$

Der Nenner in γ braucht ja nicht mit $2KR$ übereinzustimmen, man kann ihn z. B. gleichsetzen $k(r-1)+r(k-1)$. Sie sehen, die Formeln könnten gar nicht symmetrischer sein! Auch schreiben sich die Formeln für m_R und m_k ebenso einfach, da hier ja nur die Differenzen der Zahlen R, K, J eingehen. An irrationale Impulswerte will ich nicht denken; man würde ja dann u. a. den Übergang zu den rationalen Werten von m_R und m_k nicht verstehen. Jedoch sieht man, daß jeder Impuls nicht durch eine einzige Zahl, sondern durch ein Zahlen*paar* vertreten wird. Die Impulse scheinen in gewisser Hinsicht *zweideutig* zu sein. Indem z. B. der Atomrest bald mit der einen, bald mit der anderen Zahl als Impuls reagiert, kommt die Verletzung der Bilanz der statistischen Gewichte bei der Koppelung zu Stande. Man sieht ferner, daß sich diese Zweideutigkeit auch auf das k erstreckt. Ein halbzahliges k gibt es aber nach dieser Auffassung nicht. Diese Auffassung scheint also auch mit den Tatsachen der Röntgenspektren besser in Einklang zu sein. Es gibt da noch viel nachzudenken, z. B. wie sich dies zur scheinbaren Eindeutigkeit der m, m_R, m_k verhält. Ich brauche nicht besonders zu betonen, daß dies vorläufig nur blauer Dunst ist*. Ich will nur hervorheben, daß uns Ihre Zahlen R, K, J als wahre Impulswerte keineswegs als gesichert zu gelten brauchen.

Was meine theoretischen Betrachtungen zu den Beobachtungen von Hansen u.s.w.[j] betrifft, so beziehen sie sich hauptsächlich auf die Intensitäten der im Felde neu erscheinenden (p, p)-Kombinationen und ihrer Komplexstrukturkomponenten. Ich kann erklären, daß erstens bei den schon bei Abwesenheit des Feldes vorhandenen Spektralserien im Feld in erster Näherung keine *neuen* Komplexstrukturkomponenten auftreten, zweitens daß bei den (p_3, P_3) Kombinationen (Bezeichnung von Hansen u.s.w.) nur die π-Komponenten vorhanden sind (dies ist ja ziemlich trivial) und drittens, daß bei den (p_3, P_2) und (p_2, P_3) Kombinationen nur die σ-Komponenten vorhanden sind. Zu einer vollen Erklärung des ganzen Intensitätsbildes der (p, P)-Komponenten bin ich aber noch nicht gelangt. Und zwar hängen die Schwierigkeiten eben mit unserer teilweisen Unkenntnis der Größen und relativen Lagen der Impulse des Atoms zusammen. Ich will, bevor ich publiziere,[k] die Sache weiterverfolgen. Vielleicht kann man umgekehrt aus den beobachteten Intensitäten etwas über die Impulse schließen.

In ca. 10 Tagen fahre ich nach Hamburg. Bohr ist bereits nach Amerika abgereist. Empfehlungen an Prof. Paschen und die besten Grüße an Sie selbst und Herrn Back, dem ich viel Erfolg beim Pb wünsche.

Ihr

W. Pauli

---

* Diesmal möchte ich also nicht, daß Sie dies publizieren . . .

[a] A. Landé: Termstruktur und Zeemaneffekt der Multipletts. Zweite Mitteilung Z. Phys. **19**, 112–123 (1923). Eingegangen am 16. August 1923. [b] Auf S. 116 der unter *a* zitierten Arbeit weist Alfred Landé auf Paulis briefliche Mitteilung mehrerer Zuordnungsmöglichkeiten der Terme für den Übergang von schwachen zu starken Feldern hin. Weiter heißt es hier, daß „die von Pauli als wahrscheinlichste bezeichnete in der Tat allein den Beobachtungen gerecht wird, und sich übrigens aufgrund eines allgemeineren Postulats ableiten läßt". Paulis Verstimmung über diese eigenmächtige Veröffentlichung seiner Ergebnisse durch Landé klingt auch noch einmal in seinem späteren Schreiben [71] vom November 1924 an. [c] γ sind die von Landé in der hier besprochenen Arbeit eingeführten Intervallfaktoren, für die Landé für schwache Felder den folgenden Ausdruck angibt:

$$\gamma = \frac{J^2 + \frac{1}{4} - R^2 - K^2}{2RK}.$$

[d] In Landés Ausdruck für die Aufspaltung eines Terms im Magnetfeld

$$\nu = \nu_0 + \gamma\omega + mgo$$

ist ν_0 als „Schwerpunkt" bezeichnet. ω ist dabei eine für alle Terme eines Multipletts gemeinsame Frequenz. [e] Auf S. 120 der Veröffentlichung. Ebenso steht dort auch das unter 5. genannte Minimumprinzip zur Gewinnung der Termzuordnungen beim Übergang von schwachen zu starken Feldern. [f] Pauli (1924 a). [g] In einer Fußnote auf S. 121 gibt Landé einen Weg an, wie man in Analogie zu den Methoden (Permanenz der g- und γ-Summen), die mit Erfolg eine Zuordnung der Terme beim Übergang von schwachen zu starken Feldern gestatten, diese auch bei der Berechnung der Heliumterme nutzbar machen kann. [h] A. Landé: Das Versagen der Mechanik in der Quantentheorie. Naturwiss. **11,** 725–726 (1923). Abgeschlossen am 15. Juli 1923. Über das gleiche Thema hatte Landé wenig später auf dem Physikertag in Bonn vom 16.–22. September 1923 vorgetragen. Diesen Vortrag über „Schwierigkeiten in der Quantentheorie des Atombaues, besonders magnetischer Art", findet man in Physik. Z. **24,** 441–444 (1923). [i] Fußnoten 2, 3 und 4 auf S. 113 von Landés Veröffentlichung[a]. [j] H. M. Hansen, T. Takamine, S. Werner: On the effect of magnetic and electric fields on the mercury spectrum. Kongelige Danske Videnskabernes Selskab, Matematisk-fysiske Meddelelser V. Nr. 3 (1923). [k] Pauli (1925 c).

Im Sommersemester 1923 war Heisenberg wieder in München und beendete hier bei Sommerfeld seine Doktorarbeit „Über Stabilität und Turbulenz von Flüssigkeitsströmen"[1]. Die mündliche Prüfung fand am 23. Juli statt, die Heisenberg durch seine Vernachlässigung der Experimentalphysik bei Wilhelm Wien nur knapp bestand, eine Episode, die zu vielfachen Scherzen Anlaß gab.[2] Wieder nach Göttingen zu Max Born zurückgekehrt, setzte er seine Bemühungen um die Deutung des anomalen Zeemaneffektes fort. In origineller Weise versucht er diesmal, angeregt durch die eigentümliche Gestalt der Landéschen g-Formel[3]

$$g = 1 + \frac{1}{2}\,\frac{j(j+1) + s(s+1) - l(l+1)}{j(j+1)}$$

(R = Rumpfimpuls, K = Bahnimpuls des äußeren Elektrons, J = Gesamtimpuls des Atoms; in der Bezeichnung von Landé!) durch eine „Abänderung der formalen Regeln der Quantentheorie" zum Ziel zu gelangen. Nach Pauli ergab sich nämlich für die g-Formel des sog. „Ersatzmodells", das von einem Atomrest mit doppeltem Magnetismus ausgeht und sich im Rahmen der Quantentheorie der bedingt periodischen Systeme berechnen läßt, anstelle der $j(j+1)$, $s(s+1)$, $l(l+1)$ die Quadrate j^2, s^2, l^2 diese Größen.[4] Heisenberg machte deshalb Ernst mit der „Diskretitierung" der Quantentheorie, indem er hier [47] ein Verfahren für die Übersetzung der Differentialquotienten der klassischen Mechanik zu den in der Quantentheorie auftretenden Differenzenquotienten angibt, das überraschenderweise wesentliche Züge der Beobachtungen richtig wiedergibt. Die Anwendung seines Verfahrens auf das „Ersatzmodell" führten zu dem empirisch gesicherten g-Faktor und einem Verständnis der Summenregeln (Permanenzgesetze) für die anomalen Zeemaneffekte. Seine Ergebnisse veröffentlichte Heisenberg erst im Juni des folgenden Jahres[5].

[1] Die Arbeit wurde später in überarbeiteter Form unter dem gleichen Titel in den Ann. Phys. **74,** 577–627 (1924) (eingegangen am 20. Februar 1924) veröffentlicht.

[2] Vgl. hierzu die Darstellung bei A. Hermann: Werner Heisenberg in Selbstzeugnissen und Bilddokumenten. Reinbek bei Hamburg: Rowohlt Taschenbuch Verlag GmbH 1976. Dort S. 23 ff; ebenso bei Max Born in seiner Autobiographie: Mein Leben. München: Nymphenburger Verlagshandlung GmbH 1975. Dort S. 291 ff.

[3] Heisenberg benutzte damals natürlich die Landéschen Bezeichnungen R, K, J, die mit unseren heutigen Symbolen gemäß $R=s+\frac{1}{2}$, $K=l+\frac{1}{2}$, $J=j+\frac{1}{2}$ zusammenhängen.

[4] Vgl. hierzu [40], sowie den Kommentar dort.

[5] W. Heisenberg: Über eine Abänderung der formalen Regeln der Quantentheorie beim Problem der anomalen Zeemaneffekte. Z. Phys. **26**, 291–307 (1924). Eingegangen am 13. Juni 1924. Weitere Ausführungen findet man außerdem in Heisenbergs Briefen vom 7. Dezember 1923 an Landé und vom 22. Dezember 1923 an Bohr.

[47] Heisenberg an Pauli

Göttingen, 9. Oktober 1923

Lieber Pauli!

Haben Sie für Ihre Karte vielen Dank! Wie Sie sehen, bin ich schon in Gött[ingen] und wir würden uns alle sehr freuen, wenn Sie uns besuchen könnten.

Als Antwort auf Ihre Karte ist zu bemerken:

a) meine Dissertation war über das Turbulenzproblem und erscheint, wenn ich nicht zu faul bin, in einiger Zeit in den Annalen.[a]

b) Die neue Göttinger Theorie des anomalen Zeemaneffekts lautet ungefähr folgendermaßen:

1.) Die Modellvorstellungen haben prinzipiell nur einen symbolischen Sinn, sie sind das klassische Analogon zur „diskreten“ Quantentheorie.

2.) Bis jetzt war es üblich, von den Modellsymbolen zu den wirklich ausgestrahlten Frequenzen überzugehen dadurch, daß man die Energie $H(J_1, \cdots, J_h)$ aus dem Symbol übernahm und zu den ν_{qu} durch Differenzenbild[un]g (anstatt Differentialq[uotient]) gelangte: $\nu=\Delta H$.

3.) Dies ist nur ein spezieller Fall, der für Wasserstoff richtig ist. Bei anderen Problemen muß man andere Funktionen statt H aus dem Symbol übernehmen. Eine allgemeine Theorie, *welche* Funktionen der $J_1, \cdots, J_h$, steht noch aus.

4.) Für die anom[alen] Zeemaneffekte lautet die fragliche Funktion

$$F(k, r, j, m)=\int H(k, r, j, m)\,dj=\int H\,dj.$$

Aus F gelangt man zu H_{qu} durch $\Delta F=H_{qu}$, von H zu ν durch $\Delta H=\nu$[b].

5.) Das Modell der anom[alen] Zeemaneffekte ist im Wesentlichen das auch von Ihnen betrachtete Modell[c]: Rumpf mit doppeltem Magnetismus, Elektron wie gewöhnlich. Die Numerierung der Quantenzahlen heißt jetzt eindeutig: $k=\frac{1}{2}, \frac{3}{2}, \frac{5}{2}, \ldots$, r (Rumpfring) $=1$ bei Dubletts, $\frac{3}{2}$ bei Tripletts usw., wie bei Landé. Dagegen $j=k+r,\ k+r-1, \ldots, k-r$. Es sind also die Parallelstellungen *ständig mit einbegriffen*, ebenso bei m, das jetzt $m \leqslant j$ sein muß, wo $m=j$ immer vorkommt. $m=j, j-1, \ldots, -j$.

6.) Jetzt kommt *alles* richtig heraus. Z.B. wird F für kleine Felder:

$$F=\omega\frac{\frac{1}{3}j^3-r^2j-k^2j}{2kr}+vm\cdot\left(j+\frac{j^2-r^2+k^2}{2j}\right)$$

(v = Larmorpräzession, ω „innere" Präzession).

Nehmen wir nun etwa Tripletts, $k=\frac{5}{2}$ (d-Term), $r=\frac{3}{2}$; $j=4, 3, 2, 1$.

	F	H_{qu}	$\Delta\nu_0$ [ohne Feld]	
$j=4$	$-\omega\frac{76}{45}+vm\frac{13}{2}$	(g-Werte)		
		$\omega\frac{23}{45}+vm\frac{4}{3}$		
$j=3$	$-\omega\frac{99}{45}+vm\frac{31}{6}$		$\omega\frac{12}{15}$	verhält sich wie 2:3, wie es sein soll
		$-\omega\frac{13}{45}+vm\frac{7}{6}$		
$j=2$	$-\omega\frac{86}{45}+vm4$			
			$\omega\frac{8}{15}$	
$j=1$	$-\omega\frac{49}{45}+vm\frac{7}{2}$	$-\omega\frac{37}{45}+vm\frac{1}{2}$		

7.) Auch für mittlere Felder, ebenso für die Zeemaneff[ekte] im Bleispektrum läßt sich nun alles hinschreiben. Beim Blei würd[e] ich daher gerne Beob[achtungen] haben, um meine Werte zu kontrollieren, kennen Sie welche? Das Blei kommt dadurch heraus, daß man den Rumpf (*Tl* !) als im „$2p_2$-Zustand" befindlich, als den Magnetismusfaktor daher $\frac{2}{3}$ ansieht; hoffentlich ist's richtig.

8.) Auch das Summationsprinzip ist, wie man etwas umständlich beweist, erfüllt.

Das entscheidend positive an dieser Theorie scheint mir darin zu liegen, daß das Modell und besonders seine Impulsorientierungen alle ganz normal sind, so wie man sie konsequent erwarten muß. Landés schiefwinklige Impulse fallen weg. Das einzig anomale sind die halben Quantenzahlen und der Magnetismus.

Das *Aufbauprinzip* ist nun völlig erfüllt[d]. Das Ion eines Elements entspricht genau dem vorhergehenden Elemente; der Be-Rumpf hat denselben Impuls, wie Li. Da nun immer $k=\frac{1}{2}$ angelagert wird, muß der Wechselsatz in aller Schärfe gelten und ist trivial.

Das erheblich negative der Theorie ist, daß man nun die Quantentheorie überhaupt nicht mehr versteht. Das ist mir aber sehr sympathisch. Das eigentliche

Ziel muß jetzt sein, von den Symbolmodellen *eindeutig* zu den diskreten Zuständen zu gelangen; ob den so erhaltenen Formeln ein faßbarer Sinn zukommt, ist mir zweifelhaft. Born faßt unsere Aufgaben für die nächste Zeit in dem Wort: „Diskretitierung der Atomphysik" zusammen.

Nun bin ich neugierig, wieviel von dem allen richtig bleibt, wenn ich länger darüber nachdenke und bin gespannt darauf, wie Sie dies verdauen.[e]

Also schreiben Sie recht bald und auf Wiedersehn in Gött[ingen]!

Ihr W. HEISENBERG

[a] Vgl. Fußnote 1 im Kommentar. [b] In seiner späteren Veröffentlichung 5 gibt Heisenberg genauer den Ausdruck $H_{qu}=F\left(J+\frac{1}{2}\right)-F\left(J-\frac{1}{2}\right)=\int_{-\frac{1}{2}}^{T} H_{kl}dJ$ an. [c] Es wurde von Pauli und Landé als „Ersatzmodell" bezeichnet. [d] Gemäß dem Aufbauprinzip sollte ein J-Wert als Impulsquantenzahl des Atomrestes bei dem folgenden Element im periodischen System wiederkehren, während die Beobachtungen zu $J+\frac{1}{2}$ oder $J-\frac{1}{2}$ führten (Verzweigungssatz). Die endgültige Klärung dieses Sachverhaltes kam allerdings erst durch die Einführung des Elektronenspins zustande. [e] Pauli äußert seine Ansichten über Heisenbergs Abänderungsvorschläge in seinem Handbuchartikel [1926], dort auf S. 237ff. Vgl. ebenso den Brief [52].

Paulis Arbeit über das thermische Gleichgewicht zwischen Strahlung und Elektronen (1923 c) hatte zu einer verallgemeinerten Gestalt des Wahrscheinlichkeitsgesetzes[1] (für sog. Compton-Debye Prozesse)

$$\frac{dW}{dt}=A\varrho_\nu+B\varrho_\nu\varrho_{\nu 1}$$

geführt, eine Verallgemeinerung des bekannten von Einstein eingeführten Ausdruckes

$$\frac{dW}{dt}=a+b\varrho_\nu$$

zur Herleitung des Planckschen Strahlungsgesetzes[2]. Einstein und Ehrenfest konnten nun zeigen, daß beide Formen Spezialfälle eines allgemeinen Vorgangs sind, in dem mehrere Quanten beteiligt sind[3]. Die Korrekturen ihrer Arbeit wurden auch an Pauli gesandt, der nun hierzu Stellung nimmt. In dem darauf anschließenden Schreiben [49] an Landé hatte Pauli sich diesen allgemeineren Standpunkt der Mehrquantenprozesse bereits zu eigen gemacht und erläuterte dort die Rolle der Kopplung der Elektronen bei diesen Prozessen.

[1] Vgl. [40] zusammen mit dem Kommentar dort.

[2] A. Einstein: Zur Quantentheorie der Strahlung. Physik. Z. **18,** 121–128 (1917).

[3] A. Einstein und P. Ehrenfest: Zur Quantentheorie des Strahlungsgleichgewichtes. Z. Phys. **19,** 301–306 (1923). Eingegangen am 16. Oktober 1923. (Eine Zusammenfassung dieser Arbeit wurde von Pauli

für die Physikalischen Berichte **5,** 489 – 490 (1924) gemacht.) Pauli bezeichnete in seinem Handbuchartikel [1926] auf S. 25 die hier betrachteten Mehrquantenprozesse auch als Einstein und Ehrenfest Prozesse allgemeinerer Art.

[48] Pauli an Einstein

Hamburg, 10. November 1923

Sehr geehrter Herr Professor!

Ich möchte Ihnen noch vielmals danken für die freundliche Zusendung der Korrekturbogen der Arbeit von Ihnen und Ehrenfest[a], mit der Sie mir eine große Freude gemacht haben. Ich bin sehr froh über Ihre Elementarprozesse, bei denen mehrere Quanten zugleich absorbiert oder emittiert werden. Diese haben nämlich, soviel ich sehe, auch ein korrespondenzmäßiges Analogon in der klassischen Theorie. In den auf dieser Theorie basierenden Rechnungen von Ihnen und Hopf[b] sowie von Fokker[c] wird ja die auf das schwingende Partikel wirkende Feldstärke von dessen Gleichgewichtslage aus in eine Taylorsche Reihe entwickelt. Bei Berücksichtigung auch der in der Elongation des Teilchens quadratischen und höheren Glieder dieser Reihe (die in den genannten Arbeiten fortgelassen werden) wird sich in der Tat ein Energieumsatz pro Zeiteinheit ergeben, der höheren Potenzen der Strahlungsdichte proportional ist und Ihren Quantenprozessen höherer Ordnung korrespondiert.

Diese Prozesse beseitigen überdies eine eigentümliche Schwierigkeit. Nach dem Ergebnis meiner Rechnung[d] scheint es nämlich so, als ob bei gegebenen Wahrscheinlichkeitsfunktionen der Elementarprozesse außer dem Planckschen Strahlungsfeld auch noch andere Strahlungsfelder mit dem Elektronengas mit Maxwellscher Geschwindigkeitsverteilung in statistischem Gleichgewicht verharren könnten. Nämlich alle diejenigen, für die gilt:

$$\left(\frac{\alpha\nu^3}{\varrho_\nu}+1\right)e^{-\frac{h\nu}{kT}}=\text{konst.}=a,$$

also

$$\varrho_\nu=\frac{\alpha\nu^3}{a e^{\frac{h\nu}{kT}}-1},\quad\left(\alpha=\frac{8\pi h}{c^3}\right); \tag{1}$$

für das Plancksche Strahlungsgesetz ist speziell $a=1$. Ein entsprechender Sachverhalt gilt auch in der klassischen Theorie. Das Rayleighsche Strahlungsgesetz $\varrho_\nu = \frac{8\pi\nu^2}{c^3} kT$ ist nämlich nicht das allgemeine Integral der Differentialgleichung

$$\frac{c^3}{48\pi\nu^2}\varrho_\nu^2-\frac{1}{2}kT\left(\varrho\nu-\frac{\nu}{3}\frac{\partial\varrho_\nu}{\partial\nu}\right)=0$$

für ϱ_ν, die sich in der Arbeit von Ihnen und Hopf als Bedingung für das thermische Gleichgewicht ergab[e]. (Im Fall des freien Elektrons folgt dieselbe Differentialgleichung.) Dieses allgemeine Integral lautet vielmehr

$$\varrho_\nu = \frac{8\pi\nu^3}{c^3} \frac{1}{\frac{\nu}{kT} + A},$$

worin A eine Integrationskonstante ist und ergibt sich gerade aus (1), wenn man zur Grenze langer Wellen (bzw. $h \to 0$) übergeht, nachdem man $a = 1 + Ah$ gesetzt hat. – Die Vermutung lag nahe, daß dieses Ergebnis nur scheinbar, durch die benützte Näherungsmethode vorgetäuscht sei. Dies ist nun in der Tat der Fall. Für Ihre neuen Elementarprozesse höherer Ordnung ist nämlich die Bedingung für das thermische Gleichgewicht für das allgemeine Strahlungsfeld (1) mit beliebigem a nur dann erfüllt, wenn bei dem betrachteten Elementarprozess die Zahl der emittierten Quanten speziell gleich ist der der absorbierten. Im allgemeinen braucht dies ja keineswegs zuzutreffen und dann folgt, wie leicht zu sehen ist, notwendig $a = 1$. Das Plancksche Strahlungsfeld ist also das einzige, bei welchem für *alle* Arten von Elementarprozessen zugleich die Bedingung für das thermische Gleichgewicht erfüllt ist. Es ist zu vermuten, daß Analoges auch für die auf der klassischen Theorie basierende Rechnung gelten wird.

Nun noch eine letzte Bemerkung. Sie schreiben die Wahrscheinlichkeit eines Elementaraktes, bei dem die Quanten $h\nu_1, \ldots, h\nu_p$ absorbiert, die Quanten $h\nu_{p+1}, \ldots, h\nu_{p+q}$ emittiert werden, formal als Produkt von Wahrscheinlichkeiten der zugehörigen Teilprozesse, bei denen nur *ein* Quant absorbiert oder emittiert wird. Natürlich brauchen jedoch diese Teilprozesse isoliert gar nicht möglich zu sein, damit der zusammengesetzte Prozeß vorkommen kann. (So kann ja z. B. ein freies Elektron niemals ein Quant $h\nu$ absorbieren und in Translationsenergie verwandeln, ohne daß gleichzeitig ein Quant $h\nu'$ emittiert wird, weil dabei Energie- und Impulssatz nicht zugleich befriedigt werden könnten.) Da deshalb auch Ihre Teilkoeffizienten $a_1, b_1, \ldots$ für sich nicht physikalisch definiert sind, sondern nur gewisse Produkte derselben, so scheint es mir vorzuziehen, die Wahrscheinlichkeit des in Rede stehenden zusammengesetzten Elementarprozesses so zu schreiben:

$$\mathrm{W} = \mathrm{C}^{\nu_1 \ldots \nu_p}_{\nu_{p+1} \ldots \nu_{p+q}} \cdot \frac{\varrho_1}{\alpha\nu_1^3} \cdots \frac{\varrho_p}{\alpha\nu_p^3} \left(1 + \frac{\varrho_{p+1}}{\alpha\nu_{p+1}^3}\right) \cdots \left(1 + \frac{\varrho_{p+q}}{\alpha\nu_{p+q}^3}\right),$$

worin die Koeffizienten C nur die Bedingung erfüllen müssen, daß sie für zueinander inverse Prozesse gleich sind:

$$C^{\nu_1 \ldots \nu_p}_{\nu_{p+1} \ldots \nu_{p+q}} = C^{\nu_{p+1} \ldots \nu_{p+q}}_{\nu_1 \ldots \nu_p}.$$

Nun habe ich aber Ihre Geduld schon zu lange in Anspruch genommen. Nochmals bestens dankend

Ihr Sie sehr verehrender

W. PAULI

[a] Vgl. Fußnote 3. Paulis Veröffentlichung (1923c) war im Oktober in der Zeitschrift für Physik erschienen. [b] A. Einstein und L. Hopf: Statistische Untersuchung der Bewegung eines Resonators in einem Strahlungsfeld. Ann. Phys. **33**,1105–1115 (1910). Eingegangen am 29. August 1910. [c] A. D. Fokker: Sur les mouvements browniens dans le champ du rayonnement noir. Archives néerlandaises des sciences exactes et naturelles. A **4**, 379–401 (1918). [d] Pauli (1923c). Dort S. 284. [e] Vgl. S. 1114 der unter *b* zitierten Arbeit.

[49] PAULI AN LANDÉ

Hamburg, 28. November 1923

Lieber Herr Landé!

Auf Ihre freundliche Karte vom 15. habe ich folgendes zu erwidern. Nach meiner Ansicht kann von einer Diskontinuität im Verhalten von freien und sehr locker gebundenen Elektronen keine Rede sein. Wir haben vielmehr bei den letzteren zweierlei Prozesse zu unterscheiden. Die Einsteinprozesse mit der Häufigkeit $A - B\varrho_\nu$ und die inversen mit der Häufigkeit $B\varrho_\nu$ und zweitens die Compton-Debye Prozesse mit der Häufigkeit $A'\varrho_\nu + B'\varrho_\nu\varrho_{\nu 1}$ bzw. bei den inversen $A'\varrho_{\nu 1} + B'\varrho_{\nu 1}\varrho_\nu$. Hierbei ist $\frac{A}{B} = \alpha\nu^3$; $\frac{A'}{B'} = \alpha\nu_1^3$. In beiden Fällen tritt Ionisation eines Atoms bzw. Wiedereinfangen eines Elektrons auf. Ihr Unterschied besteht in folgendem: Bei den Prozessen erster Art ist nur *ein* Strahlungsquant beteiligt; aus dem Energie- und Impulssatz folgt dann, daß sie bei ganz freien Elektronen nicht auftreten können. A und B konvergieren nach Null bei schwächer und schwächer werdender Bindungskraft der Elektronen. Den Rückstoß $\frac{E}{c}$ erfährt hier, wie ebenfalls aus dem Energie- und Impulssatz folgt, in der Hauptsache das Atom bzw. Atomion und nicht das abgelöste Elektron. Solche Prozesse geben Anlaß zur sogenannten wahren Absorption der Röntgenstrahlen, die ungefähr proportional λ^3 ist. Bei den Prozessen zweiter Art, wo *zwei* Strahlungsquanten beteiligt sind, erhält jedenfalls das abgelöste Elektron einen um so überwiegenderen Teil des Rückstoßes $\frac{E}{c}$, je schwächer es gebunden ist. Bei stärkerer Bindung des Elektrons wird allmählich auch eine dritte Art von Prozessen auftreten: Solche, wo *zwei* Strahlungsquanten beteiligt sind, wo aber gar kein Elektron abgelöst wird aus dem Atom, wo also das ganze Atom den Rückstoß erhält*. Zwischen den Prozessen zweiter und dritter Art dürfte es einen kontinuierlichen Übergang geben; die Verhältnisse sind hier ziemlich kompliziert. Einfach wird die Sache jedoch wieder, wenn die Ionisationsenergie E des Atoms größer wird als das $h\nu$ der auffallenden Strahlung, da dann Prozesse zweiter Art offenbar gar nicht mehr stattfinden können (vgl. den Schluß meiner Arbeit). Die Prozesse erster Art geben dann natürlich die Linienspektren, können also nur bei diskreten ν-Werten stattfinden. Die Prozesse dritter Art müssen aber bei einem beliebigen ν als möglich angenommen werden, um der klassischen Streustrahlung bei der Dispersion Rechnung zu tragen. Nach dieser Auffassung könnte es scheinen, als wären im Inneren einer Linie zweierlei Prozesse möglich a) Einstein-Prozesse, bei denen die Rückstrahlung erst nach der endlichen Verweilzeit des Atoms im angeregten Zustand erfolgt. b) Compton-Debye-Prozesse 3. Art, bei denen momentane Streuung der Strahlung stattfindet und der angeregte Quantenzustand gar nicht hergestellt wird. – Ich bin jedoch überzeugt, daß dies nur ein Mangel der jetzigen Fassung der Quantentheorie ist und in Wirklichkeit sich (im Gebiet einer Linie selber) beide Arten von Prozessen nur als zwei mögliche Auffassungen desselben Prozesses herausstellen werden.

Zu den hier skizzierten Ansichten bin ich durch Analogiebetrachtungen zur klassischen Theorie gekommen. Der von Ihnen angegebene Verstärkungs-Effekt ist wohl vorhanden bei Bestrahlung mit Licht der Linie selber** (bei Bestrahlung mit anderen Frequenzen gewiß *nicht*, da hier ja ν mit ν_1 praktisch zusammenfällt), aber er ist wohl viel zu klein um experimentell zugänglich zu sein. Denn er würde Strahlungsdichten ϱ_ν erfordern, die mit $\alpha\nu^3$ vergleichbar sind. Das ist bei den zugänglichen Lichtquellen im allgemeinen kaum der Fall. – Von meiner im Druck befindlichen Arbeit über die mechanische Begründung der Termzuordnung beim Zeemaneffekt[a] hoffe ich Ihnen bald Korrekturen senden zu können.

Die besten Grüße

Ihr PAULI

* Solche Prozesse dürften auch bei der Reflexion der Röntgenstrahlen in Kristallen wirksam sein, da die Wellenlänge dabei praktisch nicht geändert wird (Kuhlenkampff[b].) Ersatz von m durch M in Comptons Formeln!

** Schon wegen Einsteins Zusatzterm $B\varrho_\nu$ zu A bei der Emission.

[a] Pauli (1924a). [b] H. Kulenkampff: Die Wellenlänge gestreuter Röntgenstrahlen. (Vorläufige Mitteilung) Z. Phys. **19**, 17–19 (1923). Eingegangen am 20. August 1923.

[50] Heisenberg an Pauli

Göttingen, 7. Dezember 1923

Lieber Pauli!

Hiermit möchte ich Ihnen mein Zeemangemüse mit Quantensoße schicken[a], damit Sie es, wenn Sie Zeit haben, durchlesen und zwar möchte ich gerne von Ihnen wissen: 1. Ob Sie es für absoluten Mist halten, 2. wenn nicht, a) ob Sie so gut sein wollen, es, sobald Bohr erreichbar ist, ihm zur Kritik zu schicken, denn ich würde vor der Publikation gerne den „päpstlichen Segen" erhalten, b) oder ob Sie diese Bitte an Bohr für unbescheiden halten und es mir daher lieber gleich zurückschikken[b]. 3. Was Sie an der Arbeit für falsch und was für richtig halten.[c]

Geändert hat sich seit unserer „langweiligen Einigkeit" die Geschichte mit den unbestimmten $g_r = \frac{0}{0}$[d]. Diese kommen nicht vor, weil $\gamma = 0$ kein Spektrum geben kann. Trotzdem glaub ich nicht mehr, daß man durch die bekannte Formel *alle* Zeemaneffekte bekommt, die es gibt; wenn Elektronen in äquivalenten Bahnen umlaufen, passiert etwas besonderes. Das Störungsproblem, das entsteht, wenn man 2 äußere Elektronen hat, hat übrigens einen besonderen Witz. Wenn nämlich das eine Elektron sehr stark gebunden ist, muß herauskommen, daß man das quantentheoretische g_r statt dem klassischen nehmen muß und daß immer noch das Kosinusgesetz[e] gilt. Beides muß natürlich irgendwie hineingesteckt werden, aber wie?

Sonst gibts hier wenig Neues; von Nordheim hörte ich, daß Sie bei der Wärmeleitung wesentlich weiter gekommen seien, das freut mich sehr. Auch Ihre Elektronen haben mir sehr gut gefallen[f] – gestern las ich in den Naturwissenschaften einen Aufsatz von Bothe[g], der mir z. Z. noch sehr spanisch vorkommt, was meinen Sie dazu? Wann erscheint Ihre Arbeit über die Zuordnung von j und q? Ich habe diese Arbeit x-mal zitiert und bin allmählich also gespannt darauf, sie wirklich zu lesen[h].

Wie gehts den Intensitäten bei Hg?[i] – Hinsichtlich der „quantentheor[etischen]" Intensitäten bin ich noch nicht sehr weitergekommen, aber was nicht ist, kann noch werden. Trotz Comptoneffekt wird's mir immer sympathischer, zu sagen, daß die ganze Balmerserie (gleichzeitig?) auch von *einem* einzigen Elektron und Atom ausgestrahlt wird.

Die Arbeit über Moleküle von Born und mir ist jetzt auch fertig[j], sie enthält Klammersymbole bis zu 8 Indices und wird wahrscheinlich von niemand gelesen. Seien Sie so gut und schreiben mir bald wieder[k]; mit vielem Dank im voraus

W. Heisenberg

[a] W. Heisenberg: Über eine Abänderung der formalen Regeln der Quantentheorie beim Problem der anomalen Zeemaneffekte. Z. Phys. **26,** 291 – 307 (1924). Eingegangen am 13. Juni 1924. Vgl. hierzu auch [47]. [b] Vgl. hierzu [52]. Bohr war zu diesem Zeitpunkt noch in Amerika und Pauli veranlaßte Heisenberg sein Manuskript nochmal abzuschreiben, da es in deutscher Schrift verfaßt war, bevor er es an Bohr sendete. Ein Manuskript dieser Arbeit mit dem ursprünglichen Titel „Über ein neues Quantenprinzip und dessen Anwendung auf die Theorie der anomalen Zeemaneffekte" befindet sich im Bohr-Archiv in Kopenhagen (SHQP 45, 8). Siehe auch den Brief Heisenbergs an Bohr vom 27. (29.?) Dezember 1923 (BSC, MF. 11). Am Rande des Briefes befindet sich der Vermerk von Pauli: „lateinische Buchstaben". [c] Paulis späterer Standpunkt zu Heisenbergs Arbeit ist in [1926], S. 238 dargelegt. [d] Heisenberg bezieht sich auf den g-Wert des P_0-Termes eines Tripletts, der hier unbestimmt bleibt, da in diesem Fall wegen $j=0$ auch $m=0$ wird und die magnetische Energie verschwindet. [e] Als „Kosinusgesetz" wurde die Voraussetzung einer Wechselwirkung zwischen Elektron und Atomrumpf proportional zum Kosinus des Winkels zwischen den entsprechenden Drehimpulsen bezeichnet. Vgl. z. B. die unter *a* zitierte Arbeit von Heisenberg. [f] Pauli (1923 c). [g] W. Bothe: Elektronenstoß bei der Zerstreuung der Röntgenstrahlen und Lichtquantenhypothesen. Naturwiss. **11,** 965 – 966 (1923). Eingegangen am 9. November 1923. [h] Pauli (1924 a). [i] Wilhelm Hanle, damals junger Assistent von James Franck in Göttingen, untersuchte den Einfluß schwacher magnetischer Felder auf die Polarisation des Resonanzfluoreszenzlichtes von Quecksilber (später als Hanle-Effekt bezeichnet). Eine vorläufige Mitteilung erschien unter dem Titel „Über den Zeemaneffekt bei der Resonanzfluoreszenz" in Naturwiss. **11,** 690 – 691 (1923), signiert am 28. Juni 1923. Die Möglichkeit auf diese Weise Aufschlüsse über den Zusammenhang von Polarisation und Intensität von Spektrallinien zu erhalten, machte diese Erscheinungen zu einem interessanten Anwendungsgebiet der Quantentheorie. Heisenberg veröffentlichte ein Jahr später während seines Aufenthalts in Kopenhagen eine Untersuchung: Über eine Anwendung des Korrespondenzprinzips auf die Frage nach der Polarisation des Fluoreszenzlichtes. Z. Phys. **31,** 617 – 626 (1925). Eingegangen am 30. November 1924. [j] M. Born und W. Heisenberg: Zur Quantentheorie der Molekeln. Ann. Phys. (4) **74,** 1 – 31 (1924). Eingegangen am 21. Dezember 1923. Pauli fertigte eine Zusammenfassung dieser Arbeit für die Phys. Ber. **5,** 1307 – 1308 (1924) an. [k] Paulis Antwortschreiben an Heisenberg ist, wie viele aus dieser Periode, nicht erhalten. Besonders wichtig sind deshalb die meist mit Bleistift ausgeführten Randbemerkungen Paulis. Am oberen Briefrand enthält dieser Brief die folgenden Vermerke: „Arbeit über Zuordnung im Druck. 1. Deutsche Buchst[aben]. 2. Kramers fragen. 3. Widerspruch zum Aufbauprinzip bei [?]-Singlett. 4. Keine Aufk[lärung] der $g_r=\left[\frac{0}{0}\right]$. 5. Unsym[metrisch] in j und m. Balmerserie – Wahnsinn."

Die Korrekturen von Paulis Arbeit über die Termzuordnung beim Zeemaneffekt (1924 a) waren inzwischen eingetroffen, und Pauli hatte sie, wie zugesagt, an Landé geschickt[1].

In dieser Arbeit, von der schon mehrfach die Rede war, wurde nun die theoretische Herleitung der von Landé etwas voreilig publizierten[2] Zuordnungen der Terme beim Übergang von schwachen zu starken Feldern gegeben.

Ausgangspunkt ist wieder das sog. „Ersatzmodell": ein äußeres Elektron in Wechselwirkung[3] mit einem Atomrest, der ein doppelt so großes magnetisches Moment aufweist als ihm gemäß seines mechanischen Moments nach der klassischen Theorie entspricht (magnetische Anomalie). Auf dieses Modell, das Pauli mit großen Vorbehalten einführt[4], wendet er nun die Quantentheorie der bedingt periodischen Systeme an und erhält außer der obengenannten Zuordnung sowohl eine Formel der g-Werte als auch die Landésche Intervallregel[5] (mit den j^2, l^2, s^2 anstatt der empirischen $j(j+1)$, $l(l+1)$, $s(s+1)$.

[1] Vgl. das Ende des Briefes [49].

[2] Vgl. hierzu [46], sowie Paulis Bemerkung auf S. 372 in (1924 a).

[3] Paulis Ergebnisse sind weitgehend von der speziellen Art dieser Wechselwirkung unabhängig und entsprechen der damaligen Haltung, möglichst wenige Voraussetzungen in ein Problem hineinzustecken.

[4] Siehe z.B. die Fußnote 2 auf S. 375 von (1924a).
[5] Diese letztere ergibt sich nur, wenn die Wechselwirkung proportional dem Kosinus des Winkels zwischen den Drehimpulsen von Atomrest ($\vec{r}$) und äußerem Elektron ($\vec{k}$) angesetzt wird (Kosinusgesetz).

[51] Pauli an Landé

[Hamburg], 14. Dezember [1923]

[Postkarte]

Lieber Herr Landé!

Besten Dank für Ihre Karte. Ich glaube, es liegt hier ein Mißverständnis vor. Man muß unterscheiden zwischen den (doppelt-periodischen) Kurven C_k und C_r mit den sphärischen Polarkoordinaten (ϑ_k, φ_k) und (ϑ_r, φ_r) und der (geschlossenen) Kurve $\overline{C}_k$ mit den Koordinaten $(\vartheta_k, \varphi_k - \varphi_r)$[a]. Nur von den ersteren (und daher auch von den Librationsgrenzen von p_k und p_r) wird die Stetigkeit postuliert (nur von $\overline{C}_k$ weiß man aber das Fehlen von Doppelpunkten). Es kommt gerade alles darauf an, die Unstetigkeiten von $\overline{C}_k$ zu untersuchen, (die aber keine wirklichen Unstetigkeiten der Bewegung sind).

Ihre Ansicht über Heisenbergs neue Theorie[b] teile ich in keiner Weise. Ich halte diese sogar für unschön. Denn trotz radikaler Annahmen liefert sie keine Aufklärung der halben Quantenzahlen und des Versagens des Larmor-Theorems (insbesondere des Zweiers der magnetischen Anomalie). Ich halte nicht viel von der ganzen Sache.

Fröhliche Weihnachten und glückliches Neujahr!

Ihr

W. Pauli

[a] Bezeichnet man mit r und k die Drehimpulse von Atomrumpf und Leuchtelektron, so sind nach Pauli (1924a) C_r und C_k die Trajektorien dieser Vektoren auf der Einheitskugel. [b] Es handelt sich um Heisenbergs neue Theorie zum anomalen Zeemaneffekt, von der wir schon in den Briefen [47] und [50] von Heisenberg gehört haben. Vgl. auch den folgenden Brief [52] an Kramers.

Hendrik Anthony Kramers gehörte (seit 1916) zu den frühen Schülern von Niels Bohr. In seiner berühmten Leidener Dissertation (1919) hatte er die Intensitäts- und Polarisationsverhältnisse beim Wasserstoffatom mit Hilfe des Bohrschen Korrespondenzprinzips analysiert. Anschließend wurde er Bohrs Assistent in dem 1920 gegründeten Institut für Theoretische Physik in Kopenhagen. Pauli und Kramers hatten sich im Herbst 1922 bei Beginn von Paulis Studienaufenthalt in Kopenhagen kennengelernt und bald eine gemeinsame Arbeit über

Bandenspektren (1923 a) fertiggestellt[1]. Das freundschaftliche Verhältnis wird besonders aus Paulis Brief [43] deutlich.

Kramers mußte Bohr während seiner Abwesenheit in Amerika vertreten. Deshalb übermittelt Pauli ihm hier [52] Heisenbergs Bitte an Bohr, sich sein Manuskript über die neue Darstellung des Zeemaneffektes[2] anzusehen und teilt gleichzeitig seine persönlichen Bedenken mit.

[1] Vgl. hierzu auch Bohrs Brief vom 15. Juli 1922 an Kramers. (Fußnote 7 des Kommentars zu [22].)
[2] Vgl. den Kommentar zu [47].

[52] Pauli an Kramers

Hamburg, 19. Dezember 1923

Lieber Freund Kramers!

Ich schreibe Ihnen noch einmal wegen einer bestimmten Angelegenheit: Herr Heisenberg hat mich inzwischen (brieflich) gefragt, ob ich nicht Prof. Bohr bitten könnte, ein Manuskript von ihm (Heisenberg) über seine neue Auffassung des Zeemaneffektes durchzulesen und ihm dann seine Meinung darüber mitzuteilen[a]. Nun wollte ich erst einmal ganz unverbindlich bei Ihnen anfragen, ob dies in nächster Zeit, etwa Anfang Januar, möglich sein wird oder ob Prof. Bohr nicht unmittelbar nach seiner Reise zu müde dazu sein wird. Wenn Sie mir mitteilen sollten, daß es geht, würde ich dann Heisenberg veranlassen, sein Manuskript an Prof. Bohr zu schicken, aber Bohr soll sich nur ja nicht zu irgend etwas gezwungen oder gedrängt fühlen, was ihm ungelegen ist und deshalb frage ich auch bei Ihnen und nicht bei ihm selbst an. Was die Sache selbst betrifft, so habe ich schon das letzte Mal geschrieben, daß ich nicht viel davon halte. Heisenberg macht Ernst mit der Idee, daß man zu einem gegebenen stationären Zustand *mehrere* mechanische Bahnen zuordnen soll und erreicht dadurch und durch ein damit zusammenhängendes formales Prinzip zur Energieberechnung eine formale Deutung des Wechselsatzes, der Anzahl der Termniveaus und des Versagens der Gewichtsbilanz bei der Kopplung, das von Bohr hervorgehoben wurde[b]. Wenn man die magnetische Anomalie des Rumpfes (doppeltes magnetisches Moment) voraussetzt, resultieren dann ferner auf Grund der erwähnten Rechenregel die richtigen Termwerte in starken und schwachen Feldern. Heisenbergs Auffassung liefert jedoch keine Aufklärung der halben Quantenzahlen und des Versagens des Larmor-Theorems. Da ich eine solche Aufklärung gerade für das wichtigste halte und da die ganze Sache rein formal ist und keine neue physikalische Idee enthält, ist es nicht die Theorie, auf die ich hoffe. Ich würde es aber sehr begrüßen, wenn Bohr Heisenbergs Arbeit lesen und begutachten würde. Vielleicht regt es ihn dazu an, dann selbst die richtige Theorie zu machen, wie dies einst bei Landés Kohlenstoffmodellen[c] der Fall war.

Heute Abend fahre ich von hier nach München, wo ich morgen Mittag eintreffen werde. Heisenberg, der während der Weihnachtsferien in München ist, wird dort eben morgen nachmittag um 1/2 6 Uhr vortragen und ich komme gerade zurecht, um dort ordentlich schimpfen zu können. Es wird eine stürmische Sitzung werden[d]. Am Samstag fahre ich von München nach Wien XVIII, Anton-Frankgasse 18. Wenn Sie nun die zweite Geldsendung von 200 K[ronen] dorthin abgehen lassen würden, wäre ich Ihnen sehr dankbar. Für die erste Sendung und die Separata danke ich noch vielmals. Ich bleibe bis gegen 4. Januar in Wien und die Adresse gilt also auch für den unwahrscheinlichen Fall, daß Sie mir bis dahin schon antworten werden. Nachher bin ich wieder hier. Auch möchte ich Sie bitten, mir gelegentlich das Separatum der Debyeschen Arbeit über die Zylinderfunktionen[e] und meine Aufzeichnungen über Epsteins Vortrag über die gekreuzten Felder*, die Sie noch von mir haben[f], zu senden, ferner einige Separata unserer gemeinsamen Banden-Arbeit in der Zeitschrift für Physik vom vorigen Winter[g] (ich habe gar keine hier). Herr Stern wäre Ihnen dankbar, wenn Sie ihm ein Exemplar Ihrer Dissertation[h] schicken würden.

Meine Rechnungen über die Wärmeleitung im festen Körper machen mir sehr viel Freude, sie sind aber noch nicht abgeschlossen[i].

Es interessiert uns alle sehr, ob Sie im Januar herkommen oder nicht, und es wird mir sehr schwer, in diesem Fall nicht egoistisch zu sein. Wenn Prof. Bohr von seiner Reise zurückkommt, richten Sie ihm bitte recht viele herzliche Grüße von mir aus, ich wünsche ihm auch angenehme Feiertage und gute Erholung.

Seien Sie selbst auch recht herzlich gegrüßt

von Ihrem getreuen

PAULI

Grüße an alle Bekannten.

---

* Lenz hat jetzt eine sehr schöne elementare Ableitung der Epsteinschen Formel gefunden, bei der nicht einmal die kanonischen Gleichungen benützt werden[j].

[a] Vgl. den Beginn von Brief [50], sowie den Kommentar zu [47]. [b] Auf diese Schwierigkeit hatte Bohr in seinem Beitrag zum „Kayser-Heft" hingewiesen: Linienspektren und Atombau. Ann. Phys. **71,** 228 – 288 (1923). Eingegangen am 15. März 1923. Dort S. 276. [c] A. Landé: Dynamik der räumlichen Atomstruktur. Insgesamt erschienen vier Mitteilungen, drei davon in den Verhandlungen der Deutschen Physikalischen Gesellschaft **21,** 2 – 12, 644 – 652, 653 – 662 (1919). Die vierte Mitteilung erschien im folgenden Jahre in der soeben gegründeten Z. Phys. **2,** 83 – 86 (1920). Die in dieser Reihe von Abhandlungen untersuchten räumlichen Atommodelle hatten einst Bohr dazu veranlaßt, von seinen ebenen Ringkonfigurationen abzulassen und seine Vorstellungen von den Tauchbahnen zu entwickeln. Vgl. hierzu die Darstellung von P. Forman: Alfred Landé and the Anomalous Zeeman Effect, 1919 – 1921. Historical Studies in Physical Sciences. **2,** 153 – 261 (1970). Dort S. 177. Während einer Einladung 1920 nach Kopenhagen hatte Landé über seine Kohlenstoffmodelle vorgetragen und Bohr zu heftiger Kritik herausgefordert. Vgl. z. B. den Nachruf für A. Landé von Wolfgang Yourgrau in Physics Today, May 1976, S. 82 – 83. [d] Vgl. hierzu die Postkarte Heisenbergs an Landé vom 22. Dezember 1923 (SHQP, MF 6.) Dort heißt es: „Ihre Anschauungen gehen ja ganz den Weg der Paulischen, der mir inzwischen fast wörtlich dieselben Einwände schrieb. Gestern trug ich hier vor Pauli und Lenz vor und

ich hab' auch eigentlich ganz dieselbe Ansicht, wie Sie: man muß unbedingt später einmal die Halbzahligkeit, $g = 2$, usw. in Verbindung bringen". [e] P. Debye: Semikonvergente Entwicklungen für die Zylinderfunktionen und ihre Ausdehnung ins Komplexe. Sitzungsberichte der bayerischen Akademie der Wissenschaften. Math.-physk. Klasse. 5. Abhandlung, 1910. [f] Vgl. hierzu die Postkarte [38]. [g] Pauli (1923 a). [h] H. A. Kramers Dissertation: „Intensities of spectral lines" wurde in den dänischen Akademieberichten (D. kgl. danske Vid. Selsk. Skrifter, 8 Raekke, III, 5, 1919) gedruckt und enthält eine allgemeine theoretische Betrachtung der Intensitäten von Linienkomponenten des Wasserstoffatoms gemäß dem Korrespondenzprinzip. [i] Vgl. hierzu auch den Schluß des Briefes [50] sowie die späteren Briefe [53], [54], [58], [83], aus denen hervorgeht, daß Pauli sich bis Ende Februar 1925 mit diesem Problem aus der klassischen Physik abgegeben hat, ohne jedoch etwas darüber zu publizieren. [j] W. Lenz: Über den Bewegungsverlauf und die Quantenzustände der gestörten Keplerbewegung. Z. Phys. **24,** 197–207 (1924). Eingegangen am 2. April 1924. In dieser Arbeit wird die als Lenz-Runge-Vektor bekannte Größe eingeführt, die Pauli später bei der Behandlung des Wasserstoffatoms nach der Matrizenmechanik (1926 a) nützliche Dienste leistete.

VI. Das Jahr 1924

Weg zum Ausschließungsprinzip

[53]	Pauli an Landé	Hamburg	20. Jan. 1924
[54]	Pauli an Bohr	Hamburg	11. Feb. 1924
[55]	Bohr an Pauli (MS)	Kopenhagen	16. Feb. 1924
[56]	Pauli an Bohr	Hamburg	21. Feb. 1924
[57]	Heisenberg an Pauli (PK)	Göttingen	4. Mär. [1924]
[58]	Pauli an Bohr	Hamburg	21. Mär. 1924
[59]	Bohr an Pauli (MSD)	Kopenhagen	24. Mär. 1924
[60]	Bohr an Pauli (MSD)	[Kopenhagen]	24. Mär. 1924
[61]	Heisenberg an Pauli	Kopenhagen	26. Mär. 1924
[62]	Heisenberg an Pauli	Göttingen	8. Jun. [1924]
[63]	Pauli an Landé (PK)	[Hamburg]	30. Jun. [1924]
[64]	Pauli an Sommerfeld	Hamburg	29. Sep. 1924
[65]	Heisenberg an Pauli	Kopenhagen	30. Sep. [1924]
[66]	Pauli an Bohr	Hamburg	2. Okt. 1924
[67]	Heisenberg an Pauli	Kopenhagen	8. Okt. [1924]
[68]	Pauli an Landé	Hamburg	10. Nov. 1924
[69]	Pauli an Landé (PK)	[Hamburg]	14. Nov. [1924]
[70]	Pauli an Sommerfeld (unvollst.)	[Hamburg	Nov. 1924]
[71]	Pauli an Landé	Hamburg	24. Nov. 1924
[72]	Pauli an Sommerfeld	Hamburg	6. Dez. 1924
[73]	Bohr an Pauli (dän.) (MS)	Kopenhagen	11. Dez. 1924
[74]	Pauli an Bohr	Hamburg	12. Dez. 1924
[75]	Pauli an Landé	Hamburg	15. Dez. 1924
[76]	Heisenberg an Pauli (PK)	Kopenhagen	15. Dez. [1924]
[77]	Bohr an Pauli (dän.) (MS)	Kopenhagen	22. Dez. 1924
[78]	Pauli an Landé (PK)	[Wien]	25. Dez. [1924]
[79]	Pauli an Bohr	[Wien]	31. Dez. [1924]

Nach einem einjährigen Aufenthalt in Kopenhagen trat Pauli erneut als „wissenschaftlicher Hilfsarbeiter in theoretischer Physik" in den Dienst der Universität Hamburg. Er entschloß sich – dem Wunsch der Hamburger Physiker und Mathematiker folgend – seine Habilitation an der Universität Hamburg zu beantragen[1]. Als Habilitationsschrift reichte er die bereits in der Zeitschrift für Physik publizierte Arbeit „Über das thermische Gleichgewicht zwischen Strahlung und freien Elektronen" (1923c) ein. Am 30. Januar 1924 erteilte die Mathematisch-Naturwissenschaftliche Fakultät die „venia legendi für theoretische Physik"[2]. In Anerkennung seiner wissenschaftlichen Leistungen wurden ihm Probevorlesung und Kolloquium erlassen. Der als Dekan amtierende Erich Hecke, sein späterer Freund, teilte diesen Beschluß am 7. Februar mit und bat Pauli gleichzeitig, im engeren Kreise der Fakultät einen wissenschaftlichen Vortrag zu halten.

Die öffentliche Antrittsvorlesung fand „am Sonnabend, den 23. Februar 1924, vorm. 12 Uhr, im großen Hörsaal des Chemischen Staats-Instituts" statt. Thema war: „Quantentheorie und periodisches System der Elemente"[3]. Von Bohr war Pauli gründlich in diese Problematik eingeführt worden[4].

Wie Pauli selbst in seiner Nobelrede berichtete, war er außerordentlich unbefriedigt von dem, was sich als Ursache für das Zustandekommen der abgeschlossenen Elektronenschalen angeben ließ[5]. Da er von dem „Zusammenhang des Abschlusses der Elektronengruppen im Atom mit der Komplexstruktur der Spektren" – wie der Titel der berühmten Arbeit (1925 b) lautete – schon damals überzeugt war, befaßte er sich immer wieder mit dieser Komplexstruktur und mit dem anomalen Zeemaneffekt, was ihn gegen Ende 1924 zur Entdeckung des Pauli-Prinzips führte.

Zu Anfang des Jahres beschäftigten ihn aber zunächst ganz andere Fragen: erst die Wärmeleitung in festen Körpern und dann die neue Theorie von Bohr, Kramers und Slater.

[1] Man vgl. Brief [37].
[2] Brief des Dekans Erich Hecke der „Mathematisch-Naturwissenschaftlichen Fakultät der Hamburgischen Universität" an Pauli vom 7. Februar 1924. PLC.
[3] Einladung des Dekans Hecke. Archiv der Freien und Hansestadt Hamburg.
[4] Man vgl. Niels Bohr: Collected Works. Vol. 4: The Periodic System (1920 – 1923). Amsterdam: North-Holland Publishing Company 1976.
[5] W. Pauli: Exclusion Principle and Quantum Mechanics. Collected Papers II, S. 1082; Deutsch in: W. Pauli: Aufsätze und Vorträge über Physik und Erkenntnistheorie. Braunschweig: Friedr. Vieweg 1961, S. 131.

[53] Pauli an Landé

Hamburg, 20. Januar 1924

Lieber Herr Landé!

Besten Dank für die Zusendung der Arbeiten von Herrn Back und Ihnen, die ich Ihnen nunmehr wieder zurücksende. Herrn Backs Feststellung, daß bei einem Teil der beim partiellen Paschen-Backeffekt ausfallenden Komponenten das Ausbleiben auf ganz andere Ursachen zurückzuführen ist wie beim anderen Teil, scheint mir sehr bedeutungsvoll[a]. Da man theoretisch die Faktoren, welche die Abweichung von der Intervallregel bedingen, zur Zeit noch gar nicht übersieht, kann ich natürlich ebensowenig wie Sie erklären, wieso diese Abweichungen von der Intervallregel das Ausfallen gewisser Komponenten bedingen können. Nach den von Herrn Back angeführten Daten scheint dies aber eine nicht bezweifelbare Tatsache zu sein.

Es handelt sich nun aber darum, ob man dasjenige Intensitätsbild beim partiellen Paschen-Back, wie es bei strenger Gültigkeit der Intervallregel[b] auftritt, theoretisch verstehen kann. Da bin ich von Ihren Ausführungen noch nicht vollständig befriedigt. Die Sache liegt ja so: in schwachen Feldern gilt die Auswahlregel $\Delta j = 0, \pm 1$, in starken Feldern die Auswahlregel $\Delta m_R = 0$. Beim partiellen Paschen-Back-Effekt sollte man also eine Mischung und Abschwächung *beider* Auswahlregeln erwarten in folgendem Sinne:

1. Diejenigen Linien sind sehr schwach, bei denen *beide* Auswahlregeln durchbrochen sind, diejenigen Linien sehr stark, bei denen beide Auswahlregeln erfüllt sind.

2. Bei gleichem Δm_R sind die Linien um so schwächer, je größer Δj, bei gleichem Δj sind die Linien um so schwächer, je größer Δm_R.

Ob man mit diesen Regeln auskommt, um die Beobachtungen zu verstehen und ob sie ausnahmslos erfüllt sind (bei erfüllter Intervallregel), sollte man nachprüfen. Ich halte das aber für wahrscheinlich. An Ihrer Darstellung befriedigt mich nicht, daß Sie nur die Δm_R-Regel und gar nicht die Δj-Regel berücksichtigen. Daß ferner gerade die Mittelwerte der Einzelimpulskomponenten im schwachen Feld für die Intensität maßgebend sein sollen, kann ich nicht ohne weiteres einsehen. (Wenn dies der Fall ist, so sehe ich wieder nicht die Berechtigung des „Symmetrisierens“; man kann diese Mittelwerte ja leicht streng berechnen, vgl. meine Randbemerkung.) Ich würde bei der Prüfung der oben genannten Regeln vorschlagen, einfach die Zahlenwerte von m_R von den starken Feldern und die Zahlenwerte von j von den schwachen Feldern her zu nehmen (mit Berücksichtigung der Formeln (1) auf Seite 2 Ihres Manuskriptes).

Ich wollte immer schon die Intensitäten beim partiellen Paschen-Back-Effekt auf Grund der genannten Regeln erklären. Ich sah jedoch seinerzeit nach einem flüchtigen Versuch, daß man nicht durchkommt. Dies lag aber wohl nur an dem nun von Back ermittelten „Komponentenausfall 2. Art“. Nun dürfte es ohne Schwierigkeiten gehen.

Ich bin also auf jeden Fall dafür, daß Herr Back seine Sache publiziert, und wenn Sie, was ja sehr wahrscheinlich ist, den Fall des Erfülltseins der Intervallregel theoretisch rasch noch ganz in Ordnung bringen könnten, wäre es sehr schön, wenn Ihre Arbeit gleich hinter den von Back erscheinen könnte.

Nun noch eine etwas anderes betreffende Frage. Ich hatte Ihnen voriges Jahr im Frühling von mir theoretisch vermutete g-Werte für die Pb-Linien mitgeteilt[c]. Sie waren natürlich einfach so erhalten: Man setze im starken Feld statt $\frac{E}{oh} = 2m_R + m_k$ nun allgemeiner $\frac{E}{oh} = g_i m_R + m_k$, worin g_i der g-Wert des Atomrestes ist, wenn dieser frei ist, bei Pb also der des $2p_2$-Termes der Dubletts. Die g-Werte in schwachen Feldern folgen dann auf Grund der Summierungsregel von selbst zu:

$$g = 1 + (g_i - 1) \cdot \frac{1}{2} \frac{j\bar{j} + r\bar{r} - k\bar{k}}{j\bar{j}}$$

(in der Schreibweise meiner nun erschienenen Arbeit[d] für $g_i = 2$ folgen Ihre speziellen g-Werte).

Sie teilten mir damals mit, daß diese g-Werte mit den beobachteten nicht übereinstimmen. Heisenberg schrieb mir aber einmal, er glaube, daß diese g-Werte mit den (unpublizierten) Backschen Messungen, soweit sich aus diesen überhaupt etwas sicheres entnehmen läßt, durchaus im Einklang seien. Ich möchte deshalb fragen, wie die Sache nun experimentell steht. Sollten sich die g-Werte, die in meinem damaligen Brief stehen, nun doch bewähren, so möchte ich bitten, daß Herr Back in einer eventuellen Publikation meine damalige briefliche Mitteilung erwähnt[e].

Bei meiner Durchreise durch München erfuhr ich, daß man dort sehr erfolgreich war mit der Ordnung von komplizierteren Spektren in Serien, insbesondere bei V, Ti und Fe. Man hat schon ungefähr 30% aller bekannten Fe-Linien in Serien geordnet[f]! Die Zeemaneffekte gehen nach Ihrer Formel („Zweierklasse"). Charakteristisch ist das Auftreten von gestrichenen Termen von derselben Art wie die Götzeschen. Die ungestrichenen Terme unter sich *und die gestrichenen Terme unter sich* kombinieren dabei mit $\Delta k = \pm 1$, die beiden Termarten miteinander dagegen mit $\Delta k = 0$. Die modellmäßige Deutung davon ist noch ganz unbekannt. Bohrs Deutungsversuch der Götze-Linien mit Hilfe der metastabilen 3_3-Bahn im Atomrest dürfte aus mehreren Gründen nicht aufrecht zu erhalten sein[g].

Ich selbst beschäftige mich momentan mit ganz anderen Fragen aus der theoretischen Physik als mit Spektraltheorie und Zeemaneffekten. Ich bin immer sehr für die variatio delectans[h].

Die besten Grüße an Sie und Herrn Back

von Ihrem

W. Pauli

[a] Der partielle Paschen-Backeffekt wurde von Back (Naturwiss. **9**, 200 (1921)) in der I. Nebenserie von Magnesium beobachtet, seine Möglichkeit wurde aber zuerst von Sommerfeld (Ann. Phys. **63**, 221 (1920)) erkannt. Für ihn ist charakteristisch, daß dasselbe Feld für einen der kombinierenden Terme als schwach, für den anderen als stark angesehen werden muß. Über den hier zu Diskussion stehenden Komponentenausfall veröffentlichte Back seine Beobachtungen erst im folgenden Jahre: Regelwidrige Zeemaneffekte von Multipletts I. Stufe. Z. Phys. **33**, 579–600 (1925). Eingegangen am 27. Mai 1925. Siehe dort S. 589 ff. Backs Ansichten über die zwei verschiedenen Ursachen für diesen Ausfall von Komponenten. Die endgültige Lösung dieser Erscheinungen wurde erst nach dem Aufkommen der Wellenmechanik von Lucy Mensing gegeben: Die Intensitäten der Zeemankomponenten beim partiellen Paschen-Back-Effekt. Z. Phys. **39**, 24–28 (1926). Eingegangen am 27. Juli 1926. Zusammen mit der Arbeit von Back hatte Landé wahrscheinlich das Manuskript seiner späteren Veröffentlichung über „Die absoluten Intervalle der optischen Dubletts und Tripletts" (Z. Phys. **25**, 46–57 (1924), eingegangen am 24. April 1924) diesem Briefe beigefügt. [b] In seiner letzten Arbeit zum anomalen Zeemaneffekt (1924 a) hatte Pauli unter spezielleren Annahmen die Landésche Intervallregel erhalten. Vgl. hierzu auch Fußnote[c] von [42]. [c] Vgl. das Schreiben [33] vom 10. März 1923. [d] Pauli (1924 a). [e] Seine Beobachtungen über das Bleispektrum teilte Back erst zwei Jahre später mit: Der Zeemaneffekt des Bleispektrums. Z. Phys. **37**, 193–209 (1926). Eingegangen am 5. März 1926. – Backs damals noch unveröffentlichte Ergebnisse über das Bleispektrum konnte Pauli noch kurz vor Einsendung seiner Arbeit über das Ausschließungsprinzip (1925 b) in Tübingen einsehen, und fand diese in voller Übereinstimmung mit seinen Erwartungen. Vgl. Brief [82]. [f] Das Eisenspektrum ist ein bekanntes Beispiel für ein Spektrum mit Komplex-Strukturen, um dessen Entwirrung sich vor allen Otto Laporte in München verdient gemacht hatte. Schon einen Monat nach Paulis Besuch ging die erste Abhandlung bei der Redaktion der Zeitschrift ein: Die Struktur des Eisenspektrums. Z. Phys. **23**, 135–175 (1924). Eingegangen am 2. Februar 1924. Danach wurden im ganzen 300 (oder 15%) aller Eisenlinien klassifiziert. [g] Das Auftreten

von sog. nicht-Ritzschen Termen im Neonspektrum (F. Paschen, Ann. Phys. **60,** 405 (1919); **63,** 201 (1920) wurde zum erstenmal durch W. Grotrian (Z. Phys. **8,** 116 (1921)) auf Übergänge zurückgeführt, an denen mehr als ein Elektron beteiligt sind. Auf die gleiche Weise versuchte Niels Bohr während seiner Göttinger Vorträge im Juni 1922 die von R. Götze als gestrichene Terme klassifizierten Terme im Spektrum von Ca, Sr und Ba zu deuten. Eine angehendere Analyse wurde anschließend von Gregor Wentzel in München durchgeführt (Physik. Z. **24,** 104 (1923); **25,** 182 (1924)) und hat später im Juli zu einer Polemik mit Alfred Landé „Über gestrichene und verschobene Spektralterme", (Z. Phys. **27,** 149–156 (1924), eingegangen am 22. Juli 1924) geführt. [h] Pauli bezieht sich auf seine Untersuchungen zur Wärmeleitung im festen Körper. Vgl. hierzu den Schluß von [52].

[54] Pauli an Bohr

Hamburg, 11. Februar 1924

Sehr verehrter, lieber Herr Professor!

Da wir früher oft darüber gesprochen haben, daß ich eventuell in den Semesterferien nach Kopenhagen kommen soll, möchte ich Sie nun gerne fragen, wie Sie jetzt darüber denken. Mich würde es ungemein freuen, wenn ich den März und April (oder auch nur eine kürzere Zeit) in Dänemark verbringen könnte. Nicht nur wäre es mir eine große Freude, Sie und a[u]ch Kramers wiederzusehen, sondern ich bin auch neugierig, zu hören, wie Sie nun über die verschiedenen Probleme der Atomphysik denken. Wenn ich Ihnen irgendwie während dieser Zeit helfen kann, so will ich es gerne tun; wenn Sie aber gerade etwas anderes zu tun haben, so sollen Sie sich durch mich in keiner Weise stören lassen, ich habe mit meinen eigenen Arbeiten genug Beschäftigung. Im Falle, daß mein Aufenthalt von mir in Kopenhagen während unserer Semesterferien Ihnen Ihre Pläne zu sehr stören würde und Sie lieber wollen, daß ich vorläufig gar nicht komme, so schreiben Sie es mir bitte nur ungeniert, ich werde gar nicht böse sein.

Die Frage, ob und inwieweit Sie mich auch materiell unterstützen könnten, kommt dabei erst in zweiter Linie in Betracht, da ich ja noch Geld in Dänemark habe und außerdem auch während der Ferien meinen Gehalt hier weiterbeziehe. Ich spreche überhaupt nur ungern vom Mammon.

Kürzlich sah ich Heisenberg gelegentlich einer Physikerzusammenkunft in Braunschweig[a]. Es geht mir immer sehr merkwürdig mit ihm. Wenn ich über seine Ideen nachdenke, so kommen sie mir gräßlich vor und ich schimpfe innerlich sehr darüber. Denn er ist sehr unphilosophisch, er achtet nicht auf klare Herausarbeitung der Grundannahmen und ihren Zusammenhang mit den bisherigen Theorien. Wenn ich aber mit ihm spreche, so gefällt er mir sehr gut, und ich sehe, er hat allerlei neue Argumente – wenigstens im Herzen. Ich halte ihn dann – abgesehen davon, daß er persönlich auch ein sehr netter Mensch ist – für sehr bedeutend, sogar für genial und glaube, daß er die Wissenschaft noch einmal sehr vorwärts bringen wird. Auch an seiner letzten Sache, die er Ihnen, wie ich hörte, schrieb, wird wohl viel Wahres sein, wenn sie auch nicht klar durchdacht ist[b]. Ich habe mich deshalb sehr gefreut, daß Sie ihn nach Kopenhagen eingeladen haben. Hoffentlich werden Sie dann zusammen die Atomtheorie ein gutes Stück vorwärts bringen und einige

Probleme lösen, mit denen ich mich vergeblich geplagt habe und die für mich viel zu schwierig sind. Hoffentlich wird dann auch Heisenberg eine philosophische Einstellung seiner Gedanken mit nach Hause bringen.

Über meine eigenen Arbeiten kann ich Ihnen momentan nicht viel berichten. Mit der Wärmeleitung[c] im festen Körper bin ich noch immer nicht ganz durchgekommen, hoffe dies aber in absehbarer Zeit zu erreichen. Es hat mir aber jedenfalls sehr gut getan, daß ich mich für einige Zeit von der Atomtheorie zurückgezogen habe. Später, vielleicht schon sehr bald, will ich mit frischen Kräften auf sie zurückkommen.

Nun möchte ich Sie nur noch bitten, mir bald zu antworten* (wenn Kramers schreibt, falls Sie zu viel zu tun haben, genügt es selbstverständlich auch), damit ich meine Ferienpläne danach einrichten kann.

Daß Sie von Ihrer Amerikareise befriedigt zurückgekehrt sind (wie Kramers schrieb), hat mich sehr gefreut.

Mit vielen herzlichen Grüßen an Sie selbst sowie auch an Kramers und die anderen Herren vom Institut

Ihr stets dankbarer

W. PAULI

Empfehlungen an Ihre Frau Gemahlin und Grüße auch an Ihren Bruder[d].

* Auf dänisch verstehe ich es auch!

[a] Gemeinschaftliche Tagung des Gauvereins Niedersachsen der Deutschen Physikalischen Gesellschaft in Braunschweig vom 9. und 10. Februar 1924. Vgl. Verhandlungen der Deutschen Physikalischen Gesellschaft **5,** 7 (1924) sowie ein Schreiben von Diesselhorst an Gerlach vom 23. Januar 1924 (SHQP, MF. 19). [b] Vgl. hierzu das Schreiben [52] an Kramers. Bei dem erwähnten Brief handelt es sich wahrscheinlich um ein Schreiben Heisenbergs vom 22. Dezember 1923 an Bohr (BSC 9,2). [c] Vgl. Fußnote i zu [52]. [d] Harald Bohr, Mathematiker und seit 1915 Professor an der TH in Kopenhagen. Er hat u. a. wichtige Beiträge zur Funktionentheorie geliefert.

Niels Bohr war ein entschiedener Anhänger der Wellentheorie des Lichtes, und er war von einer Interpretation des Comptoneffektes als Beweis für die korpuskulare Natur der Strahlung nicht befriedigt[1]. Schon in einer früheren Arbeit aus dem Jahre 1922[2] hatte er seine Zweifel an der exakten Gültigkeit der Erhaltung von Energie und Impuls bei atomaren Prozessen angedeutet, und so begrüßte er mit Begeisterung eine vielversprechende Idee von John Clark Slater, der zu dieser Zeit mit einem „traveling fellowship" zu ihm nach Kopenhagen kam[3].

Die Schwierigkeit in der Strahlungstheorie wurde in aller Deutlichkeit sichtbar, als man versuchte, die Erhaltung von Energie und Impuls mit der Bohrschen Frequenzbedingung in Einklang zu bringen. Nach der Quantentheorie sollte sich die Energie eines Atoms während eines Übergangs zwischen zwei stationären Zuständen sprunghaft ändern. Andererseits verlangt die Maxwellsche Theorie eine kontinuierliche Änderung der Energie des Strahlungsfeldes. Die Gesamtenergie als Summe der Energien von Strahlungsfeld und atomarem System kann deshalb während eines solchen (sprunghaften) Übergangs nicht in jedem Moment eine Erhaltungsgröße bleiben.

Einen Ausweg aus diesem Dilemma sah jetzt Slater in der Annahme, daß die angeregten Atome ständig Wellen aller Frequenzen abstrahlen, die nach der Bohrschen Frequenzbedingung erlaubt sind, ohne damit gleichzeitig Energie zu transportieren (virtuelles Strahlungsfeld). Die übliche Energiedichte des Feldes gemäß der Maxwellschen Theorie sollte vielmehr nur ein Maß für die Wahrscheinlichkeit dafür sein, ein Photon der Energie $h\nu$ an dem betreffenden Raumpunkt anzutreffen[4].

Mit einigen wesentlichen Abänderungen, vor allen Dingen was die reale Existenz der Photonen anbetraf, entstand nun in Zusammenarbeit mit Bohr und Kramers die vielumstrittene neue Strahlungstheorie[5], die trotz ihrer falschen Grundannahmen bedeutende Impulse zur Weiterentwicklung der Quantentheorie gegeben hat[6].

Im Februar bereitete Niels Bohr eine Übersetzung dieser Arbeit für die Zeitschrift für Physik vor[7]. Bei dieser Gelegenheit beabsichtigte er, Paulis Hilfe in Anspruch zu nehmen, wie aus dem folgenden Brief [55] hervorgeht. Während Paulis Aufenthalt in Kopenhagen in den Osterferien dürfte die neue Strahlungstheorie das Hauptthema aller wissenschaftlichen Diskussionen gewesen sein.

[1] Vgl. hierzu die Äußerung in einem Schreiben vom 9. Januar 1924 an E. Rutherford, dem gegenüber er sich als einen Menschen bezeichnete, für den die Wellentheorie eine Art Glaubensbekenntnis darstellt.

[2] N. Bohr: Über die Anwendung der Quantentheorie auf den Atombau. Z. Phys. **13**, 117–165 (1923). Eingegangen am 15. November 1922; dort insbesondere S. 163ff., wo der Energie- und Impuls-Satz behandelt wird.

[3] Vgl. die Darstellung von J.C. Slater in seiner wissenschaftlichen Biographie: Solid-State and Molecular Theory. New York: John Wiley and Sons 1975. Dort S. 6ff. Ebenso L. Rosenfeld: Men and Ideas in the History of Atomic Theory. Arch. Hist. Exact Sciences **7**, 69–90 (1971).

[4] Eine ausführliche Darstellung seiner Theorie findet man in Slaters Veröffentlichung: A Quantum Theory of Optical Phenomena. Phys. Rev. **25**, 395–428 (1925). Signiert 1. Dezember 1924.

[5] N. Bohr, H.A. Kramers and J.C. Slater: The Quantum Theory of Radiation. Phil. Mag. **47**, 785–802 (1924), signiert Januar 1924.

[6] Vgl. hierzu das Vorwort in B. L. van der Waerden: Sources of Quantum Mechanics. New York: Dover Publications, Inc. 1968. Dort S. 11ff.

[7] N. Bohr, H.A. Kramers und J.C. Slater: Über die Quantentheorie der Strahlung. Z. Phys. **24**, 69–87 (1924). Eingegangen am 22. Februar 1924.

[55] Bohr an Pauli

Kopenhagen, 16. Februar 1924

[Maschinenschrift]

Lieber Pauli!

Ich war sehr froh, wieder mal von Ihnen zu hören, und es wird uns alle sehr freuen, wenn Sie in Ihre[n] Semesterferien für einige Zeit hierher kommen könnten. Ich möchte vorschlagen, daß Sie Anfang April kommen, und jenen Monat aus [sic!] verbleiben. I[m] März bin ich nämlich sehr in Anspruch genommen, da wir sowohl ein Besuch von Paschen wie von Heisenberg[a] erwarten, und es dürfte etwas zu viel für mich sein, so viele interessante Gäste zur selben Zeit zu haben. Was die Beziehung ihres Aufenthaltes zur von Ihnen verachteten materiellen Seite des Lebens betrifft, werde ich schon einen befriedigenden Ausweg finden.

Ich freue mich sehr darauf, wieder mit Ihnen über wissenschaftliche Sachen zu streiten und bin sehr gespannt über den Fortschritt Ihrer Arbeit zu hören. Vielleicht können Sie auch nach Ihrem freundlichen Vorschlag mir etwas mit meiner eigenen Arbeit helfen, und ich mißbrauche wie sonst schon jetzt Ihre Gaben, indem ich eine Arbeit einschließe, die ich heute auch an Scheel für die Zeitschrift für Physik schicke[b]. Die drei Autoren wären sehr dankbar, wenn Sie uns Ihre Vorschläge zur Verbesserung der sprachlichen Darstellung mitteilen wollten. Sie wissen, wie schwerfällig ich bin, was Kleinigkeiten anbelangt, und ich dürfte daher hinstellen, daß Sie wenn möglichst Gnade mit den Worten „kommunizieren“ und „virtuell“ haben möchten, denn um diese Grundpfeiler der Darstellung haben wir uns hier nach längerer Überlegung geeinigt. Ich bin natürlich auch sehr darauf gespannt, Ihre Meinung über den Inhalt der Arbeit zu hören, aber über diesen Punkt können wir ja, wenn es Unstimmigkeiten gibt, immer i[m] April streiten.

Mit vielen herzlichen Grüßen von uns allen, insbesondere von Kramers, meiner Frau und Ihrem sehr ergebene[m]

Niels Bohr

Es wird Sie nicht wundern oder überraschen, daß das Fertigstellung des Manuskriptes mehr Zeit als berechnet genommen hat. Es wird erst Montag fertig. Um Sie nicht länger auf Antwort warten zu lassen schicke ich jedoch diesen Brief heute ab.

[a] Heisenberg traf am 15. März zu einem zweiwöchigen Besuch in Kopenhagen ein. [b] Siehe die unter 7 des Kommentars zu diesem Brief zitierte Arbeit.

Der folgende Brief [56] enthält eine allgemeine Beurteilung der Situation in der Atomphysik zu Beginn des Jahres 1924. Als besonders unbefriedigend empfand Pauli die halben Quantenzahlen, die aus der Sicht der Theorie der Periodizitätssysteme nicht zu verstehen waren. Voller Hoffnung verfolgte er deshalb Heisenbergs Vorschläge zur Bewältigung dieser Schwierigkeiten. Die Ansätze dazu hatte er in einer Arbeit Heisenbergs kennengelernt (vgl. den Kommentar vor [47]). Außer den prinzipiellen Problemen erschwerte das Hineinspielen der magnetomechanischen Anomalie des Atomrestes noch erheblich die Klärung.

[56] Pauli an Bohr

Hamburg, 21. Februar 1924

Sehr verehrter, lieber Herr Professor!

Vielen Dank für Ihren freundlichen Brief, mit dem Sie mir viel Freude gemacht haben, besonders, weil ich nun hoffen kann, Sie alle im April in Kopenhagen wiederzusehen.

Über Ihre warme Empfehlung der Worte „kommunizieren" und „virtuell" und über die Nachschrift, daß das Manuskript doch noch nicht fertig geworden sei, habe ich ein wenig gelacht (S[ie] werden mir das ja gewiß verzeihen). Ich habe versucht, auf Grund der Kenntnis dieser beiden Worte (an denen nicht zu rütteln, ich Ihnen bestimmt verspreche) zu erraten, worüber Ihre Arbeit wohl handeln wird. Dies ist mir aber nicht gelungen. Es wird mich jedenfalls sehr interessieren, sie zu lesen und falls ich in sprachlicher Hinsicht etwas helfen kann, soll [sic!] ich es gerne tun. Vielleicht bin ich nicht zu optimistisch, wenn ich erwarte, daß Sie mir das Manuskript im Lauf des März senden werden. Jedenfalls sehe ich, daß Sie wieder eifrig an der Arbeit sind, und was ich besonders begrüße, daß Sie – wenigstens vorläufig – nicht an der Silliman-Lecture arbeiten[a].

Wie ich höre, stand in den hiesigen Zeitungen (ich selbst lese keine Zeitung), daß Sie $4 \cdot 10^4$ Dollars von der Rockefellerstiftung für den Hausbau bekommen hätten. Da will ich Ihnen herzlichst dazu gratulieren, daß Sie den Hauptzweck Ihrer amerikanischen Reise so glänzend erreicht haben[b]. Kramers hat mir einmal geschrieben, die Amerikaner verstünden nun die Theorie der Serienspektren und des periodischen (Verzeihung: es soll heißen des „natürlichen") Systems. Als ich das las, schüttelte ich den Kopf und dachte: „Die Botschaft hör' ich wohl, . . ."

In Göttingen haben sie nun ausgerechnet, daß, *abgesehen von allen Fragen der Komplexstruktur*, das Eindringen der Bahnen in den Atomrest und die Termgrößen in den Serienspektren besser mit halbzahligen k-Werten als mit ganzzahligen k-Werten stimmen[c]. Ich möchte zunächst allgemein dazu sagen: Die Atomphysiker in Deutschland zerfallen jetzt in zwei Klassen*. Die einen rechnen ein bestimmtes Problem zuerst mit halbzahligen Werten der Quantenzahlen durch und wenn es dann mit der Erfahrung nicht stimmt, rechnen sie es dann doch mit ganzen

* Heisenberg meine ich damit nicht. Der ist vernünftiger.

Quantenzahlen. Die anderen rechnen zuerst mit ganzen Zahlen und wenn es nicht stimmt, dann rechnen sie eben mit halben. Beide Klassen von Atomphysikern haben aber die Eigenschaft gemeinsam, daß aus ihren Theorien a priori keinerlei Argumente zu gewinnen sind, bei welchen Quantenzahlen und bei welchen Atomen man mit halbzahligen Werten der Quantenzahlen und bei welchen man mit ganzzahligen Werten zu rechnen hat. Dies können sie vielmehr bloß a posteriori durch Vergleich mit der Erfahrung entscheiden. –

Ich selbst kann an dieser Sorte von theoretischer Physik keinerlei Geschmack gewinnen und ziehe mich vor ihr zu meiner Wärmeleitung im festen Körper zurück. Zur Sache möchte ich aber noch sagen:

1. Im Gegensatz zu dem Standpunkt, den Sie im Herbst noch eingenommen haben, glaube ich jetzt, daß auch bei der Quantenzahl k (nicht nur bei j) wesentliche Seiten der wirklichen Verhältnisse durch die Theorie der Periodizitätssysteme nicht wiedergegeben werde[n].

2. Ich bin viel radikaler wie die „halbzahligen" Atomphysiker. Denn ich glaube nicht, daß die Abweichungen der Wirklichkeit von den Ergebnissen der Anwendung der Theorie der Periodizitätssysteme auf Atomsysteme mit mehr als einem Elektron schon dadurch erschöpft sind, daß man in den Endformeln dieser Theorie einfach halbe statt ganze Zahlen einsetzt.

3. Die wichtigste Frage scheint mir die, *inwieweit überhaupt von bestimmten Bahnen der Elektronen in den stationären Zuständen gesprochen werden darf.* Ich glaube, daß dies keineswegs als selbstverständlich vorausgesetzt werden darf, besonders im Hinblick auf Ihre Betrachtungen über die Bilanz der statistischen Gewichte bei der Kopplung. Heisenberg hat nach meiner Ansicht gerade in diesem Punkt das Richtige getroffen, daß er die Möglichkeit, von bestimmten Bahnen zu sprechen, bezweifelt[d]. Zweifel dieser Art hat mir Kramers früher nie als vernünftig zugegeben. Ich muß aber trotzdem darauf b[es]tehen, denn die Sache scheint mir zu wichtig.

4. Ich glaube aber, daß Betrachtungen dieser Art erst fruchtbar werden können, wenn es gelingt, sie in unmittelbaren Zusammenhang zu bringen mit der genaueren Art und Weise, wie das Larmortheorem durchbrochen wird. (Die Interpretation dieses Durchbrechens durch einfache Annahme eines Wertes des Quotienten magn[etisches] Moment/Impulsmoment beim Atomrest, der doppelt so groß ist wie der klassische Wert, ist viel zu [fo]rmal. Sie muß durch eine andere Interpretation ersetzt werden. In diesem Hauptpunkt führen die Heisenbergschen Betrachtungen leider nicht über das bisherige hinaus.)

Nun habe ich Sie aber schon viel zu lange aufgehalten. Sie sollen daraus nur sehen, daß mir diese Fragen doch sehr am Herzen liegen, wenn ich auch viel zu dumm bin, Ihre Lösung vorwärts zu bringen. Also auf frohes Wiedersehen im April und herzliche Grüße an Sie selbst und alle Bekannten, besonders an Kramers

von Ihrem Sie sehr verehrenden

PAULI

Nachschrift: Wenn Sie so gut wären, mir von meinem dänischen Geld noch 100 Kronen hierher schicken zu lassen, wäre ich dankbar. Ich habe diesen Monat allerlei Sonderausgaben, die ich gerne davon bezahlen möchte. (Diese ewigen Geldgeschichten sind schrecklich!)

[a] Aus einer dem Gedächtnis von Mrs. Hepsa Ely Silliman 1883 gewidmeten Stiftung konnten alljährlich an der Yale-Universität (in der Stadt New Haven) eine Reihe von Vorlesungen veranstaltet werden, zu denen auch Niels Bohr während seiner Amerikareise im Herbst 1923 beigetragen hatte. Bohrs Aufzeichnungen zu diesen sechs Silliman Lectures sind in Volume 3 von Bohrs Collected Works wiedergegeben. [b] Vgl. hierzu den Kommentar zu [43]. [c] Pauli bezieht sich hier wahrscheinlich u. a. auf eine Arbeit von Friedrich Hund: Rydbergkorrektionen und Radien der Atomrümpfe. Z. Phys. **22,** 405 – 415 (1924). Eingegangen am 25. Februar 1924. In dieser Arbeit wird untersucht, inwiefern aus empirischem Material die Frage nach ganzzahligen oder halbzahligen Werten der azimutalen Quantenzahl k beantwortet werden kann. [d] Vgl. hierzu W. Heisenberg: Über eine Abänderung der formalen Regeln der Quantentheorie beim Problem der anomalen Zeemaneffekte. Z. Phys. **26,** 291 – 307 (1924). Eingegangen am 13. Juni 1924.

[57] Heisenberg an Pauli

Göttingen, 4. März [1924]

[Postkarte]

Lieber Pauli!

Vielen Dank für Ihren Brief. Zunächst läßt Born sich entschuldigen, daß er Ihnen noch nicht schrieb, er liegt seit einigen Wochen wieder im Bett, Grippe usw. Es war sehr nett von Ihnen, daß Sie sich unsere Arbeit so genau angeschaut haben[a]. Sie haben recht, daß unser Einwand gegen Ihre $\frac{\partial^2 E}{\partial x_\varrho^2}$ falsch war. Aber Sie haben unrecht mit der Ansicht, daß deswegen unsere Rechnungen falsch sind. Es läßt sich zeigen, daß unsere Klammersymbole $\left[2\,{}^{xy}_{\varrho\sigma}\right]$ gerade mit Ihren $\frac{\partial^2 E}{\partial x_\varrho \partial y_\sigma}$ identisch sind.

Bohrs Arbeit über Strahlung[b] ist ja sehr interessant; aber einen wesentlichen Fortschritt seh' ich eigentlich nicht.

Über Hamburg werde ich am Rückweg jedenfalls fahren, aber ich möchte höchstens einen Tag dort bleiben[c]. Für Ihre Einlad[un]g dank ich Ihnen herzlich! Ich schreib' Ihnen noch, wann ich komme.

Mit dem Neon bin ich ziemlich im reinen[d]. Im allgemeinen gilt nach m[einer] A[uffassung] bei Neon die Prestonsche Regel nicht. Z. B. für die p-Terme muß in die g-Werte notwendig das Verhältnis $\frac{p_i - p_k}{L_1 - L_2}$ eingehen, das weder sehr groß noch sehr klein ist. So kann man auch die Verschiedenheit von Pb und Ne verstehen. Einige g-

Werte, die von diesem Verhältnis unabhängig sind, lassen sich angeben und kommen richtig heraus. (z. B. die *s*-Terme).

Mit vielen Grüßen an H[err]n Prof. Lenz, Ihr

W. Heisenberg

[a] M. Born und W. Heisenberg: Zur Quantentheorie der Molekeln. Ann. Phys. (4) **74,** 1–31 (1924). Eingegangen am 21. Dezember 1923. Dort auf S. 21 sind auch die hier erwähnten Klammersymbole erklärt. Vgl. auch den Hinweis auf diese Arbeit am Ende des Briefes [50]. [b] Vgl. Fußnote 7 des Kommentarteils zu [55]. [c] Heisenberg bezieht sich auf seine Rückreise von Kopenhagen nach Göttingen Ende März. Vgl. hierzu Fußnote a in [55]. [d] Diese Ergebnisse, die Heisenberg durch Anwendung seiner neuen Quantisierungsregeln erhielt, wurden als §7 seiner späteren Veröffentlichung (siehe die unter *d* von [56] zitierte Arbeit) hinzugefügt.

In den Briefen [58] bis [61] geht es um die Studienaufenthalte von Pauli und Heisenberg in Kopenhagen. Heisenberg kam am 15. März 1924 nach Kopenhagen – es war sein erster Besuch am Bohrschen Institut – reiste aber schon nach zwei Wochen wieder ab, über Göttingen und München zu seinen Eltern. In Göttingen konnte er Born noch kurz vor dessen Urlaubsantritt über die neuesten Entwicklungen der Bohrschen Strahlungstheorie informieren. Ein Zusammentreffen mit Pauli aber ergab sich weder in Kopenhagen noch in Hamburg.

Wenige Tage nach Heisenbergs Abreise kam Pauli nach Kopenhagen, wo er den April über bis zum Beginn des Semesters blieb. Von München aus schrieb Heisenberg am 6. April an Bohr: „Inzwischen wird Pauli längst bei Ihnen in Kopenhagen sein; hoffentlich haben Sie ihn von der Strahlung überzeugt. Ich bin sehr neugierig zu hören, was Pauli jetzt zu allem: Strahlungstheorie, Zeemaneffekten, sagt, und zu hören, wie weit Ihre Arbeit über Quantentheorie – statistische Gewichte usw. – gediehen ist. Bitten Sie doch Pauli, er soll mir einmal darüber schreiben.“ Leider ist kein einziger Brief Paulis an Heisenberg aus dieser Zeit erhalten geblieben.

[58] Pauli an Bohr

Hamburg, 21. März 1924

Sehr verehrter, lieber Herr Professor!

Ich hoffe, daß Sie damit einverstanden sein werden, wenn ich Ihrem letzten freundlichen Vorschlag gemäß in der ersten Aprilwoche nach Kopenhagen komme und bis Ende April bleibe. Diese Zeit würde mir auch gerade am angenehmsten sein.

Selbstverständlich werde ich mich unendlich freuen, mich mit Ihnen über physikalische Fragen zu unterhalten und, falls es gerade zu Ihren Plänen paßt, Ihnen bei Ihrer Arbeit behilflich zu sein. Ich möchte aber besonders betonen, daß Sie sich natürlich in keiner Weise durch mich stören lassen sollen. Wenn Sie z. B. sehr müde sind und im April zur Erholung aufs Land fahren wollen, so macht es ja auch weiter nichts. Neben wissenschaftlichen Anregungen und der großen Freude, Sie und Kramers wiederzusehen, wird mein Aufenthalt in Dänemark ja zugleich eine Abwechslung und Erholung für mich sein.

Nun habe ich noch eine Bitte an Sie in einer rein formalen Angelegenheit. Um das dänische Paßvisum zu bekommen, brauche ich einen (formellen) Brief von Ihnen, daß meine Anwesenheit in Kopenhagen zwecks wissenschaftlicher Besprechungen (oder Arbeiten) im April Ihnen erwünscht sei. Der Brief kann ja ganz kurz sein. – Entschuldigen Sie bitte diese Belästigung, und ich danke Ihnen im voraus für Ihre Bemühungen.

Meine Rechnungen über die kinetische Theorie der Wärmeleitung im festen Körper gehen jetzt gut vorwärts, und ich bin in froher Stimmung. Es macht mir gerade Spaß, daß es sich hier zunächst um ein rein klassisches Problem handelt. Bei tiefen Temperaturen, wo die Quanten wirksam werden, scheinen sich aber auch interessante quantentheoretische Gesichtspunkte zu ergeben.

Jetzt möchte ich Sie nur noch bitten, den beiliegenden Brief mit einem schönen Gruß von mir Herrn Heisenberg zu geben, wenn er nach Kopenhagen kommt. (Ich nehme an, daß dies bald der Fall sein wird.)

Kramers lasse ich recht herzlich grüßen. Ich hoffe, daß ihm der Schluß meines letzten Briefes gefallen hat... Empfehlungen an Ihre Frau Gemahlin und Grüße an alle Herren im Institut sowie an Ihren Bruder und seine quasiperiodischen Funktionen.

Seien Sie nun auch selbst vielmals gegrüßt von Ihrem

stets dankbaren PAULI

[59] BOHR AN PAULI

Kopenhagen, 24. März 1924

[Maschinenschriftlicher Durchschlag]

Sehr geehrter Herr Dr. Pauli!

Wir freuen uns alle hier im Institut, daß Sie unsere Einladung annehmen und im April hierher kommen können, um an unseren Arbeiten teilzunehmen. Ich hoffe, daß Sie hier schon Anfang des Monats sein können und daß es für die Erlangung des Paßvisums genügen wird, diesen Brief im Dänischen Generalkonsulat in Hamburg zu zeigen. Sonst werde ich sofort beim Justizministerium um Einreiseerlaubnis für Sie nachsuchen.

Hochachtungsvoll
Ihr sehr ergebener

[NIELS BOHR]

[60] Bohr an Pauli

[Kopenhagen], 24. März 1924

[Maschinenschriftlicher Durchschlag]

Lieber Pauli!

Heisenberg und ich haben diese hochoffiziellen Zeilen verfaßt. Was die Nomenklatur betrifft, ist es, wie Sie wissen, mit der Freude ganz ehrlich gemeint; ziemlich ehrlich auch mit der Hochachtung. Was aber die Arbeit betrifft, weiß ich kaum, ob Sie die hiesigen Schreibereien mit einem so feierlichen Ausdruck bezeichnen werden. Jedenfalls freue ich mich darauf, auch über diese Fragen unsere alten Diskussionen wieder aufzunehmen. Leider muß Heisenberg schon so früh nach Hause fahren, daß Sie ihn kaum hier mehr treffen werden. Er hofft aber vielleicht, Sie bei der Durchreise in Hamburg einen Augenblick zu sehen.

Mit besten Grüßen von uns allen, auf baldiges Wiedersehen,

Ihr

[Niels Bohr]

[61] Heisenberg an Pauli

Kopenhagen, 26. März 1924

Lieber Pauli!

Vielen Dank für Ihre Zeilen! Eigentlich wollte ich diesen kurzen Brief dem Bohrs beilegen, aber nun ist der schon weg, und ich will Ihnen kurz schreiben, wie es mit meiner Rückreise steht. Wie Sie wissen, hätt' ich Ihre Einladung gern angenommen und wär' eine kurze Zeit in Hamburg geblieben. Jetzt ist aber die Sachlage so, daß einerseits Sie am Anfang April hierherkommen, andererseits ich so lang wie möglich die schönen Tage hier ausdehnen will, ich aber trotzdem in den ersten Tagen des April in München sein muß. Besonders der letztere Umstand, daß ich so lang wie möglich hier bleiben und so früh wie möglich in München sein will, scheint kaum anders gedeutet werden zu können, sofern die Begriffe von Raum und Zeit auf solche Übergangsprozesse Anwendung finden, als daß die Zeit in Hamb[ur]g und Göttingen auf ein Minimum reduziert werden muß, wodurch die Wahrscheinlichkeit, daß wir uns in Hamburg treffen, wenn keine Koppelung zwischen den beiden Reisezeiten angenommen wird, was wohl für Sie wie für mich zu fundamentalen Schwierigkeiten hinsichtlich der Reisezeit führen dürfte, daß also diese Wahrscheinlichkeit unserer raumzeitlichen Koinzidenz in Hamburg außerordentlich klein wird. Obwohl ich also, wie Sie ja wissen, eine Lösung, wie die von Ihnen in Ihrem

Brief angedeutete, sehr begrüßen würde, so scheint es doch, als ob, insbesondere auch wegen der Wahrscheinlichkeit einer Nichtanwesenheit der übrigen Hamburger, eine solche Phasenbeziehung zwischen unseren virtuellen Oszillatoren kaum angenommen werden kann. Ich hoffe also eher, daß ich Sie später irgendwie im Sommer in Hamburg oder Göttingen treffen kann und bitte Sie, deswegen nicht böse zu sein.

Was die Physik hier betrifft, so scheint – abgesehen davon, daß ich natürlich von diesen Tagen hier restlos begeistert bin – bei dem bisherigen Stand der Theorie kaum eine Entscheidung getroffen werden zu können, ob und wieviel Sinn oder Unsinn in meinen Zeemangemüsen steckt[a], d.h. wie groß der Hafniumgehalt[b] meiner theoretischen Gedankenverbindungen ist, wogegen ich mich jedoch sehr freue, daß Sie die Wärmeleitung allmählich in Schwung bringen und die kleinen Nenner sozusagen hinterrücks, von hinten durch die Brust ins Auge aus der Welt schaffen.

Mit vielen Grüßen (entschuldigen Sie obigen Nonsens, aber ich bin zur Zeit zu anderem unfähig).

Ihr W. HEISENBERG

[a] Vgl. Fußnote *d* von [56]. [b] Heisenberg spielt hier auf das von D. Coster und G. v. Hevesey vor kurzem gefundene Element der Ordnungszahl 72 an, das seinem Entdeckungsort zu Ehren mit Hafnium, dem lateinischen Namen für Kopenhagen, bezeichnet wurde. „Hafniumgehalt" bedeutet also soviel wie „Kopenhagener Geist".

Die Reaktionen auf Bohrs neue Strahlungstheorie waren gemischt. Während Max Born von ihr meinte, daß sie „in gewissem Sinne das letzte ist, was sich über diese Fragen sagen läßt"[1], verhielt sich Einstein ablehnend[2], wie aus dem folgenden Brief [62] deutlich wird. Die neue Strahlungstheorie wirkte sich aber auch fruchtbar auf andere Gebiete, insbesondere auf die Dispersionstheorie aus, die später eine wichtige Rolle bei der Entstehung der neuen Quantenmechanik spielen sollte.

Die Übersetzung der klassischen Dispersionstheorie in die Quantentheorie war schon 1921 Rudolf Ladenburg teilweise gelungen[3]. Er konnte zeigen, daß die in die klassische Theorie eingehende Zahl der Dispersionselektronen in der Quantentheorie durch die Einsteinschen Wahrscheinlichkeiten der Übergänge zwischen den stationären Zuständen ausgedrückt wird und anstelle der mechanischen Schwingungsfrequenzen die durch die Bohrsche Frequenzbedingung festgelegten Absorptionsfrequenzen gesetzt werden.

Eine Verallgemeinerung der Ladenburgschen Dispersionsformel unter Einbeziehung auch der Emissionsprozesse gelang H. A. Kramers im Frühjahr 1924[4]; an deren theoretischer Ausgestaltung wirkte später auch Heisenberg mit[5].

Im Herbst 1922 hatte Niels Bohr in dem ersten Teil seiner geplanten Reihe von Aufsätzen „Über die Anwendung der Quantentheorie auf den Atombau" das sog. „Kopplungsprinzip" formuliert[6], welches in einheitlicher Weise die Gesetze der Quantentheorie mit denen der Strahlungstheorie verbinden sollte. Zusammen mit Heisenbergs Arbeit[7] ging nun im Juni

1924 eine Arbeit von Max Born[8] bei der Zeitschrift für Physik ein, worin diese Ideen von Bohr zu einer „Quantenmechanik der Kopplung" ausgebaut wurden, und deren Inhalt Heisenberg hier in [62] vorwegnimmt. Auf der gleichen Grundlage wie für die Wechselwirkung zwischen Strahlung und Atomen wird ein Formalismus für die Wechselwirkung zwischen den Teilen eines Atomes vorgeschlagen, indem in der Störungsrechnung entsprechend der Bohrschen Vorschrift Differentialquotienten durch Differenzenquotienten ersetzt werden[9].

[1] Vgl. hierzu Borns Brief an N. Bohr vom 16. April 1924. (Bohr Collection, Copenhagen, Denmark). Zitiert nach Klaus Stolzenburg, Dissertation Stuttgart 1975.

[2] Vgl. hierzu die Briefe vom 31. Mai und 12. Juli 1924 an Paul Ehrenfest. (Einsteinarchiv, Princeton, New Jersey.)

[3] R. Ladenburg: Die quantentheoretische Deutung der Zahl der Dispersionselektronen. Z. Phys. **4,** 451–468 (1921). Eingegangen am 8. Februar 1921.

[4] H.A. Kramers: The Law of Dispersion and Bohr's Theory of Spectra. Nature **113,** 673–676 (1924). Signiert am 25. März 1924. In dieser Veröffentlichung gibt Kramers nur Ergebnisse ohne die Herleitung bekannt.

[5] H.A. Kramers und W. Heisenberg: Über die Streuung von Strahlung durch Atome. Z. Phys. **31,** 681–708 (1925). Eingegangen am 5. Januar 1925 (nicht 1924, wie irrtümlich in der Originalmitteilung angegeben).

[6] N. Bohr: Über die Anwendung der Quantentheorie auf den Atombau. I. Die Grundpostulate der Quantentheorie. Z. Phys. **13,** 117–165 (1923). Eingegangen am 15. November 1922. Dort S. 158ff.

[7] Vgl. Fußnote *d* von [56].

[8] Vgl. die in [62] unter *b* genannte Arbeit.

[9] Vgl. hierzu die kurze Darstellung bei F. Hund: Geschichte der Quantentheorie. Mannheim: Bibliographisches Institut 1967. Dort S. 119ff.

[62] Heisenberg an Pauli

Göttingen, 8. Juni [1924]

Lieber Pauli!

Vielen Dank für Ihren Brief. Daß es Ihnen bei Bohr wieder gut gefallen hat, kann ich mir denken; ich freu' mich auch schon sehr auf die Zeit im Herbst und Winter[a].

Mit Ihrer Ansicht über die Strahlungstheorie bin ich natürlich auch sehr einverstanden. Gestern sprach ich aber mit Einstein (der z.Z. hier ist) über die Bohrsche Theorie und E[instein] hat hundert Einwände. Einer scheint mir wirklich ziemlich schlimm, wenigstens weiß ich keinen Ausweg: Einstein sagt: im Allgemeinen wird es, auch bei Temperaturgleichgewicht der Strahlung, immer möglich sein, es so einzurichten, (etwa durch Beimischung fremder Gase), daß z.B. das Niveau $2p$ eine kürzere Lebensdauer hat als etwa $1s$. Dann heißt dies, daß die Linie $2p$–$1s$ in Emission breiter ist, als in Absorption – in Widerspruch zum Kirchhoffschen Gesetz. Wissen Sie etwas dagegen? Vielleicht kann man sich doch ausreden.

Etwas anderes will ich Ihnen erzählen: Born hat sich folgendes überlegt[b]: Wenn man die Kramerssche Dispersionsformel[c] nach einem der üblichen Störungsschimmel überlegt, so zeigt sich, daß sie sich naturgemäß auch auf die *Koppelung zweier*

Elektronen übertragen läßt (überhaupt auf beliebige Koppelungen). Die Rechnung skizziere ich hier kurz: $H_0(J_1, \ldots, J_k)$.
Störungsfunktion

$$\lambda H_1 = \Sigma\, C_\tau e^{2\pi i w\tau}\, e^{2\pi i \tilde{\nu} t}\ (\tilde{\nu} \text{ Frequenz der Lichtwelle}).$$

Es sei $\overline{H_1}=0$.
Gesucht zunächst $S(J, w^0, t)$, so daß

$$w = \frac{\partial S}{\partial J},$$

$$\overline{w^0} = \frac{\partial S}{\partial w^0},$$

$$H^+ = H^0 + \frac{\partial S}{\partial t}.\ H_0 = \overline{H_0^*}.$$

$$\frac{\partial H_0}{\partial J_k}\frac{\partial S_1}{\partial w_k^0} + H_1 + \frac{\partial S_1}{\partial t} = 0.$$

$$\frac{1}{2}\frac{\partial^2 H_0}{\partial J_k \partial J_l}\frac{\partial S_1}{\partial w_k^0}\frac{\partial S_1}{\partial w_l^0} + \frac{\partial H_1}{\partial J_k}\frac{\partial S_1}{\partial w_k^0} = \overline{H_2^*}.$$

Es ergibt sich, soviel ich weiß, etwa

$$\overline{H_2^*} = -\frac{1}{2}\sum\left(\tau_k \frac{\partial}{\partial J_k}\right)\frac{|C_\tau|^2(\nu_k\tau)}{(\nu_k\tau)^2-(\tilde{\nu}\tau)^2},$$

also die klassische Dispersionsformel; der Witz ist, daß dies auch gilt für beliebige H_1, d. h. für irgendwelche Koppelungen. Wenn nun Kramers die Formel

$$\left(\tau_k \frac{\partial}{\partial J_k}\right)\frac{|C_\tau|^2(\nu_k\tau)}{(\nu_k\tau)-\tilde{\nu}\tau}$$

verwandelt in

$$\Delta\frac{|C_\tau|^2 \nu_{qu}}{\nu_q^2-\tilde{\nu}\tau},$$

weshalb soll man dies nicht auch bei der Koppelung tun? Born tut dies und hält dies wohl mit Recht für einen Anfang einer vernünftigen Quantenmechanik der Koppelung. Zugleich zeigt die Form $H_2 = \Delta$——, daß dies Wasser auf meine Zeemanmühle ist[d]!!! Letztere werd ich übrigens (ohne physikalische Deutung*) mit dem päpstlichen Segen jetzt publizieren, trotz Ihnen. Viele Grüße!

Ihr W. Heisenberg

* da nicht vorhanden.

[a] Nach seiner Habilitation im Juli 1924 verbrachte Heisenberg im Wintersemester 1924/25 einen mehrmonatigen Studienaufenthalt in Kopenhagen. [b] Heisenberg referiert hier aus einer Arbeit „Über Quantenmechanik" von Max Born, an der er wesentlich mitbeteiligt war. Die Arbeit ging am 13. Juni gleichzeitig mit Heisenbergs Abhandlung über die anomalen Zeemaneffekte bei der Zeitschrift für Physik (**26**, 379–395 (1924)) ein. [c] Vgl. die unter 4 zitierte Arbeit. [d] Mit dieser Bemerkung über seine Zeemanarbeit weist Heisenberg auf die Verwandtschaft zwischen seiner (Fußnote *d* von [56]) und Borns Theorie hin.

In Analogie zu Sommerfelds relativistischer Theorie der Feinstruktur der Röntgenspektren konnte Landé zeigen[1], daß sich die optischen Dubletts und Tripletts ebenfalls relativistisch verstehen lassen, wenn man für den rumpfnahen Teil der Bahn (Tauchbahnen) die relativistischen Korrekturen anbringt. Für die Größe $\Delta\nu$ der Termaufspaltung von Dubletts und Tripletts erhielt er die relativistische Intervallformel

$$\Delta\nu = R\alpha^2 \frac{Z_a^2 \cdot Z_i^2}{n_a^3 k(k-1)},$$

wobei R die Rydbergkonstante, α die Sommerfeldsche Feinstrukturkonstante, k die azimutale Quantenzahl, Z_a und Z_i die wirksamen positiven Ladungen der äußeren und inneren Bahnschleife des Leuchtelektrons bedeuten. n_a ist die in die Termformel $\nu = R\frac{Z_a^2}{n_a^2}$ eingehende effektive Hauptquantenzahl. Für Z_i ergibt sich mit Ausnahme der ersten Elemente des periodischen Systems der nahezu konstante Wert $Z_i = Z - 4$ (Sommerfeld hatte $Z_i = Z - 3{,}5$ für die Röntgen-L-Terme erhalten).

Demgegenüber stand die sog. Neigungsauffassung der Komplexstruktur, derzufolge die unterschiedlichen Energien der Feinstrukturniveaus durch verschiedene Orientierungen gleicher Bahnen gegenüber der Atomachse verursacht sein sollten.

Durch seine neuen Untersuchungen hatte Landé also das Auftreten der Röntgendubletts und der optischen Multipletts auf die gleiche Ursache zurückgeführt, allerdings ohne damit die Mängel zu beheben, die der Sommerfeldschen Theorie der Feinstruktur ebenfalls anhafteten[2]. Dahinter stand wiederum das noch ungelöste Problem des Elektronenspins.

[1] A. Landé: Die absoluten Intervalle der optischen Dubletts und Tripletts. Z. Phys. **25,** 46–57 (1924). Eingegangen am 24. April 1924.

[2] Vgl. hierzu die historische Darstellung von R. Kronig: „The Turning Point", in: Theoretical Physics in the Twentieth Century, edited by M. Fierz and V. F. Weisskopf. New York: Interscience Publishers Inc. 1960. Dort S. 20ff. Ebenso siehe Pauli [1926], S. 209ff.

[63] Pauli an Landé

[Hamburg], 30. Juni [1924][a]

[Postkarte]

Lieber Herr Landé!

Ich bin sehr begeistert von Ihrer neuen Arbeit[b], gratuliere Ihnen dazu und bewundere Ihren Mut, diese Sache so unerschrocken auszusprechen, obwohl Sie ja genau wissen, was für ein Wahnsinn es ist! Aber es ist wirklich so, daß aus der Annahme, die optischen und die Röntgendubletts seien im Prinzip dasselbe, schon alles zwangsläufig folgt. Ich bin gerade sehr befriedigt davon daß die Diskrepanzen zwischen Empirie und bisherigen Prinzipien der Quantentheorie, die ja schon beim anomal[en] Zeeman-Eff[ekt] zu Tage getreten sind, sich zunächst nich[t] verschärfen. So ist es oft in der Physik, bevor die wirkliche Lösung kommt.

Nun noch zwei Fragen:

1. Wie ist es bei den d und f-Termen der Alkalien? Kann die Zunahme des $\Delta\nu$ mit wachsendem Z hier durch das bloße Abnehmen von n erklärt werden (bei konstantem Z_i) oder müssen Sie hier auch ein Anwachsen von Z_i annehmen? Letzteres wäre mir nicht sympathisch, da die Bahnen hier nicht oder nur wenig tauchen[c].

2. Bei den Tripletts ist die Sache lange nicht so befriedigend wie bei den Dubletts. Warum berechnen Sie gerade $p_3 - p_1$ (und nicht etwa $p_2 - p_1$) aus relativ[istischen] Formeln? Nur weil es so mit der Erfahrung stimmt, oder haben Sie auch theoretische a-priori-Gründe?

Mit den besten Grüßen

Ihr W. PAULI

[a] Ort und Datum sind dem Poststempel entnommen. [b] Vgl. die unter 1 zitierte Arbeit. [c] Vgl. hierzu Pauli [1926]. Dort S. 212ff.

Intensitätsbestimmungen von Spektrallinien waren in den frühen zwanziger Jahren über qualitative Aussagen nicht hinausgekommen. Die theoretische Untersuchung von Sommerfeld mit seinem Schüler Heisenberg über die Intensitätsverteilung innerhalb der Liniengruppe einer Komplexstruktur[1] war ein erster Vorstoß zu einem theoretischen Verständnis dieser Fragen. Durch Anwendung des Bohrschen Korrespondenzprinzips auf ein mehrfach periodisches System[2] gelang es diesen Autoren, die empirische Intensitätsregel theoretisch zu begründen. Insbesondere sollten sich die (relativen) Intensitäten I eines Multipletts im Falle, daß für die azimutale Quantenzahl die Auswahlregel $\Delta k = 1$ gilt, wie

$$I_{(\Delta j=)+1} : I_0 : I_{-1} = \cos^4\frac{\vartheta}{2} : 2\sin^2\frac{\vartheta}{2}\cos^2\frac{\vartheta}{2} : \sin^4\frac{\vartheta}{2}$$

verhalten. (Zur Definition des Winkels ϑ vergleiche die zitierte Arbeit[1], bzw. den vorliegenden Brief [64].)

Mit der Entwicklung neuer experimenteller Methoden zur Bestimmung von Intensitäten, besonders in dem Ornsteinschen Institut in Utrecht, standen ab 1923 quantitative Messungen über relative Intensitäten von Liniengebilden zur Verfügung[3]. Damit waren aber auch die Voraussetzungen für eine Vertiefung der theoretischen Grundlagen gegeben.

Zunächst fanden Burger und Dorgelo empirische Summenregeln für die Intensitäten, die wenig später von Ornstein und Burger[4] als zusammenhängend mit den statistischen Gewichten der kombinierenden Zustände erkannt wurden. In dem besonders einfachen Fall der Dubletts genügten die Summenregeln bereits, um die absoluten Intensitäten der einzelnen Linien festzulegen; bei den komplizierteren Liniengebilden hingegen ließ sich bisher keine eindeutige Bestimmung vornehmen.

In dem vorliegenden Schreiben [64] teilt Pauli seine Vorstellung darüber mit, wie im allgemeinen Fall die Linienintensitäten durch gleichzeitige Anwendung von Summenregeln und Korrespondenzprinzip berechnet werden können. Bei der Publikation[5] seines bereits am

21. Juni 1924 in Köln gehaltenen Vortrags veröffentlichte Sommerfeld in einem Zusatz auch diese Mitteilungen ohne weitere Rückfrage. Dies rief Paulis Unmut hervor, was aus dem späteren Brief [70] hervorgeht.

In einer weiterführenden Untersuchung zusammen mit Helmut Hönl brachte dann Sommerfeld das Problem zu einem vorläufigen Abschluß[6].

[1] A. Sommerfeld und W. Heisenberg: Die Intensität der Mehrfachlinien und über Zeemankomponenten. Z. Phys. **11**, 131–154 (1922). Eingegangen am 26. August 1922.

[2] Vgl. hierzu auch die spätere Darstellung in den neueren Auflagen von Sommerfelds „Atombau und Spektrallinien", z. B. in der 7. Auflage, Zusatz 7e auf S. 675ff.

[3] Besonders wichtig wurden die Arbeiten von H. B. Dorgelo: Die Intensität mehrfacher Spektrallinien. Z. Phys. **22**, 170–177 (1924). Eingegangen am 23. Januar 1924, und H. C. Burger und H. B. Dorgelo: Beziehungen zwischen inneren Quantenzahlen und Intensitäten von Mehrfachlinien. Z. Phys. **23**, 258–266 (1924). Eingegangen am 8. März 1924.

[4] Ornstein und H. C. Burger: Strahlungsgesetz und Intensität von Mehrfachlinien. Z. Phys. **24**, 41–47 (1924). Eingegangen am 25. März 1924. Eine schöne Übersicht findet man auch in der 7. Auflage von A. Sommerfelds „Atombau und Spektrallinien", S. 565ff.

[5] Der Vortrag Sommerfelds „Über die Intensität der Spektrallinien" wurde in der Zeitschrift für technische Physik **6**, 2–11 (1925) abgedruckt. Eingegangen am 30. Oktober 1924.

[6] A. Sommerfeld und H. Hönl: Über die Intensität der Multiplett-Linien. Sitzungsberichte der Preußischen Akademie der Wissenschaften, Physik.-math. Klasse. Berlin 1925, S. 141–161. Sitzung vom 12. März 1925, ausgegeben am 21. April.

[64] Pauli an Sommerfeld

Hamburg, 29. September 1924

Lieber Herr Professor!

Hier der versprochene Brief. – In Ihrer früheren Arbeit (gemeinsam mit Heisenberg*) fanden Sie das Verhältnis der Intensitäten eines Multipletts[a]

$$I_{+1} : I_0 : I_{-1} = \left(\frac{1+\cos\vartheta}{2}\right)^2 : \frac{1}{2}\sin^2\vartheta : \left(\frac{1-\cos\vartheta}{2}\right)^2.$$

Hierin bedeutet der Index unter I dem Sprung von j (es ist $\Delta k = +1$ angenommen) und ϑ den Winkel zwischen dem Impuls k (Normale auf die Bahn des äußeren Elektrons) und dem resultierenden Impuls j. Wird mit r der Rumpfimpuls bezeichnet, so ist

$$\cos\vartheta = \frac{k^2+j^2-r^2}{2jk}.$$

Natürlich kommt hier wie bei jeder Intensitätsabschätzung auf Grund des Korrespondenzprinzips die Unbestimmtheit wegen Wahl der Anfangs-, End- oder Zwischenbahn zur Geltung, die sich hier in einer Unbestimmtheit des ϑ-Wertes

* Für einen Sonderdruck dieser Arbeit wäre ich dankbar!

äußert. Betrachtet man aber, wie es in Ihrer Arbeit bereits geschehen ist, den Grenzfall großer k, so wird wegen $|j-k|\leqslant r$, also endlich, und $j\sim k$

$$1-\cos\vartheta=\frac{r^2-(k-j)^2}{2jk},$$

$$\frac{1}{2}\vartheta^2\sim\frac{r^2-(k-j)^2}{2k^2},$$

also klein von der Ordn[ung] $\frac{1}{k^2}$, und es wird

$$I_{+1}:I_0:I_{-1}\sim 1:\frac{1}{2}\vartheta^2:\frac{1}{16}\vartheta^4.$$

Gemessen an der Intensität der stärksten Linie oder, was das gleiche Resultat ergibt, an der Summe der Intensitäten aller Linien des Multipletts, verschwindet also bei großem k die Intensität der Linien mit $\Delta j=0$ *von der Ordnung* $\frac{1}{k^2}$, *die der Linien mit* $\Delta j=-1$ *wie* $\frac{1}{k^4}$. (Bei Dubletts gibt es keine Linien der letzteren Art.)

Es ist also *sehr wenig*, was man aus dem Korrespondenzprinzip über die Intensität der Linien schließen kann. Dieses wenige möchte ich aber für sicher halten. Vergleicht man nun die Ergebnisse des Korrespondenzprinzips mit Ornsteins (natürlich viel weitergehenden) Regeln[b], so sieht man zunächst, daß die Summierungsregeln den Forderungen des Korrespondenzprinzips stets genügen (ohne etwa aus diesen ableitbar zu sein). Denn unter den Linien, deren Intensitäten summiert werden, ist immer gerade *eine* mit $\Delta j=+1$, die bei großem k dominiert. Das Korrespondenzprinzip verlangt nun, daß diese Intensitätssummen für große k asymptotisch gleich werden müssen, und man sieht leicht, daß dies auch nach Ornstein in der Tat der Fall ist.

Anders ist es mit der Zusatzregel, die z.B. bei Tripletts die Intensität der schwachen Linie (mit $\Delta j=-1$) bestimmt. Nach Ornstein soll das Verhältnis der Intensität dieser Linie zur Summe der Intensitäten aller Linien des Tripletts gleich sein $\frac{1}{(6k-3)(6k+3)}$, wenn k den Wert dieser Quantenzahl im Endzustand, $k+1$ ihren Wert im Anfangszustand bedeutet. Dies ist für große k von der Ordnung $\frac{1}{k^2}$ statt $\frac{1}{k^4}$, wie das Korrespondenzprinzip verlangt. Aus dem Korrespondenzprinzip folgt überhaupt – vorausgesetzt, daß es eine *rationale* Darstellung der Intensitätsverhältnisse der Multiplettlinien wirklich gibt, was ich durchaus für sehr wahrscheinlich halte – daß der gemeinsame Nenner der rationalen Brüche viel größer sein muß als von Ornstein angenommen, denn er muß für große k von der Ordnung k^4 sein.

Man kann nun zunächst bei Tripletts solche Ausdrücke für die Intensitätsverhältnisse suchen, die sowohl die Summierungsregeln exakt erfüllen als auch für große k den Forderungen des Korrespondenzprinzips genügen. Ein Beispiel für solche Ausdrücke schreibe ich im Folgenden hin und darüber zum Vergleich die Ornsteinschen (nach der Zusatzregel berechneten) Werte. Der Übersichtlichkeit halber schreibe ich alle Brüche in Partialbruchzerlegung und habe außerdem alle Ornsteinschen Zahlen, die ja nur Intensitäts*verhältnisse* sind, aus rein formalen Gründen mit 3 multipliziert. Am Rande stehen die Werte der Summen.

Tripletts

A. Ornstein

$1+\frac{2}{2k-1}$	$\frac{1}{6}\frac{1}{2k-1}-\frac{1}{6}\frac{1}{2k+1}$,	$\frac{11}{6}\frac{1}{2k-1}-\frac{11}{6}\frac{1}{2k+1}$,	$1+\frac{2}{2k+1}$
1	$\frac{11}{6}\frac{1}{2k-1}-\frac{11}{6}\frac{1}{2k+1}$,	$1-\frac{11}{6}\frac{1}{2k-1}-\frac{11}{6}\frac{1}{2k+1}$,	0
$1-\frac{2}{2k-1}$	$1-\frac{2}{2k-1}$,	0,	0
	$1-\frac{2}{2k+1}$,	1,	$1+\frac{2}{2k+1}$

B. Neuer Vorschlag

$1+\frac{2}{2k-1}$	$\frac{2}{2k-1}-\frac{2}{2k+1}-\frac{1^*}{k^2}$,	$\frac{1}{k^2}$,	$1+\frac{2}{2k+1}$
1	$\frac{1}{k^2}$,	$1-\frac{1}{k^2}$,	0
$1-\frac{2}{2k-1}$	$1-\frac{2}{2k-1}$,	0,	0
	$1-\frac{2}{2k+1}$,	1,	$1+\frac{2}{2k+1}$

Nach Vorschlag B. ist in der Tat für große k asymptotisch

$$I_{+1}:I_0:I_{-1}=1:\frac{1}{k^2}:\frac{1}{4k^4}$$

und dies stimmt mit $1:\frac{1}{2}\vartheta^2:\frac{1}{16}\vartheta^4$ überein, wenn man für große k $\vartheta^2=\frac{2}{k^2}$ setzt.

* Dies ist gleich $\frac{1}{k^2(4k^2-1)}$.

Daß die angegebenen Ausdrücke die *einzigen* sind, welche sowohl die Summierungsregeln, als auch für große k die korrespondenzmäßigen Forderungen erfüllen, kann ich nicht behaupten. Denn es ist nicht einmal sicher, daß in der Relation

$$I_{+1} : I_0 : I_{-1} = 1 : \frac{1}{2}\vartheta^2 : \frac{1}{16}\vartheta^4$$

der Winkel ϑ bei I_0 und I_{-1} als derselbe anzuse[he]n ist (wie ich es hier getan habe), da die Mittelungen zwischen Anfangs- und Endzustand in beiden Fällen verschieden sein können. Nur das Verschwinden von I_{-1} wie $\frac{1}{k^4}$ ist sicher. (Man hätte für die schwächste Linie auch setzen können

$$-\frac{2}{2k-1}+\frac{2}{2k+1}+\frac{1}{2}\frac{1}{k-1}-\frac{1}{2}\frac{1}{k+1}=-\frac{4}{4k^2-1}+\frac{1}{k^2-1}=\frac{3}{(k^2-1)(4k^2-1)}$$

oder Ähnliches.)

Das ist alles, was ich über diese *Intensitäts*frage weiß.

Ich lege noch einen Sonderdruck meiner verrückten Satellitennote[c] für Sie bei. Über Ihren Einwand (verschiedene Intensitätsverteilung je nach Anregung) habe ich noch nachgedacht, ich halte ihn aber nicht für entscheidend. Man muß weitere Experimente machen und versuchen, die Satelliten in Terme zu ordnen. Dann interessiert mich besonders, ob die Satelliten wirklich Multiplettstruktur haben, d. h. ob dabei eine Auswahlregel zum Vorschein kommen wird, daß eine neue Quantenzahl (Gesamtimpuls von Kern + Außenelektron) nur um ± 1 oder 0 springen kann.

Von Hilb[ert] erhielt ich brieflich die von Ihnen vorhergesagte Anzapfung wegen seiner Sammlung, die ich rundweg ablehnen werde.

Viele herzliche Grüße an Sie selbst und an die Herren im Institut, besonders auch an meinen Praktikums-Leidgenossen von früher, Herrn Laporte[d], den ich in Innsbruck[e] leider nicht sah.

Ihr stets dankbarer

PAULI

[a] Vgl. 1. Dort Formel (12) auf S. 142. [b] Vgl. z. B. die unter 4 genannte Arbeit von Ornstein und Burger. [c] Pauli (1924c). [d] Pauli hatte im Sommersemester 1921 zusammen mit Otto Laporte sein physikalisches Praktikum bei Wilhelm Wien absolviert. [e] Es handelt sich hier um die 88. Versammlung Deutscher Naturforscher und Ärzte vom 21.–27. September 1924 in Innsbruck. Hinweise auf Gespräche Paulis mit Einstein und Landé während dieser Tagung finden wir in [66] und [71].

Die Vorträge und Diskussionen dieser Veranstaltung wurden zum Teil im Band 25 (1924) der Physikalischen Zeitschrift abgedruckt.

[65] Heisenberg an Pauli

Kopenhagen, 30. September [1924]

Lieber Pauli!

Vielen Dank für Ihren Brief, entschuldigen Sie meine Schreibfaulheit. Hoffentlich haben Sie sich in Innsbruck[a] erholt und hoffentlich haben die schönen Berge doch manchmal den Sieg über Ihre Liebe zu den Kinos und Kaffees errungen. Aber ich will nicht gleich zu Anfang agressiv werden.

Sondern ich will schreiben, daß ich im Punkte „Intensitäten a la Ornstein" ganz Ihrer Ansicht bin. Mit Bohr hab' ich mir die Frage nochmal genau überlegt und wir sind zu dem Schluß gekommen, daß die Summenregeln nicht etwa – wie Sommerfeld sagt –, durch's Korres[pondenz]pr[inzip] nicht verstanden werden können, sondern daß sie eine *zwangsläufige Folge* des Korresp[ondenz]pr[inzips] sind[b] und eigentlich das allerschönste Beispiel dafür, daß das Korr[espondenz]-pr[inzip] manchmal eindeutige Schlüsse zuläßt[c]. Die Summenregel in der *klassischen* Theorie bedeutet nämlich einfach, daß (z. B. im Falle *md–np*) die Gesamtintensität des Bildes, d. h. die Summe der drei Komponenten $J_{+1} + J_0 + J_{-1}$ unabhängig sein muß vom Winkel ϑ, (vgl. Zeitschrift für Physik **11,** 142 (12)), deswegen, weil wir ja immer *dieselbe* Elektronenbahn haben. Nur die *Verteilung* der Gesamtint[ensität] in J_{+1}, J_0 und J_{-1} hängt natürlich von ϑ ab. *Ebenso in der Quantentheorie*[d]. Haben wir etwa drei *d*- und drei *p*-Niveaus, so muß die *Gesamtintensität* für jedes der drei *d*-Niveaus dieselbe sein, weil sie ja *dieselbe* Elektronenbahn haben, nur verschiedene Winkel.

	d_1	d_2	d_3		j
$j=$	3	2	1		
	x	x	x	p_1	2
		x	x	p_2	1
			x	p_3	0

Die *Verteilung* der Gesamtintensitäten auf die *verschiedenen* Oszillatoren ist natürlich von ϑ abhängig. Ebenso umgekehrt von *p* nach *d*. Die Gewichte kommen nachträglich einfach dadurch hinein, daß eben die Anzahl der Atome im Zustand d_1, d_2, d_3 durch die Gewichte 3, 2, 1 gegeben ist. Wir sind über diese Deutung sehr froh, da nun die Angriffe auf das Korr[espondenz]pr[rinzip] ganz widerlegt sind. Dasselbe läßt sich genau beim Zeemaneffekt machen und man kommt dann zu den Formeln, von denen ich Ihnen früher schrieb. Natürlich, denn auch beim Z[eeman]E[ffekt] handelt es sich um eine Aufteilung einer Gesamtintensität in einzelne Teile[e].

Aber ich bin überzeugt, daß Sie sich dies alles auch längst so überlegt haben, nach dem, was Sie schrieben. Wenn dies der Fall ist, so würden Sie mir einen großen Gefallen tun, wenn Sie Ihre Überlegungen publizierten, etwa in einer kurzen Note in den Naturwissenschaften. Es ist ja ganz einfach, fast trivial. Aber wenn neuerdings über das Korr[espondenz]pr[inzip] so viel geschimpft wird, so wäre doch gut, es zu publ[izieren] „ad majorem Korr[espondenz] principie gloriam".

Ob Ihre Intensitäts-Formel, die Sie statt Ornstein vorschlagen, richtig ist, kann man natürlich nicht sicher wissen, aber es kann sehr wohl sein. Wie stimmt sie denn mit den Experimenten? Wie stehts mit der Wärmeleitung?

Kramers sagt eben, ich solle Ihnen schreiben, man könne mit mir viel besser diskutieren, als mit Ihnen!

Nun viele Grüße an alle gemeinsamen Bekannten!

W. Heisenberg

[a] Vgl. die Fußnote e von [64]. [b] Hier weichen die Ansichten Heisenbergs offenbar von denen Paulis ab! Vgl. den vorangehenden Brief [64]. [c] Dieser Standpunkt wurde auch als eine Verschärfung des Korrespondenzprinzips bezeichnet. Vgl. hierzu die unter d zitierte Arbeit. [d] Diese Gedanken werden näher ausgeführt in einer späteren Arbeit Heisenbergs: Über eine Anwendung des Korrespondenzprinzips auf die Frage nach der Polarisierung des Fluoreszenzlichtes. Z. Phys. **31,** 617–626 (1925). Eingegangen am 30. November 1924. [e] Die Anwendung des Korrespondenzprinzips zur Gewinnung von Intensitätsaussagen beim anomalen Zeemaneffekt wird ebenfalls angedeutet in Heisenbergs Arbeit: Zur Quantentheorie der Multiplettstruktur und der anomalen Zeemaneffekte. Z. Phys. **32,** 841–860 (1925). Eingegangen am 10. April 1925.

[66] Pauli an Bohr

Hamburg, 2. Oktober 1924

Sehr verehrter, lieber Herr Professor!

Ich wollte schon lange Ihnen wieder einmal schreiben. Denn ich denke oft daran, wie es Ihnen wohl geht, ob Sie die Beschäftigung mit den Fragen, die mit dem Hausbau[a] zusammenhängen, nur nicht zu sehr ermüdet und ob Ihnen noch genug Zeit übrig bleibt, um mit frischen Kräften an die Bewältigung der wissenschaftlichen Probleme herangehen zu können, die jetzt in der Atomphysik so brennend sind und von denen ich glaube, daß Sie allein imstande sind, sie zu lösen. Ich denke auch oft daran, was für schöne Tage ich heuer zu Ostern wieder in Dänemark verbracht habe, dank Ihrer überaus großen Güte und Freundlichkeit zu mir, und ich weiß gar nicht, wie ich Ihnen dafür danken soll.

Wir haben damals über so manche physikalischen Fragen viel diskutiert und insbesondere über die in der Arbeit von Ihnen, Kramers und Slater dargelegte Auffassung der Strahlungserscheinungen[b]. Es ist Ihnen damals gelungen, mein wissenschaftliches Gewissen, das sich gegen diese Auffassung stark auflehnte, durch Ihre Argumente zum Schweigen zu bringen. Dies war aber nur kurze Zeit der Fall und, wie Kramers Ihnen schon berichtet haben wird, stehe ich heute dieser Auffassung der Strahlungserscheinungen als Physiker vollkommen ablehnend gegenüber. Ich wurde in dieser Ansicht auch dadurch sehr bestärkt, daß auch sehr viele andere Physiker, vielleicht sogar die meisten, diese Auffassung ablehnen, wenn auch zum Teil aus anderen Gründen als ich. Unter diesen anderen Physikern ist vor allem Einstein, mit dem ich in Innsbruck[c] ausführlich über diese Fragen gesprochen habe (nun ist es mir endlich einmal gelungen, ihn zu treffen!). Sie sagten schon zu Ostern wiederholt zu mir, Sie möchten gerne wissen, was Einsteins Argumente sind[d]. Deshalb möchte ich nun nicht mehr länger zögern, Ihnen zu schreiben. Auch möchte ich bei dieser Gelegenheit so frei sein, Ihnen zum Schluß auch meine eigenen Argumente mitzuteilen. Hoffentlich werden Sie diesen Brief einmal in Ruhe lesen, wenn Sie gerade Zeit und Lust haben, sich mit diesen Fragen zu beschäftigen. Natürlich handelt es sich dabei immer nur um Gefühlsargumente; logisch beweisen kann man da nichts, und auch die vorliegenden Erfahrungsergebnisse reichen nicht aus, um für oder gegen Ihre Auffassung zu entscheiden.

Einsteins erstes Argument war dieses:

1. Mittels Schwankungsbetrachtungen könne man zeigen, daß bei statistischer Unabhängigkeit des Vorkommens der Elementarprozesse an räumlich distanten Atomen ein System im Laufe der Zeit systematische Abweichungen vom ersten Hauptsatz zeigen könnte[e], indem z.B. die gesamte kinetische Energie eines von Strahlung erfüllten Hohlraumes mit vollkommen reflektierenden Wänden im Lauf der Zeit beliebig große Beträge annehmen könne. Er finde dies degoutant (so sagte er).

2. Je mehr man von den elementaren Quantenprozessen erfahre, desto mehr zeige sich, daß die Erhaltungssätze von Energie und Impuls bei ihnen strenge Gültigkeit besitzen. So sei es z.B. bei den Elektronenstößen. (Ich selbst möchte hinzufügen, daß auch der Umstand, daß spontane mit Emission verknüpfte Übergansprozesse nur in Richtung von Zuständen größerer zu Zuständen kleinerer Energie vorkommen, in dieser Verbindung in Betracht gezogen werden muß.) Die von Ihnen eingeführte Unterscheidung zwischen Fällen, wo die konservativen Teile der Kräfte groß sind und wo nicht, halte er für ganz künstlich. Er sei überzeugt, daß die Anwendung des Energie- und des Impulsbegriffes auf die Bilanz eines einzelnen Elementarprozesses stets einen Sinn habe.

3. Deshalb sei er überzeugt, daß die weitere Entwicklung dahin führen werde, einem Lichtquant als Träger von Energie und Impuls eine höhere Realität zuzuschreiben als dem Wellenfeld (wenn es auch geschmacklos sei, Dimensionen von Lichtquanten auszurechnen[f]). Von dem Moment an, wo man es aufgegeben habe, daß die Frequenz des Lichtes übereinstimmen muß mit der Frequenz der Bewegung des es emittierenden Elektrons, habe für ihn gefühlsmäßig dem undulatorischen Charakter des Lichtes etwas Schattenhaftes angehaftet. Er glaube deshalb, daß die undulatorischen Eigenschaften des Lichtes mehr sekundär und indirekt erzeugt seien.

4. Einstein nahm ferner Anstoß an der Weise, wie die natürliche Breite der Spektrallinien nach Ihrer Auffassung gedeutet wird. Für diese soll nämlich einmal die Länge der durch die Übergangsprozesse beendeten Wellenzüge, also die Verweilzeit, und ferner auch die Schärfe der stationären Zustände maßgebend sein.

Es bestünde jedoch keine logische Verbindung zwischen beidem und es sei ihm jede Theorie höchst unsympathisch, die eine prästabilierte Harmonie annehmen müsse.

Dies waren Einsteins *hauptsächlichste* Argumente.

Sie sehen: selbst wenn es für mich psychologisch möglich wäre, mir meine wissenschaftlichen Meinungen auf Grund irgend einer Art von Autoritätsglauben zu bilden (was jedoch, wie Sie wissen, nicht der Fall ist), so wäre dies doch (in diesem Fall wenigstens) logisch unmöglich, da die Meinungen zweier Autoritäten einander hier so sehr widersprechen. Deshalb wird es wohl auch nicht unbescheiden sein, wenn ich Ihnen nun meine eigene Meinung vorbringe. Die von Einstein vorgebrachten Punkte sind es gar nicht so sehr, die mich bei Ihrer Auffassung der Strahlungserscheinungen stören. Und wenn Sie mich fragen würden, was ich über die statistische Abhängigkeit oder Unabhängigkeit der Quantenprozesse in räumlich distanten Atomen glaube, so müßte ich ehrlich antworten: Das weiß ich nicht. Der Geigersche Versuch, der, wie ich höre, bereits in Gang gesetzt wird, wird ja diese Frage wohl bald experimentell entscheiden[g]. Mir ist es ebenso Recht, wenn er im einen, wie wenn er im anderen Sinne ausfällt.

Was mir jedoch ein ständiger Stein des Anstoßes ist, das sind die zweierlei Arten von Fluoreszenz (resp. Resonanz-)strahlungen[h]: die von den angeregten und die von den unangeregten Atomen kommende Strahlung. Ich bin fest davon überzeugt, daß dieser Unterscheidung nicht das mindeste Reale entspricht und daß es prinzipiell kein Experiment gibt, das gestattet, den Anteil der angeregten und der unangeregten Atome an der Streustrahlung getrennt zu ermitteln. Sie haben mir zu Ostern ein solches Gedankenexperiment angegeben: Es sollte ein Strahl von schnell bewegten Atomen, von deren wechselseitiger Beeinflussung man absehen kann, durch eine dünne leuchtende Schicht hindurchtreten. Dann würden die virtuellen Oszillatoren der unangeregten Atome nur in der Schicht leuchten, die der angeregten aber auch außerhalb. Es scheint mir jedoch, daß diese Überlegung einen prinzipiellen Fehler enthält. Würden sich nämlich *klassische* Oszillatoren durch die Schicht hindurchbewegen, so würden sie gewiß auch außerhalb der Schicht leuchten, da sie erst eine gewisse Zeit brauchen, um sich einzuschwingen, eine Zeit, die gerade gleich der Abklingungszeit einer freien Schwingung der Qszillatoren ist. Es ist daher eine ganz willkürliche Annahme, daß die virtuellen Oszillatoren der unangeregten Atome gleich mit ihrer Ausstrahlung voll einsetzen und nur *in* der Schicht leuchten werden. Mit diesem Gedankenexperiment ist es also nichts.

Der Grund, weshalb ich die Unterscheidung der beiden Strahlungsarten für eine künstliche Komplikation und für einen schweren Mangel der Theorie halte, ist folgender: Ich bin überzeugt, daß die Übergangswahrscheinlichkeit $B\varrho_\nu$ zugleich die Gesamtschwächung der einfallenden Welle angibt. In der Grenze großer Quantenzahlen ist das nämlich sicher der Fall, und ich halte die Meinung, man dürfe das Korrespondenzprinzip nur auf verbreiterte Spektrallinien anwenden, für eine sehr schlechte Ausrede. Ich glaube nicht, daß bei solchen Drucken, wo die Druckverbreitung von derselben Größenordnung wird wie die natürliche Breite, relativ plötzlich eine starke Änderung des (Schwächungs-) Absorptionskoeffizienten und des

Dispersionsverlaufs eintritt. (Leider kann man dies aus technischen Gründen nicht experimentell prüfen.) In Wirklichkeit wird das Korrespondenzpr[inzip] auch auf unverbreiterte Spektrallinien (d.h. mit natürlicher Breite) anwendbar sein und die Gesamtschwächung des einfallenden Strahles wird stets die durch $B\varrho_\nu$ gegebene und nicht größer sein, daran zweifle ich nicht.

Deshalb (also wegen des Anschlußes an die klassische Theorie) halte ich es auch nicht für sinnvoll möglich, innerhalb einer Linie Compton-Sprünge und eigentliche Quantensprünge zu unterscheiden. Die Streuprozesse außerhalb und innerhalb der Spektrallinie unterscheiden sich nur durch die *mittlere* Verweilzeit des Atoms im angeregten Zustand. Wenn dieser merklich vom gequantelten Zustand entfernt ist, ist diese von der Ordnung der Schwingungsperiode (Compton-Prozess)*, in der Linie ist sie jedoch von der Ordnung 10^{-8} *sec* (eigentlicher Quantensprung). Da dies *mittlere* Verweilzeiten sind, besteht keine Möglichkeit in der Spektrallinie zweierlei Arten von Prozessen zu unterscheiden. Die gesamte Häufigkeit der Prozesse muß durch das $B\varrho_\nu$ gegeben sein.

Es scheint mir deshalb, daß man auf Widersprüche stößt, wenn man nicht nur Mittelwerte des Strahlungsfeldes, das von vielen Atomen herrührt, sondern auch die von einzelnen Atomen ausgehende Strahlung in jedem Raumzeitpunkt eindeutig mittels des klassischen Feldbegriffes beschreiben will.

Ich hätte noch andere Fragen, die ich teilweise auch mit Einstein besprochen habe, aber ich will Ihre Geduld nun nicht länger in Anspruch nehmen. Jetzt hoffe ich nur, daß es Ihnen gut geht und daß Sie die Probleme der Quantentheorie der Atome mit mehr als einem Elektron bald lösen werden. Ich weiß übrigens, daß Sie sich nur freuen, wenn ich Ihnen stets ehrlich und herzlich meine Meinung über physikalische Fragen sage, auch dann, wenn Sie sie für ganz dumm halten. Grüße an alle Herren im Institut, an Kramers und an Hansen und Werner besonders (Heisenberg schreibe ich zugleich)

Ihr stets dankbarer

PAULI

* Zugleich Größenordnung der Dauer eines Übergangsprozesses überhaupt.

[a] Gemeint ist der Institutsausbau in Kopenhagen, der aus Mitteln der Rockefellerstiftung finanziert wurde. Vgl. den Hinweis im Schreiben [56]. [b] Vgl. den Kommentar zu [55] und dort die unter Fußnote 5 und 7 zitierte Arbeit. [c] Siehe die Fußnote e von [64]. [d] Es ist interessant, die hier geäußerten Einwände Einsteins mit seinem Standpunkt vom Frühjahr 1924 zu vergleichen. Vgl. den Brief Einsteins an Paul Ehrenfest vom 31. Mai 1924. (Einstein-Archiv Princeton, New Jersey.) [e] Eine Abschätzung dieser Energieschwankungen durch Schrödinger in seinem Aufsatz „Bohrs neue Strahlungshypothese und der Energiesatz" im Septemberheft der Naturwissenschaften **12,** 720 – 724 (1924) ergab, daß diese Schwankungen wegen ihrer relativen Kleinheit ohne jede praktische Bedeutung sind und deshalb kein Argument gegen die neue Strahlungstheorie darstellen. [f] Ornstein und Burger hatten Ende 1923 zwei Arbeiten publiziert, in denen mit kugelförmigen Lichtquanten operiert wird. Vgl. hierzu L.S. Ornstein und H.C. Burger: Die Dimension der Einsteinschen Lichtquanten. Z. Phys. **20,** 345 – 350 (1924); Zur Dynamik des Stoßes zwischen einem Lichtquant und einem Elektron. Z. Phys. **20,** 351 – 357 (1924). Beide

Arbeiten waren am 14. November eingegangen. In einer Nachschrift zur letzteren Arbeit meinten die Autoren einen Fehler in Paulis Untersuchung zum Strahlungsgleichgewicht (1923c) entdeckt zu haben, was Pauli zu einer Erwiderung (1924b) veranlaßte, worin er sich gleichzeitig von mechanischen Analogien der oben genannten Art distanzierte. [g] Vgl. hierzu die Ankündigung von W. Bothe und H. Geiger: Ein Weg zur experimentellen Nachprüfung der Theorie von Bohr, Kramers und Slater. Z. Phys. **26,** 44 (1924). Eingegangen am 7. Juni 1924. Die erste Veröffentlichung ihrer Ergebnisse erfolgte im Maiheft der Naturwissenschaften **13,** 440–441 (1925). Eingegangen am 18. April 1925. [h] In Kopenhagen beschäftigte man sich im Herbst 1924 intensiv mit den neuen Möglichkeiten, die sich mit den Beobachtungen der Polarisation des Fluoreszenzlichtes (Hanle-Effekt) auftaten. Vgl. hierzu N. Bohr: Zur Polarisation des Fluoreszenzlichtes. Naturwiss. **12,** 1115 – 1117 (1924). Signiert 1. November 1924. Auch Heisenbergs erste Veröffentlichung während seines Aufenthalts in Kopenhagen behandelt dieses Thema: Über eine Anwendung des Korrespondenzprinzips auf die Frage nach der Polarisation des Fluoreszenzlichtes. Z. Phys. **31,** 617–626 (1925). Eingegangen am 30. November 1924.

[67] Heisenberg an Pauli

Kopenhagen, 8. Oktober [1924]

Lieber Pauli!

Vielen Dank für Ihren Brief. Ich glaube, im Großen und Ganzen sind wir über die Ornstein-Frage einig. Aber Sie haben in einigen Punkten, glaub' ich, doch nicht ganz recht[a].

Die Polarisationsfrage im Stark- bzw. Zeemaneffekt $(\perp = \|)$[b] ist ja eine *statistische* und hängt mit den Übergangswahrscheinlichkeiten zusammen. Die Ornsteinregel dagegen ist schon für das *einzelne* Atom gültig. Wir meinen so: Der physikalische Sinn der Ornsteinregel ist offenbar in der klassischen Theorie der: Die *Gesamt*intensität $J_{+1}+J_0+J_{-1}$ der Linie hängt doch natürlich nur von der Elektronenbahn ab, *nicht* von ihrer Stellung zum Rumpf. Von letzterer hängt nur die *Verteilung* auf J_{+1}, J_0 und J_{-1} ab. In der klassischen Theorie ist die ganz zwangsläufig, denn die pro sec. ausgestrahlte Energie ist durch die Bahn des Elektrons *eindeutig* gegeben (bis auf Größen der Ordnung der Kopplungskräfte). Der Satz stimmt also schon für's *einzelne* Atom. Wenn man nun zur Quantentheorie übergeht, so liegt es vollkommen im Sinn jeder Strahlungstheorie, zu sagen: die quantentheoretische gesamte Sprungwahrscheinlichkeit ist eindeutig durch die (virtuelle) Elektronenbahn und deren pro sec. gestrahlte (virt[uelle]) Energie gegeben; wenn man das nicht sagt, so hört eigentlich jede Definition von Lebensdauer u.s.w. auf. Wenn man es aber annimmt – und diese Annahme ist ja vielleicht kein absolut zwingendes, aber doch sehr naheliegendes Analogon zur klassischen Theorie (ich könnte mir keine Theorie ohne die Annahme vorstellen) d.h. Korrespondenzprinzip – so hat man die Ornsteinsche Regel. Nur die *Verteilung* auf die verschiedenen *möglichen* Sprünge wird durch die Kopplung gegeben. Wenn ein Niveau nicht da ist, so werden eben die Sprünge auf den *Rest* verteilt. Also ich meine: wenn man, wie Sie, unter Korrespondenzprinzip die falsche Behauptung versteht, man könne durch Mittellung der klassischen Intensität zur quantenth[eoretischen] kommen, so haben *Sie* recht, daß man durch's Korr[espondenz]pr[inzip] *nicht* zur Ornsteinregel kommen kann; wenn man aber darunter meint: sinngemäßen logischen Anschluß an die klassische Theorie, so habe *ich* recht. Was die Frage der Gewichte betrifft, so hatte ich gemeint, da die Gewichte *rechnerisch* immer dadurch hereingebracht werden können, daß man die Anzahl der Atome betrachtet; event. muß man mit dem Kirchhoffschen Gesetz von Absorption zu Emission übergehen bzw. umgekehrt. Vermöge dieses Gesetzes stecken die Gewichte aber natürlich immer in den Übergangswahrscheinlichkeiten *auch* drinnen.

Hiermit hoffe ich, daß wir einig sind. Aus Ihrem Brief glaube ich, daß Sie nicht ganz verstanden hatten, was ich wollte mit meinem Brief und sich nicht klar gemacht hatten, welches Unglück passiert und wie weit man sich von der klassischen Theorie entfernt, wenn man die eindeutige Beziehung zwischen Elektr[onen]bahn und Sprungwahrscheinlichkeit aufgibt. Meine Argumente sind also durchaus *physikalische*, nicht etwa die formalen (?!), daß auch klassisch

$$\cos^4\frac{\vartheta}{2}+2\sin^2\frac{\vartheta}{2}+\sin^4\frac{\vartheta}{2}=1$$

ist.

Heiraten werd' ich in absehbarer Zeit nicht; aber wenn der erste Turm ihrer „festen Burg" einst fällt, so wird er von mir die nötige Gratulation mit Bemerkungen bekommen. Sonst geht's mir ganz gut, manchmal hab' ich ein wenig Sehnsucht nach Deutschland. Bohr und Kramers lassen herzlich grüßen, ebenso Dr. Kuhn[d], der eben hier war.

Ans ganze Hamburger Institut alles Gute!

W. HEISENBERG

[a] Vgl. hierzu den Brief [65] und Paulis Schreiben [64] an Sommerfeld. Insbesondere werden die Bemerkungen über die Ornsteinregel in der dort zitierten Arbeit von Heisenberg über die Verschärfung des Korrespondenzprinzips näher ausgeführt. [b] Vgl. die unter a erwähnte Arbeit, S. 620. Dort wird gemäß Ornstein und Burger zur Ableitung der *ps*- Linien von Dubletts und Tripletts gefordert, daß „die Summe der Intensitäten der senkrecht zum Feld polarisierten Komponenten gleich der Summe der Intensitäten der parallelen Komponenten" sein soll. [c] Heisenberg heiratete erst am 29. April 1937. [d] Es handelt sich wahrscheinlich um Gerhard Heinrich Kuhn, einem Schüler von J. Franck, der 1927 Assistent am II. Physikalischen Institut der Universität Göttingen wurde.

Die im nun folgenden Brief [68] an Alfred Landé skizzierte „komische, den Zeemaneffekt betreffende Überlegung" (so Paulis eigene Worte) stellt sozusagen die berühmte Arbeit (1925a) in statu nascendi dar[1]. Pauli bezweifelte, was bisher immer angenommen worden war, daß nämlich abgeschlossene Edelgaskonfigurationen („Atomrümpfe") Drehimpuls und magnetisches Moment besitzen.

Wie Pauli in einer einfachen und klaren Beweisführung zeigte, würde ein nicht verschwindender Drehimpuls einer abgeschlossenen Elektronenkonfiguration, insbesondere der *K*-Schale, zu einer Abhängigkeit des Quotienten aus magnetischem Moment und Drehimpuls von der Ordnungszahl *Z* führen, wenn man die relativistische Massenveränderlichkeit des Elektrons berücksichtigt. Da eine solche Abhängigkeit aber nicht beobachtet wird (worüber sich Pauli mit den Briefen [68] und [69] an Landé Gewißheit verschaffen will), muß die Annahme falsch sein, d.h. der Atomrumpf kann keinen Drehimpuls besitzen.

Vermutlich wenige Tage nach Abfassung des Briefes an Landé [68] hat dann Pauli den zweiten Schritt vollzogen: Wenn es nicht der Atomrumpf ist, dann kann allein das Leuchtelektron die Dublettstruktur der Alkalien erzeugen und somit Sitz der magneto-mechanischen Anomalie sein. Im Brief [71] an Landé vom 24. November 1924 steht bereits dieses Ergebnis[2].

Am 2. Dezember 1924 ist dann die bekannte Arbeit „Über den Einfluß der Geschwindigkeitsabhängigkeit der Elektronenmasse auf den Zeemaneffekt" (1925a) bei der Zeitschrift für Physik eingegangen, und hier finden sich die seither oft zitierten Worte, die Pauli selbst im Sperrdruck hervorheben ließ: „ Die abgeschlossenen Elektronenkonfigurationen sollen nichts zum magnetischen Moment und zum Impulsmoment des Atoms beitragen. Insbesondere werden bei den Alkalien die Impulswerte des Atoms und seine Energieänderungen in einem äußeren Magnetfeld im wesentlichen als eine alleinige Wirkung des Leuchtelektrons angesehen, das auch als der Sitz der magneto-mechanischen Anomalie betrachtet wird. Die Dublettstruktur der Alkalispektren sowie die Durchbrechung des Larmortheorems kommt gemäß diesem Standpunkt durch eine eigentümliche, klassisch nicht beschreibbare Art von Zweideutigkeit der quantentheoretischen Eigenschaften des Leuchtelektrons zustande."

[1] Über die Entwicklungsgeschichte dieser und der darauffolgenden Publikation (1925b), die schon das Pauli-Prinzip enthält, äußert sich Pauli in seinen Briefen an Sommerfeld [72] und noch detaillierter an Bohr [74]. Vgl. hierzu auch P. Formans geschichtliche Darstellung „The Doublet Riddle and Atomic Physics circa 1924". Isis **59,** 156–174 (1968), und D. Serwer: „Unmechanischer Zwang: Pauli, Heisenberg, and the Rejection of the Mechanical Atom 1923–1925", Hist. Stud. Phys. Sci. **8,** 189–256 (1977).

[2] In diesem Brief [71] finden sich sogar schon die Grundgedanken des Pauli-Prinzips. Vgl. unten den Kommentar zu [71].

[68] Pauli an Landé

Hamburg, 10. November 1924

Lieber Herr Landé!

Ich möchte Sie gerne um Auskunft fragen wegen einer komischen, den Zeemaneffekt betreffenden Überlegung, die ich kürzlich durchgeführt habe[a]. Ich überlegte mir, ob nicht auch klassisch unter Umständen eine merkliche Abweichung vom Larmor-Theorem zu erwarten wäre und fand, daß dies in Bezug auf den Einfluß der relativistischen Massenveränderlichkeit nicht von vornherein auszuschließen ist. Diese bewirkt nämlich, (da es hierfür immer nur auf den Quotienten von magnetischem und Impulsmoment ankommt), daß die Larmorfrequenz gegeben ist durch $\frac{e}{4\pi mc}H$, worin m die relativistische Masse $m = \frac{m_0}{\sqrt{1-v^2/c^2}}$ bedeutet und über den Umlauf des betr. Elektrons zu mitteln ist. Aus dem (relativistischen) Virialsatz findet man für eine (relativistische)* Keplerellipse

$$\omega = \omega_0\left(1 + \frac{W}{m_0 c^2}\right) = \omega_0\left\{1 + \frac{\alpha^2 Z^2}{[n-k+\sqrt{k^2-\alpha^2 Z^2}]^2}\right\}^{-\frac{1}{2}} \sim \omega_0\left(1 - \frac{1}{2}\frac{\alpha^2 Z^2}{n^2}\right),$$

wenn $\alpha^2 Z^2 \ll 1$.

(W= absoluter Betrag der Energie, α = Feinstr[uktur] konst[ante], ω_0 die gewöhnliche Larmorfr[equenz]. Dieses Resultat hat bereits Sommerfeld auf einem gelehrteren Weg in seiner ersten Arbeit über die Richtungsquantelung in der Physikalischen Zeitschrift 1916 abgeleitet[b]. Im H-Atom und für kleine Z ist diese Korrektur natürlich unmerklich.

Aber nun kommt erst die Hauptsache meiner Überlegung. Man hat sich ja vorgestellt, daß z.B. bei den Alkalien der Rumpfimpuls wesentlich in der K-Schale sitzt[c]. Dort haben wir es aber, wenigstens bei höheren Atomnummern, mit sehr schnell bewegten Teilchen zu tun, und das relativistische Korrektionsglied im Ausdruck für die Larmorfrequenz wird recht beträchtlich. Es ist vielleicht eine nicht ganz uninteressante Bemerkung, daß man auf diese Weise schon klassisch einen anomalen (wenn auch von dem wirklichen gänzlich verschiedenen) Zeemaneffekt bekäme. Denn es ist ja der Quotient von magnetischem und Impulsmoment für den Atomrumpf hier wirklich (um den angeg[ebenen] Faktor) verschieden von dem Wert dieses Quotienten für das Leuchtelektron, wo der Korrektionsfaktor praktisch gleich 1 ist. Ich füge noch hinzu, daß die Coulombschen Wechselwirkungskr[äfte] zwischen den Elektronen sowie die von den magn[etischen] Kräften zwischen den Elektronen herrührende, klassisch berechnete Abweichung vom Larmortheorem** sich größenordnungsmäßig nur im Auftreten einer Abschirmungszahl in der in der angege[benen] Formel eingehenden Größe Z bemerkbar machen. Nun ist aber die mich interessierende Frage, ob zu der unmechanischen und unverstandenen Verdoppelung des Rumpfmagnetismus nicht der relativistische Effekt außerdem noch hinzutritt. Setzt man den angeg[ebenen] Faktor im Ausdr[uck] von ω gleich $1-\delta$, so könnte man also in starken Feldern ansetzen***

$$\frac{E}{oh} = (2-\delta)\, m_r + m_k = (1-\delta)\, m_r + m.$$

---

* Es genügt offenbar über die Periode der Radialbew[egung], und nicht über die der Periheldreh[ung] zu mitteln.

** Die letztere ist von der Ordnung $\alpha^2 Z$, also um eine Potenz von Z geringer als die relativistische, analog wie Ihr Fall!

*** Man könnte auch ansetzen $2(1-\delta)m_r + m_k$, dann wäre in allen folgenden Formeln δ durch 2δ zu ersetzen und der zu erwartende Effekt würde noch größer werden.

Mittels der Summierungsregeln folgt daraus natürlich der g-Wert

$$g = 1 + (1 - \delta)\gamma,$$

wenn $1+\gamma$ den gewöhnlichen (d.h. Ihren) g-Wert bedeutet. Es gilt dies zunächst bei den Alkalien, aber unter der Hypothese, daß der Rumpfmagnetismus (nur bei Anlagerung eines Elektrons in einem s-*Term*) durch den g-Wert des Ions gegeben ist, auch für die Erdalkalien. Der relativistische Effekt müßte sich offenbar darin äußern, daß *bei den Alkalien (bzw. Erdalkalien) mit höheren Atomnummern die Zeemanaufspaltungen etwas andere sind als bei den jomologen Spektrallinien in den Alkalien (Erdalkalien) mit niedrigeren Atomnummern.* Numerisch finde ich für Cs ($Z = 55$), $\delta = 0.08$ bei Hg ($Z = 80$), $\delta = 0.17$ (circa). Wie man auf Grund der angegebenen g-Werte ausrechnet, gibt δ zugleich direkt die prozentische Abweichung der beobachteten Zeemanaufspaltung der π-Komponenten der Hauptserie Dubletts und Tripletts bei den Alkalien und Erdalkalien (bei den σ-Komp[onenten] ist die prozent[uale] Abweichung geringer.)

Meine Vermutung ist nun die, *daß die so errechneten Abweichungen des Zeemaneffektes von den gewöhnlichen angenommen in Wirklichkeit nicht vorhanden sind.* Denn eine Abweichung der beob[achteten] Zeemanaufsp[altung] von 8% bei Cs und von 17% bei Hg (bei Au, wo der Fall theoretisch am klarsten liegt, sind die Zeemaneffekte wohl nicht gemessen; sind sie bei den Resonanzlinien oder bei anderen p-s-Kombinationen von Hg^+ oder von Ra^+ gemessen?) von der in üblicher Weise theoret[isch] angenommenen und bei Li, Na realisierten, wäre doch wohl den Spektroskopikern kaum entgangen. Ich möchte Sie deshalb fragen[e]

1. Ob man die auf die angegebene Weise errechneten Abweichungen der g-Werte von den gewöhnlich angenommenen auf Grund des vorliegenden empirischen Materials definitiv ausschließen kann.

2. Ob dies schon bei Alkalien oder Erdalkali*ionen* möglich ist.

3. Wo das betreffende Material zu finden ist oder, falls es nicht publiziert ist, ob ich mich bei einer eventuellen Publikation meiner Überlegungen auf die resp. Messungen aus dem Tübinger Institut berufen kann.

Was würde nun folgen, wenn die berechneten Abweichungen tatsächlich nicht vorhanden sind, was ich für wahrscheinlich halte? Die ganze Rechnung beruht darauf, daß die K-Schale im Sinne der gewöhnlichen Mechanik ein nichtverschwindendes resultierendes Impulsmoment besitzt. Aber dieses Impulsmoment der K-Schale ist ja von vornherein nicht so ganz ernst zu nehmen und hat etwas Traumhaftes an sich (da ja z. B. die Edelgase diamagnetisch sind). (Ich möchte fast sagen, die angenommenen Rumpfimpulse haben nicht nur halbzahlige Werte, sondern auch gewissermaßen nur eine halbe Realität.) Die Energie des Rumpfes im Magnetfeld läßt sich eben klassisch nicht berechnen und man kann deshalb heute nicht a priori theoretisch begründen, ob sie $1 \cdot m_r$ oder $(1+\delta)m_r$ oder $(2+\delta)m_r$ oder $2(1+\delta)m_r$ oder $2m_r$ beträgt. Aber eine künftige, ordentliche (also nichtheisenbergsche) Theorie des anomalen Zeemaneffektes wird vom Nichtvorhandensein des relativistischen Korrektionsfaktors Rechenschaft geben müssen.

4. Frage: Meinen Sie, daß diese Überlegungen genügend interessant sind, um sie publizieren zu können?

Mit herzlichsten Grüßen (auch an Herrn Dr. Back)

Ihr W. PAULI.

P.S. Die Notiz von Foote und Mitarbeitern über die Satelliten in der Nature[f] fand ich sehr hoffnungsvoll. Ich habe deshalb dorthin geschrieben.

[a] Die hier gegebene Darstellung schließt sich eng an die Veröffentlichung Paulis (1925a) an. [b] A. Sommerfeld: Zur Theorie des Zeemaneffektes der Wasserstofflinien, mit einem Anhang über den Stark-Effekt. Physik. Z. **17,** 491–507 (1916). Dort S. 502, Gl. (5). [c] Vgl. z. B. Pauli (1925a), S. 379. [d] Vgl. Pauli (1923b). [e] Auf eine Auskunft, die Landé und Back gaben, weist Pauli in einer Fußnote auf S. 383 seiner Arbeit (1925a) hin. [f] Als Satelliten (1. und 2. Ordnung) eines Multipletts bezeichnet man Linien schwächerer Intensität, die den Auswahlregeln $\Delta j=0$ und $\Delta j=1$ genügen. In Nature **114,** 575 (1924) erschien eine Notiz der Mitarbeiter A. E. Ruark, F. L. Mohler und R. L. Chenault von Paul D. Foote: "Fine Structures in Non-Hydrogenic Atoms", in der die Verfasser auf die Beobachtung solcher Satelliten hinwiesen, und bei ihrer Interpretation Anzeichen für die Existenz eines Auswahlprinzips sahen.

[69] PAULI AN LANDÉ

[Hamburg], 14. November [1924]

[Postkarte]

Lieber Herr Landé!

Vielen Dank für Ihren Brief und Ihre freundlichen Auskünfte[a]. Mit diesen bin ich aber noch nicht ganz zufrieden, und ich möchte Sie deshalb noch einmal behelligen. Zn und Cd sind nämlich nicht sehr geeignet zur Prüfung des Vorhandenseins des relativistischen Effektes, da dieser bei Cd nur 6% bei Zn nur 2%, also die Differenz 4% beträgt. Dies überschreitet zwar die von Ihnen angegebene Genauigkeit der Beobachtung, aber es ist doch wohl hart an ihrer Grenze. Man muß Elemente mit höherer Atomnummer nehmen, wo bereits verhältnismäßig ungenaue Messungen genügen, um die Frage sicher zu entscheiden. *Wie genau sind die g-Werte von Hg resp. ihre Abweichung von denen von Zn und Cd bekannt*? Wenn der g-Wert 2 des s-Terms auf 1 Prozent sicher ist, genügt das völlig, um den relativistischen Effekt mit Sicherheit auszuschließen. (Nach den Arbeiten von Paschen und Runge und von Gmelin scheint mir das durchaus der Fall zu sein, aber ich möchte Sie zur Sicherheit noch einmal fragen.) Es ist schade, daß bei den Alkalien höherer Atomnummer die Zeemaneffekte nicht genau gemessen sind. *Wie genau sind g-Werte vom Ba-Funkenspektrum bekannt? Und wie ist es in der III. Kolonne (Erden)?* — Ich selbst bin ja von vornherein überzeugt, daß der rel[ativistische] Effekt *nicht* da ist. –

Erzählen Sie nur bitte Ehrenfest alles was Sie wollen und grüßen Sie ihn vielmals von mir[b]. – Besten Dank für Ihre Auskünfte und Grüße auch an Back,

Ihr P[AULI]

Da Sie diese Sache zu interessieren scheint, werde ich sie doch wohl publizieren.

[a] Vgl. hierzu e von [68]. [b] Landé beabsichtigte eine Reise nach Holland zu machen. Vgl. hierzu [75].

[70] PAULI AN SOMMERFELD

[Hamburg, November 1924]

[Das erste Blatt dieses Briefes ist verloren.]

II

Nun zu anderen Dingen. Sollte ich einmal zu faul sein, eine Sache selbst zu publizieren oder dies aus irgendwelchen sachlichen Bedenken nicht gerne tun wollen, wollte ich es aber dennoch ganz gerne sehen, wenn die Sache allgemein bekannt wird, so werde ich sie Ihnen brieflich mitteilen. Sie werden sie dann bestimmt in irgend einer Form früher oder später publizieren. (Natürlich werde ich Sie nicht ausdrücklich darum ersuchen, sonst würden Sie es aus pädagogischen Gründen ablehnen.) Es ist dies überhaupt eine sehr angenehme Methode der Veröffentlichung von irgendwelchen Überlegungen, die mir schon einmal Herr Landé so gut besorgt hat. Wie dem [i]mmer auch sei, jedenfalls freue ich mich diesmal auf Vor- wie Nachtrag[a].

Mit Herrn Dannemeyer[b] habe ich bisher nur ganz kurz gesprochen, will dies aber nächstens ausführlicher tun. Ich bin sehr skeptisch in Bezug auf die Realität von Resultaten über Intensitäten, die sich nicht auf Linien eines Multipletts, sondern auf verschiedene Serienlinien beziehen.[c] Ich glaube eigentlich kaum, daß im letzteren Fall ganzzahlige Verhältnisse zu erwarten sind. Dagegen ist eine sehr interessante Frage, wie sich Triplettkombinationen und Triplett-Einfachkombinationen bei gleichem Anfangsniveau zueinander verhalten. Korrespondenzmäßig kann man da vorläufig gar nichts darüber aussagen, da es keine einfachen Modelle gibt, die überhaupt zu den Kombinationen zwischen verschiedenen Termsystemen korrespondierende harmonische Schwingungskomponenten besitzen.

Meinen Artikel für den Müller-Pouillet[d] habe ich jetzt Gott sei Dank abgeschickt und will nun meine wiedergewonnene Freiheit ausnützen, um etwas Vernünftiges zu arbeiten. Sie werden mit diesem Artikel übrigens gar nicht einverstanden sein (aber hoffentlich nicht auf mich böse sein), weil ich in der E[n]tartungsfrage einen zu dem Ihren entgegengesetzten Standpunkt einnehme. Aber seien Sie ganz sicher, in Kopenhagen wird man mit diesem Artikel ebensowenig einverstanden sein wie Sie, wieder aus anderen Gründen. Denn ich glaube nicht, daß die Kopenhagener Auffassung der Strahlungsphänomene einen wirklich nennenswerten Fortschritt bringt, und ich bin überzeugt, daß (unabhängig vom Ausfall des Geigerschen Versuches) die Zukunft mehr den Lichtquanten gehört. (Ich habe mir in dieser Richtung auch einiges überlegt, aber das ist noch nicht in mitteilba[r]er Form.)

Vor kurzem habe ich eine kleine Überlegung über den Einfluß der relativistischen Abhängigkeit der Elektronenmasse von der Geschwindigkeit auf den Zeemaneffekt[e] durchgeführt, die ich wahrscheinlich publizieren werde und mit deren Ergebnis Sie wohl sehr einverstanden sein werden. Denn sie zeigt deutlich, daß das resultierende Impulsmoment der K-Schale, wenn überhaupt von Null verschieden, so jedenfalls nicht real im Sinne der gewöhnlichen Mechanik sein kann. Ich bin auch im Prinzip sehr einverstanden mit Ihrer Ansicht (von der mir Lenz berichtete), daß in diamagnetischen Molekülen, wie z. B. HC1, in Wahrheit kein Elektronen-Impulsmoment, sondern ein halbzahliges Gesamtmoment vorhanden ist. Es ist bloß bei den Molekülen nicht schön, daß manchmal auch $\frac{1}{4}$ statt $\frac{1}{2}$ auftritt. Das verstehe ich nicht ganz.[f]

Die herzlichsten Grüße an Sie selbst und die anderen Herren im Institut auch von Lenz und Koch

von Ihrem stets dankbaren

PAULI

[a] Vgl. hierzu den Kommentar zu [64] und dort die Anmerkung 6. In einem *Nachtrag* zu seinem dort genannten *Vortrag* hatte Sommerfeld Paulis briefliche Mitteilung publiziert, worauf sich dieses letztere Wortspiel bezieht. [b] Ferdinand Dietrich Dannmeyer bekleidete seit 1907 die Stelle eines Studienrates in Hamburg und veröffentlichte u. a. einige Arbeiten zum Intensitätsproblem. So erschien 1924 von ihm in den Verhandlungen der Deutschen Physikalischen Gesellschaft ein Aufsatz über „Intensitätsmessungen im Ultravioletten". Vgl. auch seine „Bemerkungen zu den Arbeiten von Frl. C. E. Bleeker und J. A. Bongers in Utrecht: Intensitätsmessungen in Flammenspektren, sowie H. B. Dorgelo in Utrecht: Die Intensitätsmessungen mehrfacher Spektrallinien". Z. Phys. **31,** 76–80 (1925). Eingegangen am 1. Dezember 1924. [c] Über die Abstufung der Intensitäten innerhalb einer Serie lagen damals noch keine theoretischen Modelle vor. [d] Pauli [1929 a, b]. Wenn auch diese beiden Artikel bereits Ende 1924 fertiggestellt waren, so verzögerte sich die Drucklegung durch ungünstige Umstände bis 1929. Die Weiterentwicklung der Quantentheorie wurde in zwei Nachträgen zusammengefaßt. (Vgl. die Fußnote auf S. 1483 von [1929a].) Vgl. hierzu auch das Schreiben [74] an Bohr. [e] Pauli (1925a). Vgl. auch [68] zusammen mit dem Kommentar. Die vorliegende Bemerkung ist für die Datierung des Briefes von Bedeutung. [f] Die Rotationsenergie eines Rotators sollte nach der älteren Quantentheorie proportional zu j^2 (j ganzzahlige Quantenzahl des Drehimpulses) sein. Die Messungen ergaben bei den ultraroten Banden dagegen eine Abhängigkeit proportional zu $j(j+1)=\left(j+\frac{1}{2}\right)^2-\frac{1}{4}$, wie sie auch später von der neuen Quantenmechanik bestätigt wurde. (Vgl. z. B. Pauli(1926b)). Eine Erklärung dieser so beobachteten „viertel" Quantenzahlen versuchte A. Kratzer (Ann. Phys. **71,** 72 (1923)), jedoch ohne Erfolg. (Vgl. hierzu R. Mecke: Bandenspektra, in Handbuch der Physik, Band 21, S. 493–573. Berlin: Julius Springer 1929. Dort S. 500.) Vgl. hierzu auch Heisenbergs Brief [146].

Die Lösung des Rätsels, das durch die komplizierten Aufspaltungsbilder der Zeemanlinien aufgegeben war, rückte allmählich in greifbare Nähe. Mit ihr verbunden war eine Reihe von Entdeckungen voneinander unabhängiger und allgemeiner, dem atomaren Geschehen zugrundeliegender Naturgesetze, deren gleichzeitiges Zusammenwirken hier die tiefere Ursache für die „verwirrende Vielfalt" spektroskopischer Erscheinungen war[1].

Der Entdeckung des Ausschließungsprinzips durch Wolfgang Pauli kommt in diesem Zusammenhang eine grundlegende Bedeutung zu, und in den vorliegenden Briefen [71], [72] und [74] besitzen wir die erste Formulierung.

In den vorangehenden Briefen und Arbeiten Paulis hatten wir gesehen, wie er in einer Reihe von systematischen Untersuchungen das Problem der magnetomechanischen Anomalie des Rumpfes auf das des Leuchtelektrons reduziert und dadurch mit den orthodoxen Auffassungen seiner Zeit gebrochen hatte[2]. Anschließend konzentrierten sich seine Bemühungen darauf, für das Verständnis von Komplexstruktur und Schalenaufbau die Konsequenzen zu ziehen.

Es war ein glücklicher Umstand, daß in dieser Zeit gerade die 4. Auflage von „Atombau und Spektrallinien" erschien. Hier hatte Sommerfeld im Vorwort auf eine Arbeit von Edmund C. Stoner[3] aufmerksam gemacht, und wie Pauli seinem alten Lehrer berichtete [72], paßte „der Stonersche Vorschlag nun außerordentlich gut" zu seinen bisherigen Überlegungen.

Neben der sehr zweckmäßigen Aufteilung der Bohrschen n_k-Untergruppen in sog. n_{k_1, k_2}-Teiluntergruppen[4] sah Stoner einen Zusammenhang zwischen der Anzahl der Terme, in die ein Multiplett beim Zeemaneffekt aufspaltet, und der Zahl der Elektronen, die einer abgeschlossenen Untergruppe angehören; genauer gesagt, es sollte die Anzahl der Energieniveaus, in die die Zustände in einem starken Magnetfeld aufspalten, gleich sein der Anzahl der Elektronen in der entsprechenden abgeschlossenen Schale zu gleicher Hauptquantenzahl. Man erhält so die Längen 2, 8, 18, 32, ... der Perioden im natürlichen System der Elemente.

Fußend auf seinen Erfahrungen über das Verhalten der Terme beim Übergang von starken zu schwachen Magnetfeldern konnte Pauli diese empirische Stonersche Regel durch ein allgemeines Grundprinzip ersetzen[5]: Ordnet man jedem stationären Zustand des Leuchtelektrons insgesamt vier Quantenzahlen n, k_1, m_1, k_2, bzw. n, k_1, m_1, m_2 im Fall starker Felder, zu[6], so lautet dieses in Paulis eigenen Worten (1925b): „Es kann niemals zwei oder mehrere äquivalente [d. h. zu gleichem n gehörige] Elektronen im Atom geben, für welche in starken Feldern die Werte aller Quantenzahlen n, k_1, k_2, m_1 (oder, was dasselbe ist, n, k_1, m_1, m_2) übereinstimmen. Ist ein Elektron im Atom vorhanden, für das diese Quantenzahlen (im äußeren Felde) bestimmte Werte haben, so ist dieser Zustand >besetzt<". Mit dem hier formulierten Ausschließungsprinzip konnte Pauli sogleich eine Vielzahl bis dahin ungeklärter spektroskopischer Fragen in zwangloser Weise beantworten, ohne gegen vielbewährte Grundprinzipien wie das Bohrsche Aufbauprinzip zu verstoßen[7]. Aber erst die Zukunft enthüllte die Bedeutung des Ausschließungsprinzips, das neben der Entdeckung der Quantenmechanik zu einem der fruchtbarsten Erkenntnisse auf dem Gebiet der theoretischen Physik unseres Jahrhunderts wurde. Paulis briefliche Mitteilung an Landé machte schnell die Runde bei seinen Fachkollegen. Über deren Reaktion werden wir in den folgenden Briefen noch hören[8].

[1] Vgl. z. B. F. Hund: Geschichte der Quantentheorie. Mannheim: Bibliographisches Institut 1967. Dort S. 103ff.

[2] Vgl. Pauli (1925a.) Vgl. ebenso Paulis eigene historische Darstellung: Das Ausschließungsprinzip und die Quantenmechanik. Nobelvortrag, gehalten am 13. Dezember 1946 in Stockholm, abgedruckt in: Aufsätze und Vorträge über Physik und Erkenntnistheorie. Braunschweig: Friedr. Vieweg und Sohn 1961.
[3] E.C. Stoner: The Distribution of Electrons among Atomic Levels. Phil. Mag. **48,** 719–736 (1924). Signiert Cavendish Laboratory, July 1924.
[4] Bei der späteren Veröffentlichung seiner Resultate (1925b) sowie auch in dem Brief [71] benutzt Pauli für die azimutale Quantenzahl $k(=l+1)$ die Bezeichnung k_1; k_2 würde in der heutigen Schreibweise durch $j+\frac{1}{2}$ ausgedrückt.
[5] Eine theoretische Begründung seiner „Regel" konnte Pauli damals noch nicht geben (vgl. (1925 b), S. 774). Diese wurde erst im Jahre 1940 durch seine Arbeit: "The Connection Between Spin and Statistics" nachgeholt. Phys. Rev. **58,** 716–722 (1940).
[6] Die Quantenzahlen m_1 und m_2 würden heute durch m_j und $m_j \pm \frac{1}{2}$ ausgedrückt. Vgl. hierzu den Aufsatz: "Exclusion Principle and Spin" von B.L. van der Waerden im Pauli-Gedächtnis-Band.
[7] Vgl. Pauli (1925b), S. 767, sowie auch die folgenden Briefe [71] und [74].
[8] Vgl. z.B. das Schreiben [73]. Während eines Besuches von Landé in Holland erhielt Coster Nachricht über diese Arbeit (vgl. [75]), die dann auch Niels Bohr nicht verborgen bleiben konnte.

[71] Pauli an Landé

Hamburg, 24. November 1924

Lieber Herr Landé!

Vielen Dank für Ihre letzte Karte. Ihre Angaben über das Thallium sind völlig ausreichend und beseitigen den letzten Rest eines möglichen Zweifels an dem empirischen Tatbestand. Ich werde diese Sache in einer kurzen Note publizieren, die ich schon diese Woche an die Zeitschrift für Physik abzusenden hoffe[a].

Inzwischen habe ich weiter über das Fehlen des Effektes nachgedacht und glaube in der ganzen Frage der Komplexstruktur und des anomalen Zeemaneffektes wesentlich vorwärts gekommen zu sein. Wenn ich Ihnen nun das wichtigste von meinen weiteren Überlegungen mitteile, so hoffe ich bestimmt, daß Sie vorläufig in keiner Ihrer Arbeiten publizieren, ich hätte Ihnen dies oder jenes geschrieben*, weil ich die Sache für noch sehr unreif halte[b]. (Wenn Sie es Ehrenfest in Holland erzählen, soll es mich freuen.)

Mein Ergebnis macht die Annahme der Mitwirkung der K-Schale an Komplexstruktur und Zeemaneffekt der Alkalien äußerst unwahrscheinlich. Gegen diese Annahme lassen sich noch weitere Argumente anführen.

1) In Wirklichkeit verhält sich in den beobachtbaren Eigenschaften (Magnetismus) die K-Schale nicht anders als die höherquantigen Schalen im abgeschlossenen Zustand. Wenn man der K-Schale einen nicht verschwindenden Impuls zuordnet, den höherquantigen Edelgasschalen aber den Impuls 0, so liegt darin eine

* Einmal haben Sie mir ja damit sehr geholfen, aber diesmal bitte nicht!

Unsymmetrie des theoretischen Gebäudes, dem keine Unsymmetrie in der Erfahrung entspricht. (Auch hat sich überdies ergeben, daß die Elektronenkonfiguration der beiden Valenzelektronen im Normalzustand der Erdalkalien als mit der der K-Schale übereinstimmend anzusehen ist. Davon später.)

2) Die Annahme des doppelten Magnetismus des Atomrumpfes (die meinem physikalischen Gefühl an sich schon auf das lebhafteste widerspricht), bringt große Schwierigkeiten bei äquivalenten Elektronenbahnen mit sich, auf die Sie ja einmal in den Naturwissenschaften hingewiesen haben[c].

3) Das wichtigste Argument scheint mir Ihr (und Millikans) Befund zu sein, daß die Energiedifferenz der Dubletts in den Alkalien durch eine relativistische Formel dargestellt werden kann[d]. Denn er zeigt, daß dieser Energieunterschied eben nicht als Wechselwirkungsenergie mit dem Atomrest (in den verschiedenen Orientierungen) gedeutet werden kann[e]. Es spricht dies gegen eine Mitwirkung des Atomrestes bei Komplexstruktur und Zeemaneffekt der Alkalien überhaupt.

Ich habe bei meinen Überlegungen versucht, ohne diese relativistische Darstellung irgendwie erklären zu wollen, sie als ein sehr tiefliegendes Ergebnis vorläufig als gegeben hinzunehmen und andere Erfahrungstatsachen (insbesondere die Durchbrechung des Larmor-Theorems) mit ihr in einen gewissen logischen Zusammenhang zu bringen. Ich möchte gleich bemerken, daß die im Folgenden besprochene Auffassung vorläufig überall dort versagt, wo die bisherige Auffassung besonders brauchbar war, daß sie aber andrerseits dort zum Ziele zu führen scheint, wo die bisherige Auffassung scheitert.

Als Ausgangspunkt wollen wir annehmen: *Bei den Alkalien macht das Leuchtelektron Komplexstruktur wie anomalen Zeemaneffekt allein. Von einer Mitwirkung des Edelgas-Atomrestes ist (auch bei den anderen Elementen) keine Rede. Das Leuchtelektron bringt es auf eine rätselhafte unmechanische Weise fertig, in zwei Zuständen (mit gleichem k) mit verschiedenem Impuls zu laufen**.

Wir müssen daher allgemein jedem einzelnen Elektron im Atom (wie bei Bohr und Coster)[f] zwei Quantenzahlen k_1 und k_2 zuordnen, von denen die erste mit der optischen übereinstimmt ($k_1 = 1, 2, 3, \ldots$ bei $s, p, d, \ldots$ Term, $\Delta k_1 = \pm 1$), die zweite k_2 die Größe der Relativitätskorrektion festlegt. (Schon aus energetischen Gründen hat es offenbar einen Sinn, auch in den abgeschlossenen Edelgasgruppen nach der Anzahl der Elektronen mit bestimmten Werten von k_1 und k_2 zu fragen. Über die Beantwortung dieser Frage vgl. später.) Ich spreche daher ohne an die Wechselwirkung der Elektronen untereinander zu denken allgemein von einem Elektron in einem „n_{k_1, k_2}-Zustand". Das Wort „Bahn" werde ich stets vermeiden.

Nun fassen wir wieder speziell die Alkalien ins Auge und zwar nun den Fall starker Felder (Paschen-Back-Effekt). Hier müssen wir dem Valenzelektron außer den drei genannten Quantenzahlen noch die Impulsquantenzahl m zuordnen. Die

* Den Impuls des Atoms kann man sich dynamisch ermittelt denken durch die Reaktion des Atoms mit anderen Systemen (Einstein-de-Haas-Effekt, Zusammenstoß mit freien Elektronen, etc.). An die kinematische Definition des Impulses der klassischen Mechanik will ich dabei nicht denken; ebensowenig wie man die Energie mechanisch berechnen kann.

Verwendung von k_2 ist aber hier offenbar nicht mehr sachgemäß. Ich verwende deshalb eine „magnetische Quantenzahl" m_2 (und schreibe m_1 statt m), die direkt gleich sein soll der magnetischen Energie in starken Feldern (also $\mu = +1$ und -1 bei den s-Termen z. B.). Wir haben daher hier die Quantenzahlen n_{k_1, m_1, m_2}, wobei die Zuordnung von m_2 zu k_2 aus der Erfahrung in bekannter Weise entnommen werden kann (m_1 halbzahlig; warum, noch unerklärt; $m_2 = m_1 \pm \frac{1}{2}$).

Ich will damit folgende Auffassung der Durchbrechung des Larmortheorems zum Ausdruck bringen: „Es ist für die magnetische Energie im Feld ein anderer Impulswert effektiv wie für die dynamischen Reaktionen des Atoms (Auswahlregel, Korrespondenz)". *Dies soll in gewisser Hinsicht analog sein dem feldlosen Fall:* „Es ist für die Relativitätskorrektion ein anderer Impulswert effektiv wie für die Zentralkraft-Wechselwirkung mit dem Atomrest (Serienstruktur)." Die Energie der stationären Zustände der Alkaliatome kann ich damit vorläufig gar nicht verstehen. Aber ich erblicke darin eine logische Verbindung zwischen der Zahl 2 dieser Zustände und der Halbzahligkeit der Quantenzahlen einerseits mit der Durchbrechung des Larmortheorems andrerseits (letztere stand bisher logisch völlig isoliert).

Allgemein werde ich bei einem beliebigen Atom ein so starkes Magnetfeld gedanklich zulassen, daß für alle Elektronen die Paschen-Back-Zustände realisiert sind. Jedes Elektron bekommt dann sein Symbol $n_{k_1, m_1 m_2}$. (Mit derselben Zuordnung von m_2 zu k_2 wie bei den Alkalien.) Sie sehen, bis hierher habe ich mir nur Vorstellungen gebildet; geleistet habe ich noch gar nichts. Nun will ich aber auch etwas mit ihnen anfangen.

Die nächste Folge ist die, daß der Bohrsche „Zwang", der Unterschied der Anzahl der Einstellungsmöglichkeiten des *freien* Atomrests und des Atomrestes bei beliebig schwacher Kopplung, verschwindet[g]. Der Verzweigungssatz[h] lautet ja: Aus einem Atomrest mit N_i *Einstellungsmöglichkeiten im freien Zustand entsteht ein Termsystem mit* $(N_i + 1)$ $(2k_1 - 1)$ Zuständen (im Feld) und eines mit $(N_i - 1)$ $(2k_1 - 1)$ Zuständen. (So hatte es Bohr formuliert*.) Nun interpretiere ich diese insgesamt $2N_i(2k_1 - 1)$ Zustände einfach so: *Die* N_i *Zustände des Atomrestes bleiben* und das äußere Elektron hat wie bei den Alkalien $2(2k - 1)$ Zustände. Es gilt aber noch mehr: Im Paschen-Back-Effekt addieren sich auch einfach die Energien und die Impulskomponenten parallel dem Feld von Atomrest und äußerem Elektron. Nehmen wir z. B. den Übergang von den Erdalkaliionen zu den neutralen Erdalkalien durch die Anlagerung eines weiteren Elektrons in starken Magnetfeldern.

Innen haben wir

m	$-\frac{1}{2}$	$\frac{1}{2}$
$\frac{E}{oh}$	-1	1

* Alte Interpretation: Beim ersten Termsystem hat der Atomrest $N_i + 1$ Einstellungsmöglichkeiten, beim zweiten $N_i - 1$ Einstellungen.

Außen, z. B. bei den p-Termen,

m	$-\frac{3}{2}$	$-\frac{1}{2}$	$\frac{1}{2}$	$\frac{3}{2}$
$\frac{E}{oh}$	-2	$-1{,}0$	$0{,}1$	2

(Das äußere Elektron für sich muß natürlich mit denselben Energien und Impulsen angesetzt werden wie bei den Alkalien, denn dort ist es ja nach meiner Auffassung *allein*, vgl. oben.) Durch Zusammenaddieren findet man die Energien und Impulse im Paschen-Backeffekt der Erdalkalien (von Einfach- und Triplettermen). Es ist dies überdies genau das Verfahren zur Berechnung der g-Werte im Neonspektrum, das Sie mir in Innsbruck[i] auseinandersetzten und das ich so schwer verstehen wollte. Jetzt verstehe ich das am besten vom ganzen anomalen Zeemaneffekt.

Das Aufbauprinzip gilt sonach bei mir streng. Dieser Umstand scheint mir der hier vorgeschlagenen Auffassung, gegenüber der bisherigen, ein solches Übergewicht zu verleihen, daß ich erstere trotz aller entgegenstehenden Schwierigkeiten für die physikalisch richtigere halte. Es ist dadurch im Prinzip wohl auch die ganze Frage auf die Komplexstruktur und den Zeemaneffekt der Alkalien zurückgeführt. Die komplizierteren Atome bieten prinzipiell nichts Neues mehr.

Noch zwei ergänzende Bemerkungen. Aus dem empirisch Bekannten über den Zeemaneffekt folgt hieraus leicht, daß bei den Erdalkalien für das oberste Triplettniveau und den Einfachterm beim äußersten Elektron $k_2 = k_1$, für die beiden unteren Triplettniveaus (mit dem kleineren j) $k_2 = k_1 - 1$ zu setzen ist. Ihre relativistische Dublettformel für $p_3 - p_1$ ist damit im Einklang[j]. Interessant wäre es, wenn Sie versuchen würden, auch die Unterschiede von Einfach- und Triplettermen formelmäßig darzustellen.

Die zweite Bemerkung bezieht sich auf das Ne- Spektrum. Man kann hier auch für den Fall, daß das Magnetfeld schwach ist in Bezug auf das L- Dublett des Atomrestes, aber stark in Bezug auf die Komplexstruktur des optischen Spektrums, den Paschen-Backeffekt voraussagen. (Dies setzt allerdings voraus, daß das $\Delta\nu$ des L-Dubletts klein ist gegenüber dem $\delta\nu$ der Komplexstruktur. Bei großen Hauptquantenzahlen ist dieser Fall realisiert.) Man hat dann einfach für den Atomrest die Energiewerte in schwachen, für das äußere Elektron die in starken Feldern anzusetzen (alkaliähnlich). Man erhält dann z. B. für die *s-Terme des Triplett-Quintettsystems:*

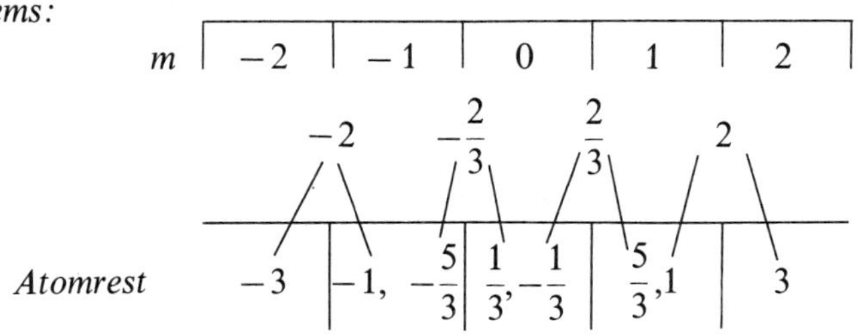

Vielleicht ist das der Prüfung durch die Erfahrung zugänglich.

Die zweite Stärke meiner Auffassung ist die, daß sich ihr die äquivalenten Bahnen in der natürlichsten Weise einordnen. Ich kann hier an eine äußerst wichtige Arbeit von *Stoner* im Oktoberheft des Philosophical Magazine anknüpfen, auf die ich durch das Vorwort der Neuauflage des Sommerfeldschen Buches aufmerksam geworden bin[l]. Es wird dort eine Unterteilung der Bohrschen Untergruppen gemäß k_1 und k_2 angenommen und der sehr interessante Gesichtspunkt entwickelt, daß die Anzahl der Elektronen in einer abgeschlossenen $n_{k_1 k_2}$-Gruppe übereinstimmen soll mit der Anzahl der „Stellungen" der $n_{k_1\,k_2}$-„Bahn" im Magnetfeld bei den Alkalien. Also den 2 Aufspaltungstermen des s-Termes entsprechend, in der abgeschlossenen Schale 2 Elektronen mit $k_1=1$, den 2 [Aufspaltungstermen] des p_1-Termes [entsprechend], 2 Elektronen mit $k_1=2$, $k_2=1$; endlich den vier Zeemantermen des p_2-Termes entsprechend, 4 Elektronen mit $k_1=2$, $k_2=2$. Die 2_{11}-Gruppe ist demnach abgeschlossen hinter Be und ähnlich der abgeschl[ossenen] 1_1-Gruppe; die 2_{21}-Gruppe ist abgeschlossen bei C, die 2_{22}-Gruppe und damit die ganze zweiquantige Gruppe bei Ne. Allgemein folgen die Periodenlängen 2, 8, 18, 32, ... im periodischen System. Sehr schön ist dabei, daß entgegen Bohr *kein* „Öffnen" von bereits abgeschlossenen Gruppen durch das Hinzukommen weiterer Elektronen zugelassen wird[m].

Ich kann nun den Abschluß der Gruppen im natürlichen System auf eine einzige Vorschrift zurückführen[n], die mir äußerst natürlich erscheint. Ich denke mir, wie oben beschrieben, ein so starkes Magnetfeld, daß alle Elektronen durch das Symbol n_{k_1, m_1, m_2} charakterisiert werden können. *Dann soll es verboten sein, daß mehr als ein Elektron mit gleichem n (äquivalent) zu den gleichen Werten der drei Quantenzahlen* k_1, m_1, m_2 *gehört. Wenn ein Elektron einem bestimmten* n_{k_1, m_1, m_2}*-Zustand entspricht, dann ist dieser Zustand „besetzt"*. (Gilt natürlich nur für die betreffende Hauptquantenzahl.)

Diese Vorschrift schließt nicht nur die Stonersche Regel in sich ein, sondern gestattet auch, die Anzahl von Realisierungsmöglichkeiten (mit verschiedenen j) von unabgeschlossenen Schalen anzugeben, bei gegebener Anzahl der verschiedenen n_{k_1, k_2}-Elektronen. Man kann so den Abschließungsprozeß der Gruppen im Einzelnen verfolgen. Ich kann dies jetzt nicht alles genau ausführen (des Raumes halber), aber folgende Konsequenz für die Spektren möchte ich noch erwähnen.

Bekanntlich fällt bei den Erdalkalien der Triplett-s-Term mit derselben Hauptquantenzahl wie der Grundterm S aus. Dies folgt direkt aus unserer Vorschrift. Ein entsprechendes Ausfallen von Komplexstrukturtermen bei der niedrigsten Hauptquantenzahl folgt auch für kompliziertere Spektren[o]. Die Verhältnisse sind da oft sehr verwickelt.

So hat die hier vertretene Auffassung gegenüber der bisherigen gewiß ihre Vorzüge. Aber es sind da noch große Schwierigkeiten, von denen ich jedoch glaube, daß sie im Wesen der Sache liegen und nicht durch besondere Vorstellungen von mir künstlich erzeugt sind. Es fehlt mir bei den Alkalien ganz der Anschluß an den vom Korrespondenzprinzip geforderten Bewegungstypus (mit den bekannten Periodizitätseigenschaften). Es ist da ein sehr merkwürdiger Sachverhalt. Der

Energieunterschied von Termen mit gleichem k_1 bei den Alkalien ist ja relativistisch und kann daher nicht als Wechselwirkungsenergie mit dem Atomrest gedeutet werden. Das Gleiche gilt daher auch von der Größe der korrespondierenden Periode $o_j = \frac{\delta E}{h\delta_j}$ (Größe der relativistischen Präzession). Woher soll dann eine Präzession der Bahnebene kommen? Hierin sehe ich den Kernpunkt des Problems. (Entsprechendes gilt bei starken Feldern für die *beiden* zu m_1 und m_2 gehörigen Perioden.)

Vielleicht gelingt es mir, hier noch weiterzukommen. Nun ist's aber genug für heute.

Mit den besten Grüßen

Ihr

W. Pauli

[a] Pauli (1925a). [b] Vgl. hierzu das Schreiben [46]. In der Tat übergab Landé diesen Brief an Ehrenfest, wie aus einem Brief Ehrenfests an Landé vom 7. Dezember 1924 (SHQP, MF. 4) hervorgeht: „Ich sende Ihnen hierbei mit vielem Dank den Brief von Pauli zurück. Es war ein enormer Genuß für mich, ihn mehrmals durchzulesen. Pauli ist ein brillanter, artistischer Physiker." Ebenso konnte R. d. L. Kronig disen Brief während seines Aufenthaltes bei Landé in Tübingen lesen. Vgl. hierzu den Beitrag: The Turning Point in: Theoretical Physics in the Twentieth Century. Herausgegeben von M. Fierz und V. F. Weisskopf. New York: Interscience Publishers Inc. 1960. Dort S. 19. [c] A. Landé: Das Versagen der Mechanik in der Quantentheorie. Naturwiss. **11,** 725–726 (1923). Eingegangen am 15. Juli 1923. [d] Vgl. hierzu den Kommentar zu [63], dort die unter Anmerkung 1 zitierte Arbeit Landés. Ebenso konnten R. A. Millikan und J. S. Bowen durch eine Reihe experimenteller Untersuchungen hochionisierter Atome den Übergang vom Röntgen- ins optische Gebiet verfolgen und dadurch die Dublettstruktur als einen relativistischen Effekt interpretieren. Die entsprechende Literatur findet man z. B. bei Pauli [1926], S. 210. [e] Diese zweite Möglichkeit wurde damals als „Neigungsauffassung" bezeichnet. Vgl. Pauli [1926], S. 209. [f] N. Bohr und D. Coster: Röntgenspektren und periodisches System der Elemente. Z. Phys. **12,** 342–374 (1923). Eingegangen am 2. November 1922. [g] Vgl. N. Bohr: Linienspektren und Atombau. Ann. Phys. **71,** 228–288 (1923). Eingegangen am 15. März 1923. Dort S. 276. [h] Die Verzweigungsregel wurde von A. Landé und W. Heisenberg in: Termstruktur der Multipletts höherer Stufe, Z. Phys. **25,** 279–286 (1924), eingegangen am 18. Mai 1924, aufgestellt. [i] Vgl. [64], Fußnote e. [j] Vgl. hierzu [63] und die dort aufgeführte Literatur. [k] Vgl. hierzu auch A. Landé: Zur Struktur des Neonspektrums Z. Phys. **17,** 292–294 (1923). Eingegangen am 5. Juli 1923. [l] E. C. Stoner: The Distribution of Electrons among Atomic Levels. Phil. Mag. **48,** 719–736 (1924) signiert Cavendish Laboratory, July 1924, erschien im Oktoberheft. Vgl. hierzu das Vorowrt der 4. Auflage von Sommerfelds „Atombau und Spektrallinien". [m] Vgl. Pauli (1924 b). Dort S. 773. [n] Vgl. diese Formulierung des Ausschließungsprinzips mit der späteren Veröffentlichung (1925 b). [o] Das Ausfallen von Termen wurde damit zum erstenmal verständlich. Während z. B. zwei nicht äquivalente Elektronen im *s*-Zustand Singulett und Triplett-Systeme ausbilden, beobachtete man bei äquivalenten Elektronen nur ein Singulett-System, was durch das Ausschließungsprinzip sofort verständlich wird. (Vgl. z. B. den unter 6 zitierten Aufsatz von B. L. van der Waerden.)

[72] Pauli an Sommerfeld

Hamburg, 6. Dezember 1924

Lieber Herr Professor!

Ich möchte Ihnen heute besonders dafür danken, daß Sie mir ein Exemplar der Neuauflage Ihres Buches geschenkt haben[a]. Sie haben mir damit eine große Freude gemacht. Es war wohl das erste Mal, daß ich Ihnen bei der Neuauflage gar nicht geholfen habe, aber vielleicht werde ich das in Zukunft einmal wieder tun können.

Zur Sache hätte ich in den Einzelheiten wohl sehr viel zu sagen, aber heute muß ich mich auf das wichtigste beschränken. Bei der Darstellung der Komplexstruktur fand ich es besonders schön, daß Sie alles modellmäßige beseite gelassen haben. Die Modellvorstellungen befinden sich ja jetzt in einer schweren, prinzipiellen Krise, von der ich glaube, daß sie schließlich mit einer weiteren radikalen Verschärfung des Gegensatzes zwischen klassischer und Quanten-Theorie enden wird. Wie namentlich aus Millikans und Landés Befund[b] über die Darstellbatkeit der optischen Alkalidubletts durch relativistische Formeln hervorgeht, dürfte die Vorstellung von bestimmten, eindeutigen Bahnen der Elektronen im Atom kaum aufrecht zu erhalten sein. Man hat jetzt stark den Eindruck bei allen Modellen, wir sprechen da eine Sprache, die der Einfachheit und Schönheit der Quantenwelt nicht genügend adäquat ist. Deswegen fand ich es so schön, daß Ihre Darstellung der Komplexstruktur von allen Modell-Vorurteilen ganz frei ist.

Aber nun muß ich Ihnen auch offen gestehen, um so mehr habe ich bedauert, daß Sie in §6 des 3. Kap[itels], über die *K*-Schale und das He-Problem, Ihrem Grundsatz „atommechanische Spekulationen zurückzustellen“ ganz untreu geworden sind. Gestatten Sie mir ein freies Wort: Ich glaube nicht, daß Ihre positiven Vorschläge über das He-Modell[c] ernstlich verteidigt werden können*. Andrerseits bin ich *sehr* einverstanden mit Ihrer negativen Behauptung: „Es scheint undenkbar, daß im Innern jedes Atoms ein Kreisel sitzt, der sich nach außen hin nicht bemerklich machen soll.“ In Verbindung mit meinen Überlegungen über den Einfluß der Relativitätskorrektionen auf den Zeemaneffekt, von denen ich Ihnen das letzte Mal kurz schrieb (ich habe sie inzwischen an die Zeitschrift für Physik geschickt), habe ich versucht, auch in der Theorie der Komplexstruktur der optischen Spektren mit der Abschaffung des Impulses der Edelgasschalen Ernst zu machen[d]. Ich bin zwar weit entfernt davon, alle mit der Komplexstruktur und dem anomalen Zeemaneffekt verbundenen prinzipiellen Schwierigkeiten aufzuklären zu können, aber ich bin doch in einigen Punkten weiter gekommen. Es bezieht sich dies namentlich auf die Frage des Abschlusses der Elektronengruppen im Atom.

Hierbei hat mir Ihr Buch sehr geholfen, und zwar die besondere Hervorhebung der Arbeit von *E. C. Stoner* im Vorwort Ihres Buches[e]. Über diese Arbeit hatte ich

* Näheres können wir vielleicht gelegentlich mündlich besprechen.

vollständig hinweggelesen, als mir früher dieses Philosophical Magazine-Heft unter die Hände kam. Aber kaum hatte ich Ihr Vorwort gelesen, lief ich in die Bibliothek und las die Arbeit von Stoner nach. Ich bin von der Richtigkeit der hierin vorgeschlagenen Modifikation des Bohrschen Schemas überzeugt und bin mit Ihnen darin völlig einig, daß diese Arbeit einen großen Fortschritt bedeutet. Der Stonersche Vorschlag paßte nun außerordentlich gut zu meinen oben erwähnten Überlegungen. Ich glaube, ich kann diesen (durch Betrachtungen über die statistischen Gewichte der stationären Zustände) noch besser physikalisch begründen. Ferner habe ich einen bestimmten Vorschlag einer Verallgemeinerung der Stonerschen Ansätze, so daß nicht nur die Elektronenzahlen in den abgeschlossenen Schalen, sondern auch die *Anzahl der Realisierungsmöglichkeiten* (*j-Werte*) *von unabgeschlossenen Schalen* mit gegebenen Elektronenzahlen angegeben werden können. Insbesondere folgt eine einfache Deutung des Wegfallens des Triplett-*s*-Termes mit derselben Hauptquantenzahl wie der Normalzustand (Singulett-*S*-Term) bei den Erdalkalien[f]. Als Verallgemeinerung hiervon folgt in den höheren Kolonnen des natürlichen Systems der Elemente ein Wegfallen bzw. Zusammenfallen gewisser Multipletterme bei der kleinsten Hauptquantenzahl (bei der schon Elektronen vorhanden sind). In den einfachsten Fällen stimmt meine Theorie (z. B. Alkaliähnlichkeit der Siebenerschale, wie sie in den Röntgenspektren erscheint). Für die kohlenstoffähnlichen Schalen bekomme ich 5 verschiedene *p*-Terme (zwei mit $j = 2$, zwei mit $j = 0$ und einen mit $j = 1$). Dies stimmt damit überein, daß beim Blei in der Tat 5 *p*-Terme mit der kleinsten Hauptquantenzahl gefunden sind. Leider sind ihre *j*-Werte nicht bekannt. Für die höheren Hauptquantenzahlen sollte nach meiner Theorie das Pb-Spektrum von ähnlichem Bau sein wie das Ne-Spektrum (Sing[ulett] Tripl[ett] || Tripl[ett], Quint[ett])[g].

Sollte sich in Zukunft meine Verallgemeinerung der Überlegungen von Stoner auch in den komplizierteren Fällen der Erfahrung gegenüber bewähren, so würde dies zugleich bedeuten, daß Sie völlig Recht hatten, beim Problem des Abschlusses der Elektronengruppen im Atom, „die größere Hoffnung auf die Zauberkraft der Quanten zu setzen, als auf Korrespondenz- oder Stabilitätsbetrachtungen."[h] Ich glaube in der Tat nicht, daß das Korrespondenzprinzip mit diesem Problem etwas zu tun hat. Es kommt bei mir alles auf Betrachtungen über statistische Gewichte hinaus, in dem Sinne, daß in gewissen geeignet hergestellten stationären Zuständen nicht mehr als *ein* Elektron sich befinden kann.

Ich würde Sie gerne zu Weihnachten in München aufsuchen, um über Einzelheiten mit Ihnen zu sprechen. Es ist nur die Frage, ob vor oder nach den Ferien. Es wäre sehr freundlich von Ihnen, wenn Sie mir mitteilen würden, wann Sie in den Weihnachtsferien in München zu finden, und wann Sie in die Berge zurückgezogen sind (sobald Sie dies selbst wissen).

Noch bei einem anderen Punkt stimme ich der Darstellung in Ihrem Buch sehr zu, nämlich in der Frage „Wellentheorie und Quantentheorie". Ihr „freimütiges ‚non liquet'"[i] ist mir tausend Mal lieber als die zurecht konstruierte, künstliche

Scheinlösung des Problems von Bohr, Kramers und Slater* (selbst wenn der Versuch von Geiger und Bothe im Sinne dieser Theorie ausfallen sollte).

Mit den herzlichsten Grüßen an Sie selbst und alle Bekannten (auch von Lenz)

Ihr stets dankbarer PAULI

* Diese ist stark von der Art wie seinerzeit die 2. Fassung der Planckschen Quantentheorie[j]: Nicht aus einer Erkenntnis, sondern aus Gewissensbissen geboren.

[a] Die vierte Auflage von „Atombau und Spektrallinien“ stellte eine wesentliche Umarbeitung der früheren Auflagen dar und war erst soeben im Oktober 1924 abgeschlossen. Aus dem Vorwort dieser Auflage hatte Pauli den Hinweis auf die Stonersche Arbeit erhalten. (Vgl. hierzu auch [71].) [b] Vgl. Fußnote *d* von [71]. [c] Vgl. hierzu das unter *a* zitierte Werk, dort S. 197ff. Dort führt der Verfasser seine vorläufige Mitteilung: „The model of the neutral helium atom“. Journal of the Optical Society of America **7**, 509 – 515 (1923), weiter aus. Vgl. hierzu den Kommentar zu [30] und [31]. [d] Pauli (1925a). [e] Vgl. *a* sowie den Kommentar zu [71]. [f] Vgl. Fußnote *o* in [71]. [g] Vgl. hierzu Pauli [1926], S. 265ff. [h] Auf diesen Punkt wies Pauli auf der letzten Seite seiner Publikation nochmals hin. Vgl. auch [74]. [i] Siehe S. 59 in der unter *a* zitierten 4. Auflage von Sommerfelds Buch. [j] Es handelt sich um die sog. „Zweite Theorie“ Plancks, in der er vergeblich versuchte, seine Theorie so abzuändern, daß Widersprüche zur Maxwellschen Elektrodynamik (Emission von Kugelwellen) nicht auftreten sollten. Vgl. hierzu M. Planck: Eine neue Strahlungstheorie. Verhandlungen der Deutschen Physikalischen Gesellschaft **13**, 138–148 (1911).

[73] BOHR AN PAULI

Kopenhagen, 11. Dezember 1924

[Maschinenschrift]

Kære Pauli,

Min Samvittighed er saa daarlig, at jeg endda skammer mig over at tale om det. Jeg vilde have skrevet straks og takket for Deres lange Brev, som fik mig til at længes stærkt efter at kunne skændes med Dem igen. Maaske burde jeg ogsaa have daarlig Samvittighed med Hensyn til Straalingsproblemerne; men selvom det fra et logisk Synspunkt maaske er en Forbrydelse, maa jeg tilstaa, at jeg ikke desto mindre er overbevist om, at Svindelen med Sammenblandingen af den klassiske Teori og Kvanteteorien endnu paa mange Maader vil vise sig frugtbar ved Eftersporingen af Naturens Hemmeligheder.

Grunden til, at jeg netop i Dag søger at lette min Samvittighed, er rent egoistisk. Kramers har nemlig lige fortalt mig, at Coster har hørt fra Landé, at De har haft nogle nye Tanker om Relativitetsmystikken i Atomteorien. Ikke mindst for at efterkomme Deres Raad om at offentliggøre mine Betragtninger om den Rydberg-Ritz'ske Formel er jeg i disse Dage i Færd med at forsøge i en lille Note nærmere at analysere Omfanget, af den særlige Svindel der ligger til Grund for Teorien om

Atombygningen. Jeg vilde derfor meget gerne høre lidt nærmere fra Dem om Retningen af Deres nye Tanker.

Vi længes alle efter Dem og glæder os til snart at skulle se Dem igen i København.

Deres hengivne

NIELS BOHR

Übersetzung von [73]

Lieber Pauli!

Mein Gewissen ist so schlecht, daß ich mich sogar schäme, darüber zu sprechen. Ich wollte sofort schreiben und für Ihren langen Brief danken, der in mir große Sehnsucht weckte, wieder mit Ihnen streiten zu können. Vielleicht sollte ich auch ein schlechtes Gewissen im Hinblick auf die Strahlungsprobleme haben[a]; aber wenn es auch von einem logischen Standpunkt aus vielleicht ein Verbrechen ist, muß ich gestehen, daß ich nichtsdestoweniger davon überzeugt bin, daß der Schwindel des Vermischens der klassischen Theorie und der Quantentheorie sich noch auf viele Weisen beim Aufspüren der Geheimnisse der Natur als fruchtbar erweisen wird.

Der Grund dafür, daß ich gerade heute versuche, mein Gewissen zu erleichtern, ist rein egoistisch. Kramers hat mir nämlich gerade erzählt, daß Coster von Landé[b] gehört hat, daß Sie einige neue Gedanken über die Relativitätsmystik in der Atomtheorie gehabt haben. Nicht zuletzt um Ihrem Rat zu folgen, meine Betrachtungen über die Rydberg-Ritzsche Formel zu veröffentlichen, bin ich in diesen Tagen dabei zu versuchen, in einer kleinen Note den Umfang des besonderen Schwindels näher zu analysieren, der der Theorie des Atombaus zugrunde liegt. Ich möchte deshalb sehr gerne etwas Näheres über die Richtung Ihrer neuen Gedanken von Ihnen hören.

Wir sehnen uns alle nach Ihnen und freuen uns, daß wir Sie bald wieder in Kopenhagen sehen werden.

Ihr ergebener

NIELS BOHR

[a] Vgl. den Kommentar zu [55]. [b] Vgl. den Kommentar zu [71].

[74] Pauli an Bohr

Hamburg, 12. Dezember 1924

Sehr verehrter, lieber Herr Professor!

Eben heute wollte ich das beiliegende Manuskript[a] einer noch unpublizierten Arbeit an Heisenberg senden. (Deshalb gerade an Heisenberg, weil ich glaube, daß er von allen Physikern am wenigsten d[a]mit einverstanden sein wird, was ich da geschrieben habe.) Nun kam gerade Ihr lieber Brief, über den ich mich riesig gefreut habe. Ich sah daraus, daß Sie immer sehr herzlich an mich denken und daß Sie sich eben jetzt dafür interessieren, womit ich mich nun beschäftige. Deshalb sende ich nun das Manuskript direkt an Sie.

Ich muß Ihnen aber noch etwas näher schreiben, wie ich dazu gekommen bin, diese Arbeit zu schreiben und wie ich die Sache im allgemeinen ansehe. Ich hatte den festen Vorsatz, sobald ich meinen Quantenartikel für das Lehrbuch von Müller-Pouillet[b] abgeschickt habe (das geschah vor etwa 6 Wochen), mich wieder der Wärmeleitung zuzuwenden. Aber es kommt oft anders als man denkt. Als ich bei Abfassung dieses Artikels die gewöhnliche Theorie des normalen Zeemaneffektes und das Larmor-Theorem schrieb, kam mir der Gedanke, daß schon nach der gewöhnlichen Quantentheorie die relativistische Abhängigkeit der Elektronenmasse von der Geschwindigkeit Abweichungen von diesem Theorem zur Folge haben muß[c]. Es ist nämlich der Quotient aus magnetischem und Impulsmoment gleich $\frac{e}{2mc}$ mit $m=\frac{m_0}{\sqrt{1-v^2/c^2}}$, also kommt zum Normalzustand $\frac{e}{2m_0c}$ dieses Quotienten der Korrektionsfaktor $\gamma=\overline{\sqrt{1-v^2/c^2}}$ (zeitlicher Mittelwert über einen Umlauf) hinzu. Für eine wasserstoffähnliche Bahn mit der Kernladungszahl Z ist

$$\gamma=1-\frac{1}{2}\frac{\alpha^2Z^2}{n^2}+\ldots, \quad \left(\alpha=\frac{2\pi e^2}{hc}\right).$$

Nun gibt es eine Theorie, nach der im wesentlichen die K-Schale die Ursache des anomalen Zeemaneffektes sein soll, indem das Moment derselben nicht verschwindet und der Quotient von magnetischem und Impulsmoment für dieselbe doppelt so groß sein soll als klassisch. Bei der K-Schale haben wir es jedoch mit rasch bewegten Teilchen zu tun und der Wert von γ wird bei höheren Atomnummern sehr beträchtlich von 1 verschieden*. „Doppelt so groß als klassisch" für den fraglichen Quotienten würde nun bedeuten, daß man in starken Feldern die magnetische Energie

$$E=(2\gamma m_r+m_k)oh$$

* Bei Cs ist die Abweichung 6%, bei Hg oder Tl bereits 17%.

anzusetzen hat und nicht $E = 2m_r + m_k$. Statt „doppelt so groß als klassisch" könnte man vielleicht auch sagen „klassisch + Normalwert", dann wäre

$$E = [(1+\gamma)m_r + m_k]oh.$$

Man kann von hier aus leicht mittels der Summenregel zu den Energiewerten in schwachen Feldern übergehen. Es zeigt sich nun, daß die Beobachtungen des Zeemaneffektes in Wahrheit ganz unvereinbar mit dem Auftre[t]en eines solchen Korrektionsfaktors sind. Man muß schon genau $2m_r + m_k$ für $\frac{E}{oh}$ in starken Feldern setzen. (Das ist auch das, was ich erwartete. Ich wollte damit nur der bestehenden Theorie einen Fallstrick drehen.)

Ausreden gibt es da sehr viele. Ich glaube an diese Ausreden aber nicht. Vielmehr bin ich der Ansicht, daß man die Realität des Rumpfimpulses der Edelgasschalen stark übertrieben hat. Ferner halte ich die Annahme, die Anomalie des Zeemaneffektes rühre daher, daß der Atomrest einen doppelt so großen Magnetismus hat als er klassisch sollte, für unhaltbar. Diese Annahme (die eigentlich von mir selbst herrührt, die aber die anderen dann viel zu ernst genommen haben), widerspricht meinem physikalischen Gefühl auf das lebhafteste. Denn sie ist gänzlich unbegreiflich und *isoliert* in der Quantentheorie. Insbesondere besteht keine direkte logische Verbindung zwischen ihr und der Tatsache, daß die Alkalispektren Dublettstruktur besitzen.

Demgegenüber habe ich versucht, einmal folgende Arbeitshypothese möglichst weit zu verfolgen: Die Dublettstruktur der Alkalien ist im wesentlichen eine Eigenschaft des Leuchtelektrons allein. Dieselbe klassisch nicht beschreibbare Zweideutigkeit, welche die Dublettstruktur verursacht, bedingt auch die Anomalie des Zeemaneffektes. Diese selbe Zweideutigkeit äußert sich erstens darin, daß eine andere Quantenzahl für die Größe der Relativitätskorrektion maßgebend ist wie für die Größe der Zentralkräfte zwischen Leuchtelektron und Atomrest und zweitens darin, daß für das magnetische Moment eine andere Quantenzahl maßgebend ist wie für das Impulsmoment.

Soweit habe ich meine Überlegungen publiziert, das heißt bereits an die Zeitschrift für Physik geschickt[e]. Der wichtigere zweite Teil dieser Überlegungen, der nun zeigen soll, was ich mit meiner Auffassung eigentlich positiv leisten kann, ist in dem beiliegenden Manuskript zusammengefaßt. Dieses ist noch nicht an die Zeitschrift abgeschickt. Ich sah, daß ich das Aufbauprinzip retten kann und daß ich im Anschluß an die Arbeit von *E. C. Stoner*, auf die ich durch das Vorwort der Neuauflage des Sommerfeldschen Buches aufmerksam wurde, „in ungezwungener Weise" zu einer allgemeinen Theorie des Abschlusses der Elektronengruppen im Atom gelangen kann.

Da ist eine Frage, über die ich gerne Ihre Ansicht hören würde. Ich habe Ihnen schon öfters gesagt, daß ich der Meinung bin, das Korrespondenzprinzip hat in Wahrheit gar nichts mit dem Problem des Abschlusses der Elektronengruppen im Atom zu tun. Sie haben mir damals immer geantwortet, Sie glauben, ich sei da *zu* kritisch. Nun glaube ich aber meiner Sache ziemlich gewiß zu sein. Das Ausschließen von gewissen stationären Zuständen (*nicht*: Übergängen), um das es sich hierbei handelt, hat eher eine prinzipielle Ähnlichkeit mit dem Ausschließen der Zustände $m=0$ oder $k=0$ beim H-Atom als z. B. mit der Auswahlregel $\Delta k = \pm 1$. Halten Sie immer noch an Ihrer angeblichen Anwendung des Korrespondenzprinzips in diesem Fall fest? Ich glaube, es ist alles viel einfacher in Wirklichkeit; von harmonischem Wechselspiel braucht man dabei gar nicht zu sprechen.

Von der Arbeit von Stoner bin ich sehr begeistert. Je öfter ich sie lese, desto mehr gefällt sie mir. Das war doch eine eminent gescheite Idee, die Anzahl der Elektronen in den abgeschlossenen Untergruppen mit der Anzahl der Zeeman-Terme der Alkalispektren in Beziehung zu setzen[f]!

Nun noch einen prinzipiellen Punkt. Die Auffassung, von der ich ausgehe, ist ganz bestimmt ein Unsinn. Denn es gelingt auf diese Weise nicht, den vom Korrespondenzprinzip geforderten Bewegungstypus der präzessierenden Zentralbahn mit der relativistischen Dublettformel zu versöhnen. Dieser Bewegungstypus scheint sogar mit meinen Annahmen vorläufig unvereinbar zu sein. Aber ich glaube, daß das, was ich hier mache, *kein größerer* Unsinn ist, als die bisherige Auffassung der Komplexstruktur. Mein Unsinn ist zu dem bisher üblichen Unsinn konjugiert. Eben deshalb glaube ich, daß dieser Unsinn beim jetzigen Stand des Problems notwendigerweise gemacht werden muß. Der Physiker, dem es einmal gelingen wird, diese beiden Unsinne zu addieren, der wird die Wahrheit erhalten[g]!

Es kommt mir vor allem darauf an, wieder Leben in alle diese Fragen zu bringen. Sollte meine Arbeit zur Folge haben, daß Sie oder ein anderer Physiker sich wieder mit diesen Problemen beschäftigen und sie wesentlich weiter bringen werden, dann ist diese Arbeit nicht vergeblich gewesen und es liegt mir wenig daran, mit jedem Wort Recht zu behalten.

Was ich mir, ganz vag und unbestimmt, über die Versöhnung der beiden Auffassungen der Komplexstruktur der Alkalien denke, die ich heute *beide* für unentbehrlich halte, ist dieses. Daß das Korrespondenzprinzip nicht nur auf mehrfach periodische Systeme begrenzt ist, sondern auch für alle Atome in irgend einer Form Geltung besitzen wird, ist ja nicht zu bezweifeln. Wir dürfen uns aber nicht darüber hinwegtäuschen, daß wir für Nicht-Periodizitätssysteme eine genaue Formulierung dieses Prinzips noch nicht besitzen, daß vielmehr eine solche Formulierung erst *zu suchen* ist. Wir müssen deshalb mit Schlüssen aus dem Korrespondenzprinzip bei Atomen mit mehr als einem Elektron mit einer gewissen Vorsicht verfahren.

Die relativistische Dublettformel scheint mir nun zweifellos zu zeigen, daß nicht nur der dynamische Kraftbegriff, sondern auch der kinematische Bewegungsbegriff

---

* Dies halte ich für sicher – trotz unseres guten Freundes Kramers und seiner bunten Bilderbücher[h]. – „Und die Kinder, sie hören es gerne." Wenn auch das Verlangen dieser Kinder nach Anschaulichkeit teilweise ein berechtigtes und gesundes ist, so darf dieses Verlangen doch niemals in der Physik als Argument für die Beibehaltung gewisser Begriffssysteme gelten. Sind die Begriffssysteme einmal abgeklärt, so werden auch die neuen anschaulich sein.

der klassischen Theorie tiefgehende Modifikationen wird erfahren müssen * (Deshalb habe ich auch die Bezeichnung „Bahn" in meiner Arbeit durchweg vermieden.) Da dieser Bewegungsbegriff auch dem Korrespondenzprinzip zu Grunde liegt, so müssen seiner Klärung vor allem die Anstrengungen der Theoretiker gelten. Ich glaube, daß Energie- und Impulswerte der stationären Zustände etwas viel realeres sind als „Bahnen".

Das (noch unerreichte) Ziel muß sein, diese und alle anderen physikalisch realen, beobachtbaren Eigenschaften der stationären Zustände aus den (ganzen) Quantenzahlen und quantentheoretischen Gesetzen zu deduzieren[i]. Wir dürfen aber nicht die Atome in die Fesseln unserer Vorurteile schlagen wollen (zu denen nach meiner Meinung auch die Annahme der Existenz von Elektronenbahnen im Sinne der gewöhnlichen Kinematik gehört), sondern wir müssen umgekehrt unsere Begriffe der Erfahrung anpassen.

Nun danke ich Ihnen nochmals für alle Freundlichkeit zu mir. Ich möchte Sie sehr bitten, mir das Manuskript (wo möglich mit vielen Einwänden und kritischen Bemerkungen) nach den Weihnachtsferien (gegen 8. Januar) zurückzusenden. Ich besitze nämlich keine Kopie. Ich bin nicht im entferntesten traurig oder gekränkt, falls Sie keine Zeit haben, mir Ihre Ansicht selbst zu schreiben und sie mir lieber durch Heisenberg mitteilen lassen.

Herrn Heisenberg lasse ich vielmals grüßen und lasse ihn bitten, mir möglichst bald zu schreiben, ob, wo und wann ich ihn während der Weihnachtsferien in Mitteleuropa sprechen kann. Ich möchte ihn furchtbar gerne irgendwo sehen und seine Ansicht hören. Kann er nicht Anfang Januar nach Hamburg kommen (während der Feiertage bin ich in Wien)? Über die Strahlungsprobleme ein anderes Mal. – Grüße auch an alle anderen Bekannten, besonders an Kramers, dem es hoffentlich gut geht, sowie an Hansen und Werner

von Ihrem stets dankbaren

PAULI

[a] Pauli (1925 b). [b] Vgl. hierzu die Fußnote d zu [70]. [c] Vgl. hierzu den Kommentar zu [68]. [d] Vgl. hierzu Paulis Arbeit (1924 a). [e] Siehe Pauli (1925 a). [f] Vgl. hierzu den Kommentar zu [71] und die dort angegebenen Literaturhinweise. [g] Ähnliche Bedenken äußerte Pauli auch in seinem Brief [71] an Landé. [h] Pauli bezieht sich hier auf eine farbige Abbildung der Elektronenbahnen verschiedener Elemente, die später auch dem Büchlein von H. A. Kramers und H. Holst: „Das Atom und die Bohrsche Theorie seines Baues". Berlin: Julius Springer 1925, beigefügt wurde. Das gleiche Werk war zuvor 1922 in dänischer und 1923 in englischer Sprache erschienen. Die gleichen Figuren waren ebenfalls in dem Kramersschen Aufsatz: „Das Korrespondenzprinzip und der Schalenbau der Atome" im Bohrheft der Naturwissenschaften **11**,550 – 559 (1923) abgebildet. [i] Das hier von Pauli angedeutete Programm einer Herleitung der quantentheoretischen Gesetze aus beobachtbaren Eigenschaften unter Verzicht auf Anschaulichkeit entspricht seiner Ausführung durch Heisenberg im folgenden Jahre. Heisenberg hielt sich z. Z. in Kopenhagen auf und dürfte diesen Brief zusammen mit Paulis Manuskript ebenfalls gelesen haben.

[75] Pauli an Landé

Hamburg, 15. Dezember 1924

Lieber Herr Landé!

Vielen Dank für Ihre Karte aus Holland[a] und die Zusendung der Korrektur Ihrer Annalen-Arbeit[b]. Ihr Besuch in Holland hat bereits zur Folge gehabt, daß ich von Bohr einen Brief bekam, er hätte gehört, ich hätte etwas Neues[c] (auf dem Wege: Landé → Coster → Kramers → Bohr) und möchte gerne wissen, was es sei. Inzwischen habe ich die Sache mit der Relativitätskorrektion beim Zeemaneffekt an die Zeitschrift für Physik geschickt[d] und die weiteren Überlegungen betreffend Aufbauprinzip und Abschluß der Gruppen einer zweiten Note vorbehalten. Das vorläufige Manuskript dieser zweiten Note habe ich nun an Bohr geschickt[e] zwecks Kritisierung. Ich will es dann noch eine Weile liegen lassen und eventuell noch umarbeiten. Sehr froh bin ich, daß ich nun (beim Aufbauprinzip), was die Rechnungen betrifft, einfach auf Ihren §2 in der Annalen-Arbeit[b] hinweisen kann.

Im Prinzip bin ich vollständig mit Ihnen einig darin, daß die „Neigungsauffassung" und die „relativistische Auffassung"[f] heute beide unentbehrlich sind und daß ich nur zeigen kann, daß die letztere eine größere Tragweite hat als man bisher annahm. (So will ich auch die Sache darstellen.) Für die Darstellung gewisser Seiten der Erscheinungen ist die eine, für die anderen Seiten der Erscheinungen die andere Auffassung besser geeignet. Vielleicht bedeutet es aber eine Milderung dieses unerfreulichen Zustandes (so paradox es auch klingen mag), daß auch gewisse Seiten der Erscheinungen zunächst mit *keiner* der beiden Auffassungen ordentlich verstanden werden können; nämlich die Halbzahligkeit der m bei den Alkalien und die Summenregeln. Hierin liegt meiner Ansicht nach ein Keim zur weiteren Entwicklung. Vorläufig habe ich aber noch keine Idee, wie man da weiterkommen kann, und es wird gewiß noch eine heiße Schlacht mit unseren unbewußt zu Grunde gelegten Vorurteilen notwendig sein, um in diesem Fall die weiße und die rote Rose zu vereinigen.

In einem Punkte bin ich aber nicht einig mit Ihnen, nämlich in Ihrer Anzweiflung der Relation $h \cdot \text{Term} = \text{Energie}$. Ich bin im Gegenteil der Ansicht, daß die Schwierigkeiten nicht am Energiebegriff, sondern am Bewegungsbegriff liegen; die Vorstellung von Elektronen„bahnen" scheint sich in ihrem in der gewöhnlichen Kinematik gebrauchten Sinn nicht zu bewähren und tiefgehender Modifikationen bedürftig zu sein. Es scheint mir übrigens, daß der anomale Zeemaneffekt für die Quantentheorie der nicht-bedingt periodischen Systeme eine analoge Rolle zu spielen berufen ist wie sie dank Sommerfeld die relativistische Feinstruktur des H-Atoms für die Quantentheorie der nicht-rein periodischen (sondern mehrfach-periodischen) Systeme gespielt hat. Ich möchte fast glauben, wenn man einmal die Komplexstruktur und den Zeemaneffekt der Alkalispektren wirklich verstanden hat, dann hat man die Quantentheorie der Atome mit mehr als einem Elektron überhaupt verstanden.

Nun aber zum eigentlichen Grund meines Briefes. Das sind zwei Detailfragen. (Hoffentlich sind Sie nicht böse, daß ich Sie schon wieder behellige. Aber das kommt eben davon, daß Sie in einem Institut sind, wo soviele unpublizierte Messungen verborgen liegen – –.)

1. *Können nicht auch das Einfach- und das Triplettsystem der Erdalkalien unter Umständen einander gegenseitig durch inneren Paschen-Backeffekt stören?* Theoretisch besteht, soviel ich sehe, kein Grund, warum dies *nicht* der Fall sein könnte*. Es wäre dann z. B. beim P-Term der g-Wert $1+x$, beim p_1-Term (mittlerer Tripletterm) $g=\frac{3}{2}-x$. Es wäre dies namentlich dann zu erwarten, wenn die Einfach- und Tripletterme sehr nahe aneinander liegen, wie dies zuweilen *bei Hg* der Fall ist. Ich kam auf diese Möglichkeit anläßlich Ihrer Mitteilung über die Abweichungen der g-Werte von den gewöhnlich angenommenen bei Hg. *Lassen sich diese nicht einfach darauf schieben?*

2. *Das Bleispektrum.* Dieses interessiert mich besonders im Hinblick auf meine Theorie des Abschlusses der Elektronengruppen[g]. Diese führt hier nämlich (wie Sie auf Grund der in meinem letzten Brief angegebenen Ausschließungsregel nachkontrollieren können) zu folgendem Resultat. Zwar soll dieses Spektrum gemäß dem Verzweigungssatz von Heisenberg und Ihnen[h] von derselben Struktur sein wie das Ne-Spektrum (n^{1335})[i]. Diese Ähnlichkeit des Pb- und des Ne-Spektrums gilt aber nicht mehr hinsichtlich der Terme mit der gleichen Hauptquantenzahl wie der Normalzustand (bei Ne $n=2$; bei Pb $n=6$), weil es sich im einen Fall um die Vierer-, im anderen Fall um die Achterschale handelt. – Bei Ne sind zwar die ultravioletten Resonanzlinien bisher nicht beobachtet, aber es kann ja kein Zweifel sein, wie die aussehen werden. Der Normalzustand muß ein p-Term sein, hinsichtlich seiner Kombinationen mit den angeregten Termen des bekannten n^{1335} Systems. Ferner muß er den Wert $j=0$ haben (Edelgasschale). Man kann also sagen: *Bei* Ne *existieren für $n=2$ vom n^{1335} System bloß die beiden Triplett p-Terme mit $j=0$, die jedoch überdies identisch werden (zusammenfallen).*

Anders ist es bei Pb (oder ebenso bei C). Hier ergeben sich nach meiner Regel für dieselbe Hauptquantenzahl wie der Normalzustand *fünf p-Terme, davon zwei mit $j=2$, einer mit $j=1$, zwei mit $j=0$.* (Über die Lage der Terme und die Intervallverhältnisse weiß ich natürlich nichts.)

Es sind nun wirklich fünf solche p-Terme beobachtet. (Der fünfte war nach Grotrian noch zweifelhaft, ist aber neuerdings durch Mc Lennan sichergestellt worden. Dessen Arbeit ist in Canadischen Akademieberichten publiziert[j]; ich kenne sie nur, weil er mir ein Separatum sandte.) Die tatsächlichen j-Werte sind aber unbekannt. Es existieren jedoch geheimgehaltene Messungen des Zeemaneffektes einiger Pb-Linien von Back, von denen mir Heisenberg einmal erzählte[k]. *Gehen aus*

* Vielleicht könnte in Ihrem §2 deutlicher zum Ausdruck kommen, daß aus dem angegebenen Berechnungsverfahren auch beim Einfach-Triplettsystem der Erdalkalien nur die g-Summen folgen, im Fall zweier Terme mit gleichem j.

diesen Messungen die j-Werte dieser fünf größten p-Terme hervor? Und ist überhaupt klargestellt, daß es sich bei den angeregten Termen um ein n^{1335} *System handelt?*

Verzeihen Sie mir meine indiskreten Fragen, grüßen Sie auch Herrn Back bestens von mir und seien Sie selbst recht herzlich gegrüßt von Ihrem

W. PAULI

Frohe Weihnachten!

[a] Vgl. hierzu die Bemerkung Paulis am Ende des Briefes [69]. [b] A. Landé: Zeemaneffekt bei Multipletts höherer Stufe. Ann. Phys. (4) **76,** 273–283 (1925). Eingegangen am 19. Oktober 1924. (Siehe auch Pauli [1926], S. 263.) In dieser Arbeit wendet Landé die Paulische Summenregel auch auf Multipletts höherer Stufe an. (Landésche *g*-Summen-Regel.) [c] Vgl. hierzu [73]. [d] Pauli (1925 a). [e] Vgl. Fußnote *a* von [74]. [f] Vgl. Fußnote *e* von [71]. [g] Pauli (1925 b). Vgl. hier insbesondere S. 781ff., wo Pauli zur Prüfung seiner Theorie den Zeeman-Effekt einiger Bleilinien heranzieht. [h] A. Landé und W. Heisenberg: Termstruktur der Multipletts höherer Stufe. Z. Phys. **25**,279–286 (1924). Eingegangen am 18. Mai 1924. [i] Das 1335-System des Neons wurde speziell in der unter b genannten Arbeit untersucht. Vgl. auch Pauli (1925 b), S. 779. [j] J. C. Mc Lennan, J. F. T. Young and A. B. Mc. Lay: On the absorption and series spectra of lead. Transactions of the Royal Society of Canada. Section III. **18**,77–88 (1924). Vorgelegt im Mai 1924. [k] Back veröffentlichte seine Messungen an den Bleilinien erst viel später, gestattete aber Pauli während seines Besuches zum Jahresanfang 1925 in Tübingen einen Einblick in seine Meßergebnisse. (Vgl. Pauli (1925 b), S. 782, und [82]). Siehe auch E. Back: Der Zeemaneffekt des Bleispektrums. Z. Phys. **37,** 193–209 (1926). Eingegangen am 5. März 1926.

[76] HEISENBERG AN PAULI

Kopenhagen, 15. Dezember [1924]

[Postkarte]

Lieber Pauli!

Heute habe ich Ihre neue Arbeit gelesen[a] und es ist sicher, daß ich derjenige Mensch bin, der sich am *meisten* darüber *freut*, nicht nur, weil Sie den Schwindel auf eine bisher ungeahnte, schwindelhafte Höhe treiben und damit alle bisherigen Rekorde, deren Sie mich beschimpft, *spielend* geschlagen haben (in dem Sie *einzelne* Elektronen mit 4 Freiheitsgraden einführen), sondern überhaupt, ich triumphiere, daß auch Sie (et tu, Brute!) mit gesenktem Haupt ins Land der Formalismusphilister zurückgekehrt sind; aber seien Sie nicht traurig, Sie werden dort mit offenen Armen empfangen. Und wenn Sie selbst meinen, etwas gegen die bisherigen Arten von Schwindel geschrieben zu haben, so ist das natürlich Mißverständnis; denn

Schwindel × Schwindel gibt nichts richtiges und daher können sich zwei Schwindel *nie* widersprechen. Also ich gratuliere!!!!!!!![b]

Fröhliche Weihnachten!!

Ihr

W. HEISENBERG

6000 Hilsener fra Vennen[c]

KRAMERS

[a] Pauli (1925 b). Vgl. hierzu auch [74]. [b] Über diese erste Reaktion auf Paulis Arbeit über das Ausschließungsprinzip äußerte sich Heisenberg später gelegentlich eines Interviews vom 17. Februar 1963. (SHQP, Tape 52, Side 2, Ts. S. 10–11). [c] Dieser Zusatz: „6000 Grüße von dem Freund Kramers" wurde von Kramers am Rande der Postkarte vermerkt.

[77] BOHR AN PAULI

Kopenhagen, 22. Dezember 1924

[Maschinenschrift]

Kære Pauli,

Jeg kan ikke let beskrive, hvor velkommen Deres Afhandling var. Vi er alle begejstrede over de mange nye Skønheder, som De har fremdraget. Almindelig Kritik behøver jeg jo ikke at fremkomme med, da De, bedre end nogen anden kunde gøre det, i Deres Brev selv har karakteriseret det hele som fuldstændigt Vanvid. Omvendt tror jeg heller ikke, at De kan betone Vanviddet i de sædvanlige Impulsbetragtninger stærkere, end vi har gjort det her i Diskussioner, allerede før vi kendte Deres sidste Resultater. Selvom vi ikke er blinde for den Mulighed, at Lamor Teoremets begrænsede Gyldighed i den klassiske Teori maaske indtager en central Plads i hele Svindelen, er Heisenbergs Samvittighed, hvad den ogsaa vanskelig kunde taale, ikke blevet væsentlig værre ved Deres Bemærkninger om dette Punkt. I det hele staar vel begge Slags Vanvid i altfor nøje Forbindelse med Sandheden til at kunne kritiseres paa isolerede Punkter. Jeg er heller ikke helt sikker paa, at De overskrider en farlig Grænse, naar De istemmende Deres gamle „Carthaginem esse delendam" udtaler den endelige Dødsdom over en korrespondensmæssig Forklaring af Gruppernes Afslutning. At Deres egne smukke Talharmonier ikke er saa helt uafhængige af de stakkels klassiske Rumbegreber, som Brugen af 4 Dimensioner for en Elektronbanes Beskrivelse kunde lade formode, turde maaske Fremkomsten af Kvantenbaner med samme 4 Kvantenal i Atomernes „ydre" og „indre" Dele tyde paa.

Hvad Elektrongruppernes Konstitution angaar, var det for mig efterhaanden ikke saa meget den rumlige Symmetri, som det gjaldt om at fremhæve, men min Vedholden ved Symmetrien i Tallene i Undergrupperne var blot et Udtryk for Bestræbelsen for at fremhæve den nøje Sammenkobling mellem alle Elektronbaner med samme Hovedkvantetal. Til Trods for den ubestridelige Skønhed i Stoners Antagelser, vidste jeg ikke, hvorledes jeg skulde stille mig til disse, hvad angaar dette Punkt. Deres Talharmonier har vel imidlertid paa afgørende Maade vist, at de Stonerske Tal har en saa nøje Tilknytning til Spektrenes almindelige Love, at de træffer noget væsentligt vigtigt ved Sammenkoblingsproblemet.

De ser, kære Pauli, at De har opnaaet alt, hvad De ønskede, at sætte vore Tanker i Bevægelse. Jeg har en Følelse af, at vi staar ved et afgørende Vendepunkt, nu da den hele Svindels Omfang vel er blevet saa udtømmende karakteriseret. Vi har her i den sidste Tid faaet nyt Haab om maaske at komme væsentlig videre ved Hjælp af Oscillatorsynspunktet. Forsøgene over Fluorescensstraalingen har jo her aabenbaret en Uafhængighed mellem Elektronbevægelsen og Atomets Reaktion overfor ydre Virkninger, der maaske kan komme til nytte ved Spørgsmaalet om Sammenkoblingen mellem Elektronbanerne i Atomet.

Jeg forstod af Deres Brev, at De ikke brød Dem om at faa Manuskriptet tilbage, førend Ferien er forbi. Jeg ved ikke, om De skulde have Lyst til at komme over København for selv at hente det. Det vilde jo være os alle en stor Glæde at kunne diskutere de forskellige Spørgsmaal med Dem, og Deres Udgifter ved en saadan Omvej kan vi nok bestride af Instituttets Midler. Heisenberg er for et Par Dage siden rejst til München, hvor han bortset fra mindre Bjergture bliver i det første Par Uger. Han er meget ivrig for at træffe Dem der, dersom De ikke kan komme over København. De vil nok snart skrive til ham om Deres Planer.

Med mange venlige Hilsener og de bedste Ønsker om en glædelig Jul og et godt Nytaar fra os alle,

Deres hengivne

Niels Bohr

Übersetzung von [77]

Lieber Pauli!

Ich kann nicht leicht beschreiben, wie willkommen Ihre Abhandlung[a] war. Wir sind alle begeistert von den vielen neuen Schönheiten, die Sie zutage gebracht haben. Allgemeine Kritik brauche ich ja nicht vorzubringen, da Sie selbst, besser als jeder andere es tun könnte, in Ihrem Brief das Ganze als vollständigen Wahnsinn charakterisiert haben. Umgekehrt glaube ich auch nicht, daß Sie den Wahnsinn in den üblichen Impulsbetrachtungen stärker betonen können, als wir das hier in Diskussionen getan haben, schon bevor wir Ihre letzten Resultate kannten. Wenn wir auch nicht blind sind gegenüber der Möglichkeit, daß die begrenzte Gültigkeit des Larmor-Theorems in der klassischen Theorie vielleicht einen zentralen Platz in dem ganzen Schwindel einnimmt, ist Heisenbergs Gewissen durch Ihre Bemerkungen über diesen Punkt nicht wesentlich schlechter geworden, was es auch schwer ertragen könnte. Im Ganzen stehen wohl beide Arten von Wahnsinn in allzu enger Verbindung mit der Wahrheit, um sie als isolierte Punkte kritisieren zu können. Ich bin auch nicht ganz sicher, ob Sie eine gefährliche Grenze überschreiten, wenn Sie – indem Sie Ihr altes „Carthaginem esse delendam" anstimmen – das endgültige Todesurteil über eine korrespondenzmäßige Erklärung des Gruppenabschlusses aussprechen[b]. Daß Ihre eigenen schönen Zahlenharmonien nicht so ganz unabhängig von den armen klassischen Raumbegriffen sind, wie der Gebrauch von 4 Dimensionen für eine Beschreibung der Elektronenbahn vermuten lassen könnte, dürfte vielleicht auf die Entstehung von Quantenbahnen mit denselben 4 Quantenzahlen in den „äußeren" und „inneren" Teilen der Atome hindeuten.

Was die Konstitution der Elektronengruppen angeht, war es für mich allmählich nicht so sehr die räumliche Symmetrie, die es hervorzuheben galt, mein Beharren auf der Symmetrie der Zahlen in den Untergruppen war vielmehr nur ein Ausdruck für das Bestreben, die enge Verkopplung zwischen allen Elektronenbahnen mit derselben Hauptquantenzahl hervorzuheben. Trotz der unbestreitbaren Schönheit in Stoners Annahmen, wußte ich nicht, wie ich mich zu diesen stellen sollte, was diesen Punkt angeht. Ihre Zahlenharmonien haben wohl inzwischen auf entscheidende Weise gezeigt, daß die Stonerschen Zahlen eine so enge Verknüpfung mit den allgemeinen Gesetzen der Spektren haben, daß sie etwas grundsätzlich Wichtiges des Verkopplungsproblems treffen.

Sie sehen, lieber Pauli, daß Sie alles erreicht haben, was Sie wünschten, um unsere Gedanken in Bewegung zu setzen. Ich habe ein Gefühl, daß wir an einem entscheidenden Wendepunkt stehen, jetzt da der Umfang des ganzen Schwindels so erschöpfend charakterisiert wurde. Wir haben hier in der letzten Zeit neue Hoffnung geschöpft, vielleicht mit Hilfe des Oszillatorgesichtspunktes wesentlich weiter zu kommen[c]. Die Versuche über die Fluoreszenzstrahlung haben hier ja eine Unabhängigkeit zwischen der Elektronenbewegung und der Reaktion des Atoms gegenüber äußeren Wirkungen enthüllt, die vielleicht bei der Frage der Verkopplung zwischen den Elektronenbahnen im Atom von Nutzen werden kann.

Ich entnehme aus Ihrem Brief, daß es Ihnen gleichgültig ist, ob Sie das Manuskript zurückbekommen, bevor die Ferien vorbei sind. Ich weiß nicht, ob Sie Lust hätten, über Kopenhagen zu kommen, um es selbst abzuholen. Es wäre ja für uns alle eine große Freude, die verschiedenen Fragen mit Ihnen diskutieren zu können, und Ihre Ausgaben bei solch einem Umweg können wir aus Institutsmitteln bestreiten. Heisenberg ist vor ein paar Tagen nach München gereist, wo er abgesehen von kleineren Bergtouren die ersten paar Wochen bleibt. Er ist sehr begierig Sie dort zu treffen, falls Sie nicht über Kopenhagen kommen können. Sie werden ihm doch bald über Ihre Pläne schreiben.

Mit vielen freundlichen Grüßen und den besten Wünschen für ein frohes Weihnachten und ein gutes Neues Jahr von uns allen

Ihr ergebener

NIELS BOHR

[a] Pauli (1925 b). Vgl. auch [74], Fußnote *a*. [b] Vgl. die Bemerkung S. 783 bei Pauli (1925 b). [c] Bohr bezieht sich hier auf eine Untersuchung von A. Smekal: „Zur Quantentheorie der Dispersion". Naturwiss. **11,** 873 – 875 (1923), eingegangen am 15. September 1923, in der dieser Autor zum erstenmal Strahlungsprozesse untersucht, bei denen neben der Frequenz des eingestrahlten Lichtes neue Frequenzen abgestrahlt werden, wenn z. B. innere Anregungen des streuenden Atoms berücksichtigt werden (Smekalsprünge). Diese Prozesse spielen in der Kramers-Heisenbergschen Dispersionstheorie eine fundamentale Rolle. (Vgl. hierzu auch den Kommentar zu [62].)

[78] PAULI AN LANDÉ

[Wien], 25. Dezember [1924]

[Postkarte]

Lieber Herr Landé!

Vielen Dank für Ihre Karte, die mich sehr interessiert hat. Falls es nämlich endgültig feststeht, daß die j-Werte der fünf größten p-Terme von Pb 1, 2, 1, 0, ?, und *nicht* 2, 2, 1, 0, 0 sind, müßte meine Ausschlußregel in den komplizierteren Fällen noch modifiziert werden. (Ich halte dies aus verschiedenen Gründen keineswegs für unwahrscheinlich.)[a]

Nun bin ich zu Hause in Wien (Adresse umstehend*) und glaube, es wäre das beste, wenn ich auf meiner Rückreise nach Hamburg durch Tübingen käme und Sie dort besuchen würde. Dann würde ich Ihnen auch die gewünschten Erläuterungen mündlich geben. Ich würde am 9. Januar in Tübingen ankommen und *einen* Tag bleiben. Wenn Sie mir mitteilen würden, ob Sie um diese Zeit zu treffen sind und ob Ihnen mein Besuch in Tübingen recht ist, wäre ich dankbar. Ich würde mich auch sehr freuen, Herrn Back zu begrüßen und das Institut zu sehen. Ist Gerlach schon da?[b]

Die herzlichsten Grüße und Prosit Neujahr

von Ihrem

PAULI

* Dr. W. Pauli, Wien XVIII, Anton-Frankgasse 18

[a] Bekanntlich liegt beim Blei der Fall der Russel-Saunders (j, j)-kopplung vor, der erst die endgültige Klärung auch für die komplizierteren Kopplungsverhältnisse bei Mehrelektronensystemen brachte. Die entsprechende Arbeit von H. N. Russel und F. A. Saunders: „New regularities in the spectra of the alkaline earth" in Astroph. J. **61,** 38–69 (1925) war am 3. Oktober 1924 eingegangen und deshalb Pauli wahrscheinlich noch nicht bekannt gewesen. Der fragliche fünfte p-Term mit $j=0$ wurde später von H. Gieseler and W. Grotrian: Über die Vervollständigung der Serien im Bleibogenspektrum. Z. Phys. **34,** 374–388 (1925), eingegangen am 20. August 1925, nachgewiesen. Vgl. hierzu auch [82]. [b] Walther Gerlach, der schon früher als Assistent von Paschen und als Privatdozent in Tübingen gewirkt hatte, kehrte 1924 als Ordinarius dorthin zurück.

[79] Pauli an Bohr

[Wien], 31. Dezember [1924]

Sehr verehrter lieber Herr Professor!

Ich möchte vielmals danken für Ihren lieben Brief, der mir hierher (nach Wien) nachgesendet wurde und der mir große Freude bereitet hat. Es war sehr freundlich von Ihnen, daß Sie mir so ausführlich Ihre Ansichten geschrieben haben. Im Großen Ganzen stimmen Sie ja überein mit dem, was ich selbst glaube.

Auf einen Punkt möchte ich noch etwas ausführlicher eingehen als in meinem letzten Brief, nämlich auf die Frage nach der korrespondenzmäßigen Erklärung des Abschlusses der Gruppen, weil Sie meinen, ich hätte da eine gefährliche Grenze überschritten[a]. Dennoch muß ich Ihnen offen sagen, ich sehe der Gefahr ruhig ins Angesicht. Was ich darüber denke, ist Folgendes.

Ich konnte vorläufig alles auf die Regel zurückführen, daß bei Hinzunahme eines äußeren Magnetfeldes ein Zustand mit bestimmten Werten der Quantenzahlen $n(k_1, k_2, m_1)$ bereits mit *einem* Elektron „besetzt" ist. Es entsteht dann natürlich (selbst wenn man die allgemeine Richtigkeit dieser [R]egel voraussetzt) das Problem, ob diese Regel nicht noch einer näheren Begründung fähig ist. Eine korrespondenzmäßige Begründung dieser Regel kann nun vom rein logischen Standpunkt aus durchaus nicht von vornherein als unmöglich angesehen werden; hier haben Sie immer noch die Möglichkeit, einzugreifen. Ich persönlich glaube jedoch nicht, daß das Korrespondenzprinzip zu einer Begründung der Regel führen wird (ich kann das nicht strenge beweisen, es ist nur ein auf mein subjektives physikalisches Gefühl gestützter Unglaube). Ic[h] vermute die zukünftige Begründung der Regel in einer anderen Richtung.

Für schwache Menschen, die die Krücke der Vorstellung von eindeutig definierten Elektronenbahnen und von mechanischen Modellen brauchen, könnte man die Regel einfach so begründen, daß man sagt: „Wenn mehr als ein Elektron in starken Feldern die gleichen Quantenzahlen besitzen, so würden sie ja dieselben Bahnen haben, sie würden daher zusammenstoßen und solche Fälle muß man ausschließen ebenso wie man beim Wasserstoffatom die Fälle ausschließt, wo das Elektron mit dem Kern zusammenstößt ($k=0$ oder $m=0$)[b]." (Ich bin sicher,

Kramers in seinen populären Vorträgen könnte das noch viel überzeugender und so begeistert sagen, daß bei seinen Zuhörern nicht mehr der leiseste Zweifel an der Richtigkeit der zu begründenden Regel auftauchen würde.) Die unter „. . .“ gesetzte Überlegung ist gewiß sehr kindisch, aber etwas an ihr halte ich doch für richtig, nämlich die prinzipielle *Analogie zwischen dem Ausschluß der Fälle* $k = 0$ *oder* $m = 0$ *beim* H-*Atom und meiner Ausschlußregel für den Abschluß der Gruppen.* Die Begründung des Ausschließens der genannten Fälle beim H-Atom durch den Hinweis auf den Zusammenstoß mit dem Kern hat mir nie gefallen. Weit befriedigender wäre es, wenn man auf Grund einer allgemeineren (von der klassischen Mechanik abweichenden) Quantenmechanik direkt einsehen könnte, daß diese Fälle als stationäre Zustände nicht in Betracht kommen. Ich halte es nun für wahrscheinlich, daß, sobald einmal beim H-Atom eine solche direkte Einsicht gewonnen ist, zugleich auch die gewünschte tiefere Begründung der Ausschlußregel beim Abschluß der Gruppen sich ergeben wird. Daß aber das Korrespondenzprinzip zu dieser Einsicht verhelfen wird, glaube ich nicht. Ich verspreche mir die Klärung (auch die des Kopplungsproblems überhaupt) vielmehr von einer physikalischen Analyse des Bewegungs- und des Kraftbegriffes im Sinne der Quantentheorie, bei der man sich natürlich durch empirische Anhaltspunkte wird leiten lassen müssen.

Ob die Zeit hierfür jetzt schon gekommen ist? Und ob wir wirklich jetzt schon an einem entscheidenden Wendepunkt stehen, wie Sie meinen? Hoffentlich haben Sie Recht, aber ich glaube eher, es wird noch eine Weile dauern. Wie dem auch sei, ich werde geduldig warten; wenn ich überhaupt noch die Lösung erleben werde, dann bin ich schon [z]ufrieden.

Es war sehr lieb von Ihnen, mich aufzufordern, jetzt bereits nach Kopenhagen zu kommen und mir mein Manuskript selbst zu holen[c]. Aber leider wird das kaum gehen. Ich habe schon mit Landé verabredet[d], daß ich auf der Rückreise über Tübingen komme, um mit ihm einiges über den Zeemaneffekt des Bleispektrums (und noch anderes) zu besprechen. Daher komme ich ohnehin schon verspätet nach Hamburg und werde mit meinen Vorlesungen eine Woche später beginnen als ich sollte. Nach München fahre ich auch, und hoffe bestimmt, auch Heisenberg im dortigen Institut für Zahlenmystik zu treffen. Ich habe mich bereits mit ihm in Verbindung gesetzt.

Also muß ich leider sagen, daß ich vor den Semesterferien (diese dauern den ganzen März und April) nicht nach Kopenhagen kommen kann. Aber vielleicht paßt es zu Ihren Plänen, wenn ich dann komme; das würde mich unendlich freuen. Ende März kommt überdies, wie Sie ja schon wissen, mein Vater nach Kopenhagen[e], und vielleicht [l]ieße es sich so einrichten, daß ich um diese Zeit auch dort bin. Aber bitte, lassen Sie sich in Ihren Plänen durch mich gar nicht stören und teilen Sie es mir ruhig und ohne Bedenken mit, falls mein Besuch in Kopenhagen im Lauf des März oder April nicht zu Ihren Plänen passen sollte. Sie können ja vielleicht so gut sein, mir gelegentlich durch Heisenberg etwas darüber sagen zu lassen, es eilt ja vorläufig nicht.

Wenn Sie mir bis gegen 10. Januar das Manuskript nach Hamburg zurücksenden würden, wäre ich sehr dankbar (früher brauche ich es nicht). Nun danke ich Ihnen nochmals für alle Ihre große Freundlichkeit gegen mich und hoffe, daß es Ihnen gut geht. Wenn meine unsinnigen Ideen wirklich zur Folge hätten, daß Sie sich neuerdings mit dem Problem der Atome mit mehr als einem Elektron beschäftigen, wäre ich der glücklichste Mensch auf Erden!

Mit den herzlichsten Grüßen an Sie selbst und alle Herren im Institut, besonders [a]n unseren unübertrefflichen Kramers

Ihr Sie sehr verehrender

PAULI

Viele Grüße auch an Ihren Bruder und Empfehlungen an Ihre Frau Gemahlin.

[a] Vgl. [77] und dort die Fußnote *b*. [b] Es handelt sich um die sog. Pendelbahnen, deren Nichtauftreten erst durch die neue Quantenmechanik logisch begründet wurde. Die weiter unten von Pauli vermutete Analogie mit dem Ausschließungsprinzip erfüllte sich also nicht. [c] Vgl. hierzu [74], Fußnote *a*, und [77]. [d] Vgl. [78]. [e] Wolfgang Paulis Vater war Professor für Kolloidchemie an der Universität Wien und kam im Frühjahr 1925 zu einer Vortragsreihe nach Kopenhagen, wo er am 20. und am 23. März über Probleme der Eiweiß- und Kolloidchemie sprach. Vgl. hierzu Minute book for the Fysisk Forening. Kopenhagen (SHQP, MF. 35, Sec. 4. Nr. 282–284).

VII. Das Jahr 1925

„Quantenartikel“ und Göttinger Matrizenmechanik

[80]	Pauli an Landé (PK)	[Wien]	5. Jan.	[1925]
[81]	Bohr an Pauli (MS)	Kopenhagen	10. Jan.	1925
[82]	Pauli an Landé (PK)	[Hamburg]	15. Jan.	[1925]
[83]	Pauli an Landé	Hamburg	30. Jan.	1925
[84]	Pauli an Landé (PK)	[Hamburg]	6. Feb.	[1925]
[85]	Heisenberg an Pauli	Kopenhagen	26. Feb.	1925
[86]	Pauli an Heisenberg	Hamburg	28. Feb.	1925
[87]	Pauli an Bohr (PK)	[Hamburg]	30. Apr.	[1925]
[88]	Pauli an Kronig	Hamburg	4. Mai	1925
[89]	Pauli an Kronig	Hamburg	21. Mai	1925
[90]	Sommerfeld an Pauli	München	18. Jun.	1925
[91]	Heisenberg an Pauli	Göttingen	21. Jun.	[1925]
[92]	Pauli an Sommerfeld	Hamburg	22. Jun.	1925
[93]	Heisenberg an Pauli	Göttingen	24. Jun.	1925
[94]	Heisenberg an Pauli (PK)	Göttingen	29. Jun.	[1925]
[95]	Heisenberg an Pauli (PK)	Göttingen	4. Jul.	[1925]
[96]	Heisenberg an Pauli	Göttingen	9. Jul.	1925
[97]	Pauli an Kramers	Hamburg	27. Jul.	1925
[98]	Heisenberg an Pauli	Kopenhagen	18. Sep.	1925
[99]	Heisenberg an Pauli (PK)	Kopenhagen	24. Sep.	1925
[100]	Pauli an Kronig	Hamburg	9. Okt	1925
[101]	Heisenberg an Pauli	Kopenhagen	12. Okt.	[1925]
[102]	Heisenberg an Pauli	Göttingen	23. Okt.	[1925]
[103]	Heisenberg an Pauli	Göttingen	3. Nov.	[1925]
[104]	Bohr an Pauli (dän.) (MSD)	[Kopenhagen]	13. Nov.	1925
[105]	Heisenberg an Pauli	Göttingen	16. Nov.	1925
[106]	Pauli an Bohr	Hamburg	17. Nov.	1925
[107]	Heisenberg an Pauli (PK)	Göttingen	21. Nov.	[1925]
[108]	Heisenberg an Pauli	Göttingen	24. Nov.	1925
[109]	Bohr an Pauli (dän.) (MS)	Kopenhagen	25. Nov.	1925
[110]	Pauli an Bohr	Hamburg	1. Dez.	1925
[111]	Bohr an Pauli (dän.) (PK)	Tisvilde	5. Dez.	1925
[112]	Heisenberg an Pauli	München	24. Dez.	[1925]
[113]	Bohr an Pauli (dän.) (MS)	Kopenhagen	24. Dez.	1925
[114]	Pauli an Bohr	[Wien]	30. Dez.	[1925]

Paulis Aktivitäten zum Jahreswechsel 1924/25 lassen sich anhand der Briefe [78], [79], [80] und [81] gut verfolgen. Nach einem kurzen Aufenthalt in München, wo er sich wahrscheinlich mit Heisenberg und Sommerfeld traf und einige das Ausschließungsprinzip betreffende Fragen besprochen haben dürfte, kam er am 7. Januar in Tübingen an[1]. Zur gleichen Zeit besuchte Ralph de Laer Kronig, damals 20-jähriger Stipendiat der Columbia Universität, das Tübinger Institut. Seine erste Begegnung dort mit Pauli, in einem eigenen Bericht von ihm dargestellt[2], leitete die Debatte um die zeitweilig vielumstrittene Bedeutung der „klassisch nicht beschreibbaren Art von Zweideutigkeit der quantentheoretischen Eigenschaften des Leuchtelektrons" ein. Paulis Brief [71] mit der ersten Darstellung des Ausschließungsprinzips, den Landé ihm vorlegte, veranlaßte Kronig, noch am gleichen Tag die von Pauli so vorsichtig umschriebene Eigenschaft des Leuchtelektrons konkret anschaulich als Eigendrehimpuls zu deuten.

Die Größe der Dublettaufspaltung der optischen Alkali-Spektren hatte Landé durch Sichtung des empirischen Materials proportional zu $Z_i^2 \cdot Z_a^2$ bestimmt[3]. (Z_i und Z_a bedeuten dabei die effektiven Kernladungen für die innerste und die äußere Bahnschleife des Leuchtelektrons.) Eine modellmäßige Berechnung, die von einer Wechselwirkung zwischen dem nicht verschwindenden Rumpfdrehimpuls und dem Bahnmoment des Elektrons ausging, führte andererseits zu einer $Z_i \cdot Z_a^2$-Abhängigkeit dieser Aufspaltung, was damals als ein besonders schwerwiegender Einwand gegen die Bohrsche Theorie der Spektren empfunden wurde. Kronig nahm in seiner Berechnung an, daß anstelle des Rumpfdrehimpulses das Leuchtelektron einen Eigendrehimpuls und damit auch ein magnetisches Moment besitzen müßte und gelangte zu der beobachteten $Z_i^2 \cdot Z_a^2$-Abhängigkeit. So ermutigend dieses Ergebnis auch war, Pauli maß ihm keine praktische Bedeutung bei.

Pauli wußte wohl schon damals, zu welchen Schwierigkeiten Kronigs Hypothese führen würde. Diese Schwierigkeiten betrafen vor allen einen Faktor 2 zwischen errechneter und beobachteter Dublettaufspaltung[4]. Aber auch die ungeklärte magnetomechanische Anomalie dürfte dazu beigetragen haben, von der allzu anschaulichen Auffassung eines rotierenden Elektrons zur Deutung der „Zweideutigkeit" des Elektrons abzusehen. Weitere Argumente dagegen wie z.B. große nichtbeobachtete Momente der Kerne, zu denen die Elektronen als deren (damals angenommene) Bausteine führen würden, und das Auftreten einer mehrfachen Lichtgeschwindigkeit an der „Oberfläche" des rotierenden Elektrons, wurden erst später vorgebracht[5]. Unabhängig von Kronig gelangten im Herbst 1925 auch Goudsmit[6] und Uhlenbeck und Goudsmit[7] zur Hypothese des Elektronenspins, ohne jedoch den oben genannten Faktor zwei begründen zu können. Pauli gab seinen Widerstand gegen die Spinhypothese erst im März des folgenden Jahres auf, nachdem L. H. Thomas aufgrund einer sorgfältigen relativistischen Untersuchung den störenden Faktor zwei als das Ergebnis eines Fehlers erkannt hatte[8].

[1] Gemäß der Darstellung von R. Kronig (siehe 2) wurde Pauli erst ein Tag später erwartet.

[2] R. Kronig: The Turning Point. Im Pauli-Gedächtnisband, S. 5–89.

[3] A. Landé: Das Wesen der relativistischen Röntgendubletts. Z. Phys. **24,** 88–97 (1924). Eingegangen am 15. März 1924; Die absoluten Intervalle der optischen Dubletts und Tripletts. Z. Phys. **25,** 46–57 (1924). Eingegangen am 24. April 1924.

[4] Vgl. hierzu die Postkarte Heisenbergs vom November 1925 [107].

[5] Vgl. hierzu den Aufsatz von B.L. van der Waerden: Exclusion Principle and Spin in dem Pauli-Gedächtnisband. Neuere Darstellungen: S.A. Goudsmit: Die Entdeckung des Elektronenspins. Physik. Bl. **21,** 445–453 (1965), nach einem Vortrag am 4. Oktober 1965 in Frankfurt anläßlich der Verleihung

der Max-Planck-Medaille. S. A. Goudsmit: It might as well be spin. Physics Today **29,** 40–43, Juni 1976. G. E. Uhlenbeck: Fifty Years of Spin. Physics Today **29,** 43–48, Juni 1976.

[6] S. A. Goudsmit: Über die Komplexstruktur der Spektren. Z. Phys. **32,** 794–798 (1925). Eingegangen am 7. Mai 1925.

[7] G. E. Uhlenbeck und S. Goudsmit: Ersetzung der Hypothese vom unmechanischen Zwang durch eine Forderung bezüglich des inneren Verhaltens jedes einzelnen Elektrons. Naturwiss. **13,** 953 (1925). Signiert 17. Oktober 1925.

[8] L. H. Thomas: The Motion of the Spinning Electron. Nature **117,** 514 (1926). Signiert Kopenhagen, 20. Februar 1926. Eine detailierte Darstellung seiner Rechnungen erschien erst im Januar 1927: The Kinematics of an Electron with an Axis. Phil. Mag. (7) **3,** 1–22 (1927).

[80] Pauli an Landé

[Wien], 5. Januar [1925]

[Postkarte]

Lieber Herr Landé!

Besten Dank für Ihre beiden letzten Karten und Ihre freundliche Einladung, bei Ihnen zu wohnen[a]. Ich komme am 9. um 2 Uhr 7 in Tübingen an (die Richtigkeit meiner Information im Reisebüro vorausgesetzt).

Mit den besten Grüßen und auf Wiedersehen

Ihr

W. Pauli

[a] In einem Schreiben vom 14. Dezember 1960 an Frau Franca Pauli erinnerte sich Landé „noch sehr deutlich wie Pauli nach Tübingen kam (ich war dort a. o. Prof.) und sich einige Photos von Spektrallinien ansah, die ihn in seinem Ausschließungsprinzip bestärkten. Wir hatten eine Gesellschaft für ihn, und danach saß er noch bis spät in die Nacht arbeitend in unserem Wohnzimmer, und am nächsten Morgen erzählte er mir von seinem neuen Prinzip.“ In einem Brief Landés an Goudsmit vom 13. Januar 1925 heißt es: „Mit Herrn Kronig haben wir hier viel diskutiert, besonders durch gleichzeitige Anwesenheit von Pauli war es sehr interessant“ (SHQP, MF. 60, Sec. 4).

[81] Bohr an Pauli

Kopenhagen, 10. Januar 1925

[Maschinenschrift]

Lieber Pauli!

Ich sende hierbei Ihre schöne Arbeit[a] zurück. Wenn Sie später eine Kopie derselben ersparen können, würde ich sehr froh sein, eine solche zu besitzen. Nach vielen Verspätungen gehe ich nun dazu, die Note über die Rydberg-Ritzsche Formel fertigzustellen[b]. Ich glaube es nicht, aber vielleicht könnte es wünschenswert sein, mit einem Worte auf Ihre neue Arbeit hinzuweisen. Bitte schreiben Sie mir daher mit ein Paar Zeilen, ob solches Ihnen recht wäre.

Es war ja eine alte Verabredung, daß Sie hier in März während Ihres Vaters Besuch nach Kopenhagen[c] kommen sollte[n], und sowohl ich wie der von Ihnen verspottete Kramers haben schon lange uns gefreut, wieder mit Ihnen zu streiten. Später werde ich Ihnen wieder schreiben über die praktischen Angelegenheiten Ihres Besuches.

Mit besten Wünschen für das neue Jahr und vielen Grüßen von uns allen

Ihr sehr ergebener

NIELS BOHR

P. S.[d] Jeg opdager pludselig, at jeg efter gammel Vane har skrevet dette Brev med Kramers' Understøttelse paa Tysk. At jeg med Heisenbergs Hjælp har skrevet de forrige Breve paa dansk er vel en Yttring for en Reciprocitetssætning af dybtliggende Natur, hvor Kampen mellem Vane og Forbedring spiller en lignende Rolle som i Atomsvindelen.

[a] Pauli (1925b). [b] Vgl. hierzu die gleiche Bemerkung in [73]. [c] Vgl. hierzu die Fußnote *e* in [79]. [d] Die deutsche Übersetzung dieser Nachschrift lautet: Ich entdecke plötzlich, daß ich nach alter Gewohnheit diesen Brief mit Kramers Unterstützung auf deutsch geschrieben habe. Daß ich den vorigen Brief mit Heisenbergs Hilfe auf dänisch geschrieben habe, ist wohl eine Äußerung eines Reziprozitätsgesetzes von tiefliegender Natur, wo der Kampf zwischen Gewohnheit und Verbesserung eine ähnliche Rolle spielt wie bei dem Atomschwindel.

[82] PAULI AN LANDÉ

[Hamburg], 15. Januar [1925]

[Postkarte]

Lieber Herr Landé!

Meine Arbeit habe ich eben weggeschickt[a] und ich habe darin alle Wünsche von Herrn Back, die Sie mir in Ihrer Karte vom 12. mitteilten, berücksichtigt. Nach der theoretischen Rechnung und Angaben über die publizierte Arbeit von Grotrian[b] schreibe ich[c]: „Bisher noch nicht veröffentlichte Messungen des Zeemaneffektes einiger Bleilinien von E. *Back* machen es ferner sehr wahrscheinlich, daß den erstgenannten vier p-Termen die j-Werte (2, 2, 1, 0) zukommen und daß auch die g-Werte dieser Terme mit den theoretisch zu erwartenden im Einklang sind*."

Hierzu Fußnote:* „Diese Angaben wurden mir durch das Entgegenkommen von Herrn Back ermöglicht, der mir in seine Messungsresultate schon vor Ihrer Veröffentlichung freundlichst Einsichtnahme gestattete. Hierfür möchte ich ihm auch an dieser Stelle meinen Dank aussprechen. Herr *Back* wird über seine Messungen in Verbindung mit der allgemeinen Frage der Termordnung des Bleispektrums demnächst an anderer Stelle berichten."

Das ist alles, was ich darüber sage. Sie bekommen ja eine Korrektur und Herr Back kann mir dann immer noch eventuelle Abänderungswünsche mitteilen.

Die Resultate über die einzelnen Linien hatte ich, als Ihre Karte kam, noch niemandem mitgeteilt (auch nicht Herrn Minkowski. Dieser hat ohnedies viel anderes zu tun und ist sehr froh, daß Back das Pb-Spektrum ordnet und er es nicht zu machen braucht) und werde das natürlich auch in Zukunft nicht tun.

Ich hoffe also, es ist alles zur Zufriedenheit aller geregelt. Ich denke noch mit Vergnügen an meinen Tübinger Aufenthalt zurück. Beste Grüße an Sie selbst, an Back (es hat mich besonders gefreut, ihn wiederzusehen) und an Gerlach

von Ihrem

PAULI

[a] Pauli (1925 b). [b] W. Grotrian: Die Absorptionsspektren einiger Metalldämpfe. Z. Phys. **18**, 169–182 (1923). Eingegangen am 29. Juni 1923. [c] Der folgende Text wurde unverändert auf S. 782 der Veröffentlichung (1925 b) publiziert.

Zu Beginn des Jahres 1925 verfügte man noch nicht über eine einheitliche theoretische Erklärung für das Auftreten von Dublettstrukturen bei Linien im Röntgen- und im optischen Bereich. Die frühe, auf Sommerfeld zurückgehende relativistische Theorie[1] verlor bald an Überzeugungskraft, nachdem man erkannte, wie das Eindringen der Bahnen in das Atominnere oft einen viel größeren Einfluß auf die Termwerte ausüben kann als diese Relativitätskorrektionen. Neben den Relativitätsdubletts (reguläre Dubletts) entstand so eine Theorie der sog. Abschirmungsdubletts (irreguläre Dubletts), nachdem Gustav Hertz im Jahre 1920 im Mosleydiagramm der L-Serie zwei parallel verlaufende Kurven entdeckt hatte[2], die in der relativistischen Theorie nicht vorkommen sollten.

Bezeichnet man mit σ_i die Abschirmungszahl, so lautet nach Hertz der Ausdruck für die Wellenzahl ν_i eines solchen Termes

$$\frac{\nu_i}{R}=\frac{(Z-\sigma_i)^2}{n^2} \quad (R=\text{Rydbergkonstante}).$$

Daraus folgt für ein Abschirmungsdublett (gleiches n!) das Hertzsche Gesetz:

$$\Delta\sqrt{\frac{\nu}{R}}=\frac{\sigma_1-\sigma_2}{n}=\text{const.}$$

Relativistische- und Abschirmungsdubletts wurden später von Sommerfeld und Wentzel[3] in einem gemeinsamen Ausdruck für die Termwerte vereinigt (α bedeutete die Feinstrukturkonstante, Z die empirische Abschirmungszahl der relativistischen Theorie[4])

$$\frac{\nu}{R}=\frac{1}{n^2}(Z-\sigma)^2+\frac{\alpha^2}{n^4}(Z-z)\left(\frac{n}{n_\varphi}-\frac{3}{4}\right)+\ldots$$

(Man beachte hier die Abhängigkeit von der azimutalen Quantenzahl n_φ, die in Strenge keine parallelen Linien im Mosleydiagramm zuläßt.)

Das Ergebnis war eine Verschärfung des Hertzschen Gesetzes. Man erhält nämlich für diese „reduzierten" Terme den Ausdruck

$$\frac{\nu_{\text{red}}}{R}=\frac{(Z-\sigma)^2}{n^2}=\frac{\nu}{R}-\frac{\alpha^2}{n^4}(Z-z)^4\left(\frac{n}{n_\varphi}-\frac{3}{4}\right)-\ldots,$$

um den es in dem folgenden Brief [83] u.a. geht[5].

Die Ähnlichkeit von Wasserstoff- und Röntgenspektren einerseits, von Röntgenspektren und Alkalispektren andererseits, ließ auch eine formale Analogie zwischen Wasserstoff- und Alkalispektren vermuten. Goudsmit und Uhlenbeck[6] schlugen demzufolge eine neue Numerierung der Wasserstoffniveaus in Anlehnung an diejenige der Alkaliatome vor. Auch hier wurde eine Erklärung für diese Ähnlichkeiten erst nach Einführung der Spinhypothese durch die Spin-Bahnwechselwirkung herbeigeführt[7].

[1] A. Sommerfeld: Die Feinstruktur der Wasserstoff- und der Wasserstoff-ähnlichen Linien. Sitzungsberichte der Mathemat.-physik. Klasse der Königlich Bayerischen Akademie der Wissenschaften zu München 1915. S. 459–500. Dort S. 493ff.

[2] G. Hertz: Über die Absorptionsgrenzen in der L-Serie. Z. Phys. **3**, 19–25 (1920). Vgl. auch die Darstellung in den verschiedenen Auflagen von Sommerfelds „Atombau und Spektrallinien".

[3] A. Sommerfeld und G. Wentzel: Über reguläre und irreguläre Dubletts. Z. Phys. **7**, 86–92 (1921). Eingegangen am 11. August 1921.

[4] Vgl. hierzu auch den Kommentar zu [6].

[5] Vgl. auch Pauli [1926]. Dort S. 205

[6] S. Goudsmit en G. E. Uhlenbeck: Opmerking over de Spectra van Waterstof en Helium. Physica **5**, 266–270 (1925). Vgl. hierzu auch den Aufsatz von R. Kronig im Pauli-Gedächtnisband. Dort S. 27.

[7] A. Sommerfeld und A. Unsöld: Über das Spektrum des Wasserstoffs. Z. Phys. **36**, 259–275 (1926). Eingegangen am 2. Februar 1926. Vgl. auch A. Sommerfeld: Atombau und Spektrallinien. 7. Auflage, S. 293ff.

[83] Pauli an Landé

Hamburg, 30. Januar 1925

Lieber Herr Landé!

Besten Dank für Ihre letzte Karte, die mich sehr interessiert hat, insbesondere was Ihre Auffassung des H-Spektrums betrifft[a].

Ihre Überlegung betreffend den Atombau der Elemente K bis Cu scheinen mir jedoch nicht zutreffend zu sein. Es kann aus Stoner nur gefolgert werden, daß nicht mehr als zwei 4_1-Bahnen und nicht mehr als 10 äquivalente 3_3-Bahnen im Atom vorhanden sein können. Es wird ein Wettstreit (wie Bohr sagt) zwischen 3_3 und 4_1-Bahnen stattfinden und man kann im allgemeinen a priori nicht sagen, ob keine oder zwei 4_1-Bahnen im Normalzustand eines der betrachteten Atome auftreten werden. Insbesondere brauchen Ionen aufeinanderfolgender Elemente mit gleicher Elektronenzahl im Normalzustand nicht dieselbe Konfiguration zu haben. So ist z. B. folgendes wahrscheinlich: Von den beiden Zuständen

10 3_3-Elektronen, *kein* 4_1-Elektron (Wahrscheinlich Normalzustand des Cu^+)

9 3_3-Elektronen, ein 4_1-Elektron

hat beim Cu^+-Ion der erstere die kleinere Energie, aber beim Ni (ebenfalls 28 Elektronen) hat der letztere die kleinere Energie[b]. So kann nach meiner Ansicht keine Rede davon sein, daß bei allen neutralen Atomen $Z=20$ bis $Z=30$ zwei 4_1-Elektronen im Normalzustand vorhanden sind. Schon im Normalzustand des Sc^+ (20 Elektronen) tritt wahrscheinlich gar kein 4_1-Elektron im Normalzustand auf. Das alles hat sich ja schon *Bohr* überlegt. Das Neue bei Stoner ist nur, daß die 3_1 und die 3_2-Bahnen ganz außer Betracht bleiben und bloß 3_3 und 4_1-Bahnen in Frage kommen.

Nun zur wichtigeren Frage des H-Spektrums. Sehr einverstanden bin ich mit Ihrer allgemeinen Tendenz, zur Theorie der bedingt periodischen Systeme kein unbedingtes Zutrauen zu haben und zu versuchen, das H-Atom so aufzufassen, daß man für dasselbe keine anderen Quantenregeln braucht als für die komplizierteren Atome (also dieselben Schwierigkeiten bezüglich halbzahliger Werte der Quantenzahlen und Nichtrealität der Bahnen). Aber die Analogie des H-Spektrums und eines „reduzierten Röntgenspektrums" ist vielleicht nicht sehr weitreichend. (Unter einem reduzierten (und reziproken) Röntgenspektrum verstehe ich dabei ein mit einem solchen Auge betrachtetes, dem nur die Relativitätsdubletts, aber nicht die Abschirmungsdubletts als aufgelöst erscheinen, so wie Sie es einführen.) Zwar stimmen nämlich die Zahl der Niveaus und ihre Energiewerte beim H-Spektrum und beim reduzierten Röntgenspektrum überein, *aber nicht die Zahl der vorhande-*

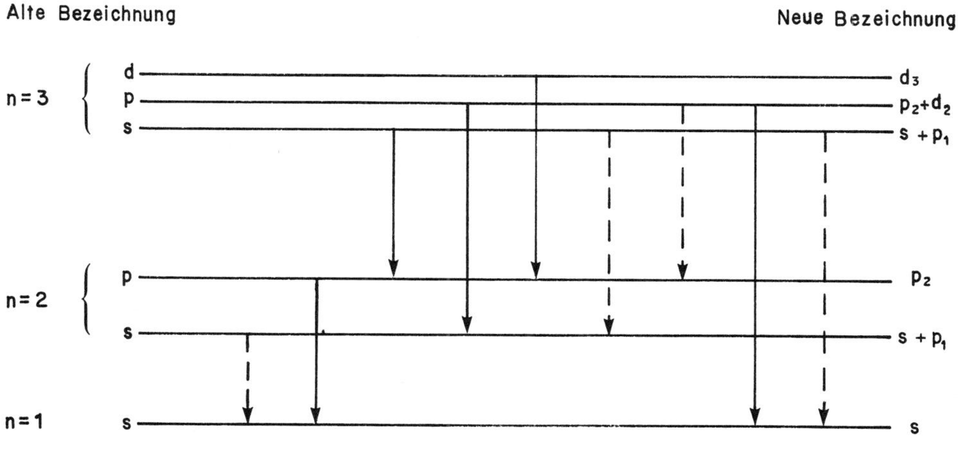

nen Linien. Es sind beim letzteren außerdem noch die im folgenden Schema punktiert gezeichneten Linien vorhanden (die in der gewöhnlichen Sprache den Übergängen mit $\Delta k=0$ entsprechen würden).

(Insbesondere sind beim reduzierten Röntgenspektrum die Resonanzlinien Dubletts mit dem Intensitätsverhältnis 1 : 2 (nach Ornstein), im H-Spektrum aber einfach.)

Sie können natürlich die punktierten Linien durch ein besonderes Zusatzverbot ausschließen, aber das wäre (so scheint es mir wenigstens) willkürlich und unschön. Ferner müßte man natürlich verlangen, daß in der Grenze großer Felder (wo von der Feinstruktur abgesehen werden kann) wieder der gewöhnliche *Stark*effekt resultiert. Ich kann nun nicht ganz übersehen, ob da nicht die *Halbzahligkeit des m* große Schwierigkeiten machen wird bei der Zuordnung der Terme des relativistischen (quadratischen) Starkeffektes (schwache Felder) zum gewöhnlichen.

Beim gewöhnlichen Zeemaneffekt, der ja hier als Paschen-Backeffekt erscheint, ist es sehr schön, daß hier im Normalzustand des H-Atoms die Ausschließung des Wertes 0 für die magnetische Energie von selbst herauskommt (was bisher sehr unschön besonders postuliert werden mußte).

Jedenfalls wäre es sehr schön, wenn Sie Ihre schöne Idee weiter verfolgen und aus ihr neue empirisch prüfbare Folgerungen ableiten könnten. Vorläufig bin ich aber noch etwas skeptisch, ob die Analogie zwischen H-Spektrum und reduziertem Röntgenspektrum nicht am Ende doch eine Täuschung ist.

Ich selbst habe noch große Schwierigkeiten mit der Wärmeleitung im festen Körper.

Mit vielen Grüßen Ihr

W. PAULI

[a] Vgl. hierzu und für die weiter unten fortgesetzte Betrachtung zum H-Spektrum die Zitate auf S. 206, Anm. 6 u. 7. [b] Beim Ni tritt diese Konfiguration jedoch nicht auf; vielmehr haben wir im Grundzustand acht 3_3-Elektronen und zwei 4_1-Elektronen. Auch beim Sc^+ trifft Paulis Vermutung nicht zu. Vgl. z. B. W. Finkelnburg: Einführung in die Atomphysik. [10]Berlin: Springer 1964. Dort S. 136ff.

[84] PAULI AN LANDÉ

[Hamburg], 6. Februar [1925]

[Postkarte]

Lieber Herr Landé!

Vielen Dank für Ihre letzte Karte: Ich bin mit Ihnen darin völlig einig, daß sich Ihr Vorschlag betreffend das H-Spektrum[a] nirgends im Widerspruch mit dem vorliegenden Erfahrungsmaterial befindet. Ich habe bloß aus theoretischen Gründen ein wenig Angst, die strittigen Feinstrukturkomponenten als auch beim äußeren Feld Null noch vorhanden zu postulieren. Dann wäre es doch wirklich Essig mit dem Korrespondenzprinzip! Es kann aber natürlich sein, daß Sie trotzdem Recht haben.

Für den Ausschluß des Falles $m=0$ gibt es keine empirischen, sondern nur theoretische Gründe (beim Stark-Effekt). Treten Sie doch Gerlach, er soll den magnetischen Ablenkungsversuch mit H-Atomstrahlen machen. Stern meint, dieser Versuch würde nicht schwieriger sein als der mit Metallatomstrahlen[b].

Die Korrekturen meiner Arbeit werden Sie wohl erhalten haben[c]. Ist Back mit meiner Formulierung der Pb-Angelegenheit einverstanden? (Falls Sie *nicht* schreiben, nehme ich an, daß ja.)

Viele Grüße an Sie und Back von Ihrem

PAULI

[a] Vgl. hierzu den vorangehenden Brief [83]. [b] Mit Erfolg gelang dieser Versuch erst einem Mitarbeiter von Stern im Institut für physikalische Chemie der Hamburgischen Universität E. Wrede: Über die magnetische Ablenkung von Wasserstoffatomstrahlen. Z. Phys. **41**, 569–575 (1927). Eingegangen am 22. Dezember 1926. Vgl. hierzu auch den Brief von Wrede an Bohr vom 6. Juli 1926. (BSC, MF. 16.) und den Brief [106]. [c] Pauli (1925 b). Vgl. hierzu auch [82].

[85] HEISENBERG AN PAULI

Kopenhagen, 26. Februar 1925

Lieber Pauli!

Von Bohr, der leider wieder sehr viel zu tun hat, soll ich Ihnen folgendes schreiben: 1. Wir nehmen an, daß es bei der Ausmachung, daß Sie im März hier sind, bleibt und freuen uns sehr, von Ihnen zu hören und mit Ihnen zu arbeiten bzw. zu sprechen[a]. 2. Alle praktischen Fragen, wie Aufenthaltskosten für Sie, sind geregelt. 3. Daß Bohr so lang nicht geschrieben hat, kommt nur daher, daß er so wenig Zeit hat und daß er denkt, daß mündliche Besprechungen noch einfacher sind. 4. wie oben 1. Wir freuen uns riesig auf Ihr Kommen, auf die Möglichkeit, mit Ihnen zu raufen (natürlich geistig aufzufassen) und Sie in allen Punkten, in denen noch Uneinigkeit herrschen sollte, von unserer Meinung zu überzeugen.

In den letzten Tagen ist hier sehr viel los, weil Born zu Besuch da ist und es daher eine Einladung hinter der anderen, Vorträge und Diskussionen aller Art gibt. An Neuem gibt es hier nur, daß Kramers eine Arbeit zur Dispersionstheorie (Fluoreszenz!!) geschrieben hat[b], Bohr eine über α-Strahlen und deren Bremsung[c], alles auf dem Boden der neuen Strahlungstheorie. Ich selbst glaube, in großen Zügen die Identität Ihres $k_1\,k_2$ Schimmels mit dem JR Schimmel und dem ersten Dublettmodell zu verstehen, es ist aber noch nix ausg'macht's[d]. Ihre Arbeit in der Zeitschrift (die über die Relativität)[e] hab' ich mit großem Interesse gelesen; aber, ohne kritisch zu sein (so wie Sie wären, wenn ich die Arbeit geschrieben hätte), kommt mir's vor, als ob Sie offene Türen einrennen; wenn man's genau betrachtet, ist die Bevorzugung der K-Schale nur sehr sporadisch aufgetreten und z. B. sind im $\int H\,dj$ Schimmel alle Edelgase gleich behandelt worden[f]; also kein Grund, ausgerechnet den armen 2 K-Elektronen den ganzen Magnetismus aufzubrummen, besonders, wo es sich um einen sehr symbolischen Impuls 0,1 handelt. Selbst wenn Landé (oder ich brieflich?) einmal diese K-(Kater) Idee einmal schüchtern ausgesprochen haben sollten, weshalb sie gleich mit so dicken Knüppeln totschlagen? – Übrigens glaub' ich jetzt auch, daß jedes *einzelne* Atome einen bestimmten Impuls hat und zwar (entgegen Ihrer Meinung?) den Landéschen (J, *nicht* Sommerfelds j), also das Edelgas $\frac{1}{2}$ (wie in den Banden, z. B. HCl, benützt!). Aber ich will mich nicht Ihrer Kritik aussetzen; immerhin, es gibt Stoff zum Streiten.

Also auf Wiedersehen und viele Grüße von allen!

W. HEISENBERG

[a] Vgl. hierzu [81] sowie Paulis Antwort [86]. [b] H. A. Kramers: Om Vekselvirkningen mellem Lys og Stof. Fysisk Tidsskrift **23**, 26 – 40 (1925). [c] N. Bohr: Über die Wirkung von Atomen bei Stößen. Z. Phys. **34**, 142 – 157 (1925). Eingegangen am 30. März 1925. [d] Heisenberg bezieht sich auf Paulis Arbeit (1925 b) über das Ausschließungsprinzip. [e] Pauli (1925 a). [f] Vgl. W. Heisenberg: Über eine Abänderung der formalen Regeln der Quantentheorie beim Problem der anomalen Zeemaneffekte. Z. Phys. **26**, 291 – 307 (1924). Eingegangen am 13. Juni 1924.

Während des für die Quantentheorie so entscheidenden Jahres 1925 war Pauli vorwiegend mit seinem zusammenfassenden „Quantenartikel" [1926] für das Springersche Handbuch beschäftigt, der, ebenso gründlich wie einst sein Relativitätsartikel, eine letzte Bilanz über die vielen Erfolge und Mißerfolge der älteren Quantentheorie vermittelt. Erst im Oktober 1925 wurde diese Arbeit beendet (vgl. die Briefe [89] und [100]), und wenn sie auch heute nicht mehr zur Standardliteratur der theoretischen Physik zählt wie seine anderen Handbuchartikel, weil nämlich die ihr zugrundeliegende Bohr-Sommerfeldsche Atomtheorie durch die Heisenbergsche Mechanik abgelöst wurde, so ist sie doch zu einer unschätzbaren Quelle für den Wissenschaftshistoriker geworden.

Bei der Arbeit an dem Quantenartikel traten Fragestellungen auf, die Pauli in den folgenden Briefen den Kollegen präsentierte.

[86] Pauli an Heisenberg

Hamburg, 28. Februar 1925

Lieber Heisenberg!

Vielen Dank für Ihren Brief. Ich werde also ungefähr am 15. März nach Kopenhagen kommen, genauer schreibe ich es Ihnen noch. Ich freue mich schon sehr darauf, Sie und alle Bekannten wiederzusehen, besonders auch Bohr selbst. Hoffentlich ist er nicht sehr müde. Ich werde ihn gar nicht stören, aber ich hoffe, mit ihm im Laufe meines Kopenhagener Aufenthaltes ausführlich über die Strahlungsphänomene[a] sprechen zu können. Ich glaube kaum, daß wir uns da werden einigen können, denn ich habe eine prinzipiell ganz andere Einstellung zu diesen Fragen als die Herren in Kopenhagen. Ich habe aber viel über diese Dinge nachgedacht in letzter Zeit und interessiere mich sehr dafür, den Kopenhagener Standpunkt, und insbesondere Bohrs eigene Ein[s]tellung zu allen diesen ungelösten Fragen kennen zu lernen. Ich muß überdies im Sommersemester einen zusammenfassenden Quantenartikel für das Springersche Handbuch schreiben, in welchem diese Dinge alle behandelt werden sollen[b]. Ich werde darin die Strahlungsphänomene *nicht* vom Kopenhagener Standpunkt aus besprechen; aber jedenfalls muß ich genau wissen, was man in Kopenhagen meint.

Über das, was Sie bezüglich des k_1, k_2-und des J, R-Schimmels schreiben[c], werden wir, glaube ich, leicht einig werden. Nichts liegt mir ferner, als mich auf einen bestimmten Schimmel festlegen zu wollen. (Sie sind ja alle ziemlich gleich unrichtig.) Ich halte es sogar für sehr wahrscheinlich, daß man auch den Abschluß der Gruppen von ihrem Schimmel aus wird erfassen können, wenn man bei gleicher Hauptquantenzahl die Mittelung über gewisse Diagonalen verbietet[d]. Was mir an Ihrer Darstellung des Zeemaneffektes so sehr mißfällt, das wissen Sie ja: daß man unverständlicher Weise den doppelten Magnetismus des Atomrestes voraussetzt, während das doch eigentlich aus dem anzuwendenden Schimmel (gleichgültig welcher Art er ist) erst herauskommen sollte! Ich würde übrigens für wichtiger als das Aufstellen von Schimmeln (deren gibt es sicher beliebig viele, derart daß einer nicht besser und nicht schlechter ist als der andere) einen Versuch halten, die beim Zeemaneffekt und der Komplexstruktur auftretenden Schwierigkeiten in nähere Verbindung zu bringen mit anderen Schwierigkeiten der heutigen Quantentheorie (etwa bei der Dispersionstheorie entarteter Systeme?!).

Ich habe ganz bestimmte Gründe, an einen eindeutig bestimmten Wert des Impulses eines Atoms in einem stationären Zustand zu glauben, wenn dieser Impuls als dynamische (nicht kinematische) Größe aufgefaßt wird (so wie es auch einen bestimmten Energiewert des Atoms, nämlich den Termwert, gibt). Näheres mündlich. Ich freue mich, daß Sie nun auch dieser Ansicht sind. Welches diese Impulse sind, ist eine zweite Frage. Ich glaube eher an die Sommerfeldschen als an die Landéschen j, will aber mit meinem Urteil warten, bis ich Ihre Argumente gehört habe. – Weiteres will ich lieber der mündlichen Aussprache vorbehalten. Es sind da eine Reihe von Einzelheiten, über die ich mich mit Ihnen gerne unterhalten möchte, worauf ich mich schon sehr freue.

Nun noch eine andere physikalische Frage. Meiner Wärmeleitung geht es sehr schlecht und ich glaube eigentlich, ich muß diese Sache vorläufig aufstecken. Deshalb suche ich jetzt nach einem anderen Zeitvertreib. Und da denke ich in erster Linie an meine alte Schuld: Die Theorie der Intensitäten der im elektrischen Feld neu erscheinenden Komplexstrukturkomponenten in den Beobachtungen von Hansen, Takamine und Werner[e]. Inzwischen sind ja da neue Möglichkeiten aufgetaucht, die Berechnung der Intensitäten von Spektrallinien zu verschärfen. (In Kopenhagen sagt man natürlich: „das Korrespondenzprinzip zu verschärfen“ – id est Imperialismus des Korrespondenzprinzips.) Einerseits die Ornsteinschen Summenregeln[f], andrerseits di[e] Kramersche Dispersionstheorie[g]. Und zwar brauche ich da die sogenannten Smekalsprünge[h] (im Limes, Frequenz des äußeren Feldes → 0). Ich wäre Ihnen und Kramers daher sehr dankbar, wenn Sie mir möglichst bald genau schreiben würden, *was Sie über die Häufigkeit dieser Sprünge wissen**. Läßt sich diese exakt durch die spontanen Übergangswahrscheinlichkeiten A (und die Frequenzen ν der Spektrallinien) ausdrücken? (oder nur im Lim[es] großer Quantenzahlen?). Könnten Sie vielleicht Korrekturen der diesbezüglichen Arbeit von Kramers und Ihnen[i] entbehren und mir schicken? (Ob das Seine Eminenz Herr Kramers zulassen wird? Ich bin ja ein Ungläubiger!) Allerdings kann man bei Kopenhagener Arbeiten nie wissen, ob nicht gerade die Hauptsache darin verschwiegen ist. Jedenfalls wäre ich Ihnen für Auskunft sehr dankbar.

Ich habe mir auch die Möglichkeit eines Zusammenhanges von Sprüngen dieser Art mit der von Duane im Röntgengebiet gefundenen, in irreführender Weise „tertiär“ genannten Strahlung überlegt. Näheres mündlich.

Eine Korrektur meiner Arbeit[j] (mit zwei erläuternden Zusa[t]zbemerkungen versehen) lege ich bei, vielleicht können Sie sie brauchen.

Nun noch eine nichtphysikalische Frage. Herr Dr. Zanstra[k], – ein Mann, den mir Ehrenfest nach Hamburg geschickt hat, er ist stark astrophysikalisch orientiert – würde gelegentlich dieser Semesterferien auch gerne nach Kopenhagen kommen. Bohr würde dadurch in keiner Weise gestört sein. Aber Herr Zanstra würde sich sehr dafür interessieren, *ob und wann Rosseland während dieser Zeit* (*März oder April*) *in Kopenhagen ist*. Könnten Sie so gut sein, mir dies mitzuteilen. Jedenfalls lasse ich Rosseland vielmals grüßen. Leider ist er verlobt bzw. verheiratet. Es wird mir aber eine besondere Freude sein, daß bei meinem diesjährigen Aufenthalt in Kopenhagen durch Sie die Anzahl der dort anwesenden unverheirateten Physiker um eins vermehrt sein wird. Grüßen Sie das ganze Institut von mir, besonders Prof. Bohr selbst (hoffentlich geht es ihm gut), Seine Eminenz[e], Hansen und Werner und seien Sie selbst bestens gegrüßt von

Ihrem PAULI

* und womöglich auch die zugehörigen Formeln der klassischen Theorie.

Vielleicht werde ich Prof. Bohr noch bitten, mir einen Brief für das dänische Konsulat zu schreiben; aber ich glaube, es wird auch so gehen. Auf frohes Wiedersehen!

[a] Vgl. hierzu den Kommentar zu [55]. [b] Pauli [1926]. Unter der Ziff. 15 dieses Artikels stellte Pauli nochmals alle seine Einwände gegen die Strahlungstheorie von Bohr, Kramers und Slater zusammen. Während der Abfassung seines Artikels war inzwischen die experimentelle Widerlegung dieser Theorie durch Bothe und Geiger bekanntgeworden. [c] Vgl. hierzu [85]. [d] Pauli bezieht sich hier wie auch im folgenden auf Heisenbergs Arbeit: Über eine Abänderung der formalen Regeln der Quantentheorie beim Problem der anomalen Zeemaneffekte. Z. Phys. **26,** 291 – 307 (1924). Eingegangen am 13. Juni 1924. Vgl. auch [47]. Dort wird im § 6 die Energie für den Fall mehrerer äußerer Elektronen durch ein Mittelungsverfahren über die entsprechenden Drehimpulse berechnet. [e] H. M. Hansen, T. Takamine and S. Werner: On the effect of magnetic and electric fields on the mercury spectrum. Kongelige Danske Videnskabernes Selskab, Mathematisk-Fysiske Meddelelser **5,** 1923 Nr. 3. [f] Vgl. hierzu den Kommentar zu [64]. [g] H. A. Kramers: The law of dispersion and Bohr's theory of spectra. Nature **113,** 673 – 676 (1924). Signiert 25. März 1924. The Quantum theory of dispersion. Nature **114,** 310 – 311 (1924). Signiert 22. Juli 1924. [h] Vgl. hierzu die Fußnote *c* von [77]. [i] H. A. Kramers und W. Heisenberg: Über die Streuung von Strahlung durch Atome. Z. Phys. **31,** 681 – 708 (1925). Eingegangen am 5. Januar 1925. [j] Pauli (1925b). [k] Herman Zanstra, Professor der Physik in Amsterdam. [l] Mit „Seine Eminenz" pflegte Pauli öfters Kramers zu betiteln. Vgl. z. B. auch den Schluß des Briefes [89].

[87] Pauli an Bohr

[Hamburg], 30. April [1925]

[Postkarte]

Sehr verehrter, lieber Herr Professor!

Heute will ich Ihnen nur mitteilen, daß ich gestern nach ein[er] schönen Fahrt wohlbehalten hier angekommen bin[a]. Nehmen Sie noch vielen Dank für die anregenden und schönen Tage, die ich in Kopenhagen verbracht habe und für alle Ihre Güte und Freundlichkeit mir gegenüber.

Falls Sie meine Arbeit zum Druck geben, so seien Sie bitte so gut und lassen mir die Korrektur hierher senden[b].

[L]eider hörte ich hier, daß Lenz sehr schwer krank ist. Ich werde wohl dieses Semester an seiner Stelle seine Vorlesung halten müssen. – Sonst geht es gut. Stern macht weiter Versuche mit Molekularstrahlen und geht fleißig ins Kino.

Viele Empfehlungen an Ihre Frau Gemahlin, die hoffentlich wieder ganz gesund ist, und viele herzliche Grüße an Sie selbst, Kramers und alle Bekannten von Ihrem

stets [d]ankbaren

Pauli

[a] Pauli war über die Osterferien vom 15. bis 29. April in Kopenhagen gewesen. Vgl. hierzu auch [86]. [b] Pauli (1925c). Diese Arbeit wurde erst im November zum Druck gegeben.

[88] Pauli an Kronig

Hamburg, 4. Mai 1925

Lieber Kronig!

Ich danke Ihnen noch vielmals für Ihre Unterstützung und will nun meine Schuld tilgen. Die beiliegenden 40 M werden, glaube ich, ungefähr den 50 K entsprechen. – Hoffentlich kommen Sie mit dem Intensitätsproblem weiter[a]!

Mit den besten Grüßen

Ihr W. Pauli

[a] Ralf Kronig veröffentlichte während seines Aufenthaltes in Kopenhagen zwei Arbeiten zum Intensitätsproblem der Zeemanlinien: Über die Intensität der Mehrfachlinien und ihrer Zeemankomponenten. Z. Phys. **31,** 885 – 897 (1925). Eingegangen am 18. Februar 1925. Teil II erschien in Z. Phys. **33,** 261 – 272 (1925). Eingegangen am 2. Juni 1925. Kurz zuvor im Dezember 1924 hatten Kronig und Goudsmit eine kurze Notiz: „Die Intensitäten der Zeemankomponenten" bei den Naturwiss. **13,** 90 (1925) zu dem gleichen Problem eingereicht. Vgl. hierzu Kronigs Beitrag zum Pauli-Gedächtnisband. Dort S. 18.

[89] Pauli an Kronig

Hamburg, 21. Mai 1925

Lieber Herr Kronig!

Besten Dank für Ihren Brief. Über Ihre Auffassung, daß die Interkombinationen eine Folge der gegenseitigen Störung der Termsysteme sind, habe ich lange nachgedacht[a]. Der Hauptgrund für eine solche Auffassung, die zugleich mit sich bringt, daß die Summenregeln für die Intensitäten der Multiplettlinien streng nur für die Summen aus gewöhnlichen Kombinationen + Interkombinationen gelten sollen, scheinen mir die Dorgeloschen Resultate bei Ne zu sein[b]. (Sie können sich vielleicht noch erinnern, daß mir ihr Verständnis vom früheren Standpunkt aus große Schwierigkeiten bereitet hat.) Nun ist nur die Frage, ob man damit auch empirisch durchkommt. *Sie müßten zeigen, daß in allen Fällen, wo man bisher die Intensitätsregeln auf die gewöhnlichen Multiplettkombinationen angewandt hat und sie sich bewährt haben, die Interkombinationslinien wirklich eine relativ zu diesen Linien sehr kleine Intensität haben.* Wenn das zutrifft, dann will ich Ihnen alles glauben. (Faul scheint mir aber Ihre Annahme beim Übergang $1S-2p_2$ zu sein; das scheint mir nicht zulässig; wenn schon, denn schon[c].) Wenn nun Ihre Auffassung sich bewährt, erheben sich übrigens sogleich eine Reihe weiterer Fragen (die sich nicht einfach mit dem Wort „Dreckeffekt" abtun lassen; dann könnten Sie ebensogut sagen, der Paschen-Backeffekt ist ein Dreckeffekt). Besteht ein quantitativer Zusammenhang zwischen den Einzelintensitäten der Interkombinationslinien und den Abweichungen von der Landéschen Intervallregel? (Die letzteren kommen wohl auch hauptsächlich von der gegenseitigen Störung der Termsysteme.) Wie steht es ferner mit der entsprechenden Störung der g-Werte? (Man muß versuchen, ein klassisches Quasimodell für diese Störwirkung zu finden, um diese Fragen zu beantworten.)

Bei Hg sind übrigens die Störungen zwischen dem Einfach- und Triplettsystem besonders stark und die Interkombinationslinien (nicht nur bei $1S-2p_2$) erfahrungsgemäß von derselben Größenordnung der Intensität wie die Triplettkombinationen. Es würde daher kaum der Wahrheit sehr nahe kommen, wenn ich in meiner Starkeffekt-Arbeit[d] sie einfach weglassen würde. Ich habe aber zu Ihrer Beruhigung die Sache nunmehr auch unter diesen Voraussetzungen ausgerechnet, und es stimmt nicht besser und nicht schlechter als mit den früheren Annahmen. Bei der Korrektur würde ich dementsprechend die betreffenden Zusatzbemerkungen (bzw. Streichungen) beim Hinweis auf Ihren Standpunkt anbringen, was keine großen Änderungen zur Folge haben wird. Vielleicht können Sie mir übrigens gelegentlich über das Schicksal meiner Arbeit etwas schreiben. Ist sie eigentlich im Druck?

Übrigens ist in den Berliner Berichten im April eine Arbeit von Sommerfeld und Hönl erschienen, worin unabhängig von Ihnen genau dieselben Formeln für die Intensität der Multiplettlinien aufgestellt werden[e].

Mich selbst interessieren die Multipletts und der anomale Zeemaneffekt momentan gar nicht mehr. Wenn nicht jemand eine wirklich physikalische Idee hat, wird man da kaum weiter kommen. Das bloße Ausdehnen der formalen Zoologie auf immer kompliziertere Fälle halte ich im Grund doch für eine unfruchtbare Sache.

Dagegen interessiere ich mich sehr für das allgemeine formale Problem der Bestimmung der Übergangswahrscheinlichkeiten, insbesondere für die Ummodelung und Erweiterung des Bornschen Formalismus[f], über die wir in Kopenhagen sprachen. Wenn ich in meinem Artikel für das Springersche Handbuch (der inzwischen schon Fortschritte gemacht hat) zu diesem Formalismus nun komme, will ich wieder darüber nachdenken. Sind Sie etwa damit weitergekommen?

Was die Frage der Resonanzstrahlung betrifft, so hat mir Bohr am Tage meiner Abreise noch Einwände gegen meinen Standpunkt mitgeteilt, die mir ernstlich zu denken gegeben haben[g]. (Es war insbesondere ein Gedankenexperiment mit einem Molekularstrahl, der, nach der Anregung der Atome durch Einstrahlung, durch ein inhomogenes Kraftfeld in zwei Strahlen gespalten wird, von denen der eine nur angeregte, der andere nur unangeregte Atome enthält.) Falls aber auch in Zukunft die Experimente eine bloß teilweise Kohärenz der Resonanzstrahlung ergeben sollten, so würde ich doch niemals an einen zweifachen Ursprung der Strahlung glauben, derart, daß die emittierte Strahlung in zwei prinzipiell genau trennbare Bestandteile zerlegt werden kann. Und ich werde immer ein jedes Bild der Strahlungsphänomene (selbst wenn es scheinbar erlaubt, alle Vorgänge zu beschreiben), das zu einem solchen Resultat führt, von vornherein für unrichtig halten. Denn es ist mir stets viel lieber, zu sagen, ich habe vorläufig noch kein vollständiges Bild der Vorgänge, als Scheußlichkeiten dieser Art, die mein physikalisches Gefühl verletzen, auch nur vorübergehend in Kauf zu nehmen. Das ist mein letztes Wort zu dieser Sache! (Es muß auch durch die Einsteinschen Übergangswahrscheinlichkeiten $B\varrho_\nu$ unbedingt die *Gesamt*schwächung der einfallenden Welle bestimmt sein.)

Die Physik ist momentan wieder einmal sehr verfahren, für mich ist sie jedenfalls viel zu schwierig und ich wollte, ich wäre Filmkomiker oder so etwas und hätte nie etwas von Physik gehört! Nun hoffe ich aber doch, daß Bohr uns mit einer neuen Idee retten wird. Ich lasse ihn dringend darum bitten, und lasse ihn vielmals grüßen und möchte ihm noch vielmals danken für alle seine Güte und Geduld mir gegenüber. Viele Grüße auch an Sie selbst, an Seine Eminenz und an Hansen

von Ihrem

W. Pauli

P. S. Es würde mich interessieren zu hören, ob das Wilsonsche Experiment zur Prüfung der Koppelung vielleicht etwa bereits ausgeführt und bloß nicht publiziert war.

[a] In der zweiten unter *a* von [88] genannten Arbeit versuchte Kronig, die Abweichungen von den bewährten Summenregeln für die Intensitäten der Multiplettlinien mit den sog. Interkombinationen zwischen Termen verschiedener Multiplizität in Zusammenhang zu bringen. Die Ursache solcher Interkombinationen sollten die Störungseffekte sein, die durch die Wechselwirkung der Elektronen untereinander bedingt sind. Vgl. hierzu Pauli [1926], S. 244. [b] Vgl. H. B. Dorgelo, Physica **5,** 90 (1925). Ebenso: De levensduur der metastabiele toestanden van Neon en kwik. Physica **5,** 429 – 442 (1925). Die Lebensdauer der metastabilen S_3 und S_5-Zustände des Neons. Z. Phys. **34,** 766 – 774 (1925). Eingegangen am 30. September 1925. [c] Vgl. hierzu die unter *a* zitierte Arbeit von Kronig. Dort S. 268. [d] Pauli (1925c). [e] A. Sommerfeld und H. Hönl: Über die Intensität der Multiplettlinien. Sitzungsberichte der Preußischen Akademie der Wissenschaften. Physikalisch-Mathematische Klasse. Berlin 1925, S. 141 – 161. Vorgelegt am 12. März 1925. [f] M. Born: Über Quantenmechanik. Z. Phys. **26,** 379 – 395 (1924). Eingegangen am 13. Juni 1924. Vgl. hierzu auch die Bemerkung Borns in seiner Selbstbiographie: Mein Leben. München: Nymphenburger Verlagshandlung 1975. Dort S. 297. [g] Vgl. hierzu Pauli [1926]. Dort S. 99 ff.

[90] Sommerfeld an Pauli

München, 18. Juni 1925

Lieber Pauli!

Dieser Tage habe ich Ihre Arbeit über den Schalenabschluß[a] (für meine Spezialvorlesung) studiert und bin sehr erbaut davon. Sie kommen damit sehr viel weiter als ich. Ich nahm (Physikalische Zeitschrift[b] und in einer zusammen mit Grimm entworfenen Arbeit[c]) die Stonersche Gruppeneinteilung axiomatisch an, definierte Abgeschlossenheit der Schale durch $j=0$ der Grundbahn und ordnete $j = k_2 - \frac{1}{2}$ jedesmal dem ersten Element nach der abgeschlossenen Schale zu, unter k_2 die Charakteristik der betr. neu beginnenden Schale verstanden. Auch den p_0–Term für Neon hätte ich schon damals publiziert, wenn mich nicht Wentzel bange gemacht hätte. Der Reziprozitätssatz[d] kommt auch von meinem Standpunkt aus glatt heraus. Aber Sie kommen viel weiter: Sie können aus Ihrem Prinzip der 4 Quantenzahlen und aus den Erfahrungen über die Alkali-Z[eeman] Eff[ekte] die Stonersche Einteilung mit $j=0$ *beweisen* und die vorhandenen oder ausfallenden Terme bestimmen. Das ist sehr schön und zweifellos richtig.

Bei O, S, Se, finde ich, sind Sie inkonsequent[e]. Hier sollten Sie außer S_{11} auch S_{21} als abgeschlossene und nicht weiter angreifbare Schale gelten lassen (S bedeutet L, M, N für O, S, Se)[f]. Daß wirklich immer mit $j=0$ ein besonders hoher Grad von Stabilität erreicht wird, zeigen die Ionisations-Spannungen. Infolgedessen würde ich nun Ihren Fall c) von S. 782 berücksichtigen, der zu $j=0$ und $j=2$ führt. Die anderen Fälle sind angeregte Rümpfe, geben also heteromorphe Terme. Es ist gewiß bemerkenswert, daß Ihre Methode auch über solche Terme Aufschluß gibt. Aber sie stehen doch mit den eigentlichen Grundtermen nicht auf einer Stufe.
Aber sie stehen doch mit den eigentlichen Grundtermen nicht auf einer Stufe.

Nun aber meine Hauptbemerkung: Bei O stimmt Ihr Resultat $j=0$ und $j=2$ scheinbar nicht mit der Erfahrung[g]! Denn diese gibt ein Triplett mit $j=2$, 1, 0, allerdings von sehr ungewöhnlichem Intervallverhältnis. Ob dies eine Andeutung dafür ist, daß das Niveau mit $j=1$ anderen Ursprungs ist? Oder ob das Hopfieldsche Triplett[h] noch nicht das Grundtriplett ist? Beides ist mir unwahrscheinlich. Andererseits zweifle ich nicht an der Richtigkeit Ihrer Methode. Ich befinde mich also in einem Dilemma, aus dem Sie mir helfen sollten.

Nebenbei: Warum sagen Sie S. 766, daß Bohr und Coster[i] die Ordnung der Röntgenspektren nach k_1, k_2 gemacht haben? Sie haben diese doch nur von Wentzel übernommen.

Die Arbeit von Wentzel in den Annalen[j] (eben erschienen) scheint mir das Beste zu sein, was über das Dublett-Mysterium der sichtbaren und Röntgen-Spektren geschrieben ist.

Sagen Sie bitte Lenz herzlichen Dank für seinen Brief, der mir in den nächsten Wochen für meine Vorlesung nützlich sein wird. Ich hoffe, seine Besserung ist weiter fortgeschritten!

Es scheint (nach Messungen von Ornstein und Frerichs), daß unsere schöne Intensitätsformel[k] (also auch die von Kronig[l]) falsch ist![m])

Herzliche Grüße

Ihr A. Sommerfeld

[a] Pauli (1924 b). [b] A. Sommerfeld: Zur Theorie des periodischen Systems. Physik. Z. **26,** 70 – 74 (1925). Eingegangen am 22. Dezember 1924.1[c] H. G. Grimm und A. Sommerfeld: Über den Zusammenhang des Abschlusses der Elektronengruppen im Atom mit den chemischen Valenzzahlen. Z. Phys. **36,** 36 – 59 (1925). Eingegangen am 12. November 1925. [d] Vgl. Pauli (1925 b). Dort S. 778. [e] Vgl. Pauli (1925 b). Dort S. 782. [f] Das Symbol S_{kj} wird bei Sommerfeld in der unter *b* zitierten Arbeit definiert. *S* steht anstelle einer der Schalen *K*, *L*, *M*, . . ., *k* und *j* bedeuten die Quantenzahlen der entsprechenden Niveaus. [g] Vgl. hierzu Paulis Antwortschreiben [92]. [h] J. S. Hopfield hatte bei der Analyse des Sauerstoff-Bogenspektrums den sog. „verkehrten" Triplett-*P*-Term P_0,P_1, P_2 gefunden. [i] N. Bohr und D. Coster: Röntgenspektren und periodisches System der Elemente. Z. Phys. **12,** 342 – 374 (1923). Vgl. dort auf S. 348 den Hinweis auf die Arbeit von Wentzel. [j] G. Wentzel: Zum Termproblem der Dublettspektren, insbesondere der Röntgenspektren. Ann. Phys. **76,** 803 – 828 (1925). Eingegangen am 23. Februar 1925. [k] Vgl. die unter *e* von [89] zitierte Arbeit. [l] Vgl. hierzu Fußnote *a* von [88]. [m] Am Schluß des Briefes befinden sich folgende Randbemerkungen von Pauli: „1. Gleichnis mit Erdalkalien. Grenze der Unterteilung. So auch bei 0. 2. Weitere Aufkl[ärung] durch Heisenberg. – Gegensatz zur Verzweigungsregel aufgekl[ärt]. 1-Klassifikation – *k*-Klassifikation. Beispiel Sauerstoff[?]-Summen. Beispiel Russel und Saunders; absol[ute] Intervallgr[öße]. Beseitigung der Inkonsequenzen[.Entwicklung] der Schalen."

Inzwischen war der Durchbruch zur neuen Quantenmechanik gelungen. Ende April war Heisenberg von seinem Studienaufenthalt in Kopenhagen nach Göttingen zurückgekehrt. Hier versuchte er vergeblich mit der Ableitung der Intensitätsformeln für die Wasserstofflinien voranzukommen[1]. Während der Beschäftigung mit diesem Problem kam ihm die „rettende Idee", auf die Pauli schon so lange gewartet hatte. Heisenberg machte Ernst mit der bereits von Pauli geforderten „tiefgehenden Modifikation des kinematischen Bewegungsbegriffes"[2], indem er für die Beschreibung des Zustandes eines mechanischen Systems konsequent nur die beobachtbaren Schwingungsfrequenzen und Amplituden verwendete und diese durch eine Gesamtheit von „quantentheoretischen Größen" darstellte, die einer ihm noch ganz neuartigen Mathematik, der Matrizenalgebra, gehorchten[3]. Durch geschickte Übersetzung der klassischen Ausdrücke in die der neuen Mechanik konnte Heisenberg sogleich zwei einfache eindimensionale Probleme, den anharmonischen Oszillator und den linearen Rotator, berechnen, ein Ergebnis, das schon bei der Abfassung dieses Briefes [91] vorlag.

Am 7. Juni war Heisenberg, von einem Heufieberanfall veranlaßt, überstürzt von Göttingen nach Helgoland abgereist; während des zweiwöchigen Aufenthaltes erzielte er bedeutsame Fortschritte. Die Rückfahrt nach Göttingen unterbrach er in Hamburg für einige Stunden, um Pauli zu berichten.

Neben der neuen Quantenmechanik spielte der Hanle-Effekt[4] in ihren Gesprächen eine Rolle (man vgl. [91] und [93]). Nachdem Wilhelm Hanle die magnetische Beeinflussung der Resonanzfluoreszenz, insbesondere bei Quecksilber und Natrium untersucht hatte, prüfte er die Wirkung großer elektrischer Felder auf den Polarisationsgrad der Fluoreszenzstrahlung.

[1] Vgl. hierzu wie auch für das folgende Heisenbergs Darstellung in seiner Autobiographie: Der Teil und das Ganze. München: Deutscher Taschenbuchverlag GmbH 1973. Dort S. 76 ff.

[2] Siehe hierzu Paulis Brief [74] an Bohr.

[3] W. Heisenberg: Über quantentheoretische Umdeutung kinematischer und mechanischer Bezeichnungen. Z. Phys. **33,** 879 – 893 (1925). Eingegangen am 29. Juli 1925.

[4] W. Hanle: Über magnetische Beeinflussung der Polarisation der Resonanzfluoreszenz. Z. Phys. **30,** 93 – 105 (1924). Eingegangen am 1. November 1924. Vgl. auch Paulis Darstellung [1926], dort S. 107 ff.

[91] Heisenberg an Pauli

Göttingen, 21. Juni [1925]

Lieber Pauli!

Noch einmal vielen Dank für Ihre freundliche Aufnahme und Bewirtung in Hamburg! Mit Ihrem Brief bin ich, was Teil I betrifft, völlig einverstanden, es ist sehr schön, daß Sie sich das Problem so ordentlich durchgedacht haben, und ich zweifle nicht, daß empirisch alles stimmen wird. Nur wundere ich mich darüber, daß Sie sich über das „Versagen der Mechanik" wundern. Wenn so etwas, wie die Mechanik, gälte, würd man nie verstehen können, daß es Atome gibt; es gilt eben eine andere, eine „Quantenmechanik",und man muß sich nur drüber wundern, daß das Wasserstoffatom zufällig hinsichtlich der Energiekonstante mit etwas klassischem übereinstimmt.

Was Teil II, den Hanleeffekt, betrifft, so bin ich genau zum entgegengesetzten Schluß gekommen, wie Sie und deshalb will ich etwas ausführlicher d[a]rüber schreiben. Einigkeit besteht zunächst bei uns darin, daß wir annehmen, es gebe eine Starkeffektaufspaltung 2536; und ich bin überzeugt, daß diese Aufspaltung da ist und nichts mit der Frage der Polarisierung zu tun hat. Nun aber machen Sie eine Voraussetzung, die mir falsch scheint: Sie nehmen an, daß im äußeren elektrischen Feld der Sprung $\Delta m = \pm 1$ eine s-Komponente (bzw. *zirkulare* Komponente), der Sprung $\Delta m = 0$ eine p-Komponente gebe. Dies wäre richtig, wenn keine Entartung vorläge. In unserem Falle ist aber eine Entartung vorhanden, in dem Sinne, daß der untere Zustand (der Normalzustand) keine Präzession um die Feldrichtung besitzt. Man kann einwenden, daß dies ja eine „zufällige" Entartung sei und daß für alle Zwischenbahnen zwischen $j=0$ und $j=1$ diese Entartung nicht da sei. Aber man kann doch gar nicht sicher sein, ob in der Quantenmechanik nicht die genannte Entartung sich grob erkennbar darin zeigt, daß die Komponenten $\Delta m = \pm 1$, $\Delta m = 0$ unpolarisiert sind (natürlich nur beim Sprung $j=0 \leftrightarrow j=1$); ich möchte dies glauben und halte jedenfalls Ihr Argument nicht für beweisend. {Ganz und gar nicht verstehe ich übrigens Ihre Behauptung, daß die σ-Komponente stets linear schwinge; bei Ihrer Art der Betracht[un]g müßte sie doch *stets* zirkular sein (allerdings ebensooft rechts wie links zirkular), so daß man also auch, wenn F und E senkrecht zueinander sind, bei Beobachtungsrichtung $\| F$ einen Depolarisierungseffekt erwarten müßte. Aber, wie gesagt, ich halte Ihre Schlußweise nicht für zwingend.} Als Beispiel für die genannte Entartung könnte man auch an folgendes denken: Man nehme ein inhomogenes elektrisches Feld so, daß eine große Bahn (sagen wir $k=3, j=3$) gequantelt sei, dagegen eine kleinere (etwa $k=2, j=2$) noch entartet (d. h. $\Delta\nu_{k=2} \ll$ Dämpfung$_{k=2}$; $\Delta\nu_{k=3} \gg$ Dämpfung$_{k=3}$). Dann ist die betreffende Linie, die aus Kombination beider Terme besteht, sicher aufgespalten, weil es der obere Zustand ist. Trotzdem werden die einzelnen Komponenten sicher *nicht* polarisiert sein, da m im unteren Zustand gar nicht gequantelt ist. In Analogie hierzu glaube ich also auch, daß beim Starkeffekt von 2536 die Komponenten *un*polarisiert sind.

Nachdem also auf diese Weise meines Erachtens *kein* Schluß auf die Polarisation des Fluor[eszenz]l[ichtes] gezogen werden kann, will ich es auf andere Weise tun und [a] feststellen, daß das *Dispersions*licht (für Frequenzen *außerhalb* der Resonanzlinie!) zweifellos 100% polarisiert ist; denn ohne Feld ist dies sicherlich der Fall; und wenn man ohne Feld mit zwei Frequenzen ν_1 und ν_2 einstrahlt (verschiedener Polarisation), so wird man auch genau dasselbe als Dispersionslicht wiederbekommen. Wenn nun $\nu_1 = 0$ ist, so bleibt alles beim alten und die Dispersionstrahl[un]g von ν_2 ist immer noch 100% polarisiert. q.e.d. Auch in dem erwähnten Beispiel des inhomogenen Feldes wird es für das Dispersionslicht des unteren Zustandes ($k=2$, $j=2$) ganz wurscht sein, ob das obere gequantelt ist, oder nicht, es kommt nur auf die Präzession des unteren an. Was aber für das Dispersionslicht recht ist, muß nach Pauli auch für die Fluoreszenz billig sein; also auch hier 100% bei Hg.[b]

Was schließlich die Größenordnung des nach Ihnen zu erwartenden Effektes betrifft, so kann man die leicht schätzen und kommt zum Resultat, dass Hanle Ihren Effekt sehr wohl beobachten müßte. Es wird nämlich die Aufspaltung des $2p_2$-Terms von der Größenordnung der $\frac{1}{2}$ Polarisierbarkeit $\times F^2$ (höchstens etwa $3-4$ mal kleiner) sein; die Polarisierbarkeit ist von der Größenordnung $\alpha \approx \frac{a^2 e^2}{\Delta \nu h}$, wo a der Radius der Bahn, $\Delta\nu$ die Wasserstoffunähnlichkeit (nämlich im wesentlichen die Periheldrehung) bedeutet; dies gibt ($a_0 =$ Wasserstoffradius)

$$\alpha \approx \frac{2a_0^3 n^4 e^2}{\Delta \cdot 2a_0 h} = \frac{2a_0^3 2^4 109\,000}{1 \cdot 7000} = 32 \cdot 6{,}5 \cdot 0{,}5^3 \cdot 10^{-24} = 4 \cdot 6{,}5 \cdot 10^{-24} = 26 \cdot 10^{-24}.$$

Man müßte erwarten, daß Hanle eine Depolarisation bekommt, wenn $\frac{\alpha}{2} F^2 \approx \frac{e}{4\pi mc} hH$, wo für H etwa 2 Gauß gesetzt werden, denn bei zwei Gauß hat Hanle schon starke Depolarisation. Das ergibt:

$$F \approx \sqrt{\frac{2}{\alpha} \cdot \frac{c}{4\pi mc} h \cdot H} = \sqrt{\frac{2}{26} \cdot 10^{24} \cdot 4{,}7 \cdot 10^{-5} \cdot 3 \cdot 10^{10} \cdot 6{,}5 \cdot 10^{-27}}$$

$$= \sqrt{7 \cdot 10^2} \approx 26 \text{ (CGS) Einheiten}$$

$$= 26 \times 300 \frac{\mathrm{V}}{\mathrm{cm}} = 7800 \frac{\mathrm{V}}{\mathrm{cm}}.$$

Wenn nun selbst die Aufspaltung noch 5 mal kleiner ist, so ändert das an F nur einen Faktor 2, Hanle ist aber jetzt mit seinen Experimenten so weit, daß er sicher sagen kann, daß bei 40000 $\frac{\mathrm{V}}{\mathrm{cm}}$ noch *kein* Effekt da ist; er kann in den nächsten Tagen wohl noch bis 90000 $\frac{\mathrm{V}}{\mathrm{cm}}$ kommen.

In meinen Versuchen, eine Quantenmechanik zu fabrizieren, geht's nur langsam weiter; aber ich werd' mich gar nicht drum kümmern, wie weit ich mich von der Theorie der bedingt-periodischen Systeme entferne. Z. B. bleibt, was ich neulich sagte, richtig, daß schon die Energie des Oszillators $\left(n+\frac{1}{2}\right)\nu h$, ebenso die des Rotators $\left(m+\frac{1}{2}\right)^2 \frac{h^2}{8\pi^2 A}$ sein müsse. Ich glaube durchaus nicht, daß dies der Erfahrung irgendwo widerspricht (*n* und *m müssen* ganzzahlig sein, sonst wird hier alles sinnlos, man hat nicht mehr die Wahl, wie bei den Kochrezepten der bisherigen Theorie), beim ersteren läßt sich's nicht prüfen, beim letzteren sprechen die Banden der Halogenwasserstoffe (wo der Elektronenimpuls sicher Null ist) eher dafür. Übrigens ist der neue „Formalismus" gar nicht so furchtbar formal, z. B. kann man sich auf Grund desselben manches über die Kinematik der Quantenth[eorie] zurechtlegen. Viele Grüße an's ganze Hamburger Institut!

W. Heisenberg[c]

[a] An dieser Stelle am Ende der zweiten Seite der Handschrift machte Pauli die Randbemerkung: „Unterschied von Zeeman- und Starkeffekt bei Heisenbergs Standpunkt nicht klar." [b] Dazu Randbemerkung Paulis: „eben vorausgesetzt, was zu beweisen war: Daß Dispersion im unteren Zust[and] vom oberen Zustand nicht beeinflußt wird." [c] Am Schluß des Briefes merkte Pauli an: „anh[armonischer] Osz[illator] muß emp[irisch] $\left(n+\frac{1}{2}\right) h\nu+\beta n^2$, nicht $\beta\left(n+\frac{1}{2}\right)^2$. Dampfdruckargument."

[92] Pauli an Sommerfeld

Hamburg, 22. Juni 1925

Lieber Herr Professor!

Vielen Dank für Ihren Brief. Es freut mich sehr, daß Sie mit der von mir bei der Behandlung des Schalenabschlusses angewandten Methode[a] im Prinzip einverstanden sind. [N]un will ich versuchen, Ihnen über den Fall des Sauerstoffs Auskunft zu geben[b], so gut ich kann. Der von Ihnen hervorgehobene Sachverhalt war mir sogleich aufgefallen, nachdem ich meine Methode gefunden hatte, und ich habe vor Ihrer Publikation sehr eingehend darüber nachgedacht. Gewiß wäre es das Nächstliegende gewesen, bei O die S_{21}-Schale ebenfalls als abgeschlossen zu betrachten, so wie Sie es vorschlagen. Ein solches Verfahren schien mir aber doch nicht hinreichend begründet zu sein. Ich möchte nämlich die Verhältnisse in gewisser Hinsicht vergleichen mit denen bei den angeregten Termen der Erdalkalien. Bei den *p*-Termen führt meine Methode hier zu zwei Termen mit $k_1=2$, $k_2=1$ und zwei Termen mit $k_1=2$, $k_2=2$. Es ist auch durchaus möglich, daß eine solche

Gruppierung der p-Terme in zwei Paare tatsächlich eintreten würde, wenn man dieselbe Elektronenkonfiguration bei sehr hoher Kernladungszahl realisieren könnte, wo die Relativitätsglieder groß sind gegen alle Wechselwirkungsenergien der Elektronen. Soviel steht aber fest, daß in den bekannten Fällen drei Triplett-p-Terme zusammengehören und ein einziger Singulett-P-Term abseits liegt. Die Tatsache, daß die absolute Größe der Intervalle zwischen den *drei* Tripletttermen durch relativistische Formeln bestimmt ist, paßt dabei in keiner Weise zur Klassifikation *eines* Elektrons durch die beiden Zahlen k_1 k_2. Es scheint mir deshalb keine so große Überraschung mehr zu bedeuten, wenn dann auch die Einteilung einer n_k-Schale in zwei n_{k_1,k_2}-Schalen ihre Grenzen hat. Es liegt auch beim O eine Umordnung der Terme vor: Statt des Termpaares mit $j=2$ und $j=0$ (der abgeschlossenen S_2-Schale als Atomrest entsprechend) und drei weiteren Termen $j=2, 1, 0$ (angeregten Rümpfen entsprechend), gehören in Wirklichkeit drei Terme mit $j=2, 1, 0$ mit dem Grundterm physikalisch zusammen und zwei Terme $j=0$ und 2 sind angeregt. (Ich zweifle nicht daran, daß der Ter[m] mit $j=1$ mit den Termen $j=0, 2$ ein Triplett bildet und daß das Hopfieldsche Triplett[c] das Grundtriplett ist.) Sie sehen also, physikalisch erklären kann ich die Sache nicht, aber ich habe mich damals dabei beruhigt, *daß die Umordnung der Terme bei O von derselben Art ist, wie das Auftreten von* $3+1$ *statt von* $2+2$ *Termen bei den Erdalkalien.* Ich erblicke darin einen prinzipiellen Mangel der Klassifikation eines Elektrons durch 4 Quantenzahlen und daher auch der Stonerschen Unterteilung der n_k-Schalen. Solche Umordnungen von Termen hatte ich im Auge, als ich in meiner Arbeit betonte, daß ich nur über die Gesamtzahl der Terme Schlüsse ziehen will, nicht aber über ihre Anordnung.

Eine weitere Aufklärung über die Terme bei Sauerstoff ergibt sich aus einer im Druck befindlichen Arbeit von Heisenberg[d]. Sie enthält zwar keine physikalische Erklärung für solche Vorkommnisse wie die hier in Rede stehenden, bringt sie aber in ein einheitliches und widerspruchsfreies formales System. Vor allem gestattet aber die von Heisenberg vorgeschlagene Auffassung die Verzweigungsregel gegenüber allem bekannten empirischen Material ausnahmslos aufrecht zu erhalten. Heisenberg hat nämlich dort gezeigt, daß man unterscheiden muß zwischen einer eigentlichen Quantenzahl k, welche für die Ordnung der Spektren in Serien, für den Absolutwert des Terms sowie auch für die absolute Größe der Multiplettintervalle maßgebend ist, und einer anderen Quantenzahl l, die in der Landéschen g-Formel an Stelle des k fungiert und die Intervall*verhältnisse* bestimmt. Für die Gültigkeit der Landéschen g-Formel gelten einschränkende Bedingungen, die von Heisenberg näher angegeben sind. Dabei behalten Sie Landé gegenüber in dem Punkt Recht, daß es keineswegs eine notwendige Bedingung für das Auftreten der gewöhnlichen g-Werte ist, daß nur s-Bahnen zum Impuls des Atoms etwas beitragen. Dieser Fall ist dadurch ausgezeichnet, daß die Quantenzahlen l und k dann übereinstimmen; aber die Bedingung für das Auftreten der gewöhnlichen g-Werte ist eine viel allgemeinere. Es handelt sich dabei um zwei Klassifikationen der Spektren, die nach verschiedenen Gesichtspunkten durchgeführt sind, einander aber nicht widersprechen. Es herrscht nur eine gewisse Unordnung in der Literatur, da manchmal als *s*-, *p*-, *d*-, ... Terme die Terme mit $k=1, 2, 3, \ldots$ bezeichnet sind (z. B. beim Neon), manchmal aber die mit $l=1, 2, 3, \ldots$ (dies gilt von allen Spektren in der Fe-Gruppe, und von Mn, die die gewöhnlichen *g*-Werte haben). Auch bei den p'- und d'-Termen der Erdalkalien ist die Klassifikation gemäß Z vorgenommen, die p'-Terme haben z. B. $k=3$. Darin hat Landé Unrecht, daß diese Terme zu einem Atomrest gehören sollen, bei dem das erste Valenzelektron in einer *s*-Bahn läuft; natürlich gehört er zu einem Atomrest mit einem 3_3-Elektron, wie Wentzel und Laporte[e] angenommen haben und wie es aus den Beobachtungen von Russel und Saunders[f] unzweifelhaft hervorgeht*. *In der k-Klassifikation gilt jedoch die Landé-Heisenbergsche Verzweigungsregel*[h] *ausnahmslos und allgemein* (auch im Fall der gestrichenen Erdalkaliterme).

Übrigens habe ich am Schluß einer Arbeit von Catalán in den bayrischen Akademieberichten[i] gesehen, daß da immer Terme mit ganz verschiedenem *k* nahe beisammen liegen. Nach der Heisenbergschen Theorie sind das wohl Terme mit gleichem *k*. Auch ist es sehr wahrscheinlich, daß die von Ihnen festgestellten „Inkonsequenzen" im Aufbau der Schalen verschwinden werden, wenn man die *k*-Klassifikation statt der *l*-Klassifikation zu Grunde legt**. (In anderen Fällen ist natürlich wieder die *l*-Klassifikation die bequemere.) Ich will jetzt nicht darauf eingehen, wie allgemein die eine Klassifikation aus der anderen abgeleitet werden kann, (Sie werden es ja, von einer noch offen bleibenden Zuordnungsfrage abgesehen, in der sehr bald erscheinenden Heisenbergschen Arbeit[k] lesen), sondern nur noch sagen, daß bei gegebenen *k*-Werten der einzelnen Elektronen der Wertvorrat der Größe $Z-1$ durch vektorielles Zusammensetzen der „j_s der Anregung" ($j_s=k-1$) der einzelnen Elektronen resultiert***. Ein ähnlicher Gesichtspunkt findet sich schon bei Russel und Saunders. Gerade die empirischen Ergebnisse dieser Verfasser stimmen sehr gut zur Heisenbergschen Theorie.

Ich bin deshalb auf diese Frage näher eingegangen, weil auch meiner Methode beim Schalenabschluß die Verzweigungsregel zu Grunde liegt. Nun will ich wieder zu den 5 Sauerstofftermen meiner Arbeit[l] zurückkommen. Gemäß der *k*-Klassifikation sind sie alle als *p*-Terme zu bezeichnen. Gemäß der *l*-Klassifikation wären aber nur die drei Terme von Hopfield als *p*-Terme (p_0, p_1, p_2) zu bezeichnen, die restlichen Terme mit $j=0$ und $j=2$ aber als gestrichene Singuletterme S' und D' (das soll besagen $l=1$ und $l=2$). Gestrichen deshalb, weil sie wie *p*-Terme kombinieren. Sie werden sehen, daß sich bei Einsetzen der zu[g]ehörigen gewöhnlichen *g*-Werte

p_0	p_1	p_2	S'	D'
$^0/_0$	$^3/_2$	$^3/_2$	$^0/_0$	1

---

* Von Landés letzter bonzenhafter und unsachlicher Polemik gegen Wentzel und Laporte[g] war ich wenig erbaut und war sehr betrübt darüber, daß ich dabei als mystische „andere Seite" eine Rolle spiele.

** Herr Hund in Göttingen ist gegenwärtig damit beschäftigt, dies nachzuprüfen.[j]

*** Bei Vorhandensein mehrerer äquivalenter Elektronen fallen davon wieder gewisse Werte aus.

dieselben g-Summen ergeben wie die in meiner Arbeit angegebenen. (Ähnliches gilt übrigens allgemein, die gewöhnlichen s-Werte bei der l-Klassifikation sind gemäß Heisenberg immer im Einklang mit den nach dem Landéschen Verfahren berechneten g-Summen der k-Klassifikation.) Ob nun diese gewöhnlichen s-Werte und die gewöhnlichen Intervallverhältnisse tatsächlich realisiert sind oder nur die g-Summen stimmen, ist noch eine Frage, die einer besonderen Untersuchung bedarf. Bei O ist das vielleicht der Fall, b[ei] Pb aber sicher nicht.

Nun noch eine Bemerkung zu den von Ihnen und Hönl[m] sowie von Kronig[n] aufgestellten Formeln. Ich kann mich nicht dazu entschließen, zu glauben, daß diese Formeln schlechthin falsch sein sollen[o]. Vielleicht handelt es sich aber darum, ihren Gültigkeitsbereich noch genauer zu präzisieren. Da ist mir kürzlich von Kronig (der momentan in Kopenhagen ist) ein interessanter Gesichtspunkt mitgeteilt worden[p]. Er glaubt nämlich, daß die Formeln nur dann gelten, wenn die gegenseitigen Störungen der verschiedenen Termsysteme schwach sind, also wenn die Interkombinationslinien schwach sind gegenüber den gewöhnlichen Kombinationslinien innerhalb desselben Termsystems. Auch sollen nach seiner Ansicht die Summenregeln nur für die Summe der Intensitäten der gewöhnlichen Linien + der Interkombinationslinien, die von einem Niveau ausgehen, streng gelten. Für diese Auffassung spricht, daß Dorgelo bei Neon eben für diese Totalsummen die Summenregeln als gültig findet (ist in Physica publiziert)[q]. Ich weiß aber nicht, ob man mit diesem Gesichtspunkt in allen Fällen empirisch durchkommt.

Über den Gesundheitszustand von Lenz bin ich sehr trau[ri]g.[r] Nun ist er in ein Sanatorium in der Nähe von Heilbronn verreist (so daß ich ihm Ihre Mitteilung nicht mehr ausrichten konnte). Wenn ihm das nur helfen würde! Aber ich fürchte sein Zustand wird, von geringen Schwankungen abgesehen, chronisch. Mir tut er furchtbar leid. Es ist viel weniger schön in Hamburg, seitdem er so schwer zu fassen ist. Ich habe immer sehr viel Freude und Anregung davon gehabt, mit ihm über physikalische Fragen zu diskutieren, aber leider war das in letzter Zeit nur mehr in sehr beschränktem Maße möglich.

Mit den besten Grüßen an Sie selbst, an Wentzel, dessen letzte Arbeit in den Annalen[s] mir auch sehr gefallen hat, sowie an alle anderen Bekannten in Ihrem Institut

Ihr stets dankbarer

PAULI

[a] Pauli (1925 b). [b] Vgl. hierzu Sommerfelds Brief [90]. [c] Pauli bezieht sich auf drei von J. J. Hopfield, Astrophys. J. **59,** 114 (1924), im äußersten ultravioletten Sauerstoffspektrum gefundene Terme. Vgl. auch Pauli [1926]. Dort S. 270. [d] W. Heisenberg: Zur Quantentheorie der Multiplettstruktur und der anomalen Zeemaneffekte. Z. Phys. **32,** 841–860 (1925). Eingegangen am 10. April 1925. [e] O. Laporte und G. Wentzel: Über gestrichene und verschobene Spektralterme. Z. Phys. **31,** 335–338 (1925). Eingegangen am 6. Dezember 1924. [f] H. N. Russel und F. A. Saunders: News regularities in the spectra of the alkaline earth. Astrophys. J. **61,** 38–69 (1925). Eingereicht am 3. Oktober 1924. [g] Anschließend an die oben unter *e* angeführte Arbeit dieser Autoren erschienen Landés „Bemerkungen zu vorstehender

Kritik von O. Laporte und G. Wentzel." Z. Phys. **31,** 331 (1925). Eingegangen am 23. Dezember 1924. In dieser kurzen Stellungnahme wird indirekt auf Paulis Arbeit über das Ausschließungsprinzip hingewiesen, jedoch ohne einen Namen zu nennen. [h] A. Landé und W. Heisenberg: Termstruktur der Multipletts höherer Stufe. Z. Phys. **25,** 279–286 (1924). Eingegangen am 18. Mai 1924. [i] M. A. Catalán: Über spektrale Gesetzmäßigkeiten bei den Atomen der Eisenreihe. Sitzungsberichte der mathematisch-naturwissenschaftlichen Abteilung der Bayerischen Akademie der Wissenschaften zu München. 1925. S. 15–22. Vorgelegt am 7. Februar 1925. [j] F. Hund: Zur Deutung verwickelter Spektren, insbesondere der Elemente Scandium bis Nickel. (1. Mitteilung) Z. Phys. **33,** 345–371 (1925). Eingegangen am 22. Juni 1925. [k] W. Heisenberg: Zur Quantentheorie der Multiplettstruktur und der anomalen Zeemaneffekte. Z. Phys. **32,** 841–860 (1925). Eingegangen am 10. April 1925. [l] Pauli (1925 b). Dort S. 782 ff. [m] A. Sommerfeld und H. Hönl: Über die Intensität der Multiplettlinien. Sitzungsberichte der Preußischen Akademie der Wissenschaften. Physikalisch-Mathematische Klasse. Berlin 1925. S. 141–161. Vorgelegt am 12. März 1925. Vgl. hierzu auch den Brief [89] an Kronig. [n] R. de L. Kronig: Über die Intensität der Mehrfachlinien und ihrer Zeemankomponenten. Z. Phys. **31,** 885–897 (1925). Eingegangen am 18. Februar 1925. [o] Vgl. hierzu den Schlußsatz von Sommerfelds Brief [90]. [p] Vgl. hierzu den Brief [89]. [q] Vgl. hierzu die unter *b* von [89] zitierte Arbeit von Dorgelo. [r] Vgl. hierzu den Beitrag von P. Jordan zur Jubiläumsschrift der Universität Hamburg: „50 Jahre physikalische Forschung an der Universität Hamburg". Wiedergegeben in P. Jordan: Begegnungen. Oldenburg und Hamburg: Gerhard Stalling Verlag 1971. Dort S. 60 ff. [s] G. Wentzel: Zum Termproblem der Dublettspektren, insbesondere der Röntgenspektren. Ann. Phys. **76,** 803–828. (1925). Eingegangen am 23. Februar 1925. Vgl. hierzu Sommerfelds Bemerkung in [90].

In der zweiten Hälfte des folgenden Briefes [93] schildert Heisenberg die Grundgedanken seiner neuen Mechanik, die das Fundament seiner Veröffentlichung „Über quantentheoretische Umdeutung kinematischer und mechanischer Beziehungen"[1] darstellt[2].

[1] W. Heisenberg: Über quantentheoretische Umdeutung kinematischer und mechanischer Beziehungen. Z. Phys. **33,** 879–893 (1925). Eingegangen am 29. Juli 1925.

[2] Vgl. hierzu die Kommentare zu diesem Briefwechsel von B. L. van der Waerden in der Einleitung zu: Sources of Quantum Mechanics. Amsterdam: North-Holland Publishing Co. 1967.

[93] Heisenberg an Pauli

Göttingen, 24. Juni [1925]

Lieber Pauli!

Hinsichtlich des Hanleeffektes weiß ich nicht, ob es überhaupt möglich ist, zu einer eindeutigen Entscheidung zu gelangen. Der Grund liegt eben darin, daß man nicht sicher weiß, ob hier die Starkeffektkomponenten $\Delta m = 0 \,\|$, $\Delta m = \pm 1 \perp$ polarisiert sind, oder nicht[a]. (Den Satz von Rubinowicz-Bohr wird man ja doch nicht anwenden dürfen.) Unsere theoretischen Gesichtspunkte unterscheiden sich insofern, als Sie die Aufspaltung als gegeben ansehen und geeignete Oszillatoren zu ihrer Darstellung verwenden; während ich mich stets an die Mechanik des Modells zu halten suche. Aus dem letzteren Grunde nehme ich auch an, daß es sich bei den σ-Komponenten stets um *zirkulare* Schwingungen handelt – denn beim Modell ist dies zweifellos der Fall, sofern überhaupt eine Aufspaltung vorhanden ist (oder irre ich mich hier, aber das gilt doch, glaub' ich, für jedes axialsymmetrische Feld?) –, die nur zufällig, weil alle Atome zusammenwirken, unpolarisiert werden. (Diese Aussage der zirkularen Komp[onente] hat doch auch prinzipiell einen Sinn, denn man könnte ja nach den Sternschen Versuchen alle Atome mit bestimmter Quantenzahl *m* aussondern und von denen dann wirklich zirkulare Komponenten bekommen.)

Was aber meine Argumente betrifft, so haben Sie wohl recht, daß die auch nicht zwingend sind. Ausführlich war mein Gedankengang der: Aus der Theorie schloß ich, daß lineare und zirkulare Strahlung ohne Feld 100% polarisiertes Fluoreszenzlicht geben, *auch* wenn das Lichtfeld *stark* ist. Mir schien es dann[b] die einfachste Annahme, daß auch elliptisches Licht 100% Polarisation ergibt, selbst wenn es stark ist, und Hanle beobachtete ja auch bei ellipt[ischem] Licht[c]. Aber Sie haben recht, daß es gar nicht sicher ist, daß die 100% noch gelten, wenn das elliptische Licht *stark* ist. *Wenn* es richtig ist, dann würde es bedeuten, daß das Hg sich wie ein *harmonischer isotroper* Oszillator verhält und dann wird man, wie mit den 2 Frequenzen im letzten Brief gemeint war, wohl auch im Feld 100% Polarisation haben. Aber die Annahme des harmonischen isotropen Oszillators folgt eben noch gar nicht aus den 100% Polarisation bei linear[em] und zirkularem Licht. Z. B. leistet der isotrope *an*harmonische Oszillator dasselbe, gibt jedoch im elliptischen Licht bei *starkem* Lichtfeld wohl keine 100% und gibt natürlich einen Hanleeffekt. Trotzdem weiß ich nicht, ob der isotrope *harmonische* Oszillator nicht doch einfacher und natürlicher ist. Also – etwas bestimmtes kann man nicht sagen, ein klassisches Analogon gibt's eben nicht[d], weil es sich um Kombination eines entarteten mit einem nichtentarteten Term handelt.

Das Lustigste dran aber sind die Experimente, die jetzt zwar bei 40000 V/cm noch nichts, wohl aber bei 50000 V/cm ein bissl und bei 70000 V/cm starke Drehung und Depolar[isation] geben[e]. Das kann man wohl weder nach mir noch nach Ihnen verstehen[f]. Denn in Ihrem Sinn als gewöhnlicher Starkeffekt das zu deuten, fänd' ich kühn: 70000 V/cm entsprechen nach Hanle etwa 1 Gauß; also wär' die Aufspaltung in $\Delta\nu$ etwa $4{,}7 \cdot 10^{-5}$, während Ladenburg bei Na und 100000 V doch schon so etwas wie $\frac{1}{100}$ Å $\sim 0{,}03$ in $\Delta\nu$ hat, d. h. der Starkeffekt bei Hg wäre etwa mindestens 1000 mal kleiner, als der bei Na.

Bevor ich auf meine eigenen dummen Arbeiten eingeh', will ich Ihnen noch etwas Lustiges schreiben: Sie kennen doch die neue Einsteinsche Arbeit über die Atome, die sich nach [der] Wellentheorie bewegen[g]? Man wende diese Theorie auf langsame Elektronen an und erhält die Ramsauerschen Edelgaskurven[h] („Streuung des Lichts an kolloidalen Teilchen[i]") oder noch besser: man schieße langsame Elektronen auf ein Kristall-Gitter und bekommt ein Spektrum 1. Ordnung, 2. Ordnung u.s.w., die Experimente sind längst gemacht und stehen im Artikel von Minkowski und Sponer[j] (wer sie gemacht hat, den Namen bring' ich nicht mehr heraus[k], er benützt aber statt Kristallgitter Metall, das durchgeglüht war, also

„Einkristalle"). Ob das Mist ist, was ich hier schreib' weiß ich nicht, behauptet wird er von Hrn. Elsasser hier, und ich glaub's beinahe[l].

Über meine eigenen Arbeiten hab' ich fast keine Lust zu schreiben, weil mir selbst alles noch unklar ist und ich nur ungefähr ahne, wie es werden wird; aber vielleicht sind die Grundgedanken doch richtig. Grundsatz ist: Bei der Berechnung von irgendwelchen Größen, als Energie, Frequenz u.s.w. dürfen nur Beziehungen zwischen prinzipiell kontrollierbaren Größen vorkommen. (Insofern scheint mir z. B. die Bohrsche Theorie beim Wasserstoff viel formaler, als die Kramerssche Dispersionstheorie.) Also beim Oszillator heißt die Bewegungsgleichung

$$\ddot{q}+\omega^2 q=0;$$

setzt man symbolisch an

$$q=a(n, n-1)\, e^{i\omega(n, n-1)t},$$

so kriegt man natürlich

$$\omega(n, n-1)=\omega_0;$$

beim anharmonischen Oszillator bekommt man z. B.

$$\ddot{q}+\omega^2 q+\lambda q^2=0.$$

$$a_2(n, n-2)\left(-\omega^2(n, n-2)+\omega_0^2\right)+\lambda a_1(n, n-1)a_1(n-1, n-2)=0. \quad u.s.w.$$

Das wichtigste ist aber die Festlegung der Konstanten, d. h. die Quantenbedingung:

Klassisch heißt sie:

$$J=2\pi m\sum a_\tau^2(\omega\tau)\cdot\tau, \; (wo\; q=\sum a_\tau e^{i\omega t\cdot\tau};\; p=m\dot{q}=\sum[mi]a_\tau(\tau\omega)e^{i\omega[\tau\cdot t]})$$

oder

$$1=2\pi m\sum\tau\frac{\partial}{\partial J}\cdot(a_i^2\,\omega\tau);$$

dies wird quantentheoretisch:

$$h=2\pi m\sum_\tau\left\{a^2(n+\tau, n)\,\omega\,(n+\tau, n)-a^2(n, n-\tau)\,\omega\,(n, n-\tau)\right\}.$$

Also beim Oszillator[m]: $\left(q=\frac{1}{2}[a(n, n-1)e^{i\omega t}+a(n, n-1)e^{-i\omega t}]\right)$

$$h=\pi m[a^2(n, n+1)-a^2(n, n-1)]\,\omega_0.$$

Durch diese Gleichung, könnte man meinen, sind die $a(n, n-1)$ nur bis auf eine additive Konstante ermittelbar. Dies ist aber nicht der Fall; denn es muß einen tiefsten Zustand geben, von dem aus keine Sprünge mehr möglich sind; die *Definition* des Normalzustandes ist, daß die *a* (*nach abwärts*) *verschwinden*. Hierdurch ist die Konstante festgelegt. Numeriert man die Zahl *n* noch so, daß für den Normalzustand $n=0$ ist (dies ist keine physikalische Aussage), so ergibt sich:

$$a^2(n, n-1)=\frac{nh}{m\pi\omega_0}.$$

Die Energie ist (die Quadrate von $\dot{q}$ und q sind wieder symbolisch gemeint[m]):

$$W=\frac{m}{2}(\dot{q}^2+\omega_0^2q^2)$$

$$=\frac{m}{2}\left[-\omega_0^2\frac{(a(n,n-1)e^{+i\omega t}-ae^{-i\omega t})^2}{4}+\omega_0^2\frac{a(e^{+i\omega t}+e^{-i\omega t})^2}{4}\right]$$

$$=\frac{m}{2}\omega_0^2\frac{a^2(n,n+1)+a^2(n,n-1)}{2}=\frac{(n+\frac{1}{2})\omega_0 h}{2\pi}.$$

Für den anharmonischen Oszillator ergibt sich im wesentlichen Ihre Form „B“:

$$E=\left(n+\frac{1}{2}\right)h\nu+\beta\left(n^2+n+\frac{1}{2}\right).$$

Ich wäre Ihnen sehr dankbar, wenn Sie mir schreiben könnten, welche Argumente zugunsten dieser Formel sprechen. Abgesehen von der Formulierung der Quantenbeding[un]g bin ich mit dem ganzen Schema noch nicht recht zufrieden. Der stärkste Einwand scheint mir der, daß die Energie, als Funktion der $\dot{q}$ und q geschrieben, im allgemeinen keine Konstante zu werden braucht, auch wenn die Bewegungsgleichungen erfüllt sind[n]; es liegt dies letzten Endes daran, daß das Produkt zweier Fourierreihen doch nicht eindeutig definiert ist – aber ich will Sie mit solchem Zeug nicht länger langweilen. Genauer durchgerechnet hab' ich den Rotator, da kann man die Kronigschen[c] und die Kembleschen[p] Formeln bekommen; aber wie gesagt, ich muß das Verfahren noch eine Zeitlang nach der Voßschen Methode behandeln. Auch würd' ich gern verstehen, was eigentlich die Bewegungsgleichungen bedeuten, wenn man sie als Relation zwischen [den] Übergangswahrscheinlichkeiten auffaßt. – Viele Grüße an alle Hamburger!

Ihr

W. Heisenberg

[a] Vgl. hierzu den Brief [91]. [b] An dieser Stelle endet die erste Seite der Handschrift. Pauli machte hier die Anmerkung: „Zirk[ulare] Kompon[ente] – hat Sinn – aber nicht nach Stern bestimmbar!“ [c] W. Hanle: Über magnetische Beeinflussung der Polarisation der Resonanzfluoreszenz. Z. Phys. **30,** 93 – 105 (1924). Eingegangen am 1. November 1924. Dort S. 103ff. [d] Pauli machte hier folgende Anmerkung: „Klassisches Analogon vielleicht doch – da auch im Magnetfeld! Doch möglich, Übergangswahrscheinlichkeit viel kleiner, 1000 mal kleiner.“ [e] Hier unterliegt Heisenberg anscheinend einem Mißverständnis. Nach einer brieflichen Mitteilung von Hanle wurde eine Drehung der Polarisationsebene im elektrischen Feld weder erwartet noch beobachtet, auch keine Depolarisation bei der Versuchsanordnung, bei der nur die σ-Komponenten angeregt werden. Die Depolarisation wurde in einer anderen Versuchsanordnung beobachtet, bei der gleichzeitig σ-und π-Komponenten angeregt wurden, die im elektrischen Feld wegen ihrer unterschiedlichen Frequenz Elliptizität und bei hohen Feldstärken Depolarisation ergaben. Hanle veröffentlichte seine Ergebnisse im November. W. Hanle: Die elektrische Beeinflussung der Polarisation der Resonanzfluoreszenz von Quecksilber. Z. Phys. **35,** 346 – 364 (1926). Eingegangen am 12. November 1925. Auf S. 353 wird dort auf eine Anregung von Pauli verwiesen. W. Hanle: Die elektrische Beeinflussung der Polarisation der Resonanzfluoreszenz von Quecksilber. Z. Phys. **35,** 346 – 364 (1926). Eingegangen am 12. November 1925. [f] Über Paulis damalige Ansichten

hierzu gibt uns sein Handbuchartikel [1926] Aufschluß. Die dort auf S. 108 in einer Anmerkung geäußerten Zweifel an der Interpretation einer der Hanleschen Versuche wurde später durch F. Suppe, Z. Phys. **113,** 18–27 (1939) bestätigt. (Auch diesen Hinweis verdanken wir Prof. Hanle.) [g] A. Einstein: Quantentheorie des einatomigen idealen Gases. Zweite Abhandlung. Sitzungsberichte der Preußischen Akademie der Wissenschaften. Physikalisch-Mathematische Klasse 1925. S. 3–14. Vorgelegt am 8. Januar 1925. Hier geht Einstein auf den erstmals von Louis De Broglie in seiner Dissertation gemachten Vorschlag ein, den materiellen Teilchen ein skalares Wellenfeld zuzuordnen. [h] Es handelt sich um den ersten Deutungsversuch des Ramsauereffektes als Beugungserscheinung von Materiewellen an Atomen. Vgl. hierzu W. Elsasser: Bemerkung zur Quantenmechanik freier Elektronen. Naturwis. **13,** 711 (1925). Signiert 18. Juli 1925. [i] Dieser Hinweis bezieht sich auf eine Untersuchung von G. Mie: Beiträge zur Optik trüber Medien, speziell kolloidaler Metallösungen. Ann. Phys. (4) **25,** 377–445 (1908). [j] R. Minkowski und H. Sponer: Über den Durchgang von Elektronen durch Atome, Ergebnisse der exakten Naturwissenschaften **3,** 67–85 (1924). Dort S. 77. [k] Heisenberg meint hier, wie aus dem nächsten Brief [94] hervorgeht, die Interferenzexperimente mit Elektronen, die an einer Platinplatte reflektiert wurden, von C. Davisson und C. H. Kunsman: The scattering of low speed electrons by platinum und magnesium. Phys. Rev. **22,** 242–258 (1923). Eingegangen am 11. April 1923. [l] Paulis Anmerkung hierzu: „Schnelle Elektr[onen]. Al anders wie Pt.“ [m] Vgl. hierzu die Berichtigung von B. L. van der Waerden in dem unter 2 zitierten Werk. [n] Heisenberg konnte die Konstanz der Energie mit Hilfe seines Multiplikationsschemas vorerst nur für den Oszillator beweisen. Vgl. hierzu auch seine Veröffentlichung. Einen allgemeineren Beweis für die Gültigkeit des Energiesatzes in der neuen Quantenmechanik wurde bald darauf von Born und Jordan geliefert. Vgl. hierzu [98]. [o] Vgl. hierzu die Ableitung in Heisenbergs Veröffentlichung sowie die Arbeit von R. d. L. Kronig: Über die Intensität der Mehrfachlinien und ihrer Zeemankomponenten. Z. Phys. **31,** 885–897 (1925). Eingegangen am 18. Februar 1925. [p] E. C. Kemble entwickelte eine Theorie der Linienintensitäten für die ultraroten Absorptionsbanden zweiatomiger Gase unter Verwendung von Korrespondenzprinzip und dem Prinzip der spektroskopischen Stabilität. (Phys. Rev. **25,** 1 (1925).)

[94] Heisenberg an Pauli

Göttingen, 29. Juni [1925]

[Postkarte]

Lieber Pauli!

Vielen Dank für Ihren Brief, entschuldigen Sie meinen Brief, der sehr spät nachts und in nicht ganz zurechnungsfähigem Zustand geschrieben war. Wenn ich wirklich Einkristall geschrieben hab’, so soll das natürlich ein Druckfehler für Kristallgitter sein (ich schreib’ dies, um für derartigen Mist Schuld auf mich zu nehmen und nicht auf Hrn. Elsasser kommen zu lassen); ich halte aber ganz im Ernst für möglich, daß sowohl die Ramsauerschen Versuche, als auch die von Davisson und Kunsman mit der Einsteinschen Theorie erklärt werden sollen (was allein die Behaupt[un]g von Elsasser war) und bin überhaupt seit dem Studium der Einsteinschen Arbeit eigentlich sehr begeistert davon[a].

Was die Energieberechnung in meinem quantenmechanischen Formalismus betrifft, so ist sie m. E. ebenso zwangsläufig, wie die Multiplikation von „Fourier“-reihen. D. h. *wenn* man an die quantentheoretische Verwandlung dieser Multiplikation glaubt, *ferner* an die Form der Energie $\frac{p^2}{2m}+\omega^2 q^2$, so muß auch $W=\left(n+\frac{1}{2}\right)h\nu$ zugegeben werden. Inzwischen bin ich etwas, aber nicht viel, weitergekommen, und bin im Herzen wieder überzeugt, daß diese Quantenmechanik schon richtig ist, weshalb Kramers mich des Optimismus anklagt.

Sogar S. Eminenz[b] findet die Einsteinsche Theorie schön und bei Ihnen muß ja dann „mehr Freude sein über einen Sünder, der Buße tut, denn“ u.s.w.

Viele Grüße

Ihr Heisenberg

Nb! Mit Ihrer Auffassung, daß die σ-Kompon[enten] nicht zirkular seien, bin ich nicht zufrieden[c]. Man könnte nach Stern doch die Atome mit *Magnet*feld auseinanderzieh[e]n, dann sind sie auch auseinander, wenn sie aus dem Magnetfeld heraus sind und nur noch im elektrischen Feld sind.

[a] Vgl. hierzu den Brief [93] und die dort angegebenen Literaturhinweise. [b] H.A. Kramers. Vgl. Fußnote 1 von [86]. [c] Vgl. Paulis Anmerkung zum vorangehenden Brief [93].

[95] Heisenberg an Pauli

Göttingen, 4. Juli [1925]

[Postkarte]

Lieber Pauli!

Vielen Dank für Ihre Karte, neue Argumente zu der Streitfrage hab' ich nicht beizubringen, ich muß aber sagen, daß Ihre Schlußweise mir sehr unsympathisch ist, ich meine: Wenn die Natur es einmal so macht, daß $\Delta m=0$ π-Komp[onenten] und $\Delta m=\pm 1$ σ-Komp[onenten] gibt, dann wird sie auch $\Delta m=\pm 1$ rechts- bzw. linkszirkular sein lassen. Aber vielleicht haben doch Sie recht, wir können ja abwarten[a]. Übrigens kommt, wenn man die Hanlesche Aufspalt[un]g nach Ihnen deuten will, für die Stärke des Oszillators der grünen Quecksilberlinie etwa $\frac{1}{30}$ heraus, was mir unwahrscheinl[ich] wenig scheint.

Sie schreiben einmal von Argumenten gegen die Quantel[un]g $W=\left(n+\frac{1}{2}\right)h\nu+\beta\left(n+\frac{1}{2}\right)^2$ bei den Bandenspektren; wie steht es damit? Ferner: waren Sie mit dem, was ich auf der letzten Karte über $\left(n+\frac{1}{2}\right)h\nu$ schrieb, einverstanden?

Viel Grüße

Ihr W. Heisenberg

[a] Vgl. Fußnote [f] von [93] sowie den Schlußsatz des folgenden Briefes [96] von Heisenberg

[96] Heisenberg an Pauli

Göttingen, 9. Juli 1925

Lieber Pauli!

Wenn Sie glauben, daß ich Ihren Brief nur mit Hohngelächter gelesen hätte, so täuschen Sie sich sehr; im Gegenteil ist meine Meinung über die Mechanik seit Helgoland von Tag zu Tag radikaler und es ist meine feste Überzeugung, daß die Bohrsche Theorie des Wasserstoffs in der bisherigen Form nicht besser ist, als die „Landésche Theorie des Zeemaneffekts". Aber in manchen Punkten sind wir doch nicht einerlei Meinung; (Ihr Argument gegen die mechanischen Bahnen bei H wegen der Summenregeln war mir bekannt, da wir es, soviel ich weiß, mit Ihnen einmal in Kopenhagen besprochen hatten; und ich bin ganz einverstanden, wenn Sie daraus auf halbzahliges m schließen wollen.) Doch weiß ich nicht, was Sie mit Bahnen, die in den Kern fallen, meinen. Wir sind doch wohl einig, daß schon die Kinematik der Quantentheorie vollständig anders ist, als die klassische ($h\nu$-Beziehung!), deshalb seh' ich gar keinen geometrisch-kontrollierbaren Sinn in der Aussage von „In den Kern-fallen". Es ist wirklich meine Überzeug[un]g, daß eine Interpretation der Rydberg-Formel im Sinne von Kreis- und Ellipsenbahnen in *klass*ischer Geometrie nicht den geringsten physikalischen Sinn hat und meine ganzen kümmerlichen Bestrebungen gehen dahin, den Begriff der Bahnen, die man doch nicht beobachten kann, restlos umzubringen und geeignet zu ersetzen. Deshalb getraue ich mir auch, Ihnen einfach das Manuskript meiner Arbeit[a] kurzerhand zuzuschicken, weil ich glaub', daß sie, wenigstens im kritischen d.h. negativen Teil wirkliche Physik enthält. Zwar hab' ich ein sehr schlechtes Gewissen, weil ich Sie bitten muß, die Arbeit mir in 2–3 Tagen wiederzuschicken, da ich sie noch in den letzten Tagen meines Hierseins entweder fertig machen oder verbrennen möchte. Meine eigene Meinung über das Geschreibsel, über das ich gar nicht sehr glücklich bin, ist die: daß ich von dem negativen kritischen Teil fest überzeugt bin, daß ich aber den positiven für reichlich formal und dürftig halte; aber vielleicht können Leute, die mehr können, etwas Vernünftiges draus machen[b]. Also lesen Sie bitte hauptsächlich die Einleitung.

Zu dem Schluß Ihres Briefs[c]: Ich meinte nicht, daß die Stärke der Linie 2536 $\frac{1}{30}$ betrage, dies ist ja auch gemessen; sondern ich meine, daß die Linie $2p_2 - 2s$, die für die Aufspaltung von $2p_2$ fast ausschließlich maßgebend ist, wenn man die Hanlesche Aufspaltung deuten will, sich zu etwa $\frac{1}{30}$ ergibt, was mir nicht in Übereinstimmung mit dem Spektrum scheint.

Nun bitt' ich Sie nochmal um scharfe Kritik und baldiges Zurückschicken der Arbeit! Viele Grüße an's ganze Institut!

W. Heisenberg

[a] W. Heisenberg: Über quantentheoretische Umdeutung kinematischer und mechanischer Beziehungen. Z. Phys. **33**, 897–893 (1925). Eingegangen am 29. Juli 1925. [b] Max Born schildert in seiner Autobiographie wie Heisenberg ihm das Manuskript mit der Bitte übergab, seine Ideen weiterzuentwikkeln. Vgl. M. Born: Mein Leben. München: Nymphenburger Verlagshandlung 1975. Dort S. 297 ff. [c] Vgl. hierzu die voranstehende Postkarte [95].

[97] Pauli an Kramers

Hamburg, 27. Juli 1925

Lieber Kramers!

Es war sehr nett von Ihnen, daß Sie mir eine Postkarte und ein Telegramm geschickt haben, aber es wäre noch viel netter gewesen, wenn Sie auch wirklich gekommen [wä]ren. Ich glaube ja jedenfalls so weit an die Gültigkeit von Erhaltungssätzen, daß ich, auch wenn ich keine Nachrichten von Ihnen bekomme, auf Ihre Fortexistenz in irgend einer Form schließen zu können glaube; immerhin hat Herr Stern, der sich jetzt mit derartigen Fragen befaßt[a], bereits die Möglichkeit diskutiert, daß die Sie konstituierenden materiellen Elementarteilchen sich alle in Strahlung verwandelt hätten, und es wäre schön, wenn ich von Ihnen selbst authentisches darüber erfahren könnte.

Diesem Brief lege ich die zweite Korrektur der Note für die Mitteilungen der Danske Videnskabernes Selskab[b] bei, da vielleicht Prof. Bohr oder Sie sie noch zu sehen wünschen, bevor die Arbeit im Druck erscheint. Da mir gegenüber allen Leuten, welche die Existenz von irgendwelchen „wahren Gläubigen" annehmen und sich natürlich selbst zu diesen zählen, die größte Vorsicht geboten scheint, möchte ich noch ausdrücklich folgendes bemerken:

1. Sie sind *nicht* ermächtigt, irgend welche Änderungen an meiner Arbeit vorzunehmen, ohne mich vorher zu fragen, ob ich auch einverstanden bin. Wenn Ihnen solche Änderungen wünschenswert erscheinen, dann müssen Sie sich schon die Mühe machen mir zu schreiben; natürlich wäre ich gerne bereit, mit Ihnen darüber zu korrespondieren.

2. Falls Bohr und Sie mit der jetzigen Fassung meiner Arbeit einverstanden sind, brauche ich keine weitere Korrektur mehr und die Arbeit kann im Druck erscheinen.

3. Auf die Fußnote auf S. 5, hinter dem Zitat der Arbeit von Ihnen und Heisenberg, möchte ich Sie noch besonders aufmerksam machen, damit Sie nicht etwa übersehen. Sie ist besonders deshalb notwendig, weil sich in der zitierten Arbeit

der Satz befindet: „Die Ausführungen bauen durchaus weiter auf der Auffassung der Verbindung der Wellenstrahlung des Atoms mit den stationären Zuständen, die in einer neuen Arbeit von *Bohr, Kramers* und *Slater* vertreten ist, *und die Folgerungen, wenn sie sich bestätigen sollten, dürften eine interessante* Stütze für diese Auffassung bilden.“ (Die letzte Unterstreichung ist von mir.) Konsequenterweise hätte, falls ich nicht die in Rede stehende Fußnote hinzugefügt hätte, auch gegolten, daß die Folgerungen *meiner* Arbeit, wenn sie sich bestätigen sollten, „eine interessante Stütze für diese Auffassung bilden dürften.“ Diesem Eindruck *mußte ich natürlich entgegenwirken*![c]

Ich halte es überhaupt für ein ungeheures Glück, daß die Auffassung von Bohr, Kramers und Slater durch die schönen Experimente von Geiger und Bothe[d] sowie die kürzlich erschienenen von Compton[e] so schnell widerlegt worden sind. Es ist zwar natürlich richtig, daß Bohr selbst, auch wenn diese Experimente nicht gemacht worden wären, nicht mehr an dieser Auffassung festgehalten hätte[f]. Aber viele ausgezeichnete Physiker (wie z. B. Ladenburg, Mie, Born) hätten daran festgehalten, und diese unglückselige Abhandlung von Bohr, Kramers und Slater wäre vielleicht für lange ein Hemmnis des Fortschrittes der theoretischen Physik geworden! Denn sie bewegt sich in einer ganz falschen Richtung: *nicht der Energiebegriff ist zu modifizieren, sondern der Bewegungs- und der Kraftbegriff.* Zwar kann man in Fällen, wo Interferenzerscheinungen vorhanden sind, keine bestimmten „Bahnen“ von Lichtquanten definieren, man kann aber auch für die Elektronen im Atom keine solchen Bahnen definieren*; und ebensowenig, wie es berechtigt wäre, deshalb die Existenz von Elektronen zu bezweifeln, ist es berechtigt, wegen der Interferenzerscheinungen die Existenz der Lichtquanten zu bezweifeln. Es kann jetzt wohl für jeden vorurteilsfreien Physiker als erwiesen gelten, daß die Lichtquanten ebensoviel (und ebensowenig) physikalisch real sind wie die Elektronen. Auf beide dürfen aber die klassischen kinematischen Begriffe im allgemeinen nicht angewandt werden.

Die „Gemeinschaft der wahren Gläubigen“ würde weder viel Ehre noch viel Erfolg haben bei einem Versuch, die auf eine Analyse des Bewegungs- und Kraftbegriffes gerichtete Tendenz der jetzigen Entwicklung der Quantentheorie zu bekämpfen. Denn mir scheint, daß große Hoffnung besteht, auf diesem Wege auch *positiv* weiter zu kommen. Insbesondere habe ich Heisenbergs kühne Ansätze (von denen Sie wohl in Göttingen gehört haben) mit Jubel begrüßt. Sicherlich ist man noch sehr weit davon entfernt, etwas Abgeschlossenes sagen zu können und stehen wir da erst in den allerersten Anf[än]gen. Aber was mich so sehr an den Heisenbergschen Überlegungen gefreut hat, das ist die *Methode* seines Vorgehens und die *Bestrebung*, aus der heraus er diese Überlegungen angestellt hat. Überhaupt glaube ich, daß ich jetzt hinsichtlich meiner wissenschaftlichen Ansichten Heisenberg sehr nahe gekommen bin und daß wir ziemlich in allem übereinstimmende Meinungen haben, soweit dies überhaupt bei zwei selbstständig denkenden

* In einem Bericht von Kamerlingh-Onnes über die Supraleitung habe ich in Gestalt von Figuren wieder mit Schaudern die Spuren Ihres Geistes wahrgenommen![g]

Menschen möglich ist. Mit Freude habe ich auch wahrgenommen, daß Heisenberg in Kopenhagen bei Bohr ein bißchen das philosophische Denken gelernt hat und sich vom rein Formalen doch merklich abwendet. Ich wünsche ihm deshalb von ganzem Herzen Erfolg bei seinen Bestrebungen! So fühle ich mich denn jetzt weniger einsam als etwa vor einem halben Jahr, wo ich mich (geistig wie räumlich) zwischen der Scylla der zahlenmystischen Münchener Schule und der Charybdis des von Ihnen mit zelotischen Exzessen propagierten reaktionären Kopenhagener Putsches ziemlich allein befand! Jetzt hoffe ich von Ihnen nur, daß sie den Prozeß der Gesundung der Kopenhagener Physik, der ja infolge Bohrs starkem Wirklichkeitssinn nicht ausbleiben kann, nicht mehr länger verzögern werden.

Heisenberg wollte gelegentlich seiner Rückkehr aus England[h] durch Hamburg kommen, und ich freue mich schon riesig darauf, ihn zu sehen und mit ihm diskutieren zu können. Hoffentlich zerstrahlt er nicht so wie Sie. Ja, denken Sie sich, das scheint jetzt ein entsetzlicher Effekt zu sein, der alle Physiker befällt, die nach Hamburg kommen wollen. Denn nicht nur Sie, sondern auch Hansen hat mir einmal eine Postkarte geschrieben, er komme nach Hamburg und würde mich gerne treffen; dann aber war an dem betreffenden Tag nicht die Spur von ihm zu sehen. Und auch Ehrenfest scheint es ähnlich ergangen zu sein. Vielleicht gelingt es Heisenberg aber doch, dieses Spukes Herr zu werden . . .

Nun noch viele Grüße an Sie selbst, Prof. Bohr, dem es hoffentlich gut geht, an den zerstrahlten Hansen und die anderen Bekannten. Zum Schluß die besten Empfehlungen an Ihre Frau, der ich folgendes sagen lasse: Jedesmal wenn Sie – sei es laut, sei es in Gedanken – alle Flüche des Deuteronomiums auf diejenigen herabschleudern, welche *jeder* Art von „wahrem Glauben" die Denkfreiheit bei weitem vorziehen, dann soll sie Ihnen heitere Weisen vorsingen von Frühling, Schönheit und Liebe!

Nochmals alles Gute von Ihrem getreuen

PAULI

[a] Vgl. O. Stern: Über die Umwandlung von Atomen in Strahlung. Z. f. phys. Chemie **120,** 60 – 62 (1926). Eingegangen am 1. Oktober 1926. Der gleiche Aufsatz erschien auch in den Transactions of the Faraday Society **21,** 477 – 478 (1926). [b] Pauli (1925 c). In dem Schreiben [89] an Kronig wurde diese Arbeit ebenfalls erwähnt. [c] Vgl. hierzu den Kommentar zu [55] und die dort angeführte Literatur. [d] H. Geiger und W. Bothe: Über das Wesen des Comptoneffektes; ein experimenteller Beitrag zur Theorie der Strahlung. Z. Phys. **32,** 639 – 663 (1925). Eingegangen am 25. April 1925. Eine kurze Ankündigung dieses Versuches gaben diese Autoren schon früher bekannt. W. Bothe und H. Geiger: Ein Weg zur experimentellen Nachprüfung der Theorie von Bohr, Kramers und Slater. Z. Phys. **26,** 44 (1924). Eingegangen am 7. Juni 1924. [e] A. H. Compton: On the mechanism of *x*-ray scattering. Proceedings of the National Academy of Sciences **11,** 303 – 306 (1925). A. H. Compton and A. W. Simon: Directed quanta of scattered *x*-rays. Phys. Rev. **26,** 289 – 299 (1925). [f] Vgl. hierzu den Brief Kronigs an Goudsmit vom 5. Juni 1925 (SHQP, MF. 60): „Bohr glaubt auch wieder an Kopplung. Zu dieser Überzeugung war er schon vor dem Verlautwerden der Geiger-Botheschen Versuche nach vieler Diskussion und namentlich unter dem katalytischen Einfluß von Pauli gekommen." Ebenso heißt es in einem Briefe Bohrs an Franck vom 21. April 1925 (BSC MF. 10): „Außerdem habe ich eben jetzt von Geiger gehört, daß seine Versuche für die Kopplung entschieden haben, und es ist wohl nichts anderes zu

tun als unseren Revolutionsversuch möglichst schmerzlos in Vergessenheit zu bringen. Unsere Ziele werden wir aber doch nicht so leich vergessen können, und in den letzten Tagen habe ich mich mit allerlei wilden Spekulationen gequält, um eine adäquate Grundlage der Beschreibung der Strahlungsphänomene zu finden. Darüber habe ich viel mit Pauli diskutiert, der jetzt hier ist, und dem seit langem unser ⟩Kopenhagener Putsch⟨ unsympatisch war.“ Einen Brief ähnlichen Inhalts vom 18. April erhielt auch Heisenberg von Bohr (BSC MF. 11). [g] Vgl. hierzu Fußnote *h* von [74]. [h] Heisenberg reiste Mitte Juli auf eine Einladung Fowlers nach Cambridge und hielt dort am 28. Juli einen Vortrag im Kapitza-Club. Es wurde früher als selbstverständlich angenommen, daß Dirac bei dieser Gelegenheit Heisenbergs neue Mechanik kennengelernt habe. Nach Diracs eigener Darstellung hörte er davon erst Anfang September, als ihm R. H. Fowler die Korrekturen der Heisenbergschen Arbeit vorlegte. (Vgl. B. L. van der Waerdens Einleitung zu: Sources of Quantum Mechanics. New York: Dover Publications Inc. 1968. Dort S. 41). Eine abweichende Darstellung gab Dirac später in seinem Vortrag in Varenna 1972. Vgl. Proceedings of the International School of Physics „Enrico Fermi“. New York and London: Academic Press 1977, dort S. 119.

Nachdem Heisenberg den ersten großen Schritt in Richtung einer endgültigen Quantenmechanik getan hatte, wurde diese nun zugleich von zwei Seiten, von Born und Jordan in Göttingen und unabhängig davon von Dirac in Cambridge zu einer formalen, mathematisch klaren und geschlossenen Theorie ausgebaut. Nach der Vortragsreise in Holland und England verbrachte Heisenberg nach einem kurzen Zwischenaufenthalt in München den Rest seiner Sommerferien in Kopenhagen. In Göttigen wurde seine Theorie inzwischen durch Born und seinen damaligen Schüler Jordan um einige entscheidende Ideen bereichert. Born hatte erkannt, daß es sich bei Heisenbergs eigenartigem Multiplikationsverfahren um nichts anderes als das den Mathematikern längst bekannte Multiplikationsgesetz von Matrizen handelte. Ebenso fand man die fundamentale quantenmechanische Beziehung zwischen den nicht vertauschbaren quantentheoretischen Größen p und q: $pq-qp=h/2\pi i$.

Auch der von Heisenberg vergeblich gesuchte Beweis für die Allgemeingültigkeit des Energiesatzes und der Bohrschen Frequenzbedingung lag schon vor[1]. Obwohl Pauli die mathematische Ausgestaltung der Heisenbergschen Mechanik durch die Göttinger Physiker vorerst mit skeptischen Worten verurteilte, dürfte er sich schon in der zweiten Septemberhälfte mit der Idee der Berechnung des Wasserstoffproblems auf dieser neuen Grundlage abgegeben haben. Vielleicht hat sogar der folgende Brief [98] den Anstoß zu dieser Untersuchung gegeben.

Vorerst war Pauli noch durch seine Arbeit an dem Handbuchartikel [1926] gebunden, und er konnte deshalb bis zu dessen Abschluß im Oktober nur einen geringen Teil seiner Zeit den jetzt rasch einsetzenden Entwicklungen in der Quantenmechanik widmen. Neben einer Zusammenfassung der Ergebnisse von Born und Jordan enthält der Brief [98] (Punkt 4) Heisenbergs neue Formulierung der Störungstheorie, die sich auf eine Übersetzung der kanonischen Transformationen in die Sprache der Quantenmechanik stützt[2].

[1] Vgl. hierzu auch den Briefwechsel zwischen Heisenberg und Jordan. Auszüge sind in der Einleitung des Buches von B. L. van der Waerden: „Sources of Quantum Mechanics“, Amsterdam: North-Holland Publishing Co. 1967, wiedergegeben.

[2] Vgl. hierzu die Bemerkungen bei B. L. van der Waerden in dem unter 1 zitierten Buche.

[98] Heisenberg an Pauli

Kopenhagen, 18. September 1925

Lieber Pauli!

Vielen Dank für Ihren interessanten Brief, mit Ihren Spekulationen bin ich im allgemeinen völlig einverstanden, ausgenommen Ihre Vorliebe für das Wasserstoff à la Landé[a]. Ich gebe durchaus zu, daß *gegen* Ihre Auffassung nicht die geringsten Argumente vorliegen, andererseits aber scheint mir auch kein Argument entscheidend *für* diese Auffassung zu sprechen; denn wenn man schon, wie ich, glaubt, daß wir keine Theorie vom Wasserstoff, auch nicht von der Balmerserie haben, so weiß man zunächst nicht, was der Ausschluß des einen oder anderen Niveaus oder ähnliche Dinge bedeuten; aber ich gebe zu, daß einige formale Gründe für Ihre These sprechen. *Wenn* man Ihre These annimmt, so scheinen mir Ihre weiteren Schlüsse konsequent.

Ihre Summenregel beim Wasserstoffatom ist natürlich richtig; an die Mechanik glaubt selbst hier wohl niemand mehr.

Besonders einverstanden war ich mit Ihren Bemerkungen übers Helium. Auch ich bin längst der Überzeugung, daß man das Helium wird rechnen können, sobald man eine Theorie vom Wasserstoff hat[b]. Wie Sie sich erinnern, schrieb ich mal, daß man die Heliumterme mit Polarisierbarkeit näherungsweise darstellen kann; diese Polarisierbarkeit ist ungefähr 4 mal so groß, wie die klassische (für He gerechnet). Nun erzählt mir Kronig, daß man die *quantentheoretische* Polarisierbarkeit näherungsweise ausrechnen kann, indem man annimmt, daß in der Kramersschen Dispersionsformel das der Resonanzlinie entsprechende erste Glied die Hauptrolle spielt. Dann folgt aus der Kuhnschen Formel eine Polarisierbarkeit, die wirklich ziemlich genau den richtigen (d. h. 4 mal den klassischen) Wert hat.

Die mir z. Z. sehr am Herzen liegende Quantenmechanik hat inzwischen, hauptsächlich durch Born und Jordan[c], entschiedene Fortschritte gemacht, die ich Ihnen, schon um mir selbst klar zu werden, was ich glauben soll, im Folgenden erzählen werde. Man kann tatsächlich jetzt ziemlich allgemein Energiesatz, Frequenzbedingungen und Dispersionsformel auf Grund der damaligen Annahmen beweisen.

1. Annahmen: Unter einer Größe $\mathfrak{p}$ (deutsch geschrieben, damit es vornehmer aussieht) verstehe ich die Gesamtheit von Größen der Form $p_{ik}e^{2\pi i \nu_{ik} \cdot t}$; für die ν_{ik} werden die Kombinationsrelationen als erfüllt angesehen:

$$\nu_{ik} + \nu_{kl} = \nu_{il} \text{ oder } \nu_{ik} = \frac{W_i - W_k}{h}, \tag{1}$$

wobei aber natürlich *nicht* vorausgesetzt wird, daß W die Energie sei. (Über Ihre Wünsche betr. der *Weglassung* der Quantenbedingung und *Annahme* von $W_i = H_i$ siehe später.)

Als Produkt wird definert

$$\mathfrak{a}\cdot\mathfrak{b}=\mathfrak{c} \quad \text{bedeutet:} \quad c_{ik}=\sum_{e} a_{il}b_{lk}.$$

Diese Produktbildung ist distributiv und genügt der Relation $\mathfrak{a}(\mathfrak{b}\mathfrak{c})=(\mathfrak{a}\mathfrak{b})\mathfrak{c}$; sie ist aber nicht kommutativ. (Siehe Courant-Hilbert, S. 4).

Die Energie habe zunächst die Form $\mathfrak{H}(\mathfrak{p},\mathfrak{q})=\mathfrak{H}_a(\mathfrak{p})+\mathfrak{H}_b(\mathfrak{q})$, außerdem sei sie nach Potenzen von $\mathfrak{p}$ und $\mathfrak{q}$ entwickelbar; (negative Exponenten sind *auch* zugelassen).

$$\mathfrak{H}_a=\sum_s a_s\mathfrak{p}^s;\ \mathfrak{H}_b=\sum_s b_s\mathfrak{q}^s. \tag{2}$$

2. Die Bewegungsgleichungen lauten:

$$\left.\begin{aligned} \dot{\mathfrak{p}} &= -\frac{\partial\mathfrak{H}}{\partial\mathfrak{q}} = -\sum s\cdot b_s\mathfrak{q}^{s-1} \\ \dot{\mathfrak{q}} &= \frac{\partial\mathfrak{H}}{\partial\mathfrak{p}} = \sum s a_s\mathfrak{p}^{s-1} \end{aligned}\right\} \tag{3}$$

(Hierbei ist unter $\dot{\mathfrak{a}}$ die Gesamtheit $2\pi i\nu_{ik}\mathfrak{a}_{ik}$ verstanden.)

3. Nun kommt gleich die in dieser Mechanik entscheidende Quantenbedingung, und es war eine sehr gescheite Idee von Born, daß er sie in der Form schrieb:

$$\mathfrak{p}\mathfrak{q}-\mathfrak{q}\mathfrak{p}=\frac{h}{2\pi i}\mathfrak{e} \tag{4}$$

($\mathfrak{e}$ sei die „Einheitsdeterminante", d.h. $\mathfrak{e}_{ii}=1; \mathfrak{e}_{ik}=0$ für $k\neq i$.) Was zunächst die *periodischen* Glieder von (4) betrifft, so folgt aus den Bewegungsgleichungen leicht, daß sie Null sind:

$$\frac{d}{dt}(\mathfrak{p}\mathfrak{q}-\mathfrak{q}\mathfrak{p})=\overbrace{\dot{\mathfrak{p}}\mathfrak{q}-\mathfrak{q}\dot{\mathfrak{p}}}^{=0}+\overbrace{\mathfrak{p}\dot{\mathfrak{q}}-\dot{\mathfrak{q}}\mathfrak{p}}^{=0}=0$$

Für das konstante Glied von (4) findet man durch Einsetzen der Fourierkoeffizienten leicht, daß es der Kuhnschen Formel entspricht.

Wir nehmen also (4) als richtig an, dann folgen (durch geeignete Multiplikation mit $\mathfrak{p}$, $\mathfrak{q}$ und Addition) die weiteren wichtigen Relationen:

$$\begin{aligned} \mathfrak{p}^s\mathfrak{q}-\mathfrak{q}\mathfrak{p}^s &= s\frac{h}{2\pi i}\mathfrak{p}^{s-1} \\ \mathfrak{p}\mathfrak{q}^s-\mathfrak{q}^s\mathfrak{p} &= s\frac{h}{2\pi i}\mathfrak{q}^{s-1} \end{aligned} \tag{5}$$

für *alle* Exponenten s.

Denkt man sich nun eine Größe $\mathfrak{W}$, die definiert ist durch

$$W_{ik}=\begin{cases} W_i & i=k \\ O & i\neq k \end{cases},$$

so sieht man, daß man $\dot{\mathfrak{q}}$ bzw. $\dot{\mathfrak{p}}$ ersetzen kann durch

$$\frac{2\pi i}{h}(\mathfrak{W}\mathfrak{q}-\mathfrak{q}\mathfrak{W}) \quad \text{bzw.} \quad \frac{2\pi i}{h}(\mathfrak{W}\mathfrak{p}-\mathfrak{p}\mathfrak{W}). \tag{6}$$

(Überhaupt treten in dieser Mechanik stets solche schiefsymmetr[ischen] Bildungen an Stelle von Differentialquotienten.)

Nun folgt erstens aus (3) und (6):

$$\left.\begin{aligned} \mathfrak{W}\mathfrak{q}-\mathfrak{q}\mathfrak{W} &= \frac{\mathrm{h}}{2\pi i}\sum_s s a_s \mathfrak{p}^{s-1} \\ \mathfrak{W}\mathfrak{p}-\mathfrak{p}\mathfrak{W} &= -\frac{h}{2\pi i}\sum_s s b_s \mathfrak{q}^{s-1} \end{aligned}\right\}. \tag{7}$$

Ferner folgt aus (5):

$$\left.\begin{aligned} \mathfrak{H}\mathfrak{q}-\mathfrak{q}\mathfrak{H} &= \frac{h}{2\pi i}\sum s a_s \mathfrak{p}^{s-1} \\ \mathfrak{H}\mathfrak{p}-\mathfrak{p}\mathfrak{H} &= -\frac{h}{2\pi i}\sum s b_s \mathfrak{q}^{s-1} \end{aligned}\right\}. \tag{8}$$

Bildet man jetzt $\mathfrak{W}-\mathfrak{H}=\mathfrak{C}$, so wird aus (7) und (8).

$$\left.\begin{aligned} &\mathfrak{q}\mathfrak{C}=\mathfrak{C}\mathfrak{q};\ \mathfrak{p}\mathfrak{C}=\mathfrak{C}\mathfrak{p}, \\ \text{daraus}\quad &\mathfrak{q}^s\mathfrak{C}=\mathfrak{C}\mathfrak{q}^s;\ \mathfrak{p}^s\mathfrak{C}=\mathfrak{C}\mathfrak{p}^s; \\ \text{also auch}\quad &\mathfrak{H}\mathfrak{C}=\mathfrak{C}\mathfrak{H} \text{ oder } \mathfrak{H}\mathfrak{W}=\mathfrak{W}\mathfrak{H}; \end{aligned}\right\}. \tag{9}$$

dies letztere bedeutet $\quad \mathfrak{H}=0. \ H_{ik}=0 \quad \text{für } i \neq k; \qquad (10)$

setzt man $H_{ii}=H_i$, so folgt aus (7) und (8)

$$\mathfrak{W}\mathfrak{q}-\mathfrak{q}\mathfrak{W}=\mathfrak{H}\mathfrak{q}-\mathfrak{q}\mathfrak{H} \quad \text{oder} \quad (W_i-W_k)\mathfrak{q}_{ik}=(H_i-H_k)\mathfrak{q}_{ik}$$

oder

$$\frac{H_i-H_k}{h}=\nu_{ik}. \tag{11}$$

Bis hierher stammt der ganze Beweis von Born und Jordan.

4. Störungstheorie. Wir denken uns die Energiefunktion entwickelt nach λ:

$$\mathfrak{H}=\mathfrak{H}_0+\lambda\mathfrak{H}_1+\lambda^2\mathfrak{H}_2+\cdots \tag{12}$$

wobei wieder $\quad \mathfrak{H}_i=\mathfrak{H}_{ia}(\mathfrak{p})+\mathfrak{H}_{ib}(\mathfrak{q}).$

Gesucht

$$\begin{aligned} \mathfrak{q}&=\mathfrak{q}_0+\lambda\mathfrak{q}_1+\lambda^2\mathfrak{q}_2+\cdots \\ \mathfrak{p}&=\mathfrak{p}_0+\lambda\mathfrak{p}_1+\lambda^2\mathfrak{p}_2+\cdots \\ \mathfrak{W}&=\mathfrak{W}_0+\lambda\mathfrak{W}_1+\lambda^2\mathfrak{W}_2+\cdots \end{aligned} \tag{13}$$

Aus (11) folgt (umgekehrt, wie vorhin) auch, daß die *Bewegungsgleichungen* immer dann gelten, wenn die Quantenbedingungen (4) erfüllt sind. Ich setze also jetzt $\mathfrak{q}$, $\mathfrak{p}$ in einer solchen Form an, daß die Bedingung (4) von selbst erfüllt ist und suche nachträglich die in diese Form eingehende unbekannte Funktion $\mathfrak{S}$ *so* zu bestimmen, daß die Energie $\mathfrak{H} = \mathfrak{W}$ wird. $\mathfrak{S}$ entspricht (bis auf einen Faktor $\frac{h}{2\pi i}$) dem klassischen S der kanonischen Transformation; überhaupt ist hier jede Transformation eine „kanonische“, die $\mathfrak{p}\mathfrak{q} - \mathfrak{q}\mathfrak{p}$ in sich überführt: $\mathfrak{p}\mathfrak{q} - \mathfrak{q}\mathfrak{p} = \mathfrak{p}'\mathfrak{q}' - \mathfrak{q}'\mathfrak{p}'$.

Der Ansatz, der eine solche Transformation leistet, heißt:

$$\mathfrak{S} = \lambda \mathfrak{S}_1 + \lambda^2 \mathfrak{S}_2 + \ldots \tag{14}$$

$$\mathfrak{q} = \mathfrak{q}_0 + \lambda(\mathfrak{S}_1 \mathfrak{q}_0 - \mathfrak{q}_0 \mathfrak{S}_1) + \lambda^2 \left(\frac{1}{2}(\mathfrak{S}_1^2 \mathfrak{q}_0 - 2\mathfrak{S}_1 \mathfrak{q}_0 \mathfrak{S}_1 + \mathfrak{q}_0 \mathfrak{S}_1^2) + \mathfrak{S}_2 \mathfrak{q}_0 - \mathfrak{q}_0 \mathfrak{S}_2 \right) + \lambda^3 \ldots$$

$$\mathfrak{p} = \mathfrak{p}_0 + \lambda(\mathfrak{S}_1 \mathfrak{p}_0 - \mathfrak{p}_0 \mathfrak{S}_1) + \lambda^2 \left(\frac{1}{2}(\mathfrak{S}_1^2 \mathfrak{p}_0 - 2\mathfrak{S}_1 \mathfrak{q}_0 \mathfrak{S}_1 + \mathfrak{p}_0 \mathfrak{S}_1^2) + \mathfrak{S}_2 \mathfrak{p}_0 - \mathfrak{p}_0 \mathfrak{S}_2 \right) + \lambda^3 \cdots$$

Das Bildungsgesetz der $\mathfrak{q}_i$ bzw. $\mathfrak{p}_i$ werden Sie wohl sofort erkennen, es handelt sich stets um iterierte Bildungen der Form $\mathfrak{G}\mathfrak{q} - \mathfrak{q}\mathfrak{G}$. [Die] Gl[eichungen] (14) haben, wie man leicht ausrechnet, zur Folge, daß auch für jede beliebige Funktion $\mathfrak{F}(\mathfrak{q})$ gilt

$$\mathfrak{F}(\mathfrak{q}) = \mathfrak{F}(\mathfrak{q}_0) + \lambda(\mathfrak{S}_1 \mathfrak{F} - \mathfrak{F} \mathfrak{S}_1) + \lambda^2 \left(\frac{1}{2}(\mathfrak{S}_1^2 \mathfrak{F} - 2\mathfrak{S}_1 \mathfrak{F} \mathfrak{S}_1 + \mathfrak{F} \mathfrak{S}_1^2) + \mathfrak{S}_2 \mathfrak{F} - \mathfrak{F} \mathfrak{S}_2 \right) + \lambda^3 \cdots \tag{15}$$

und entsprechend für $\mathfrak{p}$.

Aus (15) folgt dann auch für $\mathfrak{H}$:

$$\mathfrak{H} = \mathfrak{H}(\mathfrak{q}_0, \quad \mathfrak{p}_0) + \lambda(\mathfrak{S}_1 \mathfrak{H} - \mathfrak{H} \mathfrak{S}_1) + \lambda^2 (\frac{1}{2}(\mathfrak{S}_1^2 \mathfrak{H} - 2\mathfrak{S}_1 \mathfrak{H} \mathfrak{S}_1 + \mathfrak{H} \mathfrak{S}_1^2) + \mathfrak{S}_2 \mathfrak{H} - \mathfrak{H} \mathfrak{S}_2 + \lambda^3 \cdots$$

Setzt man die Entwicklung (12) ein, und setzt $H = W$, so folgt nach dem berühmten Born-Paulischen Muster[d]:

$$\begin{aligned} &\mathfrak{H}_0 = \mathfrak{W}_0. \\ &\mathfrak{S}_1 \mathfrak{W}_0 - \mathfrak{W}_0 \mathfrak{S}_1 + \mathfrak{H}_1 = \mathfrak{W}_1. \\ &\mathfrak{S}_2 \mathfrak{W}_0 - \mathfrak{W}_0 \mathfrak{S}_2 + \frac{1}{2}(\mathfrak{S}_1^2\, \mathfrak{H}_0 - 2\mathfrak{S}_1\, \mathfrak{H}_0 \mathfrak{S}_1 + \mathfrak{H}_0 \mathfrak{S}_1^2) + \mathfrak{S}_1\, \mathfrak{H}_1 - \mathfrak{H}_1 \mathfrak{S}_1 + \mathfrak{H}_2 = \mathfrak{W}_2. \end{aligned} \tag{16}$$

Die Integration geht so vor sich, daß man zuerst die Mittelwerte bildet, z. B. $\mathfrak{H}_1 = \mathfrak{W}_1$, dann den Rest durch Fourierreihen integriert. In der Tat bedeutet ja $\mathfrak{S}_i \mathfrak{W}_0 - \mathfrak{W}_0 \mathfrak{S}_i$ stets nur $-h\nu_{ik}^{(0)}\, S_{ik}^{(i)}$. Also kann man $\mathfrak{S}_1$, $\mathfrak{S}_2$ u.s.w. sukzessive bestimmen.

Hängt $\mathfrak{H}$ explizit von der Zeit ab, so kommt, wie klassisch, auf der linken Seite von (16) noch ein $-\frac{h}{2\pi i}\frac{\partial \mathfrak{S}_2}{\partial t}, \frac{h}{2\pi i}\frac{\partial \mathfrak{S}_2}{\partial t}$ u.s.w. hinzu, was die Integration dann allgemein möglich macht.

Die Gleichungen (14) und (16) enthalten sowohl die Kramerssche Dispersionstheorie, als auch die Bornsche Formel für die Energie und die von Kramers und mir aufgestellten Formeln.

Ich glaube das ist alles, was man zunächst verlangen kann. Allerdings fehlt noch das wichtigste, d. h. also der Fall mehrerer Freiheitsgrade und ähnliches. Allgemein aber hab' ich nach dem Gelingen der obigen Beweise doch sehr großes Zutrauen zur ganzen Theorie gefaßt.

Viel Grüße ans ganze Hamburger Institut; ob ich im November durch Hamburg komme, scheint leider z. Z. fraglich; aber wir werden ja sehn. Also schreiben Sie mal bald wieder und viele Grüße!

W. HEISENBERG

P. S. Beim Durchlesen finde ich ein „siehe später", wo in Wirklichkeit nichts mehr kommt. Ich weiß nicht, ob die Annahme der Frequenzbedingung genügt, um (4) zu beweisen; ich sehe jedenfalls keine Möglichkeit. Aber es scheint mir die Formel (4) doch auch nicht so schlecht, besonders, da sie durchaus nicht nur für „periodische", sondern auch für *unperiodische* Vorgänge gilt. In Wirklichkeit ist *nichts von dem*, was ich geschrieben habe, abhängig von der Voraussetzung, daß es diskrete Zustände gibt. Deshalb ist (4) gar keine „Quantenbedingung" in dem Sinn, daß sie aus einer kontinuierlichen Mannigfaltigkeit von Lösungen diskrete aussondert, sondern sie ist ein Grundgesetz dieser Mechanik, und erst durch die Lösung selbst entscheidet es sich, ob man diskrete oder kontinuierliche Zustände hat, im Allgemeinen kommt wohl, wie bei Wasserstoff, [b]eides [bei]einander vor[e].

[a] Vgl. hierzu z. B. die Briefe [83] und [84], in denen Pauli auf Landés Auffassung des Wasserstoffspektrums eingeht. [b] Tatsächlich konnte Heisenberg schon kurz nach Paulis Berechnung des Wasserstoffatoms (1926a) in einer grundlegenden Arbeit die quantenmechanische Behandlung von Mehrkörperproblemen angeben. Vgl. W. Heisenberg: Mehrkörperproblem und Resonanz in der Quantenmechanik. Z. Phys. **38,** 411–426 (1926). Eingegangen am 11. Juni 1926, sowie die darauf folgende Arbeit: Über die Spektren von Atomsystemen mit zwei Elektronen. Z. Phys. **39,** 499–518 (1926). Eingegangen am 24. Juli 1926. [c] Vgl. hierzu sowie für die folgende Darstellung die erste Abhandlung von M. Born und P. Jordan: Zur Quantenmechanik. Z. Phys. **34,** 858–888 (1925). Eingegangen am 27. September 1925. Siehe auch den Kommentar in dem a.a.O. zitierten Buch von B. L. van der Waerden. [d] Vgl. hierzu Pauli (1922b). Dort Formel (7), S. 140. [e] Am Ende des Briefes notierte Pauli folgende Ausdrücke: „klassisch:

$$S(q,P),\ p=-\frac{\partial S}{\partial q},\ Q=\frac{\partial S}{\partial P}$$

$$p_\varrho=-\frac{2\pi i}{h}(SP_\varrho-P_\varrho S),\ \ Q_\varrho=\frac{2\pi i}{h}(Sq_\varrho-q_\varrho S)$$

$$P=S^{-1}pS.\text{“}$$

Die Ausdehnung der Quantenmechanik auf Systeme von mehreren Freiheitsgraden ist Gegenstand der sog. „Dreimännerarbeit“[1]. Schon während seines Aufenthalts in Kopenhagen beschäftigte sich Heisenberg mit diesem Problem. Die hier [99] wiedergegebene Verallgemeinerung der Vertauschungsrelation[2] ist ebenfalls in der Dreimännerarbeit enthalten.

[1] M. Born, W. Heisenberg und P. Jordan: Zur Quantenmechanik II. Z. Phys. **35**, 557–615 (1926). Eingegangen am 16. November 1925.

[2] Weitere Ableitungen gaben Weyl und Dirac. Vgl. hierzu das schon mehrfach erwähnte Buch von B. L. van der Waerden.

[99] Heisenberg an Pauli

Kopenhagen, 24. September 1925

[Postkarte]

Lieber Pauli!

Vielen Dank für Ihren Brief; Ihre Vermutung über die Quantenbedingungen bei mehreren Freiheitsgraden ist natürlich richtig; ich hab' mir schon vor ein paar Tagen einen einfachen Beweis für die Frequenzbedingung überlegt, der so kurz ist, daß ich ihn hier auf der Karte schreiben will. Es genügt natürlich zu beweisen, daß

$$\left.\begin{aligned} &\frac{2\pi i}{h}(\mathfrak{H}\mathfrak{p}_\varrho - \mathfrak{p}_\varrho\mathfrak{H}) = -\frac{\partial\mathfrak{H}}{\partial\mathfrak{q}_\varrho} \\ \text{und}\qquad &\frac{2\pi i}{h}(\mathfrak{H}\mathfrak{q}_\varrho - \mathfrak{q}_\varrho\mathfrak{H}) = \frac{\partial\mathfrak{H}}{\partial\mathfrak{p}_\varrho} \end{aligned}\right\} \tag{1}$$

ist. Diese Formeln gelten aber nicht nur für $\mathfrak{H}$, sondern für jede Funktion $\mathfrak{F}$, die nach Potenzen von $\mathfrak{q}$ und $\mathfrak{p}$ entwickelbar ist (auch gemischte Glieder zugelassen), wie man folgendermaßen einsieht:

Nehmen wir an, die Formel gelte für eine Funktion $\mathfrak{F}(\mathfrak{p},\mathfrak{q})$; dann, so behaupten wir, gilt sie auch für

$$\mathfrak{q}_\varrho\cdot\mathfrak{F};\ \mathfrak{p}_\varrho\cdot f;\ \mathfrak{q}_s\cdot f;\ \mathfrak{p}_s\cdot f \text{ und } f\cdot\mathfrak{q}_\varrho, f\cdot\mathfrak{p}_\varrho \quad \text{usw.} \tag{2}$$

Denn

$$\begin{aligned} \frac{2\pi i}{h}\{(\mathfrak{q}_\varrho f)\mathfrak{p}_\varrho - \mathfrak{p}_\varrho(\mathfrak{q}_\varrho f)\} &= \frac{2\pi i}{h}\{\mathfrak{q}_\varrho(f\mathfrak{p}_\varrho - \mathfrak{p}_\varrho f) - (\mathfrak{p}_\varrho\mathfrak{q}_\varrho - \mathfrak{q}_\varrho\mathfrak{p}_\varrho)f\} \\ &= -\mathfrak{q}_\varrho\frac{\partial f}{\partial\mathfrak{q}_\varrho} - f = \frac{\partial}{\partial\mathfrak{q}_\varrho}(\mathfrak{q}_\varrho f). \end{aligned}$$

Ebenso bei den anderen Gliedern. Ist nun $\mathfrak{F}$ bzw. $\mathfrak{H}$ nach Potenzen von $\mathfrak{p}$, $\mathfrak{q}$ entwickelbar, so gilt offenbar für jedes einzelne Glied die obige Relation (1), das läßt sich aus (2) durch vollständige Induktion zeigen. q.e.d.

Auch die Störungstheorie sieht genauso aus, wie bei einem Freiheitsgrad. Was die Entartung bedeutet, kann man aber doch nicht recht sagen, bevor man eine anständige Integrationsmethode für einen Freiheitsgrad hat. Daran arbeit' ich jetzt, aber noch ohne viel Erfolg. Viele Grüße an's ganze Hamburger Institut!

W. Heisenberg

[100] Pauli an Kronig

Hamburg, 9. Oktober 1925

Lieber Kronig!

Ich bin nun in der Frage der modellmäßigen Deutung der Interkombinationslinien so ziemlich ins Reine gekommen – soweit dies beim heutigen allgemeinen Wirrwarr in der Atomphysik überhaupt möglich ist – und will deshalb jetzt mein Versprechen einlösen, Ihnen wieder über die Sache zu schreiben[a].

Ich gehe davon aus, ein Atom mit zwei Valenzelektronen zu betrachten. Wie Sie sich wohl erinnern werden, führt hier die naive Anwendung meines Schimmels (Eindeutigkeit des Atomrestes, Zweideutigkeit des Leuchtelektrons) zu zwei Paaren von Zuständen und es sollten z. B. bei den p-Termen die Terme p_0 und p_1 dieselbe Relativitätskorrektion haben, $k_2=1$ entsprechend, während dem Paar $P_{(1)}, p_2$ die Relativitätskorrektion mit $k_2=2$ zukommen sollte. (Die Indizes unter den Buchstaben geben die j-Werte an.) Bekanntlich findet aber unter gewöhnlichen Umständen die Gruppierung in 1 + 3-Terme (Singulett und Tripletterme) und nicht die in 2 + 2-Terme statt.

Demgegenüber möchte ich nun plausibel machen, daß doch auch die letztere Gruppierung unter geeigneten Umständen realisiert sein kann. Man betrachte nämlich homologe Atome mit zwei Valenzelektronen bei gleichbleibender Elektronenzahl und wachsender Kernladung. Wie werden dann die Triplettaufspaltungen und der Abstand der Triplett- von den Singulettermen mit der Atomnummer variieren? Von den Tripletts $\delta\nu$ weiß man, daß sie zunächst mit $\alpha^2 Z_{\text{eff}}^4$ gehen und vom Abstand $\Delta\nu$ von Singulett- und Triplettsystem wird man anzunehmen haben, daß er sich wie ein Abschirmungsdublett verhält, also daß $\Delta\sqrt{\nu}$ von Z zunächst annähernd unabhängig sein wird. (Nach Heisenbergs Schema III[b] wäre dies in der Tat der Fall, da ihm zufolge der Energieunterschied Singulett-Triplett durch elektrische Wechselwirkungskräfte bedingt sein soll.) Da nun $\delta\nu$ viel rascher mit Z anwächst als $\Delta\nu$ wird schließlich ein Punkt kommen, wo der Abstand Singulett-Triplett von derselben Größenordnung sein wird wie die Triplettaufspaltung. Und nun behaupte ich, *daß bei diesen Z-Werten eine Verwandlung des Termbildes stattfinden wird, indem bei größeren Z sich an Stelle der* 1 + 3-*Gruppierung, die oben erwähnte* 2 + 2-*Gruppierung sich einstellt.* Es werden dann bei großem Z (p_0, p_1) und

(p_2, P) je ein Abschirmungsdublett bilden, während der Abstand dieser Paare voneinander ein relativistisches Dublett bilden wird. Der Verlauf wird ungefähr folgendermaßen aussehen,

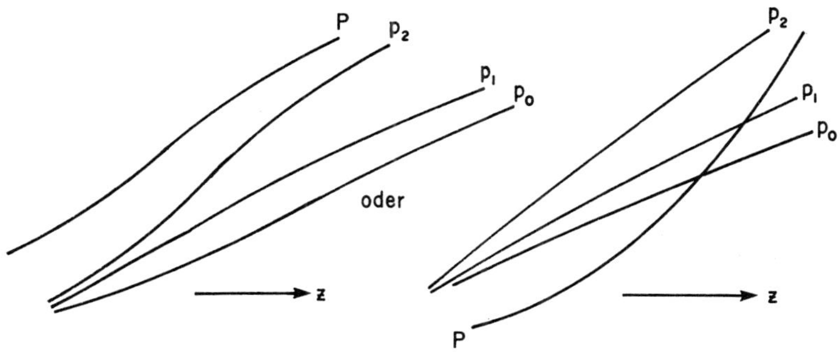

je nachdem der Singuletterm im optischen Gebiet oberhalb oder unterhalb der Tripletterme liegt (was beides vorkommen kann). Bei Hg ist übrigens schon im optischen Gebiet das Übergangsstadium realisiert.

Bei Millikan und Bowen[c] ist man immer noch im Gebiet der 1 + 3-Gruppierung und der postulierte Übergang ist bisher praktisch noch nicht realisiert. Daß aber mein Postulat ein natürliches ist, scheint bereits aus der Betrachtung des Falles hervorzugehen, wo aus der L-Schale (und zwar L_{II} oder L_{III}) eines schweren Elementes ein Elektron entfernt ist, außen aber noch ein Valenzelektron in einer „Bahn" mit $k=1$ (s-Term) herumkreist. Nach dem Reziprozitätssatz ist ja die ionisierte $L_{\mathrm{II\ oder\ III}}$-Schale einem Elektron in einer 2_2-„Bahn" äquivalent, und wir können die vorliegende Konfiguration als analog derjenigen, die den p Termen der Erdalkalien entspricht, ansehen. Es ist ja klar, daß hier von einer 1 + 3-Gruppierung keine Rede sein kann. Vielmehr wird das äußere Valenzelektron nur eine minutiöse (und im Röntgengebiet praktisch nicht wahrnehmbare) Zweiteilung jedes der beiden Niveaus des relativistischen Dubletts L_{II}, L_{III} zur Folge haben (also 2 + 2-Gruppierung). Ähnliche Betrachtungen finden sich übrigens auch bei Jordan[d].

Wenn wir nun versuchen, die angegebene Umwandlung mehr im Einzelnen zu beschreiben, so wird es Sie als mit allen Summenregeln und Mittelungskniffen gesalbten Termzoologen kaum überraschen, wenn ich sage, daß die äußersten Triplettermkomponenten p_0 und p_2 von der Verwandlung unberührt bleiben werden und sich der ganze Kampf zwischen den Termen P und p_1 (die den gleichen j-Wert haben) abspielen wird. Dabei wird auch der „Schwerpunkt" dieser Terme (ihr arithmetisches Mittel) ein gleichmäßiges Fortschreiten mit der Atomnummer während der Umwandlung zeigen (Summenregel).

Offenbar wird folgendes Ersatzmodell zur Darstellung des Sachverhaltes geeignet sein. Man ordne dem inneren Elektron einen Vektor i_1, dem äußeren Elektron aber *zwei* Vektoren $\overline{k}$ und i_2 zu. Dabei ist es mir bequem zu sagen, i_1 und i_2 haben beide die Längen $\frac{1}{2}$, $\overline{k}$ die Länge 0 für die *s-Terme*, 1 für die p-Terme etc. Dann erhält man nämlich die j-Werte einfach durch vektorielles Zusammensetzen dieser drei Vektoren. Natürlich läßt sich alles Folgende auch so machen, daß man die $\bar{k}$ um $\frac{1}{2}$ größer annimmt und dann zwischen zwei Stellungen mittelt. Nun wird anzusetzen sein: Die zwischen i_1 und i_2 wirkenden Orientierungskräfte (die zu demjenigen Teil der potentiellen Energie gehören, der vom Winkel zwischen i_1 und i_2 abhängt) sind von der Größenordnung elektr[ischer] Wechselwirkungskräfte und bestimmen bei kleinem Z den Unterschied $\Delta\nu$ von Singulett- und Triplettsystem. Die Wechselwirkungsenergie zwischen $\bar{k}$ und i_2 ist relativistisch, wird aber im Ersatzmodell in bekannter Weise umgedeutet als abhängig vom Winkel zwischen $\bar{k}$ und i_2. Sie ist bei kleinem Z proportional der Triplettaufspaltung $\delta\nu$.

Bei kleinem Z, wo $\delta\nu \ll \Delta\nu$, werden sich also zuerst i_1 und i_2 zu einer resultierenden $r=1$ oder 0 zusammensetzen und diese wird (viel langsamer als i_1 und i_2) um $\bar{k}$ präzessieren (Singulett-Triplettgruppierung).

Bei großen Z, wo $\Delta\nu \ll \delta\nu$, wird sich zuerst $\bar{k}$ und i_2 zu einer resultierenden k_2 (rel[ativistisches] Dublett) zusammensetzen und diese wird dann viel langsamer um i_1 präzessieren.

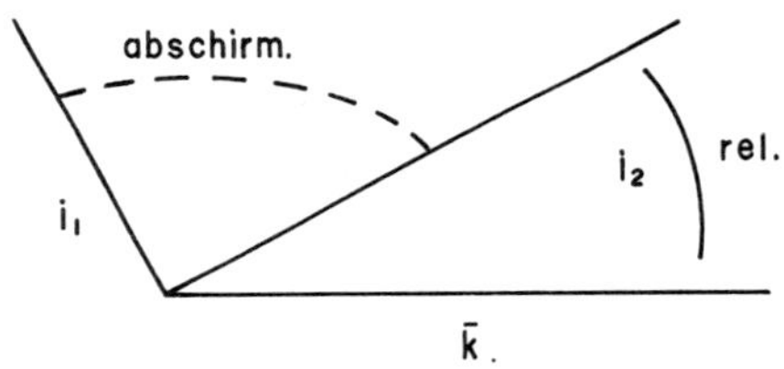

Dazwischen gibt es eine Umwandlung, die dem Paschen-Backeffekt weitgehend analog ist. Und jetzt bin ich dort, wo ich hinaus wollte, nämlich bei den Interkombinationslinien. Diese ergeben sich ja aus dem vorgeschlagenen Ersatzmodell von selbst und sind analog den die Auswahlregel $\Delta j = 0, \pm 1$ durchbrechenden Linien beim Paschen-Backeffekt aufzufassen: Sowie diese neuen Komplexstrukturkomponenten die Vorboten der Paschen-Backverwandlung sind, so *sind die Interkombinationslinien zwischen Singulett- und Triplettsystem als Vorboten der Umwandlung der* $1+3$- *in die* $2+2$-*Gruppierung aufzufassen.* Es kann, glaube ich, nicht schwierig sein, mittels der üblichen Summenregeln und Mittelungsverfahren das Ersatzmodell so weit auszuschlachten, daß man für den Fall $\delta\nu \ll \Delta\nu$ in erster Näherung eine Formel für das Verhältnis der Intensität der Interkombinationslinien zu der der gewöhnlichen Linien erhält. Dieses Intensitätsverhältnis wird in erster Näher[ung] proportional sein dem aus den empirischen Termwerten zu entnehmenden Verhältnis $\left(\frac{\delta\nu}{\Delta\nu}\right)^2$, der Proportionalitätsfaktor aber wird nur die Quantenzahlen der vorkommenden Terme enthalten.

Allgemein führt dieser Standpunkt zur Aufstellung *eines einzigen* Ersatzmodelles für ein beliebiges Atom, welches *alle* Heisenbergschen Schemata in sich schließt und diese noch ergänzt in den mit den Beziehungen der Termsysteme zueinander zusammenhängenden Fragen. Dieses Ersatzmodell besteht darin, daß *jedem* Elektron *zwei* Impulsvektoren i und $\bar{k}$ zugeordnet werden, von denen i die Länge $\frac{1}{2}$ hat, während $\bar{k}$ wie oben normiert sein möge. Für ein s-Elektron fällt der Vektor $\bar{k}$ fort (wie oben für das erste Valenzelektron der Erdalkalien). Es sind dann geeignete Wechselwirkungsenergien anzusetzen, die vom Winkel zwischen je zweien dieser Impulsvektoren abhängen und deren absolute Größen entweder relativistisch (nämlich zwischen i und k desselben Elektrons) oder elektrisch (Coulombsch) zwischen den verschiedenen i ist. Die Quantenzahl j entspricht der Resultierenden aller Vektoren i und $\bar{k}$. Wenn die Wechselwirkungsenergien von gewissen Paaren von Vektoren wesentlich größer ist als die von anderen, so kann man erstere zunächst zu Resultierenden zusammenfassen; auf diese Weise kommen vom Standpunkt dieses Ersatzmodelles aus die verschiedenen Heisenbergschen Schemata zustande.

Das entsprechende Ersatzmodell für den Zeemaneffekt ergibt sich nun ohne weiteres und in allgemeinster Weise. Man hat den Wechselwirkungsenergien zwischen den Impulsvektoren der Elektronen noch magnetische Energien hinzuzufügen, die dem cos dieser Vektoren mit der Feldrichtung proportional sind. Die magnetische „Anomalie“ äußert sich darin, daß die Vektoren i der Elektronen einen doppelten Magnetismus haben, während die Vektoren $\bar{k}$ magnetisch normal sind. In ganz starken Feldern, wo die Elektronen unabhängig voneinander sind, hat jeder Vektor i oder $\bar{k}$ gequantelte Komponenten parallel der Feldrichtung und zwar

$$m_i = +\frac{1}{2} \text{ oder } -\frac{1}{2}; m_{\bar{k}} = 0, \pm 1, \ldots, \pm \bar{k}.$$

Die resultierende Impulskomponente parallel dem Feld ist die Summe über alle Elektronen, die resultierende magnetische Komponente $\sum(2m_i + m_{\bar{k}})$.

Zwei Anwendungsbeispiele dieses Zeemanmodells möchte ich kurz erwähnen. Erstens folgt, daß bei den Erdalkalien der g-Wert der Einfachterme nur dann gleich 1 sein wird, wenn das Triplettsystem hinreichend entfernt von diesen liegt. Allgemein braucht nur die *Summe* der g-Werte des Einfachtermes und des mittleren Triplettermes (der das gleiche j hat) der Landéschen Formel zu entsprechen. Dies ist insbesondere bei Hg zu erwarten. Zweitens läßt sich der Grenzfall großer Hauptquantenzahlen beim Neonspektrum einfach behandeln. Hier tritt die Einteilung Sing[ulett]-Tripl[ett] || Tripl[ett]-Quintett wieder in ihr Recht. Bezeichnet $\delta_1 \nu$ das L-Dublett des Atomrestes, $\delta_2 \nu$ den Unterschied der beiden Termsysteme Sing[ulett]-Tripl[ett] oder Tripl[ett]-Quint[ett] mit derselben Seriengrenze, $\delta_3 \nu$ die Multiplettaussp[altung] (Tripl[ett] oder Quint[ett]), so gilt im Grenzfall großer n die Größenordnungsreihe

$$\underset{\text{I}}{\delta_1 \nu} \gg \underset{\text{II}}{\delta_2 \nu} \gg \underset{\text{III}}{\delta_3 \nu} \quad \text{IV}$$

Man hat nun *vier* Stadien der Paschen-Backverwandlung zu unterscheiden, je nachdem sich bei stetig abnehmender Feldstärke die Zeemanaufspaltung in den Bereichen I bis IV befindet. Außerachtlassung der Unterscheidung zwischen den Stadien II und III würde zu Ungereimtheiten führen. Auf die Notwendigkeit dieser Unterscheidung habe ich bereits im Juli Herrn *Hund brieflich* aufmerksam gemacht, und es ergaben sich dann aus seinen Ansätzen eindeutig die Werte der magnetischen Energien in diesen vier Stadien, die *Hund* wohl nächstens publizieren wird[e].

Es ist dies alles im besten Einklang mit dem vorgeschlagenen Ersatzmodell des Atoms. Natürlich ist dieses so zu verstehen, daß die Energiewerte nicht diejenigen der Theorie der Periodizitätssysteme sind, sondern aus geeignet gewählten Summenregeln folgen. *Es dürfte sich übrigens alles quantitativ von selbst richtig ergeben, wenn man auf die Hamiltonsche Funktion des Ersatzmodelles die neue Heisenbergsche Mechanik anwendet.* Damit wären dann auch die Übergangswahrscheinlichkeiten bestimmt. Zu einer bloß quantitativen Übersicht über die Auswahlregeln (bzw. Anwendung Ihrer Intensitätsformeln bei gleichförmiger Präzession) genügt natürlich der bloße Anblick des Modelles. Während der oben beschriebenen Umwandlung der 3+1- in die 2+2-Gruppierung gelten natürlich auch gewisse Summenregeln für die Intensitäten.

Einer besonderen Untersuchung bedarf noch der Fall, daß äquivalente n_k-Elektronen vorhanden sind. Hier gilt die Regel:

1. Die Fälle
{ erstes Elektr[on:] Wertepaar $m'_{\bar{k}}$, m'_i,
{ zweites Elektr[on:] Wertepaar $m''_{\bar{k}}$, m''_i

und
{ erstes El[ektron:] Wertepaar $m''_{\bar{k}}$, m''_i
{ zweites El[ektron:] Wertepaar $m'_{\bar{k}}$, m'_i

sind als identisch anzusehen.

2. Gleichzeitige Übereinstimmung sowohl des Wertes $m_{\bar{k}}$ als auch des Wertes von m_i bei zwei äquivalenten Elektr[onen] ist verboten. Ich weiß nicht, ob in diesem Fall das angegebene Ersatzmodell noch als naturgemäß angesehen werden kann. Umwandlungen wie die beim Sing[ulett]-Triplettsystem betrachtete, gibt es aber hier bei wachsender Atomnummer (und gleicher Elektronenzahl) natürlich auch, z.B. bei Sauerstoff (Sechserschale): 3+1+1-Gruppierung bei kleinen Z muß in 1+2+2-Gruppierung bei großen Z übergehen. Das Ersatzmodell hierfür ist mir noch nicht klar.

Damit scheint auch die Frage zusammenzuhängen, die Sie in Ihrem letzten Brief angeschnitten haben betreffend die Intensitäten der l-Übergänge in Zustände, wo äquivalente Elektronen vorhanden sind. Ich glaube, daß hier die Interkombinationslinien (bei denen r sich ändert), wesentlich mitberücksichtigt werden müssen. Es sind ja gerade die Resonanzlinien S_p bei den Erdalkalien auch viel stärker als die übrigen Interkombinationslinien.

Damit möchte ich diese zoologische Vorlesung beenden. Ja, etwas anderes als Zoologie war es nicht. Die Ersatzmodelle kranken ja alle an den Mängeln, die ich in den letzten Jahren immer gepredigt habe:

1. Es wird der „Zwang" nicht physikalisch interpretiert, sondern nur formal beschrieben durch Umdeutung der relativistischen Energieunterschiede in solche, die von der Orientierung der Vektoren abhängen und durch den berüchtigten doppelten Magnetismus.

2. Man hat infolgedessen hier immer zweierlei Modifikationen der klassischen Theorie, die als logisch unabhängig voneinander erscheinen. Man kann sie jetzt so kennzeichnen: a) Übergang von der klassischen zur Heisenbergschen Mechanik. b) Ersetzen der klassischen Hamiltonschen Funktion $H(p, q)$* durch die des Ersatzmodelles.

Man bekommt überdies aus meinem Ersatzmodell ebensowenig eine Begründung der Landéschen Intervallregel (Kosinusgesetz) wie aus den Heisenbergschen Schemata.

Ich halte daher die voranstehenden Überlegungen gegenüber der durch die letzte Heisenbergsche Arbeit geschaffenen Sachlage nicht für einen prinzipiellen Fortschritt. Sie ergänzen nur eine Lücke, die in die Heisenbergsche Formulierung gleichsam zufällig hineingeraten ist. Vielleicht sind aber meine Überlegungen doch nicht völlig wertlos, da sie mir die Übersichtlichkeit der ganzen Sachlage doch ein wenig zu erhöhen scheinen und die hier vorliegenden Probleme etwas klarer hervortreten lassen.

Da diese Überlegungen aber, wie gesagt, einen prinzipiellen Fortschritt nicht bringen, habe ich auch nicht die Absicht, sie ausführlicher zu publizieren, ich werde sie nur am Ende meines Artikels für das Springersche Handbuch kurz skizzieren[f]. Falls es Ihnen also Spaß machen sollte, den einen oder anderen Punkt hiervon näher auszuführen oder dem Ersatzmodell bei äquivalenten Elektronen weiter nachzuspüren, ist es mir recht!

Der erwähnte Artikel konvergiert jetzt Gott sei Dank seinem Ende zu und ich hoffe in 2 bis 3 Wochen von dieser Last endgültig befreit zu sein! Ich habe auch schon große Sehnsucht nach einer vernünftigen wissenschaftlichen Betätigung! Die Heisenbergsche Mechanik hat mir wieder Lebensfreude und Hoffnung gegeben. Die Lösung des Rätsels bringt sie zwar nicht, aber ich glaube, daß es jetzt wieder möglich ist, vorwärts zu kommen. Man muß zunächst versuchen, die Heisenbergsche Mechanik noch etwas mehr vom Göttinger formalen Gelehrsamkeitsschwall zu befreien und ihren physikalischen Kern noch besser bloßzulegen. Dann muß man einerseits versuchen, durch Vertiefung der Grundlagen auch den „Zwang" mit einzubegreifen und andererseits sie mit den Stoßerscheinungen in einen natürlichen Konnex zu bringen.

---

* Durch die Funktionsform ist nach der Heisenbergschen Mechanik jedes System vollkommen bestimmt. Alles übrige folgt dann rein mathematisch.

Was die letzteren betrifft, so habe ich mit der größten Freude die Nachschrift in Bohrs Arbeit gelesen[g]. Die Freude bezog sich nicht nur auf den Geist, in dem sie verfaßt ist, sondern auch auf viele Einzelheiten, die einen sehr treffenden Überblick über die Tiefe und Art der vorliegenden Probleme sowie auch manche Anregung geben, der einen oder anderen Frage näher nachzugehen.

Also viele Grüße an Prof. Bohr, ich möchte ihm nächstens gelegentlich schreiben, betreffend einen Abänderungsvorschlag für die Werte der Hauptquantenzahlen, der Terme der Spektren von Cu, Ag, Hg, Zn, Cd, Tl (die auf die Achtzehnerschale folgen). Ferner besonders herzliche Grüße an Heisenberg*, der hoffentlich bei der Ausarbeitung von Integrationsmethoden für seine Gleichungen weiterkommt. Schreiben Sie mir bitte, ob er mit dem Voranstehenden einverstanden ist, ferner wie es mit dem Institutsbau steht und drittens, was mit meiner Arbeit los ist[h]. Viele Grüße auch an Kramers, den ich im Grunde doch sehr liebe, besonders wenn ich an seine schöne Dispersionsformel denke.

Herzlichst

Ihr W. Pauli

* Besten Dank für seine Karte!

[a] Vgl. hierzu Paulis Brief [89]. [b] W. Heisenberg hatte in seiner Arbeit: Zur Quantentheorie der Multiplettstruktur und der anomalen Zeemaneffekte, Z. Phys. **32,** 841–860 (1925) (eingegangen am 10. April 1925) drei verschiedene Modellvorstellungen (von ihm als Schemata bezeichnet) zur Interpretation der damals noch unverstandenen Zweideutigkeit im Verhalten der Elektronen verwendet, auf die Pauli sich hier bezieht. [c] R. A. Millikan and I. S. Bowen: New light on two-electron jumps. Proc. Mat. Acad. Sci. Amer. **11,** 329–333 (1925). [d] P. Jordan: Bemerkungen zur Theorie der Atomstruktur. Z. Phys. **33,** 563–570 (1925). Eingegangen am 8. Juli 1925. [e] F. Hund: Zur Deutung verwickelter Spektren II. Z. Phys. **34,** 296–309 (1925). Eingegangen am 20. August 1925. Vgl. dort die Fußnote auf S. 306. [f] Pauli [1926]. Dort S. 269 ff. [g] N. Bohr: Über die Wirkung von Atomen bei Stößen. Z. Phys. **34,** 142–157 (1925). Eingegangen am 30. März 1925. In einer Nachschrift vom Juli weist Bohr auf die Unhaltbarkeit der Strahlungstheorie von Bohr-Kramers-Slater nach Bekanntwerden der Bothe-Geigerschen Versuche hin. [h] Es handelt sich um die Verzögerung des Druckes seiner Arbeit (1925 c). Vgl. hierzu auch den Brief [97] an Kramers.

Im Oktober arbeitete man in Göttingen eifrig an dem weiteren Ausbau der neuen Theorie. Heisenberg, der etwa bis zum 20. Oktober in Kopenhagen verweilte, unterhielt während dieser Zeit einen intensiven Briefwechsel mit Jordan und Pauli, so daß wir dadurch in der Lage sind, die Entstehung der sog. „Dreimännerarbeit“[1] zu verfolgen[2]. Ein großer Teil der in den folgenden Briefen [101], [102], [103] und [105] enthaltenen Betrachtungen findet man auch in ausgearbeiteter Form in der erwähnten Abhandlung wieder.

Unabhängig von den Arbeiten der Göttinger Gruppe ging Pauli an die Lösung des Kardinalproblems der neuen Quantenmechanik und lieferte eine Theorie des Wasserstoffatoms[3] auf dieser Grundlage [103]. Es gelang ihm nicht nur die bewährten Ergebnisse der Bohrschen Theorie zu reproduzieren, sondern auch die Schwierigkeiten bei den sog.

Pendelbahnen und dem Verhalten in gekreuzten elektrischen und magnetischen Feldern auf natürliche Weise aufzulösen [106]. Die Berechnung der Linienintensitäten mußte allerdings noch zurückgestellt werden.

[1] M. Born, W, Heisenberg und P. Jordan: Zur Quantenmechanik II. Z. Phys. **35,** 557–615 (1926). Eingegangen am 16. November 1925. Als „3-Männerarbeit" wird diese Arbeit von Heisenberg z. B. in [102] erwähnt.
[2] Vgl. hierzu B. L. van der Waerdens Einleitung zu „Sources of Quantum Mechanics". Amsterdam: North-Holland Publishing Co. 1967. Dort findet man auch zahlreiche Auszüge aus der Korrespondenz Heisenberg-Jordan.
[3] Pauli (1926a). Eine historische Darstellung von Heisenberg: „Die Zeit der Entwicklung der Quantenmechanik" ist als Beitrag auf S. 40–47 zum Pauli-Memorial-Volume: Theoretical Physics in the Twentieth Century, New York: Interscience Publishers Inc. 1960, enthalten. Vgl. dort insbesondere S. 43ff.

[101] Heisenberg an Pauli

Kopenhagen, 12. Oktober [1925]

Lieber Pauli!

Ich glaub' ich bin Ihnen noch immer einen Brief schuldig. In der Quantenmechanik gibt es einige Neuigkeiten[a]: Die allgemeine kanonische Transformation lautet:

$$P_k = S p_k S^{-1}$$
$$Q_k = S q_k S^{-1}.$$

Setzt man $S = e^{1+\lambda\varphi_1+\lambda^2\varphi_2};\ldots,$ so ergibt sich die Störungstheorie, von der ich schrieb. Ferner, die allgemeine Integrationsmethode lautet offenbar: Man soll eine Transformationsfunktion S finden, die

$$H(p_k, q_k) = S^{-1} H'(P_k, Q_k) S = W$$

(H' ist der *Form* nach dieselbe Funktion von PQ wie H von pq) überführt in eine Diagonalmatrix. Dies Problem ist (was ich nicht ausführlicher schreiben will) äquivalent mit einer Hauptachsentransformation bei unendlich vielen Variabeln, d. h. einem System unendlich vieler homogener linearer Gleichungen. Die Energiewerte W_n sind die Eigenwerte dieses Problems und können diskret und kontinuierlich verteilt sein. Die Vielfachheit eines Eigenwertes gibt das statistische Gewicht.

Übrigens haben wir auch einige mehr oder weniger spezielle Resultate gewonnen: Bei Systemen mit Achsensymmetrie ist der Impuls um die Achse ein ganzzahliges oder halbzahliges Vielfache von $\frac{h}{2\pi}$ so, daß die möglichen Zustände symmetrisch um Null liegen und eine lückenlose Reihe bilden (Ausschluß der Null unmöglich), deren Glieder sich um $\frac{h}{2\pi}$ unterscheiden.

Übrigens glaub' ich von Ihrer Theorie des Zwanges doch kein Wort mehr. Zwar ist es sicher so, daß er beim Wasserstoff auch da ist, aber ich glaub' nicht, daß er das geringste mit dem Kern zu tun hat, sondern *vielleicht* schon innerhalb des Schimmels liegt. Denn nach der Quantenmechanik gilt z. B. das Larmortheorem im allgem[einen] nicht. Z. B. beim Wasserstoff ist selbst für die Bahnen im Normalzustand eine relativ große Wahrscheinlichkeit vorhanden, durch Absorption zum freien Elektron überzugehen, und für die freien Elektronen gilt das Larmortheorem gewiß nicht. Also ist es zunächst klar , daß es allgemein nicht gilt, man kann aber natürlich nicht wissen, ob dieser Gesichtspunkt helfen kann, die wirklichen Zeemaneff[ekte] zu verstehen. Beim Oszillator gilt das Larmortheorem natürlich doch.

Aus Ihrem Brief an Kronig sah ich mit Bewunderung, mit welcher Virtuosität Sie die Orgel der Zoologie zu spielen verstehen: Variationen über eine alte Weise. Übrigens ist mir Ihr Modell 1925 – 10[b] nicht neu, wir haben doch damit schon früher gerechnet (z. B. wie wir über meine Arbeit diskutierten). Aber ich bin mit allen Ihren Überlegungen völlig einverstanden. Was das Hinscheiden der Quantenzahl *i* betrifft, so weine ich ihr keine Träne nach, möge die ganze Zoologie ihr folgen! Sollte die an mich gekommene Todesanzeige von Ihnen stammen, vielen Dank! Ein guter Witz in Ehren![c]

Betreffend Ihrer beiden letzten Briefe muß ich Ihnen noch eine Predigt halten, und Sie entschuldigen, wenn ich auf Bayrisch fortfahre: Es ist wirklich ein Saustall, daß Sie das Pöbeln nicht aufhören können. Ihre ewigen Schimpfereien auf Kopenhagen und Göttingen sind einfach ein schreiender Skandal. Sie werden uns doch lassen müssen, da wir jedenfalls nicht mit bösem Willen die Physik zu ruinieren trachten; wenn Sie uns vorhalten, daß wir so große Esel seien, daß wir doch nie etwas physikalisch Neues fertig brächten, so mag das richtig sein. Aber dann sind Sie doch ein ebenso großer Esel, weil Sie's auch nicht fertig bringen . . . (Die Punkte bedeuten einen Fluch von etwa zwei Minuten Dauer!)

Nichts für ungut und viele Grüße

W. HEISENBERG

[a] Vgl. für das folgende insbesondere die a. a. O. zitierte Arbeit von B. L. van der Waerden und die sog. „Dreimännerarbeit". [b] Vgl. den Brief [100]. Paulis Modell 1925 – 10 dürfte die in diesem Brief dargestellte Deutung der Interkombinationslinien betreffen. Vgl. auch die Postkarte [107]. [c] Ähnliche Todesanzeigen verfaßte Pauli auch noch später. So schrieb er nach Bekanntwerden der Experimente zur Nichterhaltung der Parität an einige Kollegen: „Es ist uns eine traurige Pflicht, bekannt zu geben, daß unsere langjährige liebe Freundin PARITY am 19. Januar 1957 nach kurzem Leiden bei weiteren experimentellen Eingriffen sanft entschlafen ist. Für die Hinterbliebenen e, μ, ν."

[102] Heisenberg an Pauli

Göttingen, 23. Oktober [1925]

Lieber Pauli!

Vielen Dank für Ihre Karte; allerdings war es unvorsichtig von Ihnen, zu schreiben, daß Sie einen *noch* so groben Brief stets ruhig aufnehmen würden, da Sie den Brief ja noch nicht bekommen hatten. Die Geschichte dieses in einem momentanen Wutanfall (über meine eigene Dummheit) verfaßten Briefes ist die: Auf Ihren Brief an Kronig schrieb ich Ihnen, was ich zu Ihren Modellen dächte; das war sehr wenig, weil ich über diese Fragen im Augenblick nicht mehr nachdenken mag. Ferner schrieb ich einige neue Ergebnisse aus der Quantenmechanik. Schließlich fiel mir der Schluß Ihres Briefes im Zusammenhang damit ein, daß ich 3 Tage lang über kontinuierliche Spektra[a] nachgedacht hatte und nichts verstand, und veranlaßte mich zu dem bewußten Schluß. Den Brief gab ich Kronig[b], er solle ihn mit seinem Brief mit an Sie schicken. Nun hoff' ich, Sie haben den Brief inzwischen bekommen, es war doch wenigstens ehrlich gemeint. Also auf die zoologischen Fragen möcht' ich jetzt nicht eingehen, da ich neulich schon darüber schrieb. Übrigens will Hund in diesem Semester ein Lehrbuch der Zoologie schreiben, ich weiß nicht, ob das eine gute oder eine heldenmütige Idee ist[c].

Im Augenblick bin ich fast ausschließlich mit der Quantenmechanik beschäftigt, und ich zweifle noch stark, ob das Problem, diese 3-Männerarbeit zu schreiben, überhaupt eine Lösung hat in endlicher Zeit. Aber ich möchte so gern Ihre Meinung hören über den Entwurf, der allerdings schrecklicherweise nur etwa $\frac{1}{3}$ des Endumfangs erreicht. Der wichtigste Teil der Arbeit scheint mir trotz des mathematischen Charakters die Hauptachsentransformation[d]; sie ist natürlich nur als Integrationsmethode gedacht und hilft auch dafür bis jetzt nur wenig, aber sie ist doch formal sehr schön. Wir haben jetzt auch die Frage der kontinuierlichen Spektra vom Standpunkt dieser math[ematischen] Theorie aus durchgearbeitet, am Anfang sieht es sehr wüst aus, später merkt man, daß die Rechnungen keineswegs schlimmer sind, als etwa die bei Fourierintegralen; aber das Schlimmste ist, daß ich über den Übergang in die klassische Theorie nie Klarheit bekommen kann.

Freude gemacht hat mir eine spezielle Frage: Wirkung zeitlich veränderlicher äußerer Kräfte auf das Atom. Wenn man sich dies Problem sauber durchüberlegt, so ergibt sich, daß eben in der Annäherung, in der es erlaubt ist, wirklich von „äußeren" Kräften zu reden (also die Rückwirkung zu vernachlässigen), für die von diesen Kräften herrührenden periodischen Glieder (z.B. in den Koordinaten; die äußere Kraft sei etwa periodisch $\cos 2\pi\nu_0 t$) die Rechenregeln der *klassischen* Theorie gelten; daß man ferner unter allen Umständen die *erste* Ordnung der Wirkungen der äußeren Kräfte rechnen kann, auch wenn eigentlich die Rückwirkung wesentlich ist

(Dispersion); daß man aber bei der Wechselwirkung zweier Atome nie die zweite Ordnung berechnen darf, ohne die Rückwirkung zu beachten, z. B. auch nicht in der Dispersion. (Also ist wohl auch die Arbeit von Nordheim, Zeitschrift für Physik **33,** 12. Heft[e], unrichtig.)

Eine dritte Sache, die Jordan für unsere Arbeit gemacht hat, ist die Berechnung des statistischen Verhaltens der Eigenschwingungen, etwa einer Membran, in der neuen Theorie[f]. J[ordan] behauptet, daß man für die Interferenzschwankungen eben das richtige, d. h. sowohl das klassische, wie das Einsteinsche Glied bekäme, und glaubt eine Analogie unserer Rechnungen mit der Bosestatistik zu sehen. Ich bin darüber etwas unglücklich, da ich nicht genug Statistik verstehe, um zu beurteilen, ob etwas vernünftiges dran ist; aber ich kann auch nicht Kritik üben, weil mir die Fragestellung selbst und die Rechnungen sinnvoll vorkommen.

Aber schreiben Sie mir bald Ihre Meinungen wenn Sie Zeit und Lust haben.

Viele Grüße ans ganze Institut!

W. Heisenberg

[a] Vgl. hierzu die späteren Ausführungen in der im Kommentar unter 1 zitierten Abhandlung. Dort S. 590ff. [b] Vgl. hierzu eine Postkarte von Heisenberg an Kronig vom 31. Oktober 1925. (SHQP, MF. 16.) [c] Anstatt des „Lehrbuches über Zoologie" verfaßte F. Hund später das bekannte Werk über: Linienspektren und Periodisches System der Elemente. Berlin: Julius Springer 1927. [d] Auf diesen Satz soll Pauli in einem verlorenen Antwortschreiben erwidert haben: „Für dieses trotz könnte ich Sie umarmen!" Vgl. P. Jordans Aufsatz: Wolfgang Pauli, in dem Sammelband über die Nobelpreisträger, erschienen im Verlag Fratelli Fabbri Editori. Milano 1968. [e] L. Nordheim: Zur Frage der Polarisation des Streu- und Fluoreszenzlichtes. Z. Phys. **33,** 729–740 (1925). Eingegangen am 17. Juli 1925. [f] Vgl. hierzu den letzten Paragraphen des 4. Kapitels der „Dreimännerarbeit".

[103] Heisenberg an Pauli

Göttingen, 3. November [1925]

Lieber Pauli!

Vielen Dank für Ihre beiden Briefe. Ich brauche Ihnen wohl nicht zu schreiben, wie sehr ich mich über die neue Theorie des Wasserstoffs[a] freue und wie sehr ich es bewundere, daß Sie diese Theorie so schnell herausgebracht haben. Auf Ihren ersten Brief hin hatte ich auch gleich die Rechnung mit den 3 Dimensionen versucht, und war heut' nachmittag eben mit dem Auswerten der letzten Gleichungen und der Elimination der vielen möglichen Rechenfehler beschäftigt, als der Postbote eintrat und meine Arbeit überflüssig machte. Ich wäre Ihnen übrigens dankbar, wenn Sie mir diese letzten Rechnungen, d. h. den Übergang von den Formeln

$$1-(A_x^2+A_y^2+A_z^2)=-\frac{W}{Rh}\left(k^2+\frac{h^2}{4\pi^2}\right)$$

usw. zur endgültigen Balmerformel einmal schreiben könnten.

Zu Ihren Rechnungen möcht' ich noch einige Bemerkungen machen.

1. Ihre Vermutung, daß sich die quantentheoretische Energie von der klassischen $H(J_1, J_2, \ldots)$ immer nur in der Weise $H(J_1+\varepsilon_1, J_2+\varepsilon_2, \ldots)+\text{Const.}$ unterschiede, scheint mir nicht richtig; diese Vermutung stimmt ja schon beim anharmonischen Oszillator *nicht*. (Vgl. die Formeln in meiner Arbeit.[b])

Ferner zur Quantelung von k: Für die Neubearbeitung unserer Arbeit (II)[c] hatte ich mir neulich einige Sätze überlegt; so z. B. kann man beweisen, daß bei einem beliebigen Atom der Gesamtimpuls P immer die Form hat $P^2=j(j+1)$. Dies stimmt mit Ihrer Quantelung von k.{Es ist doch nett, daß Landés $\tilde{J}$ (lies: „J verschwommen") doch den Gesamtimpuls darstellt.} Für j gelten die Auswahlregeln. Im Falle des Wasserstoffs kommen die Sprünge $\Delta j=0$ nicht vor. Für die Sprünge von m gelten stets die Goudsmit-Kronigschen Intensitäten[d]; j und m können stets nur entweder ganz- oder halbzahlig sein. Alle diese Sätze lassen sich ganz elementar beweisen.

Mit Ihrem Einwand gegen die Einführung der Hyperbelbahnen zur Erklärung des Zeemaneffekts[e] bin ich schon einverstanden; es scheint mir auch reichlich unwahrscheinlich, daß diese Hyperbeln schon genügen, um alle Scheußlichkeiten der Kopplung zu erklären; aber es ist ja noch nicht ganz sicher, daß es nicht geht.

Nun nochmals den herzlichsten Glückwunsch für Ihre Theorie, viele Grüße an Stern, Lenz, Minkowski und bes[onders] Kramers

Ihr W. HEISENBERG

[a] Pauli (1926 a). Siehe dort S. 351 ff. Vgl. hierzu auch den Kommentar von B. L. van der Waerden in der erwähnten Einleitung. [b] W. Heisenberg: Über quantentheoretische Umdeutung kinematischer und mechanischer Beziehungen. Z. Phys. **33,** 879–893 (1925). [c] Es handelt sich um die Umarbeitung der Dreimännerarbeit, die nach Borns Abreise am 28. Oktober nach Amerika von Heisenberg und Jordan durchgeführt wurde. Vgl. die a.a.O. zitierte Einleitung von B. L. van der Waerden und den Brief [105]. [d] Goudsmit und R. de L. Kronig: Die Intensität der Zeemankomponenten. Naturwiss. **13,** 90 (1925). Signiert Leiden, den 17. Dezember 1924. Die gleichen Formeln hatte auch H. Hönl gefunden: Die Intensitäten der Zeemankomponenten. Z. Phys. **31,** 340–354 (1925). Eingegangen am 26. November 1924. [e] Diese Ideen sind ebenfalls in der „Dreimännerarbeit" aufgenommen. Dort S. 605 ff.

Paulis Erfolge bei der Behandlung des Wasserstoffatoms[1] wurden schnell bekannt. Über Kramers erfuhr Bohr davon [104], aber auch in England war man schon vor dem Eingang der Arbeit am 17. Januar 1926 darüber unterrichtet[2]. Während seiner Amerikareise trug Max Born dort im Wintersemester 1925/26 am Massachusetts Institute of Technology in der 17. Vorlesung über „Paulis Theorie des Wasserstoffatoms" vor[3]. Unabhängig gelangte Dirac in England fast gleichzeitig mit Pauli zu den gleichen Ergebnissen beim Wasserstoffproblem[4].

[1] Pauli (1926 a).

[2] Vgl. hierzu den Brief R. H. Fowlers an Bohr vom 4. Dezember 1925 (BSC. MF. 10). Dort heißt es: „I have of course been intensely interested in Heisenberg's new theory, thanks to Dirac I have expected

rapid development on those lines, but Pauli's work on hydrogen has got ahead magnificently – much faster than I expected to hear of at first."

[3] Vgl. M. Born: Probleme der Atomdynamik. Berlin: Julius Springer 1926. Dort S. 98–103.

[4] P. A. M. Dirac: Quantum Mechanics and a Preliminary Investigation of the Hydrogen Atom. Proc. Roy. Soc. A **110**, 561–569 (1926). Eingegangen am 22. Januar 1926.

[104] Bohr an Pauli

[Kopenhagen], 13. November 1925

[Maschinenschriftlicher Durchschlag]

Kære Pauli,

Jeg hørte fra Kramers til min store Glæde, at det er lykkedes Dem at udlede Balmerformlen. Jeg er meget spændt paa at høre nærmere om denne Bedrift og haaber, at De, som De har lovet Kramers, snart skriver nærmere til mig om det. Jeg sender samtidig til Dem Manuskriptet til en Udarbejdelse af et Foredrag, som jeg maatte holde ved den skandinaviske Matematikerkongres i Sommer. Jeg sendte forleden Artiklen til Naturwissenschaften, idet jeg tænkte, at en saadan „Bekendelse" paa det nuværende Tidspunkt maaske kunde have Interesse. Jeg længes meget efter at tale med Dem, og haaber paa Gennemrejsen til Holland, hvor jeg skal være til Stede til Lorentz's Doctorjubilæum d. 11. December, at træffe Dem i Hamburg. Jeg vil derfor være glad, om De vilde fortælle mig, hvornaar De rejser bort fra Hamburg paa Juleferie.

Med mange venlige Hilsener fra os alle og især fra Deres hengivne

[Niels Bohr]

Übersetzung von [104]

Lieber Pauli!

Ich hörte von Kramers zu meiner großen Freude, daß es Ihnen geglückt ist, die Balmerformel herzuleiten. Ich bin sehr gespannt darauf, Näheres über diese Tat zu hören und hoffe, daß Sie, wie Sie Kramers versprochen haben, mir bald Näheres darüber schreiben. Ich schicke Ihnen gleichzeitig das Manuskript einer Ausarbeitung eines Vortrages[a], den ich auf dem skandinavischen Mathematikerkongreß im Sommer[b] halten mußte. Ich sandte vor kurzem den Artikel an die Naturwissenschaften, da ich dachte, daß solch ein „Bekenntnis" zum jetzigen Zeitpunkt vielleicht von Interesse sein könnte.

Ich sehne mich sehr danach, mit Ihnen zu sprechen und hoffe, Sie in Hamburg auf der Durchreise nach Holland zu treffen, wo ich zu Lorentz' Doktorjubiläum am

11. Dezember anwesend sein soll[c]. Ich wäre deshalb froh, wenn Sie mir sagen würden, wann Sie von Hamburg in die Weihnachtsferien reisen werden.

Mit vielen freundlichen Grüßen von uns allen und besonders von Ihrem ergebenen

[Niels Bohr]

[a] N. Bohr: Atomtheorie und Mechanik. Naturwiss. **14,** 1 – 10 (1926). Dieser Aufsatz erschien zuerst (mit einigen Änderungen) in englischer Sprache in Nature **116,** 845 (1925). Bohr gibt hier zum ersten Mal einen Überblick über den „Versuch einer rationellen Quantenmechanik". [b] Dieser Kongreß fand vom 31. August bis zum 4. September 1925 in Kopenhagen statt. Bohr hielt seinen Vortrag am 31. August, gab aber später aus Versehen den 30. August an. [c] Auf diesem 50. Doktorjubiläum von H. A. Lorentz in Leiden, bei dem u. a. auch Einstein anwesend war, unterbreiteten ihm Samuel A. Goudsmit und George E. Uhlenbeck ihre vor kurzem geborene Hypothese vom Elektronenspin. Vgl. hierzu die „Persönlichen Erinnerungen" von G. E. Uhlenbeck in Physics Today, Juni 1976, S. 43 – 48.

[105] Heisenberg an Pauli

Göttingen, 16. November 1925

Lieber Pauli!

Haben Sie vielen Dank für Ihren letzten Brief. Hier schicke ich Ihnen die „endgültige" Fassung unserer Arbeit und ich wär' sehr froh, wenn Sie mir kurz schrieben, ob Sie noch Bedenken oder sonstige Bemerkungen haben. Ich hab' mir alle Mühe gegeben, die Arbeit physikalischer zu machen, als sie war und bin so halb zufrieden damit[a]. Aber ich bin immer noch ziemlich unglücklich über die ganze Theorie und war so froh, daß Sie mit der Ansicht über Mathematik und Physik so ganz auf meiner Seite stehen. Hier bin ich in einer Umgebung, die genau entgegengesetzt denkt und fühlt und ich weiß nicht, ob ich nur zu dumm bin, um Mathematik zu verstehen. Göttingen zerfällt in zwei Lager, die einen, die, wie Hilbert (oder auch Weyl in einem Brief an Jordan[b]) von dem großen Erfolg reden, der durch die Einführung der Matrizenrechnung in die Physik errungen sei, der andere, der, wie Franck, sagt, daß man die Matrizen doch nie verstehen könne. Ich bin immer wütend, wenn ich die Theorie nur unter dem Namen Matrizenphysik genannt höre und hatte eine Zeit lang ernstlich vor, das Wort Matrix ganz aus der Arbeit zu streichen und durch ein andres z. B. „quantentheor[etische] Größe" zu ersetzen. (Übrigens ist Matrix wohl eines der dümmsten mathematischen Wörter, die es gibt.) Auch weiß ich nicht, ob man nicht die Hauptachsentransformation ganz herauswerfen sollte; denn wie man *wirklich* integriert, haben Sie beim Wasserstoff gezeigt, und das andere ist also doch nur formaler Kram.

In letzter Zeit hab' ich viel über Kopplung und Strahlung nachgedacht und ich hab' doch Hoffnung, daß sich aus der neuen Theorie einige Aufschlüsse über die

Kopplung werden gewinnen lassen. Der Ausgangspunkt der Überlegungen war etwa der, daß Einsteins Lichtquantentheorie ja ganz aus der Berechnung des Schwankungsquadrats entstanden war; daß man also durch eine genaue Analyse der Gründe, die in der neuen Theorie zum richtigen Schwankungsquadrat führen, auch alle für die Lichtquantentheorie wesentlichen Züge wird wiederfinden können. Allerdings hab' ich bis jetzt noch große gedankliche Schwierigkeiten. Doch kann man z. B. schon sagen, was bei dem Bohrschen Gedankenexperiment über Molekularstrahlen[c] herauskommen muß.

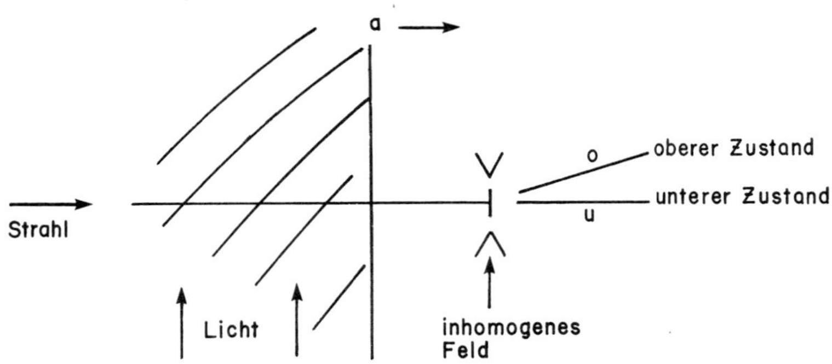

Es werden die im Strahl leuchtenden Atome nur *im Lichtfeld* in Phase sein, nachher (also von *a* ab) strahlen nur die Atome im „oberen" Zustand (und zwar ohne Phase), also strahlt auch nur der Strahl *o*, wie nach der Lichtquantentheorie zu erwarten. Genau dasselbe tritt ein, wenn das einfallende Licht (links von *a*) eine von der Eigenfrequenz der Atome verschiedene Frequenz hat (nur sind dann rechts von *a* die Atome in oberen Zuständen sehr selten).

Übrigens soll es doch eine Arbeit von Stern und Vollmer[d] geben, in der alles über Strahlung steht, was man mit abwechs[elnder] Benützung der beiden Theorien machen kann; wo steht die eigentlich?

Auch über den „Zwang" habe ich etwas nachgedacht und ich hab' doch immer wieder die Hoffnung, er könnte erst bei der Kopplung zweier (oder mehrerer) Elektronen hereinkommen (und zwar eben durch Ihr Verbot der äquivalenten Bahnen). Mich würde es sehr interessieren, zu hören, ob Sie inzwischen eine Theorie der Relativität und des Zeemaneffekts bei Wasserstoff haben. (Der Starkeffekt geht wohl ohne weiteres.)

Grüßen Sie bitte Ihr ganzes Institut! Im Januar werd' ich wahrscheinlich wirklich einmal nach Hamburg kommen, weil ich in – Stade (!!) – einen populären Vortrag halten soll (pecuniae causa).

Ihnen selbst viele Grüße!

W. HEISENBERG

[a] Vgl. hierzu die Fußnote *e* von [103]. [b] Vgl. hierzu die Briefe H. Weyls vom 27. September und 13. November 1925 an Jordan. (SHQP: Microfilm 18, Jordan Correspondence, 1923 – 30). [c] Die endgültige

Erklärung dieses Bohrschen Gedankenexperimentes gab schließlich Werner Heisenberg. Vgl. Brief [154] und die darauf folgende Abhandlung (Fußnote *d* vom [154]). [d] O. Stern und M. Volmer: Über die Abklingungszeit der Fluoreszenz. Physik. Z. **20,** 183 – 188 (1919). Eingegangen am 23. Januar 1919. Vgl. hierzu auch Pauli [1926], dort insbesondere S. 100.

[106] Pauli an Bohr

Hamburg, 17. November 1925

Sehr verehrter, lieber Herr Professor!

Sie haben mir mit der Zusendung des Manuskriptes Ihres Vortrages, das ich mit Interesse und Vergnügen gelesen habe, und mit Ihrem Brief[a] eine sehr große Freude gemacht, denn ich sehe daraus, daß Sie noch öfters an mich denken. Über den Inhalt Ihres Vortrages bin ich im allgemeinen sehr froh, nur bei zwei noch zu erwähnenden Punkten habe ich kleine, unbefriedigte Wünsche.

Beiliegend sende ich Ihnen eine kurze Zusammenfassung meiner Rechnungen über das Wasserstoffatom vom Standpunkt der neuen Göttinger Quantentheorie[b]. Außer der Balmerformel und dem Starkeffekt (leider ist es mir noch nicht gelungen, die Energiewerte der relativistischen Feinstruktur zu berechnen) ergab sich als wichtigstes Resultat die folgende Termmannigfaltigkeit bei Aufhebung der Entartung durch eine zusätzliche Zentralkraft und ein achsensymmetrisches Kraftfeld: Normalzustand

$E_1=-\frac{Rh}{1^2}$	$E_2=-\frac{Rh}{2^2}$	$E_3=-\frac{Rh}{3^2}$
$k=m=0$	$m=\quad 0 \quad (k=0)$ $m=-1\ \ 0\ \ 1\ (k=1)$	$m=\quad 0 \quad (k=0)$ $m=\ -1\ \ 0\ \ 1 \quad (k=1)$ $m=-2\ -1\ \ 0\ \ 1\ \ 2 \quad (k=2)$,

allgemein für jedes k (ganzzahlig), läuft m von $-k$ bis $+k$ und im n-quantigen Zustand kann k die Werte 0, 1, 2, . . . n-1 annehmen. Es bedeutet darin $m\frac{h}{2\pi}$ die Impulskomponente parallel dem Kraftfeld. k ist eine Nummer, welche die verschiedenen Zustände der relativistischen Feinstruktur unterscheidet und der Auswahlregel $\Delta k=\pm 1$ gehorcht, wenn das äußere Kraftfeld schwach ist bzw. verschwindet. Das neue an dieser Termmanigfaltigkeit ist dieses, daß der Wert $m=n$ nicht auftreten kann. Es folgt dies alles von selbst, ohne weitere Zusatzannahme aus den Grundlagen der neuen Theorie. Entsprechend folgt für den Starkeffekt, daß der Wert $s=n$ der Starkeffektquantenzahl von selbst nicht auftritt, wie dies der Erfahrung entspricht. *Die Schwierigkeiten in gekreuzten Feldern fallen vollständig fort.*

Und hier möchte ich noch einiges über diese Schwierigkeiten bemerken, von denen auch in Ihrem Vortrag[c] die Rede ist. Ich wäre froh, wenn Sie noch einige Sätze (oder, wenn Sie das vorziehen, die Verlängerung eines vorhandenen Satzes) hinzufügen würden, in denen erläutert wird, worin diese Schwierigkeit eigentlich besteht. Es wird, glaube ich, nicht genügend betont, daß die Wurzel dieser Schwierigkeiten die vom Standpunkt der Quantisierungsregeln willkürlichen zusätzlichen Verbote von Pendelbahnen sind. Ich meine damit nicht so sehr speziell das Ausschließen von $m=0$ in achsensymmetrischen Feldern, sondern schon das Ausschließen von $k=0$ in der Sommerfeldschen Theorie der relativistischen Feinstruktur. Dieses war die Ursache allen Übels und die Erbsünde aller auf den Quantisierungsregeln für Periodizitätssysteme beruhenden Betrachtungen über das Wasserstoffatom. Das Verbot von $m=0$ war dann nur die logisch notwendige Folge dieses ersten Verbotes und die adiabatischen Prozesse in gekreuzten Feldern stellen nur besonders deutliche schlimme Folgen des Verbotes von $k=0$ bei der Feinstruktur dar, das einerseits notwendig war, um der Erfahrung gerecht zu werden, andererseits theoretisch gänzlich unbegründet war. (Man kann übrigens, ganz abgesehen vom Fall der gekreuzten Felder, vollständig harmlose Zustände des anisotropen harmonischen Oszillators in diese Pendelbahnen der relativistischen Feinstruktur adiabatisch überführen, ohne durch ein entartetes System hindurchzugehen.) Und doch: niemand hätte damals die Erbsünde des Pendelbahnverbotes, in dem ich eine Begrenzung der Anwendbarkeit der Theorie der Periodischen Systeme erblicke, vermeiden können, denn die Erlösung von ihm ist um keinen geringeren Preis zu erzielen als dem des Verzichtes auf mechanische, raum-zeitliche Bilder der stationären Zustände des Wasserstoffatoms. Da in der neuen Heisenbergschen Quantenmechanik solche Zusatzverbote beim Wasserstoffatom nicht auftreten, fallen auch die Schwierigkeiten in gekreuzten Feldern fort. Das Gewicht des n-quantigen Zustandes wird gleich n^2.

So schön und geschlossen das Resultat der Anwendung der Heisenbergschen Quantenmechanik auf das Wasserstoffatom, das insbesondere zur Konsequenz hat, daß der Normalzustand de[s] Wasserstoffatoms unmagnetisch sein sollte – auch ist, so halte ich es doch nicht für endgültig. Es wäre ja gewiß eine logische Möglichkeit, daß die von Ihnen unter der Bezeichnung „Zwang" zusammengefaßten Züge des Atombaues erst bei Atomen mit mehreren Elektronen auftreten. Dennoch habe ich das bestimmte Gefühl (logisch beweisen kann ich es nicht), daß der Unterschied zwischen den Atomen mit einem Elektron und denen mit mehreren Elektronen bezüglich des Vorhandenseins des Zwanges vielfach gewaltig übertrieben wird. Insbesondere glaube ich, daß man, wenn man den Versuch der Ablenkung von H-Atomstrahlen in inhomogenen Magnetfeldern machen würde (zu dem ich Stern bisher leider nicht bewegen konnte[d]) dasselbe sehen würde, wie beim Ag-Atom, nämlich ± 1 Magneton und *nicht* unmagnetische Atome. Allgemein glaube ich, daß sich die Wirklichkeit von den aus dem jetzigen Fundament der Heisenbergschen Theorie für das Wasserstoffatom abzuleitenden Resultaten dadurch unterscheidet, daß zu jedem Bahnterm $E_n = -\frac{Rh}{n^2}$ statt n^2 in Wahrheit $2n^2$ Zustände vorhanden sind und zwar so, daß zu jedem Energiewert der „zwanglosen" Heisenbergschen Theorie im Magnetfeld noch das die Termzahl verdoppelnde Anhängsel $\pm 1 \cdot$ Larmomorfreq[uenz] $\times h$ hinzutritt.

Ich könnte mich der Auffassung von der grundsätzlichen Verschiedenheit der Atome mit einem Elektron von denen mit mehreren Elektronen bezüglich des Zwanges[e] dann anschließen, wenn man eine Theorie mit einheitlicher Grundlage aufstellen könnte, aus der einerseits beim H-Atom Zwanglosigkeit, andrerseits bei den Alkalien der empirisch gefundene anomale Zeemaneffekt richtig folgen würde. Bei der jetzigen Fassung der Heisenbergschen Theorie ist dies jedoch nicht der Fall, sie führt immer zum Larmortheorem und ich glaube ziemlich sicher sagen zu können, daß sie beim He zu einem statt zu zwei Termsystemen führen wird. Denn das Auftreten von zwei Termsystemen ist eng an die Möglichkeit von zwei Zuständen des Normalzustandes des Wasserstoffatoms in einem äußeren Kraftfeld geknüpft.

Welche Grundlagen der Heisenbergschen Theorie soll man nun modifizieren? Man kann ihre jetzigen Grundlagen am besten so darstellen, daß neben den Regeln $pq - qp = \frac{h}{2\pi i}$ und der Frequenzbedingung der Energiesatz $H(pq) = W$ (Diagonalmatrix) eingeführt wird. Die Bewegungsgleichungen ergeben sich dann als Folge. (Es wäre, glaube ich, schön, wenn Sie *diese* Darstellung der Theorie dem letzten Teil Ihres Vortrages zu Grunde legen würden.) Nun ist es zwar der einfachste Ansatz und auch im Hinblick auf die asymptotische Übereinstimmung mit der klassischen Theorie im Grenzfall großer Quantenz[a]hlen natürlich, zunächst für die Energiefunktion $H(pq)$ stets die klassische Form anzusetzen. Man kann aber daran denken, im Hinblick auf den Zwang und den anomalen Zeemaneffekt (unter Beibehaltung der Regeln $pq - qp$ und der Frequenzbedingung) andere Funktionen $H(p, q)$ als die klassische einzuführen. Das Problem wäre dann aber natürlich, dies in willkürfreier und natürlicher Weise zu tun.

Wenn auch die jetzige Form der Heisenbergschen Theorie noch keine vollständige Grundlage für eine Theorie des Atombaues liefert, so hat sie doch – von dem ungeheuren prinzipiellen Fortschritt, den ich herzlich begrüßt habe und restlos bewundere, ganz abgesehen – wenigstens einen Teil der Schwierigkeiten, die bei der Theorie der Multipletts und ihrer Zeemaneffekte auftraten, seiner Schrecken beraubt. Erstens können, wie die Göttinger kürzlich gezeigt haben, die Regeln für die Intensität der Zeemankomponenten aus der Theorie abgeleitet werden[f]. Zweitens ergibt sich im Fall der bereits ohne Zwang behandelbaren Umwandlung der relativistischen Feinstruktur in den Starkeffekt bei anwachsender Stärke des elektrischen Feldes, die seinerzeit von Kramers behandelt wurde und die weitgehende Analogien zum Paschen-Backeffekt zeigt, die von mir vermutete* Summenregel

* Ich schrieb sie vor einigen Monaten an Heisenberg nach Kopenhagen.

für die Energiewerte, die zur magnetischen Summenregel analog ist, nach neueren Rechnungen von mir tatsächlich aus der Heisenbergschen Theorie. Dies läßt analoges auch für die Summenregel beim Paschen-Backeffekt bei geeigneter Wahl der Hamiltonschen Funktion erhoffen.

Nun noch einiges über prinzipielle Fragen, die durch die neue Theorie noch offen gelassen werden. Diese Theorie ist zunächst nur auf solche Fälle zugeschnitten, wo alle Teilchen in endlichen Räumen bleiben, sie paßt z. B. in ihrer jetzigen Formulierung noch nicht auf Stoßerscheinungen und auf das Problem; Koppelung und Interferenz gleichzeitig zu begreifen. Überhaupt haben wir noch keine logisch einheitliche Theorie, die im Grenzfall großer Quantenzahlen *alle* Anwendungen der klassischen Theorie in sich schließt. Vielleicht trifft Folgendes die richtige Richtung eines möglichen weiteren Fortschrittes. In der neuen Theorie kommen noch nicht alle physikalisch beobachtbaren Größen wirklich vor, es fehlen nämlich noch die Zeitmomente der Übergangsprozesse, die ja (wie z. B. die Zeitmomente der Auslösung von Photoelektronen) gewiß prinzipiell beobachtbar sind. Es ist nun meine feste Überzeugung, daß eine wirklich befriedigende physikalische Theorie nicht nur keine unbeobachtbaren Größen mitverwenden darf, sondern auch *alle* beobachtbaren Größen miteinander verknüpfen muß. Auch glaube ich bestimmt, daß in den Grundgesetzen einer befriedigenden physikalischen Theorie der Begriff „Wahrscheinlichkeit“ nicht vorkommen darf. Ich bin bereit, für die Erfüllung dieses Wunsch[e]s einen beliebig hohen Preis zu zahlen, aber leider kenne ich den Preis noch nicht, für den sie zu haben ist.

Wenn man nun überlegt, wo die Schwierigkeit liegt, Aussagen über die Zeitmomente der Übergangsprozesse vom Standpunkt der neuen Theorie aus zu machen, so bemerkt man bald, daß die Zeit in die neue Theorie eigentlich überhaupt nicht eingeht*. Das Problem ist dann allgemein dieses, allgemeinere Begriffe aufzustellen, welche die tatsächlichen Anwendungen, die man von [d]en klassischen raum-zeitlichen Bildern gemacht hat, umfassen. Die Sachlage ist jetzt die, daß der Begriff „zeitlicher Ablauf“ eines Vorganges und insbesondere der Begriff „zeitliche Periode“ bzw. „Schwingungszahl“ ganz formal geworden sind. *Der „formale Charakter der Frequenzbedingung“* (*S.* 8 *des Manuskriptes Ihres Vortrages*) *ist bedingt durch den formalen Charakter der Zeit und nicht durch den formalen Charakter der Energie.*

So kann man vielleicht die durch die Experimente über die Koppelung (Geiger-Bothe etc.) gewonnene Erkenntnis formulieren. Es schwebt mir dunkel so etwas vor, wie ein Versuch, die Zeit überhaupt irgendwie erst durch die Energie zu *definieren*, vermittels des Wirkungsquantums h, das ja die Dimension erg sec hat. Zur Zeitmessung braucht man ja periodische Vorgänge und die genügen Quantengesetzen. – In dieser Verbindung muß auch bemerkt werden, daß die Beziehung der in der

* Man könnte statt $e^{2\pi i\nu t}$ ebenso $e^{2\pi i\nu}$ oder dergl. schreiben und zeitliche Ableitungen einer Größe q durch $\frac{2\pi i}{h}(Wq-qW)$ *definieren*.

neuen Theorie auftretenden Phasenkonstanten zu beobachtbaren Größen noch zu klären ist.

Nun, das sind ja Zukunftsträume. Wir sind alle sehr froh, daß Sie auf Ihrer Reise nach Holland hier durchkommen wollen. Vor dem 19. Dezember beginnen die Weihnachtsferien *nicht* und wir bleiben solange sicher in Hamburg. Insbesondere Stern und ich hoffen daher bestimmt, Sie hier begrüßen zu können. Fürchten Sie nichts Offizielles, wir wollen nur gemütlich mit Ihnen plaudern. Dann kann ich auch über die Frage der Hauptquantenzahlen der Spektren gewisser Elemente mit Ihnen sprechen, das ist ja eine weniger wichtige Frage.

Wenn Sie diesen Brief lesen, werden Sie feststellen, daß ich von Ihnen die Erörterung von Kostenfragen in der Physik und (im ersten Teil des Briefes) von Kramers die pastorale Ausdrucksweise („Erbsünde", „Erlösung") gelernt habe.

Also auf frohes Wiedersehen und die allerherzlichsten Grüße an Sie selbst und alle Herren im Institut (besonders Kramers und Kronig) von Ihrem Sie sehr verehrenden

W. Pauli

[a] Vgl. den Brief [104] und die dort angeführten Fußnoten. Das vorliegende Schreiben ist im wesentlichen ein Kommentar zu Bohrs Manuskript. [b] Pauli (1926a). [c] N. Bohr: Atomtheorie und Mechanik. Naturwiss. **14,** 1 – 10 (1926). Bohr berücksichtigte dort in einer Anmerkung bei der Korrektur auf S. 9 die Anregungen Paulis. [d] Vgl. hierzu die Fußnote *b* zu [84]. [e] Solange man noch keine Theorie des Elektronenspins hatte, führte man die durch Paulis vierte Quantenzahl hervorgerufenen Termaufspaltungen bei den Mehrelektronensystemen auf eine von Bohr als „nicht-mechanischen Zwang" bezeichnete Kraft zurück. Eine Erklärung über den Ursprung dieser mysteriösen Kraft durch die neue Quantenmechanik war natürlich, wie wir heute wissen, nicht möglich. [f] M. Born, W. Heisenberg und P. Jordan: Zur Quantenmechanik. II. Z. Phys. **35,** 557 – 615 (1926). Eingegangen am 16. November 1925. Dort S. 603ff.

[107] Heisenberg an Pauli

Göttingen, 21. November [1925]

[Postkarte]

Lieber Pauli!

Da ich Sie sowieso schon mit so vielen Fragen belästigt hab', kommt's wohl auf eine mehr auch nicht an, und ich würde deshalb gerne von Ihnen als Meister der Kritik hören, was Sie über Goudsmits Note in den Naturwissenschaften[a] denken. Meiner Ansicht nach ist es für G[oudsmit] schwierig, die relativistische Formel zu bekommen; allerdings klassisch erhält er wohl

$$\Delta \nu h = \frac{RhZ^2}{n^3} \frac{\alpha^2 Z^2}{k^2} \cdot 2.$$

Daß k^2 statt $k(k-1)$ im Nenner steht, würde niemanden stören; aber den Faktor zwei kann ich nicht loswerden. Wenn man diesen Faktor 2 loswürde, so stimmte das Modell ja genau mit Ihrem 1925-10[b], und alle Schwierigkeiten wären mit einem Zauberschlage beseitigt. Auch würde die Quantenmechanik natürlich für die nötigen Mittelungen sorgen. Außerdem müßte man aber zusehen, wohin die nun einmal vorhandene Relativität beim Wasserstoff[c] verschwindet.

Witzig ist in Goudsmits Modell, daß er nun das Z^4-Gesetz doch mit Magnetismus kriegen kann und deshalb bin ich von vornherein nicht feindlich gegen die G[oudsmit]sche Theorie. Aber ich wollte gerne Ihre Einwände hören.

Viele Grüße!

W. Heisenberg

[a] G. E. Uhlenbeck und S. Goudsmit: Ersetzung der Hypothese vom unmechanischen Zwang durch eine Forderung bezüglich des inneren Verhaltens jedes einzelnen Elektrons. Naturwiss. **13,** 953–954 (1925). Signiert Leiden, den 17. Oktober 1925. Vgl. hierzu den Kommentar zu [81] und insbesondere die dort angegebenen Literaturhinweise. [b] Vgl. hierzu die Fußnote *b* von [101]. Siehe auch Heisenbergs Brief an S. Goudsmit vom 9. Dezember, erwähnt in Goudsmits Aufsatz: Die Entdeckung des Elektronenspins. Phys. Bl. **21,** 445–453 (1965). Dort S. 451. Vgl. ebenso den zweiten Teil des folgenden Briefes [108]. [c] Vgl. hierzu den bereits zitierten Aufsatz von Kronig (Fußnote 2 im Kommentar zu [80]). Dort insbesondere S. 20ff.

[108] Heisenberg an Pauli

Göttingen, 24. November 1925

Lieber Pauli!

Zunächst vielen herzlichen Dank für Ihren philosophischen Brief; es hat mir viel geholfen, Ihre klare Meinung über all diese schwierigen Fragen zu hören; leider ist meine eigene Privatphilosophie lang nicht so klar, sondern ein Durcheinander von allen möglichen moralischen und ästh[e]tischen Rechenregeln, durch die ich mich selbst oft nicht mehr durchfinde.

Aber zur Physik; was ich neulich über Strahlung schrieb, war natürlich dummes Zeug[a]; je mehr ich mich in das Problem hineindenke, desto mehr türmen sich mir die Schwierigkeiten auf. Aber ich bin doch ganz froh, daß ich mich nun allmählich hereinfinde und hab' auch noch Hoffnung, daß ich vielleicht später ein wenig klarer werden kann.

Ihr Problem des zeitlichen Ablaufs spielt natürlich eine fundamentale Rolle[b], und ich hatte mir für den Hausgebrauch einiges dazu überlegt. Zunächst glaub' ich, daß man zwischen einem „groben und einem feineren "zeitlichen Ablauf unterscheiden kann. Wenn ein Punkt im Raum wie in der neuen Theorie keinen bestimmten Platz mehr hat oder dieser Platz nur noch symbolisch formal definiert ist, so wird dasselbe auch für den Zeitpunkt eines Ereignisses gelten. Aber es wird stets einen groben Zeitverlauf geben, wie einen groben Platz im Raum, d. h. *innerhalb* unserer geometrischen Anschauung wird man doch eine *grobe* Beschreibung der Phänomene durchführen können. Ich halte für möglich, daß diese *grobe* Beschreibung vielleicht das einzige ist, was man von einem Formalismus verlangen kann. Nun ist das Schöne, daß für rein periodische Bewegungen offenbar nicht einmal ein solcher grober Ablauf definiert werden kann, die Formeln lassen, so scheint mir, eine solche Interpretation nicht zu (d. h. man weiß vom Elektron nur, daß es eben irgendwo nahe beim Kern ist). Wenn man aber eine aperiodische Bahn hat, d. h. ein Fourierintegral, so stimmt der – sagen wir: ultrarote Teil des Spektrums mit der klassischen Theorie überein, für ihn gelten eo ipso die gewöhnlichen Rechenregeln in guter Näherung (desto besser, je länger die Wellen) und gerade dieser ultrarote Teil gibt ja den *groben* zeitlichen Ablauf! Eine Bewegung, die der geradlinigen gleichförmigen Beweg[un]g hinreichend ähnlich ist, wird also so klassisch sein, wie irgend möglich[c]. Aber sobald sich auch nur periodische Glieder überlagern, so versagen unsere Raum-Zeitvorstellungen wieder völlig (Comptoneffekt). Als Beispiel zu dieser ganzen Betrachtung hab' ich mir das Vorbeifliegen eines α-Strahls an einem Atom mathematisch ein wenig zurechtgelegt. Die Kraftwirkung k des Teilchens auf das Atom (ohne Rückwirkung zunächst; die Annahme scheint aber nachher nicht wesentlich) entspricht einem Fourierintegral: $k(w'w'')\,dw'dw''$ oder, wenn die Energie des α-Teilchens in engen Grenzen liegt, im wesentlichen $\Delta k\,(w'\,w'')\,dw''$.

$$k\,(w'w'') = a\,(w'w'')\,e^{2\pi i\nu(w'w'')t}.$$

Die Funktion S der Dispersionstheorie wird, wenn man $H_1 = kx$ ansetzt:

$$S_1(w'w'', mn) = \frac{k(w'w'')\,x(mn)}{\nu(w'w'') + \nu(mn)}. \tag{1}$$

Wenn nun das α-Teilchen sehr viel Energie hat, so gehört praktisch das ganze Spektrum zum erwähnten „ultraroten“ Teil (d. h. die mögl[ichen] Energieänderungen sind klein im Verhältnis zur Gesamtenergie); es hat daher einen Sinn, das Fourier*integral* wirklich auszuführen und man erhält

$$S_1(mn) = \iint dw''k(w'w'')\,x(mn)\,dt = \int k(t)\,x(mn)\,dt. \tag{2}$$

Die Funktion $k(t)$ hat nun die Eigenschaft, nur für ein kleines Zeitintervall $t_1 < t < t_2$, merkliche Werte zu besitzen.

(Verlauf etwa 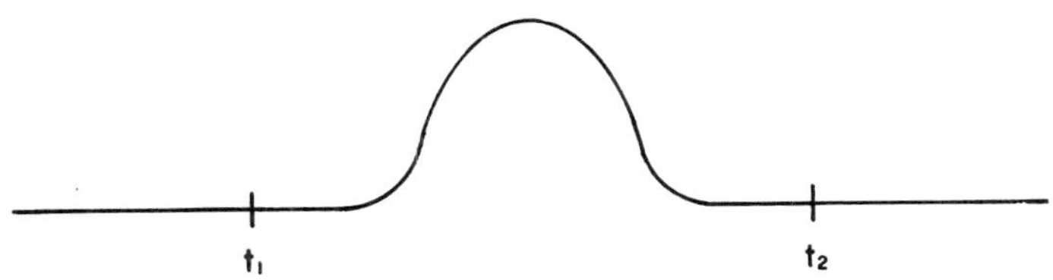)

Bildet man die Änderungen $(q_1 =)x$ der Koordinaten des Atoms, so erhält man Ausdrücke vom Typus:

$$x_1(nm) = \sum_k x(nk) \int k(t)\, x(km)\, dt. \tag{3}$$

Würde man rechts das *nicht* ausgerechnete Fourierintegral schreiben, so erhielte man Ausdrücke der Form $x(nm, w'w'')$, die nach Kramers zu interpretieren wären als „Streulicht", bei dem das Atom das Lichtquant $\nu(w'w'')h$ aufnimmt und $h(\nu(w'w'') + \nu(mn))$ nachher wieder abgibt. Aus der Form (3) aber erfährt man jetzt noch mehr, nämlich daß nach der Zeit t_2, also $t > t_2$, nur noch Streulicht der Frequenzen $x(nk)$ übrig bleibt (das Integral wird zur Konstante!), also Licht, bei dem das Atom das Lichtquant $h\nu(km)$ aufgenommen hat und nachher das Lichtquant $h\nu(nk)$ abgibt. Dies Resultat bleibt auch noch richtig, wenn man die Rückwirkung mitnimmt. Denn es hat zwar dann das Fourierintegral als *ganzes* keinen Sinn mehr (da die klassischen Regeln nicht mehr gelten), aber der „ultrarote Teil" gibt immer noch den groben zeitlichen Verlauf. Integriert man über *lange* Zeiten t, so wird sogar dieser rote Teil *allein* maßgebend und das obige Resultat bleibt richtig.

Also mir schien der Begriff des „groben" zeitlichen Ablaufs ganz nützlich. Ein Bedenken gegen die eben geschriebenen Rechnungen machte mir Anfangs viel Kopfzerbrechen: Nach der Zeit t_2 wirkt ja auf das Atom keine Kraft mehr; also müßte man denken, daß eindeutig die bekannten Lösungen der Matrizenmühle herauskämen. Gl[eichung] (3) gibt jedoch andere Lösungen (nämlich solche, wo Schwingungen anderer Zustände mit kleiner Amplitude auftreten). Nun ist es zunächst physikalisch klar, daß die Lösungen (3) eine wichtige Bedeutung haben, denn sonst könnte man Phasenbeziehungen bei der Resonanzstrahlung nicht verstehen. Andererseits ist auch die mathematische Bedeutung von (3) ganz witzig; es sind für $t > t_2$ Lösungen, bei denen die Energie des Atoms für sich konstant ist, aber keine Diagonalmatrix ist. (Die Energie des Gesamtsystems Atom + α-Teilchen ist natürlich konstant und Diagonalmatrix.) Das Gesamtsystem ist aber insofern entartet, als die Energiewerte doppelt vorkommen. (Das „Lichtquant" kann sowohl im α-Teilchen, wie im Atom stecken.) Diese Entartung bringt mit sich, daß die Energie des einzelnen Atoms nicht mehr Diagonalmatrix ist. Das letztere ist natürlich bis jetzt formaler Unsinn, aber vielleicht kommt später etwas dabei heraus. Entschuldigen Sie, wenn ich Ihnen unfertige Physik für den Hausgebrauch vorsetze.

Was die Goudsmitsche Theorie[d] betrifft, so hatt' ich mir die Energieformel, die ich Ihnen schrieb, so überlegt: Ich nehme an, die durch verschiedene Neigung von R gegen k entstehende Wechselwirkungsenergie sei *rein* magnetisch (R = Impuls des Elektrons selbst, k Impuls in der Bahn). Diese Energie kann man so ausrechnen, daß man das Elektron als ruhend auffaßt, den Kern als darum herumbewegt. Die gesuchte Energie läßt sich einfach berechnen, wenn der Mittelwert des vom Kern in der Nähe des Elektrons erzeugten Magnetfeldes $\overline{\mathrm{H}}_k$ bekannt ist. Dies Magnetfeld ist nun:

$$H_k = \frac{Ze[\mathfrak{v}\,\mathfrak{r}]}{c^2 r^3} = \frac{Zek\frac{h}{2\pi}}{mc^2 r^3};$$

(m Elektronenmasse, $\mathfrak{r}$ Abstand Kern-Elektron, $\mathfrak{v} = \dot{\mathfrak{r}}$).

$$\overline{H}_k = \frac{Ze\cdot k\frac{h}{2\pi}}{mc^2}\,\overline{\frac{1}{r^3}} = \frac{Zek\frac{h}{2\pi}}{mc^2 a_H^3\, k^3\cdot n^3} = \frac{32\pi^5 m^2 e^7}{ch^5}\,\frac{Z^4}{n^3 k^2}.$$

Die gesuchte Energie ΔE ist also (v Larmorrotation)

$$\overline{H}_k\cdot\frac{2v}{2\pi}\cdot\cos(Rk)\cdot R\cdot h,$$

und, wenn $R = \frac{h}{2\pi}$:

$$\Delta E = \frac{16\pi^4\cdot me^8}{h^4\cdot c^2}\,\frac{Z^4}{n^3k^2}\cdot\cos(Rk).$$

Nun ist bekanntlich

$$h\nu_{\mathrm{rel}} = \frac{8\pi^4 me^8}{h^4\cdot c^2}\,\frac{Z^4}{n^3k(k-1)},$$

wobei sich hier $\Delta\nu$ auf die Differenz zweier Niveaus bezieht. Das obige Ergebnis für ΔE führt bis auf den Faktor 2 zum selben Ergebnis, wenn man annimmt $\Delta\cos(Rk) = 1$ (was aus der Zoologie für $R = \frac{h}{2\pi}$ bei den Dubletts folgt). Also ich weiß nicht, ob Sie damit etwas anfangen können. Die obig[en] Rechnungen stehen übrigens schon bei Landé (Zeitschrift für Physik **24,** 88, 1924[e]), nur kommt dort stets Z^3 statt Z^4. Ich selbst hab' doch sehr große Bedenken gegen den Goudsmitschen Versuch, die Zoologie so einfach zu gestalten.

1. Müßte oder könnte auch der Kern Impulse haben und man versteht kaum die Einheitlichkeit der Zoologie.

2. Es wäre doch einfacher, wenn das Elektron nur Ladung und Masse, aber keinen Impuls hätte; prinzipiell ist allerdings nichts gegen den Impuls einzuwenden, aber die Idee einer Struktur des Elektrons (insbesondere: mehrere Sorten von Elektronen) ist mir greulich.

3. Bei den Erdalkalien müßte der Energieunterschied zwischen Sing[u]lett- und Triplettermen bei *gleichem l* nur durch versch[iedene] Wechselwirkung der Magnete der 2 Elektronen aufeinander herauskommen. Das gibt eine ganz falsche Größenordnung; usw.

Immerhin hat der Goudsmit mich soweit zur Zoologie animiert, daß ich einmal sein Modell durch die Matrizenmühle ziehen will* und sehen, ob wenigstens g-Formeln, Intensitäten usw. richtig herauskommen.[f]

Aber mein Brief wächst sich zum Roman aus und ich will schließen; da fällt mir noch ein: bei Fowler hat ein Engländer Dirac das mathematische zu meiner Arbeit (also im Wesentlichen dasselbe, wie in Teil I Born-Jordan[g]) unabhängig noch einmal gemacht[h]. Born und Jordan werden da wohl ein wenig traurig sein, aber immerhin haben sie's zuerst gemacht und man sieht doch jetzt, daß die Theorie wohl richtig ist. Aber nun viele Grüße, über zyklische Koordinaten stand nichts in unserer Arbeit, weil wir nichts wußten, aber ich werde dies auch noch öffentlich bekanntgeben; über Stabilität kommt noch etwas hinein.

Viele Grüße an Ihr ganzes Institut!

W. Heisenberg

* Wenn Sie das wollen, schreiben Sie bitte, damit wir uns nicht gegenseitig in's Handwerk pfuschen.

[a] Vgl. hierzu Heisenbergs Brief [105]. [b] Vgl. hierzu die von Pauli in seinem Brief an Bohr [106] vertretenen Ansichten. [c] Die mathematische Seite dieses Problems wurde von M. Born und N. Wiener behandelt: Eine neue Formulierung der Quantengesetze für periodische und nichtperiodische Vorgänge. Z. Phys. **36,** 174–187 (1926). Eingegangen am 5. Januar 1926. [d] Vgl. hierzu die Hinweise zum vorhergehenden Brief [107]. [e] A. Landé: Das Wesen der relativistischen Röntgendubletts. Z. Phys. **24,** 88–97 (1924). Eingegangen am 15. März 1924. [f] Das Ergebnis dieser Untersuchung zusammen mit P. Jordan erschien bald darauf: Anwendung der Quantenmechanik auf das Problem der anomalen Zeemaneffekte. Z. Phys. **37,** 263–277 (1926). Eingegangen am 16. März 1926. [g] M. Born und P. Jordan: Zur Quantenmechanik. [I]. Z. Phys. **34,** 858–888 (1925). Eingegangen am 27. September 1925. [h] P. A. M. Dirac: The Fundamental Equations of Quantum Mechanics. Proc. Roy. Soc. (London) A **109,** 642–653 (1925). Eingegangen am 7. November 1925.

[109] Bohr an Pauli

Kopenhagen, 25. November 1925

[Maschinenschrift]

Kære Pauli,

Mange Tak for Deres lange rare Brev med de vidunderlige Resultater over Brintspektret, som har glædet mig overordentligt. Jeg er fuldstændig enig i næsten alt, hvad De skriver i Brevet.

Ogsaa her har vi jo længe følt Vanskelighederne ved de singulære Bevægelser. Allerede den Gang jeg arbejdede paa Afhandlingerne til Akademiet, vidste jeg, at om en almindelig Transformationsmulighed kunde der paa Grund af Singulariteterne ikke være Tale, men under Indtryk af de mekaniske Billeders overraskende store Anvendelighed dulmede vi vor Tvivl med det Haab, at den termodynamiske Stabilitet var sikret for saadanne Transformationer af Kraftfelter, der „virkelig“

kunde udføres. Det var ikke mindst derfor, at Kramers og jeg for en Tid troede, at Problemet med et Brintatom i krydsede elektriske og magnetiske Felter faldt udenfor Periodicitetssystemernes Omraade. Da denne Tro viste sig at være forkert, blev det klart, at en Klassifikation af de stationære Tilstande, baseret paa mekaniske Billeder, var uigennemførlig.

Hvad Spørgsmaalet om „Tvangen" angaar, er jeg fuldstændig enig i, at Problemet ligger væsentlig anderledes i Heisenbergs Teori, idet Tvangens Definition jo netop beror paa en Paavisning af de mekaniske Billeders Utilstrækkelighed for Atomer med flere Elektroner. At der maaske dog endnu bestaar en Kerne af Sandhed i Fremhævelsen af Forskellen mellem Atomer med en eller flere Elektroner turde Analysen af Zeemaneffekten alligevel antyde. Den viser nemlig, at Koblingen mellem Elektronerne ikke engang med Hensyn til Antallet af Tilstande er analog med de Forhold, der gælder for Transformation af Atomer ved Variation af ydre Felter, og som er underkastet de simple Love, der netop kommer saa smukt frem i Deres nye Analyse af Brintatomets Problemer.

Hvad Fremtidsmulighederne i Udviklingen af Kvantemekanikken angaar, ser jeg paa Sagen paa meget lignende Maade som De. Problemet om Koblingen mellem Overgange ligger jo helt udenfor Rækkevidden af Heisenbergs Angrebsmetode, og jeg har talt med ham om, at dette maaske kunde have Betydning ikke alene for saadanne Sammenstød, som vi i vor Indskrænkethed tidligere har kaldt „irreciproke" men ogsaa for de „reciproke". Tænker vi os nemlig et Stød paa et Atom af en Elektron med tilstrækkelig Energi til at foranledige forskellige Overførelsesprocesser, synes det ikke paa Forhaand klart, at man efter en Analyse som Heisenbergs nødvendigt maa faa Energibevarelse uden at indføre explicite Antagelser om en Kobling. Jeg gennemskuer imidlertid ikke det matematiske Problem tilstrækkelig klart til nøjagtigt at formulere en Opfattelse af dette Punkt eller af Tvangen; men De vil genkende min almindelige Indstilling, naar jeg tvivler paa, at nogen enkelt Side af Problemet har faaet en afsluttet Behandling, førend alle Sider er mere afklarede, Hvordan skulde vi kunne udnytte Heisenberg's store Indsats til at komme videre, hvis den var mere „rigtig",end fysiske Teorier har Lov at være?

Selvom saaledes ikke alt, hvad De skriver, var helt nyt for mig, kan jeg dog ikke bedre vise, hvor tankevækkende og opmuntrende Deres Brev var end ved at fortælle, at det gav Anledning til en Række Ændringer i min Artikkel i den af Dem ønskede Retning. Som saa ofte før vil jeg gerne have Lov at plage Dem med en Korrektur. Jeg maa nok bede Berliner om at sende Dem et Eksemplar af anden Korrektur og skal blive glad, om De omgaaende vil sende den videre hertil med Deres Bemærkninger. Jeg glæder mig til snart at træffe Dem igen. Vil De ogsaa hilse Stern, som jeg glæder mig meget til at tale med.

Deres hengivne

NIELS BOHR

Übersetzung von [109]

Lieber Pauli!

Vielen Dank für Ihren langen liebenswürdigen Brief mit den wunderbaren Resultaten über das Wasserstoffspektrum, die mich außerordentlich gefreut haben[a]. Ich bin vollständig einverstanden mit fast allem, was Sie in dem Brief schreiben.

Auch hier haben wir ja lange die Schwierigkeiten bei den singulären Bewegungen empfunden. Schon damals als ich an den Abhandlungen für die Akademie arbeitete, wußte ich, daß von einer allgemeinen Transformationsmöglichkeit aufgrund der Singularitäten keine Rede sein konnte, aber unter dem Eindruck der überraschend großen Anwendbarkeit mechanischer Bilder besänftigten wir unseren Zweifel mit der Hoffnung, daß die thermodynamische Stabilität für solche Transformationen von Kraftfeldern gesichert war, die „wirklich" ausgeführt werden können. Es war nicht zuletzt deshalb, daß Kramers und ich eine Zeitlang glaubten, daß das Problem eines Wasserstoffatoms in gekreuzten elektrischen und magnetischen Feldern außerhalb des Bereichs der Periodizitätssysteme fiel. Da dieser Glaube sich als verkehrt erwies, wurde es klar, daß eine Klassifikation der stationären Zustände, die auf mechanischen Bildern basiert, undurchführbar war.

Was die Frage des „Zwanges"[b] angeht, bin ich vollständig einverstanden damit, daß das Problem in Heisenbergs Theorie wesentlich anders liegt, da die Definition des Zwanges ja gerade auf einem Nachweis der Unzulänglichkeit mechanischer Bilder für Atome mit mehreren Elektronen beruht. Daß vielleicht doch noch ein Kern von Wahrheit in der Hervorhebung des Unterschiedes zwischen Atomen mit einem oder mehreren Elektronen besteht, dürfte die Analyse des Zeemaneffektes trotzdem andeuten. Dieser zeigt nämlich, daß die Kopplung zwischen Elektronen nicht einmal im Hinblick auf die Anzahl der Zustände analog dem Verhalten ist, das für Transformation von Atomen bei Variation der äußeren Felder gilt, und das den einfachen Gesetzen unterliegt, die sich gerade so schön in Ihrer neuen Analyse des Wasserstoffproblems ergeben.

Was die zukünftigen Möglichkeiten der Entwicklung der Quantenmechanik angeht, sehe ich die Sache in ganz ähnlicher Weise wie Sie. Das Problem der Kopplung zwischen den Übergängen liegt ja ganz außerhalb der Reichweite von Heisenbergs Angriffsmethode, und ich habe mit ihm darüber gesprochen, daß das vielleicht nicht nur Bedeutung für solche Zusammenstöße haben könnte, die wir in unserer Beschränktheit früher „irreziprok" genannt haben, sondern auch für die „reziproken"[c]. Denken wir uns nämlich einen Stoß auf ein Atom durch ein Elektron mit einer Energie, die ausreicht um verschiedene Überführungsprozesse zu veranlassen, so scheint es nicht von vornherein klar, daß man nach Heisenbergs Analyse notwendig die Energieerhaltung bekommen muß, ohne daß man explizite Annahmen über eine Kopplung einführt. Ich durchschaue indessen das mathematische Problem nicht klar genug, um eine Auffassung zu diesem Punkt oder dem Zwang genau formulieren zu können; aber Sie werden meine allgemeine Einstellung wiedererkennen, wenn ich daran zweifle, daß irgendeine einzelne Seite des Problems eine abgeschlossene Behandlung bekommen hat, bevor alle Seiten weiter geklärt sind. Wie sollen wir Heisenbergs großen Einsatz ausnutzen können, um weiterzukommen, wenn er „richtiger" war, als physikalische Theorien das Recht haben zu sein.

Wenn so auch nicht alles, was Sie schreiben, ganz neu für mich war, kann ich doch nicht besser zeigen, wie gedankenweckend und aufmunternd Ihr Brief war, als zu erzählen, daß er Veranlassung zu einer Reihe von Änderungen in meinem Artikel[d] in der von Ihnen gewünschten Richtung gab. Wie so oft zuvor möcht ich mir gern erlauben, Sie mit einer Korrektur zu plagen. Ich muß noch Berliner bitten, Ihnen ein Exemplar der zweiten Korrektur zu schicken, und wäre froh, wenn Sie diese mit Ihren Bemerkungen umgehend hierher weitersenden wollten. Ich freue mich, Sie bald wieder zu treffen[e]. Würden Sie auch Stern grüßen, mit dem zu sprechen ich mich sehr freue.

Ihr ergebener

Niels Bohr

[a] Vgl. den Brief [106]. [b] Vgl. Fußnote *e* von [106]. [c] Diese Begriffe benutzte Bohr in seiner sog. „Stoßarbeit": Über die Wirkung von Atomen bei Stößen. Z. Phys. **34**, 142 – 157 (1925). Eingegangen am 30. März 1925. Vgl. dort insbesondere die Anmerkung auf S. 148. [d] Vgl. die unter *c* von [106] zitierte Arbeit. [e] Bohr meint das im vorhergehenden Brief [104] vereinbarte Treffen während seiner Durchreise nach Holland. Vgl. Fußnote *c* von [104].

[110] Pauli an Bohr

Hamburg, 1. Dezember 1925

Sehr verehrter, lieber Herr Professor!

Vielen Dank für Ihren letzten ausführlichen Brief (vom 25. 11.) Ich bin sehr froh, daß wir in der Beurteilung der jetzigen Lage der Atom[th]eorie im wesentlichen einig sind. Auch Heisenberg, mit dem ich in letzter Zeit einen eifrigen Briefwechsel hatte, hat ähnliche Ansichten. Hoffentlich kommt man bald weiter!

Einerseits bin ich sehr befriedigt zu hören, daß Sie noch Änderungen in Ihrem Artikel[a] vorgenommen haben, andererseits war es aber nicht meine Absicht, Ihnen irgendwie Mühe zu machen. Jedenfalls will ich gerne die Korrektur lesen und an Sie weitersenden, sowie ich sie erhalte.

In der Hoffnung auf baldiges, frohes Wiedersehen

Ihr stets dankbarer

W. Pauli

Grüße an's ganze Kopenhagener Institut! Grüße auch von Stern!

[a] Vgl. die Fußnote [d] zum vorangehenden Brief [109].

[111] Bohr an Pauli

Tisvilde, 5. Dezember 1925

[Postkarte]

Kære Pauli,

Kramers, Kronig og jeg der netop med største Glæde endnu engang har gennemgaaet Deres skønne Regning om Brintspektret sender Dem mange venlige Hilsner her ude fra Tisvilde. Jeg kommer Onsdag med Morgentoget til Hamburg, og maa straks rejse videre til Leiden. Det var forfærdeligt rart, om De mulig kunde komme til Banen, for at vi kunde aftale hvordan vi bedst kan træffes paa Tilbagerejsen

Deres hengivne

Niels Bohr

Übersetzung von [111]

Lieber Pauli!

Kramers, Kronig und ich, die gerade mit größter Freude noch einmal Ihre schöne Rechnung über das Wasserstoffspektrum [a] durchgegangen sind, senden Ihnen viele freundliche Grüße hier von Tisvilde. Ich komme am Mittwoch mit dem Morgenzug nach Hamburg und muß gleich nach Leiden weiter reisen[b]. Es wäre furchtbar schön, wenn Sie eventuell an die Bahn kommen könnten, damit wir besprechen, wie wir uns am besten auf der Rückreise treffen können.

Ihr ergebener

Niels Bohr

[a] Pauli (1926 a). [b] Vgl. Fußnote *c* von [104].

[112] Heisenberg an Pauli

München, 24. Dezember 1925

Lieber Pauli!

Vielen Dank für Ihren Brief! Auch mich hat Bohrs Optimismus hinsichtlich der Goudsmitschen Theorie so beinflußt, daß ich gerne an das magnetische Elektron glauben möchte[a]. Wie ausgemacht, haben wir uns an die quantenmechanischen Rechnungen dieser Theorie gemacht, sind aber „mangels an Zeit und Geist" nicht über die quasi-trivialen Resultate hinausgekommen. g und γ-Formel sind ja ganz trivial[b], die Summenregel auch nahezu, sie kommt so heraus, wie zu erwarten; für die Dubletts kommt die Voigtsche Formel, für die Tripletts eine kubische Gleichung (von der ich glaube, daß sie mit der kubischen Gleichung meiner ersten Arbeit[c] übereinstimmt?!) u.s.w. Was zur Berechnung der Absolutwerte der Aufspaltung noch fehlt, sind „nur" die beiden Mittelwerte $\overline{\frac{1}{r^2}}$ und $\overline{\frac{1}{r^3}}$[d]; ersterer für die Relativität, letzterer für den Magnetismus. Wenn man diese Mittelwerte hat, läßt sich sofort entscheiden, ob Goudsmits Theorie möglich ist, oder nicht; aber ich weiß noch nicht, wie man diese Mittelwerte rechnen soll. Ich könnte mir denken (oder vielmehr; das ist Bohrs Hoffnung), daß für kleine k wenigstens näherungsweise Relativität und Magnetismus so glücklich zusammenwirken, daß die Abschirmungsdubletts herauskommen. Für große k geht es aber *sicher nicht*, wegen des Faktors 2. Also Ihre Summe $\Omega_r(n, k) + \Lambda_m(n, k, j)$ hängt bei großem k zweifellos von k ab, so viel ich sehe. Item, es hilft nichts, man muß eben die beiden Mittelwerte ausrechnen. Schön wär's ja, wenn Goudsmits Theorie richtig wäre, weil dann wirklich Hoffnung bestünde, daß man alle Atome rechnen kann.

In den nächsten zehn Tagen werd' ich wohl nicht viel Physik treiben können. Dagegen werde ich am 6. 1. von hier nach Göttingen fahren und dann wieder mehr Zeit bekommen. (Ich fahre mit dem Tagesschnellzug, der hier ca. 8 Uhr früh weggeht und 6^{25} in Gött[ingen] ist; sollten wir zufällig im selben Zug fahren, so können wir ja zehn Stunden mit Physik vertreiben; das wär' sehr schön.) Mein Vortrag vor dem Kegelklub in Stade[e] steigt am 12. 1. Auf der Rückfahrt, d.h. 13. 1. werd' ich wohl einen Nachmittag oder so in Hamburg sein können und da treffen wir uns also auf jeden Fall.

Wenn ich etwas über die Mittelwerte heraus hab' schreib' ich Ihnen; wenn Sie etwas haben, hoff' ich, daß Sie auch schreiben.

Im übrigen wünsch' ich Ihnen ein schönes Weihnachten und ein gutes, mit H-Übergangswahrscheinlichkeiten, He-Theorie[f] u.s.w. angefülltes Neujahr!

Viele Grüße!

W. Heisenberg

[a] Vgl. die Briefe von Bohr an Franck und an Ehrenfest vom 22. Dezember (BSC, MF. 10). In dem letzteren Schreiben heißt es: „Nicht weniger Freude war es für mich, den Einsatz von Uhlenbeck und Goudsmith kennenzulernen. Ich bin überzeugt, daß es ein überaus großer Fortschritt in der Theorie des Atombaus bedeutet. Auf meiner weiteren Reise fühlte ich mich ganz wie ein Profet des Elektromagnet-Evangeliums, und ich glaube, daß es mir gelungen ist, Heisenberg und Pauli wenigstens davon zu überzeugen, daß ihre bisherigen Einwände nicht entscheidend sind, und daß es äußerst wahrscheinlich ist, daß die quantenmechanische Durchrechnung alle Einzelheiten richtig wiedergegeben wird. Ich freue mich sehr darauf, den Artikel von Goudsmit und Uhlenbeck zu sehen." Ein Faksimile des Briefes ist in Physics Today, Juni 1976, S. 46 reproduziert. [b] Die Ergebnisse wurden veröffentlicht in dem gemeinsamen Aufsatz mit P. Jordan: Anwendung der Quantenmechanik auf das Problem der anomalen Zeemaneffekte. Z. Phys. **37,** 263–277 (1926). Eingegangen am 16. März 1926. Vgl. dort insbesondere S. 274. [c] Vgl. die unter der Fußnote 4 des Kommentars zu [16] zitierte Abhandlung. [d] Die Berechnung dieser Mittelwerte war mit den damaligen Methoden der Matrizenmechanik etwas umständlich und nahm Heisenberg für längere Zeit in Anspruch. Auch Pauli erhielt die Werte auf etwas anderem Wege. Vgl. die Fußnote auf S. 274 der unter *b* zitierten Arbeit. [e] Vgl. das Ende des Briefes [105]. [f] Das Ausgangsproblem Heisenbergs, die Bestimmung der Intensitätsformeln für das Wasserstoffatom, wurde erst im Rahmen der Schrödingerschen Wellenmechanik von Pauli und unabhängig davon von Schrödinger selbst gelöst. Die Theorie des Heliums lieferte Heisenberg.

Während nun auch Heisenberg durch Bohr zu dem Glauben an den Elektronenspin bekehrt war[1], blieb Pauli weiterhin skeptisch und rügte Bohr, nochmals dazu beizutragen, daß eine „Irrlehre"[2] den Fortschritt der Physik verzögere. Der schon mehrfach genannte falsche Faktor 2 in dem Ausdruck für die Dublettenspaltung[3] verschwand auch nicht, als man die Berechnungen mit der neuen Quantenmechanik wiederholte.

Erst im März des folgenden Jahres, nachdem Pauli sich von der Richtigkeit der Ergebnisse von Llewellyn Hillet Thomas[4] überzeugt hatte, stimmte er der Spinhypothese endgültig zu[5] und entwickelte sogar auf dieser Vorstellung aufbauend die nicht-relativistische Quantenmechanik des Elektrons.

Die Weihnachtsferien verbrachte Pauli auch dieses Jahr in Wien.

[1] Vgl. den vorangehenden Brief [112].
[2] Vgl. hierzu die Briefe [121] und [124].
[3] Vgl. hierzu auch den Kommentar zu [80] sowie die Darstellung in dem dort unter 5 genannten Aufsatz von van der Waerden.
[4] Vgl. die im Kommentar zu [80] unter 8 zitierten Publikationen von L. H. Thomas.
[5] Vgl. hierzu den Brief [127] an Bohr.

[113] Bohr an Pauli

Kopenhagen, 24. Dezember 1925

[Maschinenschrift mit handschriftlichem Zusatz]

Kære Pauli,

Selv om det ikke lykkedes Profeten at føre det endelige Bevis for Magnetelektron-Evangeliet igennem Deres Omvendelse, var det en stor Glæde for ham at snakke rigtigt med Dem igen. Efter Hjemkomsten til København har Kramers og jeg diskuteret Sagen videre, og Kramers har ved en Gennemregning af det klassikske Problem bekræftet Deres og Heisenbergs Beregninger. Vi har dog ikke tabt Modet paa Grund af den tilsyneladende Vanskelighed med at opnaa en korrespondensmæssig Overensstemmelse. En asymptotisk Sammenligning er jo nemlig ikke mulig; selv omk k kan antage store Værdier, er der ikke Tale om en Grænse, hvor alle Kvantetal er store, idet Differensen mellem de symbolske Kvantetal k_1 og k_2 jo ikke kan blive større end 1. Hvis man vil være optimistisk, kan man endda gætte sig til et Udtryk for Relativitets- og Magnetkorrektionerne E_R og E_M, der gengiver Iagttagelserne og opfylder de asymptotiske Betingelser. Kramers gætter saaledes:

$$E_R = C\frac{k+\frac{1}{2}}{k(k+1)}, \quad E_M = C\frac{\pm\frac{1}{2}}{k(k+1)}, \quad C = \frac{8\pi^4 Z^4 e^8 m}{n^3 h^4 c^2},$$

hvor k skulde svare til det af Dem benyttede Symbol for Bikvantetallet i Teorien for Brintspektret. Min Tro er stadig begrundet paa den store Skønhed, som Evangeliet har stillet i Udsigt, men Dommen skulde jo Kvantemekanikken afgive. Vi er meget spændt paa at høre, hvordan det staar med Muligheden for en snarlig Afgørelse og skal være glade for at høre om ethvert selv nok saa lille Fremskridt. Kramers er desuden interesseret i at høre, hvad De har fundet for Middelværdien af r.

Med mange venlige Hilsner fra os alle og de bedste Ønsker om et lykkeligt Nytaar for Dem og Deres Familie

Deres hengivne

NIELS BOHR

Übersetzung von [113]

Lieber Pauli!

Selbst wenn es dem Propheten nicht geglückt ist, den endgültigen Beweis für das Magnetelektron-Evangelium durch Ihre Bekehrung zu führen, war es eine große Freude für ihn wieder richtig mit Ihnen zu reden[a]. Nach der Heimkehr nach Kopenhagen haben Kramers und ich die Sache weiter diskutiert, und Kramers hat bei einer Durchrechnung des klassischen Problems Ihre und Heisenbergs Berechnungen bestätigt. Wir haben jedoch wegen der scheinbaren Schwierigkeit bei der Erzielung einer korrespondenzmäßigen Übereinstimmung nicht den Mut verloren. Ein asymptotischer Vergleich ist nämlich nicht möglich; selbst wenn k große Werte annehmen kann, ist nicht die Rede von einer Grenze bei der alle Quantenzahlen groß sind, da die Differenz zwischen den symbolischen Quantenzahlen k_1 und k_2 nicht größer als 1 werden kann. Wenn man optimistisch sein will, kann man sogar noch einen Ausdruck für die Relativitäts- und magnetische Korrekturen E_R und E_M erraten, der die Beobachtungen wiedergibt und die asymptotischen Bedingungen erfüllt. Kramers schätzt so[b]:

$$E_R = C\frac{k+\frac{1}{2}}{k(k+1)}, \quad E_M = C\frac{\pm\frac{1}{2}}{k(k+1)}, \quad C = \frac{8\pi^4 Z^4 e^8 m}{n^3 h^4 c^2},$$

wo k dem von Ihnen benützten Symbol für die Nebenquantenzahl in der Theorie des Wasserstoffspektrums[c] entsprechen sollte. Mein Glaube ist weiterhin durch die große Schönheit begründet, die das Evangelium in Aussicht gestellt hat, aber das Urteil sollte ja die Quantenmechanik abgeben. Wir sind sehr gespannt zu hören, wie es mit der Möglichkeit für eine baldige Entscheidung steht und wären froh, von jedem noch so geringen Fortschritt zu hören. Kramers ist außerdem interessiert zu hören, was Sie für den Mittelwert von r gefunden haben[d].

Mit vielen freundlichen Grüßen von uns allen und den besten Wünschen für ein glückliches Neues Jahr für Sie und Ihre Familie

Ihr ergebener

NIELS BOHR

[a] Vgl. hierzu die Fußnote *a* zu [112]. [b] Vgl. hierzu den folgenden Brief [114] und Paulis Resultate in [119]. [c] Pauli (1926 a). [d] Vgl. die Fußnote Paulis in dem folgenden Brief [112].

[114] PAULI AN BOHR

[Wien], 30. Dezember [1925]

Sehr verehrter lieber Herr Professor!

Vielen Dank für Ihren lieben Brief. Der Ansatz von Kramers, gemäß welchem

$$E_R = C\frac{k+\frac{1}{2}}{k(k+1)}, \quad E_M = C\frac{\pm\frac{1}{2}}{k(k+1)}$$

sein sollte[a], scheint mir nicht annehmbar zu sein, da die Zahl k auch den Wert Null annehmen kann und daher in dem zugehörigen untersten Zustand E_R und E_M unendlich würden (wenn auch ihre Summe $E_R + E_M$ endlich bleibt). Es wäre jedoch natürlich nicht schwer, Ansätze für E_R und E_M zu finden, bei denen dieser Übelstand vermieden ist und die den Beobachtungen und den asymptotischen Bedingungen genügen*. Es wird alles darauf ankommen, die beiden Mittelwerte $\overline{\frac{1}{r^2}}$ und $\overline{\frac{1}{r^3}}$ auf Grund der neuen Quantenmechanik zu berechnen**. Vielleicht wird es doch gelingen, diese Berechnung durchzuführen. Heisenberg hat mir geschrieben, er kann es vorläufig auch noch nicht[b]. Nächste Woche fahre ich nach Hamburg zurück, und dann will ich versuchen, weiterzukommen.

So weit sind wir ja ganz einig über das neue „Evangelium", daß die Quantenmechanik das Urteil über es zu sprechen haben wird. Ich bin nach neuerlicher Überlegung doch wieder sehr skeptisch und glaube eher, daß Goudsmit auf einem falschen Weg ist. Denn erstens ist es (trotz aller Ihrer Beschwichtigungsversuche) sehr bedenklich, daß man nicht wenigstens im Grenzfall großer k ohne weiteres das Auftreten von Abschirmdubletts einsehen kann[c]. Und zweitens macht es bei näherem Zusehen Schwierigkeiten, zu verstehen, warum ein Elektron mit dem Drehimpuls $\frac{12\,h}{2\,\pi}$ nicht eine viel gößere Energie (Masse) besitzt als die tatsächlich festgestellte[d]. Wenn ich auch zugebe, daß etwas Endgültiges erst auf Grund eingehenderer quantenmech[an]ischer Rechnungen wird ausgesagt werden können und daß momentan gar kein anderer naturgemäßer Weg zu sehen ist, um das Versagen des Larmor-Theorems und die Zweideutigkeit zu begreifen, so kann ich vorläufig über Goudsmits Idee doch nur kopfschüttelnd sagen: „*Die Sache gefällt mir nicht*!"

Nun will ich Ihnen nochmals sagen, wie sehr mich gefreut hat, Sie in Berlin wieder richtig sprechen zu können[e]. Ich bin sehr froh darüber, daß es mir gelungen ist, Wein zu trinken und früher aufzustehen als Sie, und darüber, daß es Ihnen nicht gelungen ist, mich zu bekehren. Aber geben Sie die Hoffnung noch nicht auf, vielleicht gelingt Ihnen das später noch einmal.

Mit den besten Empfehlungen und Neujahrswünschen an Sie selbst, Ihre Frau Gemahlin und Ihren Herrn Bruder (den ich in Hamburg zu sehen hoffe) auch von meiner Familie, sowie vielen herzlichen Grüßen ans ganze Institut, besonders an Kramers und Kronig

Ihr stets dankbarer

W. Pauli

Wenn es physikalisch etwas Neues gibt, so schreibe ich Ihnen wieder!

---

* Es ist nicht gesagt, daß sich die beiden Werte für E_M nur durch das Vorzeichen unterscheiden.

** Der Mittelwert von r, für den sich Kramers interessiert, ist gemäß der neuen Mechanik gleich $\bar{r}_{n,k} = a_o \frac{1}{2}[3n^2 - k(k+1)]$, worin $0 \leq k \leq n-1$ und $a_0 = \frac{h^2}{4\pi^2 Ze^2 m}$.

[a] Vgl. den Brief [113]. [b] Vgl. den Brief [112]. [c] Vgl. hierzu Bohrs Bemerkungen in dem voranstehenden Brief [113]. [d] Einem Drehimpuls $1/2\,\hbar$ würde nach der klassischen Vorstellung bei vorgegebener Elektronenmasse ein etwa 10mal zu großer Elektronenradius entsprechen. [e] Auf der Rückfahrt von Holland (vgl. hierzu den Brief [111]) besuchte Bohr auch Berlin, wohin ihn Pauli offensichtlich begleitet hat. In dem „Berliner Gespräch" wurden neben dem Spinproblem einige wichtige Programmpunkte für die zukünftige Forschung erörtert, wie es aus einem späteren Brief [127] hervorgeht.

VIII. Das Jahr 1926

Rotierendes Elektron und Verallgemeinerungen der Quantenmechanik

[115]	Heisenberg an Pauli	Göttingen	7. Jan.	[1926]
[116]	Heisenberg an Pauli	Göttingen	14. Jan.	[1926]
[117]	Heisenberg an Pauli	Göttingen	27. Jan.	1926
[118]	Pauli an Heisenberg	Hamburg	31. Jan.	1926
[119]	Pauli an Bohr	Hamburg	5. Feb.	1926
[120]	Pauli an Sommerfeld	Hamburg	9. Feb.	1926
[121]	Bohr an Pauli (dän.) (MS)	Kopenhagen	20. Feb.	1926
[122]	Pauli an Bohr	Hamburg	26. Feb.	1926
[123]	Bohr an Pauli (dän.) (MS)	Kopenhagen	3. Mär.	1926
[124]	Pauli an Bohr	Hamburg	5. Mär.	1926
[125]	Pauli an Kramers	Hamburg	8. Mär.	1926
[126]	Bohr an Pauli (dän.) (MS)	Kopenhagen	9. Mär.	1926
[127]	Pauli an Bohr	Hamburg	12. Mär.	1926
[128]	Pauli an Kramers	Hamburg	12. Mär.	1926
[129]	Pauli an Goudsmit (PK)	[Hamburg]	13. Mär.	[1926]
[130]	Bohr an Pauli (dän.) (MSD)	[Kopenhagen]	31. Mär.	1926
[131]	Pauli an Jordan (MS)	[Kopenhagen]	12. Apr.	1926
[132]	Heisenberg an Pauli (PK)	Kopenhagen	5. Mai	1926
[133]	Pauli an Wentzel	Hamburg	8. Mai	1926
[134]	Pauli an Schrödinger	Hamburg	24. Mai	[1926]
[135]	Pauli an Landé (PK)	[Hamburg]	2. Jun.	[1926]
[136]	Heisenberg an Pauli	Kopenhagen	8. Jun.	1926
[137]	Pauli an Uhlenbeck	Hamburg	9. Jun.	1926
[138]	Pauli an Wentzel (PK)	[Hamburg]	11. Jun.	[1926]
[139]	Des Coudres an Pauli (BK, MS)	Leipzig	2. Jul.	1926
[140]	Pauli an Wentzel	Hamburg	5. Jul.	1926
[141]	Sommerfeld an Pauli (MS)	München	26. Jul.	1926
[142]	Heisenberg an Pauli	z.Z. München	28. Jul.	1926
[143]	Pauli an Heisenberg	Hamburg	19. Okt.	1926
[144]	Heisenberg an Pauli	Kopenhagen	28. Okt.	1926
[145]	Heisenberg an Pauli	Kopenhagen	4. Nov.	1926
[146]	Heisenberg an Pauli	Kopenhagen	15. Nov.	1926
[147]	Pauli an Schrödinger	Hamburg	22. Nov.	1926
[148]	Heisenberg an Pauli	Kopenhagen	23. Nov.	1926
[149]	Pauli an Wentzel	Hamburg	5. Dez.	1926
[150]	Pauli an Schrödinger	Hamburg	12. Dez.	1926
[151]	Schrödinger an Pauli (MS)	Zürich	15. Dez.	1926

Anfang des Jahres 1926 war die wichtigste Neuerung in der Atomphysik zweifellos die Wellenmechanik. Am 27. Dezember 1925 gab Schrödinger aus einem Winterurlaub in Arosa erste Nachricht an Wilhelm Wien, den Herausgeber der „Annalen der Physik". Die „neue Atomtheorie", von der Schrödinger in seinem Brief gesprochen hatte, schien aber zunächst ein Mißerfolg: Schrödinger hatte eine relativistische Theorie benutzt und auf das Problem des Wasserstoff-Atoms angewandt. Die (heute historisch fälschlich sogenannte) „Klein-Gordon-Rechnung" lieferte zwar die unrelativistischen Balmer-Terme richtig, aber die Feinstruktur falsch.

Kurze Zeit später griff Schrödinger seine Theorie wieder auf. Nun behandelte er das Elektron nicht-relativistisch und hatte damit, wie sich bald zeigte, eine Theorie, die in der zugrunde gelegten Näherung das Verhalten des Wasserstoffatoms richtig darstellte.

Am 26. Januar 1926 sandte Schrödinger seine Abhandlung „Quantisierung als Eigenwertproblem. Erste Mitteilung"[1] nach München. „Ich wäre Ihnen sehr dankbar", schrieb er dazu an Wilhelm Wien, „wenn Sie die Güte haben wollten, die Arbeit, nachdem sie den ‚Eingegangen'-Vermerk erhalten hat, vor der Drucklegung auch Herrn Geheimrat Sommerfeld zur Einsichtnahme zu geben. Herr Professor Sommerfeld hat meinen unbedeutendsten Arbeiten stets ein so gütiges Interesse entgegengebracht, daß ich mich recht von Herzen freue, ihm einmal eine vorlegen zu können, die ihn wirklich interessieren wird."[2]

Nur etwa zehn Tage später berichtete Sommerfeld (in einem verlorenen Schreiben) an Pauli über die Arbeit Schrödingers. Pauli reagierte mit „vielleicht ist sein Weg doch nicht so verrückt" [120].

Wie die Wellenmechanik Schrödingers abhängig von der Göttinger Matrizenmechanik entstanden war, so liefen auch die Arbeiten an der Entwicklung der Matrizenmechanik zunächst ganz unabhängig weiter. In Kooperation mit Norbert Wiener erweiterte Max Born während seines Amerikaaufenthaltes die Quantenmechanik mit Hilfe der Operatorrechnung durch Einbeziehung kontinuierlicher Spektren und unperiodischer Bewegungen[3] und lieferte damit auch die Grundlage für die Behandlung von Stoßproblemen. Diese Arbeiten wurden währenddessen von Heisenberg und Pauli im Zusammenhang mit dem Problem des Goudsmitschen Kreiselektrons und der Berechnung der Intensitätsformeln für das H-Atom ([119] und [124]) fortgesetzt ([115]–[118]), fanden aber keinen Abschluß, da ihnen inzwischen Schrödinger[4] und Dirac[5] mit ihren Arbeiten zuvorgekommen waren.

[1] Ann. Phys. **79**, 361–376 (1926). Die Arbeiten Schrödingers sind nachgedruckt in Erwin Schrödinger: Abhandlungen zur Wellenmechanik. Leipzig: Johann Ambrosius Barth 1927 (2. Aufl. 1928) und Erwin Schrödinger: Die Wellenmechanik. Dokumente der Naturwissenschaft Bd. 3, Stuttgart: Ernst Battenberg Verlag 1963.

[2] Brief von Erwin Schrödinger an Wilhelm Wien, 26. Januar 1926.

[3] Man vergleiche den Aufsatz von B. L. van der Waerden: From Matrix Mechanics and Wave Mechanics to Unified Quantum Mechanics. In: J. Mehra (ed.): The Physicists Conception of Nature, Dordrecht-Holland: D. Reidel Publishing Company 1973, S. 276–293.

[4] Vgl. den Schluß des Briefes [124] und den Zusatz der Korrektur zu Schrödingers 3. Mitteilung: Quantisierung als Eigenwertproblem. Ann. Phys. **80**, 437–390 (1926). Eingegangen am 10. Mai 1926.

[5] Vgl. z. B. den Schluß des Briefes [125] an Kramers.

[115] Heisenberg an Pauli

Göttingen, 7. Januar [1926]

Lieber Pauli!

Vielen Dank für Ihren letzten Brief; die Bahnfahrt von München hierher hab' ich ausgenützt, um etwas über die berühmten Mittelwerte nachzudenken[a]; zu irgendwelchen bündigen Ergebnissen bin ich nicht gekommen, aber vielleicht können Sie etwas mit dem Folgenden anfangen: Wir denken an den 2-dimensionalen Wasserstoff und versuchen, Polarkoordinaten einzuführen. Dann wird

$$H=\frac{1}{2m}\left(p_r^2+\frac{1}{r^2}\left(p_\varphi^2-\frac{1}{4}\left(\frac{h}{2\pi}\right)^2\right)\right)-\frac{e^2Z}{r}.$$

Daß $p_r\cdot r-r\cdot p_r=\varepsilon\left(\varepsilon=\dfrac{h}{2\pi i}\right)$ ist, haben Sie schon gezeigt[b] (wenn $p_x\cdot x-x\cdot p_x=\varepsilon$ usw. gilt).

Ebenso kann man jetzt die Größe $\varphi=\operatorname{arc\,tg}\dfrac{y}{x}$ einführen. (Daß diese Größe nicht in eine Fourierreihe entwickelbar ist, tut nach der neueren Arbeit von Born und Wiener[c] nichts.) Es gilt dann $p_\varphi\cdot\varphi-\varphi p_\varphi=\varepsilon$ und φ ist mit r und p_r vertauschbar.

Beweis etwa folgendermaßen: $(p_\varphi=xp_y-yp_x)$:

$$p_\varphi\cdot\varphi-\varphi p_\varphi=xp_y\operatorname{arc\,tg}\frac{y}{x}-\operatorname{arc\,tg}\frac{y}{x}\cdot xp_y-yp_x\operatorname{arc\,tg}\frac{y}{x}+\operatorname{arc\,tg}\frac{y}{x}\,yp_x$$

$$=\varepsilon\left(x\frac{d}{dy}\operatorname{arc\,tg}\frac{y}{x}-y\frac{d}{dx}\operatorname{arc\,tg}\frac{y}{x}\right)=\varepsilon.$$

Ferner kann man leicht zeigen, daß gilt:

$$p_\varphi=mr^2\,\dot\varphi.$$

Nun bedeutet klassisch bekanntlich der Mittelwert von $\dot\varphi$ einfach die Frequenz und ist daher von k *unabhängig* bei einer Keplerbahn. Ich möchte daher glauben, was ich leider nicht beweisen kann, daß auch in der Quantenmechanik $\overline{\dot\varphi}$ von k unabhängig ist. Wenn dies wahr ist, so folgt sofort, daß $\dfrac{p_\varphi}{me2}$ von k unabhängig ist; also verhielte sich $\dfrac{\overline{1}}{r^2}\sim\dfrac{\text{const}}{p_\varphi}$ hinsichtlich der Abhängigkeit von k; dieses p_φ ist aber $\frac{1}{2}$ beim s-Term, $\frac{3}{2}$ b[eim] p-Term usw. Daraus würde nach Ihnen weiter folgen, daß $\dfrac{\overline{1}}{r^3}\sim\dfrac{\text{const}}{p_\varphi\cdot\left(p_\varphi^2-\frac{1}{4}\left(\frac{h}{2\pi}\right)^2\right)}$, also für den s-Term ∞. Dann würde offenbar das

Goudsmitsche Modell kaum durchführbar sein. Aber es hängt eben alles daran, ob $\bar{\dot{\varphi}}$ wirklich von k unabhängig ist. Man könnte auch an folgendes denken: In der klassischen Theorie ist zwar $\bar{\dot{\varphi}}$ im allgemeinen von k unabhängig, für die Pendelbahn dagegen ist es Null. So *könnte* (??) $\bar{\dot{\varphi}}$ auch quantenmechanisch für die s-Bahn verschwinden, für die anderen Bahnen aber den oben genannten Wert haben. Aber ich sehe keinen Weg, bis jetzt, diese offenen Fragen zu entscheiden, nur scheint mir das Goudsmitsche Modell auch recht schwierig durchführbar; daß es ganz falsch ist, möchte ich aber auch nicht glauben.

Mein Preiskegelschieben in Stade[d] findet erst eine Woche später statt, ich werd' also wohl [am] 20. bei Ihnen vor[bei]schauen. Bis dahin auf Wiedersehn, grüßen Sie Stern, Lenz, Minkowski und Wentzel! Und weiter viel Glück!

W. Heisenberg

[a] Vgl. hierzu [112] und [114]. Der Mittelwert von $1/r^3$ tritt bei der Bestimmung des Magnetfeldes eines kreisenden Elektrons am Orte des Kernes auf, während der von $1/r^2$ den relativistischen Beitrag festlegt. [b] Vgl. Pauli (1926 a). Dort Formel (34). [c] M. Born und N. Wiener: Eine neue Formulierung der Quantengesetze für periodische und nichtperiodische Vorgänge. Z. Phys. **36**, 174–187 (1926). Eingegangen am 5. Januar 1926. Publications from the Massachusetts Institute of Technology, Series II. No. 106 im März 1926. [d] Vgl. den Schluß der Briefe [105] und [112].

[116] Heisenberg an Pauli

Göttingen, 14. Januar [1926]

Lieber Pauli!

Hiermit schicke ich Ihnen die Born-Wienersche Arbeit[a] und eine ähnliche Arbeit von Lanczos[b] zur Diskussion am Mittwoch[c]. Also 19. abends ist mein Vortrag, Mittwoch vormittag komm' ich nach Hamburg; abends fahr' ich nach Gött[ingen]. Ich hoffe, viele Stunden mit Ihnen Physik treiben zu können.

Übrigens glaube ich nun, daß man den Beweis „$\bar{\dot{\varphi}}$ unabhängig von k" nach der Bornschen Theorie einwandfrei erbringen kann. Die Schlußweise ist etwa die folgende (ganz analog zur klassischen Theorie): Die Größe $\dot{\varphi}$ wird sich teilen lassen in ein mit der Zeit *lineares* und ein periodisches Glied (vgl. z.B. Born-W[iener][a], Form[el] (41)). Wenn nun der Faktor von t, also $\bar{\dot{\varphi}}$, *nur* von W abhängt, (also etwa $\dot{\varphi} = t\varphi_1(D) + \ldots$ nach Born), so wird auch $x = r\cos\varphi$, $y = r\sin\varphi$ sich in Matrizen darstellen lassen, bei denen die auftretenden Frequenzen nur Funktionen von W sind. Wenn aber der Faktor von t in φ *nicht nur* von W, sondern auch [von] k abhängt, so müssen auch die Frequenzen, die in x, y vorkommen, von k abhängen. Letzteres ist nicht der Fall, also hängt $\bar{\dot{\varphi}}$ nur von W ab. q.e.d. Man kann übrigens nach der Bornschen Methode den Rotator behandeln und da die Verhältnisse, die zwischen φ, x, y usw. bestehen, einigermaßen übersehen. Allerdings ist mir eine direkte Durchrechnung von cos φ bei gegebenem φ und umgekehrt nie gelungen; (beim *Oszillator* ist diese Umrechnung trivial).

Eine andere Frage ist noch, ob beim dreidimensionalen Fall dasselbe für den Mittelwert $\overline{\frac{1}{r^2}}$ herauskommt, wie beim zweidimensionalen. Die Rechnung hab' ich noch nicht durchgeführt. Übrigens scheint es mir noch nicht ganz sicher, daß das Goudsmitsche Modell falsche Resultate liefert, da ja die Kleinheit der Abschirmungsdubletts nur bei den Röntgenspektren gemessen ist, und da handelt es sich um ein anderes Problem (ein *fehlendes* Elektron).

Also auf Wiedersehn am Mittwoch! Viele Grüße an alle!

W. HEISENBERG

[a] Vgl. die unter c auf S. 280 genannte Arbeit. [b] K. Lanczos: Über eine feldmäßige Darstellung der neuen Quantenmechanik. Z. Phys. **35,** 812–830 (1926). Eingegangen am 22. Dezember 1925. [c] Vgl. den Schluß der Briefe [105], [112] und [115].

[117] HEISENBERG AN PAULI

Göttingen, 27. Januar 1926

Lieber Pauli!

Zunächst nochmal vielen Dank für Ihre Einladung und den gemütlichen Abend![a] Ich hab' mir seitdem einiges über das Kapitel „zyklische Variable" überlegt[b] und möcht' Ihnen kurz erzählen: Denkt man an ein System von einem Freiheitsgrad, so kann man, wie neulich besprochen, J und w definieren, so daß $Jw - wJ = \varepsilon\left(=\frac{h}{2\pi i}\right)$, daß ferner H nur von J abhängt, daß ferner, wenn $x, y \ldots$ periodisch in den $w \sim e^{iw\tau}$ ist, gilt $J = \text{const} + n\frac{h}{2\pi}$ (es ist praktischer, das 2π zum J hinzuzunehmen). Dann wird nach den Bewegungsgleichungen $\dot{w} = \frac{\partial H}{\partial J}$ und aus dieser Gleichung heraus kann man, wenn $H(J)$ bekannt ist, den Operator w als $w = tw(D) + w_1(D)$ bestimmen[c]. Die Schwierigkeit war nun folgende: Wenn irgendeine periodische Funktion, z. B. e^{iwt}, von w gegeben ist, *wie* kann man direkt zeigen, daß $e^{iw\tau} = e^{\frac{i(H(n)-H(n-\tau))t}{h}}$ wird? Diese Rechnung hab' ich nun wirklich durchgeführt und sie ist sehr einfach: Man bilde $(e^{iw\tau})$, d. h. in *früherer* Schreibweise $\frac{d}{dt}(e^{iw\tau})$, womit aber nicht der Operator D, sonder $D(e^{iw\tau}) - e^{iw\tau} D$ gemeint ist. Dies ergibt

$$\frac{d}{dt}(e^{iw\tau}) = \frac{d}{dt}\sum \frac{i^n (w\tau)^n}{n!};$$

beim Differenzieren hat man nun zu beachten, daß

$$\frac{d}{dt} w^n = \dot{w} w^{n-1} + w \dot{w} w^{n-2} + \dots w^{n-1} w,$$

ferner

$$w\dot{w} - \dot{w}w = -\varepsilon \frac{\partial}{\partial J} \dot{w} = -\varepsilon \frac{\partial^2 H}{\partial J^2}; \; w \frac{\partial^2 H}{\partial J^2} - \frac{\partial^2 H}{\partial J^2} w = -\varepsilon \frac{\partial^3 H}{\partial J^2} \quad \text{usw.}$$

Dann findet man

$$\frac{d}{dt}(e^{iw\tau}) = \left(i\dot{w}\tau + \frac{\varepsilon}{2!}\tau^2 \frac{\partial^2 H}{\partial J^2} - i \frac{\varepsilon^2}{3!}\tau^3 \frac{\partial^3 H}{\partial J^3} + \dots \right) e^{iw\tau};$$

Die Klammer links ist Diagonalmatrix und kann geschrieben werden

$$2\pi i \frac{\left[H(J) - H\left(J - \tau \frac{h}{2\pi} \right) \right]}{h},$$

dessen Taylorentwicklung oben steht. Hier sieht man, glaub' ich, doch direkt durch, wie das ν_{qu} aus dem Formalismus herauskommt.

Aus dieser Rechnung aber kann man wohl auch für unser Wasserstoffbeispiel direkt entnehmen, daß $\bar{\dot{\varphi}} = \frac{\partial H}{\partial n} \sim \frac{2Rh}{n^3}$ *ist*. Denn der mit t lineare Teil von φ kann $= w$ gesetzt werden, wo w zu n konjugiert ist und dann folgt $\bar{\dot{\varphi}} = \dot{w} = \frac{\partial H}{\partial n}$ *aus den* Bewegungsgleichungen[d]. Für die Goudsmitsche Theorie ist dieses Resultat allerdings sehr traurig. Wenn Sie irgendeine Idee haben, schreiben Sie doch; ich weiß nicht, was man mit den Zeemaneffekten ohne den Goudsmit anfangen soll.

Aber nun eilt's schon wieder. Also nochmal vielen Dank und viele Grüße an Sie und an's ganze Institut!

W. HEISENBERG

[a] Vgl. die Fußnote *c* von [116]. [b] Vgl. hierzu den Hinweis am Ende von Heisenbergs Brief [108]. [c] Vgl. hierzu die unter *a* des Briefes [116] zitierte Arbeit. Dort werden auch die hier benutzten Operatorsymbole erklärt. [d] Vgl. hierzu auch den folgenden Brief [118].

[118] PAULI AN HEISENBERG

Hamburg, 31. Januar 1926

Lieber Heisenberg!

Vielen Dank für Ihren Brief. Ich war inzwischen auch nicht müßig und hatte Ihr Ergebnis über $e^{iw\tau}$ (anläßlich der Durchrechnung des Rotators) bereits selbst abgeleitet. Darüber hinaus konnte ich das Programm, Multiplikationsregeln für die Funktionen $q(t, W)$ selbst abzuleiten, vollständig durchführen[a]. Wesentlich ist nur, daß die Größen $q(t, W)$ als stetige Funktionen der Energie W aufgefaßt werden müssen, sobald man es außer mit periodischen Größen auch mit nichtperiodischen zu tun hat. Die „Zeit" t hat jedoch im Allgemeinen keine physikalisch reale Bedeutung, sondern nur eine formale. Bei nicht periodischen Größen $q(t, W)$ bleibt der Zusammenhang mit beobachtbaren Erscheinungen offen, was nichts schadet, wenn zum Schluß wieder alles auf periodische Größen x reduziert wird, wo die $x(t, W)$ die Spaltensummen der Matrizen darstellen. Die Regeln für die Multiplikation zweier rationaler Funktionen, bzw. unendlicher Potenzreihen, von t, W sind von solcher Art, daß sie, auf Ausdrücke wie $e^{2\pi i v t}$ angewandt, die früheren Regeln der Matrizenmultiplikation als Spezialfälle enthalten. Die Einführung der „Operatoren" ist jedenfalls für viele Zwecke gänzlich überflüssig; sie verhalten sich zu dem im folgenden skizzierten Kalkül mit Funktionen $q(t, W)$ von „Zeit" und Energie ähnlich wie die Theorie der Hauptachsentransformation zu Ihrem Matrizenkalkül. Nun bin ich froh, die Operatoren im Rücken zu haben und wandere in meinen Rechnungen fröhlich fort.

In Bezug auf die Ermittelung der Übergangswahrscheinlichkeiten beim H-Atom bin ich ziemlich optimistisch[b]. Höchstens der kontinuierliche Schwanz könnte noch Unannehmlichkeiten machen.

Bevor ich auf den Kalkül näher eingehe, noch ein paar Bemerkungen zur Affäire Goudsmit. Mit Ihrer Schlußfolgerung $\bar{\varphi} = \frac{\partial \mathrm{H}}{\partial \mathrm{n}}$ bin ich vollständig einverstanden[c]. Daraus folgt erstens, daß die Zahlen für die Summe $E_{\mathrm{Rel.}} + E_{\mathrm{Magn.}}$, die sich aus unserer Rechnung ergeben haben, sicherlich mit den Beobachtungen gänzlich unvereinbar sind (z. B. kommt das Dublett $p_1 p_2$ doppelt so groß heraus als das beobachtete). Andrerseits kann, wenn man an die neue Quantenmechanik glaubt (vom anomalen Zeemaneffekt ganz abgesehen), die Größe der Feinstruktur der Balmerlinien mit der Annahme von Punktladungen allein nicht erklärt werden, da ja dann die halben k herauskommen. Es scheint also, daß auf Grund der neuen Quantenmechanik die Feinstruktur *weder* mit Goudsmit-Elektronen *noch* mit Punkt-Elektronen funktioniert! Es ist aber da ein ganz merkwürdiger Umstand vorhanden*. Rechnet man mit der halben magnetischen Energie E_M (was das

* Sie werden das Folgende natürlich für eine ganz dumme Bemerkung halten. Ich stimme Ihnen darin vollkommen zu. Jedoch halte ich es nicht für gänzlich ausgeschlossen, daß jemand eine gescheite Bemerkung daraus machen könnte!

bedeutet, weiß ich nicht), so hat die Summe $E_R + \frac{1}{2} E_M$ genau alle Eigenschaften, die man braucht: Für die Terme $(S-p_1)$, $(p_2, d_2)\ldots$, allgemein für die Terme mit gleichem j fallen die Werte *exakt* zusammen, und auch die Differenz von $(E_R + \frac{1}{2} E_M)$ für Terme mit aufeinanderfolgendem j (z. B. p_1, p_2) entspricht *genau* der Sommerfeldschen Formel. Also: „*Ein halb, ein halb, ein Königreich für den Faktor* $\frac{1}{2}$"! — Nun zu den *Multiplikationsregeln für beliebige Funktionen* $q(t, W)$.

1. Man gehe von der Festsetzung aus, daß für Energie W und „Zeit" t die Vertauschungsregel gelten soll

$$Wt - tW = \frac{h}{2\pi i} 1, \tag{1}$$

oder mit Einführung von

$$\alpha = \frac{2\pi i}{h} W \tag{2}$$

(was oft zweckmäßig ist)

$$\alpha t - t\alpha = 1. \tag{1'}$$

Im Folgenden wird man es viel mit Exponentialfunktionen $e^{f(\alpha)t}$ zu tun haben. Wir müssen *zweierlei* derartige Funktionen (die eine unterstrichen, die andere nicht unterstrichen) unterscheiden:

$$e^{f(\alpha)t} = \sum_{p=0}^{\infty} \frac{(ft)^{p*}}{p!} \quad \text{und} \quad \underline{e}^{f(\alpha)t} = \sum_{p=0}^{\infty} \frac{f^p t^p}{p!} \tag{3}$$

Von den Beziehungen zwischen den beiden Funktionen wird noch gesprochen. Von der ersten Funktion gilt, daß ihre p^{te} Potenz (p = pos[itive] oder neg[ative] ganze Zahl) gegeben ist durch

$$(e^{f(\alpha)t})^p = e^{pf(\alpha)t},$$

von der zweiten Funktion gilt für die Differentialquotienten

$$\frac{d}{dt}\underline{e}^{f(\alpha)t} = f(\alpha)\,\underline{e}^{f(\alpha)t}; \quad \frac{d}{d\alpha}\underline{e}^{f(\alpha)t} = \frac{df}{d\alpha}\underline{e}^{f(\alpha)t} \cdot t. \tag{4}$$

Der Zusammenhang mit der Matrizenrechnung und der Physik ist nun folgender. Zum n-ten Zustand mit der Energie $W = W_n$ mögen zu einer Koordinate x die Elemente $x_m^n \, e^{2\pi i \overset{n}{\nu}_m t}$ oder $x_{n-\tau}^n \, e^{2\pi i \overset{n}{\nu}_{n-\tau} t}$ gehören. Um auch mit nicht periodischen Größen (wie z. B. Polarwinkeln) rechnen zu können, müssen wir dafür den Preis bezahlen, daß an Stelle des diskontinuierlichen Index n soviele stetige Variablen treten, als das System Freiheitsgrade hat. Im folgenden beschränken wir uns durchweg auf Systeme mit *einem einzigen* Freiheitsgrad. *Dann sind an Stelle von* $x_{n-\tau}^n$ *und* $\nu_{n-\tau}^n$ *bei festem* τ *stetige Funktionen* $x_\tau(W)$ und $\nu_\tau(W)$ *der Energie* W *einzufüh-*

* $(ft)^p = ft \cdot ft \cdots ft$ (p mal).

*ren**. Um richtig rechnen zu können, müssen wir ferner für die Spaltensumme der Matrix das Symbol einführen:

$$x(W,t)=\sum_{\tau(\text{positiv und negativ})} x_\tau(W)\underline{e}^{2\pi i v_\tau(W)t}, \tag{5}$$

worin stets die unterstrichene Exponentialfunktion (3) *einzusetzen ist*, t also ganz nach rechts geschoben ist. Physikalische Bedeutung haben nur die $x_\tau(W)$ durch ihren Zusammenhang mit den Übergangswahrscheinlichkeiten; t und $\underline{e}^{2\pi i v_\tau(W)t}$ sind zunächst physikalisch bedeutungslose Symbole, die das Multiplizieren zweier Ausdrücke $x(W,t)$ und $y(W,t)$ ermöglichen. Wichtig ist, daß die Funktionen $v_\tau(W)$ den aus der Frequenzbedingung folgenden Kombinationsrelationen

$$v_{\sigma+\tau}(W)=v_\sigma(W)+v_\tau(W-hv_\sigma(W))=v_\tau(W)+v_\sigma(W-hv_\tau(W)) \tag{I}$$

genügen müssen. Für $\sigma=-\tau$ folgt wegen $v_0(\mathrm{W})=0$:

$$v_{-\tau}(W)=\tau_\tau(W+hv_\tau(W)).$$

2. Der weitere Gang der Überlegung wird nun der sein, daß aus (1) Regeln für die Vertauschung von rationalen Funktionen von t und W und sodann auch von unendlichen Potenzreihen von t und W abzuleiten sind. Diese Regeln kann man dazu benützen, um das Produkt zweier Ausdrücke der Form (5)

$$x(W,\ t)=\sum_\tau x_\tau(W)\underline{e}^{2\pi i v_\tau(W)t}$$

und

$$y(W,\ t)=\sum_\tau y_\tau(W)\underline{e}^{2\pi i v_\tau(W)t}$$

wieder auf die Form

$$xy(W,\ t)=\sum_\tau (xy)_\tau(w)\underline{e}^{2\pi i v_\tau(W)t}$$

zu bringen. *Es läßt sich nun zeigen, daß der so mit Hilfe von* (1) *und* (3) *berechnete Koeffizient* $(xy)_\tau(W)$ *in der Tat übereinstimmt mit dem auf Grund der Matrizenmultiplikationsregeln ermittelten.* Zunächst folgt aus (1) bzw. (1′)

$$\left.\begin{aligned} f(\alpha,t)t-tf(\alpha,t)&=\frac{\partial f}{\partial\alpha}\\ \alpha f(\alpha,t)-f(\alpha,t)\alpha&=\frac{\partial f}{\partial t}\end{aligned}\right\}. \tag{6}$$

---

* Daß für W oft nur diskrete Werte existieren, kommt erst zum Schluß aus den Randbedingungen heraus.

Weiter

$$f(\alpha,t)\varphi(t)-\varphi(t)f(\alpha,t)=\sum_{p=1}^{\infty}\frac{(-1)^{p+1}}{p!}\frac{\partial^p f}{\partial\alpha^p}\frac{d^p\varphi}{dt^p} \tag{7a}$$

$$g(\alpha)f(\alpha,t)-f(\alpha,t)g(\alpha)=\sum_{p=1}^{\infty}\frac{(-1)^{p+1}}{p!}\frac{d^p g}{d\alpha^p}\frac{\partial^p f}{\partial t^p}. \tag{7b}$$

Man beweist diese Gleichungen, indem man zeigt, daß sie erstens für $\varphi=t$ und $g=\alpha$ mit (6) übereinstimmen und daß zweitens aus ihrer Gültigkeit für φ und g auch die Gültigkeit für (φt) und $(g\alpha)$ folgt. Die Formel (7b) kann man nun bereits benutzen, um in

$$\underline{e}^{f(\alpha)t}g(\alpha)$$

den Faktor $g(\alpha)$ nach links zu schaffen. Ersetzt man nämlich in (7b) $f(\alpha, t)$ durch $e^{f(\alpha)t}$, folgt mit Rücksicht auf (4)

$$\underline{e}^{f(\alpha)t}g(\alpha)=\sum_{p=0}^{\infty}\frac{(-1)^p}{p!}\frac{d^p g}{d\alpha^p}f^p\underline{e}^{f(\alpha)t}.$$

Die Summe über p ist aber eine Taylorreihe und hat den Wert g vom Argument $\alpha-f(\alpha)$. Also gilt

$$\underline{e}^{f(\alpha)t}g(\alpha)=g(\alpha-f(\alpha))\underline{e}^{f(\alpha)t} \tag{8}$$

Setzt man $\alpha=\frac{2\pi i}{h}W$ und $f(\alpha)=2\pi i\nu_\sigma(W)$, $g(\alpha)=x_\tau(W)$, so folgt

$$\underline{e}^{2\pi i\nu_\sigma(W)t}x_\tau(W)=x_\tau(W-h\nu_\sigma(W))\underline{e}^{2\pi i\nu_\sigma(W)t} \tag{II}$$

Nun berechnen wir noch den Wert von $\underline{e}^{f(\alpha)\tau}\underline{e}^{g(\alpha)t}$ und entwickeln zunächst $\underline{e}^{g(\alpha)t}$ in die Potenzreihe

$$\underline{e}^{f(\alpha)t}\underline{e}^{g(\alpha)t}=\sum_{p=0}^{\infty}\frac{1}{p!}\underline{e}^{f(\alpha)t}(g(\alpha))^p t^p.$$

Durch Anwendung von (8) auf g^p folgt weiter

$$\underline{e}^{f(\alpha)t}\underline{e}^{g(\alpha)t}=\sum_{p=0}^{\infty}\frac{1}{p!}[g(\alpha-f)]^p\underline{e}^{f(\alpha)t}t^p.$$

Indem man noch $\underline{e}^{f(\alpha)t}$ in die Potenzreihe entwickelt und nach Potenzen von t ordnet, findet man nach einfacher Rechnung, daß der Koeffizient von t^r lautet $\frac{1}{r!}[f(\alpha)+g(\alpha-f)]^r$. Also gilt

$$\underline{e}^{f(\alpha)t}\underline{e}^{g(\alpha)t}=\underline{e}^{[f(\alpha)+g(\alpha-f)]t}$$

als Multiplikationstheorem der Funktion $\underline{e}^{f(t)}$. Der erhaltene Ausdruck ist übrigens im Allgemeinen nicht in f und g symmetrisch. Setzt man jedoch speziell $f(\alpha)$

$=2\pi i\nu_\sigma(W)$, $g(\alpha)=2\pi i\nu_\tau(W)$, so erhält man *auf Grund der Kombinationsrelationen* (I) die einfache Beziehung

$$\underline{e}^{2\pi i\nu_\sigma(W)t}\cdot\underline{e}^{2\pi i\nu_\tau(W)t}=\underline{e}^{2\pi i\nu_\tau(W)t}\cdot\underline{e}^{2\pi i\nu_\sigma(W)t}=\underline{e}^{2\pi i\nu_{\sigma+\tau}(W)t}. \tag{III}$$

(Für $\sigma=-\tau$ wird die rechte Seite gleich 1.)

Auf Grund von (II) und (III) ergibt sich nun sofort für die Multiplikation der beiden angeschriebenen Ausdrücke $x(W,t)$ und $(y(W,t)$ das gewünschte Resultat

$$(xy)_\tau(W)=\sum_\sigma x_\sigma(W)y_{\tau-\sigma}(W-h\nu_\sigma(W)), \tag{IV}$$

das mit dem Matrizenkalkül übereinstimmt.

3. Nun noch einiges über die Wirkungs- und Winkelvariablen J und w. Eine Frage, die ich noch nicht allgemein beantworten konnte, ist die: Vorgegeben seien irgendwelche Funktionen $\nu_\tau(W)$, welche die Kombinationsrelationen (I) befriedigen. Gibt es dann stets eine Substitution $W=W(J)$, so daß gilt

$$h\nu_\tau(J)=W(J)-W(J-\tau h)? \tag{10}$$

Wenn es eine solche Substitution $W=W(J)$ gibt, nennen wir J die Wirkungsvariable. Setzt man

$$\omega(J)=\frac{\partial W}{\partial J},$$

und die Wirkungsvariable $\qquad w=\omega t+\delta(J),$

so gilt als Folge von (1):

$$Jw-wJ=\frac{h}{2\pi i}1. \tag{11}$$

Es gilt dann ferner zwischen den beiden in (3) eingeführten Exponentialfunktionen die fundamentale Beziehung

$$e^{2\pi i\tau w}\equiv e^{2\pi i\tau\omega(J)t}=\underline{e}^{2\pi i\nu_\tau(J)t}\quad(\tau\;=\;\text{ganze Zahl}). \tag{V}$$

Dies ist die auch in Ihrem Brief angegebene Relation. Ich habe sie so bewiesen: Zunächst ist (V) gleichbedeutend mit

$$\left(\frac{2\pi i}{h}\omega t\right)^p=\frac{d^p}{dJ'^p}\underline{e}^{\frac{2\pi i}{h}[W(J)-W(J-J')]t} \tag{12}$$

an der Stelle $J'=0$.

Ist nämlich (12) richtig, so ist die links stehende Reihe eine Taylorreihe und gibt summiert wegen (10) gerade $\underline{e}^{2\pi i\nu_\tau(J)t}$. Nun ist (12) richtig für $p=1$, wie man durch direktes Ausrechnen sieht. Ferner läßt sich zeigen, daß für beide Seiten von (12) (ihre Werte mit f_p bezeichnet) *dieselben* Rekursionsformeln gelten:

$$f_p=-\frac{\partial f_{p-1}}{\partial J}+\frac{2\pi i}{h}\omega f_{p-1}t. \tag{13}$$

Also gilt (12) allgemein und damit auch (V).

Wenn mehrere Freiheitsgrade vorhanden sind, muß man wohl von vornherein mehrere Wirkungsvariablen J_ϱ einführen. Ich will mich damit sowie mit der allgemeinen Integrationstheorie der quantenmechanischen Gleichungen (man kann jetzt nicht-periodische Wirkungsfunktionen S verwenden) zunächst nicht beschäftigen, sondern auf das H-Atom losgehen. Es scheint mir aber nach dem Vorangehenden, daß nunmehr die nicht-periodischen Koordinaten im wesentlichen ihrer Schrecken beraubt sind.

Was den physikalischen Sinn des ganzen Formalismus betrifft, so glaube ich, daß man mit dieser Frage weiterkommen wird, wenn man jetzt die Strahlungsreaktion und die natürliche Breite zu behandeln versucht.

Viele herzliche Grüße an Sie selbst und an alle Bekannten von Ihrem

W. Pauli

[a] Der hier von Pauli entwickelte Formalismus zur Quantenmechanik der nicht-periodischen Bewegungen war ohne sein Wissen zu diesem Zeitpunkt bereits von Dirac ausgeführt. (Vgl. den Brief [125]. Dort findet man auch den Hinweis auf Diracs Arbeit.) Pauli beklagte sich später über den dadurch verursachten Zeitverlust. [b] Vgl. hierzu den Kommentar zu [115]. [c] Vgl. den vorangehenden Brief [117].

Die Folgen, die sich aus der Goudsmitschen-Spinhypothese für die Theorie der Atomspektren ergaben, ließen sich allmählich auch aus der Sicht der neuen Quantenmechanik verstehen. In dem folgenden aufschlußreichen Brief [119] an Niels Bohr analysiert Pauli den Fall der Punktelektronen (ohne Spin) und der sog. Goudsmitschen Elektronen (mit Spin und magnetischem Moment). Bei der Berechnung des relativistischen Ausdrucks für die Energie E_R übersieht Pauli noch immer, daß es vom Standpunkt der Relativitätstheorie unzulässig ist, den Drehimpulsvektor im allgemeinen als invariante Größe beim Übergang von einem Inertialsystem zu einem anderen aufzufassen[1]. Dieser Sachverhalt wurde ja erst später von L. H. Thomas geklärt. In dieser Hinsicht war es von Pauli konsequent, daß er der Idee des Spins vorläufig noch immer ablehnend gegenüberstand.

[1] Vgl. den Brief [121] von Bohr. Später im Oktober 1931 auf dem Kernphysikerkongreß in Rom hat Arnold Sommerfeld über eine „Vereinfachte Ableitung des Thomas-Faktors" nach einem durch Pauli rekonstruierten Vortrag von Langevin berichtet. Vgl. Atti dei Convegni. Reale Accademia d'Italia. Roma: 1932, S. 137–141.

[119] Pauli an Bohr

Hamburg, 5. Februar 1926

Sehr verehrter lieber Herr Professor!

Heute will ich mein Versprechen einlösen, Ihnen zu schreiben, sobald ich physikalisch etwas Neues weiß. Und zwar will ich Ihnen von der großen Katastrophe berichten, zu welcher die neue Quantenmechanik hinsichtlich der Feinstruktur des Wasserstoffspektrums führt. Es ergeben sich nämlich *sowohl* mit Punktelektronen *als auch* mit Goudsmit-Elektronen Resultate, die den Beobachtungen vollkommen widersprechen. (Ich möchte Sie sogleich darum bitten, keinen Ausweg in der Richtung zu versuchen, daß die Beobachtungen nicht genau genug seien.) Teilweise Heisenberg, teilweise mir, teilweise uns beiden unabhängig nach verschiedenen Methoden, mit den gleichen Resultaten ist es nämlich inzwischen gelungen, die erforderlichen Mittelbildungen $\left(\overline{\frac{1}{r^2}}, \overline{\frac{1}{r^3}}, \overline{\cos(r,k)}\right)$ nach der neuen Quantenmechanik auszuführen. Nur eine Einschränkung muß noch gemacht werden: die benutzten rechnerischen Methoden versagen vorläufig für den untersten Zustand mit $k=0$, der dem *s*-Term entspricht, so daß die folgenden Formeln für diesen Zustand zunächst nicht gelten[a]. Bezeichnet k die Quantenzahl des Impulsmomentes des Elektrons in der Bahnebene, so normiert, daß $k=0, 1, 2, \ldots$ für die *s*, *p*, *d*, ... Terme, n die gewöhnliche Hauptquantenzahl mit den Werten 1, 2, 3, . . . , ferner beim Goudsmit-Nodell die Zahl j mit den Werten $k + \frac{1}{2}$ und $k - \frac{1}{2}$ den Gesamtimpuls, R = Rydbergkonstante, $\alpha = \frac{2\pi e^2}{hc}$, so wird zunächst die relativistische Zusatzenergie nach der *neuen* Quantenmechanik[b]

$$E_R = -Rh\frac{\alpha^2 Z^4}{n^3}\left(\frac{1}{k+\frac{1}{2}} - \frac{3}{4n}\right) \tag{1}$$

(für $k \neq 0$; für $k=0$ ist der Wert von E_R noch nicht ermittelt). Ferner wird die aus der neuen Mechanik bei Annahme von Goudsmitschen Elektronen mit dem Eigenimpulsmoment $\frac{1}{2}\frac{h}{2\pi}$ und dem magnetischen Moment 1 Magneton hinzukommende magnetische Orientierungsenergie

$$E_M = +Rh\frac{\alpha^2 Z^4}{n^3}\frac{1}{\left(k+\frac{1}{2}\right)(k+1)} \quad \text{für} \quad j = k + \frac{1}{2}$$

und

$$E_M = -Rh\frac{\alpha^2 Z^4}{n^3}\frac{1}{\left(k+\frac{1}{2}\right)k} \quad \text{für } j = k - \frac{1}{2} \tag{2}$$

(auch hier $k \neq 0$ vorausgesetzt).

Diskussion des Resultats:

1. Bei *Punktelektronen* würde E_R allein auftreten. Der Ausdruck für E_R unterscheidet sich nun von dem der bisherigen Quantentheorie durch das Auftreten der halbzahligen Nenner $k+\frac{1}{2}$ (und nur hierdurch). Es ist klar, daß sich durch (1) allein die Beobachtungen über die Feinstruktur nicht darstellen lassen. Außerdem bin ich durch sorgfältiges Nachprüfen der vorliegenden Beobachtungen, sowohl der Paschenschen an He^+ als auch derjenigen von *Hansen* an H (kürzlich in den Annalen der Physik erschienen[c]), doch zu dem Schluß gekommen, daß aus ihnen mit ziemlicher Sicherheit hervorgeht, daß auch bei Abwesenheit störender elektrischer Felder die Komponenten, die in der üblichen Schreibweise $\Delta k=0$ entsprechen, *vorhanden* sind. Versagen der Auswahlregel $\Delta k=\pm 1$ bedeutet aber natürlich, um es altertümlich auszudrücken, daß die „Bahn" nicht eben ist. Ich möchte jetzt also beinahe zugeben, daß die Punktelektronen unrettbar sind. Es müßte dann also mit Goudsmit den Elektronen in Gestalt von Impuls und Magnetismus ein weiterer Freiheitsgrad zugesprochen werden.

2. Nun kommt aber das andere Aber! Die aus der Summe von E_R und E_M berechneten Energiewerte *sind völlig falsch und unannehmbar*. Erstens ist von einem Zusammenfallen der Terme mit gleichem j, wie es den Abschirmungsdubletts entsprechen würde, keine Rede. Zweitens ist z. B. der Energieunterschied der beiden p-Terme gemäß (2) genau doppelt so groß als der beobachtete, (der aus der Sommerfeldschen Formel folgt). Es würde dies zu einem der Erfahrung völlig widersprechenden Bild der Feinstruktur der Balmerserien führen! *Mit dem einfachen Goudsmitschen Modell kommt man also nicht durch.* Dies kann jetzt völlig sicher behauptet werden, denn es kommt noch hinzu, daß auch der Unterschied der Einfach- und Tripletterme bei den Erdalkalien sich aus dem Modell nicht richtig ergibt und daß das Modell keinerlei Anhaltspunkte für die Erklärung der formalen Regeln für das Auftreten mehrerer äquivalenter Elektronen im Atom liefert.

3. Die „Moral von der Geschicht'" scheint also diese zu sein: *Zwar kann man versuchen, dem Elektron eine ausgezeichnete Achse mit Impuls und Magnetismus zuzusprechen; die Wechselwirkungsenergie eines solchen Elektrons mit einem Kern sowie die zwei Elektronen, soweit sie von derjenigen von Punktelektronen abweicht und von der Orientierung der Elektronenachsen abhängt, kann aber nicht einfach und ausschließlich durch diejenige von magnetischen Dipolen dargestellt werden.* Die Frage hängt wohl auch zusammen mit derjenigen nach der Vereinbarkeit der tatsächlichen kleinen Elektronenmasse mit einem Drehimpuls des Elektrons von der Größenordnung $\frac{h}{2\pi}$, über die man nicht so einfach hinweggehen darf[d]. Man muß also jetzt, glaube ich, näher über das Elektron nachdenken. Ich selbst habe dazu nicht den Mut, vielleicht haben ihn aber Sie oder Goudsmit. – Als gänzlich unverständliche Kuriosität möchte ich nur noch anführen, daß bei Einsetzen der

Ausdrücke (1) und (2) für E_R und E_M die Summe $E_R + \frac{1}{2} E_M$ gerade genau die Werte hat, die man für die Energie des Atoms braucht![e]

Zur Zeit bin ich damit beschäftigt, die Lösung der Matrizengleichungen für das H-Atom weiter durchzuführen, um auch zu endgültigen Formeln für die Intensitäten der Linien zu gelangen. Dabei muß man den Matrizenkalkül für nicht periodische Koordinaten (wie z. B. Polarwinkel) verallgemeinern. Damit bin ich so ziemlich fertig und glaube dies einfacher und besser machen zu können als dies bei Born und Wiener in einer in der Zeitschrift für Physik im Druck befindlichen Arbeit[f] geschieht. Ich habe überhaupt große Hoffnung, zu den Formeln für die Übergangswahrscheinlichkeiten mathematisch ganz durchzukommen.

Wenn Sie mir einen Sonderdruck Ihres Vortrages in den „Naturwissenschaften"[g] sowie der dort zitierten Arbeit von Kramers aus der „Physica"[h] schicken lassen könnten, wäre ich dankbar. Heisenberg, den ich kürzlich sprach und der in den hier besprochenen Fragen im wesentlichen ganz derselben Meinung ist wie ich, läßt sie vielmals grüßen!

Viele herzliche Grüße an Sie, Kramers und das ganze Institut von

Ihrem stets dankbaren

W. Pauli

[a] Vgl. den Brief [115] von Heisenberg. [b] Vgl. die von Kramers vermuteten Werte für E_R und E_M in [113]. [c] G. Hansen: Die Feinstruktur der Balmerlinien. Ann. Phys. **78**, 558–600 (1925). Eingegangen am 27. Oktober 1925. [d] Vgl. Fußnote *d* von [114]. [e] Vgl. auch den vorhergehenden Brief [118]. [f] Vgl. die unter *c*) von [115] zitierte Abhandlung sowie den vorhergehenden Brief. [g] N. Bohr: Atomtheorie und Mechanik. Naturwiss. **14**, 1–10 (1926). Vgl. auch Fußnote *d* zu [109]. [h] H. A. Kramers: Eenige Opmerkingen over de Quantenmechanica van Heisenberg. Physica **5**, 369–376 (1925). Signiert Kopenhagen, November 1925.

[120] Pauli an Sommerfeld

Hamburg, 9. Februar 1926

Lieber Herr Professor!

Vielen Dank für Ihren Brief und das Manuskript der Arbeit von Ihnen und Unsöld[a]. Auf Grund der Hansenschen Arbeit in den Annalen[b] war ich auch bereits zur Überzeugung gekommen, daß die von Goudsmit und Uhlenbeck vorgeschlagene „alkaliähnliche" Deutung der Wasserstoff-Feinstruktur allein mit den beobachteten Intensitäten der Komponenten verträglich ist. Denn aus den Hansenschen Beobachtungen folgt eindeutig, daß die bei der bisherigen Bezifferung dem Übergang von 3_1 nach 2_1 entsprechende Feinstrukturkomponente von H_α auch abgesehen von Störfeldern vorhanden ist, so daß d[ie] Auswahlregel $\Delta k \pm 1$ verlassen bzw. eine dritte Quantenzahl j mit $\Delta j = 0, \pm 1$ eingeführt werden muß.

Sehr wesentlich und neu an Ihrer Arbeit war mir aber die Feststellung, daß auch der Zeemaneffekt als völlig analog dem bei den Alkalien aufgefaßt werden kann. Ich dachte bisher immer, die vorliegenden Beobachtungen hätten bei 5000 Gauß doch ein merklich anderes Bild geben müssen, wenn der Zeemaneffekt wirklich alkaliähnlich wäre. (Goudsmit hatte in seiner Arbeit auch einen Vorbehalt bez. Zeemaneffekt gemacht[c].) Dies lag aber wohl nur daran, daß ich den partiellen Paschen-Backeffekt nicht genügend berücksichtigt habe. Nach der Diskussion im §3 der Arbeit von Ihnen und Unsöld bin ich jetzt völlig bekehrt. Und es ist ja auch vom theoretischen Standpunkt aus viel einfacher, wenn zugleich mit den Auswahlregeln auch die Zeemantypen vollständig alkaliähnlich sind. Hier habe ich aber noch einen kleinen Wunsch: Es liegen am He Messungen des Zeemaneffektes der Feinstrukturkomponenten von *Hansen* (der *andere* Hansen) und *Jakobsen* vor, die 1921 in den Mitteilungen der dänischen Gesellschaft der Wissenschaften publiziert sind[d]. Ich kann mich auch erinnern, daß Sie einen Sonderdruck dieser Arbeit besitzen und daß w[ir] damals viel darüber diskutiert haben. Soviel ich weiß, sind die Messungen (die sich übrigens im Gegensatz zu Hansen und Försterling[e] auch auf die σ-Komponenten erstrecken) sehr sorgfälltig und zuverlässig und ich weiß nicht, warum Sie und Unsöld sie gar nicht herangezogen haben. Partieller Paschen-Backeffekt muß dort wohl auch vorliegen, und ich zweifle kaum, daß sich auch diese Beobachtungen Ihrer alkali-analogen Deutung gut einfügen werden. Es wäre aber, glaube ich, doch schön, wenn Sie und Unsöld im §3 noch etwas darüber hinzufügen würden.

Nun aber ein anderer Punkt, wo ich Ihnen leider nicht ganz zustimmen kann. Es betrifft den im §1 gezogenen Schluß von den Intensitäten einer Multiplettgruppe zur nächsten. Daß innerhalb desselben Multipletts die Intensitätsverhältnisse alkaliähnlich sein müssen, ist klar, aber ich glaube kaum, daß der Proportionalitätsfaktor von Gruppe zu Gruppe gleich 1 zu wählen ist. Es kann dies zwar mit einer gewissen Annäherung richtig sein und für die Diskussion der vorliegenden Beobachtungen, die ja hinsichtlich der Intensitäten nur qualitativen Charakter haben, ausreichen; daß dies exakt richtig sein soll und daß dieser Regel eine tiefere theoretische Bedeutung zukommt, scheint mir aber sehr unwahrscheinlich. Zur Begründung verweisen Sie auf eine Arbeit von *Heitler*[f]. Ich kenne diese Arbeit nicht, aber schon das, was in Ihrer Arbeit von ihr erwähnt wird, macht sie mir äußerst verdächtig. Es scheint mir doch von vornherein ganz unmöglich, aus allgemeinen statistischen Überlegungen heraus, ohne speziellere Modellvorstellungen heranzuziehen, die Burger-Dorgeloschen Summenregeln abzuleiten. Auch dürfte die Funktion $F(E_1, E_2)$ in der Formel $J = F(E_1, E_2) g_1 g_2$ nicht so aufzufassen sein, daß es sich um eine universale Funktion handelt, in die nichts anderes eingeht als die Energiewerte E_1 und E_2 von Anfangs- und Endzustand. Man hat ja z. B. schon bei den Multipletts analytisch ganz verschiedene Ausdrücke für F, je nachdem bei dem betreffenden Übergang $\Delta j = +1$ oder -1 oder 0 ist, obwohl die zugehörigen Energiewerte nahezu gleich sind. Ebenso muß man auch für die Übergänge mit

$\Delta k = +1$ und $\Delta k = -1$ (z. B. $p \rightarrow s$ und $p \rightarrow d$) verschiedene analytische Ausdrücke erwarten, und sie werden auch im Limes verschwindender Feinstruktur (bzw. Serienstruktur) verschieden bleiben. Es wird also zwecks einer quantitativen theoretischen Bestimmung der Intensitäten der Feinstruktur doch nötig sein, auf besonders modellmäßige Betrachtungen vom Standpunkt der neuen Quantenmechanik zurückzugreifen. Summenregeln nach Art derjenigen von Burger und Dorgelo sind nur dann zu erwarten, wenn es sich in der klassischen Mechanik um eine überlagerte Drehung handelt und die Gestalt und Größe der Bahn von der betreffenden Wirkungsvariablen (Impuls) nicht abhängt. Da aber die Gestalt der Keplerellipse zwar nicht von j und m, aber gerade wesentlich von k abhängt, hat man wohl Summenregeln bei Multiplett und Zeemaneffekt, nicht aber (auch nicht im lim kleiner Serien- und Feinstruktur) bei *verschiedenen* Multipletts (Übergänge von k) zu erwarten. Natürlich bleibt die alkaliähnliche Auffassung der Wasserstoffeinstruktur, von dies[em] Bedenken ganz unberührt, und ich glaube auch nicht, daß die von mir bezweifelte Intensitätsregel für die Diskussion der Beobachtungen unentbehrlich ist.

Was die modellmäßige Deutung der Wasserstoffeinstruktur und des anomalen Zeemaneffektes auf Grund der neuen Quantenmechanik betrifft, so ist die Lage noch nicht geklärt. Wenn das Goudsmitsche Modell des magnetischen Elektrons richtig wäre, so würde schon beim H-Atom zur eigentlich relativistische[n] Energie noch eine magnetische Energie von derselben Größenordnung hinzukommen, die vom Winkel zwischen der magnetischen Achse des Elektrons und der Bahnnormale abhängt. Dies könnte vielleicht helfen, die Auswahlregel $\Delta j = 0, \pm 1$ beim H-Atom zu erklären, da nach diesem Modell in der Tat die Bahnebene des Elektrons (auch beim H-Atom) um die j-Achse präzessieren würde. Nach Rechnungen von Heisenberg und mir scheint es jedoch nicht möglich zu sein, mit dem Goudsmitschen Modell quantitativ auszukommen. Jedenfalls teile ich Ihren am Schluß Ihrer Arbeit eingenommenen Standpunkt vollständig, daß, gleichgültig ob man die Energie nun als relativistisch oder als teilweise magnetisch oder sonstwie modellmäßig deutet, Ihre Formel für die Feinstrukturniveaus von 1916 quantitativ beibehalten werden muß.

Ihre Mitteilung über die Arbeit von Schrödinger[g] hat mich sehr interessiert. Vielleicht ist sein Weg doch nicht so verrückt.

Viele Grüße von Wentzel, der Ihnen demnächst wieder schreiben will, und von Ihrem stets dankbaren

PAULI

[a] A. Sommerfeld und A. Unsöld: Über das Spektrum des Wasserstoffs. Z. Phys. **36,** 259–275 (1926). Eingegangen am 5. Februar 1926. [b] Vgl. die unter *c* des vorhergehenden Briefes [119] genannte Arbeit sowie für das folgende auch den Kommentar zu [83]. [c] S. Goudsmit: Über die Komplexstruktur der Spektren. Z. Phys. **32,** 794–798 (1925). Eingegangen am 7. Mai 1925. Den von Pauli erwähnten Vorbehalt findet man dort auf der letzten Seite. [d] H. M. Hansen und J. Chr. Jacobsen: Über die magnetische Zerlegung der Feinstrukturkomponenten der Linien des Helium-Funkenspektrums.

Kongelige Danske Videnskabernes Selskab, Matematisk-Fysiske Meddelelser **3**, 1921, Nr. 11. In der endgültigen Fassung von *a* wird auch diese Arbeit zitiert. [e] K. Försterling und G. Hansen: Zeemaneffekt der roten und blauen Wasserstofflinie. Z. Phys. **18**, 26 – 33 (1923). Eingegangen am 17. Juli 1923. [f] W. Heitler: Zur Thermodynamik und Statistik der Quantenprozesse. (Beitrag zur Intensitätsfrage der Spektrallinien.) Z. Phys. **36**, 101 – 119 (1926). Eingegangen am 21. Januar 1926. Wie Sommerfeld und Unsöld später in einer Berichtigung zu ihrer Arbeit bemerkten (Z. Phys. **38**, 237 – 241 (1926)), war Paulis Verdacht voll berechtigt. [g] E. Schrödinger: Quantisierung als Eigenwertproblem. Erste Mitteilung. Ann. Phys. (4) **79**, 361 – 376 (1926). Eingegangen am 27. Januar 1926.

[121] Bohr an Pauli

Kopenhagen, 20. Februar 1926

[Maschinenschrift]

Kære Pauli,

At jeg har ventet saa længe med at svare paa Deres rare Breve betyder ikke, at jeg ikke har været meget glad for dem. Selv om jeg havde meget nær samme Mening som Dem, hvad de fleste Punkter angaar, har jeg dog stadig været yderst haabefuld, vedrørende Sagens Realitet, og selv Deres Ængstelse for min letsindige Begejstring for „die neue Irrlehre" tog ikke Modet fra mig. Som De vil se af en Note til Nature, der vistnok udkommer i Dag, har jeg, siden vi saas i Berlin, fortsat Diskussionen med Goudsmit i samme fortrøstningsfulde Stemning. Goudsmit og Uhlenbeck havde forøvrigt allerede for længe siden antaget Rigtigheden af akkurat de samme Formler, som De og Heisenberg nu har udledt ad strengt kvantemekanisk Vej. Paa Grund af det tilsyneladende utilfredsstillende Resultat har de dog ikke anført Formlerne explicit i deres Note til Nature.

Nu kommer imidlertid Overraskelsen for de lærde Relativitetsteoretikere og ansvarstyngede Videnskabsmænd. En ung Englænder, Thomas, der har været i København det sidste halve Aar, har nemlig i disse Dage fundet ud af, at det hele Spørgsmaal om den ulykkelige Faktor 2 vistnok udelukkende beror paa en Fejltagelse i Beregningen af den relative Bevægelse af Elektronen og Kernen. Han har søgt at give en elementæ Fremstilling af sine Betragninger i en Note, som han agter at sende til Nature, og jeg sender indlagt et Eksemplar med Anmodning om streng Kritik og med Forespørgsel om Tilladelse til at omtale de Resultater, som De meddelte mig i Deres Brev, paa den Maade som Thomas har gjort i sin Note. Hvis der er nogensomhelst Vanskelighed for Dem eller Heisenberg i denne Omtale, stryger vi den blot i Korrekturen af Thomas' Note.

Goudsmit har været her i København i de sidste 14 Dage, og han og jeg har indgaaende diskuteret Spørgsmaalet om Atomopbygningen og Spektrallovene. Vi har fra Begyndelsen af været fuldt klare over de Vanskeligheder, De hentyder til i Deres Brev; men jeg tror, at det atter her drejer sig om nye Overraskelser, som Naturen har forberedt for os. I hvert Tilfæde synes det at være muligt ved passende

Korrespondensbetragtninger at drage temmelig entydige Slutninger ud fra Erfaringerne. Goudsmit og jeg haaber i de første Dage at skrive lidt sammen om vort Syn paa disse Sager, og jeg skal saa skrive udførligere til Dem om det.

Kramers er netop i Dag kommet hjem fra et Besøg i Holland, hvor han har holdt sin Tiltrædelsesforelæsning i Utrecht; han sender sammen med os alle mange venlige Hilsener,

Deres hengivne

NIELS BOHR

P.S. Min Broder var saa glad for sit Besøg i Hamburg og sender ogsaa mange venlige Hilsener.

Jeg sender samtidig en Kopi af Thomas' Note til Heisenberg.

Übersetzung von [121]

Lieber Pauli!

Daß ich solange mit einer Antwort auf Ihre liebenswürdigen Briefe gewartet habe, bedeutet nicht, daß ich nicht sehr froh über sie war. Selbst wenn ich nahezu dieselbe Meinung wie Sie hatte, was die meisten Punkte angeht, war ich doch betreffs der Realität der Sache weiterhin äußerst hoffnungsvoll, und selbst Ihre Beängstigung über meine leichtsinnige Begeisterung für „die neue Irrlehre" nahm mir nicht den Mut. Wie Sie aus einer Note an Nature[a] sehen werden, die sicher in diesen Tagen herauskommt, habe ich, seit wir uns in Berlin sahen, die Diskussion mit Goudsmit in derselben vertrauensvollen Stimmung fortgesetzt. Goudsmit und Uhlenbeck hatten übrigens schon seit langem die Richtigkeit genau derselben Formeln angenommen, die Sie und Heisenberg nun auf streng quantenmechanischem Wege hergeleitet haben[b]. Aufgrund des scheinbar unbefriedigenden Resultats haben sie jedoch die Formel nicht explizit in ihrer Note an Nature angeführt.

Nun kommt aber die Überraschung für die gelehrten Relativitätstheoretiker und Verantwortung tragenden Wissenschaftler. Ein junger Engländer, Thomas, der das letzte halbe Jahr in Kopenhagen war, hat nämlich in diesen Tagen herausgefunden, daß die ganze Frage des unglücklichen Faktors 2 wahrscheinlich ausschließlich auf einem Fehler in der Berechnung der relativen Bewegung des Elektrons und des Kerns beruht. Er hat versucht, eine elementare Darstellung seiner Betrachtungen in einer Note zu geben, die er an Nature zu senden beabsichtigt, und ich sende beiliegend ein Exemplar mit der Bitte um strenge Kritik und der Frage um Erlaubnis, die Resultate zu erwähnen, die Sie mir in Ihrem Brief mitteilten, auf die Weise, wie Thomas es in seiner Note getan hat. Falls irgendeine Schwierigkeit für

Sie oder Heisenberg in dieser Erwähnung liegt, streichen wir sie einfach in der Korrektur der Thomasschen Note[c].

Goudsmit war während der letzten 14 Tage hier in Kopenhagen, und er und ich haben eingehend die Frage des Atombaues und der Spektralgesetze diskutiert. Wir waren uns von Anfang an vollständig im klaren über die Schwierigkeiten, auf die Sie in Ihrem Brief hindeuten; aber ich glaube, daß es sich hier wieder um neue Überraschungen dreht, die die Natur für uns vorbereitet hat. Jedenfalls scheint es möglich zu sein, durch passende Korrespondenzbetrachtungen ziemlich eindeutige Schlüsse aus den Erfahrungen zu ziehen. Goudsmit und ich hoffen zusammen in den nächsten Tagen etwas über unsere Auffassung dieser Dinge zu schreiben, und ich werde Ihnen ausführlicher darüber schreiben.

Kramers ist gerade heute von einem Besuch in Holland zurückgekommen, wo er seine Antrittsvorlesung in Utrecht gehalten hat[d]; er sendet zusammen mit uns allen viele freundliche Grüße,

Ihr ergebener

Niels Bohr

P. S. Mein Bruder war sehr froh über seinen Besuch in Hamburg und sendet auch viele freundliche Grüße. Ich sende gleichzeitig eine Kopie der Thomasschen Note an Heisenberg.

[a] Es handelt sich um einen Zusatz vom Januar zu der Note von G. E. Uhlenbeck und S. Goudsmit: Spinning Electrons and the Structure of Spectra, die am 20. Februar 1926 in Nature **117,** 264 – 265 (1926) erschien. [b] Vgl. die Formeln (1) und (2) in [119]. [c] Die Note von L. H. Thomas: The Motion of the Spinning Electron, signiert Kopenhagen, 20. Februar, erschien am 10. April in Nature **117,** 514 (1926). Dort wird auf Paulis und Heisenbergs quantenmechanische Rechnung hingewiesen, die in vollständiger Übereinstimmung mit den Experimenten sind, wenn man ihnen den von Thomas angegebenen Ausdruck für die Präzessionsbewegung zugrunde legt. Aber gerade an der Richtigkeit dieses Ausdrucks zweifelte Pauli. (Vgl. den folgenden Brief [122].) [d] H. A. Kramers wurde 1926 Professor in Utrecht.

[122] Pauli an Bohr

Hamburg, 26. Februar 1926

Sehr verehrter lieber Herr Professor!

Vielen Dank für Ihren lieben Brief und für die Sendung der Sonderdrucke sowie des Manuskriptes der Note von Thomas[a]. Leider muß ich aber sagen, daß ich es nicht für genügend gerechtfertigt halte, wenn Thomas glaubt, aus dem Resultat seiner

Rechnung auf eine Abänderung des Ausdruckes für die vom Eigenmagnetismus des Elektrons herrührende Zusatzenergie*, die den Überlegungen von Goudsmit, Heisenberg und mir zu Grunde lag, schließen zu können. Erstens enthalten die Betrachtungen von Thomas diese *Energie* überhaupt nicht, sondern beziehen sich nur auf den *Drehimpuls* des Elektrons. Zweitens sind auch die Aussagen von Thomas über die Änderung des Drehimpulses des Elektrons unter der Einwirkung des Kernes gar nicht direkt vergleichbar mit denjenigen Aussagen, die aus der bisher angenommenen Zusatzenergie*, wenn sie als Hamiltonsche Funktion aufgefaßt wird, über diesen Drehimpuls folgen. Denn letztere beziehen sich alle auf das Bezugssystem 1, in welchem der Kern ruht, während Thomas denjenigen Drehimpuls ins Auge faßt, der jeweils mit den Maßstäben und Uhren des mitbewegten Systems gemessen wird. Natürlich ist es nicht meine Meinung, daß Thomas einen Rechenfehler gemacht hat, aber seinen Schluß: „The difficulty of explaining at the same time the spectral structure *therefore* disappears" halte ich für falsch oder zumindest für nicht hinreichend begründet. Dazu hätte die *Energie im Bezugssystem* (1)[b] berechnet werden müssen.

Auf jeden Fall halte ich die Publikation der vorliegenden Note von Thomas in der „Nature" für einen Mißgriff und wäre froh, wenn Sie sie verhindern bzw. eine wesentliche Abänderung des Textes der Note erreichen könnten.

Es ist möglich, daß ich mein Urteil über die Überlegungen von Thomas ändern werde, wenn ich seine angekündigte Abhandlung[c], in der das Argument „strenger" entwickelt wird, kennen werde. Aber ich habe stark das Gefühl, daß mit formaler Gelehrsamkeit da gar nichts zu machen sein wird und daß, falls die Annahme des magnetischen Elektrons wirklich das Richtige trifft, eine eingehendere Untersuchung der Struktur des Elektrons und vor allem eine Theorie der Elektronenmasse (eventuell mit Berücksichtigung der Gravitationsfelder) notwendig sein wird. Einerseits habe ich nicht den Mut, eine solche Untersuchung in Angriff zu nehmen, andererseits halte ich das noch nicht für ein von vornherein hoffnungsloses Unternehmen. Es gibt möglicherweise Ansätze, die zum Ziel führen, doch würde es zu weit führen, wenn ich in diesem Brief näher darauf eingehen würde.

Über Ihre Überlegungen mit Goudsmit, die Sie am Schlusse Ihres Briefes erwähnen, würde ich mich sehr freuen, Näheres zu hören.

Nächste Woche kommt Herr Wentzel, der dieses Semester in Hamburg war, für etwa 3 Tage nach Kopenhagen und will Sie auch aufsuchen. Vielleicht können Sie so freundlich sein und mir durch ihn Ihre Stellungnahme zu diesem Brief mündlich ausrichten lassen. Herr Wentzel hat übrigens eine sehr schöne mathematische Untersuchung zur neuen Quantenmechanik gemacht[d].

* Diese war gesetzt $(\mathfrak{M}\mathfrak{H})$, mit $\mathfrak{H} = \frac{1}{c}[\mathfrak{E}\mathfrak{v}]$. Nach Thomas müßte noch ein $\dot{\mathfrak{v}}$ enthaltendes Glied dazu kommen.

Viele herzliche Grüße an Sie selbst, an Kramers und das ganze Institut sowie an Ihren Bruder

von Ihrem stets dankbaren

PAULI

[a] Vgl. die unter der Fußnote *c* von [121] zitierte Note. [b] Mit Bezugssystem (1) wird in der Note von L. H. Thomas[a] das System mit ruhendem Kern und bewegtem Elektron bezeichnet. [c] Diese Abhandlung von L. H. Thomas erschien erst im folgenden Jahr: The kinematics of an Electron with an Axis. Phil. Mag. (7) **3**, 1–22 (1927). [d] G. Wentzel: Die mehrfach periodischen Systeme in der Quantenmechanik. Z. Phys. **37**, 80–94 (1926). Eingegangen am 27. März 1926. In dieser Abhandlung wird auf ein mündliches Gespräch mit Pauli Bezug genommen.

[123] BOHR AN PAULI

Kopenhagen, 3. März 1926

[Maschinenschrift mit handschriftlichem Zusatz]

Kære Pauli,

Mange Tak for Deres Brev. Som altid er jeg meget taknemmelig for Deres oprigtige Kritik, men denne Gang tror jeg virkelig, at Sagen er i bedre Orden, end De har faaet Indtryk af. Sagen har efter min Mening to forskellige Sider. Den ene, mere dybtliggende Opgave er jo at udvikle sammenhængende Forestillinger om Elektronens Konstitution og Dynamik, som tillader at opbygge en rationel Kvanteteori saavel for Finstrukturerne som for deres Zeemaneffekter. Den anden, mere beskedne Opgave er at paavise, at der bestaar en nøje Sammenhæng imellem de Antagelser, der benyttes til at gøre Rede for de iagttagne Zeemaneffekter, og de hvorpaa Tolkningen af Spektralstrukturen hviler. Vi er ganske klare over, at Thomas' Betragtninger kun tager Sigte paa denne Side af Sagen[a]. Dette gælder kun Thomas Note. I Virkeligheden er han dybt interesseret ogsaa i den første Del af Opgaven, og har vistnok allerede naaet flere interessante Resultater. I det mindste var det netop igennem en Undersøgelse af Problemet udfra den almindelige Relativitetsteori, at han kom paa Sporet af den Virkning, som han senere indsaa fulgte allerede af den specielle Relativitetsteori.

Af Zeemanneffekterne lærer vi to Ting; for det første at der maa tilskrives Elektronen en Vektorstørrelse, der i et ydre Felt H præcesserer med Vinkelhastighed $H\frac{e}{mc}$. For det andet lærer vi, at denne Vektor, hvad angaar Elektronens Vekselvirkning med Baneplanen, opfører sig som en Impuls R, der sætter sig sammen til en invariabel Vektor J med Banens Impulsvektor K, der for sig alene vilde præcessere med Vinkelhastigheden $H\frac{e}{2mc}$.

Disse Resultater anvendt paa den uforstyrrede Bevægelse af en Elektron omkring en Kerne, giver nu for det første, at Elektronvektorens Ændring vil kunne opfattes som en Præcession omkring den instantane Stilling af Banevektoren med en Vinkelhastighed, der er nøjagtig lig med den Vinkelhastighed σ, hvormed Baneperihelet paa Grund af Masseforanderligheden roterer i Baneplanen. Dette maa jo dog umiddelbart følge af Antagelsen om et ydre Magnetfelts Virkning, naar der tages Hensyn til Thomas' Relativitetsbetragtninger, For det andet maa vi slutte, at den resulterende Bevægelse af Baneplan og Elektronvektor vil være en Præcession om en invariabel Akse J med en Vinkelhastighed $\sigma \frac{J}{K}$, hvor disse Vektorer har samme Betydning som i Zeemaneffektens Teori.

Selvfølgelig maa en saadan Modelbetragtning fuldstændiggøres ved en nøjagtigere kvantemekanisk Undersøgelse, men hverken Kramers eller jeg kan forstaa, at der efter Deres og Heisenbergs Undersøgelser kan være nogen Tvivl om, at den fører til den forønskede Overensstemmelse mellem Forklaringen af Finstrukturen og af den anomale Zeemaneffekt, ganske uanset hvad den nærmere Undersøgelse af Elektronens Dynamik maatte bringe for Dagen. De benyttede Antagelser om Elektronbevægelsens kinematiske Forhold er jo af ganske den samme Natur som de af Dem benyttede Bevægelsesligninger vilde føre til, hvis Udtrykket for Vekselvirkningsenergien halveres.

Som et Kuriosum kan anføres, at den gamle Kvanteteori fører til Udtryk for Magnetdubletterne, der nøjagtig er lig med Perihelets Omløbstal i Elektronbanen, hvis vi sætter J lig $K \pm \frac{1}{2}$. Deres Størrelse forholder sig derfor til de observerede Dubletter som $(1 - 1/4K^2) : 1$.

Vi skulde være meget taknemmelige, omgaaende at høre hvordan De ser paa Sagen efter det her udviklede. Efter den Opfattelse, der kommer til Orde i Deres og Heisenbergs Breve, er det klart, at det i alle Tilfælde er ønskeligt at foretage visse Ændringer i Formen af Thomas' Note, men jeg tror ikke, at større Ændringer af Indholdet kræves.

Det har været en stor Fornøjelse at træffe Wentzel, der gør et meget dygtigt og sympatisk Indtryk.

Med mange venlige Hilsener fra os alle,

Deres hengivne

NIELS BOHR

[a] Die folgenden drei Sätze wurden von Bohr am Rande des Briefes hinzugefügt. (Vgl. die Übersetzung!)

Übersetzung von [123]

Lieber Pauli!

Vielen Dank für Ihren Brief. Wie immer bin ich sehr dankbar für Ihre aufrichtige Kritik, aber diesmal glaube ich wirklich, daß die Sache besser in Ordnung ist als Sie den Eindruck bekommen haben. Meiner Meinung nach hat die Sache zwei verschiedene Seiten. Die eine tieferliegendere Aufgabe ist es, zusammenhängende Vorstellungen über die Konstitution und Dynamik des Elektrons zu entwickeln, die eine rationale Quantentheorie sowohl für die Feinstruktur als auch für ihre Zeemaneffekte aufzubauen gestattet. Die zweite, bescheidenere Aufgabe ist es, darauf hinzuweisen, daß ein enger Zusammenhang besteht zwischen den Annahmen die benutzt werden, um Rechenschaft über die beobachteten Zeemaneffekte abzulegen und denjenigen, auf denen die Deutung der Spektralstruktur beruht. Wir sind uns ganz im klaren darüber, daß Thomas Betrachtungen nur diese Seite der Angelegenheit im Auge haben*.[a]

Von den Zeemaneffekten lernen wir zwei Dinge; zum ersten, daß man dem Elektron eine Vektorgröße zuschreiben muß, die im äußeren Feld H mit einer Winkelgeschwindigkeit $H\frac{e}{mc}$ präzessiert. Zum anderen lernen wir, daß sich dieser Vektor, was die Wechselwirkung des Elektrons mit der Bahnebene angeht, wie ein Impuls R verhält, der sich mit dem Bahnimpulsvektor K zu einem invariablen Vektor J zusammensetzt, der für sich allein mit der Winkelgeschwindigkeit $H\frac{e}{2mc}$ präzessieren wird.

Wendet man diese Resultate auf die ungestörte Bewegung eines Elektrons um einen Kern an, ergibt sich als erstes, daß die Änderung des Elektronenvektors als eine Präzession um die augenblickliche Stellung des Bahnvektors mit einer Winkelgeschwindigkeit aufgefaßt werden kann, die genau gleich der Winkelgeschwindigkeit σ ist, mit der das Bahnperihel wegen der Massenveränderlichkeit in der Bahnebene rotiert. Dies muß ja doch unmittelbar aus der Annahme der Wirkung eines äußeren Magnetfeldes folgen, wenn man Thomas' Relativitätsbetrachtungen berücksichtigt. Zum zweiten müssen wir schließen, daß die resultierende Bewegung der Bahnebene und des Elektronenvektors eine Präzession um eine invariable Achse J mit einer Winkelgeschwindigkeit $\sigma\frac{J}{K}$ sein muß, wobei diese Vektoren die gleiche Bedeutung haben wie in der Theorie des Zeemaneffektes.

Selbstverständlich muß eine solche Modellbetrachtung durch eine genauere quantenmechanische Untersuchung vervollständigt werden, aber weder Kramers

* Das gilt nur für Thomas' Note[b]. In Wirklichkeit ist er auch an dem ersten Teil der Aufgabe stark interessiert und hat wahrscheinlich schon mehrere interessante Resultate erhalten. Wenigstens war es gerade durch eine Untersuchung des Problems nach der allgemeinen Relativitätstheorie, wodurch er auf die Spur der Wirkung kam, die, wie er später einsah, schon aus der speziellen Relativitätstheorie folgte.

noch ich können verstehen, wieso nach Ihren und Heisenbergs Untersuchungen irgendein Zweifel daran sein kann, daß sie zu der gewünschten Übereinstimmung zwischen der Feinstruktur und dem anomalen Zeemaneffekt führt, ganz ungeachtet dessen, was die eingehendere Untersuchung der Dynamik des Elektrons an den Tag bringen würde. Die benutzten Annahmen über das kinematische Verhalten der Elektronenbewegung sind ja von ganz derselben Art, zu der die von Ihnen benutzten Bewegungsgleichungen führen würden, mit halbiertem Ausdruck für die Wechselwirkungsenergie.

Als ein Kuriosum kann angeführt werden, daß die alte Quantentheorie zu Ausdrücken für die Magnetdubletts führt, die genau gleich den Perihelumlaufszahlen der Elektronenbahn sind, wenn wir J gleich $K \pm \frac{1}{2}$ setzen. Ihre Größe verhält sich deshalb zu den beobachteten Dubletts wie $\left(1-\frac{1}{4K^2}\right):1$.

Wir wären sehr dankbar umgehend zu hören, wie Sie die Sache nach dem hier Entwickelten ansehen. Nach der Auffassung, die in Ihren und Heisenbergs Briefen vertreten wird, ist es klar, daß es jedenfalls wünschenswert ist, gewisse Änderungen in der Form der Thomasschen Note vorzunehmen, aber ich glaube nicht, daß größere Änderungen des Inhalts erforderlich sind.

Es war ein großes Vergnügen Wentzel zu treffen, der einen sehr tüchtigen und sympathischen Eindruck macht[c].

Mit vielen freundlichen Grüßen von uns allen Ihr ergebener

Niels Bohr

[a] Handschriftlicher Zusatz von Bohr. [b] Vgl. Fußnote *c* des Briefes [121]. [c] Vgl. den Schluß von Paulis Brief [122].

[124] Pauli an Bohr

Hamburg, 5. März 1926

Sehr verehrter lieber Herr Professor!

Vielen Dank für Ihren letzten Brief. Bevor ich auf die Sache eingehe, möchte ich noch besonders hervorheben, wie froh und dankbar ich bin, daß Sie sich überhaupt Z[ei]t nehmen, mir Briefe zu schreiben und mich über die Arbeiten, wie die von Thomas, die in Ihrem Institut ausgeführt werden, zu informieren. Denn mich interessieren ja alle diese Fragen auf das lebhafteste, und wir haben ja alle das gemeinsame Bestreben, der Wahrheit auf die Spur zu kommen. Daß im vorliegenden Fall irgendeine tiefliegendere, prinzipielle Meinungsverschiedenheit über das

Goudsmitsche Elektron zwischen mir und Ihnen besteht, glaube ich *nicht*. Insbesondere *teile ich vollkommen* Ihre Meinung, daß die Sache zwei verschiedene Seiten hat, indem eine tiefliegendere und eine bescheidenere Aufgabe vorliegt. Zur ersten rechne ich: Theorie der Elektronenmasse, Grundlage für quantitative Berechnung des Abstandes von Singulett- und Triplettermen, sowie des Heliumspektrums, physikalische Begründung der formalen Regeln für das Auftreten von äquivalenten Elektronen im Atom*. Die bescheidenere Aufgabe ist der Nachweis, daß die Wasserstoff-Feinstruktur und der anomale Zeemaneffekt aus einheitlichen Annahmen über das Elektron erklärt werden können. Wie weit diese zweite Aufgabe unabhängig von der ersten lösbar ist, kann nur der Erfolg zeigen.

Nun zum zweiten Teil Ihres Briefes. Wenn ich es richtig verstanden habe, ist es darin Ihre Absicht, die kinematischen Verhältnisse der Elektronenbewegung zu beschreiben, *wenn* die Richtigkeit der Thomasschen Schlüsse *vorausgesetzt* wird**. Sie werden mir hoffentlich glauben, wenn ich sage, daß mir dies im wesentlichen alles schon vorher bekannt gewesen ist. Was ich anzweifle ist aber gerade die (in Ihrem Brief vorausgesetzte) Stichhaltigkeit der Thomasschen Überlegungen. Zuvor möchte ich aber nochmals bemerken, daß ich ja nur die (auch nach Heisenbergs Meinung völlig unverständlich geschriebene) Nature-Note von Thomas[b] kenne. Ich kann also natürlich nicht behaupten, daß die ausführlicheren Rechnungen von Thomas die gewünschte Begründung für das Halbieren des Energie-Ausdruckes von Heisenberg und mir nicht enthalten; ich kann nur sagen, daß mir die in der Nature-Note mitgeteilten Überlegungen keine stichhaltige Begründung für dieses Halbieren zu geb[en] scheinen. Nun will ich versuchen, gerade mit Benutzung der Angaben Ihres Briefes den Punkt zu bezeichnen, der mir bei Thomas unverständlich geblieben ist.

Es kommt alles darauf an, zu zeigen, „at Elektronvektorens Ændring vil kunne opfattes som en Præcession omkring den instantane Stilling af Benevektoren med en Vinkelhastighed, der er nøjagtig lig med den Vinkelhastighed σ, hvormed Baneperihelet paa Grund af Masseforanderligheden roterer i Baneplanen[a]." Es ist hinzuzufügen, daß sowohl dieser Elektronen-Impulsvektor als auch seine zeitliche Änderung mit den Maßstäben und Uhren des relativ zum Kern ruhenden Bezugssystems K auszumessen ist. Nennen wir diesen Impulsvektor $\mathfrak{R}$, so kommt es also auf den Nachweis an, daß in der Änderungsgeschwindigkeit $\frac{d\mathfrak{R}}{dt}$ Zusatzglieder

* Meine Bezeichnung „die neue Irrlehre" bezweckt hauptsächlich, den Umstand, daß alle diese Probleme noch ganz ungelöst sind, besonders zu unterstreichen. Ich wäre unglücklich, wenn diese Bezeichnung Sie [ernst]lich kränken würde. Andrerseits halte ich sie, namentlich gegenüber allzu wenig kritischen, orthodoxen Anhängern von Ihnen, aus pädagogischen Gründen für angemessen, solange diese erste Aufgabe noch nicht gelöst ist.

** Es scheint mir dies aus den beiden Zusätzen[a] „naar der tages Hensyn til Thomas' Relativitetsbetragtninger" und „hvis Udtrykket for Vekselvirkningsenergien halveres" klar hervorzugehen.

auftreten, die von der Beschleunigung $\dot{\mathfrak{v}}$ des Elektrons herrühren. Diesen Nachweis hat aber Thomas in der Nature-Note *nicht* erbracht. Thomas betrachtet nämlich einen *anderen* Elektron-Impulsvektor $\mathfrak{R}'$, der mit den Maßstäben und Uhren des Bezugssystems $K[']$ ausgemessen wird, das in jedem Augenblick dieselbe Geschwindigkeit hat wie das Elektron. Aus den relativistischen Transformationsformeln folgt, daß sich $\mathfrak{R}'$ von $\mathfrak{R}$ sowohl der Richtung wie dem Betrag nach um Größen von der relativen Ordnung $v^2/[c^2]$ unterscheidet ($\mathfrak{v}$ = Elektrongeschwindigkeit, c = Lichtgeschwindigkeit). Daher unterscheidet sich die Änderungsgeschwindigkeit $\frac{d\mathfrak{R}}{dt}$ von $\frac{d\mathfrak{R}'}{dt}$ gerade um Beträge der Größenordnung $\frac{vv'}{c^2}|\mathfrak{R}|$. Aus der Rechnung von Thomas folgt nun bloß der Wert von $\frac{d\mathfrak{R}'}{dt}$ und aus dem Auftreten von $\dot{\mathfrak{v}}$ enthaltenden Zusatzgliedern in $\frac{d\mathfrak{R}'}{dt}$ kann nicht geschlossen werden, daß auch in $\frac{d\mathfrak{R}}{dt}$ solche Zusatzglieder auftreten. Denn die Thomasschen Zusatzglieder sind gerade von derselben Größenordnung wie der Unterschied von $\frac{d\mathfrak{R}}{dt}$ und $\frac{d\mathfrak{R}'}{dt}$. Ich vermute (habe es aber nicht nachgerechnet), daß bei Berechnung von $\frac{d\mathfrak{R}}{dt}$ die Thomasschen Zusatzglieder sich genau fortheben werden.

Soviel aber kann ich sicher sagen, daß nur die aus der Änderung $\frac{d\mathfrak{R}}{dt}$ sich ergebende Präzessionsgeschwindigkeit mit der für die Erklärung der Feinstruktur maßgebenden Energie des Atoms in direktem Zusammenhang steht. Auch kann nur $\mathfrak{R}$ (nicht aber $\mathfrak{R}'$) mit dem Impulsvektor k des Elektrons in seiner Bahn zusammengesetzt, den zeitlich konstanten Gesamtimpuls J ergeben. In der Außerachtlassung der Unterscheidung zwischen $\mathfrak{R}'$ und $\mathfrak{R}$ (Transformationsformeln für das Impulsmoment) liegt nach meiner Meinung der Fehler der Überlegungen der Nature-Note von Thomas.

Dies war der Sinn meiner wohl allzu kurzen Bemerkungen in meinem letzten Brief. *Deshalb* sagte ich, die Thomasschen Resultate seien nicht vergleichbar mit den aus den Bewegungsgleichungen von Heisenberg und mir folgenden, weil seine sich auf $\mathfrak{R}'$, die letzteren auf $\mathfrak{R}$ beziehen. *Deshalb* sagte ich auch, daß ich es für wünschenswert hielte, wenn seine Nature-Note nicht erscheinen würde. (Ich bin auch jetzt noch dieser Meinung.)

Nun würde es mich auch sehr interessieren zu hören, was Kramers, der wohl auch zu den „lærde Relativitetsteoretikere og ansvarstyngede Videnskabsmænd“[c] gehört (ich finde diese Bezeichnung prachtvoll!), zu meinen Einwänden gegen Thomas zu sagen hat.

Inzwischen habe ich mich weiter um die Intensitäten der Balmerlinien bemüht und ich hoffe, dieses Problems noch Herr werden zu können[d]. Wenn Goudsmit nächste Woche durch Hamburg kommt, würde es mich *sehr* freuen, ihn kennen zu lernen und mit ihm zu diskutieren! Von Wentzel, der heute wieder hier ist, noch viele

Grüße! (Ich habe ihn persönlich sehr gerne.) Nun noch vielen Dank, daß Sie überhaupt auf meine Meinung so viel Wert legen,

von Ihrem Sie sehr verehrenden

W. Pauli

[a] Pauli zitiert Bemerkungen Bohrs aus dessen letzten Brief [123]. [b] Vgl. die unter *c* von [121] genannte Veröffentlichung. [c] Diesen Ausdruck benutzte Bohr in seinem Brief [123] vom 3. März. [d] Vgl. hierzu den Kommentar zu [115].

[125] Pauli an Kramers

Hamburg, 8. März 1926

Lieber Kramers!

Heute war Herr Goudsmit hier und ich freute mich sehr, ihn zu sehen. Was er mir über die Rechnungen von Thomas erzählte und die Manuskripte von Thom[a]s, die er mitbrachte, haben mich aufs äußerste darin bestärkt, daß ich mit den Einwänden, die ich in meinen beiden letzten Briefen an Prof. Bohr zu formulieren versucht habe, vollkommen im Recht bin. (Ich habe auch mit Goudsmit darüber gesprochen und er hat jedenfalls sofort verstanden, was ich meine. Ein eigenes Urteil darüber, ob ich Recht habe, könnte er natürlich erst nach näherem Studium abgeben.)[a] Da mir die Sache d[o]ch wichtig scheint, möchte ich noch einmal einen Appell an Sie als „ansvarstyngede Videnskabsmænd" richten, worin ich zugleich meinen Standpunkt zu präzisieren versuchen werde. Es kann diesmal, glaube ich, gar nicht schwierig sein, zu einer Einigung zu gelangen, denn es handelt sich um keine religiöse oder politische, ja nicht einmal um eine quantentheoretische Frage, sondern vielmehr um eine Frage der klassischen Physik[b].

1. Worauf ich besonderen Wert legen, ist die Definition des Impulsmomentes des Elektrons. Es kann dies auf zweierlei Weisen geschehen. Entweder a) im Bezugssystem K, in welchem der Kern ruht. Man betrachte solche Lagen der Teile des rotierenden Elektrons, *die gleichzeitig sind in Bezug auf K* und bilde zunächst

$$J=\sum[\mathfrak{r},d\mathfrak{g}],$$

($\sum$ über die Teile des Elektrons erstreckt) wenn $\mathfrak{r}$ den Abstand des betrachteten Teiles des Elektrons vom Kern, $d\mathfrak{g}$ dessen Linearimpuls bedeutet. (Man kann auch $\int[\mathfrak{r},d\mathfrak{g}]$ schreiben, bei kontinuierlicher Verteilung der $\mathfrak{g}$.) Bedeutet $\mathfrak{G}=\int d\mathfrak{g}$ den gesamten Linearimpuls des Elektrons (Schwerpunktimpuls), so zerlege man $d\mathfrak{g}$ in

$$d\mathfrak{g}=\frac{1}{m}dm\,\mathfrak{G}+d\mathfrak{g}_1,\ \text{(Translation + Rotation)}$$

wenn $d\mathfrak{g}_1$ den Impuls der Bewegung relativ zum Schwerpunkt, *dm* das Massendifferential, *m* die Gesamtmasse (*nicht* die Ruhemasse) bedeutet. Nun wird

$$J = \left[\frac{1}{m}\sum dm\,\mathfrak{r}, \mathfrak{G}\right] + \sum[\mathfrak{r}, d\mathfrak{g}_1].$$

Der erste Teil ist mit dem Impuls $\mathfrak{K}$ der Schwerpunktsbewegung des Elektrons in der Bahnebene zu identifiz[ie]ren, da

$$\mathfrak{r}_0 = \frac{1}{m}\sum dm\,\mathfrak{r}$$

als Definition des Radiusvektors vom Kern zum Schwerpunkt des Elektrons aufzufassen ist. Also wird

$$\mathfrak{K} = [\mathfrak{r}_0 \mathfrak{G}]. \tag{1}$$

Der zweite Teil von J ist der Rotationsimpuls des Elektrons im Ruhesystem K. Denn der Witz ist, daß es wegen $\sum d\mathfrak{g}_1 = 0$ offenbar gleichgültig ist, ob $\mathfrak{r}$ vom Kern oder von irgend einem anderen Punkt aus gezählt wird. Insbesondere gilt mit

$$\mathfrak{r} = \mathfrak{r}_0 + \mathfrak{r}_1$$

auch

$$\mathfrak{N} = \sum[\mathfrak{r}\,d\mathfrak{g}_1] = \sum[\mathfrak{r}_1 d\mathfrak{g}_1]. \tag{2 a}$$

Mit (1) und (2) gilt also

$$J = \mathfrak{K} + \mathfrak{N}. \tag{3}$$

Was einen schließlich interessiert, ist die Energie des Systems *im Ruhesystem K*, und zwar der Teil der Energie, der von der Form ist

$$E = \sigma(\mathfrak{N}\mathfrak{K}) \quad \text{(skalares Produkt).} \tag{4}$$

Gleichbedeutend mit (4) ist

$$\frac{d\mathfrak{N}}{dt} = -\frac{d\mathfrak{K}}{dt} = \sigma[\mathfrak{N}\mathfrak{K}] \quad \text{(Vektorprodukt).} \tag{4'}$$

Diese Gleichung besagt genau das, was Bohr mit den Worten ausdrückt[c] „at Elektronvektorens Ændring vil kunne opfattes som en Præcession omkring den instantane Stilling af Banevektoren med Vinkelhastigheden σ.“ Die entscheidende Frage ist die, ob *dieses* σ mit der Winkelgeschwindigkeit des Perihels der Ellipse in der Bahnebene übereinstimmt.

2. Nun kommt Herr Thomas und rechnet eine *ganz andere* Winkelgeschwindigkeit aus. Er rechnet sie richtig aus, aber es ist eine *andere* Winkelgeschwindigkeit, die in keinem direkten Zusammenhang steht mit dem σ im Energieausdruck (4). Er führt nämlich b) ein mit dem Elektron mitbewegtes Bezugssystem K' ein und bildet nun das Impulsmoment des Elektrons in diesem Bezugssystem:

$$\mathfrak{N}' = \sum[\mathfrak{r}'_1 d\mathfrak{g}'_1]. \tag{2 b}$$

Der Unterschied von $\mathfrak{R}'$ und $\mathfrak{R}$ kommt folgendermaßen zustande. Erstens sind jetzt diejenigen Lagen der Teile des rotierenden Elektrons betrachtet, die *gleichzeitig sind in Bezug auf K'*, zweitens sind wegen der Lorentz-Kontraktion die Längen andere und drittens sind auch die Impulse $\mathfrak{g}$ zu transformieren. Bisher habe ich die Transformation von $\mathfrak{R}'$ und $\mathfrak{R}$ noch nicht explizite durchgerechnet, aber es ist klar, daß die resultierenden Formeln von der speziellen Natur des betrachteten Systems unabhängig sein müssen und daß sich die Komponenten von $\mathfrak{R}'$ und $\mathfrak{R}$ um Größen der Ordnung $\frac{v^2}{c^2}$ ihres eigenen Betrages untersch[eid]en müssen (die Richtung von $\mathfrak{R}'$ wird von der Richtung von $\mathfrak{R}$ verschieden sein). Ich glaube sicher zu sein, daß die von Thomas berechneten, in $\frac{d\mathfrak{R}'}{dt}$ auftretenden Beschleunigungsglieder *gerade* bedeuten, daß in $\frac{d\mathfrak{R}}{dt}$, d. h. in der für die Energie maßgebenden, in (4') eingehenden Winkelgeschindigkeit σ, *keine* Beschleunigungsglieder auftreten.

3. Ich möchte noch besonders betonen, daß die hier a[u]fgeworfene Frage eine rein klassisch-phänomenologische ist. Man kann z. B. ein Modell betrachten, das aus einer festen Punktladung ε und einer sehr kleinen supraleitenden* Kugel der Masse m mit einem achsensymmetrischen Stromsystem und außerdem einer Gesamtladung e besteht**. Wenn Thomas Recht hätte, müßten in der Wechselwirkungsenergie von Kugel und Punktladung Zusatzterme auftreten, die von der Beschleunigung der Kugel*** abhängen (Berücksichtigung der Selbstinduktion der Kugel!). Ich halte das für ausgeschlossen.

Ich möchte Sie sehr darum bitten, das hier Vorgebrachte genau nachzuprüfen und eventuell die Rechnungen betreffend die Transformation von $\mathfrak{R}'$ in $\mathfrak{R}$ und das phänomenologische Modell näher auszuführen. Sollte sich die Antwort auf die aufgeworfenen Fragen in dem von m[i]r erwarteten Sinne ergeben, so würde das bedeuten, daß die einfache Analogie des Elektrons mit einem makroskopischen System, bestehend aus Punktladung und achsensymmetrischem Stromsystem, nicht ausreichend ist, um die tatsächlichen Beträge der Wechselwirkungsenergie von Kern und Elektron (bzw. von Elektronen untereinander) zu berechnen. Man müßte dann eventuell versuchen, Gravitationsfelder im Innern des Elektrons wesentlich heranzuziehen[d]. J[e]denfalls wäre dann die von Bohr als „bescheidener" bezeichnete Aufgabe, nicht unabhängig von der „tiefliegenden" Aufgabe behandelbar. Es scheint mir dies auch von vornherein befriedigender zu sein. Damit aber kein Mißverständnis entsteht, möchte ich noch ausdrücklich bemerken, daß auch nach meiner Meinung die Entscheidung über die Stichhaltigkeit der Thomasschen Argumentation ganz abgesehen von Fragen der Dynamik des Elektrons getroffen werden muß.

---

* Damit Komplikationen durch den Ohmschen Widerstand fortfallen.

** Glieder von der Größenordnung Kugeldimension/Abstand Punktladung – Kugel sollen vernachlässigt werden.

*** und vom gesamten Drehimpuls des von ihr erzeugten elektromagnetischen Feldes.

Im Märzheft der Proceedings of the Royal Society steht eine sehr schöne Arbeit von Dirac[e], die alle Resultate enthält, die ich mir seit Weihnachten betreffend die Erweiterung des Matrizenkalküls auf nicht periodische Größen (wie z. B. Polarwinkel) überlegt habe. Es tut mir leid, daß ich auf diese Weise so viel Zeit verloren habe, da hätte ich ja inzwischen gut etwas anderes machen können! Diracs Rechnungen über das H-Atom sind allerdings unnötig umständlich, das kann man nach den Methoden von Wentzel[f] und mir[g] einfacher machen.

Würden Sie es für gut finden, wenn ich in diesen Semesterferien nach Kopenhagen kommen würde? Wenn ich komme, so wird es im April nach Ostern sein, ich bin aber noch unentschlossen. Wie ich Sie kenne, werden weder Bohr noch Sie es mir übel nehmen, daß die „Geißel Gottes"* diesmal wieder das Kopenhagener Institut getroffen hat. Denn die Kritik der Thomasschen Arbeit ist ja meine Pflicht als „ansvarstyngede Videnskabsmænd"[c].

Mit den herzlichsten Grüßen an Sie und Prof. Bohr und mit Empfehlungen til Deres Hustru[h]

Ihr W. Pauli

P.S. Ich war wenig erfreut, von Goudsmit zu hören, daß er in den beiden wichtigsten Fragen. die noch ungelöst sind, nämlich Berechnung des Abstandes von Singulett und Triplettermen (z. B. Ortho- und Parhelium) und physikalische Begründung der formalenAusschlußregeln bei äquivalenten Bahnen, nicht um das mindeste weitergekommen ist[i].

---

* Diesen Titel hat mir Ehrenfest verliehen. Ich bin sehr stolz darauf!

[a] Goudsmit war im Januar von Bohr zu einem mehrwöchigen Besuch nach Kopenhagen eingeladen, um mit ihm dort über das Spinproblem zu diskutieren. (Vgl. den Schluß von [124].) Auf der Rückreise nach Leiden stattete er Pauli in Hamburg einen kurzen Besuch ab. Vgl. hierzu S. A. Goudsmit: Die Entdeckung des Elektronenspins. Phys. Bl. **21,** 445 – 453 (1965). Dort insbesondere auf S. 452 findet man auch einen Auszug aus einem Brief von L. H. Thomas vom 15. März an Goudsmit, worin er sich über Paulis hartnäckigen Widerstand gegen das „rotierende Elektron" beklagt. [b] Vgl. hierzu die Darstellung bei H. A. Kramers: Quantum Mechanics. New York: Dover Publications 1964. Dort S. 224ff. Mit der Kinematik eines rotierenden Elektrons hat sich ebenfalls J. Frenkel befaßt, der im April 1926 zeitweise in Hamburg war. Vgl. seinen Artikel: Die Elektrodynamik des rotierenden Elektrons. Z. Phys. **37,** 243 – 262 (1926). Eingegangen am 2. Mai 1926. [c] Vgl. den Brief [121]. [d] Pauli denkt hier wohl in erster Linie an die frühen Ansätze zu einer solchen Theorie von G. Mie: Grundlagen einer Theorie der Materie. Ann. Phys. **37,** 511 (1912), **39,** 1 (1912) und **40,** 1 (1913). Vgl. z. B. Pauli [1921]. Dort § 64. [e] P. A. M. Dirac: Quantum Mechanics and a Preliminary Investigation of the Hydrogen Atom. Proc. Roy. Soc. A **110,** 561 – 579 (1926). Eingegangen am 22. Januar 1926. [f] G. Wentzel: Die mehrfach periodischen Systeme in der Quantenmechanik. Z. Phys. **37,** 80 – 94 (1926). Eingegangen am 27. März 1926. Im § 5 und § 6 wird dort das H-Atom behandelt. [g] Pauli (1926a). [h] Deutsche Übersetzung: An Ihre Gattin. [i] Dieses Problem gehörte zu dem während des Berliner Gesprächs mit Bohr vereinbarten Programm (vgl. Fußnote *e* von [114]), auf das Pauli schon mehrfach hingewiesen hat (vgl. z. B. [124]). Noch im Juni wurde es von Heisenberg gelöst. Kurz hintereinander erschienen seine beiden Aufsätze: Mehrkörperproblem und Resonanz in der Quantenmechanik. Z. Phys. **38,** 411 – 426 (1926). Eingegangen am 11. Juni 1926. Über die Spektra von Atomsystemen mit zwei Elektronen. Z. Phys. **39,** 499 – 518 (1926). Eingegangen am 24. Juli 1926.

[126] Bohr an Pauli

Kopenhagen, 9. März 1926

[Maschinenschrift]

Kære Pauli,

Mange Tak for Deres venlige Brev.

For først at tale om Sagen selv, er vi her fuldstændig enige i alt, hvad De skriver, blot ikke i Konklusionen. Thomas har hele Tiden været klar over, at der bestaar en Ubestemthed i Definitionen af Elektronens Impuls i et Koordinatsystem, i hvilket Elektronen har en Hastighed. Ja, han har endda indtaget det Standpunkt, at man kun kan tale om en entydig Definition for denne Impuls i et Koordinatsystem, hvori Elektronen er i Hvile. Denne Usikkerhed berører imidlertid, saavidt han eller vi andre er i Stand til at se, paa ingen Maade Rigtigheden af hans Slutninger, thi det eneste, der efter Opgavens Natur kan blive Tale om, er Ændringen i Elektronvektorens Stilling efter et Omløb af Elektronbanen, hvor Hastigheden af Elektronen relativ til Kernen er den samme som før. Vi er klare over, at man ved den hele Betragtning paa Forhaand har indskrænket sig til den første Tilnærmelse, hvad der jo ogsaa er anført i Thomas' Note. Selvfølgelig er vi alle interesserede i, at Noten faar en saadan Form, at Argumentet kan fuldtud forstaas og bedømmes, og vi skal bestræbe os til det yderste for at opnaa dette; men Deres Brev har kun yderligere bestyrket os i vor Tro paa Argumentets Rigtighed og Berettigelsen i at behandle det for sig, uafhængig af Spørgsmaalet om den fuldstændige Løsning af hele Problemet om Elektronens Konstitution og Dynamik. Da Thomas endnu ikke har faaet Korrektur, og vi naturligvis er yderst interesserede i Deres Mening, skal jeg være meget glad for lige saa hurtigt som sidst at faa Svar paa følgende Spørgsmaal: Mener De virkelig, at Thomas' Betragtninger ingen Holdepunkter giver for Beregningen af den sekulære Ændring af Elektronaksen? Forstaar jeg rigtigt, at De deler vor Mening, at en Bestemmelse af denne Ændring er afgørende for Diskussionen af Forholdet imellem Zeemaneffekt og Finstruktur? Efter vor Mening frembyder en saadan Bestemmelse paa Sagens nuværende Standpunkt det eneste rationelle Angrebspunkt paa Problemet.

Hvad det øvrige Indhold af Deres Brev angaar, behøver jeg ikke at sige, hvor taknemmelig jeg er for Deres Hjælp og Kritik i denne Sag ligesom i saa mange tidligere Sager, og hvor stor Fornøjelse jeg altid har af den oprigtige og tankevækkende Maade, hvorpaa De giver Deres Mening Udtryk. Jeg længes meget efter at tale med Dem om det altsammen, og haaber at De kommer et Besøg herop i Deres Ferie. Jeg har ikke skrevet om det før, fordi jeg ikke følte mig rigtig rask og trængte til at tage lidt bort fra Byen, men ikke vidste, naar dette kunde blive. Jeg tænker nu imidlertid at holde lidt fri i Slutningen af denne Maaned, og det vilde derfor passe storartet, om De kunde komme i April. Ogsaa for Kramers, der bliver her til Maj, vil det være en stor Glæde.

Med mange venlige Hilsener fra os alle,

Deres hengivne,

NIELS BOHR

P.S. Jeg vedægernogle Sider, som Thomas har skrevet op for at vise Dem saa tydeligt som muligt, hvad han mener om Elektronvektorens Definition og Drejning.

Übersetzung von [126]

Lieber Pauli!

Vielen Dank für Ihren freundlichen Brief.

Um zuerst von der Sache selbst zureden, sind wir hier vollständig einverstanden mit allem, was Sie schreiben, nur nicht mit der Schlußfolgerung. Thomas war sich die ganze Zeit im klaren darüber, daß eine Unbestimmtheit in der Definition des Elektronenimpulses in einem Koordinatensystem besteht, in dem das Elektron eine Geschwindigkeit besitzt. Ja, er hat sogar den Standpunkt eingenommen, daß man nur von einer eindeutigen Definition dieses Impulses sprechen kann in einem Koordinatensystem, in welchem das Elektron in Ruhe ist. Diese Unsicherheit berührt indessen, soweit er oder wir anderen imstande sind es zu sehen, auf keine Weise die Richtigkeit seiner Schlüsse, denn das einzige, wovon der Natur der Aufgabe nach die Rede sein kann, ist die Änderung der Stellung des Elektronenvektors nach einem Umlauf der Elektronenbahn, wo die Geschwindigkeit des Elektrons relativ zum Kern dieselbe ist wie zuvor. Wir sind uns darüber klar, daß man mit der ganzen Betrachtung sich von vornherein auf die erste Näherung beschränkt hat, was ja auch in Thomas' Note ausgeführt ist. Selbstverständlich sind wir alle daran interessiert, daß die Note eine solche Form erhält, daß das Argument vollauf verstanden und beurteilt werden kann, und wir werden äußerst bestrebt sein, dies zu erreichen; aber Ihr Brief hat uns nur weiter in unserem Glauben an die Richtigkeit und Berechtigung des Argumentes bestärkt, dieses für sich unabhängig von der Frage der vollständigen Lösung des ganzen Problems der Konstitution und Dynamik des Elektrons zu behandeln. Da Thomas noch keine Korrektur erhalten hat, und wir natürlich äußerst interessiert an Ihrer Meinung sind, wäre ich sehr froh, genau so schnell wie das letzte Mal eine Antwort auf folgende Frage zu bekommen: Meinen Sie wirklich, daß Thomas' Betrachtungen keine Anhaltspunkte für die Berechnung der säkularen Änderung der Elektronenachse geben? Verstehe ich richtig, daß Sie unsere Meinung teilen, daß eine Bestimmung dieser Änderung entscheidend für die Diskussion des Verhältnisses zwischen Zeemaneffekt und Feinstruktur ist? Unserer Meinung nach bietet eine solche Bestimmung nach dem gegenwärtigen Stand der Angelegenheit den einzigen rationellen Angriffspunkt für das Problem.

Was den übrigen Inhalt Ihres Briefes angeht, brauche ich nicht zu sagen, wie dankbar ich für Ihre Hilfe und Kritik in dieser Sache bin, ebenso wie bei so vielen früheren Angelegenheiten, und welch großes Vergnügen mir immer Ihre aufrichtige und anregende Art bereitet, mit der Sie Ihrer Meinung Ausdruck geben. Ich sehne mich sehr danach, über all dies mit Ihnen zu sprechen und hoffe, daß Sie in Ihren Ferien hierher zu Besuch kommen. Ich habe darüber nicht früher geschrieben, da ich mich nicht ganz wohl fühlte und es nötig hatte, etwas aus der Stadt wegzureisen, aber nicht wußte, ob sich das machen ließ. Ich denke indessen am Ende dieses Monats etwas Muße zu haben, und es würde deshalb großartig passen, wenn Sie im April kommen könnten. Auch für Kramers, der bis Mai hierbleibt[a], wäre es eine große Freude. Mit vielen freundlichen Grüßen von uns allen

Ihr ergebener

NIELS BOHR

P.S. Ich lege einige Seiten bei, die Thomas aufgeschrieben hat, um Ihnen so deutlich wie möglich zu zeigen, was er mit der Definition und Drehung des Elektronenvektors meint[b].

[a] Vgl. auch den Schluß von [121]. [b] Diese Aufzeichnungen dürften einen Teil der ausführlicheren Veröffentlichung von Thomas (vgl. *c* von [122]) ausmachen.

[127] PAULI AN BOHR

Hamburg, 12. März 1926

Sehr verehrter lieber Herr Professor!

Vielen Dank für Ihren Brief vom 9. und die beiliegenden Bemerkungen von Thomas Jetzt bleibt mir nichts anderes übrig, als *vollständig zu kapitulieren*! Ich hatte zwar insoweit Recht, als es letzten Endes auf die Änderung des Elektronenimpulses $\mathfrak{R}$ im System 1 ankommt[a], in welchem der Kern in Ruhe ist, sehe aber jetzt ganz ein, daß die vom *Unterschied von* $\frac{d\mathfrak{R}}{dt}$ und der im (beschleunigten) System 3, in welchem das Elektron dauernd in Ruhe bleibt, gemessenen Änderung $\frac{d\mathfrak{R}'}{dt}$ herrührenden Terme (von denen ich auch in meinem letzten Brief an Kramers schrieb) *beimMitteln über den B[ah]numlauf* alle *verschwinden*. Für die *säkulare* Änderung von $\mathfrak{R}$ ist es daher in der betrachteten Näherung in der Tat gleichgültig, ob im System 3 oder im System 1 gemessen wird. Da beim Übergang vom unbeschleunigten System 2, in dem das

Elektron in einem bestimmten Zeitmoment in Ruhe ist, zum System 3 die von Thomas berechneten Zusatzglieder auftreten, bleiben diese somit auch im System 1 bestehen. Die Überlegungen und Schlußfolgerungen von Thomas scheinen somit vollständig gerechtfertigt. Es tut mir jetzt sehr leid, daß ich Ihnen durch meine Dummheit so viel Arbeit gemacht habe. Vielleicht wäre es aber doch gut, wenn in der Nature-Note von Thomas der mysteriöse Satz „what we really want . . ." durch einen anderen ersetzt würde, worin der Übergang von System 3 zum System 1 und die Frage der Definition des Elektronenimpulses kurz besprochen und insbesondere auf die Bedeutung des Umstandes hingewiesen wird, daß es sich um die *säkulare* (über den Bahnumlauf gemittelte) Änderung von $\mathfrak{R}$ handelt.

Was die Erwähnung der quantenmechanischen Resultate (die übrigens, damals allerdings noch mit dem Faktor 2 behaftet, von Heisenberg bei einer Physiker-Zusammenkunft in Braunschweig[b] vorgetragen wurden) am Schlusse der Note von Thomas betrifft, so wäre es vielleicht gut, wenn auch die Formeln abgedruckt würden, die ich in dem von Thomas zitierten Brief Ihnen seinerzeit schrieb. Der Leser könnte dann auch sehen, welcher Teil der Energie des Atoms nach der neuen Feinstruktur-Theorie relativistisch und welcher Orientierungsenergie des Elektrons ist. (Die erstere fällt übrigens stets genau in den „Schwerpunkt" der beiden Niveaus mit gleichem k und $E_R = \dfrac{g_1 E_1 + g_2 E_2}{g_1 + g_2}$, wenn diese mit ihren statistischen Gewichten versehen werden. Es ist dies die quantenmechanische Übersetzung des klassischen Kosinusgesetzes für die Orientierungsenergie.) Allerdings ist zu bemerken, daß diese quantenmechanische Betrachtung für den Sonderfall des s-Termes ($k = 0$) noch nicht korrekt ist[c]. Ich bin aber so optimistisch, zu glauben, daß das Resultat schon auch beim s-Term stimmen wird.

Jedenfalls muß ich jetzt beide Fragen Ihres Briefes in dem von Ihnen gewünschten Sinne beantworten: 1. Thomas' Berechnung der säkularen Änderung der Elektronenachse ist in der betrachteten Näherung korrekt. 2. Selbstverständlich war ich immer der Ansicht, daß die Größe dieser Änderung für die Feinstruktur entscheidend ist. Die entsprechende Energieänderung des Atoms sagt im Grunde physikalisch gar nichts anderes aus und muß, glaube ich, immer formal von selbst herauskommen, w[en]n man die zugehörige säkulare Störung durch Bewegungsgleichungen von kanonischer Form beschreibt.

Somit ist also der erste Programmpunkt des Goudsmitschen Elektrons, die Erklärung der Feinstruktur, über den wir noch in Berlin so eifrig diskutiert haben[d], zu dessen Gunsten entschieden. Dies spricht wohl sehr dafür, daß man da in der Tat auf dem richtigen Wege ist. Nun hoffe ich nur, daß meine S[po]ttreden über „die neue Irrlehre" die Folge haben werden, daß Ihr Eifer so sehr angespornt wird, daß Sie auch die übrigen Programmpunkte (Heliumspektrum, Abstand Singulett-Triplettsystem, äquivalente Bahnen) bald erledigen können[e]!

Für Ihre freundliche Aufforderung, nach Kopenhagen zu kommen, vielen herzlichen Dank! Ich bin jetzt wirklich ziemlich entschlossen, nach den Osterfeiertagen nach Kopenhagen zu kommen, und ich freue mich schon sehr darauf, Sie und

Kramers wiederzusehen und mit Ihnen zu diskutieren. Vielleicht kann ich auch Heisenberg im April in Kopenhagen treffen[f]! Bin auch neugierig, wie der Instituts-Neubau geworden ist! Mit nochmaliger Bitte um Nachsicht (zugleich auch an Herrn Thomas gerichtet) und den herzlichsten Grüßen

Ihr

W. PAULI

[a] Vgl. die Definition von System (1), (2) und (3) in der Nature-Note von L. H. Thomas. (Vgl. die vorhergehenden Briefe.) [b] Auf der gemeinsamen Tagung des Gauvereins Niedersachsen in Braunschweig am 14. und 15. Februar 1926 trug Heisenberg „Über die Anwendung der Quantenmechanik auf das Problem der anomalen Zeemaneffekte“ vor. Vgl. Verhandlungen der Deutschen Physikalischen Gesellschaft 1926, S. 13. [c] Vgl. den Brief [119] an Bohr vom 5. Februar. [d] Vgl. hierzu den Brief [114], insbesondere dort die Fußnote *e*. [e] Vgl. Fußnote *i* von [125]. [f] Heisenberg traf erst am 1. Mai in Kopenhagen ein, wo er eine Stelle als Lektor für theoretische Physik antrat. Noch am 28. April hatte er im Berliner Physikalischen Kolloquium über seine neue Quantentheorie vorgetragen. Über sein anschließendes Gespräch mit Einstein berichtet Heisenberg ausführlich in seiner Autobiographie: Der Teil und das Ganze. München: R. Piper & Co. Verlag 1969. S. 90ff.

[128] PAULI AN KRAMERS

Hamburg, 12. März 1926[a]

Lieber Kramers!

Auf meinen letzten Brief an Sie zurückkommend, möchte ich erstens noch bemerken, daß, falls ich mich nicht verrechnet habe, die gesuchten Transformationsformeln für das Impulsmoment einfach lauten

$$\mathfrak{N}_x = \mathfrak{N}'_x, \quad \mathfrak{N}_y = \frac{\mathfrak{N}'_y}{\sqrt{1-\frac{v^2}{c^2}}}, \quad \mathfrak{N}_z = \frac{\mathfrak{N}'_z}{\sqrt{1-\frac{v^2}{c^2}}}.$$

Hierbei ist angenommen, daß im gestrichenen Koordinatensystem das betrachtete materielle System in dem ins Auge gefaßten Zeitmoment in Ruhe ist, während es im ungestrichenen System die Geschwindigkeit v in der x-Richtung hat. Von einer Unsicherheit oder Unbestimmtheit des Drehimpulses im letztgenannten Bezugssystem kann nach meiner Ansicht gar keine Rede sein[b] (ebensowenig wie der lineare Impuls oder die Energie unbestimmt ist). Darüber und über die Frage der genaueren Formulierung der Dynamik des Elektrons können wir uns hoffentlich in Kopenhagen noch ausführlicher unterhalten. Ich war ein Esel, daß ich nicht gemerk[t] habe, daß die von den Transformationsformeln des Impulsmomentes herrührenden Zusatzglieder in $\frac{d\mathfrak{N}}{dt}$ beim Mitteln über den Bahnumlauf fortfallen, wenn sie in einem bestimmten Augenblick auch von derselben Größenordnung sind wie die Thomasschen.

Was das Modell mit der geladenen und stromdurchflossenen supraleitenden Kugel betrifft[c], so glaube ich jetzt, daß es da in der Tat möglich sein muß auch ohne Relativitätsbetrachtung, allein auf Grund der Maxwellschen Elektrodynamik das Thomassche Zusatzglied zu verifizieren. Denn in diesem Fall kann ja (im Gegensatz zum Elektron) der Drehimpuls des Systems mittels der klassischen Elektrodynamik berechnet werden. Es wäre schön, wenn Sie sich dieses Beispiel näher überlegen würden, falls Ihnen die Vorbereitung der zahlreichen Predigten, die Sie sicherlich über das Spin-Elektron in nächster Zeit halten werden, dazu Zeit läßt.

Über meine Reise nach Kopenhagen schreibe ich später noch!

Herzlichst Ihr

W. Pauli

[a] Dieser Brief wurde auf die letzte Seite anschließend an den vorhergehenden [127] an Bohr geschrieben. [b] Pauli bezieht sich hierbei auf eine Bemerkung Bohrs in seinem letzten Brief [126]. [c] Vgl. den Brief [125].

[129] Pauli an Goudsmit

[Hamburg], 13. März [1926]

[Postkarte]

Sehr geehrter Herr Goudsmit!

Ich schreibe Ihnen heute erstens, um Ihnen mitzuteilen, [d]aß ich auf Grund neuerlicher Mitteilungen aus Kopenhagen jetzt doch zu der Überzeugung gekommen bin, daß ich mit meinen Einwänden gegen Thomas Unrecht hatte und daß seine relativistische Überlegung in eine vollständig korrekte und einwandfreie Form gebracht werden kann. Die Feinstrukturfrage ist also jetzt wirklich befriedigen[d] geklärt[a].

Zweitens möchte ich Ihnen nochmals ans Herz legen, genau nachzuprüfen, ob die dänischen Zeemanmessungen an He^+ sich mit einer „alkaliähnlichen" Auffassung dieser Zeemaneffekte vereinbaren lassen[b]. Schreiben Sie mir, bitte, sobald Sie etwas darüber wissen!

Es war sehr schön, daß ich Sie in Hamburg sehen konnte. Mit den besten Grüßen an Sie selbst und an Prof. Ehrenfest

Ihr sehr ergebener

W. Pauli

[a] Vgl. hierzu die vorhergehenden Briefe, insbesondere [125] und [127], sowie Bohrs Brief an Kronig vom 26. März 1926 mit einem Bericht über Paulis Einlenken in der Spinfrage. (BSC, MF. 13 und SHQP, MF. 16.) [b] Über die Bedeutung der Linien des He^+ für die Theorie der Feinstruktur gibt A. Sommerfeld eine geschichtliche Darstellung in Naturwiss. **28,** 417–423 (1940).

[130] Bohr an Pauli

[Kopenhagen], 31. März 1926

[Maschinenschriftlicher Durchschlag]

Kære Pauli,

Kramers er lige taget paa Paaskeferie, og jeg svarer derfor paa Deres Brev til ham. Vi glæder os alle meget til at se Dem igen og diskutere de mange forskellige aabne Problemer.

Frk. Schultz har telefoneret til Fru Schacks Pensionat, hvor Fowler boede, og hvor Thomas og Hund nu bor, og har bestilt Værelse til Dem. Det er ledigt fra Søndag d. 4. April. Jeg er borte fra Byen i Paaskedagene, men er tilbage paa Tirsdag eller Onsdag.

Med mange venlige Hilsener og paa snarligt Gensyn.

Deres hengivne;

[Niels Bohr]

Übersetzung von [130]

Lieber Pauli!

Kramers ist gerade in die Osterferien gefahren, und ich beantworte deshalb Ihren Brief an ihn[a]. Wir freuen uns alle sehr, Sie wiederzusehen und die vielen verschiedenen offenen Probleme zu diskutieren. Fräulein Schultz[b] hat Frau Schacks Pension angerufen, wo Fowler wohnte und wo Thomas und Hund[c] jetzt wohnen, und hat ein Zimmer für Sie bestellt. Es ist frei ab Sonntag den 4. April. Ich bin in den Ostertagen nicht in der Stadt, bin aber Dienstag oder Mittwoch zurück.

Mit vielen freundlichen Grüßen und auf baldiges Wiedersehen.

Ihr ergebener

[Niels Bohr]

[a] Vgl. den Schlußsatz des Briefes [128]. [b] Betty Schultz war seit 1920 Bohrs Sekretärin. [c] Außer L. H. Thomas war in dieser Zeit bis Frühjahr 1927 auch Friedrich Hund Gast in Kopenhagen. Hier entstanden seine grundlegenden Arbeiten über Molekülspektren.

Es ist anzunehmen, daß Pauli schon in den ersten Apriltagen 1926 in Kopenhagen eintraf[1] Hier konnte er sich, nachdem das Spinproblem geklärt war, den Schrödingerschen Arbeiten zuwenden[2]. Heisenberg, der wie erwähnt als Lektor in Kopenhagen wirkte, begann sogleich mit einer Anwendung der Schrödingerschen Theorie auf die Mehrkörperprobleme; dabei fand er die langgesuchte Deutung für den Abstand zwischen Singlett und Triplett der Zweielektronensysteme (He)[3]. Pauli hingegen stellte den Zusammenhang zwischen der Heisenbergschen Matrizenmechanik und der Schrödingerschen Theorie her[4].

Der Äquivalenzbeweis findet sich in dem nun folgenden Brief [131]. Dieser Brief war nicht nur eine persönliche Mitteilung an Pascual Jordan, sondern sollte zugleich eine ganze Reihe von Fachkollegen informieren. So bat Pauli am Schluß des Briefes Jordan um Weitergabe an Born, Wentzel erhielt (vgl. Brief [133]) einen Durchschlag. Der Inhalt war natürlich auch Bohr und durch diesen Fowler und Heisenberg bekannt geworden[5]. Insofern stellt der Brief [131] einen Vorläufer der heute üblich gewordenen „preprints“ dar.

Zu einer Veröffentlichung seiner Ergebnisse kam Pauli nicht mehr, da Schrödinger inzwischen seinen eigenen „Äquivalenzbeweis“ publiziert hatte[6]. Ebenso erging es Pauli mit den Intensitätsberechnungen der Wasserstofflinien[7].

[1] Vgl. den letzten Brief [130].
[2] Zum erstenmal werden diese Arbeiten bei Pauli in [120] erwähnt. Vgl. dort auch den Hinweis auf die erste Mitteilung Schrödingers.
[3] Dieses Problem gehörte zu einem der zwischen Pauli und Bohr vereinbarten Programmpunkte (vgl. Fußnote *e* von [127]). Siehe auch W. Heisenberg: Mehrkörperprobleme und Resonanz in der Quantenmechanik. Z. Phys. **38**, 411–426 (1926), eingegangen am 11. Juni 1926; die Umstände bei der Entstehung dieser Arbeit beschreibt Heisenberg in seiner mehrfach zitierten Autobiographie. Vgl. auch die Postkarte [132].
[4] Eine wissenschaftshistorische Analyse von Paulis Untersuchung findet sich bei B. L. van der Waerden in dem unter *k* von [131] zitierten Aufsatz.
[5] Vgl. die Briefe Bohrs an Heisenberg vom 10. April (BSC, MF. 11) und an Fowler vom 14. April 1926 (BSC, MF. 10).
[6] E. Schrödinger: Über das Verhältnis der Heisenberg-Born-Jordanschen Quantenmechanik zu der meinen. Ann. Phys. (4) **79**, 734–756 (1926). Eingegangen am 18. März 1926. Vgl. auch den Brief [133].
[7] Vgl. Fußnote *i* des folgenden Briefes [131] sowie den Brief [133] an Wentzel.

[131] Pauli an Jordan

[Kopenhagen][a], 12. April 1926

[Maschinenschrift]

Lieber Jordan!

Vielen Dank für Ihren letzten Brief und die Durchsicht der Korrekturen. Heute will ich weder von meinem Handbuch-Artikel[b], noch von Mehrfachquanten[c] schreiben, ich will Ihnen vielmehr die Resultate von einigen Überlegungen mitteilen, die ich in Zusammenhang mit der in den Annalen der Physik erschienenen Arbeit über „Quantisierung als Eigenwertproblem“ von Schrödinger[d] angestellt habe. Ich glaube, daß diese Arbeit mit zu dem Bedeutendsten zählt, was in letzter Zeit geschrieben wurde. Lesen Sie sie sorgfältig und mit Andacht. Natürlich habe ich mich gleich gefragt, wie seine Resultate mit denen der Göttinger Mechanik zusammenhängen. Diesen Zusammenhang glaube ich jetzt vollständig klargestellt zu haben: Es hat sich ergeben, daß die aus dem Schrödingerschen Ansatz folgenden Energiewerte stets dieselben sind wie die der Göttinger Mechanik und daß aus den Schrödingerschen Funktionen ψ, welche die Eigenschwingungen beschreiben, in einfacher und allgemeiner Weise Matrizen hergestellt werden können, die den Gleichungen der Göttinger Mechanik genügen. Damit ist zugleich ein wohl ziemlich tiefliegender Zusammenhang zwischen der Göttinger Mechanik und dem Einstein-de Broglieschen Strahlungsfeld[e] hergestellt.

Um diesen möglichst deutlich hervortreten zu lassen, will ich zunächst den Schrödingerschen Ansatz, ein wenig anders frisiert, darstellen. Nach Einstein und de Broglie kann einem bewegten Massenpunkt mit der Energie E und dem Impuls G [Berücksichtigung der Relativitätsglieder,

$$G=\frac{m_0 v}{\sqrt{1-v^2/c^2}}, \qquad E=\frac{m_0 c^2}{\sqrt{1-v^2/c^2}}.$$

so normiert, daß Ruhenergie $=m_0c^2$ wird; $E^2-c^2G^2=m_0^2c^4$] ein Schwingungsvorgang mit der Schwingungszahl $\nu=\frac{E}{h}$ und der Wellenlänge $\lambda=\frac{h}{|G|}$ zugeordnet werden. (Diese Zuordnung ist invariant gegenüber Lorentz-Transformationen.) Die Phasengeschwindigkeit V ist gleich $\lambda\nu=\frac{E}{G}$, daher nimmt die Wellengleichung des de Broglieschen Strahlungsfeldes

$$\Delta\psi-\frac{1}{V^2}\frac{\partial^2\psi}{\partial t^2}=0$$

die Form an

$$\Delta\psi-\frac{G^2}{E^2}\frac{\partial^2\psi}{\partial t^2}=0. \qquad (1)$$

Mit Berücksichtigung der Beziehung $E^2-c^2G^2=m_0^2c^4$ zwischen Energie und Impuls wird dies

$$\Delta\psi-\frac{E^2-m_0^2c^4}{c^2E^2}\frac{\partial^2\psi}{\partial t^2}=0. \qquad (2)$$

Haben wir nun einen nicht kräftefrei bewegten Massenpunkt und ist E_{pot} seine potentielle Energie, so wird die Beziehung zwischen Energie und Impuls (bei Berücksichtigung der Massenveränderlichkeit)

$$(E-E_{\text{pot}})^2-c^2G^2=m_0^2c^4,$$

wenn E wieder so normiert ist, daß für den ruhenden Massenpunkt

$$E-E_{\text{pot}}=m_0c^2.$$

(Für das Wasserstoffatom mit Relativitätskorrektion ist offenbar $E_{\text{pot}} = -\frac{Ze^2}{r}$ zu setzen.) Dies in (1) eingesetzt gibt an Stelle von (2):

$$\Delta\psi - \frac{[E - E_{\text{pot}}(x, y, z)]^2 - m_0^2 c^4}{c^2 E^2} \frac{\partial^2 \psi}{\partial t^2} = 0. \tag{3}$$

Die Phasengeschwindigkeit hängt nun vom Ort ab.

Der Schrödingersche Ansatz ist nun folgender: *Ein Quantenzustand des Systems mit der Energie E soll dann und nur dann möglich sein, wenn eine räumliche singularitätenfreie, zeitlich sinusförmige, stehende de Broglie-Welle mit der Frequenz* $\nu = \frac{E}{h}$ *gemäß* (3) *existenzfähig ist.*

Man ersetze also in (3) ψ durch das Produkt einer neuen nur vom Ort abhängigen Funktion $\bar{\psi}(x, y, z)$ und dem Faktor $e^{2\pi i \nu t} = e^{2\pi i \frac{E}{h} t}$

$$\psi = \bar{\psi} e^{2\pi i \frac{E}{h} t},$$

dann wird

$$\frac{\partial^2 \psi}{\partial t^2} = -\frac{4\pi^2}{h^2} E^2 \psi$$

und man erhält

$$\Delta\bar{\psi} + \frac{[E - E_{\text{pot}}(x, y, z)]^2 - m_0^2 c^4}{c^2 K^2} \bar{\psi} = 0, \tag{4}$$

wenn mit Schrödinger $K \equiv \frac{h}{2\pi}$ gesetzt ist.

Dies ist ein Eigenwertproblem für die möglichen Werte von $E = h\nu$. Diese ν sind enorm groß, weil in E die Ruhenergie des Elektrons mit einbezogen ist. Die Frequenzbedingung sagt dann aus, daß die Lichtwellen formal als Differenztöne der de Broglie-Strahlung aufzufassen sind. Das Wirkungsquantum h wurde nur an der Stelle in die Theorie hereingebracht, wo die Zuordnung von Energie der Zustände zu Frequenz der de-Broglie-Strahlung vorgenommen wird.

Bei Vernachlässigung der Relativitätskorrektionen erhält man aus (4), indem man $E = m_0 c^2 + \bar{E}$ setzt und nach $\frac{1}{c^2}$ entwickelt:

$$\Delta\bar{\psi} + \frac{2m_0}{K^2} (\bar{E} - E_{\text{pot}}) \bar{\psi} = 0. \tag{5}$$

Diese Gleichung steht in Schrödingers Arbeit, und es ist dort auch gezeigt, wie sie aus einem Variationsprinzip gewonnen werden kann. Hier noch eine Anmerkung, die ich Herrn Klein verdanke. Der Unterschied zwischen der alten Quantentheorie der Periodizitätssysteme und der auf dem Ansatz (5) basierenden Schrödingerschen Quantenmechanik ist, vom Standpunkt der de-Broglie-Strahlung aus, derselbe wie der zwischen geometrischer Optik und Wellenoptik[f]. Bei kleiner Wellenlänge der de-Broglie-Strahlung kann man nämlich in (5) in bekannter Weise den Ansatz machen

$$\bar{\psi}=e^{i\frac{1}{K}S}.$$

Ist S/K groß, so erhält man dann aus (5) nach Debye die Hamilton-Jacobische Differentialgleichung für S^9. Überdies wird in diesem Fall $\bar{\psi}$ nur dann eine eindeutige Ortsfunktion, wenn die Periodizitätsmoduln von S/K ganze Vielfache von 2π sind. Dies führt auf die bisher übliche $\int pdq=nh$ Bedingung, die ja schon von de Broglie selbst vom Standpunkte der geometrischen Optik seines Strahlungsfeldes aus interpretiert wurde.

In Wirklichkeit aber ist S/K im allgemeinen nicht groß, man muß bei (5) bleiben und die Mathematik der Wellenlehre zur Integration dieser Gleichung anwenden.

Nun kommt das, was ich zu Schrödinger hinzugefügt habe, nämlich die Verbindung mit der Göttinger Mechanik. Der Einfachheit halber möge ein eindimensionales Problem ins Auge gefaßt und kartesische Koordination verwendet werden. (Im dreidimensionalen und bei beliebigen Koordinaten geht es ganz analog, ebenso wenn noch gyroskopische Terme hinzutreten.) Die Wellengleichung sei also gegeben durch

$$\frac{d^2\psi}{dx^2}+\frac{2m}{K^2}[E-E_{\text{pot}}(x)]\psi=0$$

(vgl. (5), die Querstriche sind weggelassen).

Nun seien $E_1, E_2, \ldots, E_n, \ldots$ die Eigenwerte, $\psi_1, \psi_2, \ldots, \psi_n, \ldots$, ein zugehöriges vollständiges System von Eigenfunktionen. Für diese gilt

$$\int_{-\infty}^{+\infty}\psi_n\psi_m dx=\begin{cases}0 & \text{für } n\neq m\\ 1 & \text{für } n=m.\end{cases}$$

Die erste Gleichung (Orthogonalität) folgt aus der Greenschen Formel, die zweite bedeutet eine Normierung der multiplikativen Konstanten in den ψ_n. Jede willkürliche Funktion von x ist nach den ψ_n entwickelbar. Nun betrachte man speziell die Entwicklung von $x\psi_n$ nach Eigenfunktionen:

$$x\psi_n(x)=\sum_m x_{nm}\psi_m(m); \qquad x_{nm}=\int_{-\infty}^{+\infty}x\psi_n\psi_m dx. \tag{I}$$

Ferner setze man

$$(p_x)_{nm}=iK\int_{-\infty}^{\infty}\frac{\partial\psi_n}{\partial x}\psi_m dx; \qquad iK\frac{\partial\psi_n}{\partial x}=\sum_m (p_x)_{nm}\psi_m(x) \tag{II}$$

(i = imaginäre Einheit, $K=\frac{h}{2\pi}$). Es ist $x_{nm}=x_{mn}$ reell, $(p_x)_{nm}=-(p_x)_{mn}$ rein imaginär.

Man kann nun unschwer zeigen, daß die so definierten Matrizen für x und p_x den Gleichungen der Göttinger Mechanik genügen.

(Nämlich $\boldsymbol{p}_x x - x \boldsymbol{p}_x = -iK$, $\frac{1}{2m}\boldsymbol{p}_x^2 - \boldsymbol{E}_{\mathrm{pot}}(x) = \boldsymbol{E}$ (Diagonalmatrix).) Aus der Multiplikationsregel folgt übrigens, daß die zu irgend einer Funktion $F(x)$ von x allein gehörige Matrix $\boldsymbol{F}$ gerade durch

$$F_{nm} = \int_{-\infty}^{\infty} F(x)\psi_n\psi_m dx$$

gegeben ist.

Ich will die Rechnungen hier nicht im Einzelnen anführen, sie werden die Behauptung unschwer verifizieren können. Den Oszillator und Rotator habe ich nach Schrödinger durchgerechnet. Ferner folgen die Hönl-Kronigschen Formeln für die Intensität der Zeemankomponenten[h] in einfacher Weise aus den Eigenschaften der Kugelfunktionen. Die Störungstheorie läßt sich vollständig übertragen, ebenso die bei Aufhebung von Entartung (mehrfache Eigenwerte) durch äußere Kraftfelder im allgemeinen notwendige Hauptachsentransformation. Momentan bin ich damit beschäftigt, aus den von Schrödinger berechneten Eigenfunktionen beim Wasserstoff die Übergangswahrscheinlichkeiten auszurechnen.[i] Für die Balmerlinien scheinen sich endliche rationale Ausdrücke zu ergeben. Beim kontinuierlichen Spektrum ist die Sache aber komplizierter; die exakte mathematische Formulierung ist mir da noch nicht ganz klar[j]. Was übrigens Lanczos betrifft, so haben meine Überlegungen nur ganz wenige Berührungspunkte mit den seinen[k]. Er betrachtet ein Problem, dessen Eigenwerte die reziproken Energiewerte sind, während hier die Energiewerte selbst die Eigenwerte sind. Ferner spielen bei ihm Funktionen, die wie die Greensche Funktion von zwei Stellen abhängen, eine wesentliche Rolle; derartige Funktionen werden hier nicht herangezogen. Ich glaube überhaupt, daß der Ansatz von Lanczos nicht viel taugt.

Über den physikalischen Sinn der Ausdrücke (I) und (II) weiß ich nur wenig. Jedenfalls scheint er mit der Auffassung der gewöhnlichen Lichtwellen als Differenzschwingungen (Schwebungen) der de Broglieschen Strahlung zusammenzuhängen. Daß in (I) und (II) zunächst keine unbestimmten Phasen auftreten, hat nur den äußerlichen Grund, daß beim Übergang von (3) zu (4) der in der Zeit periodische Faktor fortgelassen wurde. Fügt man ihn hinzu, so erhält man in x_{nm} und $(p_x)_{nm}$ neben $e^{\frac{2\pi i}{h}(E_n - E_m)t}$ einen Phasenfaktor $e^{2\pi i(\delta_m - \delta_n)}$, worin δ_m und δ_n die Phasen der zu E_m und E_n gehörigen de Broglieschen Eigenschwingungen bedeuten. Sowohl in der Göttinger, als auch in der Schrödingerschen Formulierung der Quantenprobleme wird grundsätzlich keine raumzeitliche Beschreibung der Bewegung des Elektrons im Atom gegeben. In der letzteren äußert sich das darin, daß es außerhalb des Gültigkeitsbereiches der geometrischen Optik nicht mehr möglich ist, im de Broglieschen Wellensystem „Strahlen" zu konstruieren, die als Bahnen von Teilchen gedeutet werden können. Das Problem des asymptotischen [Anschlußes][e] an die gewöhnlichen raum-zeitlichen Bilder im Grenzfalle großer Quantenzahlen sowie der Bestimmung der Zeitpunkte der Übergangsprozesse bleibt nach wie vor ungelöst. Aber es ist doch ein Fortschritt, die Probleme jetzt von zwei verschiedenen Seiten aus zu sehen. Man sieht wohl auch, wie vom Standpunkt der Quantenmechanik aus der Gegensatz zwischen bewegtem Punkt und Wellensystem zu Gunsten von etwas Allgemeinerem verblaßt.

Nun seien Sie und die anderen Göttinger (besonders Born; falls er schon aus Amerika zurück ist, zeigen Sie ihm bitte, diesen Brief) herzlichst gegrüßt,

von Ihrem W. PAULI

[a] Vgl. Paulis Brief [133] an Wentzel (der ebenfalls eine Kopie des Briefes [131] erhielt), in dem Kopenhagen als Absendeort dieses Briefes angegeben wird. [b] Es handelt sich um Paulis Artikel [1926] über die ältere Quantentheorie. [c] Ebenso wie Pauli (1923c) hatte sich auch Jordan mehrfach mit dem Problem der Hohlraumstrahlung befaßt. Vgl. Jordan: Über das thermische Gleichgewicht zwischen Quantenatomen und Hohlraumstrahlung. Z. Phys. **33**, 649–655 (1925). Eingegangen am 8. Juli 1925. [d] Vgl. Anmerkung 2 auf Seite 315. [e] Die grundlegenden Arbeiten, auf die Pauli sich bezieht, sind: L. de Broglie: Recherches sur la théorie des quanta Annales de Physique **3**, 22–128 (1925). A. Einstein: Quantentheorie des einatomigen idealen Gases. Zweite Abhandlung. Sitzungsberichte der Preußischen Akademie der Wissenschaften. Physikalisch-Mathematische Klasse. 1925. 5. 3–14. Sitzung vom 8. Januar 1925. [f] Dieser Zusammenhang wurde auch schon in Schrödingers 2. Mitteilung: Quantisierung als Eigenwertproblem. Ann. Phys. (4) **79**, 489–527 (1926), eingegangen am 23. Februar 1926, behandelt. [g] Vgl. hierzu auch den Hinweis auf S. 496 der unter *f* zitierten Schrödingerschen Arbeit. [h] H. Hönl: Die Intensitäten der Zeemankomponenten. Z. Phys. **31**, 340–354 (1925). Eingegangen am 26. November 1924. R. Kronig: Über die Intensität der Mehrfachlinien und ihrer Zeemankomponenten. Z. Phys. **31**, 885–897 (1925). Eingegangen am 18. Februar 1925. [i] Die Störungstheori und das Intensitätsproblem der Wasserstofflinien wurde gleichzeitig auch von Schrödinger behandelt, der abermals mit seiner Veröffentlichung Pauli zuvorkam. Vgl. die dritte Mitteilung: Quantisierung als Eigenwertproblem. Ann. Phys. (4), **80**, 437–490 (1926). Eingegangen am 10. Mai 1926. In seinem Zusatz bei der Korrektur wird auf Paulis Ergebnisse hingewiesen. Vgl. hierzu auch das Schreiben Schrödingers an Sommerfeld vom 18. April 1926. Dort heißt es: „Mit Pauli habe ich ein paar lange Briefe gewechselt. Er ist schon ein phänomenaler Kerl. Wie der wieder schnell alles heraußen gehabt hat! In einem Zehntel der Zeit, die ich dazu gebraucht hab'. Er hat mir auch von dem kreiselnden Elektron näheres geschrieben." [j] Die Theorie des kontinuierlichen Spektrums des Wasserstoffs wurde zuerst von E. Fues ausgearbeitet in: Zur Intensität der Bandenlinien und des Affinitätsspektrums zweiatomiger Moleküle. Ann. Phys. (4) **81**, 281–313 (1926). Eingegangen am 9. Juli 1926. [k] C Lanczos: Über eine feldmäßige Darstellung der neuen Quantenmechanik. Z. Phys. **35**, 812–830 (1926). Eingegangen am 22. Dezember 1925. (Vgl. auch Fußnote *b* von [116].) Vgl. hierzu auch die Ausführungen bei B. L. van der Waerden: From Matrix Mechanics and Wave Mechanics to Unified Quantum Mechanics. In: J. Mehra (ed.), The Physicist's Conception of Nature. Dordrecht-Holland: D. Reidel Publishing Company 1973. [l] Im Original steht hier Ausschluß.

Die Skizze auf der Rückseite der Postkarte [132] bezieht sich auf das Extraordinariat für mathematische Physik der Universität Leipzig, dessen bevorstehende Besetzung die Phantasie der jungen Theoretiker stimulierte. Friedrich Hund deutete das Bild: „Ein Blitz aus der Wolke Leipzig trifft das Haus P (Pauli) und verschont das Haus H (Heisenberg). Von K (Kopenhagen) aus sieht man zu. Gewarnt wird vor der Gefahr, daß bei geschlossener Karriere die Anstrengungen der Forschung versiegen (es gab damals mindestens ein Beispiel dafür)." Minimax ist der Name eines verbreiteten Feuerlöschers.

Auf der Liste des Leipziger Extraordinariats (nicht zu verwechseln mit dem durch den Tod von Theodor des Coudres am 8. Oktober 1926 frei werdenden Ordinariat für theoretische Physik) standen schließlich (in dieser Reihenfolge) Heisenberg, Pauli und Wentzel.[1]

[1] Vgl. auch den Brief [133], dort insbesondere die Fußnote 1.

[132] HEISENBERG AN PAULI

Kopenhagen, 5. Mai 1926

[Postkarte]

Lieber Pauli!

Außerdem wollt' ich Ihnen noch schreiben, daß wir ein ziemlich entscheidendes Argument gefunden haben, daß Ihr Verbot der äquiv[alenten] Bahnen mit dem Abstand Sing[u]l[ett]-Tripl[ett] zusammenhängt[a]. Denken Sie sich die Energie als Funktion der Übergangswahrsch[einlichkeit] geschrieben. Dann ergibt sich ein großer Unterschied, wenn man, bei der Energie des H-Atoms, die Übergänge nach 1*S* hat, oder wenn man sie, bei Ihrem Verbot, Null setzt. Also Par und Ortho haben *doch* verschiedene Energie, unabhängig von der Wechselw[irkung] zwischen den Magneten[b]. Viele Grüsse!

HEISENBERG

[a] Vgl. die unter 3 genannte Publikation Heisenbergs im Kommentar zu [131]. [b] Der beobachtete Abstand der entsprechenden Termsysteme läßt sich größenordnungsmäßig nicht auf eine magnetische Wechselwirkung zweier rotierender Elektronen zurückführen.

[133] Pauli an Wentzel

Hamburg, 8. Mai 1926

Lieber Wentzel!

Nun will ich endlich Ihren Brief vom 1. beantworten, für den ich Ihnen vielmals danke. – Diesmal bin ich also nicht nach Paris, sondern doch nach Kopenhagen gefahren. Aber aufgeschoben ist nicht aufgehoben; die Annahme, daß Sie noch öfters nach Paris fahren werden, ist vielleicht nicht unberechtigt, und dann will ich Sie wirklich einmal dort besuchen.[a]

In Kopenhagen ist der Stand der Physik jetzt der, daß die Sache mit dem Faktor 2 von Thomas (entgegen meiner ursprünglichen Ansicht) doch ganz einwandfrei ist. Mit der Hypothese des magnetischen Elektrons und der Quantenmechanik kommen also die Dublettspektren (einschließlich Wasserstoffspektrum) samt Feinstruktur und anomalen Zeemaneffekt wirklich in Ordnung. Man muß also doch wohl glauben, daß diese Hypothese viel Wahres enthält. (Ich glaube nur schweren Herzens daran, weil die Schwierigkeiten, die dadurch für die Theorie der Struktur des Elektrons entstehen, sehr beträchtlich sind[b].) Bei den Spektren vom Erdalkalitypus sind noch ungeklärte Schwierigkeiten da: man sieht nicht, wie der vielfach gegenüber der Triplettaufspaltung große Abstand der Singulett von den Triplettermen modellmäßig zustande kommt[c], ferner ergibt sich vorläufig noch keine Deutung für mein „Wohnungsamt für äquivalente Elektronen." (Beides hangt vielleicht zusammen.)

Was die Verbindung von Schrödinger mit der Quantenmechanik betrifft, so ist sie nunmehr vollständig klargestellt. Um nicht alles noch einmal schreiben zu müssen, lege ich die Abschrift eines Briefes bei, den ich von Kopenhagen aus an Herrn Jordan geschrieben habe[d]. (Vielleicht sind Sie so gut und senden ihn mir nach einiger Zeit wieder zurück.) Wie Sie daraus sehen, muß man nur zwei (normierte) Schrödingersche Eigenfunktionen miteinander multiplizieren und über das Volumen integrieren, um die Übergangswahrscheinlichkeiten zu erhalten. Nachdem ich mir dies überlegt hatte, erfuhr ich brieflich von Schrödinger, daß er das alles selbst schon hatte und sogar bereits eine Arbeit von ihm in den Annalen der Physik darüber im Druck ist[e].

Die Anwendung auf das Wasserstoffatom, wo ja Schrödinger die Eigenfunktionen bereits ausgerechnet hat, ist im Prinzip, wenn auch nicht immer in der technischen Durchführung, sehr einfach. Insbesondere folgen für die Intensitäten der *Serienlinien* in den Quantenzahlen *rationale* Ausdrücke, da die Eigenfunktionen hier von der Form Exponentialfunktion mal Polynom sind. Zunächst ergeben sich jedoch ziemlich verwickelt aussehende (allerdings *endliche*) Doppelsummen, die zu vereinfachen mir im allgemeinen Fall noch nicht gelungen ist. Ich bin aber davon überzeugt, daß wesentliche Vereinfachungen, vielleicht sogar geschlossene Ausdrücke möglich sind. Am einfachsten ist die Lymanserie zu rechnen und ich fand für die Ladenburgsche „Oszillatorstärke“[f] (Quotient aus Sprungzahl und klassischer Dämpfungskonstante), die zur Linie $\nu = R(\frac{1}{1^2} - \frac{1}{n^2})$ gehört, den Ausdruck

$$f_{1,n} = \frac{128}{3} \cdot \frac{(n-1)^{2n-4} n^5}{(n+1)^{2n+4}}.$$

Der Abfall mit n ist vernünftig, für große n von der Ordnung e^{-4n}. Ich will jetzt auch die Balmerserie rechnen* sowie auch die Intensität der Feinstrukturkomponenten[h]. Hierzu möchte ich noch sagen, daß ich mit den Schlußfolgerungen von Heitler im letzten Teil seiner Arbeit[i] gar nicht einverstanden bin. Es kann, glaube ich, gar keine Rede davon sein, daß allgemein seine Reaktionsgeschwindigkeiten allein von den Energiewerten des Anfangs- und Endzustandes, nicht aber von der Zellennummer abhängen. Letzteres wird im allgemeinen doch der Fall sein, nur in besonderen Fällen werden die Energiewerte allein genügen. Daher glaube ich auch, daß die Anwendung, die Sommerfeld und Unsöld von der Heitlerschen Statistik auf die Wasserstoffeinstruktur gemacht haben, keine zulässige ist.[j] Das betreffende Intensitätsverhältnis wird nach der Quantenmechanik zwar rational, aber keineswegs gleich 1. Gegen die Heranziehung des metastabilen Zustandes zur Deutung der „Intensitätsanomalie“ habe ich übrigens auch Bedenken.

Für die *kontinuierliche* Absorption hinter der Seriengrenze und das kontinuierliche „Hyperbelspektrum“ dürften die Intensitäten kaum rationale Funktionen sein (das wäre auch zu viel verlangt). Dies im Einzelnen durchzurechnen, wird wohl mathematisch schwierig sein, ich habe vorläufig nicht die Absicht, mir daran die Zähne auszubeißen![k]

Von der Leipziger Professur (Nachfolge Jaffés)[l] hörte ich, daß ich hinter Heisenberg auf der Liste stehe und daß Sie der dritte im Bunde sind. Heisenberg hat nun abgelehnt. Falls mich das Schicksal jetzt ereilen sollte, wäre es nicht ganz ausgeschlossen, daß man mir in Hamburg so viel bieten wird, daß ich auch ablehnen kann. Also sehen Sie sich vor!

Eben bemerke ich, daß ich noch nichts über den Starkeffekt zweiter Ordnung geschrieben habe[m]. Ihre Bemerkung über die Summenregel beruht, glaube ich, auf einem Mißverständnis. Eine solche Regel ist nur bei „schwachen“ Feldern (Starkeffekt der Feinstruktur) zu erwarten für diejenigen Terme, die das Quadrat der Lichtgeschwindigkeit im Nenner haben. Für den von Ihnen berechneten Effekt gilt *keine* Summenregel. *Von Haus aus spricht, glaube ich, gar nichts gegen die Richtigkeit Ihrer Formel*! Kürzlich hat übrigens ein Japaner namens *Kiuti* genauere Messungen über diesen Starkeffekt 2. Ordnung im Japanese Journal of Physics publiziert[n], vielleicht sehen Sie sich die noch an! Die Zahl $\frac{165}{2}$ stört mich eigentlich wenig! Ich würde aber gerne einmal Ihr ganzes Rechenverfahren in seiner

* Ladenburg macht gerade Dispersionsmessungen von H_α, H_β und H_γ^g.

endgültigen Form sehen, es waren mir noch nicht alle Einzelheiten ganz klar. Es ist aber doch sehr wichtig, Sie müssen es unbedingt bald publizieren!

Lenz geht es sehr gut, er läßt Sie und alle Münchener schön grüßen. Viele Grüße auch von mir an Sie selbst und an das ganze Institut, besonders an Prof. Sommerfeld von Ihrem

W. PAULI

[a] Gregor Wentzel machte zu jener Zeit häufige Parisbesuche. Seine spätere Arbeit: Zur Theorie des Comptoneffektes. Z. Phys. **43,** 1 – 8 (1927), signierte er sogar mit Paris, was Pauli zu einer spöttischen Bemerkung veranlaßte (vgl. den Brief [162]). [b] Pauli denkt hier wahrscheinlich u. a. an die Schwierigkeit eines mit Überlichtgeschwindigkeit rotierenden Elektrons, die einer anschaulichen Deutung des Spins entgegensteht. (Vgl. z. B. den Hinweis in einer Fußnote auf S. 1794 seines Nachtrags zum Artikel für das Müller-Poilletsche Lehrbuch der Physik [1929b].) [c] Heisenbergs Postkarte [132] mit der Ankündigung seiner gelungenen Deutung dieses Sachverhaltes dürfte Pauli gerade an diesem Tag erreicht haben. [d] Vgl. den Brief [131] und die Fußnote auf S. 522 von Wentzels Veröffentlichung: Eine Verallgemeinerung der Quantenbedingungen für die Zwecke der Wellenmechanik. Z. Phys. **38,** 518 – 529 (1926). Eingegangen am 18. Juni 1926. [e] Siehe Anmerkung 6 auf S. 315. [f] R. Ladenburg: Die quantentheoretische Deutung der Zahl der Dispersionselektronen. Z. Phys. **4,** 451 – 468 (1921). Eingegangen am 8. Februar 1921. [g] Vgl. die Bemerkung R. Ladenburgs auf der letzten Seite seines Aufsatzes: Die quantentheoretische Dispersionsformel und ihre experimentelle Prüfung. Naturwiss. **14,** 1208 – 1213 (1926). [h] Vgl. die Fußnote *i* von [131]. [i] W. Heitler: Zur Thermodynamik und Statistik der Quantenprozesse. Z. Phys. **36,** 101 – 119 (1926). Eingegangen am 21. Januar 1926. [j] Vgl. hierzu die Fußnote *f* von [120]. [k] Vgl. Fußnote *j* von [131]. [l] Der in Rußland geborene Physiker George Cecil Jaffé folgte 1926 einem Ruf nach Gießen, so daß das Leipziger Extraordinariat für mathematische Physik neu besetzt werden mußte. [m] Die vollständige Berechnung des quadratischen Starkeffektes, wie er bei allen Atomen außer dem Wasserstoff auftritt, wurde von A. Unsöld durchgeführt. (Ann. Phys. (4) **82,** 355 (1927).). Eine vorläufige Rechnung lieferte uns Wentzel als Anwendungsbeispiel des damals von ihm mitentwickelten sog. WKB-Verfahrens in seiner unter *d* zitierten Abhandlung. [n] M. Kiuti: Further Studies on the Stark-Effect in Hydrogen. Japanese Journal of Physics **4,** 13 – 38 (1925).

[134] PAULI AN SCHRÖDINGER

Hamburg, 24. Mai [1926]

Lieber Schrödinger!

Vielen Dank für Deinen interessanten Brief vom 18. Was ein Integral der klassischmechanischen Bewegungsgleichungen für die Undulationsmechanik bedeutet, war mir schon lange bekannt, denn ich hatte mir klargemacht, daß man den Zusammenhang der Göttinger Mechanik mit der Deinen am besten in drei Schritten darstellt.[a] Man zeigt zuerst, daß für irgendein vollständiges Funktionensytem ψ_n durch den Ansatz

$$x\psi_n = x_{nm}\psi_m,$$

$$iK\frac{\partial\psi_n}{\partial x} = (p_x)_{nm}\,\psi_m$$

die Matrix-Relation $pq-qp=\frac{h}{2\pi i}\cdot 1$ erfüllt ist. Sodann zeigt man die Äquivalenz der Orthogonalität des Funktionensystems mit der Forderung des Hermiteschen Charakters der Matrizen. Und endlich zeigt man, daß die Forderung $\boldsymbol{H}(\boldsymbol{p},\boldsymbol{q})=\boldsymbol{E}$ (Diagonalmatrix) mit dem Bestehen einer linearen Differentialgleichung äquivalent ist, deren Eigenwerte E und deren Eigenfunktionen die ψ_n sind. (Hängt $\boldsymbol{H}$ speziell quadratisch von den $\boldsymbol{p}$ ab, so ist Diff[erential]-gl[eichung] speziell von zweiter Ordnung.) Es ist klar, daß Punkt 3 dann für jedes Integral $\boldsymbol{F}(\boldsymbol{p},\boldsymbol{q})=$ Diagonalmatrix zutrifft.

Über die spezielle Anwendung dieses Faktums auf das Drehimpuls-Integral habe ich erst auf Veranlassung Deines letzten Briefes nachgedacht. Zunächst habe ich zu bemerken, daß ein Zweifel, ob man es in Bezug auf das Azimut φ mit fortschreitenden oder mit stehenden Wellen zu tun hat, überhaupt nur bei Entartung des Systems (willkürliche Orientierung im Raum, auf die Du bereits hinweist) möglich ist. Denkt man sich ein Magnetfeld parallel der z-Achse, um die das Azimut gezählt wird, eingeschaltet, so muß die links herum *fort*schreitende Welle die Schwingungszahl ν_e+o, die rechts herum *fort*schreitende Welle die Schwingungszahl ν_e-o erhalten (o = Larmorfrequenz); es gibt dann offenbar gar keine stehende Welle mit einer *einzigen* Schwingungszahl mehr.

Daß die Forderung, daß alle drei Operatoren $\boldsymbol{J}_1$, $\boldsymbol{J}_2$, $\boldsymbol{J}_3$, die zu den drei Drehimpulskomponenten auf rechtwinkligen Koordinatenachsen gehören, „reproduzieren" sollen (d.h. – die drei betreffenden Matrizen Diagonalmatrizen sein sollen), – daß, sage ich, diese Forderung notwendig zu Widersprüchen führen muß, scheint mir von vornherein klar. Es besteht nämlich (sowohl in Matrizen wie in Operatoren) die Beziehung

$$\boldsymbol{J}_1\boldsymbol{J}_2-\boldsymbol{J}_2\boldsymbol{J}_1=-\frac{h}{2\pi i}\boldsymbol{J}_3,\ \ldots$$

(entsprechendes durch zyklische Vertauschung), während doch bei „reproduzierenden" Operatoren dasselbe herauskommen müßte, wenn man einmal zuerst $\boldsymbol{J}_2$ und dann $\boldsymbol{J}_1$, das andere mal zuerst $\boldsymbol{J}_1$ und dann $\boldsymbol{J}_2$ anwendet. Durch die Forderung, $\boldsymbol{J}_3$ und $\boldsymbol{J}_1^2+\boldsymbol{J}_2^2+\boldsymbol{J}_3^2$ sollen reproduzierende Operatoren sein, was für ein nicht entartetes Zentralkraftfeld plus achsialsymmetrisches äußeres Störfeld charakteristisch ist, ist alles vollständig festgelegt. Dies steht ja im Wesentlichen alles in meiner H-Arbeit in der Zeitschrift für Physik [b], nur in der Sprache der Matrizen statt in der der Operatoren.

Was nun das sehr schwierige Problem der „Geburt der Elektronenbahnen" bei großen Quantenzahlen betrifft, so scheint mir zunächst, daß es mit dem „Adjungieren" von „reproduzierenden" Operatoren nicht das geringste zu tun hat. (Letzteres bezieht sich immer nur auf die Entartung von Systemen und deren Aufhebung durch verschiedene Arten von Störfeldern.) Es muß sich vielmehr darum handeln, *Phasenbeziehungen zwischen den Eigenlösungen zu postulieren, die zu nahe benachbarten Quantenzuständen (Energiewerten) gehören.* (Die Differentialgleichung läßt diese Phasen natürlich zunächst ganz willkürlich.) Ich glaube, man macht sich die

Sache am einfachsten klar am Fall des kräftefrei translatorisch bewegten Massenpunktes. Man möchte hier eine solche Lösung der Wellengleichung haben, bei der das φ nur auf einem kleinen, dem Massenpunkt entsprechenden Raumteil merklich von Null verschieden ist. Ich weiß nicht, wie das im Einzelnen geht, wenn man es aber beim kräftefrei bewegten Massenpunkt zustande bringt, wird es nachher schon auch beim H-Atom gehen. (Daß man mit dem „Adjungieren" nicht weiterkommt, ist beim kräftefrei bewegten Massenpunkt wohl unmittelbar zu sehen. Macht man nämlich hier mit dem Translationsimpuls denselben Ansatz, den Du mit dem Drehimpuls versucht hast, so kommt man, wenn ich mich nicht irre, zwangsläufig zu einer ebenen Welle *mit überall konstanter* Amplitude, die in der Geschwindigkeitsrichtung des Teilchens fortschreitet.)

Über die Frage der Darstellbarkeit der Energie durch ein Volum[en]integral habe ich inzwischen noch nachgedacht und ich glaube jetzt, daß das, was ich in meinem letzten Brief über die Verwendbarkeit von $\frac{h^2}{2m}(\text{grad}\,\psi)^2 + E_{\text{pot}}\psi^2$ als Energiedichte schrieb, Unsinn ist. Denn darin ist die Ruhenergie m_0c^2 des Elektrons nicht eingeschlossen und wenn man überhaupt die Energie als Volum[en]integral chreiben will, dann muß man schon die Ruhenergie m_0c^2 *mit* über den Raum verteilen. Man hat dann also die relativistischen Gleichungen heranzuziehen[c]. Durchgekommen bin ich aber nicht, und ich habe überhaupt die stärksten Zweifel an der Durchführbarkeit einer konsequenten reinen Kontinuums-Feld-Theorie der de Broglie-Strahlung[d]. Man muß wahrscheinlich doch auch wesentlich diskontinuierliche Elemente in die Beschreibung der Quantenphänomene einführen. Ich weiß, daß diese Ansicht bei Dir die lebhaftesten Proteste hervorrufen wird und freue mich deshalb schon sehr, mit Dir ausführlich darüber zu sprechen, wenn ich Ende Juni nach Zürich komme[e] (ich habe Debye bereits zugesagt).

Die Meinung bezüglich der höherquantigen Rotationszustände des Elektrons war die, daß sie zwar prinzipiell möglich sind, aber einer so enorm hohen Energie entsprechen, daß sie praktisch nicht vorkommen. Ein Ansatz, bei der ein weiterer Freiheitsgrad eingeführt wird, wie Sommerfeld es Dir vorschlug, ist daher sicher mathematisch möglich und wird auch zu denselben Resultaten führen wie die Göttinger Mechanik. Ob aber ein solcher Ansatz auch der physikalisch richtige wäre, ist sehr die Frage; die Situation ist völlig analog derjenigen beim Problem der Atome mit mehr als einem Elektron. Auch bleibt zu bedenken, daß die *halb*zahlige Richtungsquantelung des Elektrons im äußerem Magnetfeld bisher immer als adhoc-Annahme eingeführt wird. (Der Rotator hat *ganz*zahlige Richtungsquantelung im äußeren Kraftfeld!)

In den letzten Tagen habe ich einen Ruf nach Leipzig (Extraordinariat, Nachfolge von Jaffé) erhalten[f]. Ich hoffe aber, daß ich hier bleiben kann.

Viele Grüße von Stern und Lenz und von Deinem alten

PAULI

[a] Vgl. für das folgende Paulis Brief [131]. [b] Pauli (1926a). [c] Eine relativistische Wellengleichung vom Typ der Klein-Gordongleichung hatte Pauli schon in seinem Brief [131] an Jordan angegeben (vgl. dort Formel (3)). Schrödinger veröffentlichte seinerseits die nach ihm benannte relativistische Gleichung in seiner 4. Mitteilung: Quantisierung als Eigenwertproblem. Ann. Phys. (4) **81,** 109–140 (1926). Eingegangen am 21. Juni 1926. [d] Obwohl Schrödinger seine Anregungen zur Aufstellung der Wellengleichung aus den Arbeiten von Louis de Broglie bezogen hatte, der bekanntlich von dem Welle-Teilchen-Dualismus ausgegangen war, hatte er ausschließlich die Wellenvorstellung im Sinn, als er an die physikalische Interpretation seiner Theorie ging. (Vgl. z. B. den Schluß von Schrödingers 1. Mitteilung.) Die langwierigen Diskussionen über dieses Thema fanden erst im folgenden Jahre durch Bohrs und Heisenbergs grundlegende Untersuchungen ihren vorläufigen Abschuß. [e] In Zürich fand am 21. bis 26. Juni eine Vortragswoche statt, zu der u. a. Sommerfeld, Langevin, Pauli, Stern und P. Weiss eingeladen waren. Vgl. den Brief Schrödingers an Max Planck vom 31. Mai 1926. (Dieser Brief ist in der kleinen Sammlung: „Briefe zur Wellenmechanik", herausgegeben von K. Przibram, Wien: Springer-Verlag 1963, enthalten.) [f] Vgl. Anmerkung *l* auf Seite 324.

[135] Pauli an Landé

[Hamburg], 2. Juni [1926]

[Postkarte]

Lieber Herr Landé!

Besten Dank für Ihre Karte. – Ihr Referat über Schrödinger im Handbuch[a] kollidiert in gar keiner Weise mit meinem Artikel[b], denn letzterer ist viel früher geschrieben, so daß die Göttinger Quantenmechanik darin nur in nachträglichen Anm[erkungen] bei d[er] Korrektur, und Schrödinger gar nicht erwähnt ist.

In letzterer Zeit habe ich, auf dem Zusammenhang von Schrödinger mit Göttingen fußend*, Formeln für die absolute Stärke der Balmerlinien abgeleitet[c]. Ladenburg soll sie mittels Dispersionsmessungen prüfen. Da aber Schrödinger selbst ähnliche Sachen rechnet, weiß ich noch nicht, wo, wie und wann ich die Sache publizieren werde.

Von Frl. Mensing hörte ich, daß Sie die Absicht haben, sie als Assistentin zu holen[d]. Darüber bin ich sehr froh, es wird für sie sehr gut sein!

Viele Grüße von Ihrem

W. Pauli

N.S. Ich habe jetzt einen Ruf nach Leipzig (Nachfolge von Jaffé), hoffe aber, hierbleiben zu können.[e]

* Diesen Zusammenhang hatte ich, unabhängig von Schrödinger, auch schon herausgefunden.[f]

[a] A. Landé: Optik, Mechanik und Wellenmechanik. Handbuch der Physik, herausgegeben von H. Geiger und K. Scheel. Bd. 20. Redigiert von H. Konen. Berlin: Springer 1928. [b] Pauli [1926]. [c] Man vergleiche die Anmerkung *i* zu Brief [131] auf Seite 320. [d] Fräulein Lucy Mensing promovierte 1926 bei Wilhelm Lenz in Hamburg und veröffentlichte im gleichen Jahr zusammen mit Pauli (1926b) eine Untersuchung über das dielektrische Verhalten von Dipolmolekülen nach der neuen Quantenmechanik. Später wurde sie Assistentin in Tübingen. [e] Vgl. die Anmerkung *l* auf Seite 324 und den Schluß des Briefes [134] auf S. 326. [f] Vgl. den Brief [131] an Jordan.

[136] Heisenberg an Pauli

Kopenhagen, 8. Juni 1926

Lieber Pauli!

Vielen Dank für Ihren Brief! Als Antwort kann ich Ihnen nur schreiben, daß ich Ihnen in ein paar Tagen, wenn – so hofft man – Frl. Schulz[a] die Arbeit geschrieben hat, das Manuskript der He-Arbeit[b] schick'. Aber die Grundgedanken sind genau die, die Sie in Ihrem Brief angaben. Über due Molekelfrage hab' ich noch nicht nachgedacht, oder noch nicht viel, aber ich denke mir den Übergang von großen Kernabständen zu kleinen und verschwindenden etwa so: Die Übergangswahrscheinlichkeiten zwischen den „Teiltermsystemen" werden immer kleiner und kleiner und verschwinden im Grenzfall verschwindenden Kernabstandes. In diesem letzteren Fall können die Termsyst[eme] mit äquivalenten Bahnen dann ausgeschlossen werden. Daß der Übergang so verläuft, ist bei verschiedenartigen Kernen sofort einzusehen. Bei gleichen Kernen kommen neue Komplikationen, die ich noch nicht übersehe. Aber ich werd' über die ganze Molekelfrage im Zusammenhang mit dieser 'Resonanz'arbeit nachdenken.

Einstweilen möcht' ich nach Norwegen fahren wegen des bekannten Heufiebers und dort neben der Bergsteigerei das He-spektrum quantitativ durchrechnen. Warum soll man nicht auch einmal „Dampfwalze fahren". Im Sommer in Deutschland werden wir uns wohl irgendwo sehen. Was den Vortrag in Düsseldorf[c] betrifft, so schrieb ich den entsprechenden groben Brief an Scheel und erhielt die Antwort: Es sei wohl so, daß Sie von den Mathematikern, ich von den Physikern angef[ordert] sei, das sei in Ordung und wir sollten doch beide reden. Mir is' recht, sogar sehr. Dann brauch' ich keine Mathematik predigen; also überlegen Sie sich's doch noch mal.

Übrigens noch eine inoffizielle Bemerkung über Physik: Je mehr ich über den physikalischen Teil der Schrödingerschen Theorie nachdenke, desto abscheulicher finde ich ihn. Man stelle sich das rotierende Elektron vor, dessen Ladung über den ganzen Raum verteilt ist mit der Achse in einer 4. und 5. Dimension[d]. Was Schrödinger über Anschaulichkeit seiner Theorie schreibt „*dürfte wohl kaum eine sinngemäße* . . ." in a. W. ich finde es Mist. Die große Leistung der Schröd[ingerschen] Theorie ist die Berechnung der Matrizenelemente (Vgl. Schröd[inger] S. 514. Zeile 1 – 7)[e]. Der Zusammenhang mit de Broglie ist aber noch garnicht entdeckt.

(Für *ein* Partikel gibt es ja gar keine Interferenz, also braucht man da nicht über d[e] Broglie-Wellen sprechen.)

Aber entschuldigen Sie die Ketzerei und sagen Sie's nicht weiter. Grüßen Sie die ganze Hamburger Physik!

W. HEISENBERG

[a] Vgl. Fußnote *b* von [130]. [b] Vgl. die in der Fußnote 3 des Kommentars zu [131] genannte Abhandlung sowie Heisenbergs folgende Untersuchung: Über die Spektra von Atomsystemen mit zwei Elektronen. Z. Phys. **39,** 499–518 (1926). Eingegangen am 24. Juli 1926. [c] In Düsseldorf fand vom 19.–26. September die 89. Versammlung Deutscher Naturforscher und Ärzte statt. Heisenberg hielt hier am 23. September seinen Vortrag über „Quantenmechanik", der in Naturwiss. **14,** 989–994 (1926) abgedruckt wurde. [d] Vgl. den Schluß des letzten Briefes [135]. [e] Heisenberg bezieht sich auf die 2. Schrödingersche Mitteilung. Schrödinger glaubt hier noch den Zugang zu einem anschaulichen Verständnis der Intensitätsformeln zu erreichen.

[137] PAULI AN UHLENBECK

Hamburg, 9. Juni 1926

Sehr geehrter Herr Doctor!

Besten Dank für Ihren Brief[a]. Ich glaube in der Tat, Ihnen helfen zu können, indem ich den von Ihnen erhofften Nachweis eines Versehens in Ihren Rechnungen erbringe. Es befindet sich an der Stelle, wo Sie über das zu berechnende Integral

$$I=\int_0^\infty dr\, r^3 \chi_{\alpha,n}(r)\chi_{\alpha,n-1}(r) \qquad \text{(I)}$$

sagen: „Man sieht, daß

$$I\sim I'=\int_0^\infty dy\, y^{m+1} e^{-y} \frac{d^m L_q}{dy^m}\frac{d^{m-2}}{dy^{m-2}}L_{q}, \qquad (1)$$

wenn $m=2n+1$; $q=n+\alpha$; $\bar{q}=n+\bar{\alpha}-1$." Das ist nicht zutreffend. Es ist nämlich, wie auch auf der ersten Seite Ihres Briefes steht, $\chi_{\alpha,n}$ nur in solcher Weise durch Laguerre-Polynome ausdrückbar, daß die scheinbar triviale, in Wirklichkeit aber sehr folgenschwere Substitution gemacht wird

$$r\,\frac{\sqrt{-2mE_\alpha}}{2K}=y.$$

Diese enthält nämlich den Eigenwert E_α, bzw. den Wert der Hauptquantenzahl α. Multipliziert man nun zwei zu verschiedenen Werten von α, sagen wir α und $\bar{\alpha}$, gehörige Eigenfunktionen χ, so muß man ja in (I) eine für beide gemeinsame

Integrationsvariable haben und dies hat zur Folge, daß (*I*) *nicht* auf die Form (1), sondern nur auf die Form

$$I \sim I' \simeq \int_0^\infty dy\, y^{m+1} e^{-\left(\frac{1}{\alpha}+\frac{1}{\bar{\alpha}}\right)y} \frac{d^m L_q\left(\frac{y}{\alpha}\right)}{dy^m} \frac{d^{m-2} L_{\bar{q}}\left(\frac{y}{\bar{\alpha}}\right)}{dy^{m-2}} \tag{2}$$

gebracht werden kann, worin in den beiden Laguerre-Polynomen *verschiedene* Argumente, nämlich $\frac{y}{\alpha}$ und $\frac{y}{\bar{\alpha}}$ stehen. Dieser Umstand ist charakteristisch für das ganze Problem, er hängt auch eng mit dem Vorhandensein des kontinuierlichen Spektrums zusammen; aber er macht die Sache auch rechnerisch komplizierter. Ich habe mich ziemlich lange mit Integralen vom Typus (2) herumschlagen müssen, ehe ich, wenigstens für den Spezialfall der Lyman- und der Balmerserie etwas einigermaßen Brauchbares erhielt[b].

Integrale vom Typus (1) auszurechnen ist nicht schwierig, es gibt da verschiedene Methoden, unter anderen auch Ihre*, die ungefähr gleich rasch zum Ziel führen. Man kann *diese* Methoden erstens dazu benutzen, um die Eigenfunktionen zu normieren und zweitens dazu, um irgendwelche Mittelwerte $\overline{f_\alpha^{(r)}} = \frac{\int f(r)\chi_\alpha^2 r^2 dr}{\int \chi_\alpha^2 r^2 dr}$ zu berechnen.

Auf diese Weise habe ich auch das für die rel[ativistische] Feinstruktur wichtige Ergebnis bestätigt, daß $\overline{\frac{1}{r^2}}$ zu $\frac{1}{n+\frac{1}{2}}$ proportional ist, das Sie mit Ihrer Integrationsmethode leicht verifizieren können.

Das erwähnte Resultat für die Balmer- und die Lymanserie ist folgendes: Das gesamte Amplitudenquadrat ergibt sich für den Übergang $n \to 1$ der Lymanserie proportional zu $\frac{4^7 n^7 (n-1)^{2n-5}}{(n+1)^{2n+5}}$; für den Übergang $n \to 2$ der Balmerserie zu $\frac{2^{17} n^7 (n-2)^{2n-7}}{(n+2)^{2n+7}} (3n^2-4)(5n^2-4)$.

Mit den besten Grüßen an Sie selbst, sowie an Ehrenfest, Klein und Goudsmit

Ihr W. PAULI

[a] In einem Interview vom 30. März 1962 (SHQP, Tape 6, Side 2) berichtete George Uhlenbeck zu diesem Brief: „Then there was also a little postscript, so far as I remember, to Ehrenfest, saying that this letter was very sanft". Pauli war damit einer Bitte Ehrenfests nachgekommen, seinen Schüler Uhlenbeck sanft zu behandeln. [b] Vgl. die Fußnote *i* von [131].

* Es fällt mir eben ein, daß Schrödinger selbst diese Methode auch bereits kennt. Er hat außerdem die Intensität der Starkeffektkomponenten berechnet (in Annalen im Druck).

[138] Pauli an Wentzel

[Hamburg], 11. Juni [1926]

[Postkarte]

Lieber Wentzel!

Vielen Dank für Ihren lieben Brief, dessen Inhalt und Form mich sehr erfreut hat, und für die darauffolgende Karte. Als Ihre Arbeit[a] erschien, habe ich mich bemüht, zu verstehen, warum die Anforderungen (4), (5) und (6), die Sie an die Wirkungsfunktion S stellen, widerspruchsfrei vereinbar sind. Ich bin aber gar nicht durchgekommen, es gelang mir nur in meinem geliebten und von Ihnen verachteten Spezialfall des harmonischen Oszillators dies zu zeigen. Vielleicht geht es aber jetzt mit Hilfe der Riccatischen Differentialgleichung[b].

Die exakte Sommerfeldsche Formel mit halben k bei der rel[ativistischen] Keplerbewegung kann man auch direkt aus der Schrödingerschen Gleichung mittels seiner Methoden folgern.[c]

Von Ihrer Lösungsmethode der Riccatischen Gleichung durch Entwickeln nach h glaube ich, daß sie nur in beschränktem Umfang brauchbar ist. Beim Starkeffekt wird es wahrscheinlich so gehen, aber im allgemeinen wird die Reihe nicht abbrechen und dann ist es schlimm, weil die einzelnen Glieder von derselben Größenordnung sind.

In Kopenhagen sitzt ein Herr an der Berechnung des H_2^+ nach Schrödinger.[d]

Mein Leipziger Ruf ist noch in Schwebe, seien Sie aber auf alles vorbereitet![e] – Die Kinos und Kabaretts entsprechen meinen Anforderungen nur teilweise, aber besonders die Theater könnten eine Aufbesserung vertragen!

Nächstens mehr! Viele Grüße an sie selbst und an Sommerfeld von Ihrem

W. Pauli

[a] G. Wentzel: Die mehrfach periodischen Systeme in der Quantenmechanik. Z. Phys. **37,** 80–94 (1926). Eingegangen am 27. März 1926. [b] Vgl. G. Wentzel: Eine Verallgemeinerung der Quantenbedingungen für die Zwecke der Wellenmechanik. Z. Phys. **38,** 518–529 (1926). Eingegangen am 18. Juni 1926. In dieser Arbeit, die die Grundlage zu der später von H. A. Kramers vervollständigten WKB-Methode lieferte, wurde die Schrödingersche Wellengleichung in eine Riccatische Differentialgleichung umgeformt. Mit ihrer Hilfe konnte man den Zusammenhang der neuen Quantenmechanik mit den Sommerfeldschen Quantenbedingungen der älteren Quantentheorie herstellen. Ein Hinweis auf eine Anregung Paulis hierzu befindet sich auf S. 521 der angeführten Arbeit. [c] Den gleichen Ausdruck hatte Wentzel auch in seiner unter *a* zitierten Arbeit, die er während eines Aufenthaltes in Hamburg fertigstellte, mit den Methoden der Matrizenmechanik hergeleitet. [d] O. Burrau: Berechnung des Energiewertes des Wasserstoffmolekel-Ions (H_2^+) im Normalzustand. Kongelige Danske Videnskabernes Selskab Mathem.-Fysiske Meddelelser **7,** Nr. 14. 1926/27. Fertig zum Druck am 19. März 1927. Eine kurze Zusammenfassung erschien in Naturwss. **15,** 16–17 (1927). Eingegangen am 22. November 1926. [e] Vgl. Anmerkung *l* auf Seite 324.

[139] Des Coudres an Pauli

Leipzig, 2. Juli 1926

[Briefkarte, Maschinenschrift]

Sehr geehrter Herr Kollege!

Für Ihren gütigen Brief sage ich besten Dank. Wenn auch sein Inhalt recht betrüblich für uns ist, so müssen wir doch die Gründe Ihres Entschlusses voll anerkennen und müssen uns damit trösten, daß der Leipziger Ruf wenigstens Ihre Stellung in Hamburg verbessert hat, was zugleich eine Förderung der Wissenschaft bedeutet.

Mit allen guten Wünschen, Ihr ganz ergebener

Th. Des Coudres

Die definitive Absage Paulis machte den Weg frei für Gregor Wentzel; die Berufung Wentzels auf das Extraordinariat für mathematische Physik an der Universität Leipzig, die noch im gleichen Jahr erfolgte, war Pauli durchaus erwünscht.[1] Zwischen den beiden jungen Physikern hatte sich in Hamburg während verschiedener Forschungsaufenthalte Wentzels in den Jahren 1925 und 1926 eine gute Zusammenarbeit[2] entwickelt.

Ein Beispiel für die reiche Ausbeute an wissenschaftlichen Ergebnissen, die jetzt auf der Grundlage der neuen Quantenmechanik erzielt wurden, ist der folgende Brief Paulis an Wentzel [140]. Der mögliche Ausbau beider äquivalenter Formulierungen der Quantenmechanik und die erfolgreiche Anwendung auf bisher gelöste und ungelöste Probleme festigte schnell das Vertrauen in die neue Theorie. Es gibt hier kaum eine Idee, die nicht zum wesentlichen Bestandteil unserer heutigen Auffassungen beigetragen hat.

Der Klein-Gordon-Gleichung als relativistischer Verallgemeinerung der Schrödingerschen Wellengleichung (ohne Spin), wie Pauli sie auch schon in seinem Brief [131] an Jordan vorgeschlagen hatte, war vorerst kein Erfolg beschieden. Sie führte zu einem falschen Ausdruck für die Feinstruktur. Pauli vermutete richtig, daß man ohne die Berücksichtigung des Spins nicht zum Ziel gelangt. Der Anschluß an die Methoden der älteren Quantentheorie wurde durch die Arbeiten von Wentzel, Brillouin und Kramers (WKB-Methode) erreicht; das kontinuierliche Spektrum des Wasserstoffatoms war nun einer exakten Behandlung zugänglich, und an der Beschreibung des Comptoneffektes gemäß der Wellenmechanik arbeiteten gleichzeitig Pauli und Dirac.

[1] Vgl. die Briefe [133], [138] und [139].
[2] Vgl. hierzu die Bemerkungen Paulis in seinen Briefen [122] und [124] an Bohr.

[140] Pauli an Wentzel

Hamburg, 5. Juli 1926

Lieber Wentzel!

Vielen Dank für Ihren langen Brief. – Vor allem möchte ich Ihnen heute schreiben, daß mir inzwischen gegen Ihr Resultat über die höheren Relativitätskorrektionen (Gültigkeit von Sommerfelds Formel mit halbem *k* bei Weglassen des Elektronen-Momentes) die größten Bedenken gekommen sind[a]. Die Differentialgleichung[b]

$$\Delta\psi - \frac{1}{K^2c^2}\left(E - E_{\text{pot}}\right)^2\psi + \frac{m_0^2c^2}{K^2}\psi = 0 \tag{1}$$

($K = \frac{h}{2\pi i}$, E = Energie einschließlich m_0c^2) hat eine sehr unangenehme Eigenschaft. Sie ist nämlich nicht selbstadjungiert, die zugehörigen Eigenfunktionen ψ_n sind nicht orthogonal. Daran ist das Glied $\frac{2}{K^2c^2}EE_{\text{pot}}\psi$ schuld, das beim Ausquadrieren von $(E - E_{\text{pot}})^2$ entsteht, wie man sofort sieht, wenn man $\psi_n\Delta\psi_m - \psi_m\Delta\psi_n$ bildet. Wenn man den Zusammenhang mit den Matrizen:

$$q_{nm} = \int q\psi_n\psi_m dV; \qquad p_{nm} = K\int\psi_n\frac{\partial\psi_m}{\partial q}dV \tag{2}$$

beibehalten will, müssen aber die Eigenfunktionen orthogonal sein! Deshalb habe ich das Vertrauen zur Differentialgleichung (1) vollständig verloren!

Es kommt noch folgendes hinzu: Formuliert man das H-Atom mit Relativität (aber ohne Elektronen-Magnetismus) als Matrizenproblem, so hat man den Energiesatz in der Form anzusetzen

$$\sqrt{(m_0c^2)^2 + c^2(p_x{}^2 + p_y{}^2 + p_z{}^2)} - \frac{Ze^2}{r} = E \tag{3}$$

(worin in E wieder die Ruheenergie m_0c^2 mit einbegriffen ist), oder quadriert:

$$(m_0c^2)^2 + c^2(p_x^2 + p_y^2 + p_z^2) = \left(E + \frac{Ze^2}{r}\right)^2 = E^2 + E\frac{Ze^2}{r} + \frac{Ze^2}{r}E + \frac{Z^2e^4}{r^2} \tag{3'}$$

Der Umstand, daß in (3′) E einmal *vor* $\frac{1}{r}$ und einmal *hinter* $\frac{1}{r}$ steht, hat zur Folge, daß bei Festhalten an (2) die Form (3′) des Energiesatzes nicht mehr mit einer einfachen Differentialgleichung für ψ äquivalent ist. Übersetzt man die ursprüngliche Form (3) des Energiesatzes in eine Aussage über die Eigenfunktionen ψ, so muß man einen Differentialoperator konstruieren, der der Quadratwurzel entspricht. Das kann man wohl nur durch Entwickeln der Wurzel in eine Potenzreihe tun, und dies kommt dann darauf hinaus, daß man die Relativitätskorrektionen verschiedener Ordnung sukzessive störungstheoretisch berechnet. (Für die Korrektion *erster*

Ordnung bleibt natürlich auf jeden Fall alles beim Alten, weil da (1) und (3) noch übereinstimmen!)

Meine Meinung ist also jetzt *die*, daß die Gleichung (1) und daher auch Ihr Resultat über die Sommerfeldsche Formel mit halbem k, was die höheren Relativitätskorrektionen betrifft, physikalisch unzutreffend ist. Das ganze Problem ist wohl nur *mit* Berücksichtigung des Elektronen-Momentes vernünftig zu behandeln. (Das war, glaube ich, auch Sommerfelds Meinung in Zürich[c].) Was ich erhoffe, ist, daß bei Berücksichtigung von Relativität *und* Elektronen-Moment die Sommerfeldsche Formel auch für die höheren Korrektionen sich streng aus vernünftigen theoretischen Ansätzen wird ableiten lassen (wobei natürlich j an Stelle von k treten muß). Daß aber bei Außerachtlassen des Elektronen-Momentes die Sommerfeldsche Formel in Bezug auf die höheren Korrektionen noch irgend einen Sinn behält, wenn man in ihr die Zahl halbzahlig setzt, glaube ich jetzt nicht mehr. (*Zusatz*: Eben erhalte ich einen Brief von Jordan, worin er gegen die Gleichung (1) ebenfalls den oben genannten Einwand erhebt. Er versucht auch andere Ansätze mit gleichzeitiger Berücksichtigung des Elektronen-Momentes, die aber noch nicht endgültig sind.)

2. Die funktionentheoretische Seite Ihres Verfahrens zur Berechnung der Eigenwerte mit Hilfe der Differentialgleichung[d] für

$$y = \frac{h}{2\pi i} \frac{\psi'}{\psi}$$

habe ich trotz der Erläuterungen Ihres Briefes leider immer noch nicht verstanden. Die Schrödingersche (*nicht*-relativistische) Gleichung besitzt nämlich – gleichgültig, ob E ein Eigenwert ist oder nicht – u. a. stets ganze transzendente Funktionen ψ als Lösungen, die auf der reellen Achse reell sind (wie durch Potenzreihen-Ansatz leicht festzustellen). Die Eigenwerte sind nur dadurch ausgezeichnet, daß dann diese ganzen transzendenten Funktionen ψ auf der reellen Achse im Unendlichen *beschränkt* bleiben. Aus *diesen* Lösungen ψ erhält man aber auf jeden Fall – für Eigenwerte und für Nicht-Eigenwerte – unverzweigte, eindeutige Funktionen $y = \frac{h}{2\pi i} \cdot \frac{\psi'}{\psi}$, die in den Nullstellen von ψ Pole haben. Ich sehe nicht den Zusammenhang zwischen Ihren nicht-eindeutigen und Schrödingers eindeutigen Lösungen der Differentialgleichung bei Nicht-Eigenwerten, auch nicht den Zusammehang zwischen dem Beschränktbleiben von Schrödingers ψ auf der reellen Achse und dem Eindeutigbleiben Ihres ψ (auf jeden Fall gibt es immer unter anderem auch *eindeutige* ψ!).

Die Normierung der Eigenfunktionen des kontinuierlichen Spektrums hat sich Fues bereits überlegt, und er hat auch eingehende Rechnungen dazu gemacht[e]. Ich glaube, Sie sollen Sommerfelds Rat befolgen! Meine Formeln über die H-Intensitäten, so wie ich sie Ihnen bereits vor längerer Zeit schrieb, wird Schrödinger in seiner 3. Mitteilung publizieren (gemäß meinem altbewährten brieflichen Publikationsverfahren[f]). Ich weiß übrigens nur, daß man im allgemeinsten Fall die endlichen *Doppel*summen in *einfache* Summen verwandeln kann (und das wußte Fues auch), allgemeine vollkommen geschlossene Ausdrücke haben weder Fues noch ich!

Ich beschäftige mich nicht mehr mit diesen Fragen, sondern momentan mit ganz anderen (Comptoneffekt nach Dirac[g] möchte ich in die Schrödingersche Sprache übersetzen!). – Heisenberg bekommt beim He das Ortho- und das Parhe-System [Singulett-Triplett ist im wesentlichen dasselbe] schon heraus, wenn er den Elektronen-Magnetismus fortläßt[h]! Also elektrische Wechselwirkungsenergie! – Bei Mitberücksichtigung des Elektronen-Momentes muß er allerdings zu den quantenmechanischen Gleichungen noch unschöne Zusatzverbote hinzufügen!

Betreff Unsöld schicke ich Ihnen gleichzeitig die betreffende Nr. meines Handbuch-Artikels. Ich glaube fast, daß eine Publikation von Unsöld darüber ziemlich überflüssig wäre! – Herzliche Grüße von

Ihrem Pauli

Grüße auch an Prof. Sommerfeld! Über Leipzig weiß ich sonst nichts![j]

[Randbemerkung:] Schicken Sie mir, bitte, gelegentlich die Handbuch-Korrekturen sowie meinen einstigen Brief an Herrn Jordan wieder zurück[j]!

[a] Vgl. hierzu G. Wentzel: Eine Schwierigkeit für die Theorie des Kreiselelektrons. Z. Phys. **37,** 911 – 914 (1926). Eingegangen am 22. Mai 1926. [b] Vgl. die Gleichung (4) in [131]; dort ist jedoch $K = \frac{h}{2\pi}$ gesetzt, so daß sich hier das Vorzeichen im zweiten und dritten Term ändert. [c] Vgl. die Anmerkung *e* zu Paulis Brief [134] an Schrödinger. [d] Vgl. Gleichung (10) in G. Wentzel: Eine Verallgemeinerung der Quantenbedingung für die Zwecke der Wellenmechanik. Z. Phys. **38,** 518 – 529 (1926). Eingegangen am 18. Juni 1926. Vgl. Paulis spätere Beurteilung dieser Arbeit in [149]. [e] Vgl. hierzu die Ankündigung von E. Fues zu einer Mitteilung der Matrixelemente des Wasserstoffatomproblems auf der letzten Seite seiner Arbeit: Zur Intensität der Bandenlinien und des Affinitätsspektrums zweiatomiger Moleküle. Ann. Phys. (4) **81,** 281 – 313 (1926). Eingegangen am 9. Juli 1926. [f] Vgl. hierzu die Anmerkung *e* auf Seite 320 sowie den Brief [137] an Uhlenbeck. [g] P. A. M. Dirac: Relativity Quantum Mechanics with an Application to Compton Scattering. Proc. Roy. Soc. A **111,** 405 – 423 (1926). Eingegangen am 29. April 1926. Die Übertragung seiner Theorie in die Wellenmechanik wurde ebenfalls von Dirac durchgeführt: The Compton Effect in Wave Mechanics. Proc. Cambridge Phil. Soc. **13,** 500 – 507 (1927). Eingegangen am 8. November 1926. [h] W. Heisenberg: Mehrkörperproblem und Resonanz in der Quantenmechanik. Z. Phys. **38,** 411 – 426 (1926). Eingegangen am 11. Juni 1926. Der Einfluß der Spin-Spin-Wechselwirkung als kleine Störung wurde erst in der folgenden Untersuchung Heisenbergs berücksichtigt. [i] Albrecht Unsöld lieferte in seinen: Beiträge zur Quantenmechanik der Atome, Ann. Phys. (4) **82,** 355 – 393 (1926), eingegangen am 22. Dezember 1926, einen Beweis des „Paulischen Quadrupolsummensatzes". Dieser Satz, auch als Satz von Unsöld bekannt, behauptet, daß S-Bahnen und abgeschlossene Bahnen keine höheren Multipolmomente besitzen. In der angeführten Untersuchung weist Unsöld in zwei Fußnoten auf Paulis Handbuchartikel [1926] hin. [j] Vgl. die Bemerkung Paulis in [133].

Der von Schrödinger und unabhängig von Pauli gelieferte Beweis für die Äquivalenz der Göttinger Quantenmechanik und der Schrödingerschen Wellenmechanik hatte die Kluft zwischen den Göttinger und Kopenhagener Physikern auf der einen Seite und Schrödinger auf der anderen nicht gemildert, im Gegenteil: Die Kluft bestand schärfer denn je in der physikalisch-erkenntnistheoretischen Interpretation.

Schrödinger faßte das Atom als ein schwingendes System auf. Seine Wellenfunktion ψ war ihm (in seiner ersten Mitteilung) etwas unmittelbar Reales, eine Schwingung im dreidimensionalen Raum. Er verhehlte nicht seine Freude über „das menschlische Näherrükken all dieser Dinge"[1]; die Quantenmechanik mußte ihm also offenbar als „unmenschlich" gelten.

Seine wissenschaftlichen Opponenten drückten sich nicht minder deutlich aus: „Je mehr ich über den physikalischen Teil der Schrödingerschen Theorie nachdenke, desto abscheulicher finde ich ihn. Was Schrödinger über Anschaulichkeit seiner Theorie schreibt ... ich finde es Mist." So hatte sich Heisenberg [136] am 8. Juni in einem Brief an Pauli geäußert. Dieser nannte die Schrödingersche Interpretation „Züricher Lokalaberglauben" [147], eine Formulierung, die offenbar rasch die Runde bei den Kollegen machte[2].

Ganz anders urteilten die Altmeister. So war Wilhelm Wien der Meinung, daß Schrödinger das Problem des Atoms gelöst habe „und zwar in erfreulicher Weise in engstem Anschluß an die klassische Theorie."[3] Wilhelm Wien war „der bisherige Zustand der Theorie unerträglich geworden", und er hoffte nun, daß das Bohr-Sommerfeldsche Atommodell und die Quantenmechanik, die er beide für Entartungen hielt, bald verschwinden würden.

Im akademischen Jahr 1925/26 amtierte Wilhelm Wien als Rektor der Ludwig-Maximilians-Universität, und in Abstimmung mit Sommerfeld lud er Schrödinger für Anfang Juli 1926 zu zwei Vorträgen nach München ein.

In Kopenhagen war inzwischen das Semester zu Ende gegangen. Heisenberg hatte noch im Juni mit dem neuen Werkzeug der Wellenmechanik das Spektrum des Heliums geklärt. Da gab es keine prinzipiellen Schwierigkeiten, nur der Rechenaufwand war erheblich: „Warum soll man nicht auch einmal Dampfwalze fahren?" hatte er übermütig an Pauli geschreiben [136].

Nach einer Wanderung in Norwegen war Heisenberg dann zu seinen Eltern nach München gefahren. Hier hörte er die Vorträge Schrödingers.

Da sich Sommerfeld mit Kritik völlig zurückhielt, opponierte Heisenberg gegen einige Interpretationen. Das führte zu einer scharfen Reaktion von Wilhelm Wien: „Er warf mich beinahe aus dem Hörsaal", berichtete Heisenberg später[4].

Der Zwischenfall schlug einige Wellen. Auch in den nun folgenden beiden Briefen [141] und [142] ist davon die Rede.

[1] E. Schrödinger: Quantisierung als Eigenwertproblem (Erste Mitteilung). Ann. Phys. **79,** 361–376 (1926). Hier S. 375.

[2] Die Formulierung muß auch Schrödinger zu Ohren gekommen sein. Vgl. [147].

[3] W. Wien an E. Schrödinger. Brief vom 13. Mai 1926. W. Wien: Aus dem Leben eines Physikers. Leipzig: Johann Ambrosius Barth 1930, S. 72.

[4] Interview der Sources for History of Quantum Physics mit W. Heisenberg. Sitzung 1, S. 11.

[141] Sommerfeld an Pauli

München, 26. Juli 1926

[Maschinenschrift]

Lieber Pauli!

Sie haben mit Ihrem Handbuchartikel[a] wieder eine Riesenarbeit geleistet, er erinnert in seiner Zuverlässigkeit fast an den berühmten Enzyklopädieartikel[b]. Haben Sie herzlichen Dank für die Sendung und besonders für die liebe Widmung. Da ich den Band bereits gekauft hatte (ich bestellte ihn hauptsächlich wegen Ihres Artikels), werde ich den Artikel an Unsöld verschenken, aber die Widmung in den Handbuchband übernehmen.

Mit Ihrer Karte an Wentzel haben Sie ganz recht. Ich hatte selbst von der schnellen Publikation gerade dieser Note energisch abgeraten, allerdings nicht, weil ich einen Fehler darin nachweisen konnte, wie Sie, sondern weil das Resultat negativ war.

Wir haben Schrödinger hier gehabt, zugleich mit Heisenberg[c]. Mein allgemeiner Eindruck ist der, daß die „Wellenmechanik“ zwar eine bewundernswürdige Mikromechanik ist, daß aber die fundamentalen Quantenrätsel dadurch nicht im Entferntesten gelöst werden. Ich glaube Schrödinger vorläufig von dem Augenblick an nicht mehr, wo er mit den c_k (den Amplituden der verschiedenen gleichzeitigen Eigenschwingungen) zu rechnen beginnt.

Herzliche Grüße

Ihr A. Sommerfeld

[a] Pauli [1926]. [b] Pauli [1921]. [c] Vgl. hierzu Heisenbergs Bericht: Der unanschauliche Quantensprung. Phys. Bl. **2**, 4–6 (1946) und den folgenden Brief [142].

[142] Heisenberg an Pauli

z. Z. München, 28. Juli 1926

Lieber Pauli!

Haben Sie vielen Dank für Ihr schönes Buch[a], in dem ich zwar kritisch und unnachsichtig, aber doch mit viel Freude gelesen habe. Es ist eben eine exakte Darstellung der physikalischen Zusammenhänge, die vor dem Durcheinander des letzten Jahres bekannt waren, und seine Lektüre war mir eine wahre Erholung nach Schrödingers Vorträgen hier in München[b]. So nett Schr[ödinger] persönlich ist, so merkwürdig find' ich seine Physik: man kommt sich, wenn man sie hört, um 26 Jahre jünger vor. Schr[ödinger] wirft ja alles „quantentheoretische": nämlich lichtelektrischen Effekt, Francksche Stöße, Stern-Gerlacheffekt usw. über Bord; dann ist es nicht schwer, eine Theorie zu machen. Aber sie stimmt eben nicht mit der Erfahrung. In einem bestimmten Punkt brauche ich Ihren Beistand: Schr[ödinger] und ich sprachen mit Wien, der natürlich über Schr[ödinger]s klassizistische Physik begeistert ist, über Abklingungsversuche. Nach Schr[ödinger] sind diese Versuche *nicht* einfach durch die A_n^m zu erklären; nach meiner Ansicht (nach Ihrer sicher auch) sind sie dies durchaus. (Siehe S. 71 Ihres Buches).[a] Könnten Sie nicht, da Sie einmal damit angefangen, die Dämpfungskonstanten nach dieser Methode für Balmerserie und Lymanserie ausrechnen, mit Wiens Messungen vergleichen und (Wiens Messungen für die Lymanserie können Sie sich ja schicken lassen) publizieren? Dies sollten Sie eigentlich tun, trotz des Schlusses von Schrödingers neuester Arbeit, über den ich sehr hab' lachen müssen (vgl. Ihr Brief: „Einer von den vielen wird sie schon publizieren")[c]. Ich fänd' das wirklich einen physikalisch *sehr* wichtigen Punkt. Übrigens was sagen Sie zu Borns letzter Note in der Zeitschrift??[d] Ein Satz erinnerte mich lebhaft an ein Kapitel aus dem christl[ichen] Glaubensbekenntnis: „Ein Elektron *ist* eine ebene Welle..." Sehr schön ist es auch, wenn man über den tieferen Sinn der Fußnote S. 865 nachdenkt. Aber ich will Ihnen im Lästern keine Konkurrenz machen.

Über das Heliumspektrum hab' ich nun meine Arbeit[e] abgeschickt mit zweifelhaften Gefühlen und nicht recht zufrieden. Die Rechnungen sind alle so ungenau und unvollständig, das netteste ist noch die Feinstruktur, die richtig herauskommt. Jedenfalls bleibt, was die quantitative Übereinstimmung betrifft, noch viel zu tun übrig.

Nun haben Sie nochmal vielen Dank für das schöne Buch, grüßen Sie die Hamburger Physik und arbeiten Sie nicht zu viel in den Ferien. Zum „Professor" herzl[ichen] Glückwunsch![f]

W. HEISENBERG

[a] Pauli [1926]. [b]Vgl. Fußnote *c* von [141]. Die Einstellung W. Wiens, der an den anschließenden Diskussionenen zu Schrödingers Vorträgen teilnahm, wird in seinem Vortrag vom 13. Juni 1926 über „Vergangenheit, Gegenwart und Zukunft der Physik" (Münchener Universitätsreden 1926) deutlich. [d] M. Born: Zur Quantenmechanik der Stoßvorgänge. Z. Phys. **37,** 863–867 (1926). Eingegangen am 25. Juni 1926. Auf S. 864 steht dort der Satz: „Ein gradlinig bewegtes Elektron ist speziell ein solcher Schwingungsvorgang, der einer ebenen Welle entspricht." [e] W. Heisenberg: Über die Spektra von Atomsystemen mit zwei Elektronen. Z. Phys. **39,** 499–518 (1926). Eingegangen am 24. Juli 1926. [f] Pauli erhielt mit Wirkung vom 25. November 1926 den Titel eines Professors.

Nach dem aufsehenerregenden Recontre zwischen Heisenberg und Schrödinger erkannte offenbar Bohr die Notwendigkeit einer eingehenden Diskussion; auf Einladung Bohrs kam Schrödinger nach Kopenhagen. Am 4. Oktober 1926 spach er im „Physikalischen Verein" über seine Wellenmechanik. Wichtiger als der öffentliche Vortrag war die über Tage fortgesetzte persönliche Aussprache im Institut und im Hause Bohrs. Auf seiten Bohrs nahmen daran auch Heisenberg und andere Mitarbeiter teil.

Über die Diskussion mit Bohr berichtete Schrödinger: „Bohrs ... Einstellung zu den Atomproblemen ... ist wirklich merkwürdig. Er ist vollkommen überzeugt, daß ein Verständnis im gewöhnlichen Sinne des Wortes unmöglich ist. Dabei treibt das Gespräch fast immer sofort philosophischen Fragen zu und man weiß bald nicht mehr, ob man den Standpunkt wirklich einnimmt, den er bekämpft und ob man wirklich den Standpunkt, den *er* einnimmt, bekämpfen muß. Ganz sicher ist der Standpunkt der anschaulichen Bilder, den de Broglie und ich einnehmen, noch längst nicht weit genug durchgeführt, um auch nur von den wichtigsten Tatsachen Rechenschaft zu geben. Und es ist geradezu wahrscheinlich, daß [von uns] da und dort ein Irrweg betreten worden ist, der verlassen werden muß."[1]

Demgegenüber fühlten sich die Kopenhagener „gegen Ende des Besuchs doch sehr sicher", auf dem „richtigen Wege" zu sein[2]. Die Diskussion mit Schrödinger bildet eine wichtige Etappe zur „Kopenhagener Deutung der Quantentheorie". Der große Anteil, den Pauli an der weiteren Entwicklung hatte, spiegelt sich in den nun folgenden Briefen.

Aus der reichen Korrespondenz zwischen Pauli und Heisenberg haben sich aus den zwanziger Jahren nur drei Briefe von Paulis Hand erhalten[3]. Davon der wichtigste ist zweifellos der vom 19. Oktober 1926 [143]. Der Inhalt zeigt, wie weit Pauli schon im Verständnis vorgedrungen war. „Wissenschaft entsteht im Gespräch", hatte Heisenberg in seiner Autobiographie konstatiert: So suchte er zeitlebens das Gespräch mit Pauli. Im vorliegenden Fall geht das direkt aus der Schlußbemerkung des Briefes [143] hervor.

Max Born hatte in zwei Arbeiten einfache Stoßprobleme behandelt und dabei das Verfahren der Bornschen Näherung entwickelt. Wichtiger noch war die Deutung des Absolutquadrates der Schrödingerschen Wellenfunktion ψ als Wahrscheinlichkeit[4]. Pauli konstatierte, daß das nur der Spezialfall einer allgemeinen Interpretationsvorschrift ist: „Hier kann man einen mathematischen Witz machen. Es gibt auch eine entsprechende Wahrscheinlichkeitsdichte im p-Raum" [143].

Anhand des Dialoges [143] und [144] zwischen Pauli und Heisenberg läßt sich ein Stück weit verfolgen, wie sie Schritt um Schritt zum physikalischen Verständnis vordrangen.

Pauli: „So weit die Mathematik. Die Physik davon ist mir noch weitgehend unklar. Die erste Frage ist, warum denn ... nicht *sowohl* die q's als auch die p's beide mit beliebiger Genauigkeit vorgeschrieben werden dürfen ..." [143].

Heisenberg: „Ich möchte glauben, daß Ihre p-Wellen eine ebenso große physikalische Realität haben, wie die q-Wellen ... Die prinzipielle Äquivalenz von p und q ist mir sehr sympathisch. Die Gleichung $pq-qp=\hbar/i$ entspricht also immer in der Wellenvorstellung der Tatsache, daß es keinen Sinn hat, von einer monochromatischen Welle in einem bestimmten Zeitpunkt ... zu sprechen ... Analog hat es keinen Sinn, von der Lage einer Korpuskel bestimmter Geschwindigkeit zu reden. Nimmt man es aber mit Geschwindigkeit und Lage nicht so genau, so hat das sehr wohl einen Sinn" [144].

Paulis Brief [143] kann als Vorstufe der in den folgenden Monaten von Heisenberg präzisierten Unbestimmtheitsrelation angesehen werden[5]. In seiner Antwort [144] berichtete Heisenberg an Pauli, „daß Ihr Brief dauernd hier die Runde macht und Bohr, Dirac und Hund uns darum raufen." So wurden einige Formulierungen schon bald zum geflügelten Wort: „Man kann die Welt mit dem p-Auge und man kann sie mit dem q-Auge ansehen, aber wenn man beide Augen zugleich aufmachen will, dann wird man irre" [143].

In seinem Brief [143] berichtete Pauli aber zunächst über seine Fortschritte in der Quantenstatistik. Dieser Teil stellt die spätere Veröffentlichung über Gasentartung und

Paramagnetismus (1927a) im statu nascendi dar. Dann kam er auf die grundsätzlichen Probleme zu sprechen.

[1] Brief von Schrödinger an W. Wien, 21. Oktober 1926. Vgl hierzu auch Bohrs Brief vom 28. Oktober an Kronig.
[2] „Der Teil und das Ganze", S. 108f.
[3] Es sind dies die Briefe [86], [118] und [143]. [118] wurde von Jordan aufbewahrt, während die beiden anderen Briefe in Kopenhagen gefunden wurden. Nach Auskunft von Prof. Hund ist ein großer Teil der von Heisenberg gesammelten Pauli-Briefe im Krieg während eines Brandes vernichtet worden.
[4] M. Born: Zur Quantenmechanik der Stoßvorgänge. (Vorläufige Mitteilung). Z. Phys. **37,** 863–867 (1926). Eingegangen am 25. Juni 1926. Quantenmechanik der Stoßvorgänge. Z. Phys. **38,** 803–827 (1926). Eingegangen am 21. Juni 1926. Wiederabgedruckt in M. Born: Zur statistischen Deutung der Quantentheorie. Dokumente der Naturwissenschaft. Bd. 1. Stuttgart: Ernst Battenberg Verlag 1962.
[5] Man vergleiche dazu auch Heisenbergs eigenen Kommentar im Pauli-Gedächtnisband S. 44f.

[143] Pauli an Heisenberg

Hamburg, 19. Oktober 1926

Lieber Heisenberg!

Vielen Dank für Ihren Brief. Zunächst zur Frage der Gasentartung.[a] Ich denke jetzt wesentlich milder über die Fermi-Diracsche Statistik,[b] und es scheinen mir jetzt mehrere Argumente für sie zu sprechen. Es besteht ja schon zwischen Kristallgitter und Strahlung ein Unterschied, nämlich betreffend die Nullpunktsenergie $\frac{h\nu}{2}$. Nun ist es ja a priori vernünftig anzunehmen, daß auch beim idealen Gas eine Nullpunktsenergie vorhanden ist*. Eine solche läßt sich aber der Einstein-Boseschen Theorie nur künstlich aufpfropfen (vgl. die diesbezüglichen Ansätze von Schrödinger in Berliner Berichte[d] und Physikalische Zeitschrift[e]) und das spricht von vornherein gegen diese Theorie und für Fermi-Dirac. Um mir die Sache anschaulich zu machen, habe ich die Schwankungsbetrachtung, die in der Einsteinschen Arbeit, Berliner Akademie 1925, S. 8, § 8 steht, nunmehr vom Standpunkt der Fermi-Diracschen Theorie durchgeführt. Es handelt sich dabei um folgende Frage: Man denke sich ein Gasvolumen durch eine Wand, die nur für Moleküle mit Energie zwischen E_s und E_s+dE_s durchlässig ist, mit einem *sehr großen* Volumen desselben Gases kommunizieren. Zusammenstöße der Moleküle sollen außer Betracht bleiben. Man fragt nach dem Schwankungsquadrat $\overline{\Delta_s^2}$ der Anzahl N_s der hervorgehobenen Moleküle im erstgenannten Volumen. Diese läßt sich rein thermodynamisch berechnen. Ist Z_s die Anzahl der Zellen im Phasenraum

* Habe mit Stern, der ja ein großer Verehrer der Nullpunktsenergie ist, ausführlich darüber diskutiert und bin teilweise durch ihn beeinflußt.

(bzw. Anzahl der Eigenfunktionen), die zum betrachteten Energieintervall gehören, (bei Dirac mit „A_s" bezeichnet), so ergibt sich bei Einstein-Bose analog zur Lichtstrahlung

$$\overline{\Delta_s^2} = N_s + \frac{N_s^2}{Z_s},$$

bei Fermi-Dirac aber

$$\overline{\Delta_s^2} = N_s - \frac{N_s^2}{Z_s}.$$

(*Es ist von selbst immer* $N_s \leqslant Z_s$.)

Das Glied N_s entspricht dem klassischen idealen Gas (unabhängigen Partikeln), das Glied $\frac{N_s^2}{Z_s}$ den Interferenzschwankungen. Die auf den ersten Anblick frappante und unverständliche Besonderheit bei Fermi-Dirac ist das Minuszeichen. Wenn man aber an Nullpunktsenergie glaubt, erscheint es vernünftig, daß $\overline{\Delta_s^2}$ *kleiner* sein muß als klassisch, da ja dann beim abs[oluten] Nullpunkt *trotz nicht verschwindendem* N_s $\Delta_s^2 = 0$ sein muß. Es läßt sich nun der Einsteinsche Wert von $\overline{\Delta_s^2}$ wellentheoretisch nur unter der Annahme herleiten, daß die Phasen der Partialwellen ungeordnet sind. (Bei Planck „natürliche Strahlung".) Das Minuszeichen bei Fermi-Dirac bedeutet also, daß *Phasenbeziehungen* zwischen den ψ-Wellen bestehen müssen. Herr Dirac soll sich doch überlegen[f], ob man auf diese Weise durch geeignete Postulate über das ψ-Feld im *dreidimensionalen Raum* den obigen Wert für $\overline{\Delta_s^2}$ ableiten kann. Denn eine vernünftige theoretische Begründung der speziellen Auswahl unter den $N!$ quantenmechanischen Lösungen bleibt nach wie vor ein dringendes Bedürfnis. Zusammenfassend möchte ich also sagen, *daß ich mir die Unterschiede im thermodynamisch-statistischen Verhalten von Licht- und Materiestrahlung durch Betrachtungen über Nullpunktsenergie genießbar machen kann.*

Ich bemerke soeben, daß die Anwendung der Diracschen Theori auf Gase aus Atomen mit Drehimpuls zur Folge hat, daß ein bei hoher Temperatur normal paramagnetischer einatomiger Dampf, sobald die Entartung bei abnehmender Temperatur einsetzt, allmählich aufhören muß, paramagnetisch zu sein. Das magnetische Verhalten der festen und flüssigen Alkalimetalle (vgl. Soné, Philosophical Magazine) hängt vielleicht damit zusammen.

Was endlich die von mir letzthin angeschnittene Frage nach der Statistik von Molekülen mit Drehimpulsen betrifft, so muß die Antwort folgende sein. Zunächst erinnern wir uns, daß bei einem Gasgemisch die Entropien und Partialdrucke der einzelnen Teilgase additiv bleiben müssen, denn zwischen verschiedenen Molekülsorten besteht keine statistische Abhängigkeit. (Daher die bekannte, von Einstein bereits hervorgehobene Paradoxie, daß die Zustandsgleichung des Gemisches auch im limes verschwindenden Unterschiedes der Massen der beiden Molekülsorten von der Zustandgleichung des einheitlichen Gases verschieden bleibt*.) Hat man nun Atome mit der Drehimpulsquantenzahl j, die also im Feld $P=2j+1$ Stellungen haben, so sieht man leicht, daß für *jede* Theorie der Gasentartung *die Zustandsgleichung des Gases (und die Entropie) dieselbe sein muß wie die eines Gemisches, das aus P verschiedenen impulsfreien Gasarten mit je gleichviel Atomen besteht.* Ist also $p=f(n, T)$, $S=VF(n, T)$ ($n=$Zahl der Moleküle pro Volumeneinheit) Druck und Entropie des Gases mit Atomen ohne Drehimpuls, so ist

$$p=P\cdot f\left(\frac{n}{P}, T\right); \qquad S=V\cdot PF\left(\frac{n}{P}, T\right)$$

die Zustandgleichung und Entropie des Gases mit Atomen vom Quantengewicht $P=2j+1$. (Für das obige Schwankungsquadrat $\overline{\Delta_s^2}$ erhält man dann

$$\overline{\Delta_s^2}=N_s-\frac{1}{P}\frac{N_s^2}{Z_s}.)$$

Besondere Schwierigkeiten treten da also nicht auf.

Nun will ich das andere Kapitel anschneiden: die *Stoßfragen.* Ich muß aber gleich bemerken, daß das Folgende ein unverdauter Knödel ist. Wenn Sie mich nicht extra dazu ermuntert hätten, Ihnen darüber zu schreiben, hätte ich dies beim jetzigen embryonalen Stadium meiner Überlegungen kaum gewagt. Also hören Sie: Betrachten wir zunächst den eindimensionalen Fall. Ein Massenpunkt läuft über ein Hindernis, charakterisiert durch eine potentielle Energiefunktion $V(x)$, die von einer bestimmten Stelle x_0 an nach beiden Seiten hinreichend steil nach Null

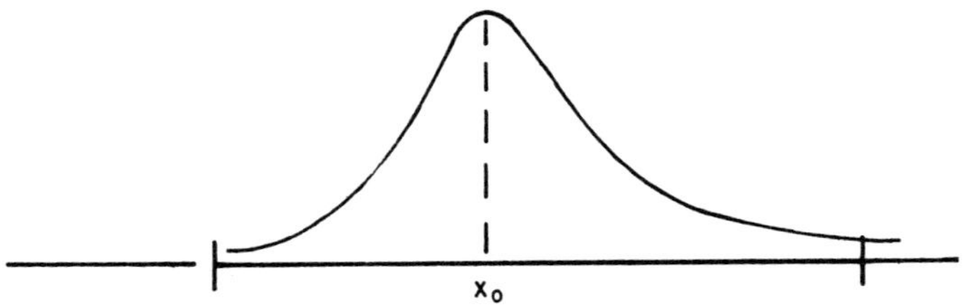

abfallen s[oll]. Das Maximum von V sei *endlich.* Ferner sei die Anfangsenergie E des Massenpunktes groß gegen den Maximalwert von V, so daß die ungestörte geradlinig gleichförmige Bewegung als „nullte" Näherung verwendet werden darf und dann sukzessive Störungstheorie getrieben werden kann. Natürlich wird nach der klassischen Mechanik, wenn $E>|V_{max}|$, der Massenpunkt stets über das Hindernis hinüberlaufen. Aber nach der Bornschen Quantenmechanik[g] wird bei noch so großem E (schon in erster Näherung) doch manchmal vorkom-

* Dem *Ehrenfest* würde es eine Wonne sein, eine tausend Ausrufungszeichen enthaltende Abhandlung zu schreiben, in der die Frage diskutiert wird, ob man bei zwei Isotopen gleicher Masse mit statistisch abhängigen oder unabhängigen Molekülen rechnen soll.

men, daß der Massenpunkt zurückreflektiert wird, d.h. am Hindernis seine Geschwindigkeitsrichtung umkehrt. Und zwar ergibt sich nach *Born* als maßgebend für die Wahrscheinlichkeit der Reflexion das Quadrat der Amplitude der für $x \ll x_0$ durch

$$\psi_1 = \frac{1}{2i}\frac{1}{k} e^{-ikx} \int_{-\infty}^{+\infty} e^{zik\xi} V(\xi) d\xi \qquad \text{(A)}$$

dargestellten Welle.

Nun betrachte man einen Rotator, der an einer Stelle durch ein durch die Potentialfunktion $V(\vartheta)$ charakterisiertes Kraftfeld gestört ist. Dieser Fall ist periodisch und kann mittels der gewöhnlichen Matrizenmechanik behandelt

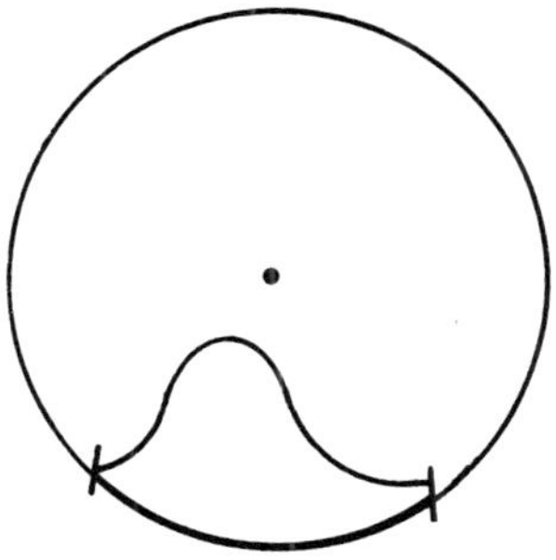

werden. Man konnte hoffen, dadurch daß man den Radius des Rotators und damit auch die Umlaufsperiode des Rotators immer größer werden läßt, diesen der gewöhnlichen Quantenmechanik zugänglichen Fall in den Bornschen aperiodischen überzuführen. (Auf diese Idee hat mich Kramers in Utrecht gebracht. Das Ergebnis ist aber nicht das, welches er sich damals vorgestellt hat.)

Das wesentliche ist nun dieses, daß das System insofern entartet ist, als bei gegebener (gequantelter) Energie E_n der Massenpunkt sowohl links herum (Quantenzahl $+n$) wie rechts herum (Quantenzahl $-n$) rotieren kann. Eine zeitlich konstante Größe f wird daher b[ei] ihrer Matrixdarstellung im allgemeinen nicht nur Diagonalelemente $f_{+n,+n}$ und $f_{-n,-n}$, sondern auch Elemente von der Form $f_{+n,-n}$ bzw. $f_{-n,+n}$ enthalten. Nach dem Schrödingerschen Rezept sind nun die Matrixelemente irgendeiner reellen und in ϑ periodischen (ϑ = Drehwinkel) Funktion $F(\vartheta)$ beim ungestörten (kräftefreien) Rotator gegeben durch

$$F(\vartheta)e^{in\vartheta} = \sum_{m=-\infty}^{+\infty} F_{nm} e^{im\vartheta} \quad \text{oder} \quad F_{nm} = \frac{1}{2\pi}\int_{0'}^{2\pi} F(\vartheta) e^{i(n-m)\vartheta} d\vartheta \qquad (1)$$

(F_{mn} und F_{nm} sind konjugiert komplex; Hermitesche Matrix). D[a]ß die Zahlwerte F_{nm} hier nur von der Differenz $(n-m)$ abhängen, kommt daher, daß das System *exakt* kräftefrei ist. (Beim später besprochenen dreidimensionalen Fall gilt dasselbe.)

Der zeitliche Mittelwert der Störungsenergie $V(\vartheta)$ im Zustand $\pm n$ ist insbesondere eine Hermitesche Matrix der Form

$$\begin{matrix} V_{+n,\,+n}, & V_{+n,\,-n} \\ V_{-n,\,+n}, & V_{-n,\,-n}, \end{matrix}$$

worin nach (1) ($\sim$ konjugiert)

$$V_{+n,\,+n} = V_{-n,\,-n} = \frac{1}{2\pi}\int_0^{\pi} V(\vartheta)d\vartheta; \; V_{+n,\,-n} = \tilde{V}_{-n,\,+n} = \frac{1}{2\pi}\int_0^{2\pi} V(\vartheta)e^{2in\vartheta}d\vartheta.$$

Setzt man (|| absol[ut] Betrag)

$$V_{+n,\,+n} = C_0; \; |V_{+n,\,-n}| = C_1; \quad \begin{matrix} V_{+n,\,-n} = C_1 e^{i\delta} \\ V_{-n,\,+n} = C_1 e^{-i\delta} \end{matrix},$$

so ergibt sich die „Säkulargleichung“ für die Zusatzenergie E

$$\begin{vmatrix} C_0 - E, & C_1 e^{i\delta} \\ C_1 e^{[-]i\delta}, & C_0 - E \end{vmatrix} = 0; \quad E = C_0 \pm C_1,$$

also Aufspaltung des ursprünglichen Energiewertes in zwei. Es ergibt sich weiter, daß zu diesen beiden Zuständen des *gestörten* Rotators die *stehenden* Wellen gehören:

$$\psi = \cos\left(n\vartheta - \frac{\delta}{2}\right) \quad \text{bzw.} \quad \psi = \sin\left(n\vartheta - \frac{\delta}{2}\right)$$

(δ = obige Phasengröße; bestimmt Lage der Knoten relativ zum Hindernis). Natürlich ist das Ihr Lieblingsresonanzphänomen[h] in Reinkultur (überdies befreit von dem Schlammassel mit den äquivalenten Elektronen; hier ist ja nur *ein* Teilchen). Die Energie pendelt zwischen der linksherum- und der rechtsherumlaufenden Schwingung hin und her. Und in einem jeden der „säkular“ gequantelten Zustände des gestörten Rotators muß das Teilchen ebenso oft im positiven wie im negativen Sinn umlaufen. Wie ist das aber möglich? Es ist nur deshalb möglich, weil Born Recht hat mit seiner Behauptung, daß (allen klassischen mechanischen Vorstellungen zum Trotz) das Teilchen bei noch so großer kinetischer Energie E am Hindernis bisweilen zurückreflektiert wird.

Und nun kommt das Schöne: Das Integral, das gemäß Formel (A) nach Born die Wahrscheinlichkeit der Reflexion bestimmt, *ist ja gar nichts anderes wie das Matrixelement* $V_{+n,\,-n}$ (siehe vorige Seite unten), wenn man zum Limes eines unendlich großen Radius des Rotators übergeht. Es ist (bis auf den davorstehenden Faktor $\frac{1}{k}$) $|V_{+n,\,-n}|^2$ dieser Wahrscheinlichkeit proportional, während $2|V_{+n,\,-n}|$ die Energieaufspaltung der säkularen Störung bestimmt.

Natürlich läßt sich dieser Zusammenhang auch auf die höheren Approximationen ausdehnen. *Das wesentliche ist dieses: Man führe dieMatrizen-Störungsrechnung durch, aber nicht für die säkulare Störung, so daß die Energie in eine zeitliche konstante Nicht-Diagonalmatrix vom Typus*

$$\begin{pmatrix} E_{+n,\,+n}, & E_{+n,\,-n} \\ E_{-n,\,+n}, & E_{-n,\,-n} \end{pmatrix}$$

übergeführt wird. Dann ist $|E_{+n,\,-n}|^2$ *maßgebend für die Stoßwahrscheinlichkeit.*

Dieses Rezept läßt sich auch für den dreidimensionalen F[a]ll verallgemeinern. Der Massenpunkt laufe also jetzt durch ein Zentralfeld und die potentielle Energie $V(r)$ falle vom Zentrum hinreichend schnell ab. Nun kann jeder solchen hinreichend

schnell mit x, y, z abfallenden Ortsfunktion – die sich klassisch bei der ungestörten geradlinien Bewegung als Fourierintegral nach der Zeit darstellen läßt – eine kontinuierliche Matrix zugeordnet werden. Nur muß man sich entscheiden, welche kanonischen Variablen man für die *ungestörte* (geradlinige) Bewegung einführt. Die p's (Analoga zu den Wirkungsvariablen J) müssen zeitlich konstant und die Energie muß eine Funktion der p's allein sein; die q's (Analoga zu den Winkelvariablen W) müssen lineare Funktionen der Zeit oder auch konstant sein. Da das System entartet ist, sind sie *nicht* eindeutig bestimmt.

1. Beispiel: Die p's sind die gewöhnlichen kartesischen Impulskomponenten, die q's die kartesischen Koordinaten.

2. Beispiel: Die p's sind E, Drehimpuls P, Drehimpuls Q parallel Z. Die q's sind t, Perihellänge β, Knotenl[inie] γ.

Die sind ja auch bei der geradlinigen Bewegung definierbar.

Nun kommt der dunkle Punkt. Die p's müssen als *kontrolliert*, die q's als *unkontrolliert* angenommen werden. Das heißt man kann immer nur die Wahrscheinlichkeiten bestimmter Änderungen der p's bei gegebenen Anfangswerten derselben und *gemittelt über alle möglichen Werte der* q berechnen.

Kartesische Koordinaten entsprechen also Borns einfallender ebener Welle, nämlich dem parallel fliegenden Schwarm der auf das Hindernis auftreffenden Elektronen:

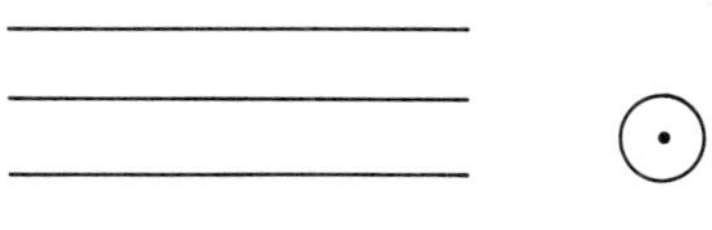

Der obigen Koordinatenzahl im Beispiel 2 entspricht folgender Elektronenschwarm:

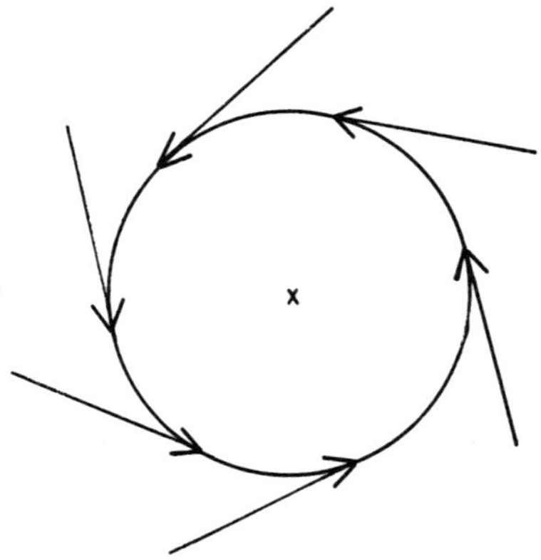

Die Pfeile tangieren einen bestimmten Kreis (bzw. Kugel). Bleiben wir nun bei den kartesischen Koordinaten. Jeder Ortsfunktion $F(x, y, z)$, die hinreichend stark abfällt, wird da[n]n (gemäß dem Schrödingerschen Verfahren zur Berechnung der Matrizen) die kontinuierliche Matrix

$$F^{p_x, p_y, p_z}_{p_x', p_y', p_z'} = \int F(x, y, z) e^{\frac{2\pi i}{h} \sum_{x,y,z} (p_x' - p_x) x + \cdots} dxdydz$$

zugeordnet. (Multiplikationsregel in Ordnung gemäß Borns Endformeln.) Es ist dann wieder

$$\left| V^{p_x, p_y, p_z}_{p_x' p_y', p_z'} \right|^2,$$

worin [die] Nebenbedingung der Energiekonstanz $\sum_x p_x^2 = \sum_x p_x'^2$ gilt, für die Wahrscheinlichkeit der Ablenkung von $p_x, \ldots$ nach $p_x', \ldots$ maßgebend (bis auf harmlose m, h und E_0 enthaltende Faktoren).

Was die höheren Näherungen betrifft, so wird es da wohl auch keine wesentlichen Schwierigkeiten geben. Man kann auch von der der Beschleunigung $\frac{dp}{dt}$ zugeordneten Matrix ausgehen und dann bemerken, daß *klassisch* der Fourierkoeffizient, der hiervon zum Wert Null der Frequenz gehört, die Ablenkung bestimmt. Quantenmechanisch bestimmt aber das Quadrat des Fourierkoeffizienten von $\frac{dp}{dt}$, der zur Energie*änderung* Null gehört, (bis auf harmlose Faktoren) die Wahrscheinlichkeit der Ablenkung.

Beim unelastischen Stoß ist es im Prinzip dasselbe. Ihre alten Überlegungen über Bremsung der α-Teilchen fallen auch darunter.

So weit die Mathematik. Die Physik davon ist mir noch weitgehend unklar. Die erste Frage ist, warum denn nur die p's, und jedenfalls nicht *sowohl* die p's als *auch* die q's, beide mit beliebiger Genauigkeit vorgeschrieben werden dürfen. Es ist dies die alte Frage was passiert, wenn Geschwindigkeitsrichtung *und* Abstand der Bahnasymptote vom Kern (wenigstens mit gewisser Genauigkeit) vorgegeben werden. Darüber weiß ich nichts, was ich nicht schon lange weiß. Es ist immer dieselbe Sache: es gibt wegen Beugung keine beliebig dünnen Strahlen in der Wellenoptik des ψ-Feldes, und man darf nicht gleichzeitig den „p-Zahlen" und den „q-Zahlen" gewöhnliche „c-Zahlen" zuordnen. Man kann die Welt mit dem p-Auge und m[a]n kann sie mit dem q-Auge ansehen, aber wenn man beide Augen zugleich aufmachen will, dann wird man irre.

Die zweite Frage ist die, wieso denn die genannten Matrixelemente dazu kommen, die Stoßwahrscheinlichkeiten zu bestimmen. Die Richtung, in der man da steuern muß, ist glaube ich, folgende. Die historische Entwicklung hat es mit sich gebracht, daß die Verknüpfung der Matrixelemente mit der Beobachtung zugänglichen Daten auf dem Umweg über die emittierte Strahlung vorgenommen wird. Ich bin aber jetzt mit der ganzen Inbrunst meines Herzens davon überzeugt, daß *die Matrixelemente mit prinzipiell beobachtbaren kinematischen (vielleicht statistischen) Daten der betreffenden Teilchen in den stationären Zuständen verknüpft sein müssen.* Ganz abgesehen davon, ob überhaupt und was (elektromagnetisch) gestrahlt wird (Lichtgeschwindigkeit ∞ gesetzt). Auch zweifle ich nicht, daß dahinter der Schlüssel zur Behandlung der unperiodischen Bewegungen verborgen ist. – Nun ist es so: alle *Diagonal*elemente der Matrizen (wenigstens von Funktionen der p allein oder der q allein) kann man überhaupt schon jetzt kinematisch deuten. Denn man kann ja zunächst nach der Wahrscheinlichkeit fragen, daß in einem bestimmten stationären Zustand des Systems die Koor[di]naten q_k seiner Teilchen ($k=1,\ldots,f$) zwischen q_k und q_k+dq_k liegen. Die Antwort hierauf ist

$$|\psi(q_1\cdots q_f)|^2 dq_1\cdots dq_f,$$

wenn ψ die Schrödingersche Eigenfunktion ist. (Vom *korpuskularen* Standpunkt aus ist es also schon sinnvoll, daß sie im mehrdimensionalen Raum liegt.) Diese Wahrscheinlichkeit müssen wir als prinzipiell beobachtbar ansehen, genau so wie die Lichtintensität als Ortsfunktion in stehenden Lichtwellen. Es ist dann klar, daß die Diagonalelemente der Matrix jeder q-Funktion

$$F_{nn}=\int F(q_k)|\psi_n(q_k)|^2 dq_1\cdots dq_f$$

sein müssen, da sie physikalisch „Mittelwert von F im n-ten Zustand" bedeuten. Hier kann man einen mathematischen Witz machen: Es gibt auch eine entsprechende Wahrscheinlichkeitsdichte im *p-Raum:* Hierzu setze man an (eindimensional formuliert, der Einfachheit halber)

$$p_{ik}=\int p\varphi_i(p)\tilde{\varphi}_k(p)dp;$$

$$\frac{2\pi i}{h}q_{ik}=-\int\varphi_i\frac{\partial\tilde{\varphi}_k}{\partial p}dp=+\int\frac{\partial\varphi_i}{\partial p}\tilde{\varphi}_k dp.$$

($\sim$ bedeutet konjugiert komplexe Größe; es unterscheidet sich im allgemeinen $\tilde{\varphi}_k$ und φ_k nicht nur durch einen konstanten Faktor. Orthogonalität besagt

$$\int \varphi_i \tilde{\varphi}_k dp = \begin{cases} 0 & \text{für} \quad i \neq k \\ 1 & \text{für} \quad i = k_i . \end{cases}$$

Multiplikationsregel und Relation $pq - qp = \frac{h}{2\pi i} \cdot 1$ sind erfüllt.)

Sie sehen, daß ich gegenüber der gewöhnlichen Vorschrift die Bildungsgesetze für die Matrizenelemente p_{ik} und q_{ik} aus den Eigenfunktionen vertauscht habe. Aus der Matrixrelation des Energiesatzes $\frac{p^2}{2m} + V(q) = E$ gewinnt man

$$\left[\frac{p^2}{2m} + V\left(-\frac{h}{2\pi i}\frac{\partial}{\partial q}\right)\right]\varphi = E\varphi_i;$$

V als Operator gedacht, etwa Potenzreihe in $\frac{\partial}{\partial q}$. Beim harmonischen Oszillator, wo die Hamilton-Funktion symmetrisch in p und q ist, ist auch φ das Hermitesche Polynom. Man kann mit den φ auch Störungstheorie treiben. Auch beim H-Atom muß φ eine einfache Funktion sein, ich habe sie aber noch nicht a[u]sgerechnet. Jedenfalls gibt es also auch eine Wahrscheinlichkeit dafür, daß im n-ten Quantenzustand p_k zwischen p_k und $p_k + dp_k$ liegt, und die ist gegeben durch

$$|\varphi_n(p_1 \cdots p_f)|^2 dp_1 \cdots dp_f ,$$

also

$$F(p)_{nn} = \int F(p)|\varphi_n(p_k)|^2 dp_1 \cdots dp_f .$$

Da demnach die Diagonalelemente der Matrizen aus den in den Funktionen $\varphi_k(p_1 \cdots p_f)$ und $\varphi_k(q_1 \cdots q_f)$ enthaltenen kinematischen Aussagen physikalisch folgen, glaube ich nicht, daß Ihre Schwankungsüberlegungen darüber hinaus irgend etwas Neues und für die Deutung der unperiod[ischen] Bewegungen wichtiges sagen können. Denn da handelt es sich immer auch um zeitliche Mittelwerte. Bei den Stoßphänomenen handelt es sich um ebenfalls zeitlich konstante Elemente, aber Nichtdiagonalelemente von Matrizen in entarteten Systemen (deren physikalische Deutung mir aber noch nicht klar ist).

Meine Hauptfrage ist aber, was die anderen Matrixelemente rein punktkinematisch, ganz unabhängig von elektromagnetischer Ausstrahlung, bedeuten. Einen Ansatz habe ich probiert, bei dem gefragt wird: Ich weiß, zur Zeit t habe das Teilchen die Ortskoordinate q_0. Wie groß ist dann die *Wahrscheinlichkeit*, daß es zur Zeit $t + \tau$ die Koordinate q hat? Bin aber nicht mehr sicher, ob das eine vernünftige Frage ist. Ich denke jedenfalls bei „kinematisch" an statistische Daten, die sich auf den zeitlichen Verlauf des Verhaltens des Teilchens beziehen. Diese Daten können durchaus von solcher Art sein, daß man *nicht* von einer bestimmten „Bahn" des Teilchens reden kann. Auch hier stößt man übrigens wieder darauf, daß man nicht nach p und q zugleich fragen darf.

So, jetzt werden Sie's aber bereuen, mich veranlaßt zu haben, Ihnen ausführlicher zu schreiben. Ich hab' mir wohl etwas z[u] viel Ausführlichkeit geleistet. Jetzt halte ich ja schon auf Briefseite 12, und 2 Uhr 40 Nacht ist es auch schon, ein Zeitpunkt, wo ich in Ehren und mit gutem Gewissen schlafen gehen kann. Haben Sie schon gehört, daß Des Coudres plötzlich gestorben ist?[i] Dieses verdammte Leipzig ist eine ständige Quelle der Beunruhigung!

Ich freue mich schon sehr auf Ihre Antwort. Jetzt können *Sie* einmal kritisieren und pöbeln!

Viele herzliche Grüße an Sie selbst, an Bohr und alle Kopenhagener (unbekannterweise auch an Herrn Dirac).

Ihr W. Pauli

[a] Vgl. hierzu die Darstellung in Paulis Veröffentlichung (1927a). [b] E. Fermi: Zur Quantelung des idealen einatomigen Gases. Z. Phys. **36,** 902–912 (1926). Eingegangen am 24. März 1926. P. A. M. Dirac: On the Theory of Quantum Mechanics. Proc. Roy. Soc. A **112,** 661–677 (1926). Eingegangen am 26. August 1926. [c] A. Einstein: Quantentheorie des einatomigen idealen Gases. Sitzungsberichte der Preußischen Akademie der Wissenschaften. Physikalisch-Mathematische Klasse. Berlin 1924, S. 261–267 (Vorgelegt am 10. Juli 1924). Es folgten 1925 in den Akademieberichten eine zweite Abhandlung unter dem gleichen Titel auf S. 3 – 14 (vorgelegt am 8. Januar 1925) und die Fortsetzung: „Zur Quantentheorie des idealen Gases", auf S. 18 – 25 (vorgelegt am 29. Januar 1925). N. S. Bose: Plancks Gesetz und Lichtquantenhypothese. Z. Phys. **26,** 178–181 (1924). Eingegangen am 2. Juli 1924. [d] E. Schrödinger: Die Energiestufen des idealen einatomigen Gasmodells. Sitzungsberichte der Preußischen Akademie der Wissenschaften. Physikalisch-Mathematische Klasse. Berlin 1926. S. 23–36. Vorgelegt am 7. Januar 1926. [e] E. Schrödinger: Zur Einsteinschen Gastheorie. Physik. Z. **27,** 95–101 (1926). Eingegangen am 15. Dezember 1925. [f] Dirac war im Herbst 1926 zeitweilig in Kopenhagen. [g] Vgl. die zweite der unter 4 des Kommentars zitierten Abhandlung. [h] Vgl. Anmerkung *b*, Seite 329 und Anmerkung[3], Seite 315. [i] Einen Nachruf für den am 8. Oktober 1926 verstorbenen Theodor Des Coudres schrieb W. Wien in Physik. Z. **28,** 129 – 135 (1927).

[144] Heisenberg an Pauli

Kopenhagen, 28. Oktober 1926

Lieber Pauli!

Vielen Dank für Ihren langen Brief. Daß ich so spät antworte, kommt daher, daß Ihr Brief dauernd hier die Runde machte und Bohr, Dirac und Hund uns darum raufen. Hinsichtlich der Diracschen Statistik sind wir jetzt wohl einig. Ihre Kritik hab' ich sehr gut verstanden. Aber wenn die Atome Ihrem Verbot gehorchen, muß es das Gas doch auch tun.

Über Ihre Betrachtung über die Stoßprozesse bin ich *sehr* begeistert, weil man den physikalischen Sinn des Bornschen Formalismus nun wirklich viel besser versteht als vorher. Ihr Rotatorbeispiel ist ja etwas sehr allgemeines: Überall, wo in der klassischen Mechanik ein Bewegungstypus diskontinuierlich in einen anderen übergeht, liefert die Qu[anten]-M[echanik] einen kontinuierlichen Übergang, der, sofern man ihn anschaulich deuten will, eine Sprungwahrscheinlichkeit bedeutet. Auch der von Hund neuerdings untersuchte[a] und von Ihnen so gern betrachtete Übergang $H + H^+ \rightarrow H_2^+ \rightarrow He^+$ ist ja mathematisch Ihrem Rotator sehr ähnlich (Hund hat seine Rechnungen unabhängig von Ihrem Brief gefunden, ich sagte ihm daher, er solle Ihnen davon schreiben). Übrigens find' ich auch die Hundsche Überlegung sehr schön. Daß nun das Bornsche Stoßproblem auch dasselbe ist, ist doch sehr erfreulich. Übrigens hat Ihr Rotator auch manche Ähnlichkeit mit dem Beispiel der zwei Atome in Resonanz, das ich wegen der Schwankungen so gern betrachte: Als momentane Übergangswahrscheinlichkeit etwa des einen der beiden Atome möchte man freilich etwa $\frac{dE_1}{dt}$ betrachten. Dessen Zeitmittelwert ist aber natürlich Null und vielleicht kann man später doch plausibel machen, daß im unperiodischen Fall bei Mittelung über alle Phasen $\overline{\left(\frac{dE_1}{dt}\right)^2}$ die Sprungwahrschein-[lichkeit] bestimmt[b]; (das wäre eben Ihr $E^2_{n,\,-n}$).

Haben Sie sich nähere Gedanken über den Sinn Ihres $E^2_{n,\,-n}$ gemacht?[c] – Das interessanteste an Ihren Bemerkungen ist aber natürlich der sog. „dunkle Punkt". Ich möchte glauben, daß Ihre p-Wellen eine ebenso große physikalische Realität haben, wie die q-Wellen; nur natürlich keine so große praktische Bedeutung. Aber die prinzipielle Äquivalenz von p und q ist mir sehr sympathisch. Die Gleichung $pq - qp = hi$ entspricht also immer in der Wellenvorstellung der Tatsache, daß es keinen Sinn hat, von einer monochromatischen Welle in einem bestimmten Zeitpunkt (oder sehr kurzen Zeitintervall) zu sprechen. Macht man aber die Linie nicht zu scharf, das Zeitintervall nicht zu kurz, so hat das sehr wohl einen Sinn.[d] Analog hat es keinen Sinn, von der Lage einer Korpuskel bestimmter Geschwindigkeit zu reden. Nimmt man es aber mit Geschwindigk[eit] und Lage nicht so genau, so hat das sehr wohl einen Sinn. Man versteht also sehr wohl, daß es makroskopisch einen Sinn hat, von Lage und Geschwindigkeit eines Körpers in großer Annäherung zu sprechen. (Dies alles ist Ihnen natürlich durchaus nicht irgendwie neu.) Ich hab' bei alledem eine Hoffnung auf eine spätere Lösung von etwa der folgenden Art (aber man sollte so was ja nicht laut sagen): daß Raum und Zeit wirklich nur statistische Begriffe, wie etwa Temperatur, Druck u.s.w. in einem Gas sind. Ich meine, daß räumliche und zeitliche Begriffe bei *einer* Korpuskel sinnlos sind und daß sie mehr und mehr Sinn bekommen, je mehr Partikel vorhanden sind. Ich versuche oft, in dieser Richtung weiter zu kommen, aber es will bis jetzt nicht gelingen. Ihre Rechnungen haben mir wieder sehr Hoffnung gemacht, weil sie zeigen, daß der Bornsche etwas dogmatische Standpunkt der Wahrscheinlichkeitswellen nur eines vieler möglichen Schemata ist.

Übrigens eine praktische Frage: Kann man Ihr p-Wellenfeld nicht zur anständigen Wellenformulierung des drehenden Elektrons benutzen??[e] Bei der gewöhnlichen Methode liegt eine Schwierigkeit darin, daß Ausdrücke, wie

$\sqrt{p_k^2 - p_\varphi^2}$ in der Hamiltonschen Funktion vorkommen, was ja wegen $\sqrt{\frac{\partial^2}{\partial\varphi_k^2} - \frac{\partial^2}{\partial\varphi^2}}$ keineswegs schön ist.

Über die Bedeutung der Matrizenelemente hab' ich auch oft nachgedacht. Ich bin hier *nicht* ganz Ihrer Meinung. Ich glaube, daß man sie nicht mit kinematischen Elementen in *einem* Zustand verknüpfen kann. Ich glaub', daß ein solches Element stets an zwei Zustände geknüpft sein muß. Aber vielleicht ist dies von Ihrem Programm doch nicht sehr verschieden.[f] Denn bei irgendwelcher Prüfung der Frage, wo sich die Partikel befindet, kommen die Übergangsmöglichkeiten wohl automatisch hinein. Daß es Definitionen der Matrixelemente unabhängig von der elektromagnetischen Ausstrahlung gibt, glaub' ich aber auch. Übrigens ist eine solche doch wohl implizit durch irgendwelche Stoß-Überlegungen zu erhalten; etwa Stoß einer α-Partikel auf ein Atom[g], worüber wir in Braunschweig[h] sprachen. Aber man möchte doch eine *einfache* Definition haben.

Ich selbst habe in der letzten Zeit noch manchmal über Schwankungen nachgedacht – es ist wohl alles in ganz guter Ordnung, führt aber, wie Sie auch selbst sagen, nicht viel weiter. Vielleicht werd' ich aber doch eine kurze Note darüber schreiben, weil es für die Herren der Kontinuumstheorie sehr gesund ist, so etwas zu lesen[i].

Dirac hat, zur Erläuterung der Schrödingerschen elektrischen Dichte, eine sehr lustige Betrachtung angestellt[j]. Frage: „Was ist die quantenmech[anische] Matrix der elektrischen Dichte". Definition der Dichte: I. Sie ist überall Null, wo das Elektron nicht ist. In Gleichungen:

$$\varrho(x_0, y_0, z_0, t)\,(x_0 - x(t)) = 0$$
$$\varrho(\cdots \qquad)\,(y_0 - y(t)) = 0$$
$$\cdots\cdots\cdots\cdots\cdots\cdots$$

Ferner, die Gesamtladung ist e:

$$\int \varrho(x_0, y_0, z_0, t)\, dx_0\, dy_0\, dz_0 = e.$$

Die Lösung ist (wie man ziemlich leicht beweisen kann):

$$\varrho_{nm}(x_0\, y_0\, z_0\, t_0) = e\psi_n \psi_m^*(x_0\, y_0\, z_0\, t_0),$$

wo ψ_n und ψ_m Schröd[inger]s normierte Funktionen. Diese Formulierung ist mir eigentlich sehr sympathisch; besonders gibt diese Matrixformulierung wieder das richtige Schwankungsquadrat (so viel ich bis jetzt sehe) für die Schwankungen der elektrischen Ladung in einem kleinen Volumenelement (also die großen Schwankungen, die der Bewegung von Punktladungen entsprechen).

So, mehr weiß ich nicht. Haben Sie nochmal vielen Dank für Ihren Brief. Von Bohr, Dirac, Hund und mir viele herzliche Grüße an Sie und das gesamte Hamburger Institut!

W. HEISENBERG

[a] Vgl. F. Hund: Zur Deutung der Molekelspektren I. Z. Phys. **40,** 742 – 764 (1927). Eingegangen am 19. November 1926. Diese Arbeit wurde während eines Aufenthalts in Kopenhagen durchgeführt. [b] Pauli machte hier folgende Randbemerkungen: „Schwankungsquadrat proportional t". [c] An dieser Stelle setzte Pauli zwei Fragezeichen. Weiter unten am Ende des Blattes steht: „Drehimpuls $\frac{dP}{dt} = \alpha P$ (säkulare Matrizengl[eichung])." [d] Hier bemerkt Pauli am Rande: „In einem gegenüber [der] Periode kurzen Zeitintervall hat es auch nicht Sinn, vom Zustand (Energiewert) zu sprechen." [e] Vgl. hierzu Paulis spätere Arbeit (1927 b)! [f] Hierzu Randbemerkung Paulis: „Nähere Analyse des Begriffs ‚Zustand' nötig, um Matrizenelemente kinematisch definieren zu können." [g] Dieses Problem wurde zu diesem Zeitpunkt von G. Wentzel untersucht. Vgl. Zwei Bemerkungen über die Zerstreuung korpuskularer Strahlen als Beugungserscheinung. Z. Phys. **40,** 490 – 593 (1926). Eingegangen am 19. November 1926. [h] Am 14. und 15. Februar 1926 fand in Braunschweig eine Tagung des Gauvereins Niedersachsen statt. Heisenberg trug hier „Über die Anwendung der Quantenmechanik auf das Problem der anomalen Zeemaneffekte" vor. [i] W. Heisenberg: Schwankungserscheinungen und Quantenmechanik. Z. Phys. **40,** 501 – 506 (1926). Eingegangen am 6. November 1926. Vgl. auch Heisenbergs Brief vom 29. Oktober 1926 an Jordan. [j] Vgl. hierzu P. A. M. Dirac: The Physical Interpretation of the Quantum Dynamics. Proc. Roy. Soc. A **113,** 621 – 641 (1927). Eingegangen am 2. Dezember 1926. Hier werden zum erstenmal die Diracschen δ-Funktionen eingeführt.

[145] Heisenberg an Pauli

Kopenhagen, 4. November 1926

Lieber Pauli![a]

Die beiliegende Note über Schwankungserscheinungen[b] schick' ich Ihnen nicht ohne eine lange Reihe von Entschuldigungen: daß ich überhaupt so ein Zeug publizieren will, daß eigentlich für Sie und alle vernünftigen Physiker nichts Neues drin steht, daß ich auch selbst nicht viel damit anzufangen weiß u.s.w. Der Grund, weshalb ich's geschrieben hab', ist eigentlich nur ein pädagogischer gegenüber den Herren der Kontinuumstheorie. Aber nach dieser unerfreulichen Einleitung möcht' ich Ihnen nocheinmal schreiben, daß ich über den Inhalt Ihres letzten Briefes mehr und mehr begeistert bin, je mehr ich drüber nachdenke. Man soll also allgemein sagen: jedes Schema, das $pq - qp = \frac{h}{2\pi i}$ erfüllt, ist „richtig" und physikalisch brauchbar. Dabei hat man völlig freie Wahl, wie man diese Gleichung erfüllt: Matrizen, Operatoren oder irgendetwas anderes. Übrigens Ihre Wellenfunktion χ im p-Raum scheint mir die Laplacesche Transformierte der Schröd[inger] Funktion φ im q-Raum zu sein $\varphi(q) = \oint e^{+pq} \chi(p) dp$ oder umgekehrt. Aber Ihre Funktionen in anderen Räumen, z. B. J und w, sind natürlich etwas anderes. Das Problem: kanonische Transformationen in der Wellenvorstell[ung] ist damit ja wohl auch gelöst.

Dirac hat sich etwas über Relativitätstheorie überlegt, was im Effekt auf Kleins 5. Dimension[c] zurückführt: Wenn man Raum und Zeit symmetrisch behandeln will, ist die Hamiltonsche Gleichung

$$\left\{p_x^2+p_y^2+p_z^2-\frac{p_t^2}{c^2}-\frac{m^2c^2}{h^2}\right\}\psi=0$$

so unangenehm, weil rechts 0 steht, was in der Qu[anten]-M[echanik] mit allen Größen kommutativ ist. Man setze nun statt 0 einfach eine neue Zahl a, das läuft dann praktisch auf die Einführung einer neuen Variabeln heraus, die dann ihrerseits wieder unsymmetrisch, wie früher die Zeit, auftritt. Am Schluß setze man $a=0$. In Kleins Ausdrucksweise: man führt eine 5. Dimension ein und wirft sie am Schluß durch Mittelung heraus.

Ich selbst hab' ein wenig über die Theorie des Ferromagnetismus[d], der Leitfähigkeit und ähnliche S . . . ereien nachgedacht. Die Idee ist die: Um die Langevinsche Theorie des Ferromagn[etismus][e] zu brauchen, muß man eine große Kopplungskraft zwischen den spinnenden Elektronen annehmen (es drehen ja *nur diese* sich). Diese Kraft soll wie beim Helium von der Resonanz indirekt geliefert werden. Ich glaube, man kann allgemein beweisen: Parallelstellung der Spinvektoren gibt stets *kleinste* Energie. Die Energieunterschiede, die in Betracht kommen, sind von *elektrischer* Größenordnung, nehmen aber mit zunehmenden Abständen *sehr rasch* ab. Ich hab' das Gefühl, (ohne das Material auch nur entfernt zu kennen) daß dies im Prinzip zu einer Deutung des Ferromagnetismus ausreichen könnte. Zur Entscheidung der Frage, weshalb die meisten Stoffe nicht ferromagnetisch sind, einige es sind, muß man halt quantitativ rechnen, man kann sich vielleicht plausibel machen, daß bei Fe, Kr, Ni die Gelegenheit am günstigsten ist. Bei der Leitfähigkeit ist es ähnlich, es kommt die Resonanzwanderschaft der Elektronen à la Hund in Frage[f].

Schreiben Sie mir mal wieder und schicken Sie, wenn Sie von den Schwankungen genug haben, das Manuskript bitte an Born!

Viele Grüße ans ganze Institut

W. HEISENBERG

[a] Am oberen Briefrand stehen folgende Bemerkungen von Pauli: „1. Mein großer Coup! 2. Ferromagnetismus geht nicht! (Gasentartung). 3. Hel. [?] Bosheit. Dirac habe ich gewußt.“ [b] Vgl. den unter i auf Seite 352 zitierten Aufsatz. [c] O. Klein: Quantentheorie und fünfdimensionale Relativitätstheorie. Z. Phys. **37**, 895–906 (1926). Eingegangen am 28. April 1926. [d] Heisenberg hat seine Überlegungen zum Ferromagnetismus, auf der gleichen Vorstellung der Austauschwechselwirkung aufbauend, erst wesentlich später in einer fundamentalen Arbeit: Zur Theorie des Ferromagnetismus. Z. Phys. **49**, 619–636 (1928), eingegangen am 20. Mai 1928, ausgeführt. [e] Anschließend an Langevins Theorien des Dia- und Paramagnetismus hatte Pierre Weiss seine Theorie des Ferromagnetismus entwickelt. Vgl. hierzu seinen Vortrag auf der 83. Versammlung Deutscher Naturforscher und Ärzte zu Karlsruhe am 25. September 1911. Physik. Z. **12**, 935–952 (1911). [f] Vgl. F. Hund: Zur Deutung der Molekelspektren. I. Z. Phys. **40**, 742–764 (1927). Eingegangen am 19. November 1926. Hier behandelt Hund zum erstenmal das später als Tunneleffekt bekannte Phänomen.

[146] Heisenberg an Pauli

Kopenhagen, 15. November 1926

Lieber Pauli!

Haben Sie für Ihren Brief vielen Dank. Ich weiß nicht, ob ich dazu komme, eine längere Antwort zu schreiben und fang' daher gleich mit der Hauptsache, Ihrem Coup in der Qu[anten]-M[echanik][a], an. Die Tendenz Ihres Versuchs ist mir in jeder Beziehung restlos sympathisch, aber ich weiß nicht, ob die Art, wie Sie diese Tendenz durchführen wollen, schon vorsichtig genug ist. Die allgemeine Zelleneinteilung des Phasenraumes in Zellen irgendwelcher Volumina der Größe h ist zweifellos ein richtiges Prinzip. Aber, und nun kommt das Bedenken, das ich habe: Wenn Sie die Wände der Zellen scharf vorgeben, und doch bestimmen können, wie viele Partikel in jeder Zelle sind[b], kann man dann, durch Wahl der Zellwände benachbart zur ursprüngl[ichen], nicht die Anzahl der Atome in beliebig kleinen Zellen finden? (Siehe die schraffierten Stücke). Ich meine, ist die Wahl *bestimmter* Zellwände physikalisch sinnvoll? Vielleicht ist es so, daß man nur z. B. das Verhältnis der beiden Zellwände $\frac{a}{b}$ vorgeben kann, nicht aber die Lage einer bestimmten Zellwand.

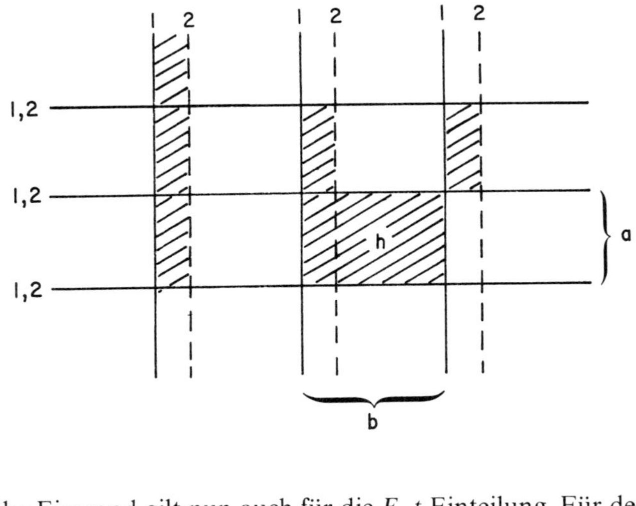

Der gleiche Einwand gilt nun auch für die E, t Einteilung. Für den Spezialfall: bestimmtes t ist aber wieder alles in Ordnung. Ich halte es für sehr vernünftig, eben diesen Spezialfall näher zu studieren, vielleicht bekommt man etwas über die kinematische Bedeutung der Matrizen heraus.

Schließlich bin ich auch Ihrer Meinung, daß am Schluß der dunkle Punkt[c] ein sehr lichter Punkt sein wird. Ich meine: wenn schon einmal Raum-Zeit irgendwie diskontinuierlich sind, so ist es doch sehr befriedigend, daß es keinen Sinn hat, von z. B. Geschwindigkeit $\dot{x}$ in einem bestimmten Punkt x zu sprechen. Denn um

Geschwindigkeit zu *definieren*, braucht man doch mindestens 2 Punkte, die in einer Diskontinuumswelt eben *nicht* unendlich benachbart liegen können. Wenn wir von Ort, od[er] Geschwindigkeit reden, brauchen wir eben immer Worte, die in einer Diskontinuumswelt offenbar garnicht anständig definiert sind.

Nächstens will ich Ihnen mehr schreiben, die Sache mit dem Ferromagnetismus[d] will ich mir ansehen, ich halte die Idee, daß er mit der Resonanz zu tun hat, doch für sehr bestechend.

Neulich hab' ich mir den Intensitätswechsel bei den Bandenspektren à la Resonanz überlegt und herausgefunden, wie's steht[e]: Bei zwei *gleichen* Kernen ist die Schrödingerfunktion der *Elektronen* entweder symmetrisch oder antisymmetrisch hinsichtlich der zwei Kerne (nach *Hund*)[f]. Diese Schr[ödinger]–F[unktion] ist zu multiplizieren mit derjenigen der *Kernschwingung*. Diese ist *stets symmetrisch* in den beiden Kernen (da nur der Abstand eingeht). Schließlich ist das ganze zu multiplizieren mit der Schr[ödinger]–F[unktion] der Rotation: $e^{im\varphi}$. (Zweidimensional, weil's einfacher ist.) *Die letztere ist, da Vertauschung der Kerne Änderung von φ um π bedeutet: symmetrisch für geradzahlige m, unsymmetrisch für ungerade m.*

Das ganze Termspektrum zerfällt also in die zwei Teilgruppen:

Symmetrische *Gesamt-E*[igen]–F[unktion]	*Unsymmetrische* Gesamt-E[igen]–F[unktion]
Symmetrische Elektronenf[unktion],gerades *m*	Symmetr[ische] Elektronenf[unktion],ungerades *m*
Unsymmetr[ische] Elektr[onen]f[unktion],ungerad[es] *m*	Unsymmetr[ische] El[ektronenfunktion],gerades *m*

Wenn nun die beiden Kerne wirklich *gleich* sind, fällt nach Pauli die erste Gruppe ganz aus (Z. B. *Heliumbanden*). Es gibt dann, je nach der Art des Elektronensprunges nur Nullzweig:

$$\text{Typus } m = 0 \to 0,\ 2 \to 2,\ 4 \to 4 \quad \text{usw.},$$

oder *nur* positiven und negativen Zweig:

$$0 \to 1,\ 2 \to 3,\ 4 \to 5,\ 2 \to 1,\ 4 \to 3 \quad \text{usw.}$$

Dieses Ergebnis sägt zunächst die Kratzerschen Viertelsquanten[g] endgültig ab, und ist sonst in guter Übereinstimmung mit den Fakta.

Das Auftreten der symm[etrischen] Gruppe, also der Zwischenlinien g_2, kann, bei scheinbar gleichen Kernen, auf zwei Weisen zustande kommen:

1. Isotope. In diesem Fall ist die relative Stärke der anderen Linien von dem Verhältnis der Isotopen im Gemisch abhängig. Dieser Fall scheint nirgends beobachtet zu sein.

2. Die Kerne haben einen Drehimpuls!! Dann wird das Intensitätsverhältnis etwa wie bei Ortho- und Parhelium 3 : 1, bzw. wie das Verhältnis der statistischen Gewichte sein. Dies scheint der Fall z. B. bei Stickstoff. Also: eine neue Methode, Kernspin bzw. Isotopen zu finden!

Aber nun viele Grüße!

W. HEISENBERG

[a] Vgl. Paulis Bemerkungen zu dem Brief [145], dort Fußnote *a*. [b] Pauli machte hier die Randbemerkung: „Beispiel der Eigenschwingungen im Hohlraum und im Teilvolum." Heisenberg erinnert sich an den Inhalt von Paulis vorhergehenden Brief in seinem Aufsatz: „Die Zeit der Entwicklung der Quantenmechanik", in Theoretical Physics in the twentieth Century. New York: Interscience Publishers Inc. 1960. Dort S. 45. [c] Vgl. hierzu den Brief [143]. [d] Vgl. Paulis Anmerkung (Fußnote *a*) zu diesem Problem in [145] und die Fußnote *d*. [e] Die hier im folgenden wiedergegebenen Überlegungen finden sich auch in Heisenbergs späterer Veröffentlichung. Vgl. W. Heisenberg: Mehrkörperproblem und Resonanz in der Quantenmechanik. II. Z. Phys. **41**, 239–267 (1927). Dort S. 261 ff. [f] Vgl. die Fußnote 1 auf S. 760 der unter *f* von [145] zitierten Abhandlung von F. Hund. [g] Vgl. hierzu die Fußnote *f* von [70].

[147] PAULI AN SCHRÖDINGER

Hamburg, 22. November 1926

Lieber Schrödinger!

Beiliegend schreibt Herr Kudar[a] über die Schwierigkeit, ich möchte sogar sagen, die Unmöglichkeit, Deine Vorschrift zur Matrizenbildung im relativistischen Fall mit den Multiplikationsregeln in Einklang zu bringen. Überhaupt scheint es mir, daß eine sachgemäße Formulierung der Quantenmechanik bei Berücksichtigung der Relativitätskorrektionen erst möglich sein wird, bis es gelingt, Raum und Zeit als gleichberechtigt zu behandeln. Solange man genötigt ist, die Feldfunktion ψ, was ihre Abhängigkeit von der Zeit betrifft, von vornherein nach Sinusfunktionen zu entwickeln, glaube ich kaum, daß die „Wellengleichung" für ψ anders geschrieben werden kann als mit dem linearen Operator

$$D \equiv \sqrt{1+\frac{1}{m_0^2 c^2}\left(\frac{2\pi i}{h}\right)^2\left(\frac{\partial^2}{\partial x^2}+\frac{\partial^2}{\partial y^2}+\frac{\partial^2}{\partial z^2}\right)},$$

das heißt von ∞ hoher Ordnung. Eine solche Wellengleichung ist zwar mathematisch unbequem, aber an sich sinnvoll und auch selbstadjungiert. Von der relativistischen Gleichung 2. Ordnung mit den vielen Vätern[b] glaube ich aber nicht, daß sie der Wirklichkeit entspricht. Vielleicht gelingt es Dir aber doch noch, mich durch Auffindung eines vernünftigen Verfahrens zur Matrizenbildung aus ihr zu widerlegen. Das sieht mir allerdings ziemlich hoffnungslos aus!

Was meine Bemerkung über den „Züricher Lokalaberglauben“ betrifft[c], so möchte ich Dich sehr bitten, sie nicht als persönliche Unfreundlichkeit Dir gegenüber, sondern als Ausdruck der sachlichen Überzeugung anzusehen, daß die Quantenphänomene in der Natur solche Seiten zeigen, die nicht mit den Begriffen der Kontinuumsphysik (Feldphysik) allein erfaßt werden können. Glaube aber *nicht*, daß mir diese Überzeugung das Leben leicht macht, ich habe mich um ihretwillen schon sehr geplagt und werde das wohl auch noch weiter tun müssen!

In letzter Zeit habe ich mich auch mit Gasentartung beschäftigt. Ich habe mich schweren Herzens dazu bekehren lassen, daß nicht Einstein-Bose, sondern Fermi (Zeitschrift für Physik **36,** 902, (1926)) die richtige Statistik ist.[d] Über eine Anwendung davon auf Paramagnetismus will ich eine kleine Note[e] schreiben, eventuell schicke ich Dir Korrekturen.

Herzlichst

Dein getreuer W. Pauli

[a] Der ungarische Physiker Johann Kudar war 1926/1927 in Hamburg tätig. Sein hier erwähnter Brief, datiert vom 20. November 1926, ist in der Sammlung (SHQP, MF. 41.) enthalten. Vgl. auch seinen Aufsatz: Vierdimensionale Formulierung der undulatorischen Mechanik. Ann. Phys. **81,** 632–636 (1926). [b] Gemeint ist die sog. Klein-Gordon-Gleichung, die auch von Schrödinger hergeleitet wurde und die uns schon in [131] und [140] begegnet war. Vgl. die Fußnote *b* von [140] sowie die dort von Pauli geäußerten Bedenken. [c] Im September war Schrödinger auf eine Einladung hin in Kopenhagen gewesen, um hier mit Niels Bohr über die Deutung seiner Wellenmechanik zu diskutieren. Auch Heisenberg war anwesend. Schrödinger blieb während dieser Gespräche hartnäckig bei seiner bisherigen Interpretation der Quantentheorie, was ihm deshalb Paulis spöttische Bemerkung eintrug. Vgl. hierzu die Darstellung bei Heisenberg in „Der Teil und das Ganze“, S. 104 ff. [d] Vgl. [143] und die Literaturhinweise im zugehörigen Kommentarteil. [e] Pauli (1927 a).

[148] Heisenberg an Pauli

Kopenhagen, 23. November 1926

Lieber Pauli[a]!

Vielen Dank für Ihren Brief! Ihre Rechnung über das spinnende Elektron finde ich sehr hübsch; Sie sollten sie irgendwo publizieren[b]. Über die Frage der physikalischen Bedeutung der Transformationsfunktion S haben wir hier auch noch mehr nachgedacht und *Dirac* hat eine außerordentlich großzügige Verallgemeinerung dieser Annahme aus meiner Schwankungsnote[c] fertig gebracht.[d]

Der Grundgedanke von Dirac ist etwa der: p, q seien irgendwelche kanonisch konjug[uierte] Größen. $f(p, q)$ sei eine Funktion derselben.

Frage: Was kann man in der Qu[anten]-M[echanik] über dieses f physikalisch aussagen? Antwort: Man wähle *z. B.* q als c-number (z. B. $q=10$). Dann ist es *klassisch* möglich, die Kurve $f(p, 10)$ zu zeichnen:[e]

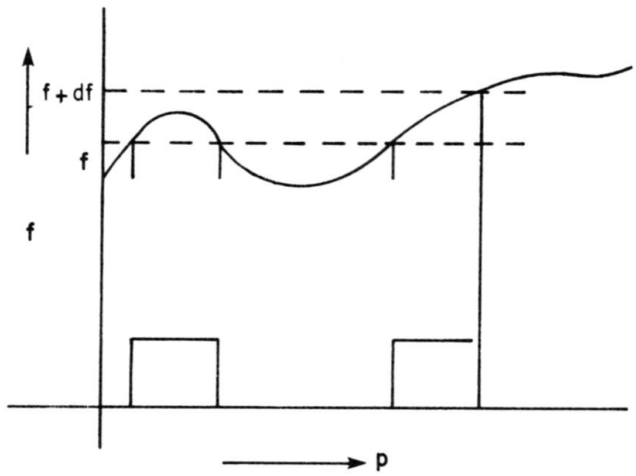

Quantenmechanisch kann man dies *nicht. Aber man kann angeben, wie groß der Bereich von p ist, in welchem f zwischen den beiden c-numbers f und f + df* liegt[f]. Setzt man für p und q die Variabeln E und t und $f = W^a$, so sehen Sie leicht, daß das Diracsche Problem auf das meiner Schw[ankungs]note hinausläuft. Man kann aber auch z. B. E und t wählen und $f = q$ vorgeben. Dann kann man also den Bruchteil der Zeit bestimmen, in welchem q zwischen q und $q + dq$ liegt. Die Lösung dieses Problems sind die Schrödingerschen $\psi(q)\bar{\psi}(q)$. Es ist Dirac allgemein gelungen, das genannte Problem auch mathematisch zu lösen. Als Wahrscheinlichkeitsfunktion tritt eine Matrix S auf, deren Indizes im allgemeinen Problem (f, p, q) sind $S_{f,q}$. (Im speziellen Fall E, t, W^a, also wie bei mir S_{W^a}, E.) Die $S_{f,q}$ sind, wie immer, Lösungen einer Hauptachsentransformation einer Hermiteschen Matrix. Die Haupta[chsen]tr[ansformation] kann reduziert werden auf eine Differentialgleichung à la Schrödinger. Man hat also ganz allgemein die Mittel, S wirklich zu bestimmen (dieses letztere deckt sich sehr nahe mit Ihrer Idee der p-Wellen)[g]. Im speziellen Fall E, t, q hat die Matrix S die Indizes q und E, also $S_{q,E}$ und es ist $S_{q,E} = \psi_E(q)$ Schrödingers Funktion. Schröd[ingers] Funkt[ion] ist also identisch dem S in Borns Hauptachs[en] trans[formation] zur Bestimmung der Eigenwerte W. Die obengenannte physikalische Interpretation der S enthält aber zugleich alle physikalischen Aussagen, die sich bis jetzt überhaupt machen lassen: z. B. Borns Stoßprozesse, Jordans kanonische Transformationen u.s.w. Diracs Arbeit hat sicher mit Ihren und meinen Arbeiten viele Berührungspunkte. Aber sie ist doch sehr allgemein, da sie z. B. bei kontinuierlichen Veränderungen ebenso leicht und sicher funktioniert, als bei periodischen. Ich halte Diracs Arbeit für einen außerordentlichen Fortschritt. Über den eigentlichen Sinn dieser ganzen formalen Zusammenhänge denke ich oft nach, aber es ist schauderhaft schwer, draus klug zu werden.

Daß die Welt kontinuierlich sei, halte ich mehr denn je für gänzlich indiskutabel. Aber sobald sie diskontinuierlich ist, sind in allen unseren Worten, die wir zur Beschreibung eines Faktums verwenden, zu viele *c*-Zahlen. Was das Wort „Welle" oder „Korpuskel" bedeutet, weiß man nicht mehr.

Um mich von solchen Fragen zeitweise zu erholen, hab' ich über Atomzoologie und -Resonanz ein wenig nachgedacht und werd' wohl, der Vollständigkeit halber, darüber etwas schreiben[h]. Für die spinnenden Elektronen gibt's aber dann immer fünf Freiheitsgrade mit *halb*zahliger Kugelfunktion. Das geschieht dem Schrödinger ganz recht. (ψ ist nicht mehr eindeutig, wohl aber $\psi\bar{\psi}$.) Außerdem steht in dieser Arbeit dann die Geschichte mit den Banden.

Sehr viel erfreulicher als das letztere ist die Arbeit von Hund. Das H_2^+ hat Hund dem H[er]rn Burrau hier überlassen[i] und der hat es nun wirklich endgültig in Ordnung gebracht. Die Arbeit von Alexandrow in den Annalen[j] war natürlich total falsch. Burrau bekommt, wie sich's gehört, Lösungen, die keine Nullstelle der Schrödingerf[unktion] haben, er rechnet die Energie als Funktion des Kernabstandes aus, bekommt auf der einen Seite Anschluß an He_{1s}^+, auf der anderen an H_{1s}. Die ψ-Funktion ist übrigens symmetrisch zu den Kernen. Zählt man die Abstoßung der Kerne zur Energie, so bekommt man ein schönes Minimum bei $r \approx 3a_H$ (also etwa halb so weit, wie damals bei Ihnen)[k] und die Energie ist 15,7 Volt, was jedenfalls genau genug stimmt. Hierüber kann man sich also beruhigen.

Sugiura, einer unserer japanischen Mitglieder, hat zwei hübsche Sachen ausgerechnet[l]:

1. Man berechne à la Fues[m] das Zentralfeld zur Darstellung des Natriumspektrums (halbe k, dann stimmt's ungefähr auch bei [der] Qu[anten]–M[echanik]). Daraus die Schrödingerfunktionen für 3_1, 3_2, 4_2. Daraus die Zahl der Dispersionselektronen für die D-Linien $3_2 \rightarrow 3_1$, und das nächst höhere Glied $4_2 \rightarrow 3_1$. Resultat: $f_D = 0{,}97$, $f_{4_2 \rightarrow 3} = 0{,}014$. Also die Summe wird 1 (natürlich, das steckt in den Rechnungen), aber f_D wird schon fast 1, ich glaub' Minkowski wird sich mit $f_D = 0{,}97$ zufrieden geben.

2. Das kontinuierliche Spektrum, das sich in Wasserstoff an Lyman-, Balmer- und Paschenserie anschließt. Nimmt man auch im *dis*kontinuierl[ichen] Teil irgendeine Linienbreite an, so bekommt man also z. B. für die totale Absorpt[ion] etwa folgende Kurve:

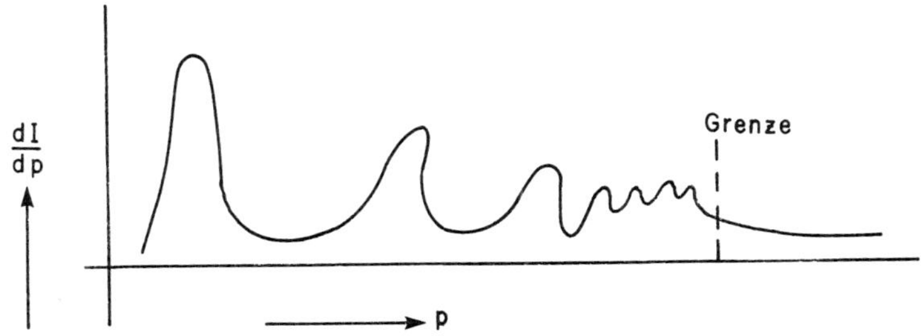

An der Seriengrenze schließen die beiden Spektra kontinuierlich aneinander! Das ist doch ganz schön. Doch nun genug für heut'. Viele Grüße ans ganze Institut, ich freu' mich immer sehr, Briefe von Ihnen zu bekommen!

W. HEISENBERG

[a] Am Kopfe des Briefes bemerkte Pauli: „1.) Heisenberg unphysikalisch; Beispiel der Eigenschwingungen im Kasten. 2.) Kräftefreier Fall – Auffangeapparat wesentlich. 3.) Möglichkeit nicht unbedingt abzuweisen, daß ‚Wahrscheinlichkeitsbegriff' nicht durchführbar. Keine Interpretation der Matrizen und der Rel[ation] $pq-qp=\frac{h}{2\pi i}\cdot 1$." (Die folgende Zeile konnte nicht entziffert werden.) [b] In der Sammlung PLC in Genf wird ein 6 Seiten langes undatiertes Manuskript von Pauli mit dem gleichlautenden Titel seiner späteren Veröffentlichung (1927 b) aufbewahrt. Wahrscheinlich handelt es sich um die Urform dieser wichtigen Arbeit zur nichtrelativistischen Spintheorie, die Heisenberg hier erwähnt. [c] Vgl. *b* von [145]. [d] P. A. M. Dirac: The Physical Interpretation of the Quantum Dynamics. Proc. Roy. Soc. A **113,** 621–641 (1927). Eingegangen am 2. Dezember 1926. [e] Neben das p der Figur schrieb Pauli: „endliche!" [f] Hier fügte Pauli die Fußnote an: „Möchte lieber sagen: wenn q in $(q, q+dq)$ und p beliebig, dann $S(f,q)df\,dq$ = Wahrscheinlichkeit, daß f zwischen f und $f+df$." [g] Hier folgt die Randbemerkung von Pauli: „Physikalisch[es] Problem $E, t; f(p,q)$." Vgl. hierzu auch Paulis Brief [143]. [h] Vgl. die unter *e* von [146] zitierte Arbeit. [i] Vgl. die Fußnote *d* von [138]. [j] W. Alexandrow: Das Wasserstoffmolekülion und die Undulationsmechanik. I. Mitteilung: Die Berechnungsmethode der Energiestufen, die Ionisierungsspannung und das Prinzipielle über das Viellinienspektrum. Ann. Phys. **81,** 603–614 (1926). Eingegangen am 18. August 1926. [k] Pauli (1922 a). [l] Y. Sugiura: Application of Schrödinger's Wave functions to the calculation of transition probabilities for the principal series of sodium. Phil. Mag. **4,** 495–504 (1927). – Sur le nombre des électrons de dispersion pour les spectres continus et pour les spectres de séries de l'hydrogene. J. Phys. Radium **8,** 113–124 (1927). [m] Als Verallgemeinerung der von Schrödinger zur Deutung der Natriumspektren verwendeten Idee der Tauchbahnen hatte Erwin Fues 1922 die allgemeine Theorie für Zentralfelder ausgearbeitet. Vgl. E. Fues: Die Berechnung wasserstoffunähnlicher Spektren aus Zentralbewegungen der Elektronen. I. und II. Z. Phys. **11,** 364–378; **12,** 1–12 (1922).

[149] PAULI AN WENTZEL

Hamburg, 5. Dezember 1926

Mein lieber Wentzel!

Nun muß ich Dich tausendmal um Entschuldigung bitten! Als ich Dir die Karte aus der „Barberina" schickte, wußte ich nicht, daß ich *so* lange brauchen werde, um Dir ausführlich zu antworten. Ich war damals sehr intensiv mit Quantenmechanik beschäftigt und zwar mit „strahlungsloser" à la Born. Es handelte sich [bei] mir um Folgendes: Man kann die Quadrate der Schrödingerschen Eigenfunktionen $\psi_n(q_1 \cdots q_f)$ allgemein dahin physikalisch deuten, daß $|\psi_n(q_n)|^2\, dq_1\, dq_2 \cdots dq_f$ die Wahrscheinlichkeit dafür angibt, daß im n-ten stationären Zustand die Lagenkoordinaten der Partikel des Systems sich *zugleich* in den infinitesimalen Intervallen $(q_1, q_1+dq_1) \cdots (q_f, q_f+dq_f)$ befinden. (Vom reinen Wellenstandpunkt aus ist dagegen die Funktion ψ_n, wenn mehr als ein Partikel vorhanden, kaum verständlich.) Nach den p_k wird dabei nicht gefragt. Ich habe mich dann gefragt, ob es nicht auch eine entsprechende Wahrscheinlichkeit $\varphi_n(p_1 \cdots p_f)dp_1 \cdots dp_f$ für die p_k gibt, wenn man umgekehrt nach den q_k nicht fragt. Es hat sich ergeben, daß das in der Tat der Fall ist und daß die $\varphi_n(p)$ aus den $\psi_n(q)$ sehr einfach berechnet werden können[a]. Allgemein haben dann Dirac[b] und Jordan[c] gezeigt, wie man die Wahrscheinlichkeit $|F_n(Q)|^2 dQ_1 \cdots dQ_f$ eines jeden klassischen Größensystems $Q_k = f_k(p_i, q_i)$ angeben kann, wenn die $\psi_n(q_1 \cdots q_f)$ bekannt sind. (Es muß dabei nur $f_k(p, q)$ so geschrieben werden, daß die zu f_k gehörigen Matrizen zugleich mit denen von p_k und q_k hermit[e]sch sind.) Man gelangt dann auch dazu, nicht nur Punkttransformationen, sondern allgemeine kanonische Transformationen der Schrödingerschen Differentialgleichung einzuführen.

Eine Frage, die mich schon lange beschäftigt und die durch Jordan und Dirac noch nicht erledigt wurde, ist die, ob man bei einer Einteilung des Phasenraumes in Zellen vom endlichen Volumen h^f die Wahrscheinlichkeit einer solchen Zelle in einfacher Weise definieren kann[d]. – Diese Probleme sind alle noch wenig abgerundet und in Entwicklung begriffen.

Eine andere Sache habe ich aber bereits druckfertig aufgeschrieben und will sie demnächst abschicken[e]. Heisenberg hat mich dazu bekehrt, nicht die Einstein-Bosesche Statistik der Gasentartung, sondern die auf dem „Wohnungsamt" beruhende Fermische (Zeitschrift für Physik **36,** 902, 1926) für die richtige zu halten[f]. Ich habe sodann die Statistik auf Atome mit Drehimpuls verallgemeinert.

Grundannahme: Es sei äußeres Kraftfeld und Richtungsquantelung (Azimutalquantenzahl m) vorhanden; man teile den Phasenraum der Translationsbewegung eines Atoms in Zellen vom Volumen h^3. *Es ist dann verboten, daß zwei Atome mit gleichem m außerdem noch in derselben Translationszelle liegen;* zwei Atome mit verschiedenem m dürfen aber in derselben Zelle liegen. – Betrachtet man die Elektronen im Metall näherungsweise als ideales Gas (was allerdings gewagt ist), dann ist es bereits völlig entartet (d. h. spezifische Wärme Null) und man bekommt trotz der Elektronenmagnete nur einen schwachen, der Größenordnung nach mit dem Diamagnetismus vergleichbaren, temperatur*unabhängigen* Restparamagnetismus in Übereinstimmung mit dem empirischen Verhalten der festen Alkalimetalle.

Nun zu *Deiner* Physik. Durch die Kramerssche Arbeit in der Zeitschrift für Physik[g] scheint mir doch das mystische Dunkel, das über Deinem $\int p\,dq$-Verfahren für Lösung der Schrödingergleichung[h] lag, zum großen Teil aufgehellt. Es ist eben so, daß es im allgemeinen verschiedene Partikularlösungen $u = e^{\frac{2\pi i}{h}S}$ der klassischen Gleichung sind, die in den verschiedenen Teilen der komplexen Ebene eine einzige Lösung der Wellengleichung approximieren (eine solche Approximation gibt es aber auch für Nicht-Eigenwerte, darin hattest Du Recht!). Aus der Mehrdeutigkeit der ersteren kann daher natürlich von vornherein gar nichts darüber geschlossen sein, ob die letztere eindeutig ist oder nicht. Dein $\int p\,dq$-Verfahren kommt, glaube ich, auf folgende Beobachtung hinaus: Die Eigenwerte sind dadurch ausgezeichnet, daß es *eine Umgebung* $|x| > C$ *des Punktes* ∞ gibt, für welche die Approximation der

Lösung der Wellengleichung durch *eine einzige* Partikularlösung $u = e^{\frac{2\pi i}{h}S}$ der klassischen Gleichung geleistet wird. Es muß wesentlich daran gebunden sein, daß S quadratisch verzweigt ist (ein elliptisches Integral ist).

Der Gedanke von Kramers, die „Perihelstellen", wo $p=0$ ist, herauszunehmen und gemäß der Wellenmechanik für sich zu betrachten, scheint mir sehr fruchtbar und verallgemeinerungsfähig zu sein. Man wird auch beim α-Stoßproblem solches tun müssen! Interessanter als die Rechtfertigung Deines $\int p\, dq$ scheint mir das Problem, den Kramersschen Ansatz zu einem systematischen Näherungsverfahren (höhere Approximationen!) auszugestalten. Dabei soll man, glaube ich, ruhig wie Kramers im Reellen bleiben, weil z. B. bei den Tauchbahnen, die potentielle Energie gar nicht immer als analytische Funktion einer komplexen Variablen vorgegeben ist.

Born hat mir einmal geschrieben, daß er sich mit dem α-Stoßproblem sehr eingehend geplagt hat, insbesondere wollte er auch die folgende Näherung rechnen lassen, weil *Blackett* in England experimentell auch bei den α-Teilchen Andeutungen von Beugung gefunden hat. *Ich glaube, es wäre gut, wenn Du ihm schreiben würdest, was Du darüber gerechnet hast*[i]. Auch mit der Frage der Anwendung der Quantenmechanik auf die Röntgenabsorption hat man sich in Göttingen beschäftigt; ein Herr Oppenheimer hat darüber gerechnet, ich weiß aber nichts Näheres[j].

Zu dem letzteren Problem möchte ich noch sagen: 1. Ich glaube für den Fall der Mittelung über alle Orientierungen des Atoms darf man sich immer – analoger Stabilitätsgesichtspunkt wie der, den Heisenberg bei der Polarisation der Resonanzstrahlung eingeführt hat – parallel zum elektrischen Vektor des einfallenden Lichtes ein Hilfsfeld eingeschaltet denken und dann zu diesem richtungsquanteln und die zu allen möglichen m-Werten gehörigen Intensitäten der Photoelektronen addieren. 2. Die Phasenkonstante α in der asymptotischen Darstellung der kontinuierlichen Eigenfunktionen, muß aus einem Integral über Γ-Funktionen (*nicht* den in der Schrödinger-Arbeit stehenden) leicht abzulesen sein, das für diese gilt. Es steht im Buch von Whittaker und Watson, Modern Analysis, im Kap[itel], das „the confluent hypergeometric function" betitelt ist[k]; dort ist nämlich die Schrödingersche Differentialgl[eichung] des H-Atoms, in etwas umgeformter Weise und mit anderen Buchstaben ziemlich vollständig behandelt! – Es wäre wichtig, auch das kontinuierliche Röntgenspektrum (Übergänge zwischen zwei Hyperbeln) zu rechnen. Soviel weiß ich sicher, daß an der Kante die Intensität sich endlich ergibt, also die Kramerssche Nase[l] herauskommt.

Wie ich höre, hat Wagner jetzt die Polarisation des spektral zerlegten Bremsspektrums in der Nähe der Kante gemessen und findet, daß sie dort viel größer ist[m]. Abseits der Kante spielen wohl die Störungen durch den Bremsvorgang im Metall eine viel größere Rolle.

Dein Wunsch betreffend die Sitzung des Gauvereines Niedersachsen war schon erfüllt, ehe Du ihn ausgesprochen hast: Es war längst beschlossen, daß sie dieses Semester in Hamburg sein soll; es ist Anfang Februar in Aussicht genommen. Außerdem haben wir Sommerfeld eingeladen[n], der paar Tage vorher, und Langevin, der ein paar Tage nachher extra vortragen soll, so daß sie beide auch bei der Gauvereinstagung da sein können. (Langevin hat aber noch nicht zugesagt.) Ich werde Dir Nachricht geben, wenn das alles endgültig feststeht.

Dein Bericht über die Nachfolge von Des Coudres hat mich sehr interessiert. Wie weit ist die Sache jetzt gediehen? – Ich würde es sehr begrüßen, wenn Debye berufen würde[o]! Das wäre auch gar nicht von vornherein aussichtslos. Zwar bekommt Debye eine enorme Bezahlung in Zürich, aber er leidet sehr unter vielen Examina (Polytechnikum!); vielleicht würde er doch annehmen, das wäre die schönste Lösung! Natürlich wäre auch eine Berufung von Schrödinger sehr schön, obwohl der wohl ziemlich sicher nach Berlin oder nach München gehen wird. (Da sehr viele verschiedene Versionen über die Berliner Liste verbreitet sind, konnte ich nicht sicher ermitteln, an welcher Stelle er auf dieser steht). – Aber rede doch, um Gottes Willen, den Leuten Jaffé und Gans aus![p]

Sonst geht es mir recht gut. Ich habe bemerkt, daß mir das Weintrinken sehr gut bekommt. Nach der zweiten Flasche Wein oder Sekt pflege ich die Manieren eines guten Gesellschafters anzunehmen (die ich im nüchternen Zustand niemals habe) und kann dann unter Umständen auf die Umgebung, namentlich wenn sie weiblich ist, einen ungeheuren Eindruck machen!

Ich würde mich freuen, Dich gelegentlich wieder zu sehen! Vielleicht zu Weihnachten. Kommst Du durch Berlin?

Herzliche Grüße vom ganzen Institut

und besonders von Deinem getreuen

W. PAULI

[a] Erstmals weist Pauli in seinem Brief [143] an Heisenberg auf diese Möglichkeit hin. [b] P. A. M. Dirac: The Physical Interpretation of the Quantum Dynamics. Proc. Roy. Soc. A **113,** 621–641 (1927). Eingegangen am 2. Dezember 1926. [c] P. Jordan: Über eine neue Begründung der Quantenmechanik. Z. Phys. **40,** 809–838 (1927). Eingegangen am 18. Dezember 1926. [d] Vgl. hierzu Heisenbergs Brief [146] und dort die Fußnote *b*. [e] Pauli (1927 a). [f] Die entsprechenden Literaturhinweise findet man unter *b* und *c* von [143]. [g] H. A. Kramers: Wellenmechanik und halbzahlige Quantisierung. Z. Phys. **39,** 828–849 (1926). [h] Vgl. den Kommentar zu [140] und die unter Fußnote d von [140] aufgeführte Abhandlung Wentzels, in der „das WKB-Verfahren" zum erstenmal dargestellt ist. [i] Gregor Wentzel war es vor kurzem gelungen, die Rutherfordsche Streuformel mit Hilfe des Bornschen Näherungsverfahrens auch wellenmechanisch herzuleiten. Vgl. G. Wentzel: Zwei Bemerkungen über die Zerstreuung korpuskularer Strahlen als Beugungserscheinung. Z. Phys. **40,** 590–593 (1926). Eingegangen am 19. November 1926. Einen Hinweis auf die Untersuchungen von P. M. S. Blackett findet man bei M. Born: Zur Wellenmechanik der Stoßvorgänge. Nachrichten der Gesellschaft der Wissenschaften zu Göttingen. Mathematisch-Physikalische Klasse. 1926. S. 146–160. Vorgelegt in der Sitzung vom 14. Januar 1927. [j] J. R. Oppenheimer: Zur Quantenmechanik kontinuierlicher Spektren. Z. Phys. **41,** 268–293 (1927). Eingegangen am 24. Dezember 1926. Es handelt sich hierbei um eine gekürzte Fassung von Oppenheimers Dissertation in Göttingen. Vgl. für das folgende auch die Untersuchung von G. Wentzel: Zur Theorie des photoelektrischen Effekts. Z. Phys. **40,** 574–589 (1926). Eingegangen am 19. November 1926. [k] E. T. Whittaker and G. N. Watson: A Course of Modern Analysis. [3]Cambridge University Press 1920. [l] Vgl. die frühe Arbeit von H. A. Kramers: On the Theory of X-Ray Absorption in the Continous X-Ray Spectrum. Phil. Mag. **46,** 836–871 (1923). Ausgegeben im November 1923. [m] E. Wagner und P. Ott: Polarisation spektralzerlegter Röntgenstrahlen. Ann. Phys. **85,** (1928). Unter dem gleichen Titel erschien 1926 ein Aufsatz von E. Wagner in den Berichten der physikalisch-medizinischen

Gesellschaft zu Würzburg. [n] A. Sommerfeld hielt auf Einladung der naturwissenschaftlichen Fakultät zu Hamburg dort einen Vortrag: „Zum gegenwärtigen Stande der Atomphysik". Dieser Vortrag wurde in der Physik. Z. **28,** 231–239 (1927), eingegangen am 18. Februar 1927, abgedruckt. Vgl. auch den Schluß von Heisenbergs Brief [156]. [o] Als Nachfolger von Des Coudres wurde Werner Heisenberg (zum 1. Oktober 1927) berufen. Debye kam nach Leipzig auf den Lehrstuhl des am 18. Januar 1927 verstorbenen Otto Wiener. [p] Der Berliner Lehrstuhl wurde nach Sommerfelds Absage 1927 mit Wirkung zum 1. Oktober 1927 durch Schrödinger besetzt. Der in Rußland geborene und in Deutschland ausgebildete Physiker Georg Jaffé behielt seine o. Professur in Giessen. Richard Gans war Professor für Physik in La Plata, Königsberg, München und zuletzt in Buenos Aires.

[150] Pauli an Schrödinger

Hamburg, 12. Dezember 1926

Lieber Schrödinger!

Vielen Dank dafür, daß Du mir die Buchform Deiner Abhandlungen[a] geschenkt hast, ich kann sie gut brauchen. Herr Gordon, der jetzt in Hamburg ist (er hat eine theoretische Assistentenstelle bei Koch bekommen[b]) erzählte mir, daß Du am 18. nach Amerika fährst,[c] und deshalb will ich Dir vorher noch einmal schreiben, nicht nur um mich für Dein Geschenk zu bedanken und um Dir frohe Weihnachten und gute Reise zu wünschen, sondern auch, weil ich in letzter Zeit viel über die relativistischen Gleichungen nachgedacht habe. Ich glaube jetzt ganz sicher, daß Du mit Deinem Standpunkt, daß diese Gleichungen sinnvoll sind und daß der Operatorkalkül verallgemeinert werden muß, Recht hast. Denn ich bin auf verschiedene Eigenschaften der relativistischen Gleichungen und der Ausdrücke für Ladungsdichte und Stromdichte gekommen, die mein Vertrauen zu diesen sehr gestärkt haben:

1. Beim ersten Anblick scheint es so, als ob in der Differentialgleichung für den de Broglieschen Feldskalar ψ nicht nur die elektromagnetischen Feldstärken F_{ik} (ich wähle hier und im Folgenden die vierdimensionale Schreibweise), sondern auch die *Absolutwerte* der Potentiale Φ_k eingehen würden. Das ist aber Gott sei Dank nur scheinbar. Bei der Substitution $\Phi_k' = \Phi_k + \frac{\partial\lambda}{\partial x_k}$ (λ Funktion der x_i) welche die $F_{ik} = \frac{\partial\Phi_k}{\partial x_i} - \frac{\partial\Phi_i}{\partial x_k}$ unverändert läßt, multipliziert sich nämlich der Fekdskalar ψ nur mit $e^{i\lambda}$ und alle beobachtbaren Größen wie Stromdichte S_k, $\psi\tilde{\psi}$, etc. bleiben unverändert.

2. Ich habe mich gefragt, ob nicht neben dem Erhaltungssatz der Ladung auch noch ein feldmäßig formulierbarer Erhaltungssatz von Energie und Impuls besteht und habe gefunden, daß dies in der Tat der Fall ist. Setzt man in die Lorentzkraft $\sum_k F_{ik} S_k$ (S_k = Viererstrom = Ladung + Strom) den Ausdruck für S_k, den Du angibst,

ein, so läßt sich diese auf die Form $\sum_k \frac{\partial T_{ik}}{\partial x_k}$ bringen. ($T_{ik} = T_{ki}$) T_{ik} für $i, k = 1,2,3$ sind Spannungen; T_{i4} = Energiestrom = c^2 · Impulsdichte, T_{44} = Energiedichte; die T_{ik} sind Differentialausdrücke erster Ordnung und 2. Grades in den ψ, die überdies die elektromagn[etischen] Potentiale in solcher Form enthalten, daß sie bei der unter 1. genannten Substitution invariant bleiben. Die T_{ik} mit dem elektromagnetischen Energietensor S_{ik} zusammen genügen den Erhaltungssätzen in der Differentialform

$$\text{Div (Spannung)} + \frac{\partial}{\partial t}(\text{Impulsdichte}) = 0$$

$$\text{Div (Energiestrom)} + \frac{\partial}{\partial t}(\text{Energiedichte}) = 0,$$

wobei überdies Energiestrom = c^2 · Impulsdichte.

Für ein abgeschlossenes System gilt neben

$$\int dV \cdot \text{Ladungsdichte} = \text{konst.}$$

auch

$$\int dV \cdot \text{Energiedichte} = \text{konst.}$$

und

$$\int dV \cdot \text{Impulsdichte} = \text{konst. (bzw. Null).}$$

Nur bei Vernachlässigung der Relativitätskorrektionen, d.h. wenn man die Lichtgeschwindigkeit ∞ setzt, wird die Ladungsdichte der Massendichte, die Stromdichte der Impulsdichte proportional, sonst hat man es da mit zweierlei Erhaltungssätzen zu tun.

3. Entwickelt man im Fall eines abgeschlossenen Systems (Magnetfeld Null, elektrost[atisches] Potential von der Zeit unabhängig) nach Fourier in der Zeit

$$\psi = \sum_n f_n e^{2\pi i \nu_n t}, \quad f_n \text{ von } t \text{ unabhängig,}$$

so geben die Erhaltungssätze Anlaß zu „Orthogenalitätsrelationen", da die zeitliche Konstanz der Volumintegrale das Fortfallen der Koeffizienten von $e^{2\pi i(\nu_n - \nu_m)t}$ für $n \neq m$ nach Ausführung der Integration verlangt. Es gelten auch die „Schwerpunktsätze" für Massenschwerpunkt und Ladungsschwerpunkt:

$$\int \mathfrak{r} \cdot \text{Ladungsdichte} \cdot dV = \int \text{Stromdichte} \cdot dV$$

$$\int \mathfrak{r} \cdot \text{Massendichte} \cdot dV = \int \text{Impulsdichte} \cdot dV$$

($\mathfrak{r}$ = räumlicher Radiusvektor, Massendichte = $\frac{1}{c^2}$ · Energiedichte).

Nun ist natürlich die Hauptfrage die nach den richtigen Verallgemeinerungen von $pq - qp = \frac{h}{2\pi i} \cdot 1$ und von den Multiplikationsregeln. Das weiß ich leider immer noch nicht. Auch muß ich noch die Gordonsche Arbeit über den Comptoneffekt[d] studieren.

Natürlich wirst Du die obigen Überlegungen als Wasser auf Deine Kontinuumsmühle betrachten. Aber ich bin nach wie vor (gemeinsam mit vielen anderen Physikern) überzeugt, daß die Quantenphänomene mit den begrifflichen Hilfsmitteln der Kontinuumsphysik allein nicht erfaßt werden können und der jetzige Stand der Quantenmechanik des Comptoneffektes (einschließlich Deiner Note darüber[e], die mir Gordon zu lesen gab) bestärkt mich darin nur. – Wir werden ja sehen, wie die Sache weiterläuft. Wenn wir uns alle nach besten Kräften bemühen, sie weiterzubringen, dann wird der richtige Weg sich schon von selbst einstellen.

Viele Grüße und alles Gute für die Reise

von Deinem getreuen W. PAULI

Empfehlungen an Deine Frau Gemahlin!

[a] E. Schrödinger: Abhandlungen zur Wellenmechanik. Leipzig: Johann Ambrosius Barth 1927. [b] Walter Gordon kam 1927 von Berlin als Theoretiker nach Hamburg in das Physikalische Staats-Laboratorium, welches damals unter der Leitung von Peter Paul Koch stand. Vgl. hierzu P. Jordans Beitrag „80 Jahre physikalische Forschung an der Universität Hamburg" zur Jubiläumsschrift der Universität Hamburg, wiedergegeben in Jordan: Begegnungen. Oldenburg: Gerhard Stalling Verlag 1971. [c] Vor seiner Berufung 1927 an die Universität Berlin besuchte Schrödinger mehrere Universitäten in den U.S.A. [d] W. Gordon: Der Comptoneffekt nach der Schrödingerschen Theorie. Z. Phys. **40,** 117–133 (1927). Eingegangen am 29. September 1926. [e] E. Schrödinger: Über den Comptoneffekt. Ann. Phys. **82,** 257–264 (1927). Eingegangen am 17. November 1926.

[151] SCHRÖDINGER AN PAULI

Zürich, 15. Dezember 1926

[Maschinenschrift]

Lieber Freund!

vielen herzlichen Dank für Deinen lieben Brief vom 12. Dezember, auf den ich leider heute im Drange der Abreise nur sehr unvollkommen antworten kann.

Nun mußt Du mir bitte nicht böse sein. An und für sich freut es mich ja sehr, daß unsere Gedankenwege in letzter Zeit immer so parallel gehen. Denn es ist mir eine Stütze und Bestätigung für die Vernünftigkeit der meinigen. Aber ich komme mir doch sehr ordinär vor, daß ich Dir immer schreiben muß: was Du mir schreibst, ist bereits in einer Annalennote im Druck. Übrigens erst seit wenigen Tagen, am 10. Dezember, hab' ich Wien auf der Durchreise in München das kleine Manus[kript] über den Energieimpulssatz übergeben[a]. Ich leite darin zuerst die ψ-Wellengleichung und die Maxwellschen Gleichungen aus dem in naheliegender Weise erweiterten Gordonschen Variationsprinzip ab, und das zieht ja dann die weiteren vier Erhaltungssätze nach bekannten und berühmten Mustern von selbst nach sich.

Meine äußerliche „Priorität" (wenn sie es ist) wäre diesfalls übrigens in sehr offenkundiger Weise auf den Umstand zurückzuführen, daß ich Gordons Arbeit[b] früher in Händen hatte als Du – ich habe übrigens in einer Fußnote deutlich gesagt, daß die Entstehung meiner Note darauf zurückzuführen. (Nein, verzeih, Irrtum, das steht in der Comptoneffektnote[c]; aber ich knüpfe natürlich breit und deutlich an Gordons Ergebnisse an.)

Nicht Recht hast Du mit der Vermutung, der Erhaltungssatz sei Wasser auf meine Kontinuumsmühle. Fast: im Gegenteil! Das „geschlossene Gleichungssystem" *gilt ja nicht*! Im Sinne der Gleichung wäre es, ein Lösungssystem ψ, φ_1, φ_2, φ_3, φ_4 zu suchen, welches *allen* Gleichungen genügt: der ψ-Wellengleichung und – unter Vermittlung der Gordonschen Ausdrücke für den Viererstrom – den retardierten Potentialgleichungen. *Aber so ist es ja nicht.* Man hat in die ψ-Wellengleichung z. B. im Wasserstoffall die Potentiale des *Kerns* einzusetzen. Aus dem gefundenen ψ errechnen sich dann nach den G[ordon]schen Formeln Potentiale, mit denen das Elektron „zwar auf andere Elektronen, aber nicht auf sich selbst zurückwirkt". So wenigstens ist es, wenn man, wie Du es willst, immer nur eine Eigenfunktion als „erregt" ansieht. Nimmt man mehrere, z. B. zwei, so hat man zu unterscheiden zwischen dem statischen Teil der von ψ erzeugten Potentiale und dem Schwingungsteil. Der *letztere* und nur der letztere dürfte in der ψ-Wellengleichung zu dem Kernpotential hinzuzufügen sein und eine „Strahlungskorrektion" ergeben. Ich kann doch nicht übersehen, ob er *nur dann* eine *bloß* kleine Korrektion bewirkt, wenn man *eine* Eigenschwingung als weit überwiegend, alle anderen nur als schwach erregt ansieht, oder vielleicht auch ohne diese Vorraussetzung.

Letzteres erscheint im ersten Moment unwahrscheinlich, weil ja dann die schwingenden Ladungen von gleicher Größenordnung sind wie die Kernladung. Darum scheint es mir auch nicht wahrscheinlich. Immerhin könnte eine Art „Orthogonalsein" der schwingenden Ladungen auf der Eigenfunktion doch dazu führen.

Aber nein, es wird nicht so sein*. Vielleicht läßt sich im Gegenteil gerade von dieser Seite her verstehen, nämlich von meinem Standpunkt aus „verstehen", warum in Wirklichkeit fast immer nur *eine* Eigenfunktion angeregt ist. Die Verteilung der Erregung auf mehrere scheint zu monströs starker Ausstrahlung zu führen, wahrscheinlich mit wechselnder Frequenz.

Er fällt schon wieder in die Klassik zurück! Nein nein! Ich sehe schon, daß das auch nicht so geradeaus geht. Ich sehe schon, daß man nicht annehmen darf, der größte Teil der ausgestrahlten Energie entfalle *nicht* auf die Linien, sondern sei als Untergrund über das Spektrum verschmiert.

Also verzeih diese abgerissenen und etwas gehetzten Gedanken. Im Ganzen habe ich gleich Dir sehr gute Hoffnung. Wir werden uns nur alle und von allen

---

* es kann nach dem Energiesatz gar nicht so sein!

Seiten her noch tüchtig plagen müssen; wenn auch vorläufig mit etwas verschieden nüancierter Grundeinstellung – zum Schluß kommen wir schon zusammen. Besonders da wir alle nette Menschen sind und lediglich an der *Sache* interessiert sind, nicht daran, ob es schließlich so herauskommt, wie man selbst oder wie der andere von Anfang an vermutet hat. Sollen uns Outsider immerhin wetterwendisch finden, wir wissen, daß solche Wetterwendigkeit der Wissenschaft besser taugt als Eigensinn.

Sei herzlich gegrüßt, lieber Freund, von Deinem

Dir treu ergebenen SCHRÖDINGER

[a] E. Schrödinger: Der Energieimpulssatz der Materiewellen. Ann. Phys. **82,** 265–273 (1927). Eingegangen am 10. Dezember 1926. [b] Vgl. die unter *d* von [150] zitierte Abhandlung. [c] Vgl. die Fußnote auf S. 258 der unter *e* von [150] genannten Arbeit.

IX. Das Jahr 1927

Kopenhagener Interpretation und Quantenelektrodynamik

[152]	Ehrenfest an Pauli (MS)	Leiden	24. Jan.	1927
[153]	Heisenberg an Pauli	Kopenhagen	5. Feb.	1927
[154]	Heisenberg an Pauli	Kopenhagen	23. Feb.	1927
[155]	Heisenberg an Pauli (PK)	Kopenhagen	2. Mär.	1927
[156]	Heisenberg an Pauli	Kopenhagen	9. Mär.	1927
[157]	Pauli an Jordan	Hamburg	12. Mär.	1927
[158]	Heisenberg an Pauli	Kopenhagen	14. Mär.	1927
[159]	Bohr an Pauli (dän.)	Kopenhagen	25. Mär.	1927
[160]	Pauli an Bohr	Hamburg	29. Mär.	1927
[161]	Heisenberg an Pauli	Kopenhagen	4. Apr.	1927
[162]	Pauli an Wentzel	[Hamburg	16. Mai	1927]
[163]	Heisenberg an Pauli	Kopenhagen	16. Mai	1927
[164]	Heisenberg an Pauli	Kopenhagen	31. Mai	1927
[165]	Heisenberg an Pauli	Kopenhagen	3. Jun.	1927
[166]	Pauli an Wentzel	Hamburg	23. Jun.	[1927]
[167]	Bohr an Pauli (dän.) (MS)	Kopenhagen	15. Jul.	1927
[168]	Pauli an Bohr	Hamburg	6. Aug.	1927
[169]	Bohr an Pauli (dän.) (MS)	Tisvilde	13. Aug.	1927
[170]	Bohr an Pauli (dän.)	Kopenhagen	2. Sep.	1927
[171]	Lorentz an Pauli	Haarlem	5. Sep.	1927
[172]	Bohr an Pauli (dän.) (MSD)	[Kopenhagen]	11. Okt.	1927
[173]	Pauli an Bohr	Hamburg	17. Okt.	1927
[174]	Darwin an Pauli (engl.)	Edinburgh	20. Nov.	1927
[175]	Pauli an Kronig	Hamburg	22. Nov.	1927
[176]	Pauli an Kronig (PK)	[Hamburg]	28. Nov.	[1927]

Die ersten Ansätze zu einer Quantentheorie der Wellenfelder wurden kurz nach Entstehen der neuen Quantenmechanik insbesondere von Jordan ausgeführt (vgl. [102], insbesondere die Fußnote *f*). In dem Schlußparagraphen der „Dreimännerarbeit“ wurde das Wellenfeld eines elektromagnetischen Hohlraumes in Analogie zu einem System von ungekoppelten Oszillatoren gemäß der Matrizenmechanik quantisiert. Auf diese Weise ließ sich eine früher durch Einstein hervorgehobene Schwierigkeit der älteren Strahlungstheorie beseitigen: man erhielt jetzt den richtigen Wert für das mittlere Schwankungsquadrat der Energie.

In der Folge bemühten sich verschiedene Autoren um eine konsequente Strahlungstheorie, deren erstes Ziel es sein mußte, durch Anwendung der Wellenmechanik auf ein System von Ladungen, die in Wechselwirkung mit ihrem elektromagnetischen Felde stehen, die Einstein-Koeffizienten herzuleiten. Die Lösung dieses Problems gelang Dirac Anfang 1927. Er betrachtete die Gesamtheit der Ladungen zusammen mit dem Strahlungsfeld als ein abgeschlossenes System und behandelte dieses mit Hilfe der Störungstheorie. Als wichtigstes Ergebnis konnte er zeigen, daß das Resultat sich auch dann herleiten ließ, wenn man das Strahlungsfeld durch ein System von Lichtquanten, die der Bose-Einstein-Statistik gehorchen, ersetzte. Wellen- und Teilchenauffassung erwiesen sich auch hier als äquivalent. Der hierdurch erzielte Erfolg führte nun zu weiteren Versuchen, eine allgemeine Quantenfeldtheorie aufzubauen, die das Mehrkörperproblem in relativistisch invarianter Weise zu formulieren erlaubt.

Insbesondere erhoffte man von einer solchen Theorie Aufklärung über die Struktur, Masse und Ladung der damals bekannten Bausteine der Materie. Der Optimismus ging so weit, daß Dirac Anfang 1927 darüber eine Wette mit Heisenberg abschloß (vgl. [153]).

Als Vorbereitung zu diesem ehrgeizigen Plan befaßte sich Pauli mit dem Studium der Volterraschen Funktionalmathematik (vgl. [155] und [157]). Zusammen mit Jordan und Heisenberg arbeitete er ein Programm zu seiner Verwirklichung aus [161]. Schon im August lagen die ersten Ergebnisse vor (vgl. [168]). Das Vorhaben konnte allerdings nicht vollständig bewältigt werden [162], und so veröffentlichten Jordan und Pauli (1928 b) gegen Jahresende ihre vorläufigen Resultate zur Quantenelektrodynamik der ladungsfreien Felder.

Es folgt nun ein erster Brief Paul Ehrenfests. Kennengelernt hatten sich Ehrenfest und Pauli bereits 1922 in Göttingen während der „Bohr-Festspiele". „Aus dieser Zeit" berichtete Oskar Klein[1], „stammt die erste Geschichte über ihren ‚Witzkrieg', zu welcher gehört, daß Ehrenfest viele Jahre früher gemeinsam mit seiner Frau einen sehr originellen und gründlichen, aber auch sehr umstrittenen Artikel über statistische Mechanik für die Enzyklopädie der Mathematischen Wissenschaften verfaßt hatte. Bei der betreffenden Gelegenheit stand Ehrenfest etwas abseits von Pauli und fixierte ihn in seiner spöttischen Weise, worauf er sagte: ‚Herr Pauli, Ihr Enzyklopädieartikel gefällt mir besser als Sie selber.' Worauf Pauli mit der größten Ruhe antwortete: ‚Das ist doch komisch, mir geht es mit Ihnen gerade umgekehrt.' Später während Ehrenfests letzter Jahre wurden er und Pauli zu guten Freunden, wobei der ‚Witzkrieg' in gemütlicher Form fortgesetzt wurde."

Ehrenfest war Inhaber des Lehrstuhls für theoretische Physik in Leiden. Seine Adiabatenhypothese war ein wertvolles Hilfsmittel bei der Formulierung von Quantenbedingungen in der Bohr-Sommerfeldschen Quantentheorie gewesen. Nach Aufstellung der Wellenmechanik hat er vor allem mit seinem Schüler Uhlenbeck die begrifflichen Grundlagen der neuen Quantenstatistik ausgearbeitet[2].

Zu Beginn 1927 erschien in den Naturwissenschaften eine Note[3], in der Ehrenfest einen Zusammenhang zwischen dem „Pauli-Verbot" und der Undurchdringlichkeit der Materie herzustellen suchte. Durch einen voreiligen Schluß meinte er hier das Pauli-Prinzip als eine Folge der Undurchdringlichkeit materieller Teilchen begründen zu können ([152]). Davon ist auch im folgenden Brief die Rede.

[1] O. Klein: Wolfgang Pauli. Mâgra Minnesord. Kosmos: Fysiska Uppsatser **37**, 9–12 (1959).

[2] Vgl. hierzu auch G. E. Uhlenbecks Dissertation: Over Statistische Methoden in de Theorie der Quanta. 's-Gravenhage: Martinus Nijhoff. 1927.

[3] P. Ehrenfest: Besteht ein allgemeiner Zusammenhang zwischen der wechselseitigen Undurchdringlichkeit materieller Teilchen und dem „Pauli-Verbot"? Naturwiss. **15**, 161–162 (1927). Signiert am 9. Januar

1927. Der Widerruf zu dieser Note erschien in: Naturwiss. **15,** 268 (1927). Vgl. auch P. Ehrenfest und G. E. Uhlenbeck: „Zum Einsteinschen Mischungsparadoxon". Z. Phys. **41,** 576–582 (1927). Eingegangen am 25. Januar 1927. Dort insbesondere die Anmerkung bei der Korrektur auf S. 582. Ehrenfests Verdienste um die Aufklärung des sog. „Einsteinschen Mischungsparadoxons" (vgl. Fußnote *c* von [152]) hat Pauli später in einem Nachruf in Naturwiss. **21,** 841–843 (1933) gewürdigt.

[152] Ehrenfest an Pauli

Leiden, 24. Januar 1927

[Maschinenschrift]

Lieber, fürchterlicher Pauli!

Ich danke Ihnen sehr für Ihre zwei Postkarten. Sehen Sie, den Umstand, daß zum Beispiel im Heliumatom die zwei Elektronen gleiche [T]ranslationsquanten besitzen dürfen, falls sie nur verschiedenen Spin haben, diesen Umstand hatte ich wirklich nicht übersehen. Aber ich beruhigte mein Gewissen mit dem folgenden, bewußt selbstbetrügerischen Schlummerliedchen: wegen der magnetischen Anziehungskraft sind Elektronen mit GLEICHEM Spin füreinander durchdringlich, weil dann die elektrostatische Abstoßung durch die stark anwachsende magnetische Anziehung überwunden wird, sobald die Elektronen beinahe zusammenfallen. Bei „entgegengesetztem" Spin hingegen unterstützt die magnetische Abstoßung noch die elektrische.

Nun, Pauli, sie begreifen, daß ich so einen Schwindel (selbst ich!) nicht drucken will, wenn ich es irgend vermeiden kann. Drum bin ich vorsichtig um diesen Brei herumgekrochen in der Hoffnung, daß ein andere[r] mich anfällt und ich dann aus Notwehr diesen „dem gegenwärtigen Zustan[d] der Wissenschaft entsprechenden" Schwindel loslassen darf. Im Grund ist es bei mir mehr Glaubenssache: Ich hatte schon seit langer Zeit das Gefühl, daß Ihr Verbot es ist, das zunächst die Atome und dadurch die Kristalle vor dem Einschrumpfen bewahrt (in einem populären Vortrag über „was macht die festen Körper fest" hatte ich das vor mehreren Monaten angedeutet). Bei dem Versuch, ein ideales Gas endlich einmal rational UNTER BERÜCKSICHTIGUNG der Undurchdringlichkeit der Moleküle zu quantisieren, bemerkte ich dann zum erstenmal die eigentümliche Umkehrung dieses Gedankens und deshalb ließ ich mich nicht durch den Spin-Einwand deprimieren, sobald ich sah, daß man gegen ihn noch diese oben angedeutete Beschwörungsformel murmeln kann. Es werden das eben gescheitere Köpfe als ich ganz in Ordnung bringen. Wahrscheinlich gerade Sie, Pauli! Erlauben Sie mir deshalb „weiter auf dem Bock herumzureiten, den ich in jenem Naturwissenschaft-Brief[a] (ihrer Meinung nach) geschossen habe" (diese schöne Redensart habe leider Gottes nicht ich erfunden, sondern Salomon Spitzer in einer wütenden Polemik mit Petzval[b], alles in Wien zirka 1850–1860).

Daß mir in meiner „gerade"-Briefkarte beim Übergang von ein nach drei Dimensionen das Herz für einige Stunden ganz in die Hose gefallen war, beruhte auf einem kurzdauernden Mißverständnis mit folgender Ursache: Ich bemerkte nämlich, daß für ein rechtwinklig-[p]arallelepipedisches Gefäß noch andere Permutationen beim selben Eigenwerte erlaubt sind, also für undurchdringliche Moleküle doch noch andere antisymmetrische Lösungen als die Determinanten-[k]ombination möglich werden. Später aber begriff ich, daß das ganz wurscht ist, nur für spezialisierte Gefäßformen eintritt und dann sehr einfach zu begreifen ist, daß bei spezieller Gefäßform zu einem und demselben Eigenwert MEHRERE Determinant[en]-Lösungen gehören. Deshalb ließ ich die Sache mit einer ganz kleinen Veränderung (Dreidimensionale[s] Gas i[m] Gefäß von „allgemeiner" Form) abdrucken -------- trotz Pauli-Verbot! Aber, lieber, lieber Pauli, was bleibt denn Ihren physikalischen Zeitgenossen (außer den zwei drei ganz besonderen) anderes übrig als diejenigen Dinge zu publizieren, deren Publi[k]ation Sie unterlassen, weil Sie sie „zu leicht befunden" haben?! Und scheint es nicht, als ob in der letzten Zeit kaum eine Sache sich als lebensfähig erweist, wenn sie nicht erst als Segen den Fluch eines Pauli-Verbotes mitgekriegt hat? Schließlich ist ja auch der adelnde Ritterschlag kaum etwas anderes als eine stilisierte Watschen!

Ich erlaube mir Ihnen noch demnächst die Korre[k]tur eines kurzen Stückes zuzusenden, das Uhlenbeck und ich vor ein paar Tagen an die Zeitschrift für Physik abgesendet haben über das Einsteinsche Mischungsparadox[on][c]. Unsere Überlegungen waren fertig, als Ihre Korre[k]tur über Magnetismus[d] ankam. Nur war noch nicht alles niedergeschrieben. Sofern es sich um einfache undurchdringliche Punkte handelt, haben wir, glaube ich, das Paradoxon völlig gelöst. Das heißt, indem wir [k]onsequent die $3N$-dimensionale Betrachtungsweise mit Berücksichtigung der Undurchdringlichkeit zugrundelegen, konnten wir klar einsehen, daß das Mischungsparadoxon sicher nicht auftritt. Aber es ist auch unmöglich allein aus dreidimensionalen Betrachtungen die Zustandsgleichung eines *Gasgemisches* zu erhalten. Der Frage nach solchen Dingen wie Spin sind wir im Stück selbst sorgfältig aus dem Weg gegangen. Wohl *glauben* wir schon klar zu sehen, was wir über das Mischungsparadox[on] im Fall eines Elektronengases sagen sollen. Aber weitaus weniger klar ist uns, was für Atome oder Moleküle zu erwarten ist. Jedenfalls müssen Sie uns verzeihen, daß wir stets wieder die Undurchdringlichkeit, oder allgemeiner gesprochen, „Das Eingreifen der Wechselwirkungen" zwischen den erst unabhängig gedachten Teilchen als den Schiedsrichter zwischen [k]on-[k]urrierenden Zählweisen anrufen.

Nun bin ich neugierig ob etwas oder wieviel auf die Dauer von dem Zusammenhang „Undurchdringlichkeit-Pauli-Verbot" übrig bleiben wird. Besonders wenn man wieder menschlich von der $3n + 1$-dime[n]sionalen Physik zur (gut durchentwickelten) Wald- und Wiesenphysik in 5 Dimensionen[e] heimkehren wird.

Herzl[iche] Grüße Ihnen und den Hamburgern!

Ihr P. EHRENFEST

[a] P. Ehrenfest: Besteht ein allgemeiner Zusammenhang zwischen der wechselseitigen Undurchdringlichkeit materieller Teilchen und dem Pauli Verbot? Naturwiss. **15,** 161 – 162 (1927). Signiert 9. Januar 1927. Am 1. März 1927 verfaßte Ehrenfest einen Widerruf zu dieser Arbeit (Naturwiss. **15,** 268 (1927). Ebenfalls betroffen davon wurde die unter *c* genannte Abhandlung. Vgl. auch Heisenbergs Ansicht über diese Note im folgenden Brief [153]. [b] Joseph Petzval (1807 – 1891), Wiener Mathematiker, entwickelte u. a. eine Theorie der optischen Abbildungsfehler und leitete das sog. Petzvalsche Theorem der Optik ab. Wahrscheinlich meint Ehrenfest mit der zweiten Person Simon Spitzer (1826 – 1887), ebenfalls Mathematiker und Prof. der analytischen Mechanik in Wien. [c] P. Ehrenfest und G. E. Uhlenbeck: Zum Einsteinschen „Mischungsparadoxon". Z. Phys. **41,** 576 – 582 (1927). Eingegangen am 25. Januar 1927. [d] Pauli (1927 a). [e] Offensichtlich spielt Ehrenfest hier an auf seine gemeinsam mit Uhlenbeck verfaßte Note über eine „Graphische Veranschaulichung der de Brogliesehen Phasenwellen in der fünfdimensionalen Welt von O. Klein". Z. Phys. **39,** 495 – 498 (1926). Eingegangen am 16. September 1926.

[153] Heisenberg an Pauli

Kopenhagen, 5. Februar 1927

Lieber Pauli!

Ihr Brief hat mir sehr viel Freude gemacht; ich bin mit Ihren Ansichten restlos einig und auch darin besteht zwischen uns Einigkeit, daß ich bis jetzt über die relativistischen Fragen nichts herausgebracht habe. Da ist insbesondere eine Frage, über die Sie vielleicht doch schon etwas wissen: Wie sieht die Störungstheorie zur relativistischen Schröd[inger]-Gleichung aus? Was entspricht der Entwicklung nach Eigenfunktionen im relativistischen Falle? Eigentlich müßten doch die Mathematiker darüber Bescheid wissen, denn das Problem ist doch sicher schon irgendwo behandelt. Vielleicht frag' ich einmal den Courant!?

Über die Darstellung des Spins mit polarisierten de Broglie-Wellen soll Darwin in der Nature eine Note schreiben oder geschrieben haben[a]. Ich muß sagen, daß ich daran in keiner Weise mehr glaube. Erstens: Wenn man Lichtquanten mit je zwei Einstellungen versieht (also Lichtquanten mit „Spin" konstruiert), um so etwa die Polarisation der Lichtwellen zu symbolisieren und dann die symmetr[ischen] Lösungen auswählt, bekommt man, so viel ich sehe, *nicht* mehr Plancks Formel (mit dem richtigen Faktor 2), sondern etwas ganz anderes. Ferner: ich glaube doch, daß auch für den Spin ein neuer Freiheitsgrad und in den Differentialgleichungen eine neue Variable notwendig sind. Dafür kann man etwa so argumentieren: Ich bin überzeugt, daß die „Struktur des Elektrons" keine Frage ist, die durch Lösung einer nichtlinearen Differ[ential]gl[eichung] entschieden werden kann. Wenn man dies *postuliert*, folgt zunächst (so scheint mir), daß wir es stets mit Diff[erential]gl[eichungen] im *Phasenraum* ($3N$ bzw. relativistisch jedenfalls $4N$ Dimensionen) zu tun haben, wie ja auch aus anderen Gründen einleuchtet. Aber auch fürs einzelne Elektron sind 4 Dimensionen zu wenig. Denn sonst müßte die Größe des „Spins" durch Diff[erential]gl[eichungen] irgendwie an die Größe des Elektrons u.s.w. gebunden sein, was ich aus dem obengenannten Grund nicht glaube. Zwingend sind solche Argumente wohl nicht, für meinen Hausgebrauch aber reichen sie vollständig – so sehr, daß ich mit Dirac gewettet habe, daß die Tatsache des Spins wie die Struktur der Kerne frühestens in drei Jahren verstanden sein wird; während Dirac behauptete, daß man in drei Monaten (von Anf[ang] Dezember aus gerechnet) über den Spin Bescheid wüßte[b]. Ähnlich denk' ich über die verschiedenen Statistiken. Die Ehrenfestsche Arbeit[c] halte ich für ganz verfehlt. Gegenüber dieser Arbeit muß ich die bekannte Kritik anwenden: Erstens hab' ich's selber gemacht und zweitens ist es falsch. Wenn die Elektronen punktförmig wären, hätten solche Argumente *vielleicht* einen Sinn; es kommt aber auch dann auf das Abstoßungsgesetz an, ob die Schröd[inger]-funkt[ion] Singularitäten an den Stelle[n] $x_1 = x_2$, $y_1 = y_2$, u.s.w. hat, oder nicht; bei den antisymmetrischen Funktionen hat sie sicher dort eine Nullstelle, deswegen braucht sie nicht singularitätsfrei zu sein. Wenn man aber den Spin in Betracht zieht, wird alles ganz anders. „Bei antiparallelem Spin stoßen sich die Elektronen ab, bei parallelem ziehen sie sich an". Da hört sich denn doch alles auf. Gegenbeweis:

$\textcircled{\pm}$ über $\textcircled{\pm}$ Anz[iehung] $\textcircled{\pm}$ $\textcircled{\pm}$ Abst[oßung]

$\textcircled{\pm}$ über $\textcircled{\mp}$ Abst[oßung] $\textcircled{\pm}$ $\textcircled{\mp}$ Anz[iehung]

Die Singularitäten der Schröd[inger]f[unktion] für den Fall des Spins sind überhaupt nicht zu übersehen und hängen sicher mit der Frage der Kernstruktur zusammen. Aber daraus Schlüsse für die antipar[allelen] Lösungen zu ziehen, find' ich unmöglich*. Auch Ehrenfest und Uhlenbecks letzte Note in der Zeitschrift für Physik **41,** 1. Heft[d] ist mir ganz unverständlich. Das wissen wir doch längst, es steht auch in Diracs und meinen Arbeiten (z. B. Düsseld[orfer] Vortrag[e]), außerdem ist es restlos trivial, daß die klassische Statistik gilt, wenn *alle* Lösungen genommen werden. Daß alle quantenmechanischen Arbeiten nocheinmal à la Wellenmechanik publiziert werden, ist doch beinahe ärgerlich.

Für mein Privatvergnügen beschäftige ich mich immer mal wieder mit den logischen Grundlagen des ganzen $pq - qp$-Schwindels (unrelativistisch) und werd' auch allmählich über manche Zusammenhänge klarer. Jordans Aufsatz in den Naturwissensch[aften][f] fand ich recht hübsch – stellenweise nicht sehr exa[k]t. Was bedeutet z. B. die „Wahrscheinlichkeit dafür, daß das Elektron an einem bestimmten Punkt steht", wenn der Begriff „Ort des Elektrons" nicht anständig definiert wird. Aber sonst find' ich's einen großen Genuß, so etwas Nichtmathematisches zu lesen. Jordans große Arbeit in der Z[eit]s[chrift][g] konnte ich aber nicht verstehen. Die „Postulate" sind so wenig greifbar und undefiniert, ich kann nicht daraus klug

* Ich hatte bei meiner ersten Arbeit über Resonanz[h] mir diesen ganzen Fragenkomplex wirklich sehr genau überlegt und mir jedenfalls alle Schwierigkeiten ernsthaft klar gemacht.

werden. Doch für heut' genug und viele Grüße an alle Physik! In jugendlicher Wurschtigkeit über alle kontinuierlichen Schwindel!

W. HEISENBERG

[a] C. G. Darwin: The Electron as a Vector Wave. Nature **119,** 282–284 (1927). Ausgegeben am 19. Februar 1927. Eine ausführliche Darstellung erfolgte später unter dem gleichen Titel in Proc. Roy. Soc. A **116,** 227–253 (1927). Eingegangen am 30. Juli 1927. Vgl. hierzu auch [155]. [b] Diese Wette wird von verschiedenen Zeitgenossen erwähnt. Man vgl. z. B. den Brief Heisenbergs an Jordan vom 7. März 1927 (SHQP, MF 18), worin es heißt: „Die beiliegende Note von Pauli (1927b) find ich sehr schön, sie bestätigt wieder, daß ich meine Wette mit Dirac über das spinnende Elektron doch gewinnen werde." Siehe auch F. Hund: Göttingen, Kopenhagen, Leipzig im Rückblick. In: Werner Heisenberg und die Physik unserer Zeit. Braunschweig: Friedr. Vieweg und Sohn 1961. Dort S. 5. Die Wette hat Dirac allerdings nicht ganz gewonnen. Seine erste Abhandlung über: „The Quantum Theory of the Electron" ging am 2. Januar 1928 bei Proc. Roy. Soc. A **117,** 610–624 (1928) ein. [c] Wahrscheinlich hat Pauli Werner Heisenberg auf Ehrenfests neueste Untersuchung aufmerksam gemacht. Der weiter unten zitierte Satz von Ehrenfest bezieht sich wohl auf den 1. Absatz von [152]. [d] P. Ehrenfest und G. E. Uhlenbeck: Die wellenmechanische Interpretation der Boltzmannschen Statistik neben der der neueren Statistiken. Z. Phys. **41,** 24–26 (1927). Eingegangen am 15. Dezember 1926. [e] W. Heisenberg: Quantenmechanik. Naturwiss. **14,** 989–994 (1926) Vortrag, gehalten am 23. September auf der 89. Versammlung Deutscher Naturforscher und Ärzte in Düsseldorf vom 19.–26. September 1926. Vgl. auch Verhandlungen der Deutschen Physikalischen Gesellschaft **7,** 41 (1926). [f] P. Jordan: Kausalität und Statistik in der modernen Physik. Naturwiss. **15,** 105–110 (1927). Es handelt sich hier um Jordans Habilitationsvortrag. [g] P. Jordan: Über eine neue Begründung der Quantenmechanik. Z. Phys. **40,** 809–838 (1927). Eingegangen am 18. Dezember 1926. In dieser Arbeit benutzt Jordan die von Pauli suggerierte Verallgemeinerung der Wellenfunktion als Wahrscheinlichkeitsamplitude, indem er für diese mehrere Postulate aufstellte. [h] Vgl. Fußnote *h* von [140].

Seitdem im Sommer 1925 durch die Experimente von Bothe und Geiger die strenge Gültigkeit des Energiesatzes feststand, war Niels Bohr ein Anhänger des Welle-Teilchen-Dualismus geworden. Aus dieser Annahme ergaben sich aber große Schwierigkeiten für die Beschreibung atomarer Prozesse mit Hilfe der raum-zeitlichen Vorstellungen der klassischen Physik.

Schrödingers Versuch, durch seine Deutung der Wellenfunktion zu einer Physik des Kontinuums zurückzukehren, stieß deshalb bei den Kopenhagener Physikern, zu denen auch Heisenberg gehörte, auf energischen Widerstand. Seit Schrödingers Besuch im Oktober 1926 beschäftigte man sich in Kopenhagen mit der endgültigen Klärung der Interpretationsfrage.

Dabei wurde dieses Problem von Bohr und Heisenberg auf zwei verschiedene Weisen gelöst: es entstand die sog. Kopenhagener Interpretation der Quantenmechanik.

Niels Bohr entwickelte seine bekannte Komplementaritätsidee zu einem allgemeinen Naturgesetz, das insbesondere die Dualität von Teilchen und Welle als zwei sich ausschließende und ergänzende Aspekte ein und desselben Phänomens ansah.

Heisenberg, der bereits mit der statistischen Interpretation der Dirac-Jordanschen Transformationstheorie vertraut war und ständig mit Pauli korrespondierte, gelangte durch eine Analyse des Meßprozesses zu mehr quantitativen Ergebnissen. Er leitete seine berühmten Unbestimmtheitsrelationen für Paare von kanonisch konjugierten Variablen aus der Quantenmechanik her und diskutierte diese anhand von Gedankenexperimenten. Während Bohr, erschöpft durch die andauernden Diskussionen zur Erholung, wie er sagte, im Februar nach Norwegen reiste und dort seine Überlegungen zu Ende führte [155], gelangte nun auch Heisenberg zu einer endgültigen Klärung seiner Gedanken. Den ersten Entwurf seiner Arbeit „Über den anschaulichen Inhalt der quantentheoretischen Kinematik und Mechanik" schickte er Pauli zur Begutachtung. Pauli antwortete[1]: „Es wird Tag in der Quantenmechanik".

[1] Vgl. W. Heisenberg: Die Zeit der Entwicklung der Quantenmechanik. Pauli-Memorial-Volume S. 46.

[154] Heisenberg an Pauli

Kopenhagen, 23. Februar 1927

Lieber Pauli![a]

Vielen Dank für Brief und Karte. Mit Ihrem Programm hinsichtlich der Elektrodynamik bin ich sehr einverstanden; nicht ganz aber hinsichtlich der Analogie: Qu[anten]–W[ellen]–Mechanik: klassischer Mech[anik] = Qu[anten]–Elektrosyn[amik]: klass[ischer] Maxw[ell]–Th[eorie]. Daß man die Maxwellschen Gl[eichungen] quanteln soll, um die Lichtquanten u.s.w. à la Dirac[b] zu bekommen, glaub' ich schon, aber man soll dann vielleicht doch auch später die de Broglie Wellen quanteln, um Ladung und Masse und Statistik (!!) der Elektronen und Kerne zu bekommen.

Aber ich hab' über diese Frage wenig nachgedacht. Heute wollt' ich Ihnen einen Teil der Überlegungen schreiben, die ich über den anschaulichen Sinn der (*un*relativistischen) durch Dirac-Jordan doch ziemlich mathematisch abgeschlossenen Qu[anten]-M[echanik][c] gemacht hab'[d]; dadurch hoff' ich auch selbst drüber klar zu werden. Also ich fang' gleich an:

1. Was versteht man unter dem Wort: „Ort des Elektrons"? Diese Frage wird nach bekanntem Muster durch die andere zu ersetzen sein: „Wie *bestimmt* man den Ort des Elektrons?" Man nehme etwa ein Mikroskop mit hinreichend gutem Auflösungsvermögen und schaue das Elektron an. Die Genauigkeit hängt von der Wellenlänge des Lichtes ab. Durch hinreichend kurzwelliges Licht läßt sich der Ort des Elektrons zu einer bestimmten Zeit (eventuell seine Größe) *beliebig* genau feststellen[e]; das gleiche kann durch Stöße von sehr schnellen Teilchen auf das Elektron erreicht werden. *Diesen* Sinn hat es also auch, wenn wir das Elektron als Korpuskel bezeichnen. Erfahrungsgemäß stören wir das Elektron in seinem mechanisch[en] Verhalten durch Comptoneffekt bzw. Stoß durch eine solche Beobacht[un]g seines Ortes vollständig. Der Impuls p ist im Augenblick, wo der Ort „q" ist, ganz unbestimmt: $pq - qp = \frac{h}{2\pi i}$.

2. Was versteht man unter „Bahn" des Elektrons? Unter Bahn versteht man eine Folge von Raumpunkten, die zu verschiedenen Zeiten als Platz des Elektrons

festgestellt werden. „Der Planet X bewegt sich in der Bahn B um die Sonne“ heißt: Durch Beobachtungen, die ihrerseits die Bewegung des Planeten vernachlässigbar wenig beeinflussen, ist es möglich, den Planet zu verschiedenen Zeiten an jenen verschiedenen Orten festzustellen.

3. Also hat es keinen Sinn, über sagen wir z. B. die 1S-„Bahn“ des Elektrons im Wasserstoffatom zu sprechen. Denn wenn wir überhaupt den Ort des Elektrons wesentlich *genauer* als 10^{-8} cm bestimmen wollen, wird durch eine *einzige* Beobachtung das Atom schon zerstört. Das Wort 1S-„Bahn“ ist also schon rein experimentell sozusagen, d. h. ohne Kenntnis der Theorie, ein Unsinn. Dagegen läßt sich die gedachte Ortsbestimmung an vielen 1S-Wasserstoffatomen wiederholen; also muß es eine exakt feststellbare Wahrscheinlichkeitsfunktion für die Orte des Elektrons geben (diese ist bekanntlich $\psi_{1s}(q)\,\psi^*_{1s}(q)$), wenn die Energie 1$S$ vorgegeben ist. Die Wahrscheinlichkeitsfunktion entspricht dem Mittelwert der klassischen „Bahnen“ über alle *Phasen*. Man kann, wie Jordan, sagen, daß die Naturgesetze statistisch seien. Man kann aber, und das scheint mir wesentlich tiefer, mit Dirac sagen, daß alle Statistik erst durch unsere Experimente hereingebracht ist[f]. Daß wir nicht wissen, an welcher Stelle das Elektron im Augenblick unseres Versuchs sein wird, kommt sozusagen nur daher, daß wir die Phasen vorher nicht kennen, wenn wir die Energie kennen:

$$Jw - wJ = \frac{h}{2\pi i} \; !$$

und in der klassischen Theorie wär es in *diesem* Punkte auch nicht anders. Daß wir die Phasen nicht kennenlernen *können* — ohne eben wieder das Atom zu zerstören, ist chrakteristisch für die Qu[anten]–M[echanik].

4. Ganz analoge Betrachtungen lassen sich über die Geschwindigkeit des Elektrons anstellen. Zur Definition des Wortes: „Geschwindigkeit des Elektrons“ sei etwa folgendes Experiment verwandt: Zu einer gewissen Zeit t mache man alle Kräfte auf das Elektron plötzlich Null, dann wird das Elektron „geradlinig“ weiterlaufen; hierbei bestimme man die Geschwindigkeit etwa durch Dopplereffekt eines nun möglichst *roten* gestreuten Lichtes. Die Genauigkeit wird umso größer, je röter das betreff[ende] Licht ist, dann muß aber auch das Elektron entsprechend *lang* ohne äußere Kräfte laufen. Danach schalte man die Kräfte wieder ein. Die Genauigkeit hängt ab von der Länge des Weges, die das El[ektron] ohne Kräfte läuft:

$$pq - qp = \frac{h}{2\pi i}.$$

Hieran kann man wieder die gleichen Schlüsse wie oben über die Unmöglichkeit einer Funktion $p(t)$ etwa für die 1S-Bahn eines Atoms anschließen.

5. Solche Betrachtungen lassen sich für alle kanonischen Koordinaten irgendwelcher Art wiederholen. Man wird stets finden, daß alle denkbaren Experimente diese Eigenschaft haben: Wenn eine Größe p mit einer Genauigkeit festlegbar ist, die durch den mittleren Fehler p_1 charakterisiert ist, so kann die kanonisch

konjugierte Koordinate q gleichzeitig nur mit einer Genauigkeit angegeben werden, die durch den mittleren Fehler $q_1 \approx \frac{h}{2\pi p_1}$ charakterisiert ist. Mathematisch läßt sich dies nach Dirac-Jordan auch so fassen: Es sei (q,η) eine Wahrscheinlichkeitsamplitude für q für einen gewissen Parameterwert η, derart, daß (q,η) nur im Bereich $q_0-q_1<q<q_0+q_1$ von Null merklich verschieden ist, dann wird

$$(p,\eta)=\int_{-\infty}^{+\infty}(q,\eta)e^{\frac{(p-p_0)(q-q_0)}{ik}}dq \quad \left(\frac{h}{2\pi i}=ik\right) \quad \left(\text{Es ist } (p,q)=e^{\frac{(p-p_0)(q-q_0)}{ik}}.\right)$$

nur merklich von Null verschieden, wie man aus dieser Gleichung abliest, wenn $\frac{(p-p_0)q_1}{k}$ von nicht höherer Größenordnung als 1 ist. D.h. $p_1=\frac{k}{q_1}$, (p,η) wird nur zwischen $p_0-p_1<p<p_0+p_1$ merklich von Null verschieden. In anderen Worten: wir können, statt q als Diagonalmatrix zu verlangen, ja auch irgendeine andere Form von q: $q(\eta',\eta'')$ bzw. eine Wahrscheinlichkeitsamplitude (q,η) vorgeben. Durchgeführt habe ich diese mathematische Möglichkeit weiter nicht; mir scheint, sie liefert aber über Dirac nicht viel neues. Wenn z.B. q als Matrix $q(\eta',\eta'')$ festgesetzt wird, so liefert die lineare Integralgleichung

$$q\{q,\eta''\}=\int\{q,\eta'\}\cdot q(\eta',\eta'')\,d\eta$$

die Transformationsfunktion (q,η) und alles weitere. Also lassen wir wieder die Mathematik und gehen zu[r] Physik. Man kann nach dem bisherigen sagen: Die Vertauschungsrelationen sind für die Qu[anten]-M[echanik], was die Relativität der Gleichzeitigkeit der Relativit[äts]theorie bedeutet. Wenn es je ein Experiment gäbe, das p und q gleichzeitig und *genau* zu bestimmen gestattete, müßte die Qu[anten]-M[echanik] notwendig falsch sein. Man kann den quantenmechanischen Größen oder Matrizen nicht eine bestimmte Zahl, aber eine *Zahl* mit einer gegebenen *Ungenauigkeit* zuordnen. Für diese *Zahlen* gelten, *innerhalb der gegebenen Genauigkeit*, die Hamiltonschen (*klassischen*) Gleichungen. (Dies ist leicht zu beweisen.)

6. *Der Übergang von Mikro- zu Makromechanik.* Die folgenden Überlegungen sind mir eigentlich das wichtigste am ganzen: Erst möcht' ich sagen, wie dieser Übergang (von Mikro- zu Makromech[anik]) *nicht* geht. Schrödinger nimmt an, es sei möglich, Eigenfunktionen des Atoms so zu addieren, daß Wellenpakete resultieren, die für beliebige Zeit beisammen bleiben und die periodische Bewegung des Elektrons liefern[g]. Nun kann man aber leicht sehen: Solche Wellenpakete müssen, wie das Elektron der klassischen Bahn, zu Strahlung in Fourierreihen (Frequenz ganzzahl[iges] Vielfaches einer Grundfrequenz) Anlaß geben. Das tun aber die Eigenfunktionen *nie* — ausgenommen eben den Spezialfall des Oszillators[h]. Sie tun es aber *näherungsweise*, aber das heißt nur, daß das Wellenpaket erst nach hinreichend *langer* Zeit zerläuft. (Auch sind die Phasenbeziehungen, wie Ihnen bekannt, anders als klassisch.) Dies zeigt, daß Schrödingers Vorschlag nicht geht

und daß es ganz hoffnungslos scheint, zu einer „Bahn“ zu kommen. Man kennt diese Schwierigkeit ja lange, und hat sich auch ab und zu auf die Strahlungsbreite hinauszureden versucht; ganz zu Unrecht, denn erstens versagt diese Ausrede gleich beim H-Atom, zweitens muß der Übergang zur klassischen Theorie auch ohne Strahlung denkbar sein.

Die Lösung kann nun, glaub' ich, prägnant durch den Satz ausgedrückt werden: *Die Bahn entsteht erst dadurch, daß wir sie beobachten**. Dies mein' ich so: Bei hohen Quanten„zuständen“ werden wir das Elektron mit hinreichendem langwelligen Licht beleuchten können, so, daß zwar die Genauigkeit der Ortsbestimmung des Elektrons scharf ist gegen die Bahndimensionen, daß aber doch der Comptonrückstoß das Elektron *relativ* wenig stört. (Er wird es zwar von der etwa 1 000 000 in die 1 001 000 „Quantenbahn“ werfen, aber es doch nicht herauswerfen aus dem Atom.) Wenn wir zur Zeit t_0 eine solche Beobachtung gemacht haben, so werden wir also eine Lösung der quantenmechanischen Gleichungen konstruieren, die zur Zeit t_0 für den Ort des Elektrons den Platz q_0 mit der betreffenden Ungenauigkeit ergibt; z. B. ein Wellenpaket à la Schrödinger. Entsprechend der *Ungenauigkeit* dieser Ortsbestimmung wird die Lage des Elektrons nach einiger Zeit nur statistisch zu verlangen sein. Das Wellenpaket hat sich (wie dies auch die Systembahnen im *klassischen* Phasenraum tun würden!!) ausgebreitet (ausgenommen Spezialfälle, wie die kräftefreie Bewegung). Durch eine neue Beobachtung wird der Ort neu bestimmt. Aus der Fülle der durch das verbreiterte Wellenpaket gegebenen Möglichkeiten wird wieder durch das Experiment eine bestimmte Lösung als gegeben ausgewählt, die man wieder – der betreffenden Ungenauigkeit entsprechend – durch ein Wellenpaket geeignet ersetzen mag, dieses breitet sich wieder aus u.s.f. Man möchte dagegen zunächst einwenden, daß es unsinnig sei, wenn man durch die Beobachtung selbst sozusagen erst eine Bahn durch ständige Reduktion des Wellenpakets schafft; es soll doch, bis auf den mechanischen Einfluß des Stoßes, dasselbe herauskommen für den Ort etwa zur Zeit t_2, gleichviel, ob ich zur Zeit t_1 beobachtet hab' oder nicht. Daß dieser Einwand nicht berechtigt ist, liegt eben in der *Linearität* der Transformations- oder Wellengleichungen, und dies scheint mir der tiefste Grund *für* jene Linearität (weshalb ich sie auch für [die] relativistische Qu[anten]-M[echanik] um keinen Preis aufgeben will). Wenn nämlich zur Zeit t_1 nicht beobachtet ist, so weiß ich ja nicht, wo das Elektron zur Zeit t_1 war; also muß ich hinsichtlich des Verhaltens in t_2 doch mit *allen* Möglichkeiten z. Z. t_1 rechnen; d. h. alle Lösungen, die den Möglichkeiten z. Z. t_1 entsprechen, doch addieren, und komm' damit zum größeren Wellenpaket zurück. Die Summe von Lösungen ist eben wieder eine Lösung!! Der oben gegen Schrödinger angeführte Einwand wegen der Periodizität der Bahn ist also so zu beantworten: Der Strahlungsdruck des Lichtes, mit dem ich beobachte (oder die Stöße der Partikel), korrigiert den Periodizitätscharakter zu dem einer „Bahn“. Die Bahnen sind, der Ungenauigkeit

---

* Durch Streulicht oder Stöße ist dabei immer gleich, ich hab' immer ans Streulicht gedacht; da ich aber eigentlich Strahlungskräfte nicht einschließen will, wären Stöße wohl konsequenter.

der Anfangsbedingungen entsprechend, nur ungefähr, d.h. statistisch bestimmt. Dies wären sie wegen dieser Ungenauigkeit auch klassisch, aber die Statistik ist eine andere.

Daß jedes experimentelle Datum so aufgefaßt werden soll, daß aus allen Lösungen der Matrizengleichungen solche ausgewählt werden sollen, die dem bestimmten „Zustand" entsprechen und daß die in diesen Anfangsbedingungen *notwendige* Ungenauigkeit den statistischen Charakter unserer Erfahrung bedingt, mag zunächst befremden. Ich möcht also noch an einigen Beispielen zeigen, wie's gemeint ist.

7. Es seien Atome im Zustand 2 vorhanden, die durch Strahlung in den Normalzustand 1 übergehen können. Die Lösung der Wellengleichung kann nach Dirac-Born etwa in der Form

$$\psi(q,t)=e^{-\frac{bt}{2}}\psi(q,E_2)e^{-\frac{1}{ik}E_2t}+\sqrt{1-e^{-bt}}\,\psi(q,E_1)e^{-\frac{1}{ik}E_1t}$$

geschrieben werden, wenn ich zur Zeit $t=0$ weiß, daß das Atom im Zustand 2 ist. Um die Energie zu bestimmen, werde etwa ein Stern-Gerlachversuch (mit Gravitation z.B.) unternommen. Um die Energie mit einer gewissen Genauigkeit zu sehen, muß man das Atom ein gewisses Stück Weges laufen lassen; sagen wir: man teile den ganzen Weg in Stücke der Länge l cm ein und bestimmt in jedem die Ablenkung. Das kann man so schreiben: man teilt die Zeit in Stücke der Länge T ein, die Genauigkeit der Energiebestimm[un]g ist durch T bedingt. Dann bilde man also die nach Dirac transformierten Wellenfunktionen $\psi(q,E)$:

Etwa

$$\psi(q,E)_{t=0}^{t=T}=\int_0^T\psi(q,t)e^{\frac{tE}{ik}}dt;$$

$$\psi(q,E)_{t=T}^{t=2T}=\int_T^{2T}\psi(q,t)e^{\frac{tE}{ik}}dt;$$

$$\psi(q,E)_{t=2T}^{t=3T}\qquad \text{usw.}$$

Die $\psi(q,E)$ geben direkt die Wahrscheinlichkeit einer gewissen Energie E. Z.B.

$$\psi(q,E)_0^T=\psi(q,E_2)\int_0^T e^{-bt+\frac{E-E_2}{ik}t}dt+\psi(q,E_1)\int_0^T(1-e^{-bt})e^{\frac{E-E_1}{ik}t}dt.$$

Der *Zeitpunkt des Übergangs* ist bis auf Größen der Ordnung T so bestimmbar und T kann bis auf Größen der Ordnung $\dfrac{k}{E_1-E_2}$ herabgedrückt werden:

$$(Et-tE=ik).$$

Die Wellengleichung und deren Lösung soll aber so aufgefaßt werden: wenn etwa im Zeitintervall 10 T bis 11 T *gemessen* wird, daß das Atom noch im Zustand 2 ist, so soll alles folgende durch *diejenige* Lösung beschrieben werden, die für $t=11\ T$ aus $\psi(q,E_2)$ allein besteht (wie früher für $t=0$). *Wenn* ich *messe*, daß im Intervall 50 T bis 51 T das Atom im Zustand 1 ist, so soll zur Beschreibung alles folgenden *diejenige*

Lösung verwandt werden, die die für $t = 51\,T$ aus $\psi(q, E_1)$ allein besteht. Die letztere Lösung sagt dann *mehr* aus, als die alte, nämlich, daß das Atom nicht weiter übergeht. Daß diese Auffassung der Wellengleichung möglich ist, liegt darin, daß die Summe von Lösungen wieder eine Lösung ist.

8. Aus all diesem geht hervor, daß z. B. auch die Zeitpunkte der Übergänge einen sinngemäßen Platz in der Qu[anten]-M[echanik] haben und nicht besser oder schlechter bestimmt sind, als etwa die Energien „stationärer" Zustände. Die wahren quantenmechanischen Gleichungen, die alles bestimmen, sind eben die Matrizenrelationen. Es ist für diese Relationen gleichgültig, in Richtung welcher „Hauptachsen" man die „Koordinaten" legt; d. h. was man als Diagonalmatrix schreibt oder als irgendwie gegebene Matrix schreibt. Das Herausgreifen eines bestimmten Zahlwertes einer solchen Koordinate bedeutet aber notwendigerweise, daß nur ein Teil des ganzen qu[anten] m[echanischen] Mechanismus gegeben, bekannt ist, der auf die anderen Teile nur *ungenaue* Rückschlüsse zuläßt.

Die „Energie" oder die „stationären Zustände" büßen hiernach aber die Vorzugsstellung ein, die sie so lange vor den Größen „Ort des Elektrons" u.s.w. innegehabt hatten: Man kann z. B. leicht ein Beispiel konstruieren, wo von den Atomen nur die *Phasen*, d. h. die Werte der w genau *bekannt* sind, während dann Energie und die J notwendig *unbestimmt* sind. Dies ist die Resonanzfluoreszenz!! Alle Atome schwingen in Phase; die Frage nach dem stationären Zustand, in dem die Atome des Fluor[eszenz]-Licht strahlen, ist offenbar sinnlos und wäre diese alte Bohr-Kramerssche Frage nicht prinzipiell unbeantwortbar, so wäre die Qu[anten]-M[echanik] falsch, weil dann $Jw - wJ = ik$ unmöglich wäre. Nun ist es klar, was das Bohrsche berühmte Gedankenexperiment[i] bedeutet, über das wir in Düsseldorf[j] sprachen. Bei der Fluoreszenz sind die Phasen bestimmt, die Energien unbestimmt; das Magnetfeld verändert das mechanische System so, daß die Energien bestimmt werden; also werden die Phasen unbestimmt: $Jw - wJ = ik$. Unsere Düsseldorfer Lösung war also doch richtig.

So, diese Beispiele kann man ad infinitum fortsetzen. Wenn man, wie ich, glaubt, daß man physikalische Gesetze anschaulich versteht, wenn man in jedem Fall gefühlsmäßig gleich sagen kann, was herauskommt, so helfen solche Überlegungen da oben vielleicht ein bissel weiter; mir haben sie jedenfalls mein Gewissen erleichtert. Aber ich sehe sehr wohl, daß man erstens sagen kann, daß es alter Schnee sei; zweitens, daß es vage Spekulation ohne realeren Hintergrund sei und schließlich, daß es wirklich in vielen Punkten noch unklar ist; das weiß ich sehr gut, aber um's etwas klarer zu machen, mußt' ich Ihnen davon schreiben. Nun hoff' ich auf Ihre unnachsichtige Kritik. Viele Grüße an's ganze Institut, bes. Sie selbst.

W. HEISENBERG

[a] Am oberen Briefrand machte Pauli folgende Anmerkungen: „1. Miteinbeziehung des Apparates ins Gesamtsystem. 2. Woher $e\frac{2\pi i}{h}pq$ [im] Assoziativ-Gesetz für [die] Amplituden. 3. [unleserlich]; p und q

messen". Vgl. auch den Hinweis auf diesen Brief bei Heisenberg: Der Teil und das Ganze. München: Deutscher Taschenbuchverlag GmbH 1973. Dort S. 98. [b] Heisenberg meint die soeben abgeschlossene Arbeit von P. A. M. Dirac: The quantum theory of the emission and absorption of radiation. Proc. Roy. Soc. A **114,** 243–265 (1927). Eingegangen am 2. Februar 1927. [c] P. A. M. Dirac: The Physical Interpretation of the Quantum Dynamics. Proc. Roy. Soc. A **113,** 621–641 (1927). Eingegangen am 2. Dezember 1926. P. Jordan: Über eine neue Begründung der Quantenmechanik. Z. Phys. **40,** 809–838 (1927). Eingegangen am 18. Dezember 1926. [d] Der Inhalt der nun folgenden Ausführungen deckt sich vielfach mit Heisenbergs Analyse: „Über den anschaulichen Inhalt der quantentheoretischen Kinematik und Mechanik. Z. Phys. **43,** 172–198 (1927). Eingegangen am 23. März 1927. In einer Fußnote dankt Heisenberg Pauli für die vielfachen Anregungen durch mündliche und schriftliche Diskussionen zu dieser Untersuchung. [e] Ein solches idealisiertes Mikroskop wurde später auch als Heisenberg-Mikroskop bezeichnet. [f] Vgl. hierzu die Bemerkung auf S. 641 der unter c zitierten Arbeit von Dirac. Jordans Standpunkt wird in seinem Habilitationsvortrag (vgl. Fußnote *g* von [153]) dargelegt. [g] E. Schrödinger: Der stetige Übergang von der Mikro- zur Makromechanik. Naturwiss. **14,** 664–666 (1926). [h] Nur im speziellen Falle des harmonischen Oszillators, den Schrödinger in seiner Untersuchung *g* behandelt, sind die Oberschwingungen ganzzahlige Vielfache der Grundfrequenz! Eine eingehende Untersuchung über das Zerfließen von Wellenpaketen führte C. G. Darwin später in seiner Veröffentlichung: Free Motion in the Wave Mechanics. Proc. Roy. Soc. **117,** 258–293 (1927), eingegangen am 25. Oktober 1927, durch. [i] Vgl. den Brief [105], wo dieses Bohrsche Gedankenexperiment geschildert wird. [j] In Düsseldorf hatte vom 19.–26. September 1926 die 89. Versammlung Deutscher Naturforscher und Ärzte stattgefunden.

[155] Heisenberg an Pauli

Kopenhagen, 2. März 1927

[Postkarte]

Lieber Pauli!

Als Nachtrag zu meinem Brief zu 14 Seiten[a] (den haben Sie doch bekommen?) möcht' ich nur noch einige Ihrer Fragen beantworten:

1. Bohr ist augenblicklich zur Erholung in Norwegen, ich hab' mit ihm über Ihre Arbeit noch nicht gesprochen. Ich selbst fand Ihre Arbeit[b] sehr schön, obwohl ich an die Dirac-Statistik für wirkliche Gase längst nicht mehr glaube. Für Elektronen ist sie sicher richtig. 2. Vielen Dank für Ihre Sonderdrucke! 3. Wenn Sie genaueres von der Volterramathematik wissen, müssen Sie mir schreiben.[c] 4. Dem Ehrenfest hätte ich an Ihrer Stelle mit einem Zitat des Politikers Radowitz geantwortet: „Dementi's haben nie den Reiz und die Wirkung der falschen Nachrichten"[d] 5. Die Arbeit von Darwin über das spinnende Elektron (Nature)[e] „kenne ich nicht (da ich sie nicht verstehen konnte), aber ich mißbillige sie." 6. Ihr Argument wegen der Halbzahligkeit des spin[nenden] Elektrons und der evtl. Halbz[ahligkeit] des Wasserstoffatoms konnte ich nicht verstehen. In der Matrizenschreibweise ist es doch klar, daß die Halbzahligk[eit] beim *Wasserstoff* zu Unglücken führen würde, beim spin[nenden] Elektron aber *nicht*. 7. Fues rechnet hier über Augersche Stöße,[f] Abklingung von de Brogliewellen, Linienbreite usw. mit erfreulichem Erfolg.

Also schreiben Sie bald wieder! Viele Grüße!

W. Heisenberg

NB! In den Physikalischen Berichten las ich neulich zufällig, daß die ganzen quantenmechanischen Arbeiten *niemals* referiert wurden. Wer hatte eigentlich damals das Referat übernehmen wollen????!?[g]

[a] Der vorhergehende Brief [154] umfaßt im Original 14 Seiten. [b] Pauli (1927a). [c] Der italienische Mathematiker V. Volterra hatte im vorigen Jahrhundert die Grundlagen der Theorie der Integralgleichungen entwickelt. Paulis und Heisenbergs Interesse an der „Volterramathematik" war die Vorbereitung zu ihrem Plan, sich nun dem Ausbau der Quantenelektrodynamik zuzuwenden. Vgl. auch Paulis Brief [157] an Jordan und die dort gegebenen Hinweise. [d] Das betrifft Ehrenfests Widerruf (vgl. Fußnote *a* von [152] zu seiner Note über das Pauli-Verbot in den „Naturwissenschaften". [e] Vgl. Fußnote *a* von [153]. [f] Während eines Aufenthalts in Kopenhagen vom Januar bis zum April 1927 befaßte sich Erwin Fues mit dem Problem der Mehrfachanregungen von Atomen, wie sie insbesondere in Experimenten von P. Auger in seiner Pariser Dissertation (1926) untersucht wurden (Auger-Effekt). Vgl. E. Fues: Lebensdauern aus Resonanzerscheinungen. Z. Phys. **43,** 726 – 740. (1927). Eingegangen am 11. Mai 1927. [g] Bis 1924 hatte Pauli zahlreiche zusammenfassende Referate, insbesondere aus dem Gebiete der Quantentheorie, für die Physikalischen Berichte verfaßt (Vgl. das Literaturverzeichnis). Aus der Bemerkung Heisenbergs läßt sich schließen, daß Pauli – wider seine ursprüngliche Absicht – diese Arbeit nicht fortgesetzt hat. Die Tatsache, daß wichtige quantentheoretische Arbeiten damals nicht referiert wurden, ist von Wissenschaftshistorikern bisher auf andere Gründe zurückgeführt worden. Vgl. z. B. M. Jammer: The Conceptual Development of Quantum Mechanics. New York: McGraw-Hill Book Company 1966, S. 208.

[156] Heisenberg an Pauli

Kopenhagen, 9. März 1927

Lieber Pauli!

Haben Sie recht vielen Dank für Ihren Brief mit der nachsichtigen Kritik. Seit ich den Brief an Sie geschrieben hatte[a], war mein Gewissen so erleichtert, daß ich auch gleich versuchte, die ganze Geschichte etwas ausführlicher aufzuschreiben; besonders Ihr Brief hat mich zu weiteren Taten begeistert, so daß ich heut' mit einem vorläufigen Manuskript fertig geworden bin[b], das ich Ihnen hiermit schick' mit der Bitte, es in ein paar Tagen wieder hierher zu schicken*. Es steht ziemlich das gleiche drin, wie im Brief.

Ihre Fragen hinsichtlich des Stern-Gerlachversuchs, wie hinsichtl[ich] des *Bohrschen* Experiments[c], hoff' ich so behandelt zu haben, daß man's verstehen kann. Das Bohrsche Experiment hab' ich soweit, als man von der Theorie der spontanen Strahlung absehen kann, quantitativ behandelt – aber Sie werden ja sehen. Wenn es dumm ist, was ich da versuchte, so werden Sie's ja sagen! Nicht einig allerdings bin ich mit Ihrem „Hauptpunkt" der Kritik. Ich glaub' garnicht, daß man die quantitativen Gesetze irgendwie plausibel machen kann aus der Gl[eichung] $p_1 q_1 \sim \frac{h}{2\pi i}$. Aber das ist in der Qu[anten]-M[echanik] nicht anders, als sonst irgendwo.

* Eingeschrieben, weil ich sonst kein Exempl[ar] hab'.

Z. B. läßt sich das Prinzip der konstanten Lichtgeschwindigkeit in der Relativitätsth[eorie] auch nicht begründen. Weshalb sollte die Lichtgeschw[indigkeit] nicht von den Massen im Unendlichen abhängen? Die Annahme *konstanter* Lichtgesch[windigkeit] ist nur die einfachste, wenn man einmal Einsteins Definition der Gleichzeitigk[eit] annimmt. So glaub' ich auch: wenn man einmal weiß, daß p und q nicht einfach Zahlen sind, sondern daß $p_1 q_1 \sim \frac{h}{2\pi i}$, dann ist eben die Annahme, daß p und q Matrizen seien, die denkbar einfachste. Natürlich, ich seh' gut, daß diese Formulierung unbefriedigend scheinen kann, aber ist es nicht die gleiche Willkür, die wir in allen physikal[ischen] Theorien treffen? Ich hab' darüber etwas im Schluß geschrieben. Dieser Schluß ist aber überhaupt noch sehr zweifelhaft, und ich kann mir denken, daß ich ihn noch zehnmal ganz ändere oder ganz weglasse. Der letzte Satz ist offensichtlich in einem plötzlichen Wutanfall über einige neuerschienene Arbeiten entstanden; aber das kann wohl so stehenbleiben.

Ihre Kritik meiner zoologischen Arbeit[d] ist wohl nicht ganz so schlimm berechtigt, wie Sie tun. Die Unordnung wird zum Teil auch daher kommen, daß ich die Arbeit kurz vor Torschluß ganz umänderte und umstellte. Aber an Ihrer Kritik ist natürlich was wahres dran. Immerhin, richtig wird's schon sein, und wenn Sie so eine Note über Magnetismus dazu schreiben, ist es nur gut. Ich find' Ihre Rechnung über den Spin sehr hübsch und bin dafür, daß Sie sie publizieren[e]. An Jordan hab' ich sie gestern weitergeschickt. Darwins Note[f] find ich noch immer abscheulich.

Bohr ist noch immer in Norwegen, es geht ihm etwas besser[g]. Ferien hab' ich leider jetzt nicht, also kann ich auch nichts tun; aber an Ostern reiß' ich vielleicht doch für 2 Wochen nach Deutschland aus. – Wie war's eigentlich mit den Referaten über Qu[anten]-M[echanik][h]? – Aber schreiben Sie bald wieder mal. Viele Grüße an Ihr ganzes Institut!

W. Heisenberg

[a] Gemeint ist der Brief [154]. [b] Vgl. die unter *d* von [154] genannte Abhandlung. [c] Vgl. Fußnote *i* von [154]. [d] W. Heisenberg: Mehrkörperprobleme und Resonanz in der Quantenmechanik. II. Z. Phys. **41**, 239 – 267 (1927). Eingegangen am 22. Dezember 1926. Diese Arbeit erschien im 4. Heft der Zeitschrift für Physik, das zusammen mit dem 5. Heft am 14. Februar 1927 abgeschlossen und von Pauli wohl erst im Zusammenhang seiner eigenen Untersuchung des magnetischen Elektrons (1927b) näher studiert wurde. [e] In dieser „Note über Magnetismus" (Pauli 1927b) führte Pauli die später nach ihm benannten Spinmatrizen ein! Das Manuskript, von dem die Rede ist, dürfte der noch erhaltene Entwurf mit der gleichen Überschrift: „Zur Quantenmechanik des magnetischen Elektrons" sein, der in der Briefsammlung in Genf (PLC) aufbewahrt wird. Vgl. auch Fußnote *b* von [153]. [f] Vgl. Fußnote *a* von [153]. [g] Die ausgedehnten Diskussionen zwischen Heisenberg und Bohr um die physikalische Deutung der Quantenmechanik hatten zu einer Ermüdung Anlaß gegeben, wovon sich Bohr Ende Februar durch einen Skiurlaub in Norwegen erholen wollte. Vgl. Heisenbergs Schilderung in: Der Teil und das Ganze. München: Deutscher Taschenbuchverlag GmbH 1973. Dort S. 96 ff. [h] Wahrscheinlich bezieht sich Heisenberg hier auf die in [155] im Zusatz gestellte Frage.

Mehrere Andeutungen in früheren Briefen[1] weisen auf Paulis andauerndes Interesse an einer Behandlung des Spinproblems gemäß den Methoden der Schrödingerschen Wellenfunktionen hin. Kurz nach Entdeckung der neuen Quantenmechanik hatten Heisenberg und Jordan den Elektronenspin mit den Verfahren der Matrizenmechanik behandelt[2], jedoch erst Pauli sah den Vorteil, den die Verwendung von Eigenfunktionen in mehrdimensionalen Räumen mit sich bringt. Auf diese Weise läßt sich nämlich die durch das Pauli-Prinzip geforderte Antisymmetrisierung der Wellenfunktion in einfacher Weise durchführen. Die künftige Entwicklung zeigte, wie fruchtbar diese Darstellung der Wellenfunktion mit den Paulimatrizen, insbesondere für die Anwendungen der Wellenmechanik war. Die schon erwähnte erste Fassung der „Quantenmechanik des magnetischen Elektrons"[1] war nun, bereichert durch einige hier [157] genannte Anregungen von Jordan[3], von Pauli umgearbeitet und wurde erst nach einer Ferienreise im April zur Veröffentlichung eingereicht. Am Schluß des Briefes findet sich ein erster Hinweis auf das gemeinsame Interesse an der Quantenfeldtheorie (Vgl. den Kommentar zu [131])

[1] Vgl. hierzu die Fußnote *b* von [148].

[2] W. Heisenberg und P. Jordan: Anwendung der Quantenmechanik auf das Problem der anomalen Zeemaneffekte. Z. Phys. **37**, 263–277 (1926). Eingegangen am 16. März 1926.

[3] Vgl. den folgenden Brief und Paulis Anmerkung auf S. 607 ff. seiner Publikation (1927b).

[157] Pauli an Jordan

Hamburg, 12. März 1927

Lieber Jordan!

Vielen Dank für Ihre Karte. Ich hatte inzwischen meine Rechnungen über das Magnetelektron[a] in folgenden beiden Punkten ergänzt. Erstens suchte icn nach den allgemeinsten linearen Substitutionen

$$\sigma_x(\psi_\alpha) = C^{(x)}_{11}\psi_\alpha + C^{(x)}_{12}\psi_\beta$$

$$\sigma_x(\psi_\beta) = C^{(x)}_{21}\psi_\alpha + C^{(x)}_{22}\psi_\beta \qquad \text{etc. für } y, z.$$

mit hermiteschen Matrizen **C** und $\sigma_x^2 + \sigma_y^2 + \sigma_z^2$ Diagonalmatrix, die, als Operatoren für σ_x, σ_y, σ_z eingesetzt, die Relationen $\sigma_x\sigma_y - \sigma_y\sigma_x = 2i\sigma_z$ erfüllen. Diese allgemeinsten $\mathbf{C}^{(x)}$, $\mathbf{C}^{(y)}$, $\mathbf{C}^{(z)}$, die physikalisch vorkommen können, gehen offenbar aus den speziellen von mir angegebenen σ^0 durch die Substitution $\boldsymbol{\sigma} = \mathbf{S}\sigma^0\mathbf{S}^{-1}$, S orthogonal, hervor. Zweitens stellte ich fest, daß die von mir angegebenen Bewegungsgleichungen auch aus einem Variationsprinzip abgeleitet werden können. In diesem fungieren

$$\begin{gathered} \psi_\alpha\overline{\psi}_\alpha - \psi_\beta\overline{\psi}_\beta \\ \psi_\beta\overline{\psi}_\alpha + \psi_\alpha\overline{\psi}_\beta \\ i(\psi_\beta\overline{\psi}_\alpha - \psi_\alpha\overline{\psi}_\beta) \end{gathered}$$

(Querstrich = konjugiert komplexer Wert) formal als Volumendichten der x, y und z-Komponente des Spinimpulses. Ihre Bemerkung nun, daß außer den genannten Relationen noch gilt

$$\sigma_x\sigma_y = -\sigma_y\sigma_x = i\sigma_z, \ldots \; etc. \tag{I}$$

$$\sigma_x^2 = \sigma_z^2 = \sigma_z^2 = 1,$$

ist mir sehr willkommen. Ich sehe nämlich, daß diese Relationen gerade kennzeichnend dafür sind, daß nur *zwei* Lagen des Spins im Feld existieren. Multipliziert man bei Larmorpräzession um die z-Achse in der *klassischen* Theorie σ_x und σ_y (oder σ_x^2), so tritt auch ein Term mit e^{2iot} auf (o = Präzessionsfrequenz). Dieser korrespondiert Übergängen der Impulsquantenzahl m_s um *zwei* Einheiten. Hat aber m_s nur die Werte $\pm\frac{1}{2}$, so gibt es kein $\Delta m_s = \pm 2$ und daher gelten Ihre *weiter*gehenden Gleichungen (I) als Matrix- oder Operatorgleichungen. Umgekehrt vermute ich, daß sich aus (I) folgern lassen wird, daß m_s nur $\pm\frac{1}{2}$ sein kann (während sich bekanntlich die üblichen Gleichungen $[\sigma\sigma] = 2i\sigma$ mit beliebigem ganz- oder halbzahligem Wert von S befriedigen lassen).

Das Problem der relativistischen Verallgemeinerung (höhere Näherungen) ist vielleicht doch jetzt schon lösbar. Man sollte σ_x, σ_y, σ_z durch den Sechsvektor σ_{ik} ersetzen und dann die Gleichungen $\sigma_{ik}P_k = 0$ irgendwie quantenth[eoretisch] umdeuten. (Im Fall des *ruhenden* Elektrons verschwinden die σ_{i4} für $i = 1, 2, 3$.) Ich habe noch nicht weiter darüber nachgedacht, da ich jetzt eifrig mit der Funktionalmathematik beschäftigt bin[b]. Den klassischen Teil der Angelegenheit will ich mir demnächst ein bißchen zusammenschreiben[c]. Die Hamilton-Jacobische Theorie der Maxwellschen Gleichungen glaube ich nunmehr im wesentlichen verstanden zu haben. Meine hauptsächliche Quelle ist ein (französisches) Buch von P. Lévy. Leçons d'analyse fonctionelle, Paris 1922. Wir werden ja sehen, ob ich die Quantenelektrodynamik zustande bringe. Vorläufig bin ich guten Mutes!

Was können Sie darüber aussagen, ob Sie, Born oder Franck etwa am 4. bis 6. April oder am 19. – 20. April in Göttingen zu treffen sind? In der Zwischenzeit (6. bis 18.) mache ich nämlich eine Reise nach Süddeutschland zur Erholung.

Viele Grüße auch von Gordon

Ihr W. Pauli

[a]Vgl. Pauli (1926b). [b] Vgl. Fußnote *c* von [155]. [c] In dem Nachlaß von Pauli findet sich ein undatiertes Manuskript von 17 Seiten mit der Überschrift: „Zur Funktionalmathematik und der 'Hamilton-Jacobischen' Theorie für Variationsprobleme, die aus mehrfachen Integralen entspringen", jetzt in der Pauli-Collection bei CERN. Auf der letzten Seite beginnt Pauli mit einem Paragraphen „Über die funktionelle partielle Differentialgleichung, die den Maxwellschen Vakuum-Feldgleichungen entspricht".

[158] Heisenberg an Pauli

Kopenhagen, 14. März 1927

Lieber Pauli!

Heut' nur einen kurzen Dank für Ihren Brief, der mich natürlich sehr gefreut hat. Auf den Anfang Ihres Briefes möcht' ich kurz schreiben: Hoffentlich haben Sie mein Manuskript[a] nicht so aufgefaßt, als ob ich mir selbst nicht klar darüber wäre, wieviel ich gerade hinsichtlich Ihrer Herzenswünsche von Ihnen durch Ihre Briefe und aus Ihren Arbeiten gelernt hab'. Wenn ich nicht gewußt hätt', daß Sie selbst immer in dieser Richtung gearbeitet haben, hätt' ich Ihnen die Arbeit ja garnicht geschickt. Daß im Manuskript jetzt nichts von Ihren Arbeiten steht, kommt nur daher, daß überhaupt noch keine Zitate drinstehen.

Was ich über das Gravitationsfeld[b] schrieb, war natürlich ganz dumm, vielen Dank für die Korrektur! Ihren Einwand wegen des Bohrschen Experiments[c] versteh' ich sehr wohl. Auch mir macht die Phasenfrage bei der *Strahlung* immer noch große Schwierigkeiten: trotzdem schienen mir die Orts-Experimente ein hinreichender Ersatz zur Phasenbestimmung und insoweit glaub' ich, daß alles, was ich schrieb, richtig ist. Was nun die Strahlung betrifft, so könnte man meinen, daß es auf die Elektrodynamik ankäme. Dies glaub' ich aber nicht, sondern durch geschicktes Anbringen von Wechselwirkungen mit anderen Systemen muß man die direkte Phase der Strahlung auch behandeln können. Aber ich hab' bei dieser Art Überlegungen noch immer Schwierigkeiten. Sie sind vom selben Typus, wie die, die auftreten, wenn man die messenden Apparate mit zum System zählt.[d] *In dieser Frage ist sicher noch sehr viel zu tun.* Vielleicht führt die Diskussion dieser Seite der Qu[anten]-M[echanik] noch zu Überraschungen über das, was Sie den „freien Willen" der Natur nennen. Ich glaube aber eigentlich nicht, sondern glaub', daß die bisherigen Schwierigkeiten nur an der Unübersichtlichkeit der vielen Dimensionen liegen. Ob ich allerdings vor Ostern noch viel zu Nachdenken über diese Frage fähig bin, weiß ich nicht.

Dagegen werd' ich mir die *Ehrenfest*schen Paradoxien anschaun und eventuell drüber etwas in das Manuskript schreiben[e].

Hund hatte bei seinen Arbeiten[f] auch ein nettes Paradoxon gefunden: Wieso gibt es optisch rechts und linksdrehende Substanzen? Zwischen einer Konfiguration und ihrem Spiegelbild besteht nämlich eine Art Resonanz so, daß die qu[anten]mech[anische] Lösung entweder Summe oder Differenz der beiden Konfigurationen zu *einem* energetischen Zustand liefert. Der Witz ist natürlich: Beim „Zustand linksdrehend" ist eben die Energie unbestimmt, aber die Konfiguration bestimmt.

Auf Ihre Elektrodynamik[g] freu' ich mich sehr. Also schreiben S[ie] recht bald wieder.

Bohr soll (dicitur) heut abend zurückkommen. Viele Grüße von Institut zu Institut!

W. Heisenberg

[a] Vgl. die unter *d* von [154] zitierte Arbeit Heisenbergs. [b] Vgl. den im Brief [154] erwähnten Stern-Gerlach-Versuch (mit Gravitation). [c] Vgl. ebenfalls das in [154] genannte Bohrsche Gedankenexperiment sowie dort die Fußnote i. [d] Wahrscheinlich hatte Pauli in seinem Antwortbrief auf diese Problematik hingewiesen. Vgl. Fußnote *a* von [154]. [e] In der endgültigen Fassung geht Heisenberg auf diese von Ehrenfest und seinen Mitarbeitern gefundenen Paradoxa ein und erwähnt dabei Paulis Hinweis. Vgl. auch den Brief [161]. [f] Vgl. F. Hund: Zur Deutung der Molekelspektren. III. Z. Phys. **43,** 805–826 (1927). Eingegangen am 28. Mai 1927. [g] Vgl. Fußnote *c* von [157].

[159] Bohr an Pauli

Kopenhagen, 25. März 1927

Kære Pauli,

Jeg sender Dem i Hast et Par Linier for at spørge om De skulde have Lyst til et lille Besøg i København i Begyndelsen af April. Foruden Darwin som kommer i Morgen venter vi Kramers paa Lørdag og Goudsmith og Waller faa Dage derefter. Vi er i Stand til at dække Deres Udgifter. Jeg behøver ikke at sige hvor stor en Glæde for os alle det vil være at have Dem her igen; alligevel føler jeg at der mangler noget i dette Brev, men jeg har saa daarlig Tid for at faa det af Sted med Toget i Aften at vi maa opsætte alle Drillerier til vi forhaabentligt snart ses i København

Deres hengivne

Niels Bohr

Übersetzung von [159]

Lieber Pauli!

Ich sende Ihnen in Eile ein paar Zeilen um zu fragen, ob sie Lust zu einem kleinen Besuch in Kopenhagen Anfang April hätten. Außer Darwin, der morgen kommt, erwarten wir Kramers am Sonnabend und Goudsmit und Waller einige Tage später. Wir sind in der Lage, Ihre Ausgaben zu decken. Ich brauche nicht zu sagen, welch große Freude es für uns alle wäre, Sie wieder hier zu haben; trotzdem fühle ich, daß in diesem Brief etwas fehlt, aber ich habe so wenig Zeit, ihn mit dem Zug am

Abend wegzubekommen, daß wir alle Neckereien verschieben müssen, bis wir uns hoffentlich bald in Kopenhagen sehen.

Ihr ergebener

NIELS BOHR

[160] PAULI AN BOHR

Hamburg, 29. März 1927

Sehr verehrter lieber Herr Professor!

Haben Sie vielen Dank für Ihre lieben Zeilen. Ich freue mich immer sehr, von Ihnen zu hören und habe in letzter Zeit sehr viel daran gedacht, wie es Ihnen wohl geht und was Sie wohl über die jetzige Lage der Physik meinen. So sehr es mich freuen würde, mit Ihnen über alles dieses sprechen zu können, glaube ich aber leider kaum, daß ich jetzt, Ihrer lieben Einladung folgend, nach Kopenhagen kommen kann. Erstens habe ich schon mit Born und Jordan vereinbart, daß ich am 4. April für etwa zwei Tage nach Göttingen kommen soll und habe auch daran anschließend eine 14-tägige Erholungsreise mit einem Freund verabredet[a] (diese habe ich schon sehr nötig), und dann habe ich jetzt ein starkes Bedürfnis, mich auszuruhen und meine Gedanken etwas abklären zu lassen. Seien Sie also, bitte, nicht böse, wenn ich vorschlage, meinen Besuch in Kopenhagen vorläufig zu verschieben. Vielleicht kann ich in der Pfingstwoche kommen oder auch im September oder Oktober[b]? Vielleicht kann ich gelegentlich später von Ihnen darüber hören, ob Ihnen diese Zeit paßt. Im Herbst wäre es mir eigentlich am liebsten, dann sind wir ausgeruht, bis dahin hoffe ich auch wieder irgend etwas fertig gebracht zu haben, und dann würden wir, glaube ich, auch alle mehr von unseren Diskussionen haben.

Momentan bin ich sehr mit Quantenelektrodynamik beschäftigt[c]. Ich bin eigentlich guten Mutes und beurteile die jetzige Lage der Physik ziemlich günstig. Es hat fast den Anschein, als ob die Lösung des Quantenrätsels nicht mehr sehr fern liegt. Über meinen allgemeinen grundsätzlichen Standpunkt zur Quantenelektrodynamik habe ich kürzlich an Heisenberg geschrieben, und gerne würde ich von ihm hören, wie er sich dazu stellt (Sie selbst zu fragen, was Ihre Meinung ist, das *wage* ich nicht). Mit der physikalischen Auffassung, die in der Arbeit von *Klein* in der Zeitschrift für Physik[d] vertreten wird, bin ich *nicht* einverstanden, soweit es sich um Dispersionstheorie und Compton-Effekt handelt. Er wird das auch nie richtig verstehen, solange er glaubt, die mehrdimensionalen Räume ignorieren oder sie als ein Verlegenheitsmittel in die Enge geratener Theoretiker betrachten zu können – während sie doch in Wirklichkeit tief im Wesen der Sache liegen und anscheinend das einzige Mittel bilden, die quantitative Korrespondenz (in Ihrem Sinne) herzustellen zwischen Differentialgesetzen kontinuierlicher Funktionen und dem diskontinuierlichen „willensfreien" Geschehen in der Wirklichkeit.

Immerhin möchte ich nicht unterlassen, Ihnen dazu zu gratulieren, daß Sie Klein doch so weit gebracht haben, die fünfte Dimension nur kurz in dem letzten § zu streifen. Noch schöner wäre es allerdings gewesen, wenn sie gänzlich fortgeblieben wäre, aber man muß schon froh sein, daß Sie ihn *so* weit gebracht haben!

Mit meinem Hinauswerfen der komplexen Integrale von Darwin und Fowler aus der Statistik und meiner Erweiterung der Gibbsschen kanonischen Verteilung auf die Gesamtzahl der Moleküle[e] waren Sie hoffentlich zufrieden. Die Vorlesung über Gibbs, die ich seinerzeit bei Ihnen mit viel Freude hören konnte, hat mir dabei sehr geholfen!

Darwin kenne ich leider nicht; ich lasse ihm sagen, die Größen x_i seiner Arbeit in der Nature[f] seien nie Vektoren gewesen, aber seine Gleichungen sind richtig. Näheres weiß Heisenberg, auch über meinen Standpunkt zu Klein.

Viele herzliche Grüße an Sie selbst, Heisenb[erg], Klein und alle von Ihrem Sie sehr verehrenden

PAULI

Bis 3. 4. bin ich noch in Hamburg!

[a] Vgl. den Schluß von Paulis Brief [157] an Jordan. [b] Schon im Juni war Pauli kurz in Kopenhagen. Vgl. Heisenbergs Brief [165]. [c] Vgl. die Briefe [157] und [158]. Pauli hatte anscheinend hierzu ein Arbeitsprogramm mit Heisenberg vereinbart. [d] O. Klein: Elektrodynamik und Wellenmechanik vom Standpunkt des Korrespondenzprinzips. Z. Phys. **41**, 407–442 (1927). Eingegangen am 6. Dezember 1926. [e] Vgl. Pauli (1927a), dort die Fußnote auf S. 89, in der auch die entsprechenden Literaturhinweise gegeben werden. Paulis besonderes Interesse an der statistischen Mechanik wird von Markus Fierz in seinem Beitrag zum Pauli-Gedächtnisband dargestellt. M. Fierz: Statistische Mechanik. In: Theoretical Physics in the Twentieth Century. Edited by M. Fierz and V. F. Weisskopf. New York: Interscience Publishers INC 1960. [f] Vgl. die in der Fußnote *a* von [153] zitierte Arbeit.

[161] HEISENBERG AN PAULI

Kopenhagen, 4. April 1927

Lieber Pauli!

Heut' wollt' ich Sie nur ein paar Dinge über Ihr „Programm"[a] fragen, die ich nicht recht verstanden habe. Mit dem Grundsätzlichen Ihres Programms bin ich ganz einig, insbesondere, daß $\mathfrak{E}$ und $\mathfrak{H}$ kein c-Feld, sondern ein q-Feld sind, und daß da die entsprechenden Ungenauigkeitsrelationen bestehen müssen. Aber schon die Form $|\mathfrak{A}|\,|\mathfrak{E}| \sim \frac{h}{2\pi i}\frac{c}{V}$ scheint mir merkwürdig; was tut das Volumen in dieser Gleichung? Ich sehe wohl, wie es formal hereinkommt, aber mir ist es doch sehr unsympathisch. Die grundsätzlichen quantentheoretischen Beziehungen zwischen $\mathfrak{E}$ und $\mathfrak{H}$ dürfen doch nicht von einem so willkürlichen Begriff, wie dem Volumen eines Hohlraumes, abhangen. Oder finden Sie das doch aus irgendeinem Grund, den ich noch nicht verstehe, vernünftig?

Ihre Kritik der Diracschen Arbeit[b] finde ich richtig, soweit sie die Wechselwirkungsfunktion zwischen Strahlung und Materie betrifft. Daß er aber statt der Energie die Zeit als unabh[ängige] Variable benützt, finde ich ganz in Ordnung; man kann doch immer vom einem zum anderen mit der Formel $S(E,t)=e^{\frac{2\pi i}{h}Et}$ übergehen. Von einem stationären Zustand in einem scharf bestimmten Zeitpunkt kann man nicht sprechen, wenn man diesen Übergang wirklich ausgeführt hat. Übrigens bin ich aus ästhetischen Gründen doch wieder von der Formulierung

$$S(p, q)=e^{\frac{2\pi i}{h}(p-p')(q-q')}$$

abgekommen[c] und möchte lieber allgemein

$$S(p, q)=e^{\frac{2\pi i}{h}pq}$$

schreiben. Statt $S(q,\eta)$ in meinem Beispiel führt man dann

$$S(q,\eta)=e^{-\frac{(q-q')^2}{2q_1^2}+\frac{2\pi i}{h}p'(q-q')}$$

ein.

Über Ehrenfest und Breit[d] bzw. Tolman[e] hab' ich noch einen Artikel in meiner Arbeit geschrieben[f]; besonders das Paradoxon von Ehrenfest und Breit scheint mir gar keines zu sein, und es stehen in den beiden Arbeiten eine Reihe falscher Behauptungen, die immerhin in den Anwendungen meist richtige Resultate gaben. Mit Bohr hab' ich mich aber schließlich auch drüber geeinigt. Sonst besteht hier allgemein Einigkeit, und es werden dauernd Gedankenexperimente diskutiert. Mit Bohr streite ich mich drüber, wie weit die Relation $p_1 q_1 \sim h$ ihren Ursprung in der Wellen- oder der Diskontinuumseite der Qu[anten-] M[echanik] hat. Bohr betont, daß z.B. beim Γ-Strahl-Mikroskop die Beugung der Wellen wesentlich ist, ich betone, daß die Lichtquantentheorie und selbst der Geiger-Bothesche Versuch wesentlich sind. Durch Übertreiben nach der einen, wie der anderen Seite kann man viel diskutieren, ohne etwas Neues zu sagen.

Daß Sie nicht kommen, ist sehr schade! Darwin[g] würde gerne von Ihren Rechnungen wissen.

Viele Grüße und schöne Ferien!

W. HEISENBERG

[a]Vgl. den Anfang von Heisenbergs Brief [154]. [b] P.A.M. Dirac: The Quantum Theory of the Emission and Absorption of Radiation. Proc. Roy. Soc. A **114**, 243–265 (1927). Eingegangen am 2. Februar 1927. [c] Vgl. hierzu Heisenbergs Brief [154]. In der hier angegebenen Form wird der Ausdruck für die Wahrscheinlichkeitsamplitude $S(p,q)$ in Heisenbergs Veröffentlichung (vgl. die unter *d* von [154] zitierte

Abhandlung) verwendet. [d] P. Ehrenfest und G. Breit: Ein bemerkenswerter Fall von Quantisierung. Z. Phys. **9,** 207–210 (1922). Eingegangen am 8. März 1922. [e] P. Ehrenfest und R.C. Tolman: Weak Quantization. Phys. Rev. **24,** 287–295 (1924). Eingegangen am 10. Mai 1924. [f] Vgl. hierzu den Brief [158], dort die Fußnote *e*. [g] C.G. Darwin war vom März bis Juni 1927 in Kopenhagen zu Besuch.

Das folgende Schreiben [162] von Pauli ist ein Anhang zu einem Brief von Walter Gordon an Gregor Wentzel. Gordon hatte in Berlin eine bekannte Untersuchung zum Comptoneffekt an freien Elektronen[1] durchgeführt und arbeitete nun in Hamburg zusammen mit Pauli an einer Erweiterung seiner Theorie für den Fall der gebundenen Elektronen. Gregor Wentzel, der schon in München auf der Grundlage der älteren Quantentheorie einen Übersichtsartikel über die Theorien des Comptoneffekts verfaßt hatte[2], kam ihm zuvor und veröffentlichte in kurzer Folge zwei Arbeiten zur Theorie des Comptoneffekts[3]. Gordons Bemerkungen beziehen sich auf die erste im April eingegangene Untersuchung. Zum besseren Verständnis der anschließenden Bemerkungen von Pauli sei dieser Brief hier wiedergegeben. Er ist datiert „Hamburg, 16. Mai 1927" und beginnt mit der Anrede „Lieber Herr Konkurrent! Herr Pauli war so freundlich, mir die Korrektur Ihrer eleganten in Pariser Manier geschriebenen Arbeit über den Comptoneffekt weiterzugeben. Als schwerfälliger Deutscher und da, wie Ihnen bekannt, ich mich mit der Materie des gebundenen Comptoneffekts auch befaßt habe, werden Sie mir gestatten, einige kritische Bemerkungen zu Ihrem Essay zu machen.

Zunächst methodisch: Sie reden gar nicht vom *Impuls* des Kerns, der doch durchaus vergleichbar mit dem des Elektrons sein wird. Man kann das so rechtfertigen, daß die Impulse des Schwerpunkts $\mathfrak{p}^s$ nach de Broglie nur in der Form $e^{\frac{2\pi i}{h}(\mathfrak{p}^s \mathfrak{r}^s)}$($\mathfrak{r}^s$ = Schwerpunktskoordinaten) vorkommen und *wegen der Erhaltungssätze* dann aus dem Ausdruck für das Moment oder Ausstrahlungspotential herausfallen. Diese Ausdrücke enthalten nur die Geschwindigkeit des Kerns bzw. Schwerpunkts, und die sind bei nicht zu harten Strahlen vernachlässigbar. Ferner ist Ihr Ausdruck (2b) für das Moment unrichtig. Die Dichte des Moments ist (für große Entfernungen) nicht einfach $\mathfrak{r}(\varrho)$, wenn [ ] die Retardierung anzeigt, sondern $\mathfrak{r}\left(\varrho - \frac{\mathfrak{v}\mathfrak{e}}{c}\right)$. Sie vernachlässigen in den Amplituden Größen der Ordnung $\frac{v}{c}$ (v = Elektronengeschwindigkeit), was wohl nicht gerechtfertigt erscheint. Sehr imponiert hat mir die Anwendung des Sternschen Vereinfachungsprinzips auf Ihre Formel (3). Ich glaube, daß man die Resonanznenner einfach durch $h\nu$ ersetzen wird, auch wenn dadurch die Rechnung besonders einfach wird. Diese Nenner haben die Eigenschaft für $E_s = h_\nu - |E_n|$ Null zu werden, ohne daß der Zähler dabei mitmacht. Im Gegenteil, der Comptoneffekt im gebundenen Elektron kommt (wie übrigens schon Compton angenommen hat) genau dadurch zustande, daß zuerst photoelektrisch das Elektron aus dem Atom befreit wird und dann mit der Strahlung $hv - |E_n|$ einen „freien" Compton-Effekt erleidet. Ihre Formel (10) ist daher richtig, sagt aber nur etwas über die *Größe* des Impulses des Elektrons und damit über die Frequenz aus. Die *Richtungs*verteilung der Rückstoßelektronen erhält man aber natürlich nur, wenn man alle Impulse nach Größe und Richtung in Betracht zieht.

Wenn Sie mal überflüssige Zeit haben sollten, so bitte ich Sie, mir zu schreiben, wie Sie über diese Dinge denken.

Mit den besten Grüßen, Ihr sehr ergebener W. Gordon."

[1] W. Gordon: Der Comptoneffekt nach der Schrödingerschen Theorie Z. Phys. **40,** 117–133 (1927). Eingegangen am 29. September 1926.

[2] G. Wentzel: Die Theorien des Compton-Effektes. I. Physik. Z. **26,** 436–454 (1925). Eingegangen am 22. Mai 1925.
[3] G. Wentzel: Zur Theorie des Comptoneffekts. Z. Phys. **93,** 1–8 (1927). Eingegangen am 3. April 1927. Zur Theorie des Comptoneffekts. II. Z. Phys. **93,** 779–787 (1927). Eingegangen am 26. Mai 1927.

[162] Pauli an Wentzel

[Hamburg, 16. Mai 1927]

Mein lieber Wentzel!

Vielen Dank für Brief und Karte. Der Grund meines Schweigens war diesmal nicht der, daß ich mir den Kopf zerbreche, sondern der, daß Gordon, der eine lange Arbeit über Compton-Effekt am nicht ganz freien Elektron inkl[usive] Richtungsverteilung der Rückstoßelektronen momentan verfaßt, diesen Brief erst heute geschrieben hat. Ich glaube auch, Deine Vernachlässigungen sind ein bißchen genialisch-pariserisch[a] und insbesondere kommt, wie Herr Gordon oben bemerkt, in dem die emittierte Strahlung in großer Entfernung vom Atom bestimmenden Moment, wenn man alles auf Grund von Schrödinger-Gleichung und Ausdruck für die Stromdichte ausrechnet, noch ein in *v/c lineares* Zusatzglied hinzu. Daß die Lage des Maximums des kontinuierlichen Bandes der inkohärenten Streustrahlung genau mit der Comptonfrequenz der Streustrahlung eines *freien* Elektrons übereinstimmt, wird doch auch sicher nur sehr angenähert gelten.

Die Frage ist die, ob die Angabe Paris unter Deiner Arbeit bereits ausreichend ist, um das alles wenigstens psychologisch zu rechtfertigen und ob Du nicht bei der Korrektur sie noch in Paris, Moulin-Rouge oder etwas Analoges umändern solltest?

Hast Du die Arbeit von *Stratton* in der Physikalischen Zeitschrift über die Streuung von *kurzen* Wellen beim H-Atom gesehen[b]? Wir verstehen das gar nicht, das kontinuierliche Spektrum kommt bei ihm scheinbar gar nicht vor!

Ich selbst war in den Semesterferien sehr fleißig; habe eine Arbeit über Quantenmechanik des magnetischen Elektrons (mit Eigenfunktionen) an die Zeitschrift für Physik geschickt[c] (wenn ich Korrekturen bekomme und übrig habe, schicke ich sie Dir eventuell). Ferner habe ich eine besondere Sorte Mathematik gelernt (Funktional-Kalkül) um Quantenelektrodynamik in Diracscher Richtung damit zu treiben[d]. Aber hierbei sind noch ungelöste Schwierigkeiten geblieben und ich habe noch nichts Fertiges darüber.

Momentan muß ich leider einen Nachtragsartikel für den Müller-Pouillet über Quantenmechanik[e] schreiben! Bis Pfingsten hoffe ich aber damit fertig zu sein und dann wollen wir weitersehen! Mein Kolleg über Quantenmechanik[f] macht mir viel Spaß! – Über strahlungslose Sprünge nach Auger hat, glaube ich, Fues in Kopenhagen etwas gerechnet (ist aber noch nicht publiziert).[g]

Unsere Gauvereins-Sitzung soll in Goslar-Clausthal sein, Anfang Juli. Das genaue Datum steht noch nicht fest. Was machst Du zu Pfingsten? (Vielleicht fahre ich nach Kopenhagen, weiß es aber noch nicht sicher!)

Was machen die Leipziger Berufungen?[h]

Viele herzliche Grüße und laß' es Dir in Leipzig gut gehen von Fest zu Fest!

Dein W. PAULI

[a] Wentzel signierte seine Arbeit: Paris, März 1927. (Vgl. die erste der unter 3 zitierten Untersuchungen.) [b] J. A. Stratton: Zerstreuungskoeffizient für kurze Wellen nach der Schrödingerschen Theorie. Physik. Z. **28,** 316–323 (1927). Eingegangen am 22. Februar 1927. [c] Pauli (1927b). [d] Vgl. [157] und dort insbesondere Fußnote *b*. [e] Pauli [1929b]. In einem 50 Seiten umfassenden Nachtrag berücksichtigt Pauli hier die durch die Entdeckung des Elektronenspins und die neue Quantenmechanik bedingten Änderungen in den „Allgemeinen Grundlagen der Quantentheorie des Atombaues". [f] Pauli hielt im Sommersemester 1927 eine Vorlesung über Quantenmechanik. Paulis Kollegheft zu dieser Vorlesung (32 Seiten) befindet sich in der Sammlung (PLC) in Genf. [g] Vgl. [155], dort Fußnote *f*. [h] In Leipzig schwebten drei Berufungen: auf das Extraordinariat für mathematische Physik (Nachfolge Jaffé), wo nun nach der Absage von Heisenberg und Pauli der Ruf an Wentzel ergehen mußte, auf das Ordinariat für Experimentalphysik (Nachfolge Otto Wiener), wo schließlich Peter Debye berufen wurde und auf das Ordinariat für theoretische Physik, das Werner Heisenberg zum 1. Oktober 1927 einnehmen sollte.

[163] HEISENBERG AN PAULI

Kopenhagen, 16. Mai 1927

Lieber Pauli!

Über Ihren letzten Brief hab' ich mich sehr gefreut, und es wird höchste Zeit, daß ich drauf antworte. Zuerst muß ich noch ein paar Sachen über meine eigene Arbeit[a] schreiben. Seit meiner Rückkehr von den – diesmal ganz besonders schönen – Osterferien haben wir hier viel diskutiert über Quantentheorie, Bohr will eine allgemeine Arbeit über den „begrifflichen Aufbau" d[er] Qu[anten]th[eorie] schreiben unter dem Gesichtspunkt: „Es gibt Wellen und Korpuskeln", – wenn man damit gleich anfängt, kann man natürlich auch alles widerspruchsfrei machen. Gelegentlich dieser Arbeit hat Bohr mich drauf aufmerksam gemacht, daß doch noch ein wesentlicher Punkt in meiner Arbeit übersehen war (auch Dirac hat mich später darüber gefragt): beim Γ-Strahl-Mikroskop[b] könnte man sich zunächst denken: man bestimmt die Richtung des einfallenden Lichtquants und des reflektierten Lichtquants, dann kennt man *nach* dem Comptoneffekt sowohl Ort wie Geschwindigkeit sehr genau (genauer als $p_1 q_1 \sim h$). Dies kann man aber in Wirklichkeit nicht wegen der Beugung des Lichtes (Wellentheorie!), das Mikroskop muß, um die Genauigkeit λ zu ergeben, eine Apertur der Größenordnung 1 haben. Also die Relation $p_1 q_1 \sim h$ kommt natürlich schon heraus, aber nicht ganz so, wie ich dachte. Auch sonst lassen sich wohl einige Punkte besser sagen und in alle

Einzelheiten diskutieren, wenn man eben mit den Wellen gleich eine quantitative Diskussion anfängt. Trotzdem bin ich natürlich nach wie vor der Ansicht, daß die Diskontinuitäten das einzig interessante an der Qu[anten]th[eorie] sind und daß man sie nie genug betonen kann; deswegen bin ich auch nach wie vor sehr froh über diese letzte Arbeit – trotz des genannten Fehlers; alle Resultate der Arbeit sind ja richtig und über sie bin ich auch mit Bohr einig; sonst sind zwischen Bohr und mir wesentliche Geschmacksunterschiede über das Wort „anschaulich" vorhanden[c]. Leider haben die Diskussionen der letzten Zeit zu groben persönlichen Mißverständnissen zwischen Bohr-Klein und mir geführt, an denen ich natürlich einen Teil der Schuld trage. Natürlich will ich darüber nichts schreiben, aber ich wollte Sie bitten, mir denjenigen Brief zu schicken* (wenn Sie ihn noch haben sollten), den ich zuletzt *vor dem* 31. 1. 27 an Sie geschrieben habe[d] und in dem ich über Kleins Arbeiten erzählte. Klein glaubt nämlich, daß ich systematisch vor Ihnen, Hund und anderen seine und Bohrs Arbeiten heruntergezogen hätte[e]. Auch wär's nett, wenn Sie selbst bald an Klein schreiben würden.

Doch nun genug von unerfreulichem und kleinlichem Kram und zu Ihrer und Diracs Elektrodynamik[f]! Meinen Einwand wegen des Volumens in der Vertauschungsformel haben Sie ja jetzt in Ordnung gebracht und soweit könnte man ganz zufrieden sein[g]. Auch das Auftreten der δ-Funktion ist sicher vernünftig. Den Faktor 2 verstehe ich noch nicht – hängt der mit der Polarisation zusammen? – aber ich will überhaupt jetzt erst anfangen, mich richtig in Diracs Arbeiten einzuleben. Ihre zweite Annahme, daß die Vertauschbarkeit zwischen E und A von dem Wert $\Delta x^2+\Delta y^2+\Delta z^2-c^2\Delta t^2$ abhängen muß, scheint mir auch sehr plausibel. Über die Hamiltonsche Wechselwirkungsfunktion zwischen Strahlung und Materie hab' ich noch keine endgültige Meinung, ich muß Dirac erst studieren. Doch wäre ich Ihnen dankbar, wenn Sie mir einmal, wenn Sie Zeit haben, über die Volterra-Mathematik[h] erzählen könnten, es ist so viel leichter, sowas aus Ihren Briefen zu lernen, als aus der Literatur**.

Hinsichtlich des spinnenden Elektrons fände ich es *sehr* richtig, wenn Sie darüber schrieben[i]. Darwin hat noch eine längere Arbeit gemacht[j], in denen er die alten Formeln von Jordan[k] und mir in die Wellensprache übersetzt hat oder besser: sie auch aus den Wellen bekommen hat (die Determinanten für die Energien), die Rechnungen sind für jeden, der die Matrizentheorie kennt, einige Größenordnungen komplizierter, als die alten – wenigstens scheint es mir so. Ich ärgere mich immer, wenn die Leut' auch jetzt noch zu jeder Matrizenarbeit eine konjugierte Wellenarbeit schreiben, ich find', die Leut' sollten besser beides lernen. Da Ihre Arbeit sowohl diesem Umfug wie dem mit den polarisierten Wellen[l] steuern könnte, wäre ich *sehr* dafür, daß Sie sie schreiben.

Haben Sie etwas über die Professur in Halle gehört? Schreiben Sie doch bitte, wenn Sie etwas drüber wissen! Überhaupt interessiert mich der ganze Besetzungs-

* Drum bitte ich sogar, wenn's Ihnen nichts ausmacht, so bald wie möglich!
** Oder finden Sie das unfairen Wettbewerb?

klatsch: Berlin–Leipzig–Halle – (evtl. München??) – Zürich u.s.w. lebhaft[m]. „Omnes eodem cogimur u.s.w.[n]" Nun recht viele herzliche Grüße von Institut zu Institut!

W. HEISENBERG

[a] Vgl. die unter *d* von [154] zitierte Arbeit. [b] Vgl. hierzu Heisenbergs Darstellung in seinem Büchlein über „Die Physikalischen Prinzipien der Quantentheorie". Stuttgart: S. Hirzel Verlag 1930. In der Neuauflage des Bibliographischen Instituts (B. I. Hochschultaschenbücher Nr. 1) von 1958 siehe auf S. 15ff. [c] Vgl. W. Heisenberg: Der Teil und das Ganze. München: Deutscher Taschenbuchverlag 1973. Dort S. 98ff. [d] Dieser Brief ist leider verschollen! [e] Gemeint sind Kleins relativistische Verallgemeinerungen der Wellenmechanik, insbesondere seine fünfdimensionale Wellenmechanik, über die auch Pauli zuweilen spottete. (Vgl. Paulis Brief [168].) – Vgl. O. Klein: Quantentheorie und fünfdimensionale Relativitätstheorie. Z. Phys. **37,** 895–906 (1926). Eingegangen am 28. 4. 1926. – Elektrodynamik und Wellenmechanik vom Standpunkt des Korrespondenzprinzips. Z. Phys. **41,** 407–442 (1927). Eingegangen am 6. Dezember 1926. Von Bohr liegen aus diesem Zeitabschnitt keine Veröffentlichungen vor. Über seine neuen Ansichten über die Komplementarität hat er erst auf dem Comer-Kongreß im Herbst 1927 vorgetragen. Vgl. auch den folgenden Brief [164]. [f] Vgl. den Anfang von Heisenbergs Brief [161], in dem von Paulis „Programm" die Rede ist. Eine erste Veröffentlichung zu diesem Problemkreis veröffentlichte Pauli zusammen mit Jordan erst im Dezember (1928b). Ebenso siehe die Arbeiten von Dirac, die Heisenberg und Pauli als Vorbild ihrer Quantenelektrodynamik dienten. P. A. M. Dirac: The Quantum Theory of the Emission and Absorption of Radiation. Proc. Roy. Soc. A **114,** 243–265 (1927). Eingegangen am 2. Februar 1927. – The Quantum Theory of Dispersion. Proc. Roy. Soc. A **114,** 710–728 (1927). Eingegangen am 4. April 1927. [g] Vgl. den Brief [161]. [h] Vgl. hierzu die Bemerkungen in den Briefen [155] und [157], im letzteren insbesondere die Anmerkungen *b* und *e*. Vgl. auch das Interview mit Heisenberg am 12. Juli 1963 (SHQP, 74.2), in dem über seine Diskussionen mit Pauli berichtet wird. [i] Wahrscheinlich meint Heisenberg Paulis Arbeit „Zur Quantenmechanik des magnetischen Elektrons" (1927b), die allerdings schon am 3. Mai bei der Zeitschriftenredaktion eingegangen war. [j] C. G. Darwin: The Zeeman Effect and Spherical Harmonics. Proc. Roy. Soc. A **115,** 1–19 (1927). Eingegangen am 23. März 1927. [k] Vgl. W. Heisenberg und P. Jordan: Anwendung der Quantenmechanik auf das Problem der anomalen Zeemaneffekte. Z. Phys. **37,** 263–277 (1926). Eingegangen am 16. März 1926. [l] Vgl. die unter *a* von [153] zitierte Arbeit von C.G. Darwin. [m] Vgl. *h* von [162]. [n] „Alle müssen zum selben Ort" (zum Orkus hinabsteigen).

[164] HEISENBERG AN PAULI

Kopenhagen, 31. Mai 1927

Lieber Pauli!

Eigentlich hab' ich Ihnen über Physik schreiben wollen, aber bevor ich über die Fragen klar werde, die ich mir überlegt hab', vergehen noch ein paar Tage und so will ich doch noch zuerst über das schreiben, was mich in den letzten Wochen mehr bewegt hat, als irgend etwas anderes in langer Zeit; ich will darüber schreiben, damit Sie meinen letzten Brief[a] nicht mißverstehen.

Wie Sie wissen, hielt ich die Dirac-Jordan-Theorie[b] für besser als die Wellenmechanik (auch in diskontinuierlich-korrespondenzmäss[iger] Form), weil die Dirac-J[ordan] Th[eorie] unanschaulicher und allgemeiner ist und die Diskontinuitäten etwas leichter zu formulieren gestattet. So bin ich in einen Kampf für die Matrizen und gegen die Wellen gekommen; im Eifer dieses Kampfs hab' ich Bohrs Einwände gegen meine Arbeit[c] oft zu scharf kritisiert, und ohne es zu wissen und zu wollen, ihn persönlich dadurch verletzt. Wenn ich jetzt über diese Diskussionen damals nachdenke, kann ich sehr gut verstehen, daß Bohr darüber ungehalten war. In diese persönlichen Gegensätze, die durch meine Schuld entstanden waren, ist dann Klein hereingekommen, und Kleins Dazwischentreten schien mir die Lage zu verschlimmern; deshalb dacht' ich, dies hinge mit Ihrem Brief zusammen, da ich Klein unbedacht verletzt hatte, dadurch daß ich Klein Ihren Brief nicht zeigte, Waller[d] ihn aber durch ein Unglück zu sehen bekam. Ich sehe aber inzwischen, daß Klein nur Bohr helfen wollte und diese Stellung gegen mich nur aus Freundschaft zu Bohr eingenommen hat. Aber Ihr Brief hat also doch nicht viel mit der ganzen Sache zu tun. Gott sei Dank verstehen wir uns jetzt alle wieder besser und wir versuchen alle so gut wie möglich das Frühere zu vergessen. Wenn Sie an Klein schreiben, schreiben Sie bitte auch so, daß er nicht glaubt, Sie hielten ihn um des Briefs willen für den wesentlichen Schuldigen.

Ich selbst bin noch sehr unglücklich über die Arbeit eines Amerikaners, die er bei mir begonnen hat und die auf dem schwierigen Gebiet liegt, von dem ich mich am liebsten jetzt fern halten möchte. Aber ich selbst denk' fest über Elektrodynamik nach und hoff' Ihnen davon nächstens zu schreiben.

Viele Grüße von Institut zu Institut

W. Heisenberg

[a] Vgl. [163]. [b] Vgl. die unter *c* von [154] genannten Arbeiten. [c] Vgl. die unter *d* von [154] genannte Arbeit. Über diese Verstimmung zwischen Bohr und Heisenberg berichtet auch L. Rosenfeld in: Men and Ideas in the History of Atomic Theory. Arch. Hist. Exact. Sci. **7**, 69–90 (1971). Dort S. 88 ff. [d] Der schwedische Physiker Ivar Waller arbeitete während der Jahre 1925–1927 in Kopenhagen über Probleme aus der Dispersionstheorie.

[165] Heisenberg an Pauli

Kopenhagen, 3. Juni 1927

Lieber Pauli!

Gott sei Dank kann ich Ihnen heut' wieder einmal richtig über Physik schreiben und alles andere vergessen; aber viel Neues hab' ich wohl doch nicht, nur hab' ich jetzt Ihre und Jordans Vorarbeiten[a], glaub' ich, restlos verstanden. Der von Ihnen betrachtete Fall einer Lagrange-Funktion, die nur von den q und $\dot{q}$ abhängt und bei der p_0 und q_0 unabhängig und willkürlich wählbar sind, ist ja sicher so in Ordnung, wie Sie schreiben. Er ist aber, wie Sie schreiben, auf die Elektrodynamik nicht anwendbar, weil (div $\mathfrak{A}=$) div $\mathfrak{E}=0$ ist. Dies zeigt ja auch direkt Ihre Vertauschungsrelation, deren Faktor 2 sicher in Ordnung ist. Nun glaub' ich, daß Ihre und

Jordans Theorie doch auf einigen Umwegen angewendet werden kann, wobei allerdings die invariante Schreibweise ganz „in die Binsen geht". Man führe nämlich den Hertzschen Vektor $\mathfrak{Z}$ ein:

$$\text{rot}\ \mathfrak{Z}=\mathfrak{A};$$

ferner den Vektor

$$\mathfrak{W}=\frac{1}{c}\dot{\mathfrak{Z}}.$$

Dann soll für $\mathfrak{Z}$ und $\mathfrak{W}$ die Gleich[un]g

$$\Delta\mathfrak{Z}-\frac{1}{c}\ddot{\mathfrak{Z}}=0 \quad \text{bzw.} \quad \Delta\mathfrak{W}-\frac{1}{c}\ddot{\mathfrak{W}}=0$$

bestehen.

Diese leite man aus einem Variationsprinzip ab[b]:

$$\mathfrak{L}=-\frac{1}{2}\int\left[(\text{rot}\,\mathfrak{W})^2+(\text{div}\,\mathfrak{W})^2-\frac{1}{c^2}\dot{\mathfrak{W}}^2\right]dx\,dy\,dz\,dt.$$

Daß ich $\mathfrak{W}$ nehme und nicht $\mathfrak{Z}$ geschieht aus Dimensionsgründen. Die Hamiltonfunktion wird

$$\mathscr{H}=\frac{1}{2}\int dx\,dy\,dz\left[(\text{rot}\,\mathfrak{W})^2+(\text{div}\,\mathfrak{W})^2+\frac{1}{c^2}\dot{\mathfrak{W}}^2\right],$$

$\mathfrak{P}=\frac{1}{c^2}\dot{\mathfrak{W}}$, und die Vertauschungsrelationen sind

$$\mathfrak{P}_k^1\mathfrak{W}_k^2-\mathfrak{W}_k^2\mathfrak{P}_k^1=\frac{h}{2\pi i}\,\delta(1-2)$$

oder

$$\dot{\mathfrak{W}}_k^1\mathfrak{W}_k^2-\mathfrak{W}_k^2\dot{\mathfrak{W}}_k^1=\frac{h}{2\pi i}\,c^2\,\delta(1-2).$$

Hierbei gelten also die Vertauschungsregeln – (Hurra!! Eben telefoniert mir Jordan, daß Sie Dienstag nach Kopenhagen kommen, das ist eine der vielen wirklich guten Ideen, die Sie gehabt haben!) – in Ihrer Form für jede Koordinate. D.h.

$$\mathfrak{P}^1\mathfrak{W}^2-\mathfrak{W}^2\mathfrak{P}^1=3\frac{h}{2\pi i}\,\delta(1-2).$$

Von da kommt man leicht auch zu Ihrer Relation zwischen $\mathfrak{E}$ und $\mathfrak{A}$:

$$\mathfrak{A}^1\mathfrak{E}^2-\mathfrak{E}^2\mathfrak{A}^1=2\frac{h}{2\pi i}\delta(1-2)$$

zurück. Der Schluß von $\mathfrak{W}$ auf $\mathfrak{Z}$ wird wohl auch keine Schwierigkeiten haben. Aber über die ganze Methode ist natürlich zu sagen: Schön ist anders; denn alle Invarianz ist beim Teufel. Ich glaube man soll sich ernsthaft um Variationsprobleme mit Nebenbeding[un]gen kümmern, anders wird's doch nie was richtiges.

Aber nun können wir ja das alles am Dienstag genügend besprechen, ich freue mich „unbändig" über Ihr Kommen. Viele herzliche Grüße

Ihr W. Heisenberg

[a] Wahrscheinlich sind hiermit die Vorarbeiten zu der späteren im Dezember 1927 fertiggestellten Arbeit mit Jordan (1928 b) gemeint. In dieser Arbeit werden auch die weiter unten genannten Vertauschungsrelationen zwischen den Feldgrößen in relativistisch invarianter Weise formuliert. [b] Pauli fügte vor den 2. Term im Integranden der Lagrangefunktion einen Faktor −2. Unter die Formel setzt er die Ausdrücke für das Vektorpotential $\mathfrak{A}$ und das skalare Potential φ als Funktion des Hertzschen Vektors $\mathfrak{Z}$:

$$„\mathfrak{A} = -\frac{1}{c}\dot{\mathfrak{Z}}; \quad \varphi = \operatorname{div} \mathfrak{Z}, \text{ sowie } 2\left(\frac{\partial w^i}{\partial x_k} - \frac{\partial w_k}{\partial x_i}\right)\delta\frac{\partial w_i}{\partial x_k} = 2\frac{\partial w_k}{\partial x_k}\delta\frac{\partial w_i}{\partial x_k}."$$

[166] Pauli an Wentzel

Hamburg, 23. Juni [1927][a]

Lieber Gregor!

Vielen Dank für Deinen Brief. Die Nachrichten über die Berufungsangelegenheit haben mich sehr interessiert. Von Sommerfeld bekam ich übrigens (als Antwort auf eine von Kopenhagen aus geschriebene Karte) auch einen Brief, worin er schreibt, daß Debye nach Leipzig gehen wird. (Sommerfeld schreibt aber nichts von dem Extraordinariat; das ist wohl jedenfalls noch nicht sehr weit gediehen.) Was die theoretische Professur in Leipzig betrifft, so meinte Stern, daß es vielleicht gut sei, wenn ein experimentierender Theoretiker hinkäme, da erstens ein großes Institut mit der theor[etischen] Professur verbunden ist, zweitens Debye im Grunde doch mehr Theoretiker und jedenfalls kein experimenteller Spezial-Fachmann ist und drittens, weil ja Du in Leipzig bist und die Kollegs, die mehr Mathematik erfordern, eventuell übernehmen könntest. Von diesem Gesichtspunkt aus kämen *Ladenburg* und *Kossel* als Kandidaten für die Theorie-Professur in Frage[b]. – Aber es ist natürlich sehr die Frage, ob die Leipziger Mathematiker und vor allem ob Debye einen Theoretiker von der experimentellen Richtung werden haben wollen. Wenn *nicht*, dann wäre natürlich Heisenberg schon das richtige[c]. Allerdings dürfte er ja demnächst schon den Ruf nach Halle[d] bekommen (der muß jetzt wohl sehr bald erfolgen). Wenn Du mir über den Verlauf Eurer Berufungsangelegenheit berichten würdest, wäre es sehr nett.

Nun noch eine physikalische Frage: Gordon hat mir inzwischen auseinandergesetzt, wie nach dem Schrödinger-Kleinschen Rezept die Richtungsverteilung der Rückstoßelektronen, auch im Falle nichtfreier Elektronen, berechnet werden kann[e]: Will man die Häufigkeit der Prozesse berechnen, bei denen die Elektronen unter dem Einfluß auffallender Strahlung aus einem gebundenen Zustand im Atom in einen bestimmten Richtungskegel herausgeworfen werden, so muß man als ungestörte Lösung eine solche ansetzen, die nicht nur die Eigenfunktionen des gebundenen Zustandes enthält, sondern außerdem noch eine weitere Eigenfunktion. Letztere muß der Energie der herausgeworfenen Elektronen entsprechen und *muß sich in großer Entfernung vom Atom* nicht wie eine Kugelwelle, sondern *wie ein Elementarkegel von ebenen Wellen in der vorgegebenen Richtung verhalten.* Dies kann man immer erreichen, indem man die unendlich vielen zum selben Energiewert, aber verschiedenen Werten des Drehimpulses gehörigen Eigenfunktionen (des *kont*[inuierlichen] Spektrums!) mit geeigneten Amplituden und Phasen linear zusammensetzt. (Kugelfunktion-Entwicklung von $e^{ikz} = e^{ikr\cos\vartheta}$!) – Gordon hat auch sich im einzelnen überlegt, daß nach Dirac genau dasselbe Resultat herauskommt. – Es wird wohl noch eine Weile dauern bis Gordon seine Arbeit fertigschreibt, weil er inzwischen mit einer anderen Arbeit (über Doppelschichten) noch zu tun hat. Sei also so gut und rechne nicht auch dasselbe, zumal G[ordon] die erstere Arbeit als Habilitationsschrift benutzen will[f]!

Hinsichtlich der Möglichkeit, mit der Quantenelektrodynamik weiterzukommen, bin ich wieder sehr skeptisch. Ich werde mir in den nächsten Tagen wohl ein wenig den Ramsauer-Effekt überlegen[g].

Viele herzliche Grüße von Deinem

WOLFGANG

[a] Dieser Brief wurde irrtümlicherweise von Pauli 1926 datiert! Z. B. hatte sich Pauli im Juni noch nicht mit Quantenelektrodynamik befaßt. [b] Rudolf Ladenburg hatte eine außerordentliche Professur in Berlin und Walther Kossel eine ordentliche Professur in Kiel inne. Peter Debye war Des Coudres auf den Lehrstuhl für Experimentalphysik in Leipzig gefolgt. [c] Vgl. die Fußnote *h* von [162]. [d] Vgl. das Ende von [163]. [e] Vgl. Paulis Brief [162] an Wentzel und den dazugehörigen Kommentar. [f] Gordon habilitierte 1928 in Hamburg und wurde 1930 dort zum a.o. Professor der Physik ernannt. [g] Das Interesse am Ramsauereffekt wurde durch Fermis Arbeiten zur Stoßtheorie (Z. Phys. **40,** 399–401 (1927)) erneut angeregt. In Kopenhagen, Leiden und in Tübingen wurden in der folgenden Zeit mehrere Untersuchungen dazu durchgeführt. Besonderen Erfolg hatten Johan Holtsmark, der seinen bekannten „Beitrag zur Theorie des Durchganges langsamer Elektronen durch Gase", Z. Phys. **45,** 307–324 (1927), eingegangen am 6. August 1927, lieferte und während eines kürzeren Aufenthaltes in Kopenhagen eine zweite Untersuchung: „Zur Theorie des Ramsauereffekts", Naturwiss. **16,** 614–615 (1928), am 3. Juli 1928 abschloß. Vgl. hierzu auch den Brief [205].

[167] Bohr an Pauli

Kopenhagen, 15. Juli 1927

[Maschinenschrift]

Kære Pauli,

Jeg sender indlagt et Arbejde af Jordan, som han ved sin Afrejse fra København bad mig sende videre, naar jeg havde læst det. Som De vil se, viser Jordan, hvorledes Statistiken for en ideal Luftart kan behandles ganske parallelt med Diracs Angreb paa Straalingsstatistiken. I denne Sammenhæng bebuder han en Behandling af det almindelige Problem, som ikke gør Brug af mer-dimensionale Koordinatsystemer. Saadanne Bestræbelser har ogsaa Klein beskæftiget sig med i nogen Tid i Haab om at opnaa en relativistisk Behandling af Flerlegemeproblemet. Ingen af os fik talt med Jordan, lige før han rejste, og vi ved derfor ikke i Enkeltheder, hvordan han ved den nye Metode tænker sig at komme over de afgørende Vanskeligheder. Jeg skal være glad for at faa Manuskriptet tilbage, naar De har læst det og at høre Deres Mening derom. Hvad mit eget Arbejde angaar, gaar det godt fremad med at klare mine Tanker, men paa Grund af mange forskellige Forstyrrelser har jeg endnu ikke naaet at faa den lille Note, jeg talte om, skrevet helt færdig. Jeg tager imidlertid i Dag paa en Sejltur for en Uges Tid for at hvile ud og hente Kraft til at lægge den sidste Haand paa Noten.

De ved næppe selv, hvor stor Glæde og Forfriskelse Deres Besøg var for os alle. Jeg blev ogsaa meget glad for den venlige Hilsen fra Goslar, og vilde gerne ved Lejlighed høre lidt nærmere om Deres Sommerplaner. Maaske kunde vi mødes et eller andet Sted, og har De Lyst til et kort Besøg herop, ved De jo, at De altid vil være mere end velkommen.

Med mange venlige Hilsener fra hele Familien og fra Klein,

Deres hengivne

Niels Bohr

Übersetzung von [167]

Lieber Pauli!

Ich sende beiliegend eine Arbeit von Jordan[a], der mich bei seiner Abreise von Kopenhagen bat, sie weiterzuschicken, wenn ich sie gelesen habe. Wie Sie sehen werden, zeigt Jordan, wie die Statistik für ein ideales Gas ganz parallel zu Diracs Ansatz für die Strahlungsstatistik[b] behandelt werden kann. In diesem Zusammenhang kündigt er eine Behandlung des allgemeinen Problems an, das keinen Gebrauch von mehr-dimensionalen Koordinatensystemen macht. Mit solchen Bestrebungen hat sich auch Klein einige Zeit beschäftigt, in der Hoffnung, eine relativistische Behandlung des Mehrkörperproblems zu erreichen[c]. Keiner von uns hat mit Jordan, kurz bevor er abreiste, gesprochen, und wir wissen deshalb nicht im einzelnen, wie er denkt durch die neue Methode die entscheidenden Schwierigkeiten zu überwinden. Ich wäre froh, das Manuskript zurückzubekommen, wenn Sie es gelesen haben, und Ihre Meinung darüber zu hören.

Was meine eigene Arbeit angeht, geht es gut voran mit der Klärung meiner Gedanken, aber wegen vieler verschiedenartiger Störungen habe ich es noch nicht ganz geschafft, die kleine Note, von der ich sprach, ganz fertig zu schreiben[d]. Ich gehe indessen heute für eine Woche auf eine Segeltour, um auszuruhen und Kraft zu schöpfen, um letzte Hand an die Note zu legen.

Sie wissen selber kaum, welch große Freude und Erfrischung Ihr Besuch für uns alle war[e]. Ich habe mich auch sehr gefreut über den freundlichen Gruß aus Goslar und würde gerne bei Gelegenheit etwas Näheres über Ihre Sommerpläne hören. Vielleicht könnten wir uns irgendwo treffen. Haben Sie Lust zu einem kurzen Besuch hier oben, Sie wissen ja, daß Sie jederzeit mehr als willkommen sind.

Mit vielen freundlichen Grüßen von der ganzen Familie und von Klein,

Ihr ergebener

Niels Bohr

[a] P. Jordan: Zur Quantenmechanik der Gasentartung. Z. Phys. **44,** 473–480 (1927). Eingegangen am 7. Juli 1927. [b] P. A. M. Dirac: On the Theory of Quantum Mechanics. Proc. Roy. Soc. A **112,** 661–677 (1926). Eingegangen am 26. August 1926. [c] Vgl. P. Jordan und O. Klein: Zum Mehrkörperproblem der Quantentheorie. Z. Phys. **45,** 751–765 (1927). Eingegangen am 4. Oktober 1927. [d] Niels Bohr beabsichtigte eine Note in Erwiderung auf die Notiz von Norman R. Campbell zu schreiben, die unter dem Namen „Philosophical Foundations of Quantum Theory“ in Nature **119,** 779 (1927) erschien und am 28. Mai 1927 ausgegeben wurde. Bohr verfaßte für diese Erwiderung mehrere Entwürfe (die in Kopenhagen im Bohrnachlaß aufbewahrt sind), bis er sie schließlich zu dem Comer Vortrag über „Das Quantenpostulat und die neuere Entwicklung der Atomistik“ ausarbeitete. Eine deutsche Fassung erschien mit einigen Änderungen in Naturwiss. **16,** 245–257 (1928). Vgl. auch [172]. [e] Vgl. den Schluß von [165].

[168] Pauli an Bohr

Hamburg, 6. August 1927

Sehr verehrter lieber Herr Professor!

Entschuldigen Sie bitte, daß ich Ihren freundlichen Brief vom 15. Juli erst heute beantworte. Ich habe aber in den letzten Tagen versucht, mir über die allgemeine Angriffsweise auf d[a]s Problem der Quantenelektrodynamik klar zu werden und es ist mir, dank der Mitwirkung von Jordan, in der Tat auch gelungen, wenigstens den ersten Teil dieses Problems zu einem gewissen Abschluß zu bringen.

Ich habe absichtlich so lange gezögert, Ihnen meine Meinung über die Jordansche Arbeit[a] (deren Manuskript ich nunmehr beiliegend wieder zurücksende) zu schreiben, einfach weil diese Meinung erst jetzt einigermaßen feststeht. Mit dem eigentlichen Hauptteil dieser Arbeit bin ich ganz einverstanden (der ist richtig und harmlos), nicht aber mit dem Schlußparagraph[en]. Man muß da, glaube ich, zweierlei Standpunkte unterscheiden, die oft nicht genügend auseinandergehalten werden*. Bei dem ersten mehr phänomenologischen Standpunkt, ist die Natur der Teilchen (ob es Elektronen oder größere Massenteilchen sind) und vielfach sogar ihre Ladung gleichgültig, das elektromagnetische Feld wird gar nicht betrachtet, sondern nur die diesen Teilchen entsprechenden de Broglie-Wellen. Bisher schien es nun so, daß selbst von diesem phänomenologischen Standpunkt aus bei Vorhandensein mehrerer gleichartiger Teilchen, zwischen der Einstein-Bose-Statistik und der Fermistatistik ein prinzipieller Unterschied bestünde. Denn erstere ließ sich durch Quantenbedingungen (Vertauschungsrelationen) darstellen, die man den Amplituden von Wellen im *drei*dimensionalen Raum auferlegt, bei letzterer schien es aber so, als ob dies nicht ginge. Jordan hat nun gezeigt, daß das doch der Fall ist, und das finde ich auch sehr befriedigend.

Vom elektromagnetischen Feld ist dabei noch gar keine Rede. Nun wird im Schluß-§ der Jordanschen Arbeit plötzlich im Tone ziemlicher Bestimmtheit über Probleme gesprochen, mit denen der Hauptteil seiner Arbeit in gar keinem Zusammenhang steht. (Das ist eine spezifische Göttinger Unart.) Hier handelt es sich ja darum, das de Broglie-Feld und das elektromagnetische Feld in ein einigermaßen organisches (*Sie* würden sagen: „ungezwungenes") Verhältnis miteinander zu bringen, und hier muß der zweite der eben erwähnten Standpunkte einsetzen, bei dem das Zurückgehen auf die elektrischen Elementarteilchen und ihre Struktur (Spin!) wesentlich ist. (Erst von diesem zweiten Standpunkt aus kann man hoffen, einmal den inneren Grund dafür zu finden, warum die Elektronen und Protonen die Fermi-Statistik befolgen.) Aber dafür fehlen uns ja die Methoden noch ganz.

Nun will ich noch kurz über unsere quantenelektrodynamischen Überlegungen[c] berichten, aber ohne Angabe der zugehörigen mathematischen Entwicklungen. Es handelt sich zunächst nur um die Strahlungselektrodynamik bei Abwesenheit von geladenen Teilchen. Um den Energieschwankungen der Strahlungsenergie und der Lichtquantenvorstellung Rechnung zu tragen, muß man hier ja zusätzliche Quantenbedingungen irgendwelcher Art einführen. Wir knüpften nun an die Diracsche Methode an, diese Quantenbed[ingung] in der Form von Vertau-

* Als ein Großmeister der Konfusion zwischen diesen Standpunkten kann wohl Oskar Klein in seinen fünfdimensionalen Arbeiten angesehen werden. In Wirklichkeit steht nämlich die Kaluszasche 5-dimensionale Formulierung der klassischen Theorien[b] ganz auf dem *ersten*, phänomenologischen Standpunkt.

schungsrelationen anzusetzen, ganz analog denen des materiellen Oszillators; diese Relationen können dann immer auch mit Hilfe von ψ-Funktionen ausgedrückt werden, die vom ganzen elektromagnetischen Feld abhängen.

Jordan und mir ist es nun gelungen, diese Bedingungen so zu formulieren, *daß nicht mehr, wie bei Dirac, die Raum-Koordinaten vor der Zeit ausgezeichnet, sondern vielmehr alle Forderungen der relativistischen Invarianz erfüllt sind.* Die schließlich erreichte Auffassung ist die, daß zwar die Maxwellschen Gleichungen für den ladungsfreien Raum explizit in der Quantenelektrodynamik beibehalten werden, daß es aber infolge zusätzlicher Quantenbedingungen nicht mehr sinnvoll ist, mit einer scharf bestimmten Lösung dieser Gleichungen die Strahlung zu beschreiben, sondern nur mit *Wahrscheinlichkeitspaketen von verschiedenen stetig verteilten Lösungen der Maxwellschen Gleichungen*, die gewisse mathematische Bedingungen erfüllen müssen. (Ganz analog wie in der Quantenmechanik des kräftefreien Teilchens nicht mit einer scharf bestimmten Teilchenbahn, sondern mit Wahrscheinlichk[eits]paketen von stetig verteilten geradlinigen Bahnen gerechnet werden muß.) Diese Bedingungen kann man auffassen als Postulate, welche die tatsächlichen Messungsmöglichkeiten der elektromagn[etischen] Feldstärken erfüllen müssen (analog den Messungsmöglichkeiten von p und q beim Teilchen).

Die bloße Elektrodynamik des *ladungsfreien* Raumes kann natürlich noch keine Messungsmöglichkeiten der Feldstärken wirklich angeben. Dies wird erst durch Betrachtungen über die Elektrodynamik mit Teilchen möglich sein. Aber immerhin wird für diese doch bereits ein allgemeiner Rahmen geschaffen, in das sie hineinpassen muß. Zum Nachdenken über die relativistische Behandlung des Mehrkörperproblems werde ich aber erst nach den Ferien kommen, vorläufig wissen weder Jordan noch ich etwas bestimmtes darüber. Immerhin habe ich doch gewisse Hoffnungen.

Zum Schluß noch etwas ganz anderes. Im letzten Heft des Journal de Physique ist eine Arbeit von de Broglie[d] erschienen, auf die ich Sie gerne aufmerksam machen will, bzw. über die ich gerne Ihre Meinung hören würde; denn diese Arbeit gehört in die Kategorie der „interessanten und geistreichen Versuche“ (wie Sie immer zu sagen pflegen, wenn Sie etwas nicht gerne haben, aber doch loben wollen). Durch folgende Gedanken versucht hier de Broglie, den vollkommenen Determinismus des physikalischen Geschehens mit dem Dualismus von Wellen und Korpuskeln zu vereinbaren. Die Einzelatome sollen durch solche Lösungen der Schrödingerschen Differentialgleichung beschrieben werden, die eine *Singularität* im Wellenfeld besitzen. Z. B. gibt es für das ruhende Teilchen im kräftefreien Fall eine Lösung der Form $\psi = \frac{C}{r}\cos(2\pi\nu_0 t + \delta)$ die bei $r = 0$ eine Singularität besitzt. Diese Singularitäten im Wellenfeld sollen der korpuskularen Natur der Materie Rechnung tragen. Man könnte dann immer von bestimmten Bahnen der Teilchen sprechen, und eine Genauigkeitsgrenze für gleichzeitige Messungen von Ort und Impuls gäbe es nicht. Den Anschluß an die Schrödinger-Bornsche Theorie sucht de Broglie dann dadurch zu erreichen, daß er zu zeigen versucht, daß die Dichte in einer großen

„Wolke“ von Singularitäten im Wellenfeld auf Grund der Differentialgleichung denselben raum-zeitlichen Verlauf aufweist wie die Größe $\psi\bar{\psi}$, die mit Hilfe der Schrödinger-Bornschen (singularitätsfreien) Lösung der Diff[erential]gleichung berechnet wird. Diese letzteren Lösungen werden dann also in der Tat statistisch gedeutet. Der mathematische Nachweis dieser Übereinstimmung ist de Broglie allerdings nur zum kleinen Teil gelungen. – Mir ist das Ganze höchst unsympathisch und verdächtig, insbesondere daß man einem Quantenzust[and] eines Atoms bestimmte Teilchenbahnen soll zuordnen können. Auch sehe ich nicht, wie die Franck-Hertzschen Erfahrungsresultate über den Energieumsatz beim *Einzel*prozess des unelastischen Stoßes von der de Brogliesche Auffassung aus verstanden werden können. – Aber immerhin, selbst wenn diese de Brogliesche Ar[be]it ein Fehlschlag ist (und das hoffe ich eigentlich), so ist sie doch sehr ideenreich und witzig und auf einem viel höheren Niveau wie die kindischen Arbeiten von Schrödinger, der heute immer noch glaubt, er könne der statistischen Deutung seiner Funktionen entgehen und er könne die materiellen Punkte abschaffen. Sie werden die de Brogliesche Arbeit in Ihrer Note wohl erwähnen müssen[e]. Ich hoffe sehr, daß diese Note bald fertig wird!

Gegen 15. Aug[ust] fahre ich nach Tirol und dann in die Schweiz. Ich werde bestimmt nach Como kommen[f] und freue mich schon sehr, Sie dort zu sehen. Dort können wir ja dann auch besprechen, ob es passend wäre, wenn ich im Oktober nach Kopenhagen käme (ich könnte dann dort einiges über Quantenelektrodynamik vortragen). – Bis dahin viele herzliche Grüße an Sie selbst, Empfehlungen an Ihre Frau Gemahlin und viele Grüße auch an Klein. Seiner Physik wünsche ich von Herzen baldige Besserung!

Ihr stets dankbarer

W. Pauli

[a] Vgl. die unter *a* von [167] zitierte Arbeit. [b] Th. Kaluza: Zum Unitätsproblem der Physik. Sitzungsberichte der Preußischen Akademie der Wissenschaften. Physikalisch-Mathematische Klasse. 1921. S. 966–972. [c] Vgl. die in [165] unter der Fußnote *a* genannte Arbeit. [d] L. de Broglie: La mécanique ondulatoire et la structure atomique de la matiere et du rayonnement. Journal de Physique et le Radium **8,** 225–241 (1927). Eingegangen am 1. April 1927. Vgl. hierzu auch L. de Broglies Darstellung in seinem Vortrag auf dem Solvay Kongreß: „La Nouvelle Dynamique des Quanta“. In: Electrons et Photons. Rapports et Discussions du Cinquieme Conseil de Physique tenu à Bruxelles du 24 au 29 Octobre 1927, sous les Auspices de l'Institut International de Physique Solvay. Paris: Gauthier-Villars et Cie. 1928. Dort S. 105–132 mit zwei Diskussionsbeiträgen von Pauli auf S. 134 und 135. – F. Kubli: Louis de Broglie und die Entdeckung der Materiewelle. Arch. Hist. Exact Sci. **7,** 26–68 (1970). [e] Vgl. hierzu in Brief [167] die Fußnote *d*. [f] Die Physikertagung vom 11.–20. September in Como wurde zum Gedenken an den 100. Todestag von Allessandro Volta veranstaltet

In diesem Jahre erging zum erstenmal die ehrenvolle Einladung [171] an Pauli, an der Solvay-Konferenz in Brüssel teilzunehmen. Das Thema der fünften Konferenz war: Elektronen und Photonen[1]. Die zahlreichen Diskussionsbeiträge von Pauli (1928 a) zeugen von dem großen Einfluß, den er schon jetzt auf die Fachwelt ausübte. Die Konferenz war geprägt von den Auseinandersetzungen zwischen Bohr und Einstein über die Kopenhagener Deutung der Quantentheorie[2].

[1] Die Vorträge und Diskussionen sind abgedruckt in: Électrons et Photons. Rapports et Discussions du cinquieme Conseil de Physique tenu a Bruxelles du 24 au 29 Octobre 1927 sous les Auspices de l'Institut International de Physique Solvay. Paris: Gauthier-Villars et Cie, Éditeurs 1928. Vgl. auch J. Mehra: The Solvay Conferences on Physics. Dordrecht: D. Reidel Publishing Company 1975.

[2] Vgl. hierzu die historischen Übersichten von Niels Bohr: Die Solvay-Konferenzen und die Entwicklung der Atomphysik. Vortrag auf der 12. Solvay-Konferenz im Oktober 1961, abgedruckt in dem Sammelband Niels Bohr: Atomphysik und menschliche Erkenntnis II. Braunschweig: Friedr. Vieweg und Sohn 1966. – Discussion with Einstein on Epistomological Problems in Atomic Physics. In: Albert Einstein: Philosopher-Scientist. Edited by Paul Arthur Schilpp. London: Cambridge University Press 1949.

[169] Bohr an Pauli

Tisvilde, 13. August 1927

[Maschinenschrift]

Kære Pauli,

Tak for Deres rare og yderst velkomne Brev. Hvad De skriver om Deres og Jordans Arbejde med Elektrodynamikken er overordentlig tiltalende og er saa ganske i Overensstemmelse med min Opfattelse af Kvanteteoriens Væsen, hvorefter de tilsyneladende modstridende Krav om Superposition og Individualitet ikke dækker contrære men komplementære Sider hos Naturen. Med Deres Bemærkninger om de Broglies Arbejde var jeg fuldstændig enig; han søger at opnaa det umulige netop ved en Sammenblanding af de komplementære Sider af Sagen.

Selvom jeg synes, at jeg stadig, omend langsomt, har haft Fremgang ved Afklaringen af mine Synspunkter, er det desværre ikke gaaet saa hurtigt med Fuldendelsen af min Note, som jeg havde tænkt. Jeg har hele Sommeren haft en Del Forstyrrelse ved at maatte bistaa ved Afslutningen af forskellige mere eller mindre færdige og betydningsfulde Afhandlinger. Jeg haaber imidlertid nu at faa Ro og vil sætte al Kraft ind paa at faa en nogenlunde afklaret Form paa mit Foredrag i Como. Jeg naar derfor næppe at faa nogen Note afsendt før den Tid, men glæder mig til at træffe Dem i Como og diskutere Sagerne nærmere med Dem. Navnlig glæder jeg mig meget til Deres Besøg i København til Oktober.

Med mange venlige Hilsener fra os alle, ogsaa fra Klein,

Deres hengivne

Niels Bohr

Übersetzung von [169]

Lieber Pauli!

Dank für Ihren liebenswürdigen und höchst willkommenen Brief. Was Sie über Ihre und Jordans Arbeit zur Elektrodynamik[a] schreiben, ist außerordentlich ansprechend und ist so ganz in Übereinstimmung mit meiner Auffassung vom Wesen der Quantentheorie, wonach die scheinbar widersprüchlichen Forderungen nach Superposition und Individualität nicht konträre, sondern komplementäre Seiten der Natur sind. Mit Ihrer Bemerkung über de Broglies Arbeit[b] war ich vollständig einverstanden; er versucht das Unmögliche zu erreichen, gerade durch eine Vermischung der komplementären Seiten der Sache.

Wenn ich auch meine, daß ich stetig, wenngleich langsam, Erfolg bei der Klärung meiner Gesichtspunkte gehabt habe, ist es leider mit der Vollendung meiner Note[c] nicht so schnell gegangen, wie ich gedacht hatte. Ich habe während des ganzen Sommers ziemlich viele Störungen dadurch gehabt, daß ich beim Abschluß verschiedener mehr oder weniger fertiger und bedeutungsvoller Abhandlungen beistehen mußte. Ich hoffe indessen nun Ruhe zu haben und will meine ganze Kraft daran setzen, eine einigermaßen abgeklärte Form meines Vortrages in Como zu erhalten. Ich schaffe es deshalb kaum, eine Note vor diesem Zeitpunkt abzusenden, aber ich freue mich, Sie in Como zu treffen und die Dinge eingehender mit Ihnen zu diskutieren. Namentlich freue ich mich sehr auf Ihren Besuch in Kopenhagen im Oktober.

Mit vielen freundlichen Grüßen von uns allen, auch von Klein,

Ihr ergebener

N. Bohr

[a] Vgl. Pauli (1927b). [b] Vgl. den unter der Fußnote *d* des vorhergehenden Briefes [168] genannten Artikel. [c] Vgl. hierzu die Fußnote *d* von [167].

[170] Bohr an Pauli

Kopenhagen, 2. September 1927

Kære Pauli,

Blót et Par Linier for at sige at jeg samtidig sender en Afhandling af Darwin, som han har sendt Klein med Ønsket om at den maatte blive sendt videre til Dem, naar vi havde kigget paa den. Den indeholder vist intet overraskende for Dem, men jeg tror at han har gjort Ret i at følge Trangen til at give sine Synspunkter Luft. Jeg glæder mig meget til at tr ffe Dem i Como og sender de venligste Hilsner fra os alle

Deres hengivne

NIELS BOHR

Übersetzung von [170]

Lieber Pauli!

Nur ein paar Zeilen, um zu sagen, daß ich gleichzeitig eine Abhandlung von Darwin[a] schicke, die er an Klein mit dem Wunsch gesandt hat, daß sie an Sie weitergeschickt werden solle, nachdem wir sie angesehen haben. Sie enthält wohl kaum etwas Überraschendes für Sie, aber ich glaube, daß er Recht daran getan hat, dem Drang nachzugeben, seinen Gesichtspunkten Luft zu verschaffen. Ich freue mich sehr, Sie in Como zu treffen und sende die freundlichsten Grüße von uns allen

Ihr ergebener

NIELS BOHR

[a] C. G. Darwin: The Elektron as a Vector Wave. Proc. Roy. Soc. A **116**, 227–253 (1927). Eingegangen am 30. Juli 1927. Es handelt sich hier im wesentlichen um eine Ausarbeitung seiner gleichlautenden Note in Nature (vgl. Fußnote *e* von [155]).

[171] LORENTZ AN PAULI

Haarlem, 5. September 1927

Hochgeehrter Herr!

Im Namen des Wissenschaftlichen Komitees des „Institut international de physique Solvay“ habe ich das Vergnügen, Sie einzuladen zu der Konferenz, die vom 24. bis ungefähr 29. Oktober in Brüssel stattfinden wird. Dieselbe wird der neuen Quantenmechanik und damit zusammenhängenden Fragen gewidmet sein und wir werden zur Einleitung der Diskussion Berichte haben von den Herren Born und Heisenberg, W. L. Bragg, L. de Broglie, Compton und Schrödinger.

Es würde uns zu großer Freude gereichen, wenn Sie sich an dieser Konferenz beteiligen könnten.

Die anderen Teilnehmer sind:

Die Mitglieder des Wissenschaftlichen Komitees Frau Curie und die Herren von Aubel, Einstein, Guye, Langevin, Lorentz, Knudsen, Richardson.

Ferner: die Herren Planck, Born, Heisenberg, Bohr, W. L. Bragg, Fowler, Dirac, C. T. R. Wilson, Compton, L. de Broglie, Deslandres, L. Brillouin, Schrödinger, Debye, Kramers, Ehrenfest, die Professoren der Brüsseler Universität de Donder, Henriot, Piccard, der Sekretär Verschaffelt.

Man wird uns in Brüssel als Gäste des Institut de physique betrachten und für die Reisekosten entschädigen.

Anfang Oktober hoffe ich Ihnen noch Näheres mitteilen zu können. Eine zusagende Antwort würde mich sehr freuen.

In vorzüglicher Hochachtung

Ihr ergebener H. A. Lorentz

Etwa einen Monat vor dem Beginn der 5. Solvay-Konferenz in Brüssel fand der Physikerkongreß in Como statt. Am 16. September trug Niels Bohr hier in einem berühmt gewordenen Vortrag zum ersten Mal seine Komplementaritätsidee einer größeren Öffentlichkeit vor. Dieser Vortrag, der seinen Ursprung in einer Note für die englische Zeitschrift Nature hatte[1], war nun zu einem umfassenden Bericht über die neuesten Fortschritte auf dem Gebiet der Atomtheorie angewachsen und bildet zusammen mit Heisenbergs Arbeit über die Unschärferelation die Grundlage der sog. Kopenhagener Interpretation der Quantenmechanik. Die ursprüngliche Fassung dieses Vortrags ist zusammen mit den anschließenden Diskussionsbeiträgen von Born, Kramers, Heisenberg, Fermi und Pauli in den Kongreßberichten wiedergegeben[2]. Die deutsche Fassung in der Zeitschrift „Die Naturwissenschaften"[3] weicht hingegen infolge mehrerer, immer sorgfältigerer Überarbeitungen[4] stark davon ab. In dieser Version wurde sie auch auf Bohrs Anweisung hin anstelle seines Vortrags auf der Solvay-Konferenz in der Veröffentlichung der Solvay-Vorträge abgedruckt.

[1] Vgl. [167] und die dort angeführte Fußnote *d*.

[2] N. Bohr: The quantum postulate and the recent development of atomic theory. Atti del Congresso Internazionale dei Fisici. Como – 11.–20. Settembre 1927. Bologna 1928. Bd. 2. S. 565–588. Discussione sulla communicazione Bohr. S. 589–598.

[3] N. Bohr: Das Quantenpostulat und die neuere Entwicklung der Atomistik. Naturwiss. **16**, 245–257 (1928). Der gleiche Aufsatz erschien ebenfalls in Nature **121**, 580–590 (1928).

[4] Vgl. hierzu die Briefe [172], [173], [177], [179], [180], [188] und [189].

[172] Bohr an Pauli

[Kopenhagen], 11. Oktober 1927

[Maschinenschriftlicher Durchschlag]

Kære Pauli,

Jeg har lige sendt Manuskriptet af Noten til Naturwissenschaften og bedt Berliner om at sende Dem en Korrektur. Om end De vil genkende det meste, er der, som De vil se, kommet forskellige Tilføjelser til. Da jeg haaber, at Noten snart skal kunne udkomme, vilde jeg være meget taknemmelig, om De omgaaede vilde sende mig Korrekturen med alle kritiske Bemærkninger, som falder Dem ind.

Med mange venlige Hilsener fra os alle Deres

[Niels Bohr]

Übersetzung von [172]

Lieber Pauli!

Ich habe gerade das Manuskript der Note an die Naturwissenschaften abgesandt und Berliner gebeten, Ihnen eine Korrektur zu schicken[a]. Wenngleich Sie das meiste wiedererkennen werden, sind, wie Sie sehen, verschiedene Zusätze hinzugekommen. Da ich hoffe, daß die Note bald herauskommen kann, wäre ich sehr dankbar, wenn Sie mir die Korrektur umgehend mit allen kritischen Bemerkungen, die Ihnen einfallen, schicken würden.

Mit vielen freundlichen Grüßen von uns allen Ihr

[Niels Bohr]

[a] Vgl. die im Kommentar unter 3 genannte Abhandlung.

[173] Pauli an Bohr

Hamburg, 17. Oktober 1927

Sehr verehrter, lieber Herr Professor!

Nunmehr sende ich Ihnen die Korrekturen, Ihrem Wunsche gemäß „mit allen kritischen Bemerkungen, die mir einfallen“[a]. Vorher möchte ich aber bemerken, daß ich im allgemeinen *sehr* einverstanden bin, sowohl mit der ganzen Tendenz der Note wie auch mit den meisten Einzelheiten. Besonders ist mir klar geworden, daß die statistische Deutung der theoretischen Resultate immer an der Stelle hereinkommt, wo man ein abgeschlossenes System in zwei Teile teilt, die man dann als beobachteten Gegenstand bzw. Meßinstrument interpretiert, und dann fragt, was man über den einen Teil ohne Kenntnis des anderen aussagen kann. Wenn man die Resultate der Matrixformulierung der Quantentheorie *so* interpretiert, scheint mir durchaus die Möglichkeit vorhanden, sie unmittelbar mit der Erfahrung in Beziehung zu setzen. Deshalb scheint mir Ihre Angabe (auf Seite 6) „streng genommen ist ihr innerer Zusammenhang auf Kosten jeder unmittelbaren Deutung der Rechenresultate gewonnen“ nicht zutreffend oder wenigstens zu Mißverständnissen Anlaß gebend.

Nun will ich der Reihe nach die paar Stellen angeben, die mir noch verbesserungsfähig scheinen. Rein sprachliche Verbesserungsvorschläge habe ich an den Rand der Korrekturbogen geschrieben.

Auf S. 4 ist die *einzige* Stelle, die ich unklar finde. Dies liegt aber wohl zum Teil daran, daß sie auch sprachlich nicht ganz korrekt ist. (Wenn ich sie aber eben wieder lese, verstehe ich sie schon etwas besser.)

Weiter unten auf S. 4, wo von der „unstetigen Verkleinerung der räumlichen Begrenzung der Felder“ die Rede ist, könnte man vielleicht der Deutlichkeit halber noch etwas hinzufügen. Dies ist ja gerade ein Punkt, der bei Heisenberg nicht ganz befriedigend war; es schien dort die „Reduktion der Pakete“ ein bißchen mystisch[b]. Nun ist ja aber zu betonen, daß solche Reduktionen zunächst nicht nötig sind, wenn man alle Messungsmittel *mit* zum System zählt. Um aber Beobachtungsresultate überhaupt theoretisch beschreiben zu können, muß man fragen, was man über einen *Teil* des ganzen Systems allein aussagen kann. Und dann sieht man der vollständigen Lösung von selbst an, daß die Fortlassung des Beobachtungsmittels in vielen Fällen (nicht immer natürlich) formal durch derartige Reduktionen ersetzt werden kann.

Von *S. 6* (Matrizenformulierung) habe ich bereits oben gesprochen.

Seite 7 (oben): Was soll in diesem Zusammenhang eigentlich „wenn möglich“ bedeuten?

Seite 9 (oben): Ich bin natürlich ganz einverstanden damit, daß bei diskreten Eigenwerten betreffend die Unsicherheitsrelation eine nähere Untersuchung nötig ist. Es scheint mir aber, daß die auf x und p_x bezügliche Relation $\Delta x \Delta p_x \sim h$ auch hier richtig bleibt, wenn man (unabhängig vom Energiewert) diejenige allgemeine Lösung ins Auge faßt, die zu einer gewissen Zeit t_0 auf ein gewisses Gebiet Δx beschränkt ist und sie dann spektral zerlegt. Von der ersten Relation $\Delta t \Delta E \sim h$ scheint mir allerdings, daß sie bei diskreten Energiewerten keinen Sinn mehr hat. Vielleicht soll man also *nur von der Relation* $\Delta t \Delta E \sim h$ (nicht aber von der Relation $\Delta x \Delta p_x \sim h$) behaupten, daß „ihre Formulierung wesentlich auf der Annahme einer kontinuierlichen Folge von Eigenwerten beruht."

Seite 9 (unten): Dort steht der Satz: „Die Verwendung der [Re]chenresultate beruht darauf, daß man sich bei Vergleich mit der Erfahrung immer auf die Betrachtung von nur drei von den raumartigen Koordinaten beschränken kann." Dies halte ich für *nicht* richtig und ich möchte dagegen opponieren, weil mir dieser Punkt besonders am Herzen liegt. Wenn man ein System mit mehreren Teilchen hat, so kann nach meiner Meinung die Eigenfunktion $\psi(q_1 \cdots q_N)$ im mehrdimensionalen Konfigurationsraum durch statistische Verwertung von Beobachtungsresultaten prinzipiell empirisch ermittelt werden; und dies gilt auch von der Funktion selbst, nicht nur von Integralmittelwerten dieser Funktion über alle Koordinaten bis auf drei. Das Quadrat des Betrages dieser Funktion bedeutet die Wahrscheinlichkeit dafür, daß *gleichzeitig eines* der Teilchen die Koordinaten $q_x^{(1)}, q_y^{(1)}, q_z^{(1)}$, ein *anderes* die Koordinaten $q_x^{(2)}, q_y^{(2)}, q_z^{(2)}$ . . . etc. hat. Man kann nun die Ermittelung dieser Funktion im Prinzip auf die Beobachtung *freier* Teilchen reduzieren, wenn man Stoßversuche macht, wobei das zu untersuchende System gleichzeitig von mehreren Teilchen gestoßen wird. Man kann dann z. B. fragen, wie groß bei parallelem Einfall aller stoßenden Teilchen die Wahrscheinlichkeit dafür ist, daß *gleichzeitig* eines der Teilchen mit gewisser Energie in gewisser Richtung, ein anderes wieder mit anderer Energie in anderer Richtung u.s.w. nach dem Stoß fortfliegt (was *nicht* unabhängige Ereignisse sind). Wohl hat man es hier wieder letzten Endes mit freien Partikeln zu tun, aber mit mehreren, und es scheint mir gänzlich irreführend, zu sagen, daß man sich hier *im Ganzen* auf *drei* (raum- *oder* impulsartige) Koordinaten beschränken kann. (Dies hatte ich mir auch genau überlegt als ich jene Fußnote (in meiner Arbeit über Gasent[artung] und Paramagnetismus) über die ψ-Funktion im mehrdimensionalen Raum schrieb)[c].

Ich habe hier natürlich hauptsächlich *die* (wenigen) Punkte hervorgehoben, mit denen ich *nicht* einverstanden war, während ich fast gar nicht über die Stellen sprach, die mir besonders gefallen haben. Dadurch könnte leicht ein falscher Eindruck entstehen. Ich bin über Ihre Arbeit im Großen und Ganzen sehr froh und glaube, daß die oben besprochenen Stellen leicht verbessert werden können! – Besonders *froh* bin ich über den Schlußsatz, wo Sie sagen, daß die stationären Zustände ebenso sehr oder wenig real sind wie die Partikeln selber. Denn ich hoffe sogar, daß die Atomistik der elektrischen Ladung sich später einmal analog auffassen lassen wird, wie die Existenz stationärer Zustände, so daß die Zahl der Elementarladungen in einem gewissen Gebiet als Quantenzahl erscheinen wird.

Aber dies ist noch in weiter Ferne! Dagegen bin ich mit dem relativistischen Mehrkörperproblem in den letzten Tagen viel weiter gekommen und glaube bestimmt, daß seiner Lösung keine grundsätzlichen Schwierigkeiten mehr entgegenstehen!

Wenn Sie schon Freitag in Hamburg wären, wäre es schön[d]! Dann könnte ich Ihnen auch noch helfen bei der Korrektur und wir könnten sie eventuell von hier aus abschicken. Dies soll aber nur ein unverbindlicher Vorschlag sein. Jedenfalls hoffe ich bald von Ihnen zu hören!

Mit den herzlichsten Grüßen an Sie und auch an Klein.

Viele Grüße von Stern!

Ihr W. Pauli

[a] Vgl. hierzu den Kommentar zu dem vorhergehenden Brief [172] und die dort in der Fußnote 3 zitierte Arbeit. [b] Heisenbergs Ansichten über das Problem der Reduktion von Wellenpaketen sind in seinem Brief [154] enthalten. Vgl. auch den folgenden Brief [174] von C. G. Darwin, der gerade eine längere Abhandlung über auseinanderfließende Wellenpakete geschrieben hatte. [c] Pauli (1927a). Dort S. 83. [d] Bohr mußte spätestens am 24. Oktober zur Solvay-Konferenz in Brüssel sein und traf sich bei dieser Gelegenheit in Hamburg mit den dortigen Physikern.

Sir Charles Galton Darwin, ein Enkel des Begründers der modernen Abstammungslehre, ist als Physiker vor allem durch seine Arbeiten zur statistischen Mechanik (Darwin-Fowler-Methode) bekannt geworden. 1924 wurde er zum Taitprofessor in Edinburgh ernannt.

Seine Arbeiten zur Quantenmechanik stehen in Zusammenhang mit einem Aufenthalt in Kopenhagen im Frühjahr 1927. Unabhängig von Pauli entwickelte Darwin eine nichtrelativistische Theorie des Elektronenspins, indem er polarisierte Wellenfunktionen verwendete (vgl. hierzu [153]). Pauli sah in seiner zweikomponentigen Spintheorie (1927b) nur eine mathematische Zweckmäßigkeit. Darwin vertrat dagegen die Ansicht, daß es sich bei seiner Vektorwelle um einen physikalisch realen Sachverhalt, wie z. B. bei einer elektromagnetischen Lichtwelle handle. Dieser Interpretationsstreit wurde durch Diracs relativistische Theorie des Elektrons beendet.

Darwin selbst zeigte 1928, daß seine Theorie als eine Näherung in der Diracschen Theorie enthalten ist. Frühere Arbeiten zur Optik und insbesondere über die Streuung von Röntgenstrahlen durch Kristalle erklären Darwins Vorliebe für die auch von den meisten Physikern bevorzugte wellentheoretische Darstellung der neuen Quantenmechanik. Seine wellenmechanische Wiederholung der bereits von Heisenberg und Jordan durchgeführten Berechnung des Anomalen Zeemaneffektes (für beliebige Feldstärken!) trug ihm Heisenbergs Kritik ein. (Vgl. hierzu Heisenbergs Äußerungen in [153] und [155].) Nicht viel anders erging es Darwin mit seiner Abhandlung über das Zerfließen von Wellenpaketen. In dieser Arbeit (im § 11) diskutierte er als Anwendungsbeispiel nochmals die Bewegung eines „spinnenden" Elektrons in einem Magnetfeld, das „plötzlich" seine Richtung ändert. Auch Pauli hatte diesen Fall betrachtet (1927b), war aber zu einem anderen Ergebnis über die Richtungsverteilung der Spinachsen gelangt. Auf dem Kongreß in Como hatte es darüber heftige Diskussionen gegeben, auf die Darwin in seinen Briefen [174] und [178] an Pauli eingeht.

[174] DARWIN AN PAULI

Edinburgh, 20. November 1927

My dear Professor Pauli!

I have just corrected the proofs of a paper I have been writing, which will I think appear shortly in the Proceedings of the Royal Society[a] and as this contains something of an attack on you, I am taking this occasion to write and warn you of it and to explain it. Unfortunately I have no spare copy of the manuscript to send you.

The work is concerned with a number of electron problems, and in the last paragraph I do the spinning electron in free space. This requires a discussion of your $\cos^2\frac{\theta}{2} : \sin^2\frac{\theta}{2}$[b], and, as I think you know, I disagree with your result, and found it impossible to find words to say so, without making it into a rather definite contradiction. I hope, and am inclined to think, that you will agree with my criticisms, and I should not have put it in, if I had not had the impression (at Como) that one or two other people were taking your criticism of my work as more strongly against it, than you perhaps would yourself. So please regard my criticism not as directed against you, but against others who have not considered the matter so much.

I have taken the opportunity of this paper to put in the remark that you suggested about α, β requiring to be transformed when axes are changed[c]; and also the mysterious relation $x_1^2+x_2^2+x_3^2+x_4^2=0$ comes in; but you will I hope see the paper soon, so I will say no more. I shall of course send you a reprint when I get them.

Since I have finished it I have been attacking the question of emission. I have not so far got out any thing, but am perfectly certain now that there is a problem meriting solution.

With kind regards

Yours sincerely

C. G. DARWIN

[a] C. G. Darwin: Free Motion in the Wave Mechanics. Proc. Roy. Soc. A **117**, 258–293 (1927). Eingegangen am 25. Oktober 1927. [b] Vgl. Pauli (1927b). Dort wird das von Darwin diskutierte Experiment auf S. 616 behandelt. [c] Vgl. die unter *a* genannte Arbeit. Dort S. 289 und Darwins späteren Brief [178].

Die internationale Physikertagung in Como und der 5. Solvay-Kongreß in Brüssel markierten den Beginn einer neuen wissenschaftlichen Epoche. Die neue Quantentheorie konnte als physikalisch verstanden gelten. Die an den Grundlagen interessierten Theoretiker wandten sich nun neuen Problemen zu, der relativistischen Quantentheorie und der Quantenfeldtheorie. Daneben bildeten die Anwendungen der Quantenmechanik auf nunmehr gesicherter Grundlage ein weites Arbeitsgebiet.

Etwa gleichzeitig begann ein neuer Abschnitt, was die institutionelle Verankerung der modernen Physik betrifft. In Leipzig waren kurz hintereinander Theodor Des Coudres und Otto Wiener gestorben, und die beiden Lehrstühle wurden mit Vertretern der modernen Richtung besetzt, mit Peter Debye und Werner Heisenberg.

In Berlin war Max Planck zum 1. Oktober 1926 emeritiert worden; Sommerfeld hatte den Ruf abgelehnt, und Erwin Schrödinger begann seine Lehrtätigkeit an der Friedrich-Wilhelms-Universität am 1. Oktober 1927. Als Nachfolger Schrödingers an die Universität Zürich kam – wie es Pauli hoffte – Gregor Wentzel.

Pauli selbst erhielt den Ruf auf die ordentliche Professur für theoretische Physik an der Eidgenössischen Technischen Hochschule in Zürich (die man von früher her noch das „Polytechnikum" nannte), die durch den Weggang Debyes frei geworden war[1]. Dafür brauchte Pauli einen wirklichen „Mitarbeiter", einen „Quanten-mann" [184]. Er bot Ralf Kronig, den er in Kopenhagen kennengelernt hatte, die Stelle an.

[1] Die Direktion des Physikalischen Instituts, die Debye innegehabt hatte, ging auf Paul Scherrer über.

[175] Pauli an Kronig

Hamburg, 22. November 1927

Lieber Herr Kronig!

Ich habe kürzlich eine Berufung ans Züricher Polytechnikum für das Sommersemester erhalten. Dabei habe ich als Bedingung die Bewilligung einer Assistentenstelle gestellt, und es besteht eine gewisse Aussicht, daß mir diese auch genehmigt wird. Nun möchte ich Sie zunächst vorläufig ganz unverbindlich fragen, ob Sie im Prinzip bereit wären, diese Stelle zu übernehmen. Lästige Verpflichtungen wären für Sie kaum damit verbunden; Ihre Aufgabe wäre: 1. Jedesmal, wenn ich etwas sage, mir mit ausführlichen Begründungen zu widersprechen. 2. Den wissenschaftlichen Betrieb etwas mit modernen Ideen zu beleben (besonders was eventuelle Doktoranden und was das Kolloquium betrifft).

Das einzige, was ich fürchte, ist das, daß die Assistentenstellen in Zürich nicht gut genug bezahlt sind (normalerweise mit etwa 300 Franken im Monat). Ich könnte aber versuchen, das Einkommen des Assistenten zu erhöhen, entweder durch einen bezahlten Lehrauftrag oder dadurch, daß er ein populäres Kolleg hält, für das die Kolleggelder einiges ausmachen. Es wäre nett von Ihnen, wenn Sie mir schrieben, was da Ihre Wünsche sind. Natürlich könnten Sie sich möglichst bald habilitieren.

Die Anfrage ist zunächst schon deshalb unverbindlich, weil ich ja die Assistentenstelle gar nicht bewilligt in der Tasche und den Ruf noch nicht angenommen habe. Es ist aber immerhin nicht unwahrscheinlich, daß ich schließlich annehmen werde und die Assistentengeschichte klappen wird (in diesem Fall würde die Sache ab nächsten April laufen).

Ich wäre sehr froh, wenn Sie *nicht* mit einem glatten Nein antworten würden. Wir haben uns ja in Kopenhagen immer sehr gut verstanden, und ich glaube, daß das Züricher Arrangement für uns beide sehr vorteilhaft wäre. Im übrigen ist das allgemeine Milieu in Zürich *sehr schön.* Weyl ist ja Mathematiker am Polytechnikum und hat sehr großes Interesse für Quantenmechanik; ferner hat Scherrer (Experimentalphysiker und nun auch Direktor des physik[alischen] Instituts) ebenfalls viel für moderne Physik übrig. – An der Universität Zürich ist ja gleichfalls eine theoretische Professur frei. Die Berufung dort ist noch gar nicht weit gediehen, und es ist vorläufig noch ganz unbestimmt, wen das Los treffen wird. Ich habe eine schwache Hoffnung, daß man Wentzel berufen wird. Wenn Wentzel, Sie und ich in Zürich zusammen sein könnten, würde es (+ Scherrer + Weyl) wirklich ein schöner Betrieb sein.

Grüßen Sie, bitte, Bohr sehr herzlich von mir. Hoffentlich kommt seine Arbeit in Naturwissenschaften und Nature[a] bald heraus. Es wäre, glaube ich, für ihn gut, wenn er die Physik jetzt für eine Weile ganz ruhen ließe. (Wenn Sie den Inhalt dieses Briefes gelegentlich auch mit ihm besprechen würden, wäre es nett.)

Grüße ferner auch an Klein (die Arbeit von ihm und Jordan[b] ist *wirklich schön*, ich danke ihm noch für die Korrekturen) und an Harald Bohr. Lassen Sie, bitte, bald etwas von sich hören und seien Sie selbst viemals gegrüßt von Ihrem

W. PAULI

N.S. Ich habe momentan einen regen Briefwechsel mit Heisenberg über Quantenelektrodynamik.

[a] Vgl. die in 3 zum Kommentar von [172] zitierten Veröffentlichungen. [b] P. Jordan und O. Klein: Zum Mehrkörperproblem der Quantentheorie. Z. Phys. **45**, 751–765 (1927). Eingegangen am 4. Oktober 1927.

[176] Pauli an Kronig

[Hamburg], 28. November [1927]

[Postkarte]

Lieber Herr Kronig!

Vielen Dank für Ihren Brief. Es war kein glattes Nein, das ist schon etwas. Ich werde Ihnen also nach dem 1. Januar wieder schreiben und zwar nach Utrecht[a]. Sonst habe ich mit Schmunzeln festgestellt, daß Ihr Brief ganz im Kopenhagener Stil geschrieben war. Grüßen Sie deshalb Bohr, bitte, besonders von mir, ebenso Klein, und seien Sie selbst bestens gegrüßt

von Ihrem W. Pauli

[a] Nach seinem Aufenthalt in Kopenhagen arbeitete Kronig zunächst ab 1. Januar 1928 bei H. A. Kramers in Utrecht. Zum 1. Mai 1928 kam er als Assistent Paulis nach Zürich.

X. Das Jahr 1928

Berufung nach Zürich
Schwierigkeiten in der Quantenelektrodynamik

[177]	Bohr an Pauli (dän.)	Arosa	8. Jan.	1928
[178]	Darwin an Pauli (engl.)	Edinburgh	11. Jan.	1928
[179]	Pauli an Bohr	Hamburg	13. Jan.	1928
[180]	Bohr an Pauli (dän.)	Arosa	15. Jan.	1928
[181]	Pauli an Weyl	Hamburg	29. Jan.	1928
[182]	Pauli an Kronig (PK)	[Hamburg]	1. Feb.	[1928]
[183]	Pauli an Kramers	Hamburg	7. Feb.	1928
[184]	Pauli an Kronig	Hamburg	7. Feb.	1928
[185]	Pauli an Kronig	Hamburg	10. Feb.	1928
[186]	Pauli an Kronig (PK)	[Hamburg]	15. Feb.	1928
[187]	Pauli an Dirac	Hamburg	17. Feb.	1928
[188]	Bohr an Pauli (dän.) (MSD)	[Kopenhagen]	27. Feb.	1928
[189]	Pauli an Bohr	Hamburg	10. Mär.	1928
[190]	Bohr an Pauli (dän.) (MS)	Kopenhagen	13. Mär.	1928
[191]	Pauli an Bohr (PK)	[Hamburg]	14. Mär.	[1928]
[192]	Heisenberg an Pauli	Leipzig	3. Mai	1928
[193]	Heisenberg an Pauli	Leipzig	7. Mai	[1928]
[194]	Heisenberg an Pauli (PK)	Leipzig	7. Mai	[1928]
[195]	Heisenberg an Pauli	Leipzig	10. Mai	1928
[196]	Heisenberg an Pauli (PK)	Leipzig	13. Mai	[1928]
[197]	Bohr an Pauli (dän.)	Kopenhagen	14. Mai	1928
[198]	Heisenberg an Pauli (PK)	Leipzig	21. Mai	[1928]
[199]	Pauli u. a. an Jordan (PK)	[Zürich	4. Jun.	1928]
[200]	Heisenberg an Pauli	Leipzig	13. Jun.	[1928]
[201]	Pauli an Bohr	Zürich	16. Jun.	1928
[202]	Pauli und Kronig an Shenstone (MS)	Zürich	23. Jun.	1928
[203]	Pauli an Bohr	Zürich	14. Jul.	1928
[204]	Heisenberg an Pauli	Leipzig	31. Jul.	1928
[205]	Bohr an Pauli (dän.)	Tisvilde	7. Aug.	1928
[206]	Pauli an Bohr (2 PK)	Zürich	10. Aug.	[1928]
[207]	Bohr an Pauli (dän.)	Tisvilde	14. Aug.	1928
[208]	Pauli an Ehrenfest	Kopenhagen	16. Sep.	1928
[209]	Ehrenfest an Pauli (MSD)	Leiden	22. Sep.	1928
[210]	Ehrenfest an Pauli (MS)	[Leiden]	26. Sep.	1928
[211]	Ehrenfest an Pauli (MSD)	Leiden	26. Nov.	1928
[212]	Pauli an Ehrenfest (PK)	[Zürich]	24. Dez.	[1928]

Im Dezember 1927 hatte Pauli den Ruf auf die ordentliche Professur für theoretische Physik an der Eidgenössischen Technischen Hochschule in Zürich angenommen. Die Ernennung erfolgte mit Urkunde des Schweizerischen Bundesrates vom 10. Januar 1928 (mit Wirkung zum 1. April).

Damit nichts zu tun hat eine Änderung im Verhältnis zu den beiden wichtigsten Diskussionspartnern, Niels Bohr und Werner Heisenberg. In den Briefen heißt es von nun an „Du" statt „Sie"; allerdings bleibt es bei der gewohnten Anrede „Lieber Pauli" bzw. „Lieber Bohr" und „Lieber Heisenberg". Brief [179] zeigt, daß es Pauli noch kaum möglich ist, den 15 Jahre älteren, verehrten Bohr (dem „auf der ganzen Welt wie einem Halbgott gehuldigt wird", wie Schrödinger damals sagte) mit „Du" anzusprechen, aber gerade das macht deutlich – im Zusammenhang mit der Fußnote dieses Briefes [179] – daß es sich um eine bewußte Verabredung handelt.

Bei der gemeinsamen Verteidigung des Kopenhagener Standpunktes in Como und Brüssel und der langen miteinander verbrachten Zeit war offenbar ein neues Zusammengehörigkeitsgefühl entstanden.

[177] Bohr an Pauli

Hotel Prätschli, Arosa, 8. Januar 1928

Kære Pauli!

Min Broder og jeg har en dejlig Ferie her i Arosa. Vi rejser hjem om en halv Snes Dage og tænker paa Tilbagevejen at opholde os et Par Dage i Hamburg. Jeg tænker at komme dertil den 22 Januar; Harald kommer maaske lidt senere, da han tænker at besøge Venner i Göttingen. Da jeg meget gerne vilde tale indgaaende med Dig om Videnskaben og aftale nærmere om Dit lovede Besøg i København, vil jeg være taknemmelig for paa et Kort at høre, om Du er i Hamburg paa den Tid. Mange Gangehar Du vist undret Dig over, at min Artikkel i Naturwissenschaften, trods al Din Hjælp med Korrekturen, endnu ikke er udkommen; men gennem Nishina har Du vist allerede hørt at jeg, efter at have arbejdet meget dermed, har sendt et helt nyt Manuskript til Berliner. Jeg tror at det erbleven væsentlig bedre og klarere, og naar Du først har lettet Dit Hjerte ved at skælde mig tilstrækkeligt (og velfortjent) ud, tror jeg at Du vil synes det samme. Kære Pauli, jeg vil gerne benytte Lejligheden til endnu engang at sige Dig Tak for al Hjælp og Opmuntring i det gamle Aar; og sender sammen med min Broder de venligste Hilsner og bedste Ønsker om et glædeligt Nytaar

Din hengivne

Niels Bohr

Übersetzung von [177]

Lieber Pauli!

Mein Bruder und ich haben hier in Arosa herrliche Ferien. Wir reisen in zehn Tagen nach Hause und gedenken uns auf dem Rückweg ein paar Tage in Hamburg aufzuhalten. Ich denke am 22. Januar dorthin zu kommen; Harald kommt vielleicht etwas später, da er Freunde in Göttingen besuchen will. Da ich sehr gerne eingehend mit Dir über die Wissenschaft reden und Deinen versprochenen Besuch in Kopenhagen näher besprechen würde, wäre ich dankbar, durch eine Karte zu hören, ob Du zu dieser Zeit in Hamburg bist. Oft hast Du Dich sicher darüber gewundert, daß mein Artikel in den Naturwissenschaften[a], trotz all Deiner Hilfe bei der Korrektur, noch nicht herausgekommen ist; aber durch Nishina[b] hast Du gewiß schon gehört, daß ich, nachdem ich viel daran gearbeitet habe, ein ganz neues Manuskript an Berliner geschickt habe. Ich glaube, daß es wesentlich besser und klarer geworden ist, und wenn Du erst Dein Herz dadurch erleichtert hast, mich ausreichend (und wohlverdient) zu schelten, glaube ich, daß Du dasselbe denken wirst. Lieber Pauli, ich will gerne die Gelegenheit benutzen, Dir noch einmal Dank zu sagen für alle Hilfe und Aufmunterung im alten Jahr, und ich sende zusammen mit meinem Bruder die freundlichsten Grüße und besten Wünsche für ein frohes Neues Jahr.

Dein ergebener

Niels Bohr

[a] Vgl. den Kommentar zu [172] und die dort unter 3 genannte Veröffentlichung Bohrs. [b] Der japanische Physiker Yoshio Nishina war nach einem Aufenthalt in Cambridge und Göttingen von 1923 – 1928 in Kopenhagen bei Bohr und hatte hier zusammen mit Oskar Klein 1928 die nach ihnen benannte Strahlungsformel hergeleitet.

[178] Darwin an Pauli

Edinburgh, 11. Januar 1928

Reprint follows separately.

My dear Pauli!

Many thanks for your letter. As to your discussion of $\cos^2\frac{\theta}{2}:\sin^2\frac{\theta}{2}$[a], I entirely agree with your definition of „plötzlich" and with what you say about the adiabatic change; but as you have it, plötzlich includes a type of change which is not at all sudden, and which was in fact that to which my work was directed. This is an adiabatic change of the field to zero, and later an adiabatic growth from zero in a new direction. The change fits your definition because ω (Larmor) $\to 0$ during it, but it seems to me has not much „Plötzlichkeit" about it. However this is only a verbal difference and I think we may say that we agree about the matter and in the language of the diplomatists the "incident of $\cos^2\frac{\theta}{2}$ is closed".

As to your other questions, they have made me realise that there is a good deal more in the various magnetic effects than I had seen before. The method is available in all cases, as I knew, and it seemed to me that to discuss the simplest possible would suffice to explain the thing; but I had not noticed that the results are rather different in other cases, and perhaps merit discussion. In what I now write I use the spherical harmonic method (but in xyz not in θ, ϕ) because I am more familiar with it than with the angular momentum sort of arguments that you, I expect, prefer; but I have no doubt it can be just as well expressed the other way, by considering simultaneously a number of terms in the matrices.

First as to what I say about uniform precession[b]. This only applies to singlet atoms, but to any p, d etc. and when I say it is "classical", I do not mean "quantum classical" but that the strict Larmor theorem applies in every respect. For example the d terms are represented by, (the last bracket in my (9.7) only)

$$a_2(x+iy)^2 e^{-2i\omega t} + a_1 z(x+iy)e^{-i\omega t} + a_0(2z^2-x^2-y^2) + a_{-1}z(x-iy)e^{i\omega t} + \\ + a_{-2}(x-iy)^2 e^{2i\omega t}$$

which is the same as $a_2(x'+iy')^2 + a_1 z(x'+iy') + \cdots$, where $x'y'$ are xy referred to axes rotating with ω. This means that we have the exact Larmor theorem*. If you like you can say that (returning to the p-case) the orbit $m=1$ is a circle, and regarding this as the limit of an ellipse, its perihelion precesses at ω. The experiment of p. 260 gives the same result for d levels as for p. For example, if the first St[ern-] Gerl[ach-] field along y leads to one of the extreme members coming through the slit we must start with $(z+ix)^2$, the level 2ω, and expand it as

$$\frac{1}{4}(x+iy)^2 e^{-2i\omega t} + iz(x+iy)e^{-i\omega t} + \frac{1}{2}(2z^2-x^2-y^2) + iz(x-iy)e^{i\omega t} + \frac{1}{4}(x-iy)^2 e^{2i\omega t}.$$

If $\omega t=\pi$ we have $(z-ix)^2$ that is a rotation through the opposite level -2ω. This case also gives other examples. Suppose we chose the next line, $y(z+ix)$. On expanding the middle term is absent, so that for any value of cot the 2nd S[tern] G[erlach] field will only give four lines instead of five. If $\omega t=\pi$ we get $-y(z-ix)$ which means in this special case we only get the level $-\omega$.

Turning now to other multiplets, in all cases an s term has a precession 2ω and can be shown to give a reversal if $\omega t=\frac{\pi}{2}$. To show further how the process goes I

* I mean that a suitably rotating observer will get everything to look exactly like what a fixed observer would in no field.

work out the more complicated process of hydrogen p terms. From (3.6) of my "Vector Wave"[c] we get in weak fields (c_m^j are arbitrary, j=0 and 1,3β separation of levels)

$$f = c^{1}_{\frac{3}{2}}(x+iy)e^{-i(\beta+2\omega t)} + c^{1}_{\frac{1}{2}}2ze^{-i(\beta+\frac{2}{3}\omega)t} + c^{0}_{\frac{1}{2}}ze^{-i(-2\beta+\frac{1}{3}\omega)t}$$

$$-c^{1}_{-\frac{1}{2}}(x-iy)e^{-i(\beta-\frac{2}{3}\omega)t} + c^{0}_{-\frac{1}{2}}(x-iy)e^{-i(-2\beta-\frac{1}{3}\omega)t}$$

$$g = c^{1}_{\frac{1}{2}}(x+iy)e^{-i(\beta+\frac{2}{3}\omega)t} - c^{0}_{\frac{1}{2}}(x+iy)e^{-i(-2\beta+\frac{1}{3}\omega)t} + c^{1}_{-\frac{1}{2}}2ze^{-i(\beta-\frac{2}{3}\omega)t}$$

$$+c^{0}_{-\frac{1}{2}}xe^{-i(-2\beta-\frac{1}{3}\omega)t} - c^{1}_{-\frac{3}{2}}(x-iy)e^{-i(\beta-2\omega)t}$$

a function of the radius being omitted. This is the solution for a field along z. For the corresponding field along y take FG as given by a cyclic change. Then in the case $\omega=0$ we have from the differential equations

$$f = iF - iG$$
$$g = F + G.$$

Suppose the first S[tern] G[erlach] field sorts out the first level $\beta+2\omega$. Then

$$F = z+ix,\ G=0, \quad \text{and} \quad f = iz-x,\ g = x+ix$$

which we write as

$$f = \left[-\frac{1}{2}(x+iy)e^{-2i\omega t} + \frac{1}{2}i2ze^{-\frac{2}{3}i\omega t} - \frac{1}{2}(x-iy)e^{\frac{2}{3}i\omega t}\right]e^{-i\beta t}$$

$$g = \left[\frac{1}{2}i(x+iy)e^{-\frac{2}{3}i\omega t} + \frac{1}{2}2ze^{\frac{2}{3}i\omega t} + \frac{1}{2}i(x-iy)e^{+2i\omega t}\right]e^{-i\beta t}.$$

Of course this only involves the levels β, not -2β, because the differential equations are invariant for changes of axes when $\omega=0$. We now choose a few special values to see what happens. If $\omega t = \frac{3\pi}{2}$ every sign is simply changed and so $F=-z-ix$, $G=0$ and we get the same line as we started with. If $\omega t = \frac{3\pi}{4}$

$$f = -\frac{i}{2}(x+iy) + \frac{1}{2}2z - \frac{1}{2}i(x-iy) = z - ix$$

$$g = \frac{1}{2}(x+iy) + \frac{1}{2}i2z + \frac{1}{2}(x-iy) = iz + x$$

whence $F=0$ $G=i(z-ix)$; thus the uniform z field of *this* length will change the atom from $\beta+2\omega$ to $\beta-2\omega$. If you take the general case of any $\omega t=\frac{3}{2}\theta$, you get a simple formula (I have only just discovered it, but no doubt it has a general application). With a little reduction you can show that in the subsequent y field ω.

$$F=\cos^3\theta\,(z+ix)\,e^{-2i\omega t}+i\cos^2\theta\,\sin\theta\cdot 2ye^{-\frac{2}{3}i\omega t}+\sin^2\theta\,\cos\theta\,(z-ix)\,e^{\frac{2}{3}i\omega t}$$

$$G=i\cos^2\theta\,\sin\theta\,(z+ix)e^{-\frac{2}{3}i\omega t}-\sin^2\theta\,\cos\theta\,2ye^{\frac{2}{3}i\omega t}+i\sin^3\theta\,(z-ix)e^{+2i\omega t}$$

and from this one can see the general way in which the components come in and go out as the z field is lengthened. For a full discussion it would be necessary of course to do a simple normalization to get the absolute intensities.

I think this should explain to you the way the thing works. As you see it was all implicit in my previous work, but your letter made me realize that the application was rather more complicated that I had before thought. I am now thinking therefore of writing it up and publishing a few cases of this kind; together with a complete proof of the S[tern] G[erlach] deflections for any magnetic moment. I ought perhaps to say that at times I have suspected that the whole experiments (of p. 260)[b] might go wrong through some sort of Heisenberg uncertainty; but as the atom can be made as heavy as you like I do not think so, because its velocity, and therefore ωt, can be made as accurate as you like.

I do not know if you have heard that Dirac has got a new system of wave equations which does the whole spinning electron correctly, Thomas correction, relativity and all[d]. He has told me something about them; they have four variables and are of the first order, but are *not* approximately equivalent to ours! I have not seen how they work out to give hydrogen, but they have one interesting thing, that is that they are of course invariant for change of axes, but not in vector form. I have amused myself by putting them into vector form, and the result is quite comical for it requires to express these four quantities no less than 2 invariants, 2 4-vectors and one 6-vector. This of course entirely supports your side of our argument about vectors. Now what interests me is this – and if at any time you would care to give me an opinion I should be very glad. The whole theory of general relativity is based on the idea that form must be invariant for change of axes. Starting only from that principle, the theory develops the idea that everything must go into vector form – or tensor form, and the suggestion is that is the most general group of forms which can represent physical invariance. But now we suddenly find a new much wider group which possesses the same physical invariance as the tensors. Has there been a fallacy somewhere in the relativity theory, and is it a lucky accident that the more restricted group of tensors is adequate for it? Another possibility is that the new case (it is just the same for f and g of our theory as for Dirac's new one) is only invariant for orthogonal rectangular transformation, and that when it is desired to mix electricity with gravitation the preposterous vector system I have described above will become necessary.

With your deep knowledge of relativity you may be able to tell something about this, and it would be a very great pleasure to me if you could some time write and tell me about what you think about it[e].

With best wishes

Yours sincerely

C. G. Darwin

[a] Vgl. hierzu Darwins Brief [174] und die dort in den Anmerkungen zitierte Literatur. Der w. u. verwendete Begriff „plötzlich" wird von Pauli in [1928] dort in der Fußnote auf S. 41, präzisiert. [b] Vgl. C.G. Darwin: Free Motion in the Wave Mechanics. Proc. Roy. Soc. A **117**, 258–293 (1927). Eingegangen am 25. Oktober 1927. Dort S. 288ff. Den weiter unten genannten Term (9.7) in der Wellenfunktion findet man auf S. 283. Auch die weiteren Angaben beziehen sich auf diese Veröffentlichung. [c] C.G. Darwin: The Electron as a Vector Wave. Proc. Roy. Soc. A **116**, 227–253 (1927). Eingegangen am 30. Juli 1927. Hier sind auch die von Darwin eingeführten Wellenfunktionen f, g und der Operator D erklärt. [d] P.A.M. Dirac: The Quantum Theory of the Electron. Proc. Roy. Soc. A **117**, 610–624 (1928). Eingegangen am 2. Januar 1928. [e] Im März veröffentlichte C.G. Darwin eine Arbeit, in der er die vielen Physikern schwer zugängliche algebraische Formulierung der Diracschen Elektronentheorie in die „Wellensprache" übersetzte. Vgl. C.G. Darwin: The Wave Equations of the Electron. Proc. Roy. Soc. A **118**, 654–680 (1928). Eingegangen am 6. März 1928.

[179] Pauli an Bohr

Hamburg, 13. Januar 1928

Lieber Bohr!

Vielen Dank für Ihren lieben Brief. Wir freuen uns alle sehr auf Ihr Kommen, natürlich sind ich und die anderen Physiker (Lenz, Stern, Koch) den ganzen Monat Januar (sogar bis Ende Februar) hier in Hamburg. Die Papierscheren und Leimtöpfe des Instituts werden aufs beste für Sie vorbereitet werden[a]. Ich bin eigentlich ganz froh, daß Sie das Manuskript geändert haben. Nach einiger Zeit gefiel mir nämlich das alte nicht mehr besonders gut, namentlich die „Komplementarität von kausaler und raumzeitlicher Beschreibung" schien mir noch mehr der Erläuterung bedürftig und die statistische Deutung der theoretischen Rechenresultate schien mir zu plötzlich eingeführt. Jedenfalls freue ich mich schon, das neue Manuskript zu sehen, und habe die beste Absicht, mich so kritisch wie nur möglich dazu einzustellen (das Resultat wird sein, daß Sie Ihre Sätze weiter verlängern werden).

Über alles andere werden wir uns ja mündlich unterhalten, vielleicht sind Sie so gut und schreiben uns dann noch die genaue Stunde Ihrer Ankunft, damit wir Sie eventuell abholen können. Viele Grüße an Ihren Bruder (die Mathematiker und ich werden viel Freude davon haben, ihn hier in Hamburg begrüßen zu können) und seien Sie selbst sehr herzlich gegrüßt

von Ihrem getreuen W. PAULI

N.S. Ich sehe, ich hätte vielleicht immer Du statt Sie schreiben sollen; habe, bitte, Geduld, mit der Zeit werde ich mich schon daran gewöhnen.

[a] Vgl. Bohrs Brief [177]. Papierscheren und Leimtöpfe sind natürlich für die vielen Änderungen von Bohrs Manuskript notwendig.

[180] BOHR AN PAULI

Hotel Prätschli, Arosa, 15. Januar 1928

Kære Pauli

Du gjorde mig en stor Glæde med Dit Brev. Jeg ønsker netop Kritik, og jeg haaber at Du vil synes at Afhandlingen er forbedret. Eller for at udtrykke mig mere beskedent vil jeg sige, at jeg tror at jeg forstaar forskellige væsentlige Punkter bedre, end da vi sidst saas. Jeg kommer til Hamburg fra Göttingen paa Søndag d. 22de Januar Kl. 5^{45} Eftermiddag. Vil Du være saa rar at bestille et roligt Værelse til mig i det samme Hotel, hvor jeg sidst boede*. Hvis det passer Dig, kunde vi maaske allerede den første Aften gennemgaa Afhandlingen i den ny Form. Saa kunde vi de næste Dage tale om Enkeltheder, jeg har tænkt en del over Sagerne, medens jeg har staæt paa Ski her i Arosa, og kommer derfor ikke helt uforberedt; men navnlig glæder jeg mig til at lære om alt nyt. Jeg er meget taknemmelig for Tilbudet om Papirsaksen og Klisterbøtter, og hvis det kan naas vil jeg gerne sende Korrekturen af Sted fra Hamburg, da det hele dog engang skal have en Ende. Harald kommer til Hamburg den 24de Januar om Eftermiddagen; det var morsomt, om vi den Aften kunde slaa os sammen en lille Kreds af Matematikere of Fysikere og – selvom Tidspunktet er forsinket – fejre det nye Aars Indtræden og drøfte Haab og Erfaringer. Med mange Hilsner fra os begge til alle fælles Venner i Hamburg

Din hengivne

NIELS BOHR

---

* beim Dammtor, wo ich dann austteigen werde. (Jeg ser at jeg ubevidst allerede øver mig paa Rettelserne i den tyske Korrektur. Min Adresse i Göttingen vil være Prof. Courant, Wilhelm Weberstraße.)

Übersetzung von [180]

Lieber Pauli!

Du hast mir eine große Freude mit Deinem Brief gemacht. Ich wünsche gerade Kritik, und ich hoffe, daß Dir die Abhandlung verbessert erscheint. Oder, um mich bescheidener auszudrücken, will ich sagen, daß ich glaube, verschiedene wesentliche Punkte besser zu verstehen, als bei dem letzten Treffen. Ich komme von Göttingen am Sonntag, den 22. Januar nachmittags, 5.45 Uhr nach Hamburg. Wärest Du so nett, ein ruhiges Zimmer für mich in demselben Hotel zu bestellen, wo ich das letztemal wohnte*. Wenn es Dir paßt, könnten wir vielleicht schon am ersten Abend die Abhandlung in ihrer neuen Form durchgehen. So könnten wir an den nächsten Tagen über Einzelheiten sprechen. Ich habe ziemlich viel über die Dinge nachgedacht, während ich hier in Arosa auf den Skiern stand, und komme deshalb nicht ganz unvorbereitet; aber namentlich freue ich mich, alles Neue zu erfahren. Ich bin sehr dankbar für das Angebot von Papierscheren und Leimtöpfen, und wenn es sich erreichen läßt, möchte ich die Korrektur gern von Hamburg abschicken, da das Ganze doch einmal ein Ende haben soll. Harald kommt am 24. Januar nachmittags nach Hamburg[b]; es wäre nett, wenn wir uns am Abend in einem kleinen Kreis von Mathematikern und Physikern zusammenfinden und – wenn auch der Zeitpunkt verspätet ist – den Einzug des neuen Jahres feiern und Hoffnung und Erfahrung erörtern könnten. Mit vielen Grüßen von uns beiden an alle gemeinsamen Freunde in Hamburg

Dein ergebener

Niels Bohr

* beim Dammtor, wo ich dann aussteigen werde.[a] (Ich sehe, daß ich mich schon unbewußt in der Verbesserung der deutschen Korrektur übe. Meine Adresse in Göttingen wird sein: Prof. Courant, Wilhelm Weberstraße.)

[a] Dieser Satz ist im Original auf Deutsch geschrieben. [b] Vgl. hierzu den Brief [177].

[181] Pauli an Weyl

Hamburg, 29. Januar 1928

Lieber Herr Weyl!

Haben Sie vielen Dank für Ihren lieben Brief, der mich sehr gefreut hat. Ich erinnere mich dabei wieder lebhaft an die Zeit, als ich zum ersten Mal einen Brief an Sie geschrieben habe[a]. Ohne in allzu elegische Betrachtungen über jene Zeit zu verfallen, möchte ich der Hoffnung Ausdruck geben, Sie mögen finden, daß ich inzwischen doch etwas mehr erwachsen geworden bin, oder vorsichtiger gesagt: daß bei mir deutliche Anzeichen einer Entwicklung nach jenem Grenzzustand des Erwachsen-seins vorhanden sind, dem ich mich vielleicht nur asymptotisch nähere. Wie immer dem auch sei, bin ich jedenfalls sehr froh darüber, daß unsere in der Zwischenzeit getrennten Wege nun wieder, sowohl lokal als auch wissenschaftlich, zusammenführen sollen. Im Zusammenhang mit dem letzteren Punkt möchte ich gleich erwähnen, daß ich schon vor einigen Wochen nahe daran war, Ihnen einen Brief zu schreiben, nachdem ich Ihre Arbeit in der Zeitschrift für Physik[b] gelesen hatte. Sie hat mich sehr interessiert, und ich glaube sogar, daß ich das Wesentliche davon verstanden habe. Ich glaubte mich aber deutlich daran zu erinnern, daß Sie nur äußerst ungerne Briefe schreiben; und ich wollte den „gequantelten Kontakt" mit Ihnen nicht gleich damit beginnen, Sie in die unangenehme Lage zu versetzen, mir schreiben zu müssen. Da Sie dies aber nun sogar von selbst getan haben, fällt ja dieses Hindernis jetzt fort.

Ich war sehr froh über Ihre Feststellung, daß der Übergang vom endlichen zum unendlichen Fall zunächst zu den Gleichungen

$$e^{i\sum\tau_k q_k} \cdot e^{i\sum\sigma_k p_k} = e^{-i\sum\sigma_k\tau_k} \cdot e^{i\sum\sigma_k p_k} \cdot e^{i\sum\tau_k q_k} \tag{1}$$

führt, und daß $pq - qp = i$ (analog mit den entsprechenden Operatorgleichungen) erst sekundär daraus folgt[c]. Denn beim Problem der quantentheoretischen Umdeutung der klassischen Feldphysik, hat man, rein mathematisch gesprochen, den Schritt zu vollziehen, daß man von endlich vielen σ_k und τ_k erst zu abzählbar unendlich vielen und dann sogar zu einem Kontinuum für die σ und τ übergeht. Der letztere Standpunkt entspricht der Einführung nicht vertauschbarer Funktionen $p(x_1 \ldots x_4)$, $q(x_1 \ldots x_4)$ der Raum-Zeitkoordinaten und das Analogon zu (1) ist dann

$$e^{i\int\tau(x_1\ldots x_4)q(x_1\ldots x_4)dx_1\ldots dx_4} e^{i\int\sigma p dx_1\ldots dx_4} = e^{-i\int\sigma\tau dV_4} e^{i\int\sigma p dV_4} e^{i\int\tau q dV_4}, \tag{2}$$

worin τ und σ beliebige Funktionen sind. (Für $\psi(q_1 \cdots q_f)$ tritt dann das „Funktional" $\Psi\{q(x_1 \cdots x_4)\}$ und entsprechende Operatoren mit diesen.)[d]

Das Analogon zu

$$p^\varrho q^\sigma - q^\sigma p^\varrho = i\delta^{\varrho\sigma} = i\delta^{\varrho\sigma} \left\{ \delta^{\varrho\sigma} = \begin{matrix} 0 \text{ für } \varrho \neq \sigma \\ 1 \text{ für } \varrho = \sigma \end{matrix} \right\}$$

erfordert aber die Einführung eines singulären Funktionssymbols $\delta(x - x')$ definiert durch

$$\delta(x - x') = 0 \quad \text{für} \quad x \neq x'$$
$$\delta(x - x') = \infty \quad \text{für} \quad x = x'$$

derart daß

$$\int_{x-a}^{x+b} f(x')\delta(x - x')dx' = f(0), \; (a, b \text{ positiv}).$$

Es ist nun meine Hoffnung, daß mit Ihrer Methode die Einführung solcher singulären Symbole in die Quantentheorie der Felder sich gänzlich vermeiden lassen wird. Bis jetzt ist es mir allerdings noch nicht gelungen, das durchzuführen, denn die Sachlage ist in Wirklichkeit noch etwas komplizierter als ich sie geschildert habe. Die $q(x_1 \dots x_4)$ und $p(x_1 \dots x_4)$ sind nicht *willkürliche* Funktionen der Raum-Zeit-Koordinaten, sondern genügen noch gewissen Differentialgleichungen als Nebenbedingungen. Mit diesen müssen auch die Vertauschungsrelationen verträglich sein und sie sind deshalb nicht so einfach wie

$$p(x)q(x') - q(x')p(x) = i\delta(x - x').$$

Diese letzteren und damit auch (2) sind jedoch in vielen Fällen dann richtig, wenn man sich auf einen Schnitt $t = \text{const.}$ durch die Welt beschränkt, auf dem die Werte von p und q (Randwerte der Differentialgleichungen) beliebig vorgebbar sind.

Ich will mich jetzt mit diesen Andeutungen begnügen, ich habe auch nichts über die physikalische Bedeutung der $p(x_1 \dots x_4)$ und $q(x_1 \dots x_4)$ verraten, um die rein mathematische Seite der Sache hervortreten zu lassen. Auch hätte ich sonst noch verschiedene Bemerkungen zu dem Gruppen-Teil Ihrer Arbeit[b], aber darüber können wir uns besser unterhalten, wenn Sie nach Hamburg kommen. Aber etwas muß ich noch hinzufügen, nämlich einen *Protest gegen Ihren* § 10, insbes. gegen S. 41 oben. Der Gedankengang ist doch dieser. Man definiert einen linearen Operator $\mathscr{D}_1(\psi)$, dessen zweimalige Anwendung mit

$$\mathscr{D}_1\mathscr{D}_1(\psi) = \frac{\partial^2\psi}{\partial \mathrm{x}^2} + \psi(\mathrm{x})$$

identisch ist. (Das bietet keine Schwierigkeiten.) Sodann setzt man das Eigenwertproblem an:

$$\mathscr{D}_1\psi = (\lambda - V(x))\,\psi. \tag{1}$$

Und endlich behauptet man, „deshalb" kann man auch schreiben

$$\mathscr{D}_1\mathscr{D}_1\psi = (\lambda - V(x))^2\psi,$$

oder (2)

$$\frac{d^2\psi}{dx^2} + \psi(x) = (\lambda - V(x))^2\psi(x)$$

und „die Hälfte der Eigenwerte von (2) stimmt mit denen von (1) überein." (Diesen unrichtigen Schluß haben schon verschiedene Physiker gemacht, aber publiziert haben sie ihn nicht.) Aber der Haken dabei ist der, *daß die Operation* $\mathscr{D}_1$ *mit der Operation* $(\lambda - V(x))$ *nicht* vertauschbar ist und in diesem Fall ist (2) keine Folge von (1), die Eigenwerte von (2) sind von denen von (1) völlig verschieden. Allgemein folgt aus

$$\mathscr{D}_1\psi = \mathscr{D}_2\psi$$

nur

$$\mathscr{D}_1\mathscr{D}_1\psi=\mathscr{D}_1\mathscr{D}_2\psi=\mathscr{D}_2\mathscr{D}_2\psi+(\mathscr{D}_1\mathscr{D}_2-\mathscr{D}_2\mathscr{D}_1)\psi$$

(aber nicht $\mathscr{D}_1\mathscr{D}_1\psi=\mathscr{D}_2\mathscr{D}_2\psi$). Also in unserem Fall

$$\frac{d^2\psi}{dx^2}+\psi(x)=(\lambda-V(x))^2\psi(x)-(\mathscr{D}_1V(x)-V(x)\mathscr{D}_1)\psi.$$

Allgemein besteht folgender Sachverhalt, wie besonders von *Dirac* auseinandergesetzt wurde[e]. In der klassischen Mechanik kann der Energiesatz entweder in der nach der Energie W aufgelösten Form

$$H(p,q)=W \tag{1}$$

oder in irgendwelchen damit äquivalenten anderen Formen.

$$F(p,q,W)=0 \tag{2}$$

(die W nicht *linear* zu enthalten brauchen) geschrieben werden. Die zugehörigen Gleichungen

$$H\left(\frac{h}{2\pi i}\frac{\partial}{\partial q},q\right)\psi=W\psi \tag{1'}$$

und

$$F\left(\frac{h}{2\pi i}\frac{\partial}{\partial q},\ q,\ W\right)\psi=0 \tag{2'}$$

sind dann aber *nicht* äquivalent. In der *relativistischen* Mechanik besteht kein a priori Grund mehr, gerade (1′) vor irgendeiner der (2′) zu bevorzugen. Deshalb sind die in der nichtrelativistischen Quanten-Mechanik benutzten Methoden nicht mehr ausreichend, wenn man die Relativitätsglieder berücksichtigen will. Für die Schrödingersche relativistische Gleichung spricht vor allem ihr Erfolg bei der Theorie der Zerstreuung der Strahlung durch freie Elektronen[f]; jedenfalls scheint ihr durchaus ein gewisser Wahrheitsgehalt zuzukommen. (A priori konnte man nicht wissen, ob sie zutrifft.)

Neuerdings soll es aber Dirac gelungen sein, die Gleichungen für das Magnet-Elektron in relativistisch invariante Form zu bringen, und zwar sind es *vier* simultane Differentialgleichungen *erster* Ordnung (dies ist eine wesentliche Verbesserung gegenüber Schrödinger) für *vier* ψ-Funktionen (seine Arbeit kommt im Februarheft der Proceeding of the Royal Society heraus)[g]. Da werden Sie wieder ein schönes Beispiel für Gruppentheorie haben!

Es ist sehr schön, daß mein Quantensprung von Hamburg nach Zürich durch den metastabilen Zwischenzustand vermittelt werden wird, daß Sie in Hamburg Vorträge halten werden[h]. Dann können wir uns ja weiter über Quanten- und Gruppentheorie unterhalten. Ich danke noch sehr für die angebotene Hilfe bei der Beschaffung einer Wohnung; vielleicht werde ich so frei sein, darauf noch zurückzukommen. Auf den „ungequantelten Kontakt“ freue ich mich auch sehr, ich bin sicher, daß wir uns sehr gut verstehen werden.

Viele Grüße und auf baldiges Wiedersehen

Ihr ergebener W. PAULI

N.S. Empfehlungen an Ihre Frau Gemahlin! Ich weiß nicht, ob man sich auch jetzt noch betreffend Sonderdrucke Ihrer Arbeiten an *sie* wenden muß. Herr Dr. W. Gordon, Hamburg, Phys[ikalisches] Inst[itut] würde von Ihrer Arbeit in der Zeitschrift für Physik[h] gerne einen haben.

[a] Vgl. die Briefe [1] und [2]. [b] H. Weyl: Quantenmechanik und Gruppentheorie. Z. Phys. **46,** 1–46 (1927). Eingegangen am 13. Oktober 1927. [c] Vgl. den § 6 von Weyls Veröffentlichung *b*. [d] Vgl. hierzu P. Jordan und W. Pauli (1928b). [e] Vgl. P.A.M. Dirac: Relativity Quantum Mechanics with an Application to Compton Scattering. Proc. Roy. Soc. A **119,** 405–423 (1926). Eingegangen am 29. April 1926. Dort S. 416. [f] W. Gordon: Der Comptoneffekt nach der Schrödingerschen Theorie. Z. Phys. **40,** 117–133 (1927). Eingegangen am 29. September 1926. [g] Vgl. die unter *d* von [178] zitierte Arbeit. [h] Vgl. H. Weyl: Diskussionsbemerkungen zum zweiten Hilbertschen Vortrag über die Grundlagen der Mathematik. Abhandlungen des mathematischen Seminars der Universität Hamburg. **6,** (1928).

[182] PAULI AN KRONIG

[Hamburg], 1. Februar [1928]

[Postkarte]

Lieber Herr Kronig!

Kramers wird Ihnen ja inzwischen meinen Brief gezeigt haben. Als Nachtrag hierzu möchte ich Ihnen nun noch schreiben, daß mir nunmehr in Zürich endgültig eine Assistentenstelle mit 500 Fr. Monatsgehalt (wieviel bekommen Sie in Utrecht?) bewilligt ist (Steuern und Beitrag für eine Pensionskasse in geringer Höhe werden davon vielleicht noch abgezogen)[a]. Es wäre mir sehr unangenehm, wenn Sie Nein sagen würden, auch wäre ich froh, wenn Sie schon am 1. April die Stelle in Zürich antreten könnten. Natürlich will ich aber nicht unfreundlich gegenüber unserem lieben Freund Kramers sein. Ich weiß noch nicht, ob er nach Amerika fährt[b] und ob er Sie entbehren kann.

Über baldige zusagende Antwort würde sich sehr freuen

Ihr alter W. PAULI

[a] Vgl. hierzu den Brief [175] mit Kommentar. [b] Kramers ging zum Sommersemester 1928 als Gastprofessor an die Universität von Michigan.

Ralf de Laer Kronig sagte schließlich zu. Er wurde der erste in der langen, stolzen Reihe der „Assistenten Paulis".

[183] Pauli an Kramers

Hamburg, 7. Februar 1928

Lieber Kramers![a]

Vielen Dank für Deine Zeilen. Von der Abh[andlung] von Jordan und mir[b] sind die letzten Korrekturen abgeschickt, und sie muß in einem der nächsten Hefte der Zeitschrift für Physik erscheinen. Vieles, was darin steht, entspricht allerdings noch gar nicht meinen Wünschen und Anforderungen. Inzwischen haben Heisenberg und ich gemeinsam auch den Fall des Vorhandenseins geladener Teilchen in analoger (relativist[isch]-invarianter) Weise zu behandeln versucht, wobei wir uns auch wesentlich auf die Resultate von Jordan und Klein[c] stützen. Es scheint in der Tat zu gehen, aber es ist noch nicht alles fertig; wir haben Schwierigkeiten an der Stelle, die der Umstellung der Faktoren im Energieausdruck (Elimination der Wechselwirkungsenergie der Teilchen mit sich selber) bei Klein und Jordan entspricht.

In der neuen Diracschen Spin-Arbeit[d] ist das wesentliche, daß er Differentialgleichungen *erster* Ordnung (statt der üblichen 2. Ordnung) einführt, und zwar *vier* simultane Gleichungen für *vier* ψ-Funktionen.

Viele Grüße von mir und dem ganzen Institut

Dein alter Pauli

[a] Dieser Brief wurde als Anhang zu Paulis Brief [184] an Kronig hinzugefügt. [b] P. Jordan und W. Pauli (1928b). [c] P. Jordan und O. Klein: Zum Mehrkörperproblem der Quantentheorie. Z. Phys. **45**, 751 – 765 (1927). Eingegangen am 4. Oktober 1927. Vgl. auch Heisenbergs Schreiben an Jordan vom 17. Januar 1928 (SHQP. MF. 18). [d] Vgl. die unter *d* von [178] zitierte Arbeit. Dort insbesondere § 3.

[184] Pauli an Kronig

Hamburg, 7. Februar 1928

Lieber Herr Kronig!

Vielen Dank für den Brief von Ihnen und Kramers. Obwohl ich die Gründe von Kramers für einen Aufschub Ihres Kommens nach Zürich wohl verstehe, möchte ich Sie doch *sehr* bitten, schon im Sommersemester nach Zürich zu kommen (es könnte eventuell statt 1. April auch erst am 1. Mai sein). Denn es wäre mir, falls Sie nicht können, geradezu unmöglich, für das Sommersemester einen vernünftigen Quantenmann zu finden (die sitzen fast alle in festen Stellungen). Ich wäre dann der Behörde gegenüber in der unangenehmen Lage, daß ich die Assistentenstelle, für die ich bei meiner Berufung so sehr gekämpft habe, jetzt nicht vernünftig besetzen kann. Auch glaube ich, daß es für *Sie* wohl kein besonders großes Interesse haben kann in der Zeit, wo Kramers in Amerika ist[a], in Utrecht zu sein.

Eine andere Frage wäre aber die, ob Sie wieder zu Kramers zurückkehren wollen, wenn er von Amerika zurückkommt (dies schreibe ich nicht, weil ich Sie wieder los werden will, sondern Kramers zuliebe). Wenn Sie im Sommersemester bei mir in Zürich sind, könnten Sie sich ja auch etwas Geld sparen, da Sie nebenbei noch Stipendiumsgelder haben. Und für den Herbst bestünde für mich auch die Möglichkeit, einen jungen Schweizer, Herrn F. Bloch[b], zum Assistenten zu bekommen. Er ist sehr tüchtig und soll im Sommer bei Heisenberg den Doktor machen. (Dies schließt andererseits natürlich nicht aus, daß Sie bei mir Assistent bleiben können, solange Sie wollen.)

Sie sehen also, es liegt mir besonders viel daran, Sie *diesen Sommer* (spätestens ab 1. Mai) in Zürich zu haben. Vielleicht kann Kramers es so arrangieren, daß Sie Ihre Stelle in Utrecht nicht kündigen und nur während der Zeit seiner Abwesenheit von Utrecht beurlaubt werden. Mit vielen Grüßen und in der Hoffnung auf eine baldige zusagende Antwort

Ihr W. Pauli

[a] Vgl. Fußnote *b* von [182]. [b] Felix Bloch hatte sein Studium an der ETH in Zürich begonnen und in Leipzig bei Heisenberg 1928 promoviert. Er wurde schon zum Jahresende Paulis Assistent.

[185] Pauli an Kronig

Hamburg, 10. Februar 1928

Lieber Herr Kronig!

Vielen Dank für Ihren Brief, über den ich sehr froh bin. Ich schreibe also gleich nach Zürich; es wird wohl gehen, daß Sie erst am 1. Mai kommen und sich bezüglich des Wintersemesters nicht vorher zu entscheiden brauchen. Ich schreibe Ihnen wieder, sobald ich Bescheid aus Zürich habe. Das wird schön werden in Zürich!

Nun möchte ich einiges bezüglich Ihrer Arbeit über die Banden[a] hinzufügen, die heute in der Zeitschrift für Physik erschienen ist. Die Sache wird, glaube ich, viel klarer, wenn man auf die von *Wigner* (Zeitschrift für Physik **43,** 624, 1927 und **45,** 601, 1927*) entwickelten gruppentheoretischen Methoden zurückgreift[b]. Die Inva-

* Diese Berichtigung Wigners ist besonders wesentlich!

rianz der Differentialgl[eichung] gegenüber Drehungen + Spiegelungen des Koordinatensystems (bei Fehlen äußerer Felder) hat nach *Wigner* unmittelbar die Laportesche Regel zur Folge[c]. Bei Molekülen besteht die analoge Invarianz, wenn man die Spiegelung sowohl der Elektronen- als auch der Molekülkoordinaten (im raumfesten Bezugssystem) gleichzeitig vornimmt. Ich glaube, daß man nur diese betrachten soll, von Vernachlässigung der Coriolis- und Zentrifugalkräfte auf die Elektronen ist dann keine Rede (diese bewirkt ja auch erst die Aufspaltung der beiden Terme für $n \neq 0$, die sich nur durch den Drehsinn der Elektronen relativ zu dem der Kerne unterscheiden). Den Passus Ihrer Arbeit, wo von der Durchbrechung Ihrer Auswahlregeln durch jene Kräfte die Rede ist, habe ich also nicht verstanden. Nach Wigner ist unmittelbar klar, daß eine „Laportesche Regel" für Moleküle von folgender Form existieren muß: *Die Terme zerfallen in „gestrichene" (gespiegelte) und „ungestrichene" (normale), derart, daß bei Sprüngen* $\Delta j = \pm 1$ *(j Ges[amt]drehimpuls von Kernen + Elektronen) nur Übergänge von gestrichenen in gestrichene oder von ungestrichenen in ungestrichene, bei Sprüngen* $\Delta j = 0$ *(Nullzweig) aber nur Übergänge von gestrichenen in ungestrichene und umgekehrt vorkommen.*

Daß man eine analoge (nicht notwendig übereinstimmende) Einteilung für die Sprünge von n hat, ist mir nicht unmittelbar einleuchtend und dürfte auch nur annähernd richtig sein. Es würde bedeuten, daß schon die Elektronenterme allein so eingeteilt werden können, aber ob dies unter dem Einfluß der Kernrotation noch richtig bleibt, ist fraglich. Mit der Berücksichtigung der Zentrifugal- und Corioliskräfte auf die Elektronen ist es bei Ihnen etwas eigenartig. Einerseits ist bei Diskussion der Auswahlregeln mit den ungestörten Eigenfunktionen gerechnet, andererseits bewirken ja nur diese Störungen die Aufspaltung der Kreiselterme.

Ich sprach Wigner in Göttingen, er hatte bereits selbst begonnen, Überlegungen zu den Bandenspektren anzustellen[d], aber seine Resultate sind mir im Einzelnen nicht bekannt.

Viele Grüße, auch an Kramers

Ihr W. Pauli

Grüße auch an Ornstein.

[a] R. de. L. Kronig: Zur Deutung der Bandenspektren. Z. Phys. **46,** 814–825 (1927). Eingegangen am 8. Dezember 1927. [b] E. Wigner: Einige Folgerungen aus der Schrödingerschen Theorie für die Termstrukturen. Z. Phys. **43,** 624–652 (1927). Eingegangen am 5. Mai 1927. – Berichtigung zu der Arbeit. Z. Phys. **45,** 601–602 (1927). Eingegangen am 8. September 1927. [c] Vgl. auf S. 643 der Wignerschen Arbeit *b*. Diese Regel wurde von Laporte während seiner Analyse des Eisenspektrums gefunden. O. Laporte: Die Struktur des Eisenspektrums. Z. Phys. **23,** 135–175 (1924). Eingegangen am 2. Februar 1924. [d] E. Wigner und E. E. Witmer: Über die Struktur der zweiatomigen Molekelspektren nach der Quantenmechanik. Z. Phys. **51,** 859–886 (1928). Eingegangen am 23. Juli 1928.

[186] Pauli an Kronig

[Hamburg], 15. Februar 1928

[Postkarte]

Lieber Kronig!

Als Antwort auf meine Anfrage in Zürich bekam ich heute gleich von dort die Verständigung, daß Sie vom 1. *Mai* ab bis zum Schlusse des Sommersemesters zum Assistenten ernannt sind. Für später kann dies dann natürlich nach Ihrem Belieben verlängert oder nicht verlängert werden.

Ich hoffe, daß mit dem Education-Board keine Schwierigkeiten sein werden. Ich habe nach Zürich vorsichtshalber nichts von Ihrem Stipendium geschrieben* (damit man Ihnen nicht etwa deshalb den Gehalt kürzt), sondern nur, daß Sie jetzt existent bei Kramers in Utrecht sind.

Nun ist ja die Diracsche Arbeit erschienen[a]. Es ist wunderbar, wie das alles stimmt! Herr Gordon konnte ohne Schwierigkeiten nachrechnen, daß aus Diracs Gleichungen auf S. 622 unten, für $V=\frac{e^2}{cr}$ *die alte Sommerfeldsche Formel* für die Energieniveaus in Strenge folgt[b].

Viele Grüße an Sie und Kramers

von Ihrem W. Pauli

---

* Erwähnen Sie also, bitte dort diese Sache vorläufig nicht.

[a] Vgl. Fußnote *d* von [178]. [b] W. Gordon: Die Energieniveaus des Wasserstoffatoms nach der Diracschen Quantentheorie des Elektrons. Z. Phys. **48,** 11 – 14 (1928). Eingegangen am 23. Februar 1928.

[187] Pauli an Dirac

Hamburg, 17. Februar 1928

Lieber Herr Dirac!

Ich habe mit viel Freude Ihre Arbeit über das Elektron[a] gelesen. Nun entsteht ja die Frage, wie auch die Wechselwirkung mehrerer Elektronen relativistisch invariant formuliert werden kann, und in diesem Zusammenhang möchte ich Sie über verschiedene Punkte um Ihre Meinung fragen.

Beiliegend schicke ich Ihnen zunächst das Manuskript einer in der Zeitschrift für Physik im Druck befindlichen Arbeit von Jordan und Wigner[b]. Wie Sie sehen werden, ist darin gezeigt, daß die Methoden von Jordan und Klein sich auch auf den

Fall von Teilchen mit antisymmetrischer Statistik verallgemeinern lassen. (Bitte senden Sie das Manuskript, wenn Sie es gelesen haben, an Klein nach Kopenhagen weiter; die ebenfalls beiliegende Korrektur der Arbeit von Jordan und mir[c] können Sie gerne behalten.)

Außerdem haben in der Zwischenzeit Heisenberg und ich gemeinsam uns mit der Frage der relativistisch invarianten Formulierung der elektrodynamischen Wechselwirkung von Teilchen beschäftigt. (Verallgemeinerung der Arbeit von Jordan und mir für den Fall des Vorhandenseins von Ladungen; wir haben zunächst mit symmetrischer Statistik der Teilchen gerechnet, doch wird es bei Teilchen mit antisymmetrischer Statistik kaum schwieriger sein.) Wir sind damit noch zu keinem endgültigen Abschluß, aber doch ein gutes Stück vorwärts gekommen. Das Prinzip ist hierbei folgendes. Man faßt (im Sinne der Arbeit von Jordan und mir) die Zustandsgrößen $\psi(x_1 \cdots x_4)$, $\psi^*(x_1 \cdots x_4)$ (* konjugiert komplex), ϕ_k (Viererpotential), F_{ik} (Feldstärken) in der gewöhnlichen vierdimensionalen Welt als „q-Funktionen" auf, die 1) gewissen Vertauschungsrelationen („V.-R.") genügen[d], 2) die gewöhnlichen Wellengleichungen

$$\left(\frac{\partial}{\partial x^k} + \frac{ie}{c}\phi_k\right)^2 \psi + m^2 c^2 \psi = 0,$$

$$F_{ik} = \frac{\partial \phi_k}{\partial x^i} - \frac{\partial \phi_i}{\partial x^k},$$

$$\sum_{j=1}^{4} \frac{\partial F_{kj}}{\partial x^j} = S_k = \psi^* \left(\frac{\partial}{\partial x^k} + i\frac{e}{c}\phi_k\right)\psi - \left(\frac{\partial \psi^*}{\partial x^k} - i\frac{e}{c}\psi^* \phi_k\right)\psi$$

als Nebenbedingungen erfüllen.

Die Vertauschungsrelationen müssen denen des kräftefreien Falles ($\phi_k = 0$ bzw. $\psi = \psi^* = 0$) so weit gleichen, als es diese Differentialgleichungen erlauben. Auf die Reihenfolge der Faktoren in den Wellengleichungen muß besonders geachtet werden: ψ^* steht immer möglichst weit links von ϕ_k oder ψ, ψ dagegen möglichst weit rechts von ϕ_k oder ψ^*. Ich möchte jetzt nicht näher auf die V.-R. eingehen, sondern nur bemerken, daß sich (zunächst im Fall der Einstein-Bose-Statistik) im wesentlichen eindeutig ein zu den Wellengleichungen passendes und relativistisch invariantes System von V.-R. definieren läßt. Bei Teilchen mit antisymmetrischer Statistik geht es sicher auch, ebenso wenn man Ihre neuen Gleichungen für die ψ-Funktionen zugrunde legt. {Aus diesen können, wie ich nachgerechnet habe und wie Sie wahrscheinlich selbst schon wissen, leicht Erhaltungssätze (in Differentialform) für die Ladung und auch für Energie und Impuls gefolgert werden, die zu bestimmten Ausdrücken einerseits für den Viererstrom S_i, andrerseits für den Energie-Impulstensor T_{ik} der Materiewellen führen.}

Bevor ich aber darangehe, auch für letzteren Fall die V.-R. im einzelnen nachzurechnen, möchte ich Sie um Ihre Meinung fragen betreffend eine wesentliche physikalische Schwierigkeit, die in dem System von Heisenberg und mir auftritt und die wir nicht beseitigen konnten. Unsere Theorie wäre erst dann vollständig und eines Vergleiches mit der Erfahrung fähig, wenn man Erhaltungssätze von Energie und Impuls für das Gesamtsystem (Licht- + Materiewellen) aufstellt. Denn wenn man die Feldgrößen ψ, ψ^*, ϕ_i als q-Funktionen betrachtet, ermöglichen es erst diese Sätze, statt dieser q-Funktionen Operatoren zu einer ψ-Funktion (im erweiterten Sinne, ähnlich der ψ-Funktion in Ihrer Elektrodynamik; vgl. auch den Schluß der Arbeit von Jordan und mir) einzuführen.

Hier tritt erneut die „Wechselwirkung eines Teilchens mit sich selbst" hindernd in den Weg. Wenn ein einziges Elektron vorhanden ist, so wurde seiner Energie ja bereits in den Materiewellen voll Rechnung getragen; setzt man also Gesamtenergie ($k=4$) und Impuls ($k=1$ bis 3) gleich

$$I_k = \iiint (T_{k4} + S_{k4})\, dV, \qquad (S_{k4}\text{: Maxwell-Tensor}) \tag{1}$$

so bekommt man für ein einziges Elektron noch einen in Wahrheit unzutreffenden (sogar unendlich großwerdenen) Zusatz aus dem Maxwell-Tensor. – Andrerseits ist es uns nicht gelungen, allgemein für Energie und Impuls einen anderen, den Forderungen der Relativitätstheorie entsprechenden Ausdruck aufzufinden, der auf Grund unserer V.-R. und Wellengleichungen die Erhaltungssätze allgemein befriedigt. Zwar haben Klein und Jordan hier eine eigentümliche Änderung in der Reihenfolge der Faktoren versucht, aber Heisenberg hat nachgerechnet, daß dies nicht für Energie und Impulssatz zugleich (wenn nicht nur elektrische, sondern auch magnetische Felder vorhanden sind) so möglich ist, daß die Erhaltungssätze erfüllt bleiben.

Was meinen Sie dazu? Einen befriedigenden Ausweg weiß ich momentan nicht. Und mein eigener Eindruck ist sogar der, daß man tiefliegendere Änderungen in den Grundlagen unserer Betrachtungen vornehmen müßte, um diesen Schwierigkeiten entgehen zu können. Letzten Endes kann wohl die Energie in Wahrheit nicht additiv aus zwei Teilen (dem Beitrag der Materiewellen und dem des elektromagnetischen Feldes) zusammengesetzt werden, die logisch unabhängig voneinander sind. Überhaupt wäre eine Auffassung bei weitem vorzuziehen, welche die Licht- und die Materiewellen als eine Wesenseinheit erscheinen lassen würde (erstere als besonderen Spezialfall der letzteren).

In dieser Verbindung habe ich auch darüber nachgedacht, in *welchem Verhältnis Ihre neue Quantentheorie des Elektrons zu Ihrer früheren Quantenelektrodynamik* (Vol. 114 der Proceedings of the Royal Society) *steht*. Falls die Prinzipien, die Ihrer Quantentheorie des Elektrons zu Grunde liegen, allgemeinere Geltung haben, könnte man vielleicht erwarten, daß auch bei Einführung der Anzahlen N_r und Phasen θ_r der Lichtquanten als q-Zahlen (im Sinne Ihrer früheren Arbeit) eine Hamiltonfunktion existieren sollte, die 1) relativistisch invariant ist, 2) die Operatoren p_0, p_1, p_2, p_3 nur linear enthält. Es ist mir aber nicht gelungen, eine solche Hamiltonfunktion zu finden. *Meinen Sie, daß das gehen könnte*?

Nun noch eine letzte Frage. Sie betrifft die in Ihrer Arbeit hervorgehobene Schwierigkeit, daß (auch in Ihrer neuen Theorie) die Hälfte der Eigenwerte der Ladung $+e$, die andere Hälfte der Ladung $-e$ entspricht. Dies ist ja zweifellos richtig; sind Sie aber auch sicher, daß tatsächlich nach der bisherigen Theorie *Übergänge* auftreten sollten, die einer Änderung der Ladung von $+e$ nach $-e$ entsprechen würden? Es könnte doch auch sein, daß die Eigenwerte *stets* in *nicht* kombinierende Gruppen zerfallen?

Wenn Sie uns bald Sonderdrucke Ihrer Arbeit schicken könnten, wäre es schön. Gordon hat Ihnen ja betreffend die alte Sommerfeldsche Formel für die Energieniveaus als Folge Ihrer neuen Gleichungen schon geschrieben[e].

Vielen Dank im Voraus und herzliche Grüße

Ihr W. Pauli

[a] P. A. M. Dirac: The Quantum Theory of the Electron. Proc. Roy. Soc. A **117,** 610–624 (1928). Eingegangen am 2. Januar 1928. Eine Fortsetzung erschien als Teil II in der gleichen Zeitschrift A **118,** 351–361 (1928). Eingegangen am 2. Februar 1928. [b] P. Jordan und E. Wigner: Über das Paulische Äquivalenzverbot. Z. Phys. **47,** 631–651 (1928). Eingegangen am 26. Januar 1928. [c] P. Jordan und W. Pauli (1928b). [d] Der Begriff dieser „q-Funktionen" wird in der unter c zitierten Arbeit auf S. 152 definiert. [e] Vgl. hierzu W. Gordon: Die Energieniveaus des Wasserstoffatoms nach der Diracschen Quantentheorie des Elektrons. Z. Phys. **48,** 11–14 (1928). Eingegangen am 23. Februar 1928. Die kurze Zusammenfassung zu dieser Arbeit lautet: „Die Theorie ergibt genau die Sommerfeldsche Feinstrukturformel."

[188] Bohr an Pauli

[Kopenhagen], 27. Februar 1928

[Maschinenschriftlicher Durchschlag]

Kære Pauli,

Jeg sender i Hast disse Linier for at sige, at Klein og jeg kommer til Hamborg paa Onsdag Formiddag med Toget fra København for at rejse videre til Holland om Eftermiddagen Kl. 2^{40}. Det var forfærdelig rart, om vi kunde træffes i de Timer. Foruden om Fysikken kunde vi saa tale lidt nærmere om Dit Besøg her. Klein rejser fra Holland videre til England, men jeg kommer tilbage til Hamborg igen Tirsdag Morgen d. 6. Marts; maaske kan vi da følges sammen til København, men Du kan jo ogsaa komme senere, hvis det passer Dig bedre.

Med mange venlige Hilsener fra os alle,

[Niels Bohr]

Übersetzung von [188]

Lieber Pauli!

Ich schicke diese Zeilen in Eile um zu sagen, daß Klein und ich am Mittwoch Vormittag mit dem Zug von Kopenhagen nach Hamburg kommen, um am Nachmittag 2.40 Uhr weiter nach Holland zu reisen[a]. Es wäre furchtbar nett, wenn wir uns in diesen Stunden treffen könnten. Außer über Physik könnten wir dann etwas eingehender über Deinen Besuch hier sprechen. Klein reist von Holland weiter nach England[b], aber ich komme am Dienstagmorgen, den 6. März, wieder zurück nach Hamburg; vielleicht können wir da zusammen nach Kopenhagen fahren[c], aber Du kannst ja auch später kommen, wenn Dir das besser paßt.

Mit vielen freundlichen Grüßen von uns allen,

[Niels Bohr]

[a] Hendrik Antoon Lorentz war unerwartet am 4. Februar in Leiden gestorben. Bohr und Klein beabsichtigen, der Trauerfeier beizuwohnen. Vgl. Bohrs Brief [190] vom 13. März. [b] Oskar Klein war im März 1928 an der Universität Cambridge bei Dirac. [c] Pauli war anscheinend zu diesem Zeitpunkt nicht in Hamburg, so daß das Treffen mit Bohr nicht zustande kam (vgl. den folgenden Brief [189]).

[189] Pauli an Bohr

Hamburg, 10. März 1928

Lieber Bohr!

Gestern Abend bin ich wieder nach Hamburg zurückgekommen, und Stern hat mir ausgerichtet, daß D[u] hier durchgekommen bist[a]. Ich möchte nun gerne von Dir hören, wie es nun mit Deiner Arbeit[b] steht, präzise formuliert: ob die letzte Korrektur nun wirklich abgeschickt ist und Du nichts mehr damit zu tun hast. Denn einerseits glaube ich, daß falls Du noch nicht ganz fertig bist mit der Arbeit, wir alle beide nicht viel von meinem Besuch in Kopenhagen hätten, andererseits möchte ich sehr gerne kommen, um mit Dir (und auch mit Klein) über verschiedene physikalische und unphysikalische Dinge gemütlich zu plaudern. Könntest Du also so gut sein, mir möglichst bald kurz zu schreiben, ob alles in Ordnung ist? – Wenn ja, würde ich etwa am 14., 15. oder 16. nach Kopenhagen kommen[c] (den genauen Tag depeschiere ich dann noch). Viele Grüße und hoffentlich auf baldiges frohes Wiedersehen!

Dein W. Pauli

[a] Vgl. hierzu das vorhergehende Schreiben [188]. [b] N. Bohr: Das Quantenpostulat und die neuere Entwicklung der Atomistik. Naturwiss. **16,** 245–257 (1928). Ausgegeben am 13. April 1928. Vgl. hierzu auch die Briefe [172], [177], [179] und [188]. [c] In einem Brief an Heisenberg vom 24. März 1928 (BSC, MF. 11) berichtet Bohr von einem Vortrag über Quantenelektrodynamik, den Pauli vor kurzem in Kopenhagen gehalten hatte. Vgl. bezüglich des Reisedatums auch Paulis Brief [191] vom 14. März.

[190] Bohr an Pauli

Kopenhagen, 13. März 1928

[Maschinenschrift]

Kære Pauli,

Som aftalt sendte jeg Korrekturen af Sted fra Holland og venter nu blot en af Dagene at faa et sidste Aftryk for at se, om alle Rettelser er rigtigt indførte. Selv om jeg saaledes ikke kan give et entydigt Svar paa Dit Spørgsmaal, haaber jeg alligevel, at Du er tilfreds, og at vi kan glæde os til at se Dig her meget snart. Hvis Du i Skræk efter Fortidens Erfaringer ønsker yderligere Garantier, kan jeg jo sende Dig et Telegram, saa snart jeg har faaet den allersidste Korrektur sendt tilbage; men jeg synes, at Du burde have saa stor Tillid til Fremtiden, at Du omgaaende skrev eller telegraferede til mig og fortalte, naar Du kunde komme; men hvad Du end gør, og naar Du end kommer, ved Du, at jeg skal være lykkelig for at have Dig her og foruden over Fysikken sammen glæde os over andre Ting. Jeg havde en rar Rejse i Holland og stor Glæde af Besøget baade hos Kramers og Ehrenfest. Siden min Hjemkomst har jeg haft travlt med at forberede en Opposition til Jacobsens Disputats, der skal finde Sted paa Torsdag. Jeg har endnu ikke hørt, hvordan det er gaaet Klein i Cambridge; jeg tænker, at han er her tilbage i Løbet af en Uges Tid.

Mange venlige Hilsener fra os alle,

Din

Niels Bohr

P.S. Jeg kan iøvrigt fortælle, at vi nu har hele seks Drenge; men Du skal ikke være bange for, at de skal forstyrre Roen for Dig i København.

Übersetzung von [190]

Lieber Pauli!

Wie abgemacht schickte ich die Korrektur von Holland ab und erwarte nun an einem der folgenden Tage einen letzten Abdruck zu bekommen, um zu sehen, ob alle

Verbesserungen richtig eingesetzt sind[a]. Selbst wenn ich auch keine eindeutige Antwort auf Deine Frage geben kann, hoffe ich trotzdem, daß Du zufrieden bist, und daß wir uns freuen können, Dich sehr bald hier zu sehen. Wenn Du aus Angst nach den Erfahrungen der Vergangenheit weitere Garantien wünschst, kann ich Dir ja ein Telegramm schicken, sobald ich die allerletzte Korrektur zurückgesendet habe, aber ich meine, Du solltest so großes Vertrauen in die Zukunft haben, daß Du mir umgehend schreibst oder telegraphierst und mitteilst, wann Du kommen kannst; aber was Du auch tust, und wann Du auch kommst, Du weißt, daß ich glücklich sein werde, Dich hier zu haben, um uns zusammen außer an der Physik auch an anderen Dingen zu erfreuen. Ich hatte eine schöne Reise nach Holland und große Freude von dem Besuch sowohl bei Kramers als auch bei Ehrenfest[b]. Seit meiner Heimkehr war ich damit beschäftigt, eine Opposition auf Jacobsens Dissertation vorzubereiten, die am Donnerstag stattfinden soll[c]. Ich habe noch nicht gehört, wie es Klein in Cambridge ergangen ist; ich glaube, daß er im Laufe einer Woche hier zurück ist[d].

Viele freundliche Grüße von uns allen,

Dein Niels Bohr

P.S. Ich kann übrigens mitteilen, daß wir jetzt ganze sechs Jungen haben; aber Du brauchst nicht zu befürchten, daß sie Deine Ruhe in Kopenhagen stören werden.

[a] Vgl. den voranstehenden Brief [189] sowie die Anmerkungen dort. [b] Vgl. hierzu Fußnote *a* von [188]. [c] Es handelt sich um die Dissertation des dänischen Kernphysikers Jacob Christian Jacobsen. Jacobsen wurde 1941 Professor an der Universität in Kopenhagen. [d] Vgl. hierzu Fußnote *b* von [188].

[191] Pauli an Bohr

[Hamburg], 14. März [1928]

[Postkarte]

Lieber Bohr!

Ich habe am 10. einen Brief an Dich abgeschickt mit der Anfrage, ob mit Deiner Arbeit nun alles so weit fertig ist, daß ich nach Kopenhagen kommen kann. *Ich verstehe nicht, warum keine Antwort von Dir ko[m]mt!*[a] Ich bin sonst bereit, jeden Tag nach Kopenhagen loszufahren. (Denn gegen 28. oder 29. will ich wieder hier zurück sein.)

In den letzten Tagen habe ich weiter darüber nachgedacht, wie sich die neuen Diracschen Gleichungen[b] zur allgemeinen Relativitätstheorie verhalten. Es haben sich dabei auch Zusammenhänge mit Kleins fünfdimensionaler Formulierung[c] ergeben und [e]s würde mich sehr interessieren, mit ihm darüber zu sprechen.

Also, bitte, laß bald etwas von Dir hören!

Herzliche Grüße

Dein alter W. PAULI

Empfehlungen an Deine Frau.

[a] Dieser Brief dürfte sich mit Bohrs Brief [190] vom 13. März gekreuzt haben. [b] Vgl. hierzu die Fußnote *d* [178]. [c] Vgl. O. Klein: Quantentheorie und fünfdimensionale Relativitätstheorie. Z. Phys. **37,** 895 – 906 (1926). Eingegangen am 28. April 1926. – Zur fünfdimensionalen Darstellung der Relativitätstheorie. Z. Phys. **46,** 188 – 208 (1927). Eingegangen am 22. Oktober 1927.

Die Ernennung Paulis zum „ordentlichen Professor für theoretische Physik" an der Eidgenössischen Technischen Hochschule in Zürich erfolgte zum 1. April 1928. Einen Tag vor seinem 28. Geburtstag, also am 24. April, trat er sein neues Amt an. Paul Scherrer, der Kollege von der Experimentalphysik, hatte ihm einen Blumenstrauß auf den Schreibtisch gestellt[1].

Wie Ralf Kronig berichtete, der offiziell am 1. Mai als Assistent fungierte, war es eine herrliche Zeit. Die Arbeit und das Leben in Zürich bereiteten ungeheure Freude. Pauli, Kronig und Scherrer verbrachten viele gemeinsame Stunden im Strandbad, in Sprünglis Konditorei am Paradeplatz und offenbar auch, wie Brief [199] ausweist, horribile dictu in Nachtlokalen. Ihre Gespräche freilich kreisten immer um die Physik.

Mit seiner Untersuchung „Über Gasentartung und Paramagnetismus" (1927 a) hatte Pauli die Grundlagen für die Elektronentheorie der Metalle geschaffen[2]. Insbesondere von Sommerfeld und seinen Schülern wurde dieses Gebiet in München mit viel Erfolg weiterentwickelt[3]. Bisher ungelöst in der Theorie des Magnetismus war hingegen die Frage nach dem Ursprung der ungewöhnlich starken inneren Felder, welche in der Theorie von Weiss[4] als Ursache für den Ferromagnetismus angenommen werden mußten. Alle Bemühungen, diese Felder durch magnetische Wechselwirkungen zu beschreiben, führten bekanntlich zu einem um Größenordnungen zu kleines Molekularfeld.

Einen Ausweg sah bald Heisenberg. Schon bei der Erklärung der beiden Termsysteme im Heliumspektrum hatte er die Erfahrung gemacht, daß die Austauschwechselwirkung eine entscheidende Rolle spielt. Bereits während seines Aufenthalts in Kopenhagen im Herbst 1926 teilte er Pauli seine ersten Vermutungen über das Zustandekommen des Ferromagnetismus mit. (Vgl. [145] und [146].) In Heisenbergs neuem Institut in Leipzig beschäftigte sich außerdem Felix Bloch, Paulis späterer Assistent, mit der Bestimmung der Elektronenzustände in einem Kristallgitter[5]. Heisenberg selbst setzte hier seine Untersuchungen zum Ferromagnetismus[6] fort, über die er an Pauli berichtete ([192] bis [196] und [198]). Die hier wiedergegebene Darstellung hat Heisenberg in vielen Teilen unverändert in seiner Veröffentlichung[6] aufgenommen.

Damit ein ferromagnetischer Zustand eintritt, müssen nach Heisenberg die Austauschintegrale $J_{(kl)}$ positiv werden. Die Schwierigkeiten, die einer praktischen Berechnung dieser Ausdrücke entgegenstehen, haben der Heisenbergschen Theorie ihren verdienten Erfolg bisher versagt[7].

[1] Wolfgang Pauli Memorial Volume. S. 37. Man vgl. auch Paulis eigene Darstellung in seinem Brief „An Hermann Weyl zum 9. November 1955". Hier heißt es: „Im April 1928 kam ich als neuer Professor in Zürich an, recht touristisch gekleidet mit einem Rucksack am Rücken, was schlecht paßte zu der mich gänzlich überraschenden, eleganten Form meiner Abholung am Bahnhof."

[2] Vgl. hierzu die historische Übersicht bei R. E. Peierls: Quantum Theory of Solids. In: Theoretical Physics in the Twentieth Century. Edited by M. Fierz and V. F. Weisskopf. New York: Interscience Publishers Inc. 1960.

[3] Vgl. A. Sommerfeld: Zur Elektronentheorie der Metalle. Naturwiss. **15**, 825–832 (1927), **16**, 374–381 (1928). – Zur Elektronentheorie der Metalle und des Volta-Effektes nach der Fermischen Statistik. Atti del Congresso Internazionale dei Fisici. Como. Settembre 1927. II. S. 449–473.

[4] P. Weiss: L'hypothese du champ moléculaire et la propriété ferromagnetique. Journal de Physique **6**, 661–690 (1907).

[5] F. Bloch: Über die Quantenmechanik der Elektronen in Kristallgittern. Z. Phys. **52**, 555–600 (1928). Eingegangen am 10. August 1928. Vgl. auch Paulis Bemerkungen über Bloch in seinem Brief [214] an Ehrenfest und F. Blochs „Reminiscences of Heisenberg and the early days of quantum mechanics, Physics Today, Dez. 1976.

[6] Vgl. W. Heisenberg: Zur Theorie des Ferromagnetismus. Z. Phys. **49**, 619–636 (1928). Eingegangen am 20. Mai 1928.

[7] Vgl. hierzu: J. C. Slater: Solid-State and Molecular Theory: A Scientific Biography. New York: John Wiley and Sons 1975.

[192] Heisenberg an Pauli

Leipzig, 3. Mai 1928

Lieber Pauli![a]

Über die wichtigeren Probleme weiß ich heut' zwar nichts Neues; aber, um mich nicht dauernd mit Dirac herumzuärgern, hab' ich mal was anderes, nämlich Ferromagnetismus getrieben, und davon möcht' ich Dir jetzt erzählen. Zunächst allgemein zur Frage der Metalle (siehe auch Blochs Arbeit![b]): Man kann sich dreierlei Approximationen an die Wirklichkeit vorstellen:

1. Die „Pauli-Sommerfeldsche", d. h. freie Elektronen mit Fermi-Statistik[c]; die Wechselwirkung der Elektronen *untereinander* ist vernachlässigt.

2. Die Blochsche: Der Wirkung des Gitters ist durch Wellblechpotentiale Rechnung getragen, die Wechselwirkung der Elektronen ist ebenfalls vernachlässigt gegenüber den anderen Kräften.

3. Die, sagen wir, London-Heitlersche[d]; damit meine ich folgendes: Der Austausch der Valenz-Elektronen irgend zweier Atome im Gitter werde à la L[ondon]-Heitl[er] berücksichtigt. Dabei werden aber in erster Linie nur die Zustände betrachtet, bei denen alle Elektronen im Grundzustand bleiben.

Die Approximation 3. führt offenbar zu einer geringeren Termmannigfaltigkeit als 2. und 1. Z. B. im Falle zweier Wasserstoffatome (Lo[ondon]-Heitl[er]) würden bei Methode 1. und 2. folgende *vier* Zustände in erster Näherung gleiche Energie haben:

	Kern *a*	K[ern] *b*
I	1	2
II	2	1
III	1 2	–
IV	–	1 2

(1 bzw. 2 Nummer des Elektrons).

Bei Methode 3. dagegen überlegt man sich, daß nur die Energiewerte von I und II nahezu gleich werden, ebenso III und IV, daß aber Term III und IV (zwei Elektronen am *selben* Kern) viel höher liegen als I und II. Es scheint mir vernünftig, diese Überlegung von Lo[ndon] und Heitl[er] auch auf die Metalle zu übertragen, d. h. zunächst nur die Zustände, bei denen 1 Elektron pro Atom vorhanden ist (bzw. mehrere Valenzelektronen je nach Metall, also jedes Atom gleichviele Elektronen hat), und deren Austauschmöglichkeiten zu berücksichtigen.

Ich glaube nun, daß man dann, wenn Methode 3. die beste Approxim[ation] liefert, unter geeigneten Umständen Ferromagnetismus bekommen kann. (Bei den Metallen, bei denen die Approximation 1. und 2. gut konvergiert, bekommt man ja *sicher keinen* F[erro-] M[agnetismus] nach Deiner Arbeit.) Also zunächst: Wenn die Wechselwirkung der Elektronen klein gegen die übrigen Störungen ist, bekommt man sicher keinen F[erro-] M[agnetismus]. Wenn sie dagegen entscheidend wird, so daß Meth[ode] 3. vernünftig wird, so geht die Rechnung so weiter: Man hat nun nach Lo[ndon] und Heitl[er] einfach n Elektronen, die auf n verschiedene* Quantenzellen verteilt werden (vgl. bes. die letzte Arbeit von Heitler, Zeitschrift für Physik **47,** 835, bes. Fußnote S. 849)[e]. Das gesamte Termsystem zerfällt in Gruppen von Teilsystemen à la Wigner[f]. Zu jedem System gehört ein resultierendes Gesamtspinmoment aller n Elektronen. Dies sei j. (Wenn n geradzahlig ist, was man etwa der Einfachheit halber annimmt, wird j ganzzahlig.) Es handelt sich jetzt darum, die Energie des gestörten Systems als Funktion von j aufzusuchen. Zwar haben auch die Systeme mit gleichem j allgemein verschiedene Energien, aber uns interessiert nur die mittlere Energie, also der Heitlersche „Energieschwerpunkt" aller Terme mit gleichem j. Die Energieformel heißt nach Heitler (Zeitschrift für Physik **46,** S. 63)[g]

$$f^\sigma E^\sigma = \sum_p \chi_p^\sigma J_p$$

(Der Normierungsfaktor f^σ ist bei Heitler weggelassen, H[eitler] meint mit E^σ nicht den Schwerpunkt, sondern die Summe der Energiewerte.) Auf der rechten Seite ist

* Die Argumentation Deiner Arbeit über Suszeptibilität ist also *nicht* anwendbar.

über alle Permutationen zu summieren, χ_p^σ bedeutet den Gruppencharakter, der zur „Darstellung σ", Permutation P gehört, J_p ist die Summe der Austauschenergien bei Permutation P und allen anderen zur selben Klasse gehörigen Permutationen; da nur je zwei Elektronen aufeinander wirken, wird nur J_E und $J_{(12)}$ von Null verschieden. Es kommt natürlich nur auf $J_{(12)}$ an, und man sieht, daß für sämtliche j-Werte als einzige zunächst unbekannte Konstante die *Summe aller Austauschglieder* eingeht. Für die Energieformel in Abhängigkeit von j ist also die Art, wie die Resonanzkräfte vom Abstand abhängen, *völlig gleichgültig.* (Im Gegensatz zur Arbeit von Ising![h]). Die Ausrechnung von E_σ ist nun einfach: Nach Pauli-Prinzip gehört zum Gesamtspin j die Partitio $\frac{n}{2}-j,\ \frac{n}{2}+j$ (n sei gerade); man braucht also nur die Werte von f^σ und $\chi_{(12)}^\sigma$ zur Partitio σ: $\left(\frac{n}{2}-j,\ \frac{n}{2}+j\right)$. Nach Wigner und Heitler (Zeitschrift für Physik **47,** S. 855)[e] heißen die:

$$f_{\frac{n}{2}-j,\frac{n}{2}+j}=\frac{n!\,(2j+1)}{\left(\frac{n}{2}-j\right)!\,\left(\frac{n}{2}+j+1\right)!}=\binom{n}{\frac{n}{2}-j}-\binom{n}{\frac{n}{2}-j-1}$$

(siehe auch Zeitschrift für Physik **41**, S. 256, Gl. 31)[i].

$$\chi^{(12)}_{\frac{n}{2}-j,\frac{n}{2}+j}=-\frac{(n-2)!(2j+1)!}{\left(\frac{n}{2}-j\right)!\left(\frac{n}{2}+j+1\right)!}(n^2-n+\xi^2-\xi-n\xi)\quad\left(wo\,\xi=\frac{n}{2}-j\right)$$

$$=-\frac{(n-2)!(2j+1)!}{\left(\frac{n}{2}-j\right)!\left(\frac{n}{2}+j+1\right)!}\left(\frac{3}{4}n^2-\frac{3}{2}n+j(j+1)\right).$$

Also schließlich

$$E_{(12)}=\frac{-\frac{3}{4}n^2-\frac{3}{2}n+j(j+1)}{n(n-1)}\cdot J_{(12)}+J_E.$$

Es kommt nun natürlich alles aufs Vorzeichen von $J_{(12)}$ an. Für negative $J_{(12)}$ liegt $j=0$ am tiefsten, also kein Ferromagnetismus; dies ist nach London und Heitler der normale Fall; *wenn* es aber vorkommt*, daß $J_{(12)}$ positiv wird, so gibt es Ferromagnetismus: Man kann dies daraus ersehen, daß E^σ mit j^2 wächst. Der Energie*zuwachs* bei Parallelstellung eines weiteren Elektrons ist proportional der Anzahl der bereits eingestellten (nämlich prop[ortional] j).

* Das Londonsche Gegenargument gilt wohl nur für Atome mit s-Termen (ohne Knoten).

Fügt man noch ein äußeres Feld hinzu, μH, und nimmt an, daß die Richtung von j im ganzen Metall „entartet" sei, dann wird die Zustandssumme:

$$\sum = \sum_m m \sum^n j e^{+\alpha m + \beta j(j+1)} f_{\frac{n}{2}-j, \frac{n}{2}+j},$$

wo

$$\alpha = \frac{H}{kT}, \beta = \frac{\text{const.}}{kT}.$$

Es wird

$$\sum = \sum_{-\frac{n}{2}}^{+\frac{n}{2}} (m) \sum_{|m|}^{\frac{n}{2}} (j)\; e^{+\alpha m + \beta j(j+1)} \left[\binom{n}{\frac{n}{2}-j} - \binom{n}{\frac{n}{2}-j-1} \right].$$

Dies wird durch „partielle Integration"

$$\mp \sum_{-\frac{n}{2}}^{+\frac{n}{2}} m e^{\alpha m + \beta m(m+1)} \binom{n}{\frac{n}{2}-m} + \underbrace{\sum_{-\frac{n}{2}}^{+\frac{n}{2}} m \sum_{|m|}^{\frac{n}{2}} (j) (e^{\beta j(j+1)} - e^{\beta j(j-1)}) \binom{n}{\frac{n}{2}-j}}_{S}.$$

Die zweite Summe S kann bei hinreichend kleinen Werten β vernachlässigt werden, da sie den „Diff[erential]q[u]ot[ienten]" von $e^{\beta j(j+1)}$ enthält. (Jedenfalls weiß ich nicht, wie ich sie berechnen soll.) Zur Auswertung der ersten Summe nimmt man etwa an, daß die Summe ein steiles Maximum in der Nähe des schließlichen Mittelwertes $m = m_0$ aufweisen werde, dann wird entwickelt

$$\begin{aligned} m(m+1) &= (\overline{m - m_0} + m_0)(\overline{m - m_0} + m_0 + 1) \\ &\approx (m - m_0)(2m_0 + 1) + m_0(m_0 + 1) = m(2m_0 + 1) + const. \end{aligned}$$

Es folgt:

$$\sum = \sum_{-\frac{n}{2}}^{+\frac{n}{2}} m e^{[\alpha + \beta(2m_0+1)]m} \binom{n}{\frac{n}{2}-m} = \left(e^{\frac{\alpha + \beta(2m_0+1)}{2}} + e^{-\frac{\alpha + \beta(2m_0+1)}{2}} \right)^n.$$

Also

$$\frac{\partial}{\partial\alpha}\log\sum = n\frac{\partial}{\partial\alpha}\log\frac{\alpha+\beta(2m_0+1)}{2}$$

$$m_0 = \frac{n}{2}\,\mathfrak{Tg}\,\frac{\alpha+\beta(2m_0+1)}{2}$$

d. h. die Weissche Formel.

So, einen neuen Bogen fang' ich nicht mehr an, obwohl ich noch eine Reihe von Bedenken gegen diese Theorie nachtragen könnte. Also schreib' mal wieder!

Viele Grüße

Dein W. HEISENBERG

[a] Am oberen Briefrand machte Pauli folgende Notizen: „Curiepunkt Lösungen. 1) E_0 einführen. 2) Wenn J_{12} negativ, Paramagnetismus? 3) n^2-n+q^2-q-qn. Fehlen von Richtungsentartung." [b] Vgl. die unter 5 zitierte Arbeit. [c] Vgl. Pauli (1927a) und die unter 3 genannten Arbeiten Sommerfelds. [d] W. Heitler und F. London: Wechselwirkung neutraler Atome und homöopolare Bindung nach der Quantenmechanik. Z. Phys. **44,** 455–472 (1927). Eingegangen am 30. Juni 1927. [e] W. Heitler: Zur Gruppentheorie der homöopolaren chemischen Bindung. Z. Phys. **47,** 835–858 (1928). Eingegangen am 28. Januar 1928. [f] E. Wigner: Über nicht kombinierende Terme in der neueren Quantentheorie. Z. Phys. **40,** 492–500 (1927). Eingegangen am 12. November 1926. – II. Teil. Z. Phys. **40,** 883–892 (1927). Eingegangen am 26. November 1926. In diesem Teil II. verwendet Wigner zum erstenmal die Methoden der Gruppentheorie bei der Behandlung des Mehrelektronenproblems. Vgl. hierzu auch F. Hund: Geschichte der Quantentheorie. Mannheim: Bibliographisches Institut AG 1967. Dort S. 160 ff. [g] W. Heitler: Störungsenergie und Austausch beim Mehrkörperproblem. Z. Phys. **46,** 47–72 (1927). Eingegangen am 12. Oktober 1927. [h] E. Ising: Beitrag zur Theorie des Ferromagnetismus. Z. Phys. **31,** 253–258 (1925). Eingegangen am 9. Dezember 1924. [i] W. Heisenberg: Mehrkörperprobleme und Resonanz in der Quantenmechanik. II. Z. Phys. **41,** 239–267 (1927). Eingegangen am 22. Dezember 1926.

[193] HEISENBERG AN PAULI

Leipzig, 7. Mai [1928]

Lieber Pauli!

Heute will ich meine Epistel über den Ferromagnetismus fortsetzen[a] und zunächst die Haupteinwände schreiben, die Du natürlich auch längst gesehen hast. Den Summationsschwindel am Schluß bei der statistischen Auswertung möchte ich zunächst als von höherer Ordnung vernachlässigen. Der Hauptschwindel liegt vielmehr darin, daß ich für alle Terme von gleichem Gesamtimpuls j den Energie*schwerpunkt*, statt den richtigen Termwert eingesetzt hab'. Wenn die Terme stark um den Schwerpunkt streuen, so kann sich das Resultat total ändern. Man kann auch leicht ein Gegenbeispiel gegen die bisherige Rechnung beibringen: Etwa ein Gas, in dem je 2 Atome (also etwa $1 \leftrightarrow 2$, $3 \leftrightarrow 4$, $5 \leftrightarrow 6, \ldots$) resonanzgekoppelt sind so, daß Parallelstellung der Spins am stabilsten ist, wobei aber *verschiedene* Paare *gar keine* Wechselwirkung haben. In diesem Fall gibt's garantiert keinen Ferromagnetismus, trotzdem liegen die Energieschwerpunkte so, wie ich neulich schrieb, auch in diesem Fall. Es wird also nötig sein, die Verteilung der Energien um den Schwerpunkt genauer zu kennen. Da ein Ausrechnen aller n-Wurzeln aussichtslos ist, hab' ich folgendes angesetzt: Man berechne zunächst das mittlere Schwankungsquadrat der Energie um den Schwerpunkt. Das läßt sich gruppentheor[etisch] machen und führt zur Formel

$$\overline{\Delta E^2} = \frac{\sum\limits_{p}\sum\limits_{p'}(\chi^E \chi^{p \cdot p'} - \chi^p \cdot \chi^{p'}) J_p J_{p'}}{(\chi^E)^2}.$$

Dann nehme ich an, daß die Verteilung im wesentlichen eine Gaußsche Fehlerkurve sei, die eben das angegebene Schwankungsquadrat liefert. Dann kann man wieder alles rechnen. Die Anzahl der Terme zwischen ΔE und $\Delta E + d\Delta E$ wird dann

$$\chi_E \cdot \sqrt{\frac{\pi}{a}}\, e^{-\Delta E^2 \cdot a} d\Delta E, \text{ wo } a = \frac{2}{\overline{\Delta E^2}}.$$

(Das Integral über ΔE von $-\infty$ bis $+\infty$ muß natürlich $f_\sigma = \chi_E$ ergeben.) In der Zustandssumme steht also jetzt, an Stelle von

$$e^{-\frac{E_0}{kT}} \cdot \chi^{(E)}$$

die Größe

$$\int\limits_{-\infty}^{\infty} e^{-\frac{E_0}{kT} - \frac{\Delta E}{kT} - \Delta E^2 \cdot a} \cdot \chi_E \sqrt{\frac{\pi}{a}}\, d\,\Delta E = e^{-\frac{E_0}{kT} + \frac{\overline{\Delta E^2}}{2k^2T^2}}.$$

Der Witz ist nun, daß $\overline{\Delta E^2}$ *nicht* mehr für alle Arten von Wechselwirkung zwischen n Teilchen die gleiche Funktion von j und n ist, sondern daß $\overline{\Delta E^2}$ wesentlich von der Anordnung abhängt. Allgemein ist die Größenordnung von $\overline{\Delta E^2}$ $\sim \frac{E_0^2}{n}$, nicht, wie man etwa meinen könnte E_0^2. Dann hab' ich die weitere Rechnung durchgeführt für 3 verschiedene Anordnungen. (Gesamtzahl der Teilchen $= 2n$.)

1. Je zwei Atome gehören zu einem Paar zusammen (das „Gegenbeispiel" von oben).

2. Die lineare Kette
3. Räumliches (kubisches) Gitter

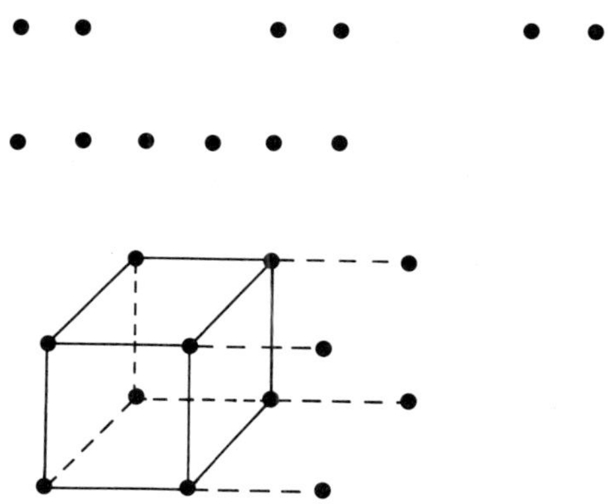

Das Resultat ist: Die e-Funktion sieht so aus

$$e^{\frac{\alpha j^2}{2n}+\alpha\frac{2(n^2-j^2)(3n^2-j^2)}{8zn^3}},$$

wobei im Falle 1. $z=1$; im Fall 2. $z=2$ und im Fall 3. $z=6$ zu setzen ist. Dabei ist $\alpha = \frac{E_0}{nkT}$, (in der kritischen Temperaturgegend ist $\alpha \sim$ Größenordnung 1); niedrigere Potenzen von n und j sind vernachlässigt. Geht man jetzt wieder zur Summation über m und j des Ausdrucks

$$\sum_m \sum_j e^{\beta m+\frac{\alpha j^2}{2n}+\alpha^2} \chi^{(E)}$$

über, so wende man etwa den Schwindel höherer Ordnung von neulich an und entwickelt m in der Gegend $m \sim m_0$. Es folgt schließlich für die Zustandsumme

$$\sum_{m=-n}^{+n} e^{m\left(\beta+\alpha\frac{m_0}{n}\right)}\left(1-\frac{\alpha}{z}+\frac{\alpha^2}{2z}\frac{m_0^2}{n^2}\right)\binom{2n}{n-m}$$

$$=\left(e^{\frac{1}{2}(\beta+\alpha\frac{m_0}{n}(\quad)}+e^{-\frac{1}{2}(\beta+\alpha\frac{m_0}{n}(\quad)}\right)^{2n}.$$

Schließlich

$$m_0 = n\mathfrak{Tg}\frac{1}{2}\left(\beta+\alpha\frac{m_0}{n}\left(1-\frac{\alpha}{z}+\frac{\alpha^2}{z^2}\frac{m_0^2}{n^2}\right)\right);$$

Setzt man

$$\frac{m_0}{n}=x;\ \frac{1}{2}\left(\beta+\alpha\frac{m_0}{n}\left(1-\frac{\alpha}{z}+\frac{\alpha^2}{2z}\frac{m_0^2}{n^2}\right)\right)=y,$$

so heißen die Gleichungen

$$x = \mathfrak{Tg}\, y; \tag{I}$$

$$\beta + \alpha x \left(1 + \frac{\alpha}{z} + \frac{\alpha^2}{2z} x^2\right) = 2y \tag{II}$$

und die Schnittpunkte dieser Kurven sind aufzusuchen. Man sieht nun sofort, daß alles auf den Wert von z ankommt; wenn z hinreichend groß ist, gibt es bei geeignetem α Ferromagnetismus, bei kleinem z nicht. Die Werte $z=1$ und $z=2$ geben *keinen* Ferromagnetismus, sie sind viel zu klein; $z=6$ liegt eben an der Grenze und liefert Schnittpunkte. Leider ist aber der Winkel der Tangente von II im

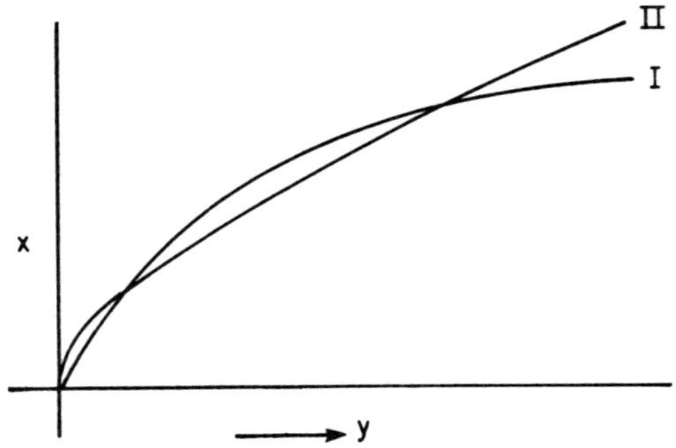

Nullpunkt (für $\beta=0$) immer noch größer als der von I, die Schnittpunkte werden für günstige Werte von α (bei $\alpha \sim 3$ herum) nur durch das kubische Glied gerade noch ermöglicht. Erst von $z>8$ ab bekommt man das übliche Bild der Weisschen Kurven, mit dem Unterschied, daß an der Stelle der Geraden bei Weiss hier eine kubische Parabel tritt. Daß es bei $z=6$ mehrere Schnittpunkte nach Art des Bildes gibt, bedeutet wohl physikalisch nichts. Eben nur dies, daß in Wirklichkeit noch mehr Partikel als je eines mit 6 anderen in Resonanzwechselwirkung stehen.

Alles in allem aber find' ich, man versteht doch schon wesentlich besser, worauf es beim F[erro-]M[agnetismus] eigentlich ankommt. Nun viele Grüße

Dein

W. HEISENBERG

[a] Vgl. auch hierzu die in der Fußnote 6 von [192] zitierte Veröffentlichung Heisenbergs.

[194] Heisenberg an Pauli

Leipzig, 7. Mai [1928]

[Postkarte]

Lieber Pauli!

Zu meinem vorhin geschriebenen Brief muß ich noch nachtragen: Die Zahl z in meinen Formeln bedeutet einfach die Zahl der Atome, mit denen gleichgroße Resonanz besteht, also einfach die Zahl der „Nachbarn" im Gitter. (Die Resonanz mit entfernteren Atomen wird immer sehr schwach sein.) Beim kubisch *flächen*zentrierten Gitter ist also $z=12$, beim raumzentrierten $z=8$. In beiden Fällen gibt es normalen Ferromagnetismus im Weisschen Sinne nach meinen Formeln (ohne solche Überschneidungen wie bei $z=6$). Fe, Co und Nickel gehören zu diesen Typen.

Also viele Grüße

Dein

W[erner] H[eisenberg]

[195] Heisenberg an Pauli

Leipzig, 10. Mai 1928

Lieber Pauli!

Vielen Dank für Deinen Brief; ich glaube, daß ich die meisten Deiner Fragen jetzt einigermaßen beantworten kann (nur eine gar nicht).

1. Die Rolle der magnetischen Momente der Atomreste. Ich glaube, daß es sich hier um etwas ähnliches handelt, wie bei den „höheren Zuständen": Wenn etwa zwei Atome mit *nicht*verschwindenden Bahnmomenten aus großem Abstand einander genähert werden, so wird, vermöge der Quadrupolkräfte, *zunächst* eine Quantelung der relativen Bahnneigung stattfinden und zwar viel *früher*, als die Quantelung des Austausches, da die Resonanzglieder mit e^{-R}, die andern mit $\frac{1}{R^4}$ gehen. Und selbst wenn die Atome einander sehr nahe sind (Gitterabst[and]), glaube ich, daß die Energiedifferenzen, die durch Änderung der relat[iven] Bahnneigung entstehen, sehr viel größer sind, als die Austauschdifferenzen. Man wird also die höheren Zustände (d. h. andere Bahnneigungen) ebensogut vernachlässigen können wie den Fall, daß mehrere Elektronen an einem Atom sind. Dies bedeutet: Die *Bahn*momente der Atome kompensieren sich infolge der Kristallsymmetrie; (diese Annahme ist natürlich auch mehr empirisch gerechtfertigt durch $g=2$ bei Einstein-de Haas, als

theoretisch bis in die Einzelheiten zu begründen). Welche Rolle die *Spin*momente des Atomrestes spielen, wird vom Modell abhängen; im allgemeinen wird auch auf diese meine Rechnung anwendbar sein (oder eine für mehrere Elektronen per Atom erweiterte Fassung derselben). Es ist sicher in manchen Fällen zu speziell, den Austausch von 1 Elektron per Atom zu betrachten; andererseits wird doch wegen der Empfindlichkeit der Resonanzfrequenzen (e^{-R}) in den meisten Fällen ein bestimmtes Elektron den Hauptbeitrag zum Ferromagnetismus liefern; das braucht aber keineswegs ein Valenzelektron zu sein. Damit komme ich auch gleich zur Frage nach dem Vorzeichen von J. Es ist mir nicht gelungen, eine halbwegs brauchbare Abschätzung von J zu bekommen. J ist nach Lo[ndon]-Heit[ler] („E_{12}") ein Aggregat von etwa 6 Gliedern, die alle von gleicher Größenordnung sind und auf deren relativ kleine Differenzen alles ankommt. Unter den Gliedern ist auch ein Mittelwert von $1/r_{12}$, der natürlich jeder exakten Behandlung spottet. Also nur in dem speziellen Fall, wo beide Atome im $1S$-Zustand sind, kann man aus allgemeinen Gesichtspunkten schließen, (Term ohne Knoten am tiefsten!) daß J negativ ist. In allen anderen Fällen sehe ich nicht die geringste Möglichkeit, ohne die schwersten Dampfwalzen etwas über das Vorzeichen von J zu erfahren.

Ich habe allerdings den starken Verdacht, daß J am ehesten bei p, d-Bahnen negativ[a] wird, dagegen *nicht* bei s-Bahnen. Dafür spricht z. B., daß die O_2-Molekel offenbar ein resultierendes Spinmoment besitzt (oder erinnere ich mich hier falsch?). Also scheint es mir nicht unwahrscheinlich, daß auch bei Eisen – Co – Ni die d-Bahnen die Schuld am Ferromagnetismus tragen. Aber ich muß dies einstweilen ganz unbestimmt lassen. Sicher ist nur, daß die Heitlersche Methode *immer* anwendbar ist, wenn die Richtungsentartung vorher aufgehoben ist.

Daß Fe, Co, Ni-*Lösungen* keinen Ferrom[agnetismus] zeigen, kommt einfach von den zu großen Abständen der Atome. Die Austauschenergien gehen ja mit e^{-R} zu Null. Schon bei Abständen von $5 \cdot 10^{-8}$ cm würde wahrscheinlich (wenn man sich die Atome dann noch gitterartig angeordnet denkt) der Curiepunkt bei, sagen wir $(\frac{1}{1000})^\circ$ abs. liegen. Also die Lösungen machen mir gar keine Sorge. Der Curiepunkt kommt übrigens bei meiner Theorie genau so heraus, wie bei Weiss: Diejenige Temperatur, bei der die beiden Kurven meines letzten Briefes zum ersten Mal keinen Schnittpunkt mehr aufweisen. Ich nehme an, daß die „höheren Zustände" bei diesen Temperaturen noch lange nicht in Betracht gezogen werden brauchen.

Was bei negativem $J_{(12)}$ herauskommt: Dasselbe wie bei Weiss, wenn man dort das Vorzeichen des „inneren Feldes" umkehrt. Die Kurven liegen dann so: [Im Brief folgt hier die Abbildung auf S. 453.]

Es ergibt sich also *Para*magnetismus, etwas geringer als für positive (und kleine) J_{12}. Abweichungen vom Curieschen Gesetz werden bei meiner Theorie sowieso herauskommen, da die Kurve II eigentlich keine Gerade, sondern eine kubische Parabel ist. Ob die Abweichung in erster Näherung von der Form $\frac{1}{T-\theta}$ oder $\frac{1}{T+\theta}$ ist, weiß ich noch nicht; (ich vermute $\frac{1}{T-\theta}$, da die Parabel nach rechts offen ist).

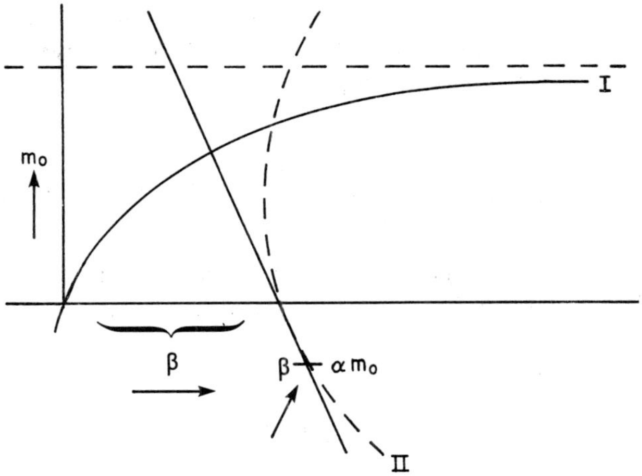

Die mathematische Verbindung Deiner Theorie *aller* Zustände mit meiner wäre natürlich sehr wünschenswert. Aber mir scheint eine solche Verbindung einstweilen hoffnungslos kompliziert; andererseits kann man sich ja qualitativ leicht überlegen, was herauskommen wird für diesen Übergang.

3. Zur Berechnung der Zustandssumme. Ich habe versucht, meine Formeln sauberer folgendermaßen abzuschätzen[b]: Der Boltzmannfaktor $e^{\beta m + \frac{j^2\alpha^2}{2nz} - \frac{\alpha^2 j^2}{2nz}} \cdots$ heiße $e^{\beta m}$.

Hierbei sind α und β von der Größenordnung 1. Die Zustandssumme heißt

$$\sum = \sum_{m=-j}^{m=+j} \sum_{j=0}^{n} e^{\beta m} \cdot f(j) \left[\binom{2n}{n+j} - \binom{2n}{n+j+1} \right]$$

$$= \underbrace{\sum_{m=-n}^{n} e^{\beta m} f(m) \binom{2n}{n+m}}_{\sum_1} + \underbrace{\sum_{m=-j}^{m=+j} \sum_{j=0}^{n} e^{\beta m} (f(j+1) - f(j)) \binom{2n}{n+j+1}}_{\sum_2}.$$

Nun ist

$$\sum_{m=-j}^{m=+j} e^{\beta m} = \frac{e^{\beta(j+1)} - e^{-\beta j}}{e^{\beta} - 1};$$

also

$$\sum = \sum_1 + \frac{1}{e^{\beta} - 1} \sum_{j=0}^{n} (e^{\beta(j+1)} - e^{-\beta j}) (f(j+1) - f(j)) \binom{2n}{n+j+1}.$$

Da $f(j+1) - f(j)$ das Vorzeichen wechselt, wenn man $+j$ in $-j$ verwandelt (dies stimmt nur in *der* Näherung, in der man $e^{\frac{a}{n}(j^2 - j)}$ durch $e^{\frac{a}{n} j^2}$ ersetzen darf. Der Unterschied der beiden Möglichkeiten macht einen *Faktor* der Größenordnung $e^{\frac{a}{n} j}$, also $\sim$ Größenordnung 1 aus; siehe später), so kann man den Anteil des Gliedes

$+e^{-\beta j}$ in $\sum_2$ einfach so berücksichtigen, daß man dies Glied streicht, aber dafür in $\sum_2$ von $j=-n$ bis $j=+n$ summiert. Schreibt man für den Summationsbuchstaben m statt j in $\sum_2$, so ergibt sich schließlich:

$$\sum=\sum_{-n}^{+n} e^{\beta m} f(m)\binom{2n}{n+n}+\frac{1}{e^{\beta}-1}\sum_{m=-n}^{+n} e^{\beta(m+1)}\big(f(m+1)-f(m)\big)\binom{2n}{n+m+1}.$$

Wir bekommen also ein Aggregat von 3 Summen des gleichen Typus. Unter Herausnahme der geeigneten Faktoren wird sich also ergeben (m_0 = Mittelwert von m), wenn wieder ein steiles Maximum bei $m \sim m_0$ angenommen wird:

$$\sum=f(\beta,\alpha,m_0)\sum_{m=-n}^{+n} e^{\beta m}\cdot f(m,m_0)\cdot\binom{2n}{n+m}$$

$$=f(\beta,\alpha,m_0)\cdot\big(e^{\frac{1}{2}\beta+\cdots}+e^{-\frac{1}{2}\beta-\cdots}\big)^{2n},$$

wo f eine Funktion von β, α, m_0 ist, die sich jedenfalls etwa wie e^{β} relativ langsam verändert. *Beim Differenzieren des* $\log\sum$ *ist also der Beitrag dieses Faktors gegenüber dem Glied* $2n\log(e^{\cdots}+e^{-\cdots})$ *ganz zu streichen. Dies* scheint mir auch erst die nachträgliche Rechtfertigung dafür, daß im Exponenten von e entwickelt wurde nach Potenzen von n, j, m. Selbst ein *Faktor* der Größenordnung 1 macht nichts aus, da alle andern Größen so außerordentlich rasch veränderlich sind. Aus dem gleichen Grunde glaube ich auch, daß $m \sim m_0$ ein steiles Maximum sein muß (wie übrigens immer bei ähnlichen Rechnungen mit kanonischen Gesamtheiten), weil sowohl der Boltzmannfaktor ($\sim e^{j}$) als auch der Fakultätenausdruck $\binom{2n}{n+m}$ außerordentlich stark veränderliche Funktionen sind. Die mittlere Schwankung von Δm um m_0 wird wohl von der Ordnung $\sqrt{n}$ sein. – Im übrigen verstehst Du sowas besser als ich![c]

Ob ich nach München geh', ist noch unsicher; ich glaub' aber nicht, weil die Versuchung für mich, nach Mü[nchen] zu gehen, so groß ist, daß es nachträglich prinzipiell nicht mehr entscheidbar wäre, ob ich zu Ferien, oder zur Bunsentagung nach Mü[nchen] gekommen bin. Sollte ich gehen, so schreib' ich Dir noch vorher[d].

Viele Grüße von Institut zu Institut

Dein

W. Heisenberg

[a] Oberhalb des Wortes negativ steht im Original (mit Bleistift geschrieben) „positiv". [b] Vgl. Heisenbergs Veröffentlichung (Anmerkung 6 auf S. 443, S. 629 ff.) [c] Heisenberg bezieht sich wahrscheinlich auf den Aufsatz über statistische Mechanik [1928], den Pauli für die Festschrift zu Sommerfelds 60. Geburtstag beitrug. Vgl. hierzu auch Paulis Brief [160] an Bohr. [d] Diese Bunsen-Tagung wurde offenbar von Pauli besucht, wie es aus Heisenbergs späteren Briefen [196] und [198] hervorgeht.

[196] Heisenberg an Pauli

Leipzig, 13. Mai [1928]

[Postkarte]

Lieber Pauli!

Es ist mir nun doch noch gelungen, über das Vorzeichen von $J_{(12)}$ Klarheit zu erhalten. Zunächst: bei sehr kleinen Werten des Atomabstandes R wird $J_{(12)}$ eo ipso positiv; doch das braucht nichts zu bedeuten, weil dann die Annäherungsmethode möglicherweise versagt. Es kommt also darauf an, wie das Vorzeichen für sehr große Werte von R ist[a]. Da zeigt sich, daß (unabhängig von k und m) J für kleine Hauptquantenzahlen *negativ* ist, wie bei London und Heitl[er], dagegen bei großem n *positiv* wird. Die Grenze liegt etwa bei $n = 3$, es kann aber ebensogut auch 2 oder 4 sein, das wird dann auch noch von k und m etwas abhängen.

Nach München gehe ich jetzt mit ziemlicher Bestimmtheit *nicht*[b]. Also viele Grüße

Dein

W. Heisenberg

14. Mai

Vielen Dank für Deine Karte! – Ich glaube eigentlich auch, daß Deine Erklärung der Suszeptibilität der Alkalien[c] richtig ist; man kann vielleicht sagen, daß Deine Theorie auf Metalle von sehr großer Leitfähigkeit, Methode 3 aber auf die geringere L[eit]f[ähigkeit] anzuwenden ist. In Wirklichkeit sind wohl beide Approx[imations]arten nur sehr grobe Annäherungen. – Viele Grüße!

Dein

W. Heisenberg

[a] Vgl. § 4 der in 6 auf S. 443 zitierten Arbeit von Heisenberg. [b] Vgl. den vorhergehenden Brief [195].
[c] Vgl. Pauli (1927 a), dort insbesondere den letzten Paragraphen 5.

[197] Bohr an Pauli

Kopenhagen, 14. Mai 1928

Kære Pauli,

Sammen med at jeg sender et Særtryk af den med saa megen Møje tilendebragte Artikel, vil jeg gerne endnu en Gang takke Dig for al Din trofaste og venlige Hjælp.

Vi tænker og taler ofte om Dit sidste Besøg. Jeg føler hvor nær vi er kommen hinanden og glæder mig til forhaabentlig snart at de Dig igen. Du kender jo nu Boligforholdene paa Instituttet og ved at Værelserne altid staar parat til at modtage Dig.

Hvordan gaar det i Zürich med Fysiken og alt andet? Jeg skal snart skrive nærmere om Filosofien; men det kan jeg ikke gøre uden at forsøge at drille, og i Aften vil jeg blot sende en taknemmelig Hilsen fra

Din hengivne Ven

Niels Bohr

Übersetzung von [197]

Lieber Pauli!

Gleichzeitig mit der Übersendung eines Sonderdruckes des mit so vieler Mühe zu Ende gebrachten Artikels[a], möchte ich Dir gerne nochmals für alle Deine treue und freundliche Hilfe danken.

Wir denken und sprechen oft von Deinem letzten Besuch[b]. Ich fühle, wie nahe wir uns gekommen sind und freue mich, Dich hoffentlich bald wiederzusehen. Du kennst ja jetzt die Wohnverhältnisse im Institut und weißt, daß die Zimmer immer bereitstehen, Dich aufzunehmen.

Wie geht es in Zürich mit der Physik und allem anderen? Ich werde bald eingehender über die Philosophie schreiben[c]; aber das kann ich nicht tun, ohne daß ich dabei zu necken versuche. Heute Abend sendet bloß einen dankbaren Gruß

Dein ergebener Freund

Niels Bohr

[a] Vgl. Fußnote *b* von [189]. [b] Pauli war Ende März (vor Antritt seiner Professur in Zürich) für einige Tage in Kopenhagen gewesen. (Vgl. hierzu die Briefe [190] und [191]). [c] Bohr beabsichtigte als Fortsetzung zu seinem Komplementaritätsgedanken die philosophischen Aspekte besonders im Zusammenhang mit der Zeitrichtung zu untersuchen. Vgl. hierzu Bohrs Briefe vom 24. März an Heisenberg und vom 26. März an C.G. Darwin (BSC).

[198] Heisenberg an Pauli

Leipzig, 21. Mai [1928]

[Postkarte]

Lieber Pauli!

Nun hab' ich ein Manuskript über den Ferromagnetismus[a] an Scheel abgeschickt, Du wirst nächstens die Korrekturen bekommen. An Deinen Vorschlag, die Schwankungen von m auszurechnen[b], hatt' ich übrigens inzwischen auch schon gedacht gehabt und natürlich die Größenordnung $\sqrt{n}$ gefunden. Unbefriedigend scheint mir nur noch die Annahme der Gaußverteilung für die Energiewerte, die für hinreichend tiefe Temperaturen notwendig zu falschen Resultaten führen muß. Aber ich sehe keine Möglichkeit, das Problem der Verteilung grundsätzlich anders anzugreifen, als durch Berechnung der Schwankungsmittelwerte. Vielleicht setz' ich einen meiner Leute hier an die Berechnung von $\overline{\Delta E^3}$ und $\overline{\Delta E^4}$ [c].

Hoffentlich warst Du über mein Fernbleiben von München nicht böse. – München hat sich doch bei der Wahl mit Bürgerbräu, Nationalsozialisten, Salvatorkeller usw. sicher im besten Lichte gezeigt. Hast Du nicht in alter Erinner[un]g den Meldeschen Stimmgabelversuch im Wienschen Praktikum angeschaut??[d] Viele Grüße

Dein

W. Heisenberg

[a] Vgl. Fußnote 6 vor [192]. [b] m ist die Projektion des gesamten Spinmoments des Kristalls in Richtung des angelegten Magnetfeldes, $2n$ die Anzahl der wechselwirkenden Elektronen (vgl. Heisenbergs Arbeit). [c] Vgl. F. Bloch: Zur Theorie des Ferromagnetismus. Z. Phys. **61,** 206 – 219 (1930). Eingegangen am 1. Februar 1930. Bloch weist darauf hin, daß dieses Verfahren wegen seiner schlechten Konvergenz unbrauchbar sei. [d] Pauli hatte das physikalische Praktikum im Sommersemester 1921 bei Wilhelm Wien gemeinsam mit Heisenberg absolviert.

Pascual Jordan gehörte mit Pauli, Heisenberg und Dirac der Generation von jungen Physikern an, die bei der Begründung und Ausgestaltung der neuen Quantenmechanik entscheidend mitgewirkt haben. In seiner Göttinger Dissertation[1] bei Max Born hatte Jordan sich mit der Einsteinschen Lichtquantenhypothese auseinandergesetzt und bei dieser Gelegenheit Paulis Arbeiten, insbesondere (1923c), kennengelernt. Wenig später entstand in Zusammenarbeit mit James Franck die mehr experimentell ausgerichtete Darstellung über „Anregung von Quantensprüngen durch Stöße"[2]. Der persönliche Kontakt mit Pauli dürfte 1925 begonnen haben. Jordan ist auch einer der ersten, der die Bedeutung des Ausschließungsprinzips für die Theorie der Atomstruktur erfaßte und dieses als Pauli-Prinzip bezeichnete[3]. Die weitere Beschäftigung mit der Strahlungstheorie[4] hat Jordan schließlich zu einem Wegbereiter der Quantenfeldtheorie gemacht[5], zu der er, auch zusammen mit Pauli, wichtige Beiträge leistete (1928a)[6].

[1] Vgl. P. Jordan: Zur Theorie der Quantenstrahlung. Z. Phys. **30**, 297 – 319 (1924). Eingegangen am 30. November 1924.

[2] J. Franck und P. Jordan: Anregungen von Quantensprüngen durch Stöße. Berlin: Verlag Julius Springer 1926. Unter dem gleichen Titel erschien auch ein Artikel dieser Autoren im Band 23 des Springerschen Handbuches der Physik (1926).

[3] Vgl. P. Jordan: Bemerkungen zur Theorie der Atomstruktur. Z. Phys. **33**, 563 – 570 (1925). Eingegangen am 8. Juli 1925. Dort Fußnote 1 auf S. 568. Auf S. 567 der gleichen Arbeit weist Jordan in einer Fußnote auf eine persönliche Mitteilung von Pauli hin.

[4] P. Jordan: Über das thermische Gleichgewicht zwischen Quantenatomen und Hohlraumstrahlung. Z. Phys. **33**, 649 – 655 (1925). Eingegangen am 8. Juli 1925. – Bemerkung über einen Zusammenhang zwischen Duanes Quantentheorie der Interferenz und den de Brogliesehen Wellen. Z. Phys. **37**, 376 – 382 (1926). Eingegangen am 22. April 1926.

[5] Zusammen mit M. Born und W. Heisenberg: Zur Quantenmechanik II. Z. Phys. **35**, 557 – 615 (1926). Eingegangen am 16. November 1925. Der letzte Teil dieser bereits mehrfach zitierten „Dreimännerarbeit" enthält bereits einen Paragraphen über die Quantelung der Eigenschwingungen eines Hohlraumes, der im wesentlichen von Jordan stammt (vgl. den Brief [102]). Hier wurde zum erstenmal gezeigt, daß die von Einstein hervorgehobene Schwierigkeit mit den Schwankungsquadraten der Energie des Strahlungsfeldes in der neuen Quantentechnik nicht auftritt. Vgl. auch Jordans eigene Darstellung in seinem Aufsatz: Die Anfangsjahre der Quantenmechanik – Erinnerungen. Phys. Bl. **31**, 97 – 103 (1975). Dort S. 101.

[6] Vgl. hierzu die neuere Studie von J. Bromberg: The Concept of Particle Creation Before and After Quantum Mechanics. Hist. Stud. Phys. Sci. **7**, 161–191 (1977).

[199] Pauli und andere an Jordan

[Zürich, 4. Juni 1928][a]

[Postkarte]

Lieber Herr Jordan!

Wir studieren soeben das Züricher Nachtleben und versuchen es nach einer neuen Methode von Pauli zu verbessern: Durch Vergleichen.

Viele Grüße

Kronig

Diese Methode kann aber auch gebraucht werden, um eine Sache zu *verschlechtern*! — Gruß

Pauli

Ich habe auch so viel Schlechtes von Ihnen gehört, daß ich Sie gerne kennenlernen möchte.

SCHERRER

[a] Das Datum wurde dem Poststempel entnommen. Die Anschrift lautete: PQ–QP Jordan.

Paulis Vorliebe für die statistische Mechanik äußerte sich schon in seinen frühen Arbeiten zur Quantenmechanik[1]. Später, nach den ersten Mißerfolgen bei den Arbeiten über den anomalen Zeemaneffekt, beschäftigte sich Pauli „zur Erholung" erneut mit einer statistischen Untersuchung der Strahlungsphänomene[2]. Während Paulis Ansätze zu einer Theorie der Wärmeleitung von ihm selbst nie vollendet wurden[3], ist seine Arbeit zum Paramagnetismus der Leitungselektronen[4] sein wichtigster Beitrag zur statistischen Physik.

Die erwarteten Erfolge in der Quantenelektrodynamik waren nach der gemeinsamen Arbeit mit Jordan[5] zum Stillstand gekommen[6]. Einerseits wollte es nicht gelingen, das quantenmechanische Mehrkörperproblem in relativistisch invarianter Weise zu formulieren, andererseits sah man in dem Auftreten von Zuständen negativer Energie bei der anfangs so vielversprechenden Diracschen Elektronentheorie unüberwindliche Schwierigkeiten[7]. In seinem Unmut wandte sich Pauli diesmal einer etwas abseits liegenden theoretischen Frage zu. Er prüfte die allgemeinen Voraussetzungen, die in der Quantenmechanik zum Boltzmannschen H-Theorem führen. Diese fundamentale Studie zur Quantenstatistik sollte Paulis Beitrag für die Festschrift zu Sommerfelds 60. Geburtstag werden[8]. Hier folgt nun Heisenbergs Stellungnahme [200] zu Paulis erstem Entwurf.

[1] Vgl. Pauli (1920b,c) und (1921).

[2] Pauli (1923c). Vgl. dazu auch Paulis Brief [39] an Bohr.

[3] Paulis späterer Assistent, Rudolf Peierls, hat sich später diesem Thema zugewendet. Vgl. seine Arbeit: Zur kritischen Theorie der Wärmeleitung in Kristallen. Ann. Phys. (5) 1055 – 1101 (1929). Eingegangen am 24. Oktober 1929.

[4] Pauli (1927a).

[5] P. Jordan u. W. Pauli (1928b).

[6] Vgl. hierzu den Brief [201] sowie [204].

[7] Vgl. G. Wentzel: Quantum Theory of Fields (until 1947). In: Theoretical Physics in the Twentieth Century. Edited by M. Fierz and V. F. Weisskopf. New York: Interscience Publishers Inc. 1960.

[8] Pauli [1928]. Vgl. auch die folgenden Briefe [201] und [203] an Bohr sowie den Brief [204] von Heisenberg.

[200] Heisenberg an Pauli

Leipzig, 13. Juni [1928]

Lieber Pauli!

Vielen Dank für Deinen Brief, ich glaube jetzt Deine Überlegungen zum H-Theorem[a] verstanden zu haben. Den Einfluß der Beobachtungsunschärfe würde ich quantitativ so formulieren – dies ist wohl was Du meinst: Stehen mehrere Systeme (z. B. Oszillatoren) in Wechselwirkung, so hängt die Veränderlichkeit der $c(t)$ mit der Wechselwirk[un]g so zusammen, daß $t_l = \frac{h}{E_1}$, wenn $t_l \sim$ die „Lebensdauer" (Zeit einer merklichen Veränderung von $c(t)$), E_1 die Wechselw[irkungs]energie bedeutet. Die zur Feststellung des Zustandes benötigte Zeit muß $\ll t_l$ sein, also $\Delta E \gg \frac{h}{t_l} \gg E_1$; $\Delta E =$ Unsicherheit der Energie. Zu Übergangsprozessen eignen sich alle ungestörten Zustände, bei denen die Energie im Bereich einer bestimmten Energie $\pm$ der Ordnung der Wechselwirkungsenergie liegt – was natürlich wieder trivial ist. Es scheint mir aber fraglich, ob diese Beobachtungsschärfe etwas mit der Diracschen Mogelei[b] (Integration über w) zu tun hat, denn im Prinzip kann man immer Messungen der folgenden Art machen: Zuerst schalte man die Wechselwirkung *aus* (z. B. die Strahlung), dann kann man den Zustand beliebig genau bestimmen. Dann schalte man von $t=0$ bis $t=t$ die W[echsel]w[irkung] ein, dann wieder aus. Danach kann wieder die Energie beliebig genau gemessen werden; dies ist doch der Sinn der Diracschen $c(t)$. Übrigens geht Dirac zweifellos von *exakt* definierten Zuständen aus. (Gl. (22) bei Dirac: $a(\alpha')$ für $t=0$ gleich $a^0\,\delta(\alpha'-\alpha^0)$.) Zur Veranschaulichung der Diracschen Methode hab' ich mir folgendes Modell gemacht. Ein Atom a mit den Zuständen 1 und 0 steht in Wechselwirkung mit dem Atom b; letzteres hat neben einem Niveau 0 noch

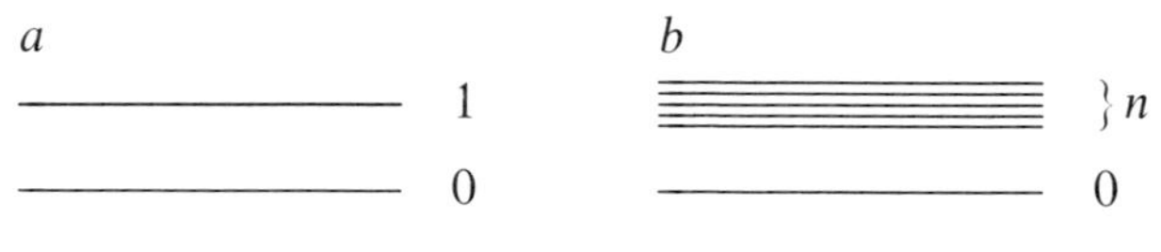

eine Reihe engliegender Niveaus n von der ungefähren Lage 1. Zur Zeit $t \leqslant 0$ sei Atom a im Zustand 1, b im Zustand 0; die zugehörige Schrödingerf[unktion] ist also $\varphi_1(q_a)\varphi_2(q_b)$. (Die φ_2 enthalten noch den Zeitfaktor $e^{\frac{2\pi i}{h}t}$.) Bei Wechselwirkung von $t=0$ ab tritt nun Resonanz in bek[annter] Weise ein, die Schrödingerfunktion zur Zeit t_0 lautet, *wenn in diesem Augenblick die W[echsel]w[irkung] wieder abgeschaltet wird*

$$a_{10}\varphi_1(q_a)\varphi_0(q_b) + \sum_n a_{0n}\varphi_0(q_a)\varphi_n(q_b),$$

oder mit Zeitfaktoren (von $t=t_0$ ab)

$$\psi = a_{10}\varphi_1(q_a)\varphi_0(q_b)e^{(E_0+E_1)t_0\cdot\frac{2\pi i}{h}} + \sum a_{0n}e^{(E_0+E_n)(t-t_0)\frac{2\pi i}{h}}\cdot\varphi_0(q_a)\varphi_n(q_b).$$

Dirac fragt nun nach der Wahrscheinlichkeit, daß für $t \geqslant t_0$ nach Abschalten der W[echsel]w[irkung] das Atom 1 im Zustand 0 sei, *unabhängig* davon, in welchem der Zustände n das Atom b sei. Diese Wahrscheinlichkeit ist (*ohne jede Zusatzannahme*) nach den Regeln der Qu[anten]th[eorie] $\sum_n |a_{0n}|^2$. Diese Formel* ist identisch mit Dirac, Emission und Absorption, Gl. 23. Nun enthält die Formel für das Wellenpaket ψ zweifellos noch *mehr* Aussagen, als die über die $|a_{0n}|^2$; erst nach einer Zeit der Ordnung $t-t_0 \sim \frac{h}{\Delta E}$, wo ΔE den Abstand zweier Niveaus n bedeutet, haben sich alle Phasenbeziehungen in ψ *im allgemeinen* verwischt. Trotzdem muß die Aussage über $\sum |a_{0n}|^2$ bereits von $t=t_0$ ab richtig sein, weil sich jedenfalls am Atom a von $t=t_0$ ab gar nichts mehr ändern kann. Ich sehe also überhaupt noch nicht, wo eine Mogelei bei Dirac steckt, jedenfalls seh' ich für irgendeine Phasenmittelung gar keinen Platz in der ganzen Rechnung. (Und Du meinst doch *diese* Formel der Diractheorie, wo über die Resonanznenner integriert wird: $\int |a(W',\gamma')|^2 J dW'$.)

Dabei ist noch zu beachten, daß die Diracsche Linearität der $|a^2|$ in t erst herauskommt, wenn $t \gg \frac{h}{\Delta E}$ ($\Delta E \sim$ Differenz zweier Niveaus der Reihe n). Weil bis dahin noch keine Rückwirkung stattgefunden haben soll, muß die Wechselwirkung $W \ll \Delta E$ sein.

Wie Du siehst, bin ich im Laufe dieses Briefs, im Gegensatz zu dem, was ich im Beginn glaubte, zu dem Resultat gekommen, daß bei Dirac gar keine Mogelei steht. Ich glaub' bis jetzt allerdings erst halb daran, denn irgendwo muß doch mal der Sprung von reversiblen zu irreversiblen Vorgängen gemacht sein. Vielleicht liegt dieser Sprung aber doch wieder nur daran, daß die Wechselwirkung an und ausgeschaltet wird; alle Quanten*statistik* (Ungenauigkeit usw.) kommt ja nur an dieser Stelle herein; wenn ich also nicht doch den Dirac mißverstanden hab', würd' ich sagen, daß die Thermodynamik ohne Zusatzannahme abgeleitet werden kann.

Deine Ableitung des H-Theorems aus der radioaktiven Formel[c] find' ich übrigens sehr schön. *Ich bin immer sehr froh*, wenn Du mir über Deine Arbeiten schreibst, *auch wenn sie noch nicht klar sind;* nur dauert's halt dann auch länger, bis ich versteh', worum sich's handelt.

Für die Weisschen Magnetonenzahlen gibt es außer der trivialen Lösung (Meßfehler, da Sättigung ungenügend) noch die andere, daß die Atome im Gitter nicht alle gleichberechtigt sind, z. B. in zwei Gruppen + · + · + · usw. zerfallen, von

* Sie folgt auch ohne weiteres aus dem „Erhaltungssatz" $|a_{10}|^2 + \sum_n |a_{0n}|^2 = \text{const.}$

denen die eine Beiträge gibt, die andere nicht. Mit solchen Möglichkeiten muß durchaus gerechnet werden[d].

Nun viele Grüße

Dein

W. Heisenberg

[a] Vgl. Pauli [1928]. Dort insbesondere das 2. Kapitel. [b] Vgl. P.A.M. Dirac: The Quantum Theory of the Emission and Absorption of Radiation. Proc. Roy. Soc. A **114**, 243–265 (1927). Eingegangen am 2. Februar 1927. Dort auf S. 258 findet man auch die weiter unten angegebenen Ausdrücke. [c] Vgl. Formel (19) in Pauli [1928]. [d] Diese Bemerkungen beziehen sich auf Heisenbergs Arbeit zum Ferromagnetismus. Vgl. den Kommentar zu [192] und Heisenbergs Beitrag zur Sommerfeldfestschrift: Zur Quantentheorie des Ferromagnetismus. In: Probleme der modernen Physik. Leipzig: S. Hirzel Verlag 1928. S. 114–122.

[201] Pauli an Bohr

Zürich, 16. Juni 1928

Lieber Bohr!

Entschuldige, daß ich Deinen Brief vom 14. 5. erst so spät beantworte. Eben durch unsere Gespräche über die Frage der Einseitigkeit der Zeitrichtung[a] bei meinem letzten Besuch in Kopenhagen veranlaßt, habe ich mir in letzter Zeit einiges überlegt über die Frage, unter welchen Voraussetzungen und in welcher Allgemeinheit vom Standpunkt der neueren Quantenmechanik aus ein „H-Theorem" vom Anwachsen der Entropie abgeleitet werden kann[b]. Ich hatte die Antwort auf Deinen Brief immer wieder hinausgeschoben, weil ich erst darüber zu einiger Klarheit kommen wollte. Jetzt glaube ich, folgende Antwort auf die „H-Theorem"-Frage geben zu können:

1. Man kann das Anwachsen der Entropie allgemein zeigen, das heißt nicht nur für spezielle Systeme (wie das ideale Gas), sondern unabhängig von deren spezieller Beschaffenheit.

2. Eine besondere Annahme über „Ungeordnetheit" ist dabei aber *doch nicht* entbehrlich (entgegen meiner ursprünglichen Hoffnung). Diese dem Stoßzahlenansatz der klassischen Mechanik entsprechende Annahme, läßt sich wellenmechanisch immer so fassen, daß die *Phasen* gewisser Gruppen von Eigenschwingungen unabhängig voneinander sind. Ich will in den nächsten Tagen versuchen, die Sache zusammenzuschreiben und möchte Dir dann eine Kopie senden.

In der Quantenelektrodynamik bin ich gar nicht mehr vorwärts gekommen (Heisenberg übrigens auch nicht). Die Schwierigkeiten von denen ich bei meinem Besuch in Kopenhagen erzählte, scheinen doch von sehr tiefliegender Art zu sein und ich glaube jetzt, daß sie erst durch eine prinzipiell neue Idee umgangen werden können. (War Dirac in Kopenhagen? Was meint er zur jetzigen Situation?)

Ich glaube, ich muß die prinzipiellen Fragen vorläufig ruhen lassen und mich inzwischen mit anderen Problemen beschäftigen. Hat Klein etwas Neues herausgebracht? – Heisenberg hat mir von einer sehr schönen neuen Theorie des Ferromagnetismus geschrieben[c], die er jetzt herausgefunden hat.

Kronig ist dieses Semester hier und läßt Dich auch schön grüßen; er hat eine recht gute Arbeit über Bandenspektren hier geschrieben[d] (die insbesondere eine Theorie der sogenannten „Störungen" der Bandenspektren enthält). Im Herbst wird er doch wohl wieder zu Kramers zurückgehen. Überhaupt gefällt es mir hier in Zürich sehr gut. Herr Scherrer ist nicht nur men[sc]hlich sehr nett, sondern auch ein sehr guter Physiker. Und von Weyl habe ich jetzt schon so viel gelehrte Gruppentheorie gelernt, daß ich die Arbeiten von Wigner und Heitler[e] wirklich verstehen kann. Die Nachfolge Schrödingers ist noch immer nicht entschieden, aber ich habe Hoffnung, daß Wentzel herberufen und auch herkommen wird; das wäre sehr nett für mich[f].

Wenn ich jetzt Deinen Brief nochmals durchlese, denke ich auch an Deinen Artikel[g]. Also ich habe schon lange nicht so gelacht wie bei der Lektüre des komischen Kommentars, den die Redaktion der Nature Deinem Artikel vorangestellt hat! Nachdem in kurzen Sätzen eine überflüssige historische Übersicht über die Entwicklung der Quantentheorie in den letzten Jahren ohne die Erwähnung des Namens von de Broglie gegeben ist, folgt eine undeutliche Umschreibung folgender Stimmung: „Wir englischen Physiker wären schrecklich froh, wenn die im folgenden Artikel vertretenen Ansichten in Zukunft sich als unzutreffend erweisen würden. Da aber Herr Bohr ein netter Mensch ist, wäre eine solche Freude nicht liebenswürdig, und da er ein berühmter Physiker ist und öfter Recht als Unrecht hat, bleibt uns nur eine geringe Chance für die Erfüllung unserer Hoffnungen." – Jedenfalls habe *ich* dieses aus dem Nature-Kommentar herausgelesen, und ich dachte mir: „Sancta simplicitas!" – Es freut mich immer von Dirac zu hören! Herzliche Grüße an Dich sowie auch an Klein, den nicht mehr fünfdimensionalen

von Deinem

W. Pauli

[a] Vgl. hierzu Fußnote *c* von [197]. [b] Pauli [1928]. [c] Vgl. [192]. [d] R. de L. Kronig: Zur Deutung der Bandenspektren II. Z. Phys. **50,** 347 – 362 (1928). Eingegangen am 22. Juni 1928. [e] Vgl. insbesondere die ersten gruppentheoretischen Arbeiten von E. Wigner: Über nicht kombinierende Terme in der neueren Quantentheorie. II. Teil. Z. Phys. **40,** 883 – 892 (1927). Eingegangen am 26. November 1926. – W. Heitler und F. London: Wechselwirkung neutraler Atome und homöopolare Bindung nach der Quantenmechanik. Z. Phys. **44,** 455 – 472 (1927). Eingegangen am 30. Juni 1927. – W. Heitler: Störungsenergie und Austausch beim Mehrkörperproblem. Z. Phys. **46,** 47 – 72 (1927). Eingegangen am 12. Oktober 1927. [f] Wentzel wurde noch im gleichen Jahr zum Ordinarius für theoretische Physik an die Universität Zürich berufen. [g] N. Bohr: The Quantum Postulate and the Recent Development of Atomic Theory. Nature **121,** 580–590 (1928). Paulis Bemerkungen beziehen sich auf einen vorhergehenden Kommentar unter dem Titel: New Problems in Quantum Theory. Vgl. hierzu K. Stolzenburg: Die Entwicklung des Bohrschen Komplementaritätsgedankens in den Jahren 1924 bis 1929. Dissertation Stuttgart 1975, S. 250 ff.

[202] Pauli und Kronig an Shenstone

Zürich, 23. Juni 1928

[Maschinenschrift]

Dear Doctor Shenstone:

We are in receipt of the Report on Spectroscopic Notation[a] and agree in general with its contents, especially with the designation "even and odd terms". Only the suggestion concerning inner quantum numbers meets our disapproval. If in the case of even multiplicities 1, 2, 3 etc. be written instead of the theoretical j-values $\frac{1}{2}, \frac{3}{2}, \frac{5}{2}$ etc., endless confusion will result, since one never will remember if the theoretical values have been increased or diminished by $\frac{1}{2}$. It seems for this reason to be preferable to use $2j+1$ (the number of component levels, into which the term is split by a magnetic field) as a lower index, just as one uses $2s+1$ an upper index instead of s, the result spin.

Sincerely Yours,

Prof. W. Pauli

R. de L. Kronig

[a] Vgl. H. N. Russel, A. G. Shenstone und L. A. Turner: Report on notation for atomic spectra. Phys. Rev. **33**, 900–906 (1929). Signiert 25. Februar 1929. Siehe ebenso den Bericht über die Aufgaben dieses Komitees von Shenstone in einem Brief vom 17. Februar 1964 an T. S. Kuhn (SHQP, MF. 59,3).

[203] Pauli an Bohr

Zürich, 14. Juli 1928

Lieber Bohr!

Anbei schicke ich die versprochene Kopie meiner Abhandlung, die in der Sommerfeld-Festschrift (sie soll Beiträge aller seiner Schüler enthalten und zu seinem Geburtstag im Dezember erscheinen) veröffentlicht werden soll.[a] Ich brauche die Kopie vorläufig nicht wieder und Du k[a]nnst sie gerne behalten. Über den Inhalt der Arbeit will ich noch sagen, daß Du den § 1 von Kap. I, wo spezielle Fälle behandelt werden, zunächst überschlagen kannst und daß der § 2 von Kap. I der wesentliche ist. Als das wichtigste Resultat von Kap. II betrachte ich, daß doch auch in der Wellenmechanik noch eine besondere „Unordnungs“-Annahme zur Begründung des *H*-Theorems erforderlich ist. Dies war mir gar nicht selbstverständlich, ich hatte ursprünglich das Gegenteil gemeint; ich hoffe auf Dein Einverständnis in diesem Punkt. Jedenfalls erwarte ich von Dir bald eine Kritik meiner Arbeit.

Sonst geht es mir ausgezeichnet. Kronig ist jetzt hier, und ich habe von ihm allerlei über Bandenspektren gelernt. Andererseits war es auch für ihn schön, denn er hat von *Henri* hier neues Beobachtungsmaterial erhalten können[b]. Im Herbst will Kronig wieder zu Kramers zurückgehen. Herr Scherrer, der bei uns an d[er] techn[ischen] Hochschule Experimentalphysiker ist, ist wirklich ein ganz ausgezeichneter Physiker und Mensch, und er und ich sind in der kurzen Zeit schon gute Freunde geworden. Von Weyl habe ich ferner viel Gruppentheorie gelernt, so daß ich jetzt die Arbeiten von Wigner sowie von Heitler und London, die auch für die neue Heisenbergsche Theorie des Ferromagnetismus[c] wichtig sind, wirklich verstehen kann; obgleich Weyls Philosophie und Lebensstil nicht gerade mein Geschmack sind.

Nun haben wir hier das Semester beendet und wir können die Ferien antreten. Etwa 12 Tage will ich noch hier bleiben, dann treffe ich meine Schwester[d], etwa Mitte August soll ich Koch, Gordon und andere auf der Insel Neuwerk (an der Mündung der Elbe gelegen) treffen[e]; am 16. September ist Naturforscher-Versammlung in Hamburg[f]. Wenn es Dir Recht wäre, könnte ich vielleicht Anfang September nach Kopenhagen kommen und wieder in dem von Dir in so freundlicher Weise angebotenen Zimmer im Institut wohnen? Wann kommst Du vom Land wieder in die Stadt? (Du weißt auf dem Land gefällt es mir nicht und in Deinem Haus in Tisvilde, das so schrecklich primitiv eingerichtet ist, schon gar nicht!) Über alles Persönliche könnten wir uns dann mündlich unterhalten. Aber dieses muß ich Dir noch schreiben: Ich erinnerte mich an unsere Debatten in Como über Thorwaldsen. Infolgedessen sah ich mir kürzlich in Luzern seinen Löwen an und muß Dir ganz zustimmen. Er hat mir wirklich einen außerordentlich starken Eindruck gemacht, und ich mußte meine Ansichten über Thorwaldsen revidieren![g]

Es fällt mir eben noch ein: wir sprachen einmal über die Möglichkeit, daß Du zu Sommerfelds 60. Geburtstag einen kurzen Artikel in die Naturwissenschaften über seine Bedeutung für die Atombau- und Quantentheorie schreiben könntest. Wie denkst Du darüber?[h] –

Wie geht es Klein? Bringt er jetzt etwas Gescheites zustande? – Viele herzliche Grüße von

Deinem treuen

W. PAULI

Empfehlungen an Deine Frau.

[a] Pauli [1928]. Der vorliegende Brief stimmt inhaltlich zum großen Teil mit Paulis letztem Brief [201] an Bohr überein! Vgl. deshalb auch die dort angeführten Fußnoten. [b] Victor Henri, von 1920 bis 1930 Professor für physikalische Chemie in Zürich, ist besonders durch seine Untersuchungen zur Molekülstruktur bekannt geworden. (Vgl. seine in Buchform herausgegebene Sammlung von Vorträgen: Structure des Molécules, Paris; J. Hermann 1925. – Vgl. auch die neuere bei Kronig (in *d*) von [201] zitierte Literatur. [c] Vgl. hierzu auch den Kommentar zu [192]. [d] Paulis einzige und jüngere Schwester Hertha (verheiratet Mrs. Ashton) begann ihre Laufbahn als Schauspielerin und wurde später Schriftstellerin. Als Pazifistin verließ sie zur Zeit des Nationalsozialismus Österreich und wirkte in den USA als Jugendschriftstellerin. [e] Vgl. den Bericht von P. Jordan über diese Ebbewanderung, die von Peter Paul Koch als „zweidimensionaler Alpinismus" bezeichnet wurde. In: P. Jordan: Begegnungen. Oldenburg: Gerhard Stalling Verlag 1971. Dort S. 61 ff. [f] Die 90. Versammlung der Gesellschaft Deutscher Naturforscher und Ärzte in Hamburg vom 16. bis 22. September 1928. Vgl. die Mitteilung der Gesellschaft Deutscher Naturforscher und Ärzte. 5. Jahrgang, August 1928, Nr. 2, 3, 4, 5. [g] Diese Löwenstatue in Luzern gehört zu einem der bekanntesten Werke des neoklassizistischen dänischen Bildhauers Bertel Thorwaldsen (1768–1844). [h] Vgl. N. Bohr: Sommerfeld und die Atomtheorie. Naturwiss. **16,** 1036 (1928).

[204] Heisenberg an Pauli

Leipzig, 31. Juli 1928

Lieber Pauli!

Deine Arbeit[a] hab' ich studiert und bin mit allem sehr einverstanden. Bei dem Wahrscheinlichkeitsansatz

$$\frac{1}{k}S = \sum_n W_n(\log G_n - \log W_n)$$

mußte ich erst etwas nachdenken, bis ich ihn verstand, vielleicht erläuterst Du ihn noch etwas (oder ist dieser Ansatz allgemein bekannt?). An einer Stelle würde ich den Sachverhalt anders darstellen, aber über diesen Punkt war ich auch mit Bohr nie ganz einig (er ist übrigens nicht sehr wesentlich). Auf S. 16 unten schreibst Du: „So entspricht der Begriff des station[ären] Zustandes dem Grenzfall des abgeschlossenen Systems. *Da dessen Energie E als vollkommen bestimmt angesehen werden muß*, ..." Ich halte diese Darstellung für schief, weil die Abgeschlossenheit eines Systems mit der Frage, welche Größen bestimmt und welche unbestimmt sind, m. E. *nicht das geringste* zu tun hat[b]. Man könnte genau so schließen: „Da der Ort des Elektrons zur Zeit $t = t_0$ als vollkommen bestimmt angesehen werden muß, ..." und kommt dann zum entgegengesetzten Resultat. Auch der Begriff „stationärer Zustand" ist nach meiner Ansicht *wesentlich an Beobachtungen geknüpft*[c], nicht an abgeschlossene Systeme, denn solange nicht beobachtet wird, hat das Wort „stationär" gar keinen Sinn. Du machst hier, soviel ich sehe, einen ähnlichen Schluß wie Neumann in der von Dir so beschimpften Arbeit, in dem Du das Wort „stationär" anwendest auf Dinge, in denen die Zeit garnicht physikalisch vorkommt, nämlich auf abgeschlossene Systeme[d]. Also es scheint mir sehr willkürlich, die allgemeinen (nicht period[ischen]) Lösungen der Wellengl[eichung] erst zuzulassen, wenn gemessen wird, die period[ischen] aber schon vorher. Der Satz: „ein abgeschloss[enes] System befindet sich stets in einem stationären Zustand" ist doch sicher ebenso richtig und ebenso falsch wie der andere: „in einem abgeschloss[enen] System befindet sich das Elektron z. Z. $t=t_0$ an einer bestimmten Stelle". – – Sonst find' ich aber Deine Arbeit sehr schön.

Für die Sommerfeldfestschrift hab' ich noch eine zweite Arbeit über Ferromagnetismus geschrieben[e], in der die Wechselwirkung mehrerer Valenzelektronen pro Atom behandelt wird. Ein sehr unerfreulicher Schwindel scheint mir nach wie vor die Gaußverteilung, aber ich bin mathematisch in der Auswertung von $\sum_l e^{\frac{E_l}{kT}}$ nicht weitergekommen; wenn Weyl dieses Problem versuchen wollte, wär' ich sehr froh[f], ich hab's ganz aufgegeben. Wichtig scheint mir die ganze Frage wegen der Ähnlichkeit meines Modells mit dem von Ising[g]. Nach meiner jetzigen Ansicht müßte auch Ising Ferromagnetismus bekommen haben, wenn er hinreichend viele Nachbarn (etwa $z \geqslant 8$) angenommen hätte. Nach der Argumentation, die Ising für das räumliche Modell publiziert hat, scheint es mir überhaupt, als ob er seine Arbeit gar nicht verstanden hätte. Solange man nicht zum limes $n \to \infty$ übergeht, ist es nämlich trivial, daß für $H=0$ auch $J=0$ wird und zwar wird bei Parallelstellung aller Magnete *natürlich* J prop*[*ortional*] $\mathfrak{Tg}(n\alpha)$. Bei der Isingschen linearen Kette tritt Parallelstellung aller Spinvektoren ein, wenn $e^{-\frac{2\varepsilon}{kT}} \sim \frac{1}{n}$, also wenn $T=\theta \sim \frac{2\varepsilon}{k \lg n}$ wird; der Curiepunkt θ ist also sozusagen von n abhängig und geht mit wachsendem n gegen Null. Für das wilde räumliche Modell von Ising wäre aber $\theta \sim \frac{2\varepsilon \cdot n^{\frac{2}{3}}}{k \lg n}$, θ würde mit wachsendem n gegen unendlich gehen, d. h. es wäre immer Parallelstellung aller Magnete vorhanden. Daß Ising dieses Modell als Argument gegen den Ferromagnetismus auffaßt, scheint mir also ein Zeichen dafür, daß er seine eigene Arbeit nicht entfernt verstanden hat. Was meinst Du dazu?[h]

Das traurigste Kapitel der modernen Physik ist aber nach wie vor die Diracsche Theorie[i]; ich hab' nicht viel dran arbeiten können und bin auch in der Frage des Massenverhältnisses nicht weitergekommen. Nur hab' ich mir einige Schwierigkeiten bei Dirac genauer überlegt.

1. Die Matrixelemente, die dem Übergang $+mc^2 \to -mc^2$ entsprechen, sind in der Ortskoordinate von der Ordnung $a_0 \cdot \alpha$ (a_0 = Wasserstoffradius, α = Feinstrukturkonst[ante]), in der Geschwindigkeitskoordinate von der Ordnung c^2, in der Beschleunigung $\frac{mc^3}{h}$. Die spontanen Strahlungsübergänge $+mc^2 \to -mc^2$ sind also *viel häufiger* als irgendwelche anderen spontanen Übergänge.

* Man wendet eben auf den Magnetstab als Ganzen die Langevinsche Theorie an!

2. Für Stoßprozesse sind die Übergangswahrsch[einlichkeiten] tatsächlich von der Ordnung α^4.

3. Man wende die Diracsche „theory of dispersion“[j] auf sein Magnetelektron an; dann fällt seine „wahre Dispersion“ ganz fort. Also muß auch die Thomsonsche Streuung des freien Elektrons in dem zweiten Teil der Streuformel (Absorption und Reemission)

$$P_r = E\frac{e^2}{h4\pi^2}\cdot\frac{1}{v_s^2}\left|\sum_{J''}\frac{\dot{x}_r(J'J'')\dot{x}_s(J''J')}{v(J''J')-v_s}+\frac{\dot{x}_s(J'J'')\dot{x}_r(J''J')}{v(J''J')+v_s}\right|$$

enthalten sein. In der früheren Theorie wäre dies unmöglich, weil das freie Elektron keine Absorptionslinien hat; hier aber hat es die Absorptionsfrequenz $\frac{2mc^2}{h}$, die dem berüchtigten Übergang $mc^2 \to -mc^2$ entspricht. Da nur dieses eine $v(J'J'')$ vorkommt und außerdem v_s hiergegen vernachlässigt werden kann (Gültigkeitsbereich der Diracschen Dispersionstheorie), so folgt

$$P_r = E\frac{e^2}{4\pi^2 h}\cdot\frac{1}{v_s^2}\left|\sum_{J''}\frac{\dot{x}_r(J'J'')\dot{x}_s(J''J')+\dot{x}_s(J'J'')\dot{x}_r(J''J')}{2mc^2/h}\right|;$$

ferner ist

$$x_r = x\cos\alpha_{xr} + y\sin\alpha_{yr} + z\cos\alpha_{zr};$$

außerdem

$$\dot{x} = \frac{\partial H}{\partial p_x} = \alpha_x\cdot c \quad (\alpha_x = \text{Diracsche Matrizen});$$

also

$$\dot{x}_r\dot{x}_s + \dot{x}_s\dot{x}_r = 2c^2\cdot(\cos\alpha_{xr}\cos\alpha_{xs} + \cos\alpha_{yr}\cos\alpha_{ys} + \cos\alpha_{zr}\cos\alpha_{zs}) = 2c^2\cos\alpha_{rs}$$

wegen der Vertauschungsrelationen der α_x von Dirac; also schließlich

$$P_r = E\frac{e^2}{h}\frac{1}{4\pi^2 v_s^2}\left|\frac{2c^2}{2mc^2/h}\cos\alpha_{rs}\right| = E\frac{e^2\cos\alpha_{rs}}{4\pi^2 m v_s^2},$$

d. h. die Thomsonsche Formel. Es ist doch sehr amüsant, daß diese Formel gerade erst auf Grund der verrückten Übergänge herauskommt.

Also sonst ist mir nichts Gescheit's eingefallen, hoffentlich geht's nach den Ferien besser; Jordan soll über dem Magnetelektron trübsinnig geworden sein[k], erzählte Gordon in Kiel. Man kann's eigentlich verstehen.

Also unabhängig davon aber recht schöne Ferien! Von morgen ab bin ich in München (Hohenzollernstr[aße] 110) zu erreichen; später ab Mitte August überhaupt nicht, dann wieder in Mü[nchen].

Viele Grüße

Dein

W. Heisenberg

[a] Pauli [1928]. Vgl. dort die weiter unten im Briefe besprochenen Punkte. [b] Im Manuskript setzte Pauli hier ein Fragezeichen! [c] Pauli macht hier die Anmerkung: „Ist jeder phys[ikalische] Begriff." [d] „Eingriffe schwach" vermerkte Pauli. [e] W. Heisenberg: Zur Quantentheorie des Ferromagnetismus. In: Probleme der modernen Physik. Leipzig: S. Hirzel Verlag 1928. S. 114–122. [f] Vgl. H. Weyl: The problem of symmetry in quantum mechanics. J. Franklin Inst. **207,** 509–518 (1929). [g] E. Ising: Beitrag zur Theorie des Ferromagnetismus. Z. Phys. **31,** 253–258 (1925). Eingegangen am 9. Dezember 1924. [h] Über das Interesse am Ising-Modell vgl.: S. G. Brush: History of the Lenz-Ising Model. Rev. Mod. Phys. **39,** 883–893 (1967). [i] Dirac hatte vor kurzem auf der Leipziger Universitätswoche vom 18. bis 23. Juni 1928 einen Vortrag „Über die Quantentheorie des Elektrons" gehalten. Eine deutsche Übersetzung dieses Vortrages wurde in der von S. Hirzel verlegten Reihe der Leipziger Vorträge 1928 aufgenommen. (Vgl. auch die Veröffentlichung dieses Vortrages in Physik. Z. **29,** 561–563 (1928) und die Berichtigung dort auf S. 712.) In einer Fußnote wird dort auf eine private Diskussion zwischen Dirac und Heisenberg hingewiesen. [j] P.A.M. Dirac: The Quantum Theory of Dispersion. Proc. Roy. Soc. A **114,** 710–728 (1927). Eingegangen am 4. April 1927. Dort wird auch auf S. 723 die weiter unten angegebene Streuformel hergeleitet. [k] Im letzten Paragraphen seines Artikels: „Die Lichtquantenhypothese, Entwicklung und gegenwärtiger Stand" in den Ergebnissen der exakten Naturwissenschaften, Band 4 (1928), äußert sich Jordan über den „Relativistischen Ausbau der Theorie" unter Bezugnahme auf Heisenbergs und Paulis unveröffentlichte Überlegungen. (Vgl. dazu Paulis Kritik in seiner Besprechung dieses Aufsatzes in Naturwiss. **17,** 257–259 (1929).)

[205] Bohr an Pauli

Tisvilde, 7. August 1928

[Entwurf zu einem Brief]

Kære Pauli,

Netop hjemkommen fra en dejlig Sejltur med Bjerrum i den svenske og norske Skærgaard finder jeg Dit rare og inholdrige Brev og den yderst lærerige Afhandling. Jeg glæder mig til at studere den i alle Enkeltheder og diskutere den med Dig; i Dag skriver jeg imidlertid blot disse Linier i Hast for at sige hvor uhyre velkommen Du skal være i København i September. Gæsteværelserne paa Instituttet staar parat og jeg glæder mig allerede til at diskutere, ikke alene Din Afhandling og andre beslægtede fysiske Spørgsmaal som jeg har tænkt en Del over i den sidste Tid, men ogsaa allehaande andre Emner af mere eller mindre filosofisk Art. Vi kan da ogsaa tale om Spørgsmaalet Sommerfelds 60 Aarsfødselsdag; det vil jo være mig en stor Glæde at kunne bidrage til at hylde ham.

Jeg haaber at disse Linier bliver sendt videre til Dig i Neumark og at Du faar en rar Ferie der sammen med Hamburgerne. Vil Du hilse alle fra mig. Send mig et Par Linier naar disse naar Dig og modtag mange venlige Hilsner paa snarligt Gensyn

Din

NIELS BOHR

Übersetzung von [205]

Lieber Pauli!

Gerade heimgekommen von einer herrlichen Segeltour mit Bjerrum[a] im schwedischen und norwegischen Schärengürtel, finde ich Deinen schönen und inhaltsreichen Brief und die äußerst lehrreiche Abhandlung[b]. Ich freue mich darauf, sie in allen Einzelheiten zu studieren und mit Dir zu diskutieren; heute schreibe ich indessen bloß in Eile diese Zeilen um zu sagen, wie ungeheuer willkommen Du in Kopenhagen im September sein wirst. Die Gästezimmer im Institut stehen bereit, und ich freue mich schon darauf, nicht nur Deine Abhandlung und andere verwandte physikalische Fragen zu diskutieren, über die ich ziemlich viel in der letzten Zeit nachgedacht habe, sondern auch allerlei andere Themen von mehr oder weniger philosophischer Art. Wir können dann auch über die Frage von Sommerfelds 60. Geburtstag sprechen[c]. Es wäre mir eine große Freude, beitragen zu können, ihn zu feiern.

Ich hoffe, daß Dir diese Zeilen nach Neuwerk nachgeschickt werden und daß Du schöne Ferien zusammen mit den Hamburgern hast[d]. Grüße bitte alle von mir. Schicke mir ein paar Zeilen, wenn Dich diese erreichen und empfange viele freundliche Grüße bis auf baldiges Wiedersehen

Dein

NIELS BOHR

[a] Niels Bjerrum war Professor für Physikalische Chemie an der Universität Kopenhagen. Zusammen mit dem dänischen Arzt Ole Chievitz gehörte er zu den engsten Freunden von Niels Bohr und zu der ständigen Besatzung bei den Segelfahrten. Vgl. den Brief [222] und die Schilderung Heisenbergs, der auch an solchen Segeltouren teilnahm (Der Teil und das Ganze. München: R. Piper & Co. 1969, S. 150 ff.). [b] Pauli [1928]. [c] Vgl. Fußnote *h* zu Paulis Brief [203]. [d] Vgl. Fußnote *e* von [203].

[206] Pauli an Bohr

Zürich, zwischen der Sommerreise ins Gebirge und der an die See

10. August [1928]

[Zwei Postkarten]

Lieber Bohr!

Soeben las ich mit Interesse die Note von Holtsmark in den Naturwissenschaften[a], die von einem Deiner Lieblingssteckenpferde handelt[b]. Vielleicht ist sogar alles richtig, aber fü[r] den Leser ist die Note sehr unbequem geschrieben (eingedenk Deiner Ansichten über Relativität im Leben muß ich hier zugeben, daß die Bequemlichkeit des Lesers kein absoluter pädagogischer Wert ist und daß es sogar pädagogisch sein kann, wenn er eine Sache nicht allzu schnell versteht; jedenfalls hilft aber bei mir diese Art Pädagogik nichts, denn ich bin einfach zu faul, solange über die Sache zu grübeln, bis ich alles verstanden habe), weil die Voraussetzungen unter denen die zitierten und wesentlich benutzten Formeln gelten, nicht klar angegeben sind. Es mußte über die potentielle Energie $V(r)$ des Atomfeldes seinerzeit angenommen werden, daß sie außerhalb einer gewissen Kugel R_0 *exakt* verschwindet. Dies scheint mir sehr störend, wenn $V(r)$ allmählich zu Null abnimmt, muß es doch genauso gehen! Bei der bekannten Unehrlichkeit vieler Publikationen aus Deinem Institut wird dieser Umstand wieder verschwiegen.

In der Einleitung erblicke ich übrigens nur einen vergeblichen Versuch (der mit Physik nichts zu tun hat), beim Leser das Zugeständnis hervorzulocken, daß Du (bzw. Deine Schüler) gegenüber Ehrenfest sehr höflich bist[c]. In Wirkli[ch]keit bist Du aber zu niemandem (Fortsetzung II)[d] [höflich;] (dies ist mir an Dir immer besonders sympathisch gewesen; unsympathisch ist mir nur, daß Du es nicht zugeben willst.) Die bei Ehrenfest (und Fermi) benützte, auf Born zurückgehende Approximationsmethode[e] ist nämlich gar nicht vergleichbar mit der von Holtsmark benützten und in Wirklichkeit für langsame Geschwindigkeiten des Elektrons ganz ungeeignet.

Gerne würde ich mir aber die Rechnung für beliebige $V(r)$ von Dir persönlich im Zusammenhang vorführen lassen, denn ich habe doch den Eindruck, daß der Grundgedanke zur Erklärung des Ramsauer-Effektes sehr wohl zutreffend sein könnte. Diese Vorführung würde sehr erleichtert, wenn ich Dich Anfang September in Kopenhagen besuchen könnte. Bitte sei so gut und schreib mir kurz nach *Neuwerk* (*Insel bei Cuxhaven*), Hotel Meereswoge, Deutschland, wo ich vom 15. August bis etwa 24. August bin[f], was Du darüber denkst, auch wann Du Dein entsetzliches Landhaus verläßt. Ich bin gar nicht böse, wenn es nicht gehen sollte, aber ich bin böse, wenn Du überhaupt nicht schreibst. Meinen letzten Brief hast Du hoffentlich bekommen. Wenn Du aber keine Lust hast, meine Arbeit über das H-Theorem[g] zu lesen, dann laß es nur ruhig bleiben!

Wie geht es Klein? Ich würde mich gerne mit ihm über die letzte Arbeit von Einstein in den Berliner Berichten[h] unterhalten, die von Elektrizität und Gravitation handelt; es sind Berührungspunkte mit den Diracschen Gleichung[en] vorhanden.

Viele Grüße von Deinem

W. Pauli

[a] J. Holtsmark: Zur Theorie des Ramsauereffektes. Naturwiss. **16,** 614–615 (1928). Signiert Kopenhagen 3. Juli 1928. [b] Vgl. Fußnote *g* zu [166]. [c] Die oben unter *a* angeführte Note von Holtsmark wurde durch eine „Bemerkung zur wellenmechanischen Deutung des limitären Ramsauer-Effektes" von P. Ehrenfest und A. J. Rutgers in Naturwiss. **16,** 184 (1928) angeregt. [d] Hier beginnt die zweite Postkarte! [e] Vgl. E. Fermi: Zur Wellenmechanik des Stoßvorganges. Z. Phys. **40,** 399–401 (1927). Eingegangen am 23. Oktober 1926. – M. Born: Zur Quantenmechanik der Stoßvorgänge. (Vorläufige Mitteilung). Z. Phys. **37,** 863–867 (1926). Eingegangen am 25. Juni 1926. – Quantenmechanik der Stoßvorgänge. Z. Phys. **38,** 803–827 (1926). Eingegangen am 21. Juli 1926. [f] Vgl. Fußnote *e* von [203]. [g] Pauli [1928]. [h] A. Einstein: Neue Möglichkeit für eine einheitliche Feldtheorie von Gravitation und Elektrizität. Sitzungsberichte der Preußischen Akademie der Wissenschaften 1928. Physikalisch-Mathematische Klasse. S. 224–227. Vorgelegt am 14. Juni, ausgegeben am 10. Juli 1928.

[207] Bohr an Pauli

Tisvilde, 14. August 1928

[Entwurf zu einem Brief in der Handschrift von Margrethe Bohr]

Kære Pauli!

Jeg haaber, at Du har faaet det Brev, som jeg skrev forleden men efter Modtagelsen af Kortene fra Zürich der vidner om Dit gode Feriehumør skynder jeg mig alligevel med at gentage at jeg glæder mig saa meget til Dit Besøg i København. Jeg længes efter at snakke med Dig om alt muligt og haaber at lære en Masse. Du er velkommen til at bo paa Institutet saa snart det passer Dig. Vi bo[r] for Tiden i det foragtede Tisvilde men reiser [rejser] ind til København om en Uges Tid. Med Fysiken vil jeg helst vente til Du kommer Du finder jo dog alt skriftligt fra mig „falskt" selv vil jeg hellere sige „ensidigt".

Din komplementært hengivne

Niels Bohr

Übersetzung von [207]

Lieber Pauli!

Ich hoffe, daß Du den Brief bekommen hast, den ich neulich schrieb, aber nach Empfang der Karten aus Zürich, die Deine gute Ferienlaune bezeugen, beeile ich mich trotzdem zu wiederholen, daß ich mich so sehr auf Deinen Besuch in Kopenhagen freue. Ich sehne mich danach, mit Dir über alles Mögliche zu sprechen und hoffe, eine Menge zu lernen. Du bist willkommen, im Institut zu wohnen, sobald es Dir paßt. Wir wohnen zur Zeit im verachteten Tisvilde, aber reisen in einer Woche nach Kopenhagen. Mit der Physik will ich am liebsten warten bis Du kommst. Du findest ja doch alles Schriftliche von mir „falsch", ich selbst möchte lieber sagen „einseitig".

Dein komplementär ergebener

Niels Bohr

[208] Pauli an Ehrenfest

Kopenhagen, 16. September 1928

Lieber Herr Ehrenfest!

Wie Sie von Herrn Coster wohl schon gehört haben, komme ich in der letzten Woche des September nach Holland und würde mich sehr freuen, Sie in Leiden zu treffen. Sie hätten dann wieder Gelegenheit, meine Fürchterlichkeit aus der Nähe zu kontrollieren. Nun würde ich gerne meine letzte Arbeit über [da]s „*H*-Theorem"[a] mit Ihnen in Holland näher besprechen, und es schien mir besser, Ihnen vorher eine Abschrift meiner Abhandlung zu schicken, als Sie plötzlich mit einem Vortrag über dieses Thema zu überfallen. Denn in ersterem Falle werden Sie dann voraussichtlich Ihre „Schulmeister-Einwände" (auf die ich schon sehr neugierig bin) bereits parat haben, wenn ich komme[b].

Eine etwaige schriftliche Antwort ist zwecklos, weil sie mich nicht mehr hier erreichen würde. Von Groningen aus würde ich Ihnen, wenn es ge[ht], meine genaue Ankunftszeit in Leiden noch mitteilen.

Herzliche Grüße, auch von Bohr,

Die „Geissel Gottes"

[a] Vgl. Paulis Beitrag [1928] zur Sommerfeldfestschrift. [b] Vgl. hierzu auch P. u. T. Ehrenfest: Über zwei bekannte Einwände gegen das Boltzmannsche *H*-Theorem. Physik. Z. **8**, 311–314 (1907).

Die gruppentheoretischen Methoden hatten nach ersten Vorarbeiten von Weyl vorwiegend durch die Arbeiten von Wigner[1] Ende 1926 ihren Eingang in die Quantenmechanik gefunden. In der Folge wurde damit eine große Fülle von Untersuchungen ausgelöst, die wegen ihres zunehmend mathematischen Charakters auf vielfachen Widerstand der Physiker stießen und als „Gruppenpest" bezeichnet wurden[2]. Die Abneigung gegen die Gruppentheorie ging so weit, daß einige Autoren sich entschlossen, alle Ergebnisse auch ohne dieses Werkzeug herzuleiten[3].

[1] E. P. Wigner: Über nichtkombinierende Terme in der neueren Quantentheorie. Erster Teil: Z. Phys. **40,** 492 – 500 (1927). Zweiter Teil: Z. Phys. **40,** 883 – 892 (1927). Eingegangen am 12. und 26. November 1926.
[2] Vgl. die Darstellung bei J. C. Slater: Solid-State and Molecular Theory: A scientific Biography. New York: John Wiley & Sons. 1975, S. 60 ff.
[3] Vgl. z. B. E. U. Condon und G. H. Shortley: The Theory of Atomic Spectra. Cambridge University Press 1935, insbesondere S. 10 – 11.

[209] Ehrenfest an Pauli

Leiden, 22. September 1928

[wahrscheinlich maschinenschriftlicher Durchschlag]

Lieber Pauli!

Es tut mir leid, daß Sie nicht schon Montag, am Versöhnung[st]ag kommen. Wäre doch sicherer! Ab[er] wenn Sie schon unbedingt nur erst Dienstag kommen können, dann kommen Sie schon unbedingt am Dienstag!!! Und zwar wirklich Dienstag Mittag. Denn ich warte mit großer Ungeduld auf Sie. Ich möchte Sie bitten bei uns zu wohnen. Da aber das Essen in unserem Haus ziemlich arg schlecht ist, so möchte ich Ihnen raten, wenigstens das 6 Uhr Essen lieber im Restaurant zu nehmen. Aber wenn Sie Mut haben, können Sie auch bei uns essen!!!

Ich danke Ihnen sehr für das *H*-Theorem Manuskript[a]. Ich werde Ihnen darüber, wie es scheint, nur ein paar kleine Fragen vorlegen. Hingegen habe ich Ihnen ein dickes Bündel Fragen über die schrecklich vielen neuen „Gruppenpest-Arbeiten" vorzulegen, von denen ich keine einzige auch nur über die ersten Blattseiten hinaus kapieren kann, obwohl ich mich sehr darum plage. Ich hoffe sehr, daß, wenn ich Ihnen nur zeigen darf, wo ich überall stecken bleibe (leider auch in den Arbeiten von Heisenberg über Helium und Lithium[b] und in der Arbeit von Hund über die Symmetrien[c] bin ich hoffnungslos stecken geblieben), so werden Sie mir sicher mein Gehirn „einrenken" können. Wahrscheinlich bin ich fast überall nur durch Mißverstehen irgendwelcher Begriffe oder Aussagen hängen geblieben.

Eine große Hilfe wird es schon für mich sein, wenn Sie mir von den verschiedenen Arbeitengruppen kurz sagen wollten, was die Problemstellung und was die (eventuell nur behaupteten) Resultate sind[d].

[a] Pauli [1926]. [b] W. Heisenberg: Über die Spektren von Atomsystemen mit zwei Elektronen. Z. Phys. **39,** 499 – 518 (1926). Eingegangen am 24. Juli 1926. [c] F. Hund: Symmetriecharakter von Termen bei Systemen mit gleichen Partikeln in der Quantenmechanik. Z. Phys. **43,** 788 – 804 (1927). Eingegangen am 27. Mai 1927. [d] Hier endet das Schriftstück. Es ist uns nicht bekannt, ob es sich bei der Vorlage um eine Abschrift oder einen maschinenschriftlichen Durchschlag vom Original handelt.

[210] Ehrenfest an Pauli

[Leiden], 26. September 1928

[Maschinenschrift]

Beim Aufwachen!

Sanct Pauli!

Was Separierbarkeit?! Nix Separierbarkeit!!! Die Operatorfunktion M, die die Wechselwirkung zwischen dem Spin der beiden Heliumelektronen darstellt, enthält doch außer dem Skalarprodukt des Spins der beiden Elektronen auch noch den ABSTAND der beiden Elektronen. Also das M ist geradeso antiseparatistisch gestimmt wie das U[a].

Sie Pauli! Schlafen können Sie, so lange Sie wollen! Aber aus Leiden kommen Sie nicht heraus, bevor Sie das Heliumexamen wenigstens auf „genügend" absolviert haben. Wir tun hier nix an Höflichkeiten!

So! So!

Mit dem Ausdruck vorzüglicher Hochachtung Ihre geschätzte Rückäußerung abwartend, Ihr sehr ergebener

Schulmeister

(Der sich stets sehr gerne helfen läßt, dem aber selten einer helfen *kann*!)[b]

[a] Vgl. hierzu die unter *b* oben zitierte Arbeit von Heisenberg. [b] Dieser letzte Satz ist ebenso wie die Überschrift „Beim Aufwachen" von Hand geschrieben. Auf der Rückseite des Blattes stehen die Formeln:

$$L\frac{di}{dt} = E \sin pt: \quad i = J \cos pt; \quad -p\delta J = E.$$

J. Robert Oppenheimer, vier Jahre jünger als Pauli, hatte 1925 seinen bachelor's degree in Harvard mit summa cum laude bestanden. Anschließend ging er wie viele amerikanische Studenten in jener Zeit nach Europa. Nach einem kürzeren Aufenthalt in Cambridge folgte er einer Einladung von Max Born, der durch seine Vortragsreise 1925/1926 in Amerika bekannt geworden war und dort viele Anhänger für die neue Quantenmechanik geworben hatte. In kurzen Abständen erfolgten während dieser Zeit Oppenheimers erste Veröffentlichungen und Ende 1926 schon konnte er seine Dissertationsarbeit vorlegen[1]. Aus dieser gemeinsamen Zusammenarbeit mit Max Born entstand während der Göttinger Zeit auch die grundlegende Abhandlung zur Quantentheorie der Moleküle, die als Born-Oppenheimer-Methode bekannt ist[2].

Oppenheimer war durch seine überlegene Intelligenz und seine Ungeduld ein schwieriger Schüler, wie auch Max Born in seiner Autobiographie bemerkt[3]. Dieses bekamen auch Ehrenfest und Pauli zu spüren (vgl. hierzu den Brief [215]!).

Nachdem Oppenheimer für kürzere Dauer in die USA zurückgekehrt war, kam er Ende 1928 erneut als Fellow of the International Education Board nach Europa, zuerst zu Ehrenfest nach Leiden (siehe den folgenden Brief [211]) und dann auf dessen Vermittlung Anfang 1929 zu Pauli nach Zürich. Hier in Zürich bei Pauli konnte Oppenheimer nun endgültig seinem starken Interesse an den Grundfragen der theoretischen Physik nachgehen. Das schon in seiner Dissertation angegangene Problem der Strahlungseffekte wurde jetzt mit den Arbeiten von Heisenberg und Pauli zur Quantenfeldtheorie in Zusammenhang gebracht[4]. Diesem Problemkreis gehörten dann auch seine folgenden Untersuchungen an, als nach seiner Rückkehr in die Vereinigten Staaten Berkeley zu einem wichtigen Zentrum der theoretischen Physik wurde.

Hier konnte er zeigen, daß die Pauli-Heisenbergsche Quantenfeldtheorie wegen der Selbstenergie, die durch die Wechselwirkung eines geladenen Teilchens mit seinem Felde zustande kommt, nicht für die Fragen der Kernstruktur angewendet werden kann[5]. Seine Auseinandersetzung mit der Diracschen „Löchertheorie" führte zur Idee der besetzten Zustände des sog. „Dirac-Sees"[6]. Während eines späteren Besuches von Ehrenfest in den USA entstand eine Untersuchung zur Kernstatistik[7], in der beide Autoren zeigten, daß die Elektronen entgegen der damals vorherrschenden Auffassung unmöglich Bestandteil der Kerne sein können. Diese Arbeit war auch von großer Bedeutung für Paulis spätere Neutrinohypothese[8].

[1] J. R. Oppenheimer: Zur Quantentheorie kontinuierlicher Spektren. [Gekürzte Göttinger Dissertation.] Z. Phys. **41,** 268–293 (1927). Eingegangen am 24. Dezember 1926.

[2] M. Born und J. R. Oppenheimer: Zur Quantentheorie der Molekeln. Ann. Phys. (4) **84,** 457–484 (1927). Eingegangen am 25. August 1927.

[3] Weitere Einzelheiten findet man in dem schon mehrfach zitierten Werk von M. Born: Mein Leben. München 1927. S. 310ff.

[4] J. R. Oppenheimer: Über die Strahlung der freien Elektronen im Coulombfeld. Z. Phys. **55,** 725–737 (1929). Eingegangen am 6. Mai 1929. – Note on the Theory of the Interaction of Field and Matter. Phys. Rev. **35,** 461–477 (1930). Eingegangen am 12. November 1929. Diese letztere Arbeit sollte eigentlich als Teil der zweiten Untersuchung zur Theorie der quantisierten Felder (1930) von Heisenberg und Pauli erscheinen (vgl. [231], Fußnote *f* und [231], Fußnote *c*).

[5] J. R. Oppenheimer: Note on the Theory of the Interaction of Field and Matter. Phys. Rev. **35,** 461–477 (1930). Eingegangen am 12. November 1929.

[6] J. R. Oppenheimer: On the Theory of Electrons and Protons. Phys. Rev. **35,** 562–563 (1930). Eingegangen am 17. Februar 1930.

[7] P. Ehrenfest and J. R. Oppenheimer: Note on the Statistics of Nuclei, Phys. Rev. **37,** 333–338 (1931). Eingegangen am 23. Dezember 1930.

[8] Vgl. z. B. C. S. Wu and S. A. Moszkowski: Beta Decay. New York: Interscience 1966.

[211] Ehrenfest an Pauli

Leiden, 26. November 1928

[Maschinenschriftliche Durchschrift, unvollständig]

Lieber Pauli!

Ziehen Sie nicht die Augenbrauen hoch, Sie wissen ja noch gar nicht was ich sagen will! Ich will ja gar nicht über Physik mit Ihnen reden, sondern nur über einen Physiker (allerdings einen guten) nämlich Oppenheimer. Der arme Teufel sitzt nämlich seit etwa anderthalb Monaten bei uns in Leiden i[m] Regen, Regen unter grauem Himmel, und was ärger ist, unter dem Druck meiner Schulmeisterlichkeit.

Er hat stets sehr witzige Ideen und gibt auch unseren Diskussionen in unserem kleine[n] Kreis fast immer eine besonders interessante Wendung. Aber dann beginnt natürlich die große Misere, daß ich, wie Sie wissen, nichts kapieren kann, was sich nicht „veranschaulichen" läßt. Und obwohl er sich dann mit unerschütterlicher Ruhe und Liebenswürdigkeit bemüht, meinen Wünschen entgegenzukommen, läuft dann doch schließlich alles darauf hinaus, daß (abgesehen von einigen gelegentlichen kleinen kritischen Dingen, wo ich zufällig recht habe) ich ihn viel mehr störe als ich helfe. Er denkt nicht daran sich zu beklagen. Aber mich selber bedrückt dieses Verhältnis scheußlich. Umsomehr als ich wirklich überzeugt bin, daß Oppenheimer zur vollen Entwicklung seiner (großen) wissenschaftlichen Begabung noch RECHTZEITIG a bisserl (!) LIEBEVOLL zurechtgeprügelt werden sollte. Aber im Gegensatz zu manchem anderen Jüngling VERDIENT er diesen Liebesdienst durchaus, denn er ist als Persönlichkeit ein ganz SELTEN lieber und feiner Kerl! (Von Dirac weiß ich, daß er kaum jemanden so wirklich liebt wie seinen Freund Oppenheimer und das besagt was.)*

Aber es gibt in rebus physicis nur EINE Geißel Gottes! (Gott sei Dank!!!! Das bezieht sich nicht nur auf das nur.)

Deshalb möchte ich sehr gerne, daß er, wenn er von Leiden weiterzieht (ich möchte aber nicht gerne, daß er noch vor den Weihnachtsferien weggeht, da er mit einer größeren Gruppe unserer Studenten Besprechungen begonnen hat, für die sich unsere Studenten sehr interessieren) zu Ihnen kommen kann. Und ihm selber sagt diese Idee auch SEHR zu. Er wird Ihnen wohl selber darüber schreiben. Aber ich wollte Ihnen doch auch darüber schreiben.

Rutgers[a] ist endgültig in Sie verliebt. Und wieviel ich auch über Sie (gut dokumentiert!) schimpfe. Es hilft nichts. Gegen Verführer hilft das ja nie und ist, wie mir scheint, eines der definierenden Elemente des Begriffes Verführung[b].

---

* Auch Uhlenbeck und Goudsmit lieben Oppenheimer sehr.

[a] A. J. Rutgers arbeitete von 1928 bis 1930 in Leiden und veröffentlichte gemeinsam mit Ehrenfest mehrere Arbeiten zur Quantentheorie und Thermodynamik. Seine Dissertation „Bijdrage tot de Theorie der Thermo-electriciteit in Kristallen" erschien 1930 bei H. J. Paris in Amsterdam. – Vgl. auch den Brief [215]. [b] Auch dieser Brief enthält in der uns vorliegenden Durchschrift keine Grußformel.

Der amerikanische Physiker Gregory Breit entstammte einer russischen Emigrantenfamilie, die 1915 in die USA einwanderte. Nach dem Abschluß seines Studiums an der Johns Hopkins University hatte er 1921/1922 bereits in Leiden als National Research Fellow gastiert. Inzwischen war er in den Vereinigten Staaten durch eine große Reihe von Arbeiten zur Quantentheorie bekanntgeworden und besuchte nun während eines Europaaufenthalts das Ehrenfestsche Institut in Leiden und auf dessen Rat auch Pauli im November 1928 (vgl. [212]). In einem Brief vom 30. November 1928 berichtet er Ehrenfest: „Pauli kenne ich jetzt seit zwei Monaten. Er hat Sie in Hamburg gesehen . . . In jedem Fall werde ich Zürich Mitte Januar verlassen.“ Schon während dieser Zeit hatte Breit sich der Hochenergie- und Kernphysik zugewandt. In dem genannten Brief hören wir zum erstenmal von einer Pauli-Heisenberg-Gleichung für das Zweielektronenproblem, die der Diracgleichung ähnlich ist: „Ich habe für Pauli eine Näherungsrechnung gemacht, die die vierreihigen Matrizen α_μ^I, α_μ^{II} zu zweireihigen σ^I, σ^{II} reduziert . . . Dann hat mich Pauli auf die exakte Berücksichtigung der Retardierung aufgehetzt. Bis vor ein paar Tagen hatten wir noch Hoffnung, aber jetzt haben wir es aufgegeben. Er und Heisenberg haben es im Frühjahr schon probiert.“

Diese Bemühungen führten schließlich zu einer Publikation über das Zweielektronenproblem unter Berücksichtigung der Retardierung. In einer Fußnote weist der Autor auf Paulis und Heisenbergs Miturheberschaft hin[1].

Zu seinen bekannteren späteren Beiträgen zählt die später gemeinsam mit Wigner abgeleitete Breit-Wigner-Formel für den Einfangsquerschnitt eines Atomkerns für langsame Neutronen[2].

[1] Vgl. G. Breit: The Effect of Retardation on the Interaction of Two Electrons. Phys. Rev. **34,** 553 – 573 (1929). Eingegangen am 31. Mai 1929. – Der oben erwähnte Brief von G. Breit wird zusammen mit zahlreichen anderen Schriftstücken im Museum Boerhaave in Leiden aufbewahrt.

[2] G. Breit and E. Wigner: Capture of Slow Neutrons. Phys. Rev. **49,** 519 – 531 (1936).

[212] Pauli an Ehrenfest

[Zürich], 24. Dezember [1928]

[Postkarte]

Lieber Herr Ehrenfest!

Ich war sehr froh, daß Sie mir Herrn Breit nach Zürich geschickt haben, denn ich war mit ihm außerordentlich zufrieden. Noch froher wäre ich aber, wenn Sie mir bald einen ebenso tüchtigen Mann schicken würden, der mir nicht nach ein paar Wochen wieder davonläuft, um in Amerika 5 Millionen (nicht Dollars, sondern) Volt nachzujagen![a] Ich habe leider momentan außer Bloch niemanden hier und hätte so gerne ein paar Leute, die etwas rechnen könnten!

Hoffentlich geht es Ihrer labilen Seele momentan gut. Bei mir ist es so: meiner Physik geht es schlecht, aber mir persönlich geht es gut!

Frohe Weihnachten und Prosit Neujahr!

wünscht Ihnen der fürchterliche

W. PAULI

[a] Vgl. hierzu G. Breit: On the Possibility of Nuclear Disintegration by Artificial Sources. Phys. Rev. **34,** 817 – 818 (1929). Signiert 28. August 1929. – G. Breit, M. A. Tuve and O. Dahl: A Laboratory Method of Producing High Potentials. Phys. Rev. **35,** 51 – 65 (1930). Eingegangen am 19. November 1929.

XI. Das Jahr 1929

Systematischer Aufbau der Quantenfeldtheorie

[213]	Bohr an Pauli (dän.) (PK)	Kopenhagen	8. Jan.	1929
[214]	Pauli an Bohr (PK)	[Zürich]	16. Jan.	[1929]
[215]	Pauli an Ehrenfest	Zürich	15. Feb.	1929
[216]	Pauli an O. Klein	Zürich	18. Feb.	1929
[217]	Pauli an Bohr (PK)	[Zürich]	5. Mär.	[1929]
[218]	Pauli an O. Klein	Zürich	16. Mär.	1929
[219]	Pauli an Bohr (PK)	[Zürich]	25. Apr.	[1929]
[220]	Pauli an Bohr (PK)	[Zürich]	6. Mai	[1929]
[221]	Pauli und Scherrer an Kronig (MS)	Zürich	6. Mai	1929
[222]	Pauli und Scherrer an Ehrenfest (MS)	Zürich	7. Mai	1929
[223]	Ehrenfest an Pauli und Scherrer (MSD)	[Leiden]	8. Mai	1929
[224]	Pauli an Ehrenfest (PK)	[Zürich]	15. Mai	[1929]
[225]	Pauli an Sommerfeld	Zürich	16. Mai	1929
[226]	Pauli an Kronig	[Zürich]	2. Jun.	[1929]
[227]	Pauli an Weyl	Zürich	1. Jul.	1929
[228]	Bohr an Pauli (dän.) (MSD)	[Kopenhagen]	1. Jul.	1929
[229]	Ehrenfest an Pauli (MSD)	Leiden	1. Jul.	1929
[230]	Pauli an Ehrenfest	Zürich	7. Jul.	1929
[231]	Pauli an Bohr	Zürich	17. Jul.	1929
[232]	Heisenberg an Pauli	[USA]	20. Jul.	1929
[233]	Bohr an Pauli (dän.)	Lynghuset	31. Jul.	1929
[234]	Heisenberg an Pauli	Chicago	1. Aug.	[1929]
[235]	Pauli an Weyl	Kopenhagen	26. Aug.	1929
[236]	Pauli an Knauer	[Berlin]	4. Sep.	[1929]
[237]	Pauli an Ehrenfest (PK)	[Zürich]	29. Sep.	1929
[238]	Pauli an Jordan	Zürich	30. Nov.	1929
[239]	Pauli an Einstein (MS)	Zürich	19. Dez.	1929
[240]	Einstein an Pauli (MS)	Berlin	24. Dez.	1929
[241]	Bohr an Pauli (dän.) (MSD)	[Kopenhagen]	26. Dez.	1929

Nach der gemeinsamen Arbeit mit Pascual Jordan über das ladungsfreie Strahlungsfeld (1928b) und Diracs relativistischer Theorie des Elektrons (ebenfalls Anfang 1928) waren im Laufe des Jahres 1928 die ersten Schwierigkeiten in der Quantenfeldtheorie aufgetreten.

Im Januar 1928 hatten Pauli und Heisenberg ihr Programm zur systematischen Entwicklung des neuen Gebietes entworfen [183]. Bei der Anwendung auf das Maxwellfeld versagte aber ihre Methode. Sie führte auf nicht-infinitesimale Vertauschungsrelationen für die elektrische Feldstärke und das Materiefeld. Der Grund dafür lag, wie sich später herausstellte, in der verschwindenden Ruhmasse des Photons. Damit kam die Arbeit vorerst zum Stillstand.

Auch Oskar Klein stieß im Herbst 1928 [216] auf eine Schwierigkeit, die als „Kleinsches Paradoxon" bekannt geworden ist: Behandelt man die Reflexion eines Elektronenstrahls nach der Diracschen Theorie, so können an Potentialschwellen Übergänge in die Diracschen Zustände negativer Energie auftreten [213].

In seiner Enttäuschung über diese Mißerfolge widmete Pauli sich vorwiegend seinen Lehraufgaben. In den Züricher Vorlesungen 1928/29 behandelte er hauptsächlich Themen aus der klassischen Physik. Der Versuch zu einem utopischen Roman stammt ebenfalls aus dieser Zeit [216].

Eine Nachricht von Heisenberg im Januar 1929 brachte den Stimmungsumschwung. (Vgl. [214] insbesondere Fußnote *d* und *e*.) Durch einen analytischen Kunstgriff konnte das Problem der Feldquantisierung gelöst werden. Heisenberg und Pauli fügten der Lagrangedichte formal einen kleinen in ε linearen Term hinzu und ließen diesen in den Endresultaten gegen Null gehen (vgl. [216] und (1929)). Beide verabredeten – anläßlich eines Besuches von Pauli in Leipzig – eine gemeinsame Publikation. Da Heisenberg am 1. März 1929 seine große Reise in die U.S.A. antrat, fiel die Hauptlast auf Pauli. Bereits am 19. März hatte er die erste umfangreiche Anhandlung „Zur Quantendynamik der Wellenfelder" (1929) fertiggestellt. Aber auch diese Arbeit kam an den tieferliegenden Schwierigkeiten nicht vorbei, wie Pauli in seinem Brief an Oskar Klein [218] berichtete. In der Einleitung (1929) drückten Heisenberg und Pauli die Vermutung aus, daß „die spätere endgültige Theorie wesentliche Züge mit der hier versuchten gemeinsam haben" würde[1].

Durch die Methoden der neuen Quantenmechanik wurde nicht nur für die Quantenfeldtheorie, sondern auch für die Theorie der Atomkerne ein neuer Zugang eröffnet. Fast gleichzeitig stellten Gamow[2] in Göttingen und Gurney und Condon[3] in Princeton eine Theorie des α-Zerfalls auf. Das schon mehr als ein Jahrzehnt bestehende Rätsel über den Ursprung des kontinuierlichen β-Spektrums rückte erneut in die Diskussion. Der Streit, ob die Verbreiterung des β-Spektrums ihren Ursprung in sekundären Prozessen in der Atomhülle habe (Meitner) oder auf einem noch unbekannten Vorgang im Inneren des Atomkerns beruhe, war 1927 durch die Versuche von Ellis und Wooster zugunsten des letzteren Standpunktes entschieden worden. Dieses Experiment wurde auf Veranlassung von Lise Meitner von Wilhelm Orthmann mit einer verbesserten Apparatur in Berlin wiederholt und Ende 1929 abgeschlossen. Man gelangte zu dem gleichen Ergebnis wie Ellis und Wooster; außerdem aber wurde noch bestätigt, daß der Prozeß bei Radium E praktisch von keiner γ-Strahlung begleitet wird[4].

Pauli blieb zunächst noch bei der Auffassung, daß das kontinuierliche Geschwindigkeitsspektrum der Elektronen infolge der Strahlungseffekte (γ-Strahlung) zustande käme. (Vgl. hierzu [216] sowie den Schlußparagraphen von (1929)!). Wahrscheinlich war Pauli Anfang April 1929 im Anschluß an einen Ferienaufenthalt in Wien nach Berlin gefahren, um dort mit

Lise Meitner diese Möglichkeit zu erörtern [218]. Nachdem nun in den Experimenten keine γ-Strahlung nachgewiesen werden konnte [231], blieben nur zwei Auswege: Niels Bohr vermutete erneut eine Verletzung des Energiesatzes beim Einzelprozeß ([216], [217]) und wurde ob dieses „theoretischen Unfugs" mehrfach von Pauli getadelt. Diese Idee gab er erst ganz allmählich auf[5]. Der zweite Weg wurde im Dezember 1930 von Pauli eingeschlagen. Pauli führte ein hypothetisches, neutrales Teilchen ein, das „Neutrino", das die fehlende Energie abführen sollte. Dieses Problem beschäftigte ihn auch noch die folgenden Jahre.

Noch weiter in die Zukunft wies eine Abhandlung von Arthur Stanley Eddington, auf die Bohr in dem nun folgenden Brief Pauli aufmerksam macht[6].

[1] Vgl. hierzu auch die historische Darstellung von G. Wentzel: Quantum Theory of Fields. In: Theoretical Physics in the Twentieth Century. New York: Interscience Publishers Inc. 1960.
[2] G. Gamow: Zur Quantentheorie des Atomkerns. Z. Phys. **51,** 204–212 (1928). Eingegangen am 2. August 1928.
[3] R. W. Gurney and E. V. Condon: Wave Mechanics and Radioactive Desintegration. Nature **122,** 439 (1928). Veröffentlicht am 22. September 1928.
[4] Vgl. hierzu Paulis eigene Darstellung: Zur älteren und neueren Geschichte des Neutrino. In: Aufsätze und Vorträge über Physik und Erkenntnistheorie. Braunschweig: Friedr. Vieweg und Sohn 1961.
[5] Vgl. N. Bohr: Conservation Laws in Quantum Theory. Nature **138,** 25 (1936).
[6] Vgl. hierzu Fußnote *c* von [213].

[213] Bohr an Pauli

Kopenhagen, 8. Januar 1929

[Postkarte]

Kære Pauli!

Jeg er ked af ikke have skrevet saa længe, men til Gengæld har jeg tænkt saa meget oftere paa Dig. Da Sommerfeld-Heftet kom begyndte jeg paa et langt Brev, ikke alene for at takke for Din Hjælp, men for at aabne mit Hjerte og høre Dit Raad om mange Spørgsmaal, som jeg har tænkt paa i Efteraaret. Brevet blev imidlertid en hel Afhandling, som jeg ikke kunde faa Ende paa, og maatte opsætte til jeg blev mere klar over mine Tanker; jeg haaber imidlertid snart at kunne fortælle Dig nærmere derom. Hvordan gaar det med Dit eget Arbejde? Klein, der i Øjeblikket er i Sverige paa Juleferie, har i Efteraaret arbejdet flittigt med Relativitetsproblemet, og har nogle Tanker, hvoraf han lover sig meget. Han og jeg taler ofte om al den Glæde vi har haft af Dine Besøg i Aarets Løb. Naar kommer Du igen? jeg længes efter at snakke med Dig, ogsaa om andre Ting end Fysik. Med de hjerteligste Ønsker om et rigtig glædeligt Nytaar fra os alle

Din

Niels Bohr

P.S. Hvad synes Du om Eddingtons sidste Afhandling (136).

Übersetzung von [213]

Lieber Pauli!

Es tut mir leid, daß ich so lange nicht geschrieben habe, dafür habe ich sehr oft an Dich gedacht. Als das Sommerfeldheft herauskam[a], begann ich einen langen Brief, nicht nur um Dir für Deine Hilfe zu danken, sondern auch um mein Herz zu öffnen und Deinen Rat in vielen Fragen zu hören, über die ich im Herbst nachgedacht habe. Der Brief wurde inzwischen zu einer ganzen Abhandlung, die ich nicht beenden konnte und verschieben mußte, bis ich mir klarer über meine Gedanken bin; ich hoffe indessen, Dir bald Näheres darüber berichten zu können. Wie geht es mit Deiner eigenen Arbeit? Klein, der im Augenblick in Schweden in den Weihnachtsferien ist, hat im Herbst fleißig am Relativitätsproblem gearbeitet, und hat einige Gedanken, von denen er sich viel verspricht[b]. Er und ich sprechen oft über all die Freude, die wir im Laufe des Jahres von Deinen Besuchen gehabt haben. Wann kommst Du wieder? Ich sehne mich danach, mit Dir auch über andere Dinge als Physik zu sprechen. Mit den herzlichsten Wünschen für ein wirklich glückliches Neues Jahr von uns allen

Dein

Niels Bohr

P.S. Was hältst Du von Eddingtons letzter Abhandlung (136).[c]

[a] Im 49. Heft des 16. Jahrgangs der Zeitschrift „Die Naturwissenschaften“ erschienen anläßlich des 60. Geburtstags von Sommerfeld am 5. Dezember 1928 die folgenden zwei Aufsätze: M. Born: Sommerfeld als Begründer einer Schule. Naturwiss. **16,** 1035–1036 (1928). – N. Bohr: Sommerfeld und die Atomtheorie. Naturwiss. **16,** 1036 (1928). [b] Vgl. O. Klein: Die Reflexion von Elektronen an einem Potentialsprung nach der relativistischen Dynamik von Dirac. Z. Phys. **53,** 157–165 (1929). Eingegangen am 24. Dezember 1928. [c] A. S. Eddington: The Charge of an Electron. Proc. Roy. Soc. A **112,** 358–369 (1929). Eingegangen am 12. Dezember 1928. In dieser Arbeit hat Eddington im Anschluß an die relativistische Elektronentheorie von Dirac die Ganzzahligkeit der inversen Sommerfeldschen Feinstrukturkonstante zu begründen versucht. Diese Abhandlung fand große Beachtung, weil man damals noch hoffte, durch die Verschmelzung von Quanten- und Relativitätstheorie die Größe der Elementarladung bestimmen zu können. – Die Deutung dieser mysteriösen Zahl 137 hat Pauli auch weiterhin während seines späteren Lebens stark beschäftigt. (Vgl. hierzu Paulis Aufsatz: Raum, Zeit und Kausalität in der modernen Physik. Scientia **59,** 65–76 (1936). Nach einem Vortrag vom November 1934 vor der philosophischen Gesellschaft in Zürich.) Vielleicht ist es nicht nur ein Zufall, daß das Zimmer der Klinik in Zürich, in dem Pauli starb, die Nr. 137 hatte. (Vgl. hierzu das Vorwort von Ch. P. Enz zum 1. Band der Pauli Lectures on Physics. The MIT Press 1973.)

[214] Pauli an Bohr

[Zürich], 16. Januar [1929]

[Postkarte]

Lieber Bohr!

Vielen Dank für Deine Karte, die mir große Freude gemacht hat. Daß Du einen langen Brief an mich begonnen hast, war auch sehr nett, und ich fühle ganz, wie unbescheiden es von mir wäre, wenn ich verlangt hätte, Du hättest mit diesem Brief fertig werden sollen! Aber im Ernst: schicke nur Deine Abhandlung nicht zu bald ab, lasse Dich nicht von Klein zu allzu großer Eile drängen und lasse nur Deine Gedanken sich in Ruhe klären![a]

Mit meinen eigenen Arbeiten geht es leider vorläufig gar nicht (auch über die Frage der Supraleitung konnte ich zu keinerlei definitivem Resultat kommen)[b]. Darüber schämte ich mich so, daß ich es immer hinausgeschoben habe, Dir zu schreiben. An meiner Stelle würdest Du jetzt hinzufügen, Du hättest erstens keine Zeit und zweitens seist Du sehr müde. Aber ich will einmal ganz ehrlich sein: Erstens habe ich Zeit genug und zweitens bin ich [g]ar nicht müde. (Zu Weihnachten habe ich mich übrigens in Pontresina[c] sehr gut erholt.) Ich bin nur dumm und faul. Ich glaube, es sollte mich täglich jemand ein bißchen durchprügeln! Da dies aber leider niemand tut, muß ich mich nach anderen Mitteln umsehen, um mein Interesse an der Physik wieder zu beleben: Ich fahre von Freitag bis Montag nach Leipzig, wo gerade eine sogenannte Gautagung stattfindet[d]. Heisenberg hat eine Idee, wie unser Ansatz zum rel[ativistischen] Mehrkörperproblem *vielleicht* doch durchgeführt werden könnte[e]. Ich hoffe, Dir nach meinem Leipziger Besuch näheres darüber schreiben zu können, auch über Eddington (??).[f]

Klein soll *unbedingt* seine Betrachtungen vom Herbst über die Reflexion n[ach] der Diracschen Theorie *sofort* publizieren![g] Von der Physik abgesehen, geht es mir glänzend!

Herzlichst Dein

W. Pauli

Wie geht es Deinem Jüngsten?

[a] Wahrscheinlich arbeitete Bohr an seinem Aufsatz für die Planck-Festschrift: Wirkungsquantum und Naturbeschreibung. Naturwiss. **17**, 483–486 (1929). Ausgegeben am 28. Juni 1929. Dieser Aufsatz sollte abschließend die philosophische Seite der Komplementaritätsidee beleuchten. [b] Erste Anregungen zu einer Auseinandersetzung mit der Theorie der Supraleitung sind anscheinend von Bohr ausgegangen. Später hat sich Felix Bloch, wohl auf Paulis Anregung hin, weiter mit diesem Problemkreis beschäftigt. Vgl. hierzu [218], [219], [225] und [226]. Vgl. auch F. Bloch: Bemerkung zur Elektronentheorie des Ferromagnetismus und der elektrischen Leitfähigkeit. Z. Phys. **57**, 545–555 (1929). Eingegangen am 21. Juni 1929. [c] Im Engadin, Schweiz. [d] Tagung des Gauvereins Thüringen-Sachsen-Schlesien der Deutschen Physikalischen Gesellschaft in Leipzig am 19. und 20. Januar 1929. In einem Brief vom 22.

Januar 1929 schreibt Heisenberg darüber an Jordan (SHQP, MF. 18.): „Pauli war jetzt zu unserer Gautagung 3 Tage am Ufer der Pleisse anwesend und wir haben uns darüber geeinigt, daß man Ihr und Paulis altes Programm nun doch durch einige ganz plumpe Tricks zu Ende führen kann. Zwar nimmt die Elektronentragödie nach Dirac ($+mc \rightarrow -mc$) ungehindert weiter ihren Lauf, aber die Retardierung und was damit zusammenhängt, läßt sich anständig behandeln, wie auch die näherungsweise Durchrechnung zweier Beispiele zeigt. Das Verfahren ist im wesentlichen das des Pauli-Volterra-Manuskriptes, relativistische Invarianz der V[ertauschungs-]R[elationen] wird nachträglich bewiesen; der Trick besteht darin, daß man nicht mit der richtigen Lagrangefunktion à la Maxwell-de Broglie anfängt, sondern mit einer modifizierten, und daß man erst im Resultat zur Grenze der unmodifizierten zurückkehrt. Die Erlaubtheit des Grenzübergangs ist plausibel gemacht." [e] Dieser Kunstgriff oder Trick, wie ihn Heisenberg in seinem Brief an Jordan (vgl. Fußnote d) nennt, erlaubte endlich die Abhandlung von Heisenberg und Pauli (1929) „Zur Quantendynamik der Felder" fertigzustellen. [f] Vgl. Fußnote *c* des vorhergehenden Briefes [213]. [g] Vgl. die unter *b* von [213] genannte Arbeit. Siehe dort den Hinweis auf ein Gespräch mit Pauli in der Fußnote auf S. 164.

[215] Pauli an Ehrenfest

Zürich, 15. Februar 1929

Lieber Herr Ehrenfest!

Ich will nun doch endlich meinen bereits seit langem gefaßten Vorsatz ausführen, Ihr Schreiben, das Sie Oppenheimer mitgegeben haben, zu beantworten. Zunächst hat mich Ihr Bedürfnis, mir eine Liste von Physikern zu schicken, die Oppenheimer lieben, (primo loco: Dirac, secundo und tertio loco: Uhlenbeck und Goudsmit) sehr amüsiert. Es liegt nahe, dieses mit der Tatsache in Verbindung zu bringen, daß Sie selber sich nicht auf dieser Liste befinden. Nun, ich befinde mich sicher auch *nicht* auf dieser Liste, aber wohl glaube ich, daß Oppenheimer sich in Zürich ganz wohl fühlt, daß er hier bei uns gut arbeiten kann und daß sich wissenschaftlich doch noch so manches Gute aus ihm herausholen lassen wird. Seine Stärke ist, daß er viele und gute Ideen, überhaupt viel Phantasie hat. Seine Schwäche, daß er sich viel zu rasch mit mangelhaft begründeten Behauptungen begnügt, seine eigenen, oft recht interessanten Fragen, aus Mangel an Ausdauer und Gründlichkeit nicht beantwortet (oder nur provisorisch und oft falsch beantwortet) und seine Probleme nur halbverdaut im Stadium der Mutmaßung, des Glaubens oder Unglaubens läßt, statt sie wirklich durchzuführen und durchzudenken. Ich hoffe aber bestimmt, daß sich das im Lauf der Zeit durch energisches Zureden bei ihm stark bessern läßt, er hat viel guten Willen und ist nicht eigensinnig. Da er sich für Leitfähigkeitsfragen interessiert, diskutiert er viel mit Herrn Bloch (meinem jetzigen Assistenten)[a]. Dieser hat viel weniger Ideen als Oppenheimer, ist aber ungeheuer klar und gründlich, hat auch ein sehr gutes technisches Können. So ist das ein gutes Gespann und beide haben, glaube ich, viel geistigen Gewinn von diesen Diskussionen. – Leider hat Oppenheimer eine sehr schlechte Eigenschaft: er steht mir mit einem ziemlich unbedingten Autoritätsglauben gegenüber und sieht alles, was ich sage, (wenigstens in sehr hoher Näherung) als letzte und endgültige Wahrheit an. Wohl weiß ich, wie das Bedürfnis nach fremden Autoritäten bei ihm zustande kommt. Die sollen ihm seine Probleme lösen und seine Fragen beantworten, damit er es selber nicht zu tun braucht. (Dieser Zusammenhang ist ihm natürlich nicht *bewußt* klar, sondern nur im Unterbewußtsein bei ihm latent.) Aber wie ich ihm das abgewöhnen soll, weiß ich nicht. Vergebens weise ich auf gut dokumentierte Fälle hin, wo ich etwas unrichtiges behauptet und mich offenbar geirrt habe! – Zunächst helfe ich mir so, daß ich, bevor er sich nicht wirklich eingehend mit einer von ihm gestellten Frage befaßt hat, statt oberflächlich irgend etwas zu glauben, es womöglich überhaupt vermeide, irgend welche Ansichten oder Meinungen über diese Frage zu äußern. Eines aber hoffe ich, bald erreicht zu haben: daß O[ppenheimer], wenigstens im Umgang *mit mir*, *meine* Umgangsformen annimmt! Das ist unbedingt nötig, wenn ich [mich] nicht für einen kleinen Schurken halten soll. Denn meine Ansicht von der formalen Höflichkeit als von der großen Ketzerei, die aus dem Verkehr der Menschen untereinander rücksichtslos ausgerottet werden muß, ist bei mir ein unerschütterliches Dogma! {Für Rückäußerung und Ratschläge aus dem Schatz Ihrer (im Vergleich zu meiner) großen pädagogischen Erfahrung, wäre ich daher dankbar.}

Über Ihre Angabe betreffend Rutgers[b] habe ich ein wenig gelächelt. Es schadet ihm ja nichts, wenn er in mich „verliebt" ist. Aber sicherlich werde ich hierbei zahlreiche Konkurrentinnen beim anderen Geschlecht haben. Und ich fürchte, er hat noch nicht die nötige Erfahrung, um da auch immer die für ihn richtige Wahl zu treffen. Im Ernst: passen Sie in dieser Hinsicht doch etwas a[uf] ihn auf! Jedenfalls lasse ich ihn recht herzlich grüßen!

Die Quantenelektrodynamik von Heisenberg und mir geht nun doch, dank eines von Heisenberg gefundenen Kunstgriffes. Leider fährt Heisenberg Anfang März bereits nach Amerika. Aber wir wollen unbedingt vorher noch die Publikation fertigstellen und an die Zeitschrift absenden. Die Rechnungen sind alle erledigt, es muß nur noch alles zusammengeschrieben werden; auf diese Weise fühle ich mich momentan etwas gehetzt! Aber es wird gehen!

Noch eine Frage: der Bericht vom letzten Solvay-Kongreß[c] soll nunmehr im Druck erschienen sein. Wissen Sie, wie ich den bekommen könnte? Könnten Sie mir (eventuell gegen Bezahlung) einen solchen verschaffen?

Vielen Dank im Voraus und Grüße (die Umstände sind die besten!)

von Ihrer

GEISSEL GOTTES (Abkürzung: G. G.)

[a] Nach Abschluß seiner Doktorarbeit „Über die Quantenmechanik der Elektronen in Kristallgittern", Z. Phys. **52**, 555 – 600 (1928), in Leipzig war Felix Bloch wieder nach Zürich an die ETH zurückgekehrt. Hier bei Pauli blieb er für ein Jahr und arbeitete an dem Problem der Supraleitung (vgl. die Briefe [218], [219], [225] und [226] und den Kommentar zu [192]). Diese ersten Untersuchungen wurden später von L. D. Landau weitergeführt und stellen die ersten theoretischen Ansätze zum Verständnis dieses komplizierten Leitungsphänomens dar. Eine modernere Darstellung von F. Bloch findet man im Mai-

Heft 1966 von Physics Today, S. 27–36. [b] Vgl. hierzu Ehrenfests Brief [211]. [c] Es handelt sich um die Berichte auf der 5. Solvay-Konferenz aus dem Jahre 1927, die ein Jahr darauf in Paris bei Gauthier-Villars et Cie veröffentlicht wurden (vgl. Pauli (1928 a)).

[216] Pauli an O. Klein

Zürich, 18. Februar 1929

Lieber Oskar!

Ich möchte heute endlich meine schon seit langem gehegte Absicht ausführen, wieder einmal ausführlich nach Kopenhagen zu schreiben. Daß ich nun an Dich und nicht an Bohr schreibe hat mehrere Gründe, aber diesmal *nicht* den irgend eines unangebrachten Bedürfnisses, Bohr nicht zu einer Antwort zu bemühen (Ich weiß, daß er sich nur freut, wenn er von mir Briefe bekommt, was übrigens ganz auf Gegenseitigkeit beruht), sondern es hat erstens den Grund, daß ich glaube, es Dir als Freund schuldig zu sein, auch wieder einmal an Dich zu schreiben. Oft dachte ich noch mit Freude an die gemütlichen Abende, die ich in Deinem Hause verbringen durfte! Zweitens werden im Laufe dieses Briefes recht gelehrte mathematische Sachen stehen; dafür bist Du nun in Kopenhagen zuständig, und ich möchte Dich bitten, sie Bohr zu verdeutlichen (wie überhaupt, ihm diesen Brief zu zeigen).

Am Beginn dieses Semesters (Herbst 1928) war mir die Physik ziemlich ferne, ich war sehr faul (vgl. meine letzte Karte an Bohr), aber doch sehr frisch und in guter Stimmung. Zu meinem eigenen Amusement machte ich damals einen kurzen Entwurf zu einem utopischen Roman, der den Titel „Gullivers Reise nach Uranien" haben sollte und im Stile vom Swift als politische Satire gegen die heutige Demokratie gedacht war, nämlich gegen alles, was auch nur entfernt nach Wahlen, Parlamenten, Abstimmungen und Majoritäten riecht! In solchen Träumen befangen, kam mir im Januar plötzlich eine Nachricht von Heisenberg zu, daß er mittels eines (im Folgenden näher zu erläuternden) Kunstgriffes die formalen Schwierigkeiten beseitigen kann[a], die der Durchführung unserer Quantenelektrodynamik entgegen standen, so daß das relativistische Mehrkörperproblem jetzt gewissermaßen gelöst ist! Ich reiste bald darauf nach Leipzig, wo mit Heisenberg ein Arbeitsprogramm für die noch fehlenden Rechnungen (inzwischen sind sie alle erledigt) vereinbart wurde. So wurde ich plötzlich aus einer Periode träumerischer Faulheit in eine solche intensiver Arbeit gestürzt; der utopische Entwurf wurde (sicher zu meinem großen Glück) tief in meinem Schreibtisch vergraben (dort ist er noch) und die nicht kommutativen Raum-Zeit-Funktionen von dort hervorgeholt. Jetzt stehe ich sogar vor der Notwendigkeit, in der kommenden Woche etwa 10 Paragraphen der Arbeit von Heisenberg und mir zu schreiben[b] (wobei mir vor den vielen Vorzeichen, sowie Faktoren 2 oder 1/2 oder 2π oder i schon ein wenig graut) – denn Heisenberg fährt gegen 1. März nach Amerika (bleibt bis etwa Oktober drüben[c]) und wir wollen unbedingt noch vorher unsere Publikationen fertigstellen und an die Zeitschrift senden! Natürlich werde ich gerne dafür sorgen, daß nach Kopenhagen eine Kopie oder Korrekturen geschickt werden (wobei ich bescheiden als selbstverständlich voraussetze, daß dort großes Interesse für unsere Arbeit vorhanden sein wird ...).

Um nun den erwähnten Heisenbergschen Kunstgriff zu erläutern, möchte ich an den Bericht über den damaligen Stand unserer Überlegungen anknüpfen, den ich vor etwa einem Jahr in Kopenhagen gehalten habe[d]. Bei gegebener Lagrangefunktion L erhält man zu jeder Feldgröße Q_α den konjugierten Impuls P_α durch Differentiation von L nach der zeitlichen Ableitung $\frac{\partial Q_\alpha}{\partial t} \equiv \dot{Q}_\alpha$ von Q_α:

$$P_\alpha = \frac{\partial L}{\partial \dot{Q}_\alpha} \ . \tag{1}$$

Die kanonischen Vertauschungsrelationen (Abkürzung: V.-R.) der Feldgrößen an zwei Raumpunkten P und P' und *gleichem Zeit*punkt lauten dann

$$\{Q_\alpha(P), Q_\beta(P')\} = 0, \ \{P_\alpha(P), P_\beta(P')\} = 0; \ \{P_\alpha(P), Q_\beta(P')\} = \frac{h}{2\pi i}\delta_{\alpha\beta}\delta(P-P'), \tag{I}$$

worin δ die gewöhnliche Diracsche singuläre Funktion ist. Die Schwierigkeit lag nun darin, daß auf die Lagrange-Funktion der Vakuumelektrodynamik

$$L = \frac{1}{2}F_{\alpha\beta}F_{\alpha\beta}$$

diese kanonischen V.-R. nicht angewandt werden konnten, da dieses L die zeitliche Ableitung $\dot{\phi}$ des skalaren Potentials nicht enthält, der zu ϕ konjugierte Impuls P_4 also identisch verschwindet. Nimmt man die Materiewellen hinzu, so wird das Übel noch schlimmer, denn aus der Gleichung

$$\operatorname{div} \mathfrak{E} = s_4\ (\psi^*, \psi)$$

kann leicht gefolgert werden, daß $\mathfrak{E}^{(P)}$ mit $\psi^{(P')}$ auch bei *endlichem* Abstand der Raumpunkte P und P' nicht vertauschbar sein kann.

Diese Schwierigkeiten verschwinden alle, wenn man zu L einen Zusatzterm

$$L' = \varepsilon\frac{1}{2}(\operatorname{Div}\phi)^2, \ (\operatorname{Div}\phi = \sum_{\alpha=1}^{4}\frac{\partial\phi_\alpha}{\partial x_\alpha})$$

hinzufügt (Heisenbergs Kunstgriff). Die kanonischen V.-R. (I) werden anwendbar und Potentiale und Feldstärken des elektromagnetischen Feldes werden mit den Größen ψ und ψ^* des Materiefeldes (immer zum gleichen *Zeit*punkt) *vertauschbar*. Es zeigt sich, daß man so alle Probleme durchrechnen und in den Endresultaten zum limes $\varepsilon \to 0$ übergehen kann, wobei dann stets etwas physikalisch Vernünftiges herauskommt.

Als Anwendungen der Theorie haben wir (neben Retardierungseffekten) als wichtigste eine Betrachtung über das Gamow-Modell des Kerns[e] für den Fall, daß die Strahlungskräfte beträchtlich sind. Es zeigt sich, daß dann auch bei scharfem Zustand des Kernes die herauskommenden Elektronen infolge zusätzlicher γ-Strahlemission ein kontinuierliches Geschwindigkeitsspektrum haben *müssen*! Ich selbst bin ziemlich sicher (Heisenberg nicht so unbedingt), daß γ-Strahlen die Ursache des kontinuierlichen Spektrums der β-Strahlen sein müssen und daß Bohr mit seinen diesbezüglichen Betrachtungen über eine Verletzung des Energiesatzes auf *vollkommen falscher* Fährte ist! Auch glaube ich, daß die wärmemessenden Experimentatoren irgendwie dabei mogeln und die γ-Strahlen ihnen nur infolge ihrer Ungeschicklichkeit bisher entgangen sind. Aber ich verstehe zu wenig von Experimentalphysik, um diese Ansicht beweisen zu können (auch konnte ich in letzter Zeit nicht mit Frl. Meitner über diese Angelegenheit sprechen, was ich gerne getan hätte) und so ist Bohr in der für ihn angenehmen Lage, unter Ausnutzung meiner allgemeinen Hilflosigkeit bei der Diskussion von Experimenten sich selber und mir unter Berufung auf Cambridger Autoritäten (übrigens ohne Literaturangabe) da etwas beliebiges vormachen zu können! Selbstverständlich wird er dabei von Dir stets auf das eifrigste unterstützt werden, da Du es merkwürdiger Weise als Deine menschliche Pflicht gegenüber Bohr betrachtest, jede seiner momentanen Ansichten bis auf das Pünktchen auf dem i zu verteidigen, in erster Näherung sogar unabhängig davon, ob Du Bohrs Argumente überhaupt ganz verstanden hast!

Nach diesem kleinen Schimpf-Intermezzo (selbst wenn sich herausstellen sollte, daß ich sachlich Unrecht habe, ist es, glaube ich, jedenfalls pädagogisch richtig) will ich sogleich dazu übergehen, die prinzipiellen Mängel der Theorie von Heisenberg und mir zu besprechen. Diese Theorie kann als korrespondenzmäßig bezeichnet werden, insofern ja z. B. alle Ausdrücke für die Lagrangefunktionen des Feldes direkt oder indirekt aus der klassischen Theorie übernommen werden. Und ich glaube, daß wir nunmehr an das natürliche Ende der Kraft und der Tragweite des Korrespondenzgedankens auf der Basis der Wellenmechanik gekommen sind. Notwendig versagt unsere Theorie überall dort, wo die klassischen Vorbilder versagen. Insbesondere ist folgendes zu rügen:

1. Unser Ausdruck der Energie des elektromagnetischen Feldes enthält eine additive unendlich große Konstante, nämlich Selbstenergie der Elementarteilchen (diese kann bei uns *nicht* wie bei Dir und Jordan fortgebracht werden![f]) plus Nullpunktsenergie der Strahlung. Obwohl diese Konstante allen stationären Zuständen *gemeinsam* ist und beim Vergleich verschiedener Zustände stets herausfällt, so daß mit unseren Formeln praktisch gerechnet werden kann, ist dies doch ein prinzipieller Schönheitsfehler.

2. Unsere Theorie übernimmt die Behandlung des *Ein*körperproblems der Diracschen Theorie des Elektrons, alle prinzipiellen Mängel dieser treffen also auch unsere Theorie. Die schauerlichen Konsequenzen der beiden Vorzeichen für die Elektronenmasse (riesige Ausstrahlungen etc.) bleiben also bei uns bestehen! („In dieser Verbindung mag bemerkt werden“ (diesen Satz kenne ich von Bohr): es ist

einfach ein *Skandal* und eine Rücksichtslosigkeit von Dir gegenüber dem Physik betreibenden Teil Deiner Mitmenschen, daß Du Deine Betrachtungen über Reflexion der Elektronen an Grenzschichten und deren merkwürdigen Durchgang durch diese bei hohen Geschwindigkeiten noch immer nicht veröffentlicht hast![g]) Also auch kein Aufschluß über Zerstrahlungsprozesse und dergl.!

3. Die symmetrische und die antisymmetrische Statistik der elektrischen Elementarteilchen erscheinen formal als vollkommen gleichberechtigte Möglichkeiten. Im einen Fall gilt

$$\psi_r(P)\psi_s{}^*(P') - \psi_s{}^*(P')\psi_r(P) = \delta(P-P')\cdot\delta_{rs},$$

in anderen

$$\psi_r(P)\psi_s{}^*(P') + \psi_s{}^*(P')\psi_r(P) = \delta(P-P')\cdot\delta_{rs},$$

sonst ist alles dasselbe. Man bekommt gar keinen Aufschluß über den inneren Grund meines Ausschließungsprinzips. (Jordan hat im letzten Band der „Ergebnisse der Naturwissenschaften" einen großen Unsinn über diesen Punkt geschrieben![h])

4. Wir haben 3 Arten Felder, die logisch unabhängig zu sein scheinen:
 a) Die Materiewellen (ψ, ψ^*) für die Protonen
 b) die Materiewellen (ψ, ψ^*) für die Elektronen,
 c) das elektromagnetische Feld (ϕ_α).

Nicht nur sind die betreffenden Operatoren vertauschbar, sondern die Lagrangefunktion besteht aus drei unabhängigen Summanden, zwischen denen eine logische Beziehung, ich meine ein innerer Zusammenhang nicht hergestellt wird. Eine einheitliche Auffassung aller Wellenfelder wäre nach meiner Meinung unbedingt erwünscht!

Ich glaube, daß da nur ganz neue Ideen weiterhelfen können. (Nebenbei bemerkt: die Eddingtonsche „136-Arbeit"[i] halte ich jetzt für kompletten Unsinn; genauer gesagt: für romantische Poesie und nicht für Physik.) In der letzten Karte, die Bohr mir schrieb, steht der Satz: „Klein har i Efteraaret arbeijdet flittigt med Relativitetsproblemet og har nogle Tanker, hooraf han lover sig meget."[j] Ich wäre sehr froh, etwas Näheres von Deinen Ideen zu hören, namentlich wenn sie mit einem der vier letztgenannten Punkte etwas zu tun haben.

Wie geht es Euch sonst? Wie geht es Deiner Frau? Wie dem jüngsten Knaben von Bohr? Was macht Bohrs Abhandlung[k]? – Ist Nishina noch in Kopenhagen? Oder ist die Legende, er würde wieder nach Japan zurückfahren, nun doch Wirklichkeit geworden?[l] – Arbeiten jetzt wieder viele dumme Leute im Bohrschen Institut? (Wenn *nicht*, ist es mir dort immer etwas ungemütlich und ich habe das Gefühl, es fehlt etwas!) – Aus der „Nature" habe ich entnommen, daß Rosseland unter dem Vorwand, wissenschaftlich dort zu arbeiten, eine vom Staat bezahlte Reise ans Nordkap gemacht hat! Ich habe ihn sehr darum beneidet und wollte, ich könnte das auch!

Also schreibt mir bald wieder, ich sehne mich sehr danach, Ausführliches von Euch zu hören!

Herzlichst Dein alter

W. PAULI

[a] Vgl. Fußnote *d* von [214]. [b] W. Heisenberg und W. Pauli (1929). [c] Heisenberg berichtet über seine Reise in: Der Teil und das Ganze. München: Deutscher Taschenbuch Verlag 1973. Dort S. 114ff. Heisenbergs Vorträge in Chicago im Frühjahr 1929 sind in seinem bekannten Büchlein über „Die physikalischen Prinzipien der Quantentheorie", Leipzig: S. Hirzel 1930, zusammengefaßt herausgegeben. Vgl. hierzu auch G. Breits Bericht für Ehrenfest vom 16. Juli 1929: „Heisenberg habe ich in Boston und auch in Chicago aufgesucht und bei ihm gearbeitet. Die quantisierten Wellen von Heisenberg-Pauli geben in einem gewissen Sinn dasselbe Resultat in der $(v/c)^2$-Näherung, das man nach dem Korrespondenzprinzip im Konfigurationsraum erhält. Für das He-Problem meinen Heisenberg-Pauli und Oppenheimer, ist diese Gleichung genügend, aber für die exakte Lösung des Zweielektronenproblems gibt es doch noch nichts Gutes. Die Näherung $(v/c)^3$ gibt ganz unvernünftige Resultate, die vielleicht mit der Diracschen $\pm m$ Schwierigkeit in Verband stehen. Ich habe Dirac in Ann Arbor getroffen und bin von ihm wissenschaftlich ganz entzückt und persönlich ist mir Heisenberg sehr lieb". (Aus dem Ehrenfest Archiv des Boerhaave-Museums in Leiden.) [d] Siehe den Brief [90]. Für das folgende vgl. die unter *b* zitierte Abhandlung. [e] Vgl. G. Gamow: Zur Quantentheorie des Atomkerns. Z. Phys. **51**, 204–212 (1928). Eingegangen am 2. August 1928. [f] Vgl. die Fußnote auf S. 40 der unter *b* zitierten Abhandlung. [g] Vgl. die unter *b* von [213] zitierte Arbeit von Klein. [h] P. Jordan: Die Lichtquantenhypothese. Entwicklung und gegenwärtiger Stand. Ergebnisse der exakten Naturwissenschaften **7**, 158–208 (1928). Dort S. 206ff. Vgl. auch die Besprechung dieser Arbeit durch Pauli in Naturwiss. **17**, 257–259 (1929). [i] Vgl. hierzu Fußnote *c* von [213]. [j] Vgl. [213]. Klein hat später auf der Kopenhagener Konferenz vom 8. bis 15. April über seine neuen Gedanken, wie man dem von ihm gefundenen Paradoxon abhelfen könnte, vorgetragen. [k] Vgl. *a* von [214]. [l] Yoshio Nishina ist Ende 1928 als Abteilungsleiter des Institute of Physical and Chemical Research nach Tokio zurückgekehrt.

Vom 8. bis zum 15. April 1929 fand die erste Physiker-Konferenz in Kopenhagen statt. Der für die Osterferien angekündigte Besuch zahlreicher Physiker aus allen Teilen der Welt hatte Niels Bohr auf die Idee gebracht, dieses Treffen zu einer Konferenz auszugestalten. In einem Brief vom 5. März 1929 an Pascual Jordan schreibt Niels Bohr: „Der Plan zu dieser Konferenz ist dadurch entstanden, daß mehrere Physiker, die früher hier gearbeitet haben, Besuche in Kopenhagen in den Osterferien angemeldet haben. Da wir unter anderem auf die Anwesenheit von Kramers und Pauli rechnen, wird es wohl zu lebhaften und lehrreichen Diskussionen Anlaß geben können ..."[1]. Zu den Gästen zählten: Casimir, Darwin, Ehrenfest, Gamow, Goudsmit, Klein, Kramers, Pauli, Rosenfeld und viele andere.

[1] Zitiert nach L. Rosenfeld: Quantum Theory in 1929. Recollections from the first Copenhagen conference. Festschrift: The Niels Bohr Institute 1921–1971.

[217] Pauli an Bohr

[Zürich], 5. März [1929]

[Postkarte]

Lieber Bohr!

Statt des in meinem ersten Telegramm angekündigten Briefes will ich wenigstens eine kurze Karte schreiben. Als Termin der Konferenz paßt mir die erste Hälfte des April viel besser als der März. Denn ich muß jetzt das Manuskript unserer Arbeit aus dem Teil, den ich und dem anderen Teil, den Heisenberg verfaßt hat, noch zusammensetzen und druckfertig machen, was etwa noch 2 Wochen dauern wird[a]. Und nachher will ich nach Wien fahren. Nach den Ostertagen, Anfang April, hätte ich dann gerade schön Zeit für die Kopenhagener Konferenz.

Die technischen Methoden der Integration der Gleichungen von Heisenberg und mir lassen noch viel zu wünschen übrig, aber ich muß es wohl der Zukunft überlassen, das zu verbessern. Wichtiger wäre es natürlich, wenn man die prinzipiellen Schwierigkeiten beseitigen könnte!

Ich freue mich schon sehr auf die Kopenhagener Konferenz (wer soll an ihr teilnehmen?[b]), die hoffentlich wirklich zustande kommt, hoffe aber, schon vorher brieflich näheres von Kopenhagen zu hören. Insbesondere ist mir Klein, den ich vielmals grüßen lasse, noch eine Beantwortung der Fragen meines langen Briefes an ihn schuldig!

In welchem Stadium befindet sich die Klärung Deiner neuen Gedanken? Willst Du den armen Energiesatz noch weiter maltraitieren[c]? Viele herzliche Grüße von Deinem unverbesserlichen

W. Pauli

[a] W. Heisenberg und W. Pauli (1929). [b] Teilnehmer dieser Konferenz waren u.a.: Bohr, Casimir, Darwin, Ehrenfest, Fues, Gamow, Goudsmit, Heitler, Hückel, Klein, Kramers, Kronig, Møller, Nordheim, Pauli, Rosenfeld und Waller. Heisenberg war zu diesem Zeitpunkt in den USA. [c] Pauli bezieht sich auf Bohrs Versuch, das kontinuierliche β-Strahlspektrum erneut auf eine Verletzung des Energiesatzes zurückzuführen. (Vgl. hierzu den vorhergehenden Brief [216].) Seinen Standpunkt in dieser Angelegenheit hat Bohr erst später in seiner Faraday Lecture vom 8. Mai 1930: Chemistry and the Quantum Theory of Atomic Constitution (abgedruckt in J. Chem. Soc. 1932, S. 349–384), dargelegt. Außerdem wird im Bohr-Archiv in Kopenhagen ein Manuskript mit dem Titel: „β-Ray Spectra and Energy Conservation“ aufbewahrt, das in der Zeitschrift Nature veröffentlicht werden sollte (vgl. Brief [228] und [231]).

[218] Pauli an O. Klein

Zürich, 16. März 1929

Lieber Klein!

Vielen Dank für Deinen letzten Brief. – Ich könnte eventuell schon etwas früher als zum Konferenzbeginn nach Kopenhagen kommen[a]. Ihr habt mir aber noch gar nicht ein näheres Datum von diesem mitgeteilt. Ich möchte Dich sehr bitten, dies möglichst bald zu tun und mir auch näheres darüber zu schreiben, welche Leute zu dieser Konferenz kommen und welche Anforderungen bezüglich Vorträge etc. an mich gestellt werden (am liebsten wäre mir natürlich, wenn gar keine gestellt würden). Könnte ich übrigens wieder im Institut wohnen, wie immer bisher? – Bitte schreibe mir an die Adresse: Wien XVIII, Weimarstraße 31, bei Behr, ich bin vom 20. März bis etwa 1. April dort. Nachher ist mein Aufenthalt noch unbestimmt. Wahrscheinlich werde ich noch ein paar Tage in Berlin Station machen, um mir die neuen Experimente von Bonhoeffer über Ortho- und Para H_2 (die durch den Wert des resultierenden Protonen-Spinmomentes unterschieden sind, vgl. die in den „Naturwissenschaften" erschienene Notiz[b]) ansehen, und um, wenn möglich, auch Frl. Meitner zu sprechen zwecks Sammlung von empirischem Material gegen Kopenhagener theoretischen Unfug[c]. Ende der Woche nach Ostern (etwa 5. bis 7. April) könnte ich also in Kopenhagen sein, früher nicht; falls gewünscht wird, daß ich erst später komme, schreibe mir bitte ungeniert (ich möchte aber gerne bald nach dem 15. April von Kopenhagen wieder abreisen).

In zwei Tagen geht eine Kopie der Arbeit von Heisenberg[d] und mir an Dich ab, die Du gerne behalten kannst. (Auch habe ich veranlaßt, daß Bohr Korrekturen zugeschickt bekommt; er wird und braucht sie nicht zu lesen, aber es wird, wie ich ihn kenne, angenehme Stimmungen bei ihm erwecken, wenn sie auf seinem Schreibtisch liegen werden.) Vieles in dieser Arbeit ist sehr verbesserungsbedürftig. So sind die δ-Glieder im Kap. III eine Scheußlichkeit von höherer Ordnung und sind nur stehen geblieben, weil keine Zeit mehr war, es besser zu machen (das ist der Fluch der Amerika-Reisen europäischer Physiker[e]), die Integrationsmethoden sind noch sehr mangelhaft und vor allem: es besteht die große Gefahr, daß die Selbstenergie der Elektronen bereits in Größen der Ordnung $(v/c)^2$ die theoretischen Ergebnisse vollständig ruinieren werden. Über die noch nicht ganz geklärte Frage, ob diese Selbstenergie auch in der neuen Theorie, ähnlich wie in der Arbeit von Dir und Jordan[f], durch eine Umstellung von Faktoren beseitigt werden kann, will ich mich noch mit Dir unterhalten.

Ferner will ich Dir (ohne näheren Zusammenhang mit der neuen Theorie) einen mißglückten Versuch von mir vorführen, die $\pm m_0$-Schwierigkeit der Dirac-Theorie zu umgehen, in der Hoffnung, daß Du ihn (wenigstens teilweise) doch wirst retten können. Geniere Dich also nicht, mir ebenfalls Überlegungen zu schreiben, die noch zu keinem Ergebnis geführt haben, tue dies vielmehr so bald wie möglich, vielleicht kann ich etwas daraus lernen!

Herr Bloch hat hier Fortschritte in der Theorie der Supraleitung gemacht[g]; ich will noch *nicht* behaupten, daß es ihm bereits gelungen sei, eine Erklärung der Supraleitung zu finden, aber seine bisherigen Resultate geben zu berechtigten Hoffnungen Anlaß. Jedenfalls glaube ich jetzt, daß der von Bohr im letzten Herbst vermutungsweise vorgeschlagene Weg zum Verständnis der Supraleitung in einer *ganz falschen* Richtung gelegen war!

Also viele Grüße an Dich und an Bohr und einer von Euch beiden (oder beide) möchten mir bitte bald an die oben stehende Adresse schreiben!

Dein

W. Pauli

[a] Vgl. Fußnote *a* von [217]. [b]K. F. Bonhoeffer und P. Harteck: Experimente über Para- und Orthowasserstoff. Naturwiss. **17,** 182 (1929). Signiert 24. Februar 1929. Ausgegeben am 15. März 1929. Diese Experimente bestätigen die auf D. M. Dennison und F. Hund zurückgehende Theorie der spezifischen Wärme des Wasserstoffs sowie die Tatsache, daß Protonen den Spin $\hbar/2$ besitzen und der Fermi-Statistik gehorchen. [c] Vgl. Fußnote *d* von [217]. Die Wiederholung der Experimente von C. D. Ellis und W. A. Wooster (Proc. Roy. Soc. A **117,** 109 (1927)) in Berlin durch W. Orthmann wurde später für die Aufstellung der Neutrinohypothese durch Pauli wichtig. (Vgl. die folgenden Briefe sowie W. Pauli: Zur älteren und neueren Geschichte des Neutrinos. In: W. Pauli: Aufsätze und Vorträge über Physik und Erkenntnistheorie. Braunschweig: Friedr. Vieweg und Sohn 1961.) [d] W. Heisenberg und W. Pauli (1929). [e] Pauli bezieht sich auf Heisenbergs Amerikareise. [f] P. Jordan und O. Klein: Zum Mehrkörperproblem der Quantentheorie. Z. Phys. **45,** 751–765 (1927). Eingegangen am 4. Oktober 1927. Vgl. auch Fußnote *f* von [216]. [g] Vgl. hierzu auch das Interview vom 14. Mai 1964 mit Felix Bloch (SHQP, Tape 106 a).

[219] Pauli an Bohr

[Zürich], 25. April [1929]

[Postkarte]

Lieber Bohr!

Anläßlich einer Physikerzusammenkunft in Zürich[a] war auch Frl. Meitner hier, ich habe nochmals mit ihr über die Kern-β-Strahlen und ihr kontinuierliches Geschwindigkeitsspektrum gesprochen[b], und es hat sich herausgestellt, daß wir bei unseren Diskussionen in Kopenhagen einen wesentlichen Punkt betreffend das Wärmeexperiment von Ellis und Wooster[c] übersehen haben: Das Kalorimeter bei diesen Versuchen war so gebaut, daß es für γ-Strahlen durchlässig ist; man mißt also bei diesem Experiment nur die von β-Strahlen entwickelte Wärme, die von eventuell vorhandenen γ-Strahlen würde nicht m[it]gemessen (so sagt Frl. Meitner).

Eine große Schwierigkeit für eine am Energiesatz festhaltende Theorie sind aber die Experimente am ThC, die das Fehlen einer γ-Strahlung zu zeigen scheinen[d]. Ich persönlich glaube immer noch, daß *auch* welche da sind. Das von uns früher so gefürchtete Wärmeexperiment spricht also *gar* nicht dagegen!

Schrödinger ist auch hier zu Besuch und er denkt jetzt viel milder über die statistische Deutung der Wellenmechanik[e]. – Blochs Theorie der Supraleitung scheint sehr schön zu werden!

Noch vielen Dank für Deine Gastfreundschaft in Kopenhagen, Empfehlungen an Deine Frau, Grüße an Klein und sei selbst herzlich gegrüßt von Deinem

W. Pauli

[a] Die Physikalische Vortragswoche der ETH Zürich vom 1. bis 4. Juli stand unter dem Thema „Röntgenstrahlen und Quantentheorie“. Vgl. hierzu die Rundschreiben von Pauli und Scherrer [221] und [222]. Auszüge einiger Vorträge, darunter auch der von L. Meitner, wurden in Physik. Z. **30**, 513 – 527 (1929) abgedruckt. [b] Vgl. Fußnote *c* von [218]. [c] Ch. D. Ellis und W. A. Wooster: The Average Energy of Desintegration of Radium E. Proc. Roy. Soc. A **117**, 109 – 123 (1928). Eingegangen am 3. August 1927. Vgl. auch Paulis Bemerkungen in seinem Brief [230] an Ehrenfest. [d] Vgl. hierzu den Vortrag von Lise Meitner auf der Physikalischen Vortragswoche in Zürich. [e] Vgl. hierzu Schrödingers Aufsatz für die Planck-Festschrift: Die Erfassung der Quantengesetzte durch kontinuierliche Funktionen. Naturwiss. **17**, 486 – 489 (1929).

[220] Pauli an Bohr

[Zürich], 6. Mai [1929]

[Postkarte]

Lieber Bohr!

Bitte sei nicht böse, daß ich Dich heute mahne wegen Deiner versprochenen Auskunft über Herrn Bloch. Er hat aber inzwischen auch ein Angebot aus Göttingen und möchte dieses erst beantworten, wenn von Dir eine Nachricht gekommen ist. Ich würde ihm lieber raten, zu Dir nach Kopenhagen als nach Göttingen zu gehen, und ich glaube, daß er ersteres auch selbst vorziehen würde. – Es besteht aber auch die Möglichkeit, daß er zuerst ein Jahr nach Göttingen und dann ein Jahr nach Kopenhagen geht[a]. Bitte schreib mir bald was Du darüber denkst!

Es ist unbedingt nötig, daß Du Deine Überlegungen zum Elektronen-Spinmoment möglichst bald in einer kurzen Note für die Nature publizierst! Wie steht es damit??

Mir geht es sehr gut, ich habe nur viel damit zu tun, Thermodynamik zu lernen und alle die Leute, die bei mir arbeiten wollen, zu beschäftigen[b].

Herzliche Grüße (auch an Klein) und Empfehlungen an Deine Frau von Deinem alten

W. Pauli

[a] Felix Bloch ging gegen Ende des Jahres vorerst als Lorentz Fellow zu H. A. Kramers nach Utrecht und kam erst 1931, nach einem weiteren Jahr als Assistent in Leipzig, zu Bohr nach Kopenhagen. [b] Im Sommersemester 1929 hielt Pauli zum erstenmal seine Vorlesungen über Thermodynamik sowie Elektro- und Magnetooptik. Bei ihm arbeiteten in diesem Jahr u. a.: F. Bloch, L. Landau, R. Peierls, J. R. Oppenheimer, I. Rabi und L. Rosenfeld.

[221] Pauli und Scherrer an Kronig

Zürich, 6. Mai 1929

[Maschinenschriftliches Rundschreiben]

Hochgeehrter Herr Kollege!

Einer seit mehreren Jahren gepflegten Institution entsprechend, wird die Eidgenössische Technische Hochschule in Zürich auch dieses Jahr auf Ende Juni eine physikalische Vortragswoche veranstalten[a]. Sie lädt dazu prominente Fachvertreter verschiedener Nationen ein. Damit die Veranstaltung ein einheitliches wissenschaftliches Gepräge erhält, sind Vorträge über experimentelle und theoretische Röntgenphysik ins Auge gefaßt. Es würde uns zur großen Freude und Ehre gereichen, wenn wir auch Sie begrüßen und einen Vortrag von Ihnen anmelden dürften. Da bereits eine Reihe ausländischer Kollegen ihr Kommen sicher zugesagt hat, so sind wir überzeugt, daß Sie eine ausgezeichnete Gelegenheit finden werden, sich persönlich über alle schwebenden Fragen der Röntgenphysik auszusprechen. Wir hoffen daher, daß die Teilnahme an dem Kongresse auch Ihnen viel Anregendes biete.

Selbstverständlich sind Sie unser Gast. Es wird uns eine Freude bereiten, Ihnen die Auslagen für Reise und Aufenthalt zu ersetzen.

In der angenehmen Hoffnung, bald eine zusagende Antwort von Ihnen zu erhalten, verbleiben wir mit den herzlichsten Grüßen

hochachtend Ihre ergebenen

W. Pauli, P. Scherrer

[a] Vgl. Fußnote *a* von [219]. R. de L. Kronig hielt dort auf dieser Veranstaltung einen Vortrag über „Dispersionstheorie im Röntgengebiet". Physik. Z. **30,** 521 – 522 (1929). Weitere Teilnehmer der Tagung waren: H. Kulenkampff, L. Meitner, W. Bothe, D. R. Hartree, I. Waller, H. A. Kramers, H. Geiger, P. Debye u. a.

[222] Pauli und Scherrer an Ehrenfest[a]

Zürich, 7. Mai 1929

[Maschinenschrift]

Hochgeehrter Herr Kollege!

Einer seit mehreren Jahren gepflegten Institution entsprechend, wird die Eidgenössische Technische Hochschule in Zürich auch dieses Jahr auf Ende Juni eine physikalische Vortragswoche veranstalten. Sie lädt dazu prominente Fachvertreter verschiedener Nationen ein. Damit die Veranstaltung ein einheitliches wissenschaftliches Gepräge erhält, sind Vorträge über experimentelle und theoretische Röntgenphysik ins Auge gefaßt. Es würde uns zur großen Freude und Ehre gereichen, wenn wir auch Sie begrüßen und einen Vortrag von Ihnen anmelden dürften. Da bereits eine Reihe ausländischer Kollegen ihr Kommen sicher zugesagt hat, so sind wir überzeugt, daß Sie eine ausgezeichnete Gelegenheit finden werden, sich persönlich über alle schwebenden Fragen der Röntgenphysik auszusprechen. Wir hoffen daher, daß die Teilnahme an dem Kongresse auch Ihnen viel Anregendes biete.

In der angenehmen Hoffnung, bald eine zusagende Antwort von Ihnen zu erhalten, verbleiben wir mit den herzlichsten Grüßen

hochachtend Ihre ergebenen

W. Pauli P. Scherrer

Lieber Herr Ehrenfest![b]

Bei der Diskussion des Wärmeexperimentes von Ellis und Wooster in Kopenhagen haben wir Gott sei Dank einen wesentlichen Umstand übersehen[c]. Schreibe vielleicht nächstens davon. Grüße (nach Umständen) Ihr G. G.

[a] Der Brief ist irrtümlicherweise adressiert „Herrn Prof. Ehrenfest. Anorganisch Chemisches Laboratorium. Leiden." Vgl. Ehrenfests Erwiderung [223] und Paulis Karte [224]. [b] Handschriftlicher Zusatz. [c] Vgl. Paulis Karte [219] an Bohr.

[223] Ehrenfest an Pauli und Scherrer

[Leiden], 8. Mai 1929

[Maschinenschriftliche Durchschrift]

Lieber Pauli, lieber Herr Scherrer!

Eure Einladung hat mich sehr erfreut! Aber Ihr braucht keine Angst zu haben: etwas vertragen tu' ich GANZ sicher nicht und kommen tu' ich beinahe sicher nicht. Letzteres schon wegen ewigen Dalles. Auch weil Pauli etwas Schonzeit nach unserem Zusammensein in Kopenhagen haben muß. Den feinen Wink, den Ihr mir gabt durch Euren Brief an Prof. P. Ehrenfest, Laboratorium für *anorganische Chemie*, Leiden zu adressieren, habe ich durchaus nicht übersehen (eventuelle Adressierung: botanisches Laboratorium hätte ich unnötig übertrieben gefunden).

Die Aufforderung, meine Gedanken über Röntgenprobleme zu erzählen, hat mich lebhaft an die Anekdote an den alten „prominenten" Börsianer erinnert, der morgens auf die Börse kommend sogleich hastig von einem jungen Spekulanten gefragt wird, wie er über Südbahnaktien denkt und der sich darauf sofort zu seinem Sekretär umdreht und ihn fragt: Löwy, sagen Sie mir bitte, wie denke ich über Südbahnaktien. Mein Assistent hat mir leider nicht sagen können, wie ich über Röntgenstrahlen denke.

Also, wie gesagt, Ihr braucht keine Angst zu haben! Aber natürlich kann ich Euch nicht garantieren, daß wenn Ihr ein anderesmal wieder so unvorsichtig seid, Ihr dann nicht doch hereinfallt!

Im Übrigen: möge Segen auf Eurer Köpfe Werk ruhen und möge es vor allem nicht allzusehr Gruppenverpestet oder sonstwie vermathematikastert sein (vielleicht ist übrigens der Term „mathematikastriert" besser). (G. M. Sch. angemeldet!)

Sie Pauli! betreffs Ihrer Andeutung über kontinuierliches Betaspektrum bin ich FURCHTBAR neugierig. Bitte, bitte schreiben Sie mir einige Worte darüber!!!!!!!!

Herzliche Grüße

Ihr Ehrenfest

[224] Pauli an Ehrenfest

[Zürich], 15. Mai [1929]

[Postkarte]

Lieber Herr Ehrenfest!

Für Ihren schönen Brief vielen Dank. Schade, daß Sie nicht kommen wollen, ich höre Ihre Bemerkungen immer sehr gerne (wenigstens solange ich nicht in dem n-dimensionalen Würfel in der Hölle bin und sie sich nicht ∞ oft wiederholen). – Was dem Schreibfräulein bei der Adresse eigentlich eingefallen ist, weiß ich nicht[a].

Die Bemerkung über das Wärmeexperiment von Ellis und Wooster bei den β-Strahlen ist folgende: Frl. Meitner teilte mir hinterher noch mit (und sie fü[gte] hinzu: man sieht, daß kein Experimentalphysiker in Kopenhagen war*), daß das Kalorimeter so gebaut war, daß es für γ-Strahlen sicher durchlässig war. Deren Energie wird also bei dem bewußten Experiment gar nicht mitgemessen, sondern *nur* die der β-Strahlen. Dann ist dieses Experiment ganz harmlos![c]

Noch eine dringende Bitte: *Können Sie mir zu einem Bericht über den letzten Solvay-Kongreß verhelfen*? Alle Teilnehmer haben einen bekommen, nur ich nicht! – Ich habe schon Langevin mein Leid geklagt, aber das half nichts! (NachUmständen) beste Grüße

Ihre G[eissel] G[ottes]

* Jacobsen[b] hat es wahrscheinlich gewußt, aber der spricht prinzipiell nicht!

[a] Vgl. Fußnote *a* von [222]. [b] Jacob Christian Georg Jacobson, Schüler von Bohr und seit 1925 Assistent am Institut für Theoretische Physik in Kopenhagen, veröffentlichte seine Ergebnisse „Über die Streuung von γ-Strahlen" erst im Oktober 1930 in den Naturwissenschaften **18**, 951 – 952 (1930). [c] Vgl. auch Paulis Darstellung in seinem Brief [219] an Bohr.

[225] Pauli an Sommerfeld

Zürich, 16. Mai 1929

Lieber Herr Sommerfeld!

Vielen Dank für Ihren zwischen Pasadena und Chicago geschriebenen Brief[a]. Ich freue mich, daß Sie schöne Eindrücke von Ihrer großen Reise gehabt haben, aber ich freue mich noch mehr, daß Sie wieder zurück sind. Nun sind wir ja nicht sehr weit voneinander entfernt, und ich hoffe in Zukunft auf einen engeren Kontakt zwischen der Züricher und der Münchener Physik. Es ist schade, daß Sie nicht zu unserem kleinen Röntgenstrahlphysik-Kongreß[b] kommen wollen, auch Herr Scherrer bedauert das sehr. Vielleicht sind Sie aber bis Ende Juni schon ausgeruht, und Sie überlegen es sich doch noch! Aber abgesehen davon will ich jedenfalls im Laufe des Sommersemesters eine Gautagung in Süddeutschland (Stuttgart?) besuchen und vielleicht sehe ich Sie dort; eventuell kann ich auch einmal nach München kommen.

Vorläufig muß ich mich aber damit begnügen, den Kontakt zwischen der Züricher und der Münchener Physik auf schriftlichem Wege herzustellen. Ist es sehr unverschämt, wenn ich dies durch eine Kritik Ihres Ergänzungsbandes[c] zu bewerkstelligen beginne? – Nun, ich habe die schöne Entschuldigung, Sie hätten es so gewollt, ich kann mich da auf Ihren letzten Brief berufen. Ich möchte Ihnen aber gerne noch sehr dafür danken, daß Sie mir diesen Band geschenkt haben. Mit Ihrer allgemeinen Einstellung zu dem Verhältnis von Wellen- und Matrizenmechanik und zum Dualismus Welle-Korpuskel bin ich vollkommen einverstanden, und die Kritik bezieht sich nur auf mathematische Einzelheiten.

Ich möchte da gerne zunächst eine spezielle Frage herausgreifen, die Richtungsabhängigkeit der Photo-Elektronen[d]. Für diese spielt eine wesentliche Rolle die Größe[e]

$$A(E')=\int\frac{\partial\psi_\alpha}{\partial y}\psi^*(E')e^{-2\pi i\frac{x}{\lambda}}d\tau \qquad (*)$$

(Gl. (7), S. 212 und S. 216). Ich habe nun große Bedenken gegen die Benutzung des asymptotischen Ausdruckes von $\psi^*(E')$ für große r (Gl. (4), S. 210) bei der Berechnung von $A(E')$. Anläßlich einer Vorlesung, die ich noch in Hamburg gehalten habe[f], sah ich, daß man auf diese Weise ganz unzuverlässige Werte für Matrixelemente wie $A(E')$ bekommt. Fügt man nämlich für $\psi^*(E')$ noch die *weiteren* Terme der asymptotischen Entwicklung nach Potenzen von $\frac{1}{r}$ hinzu, so werden die entsprechenden Beiträge zu $A(E')$ keineswegs sukzessive kleiner, sondern sind alle von derselben Größenordnung. Das bedeutet aber, *daß es* (entgegen dem früher von Wentzel benutzten Weg[g]) *bei Ausführung der Integration über r in* (*) *notwendig ist, für $\psi^*(E')$ den exakten Ausdruck einzusetzen.* – Sie werden leicht sehen, daß zwar die Begründung des Gesetzes $I\sim\cos^2\vartheta$ für langwelliges Licht hiervon unberührt bleibt, daß aber der Faktor von $\cos\vartheta$ in der Klammer von Gl. (19), S. 218 Ihres Buches in Wirklichkeit einen gänzlich anderen Wert haben kann. – Momentan ist ein Doktorand von Wentzel damit beschäftigt, die Rechnung exakt auszuführen[h].

Glücklicherweise ist eine exakte Berechnung von Ausdrücken der Form $A(E')$ wenigstens bei Wasserstoffatom-Eigenfunktionen nicht allzu schwierig. Man bekommt eine hypergeometrische Reihe für $A(E')$, die bei Übergängen von diskretem zu kontinuierlichem Spektrum stets abbricht und bei der K-Schale sogar nur aus einem einzigen Glied (mit allerlei exakt angebbaren Faktoren) besteht. Unabhängig von der *Richtungs*verteilung der Photoelektronen wurden solche exakten Rechnungen für die Größe der Absorptionskoeffizienten der Röntgenstrahlen (also zugleich auch die Gesamtausbeute an Photoelektronen) bei langwelligem

Licht von den Herren *Rabi* und *Nishina* ausgeführt mit dem Resultat, daß bei kleineren Werten der Ordnungszahl keine Übereinstimmung mit der Erfahrung bestand, bei größeren Werten von Z aber ganz gute. Es ist darüber seinerzeit eine kurze Note in den Mitteilungen der Deutschen Physikalischen Gesellschaft 1928, S. 6; (Nr. 1) erschienen[i]. Meine Vermutung ist, daß die Nicht-Übereinstimmung mit der Erfahrung darauf zurückzuführen ist, daß die Annahme der Wasserstoffähnlichkeit der Eigenfunktionen bei kleineren Z unerlaubt ist. Herr Rabi ist jetzt hier in Zürich damit beschäftigt, nachzusehen, ob das Resultat dadurch verbessert werden kann, daß man die Abschirmung der Kernladung durch die äußeren Elektronen berücksichtigt.

Nun noch eine Bemerkung zur Theorie der Comptonelektronen. Hier muß man etwas achtgeben mit der Weise, wie der Faktor $e^{2\pi i\frac{x}{\lambda}}$ einzufügen ist. Man muß nämlich unterscheiden zwischen Matrizen

$$A_{jk}=\int\frac{\partial\psi_k}{\partial y}\psi_j^* e^{2\pi i\frac{x}{\lambda}}d\tau$$

und

$$Q_{jk}=\int y\psi_k\psi_j^*\, e^{2\pi i\frac{x}{\lambda}}d\tau.$$

Zwischen beiden besteht für kleines λ keine einfache Beziehung, während für $\lambda\sim\infty$

$$\int\frac{\partial\psi_k}{\partial y}\psi_j^* d\tau=\frac{4\pi^2 m}{\lambda^2}(E_\lambda-E_j)\int y\psi_j^*\psi_k d\tau$$

wird. Eine nähere Diskussion zeigt, daß die allgemeine Formel für die Smekalsprünge bei kleinem λ so geschrieben werden muß, daß nur die A_{jk} auftreten, die Q_{jk} überhaupt nicht. Ihre Formel (36), S. 207 ist für kleines λ nicht richtig (obwohl sie für den Fall, daß $e^{2\pi i\frac{x}{\lambda}}\sim 1$ gesetzt werden darf, stimmt). In den früheren Arbeiten von *Wentzel*[g] ist derselbe Fehler gemacht, die richtige Formel steht bei *Waller* (Naturwissenschaften[j] und Philosophical Magazine[k]).

Weniger wichtige Punkte in Ihrem Buch können wir vielleicht einmal mündlich besprechen. Dagegen möchte ich gerne noch etwas über das kontinuierliche Röntgenspektrum bemerken, weil aus Ihrem letzten Brief an Scherrer hervorging, daß Sie sich damit beschäftigen. Die Sache ist die, daß Herr *Oppenheimer* bei mir in Zürich eine Arbeit über diesen Gegenstand gemacht hat, die sich schon seit einiger Zeit in der Zeitschrift für Physik im Druck befindet[l]. Er hat dort unter der Annahme wasserstoffähnlicher Eigenfunktionen mit einwandfreien Methoden wohl alles darüber ausgerechnet, was man wünschen kann. Experimentelle Daten hatten wir nicht viele; was vorliegt, ist durch Bremsvorgänge im Metall sehr verwickelt. Wenn Herr Kulenkampff neue Resultate mit ganz dünnen Folien hätte, wäre es sehr schön![m] Auf Grund der Erfahrungen bei der Absorption der Röntgenstrahlen kann man wohl nicht im Voraus wissen, wie weit die Annahme der Wasserstoffähnlichkeit stimmt. Der Gedanke bei der Oppenheimerschen Arbeit war nun der, daß in den Sternen, wo die äußeren Elektronen der Atome weitgehend abdissoziiert sind, diese Annahme jedenfalls zutreffend sein muß. Und er hat das positive Resultat gewonnen, daß der Absorptionskoeffizient, den Eddington in seiner Theorie der Sterne[n] gebraucht hat, und der nach der alten Kramersschen Formel[o] nicht stimmen wollte, sich nun richtig ergibt! – Auf Ihren Brief an Scherrer hin haben wir veranlaßt, daß Sie Korrekturen der Oppenheimerschen Arbeit direkt von Scheel geschickt bekommen. Hoffentlich bedeutet aber diese Arbeit keine Durchkreuzung Ihrer eigenen Arbeitspläne, das würden wir alle sehr bedauern!

Ich habe jetzt einen ziemlich großen Betrieb hier in Zürich[p]. Herr Bloch ist zur Zeit mit der Ausarbeitung einer Theorie der Supraleitung beschäftigt. Die Sache ist noch nicht fertig, scheint aber zu gehen[q]. Herr Peierls treibt Theorie der Wärmeleitung in festen Körpern[r]. – Selber will ich den in der Arbeit von Heisenberg und mir über Quantenelektrodynamik eingeschlagenen Weg noch weiter verfolgen[s]. Obwohl ich weiß, wie ungeheuer dürftig die bisher erzielten Resultate im Verhältnis zur aufgewandten Mühe sind, so glaube ich dennoch, daß wenigstens die *Methoden*, die in dieser Arbeit Verwendung finden, sich in Zukunft noch bewähren werden. – Von Eddingtons $\alpha = \frac{1}{136}$ glaube ich keine Silbe[t] und auch Darwins Note in der Nature[u] scheint mir wenig befriedigend.

Nochmals vielen Dank und viele herzliche Grüße (auch von Scherrer) von Ihrem alten

W. Pauli

Wentzel läßt grüßen und wird Ihnen nächstens schreiben. Gestern Abend habe ich bis 12 Uhr mit ihm zusammen Schnaps getrunken.

[a] Sommerfeld war 1928 zum zweiten Mal als Gastprofessor in den USA gewesen und trat die Rückreise über Japan und Indien an. [b] Vgl. das Rundschreiben [221]. Sommerfeld nahm an dieser Tagung nicht teil. [c] A. Sommerfeld: Wellenmechanischer Ergänzungsband. Braunschweig: Friedr. Vieweg und Sohn 1929. [d] Die hier aufgeführten Mängel der Sommerfeldschen Berechnungen zum Photoeffekt wurden von Sommerfeld und G. Schur korrigiert in ihrer Veröffentlichung: Über den Photoeffekt in der *K*-Schale der Atome, insbesondere über die Voreilung der Photoelektronen. Ann. Phys. **4,** 409 – 432 (1930). Eingegangen am 25. Dezember 1929. Vgl. auch die Darstellung bei Sommerfeld bei den späteren Auflagen des Wellenmechanischen Ergänzungsbandes. Dort werden auch die im folgenden auftauchenden Größen erklärt. [e] Diese *A* sind Entwicklungskoeffizienten nach Eigenfunktionen. (Vgl. hierzu die unter *d* genannte Literatur.) [f] Im Sommersemester 1927 und im Wintersemester 1927/28 hat Pauli in Hamburg Quantenmechanik I. und II. gelesen. (Vgl. hierzu Paulis Kolleghefte in der Sammlung PLC in Genf.) [g] Vgl. G. Wentzel: Zur Theorie des Comptoneffekts. Z. Phys. **43,** 1–8 und 779–787 (1927). Eingegangen am 3. April und am 26. Mai 1927. [h] In der Annalenarbeit *d* weist Sommerfeld auf eine briefliche Mitteilung von Wentzel hin, derzufolge in Zürich J. Fischer in seiner Dissertation die vollständige Verteilungsfunktion mit parabolischen Koordinaten durchgeführt hat. [i] Y. Nishina: Der wahre Absorptionskoeffizient der Röntgenstrahlen nach der Quantentheorie. Verhandlungen der Deutschen Physikalischen Gesellschaft. **9,** 6 – 9 (1928). [j] I. Waller: Zur Frage der Verallgemeinerung der Kramer-Heisenbergschen Dispersionsformel für kurze Wellen beim Mehrkörperproblem. Naturwiss. **15,** 969 (1927). Signiert Kopenhagen 28. September 1927. [k] I. Waller: On the Scattering of Radiation from Atoms. Phil. Mag. **4,** 1228 – 1237 (1927). [l] J. R. Oppenheimer: Über die Strahlung der freien Elektronen im Coulombfeld. Z. Phys. **55,** 725 – 737 (1929). Eingegangen am 6. Mai 1929. [m] H. Kulenkampff hielt während der Physikalischen Vortragswoche in Zürich einen Vortrag über seine „Untersuchungen über die kontinuierliche Röntgenstrahlung." Physik. Z. **30,** 513 – 515 (1929). [n] A. S.

Eddington: Internal Constitution of the Stars. Cambridge 1926. Dort insbesondere Kap. IX und X. [o] Vgl. H. A. Kramers: On the Theory of X-Ray Absorption and on the Continous X-Ray Spectrum. Phil. Mag. (6) **46,** 836–871 (1923). [p] Vgl. Fußnote *b* von [220]. [q] Vgl. F. Bloch: Bemerkung zur Elektronentheorie des Ferromagnetismus und der elektrischen Leitfähigkeit. Z. Phys. **57,** 545–555 (1929). Eingegangen am 21. Juni 1929. [r] R. Peierls: Zur kinetischen Theorie der Wärmeleitung in Kristallen. Ann. Phys. (5) **3,** 1055–1101 (1929). Signiert Zürich, Juli 1929. Eingegangen am 24. Oktober 1929. [s] Vgl. die zweite Arbeit „Zur Quantentheorie der Wellenfelder. II." von Heisenberg und Pauli (1930), die im September fertiggestellt wurde. [t] Vgl. hierzu Fußnote *c* von [213]. [u] C. G. Darwin: The Electromagnetic Equation in the Quantum Theory. Nature **123,** 203 (1929). Signiert 17. Januar 1929.

[226] Pauli an Kronig

[Zürich], 2. Juni [1929]

Lieber Kronig!

Vielen Dank für Ihren Brief. Wir haben nun endgültig festgesetzt, daß der Kongreß in der Woche stattfinden soll, die Montag den 1. Juli beginnt (er wird wohl die ganze Woche dauern)[a]. Die Woche vorher zu wählen war nicht möglich wegen Kollision mit einer Veranstaltung von Debye in Leipzig. Ich hoffe, daß dies sowohl Ihnen wie Kramers paßt. Ich schreibe nicht noch extra an Kramers, bitte vergessen Sie nicht, ihm das obenstehende Datum mitzuteilen und ihm zu sagen, daß ich ihm für seinen Brief danke. Es macht nichts, wenn er nicht vorträgt[b]. Wenn Sie selber das von Ihnen vorgeschlagene Referat über die Dispersionstheorie im Röntgengebiet[c] halten, ist es sehr schön.

Auf Ihren Brief hin haben wir auch C. T. R. Wilson eingeladen (Geiger und Bothe kommen), haben aber noch keine Antwort von ihm.

In der Hoffnung, daß Ihr Vortrag nicht wie jener einstige exponentiell nach Null abklingen wird (wie der radioaktive Zerfall unbeeinflußbar durch äußere Einwirkungen) grüßt Sie und Kramers herzlich

Ihr

W. Pauli

Grüße auch von Scherrer.

Oppenheimer hustet hier fast gar nicht mehr und ist geistig aufgeblüht. Wir machen jetzt zusammen Quantenelektrodynamik[d]. – Bloch treibt Supraleitung und ändert täglich seine Theorie (Gott sei Dank vor der Publikation!).

[a] Vgl. Fußnoten *a* zu [219] und *a* zu [221]. [b] Kramers trug bei dieser Gelegenheit über die schon während des Comer Kongresses 1927 referierten Dispersionrelationen (heute Kramers-Kronig-Relationen) vor. Einen Bericht seines Vortrags: „Dispersion und Absorption von Röntgenstrahlen" findet man in Physik. Z. **30,** 522–523 (1929). In der gleichen Nummer dieser Zeitschrift sind auch die Vorträge weiterer Tagungsteilnehmer enthalten. [c] Vgl. Fußnote *a* von [221]. [d] In ihrer späteren Publikation danken Heisenberg und Pauli (1930) in einer Fußnote auf S. 184 Oppenheimer für die Ausarbeitung der Methode zum Übergang in den Konfigurationsraum.

[227] Pauli an Weyl

Zürich, 1. Juli 1929

Lieber Herr Weyl!

Vor mir liegt das Aprilheft der Proceedings of the National Academy[a]. Nicht nur enthält es eine Arbeit von Ihnen in der Rubrik „Physics“ sondern, wie über Ihrer Arbeit steht, sind Sie jetzt in einem „Physical Laboratory“ zu Hause; wie ich höre, sollen Sie in Amerika sogar eine Professur für theoretische Physik innehaben. Ich bewundere Ihren Mut; denn die Schlußfolgerung erscheint unabweisbar, daß Sie, wenigstens eine Zeit lang, nicht nach Ihren Erfolgen auf dem Gebiet der reinen Mathematik, sondern auf Grund Ihrer treuen, aber unglücklichen Liebe zur Physik beurteilt sein wollen. Verzeihen Sie mir, wenn ich Sie auch weiterhin als Mathematiker betrachte; sonst müßte ich ja untersuchen, wie sich das Maß Ihrer Begeisterung für die Physik zu dem Umfang verhält, in dem sich Ihre Reformvorschläge in der Physik bisher bewährt haben. Das will ich lieber nicht; denn, wenn Sie auch ein Mathematiker sind, so sind Sie doch ein solcher, der weiß, was Physik ist und was in ihr jetzt vorgeht, und es handelt sich darum, aus diesem Umstand einen möglichst großen Nutzen für den Fortschritt der Physik herauszuschlagen.

Deshalb möchte ich mich gerne mit Ihnen über die oben genannte Arbeit schriftlich unterhalten; ihr lyrischer Charakter ist übrigens durch die Übersetzung ins Englische ganz verloren gegangen, und übriggeblieben ist nur die reine Wissenschaft genau wie bei der Arbeit eines ganz gewöhnlichen, unpoetischen Gelehrten.

Es sind zwei Punkte, über die ich besonders mit Ihnen diskutieren möchte.

1. die Wirkungsfunktion zerfällt beim jetzigen Stande unseres Wissens in zwei Teile; einen, der im Wesentlichen die Materiewellen enthält und durch Variieren der φ_p den Viererstrom, durch Variieren der $e^p(x)$ (in Ihrer Bezeichnung) die Energie-Impulsdichte ergibt. Zweitens den Maxwellschen Teil $\mathfrak{H}^2 - \mathfrak{E}^2$ und die Krümmung R (wenn wir bei der Gravitationstheorie von 1916 bleiben). Es war mir formal nicht klar, wie Sie die letztere statt mit den $g_{\mu\nu}$ mit den $e^p(x)$ schreiben wollen und was aus ihr durch Variation der $e^p(x)$ statt der $g_{\mu\nu}$ entsteht. Dies wäre meine erste Frage.

2. Der erwähnte zweite Teil der Wirkungsfunktion liefert für materiefreie Felder die Gravitations- und elektromagnetischen Wellen des Vakuums, bei Anwesenheit von Materie liefert er die Gesetze, wie die Materie felderzeugend wirkt.

Nach meiner Meinung ist es dieser Teil der Lagrangefunktion, der am meisten verbesserungsbedürftig ist und der alle Schwierigkeiten verursacht.

Das $\int (\mathfrak{E}^2 + \mathfrak{H}^2) dV$ enthält nämlich sowohl die Nullpunktsenergie der Strahlung als auch die Eigenenergie der Elektronen. (Die Vorzeichenschwierigkeit von Dirac scheint ja auch mit der Frage der Elektronenmasse zusammenzuhängen.)

Ich vermute, daß die Weiterentwicklung der Quantentheorie hauptsächlich an dieser Stelle Aufklärung bringen muß und zwar im Sinne einer Abkehr von den klassischen Vorbildern.

Dagegen kann ich in keiner Weise Ihre Ansicht* teilen, daß die Schwierigkeit in der Quantelung von Feldgleichungen liegt. Durch die Arbeit von Heisenberg und mir[b] ist jetzt, glaube ich, ein völlig eindeutiges (zweideutig ist nur: symmetrische oder antisymmetrische Statistik) Kochrezept gegeben, das jede beliebig vorgegebene Feldtheorie zu quanteln gestattet. Dieses Kochrezept ist an einigen Stellen mathematisch-technisch verbesserungsfähig**, aber am Resultat wird sich nichts ändern.

In einer künftigen Theorie wird die Wirkungsfunktion voraussichtlich überhaupt nicht in mehrere unabhängige getrennte Summanden zerfallen sondern ich hoffe auf eine einheitliche Auffassung von Materie-, elektromagnetischem- und Gravitationsfeld.

Was sind Ihre Pläne für die Zukunft? Amerika ⟶ Zürich ⟶ Göttingen oder Amerika ⟶ Göttingen? Jedenfalls habe ich die Theorie, daß Göttingen das unvermeidliche Ende sein wird, und die Hoffnung, sie in Zürich wieder mündlich mit meinen boshaften Bemerkungen überfallen zu können, ist gering. Wie gefällt es Ihnen drüben und wie gefällt den Amerikanern das, was ich bei Ihnen als Schminke bezeichnet habe? Vermissen Sie nicht sehr die Möglichkeit, auf deutsch die Lyra schlagen zu können?

Vor allem aber würde ich eines gerne wissen. Was glauben Sie: *Ist das Ganze Amerika mehr als die Summe seiner Teile*? Ich vermute bestimmt: *nein*!

Mit den herzlichsten Grüßen

Ihr

W. Pauli

P.S. Empfehlungen an Ihre Frau. Sie freut sich jetzt gewiß schon auf den Augenblick, wo sie die Kinder wieder aus dem Kasten holen und abstauben wird.

(P.S.)' Ihre Skepsis bezüglich der Einsteinschen 4-Beingeometrie teile ich vollständig[c]. In den Osterferien habe ich Einstein in Berlin besucht und fand seine Einstellung zur modernen Quantenphysik reaktionär. Er möchte immer doch mehr Kausalität, Determinismus und Korpuskeln haben. Aber ich selbst glaube nicht, daß die künftige Entwicklung der Quantenphysik in diese Richtung gehen wird.

---

* Ich weiß natürlich nicht, ob Sie selbst diese Ansicht jetzt noch haben!

** Ich werde Ihnen gerne einen Sonderdruck der Arbeit von Heisenberg und mir schicken mit besonderen Zusatzbemerkungen an den Stellen, wo ich glaube, daß Sie die Mathematik wesentlich verbessern könnten (was wir nicht zu Stande gebracht haben). – Der Trick mit den ε-Gliedern wird sich übrigens vielleicht doch vermeiden lassen.

[a] H. Weyl: Gravitation and the Electron. Proceedings of the National Academy of Sciences. **15,** 323 – 334 (1929). Eingegangen am 7. März 1929. Wenig später erschien von Weyl eine ausführlichere Darstellung: Elektron und Gravitation. I. Z. Phys. **56,** 330 – 352 (1929). Eingegangen am 8. Mai 1929. Signiert Palmer Physical Laboratory, Princeton University, 19. April 1929. Nach Erhalt dieser ausführlicheren Fassung änderte Pauli in einigen Punkten seine Ansichten über Weyls Arbeit. (Vgl. den Brief [235].) Hermann

Weyl hatte 1928 bis zum Herbst 1929 kurzfristig eine Professur in Princeton angenommen. Später folgte Weyl einem Ruf als Nachfolger von Hilbert nach Göttingen. [b] W. Heisenberg und W. Pauli (1929). [c] Vgl. hierzu den Schlußabsatz der deutschen Fassung von Weyls Aufsatz[a] sowie Paulis Brief [239] an Einstein.

[228] Bohr an Pauli

[Kopenhagen], 1. Juli 1929

[Maschinenschriftlicher Durchschlag]

Kære Pauli,

Jeg behøver ikke at sige, at jeg skammer mig over min lange Tavshed. Ikke saa meget over at jeg endnu ikke har faaet sagt, hvor glade vi var for Dit Besøg; det kunde Du ikke undgaa selv at faa et stærkt Indtryk af; men Skæbnen har virkelig været meget unaadig med Hensyn til Afslutningen af de forskellige smaa Noter, som jeg havde lovet at sende. Sagen er imidlertid, at jeg i de sidste Maaneder har arbejdet temmelig flittigt med en Undersøgelse over de statistiske Problemer i Kvanteteorien. Jeg synes virkelig, at jeg nu kann fremstille Iagttagelsesspørgsmaalet væsentlig klarere. Man kann saaledes følge Reciprociteten af Individualitetsbegrebet og Superpositionsprincippet ud i vidtgaaende Konsekvenser. Almindeligt kan man vise, at enhver Brug af det første Begreb begrænser Anvendelsen af det sidste Princip som en unmiddelbar Følge at det Fasestab, som enhver lagttagelse medfører; omvendt indskrænker enhver konsekvent Anvendelse af Superpositionsprincippet Mulighederne for en anskuelig Tydning baseret paa Individualitetsprincippet, saaledes som det fremfor alt kommer til Udtryk ved den kvanteteoretiske Behandling af Systemer med flere ens Partikler. Alt dette indeholder jo intet egentlig nyt. Dog tror jeg som sagt, at jeg kan fremstille det paa en Maade, hvoraf ogsaa andre, maaske endda ogsaa Du? kan lære lidt. Jag havde tænkt at skrive derom i Planckheftete, men det blev altfor langt og tog saa megen Tid, at jeg i sidste Ojeblik af min Artikel maatte udelade al Fysik og holde mig til den rene Filosofi og det endda kun i Antydninger. Jeg haaber imidlertid, at Fysikerne vil se med Øverbærenhed derpaa, og at Planck selv i det mindste vil føle, hvor varmt min lille Artikel var ment. For at Du kan se, at det ikke var helt Usandhed med Løftet om de andre Noter, sender jeg indlagt to Brudstykker. Det ene er Begyndelsen til en Note om den magnetiske Elektron, som jeg maatte lægge til Side for Planckheftet, den andern er et lille Stykke om β-Straalespektrene, som længe har liggest mig paa Sinde, og som jeg i de sidste Dage her faaet renskrevet, uden at jeg dog har kunnet bekvemme mit til at sende det af Sted, da det giver saa lidt positivt og kun er saa skitsemæssigt udført. Jeg skal blive glad vet at høre Din Mening om det altsammen, ganske ligegyldig af hvor strenge eller hvor milde Udtryk Du føler Dig foranlediget til at anvende. Jeg selv trænger meget til Ferie og til i Øjeblikket helt at glemme Fysikken. Jeg seiler i Aften paa en 14 Dages Tur til Østersøen med Bjerrum og

Chievitz. Hvordan staar det til med Dine egne Sommerplaner? Du ved, hvor glade vi skal blive, hvis Du lægger Vejen om ad Danmark. I Øjeblikket er Du jo midt i Fysikerkonferensen i Zürich; der bliver sikkert meget at lære, og jeg vilde gerne være kommet til Stede, hvis jeg ikke trængte saa stærkt til Ferie. Vil Du hilse alle mange Gange fra mig, ikke mindst Geiger, som jeg var umaadelig glad over at være sammen med og bo hos for et Par Uger siden i Kiel. Jeg skrev til ham forleden, men er bange for, at det ikke naaede ham før hans Rejse til Zürich. Nu vil jeg som sagt glemme Fysikken helt, og først naar jeg kommer tilbage prøve at fuldende en systematisk Afhandling over: „Statistik og Reciprocitet i Kvantemekanikken" (jeg haaber ikke, at Du er altfor vred for den nye Navneforandring; den er imidlertid, saavidt jeg kan se, baade sagligt og pædagogisk velbegrundet). Maaske prøver jeg saa ogsaa at udføre de skitsemæssige Brudstykker lidt nærmere, men det kan vi jo altid før den Tid skændes om.

Med mange venlige Hilsener fra alle i København.

Din

[NIELS BOHR]

Übersetzung von [228]

Lieber Pauli!

Ich brauche nicht zu sagen, daß ich mich über mein langes Schweigen schäme. Nicht so sehr darüber, daß es mir nicht gelungen ist zu sagen, wie froh wir über Deinen Besuch[a] waren; es konnte Dir selbst nicht entgehen, einen starken Eindruck davon zu bekommen; aber das Schicksal ist im Hinblick auf den Abschluß der verschiedenen kleinen Noten, die ich versprochen habe zu schicken, sehr ungnädig gewesen. Die Sache ist indessen, daß ich in den letzten Monaten ziemlich fleißig an einer Untersuchung der statistischen Probleme in der Quantentheorie gearbeitet habe. Ich glaube wirklich, daß ich jetzt die Frage der Beobachtbarkeit wesentlich klarer darstellen kann. Man kann so die Reziprozität des Individualitätsbegriffs und des Superpositionsprinzips in weitgehenden Konsequenzen folgern. Allgemein kann man zeigen, daß jeder Gebrauch des ersten Begriffs die Anwendung des letzten Prinzips begrenzt, als eine unmittelbare Folge des Phasenverlustes, den jede Beobachtung mit sich bringt; umgekehrt schränkt jede konsequente Anwendung des Superpositionsprinzips die Möglichkeiten für eine anschauliche Deutung ein, die auf dem Individualitätsprinzip basiert, so wie es vor allem bei der quantentheoretischen Behandlung von Systemen mit mehreren gleichen Teilchen zum Ausdruck kommt. All das enthält ja eigentlich nichts Neues. Doch glaube ich, wie gesagt, daß ich das auf eine Art darstellen kann, woraus auch andere, vielleicht sogar Du?, etwas lernen können. Ich hatte gedacht, darüber im Planckheft zu schreiben, aber es wurde allzu lang und nahm so viel Zeit, daß ich im letzten Augenblick aus meinem Artikel alle Physik weglassen und mich an die reine Philosophie halten mußte, und das sogar nur in Andeutungen[b]. Ich hoffe indessen, daß die Physiker es mit Nachsicht betrachten werden und daß wenigstens Planck selbst fühlen wird, wie herzlich mein kleiner Artikel gemeint war. Damit Du sehen kannst, daß es nicht ganz unwahr war mit dem Versprechen der anderen Noten, schicke ich beiliegend zwei Bruchstücke. Das eine ist der Anfang einer Note über das magnetische Elektron, die ich zu Gunsten des Planckheftes beiseite legen mußte, das zweite ist ein kleines Stück über die β-Strahlspektren[c], das ich lange im Sinn hatte, und das ich in den letzten Tagen ins Reine schreiben ließ, ohne mich jedoch dazu bequemen zu können, es abzuschicken, da es so wenig Positives enthält und nur so skizzenhaft ausgeführt ist. Es würde mich freuen, Deine Meinung über dies alles zu hören, ganz gleichgültig. welch strenge oder milde Ausdrücke Du anzuwenden Dich veranlaßt fühlst. Ich selbst habe Ferien sehr nötig, und es drängt mich, die Physik im Augenblick ganz zu vergessen. Ich gehe auf eine 14tägige Segeltour in die Ostsee mit Bjerrum und Chievitz[d]. Wie steht es mit Deinen eigenen Sommerplänen? Du weißt, wie sehr wir uns freuen würden, wenn Du Deinen Weg nach Dänemark umlegst. Im Augenblick bist Du ja mitten in der Physikerkonferenz in Zürich[e]; es gibt dort sicher viel zu lernen, und ich wäre gern gekommen, wenn ich nicht die Ferien so sehr nötig hätte. Grüße bitte alle vielmals von mir, nicht zuletzt Geiger; ich war ungeheuer froh, mit ihm zusammen zu sein und vor ein paar Wochen bei ihm in Kiel zu wohnen. Ich schrieb neulich an ihn, aber ich fürchte, daß der Brief ihn nicht vor seiner Reise nach Zürich erreichte. Nun will ich, wie gesagt, die Physik ganz vergessen, und erst wenn ich zurückkomme versuchen, eine systematische Abhandlung zu vollenden über „Statistik und Reziprozität in der Quantenmechanik." (Ich hoffe, daß Du wegen der neuen Namensänderung nicht allzu böse bist; diese ist indessen, soweit ich sehen kann, sowohl sachlich als auch pädagogisch wohlbegründet.) Vielleicht versuche ich auch, die skizzenmäßigen Bruchstücke etwas näher auszuführen, aber darüber können wir vorher immer noch streiten.

Mit vielen freundlichen Grüßen von allen in Kopenhagen.

Dein

[Niels Bohr]

[a] Bohr bezieht sich hier auf Paulis Besuch im April (vgl. Fußnote *b* von [217].) [b] N. Bohr: Wirkungsquantum und Naturbeschreibung. Naturwiss. **17**, 483–486 (1929). Dieser Aufsatz war ein Beitrag zur Festschrift zu Plancks goldenem Doktorjubiläum. [c] Vgl. hierzu die Fußnote *c* von [217]. [d] Vgl. hierzu Fußnote *a* von [205]. [e] Vgl. Fußnote *b* von [217].

[229] Ehrenfest an Pauli

Leiden, 1. Juli 1929

[Maschinenschriftlicher Durchschlag]

Lieber Pauli!

Ich würde mich sehr freuen, wenn SIE (!!) in der Züricher Diskussion eine dunkle Geschichte rings um die Röntgen-Diffraktion in FLÜSSIGKEITEN aufklären helfen wollten.

Keesom[a] hat mich auf diesen dunkeln Punkt aufmerksam gemacht. Ich war zumindest in diesen unruhigen Tagen des Jahresschlusses nicht imstande, die Sache durch Durchrechnen zu entscheiden.

Es handelt sich kurz um Folgendes: Zernike und Prins (Zeitschrift für Physik **41**, 190, 1927) haben in ihrer sehr witzigen Arbeit[b] das Spektrum nullter Ordnung verloren.

Dazu ist zu bemerken:

1. Die erste Reaktion jedes geehrten Fachgenossen auf diese Konstatierung besteht in der Sezernierung der hochmütigen Bemerkung: ach was, das ist doch einfach die durchgehende Strahlung. (Machen Sie das Experiment mit den nicht allzu routinierten Genossen!) Nachdem aber diese Dummheit sezerniert ist, kann man einen beträchtlichen Prozentsatz der Zeitgenossen überzeugen, daß das eine Dummheit war. Man kann sie zum Beispiel bitten, um dieses Mißverständnis zu vermeiden ZUNÄCHST einmal an das REFLEKTIERTE Spektrum nullter Ordnung zu denken.

2. Nun also, sie haben das Spektrum nullter Ordnung wegeskamotiert und DADURCH (!) zunächst einmal gerade dort ein tödliches Minimum bekommen, wo die Deutung des EINZELNEN Moleküls gerade sein jubelndes Maximum nullter Ordnung zeigen würde!

3. EHRLICH geht das nicht! Denn wann verschwinden Spektra nullter Ordnung? – NUR dann, wenn die Gitterfunktion bei Fourierentwicklung kein konstantes Glied hat, das heißt, wenn der Mittelwert der Gitterfunktion NULL ist. – Ja Schnackerln!

4. Aber wie eskamotiert man was weg? Ach es gibt viele Methoden. Aber das anerkannt eleganteste Fleckputzmittel sind geschickte Doppellimiten! Willst Du also das (besonders starke) Spektrum nullter Ordnung wegeskamotieren, so sorge erst, daß es durch einen Grenzübergang (der für die Spektra anderer Ordnung nichts dramatisches liefert) MATHEMATISCH scharf sich auf die Richtung: Beugungswinkel $\varphi=0$ kontrahiert und fürchte Dich ja nicht davor, daß es bei dieser Gelegenheit au schreit und unendlich wird. Keine Angst! Nachdem dieser Grenzübergang glücklich überstanden ist, lasse nun behaglich den Beugungswinkel *φ in der fertigen Formel* von großen Werten langsam gegen Null abnehmen. Freue Dich, die Spektren 7ter, 6ter..., zweiter, erster Ordnung wellig auftauchen zu sehen

und zeige nun triumphierend, daß die Intensität bei immer größerer Annäherung an $\varphi = 0$ so echt appetitlich nach NULL KONVERGIERT.

5. Sollte Dich aber hinterher doch das Gewissen des gesunden Menschenverstandes beißend fragen: Donnerwetter, wo ist doch eigentlich das praktisch unverwüstbare (!) Spektrum nullter Ordnung geblieben?! Nun, dann beschwichtige Dich rasch mit der Antwort: Im Loch des Films, das man ausschneidet, um den durchlaufenden Strahl durchs Hintertürl herauszulassen.

6. *ABER: Wie breit ist das Spektrum nullter Ordnung?*

Lieber, lieber Pauli! Sorgen Sie dafür, daß diese letztere Frage nicht hupschdrich, schwupdrich, sondern ZUVERLÄSSIG entschieden wird. Ich meine auch durch sorgfältige Rechnung. Für Winkel sehr nahe bei Null werden die sonst unbedenklichen Grenzübergänge SEHR verdächtig. Leider habe ich das in diesen Tagen nicht entwirren können.

Ach ja! In Debyes Arbeit[c] Physikalische Zeitschrift **28,** 139, 1927 scheinen im Nenner der Formel 8, pag. 138, die gerade für Spektrum nullter Ordnung verschwindenden Nenner vergessen zu sein, sagt mir unser Student Florin[d]. Ich habe es nicht kontrolliert.

[a] Willem Hendrik Keesom, seit 1923 Professor für Physik und Kollege Ehrenfests in Leiden, ist insbesondere durch seine zahlreichen Untersuchungen zur Thermodynamik der Phasenübergänge und Kältephysik bekannt geworden. [b] F. Zernike und J. A. Prins: Die Beugung von Röntgenstrahlen in Flüssigkeiten als Effekt der Molekülanordnung. Z. Phys. **41,** 184–194 (1927). Eingegangen am 25. Dezember 1926. – Vgl. auch den Bericht von J. A. Prins: „Flüssigkeitsinterferenzen" während der Physikalischen Vortragswoche der ETH Zürich vom 1.–4. Juli 1929, über den in Physik. Z. **30,** 525–526 (1929) referiert wird. [c] P. Debye: Über die Zerstreuung von Röntgenstrahlen in amorphen Körpern. Physik. Z. **28,** 135–141 (1927). [d] Henri Bernhard Joseph Florin wird in den Verzeichnissen der Universität Leiden als Student der Naturwissenschaften genannt.

[230] Pauli an Ehrenfest[a]

Zürich, 7. Juli 1929

Lieber Herr Ehrenfest!

Vielen Dank für Ihren schönen Brief. – Die Umfrage bei den Fachgenossen[b] hat ergeben, daß kein Mensch beim Spektrum nullter Ordnung Doppelkanten macht und daß auch niemand meint, dieses sei mit der ungestörten durchg[eh]enden Strahlung völlig identisch. Aber über die Frage der *Breite* des Spektrums nullter Ordnung gingen die Ansichten auseinander. Ein Teil der Physiker (Debye, Prins) meinte, diese Breite sei (im Winkelmaß) von der Größe (Wellenlänge)/(Dimension des bestrahlten Präparates); das wäre zwar nicht mathematisch, aber doch praktisch unendlich klein. Der andere Teil der Physiker (Waller, Mark) [me]inte aber, auch bei beliebig großen Dimensionen des bestrahlten Präparates müsse noch ein endlicher Spielraum übrig bleiben; und zwar sei dieser von derselben Art wie der endliche Ansprechbereich, den Ewald für das Braggsche Gesetz bei Kristallen ausgerechnet hat (bei *nullter* Ordnung ist der auch da). Für Gase oder Flüssigkeiten ist das aber noch nicht ordentlich gerechnet worden; Kramers hatte diesbezüglich noch besondere Ideen, die ich aber nicht ordentlich verstehen konnte, weil sie ihm selber nicht klar waren.

Ich selbst glaube, wie der zweite Teil der Physiker, an die endliche Breite des Spektrums 0.ter Ordnung unabhängig von den Dimensionen des bestrahlten Präparates; aber praktisch ist die Sache wohl nicht sehr wichtig.

Veranlassen Sie doch Kramers (ihn interessiert die Sache), daß er das Problem durchrechnet!

Viele Grüße von der

G[eissel] G[ottes]

[a] Anschließend an diesen Brief folgt ein Schreiben in russischer Sprache von Tatjana Ehrenfest. [b] Diese „Umfrage" wurde während der Physikalischen Vortragswoche in Zürich gemacht.

[231] Pauli an Bohr

Zürich, 17. Juli 1929

Lieber Bohr!

Vielen Dank für Deinen ausführlichen Brief, der mir viel Freude gemacht hat. Hoffentlich bist Du inzwischen von Deiner Segeltour *gut erholt* zurückgekommen.

Die kleine Note über das magnetische Elektron hat mir so gut gefallen, daß ich es außerordentlich bedauert habe, daß sie nicht fertiggestellt und zum Druck abgeschickt ist. Wenn ich Dir einen Rat geben darf, so ist es der, *vor allem anderen diese Note abzuschicken und dies möglichst bald zu tun*! – Anders ist es mit der Note über die β-Strahlen[a]: Ich muß sagen, daß sie mich *wenig* befriedigt hat. Sie fängt so unerfreulich an mit der Besprechung der unsinnigen Bemerkung von G.P. Thomson, und die Engländer werden daraus nur den falschen Schluß ziehen, daß Du diese Bemerkungen für wichtig hältst. Dann kommt die unangenehme Einführung des Elektronendurchmessers d; ich meine *nicht*, daß das gerade unerlaubt ist, aber es ist immer eine gewagte Sache. Man müßte dann auch berücksichtigen, daß für nahezu mit Lichtgeschwindigkeit bewegte Elektronen infolge der Lorentzkontraktion d viel kleiner ist als $\frac{e^2}{m_0 c^2}$, nämlich

$$\frac{e^2}{mc^2}\left(m=\frac{m_0}{\sqrt{1-v^2/c^2}}\right)$$

wenigstens in der Längsdimension.

In Zürich hat uns Frl. Meitner einen schönen Vortrag über die experimentelle Seite der Frage gehalten[b] und sie hat mich *beinahe* davon überzeugt, daß man das kontinuierliche β-Spektrum *nicht* durch sekundäre Prozesse (γ-Strahlemission etc.) erklären kann. Wir wissen also wirklich *nicht*, was da los ist! Du weißt es auch nicht, kannst nur Gründe dafür angeben, *warum* wir nichts verstehen. Du schreibst ja selbst, der Zweck der Note sei der, zu betonen, „eine wie geringe Grundlage wir besitzen für eine theoretische Behandlung des Problems des β-Strahl-Zerfalles.“ Hier muß ich aber die Frage aufwerfen, ob ein so negativer Zweck es überhaupt rechtfertigen kann, eine Note zu publizieren! *Lasse die Note also jedenfalls noch recht lange liegen. Und lasse die Sterne in Frieden strahlen*!

Betreffend die Möglichkeit, über „Statistik und Reziprozität in der Quantenmechanik“ etwas *Neues* sagen zu können bin ich zwar etwas skeptisch, aber ich zweifle nicht, daß alles was Du darüber sagen wirst, schön und interessant sein wird*. Ich glaube auch, daß Du glücklicher und zufriedener sein wirst, nachdem Du die neue Abhandlung geschrieben haben wirst[c].

Von Deinem Artikel im Planckheft[d] war ich *gerade deshalb* sehr befriedigt, *weil* alle Physik ausgelassen war; das war einmal etwas Neues, Originelles und Anregendes! (Ob es richtig ist, darüber zu urteilen, muß auch ich den Psychologen und Fachphilosophen überlassen, ich fühle mich da ebenso – oder vielleicht sogar noch *mehr* – als Laie wie Du.) – Gegen die Namensveränderung Reziprozität statt Komplementarität habe ich gar nichts, nur hätte ich eine nähere Darlegung der *Gründe*, die Dich dazu geführt haben, in dem Artikel gewünscht.

Ich fahre wahrscheinlich Anfang August mit Hecke nach Süd-Schweden. Die Versuchung, Dich dann etwa Mitte August in Deinem Haus ohne Wasserleitung zu besuchen (ich würde viele Kerzen mitbringen!) ist groß. *Ich will Dir aber keine Mühe machen, könnte ja ein paar Tage in Tisvilde im Hotel wohnen*! Ich vermute übrigens, daß Klein in einem anderen Haus ohne Wasserleitung und ohne Licht (ausgenommen den Fall, daß das Haus der Frau Maar[e] gehört) in der Nähe von Dir wohnen wird; und es würde mich auch sehr freuen, ihn zu sehen.

Ich könnte mit einem kürzeren Aufenthalt in Dänemark noch den anderen Zweck verbinden, selbst eine Arbeit zusammenzuschreiben, die Oppenheimer und ich gemeinsam in Zürich gemacht haben und die eine Weiterführung der Arbeit von Heisenberg und mir über Quantenelektrodynamik enthält[f]. Sehr befriedigt bin ich von der ganzen Theorie von Heisenberg und mir *nicht* (obwohl ich schon glaube, daß sie „gewisse Züge“ mit einer künftigen richtigen Theorie gemeinsam haben wird). Insbesondere macht die Eigenenergie der Elektronen viel größere Schwierigkeiten als Heisenberg anfangs gedacht hat. Auch sind die *neuen* Resultate, zu denen unsere Theorie führt, überhaupt sehr dürftig und die Gefahr liegt nahe, daß die ganze Angelegenheit allmählich den Kontakt mit der Physik verliert und in reine Mathematik ausartet. (Ich werde sehr gerne hören, was Du darüber meinst; dann kannst *Du* kritisieren und die Reziprozität wird vollständig hergestellt sein!)

---

* Du siehst, ich sage nicht „geistreich und interessant.“

Trotz allem habe ich aber das starke Bedürfnis, gewisse Gedankengänge noch weiter und zu Ende zu denken! Was sind Deine Reisepläne für das nächste Jahr? Wie hast Du Dich bezüglich der Amerikareise entschieden? Viele herzliche Grüße von Deinem

W. Pauli

Empfehlungen an Deine Frau!

[a] Vgl. hierzu Bohrs Brief [228] sowie dort die Fußnote *c*. [b] L. Meitner: Energieverteilung der primären β-Strahlen und die daraus zu folgernde γ-Strahlung. Bericht eines Vortrags, der während der Physikalischen Vortragswoche vom 1.–4. Juli 1929 in Zürich gehalten wurde. Physik. Z. **30**, 515–516 (1929). Vgl. auch die Fußnote *c* von [217]. [c] Diese Abhandlung von Bohr wurde nicht veröffentlicht! [d] Vgl. den unter der Fußnote *b* von [228] zitierten Aufsatz. Dort benutzt Bohr auf S. 485 das Wort Reziprozität. (Vgl. hierzu auch den Brief [233].) [e] Frau Maar spielte für die jungen ausländischen Gäste am Bohrschen Institut eine nicht unwichtige Rolle. Als Witwe eines Kopenhagener Professors stellte sie ihr Haus gastfreundlich zur Verfügung und gab den jungen Physikern eine Einführung in die dänische Sprache und Kultur. [f] In der zweiten im September eingereichten Arbeit von Heisenberg und Pauli (1930) „Zur Quantentheorie der Wellenfelder" wird auf Oppenheimers Mitwirkung aufmerksam gemacht (vgl. dort die Fußnote auf S. 184). Ebenso wird dort auf eine beabsichtigte Weiterführung ihrer Arbeit durch Oppenheimer hingewiesen; zu einer gemeinsamen Publikation von Pauli und Oppenheimer kam es allerdings nicht mehr. Oppenheimer war bereits in die USA zurückgekehrt, wo er sich mit Heisenberg traf. (Vgl. den folgenden Brief [232] sowie auch das Interview vom 20. November 1963 mit Oppenheimer (SHQP, Tape 91, b)).

[232] Heisenberg an Pauli

[USA], 20. Juli 1929

Lieber Pauli![a]

Vielen Dank für Deinen Brief; mit Oppenheimer hab' ich ausführlich über die ganzen Fragen gesprochen[b]. Ich finde Eure Untersuchungen sehr schön, alle Resultate scheinen sehr plausibel und die katastrophale Wechselwirkung des Elektrons mit sich selbst regt mich trotz Deiner Mahnungen nicht so sehr auf. Du hast natürlich recht, daß diese Wechselwirkung einstweilen die Theorie unanwendbar macht; aber das ist sie ja wegen der Diracsprünge schon sowieso. Jedenfalls wird die Theorie sich noch viel ändern.

Vielleicht kannst Du mit meiner Formulierung ohne Zusatzglieder etwas für Deine Wechselwirkung herausschlagen. Ich hab' diese Überlegungen noch etwas ausgebaut und zusammengeschrieben und schicke Dir gleichzeitig eine Kopie davon. Ich möchte Dich bitten, sie kritisch durchzulesen und sie entweder, wenn Du nicht einverstanden bist, nach Japan zurückzuschicken; oder, wenn Du einverstanden bist, eine Wahl zwischen folgenden beiden Möglichkeiten zu treffen: Die Note kann zusammen mit Deiner und Oppenheimers Überlegungen als gemeinsame

Arbeit publiziert werden; oder getrennt davon; im letzteren Fall schicke sie bitte an Scheel (meine Adresse vom 1.–14. September: Japan, Physikalisches Institut der Universität Tokyo). Mir ist beides genau gleich recht[c].

Wenn ich zum Nachdenken Zeit hab' (das wird allerdings erst auf dem Stillen Ozean eintreten), will ich noch eine Spur verfolgen, die mir etwas hoffnungsvoll vorkommt: Damit die Diracschwierigkeit verschwindet, müßte man erreichen, daß die Energie stets notwendig positiv bleibt[d]. Ein sicheres Mittel dazu wäre, wenn man sie als Quadrat oder als Summe von Quadraten schreiben könnte. Nun eignen sich die ψ_ϱ wegen der V[ertauschungs-] R[elationen] mit dem + Zeichen, genau wie die Diracschen α_i sehr gut dazu, einen Operator als Quadrat zu schreiben. Eine Überschlagsrechnung zeigte, daß man wahrscheinlich alle Terme in der Hamiltonfunktion mit Ausnahme der $\psi^*\psi\alpha_k\Phi_k$ leicht bekommen kann. An Stelle der Wechselwirkungsglieder tritt dann aber etwas anderes, wie natürlich zu erwarten ist, wenn etwas vernünftiges herauskommen soll.

Über Dr. Berliner hab' ich wegen des Planckheftartikels[e] eine Schandwut gehabt. Erstens ist es ein Skandal, daß er Dich mit solchem Mist behelligt, Du hast Deine Zeit ja auch nicht gestohlen, und zweitens war der ganze Aufsatz im Eisenbahnwagen unter den ungünstigsten Verhältnissen hingeschmiert; ich hatte ihn an Berliner geschickt mit der ausdrücklichen Hoffnung, daß ich in den Korrekturen noch viel ändern könnte, wenn ich das Manuskript so frühzeitig schickte (etwa 14 Tage vor dem Termin). Ich hab' nach Deinem Brief sofort an Berliner telegraphiert, aber bis jetzt noch keine Antwort bekommen (!). Ich finde, daß das Verfahren von Berliner gegen jede gute Sitte verstößt, er hat mir damals nicht einmal den Empfang des Manuskriptes bestätigt. Hoffentlich hast Du recht viel geändert im Manuskript. Mir lag ziemlich viel daran, daß insbesondere der Einfluß von Bohr in den prinzipiellen Fragen klar geschildert wurde und daß auch die Wellentheorie nicht zu kurz kam; d. h. ich hab' mir viel Mühe um historische Korrektheit gegeben, hab' aber andererseits keineswegs ein Literaturregister mit den Namen aller Autoren schreiben wollen.

Hier in Amerika bleib' ich noch gut 14 Tage. Dann fahr' ich zusammen mit Dirac nach Japan, wo ich am 30. August ankommen soll[f]. Dort bleib' ich bis Mitte September. Am 5. Oktober komme ich in Kalcutta an (Physikalisches Institut der Universität), am 17. Oktober fahr' ich von Indien ab und bin 5. November in Leipzig. Dann hoff' ich, wieder richtig Physik treiben zu können. Vielleicht können wir uns im Winter auf irgendeiner Tagung treffen. Also viele herzliche Grüße

Dein

W. HEISENBERG

[a] Am oberen Briefrand stehen folgende Bemerkungen von Pauli: „1. Vollständigkeit der Lösung. Eliminierbarkeit der nicht [eichinvarianten] Größen. 2. Fragen der *großen* Eichinvarianz. $x = q$-Zahl. Übergang von (8) zu (9) falsch! An Oppenheimer: Näherungsmethode ausgelassen. Gründe: 1) Soll nach Heisenberg ohne q-Glieder gemacht werden. 2) Brief erschienen. 3) Verschiedene Größenordnung der

ψ_ϱ." [b] Vgl. hierzu Fußnote *f* von [231]. [c] Pauli entschloß sich, seine und Heisenbergs Überlegungen als Fortsetzung „Zur Quantentheorie der Wellenfelder. II." (1930) zu publizieren. Oppenheimer veröffentlichte seine Ergebnisse unabhängig davon als eine „Note on the theory of the interaction of field and matter" in Phys. Rev. **35**, 461–477 (1930). Eingegangen am 12. November 1929. [d] Einen Ausweg aus dieser „Diracschwierigkeit" fand schließlich Dirac selbst gegen Jahresende. Vgl. P. A. M. Dirac: A Theory of Electrons and Protons. Proc. Roy. Soc. A **126**, 360–365 (1930). Eingegangen am 6. Dezember 1929. [e] W. Heisenberg: Die Entwicklung der Quantentheorie 1918–1928. Naturwiss. **17**, 490–496 (1929). (Festschrift zu Max Plancks 50-jährigem Doktorjubiläum.) [f] Vgl. hierzu Heisenbergs Erinnerungen in: Der Teil und das Ganze. München: Deutscher Taschenbuchverlag 1973. Dort S. 121 ff.

[233] Bohr an Pauli

Lynghuset, Tibirkelunde.

pr. Tisvildeleje, 31. Juli 1929

[Entwurf zu einem Brief]

Kære Pauli!

Tak for Dit rare lange Brev, som jeg, lige hjemkommen fra Sejltur og Fodtur i Jylland, finder her i Tisvilde. Hvor vilde det være morsomt om Du i Forbindelse med Din Ferierejse til Sverige kunde besøge os her nogle Dage. Jeg længes efter at snakke med Dig om mange Spørgsmaal. Hvad den lille Artikkel til Planckheftet angaar, er jeg bange for at Navneforandringen var en Dumhed; Sagen har saa mange Sider rent pædagogisk set, og jeg spekulerer lidt paa at sende et Brev til Naturwissenschaften for at forklare at min Kærlighed til Kunstord ikke saa meget skyldes en Trang til Mystik som Bestræbelsen for at undgaa denne ved selve Sprogets Hjælp. Du synes vist heller ikke at dette er meget klart, men det kan vi jo tales nærmere om, naar Du kommer. Det passer storartet om Du vil skrive paa et Arbejde her; Du behøver ikke at tage „Lys" med, vi har nu elektrisk Belysning herude. Jeg haaber at Du bliver længe; Du ved jo ogsaa at Du altid kan bo paa Institutet. Mange venlige Hilsner fra Margrethe og hele Familien

Din

N. Bohr

Übersetzung von [233]

Lieber Pauli!

Dank für Deinen lieben langen Brief, den ich – gerade von einer Segel- und Wandertour in Jütland heimgekommen[a] – hier in Tisvilde vorfinde. Wie nett wäre es, wenn Du, in Verbindung mit Deiner Ferienreise nach Schweden[b], uns hier einige

Tage besuchen könntest. Ich sehne mich danach, mit Dir über viele Fragen zu reden. Was den kleinen Artikel für das Planckheft angeht, fürchte ich, daß die Namensänderung eine Dummheit war; die Sache hat rein pädagogisch gesehen so viele Seiten, und ich überlege etwas, einen Brief an die Naturwissenschaften zu senden, um zu erklären, daß meine Vorliebe für Kunstwörter nicht so sehr von einem Drang zur Mystik herrührt, sondern von dem Bestreben, dieser mit Hilfe der Sprache selbst zu entgehen[c]. Du glaubst wohl auch nicht, daß dies sehr klar ist, aber darüber können wir ja näher sprechen, wenn Du kommst. Es paßt großartig, wenn Du hier an einer Arbeit schreiben willst; Du brauchst keine „Kerzen" mitzubringen, wir haben hier draußen jetzt elektrische Beleuchtung. Ich hoffe, daß Du lange bleibst; Du weißt ja auch, daß Du immer im Institut wohnen kannst. Viele freundliche Grüße von Margrethe und der ganzen Familie

Dein

N. Bohr

[a] Vgl. Fußnote *d* von [228]. [b] Pauli beabsichtigte mit seinem langjährigen Freund Erich Hecke (seit 1919 Prof. der Mathematik an der Universität Hamburg) die Ferien in Schweden und Norwegen zu verbringen. (Vgl. den Brief [231] und [235].) [c] Vgl. den unter *b* von [228] zitierten Aufsatz, sowie Paulis Kritik in [231].

[234] Heisenberg an Pauli

Chicago, 1. August [1929]

Lieber Pauli!

Eigentlich hab' ich nichts Neues zu schreiben; bevor ich diesen Kontinent verlasse, will ich aber doch noch Grüße schicken, weil ich auf dem Wege nach Westen vielleicht zu nichts Vernünftigem komme. Außerdem muß ich Dir eine Moralpredigt halten: Du willst also im nächsten Semester den Peierls als Assistenten haben[a]? Mir ist das natürlich im Prinzip völlig recht, ich finde aber, Du mußt mir als Ersatz auch gute Physiker nach L[eipzig] schicken; besonders möchte ich gern, daß der Bloch wieder für eine Zeit nach L[eipzig] kommt[b], ließe sich das nicht machen? Ich fände sehr schön, wenn wir so eine Art Physikeraustausch zwischen Zürich und L[eipzig] einrichten könnten, aber er muß gegenseitig sein, denn sonst sitz' ich am Schluß allein da. In einem Winkel meines Herzens finde ich, daß wir eventuell für ein Semester auch die Assistenten tauschen könnten, der Beck[c] könnte von Dir viel lernen, und ich von Bloch. Aber darüber können wir ja später verhandeln; wann trifft man Dich, kommst Du Weihnachten nach München?

Über Physik weiß ich seit meinem letzten Brief absolut nichts Neues. Ich beschäftige mich hier damit, mit den offiziellen Bonzen dieser Universität über meine Abreise zu streiten, eine äußerst unerfreuliche Tätigkeit; ich freu' mich drauf, am nächsten Mittwoch im Zuge zu sitzen.

Hoffentlich wissen wir bis zum November mehr über die Selbstenergie und die Diracsprünge.

Viele Grüße

Dein

W. HEISENBERG

[a] Rudolf Peierls, ebenfalls ein Schüler von Sommerfeld, war Ende 1929 aus Leipzig nach Zürich gekommen, wo er bis 1932 Assistent von Pauli war. Vgl. W. Heisenberg: Laudatio zur Verleihung der Planck-Medaille an Prof. Dr. R. E. Peierls (Birmingham). Phys. Verh. **11**, 354–357 (1963). [b] Vgl. hierzu die Fußnote *a* von [220]. [c] Guido Beck hatte 1925 bei Hans Thirring in Wien promoviert und war seit 1928 Assistent bei Heisenberg in Leipzig. Er verfaßte u.a. den Artikel über „Allgemeine Relativitätstheorie" für das Handbuch der Physik. 4. Band. Berlin: Verlag von Julius Springer 1929.

[235] PAULI AN WEYL

Kopenhagen, 26. August 1929

Lieber Herr Weyl!

Diesmal habe ich den Sommer zusammen mit Hecke verbracht und zwar in Norwegen[a]. Auf der Rückreise halte ich mich nun etwa 1 Woche in Kopenhagen auf, um eine neue Arbeit von Heisenberg und mir zu schreiben[b]; doch davon später. Eben hat mich heute Ihr Brief erreicht und den will ich gleich beantworten. Es tut mir sehr leid, daß die „Bosheiten" meines letzten Briefes Sie geärgert haben; dies zu erzielen war keineswegs ihr Zweck, sondern sie waren durchaus Selbstzweck. (Es sei wie es wolle, sie waren doch so schön – so schön, daß ich mich dafür sogar gerne auf den Scheiterhaufen werfen ließe.)

Im Gegensatz zu den Bosheiten ist aber der sachliche Teil meines letzten Briefes inzwischen stark überholt, vor allem auch durch Ihre eigene Arbeit in der Zeitschrift für Physik[c]. Aus diesem Grunde habe ich es nachher sogar bedauert, den Brief an Sie abgeschickt zu haben. Nach dem Studium dieser Arbeit glaube ich das, was Sie wollen und anstreben, nun wirklich verstanden zu haben (auf Grund der kleinen Note in den Proceedings of the National Academy[d] war das noch nicht der Fall). Zuerst will ich diejenige Seite der Sache hervorheben, bei der ich voll und ganz mit Ihnen übereinstimme: Ihr Ansatz zur *Einordnung der Gravitation in die Diracsche Theorie des Spinelektrons.*

Ich bin nämlich dem Fernparallelismus ebenso feindlich gesinnt wie Sie, und es ist eine wahre Erlösung, daß bei Ihnen die Achsenkreuze in verschiedenen Punkten willkürlich gegeneinander drehbar sind. (Und hier muß ich Ihrer Tätigkeit in der Physik Gerechtigkeit widerfahren lassen. Als Sie früher die Theorie mit $g'_{ik} = \lambda g_{ik}$

machten[e], war dies reine Mathematik und unphysikalisch, Einstein konnte mit Recht kritisieren und schimpfen. Nun ist die Stunde der Rache für Sie gekommen; jetzt hat Einstein den Bock des Fernparallelismus geschossen[f], der auch nur reine Mathematik ist und nichts mit Physik zu tun hat, und *Sie* können schimpfen!) Auch wenn man das Massenglied nicht streicht und 4 Komponenten der Wellenfunktion hat, wird Ihre Methode, die Gravitation zu behandeln, ohne weiteres anwendbar sein. Damit komme ich aber zur anderen Seite der Sache, wo ich nicht ganz Ihre Ansicht teile, nämlich *die Frage der ungelösten Schwierigkeiten der Diracschen Theorie* (zwei Vorzeichen von m_0) und die Frage der Zweikomponententheorie. Nach meiner Meinung soll man diese Probleme nicht mit dem der Berücksichtigung der Gravitation zusammenmischen. Die Hoffnung, für das Massenglied in der Gravitationstheorie einen Ersatz finden zu können, scheint mir trügerisch; die Gravitationseffekte werden numerisch immer viel zu klein sein. Überdies besteht gegen die Zweikomponententheorie ein rein mathematischer Einwand: Wie aus den Formeln (1) und (2) Ihrer Arbeit unmittelbar hervorgeht, muß in einer solchen Theorie der Viererstrom notwendig ein Nullvektor sein*:

$$-s_0^2+s_1^2+s_2^2+s_3^2=0\,.$$

Für das Bestehen einer solchen Beziehung zwischen Ladungsdichte und Stromdichte (in jedem Raum-Zeitpunkt) sind nicht nur keine Anhaltspunkte in der Erfahrung vorhanden, sondern sie scheint auch mit den Maxwellschen Gleichungen nicht verträglich zu sein, indem die entsprechende Relation zwischen den Feldstärken und ihren Ableitungen im allgemeinen nicht erfüllbar sein wird. Es scheint mir demnach angemessen, bei der Vierkomponententheorie von Dirac und dem Massenglied vorläufig zu *bleiben* und unser Unvermögen, die damit verknüpften Schwierigkeiten zu überwinden, offen einzugestehen! (Mein Wunsch, die Elektrizität in den ψ aufgehen zu lassen, ist natürlich auch nur ein Traum, und ich weiß vorläufig gar nicht näher, wie das gemacht werden könnte. Dennoch glaube ich, daß der Maxwellsche Teil der Wirkungsfunktion noch wird modifiziert werden müssen. Vielleicht hilft die Quantisierung der Felder weiter.)

Nun zur Frage der *Quantisierung der Felder*. Wie Sie vielleicht gesehen haben, enthält die publizierte Arbeit von Heisenberg und mir eine Scheußlichkeit in Gestalt der mit ε behafteten Glieder[g]; diese zerstören sogar teilweise die Eichinvarianz. In der neuen Arbeit von Heisenberg und mir[b], die ich jetzt fertig schreiben will, wird gezeigt, wie gerade mit Hilfe der Eichinvarianz diese ε-Terme entbehrt werden können. Unter Eichinvarianz verstehe ich solche Substitutionen

$$\psi'=e^{i\lambda}\cdot\psi,\quad \bar{\psi}'=e^{-i\lambda}\cdot\bar{\psi},\quad \phi'_p=\phi_p-\frac{\partial\lambda}{\partial x_p},$$

in denen λ sogar eine q-Zahl sein kann, aber *speziell* eine solche, die mit den ψ und $\bar{\psi}$ auf jedem raumartigen Querschnitt $t=\text{const.}$ vertauschbar ist. (Die Abhängigkeit

* Darauf hat mich Herr Gordon gelegentlich aufmerksam gemacht.

der Funktion λ von den Koordinaten bleibt nach wie vor ganz willkürlich, auch braucht λ mit den elektromagnetischen Feldstärken *nicht* vertauschbar zu sein.) Diese Einschränkung für λ geschieht deshalb, damit dieV[ertauschungs]-R[elationen]

$$[\psi_\varrho^{(p)}, \psi_\sigma^{(p')}]_\pm = \delta(p, p') \cdot \delta_{\varrho\sigma}$$

eichinvariant bleiben. Nun zeigt es sich, daß die eichinvarianten Größen bereits vollkommen bestimmt sind, wenn neben den angegebenen Vertauschungsrelationen nur solche zwischen eichinvarianten Größen untereinander angesetzt werden. Und diese letzteren sind mit der gefürchteten Gleichung div $\mathfrak{E} = \sum_\varrho \psi_\varrho^* \psi_\varrho$ verträglich! V[ertauschungs]-R[elationen] zwischen den ψ und den Feldstärken sind dagegen z. B. überflüssig. Auf diese Weise werden die ε-Terme entbehrlich!

Was mich nun am meisten interessiert, ist die Frage, wie in Ihrer Gravitationstheorie die $\boldsymbol{e}(\alpha)$ selber zu quanteln sein werden. Ich freue mich *sehr* darauf, mit Ihnen in Zürich alle diese Fragen durchsprechen zu können und hoffe weiter auf ein gedeihliches Zusammenarbeiten. Also auf zur Quantelung der Felder und nieder mit dem Fernparallelismus!

Nun noch die rein technische Bemerkung, daß ich etwa gegen 1. Oktober nach Zürich komme, also später als Sie. Im September bin ich noch in Berlin. Leider muß ich am 1. Oktober umziehen, mein Hauswirt hat mir gekündigt, weil er die Räume künftig mit seinen eigenen Möbeln vermieten und damit mehr Geld verdienen will. Obwohl ich inzwischen schon eine neue Wohnung gefunden habe, ist dies doch sehr mißlich, zumal ich mich in de[r] früheren sehr wohl gefühlt habe.

Den Begriff „Braut" muß ich übrigens, hauptsächlich wegen zu starker Bürgerlichkeit, für meine Person ablehnen, auch in Eventualformen. Was in Zürich jetzt die Ordinarien tun ist doch nicht die bloße Wiederholung dessen, womit sich einst in Göttingen die Privatdozenten sprichwörtlich gemacht haben (Sie kennen ja sicher die Anekdote von Lindemann und der Studentin).

Nun fällt mir eben noch ein: In der (sehr erfreulicher Weise unrichtigen) Annahme, Sie würden im Herbst *nicht* zurückkommen, habe ich ein Kolleg über Relativitätstheorie angekündigt. Da Sie etwas ähnliches angekündigt haben, bin ich, falls Sie es wünschen, sehr gerne bereit, das Thema meines Kollegs zu ändern[h].

Also, auf frohes Wiedersehen, an Sie selbst herzliche Grüße und Empfehlungen an Ihre Frau!

Ihr

W. Pauli

[a] Vgl. hierzu die Fußnote *b* von [233]. [b] W. Heisenberg und W. Pauli (1930). [c] H. Weyl: Elektron und Gravitation. I. Z. Phys. **56,** 330–352 (1929). Eingegangen am 8. Mai 1929. [d] Vgl. die Fußnote *a* von [227]. [e] Vgl. den Kommentar zu [1]. [f] Vgl. A. Einstein: Auf die Riemann-Metrik und den Fern-Parallelismus gegründete einheitliche Feldtheorie. Math. Ann. **102,** 685–697 (1929). Eingegangen am 19. August 1929. [g] Vgl. W. Heisenberg und W. Pauli (1929). Dort wird in der Lagrangefunktion ein mit ε

gegen Null konvergierendes Zusatzglied eingeführt. Pauli sprach von Heisenbergs „Kunstgriff". [h] Pauli las im Wintersemester 1929/30 über kinetische Theorie der Wärme und Quantenstatistik. (Vgl. Paulis Kollegheft in der Sammlung PLC in Genf.)

[236] Pauli an Knauer

[Berlin], 4. September [1929]

[Kopie in Maschinenschrift]

Lieber Herr Knauer!

Ich war gerade in Kopenhagen, als Ihre Arbeit[a] ankam. Ich fühle mich ganz mitschuldig an diesem Unglück, weil ich Ihnen in Hamburg nicht sagen konnte, wo der Fehler steckte. Nun hatte Bohr sich aber ganz unabhängig von Ihnen gerade diesen Fall der Kompensation der Lorentzkraft schon im Frühjahr überlegt.

Die Sache ist die, daß der Brechungsindex nicht den Verlauf hat, wie Sie es im § 5 Ihrer Arbeit annehmen; denn schon für ein Elektron ohne Spin wird nach der Wellenmechanik in diesem Fall ein variabler Brechungsindex resultieren.

Sei A das Vektorpotential in der z-Richtung unabhängig von z, abhängig von x, y

$$H_x = \frac{\partial A}{\partial y}, \; H_y = -\frac{\partial A}{\partial x}, \; \Delta A = 0.$$

Kompensation der Lorentzkraft findet für die Geschwindigkeit v parallel z statt, wenn das (auch nur von x, y abhängige) elektrostatische Potential

$$\phi = \frac{1}{c}\, v\, A \tag{1}$$

angenommen wird. ($\mathfrak{E} = -\operatorname{grad} \phi$).

Die Wellengleichung lautet

$$\left(\frac{\partial^2}{\partial x^2} + \frac{\partial^2}{\partial y^2}\right)\psi + \left(\frac{\partial}{\partial z} + \frac{2\pi i}{h}\frac{e}{c} A\right)^2 \psi + \frac{8\pi^2 m}{h^2}(E + e\phi)\psi = 0. \tag{2}$$

Ist $k = \frac{2\pi}{\lambda}$ zu dem v in (1) gehörig, das heißt

$$k = \frac{2\pi}{h} m\, v,$$

ebenso

$$E = \frac{h^2}{8\pi^2 m} k^2,$$

so kann (2) durch den Ansatz

$$\psi = e^{ikz}\varphi(x,y) \tag{3}$$

gelöst werden. Für das von z unabhängige φ folgt die Gleichung

$$\left(\frac{\partial^2}{\partial x^2}+\frac{\partial^2}{\partial y^2}\right)\varphi - \frac{4\pi^2}{h^2}\frac{e^2}{c^2}A^2\varphi = 0. \tag{4}$$

Das in A lineare Glied hebt sich gegen das Glied mit ϕ weg, *aber das in A quadratische Glied bleibt stehen*! – Das heißt also, der Brechungsindex ist schon für das Elektron ohne Spin (trotz Kompensation von elektrischer und Lorentzkraft) in der x, y-Ebene variabel. Es hängt dies damit zusammen, daß (rein klassisch) diese Kompensation nicht für dieselbe (kinetische + potentielle) *Gesamt*energie in der ganzen x, y-Ebene mit einem bestimmten v möglich ist. Eine homogene ebene Welle ist nicht möglich, vielmehr wird die Dichte (φ^2) auch von x, y, abhängen. *Damit ist Ihren Überlegungen zunächst die Grundlage völlig entzogen.*

Man kann aber weiter gehen und untersuchen, in welchem Umfang trotz des variablen Brechungsindex der Strahlbegriff aufrechterhalten werden kann. Ist im Punkt $x=y=0$ (z-beliebig) die magnetische Feldstärke

$$H_x=0,\ H_y=a, \tag{5}$$

die Inhomogenität

$$\frac{\partial H_x}{\partial y}=\frac{\partial H_y}{\partial x}=0,\quad \frac{\partial H_y}{\partial y}=-\frac{\partial H_x}{\partial x}=b, \tag{6}$$

so kann man in der Umgebung von $x=y=0$ setzen

$$A=-(ax+bxy)+\cdots$$

Durch Entwickeln von ϕ in eine Potenzreihe in der Umgebung von $x=y=0$ folgt, daß eine notwendige Bedingung für die Vernachlässigbarkeit der Veränderlichkeit der Wellenamplitude in einem Querschnitt mit den Dimensionen d die Ungleichung bildet:

$$\frac{1}{h}\,\frac{e}{c}bd^3 \ll 1. \tag{7}$$

Anderenfalls wird die Wellenamplitude sich um einen merklichen Bruchteil ihres Wertes ändern. Für die Möglichkeit der Bildung geradliniger Strahlen (bzw. Wellenpakete) ist dies dasselbe wie wenn ein Loch mit dem Durchmesser d (der die linke Seite von (7) etwa gleich 1 macht) vorhanden wäre. Es muß dann ausserdem gelten

$$\frac{\lambda}{d}\,l<d \qquad \left(\lambda=\frac{h}{mv}\right), \tag{8}$$

wenn l die parallel z durchlaufene Strecke bedeutet, damit (z) für die Querdimension des Strahles bestehen bleibt. Aus (7) und (8) folgt .

$$\frac{1}{h}\frac{e}{c} b\, d \cdot l\lambda \ll 1$$

oder (9)

$$l d \ll \frac{mvc}{eb}.$$

Wie aus der Ungleichung am Ende der S. 5 Ihrer Arbeit hervorgeht, bedeutet dies aber die Unbe[ob]achtbarkeit des Spinmomentes.

Durch eine genauere mathematische Durchrechnung des Verhaltens der Wellenpakete in den gekreuzten Feldern kann man dies sicher noch näher im Einzelnen verfolgen, aber am Endresultat wird sich nichts ändern.

Könnten Sie Ihre Arbeit nicht zurückziehen oder Ihren Druck zunächst stoppen?[b]

Viele Grüße

Ihr

W. Pauli

Eventuelle Antwort bitte an die Züricher Adresse.

[a] F. Knauer: Über die Möglichkeit, das magnetische Moment des freien Elektrons nachzuweisen. Z. Phys. **59,** 807–811 (1930). Eingegangen am 30. August 1929. (Nach einem Vortrag auf der Gauversammlung des Gaues Niedersachsen in Hannover am 14. Juli 1929.) Den Anlaß zu dieser Arbeit hatte eine Überlegung von Bohr gegeben, nach der es unmöglich ist, das magnetische Moment des freien Elektrons mit Hilfe von Elektronenstrahlen zu messen. Knauer zeigte nun, daß die Bohrsche Beweisführung ihre Gültigkeit verliert, wenn ein elektrisches Feld vorhanden ist, welches die von dem Magnetfelde herrührende Lorentzkraft kompensiert. Pauli geht auf dieses Experiment nochmals in seinem Vortrag auf der 6. Solvay-Konferenz im Oktober 1930 ein. [b] Unabhängig von Pauli erhielt Knauer auch einen Brief von Bohr vom 3. September 1929 (BSC, MF. 13.), auf den er in einem Zusatz bei der Korrektur eingeht. Dort begründet er, warum er trotz der Einwände die Ergebnisse seiner Arbeit nicht für widerlegt hält.

[237] Pauli an Ehrenfest

[Zürich], 29. September 1929

[Postkarte]

Lieber Herr Ehrenfest!

1. Sonderdrucke folgen demnächst[a].

2. Kovariante Differentiation von Spinoren kannte ich von Weyl[b] (dessen Fortstreichen des Massengliedes und Übergang zu *zwei* ψ-Komponenten ist Unfug.) Fock, Zeitschrift für Physik **57,** 261, 1929[c] las ich jetzt erst. *Er hat recht.* Nur

der Energie-Impulstensor ist bei Weyl schöner, da er dort symmetrisch ist, sonst ist Fock mit Weyl identisch, was die Mathematik betrifft. Daß dieser Sachverhalt eine Blamage der Hochgelehrten bedeutet, ist *auch* wahr! – Jetzt glaube ich übrigens vom Fernparallelismus keine Silbe mehr, den Einstein scheint der liebe Gott jetzt völlig verlassen zu haben![d]

3. Fürths Relation[e]

$$(r_e + r_p)(m_e + m_p)\, c = h; \qquad \begin{aligned} r_e &= \frac{e^2}{k m_e c^3} \\ r_p &= \frac{e^2}{k m_p c^3}, \end{aligned}$$

ist nicht von vornherein unsympathisch und könnte in einer künftigen Theorie einen Sinn bekommen. Das sonst von ihm Dazugesagte würde ich nicht als „Überlegungen" bezeichnen.

4. Reise nach Holland paßt mir diesen Herbst schlecht. Besser Ostern! – Daß ich eine Amerikanerin heirate, hörte ich erst aus Ihrer Karte, war mir bis Dato unbe[ka]nnt! – Seit wann beschäftigen Sie sich mit Wahrsagen oder Kartenaufschlagen?

Viele Grüße Ihr

W. Pauli

[a] Wahrscheinlich Sonderdrucke des zweiten Teils „Zur Quantentheorie der Wellenfelder (1930). [b] Vgl. die unter *c* von [235] zitierte Abhandlung Weyls. [c] V. Fock: Geometrisierung der Diracschen Theorie des Elektrons. Z. Phys. **57,** 261 – 277 (1929). Eingegangen am 5. Juli 1929. [d] Vgl. Paulis Schreiben [239] an Einstein. [e] Vgl. R. Fürth: Über das Massenverhältnis von Proton und Elektron. Naturwiss. **17,** 688 – 689 (1929). Signiert Prag, 12. Juli 1929. – Versuch einer quantentheoretischen Berechnung der Massen von Proton und Elektron. Physik. Z. **30,** 895 – 898 (1929). In der letzten Arbeit findet man auf S. 896 die von Pauli genannte Relation.

Nach seiner Habilitation 1926 in Göttingen[1] und einem längeren Aufenthalt in Kopenhagen wurde Pascual Jordan als Nachfolger von Pauli zum a. o. Professor an der Universität Hamburg ernannt. Ein Jahr später übernahm er die a. o. Professur für Theoretische Physik in Rostock.

Das Programm der theoretischen Physik jener Zeit bestand weiterhin, eine konsistente Quantenfeldtheorie auszubauen, aus der sich auf natürliche Weise auch die Existenz der materiellen Teilchen herleiten lassen sollte. Verschiedene Gruppen an den wichtigsten Zentren der Forschung bemühten sich um dieses Ziel. Pauli zeigt in seinem Brief [238] an Jordan ein sicheres Urteil in der Auswahl der erfolgversprechenden Ansätze aus der großen Fülle von Arbeiten. Am Ende des Briefes wird auch zum erstenmal von Diracs sog. Löchertheorie berichtet, die einen der schwerwiegendsten Mängel seiner relativistischen Theorie für das Elektron beseitigte.

[1] Vgl. die Habilitationsschrift: Kausalität und Statistik in der modernen Physik. Naturwiss. **15,** 105 – 110 (1927).

[238] Pauli an Jordan

Zürich, 30. November 1929

Lieber Jordan!
(Sehr geehrter Herr Kollege!)[a]

Dies ist eine etwas verspätete Antwort auf Ihren Brief vom 3. d. – Nun haben Sie also die Aufgabe übernommen, Rostock in eine Metropole des Geistes und des gesellschaftlichen Lebens zu verwandeln. Ich selbst habe mir bis jetzt viel weniger schwierige und bescheidenere Lebensziele gesetzt. Also viel Glück! Allerdings, glaube ich, was das Gesellschaftliche betrifft, daß Sie Ihre bisherige Methode der platonischen Fernverlobungen wesentlich werden verfeinern müssen!

Nun zum Physikalischen:

1. Die Arbeit von Landé[b] habe ich nur sehr flüchtig gelesen.

2. Dagegen ist in den Rendicondi della Accademia dei Lincei (Mai 1929) eine Arbeit von *Fermi* über Quantenelektrodynamik[c] erschienen, die ich genau studiert habe. Sie ist ganz unabhängig von der Arbeit von Heisenberg und mir geschrieben und ist methodisch interessant (obwohl sie keine neuen Resultate bringt).

3. Durch die Arbeiten von *Fock*[d] und *Weyl*[e], in denen die Aufstellung von Feldgleichungen der Materiewellen gelungen ist, die gegenüber beliebigen Drehungen der 4-Beine in verschiedenen Weltpunkten gegeneinander invariant sind, scheint mir der Fernparallelismus endgültig abgetan zu sein. Auch halte ich es jetzt für sicher, daß das elektromagnetische Viererpotential *nicht* durch die 4-Beinkomponenten ausgedrückt werden kann, sondern als *selbständiger* Vierervektor in die Theorie eingeht. Insbesondere in der Fockschen Arbeit wird deutlich, daß der mathematische Formalismus der Parallelverschiebung von „Spinoren" hierfür Platz läßt.

Einstein soll im Berliner Kolloquium schrecklichen Quatsch über neuen Fernparallelismus verzapft haben[f]! Die bloße Tatsache, daß seine Gleichungen nicht die geringste Ähnlichkeit mit der Maxwellschen Theorie haben, will er als Argument dafür hinstellen, daß sie etwas mit der Quantentheorie zu tun haben. Mit einem solchen Kohl kann man nur amerikanischen Journalisten imponieren, nicht einmal amerikanischen Physikern, geschweige denn europäischen Physikern.

4. Mit der Quantelung der 4-Beine ist Rosenfeld zur Zeit hier beschäftigt[g]. Leider sind noch mathematische Schwierigkeiten ungelöst, die von Identitäten zwischen den „P_α" und „Q_α" auf einem Schnitt t = const. herrühren. Wir hoffen aber damit noch fertig zu werden.

5. Die *große* Eichinvarianz halte ich nicht mehr für durchführbar, die *kleine* wird in der Arbeit II von Heisenberg und mir[h] durchgeführt; noch nicht sehr schön, aber wenigstens richtig.

6. *Ich höre Gerüchte über neue Resultate von Dirac betreffend die* $\pm e$-*Schwierigkeit*! Was ich höre klingt hoffnungsvoll, wenn auch eine definitive Lösung noch nicht vorliegt[i].

Herzliche Grüße Ihr

W. PAULI

[a] Diese Anrede ist eine Anspielung auf Jordans Ruf an die Universität Rostock. [b] Wahrscheinlich betrifft diese Bemerkung Landés letzte Veröffentlichung „Zur Quantenelektrik von G. Mie". Z. Phys. **57**, 713–722 (1929). [c] E. Fermi: Sopra l'elettrodinamica quantistica. Atti della Reale Accademica Nazionale dei Lincei **9**, 881 –887 (1929). Vgl. auch den Hinweis auf diese Arbeit in einer Fußnote in W. Heisenberg und W. Pauli (1930). [d] Vgl. Fußnote *c* von [237]. [e] Vgl. Fußnote *c* von [235]. [f] Vgl. hierzu Paulis Brief [239] an Einstein sowie Einsteins Antwort [240] darauf. [g] L. Rosenfeld: Zur Quantelung der Wellenfelder. Ann. Phys. (Leipzig) **5**, 113–152 (1930). Eingegangen am 18. März 1930. Vgl. auch Rosenfelds Bericht über seinen Züricher Aufenthalt bei Pauli im Interview vom 19. Juli 1963. (SHQP, 67.2). [h] W. Heisenberg und W. Pauli (1930). Dort insbesondere § 5. [i] Wenig später veröffentlichte Dirac seine hier angesprochenen Ergebnisse. Vgl. P. A. M. Dirac: A Theory of Electrons and Protons. Proc. Roy. Soc. A **126**, 360–365 (1930). Eingegangen am 6. Dezember 1929. – Vgl. auch Diracs Brief vom 26. November 1929 an Ehrenfest. (Paul Ehrenfest Archiv; Boerhaave Museum in Leiden).

[239] PAULI AN EINSTEIN

Zürich, 19. Dezember 1929

[Maschinenschrift]

Sehr geehrter Herr Einstein!

Ich danke Ihnen vielmals dafür, daß Sie die Korrekturen Ihrer neuen Arbeit aus den mathematischen Annalen[a] an mich senden ließen, die eine so bequeme und schöne Übersicht über die mathematischen Eigenschaften eines Kontinuums mit Riemann-Metrik und Fernparallelismus enthält. Ich möchte gerne noch einiges hinzufügen über die Stellungnahme von mir und von einem großen Teil der jüngeren Physikergeneration zu der physikalischen Seite der Sache.

Entgegen dem, was ich im Frühjahr dieses Jahres zu Ihnen sagte, läßt sich vom Standpunkt der Quantentheorie nunmehr kein Argument zu Gunsten des Fernparallelismus mehr vorbringen. Denn Weyl und Fock[b] konnten zeigen, daß eine Einordnung der Diracschen Theorie des Elektrons in die relativistische Gravitationstheorie möglich ist, bei der zwar auch die 4-Bein-Größen h_s^ν eingeführt werden, bei der aber die Gleichungen invariant bleiben, wenn die 4-Beine in räumlich distanten Punkten *beliebig* gegeneinander gedreht werden.

Sie werden darauf erwidern, daß Sie von der Quantentheorie vorläufig nichts mehr wissen wollen. Das weiß ich, aber ich beklage es sehr. Ich muß Ihnen aber noch weiter sagen, daß mir die Herleitung Ihrer Feldgleichung (29), (30) gar nicht zwangläufig scheint und schon die einfachsten Folgerungen aus ihnen kaum eine Ähnlichkeit mit den gewöhnlichen durch die Erfahrung gesicherten physikalischen Sachverhalten zu haben scheinen. Erstens ist zu rügen, daß schon in der ersten Näherung das eine System der Maxwellschen Gleichungen nur in differentiierter Form herauskommt ($a_{\alpha\mu,\sigma,\sigma}=0$ statt $a_{\alpha\beta,\gamma}+a_{\beta\gamma,\alpha}+a_{\gamma\alpha,\beta}=0$). Zweitens existiert kein Integral für Gesamtenergie und Gesamtimpuls des Feldes, und es scheint sich auch kein Energieimpulstensor aus dem Feld konstruieren zu lassen. Und wo bleibt ferner die Deutung der Periheldrehung des Merkur und der Lichtablenkung durch die Sonne? Die scheint doch bei Ihrem weitgehenden Abbau der allgemeinen Relativitätstheorie verloren zu gehen. Ich halte jedoch an dieser schönen Theorie fest, selbst wenn sie von Ihnen verraten wird!

Mit Ihrer Bemerkung, Sie seien noch weit davon entfernt, die physikalische Gültigkeit der abgeleiteten Gleichungen behaupten zu können, haben Sie den Kritik übenden Physikern sozusagen das Wort abgeschnitten! Es bleibt diesen nur übrig, Ihnen dazu zu gratulieren (oder soll ich lieber sagen: zu kondolieren?), daß Sie zu den reinen Mathematikern übergegangen sind. Ich bin auch nicht so naiv als daß ich glauben würde, Sie würden auf Grund irgend einer Kritik durch Andere Ihre Meinung ändern. Aber ich würde jede Wette mit Ihnen eingehen, daß Sie spätestens nach einem Jahr den ganzen Fernparallelismus aufgegeben haben werden, so wie Sie früher die Affintheorie[c] aufgegeben haben. Und ich will Sie nicht durch Fortsetzung dieses Briefes noch weiter zum Widerspruch reizen, um das Herannahen dieses natürlichen Endes der Fernparallelismustheorie nicht zu verzögern.

In der bestimmten Hoffnung, die Wette zu gewinnen, wünscht Ihnen frohe Weihnachten und grüßt Sie herzlich

Ihr sehr ergebener

W. Pauli

[a] A. Einstein: Auf die Riemann-Metrik und den Fern-Parallelismus gegründete einheitliche Feldtheorie. Math. Ann. **102,** 685–697 (1929). Eingegangen am 19. August 1929. [b] Vgl. hierzu die in [238] zitierten Arbeiten dieser beiden Autoren. [c] Vgl. A. Einsteins Aufsätze: Zur allgemeinen Relativitätstheorie; Bemerkung zu meiner Arbeit „Zur allgemeinen Relativitätstheorie"; Zur affinen Feldtheorie. Sitzungsberichte der Preußischen Akademie der Wissenschaften 1923. Dort respektive auf S. 32–38, 76–77 und 137–140.

[240] Einstein an Pauli

Berlin, 24. Dezember 1929

[Maschinenschrift]

Sehr geehrter Herr Pauli!

Ihr Brief ist recht amüsant, aber Ihre Stellungnahme scheint mir doch etwas oberflächlich. So dürfte nur einer schreiben, der sicher ist, die Einheit der Naturkräfte vom richtigen Standpunkt aus zu überblicken. Ich behaupte keineswegs, daß der von mir eingeschlagene Weg der richtige sein müsse. Aber ich behaupte wohl, daß es der gedanklich natürlichste Weg ist, der mir bisher zur Kenntnis gekommen ist. Bevor die mathematischen Konsequenzen richtig durchgedacht sind, ist es keineswegs gerechtfertigt, darüber wegwerfend zu urteilen. Es ist nicht richtig, daß ich den Fortschritten der Quantentheorie ablehnend gegenüberstehe. Ich glaube nur, daß man auf diesem halbempirischen Wege nicht in die Tiefe gelangen kann und daß man wieder davon abkommen wird, sich mit nur statistischen Gesetzmäßigkeiten zu begnügen. Daß das von mir aufgestellte Gleichungssystem zu der zugrunde gelegten Raumstruktur in einer zwangläufigen Beziehung steht, würden Sie bei tieferem Studium bestimmt einsehn, zumal der Kompatibilitätsbeweis der Gleichungen sich unterdessen noch hat vereinfachen lassen[a]. Vergessen Sie, was Sie gesagt haben, und vertiefen Sie sich einmal mit solcher Einstellung in das Problem, wie wenn Sie soeben vom Mond heruntergekommen wären und sich erst frisch eine Meinung bilden müßten. Und dann sagen Sie erst etwas darüber, wenn mindestens ein Vierteljahr vergangen ist.

Mit freundlichem Gruß

Ihr

A. Einstein

[a] Vgl. A. Einstein: Kompatibilität der Feldgleichungen in der einheitlichen Feldtheorie. Sitzungsberichte der Preußischen Akademie der Wissenschaften 1930. S. 18–23.

[241] Bohr an Pauli

[Kopenhagen], 26. Dezember 1929

[Maschinenschriftlicher Durchschlag]

Kære Pauli,

Jeg kan ikke lade det nye Aar gaa ind uden at sende Dig en taknemmelig Hilsen og fra min Kone og mig sende vore hjerteligste Lykønskninger til Dit Giftermaal, hvorom vi netop i disse Dage ad forskellige Veje har hørt. Vi haaber meget, at vi snart skal faa Eder begge at se paa en af Dine altid med saa stor Glæde imødesete Besøg heroppe. Jeg staar netop i Begreb med at rejse paa en Ferietur med Christian til Norge, men saa snart jeg kommer tilbage, skal jeg skrive lidt nærmere om forskellige Spørgsmaal, som har beskæftiget os her i den sidste Tid. Blandt andet har jeg ført en længere Korrespondance med Dirac, hvis nye Synspunkter, saavidt jeg kan se, rummer uoverstigelige Vanskeligheder. Som Du vist allerede har forstaaet, blev en stor Del af min Tid i Efteraaret optaget af Festskriftet, hvoraf jeg sender et Særtryk. Som Du vil se, blev det kun til en dansk Oversættelse af de Artikler fra de sidste Aar, som Du kender saa nøje. I den indledende Oversigt har jeg dog forsøgt at hjælpe Læserne lidt til en Orientering med Hensyn til den Situation, det drejer sig om. Jeg har under Arbejdet med den og med Oversættelsen, som Du vil vide, haft megen Anledning til at tænke med Tanemmelighed paa Dig. Du vil dog ogsaa forstaa, at jeg ved denne Lejlighed først og fremmest har maattet mindes Kramers' og Kleins mangeaarige, udholdende Hjælp.

Med de bedste Ønsker om et glædeligt Nytaar fra os alle.

Din

[NIELS BOHR]

Übersetzung von [241]

Lieber Pauli!

Ich kann das neue Jahr nicht beginnen lassen, ohne Dir einen dankbaren Gruß zu schicken und von meiner Frau und mir unsere herzlichsten Glückwünsche zu Deiner Heirat zu senden, von der wir gerade in diesen Tagen auf verschiedenen Wegen gehört haben. Wir hoffen sehr, daß wir Euch beide bald zu sehen bekommen bei einem Deiner immer mit großer Freude erwarteten Besuche hier oben. Ich bin gerade im Begriff, mit Christian auf eine Ferientour nach Norwegen zu gehen, aber sobald ich zurückkomme, werde ich etwas näher über verschiedene Fragen schreiben, die uns hier in der letzten Zeit beschäftigt haben. Unter anderem habe ich eine längere Korrespondenz mit Dirac geführt, dessen neue Gesichtspunkte, soweit ich sehen kann, unüberwindliche Schwierigkeiten enthalten[a].

Wie Du gewiß schon weißt, wurde ein großer Teil meiner Zeit im Herbst von der Festschrift in Anspruch genommen, wovon ich Dir einen Sonderdruck schicke[b]. Wie Du sehen wirst, wurde es nur eine dänische Übersetzung der Artikel aus den letzten Jahren, die Du so genau kennst. In der einleitenden Übersicht habe ich ja doch versucht, den Lesern etwas zu einer Orientierung zu verhelfen, im Hinblick auf die Situation, um die es sich dreht. Ich habe während der Arbeit und bei der

Übersetzung, wie Du wissen wirst, viel Veranlassung gehabt mit Dankbarkeit an Dich zu denken. Du wirst auch verstehen, daß ich bei dieser Gelegenheit vor allen Dingen Kramers' und Kleins vieljähriger ausdauernder Hilfe gedenken mußte.

Mit den besten Wünschen für ein frohes Neues Jahr von uns allen.

Dein

[NIELS BOHR]

[a] Für die durch die Diracsche Löchertheorie vorhergesagten Teilchen (unbesetzte Löcher) negativer Energie und positiver Ladung kamen damals nur die Protonen in Frage. Der große Massenunterschied zwischen Elektronen und Protonen war somit ein ungelöstes Problem, auf das Bohr hier hinweist. [b] N. Bohr: Atomteori og Naturbeskrivelse. Festskrift udgivet af Københavns Universitetet i Anledning af Universitetets Aarsfest, November 1929. København 1929.

XII. Anhang

1. Nachwort und Hinweise für den Benutzer
2. Zeittafel 1919 – 1929
3. Literaturverzeichnis 1919 – 1929
4. Verzeichnis der Vorlesungsmanuskripte 1919 – 1929
5. Chronologisches Verzeichnis der Korrespondenz 1919 – 1929
6. Alphabetisches Verzeichnis der Korrespondenz 1919 – 1929
7. Personenregister
8. Sachwortregister

1. Nachwort
und Hinweise für den Benutzer

Wolfgang Pauli war von jungen Jahren an im fortdauernden Gespräch gewesen mit den führenden theoretischen Physikern der ganzen Welt und hatte an allen wichtigen Entwicklungen in der Grundlagenforschung Anteil genommen – durch eigene Ideen, durch Anregungen und durch Kritik. Der Dialog wurde jäh durch den frühen Tod Paulis am 15. Dezember 1958 beendet.

Da Pauli nun nicht mehr die Physik leiten und begleiten konnte, mußte um so wertvoller erscheinen, was er fast vierzig Jahre lang an Eigenem eingebracht hatte in das große Gespräch, aus dem Wissenschaft entsteht. Der Gedanke lag nahe, das an Briefen Vorhandene zu sammeln und zu bewahren. Die Witwe und drei Kollegen und Schüler sandten an etwa 120 Gelehrte oder deren Angehörige ein Rundschreiben:

Dear Friend and Colleague:

We should like to invite your co-operation in an attempt to collect Wolfgang Pauli's scientific correspondence.

Pauli's great contributions to physics are not only found in his publications; he has also influenced the course of physics in an intimate and subtle way by his letters to friends and colleagues. These letters are great human documents; they also contain many ideas and argumentations of unique interest and importance to anyone who is interested in the development of modern physics.

Since practically all Pauli's letters were handwritten, no copies are available among his files in the keep of his widow, Mrs. Franca Pauli. In our opinion it is imperative that some action be initiated to prevent the loss or dispersal of the letters before it is too late.

It is therefore planned to make a collection, as complete as possible, of Pauli's correspondence, which would eventually be entrusted to the care of a public institution for use in connection with historical research under the traditional safeguards against unwarranted publication.

We therefore ask our colleagues for their co-operation in making available for this purpose the letters from Pauli which are in their possession. If you have such letters, you may either supply us with photocopies of them or lend us the originals, which will be returned to you after photocopies have been taken for the collection.

The letters or copies should be sent to Mrs. Franca Pauli, Bergstrasse 35, Zollikon-ZH, Switzerland, who will supervise the handling of the whole matter, and with whose consent and participation any decision about Pauli's correspondence will be taken.

Yours sincerely,

Niels Bohr

Ralph Kronig

Franca Pauli

Victor F. Weisskopf

Die Aktion wurde ein Erfolg. Frau Franca Pauli übernahm selbst die mühevolle langwierige Korrespondenz, das Sammeln und Archivieren. Mit den bereits im Besitz Paulis gewesenen Teilen kamen schließlich insgesamt über 2000 Briefe bzw. Briefkopien zusammen. Man sprach nun von der Pauli Letter Collection, abgekürzt PLC.

Die Stücke wurden zunächst im Hause Paulis aufbewahrt und geordnet. Zu den Briefen kam noch der eigentliche literarische Nachlaß, bestehend aus Vorlesungsaufzeichnungen, Notizen und Manuskripten.

Hilfe gewährte zeitweise Paulis letzter Assistent Charles P. Enz. Prof. Samuel Sambursky fertigte einen Katalog der Briefsammlung mit kurzer Inhaltsangabe zu den einzelnen Stücken. Diesen haben die Sources for History of Quantum Physics in ihre Mikrofilmsammlung aufgenommen.

Zur Erinnerung an Pauli wurde im August 1967 im Europäischen Kernforschungszentrum CERN in Genf die „Salle Pauli" eingerichtet. Dort fand zunächst die Handbibliothek und die Sonderdrucksammlung Paulis mit über 10000 Stücken Aufstellung, die z.T. mit seinen Randbemerkungen versehen sind. Eine Bibliographie dieser Sammlung wurde 1969 durch den Library Service CERN im „Catalogue of Reprints of Scientific Papers in the Pauli Collection", CERN Bibl. 8, veröffentlicht.

Anfang 1977 wurde die gesamte Briefsammlung und der Hauptteil des wissenschaftlichen Nachlasses von Zollikon-Zürich dorthin verbracht. Der interessierte Besucher findet also heute in der „Salle Pauli" neben Manuskripten und Briefen auch zahlreiche Bilder, Diplome und Medaillen aus dem Besitz Paulis.

Die vorliegende Edition stützt sich in der Hauptsache auf dieses Material. Zusätzlich wurde von den Bearbeitern nach weiteren Briefen von und an Pauli gesucht. So fanden sich weitere Stücke aus der Korrespondenz mit Niels Bohr, Werner Heisenberg und Alfred Landé im Niels Bohr-Institut in Kopenhagen sowie acht Briefe und eine Karte Paulis im Nachlaß von Arnold Sommerfeld. Briefe aus dem Nachlaß von Paul Ehrenfest wurden uns vom Rijksmuseum voor de Geschiedenis der Natuurwetenschappen in Leiden zugänglich gemacht.

Der Aufbau der Edition ist so angelegt, daß die Veröffentlichung des gesamten Briefwerkes nach dem gleichen Prinzip – der chronologischen Ordnung – fortgeführt werden kann. Der vorliegende Band I enthält Briefe aus den Jahren 1919 – 1929; der in Vorbereitung befindliche Band II überdeckt die Jahre 1930 – 1939, Band III die Jahre 1940 – 1949. Die, wie gesagt, heute in der „Salle Pauli" bei CERN aufbewahrte Pauli-Briefsammlung besteht zum Teil nur aus Kopien. Die Bearbeiter haben, soweit dies möglich war, auch die Originale selbst eingesehen.

Aufnahmeprinzip ist „alles was vorhanden". Eine Ausnahme machen nur Briefe mit ausgesprochen unergiebigem Inhalt. So sind in Band I ausgelassen eine Reihe von Briefen von Felix Klein, die die Redaktion des Aufsatzes in der Mathematischen Enzyklopädie zum Gegenstand haben. Diese wenigen ausgelassenen Stücke sind aber in den Regesten aufgeführt. Nicht aufgeführt ist selbstverständlich, der Absicht und dem Titel der Edition entsprechend, die private Korrespondenz. Ebenso fehlen Briefe formalen Inhalts, wie Zulassungsgesuche u. dgl.

Leider ist ganz offensichtlich ein Teil der wissenschaftlichen Korrespondenz verloren gegangen. Zu den in diesem Band aufgenommenen 61 Briefen Heisenbergs müssen etwa ebensoviele Briefe Paulis gehört haben. Es liegen aber nur drei Gegenstücke von Paulis Hand vor. Nach einer Mitteilung von Friedrich Hund sind diese verschollenen Stücke während des Krieges in Leipzig einem Brand zum Opfer gefallen. Einen Teil seiner Korrespondenz (so etwa mit Erich Hecke) hat Pauli selbst im Jahre 1940 vor seiner Abreise aus Zürich in die Vereinigten Staaten vernichtet, da ein Übergriff des Nationalsozialismus auf die Schweiz damals nicht auszuschließen war und Pauli seine Freunde unter keinen Umständen in Gefahr bringen wollte.

Trotzdem mögen manche Briefe oder Abschriften noch bei späterer Gelegenheit zum Vorschein kommen. Die Herausgeber sind für Hinweise außerordentlich dankbar.

Alle Briefe sind in der Originalsprache wiedergegeben. Den dänischen Briefen wurde eine deutsche Übersetzung beigefügt. Die in den Kommentaren der Herausgeber benutzten Abkürzungen für Paulis Zeitschriftenaufsätze und Bücher (auf die natürlich ständig Bezug genommen wird) findet man im Literaturverzeichnis (S. 542).

Wie immer, wenn handschriftliche Texte zum Druck gebracht werden, muß zur Vereinheitlichung vor allem bei den Satzzeichen von der Originalfassung abgewichen werden. So wurden

1. Überflüssige Bindestriche am Ende eines Absatzes entfernt,
2. Fehlende Auslassungszeichen eingesetzt, also etwa statt „hab" geschrieben „hab'", was besonders häufig in den Briefen Heisenbergs vorkam.
3. Interpunktionen wie Beistriche und Doppelpunkte ergänzt,
4. Falsch geschriebene Eigennamen korrigiert,
5. Fachausdrücke bei variierender Schreibweise einheitlich gefaßt, also z. B. statt Multiplet immer Multiplett, statt Ruhmasse immer Ruhemasse,
6. Die Numerierung von Abschnitten geändert, wenn es sich offensichtlich um Verschreibungen gehandelt hat,
7. Fehlende Zeichen in Formeln hinzugefügt in den Fällen, in denen der Schreiber eine stillschweigende Ergänzung ohnehin erwartet hat,

8. Häufig vorkommende, abgekürzt geschriebene Fachausdrücke (wie z.B. El. statt Elektron) ausgeschrieben,
9. Abgekürzt geschriebene Zeitschriftentitel vervollständigt,
10. Die antiquierte Rechtschreibung (z. B. c statt k), wenn sie dem Schreiber nur gelegentlich unterlief, modernisiert.

Die in den Briefen durch einfache oder doppelte Unterstreichung hervorgehobenen Worte haben wir kursiv wiedergegeben. Ausgenommen sind natürlich unterstrichene Formelausdrücke. Die selten auftretenden Fußnoten der Briefschreiber sind einheitlich mit Sternchen bezeichnet (auch dann, wenn im Original Zahlen zur Kennzeichnung gedient haben). Dies war nötig, um diese Zusätze eindeutig von den Kommentaren der Herausgeber zu unterscheiden. Auch um dem kritischen Leser einen Vergleich zwischen dem Original und der gedruckten Fassung zu geben, haben wir dem vorliegenden Band das Faksimilé eines Briefes [231] beigegeben.

Der Hauptteil der Briefe und des anderen Quellenmaterials, der dem vorliegenden Briefband zugrunde gelegt ist, stammt aus der Pauli Letter Collection (PLC). Außerdem haben uns folgende Institutionen Briefe und andere Dokumente aus ihren Archiven zur Verfügung gestellt:

Niels Bohr Archiv, Kopenhagen
Archive for History of Quantum Physics, Berkeley
Museum Boerhaave, Leiden
Churchill College, Cambridge
Contemporary Scientific Archives Centre, London
Staatsbibliothek Preußischer Kulturbesitz, Berlin
Hamburgisches Staatsarchiv
Universitätsarchiv München
Deutsches Museum München

Wichtige Hinweise auf weitere Briefe, Informationen zur Erschließung der Korrespondenz und Ratschläge für die Organisation dieser Edition wurden uns von folgenden Personen erteilt: Erik Rüdinger, Rudolf Peierls, Friedrich Hund, John L. Heilbron, Bruce R. Wheaton, H. F. Cohen, David C. Cassidy, A. Günther und R. Rahmy.

Bei der Übersetzung der dänischen Briefe haben Klaus Stolzenburg und Sophie Hellmann geholfen, bei dem Lesen der dänischen Korrekturen Erik Rüdinger. Ein großer Teil der Vorarbeiten zu diesem Bande wurde von Steffen Richter durchgeführt. Das Abschreiben der Briefe und die Herstellung des Manuskriptes haben unsere Institutssekretärinnen Frau Willi und Frau Roy besorgt. Bei der Anfertigung der Register hat uns Herr Sommer geholfen.

Die DFG hat das Unternehmen durch die Bereitstellung von Personal- und Sachmitteln überhaupt erst ermöglicht.

Allen genannten und ungenannten Personen, insbesondere auch den Bibliothekaren, Archivaren und Sekretärinnen, die uns bei der Vorbereitung dieser Edition unterstützt haben, möchten wir auch an dieser Stelle herzlich danken. Den Inhabern der Copyrights zu den Briefen danken wir sehr herzlich für die Abdruckgenehmigung; insbesondere sind hier Frau Elisabeth Heisenberg und Prof. Aage Bohr zu nennen und das Boerhaave Museum als Inhaber der Rechte der folgenden Briefe [211–212], [215], [222–224] und [229].

2. Zeittafel 1919–1929

1900	25. Apr.	Pauli in Wien geboren. Vater Wolfgang Joseph Pauli, Arzt und später Professor an der Universität Wien.
1914	Januar	Pauli hat das Studium der „Introductio in Analysin infinitorum" von Euler beendet.
1918	2. Jul.	Abschluß des Gymnasiums in Wien-Döbling mit Auszeichnung (Reifezeugnis).
	22. Sep.	Eingang seiner ersten Arbeit zur allgemeinen Relativitätstheorie (1919 a).
	4. Okt.	Beginn des Studiums an der Ludwig-Maximilians-Universität in München. (Damaliger Wohnort: München, Theresienstraße 66).
1919		Weitere Arbeiten zur erweiterten allgemeinen Relativitätstheorie von Weyl (1919 b, c).
1920	Frühjahr	Beginn mit der Arbeit an dem Artikel über Relativitätstheorie für die Mathematische Enzyklopädie.
	18. Jun.	Eingang der ersten atomphysikalischen Arbeit (1920 b).
	18.–26. Sep.	86. Naturforscherversammlung in Bad Nauheim. Pauli trägt über das Bohrsche Magneton vor (1920 c). Pauli wird von Lise Meitner Einstein vorgestellt. Diskussionsbeitrag nach dem Vortrag von H. Weyl.
1921	25. Jul.	Promotion in München mit summa cum laude. Das Wasserstoffmolekülion (1922 a).
	30. Jul.	Pauli erweitert die Langevin-Formel des Paramagnetismus für die Quantentheorie (1921).
	19. Sep.	Der Relativitätsartikel erscheint.
	19.–24. Sep.	Teilnahme an der 1. Deutschen Physikertagung in Jena.
	13. Okt.	Abgang von der Universität München (Zeugnis).
	Oktober	Pauli geht für ein Semester nach Göttingen zu Max Born. Arbeiten zur Störungstheorie (1922 b) und über das Heliumatom.

1922	Mai	Pauli wird Assistent bei Wilhelm Lenz in Hamburg.
	12. – 22. Jun.	„Bohrfestspiele" in Göttingen. Erste Begegnung mit Niels Bohr.
	17. – 24. Sep.	Versammlung Deutscher Naturforscher und Ärzte in Leipzig.
	Ende Sep.	Pauli folgt einer Einladung von Niels Bohr zu einem einjährigen Studienaufenthalt nach Kopenhagen.
1923	3. Jan.	Eingang einer gemeinsamen Arbeit mit Kramers über Bandenspektren (1923 a).
	26. Apr.	Eingang der ersten Arbeit über den anomalen Zeemaneffekt (1923 b).
	9. Aug.	Eingang seiner Arbeit über das Strahlungsgleichgewicht (1923 c).
	16. – 22. Sep.	Deutsche Physikertagung in Bonn (Pauli ist nicht anwesend).
	Anfang Okt.	Pauli kehrt zu Lenz nach Hamburg zurück [43].
	20. Okt.	Eingang der Arbeit über die Zuordnung der Terme bei schwachen und starken Feldern im Zeemaneffekt (1924 a).
	20. Dez.	Heisenberg trägt in München über seine neue Theorie des Zeemaneffekts vor. Anschließende Diskussion mit Pauli.
1924	4. Jan.	Ende der Weihnachtsferien in Wien [52].
	30. Jan.	Zulassungsbeschluß zur Habilitation in Hamburg. Habilitationsschrift über eine Verallgemeinerung der Einsteinschen statistischen Gesetze für die Strahlungstheorie.
	23. Feb.	Antrittsvorlesung über Quantentheorie und periodisches System der Elemente.
	Apr. – Mär.	Kurzer Ferienaufenthalt in Kopenhagen [58]. Diskussion über die „neue Strahlungstheorie" von Bohr, Kramers und Slater.
	Sommer	Arbeiten an dem Artikel über Quantentheorie und schwarze Strahlung für das Müller-Poilletsche Lehrbuch.
	22. Jun.	Sitzung des Gauvereins Niedersachsen der DPG in Hamburg.
	17. Aug.	Abschluß seiner Arbeit mit der Hypothese des Kernmoments (1924 c).
	21. – 27. Sep.	88. Naturforscherversammlung in Innsbruck. Gespräche mit Einstein [66].
	November	Pauli entdeckt das Ausschließungsprinzip [72].
	2. Dez.	Eingang der Arbeit, in der die „klassisch nicht beschreibbare Art von Zweideutigkeit" des Leuchtelektrons gefolgert wird (1925 a).
1925	5. Jan.	Besuch in Wien.
	9. Jan.	Pauli besucht Landé in Tübingen. Bekanntschaft mit Kronig.
	16. Jan.	Eingang der Arbeit über das Pauli-Prinzip (1925 b). Erfolglose Arbeiten über die Wärmeleitung im Festkörper.

	Februar	Beginn der Arbeit an dem Artikel über Quantentheorie für das Springersche Handbuch [1926].
	9. Feb.	Sitzung des Gauvereins Niedersachsen in Göttingen. Pauli trägt über Absorption von Reststrahlen in Kristallen vor (1925 d).
	Mitte Mär. – Ende Apr.	Besuch in Kopenhagen. (Gleichzeitige Anwesenheit des Vaters.) Beschäftigung mit den Intensitäten von Kombinationslinien (1925 c).
	Mitte Juni	Heisenberg besucht Pauli bei seiner Rückreise von Helgoland.
	15. Jul.	166. Stiftungstag der Bayerischen Akademie der Wissenschaften zu München.
	19. Jul.	Pauli trifft sich in Göttingen mit Born im Zugabteil während einer Durchreise.
	28. Jul.	Eingang von Heisenbergs Quantenmechanik.
	31. Aug. – 4. Sep.	Mathematikerkongreß in Kopenhagen [104].
	10. – 16. Sep.	Deutsche Physikertagung in Danzig
	17. Okt.	Uhlenbeck und Goudsmit veröffentlichen ihre Spinhypothese [107].
	Oktober	Abschluß des Handbuchartikels [1926].
	Okt. – Nov.	Berechnung des H-Atoms nach der neuen Quantenmechanik.
	Dezember	Bohr zu Besuch bei Pauli in Hamburg [114].
	30. Dez.	In Wien [117].
	Dezember	Bohr besucht Pauli in Hamburg. Gespräche über das rotierende Elektron [111]. Pauli vereinbart mit Bohr in Berlin ein Programm über die Behandlung der dringendsten Probleme der Atomphysik.
1926	17. Jan.	Eingang der Arbeit über das H-Atom (1926 a).
	Jan – Feb.	Gemeinsame Bemühungen mit Heisenberg um eine Ausdehnung der neuen Quantenmechanik auf unperiodische Vorgänge. Vergebliche Versuche, das „rotierende Elektron" in die neue Theorie einzubauen.
	22. Jan.	Dirac kommt Pauli mit seiner Veröffentlichung über nicht-periodische Vorgänge zuvor [125].
	27. Jan.	Eingang von Schrödingers ersten Mitteilung zur Wellenmechanik [120].
	Februar	Goudsmit zu Besuch bei Pauli in Hamburg. Pauli hat gegen das „rotierende Elektron" schwerwiegende Einwände [125].
	14. – 15. Feb.	Tagung des Gauvereins Niedersachsen in Braunschweig.
	20. Feb.	L. H. Thomas beseitigt in einer Note die Schwierigkeiten, die dem Elektronenspin entgegenstanden.

	Anfang Mär.	Pauli akzeptiert den Elektronenspin [127].
	April	Frenkel bei Pauli in Hamburg. Gespräche über das rotierende Elektron. Osterferien in Kopenhagen [130].
	Mitte Apr.	Beschäftigung mit Schrödingers Wellenmechanik. Pauli beweist die Äquivalenz von Matrizen- und Wellenmechanik [131]. Relativistische Wellengleichung.
	10. Mai	Schrödinger macht mit der Veröffentlichung seiner Intensitätsformeln für die Wasserstofflinien Paulis Ergebnisse überflüssig [131], [135].
	Juni	Berufungsverhandlungen über das Extraordinariat für theoretische Physik in Leipzig [132], [139].
	21.–26. Jun.	Vortragswoche in Zürich [140].
	25. Jun.	Born veröffentlicht seine Quantenmechanik der Stoßvorgänge. Erste Anwendungen der neuen Quantenmechanik auf die Molekülphysik durch Pauli und Mensing (1926 b).
	Juli	Beschäftigung mit dem Comptoneffekt gemäß der Wellenmechanik [140].
	19.–26. Sep.	89. Naturforscherversammlung in Düsseldorf. (Heisenberg trägt dort am 23. September über „Quantenmechanik" vor.) Beginn der Auseinandersetzungen mit Schrödinger über die Interpretation der Wellenmechanik [140].
	Oktober	Arbeiten über Gasentartung und Paramagnetismus [143], [147].
	19. Okt.	Pauli teilt Heisenberg seine Ansichten über die physikalische Deutung der Wellenmechanik mit. Transformationstheorie [143].
	8. Nov.	Dirac kommt Pauli abermals mit einer Veröffentlichung über den Comptoneffekt in der Wellenmechanik zuvor.
	22. Nov.	Verleihung des Professorentitels in Hamburg [42]. Pauli befaßt sich mit der nicht relativistischen Spintheorie [148].
	Dezember	Beschäftigung mit der relativistischen Wellengleichung. Abermalige Kollision mit Schrödingers Arbeiten [150], [151].
	16. Dez.	Eingang der Arbeit über Gasentartung und Paramagnetismus (1927 a).
1927	2. Feb.	Begründung der Quantenelektrodynamik durch Dirac.
	Februar	Pauli vereinbart mit Heisenberg ein „Programm" zur Entwicklung der Quantenelektrodynamik (Volterramathematik) [154], [157], [160], [161].
	23. Mär.	Heisenberg veröffentlicht seine Arbeit zur physikalischen Interpretation der Quantenmechanik (Unschärferelationen) unter Hinweis auf Paulis Anregungen.
	4. Apr.	Treffen mit Born und Jordan in Göttingen [160].

	6.–18. Apr.	Erholungsreise nach Süddeutschland [157].
	3. Mai	Eingang der unrelativistischen Spintheorie (Pauli-Matrizen) (1927 b). Pauli arbeitet an einem Nachtrag zu dem Artikel für das Müller-Pouilletsche Lehrbuch [162].
	Anfang Juni	Kurzer Besuch während der Pfingstferien in Kopenhagen [165].
	Juli	Gauvereins-Sitzung in Goslar-Clausthal [162].
	Jul.–Aug.	Zusammenarbeit mit Jordan über Quantenelektrodynamik [168].
	Mitte Aug.	Reise nach Tirol und in die Schweiz [168].
	11.–20. Sep.	Internationaler Physikerkongreß in Como. Bohr besucht das Physikalische Institut in Hamburg [173].
	24.–29. Okt.	Erstmalige Teilnahme an der 5. Solvay-Konferenz (Diskussionen über die Kopenhagener Interpretation der Quantentheorie) [171].
	November	Beginn der Berufungsverhandlungen mit dem Züricher Polytechnikum.
	7. Dez.	Gemeinsame Veröffentlichung mit Jordan zur Quantenelektrodynamik (192 b).
1928	2. Jan.	Dirac veröffentlicht seine relativistische Spintheorie.
	Ende Jan.	Niels Bohr besucht Pauli auf der Rückreise von seinen Ferien [177].
	Jan–Feb.	Heisenberg und Pauli arbeiten an einer Verallgemeinerung der Quantenelektrodynamik bei Anwesenheit geladener Teilchen im Felde [183].
	Anfang Mär.	Bohr macht während seiner Durchreise nach Leiden einen kurzen Zwischenaufenthalt in Hamburg [188].
	Mitte Mär.	Besuch in Kopenhagen. Pauli trägt über Quantenelektrodynamik vor [189].
	1. Apr.	Ernennung zum ordentlichen Professor für theoretische Physik auf 10 Jahre an der ETH in Zürich.
	Juni	Arbeiten zur Quantenstatistik [200] und Beschäftigung mit der Gruppentheorie [203]. Pauli bemüht sich um die Berufung Wentzels nach Zürich [201].
	15.–24. Aug.	Ferien mit Koch, Gordon u.a. auf der Insel Neuwerk [203], [206].
	Anfang Sep.	Besuch in Kopenhagen [203], [204], [206].
	16.–22. Sep.	90. Naturforscherversammlung in Hamburg.
	Ende Sep.	Besuch bei Ehrenfest in Leiden [208], [209], [210]. Enttäuschung über die auftauchenden Schwierigkeiten in der Quantenfeldtheorie. Entwurf zu einem utopischen Roman „Gullivers Reisen nach Uranien“ [216].

	5. Dez.	60. Geburtstagsfeier von Sommerfeld. Pauli beschäftigt sich mit dem Problem der Supraleitung [214]. Pauli verbringt die Weihnachtsferien im Engadin (Pontresina) [214].
1929	19. – 20. Jan.	Tagung des Gauvereins Thüringen-Sachsen-Schlesien der DPG in Leipzig. Besprechung mit Heisenberg über eine mögliche Lösung des relativistischen Mehrkörperproblems [214].
	Februar	Intensive Arbeit an der „Quantendynamik der Wellenfelder". Erste Beschäftigung mit dem kontinuierlichen β-Spektrum [216].
	1. Mär.	Heisenberg tritt seine Amerikareise an.
	19. Mär.	Eingang der Arbeit zur Quantendynamik der Wellenfelder (1929).
	Ende Mär.	2-wöchiger Aufenthalt in Wien [217], [218]. Kurzer Besuch in Berlin [218].
	8.–15. Apr.	Kopenhagener Konferenz [218]. Lise Meitner und Schrödinger zu Besuch in Zürich. Diskussion über das kontinuierliche β-Spektrum [219].
	6. Mai	Pauli tritt aus der römisch-katholischen Kirche aus.
	1. – 4. Jul.	Physikalische Vortragwoche über Röntgenstrahlen und Quantentheorie in Zürich.
	Anfang Aug.	Reise mit Erich Hecke durch Schweden und Norwegen [241].
	September	Kurzer Aufenthalt in Kopenhagen und Berlin [235].
	7. Sep.	Eingang der zweiten gemeinsamen Arbeit mit Heisenberg zur Quantenelektrodynamik (1930).
	15.–21. Sep.	5. Deutsche Physikertagung in Prag.
	6. Dez.	Dirac veröffentlicht seine „Löchertheorie".

3. Literaturverzeichnis 1919–1929

In dem Verzeichnis sind neben den eigentlichen Publikationen auch Diskussionsbeiträge, Referate und Buchbesprechungen aufgenommen. Die Arbeiten sind nach dem Eingangsdatum geordnet, soweit dieses nachweisbar war.

Die in Klammern vorangestellte Jahreszahl wird bei Hinweisen im Text als Abkürzung verwendet. Bücher und Beiträge zu Sammelwerken sind durch eckige Klammern hervorgehoben. Hinweise auf Band und Seitenzahl in Paulis „Collected Scientific Papers" werden mit CSP bezeichnet.

(1919a) Über die Energiekomponenten des Gravitationsfeldes. Physik. Z. **20,** 25 – 27 (1919). Eingegangen am 22. 9. 1918. CSP: II/10 – 12

(1919b) Zur Theorie der Gravitation und der Elektrizität von Hermann Weyl. Physik. Z. **20,** 457 – 467 (1919). Eingegangen am 4. 6. 1919. CSP: II/13 – 23; Referat in Phys. Ber. **2**, 661 (1921).

(1919c) Mercurperihelbewegung und Strahlenablenkung in Weyls Gravitationstheorie. Verhandlungen der Deutschen Physikalischen Gesellschaft **21**, 742 – 750 (1919). Eingegangen am 3. 11. 1919. CSP: II/1 – 9.

(1920a) Die Ausbreitung des Lichtes in bewegten Medien. Math. Ann. **82,** 113 – 119 (1920). Eingegangen am 9. 6. 1920. CSP: II/29 – 35.

(1920b) Theoretische Bemerkungen über den Diamagnetismus einatomiger Gase. Z. Phys. **2**, 201 – 205 (1920). Eingegangen am 18. 6. 1920. CSP: II/24 – 28; Referat in Phys. Ber. **2**, 46 (1921).

(1920c) Quantentheorie und Magneton. Physik. Z. **21**, 615 – 617 (1920). Vorgetragen auf der 86. Naturforscherversammlung in Bad Nauheim im September 1920. CSP: II/36 – 38.
Diskussionsbemerkung zu den Vorträgen von Weyl: Elektrizität und Gravitation. Physik. Z. **21**, 650 (1920) und E. Wagner: Über Spektraluntersuchungen an Röntgenstrahlen. Physik. Z. **21**, 625 (1920).

(1921) Zur Theorie der Dielektrizitätskonstante zweiatomiger Dipolgase. Z. Physik **6**, 319 – 327 (1921). Eingegangen am 30. 7. 1921. CSP: II/39 – 47; Referat in Phys. Ber. **3**, 156 (1922).

[1921] Relativitätstheorie. Encyklopädie der Mathematischen Wissenschaften, Bd. 5, Teil 2, S. 539 – 775. Leipzig: B.G. Teubner 1921. Ausgabedatum 19. September 1921. CSP: I/1 – 237.
Referat über die Arbeit von ⟩J.M. Burgers: Het atoommodel van Rutherford-Bohr. Arch. Mus. Teyler **4,** 21 – 25 (1919)⟨ in Phys. Ber. **2,** 488 – 489 (1921).

(1922a) Über das Modell des Wasserstoffmolekülions. Ann. Physik [4] **68**, 177–240 (1922). Eingegangen am 4. 3. 1922. (Verbesserte und erweiterte Fassung der Münchener Dissertation). CSP: II/70–133; Referat in Phys. Ber. **4**, 642–645 (1923).

Referat über die Arbeit von ›K. F. Niessen: Zur Quantentheorie des Wasserstoffmolekülions. Dissertation. Utrecht 1922.‹ in Phys. Ber. **4**, 645–646 (1923).

(1922b) M. Born und W. Pauli: Über die Quantelung gestörter mechanischer Systeme. Z. Physik **10**, 137–158 (1922). Eingegangen am 29. 5. 1922. CSP: II/48–69.

Diskussionsbeitrag zu W. Schottkys Vortrag: Über die Drehung der Atomachsen an festen Körpern. Physik. Z. **23**, 455 (1922).

Buchbesprechung: ›H. Weyl: Raum, Zeit, Materie.‹ Physik. Z. **23**, 256 (1922).

(1923a) H. A. Kramers und W. Pauli: Zur Theorie der Bandenspektren. Z. Physik **13**, 351–367 (1923). Eingegangen am 3. 1. 1923. CSP: II/134–150.

(1923b) Über die Gesetzmäßigkeiten des anomalen Zeemaneffektes. Z. Physik **16**, 155–164 (1923). Eingegangen am 26. 4. 1923. CSP: II/151–160; Referat in Phys. Ber. **4**, 1396–1397 (1923).

(1923c) Über das thermische Gleichgewicht zwischen Strahlung und freien Elektronen. Z. Physik **18**, 272–286 (1923). Eingegangen am 9. 8. 1923. CSP: II/161–175; Referat in Phys. Ber. **5**, 489–490 (1924).

[1924] Störungstheorie. Physikalisches Handwörterbuch, herausgegeben von A. Berliner und K. Scheel. S. 752–756. Berlin: Springer 1924. CSP: I/264–268.

(1924a) Zur Frage der Zuordnung der Komplexstrukturterme in starken und in schwachen äußeren Feldern. Z. Physik **20**, 371–387 (1924). Eingegangen am 20. 10. 1923. CSP: II/176–192; Referat in Phys. Ber. **5**, 488–489 (1924).

(1924b) Bemerkungen zu den Arbeiten „Dimension der Einsteinschen Lichtquanten" und „Zur Dynamik des Stoßes zwischen einem Lichtquant und einem Elektron" von L. S. Ornstein und H. C. Burger. Z. Physik **22**, 261–265 (1924). Eingegangen am 23. 1. 1924. CSP: II/193–197.

(1924c) Zur Frage der theoretischen Deutung der Satelliten einiger Spektrallinien und ihrer Beeinflussung durch magnetische Felder. Naturwiss. **12**, 741–743 (1924). Eingegangen am 17. 8. 1924. CSP: II/198–200.

Referate der Arbeiten: ›A. Einstein und P. Ehrenfest: Zur Quantentheorie des Strahlungsgleichgewichts. Z. Phys. **19**, 301–306 (1923)‹ in Phys. Ber. **5**, 450–451 (1924) und ›M. Born und W. Heisenberg: Zur Quantentheorie der Molekeln. Ann. Phys. **74**, 1–31 (1924)‹ in Phys. Ber. **5**, 1307–1308 (1924).

Buchbesprechungen: ›E. Buchwald: Das Korrespondenzprinzip.‹ Naturwiss. **12**, 36–37 (1924). CSP: II/1390–1391 und E. P. Adams: The Quantum Theory. 2. Aufl. Naturwiss. **12**, 412–413 (1924). CSP: II/1382.

(1925a) Über den Einfluß der Geschwindigkeitsabhängigkeit der Elektronenmasse auf den Zeemaneffekt. Z. Physik **31**, 373–385 (1925). Eingegangen am 2. 12. 1924. CSP: II/201–213.

(1925b) Über den Zusammenhang des Abschlusses der Elektronentruppen im Atom mit der Komplexstruktur der Spektren. Z. Phys. **31**, 765 – 783 (1925). Eingegangen am 16. 1. 1925. CSP: II/214 – 232.

(1925c) Über die Intensitäten der im elektrischen Felde erscheinenden Kombinationslinien. Kgl. Danske Videnskab. Selskbab, Mat.-Fys. Medd. **7**, 3 – 20 (1925). Zum Druck fertig am 9. 11. 1925. CSP: II/233 – 250.

(1925d) Über die Absorption der Reststrahlen in Kristallen. Verhandlungen der Deutschen Physikalischen Gesellschaft (3) **6**, 10 – 11 (1925). CSP: II/251.

Buchbesprechung: 〉M. Born: Vorlesungen über Atommechanik. I. Teil.〈 Naturwiss. **13**, 487 – 488 (1925). CSP: II/1392.

[1926] Quantentheorie: Handbuch der Physik, herausgegeben von H. Geiger und K. Scheel. Bd. 23, S. 1 – 278. Berlin Springer 1926. CSP: I/269 – 548.

(1926a) Über das Wasserstoffspektrum vom Standpunkt der neuen Quantenmechanik. Z. Phys. **36**, 336 – 363 (1926). Eingegangen am 17. 1. 1926. CSP: II/252 – 279.

(1926b) L. Mensing und W. Pauli: Über die Dielektrizitätskonstante von Dipolgasen nach der Quantenmechanik. Physik. Z. **27**, 509 – 512 (1926). Eingegangen am 25. 6. 1926. CSP: II/280 – 283.

Buchbesprechung: 〉A. S. Eddington: Relativitätstheorie in mathematischer Behandlung.〈 Naturwiss. **14**, 273 – 274 (1926). CSP: II/1392.

(1927a) Über Gasentartung und Paramagnetismus. Z. Phys. **41**, 81 – 102 (1927). Eingegangen am 16. 12. 1926. CSP: II/284 – 305.

(1927b) Zur Quantenmechanik des magnetischen Elektrons. Z. Physik **43**, 601 – 623 (1927). Eingegangen am 3. 5. 1927. CSP: II/306 – 328.

(1927c) W. Baade und W. Pauli: Über den auf die Teilchen in den Kometenschweifen ausgeübten Strahlungsdruck. Naturwiss. **15**, 49 – 50 (1927). CSP: II/329 – 330.

(1927d) Discussione sulla comunicazione Bohr. Atti del Congresso Internazionale dei Fisici. 11 – 20 Settembre 1927 – V. Como-Pavia-Roma, Volume Secondo. Bologna: Nicola Zanichelli 1928. Dort S. 598.

[1928] Über das H-Theorem vom Anwachsen der Entropie vom Standpunkt der neuen Quantenmechanik. Probleme der modernen Physik, Arnold Sommerfeld zum 60. Geburtstage, gewidmet von seinen Schülern. Leipzig: S. Hirzel 1928, S. 30 – 45. CSP: I/549 – 564.

(1928a) Discussions. Cinquieme Conseil de Physique Solvay, Electrons et Photons, Bruxelles 1927. S. 46, 95 – 98, 134 – 145, 256 – 258, 276 – 277, 280 – 282, 286. Paris 1928.

(1928b) P. Jordan und W. Pauli: Zur Quantenelektrodynamik ladungsfreier Felder. Z. Physik **47**, 151 – 173 (1928). Eingegangen am 7. 12. 1927. CSP: II/331 – 353.

[1929a] Theorie der schwarzen Strahlung. Müller-Pouillets Lehrbuch, Bd. 2, Teil 2. S. 1483 – 1553. ^{11}Braunschweig: Friedr. Vieweg und Sohn A.-G. 1929. CSP: I/565 – 635.

[1929b] Allgemeine Grundlagen der Quantentheorie des Atombaues. Müller-Pouillets Lehrbuch, Bd. 2, Teil 2. S. 1709 – 1842. ^{11}Braunschweig: Friedr. Vieweg und Sohn A.-G. 1929. CSP: I/636 – 769.

(1929) W. Heisenberg und W. Pauli: Zur Quantendynamik der Wellenfelder. Z. Physik **56**, 1–61 (1929). Eingegangen am 19. 3. 1929. CSP: II/354–414.

Buchbesprechungen: ›Ergebnisse der exakten Naturwissenschaften, 7. Band.‹ Naturwiss. **17**, 257–259 (1929). CSP: II/1393 – ›H. A. Lorentz: Vorlesungen über theoretische Physik, Band II, III, IV.‹ Naturwiss. **17**, 279 (1929). CSP: II/1395.

(1930) W. Heisenberg und W. Pauli: Zur Quantentheorie der Wellenfelder II. Z. Physik **59**, 168–190 (1930). Eingegangen am 7. 9. 1929. CSP: II/415–437.

4. Verzeichnis der Vorlesungsmanuskripte 1919–1929

Hamburg	SS 1925	Elektrodynamik (62 Seiten)
	SS 1926	Relativitätstheorie (mit einem Nachtrag vom April 1937)
	WS 1926/27	Allgemeine Relativitätstheorie
	SS 1927	Quantenmechanik I (32 Seiten)
	WS 1927/28	Quantenmechanik II (56 Seiten + 3 Seiten „Balmerformel")
	o. D.	Diracs Elektrodynamik
Zürich	SS 1928	Probleme der Quantentheorie
	WS 1928/29	Struktur der Materie
	WS 1928/29	Optik
	SS 1929	Elektro- und Magnetooptik
	SS 1929	Thermodynamik
	WS 1929/30	Kinetische Theorie der Wärme und Quantenstatistik

5. Chronologisches Verzeichnis der Korrespondenz 1919–1929

Die den Briefen in eckiger Klammer vorangestellte Zahl wird als Abkürzung bei Hinweisen auf den entsprechenden Brief verwendet; Briefe *ohne* Zahl wurden nicht in der Sammlung aufgenommen. Ist keine Bemerkung angegeben, so handelt es sich um handschriftliche Briefe in deutscher Sprache. Ergänzungen in eckigen Klammern.

PK	Postkarte
BK	Briefkarte
MS	Maschinenschrift
MSD	maschinenschriftlicher Durchschlag
unvollst.	Brief unvollständig erhalten
engl.	in englischer Sprache
dän.	in dänischer Sprache
franz.	in französischer Sprache

[1]	Weyl an Pauli	Zürich	10. Mai	1919
[2]	Weyl an Pauli	Zürich	9. Dez.	1919
[3]	Pauli an Landé	[München	18. Dez.	1919]
[4]	Born an Pauli	Frankfurt	23. Dez.	1919
[5]	Pauli an Oppenheim (MSD)	München	7. Mai	1920
[6]	Pauli an Landé	[München]	12. Mai	[1920]
[7]	de Sitter an Pauli	Arosa	25. Mai	1920
	Kottler an Pauli	[Wien]	20. Jun.	1920
[8]	Schrödinger an Pauli	Jena	12. Jul.	1920
	Kottler an Pauli	[Wien]	27. Jul.	1920
	Kottler an Pauli	Wien	13. Dez.	1920
[9]	Schrödinger an Pauli	[Stuttgart]	13. Feb.	1921
[10]	F. Klein an Pauli	Göttingen	8. Mär.	1921
	F. Klein an Pauli	Göttingen	10. Apr.	1921
	F. Klein an Pauli	Göttingen	19. Apr.	1921
[11]	F. Klein an Pauli	Göttingen	28. Apr.	1921
	F. Klein an Pauli	Göttingen	29. Apr.	1921
[12]	F. Klein an Pauli	Göttingen	7. Mai	1921
[13]	F. Klein an Pauli	Göttingen	8. Mai	1921
	F. Klein an Pauli	Göttingen	19. Mai	1921
	F. Klein an Pauli	Göttingen	26. Mai	1921
	F. Klein an Pauli	Göttingen	14. Jun.	1921
[14]	Pauli an Landé	München	5. Okt.	1921
[15]	Schrödinger an Pauli	Zürich	7. Nov.	1921

[16]	Heisenberg an Pauli	München	19. Nov. [1921]
[17]	Heisenberg an Pauli	München	25. Nov. [1921]
[18]	Heisenberg an Pauli	München	17. Dez. [1921]
[19]	Pauli an Gerlach (PK)	[Wien]	1. Jan. [1922]
[20]	Pauli an Gerlach (PK)	[Göttingen]	17. Feb. [1922]
[21]	Heisenberg an Pauli	München	6. Mär. [1922]
[22]	Bohr an Pauli (MS)	Kopenhagen	3. Jul. 1922
[23]	Pauli an Bohr	[Hamburg]	7. Jul. [1922]
[24]	Pauli an Bohr	Hamburg	5. Sep. 1922
[25]	Pauli an Bohr	Hamburg	6. Sep. 1922
[26]	Bohr an Pauli (MSD)	[Kopenhagen]	8. Sep. 1922
[27]	Pauli an Bohr	Hamburg	15. Sep. 1922
[28]	Heisenberg an Pauli	München	29. Sep. [1922]
[29]	Schrödinger an Pauli	[Zürich]	8. Nov. 1922
	Pauli an Hertz (MSD)	[Kopenhagen]	15. Nov. 1922
	Pauli an Hertz (MSD)	[Kopenhagen]	2. Dez. 1922
	Hertz an Pauli	Göttingen	4. Dez. 1922
[30]	Heisenberg an Pauli	Göttingen	12. Dez. 1922
[31]	Heisenberg an Pauli	München	19. Feb. [1923]
[32]	Heisenberg an Pauli (PK)	Göttingen	21. Feb. [1923]
[33]	Pauli an Landé (MS)	Kopenhagen	10. Mär. 1923
[34]	Heisenberg an Pauli	München	26. Mär. [1923]
[35]	Pauli an Landé	Kopenhagen	23. Mai 1923
[36]	Pauli an Landé	Kopenhagen	5. Jun. 1923
[37]	Pauli an Sommerfeld	Kopenhagen	6. Jun. 1923
[38]	Pauli an Hansen (PK)	Seebad Bansin	6. Jul. [1923]
[39]	Pauli an Bohr	[Seebad Bansin]	16. Jul. [1923]
[40]	Pauli an [Sommerfeld]	[Seebad Bansin]	19. Jul. [1923]
[40a]	Bohr an Pauli (dän.)	Tibirke Bakker	[20. Jul. 1923]
[41]	Pauli an Landé	Kopenhagen	26. Jul. 1923
[42]	Pauli an Landé (PK)	Kopenhagen	17. Aug. [1923]
[43]	Pauli an Bohr	[Kopenhagen	12. Sep. 1923]
[44]	Pauli an Landé (PK)	[Kopenhagen]	15. Sep. [1923]
[45]	Pauli an Eddington (MSD)	[Kopenhagen]	20. Sep. 1923
[46]	Pauli an Landé	Kopenhagen	23. Sep. 1923
[47]	Heisenberg an Pauli	Göttingen	9. Okt. 1923
[48]	Pauli an Einstein	Hamburg	10. Nov. 1923
[49]	Pauli an Landé	Hamburg	28. Nov. 1923
[50]	Heisenberg an Pauli	Göttingen	7. Dez. 1923
[51]	Pauli an Landé (PK)	[Hamburg]	14. Dez. [1923]
[52]	Pauli an Kramers	Hamburg	19. Dez. 1923
[53]	Pauli an Landé	Hamburg	20. Jan. 1924
	Hecke an Pauli (MS)	Hamburg	7. Feb. 1924
[54]	Pauli an Bohr	Hamburg	11. Feb. 1924
[55]	Bohr an Pauli (MS)	Kopenhagen	16. Feb. 1924
[56]	Pauli an Bohr	Hamburg	21. Feb. 1924
[57]	Heisenberg an Pauli (PK)	Göttingen	4. Mär. [1924]

[58]	Pauli an Bohr	Hamburg	21. Mär. 1924
[59]	Bohr an Pauli (MSD)	Kopenhagen	24. Mär. 1924
[60]	Bohr an Pauli (MSD)	[Kopenhagen]	24. Mär. 1924
[61]	Heisenberg an Pauli	Kopenhagen	26. Mär. 1924
[62]	Heisenberg an Pauli	Göttingen	8. Jun. [1924]
[63]	Pauli an Landé (PK)	[Hamburg]	30. Jun. [1924]
[64]	Pauli an Sommerfeld	Hamburg	29. Sep. 1924
[65]	Heisenberg an Pauli	Kopenhagen	30. Sep. [1924]
[66]	Pauli an Bohr	Hamburg	2. Okt. 1924
[67]	Heisenberg an Pauli	Kopenhagen	8. Okt. [1924]
[68]	Pauli an Landé	Hamburg	10. Nov. 1924
[69]	Pauli an Landé (PK)	[Hamburg]	14. Nov. [1924]
[70]	Pauli an Sommerfeld (unvollst.)	[Hamburg	Nov. 1924]
[71]	Pauli an Landé	Hamburg	24. Nov. 1924
[72]	Pauli an Sommerfeld	Hamburg	6. Dez. 1924
[73]	Bohr an Pauli (dän.) (MS)	Kopenhagen	11. Dez. 1924
[74]	Pauli an Bohr	Hamburg	12. Dez. 1924
[75]	Pauli an Landé	Hamburg	15. Dez. 1924
[76]	Heisenberg an Pauli (PK)	Kopenhagen	15. Dez. [1924]
[77]	Bohr an Pauli (dän.) (MS)	Kopenhagen	22. Dez. 1924
[78]	Pauli an Landé (PK)	[Wien]	25. Dez. [1924]
[79]	Pauli an Bohr	[Wien]	31. Dez. [1924]
[80]	Pauli an Landé (PK)	[Wien]	5. Jan. [1925]
[81]	Bohr an Pauli (MS)	Kopenhagen	10. Jan. 1925
[82]	Pauli an Landé (PK)	[Hamburg]	15. Jan. [1925]
[83]	Pauli an Landé	Hamburg	30. Jan. 1925
[84]	Pauli an Landé (PK)	[Hamburg]	6. Feb. [1925]
[85]	Heisenberg an Pauli	Kopenhagen	26. Feb. 1925
[86]	Pauli an Heisenberg	Hamburg	28. Feb. 1925
[87]	Pauli an Bohr (PK)	[Hamburg]	30. Apr. [1925]
[88]	Pauli an Kronig	Hamburg	4. Mai 1925
[89]	Pauli an Kronig	Hamburg	21. Mai 1925
[90]	Sommerfeld an Pauli	München	18. Jun. 1925
[91]	Heisenberg an Pauli	Göttingen	21. Jun. [1925]
[92]	Pauli an Sommerfeld	Hamburg	22. Jun. 1925
[93]	Heisenberg an Pauli	Göttingen	24. Jun. 1925
[94]	Heisenberg an Pauli (PK)	Göttingen	29. Jun. [1925]
[95]	Heisenberg an Pauli (PK)	Göttingen	4. Jul. [1925]
[96]	Heisenberg an Pauli	Göttingen	9. Jul. 1925
[97]	Pauli an Kramers	Hamburg	27. Jul. 1925
[98]	Heisenberg an Pauli	Kopenhagen	18. Sep. 1925
[99]	Heisenberg an Pauli (PK)	Kopenhagen	24. Sep. 1925
[100]	Pauli an Kronig	Hamburg	9. Okt. 1925
[101]	Heisenberg an Pauli	Kopenhagen	12. Okt. [1925]
[102]	Heisenberg an Pauli	Göttingen	23. Okt. [1925]
[103]	Heisenberg an Pauli	Göttingen	3. Nov. [1925]
[104]	Bohr an Pauli (dän.) (MSD)	[Kopenhagen]	13. Nov. 1925

[105]	Heisenberg an Pauli	Göttingen	16. Nov. 1925
[106]	Pauli an Bohr	Hamburg	17. Nov. 1925
[107]	Heisenberg an Pauli (PK)	Göttingen	21. Nov. [1925]
[108]	Heisenberg an Pauli	Göttingen	24. Nov. 1925
[109]	Bohr an Pauli (dän.) (MS)	Kopenhagen	25. Nov. 1925
[110]	Pauli an Bohr	Hamburg	1. Dez. 1925
[111]	Bohr an Pauli (dän.) (PK)	Tisvilde	5. Dez. 1925
[112]	Heisenberg an Pauli	München	24. Dez. [1925]
[113]	Bohr an Pauli (dän) (MS)	Kopenhagen	24. Dez. 1925
[114]	Pauli an Bohr	[Wien]	30. Dez. [1925]
[115]	Heisenberg an Pauli	Göttingen	7. Jan [1926]
[116]	Heisenberg an Pauli	Göttingen	14. Jan. [1926]
[117]	Heisenberg an Pauli	Göttingen	27. Jan. 1926
[118]	Pauli an Heisenberg	Hamburg	31. Jan. 1926
[119]	Pauli an Bohr	Hamburg	5. Feb. 1926
[120]	Pauli an Sommerfeld	Hamburg	9. Feb. 1926
[121]	Bohr an Pauli (dän.) (MS)	Kopenhagen	20. Feb. 1926
[122]	Pauli an Bohr	Hamburg	26. Feb. 1926
[123]	Bohr an Pauli (dän.) (MS)	Kopenhagen	3. Mär. 1926
[124]	Pauli an Bohr	Hamburg	5. Mär. 1926
[125]	Pauli an Kramers	Hamburg	8. Mär. 1926
[126]	Bohr an Pauli (dän.) (MS)	Kopenhagen	9. Mär. 1926
[127]	Pauli an Bohr	Hamburg	12. Mär. 1926
[128]	Pauli an Kramers	Hamburg	12. Mär. 1926
[129]	Pauli an Goudsmit (PK)	[Hamburg]	13. Mär. [1926]
[130]	Bohr an Pauli (dän.) (MSD)	[Kopenhagen]	31. Mär. 1926
[131]	Pauli an Jordan (MS)	[Kopenhagen]	12. Apr. 1926
[132]	Heisenberg an Pauli (PK)	Kopenhagen	5. Mai 1926
[133]	Pauli an Wnetzel	Hamburg	8. Mai 1926
[134]	Pauli an Schrödinger	Hamburg	24. Mai [1926]
[135]	Pauli an Landé (PK)	[Hamburg]	2. Jun. [1926]
[136]	Heisenberg an Pauli	Kopenhagen	8. Jun. 1926
[137]	Pauli an Uhlenbeck	Hamburg	9. Jun. 1926
[138]	Pauli an Wentzel (PK)	[Hamburg]	11. Jun. [1926]
[139]	Des Coudres an Pauli (BK MS)	Leipzig	2. Jul. 1926
[140]	Pauli an Wentzel	Hamburg	5. Jul. 1926
[141]	Sommerfeld an Pauli (MS)	München	26. Jul. 1926
[142]	Heisenberg an Pauli	z. Z. München	28. Jul. 1926
[143]	Pauli an Heisenberg	Hamburg	19. Okt. 1926
[144]	Heisenberg an Pauli	Kopenhagen	28. Okt. 1926
[145]	Heisenberg an Pauli	Kopenhagen	4. Nov. 1926
[146]	Heisenberg an Pauli	Kopenhagen	15. Nov. 1926
[147]	Pauli an Schrödinger	Hamburg	22. Nov. 1926
[148]	Heisenberg an Pauli	Kopenhagen	23. Nov. 1926
[149]	Pauli an Wentzel	Hamburg	5. Dez. 1926
[150]	Pauli an Schrödinger	Hamburg	12. Dez. 1926
[151]	Schrödinger an Pauli (MS)	Zürich	15. Dez. 1926

[152]	Ehrenfest an Pauli (MS)	Leiden	24. Jan. 1927
[153]	Heisenberg an Pauli	Kopenhagen	5. Feb. 1927
[154]	Heisenberg an Pauli	Kopenhagen	23. Feb. 1927
[155]	Heisenberg an Pauli (PK)	Kopenhagen	2. Mär. 1927
[156]	Heisenberg an Pauli	Kopenhagen	9. Mär. 1927
[157]	Pauli an Jordan	Hamburg	12. Mär. 1927
[158]	Heisenberg an Pauli	Kopenhagen	14. Mär. 1927
[159]	Bohr an Pauli (dän.)	Kopenhagen	25. Mär. 1927
[160]	Pauli an Bohr	Hamburg	29. Mär. 1927
[161]	Heisenberg an Pauli	Kopenhagen	4. Apr. 1927
[162]	Pauli an Wentzel	[Hamburg	16. Mai 1927]
[163]	Heisenberg an Pauli	Kopenhagen	16. Mai 1927
[164]	Heisenberg an Pauli	Kopenhagen	31. Mai 1927
[165]	Heisenberg an Pauli	Kopenhagen	3. Jun. 1927
[166]	Pauli an Wentzel	Hamburg	23. Jun. [1927]
[167]	Bohr an Pauli (dän.) (MS)	Kopenhagen	15. Jul. 1927
[168]	Pauli an Bohr	Hamburg	6. Aug. 1927
[169]	Bohr an Pauli (dän.) (MS)	Tisvilde	13. Aug. 1927
[170]	Bohr an Pauli (dän.)	Kopenhagen	2. Sep. 1927
[171]	Lorentz an Pauli	Haarlem	5. Sep. 1927
[172]	Bohr an Pauli (dän.) (MS)	[Kopenhagen]	11. Okt. 1927
[173]	Pauli an Bohr	Hamburg	17. Okt. 1927
[174]	Darwin an Pauli (engl.)	Edinburgh	20. Nov. 1927
[175]	Pauli an Kronig	Hamburg	22. Nov. 1927
[176]	Pauli an Kronig (PK)	[Hamburg]	28. Nov. [1927]
[177]	Bohr an Pauli (dän.)	Arosa	8. Jan. 1928
[178]	Darwin an Pauli (engl.)	Edinburgh	11. Jan. 1928
[179]	Pauli an Bohr	Hamburg	13. Jan. 1928
[180]	Bohr an Pauli (dän.)	Arosa	15. Jan. 1928
[181]	Pauli an Weyl	Hamburg	29. Jan. 1928
[182]	Pauli an Kronig (PK)	[Hamburg]	1. Feb. [1928]
[183]	Pauli an Kramers	Hamburg	7. Feb. 1928
[184]	Pauli an Kronig	Hamburg	7. Feb. 1928
[185]	Pauli an Kronig	Hamburg	10. Feb. 1928
[186]	Pauli an Kronig (PK)	[Hamburg]	15. Feb. 1928
[187]	Pauli an Dirac (engl.)	Hamburg	17. Feb. 1928
[188]	Bohr an Pauli (dän.) (MSD)	[Kopenhagen]	27. Feb. 1928
[189]	Pauli an Bohr	Hamburg	10. Mär. 1928
[190]	Bohr an Pauli (dän.) (MS)	Kopenhagen	13. Mär. 1928
[191]	Pauli an Bohr (PK)	[Hamburg]	14. Mär. [1928]
[192]	Heisenberg an Pauli	Leipzig	3. Mai 1928
[193]	Heisenberg an Pauli	Leipzig	7. Mai [1928]
[194]	Heisenberg an Pauli (PK)	Leipzig	7. Mai [1928]
[195]	Heisenberg an Pauli	Leipzig	10. Mai 1928
[196]	Heisenberg an Pauli (PK)	Leipzig	13. Mai [1928]
[197]	Bohr an Pauli (dän.)	Kopenhagen	14. Mai 1928
[198]	Heisenberg an Pauli (PK)	Leipzig	21. Mai [1928]

[199]	Pauli u.a. an Jordan (PK)	[Zürich	4. Jun. 1928]
[200]	Heisenberg an Pauli	Leipzig	13. Jun. [1928]
[201]	Pauli an Bohr	Zürich	16. Jun. 1928
[202]	Pauli und Kronig an Shenstone (MS)	Zürich	23. Jun. 1928
[203]	Pauli an Bohr	Zürich	14. Jul. 1928
[204]	Heisenberg an Pauli	Leipzig	31. Jul. 1928
[205]	Bohr an Pauli (dän.)	Tisvilde	7. Aug. 1928
[206]	Pauli an Bohr (2 PK)	Zürich	10. Aug. [1928]
[207]	Bohr an Pauli (dän.)	Tisvilde	14. Aug. 1928
[208]	Pauli an Ehrenfest	Kopenhagen	16. Sep. 1928
[209]	Ehrenfest an Pauli (MSD)	Leiden	22. Sep. 1928
[210]	Ehrenfest an Pauli (MS)	[Leiden]	26. Sep. 1928
[211]	Ehrenfest an Pauli (MSD)	Leiden	26. Nov. 1928
[212]	Pauli an Ehrenfest (PK)	[Zürich]	24. Dez. [1928]
[213]	Bohr an Pauli (dän.) (PK)	Kopenhagen	8. Jan. 1929
[214]	Pauli an Bohr (PK)	[Zürich]	16. Jan. [1929]
[215]	Pauli an Ehrenfest	Zürich	15. Feb. 1929
[216]	Pauli an O. Klein	Zürich	18. Feb. 1929
[217]	Pauli an Bohr (PK)	[Zürich]	5. Mär. [1929]
[218]	Pauli an O. Klein	Zürich	16. Mär. 1929
[219]	Pauli an Bohr (PK)	[Zürich]	25. Apr. [1929]
[220]	Pauli an Bohr (PK)	[Zürich]	6. Mai [1929]
[221]	Pauli und Scherrer an Kronig (MS)	Zürich	6. Mai 1929
[222]	Pauli und Scherrer an Ehrenfest (MS)	Zürich	7. Mai 1929
[223]	Ehrenfest an Pauli und Scherrer (MSD)	[Leiden]	8. Mai 1929
[224]	Pauli an Ehrenfest (PK)	[Zürich]	15. Mai [1929]
[225]	Pauli an Sommerfeld	Zürich	16. Mai 1929
[226]	Pauli an Kronig	[Zürich]	2. Jun. [1929]
[227]	Pauli an Weyl	Zürich	1. Jul. 1929
[228]	Bohr an Pauli (dän.) (MSD)	Kopenhagen	1. Jul. 1929
[229]	Ehrenfest an Pauli (MSD)	Leiden	1. Jul. 1929
[230]	Pauli an Ehrenfest	Zürich	7. Jul. 1929
[231]	Pauli an Bohr	Zürich	17. Jul. 1929
[232]	Heisenberg an Pauli	[Amerika]	20. Jul. 1929
[233]	Bohr an Pauli (dän.)	Lynghuset	31. Jul. 1929
[234]	Heisenberg an Pauli	Chicago	1. Aug. [1929]
[235]	Pauli an Weyl	Kopenhagen	26. Aug. 1929
[236]	Pauli an Knauer	[Berlin]	4. Sep. [1929]
[237]	Pauli an Ehrenfest (PK)	[Zürich]	29. Sept. 1929
[238]	Pauli an Jordan	Zürich	30. Nov. 1929
[239]	Pauli an Einstein (MS)	Zürich	19. Dez. 1929
[240]	Einstein an Pauli (MS)	Berlin	24. Dez. 1929
[241]	Bohr an Pauli (dän.) (MSD)	[Kopenhagen]	26. Dez. 1929

6. Alphabetisches Verzeichnis der Korrespondenz 1919–1929

Briefe von Pauli sind durch P gekennzeichnet.
In runden Klammern die Anzahl der Briefe *von* Pauli

		Bohr	**67 (34)**
1)		[22]	3. Jul. 1922
2)	P	[23]	7. Jul. [1922]
3)	P	[24]	5. Sep. 1922
4)	P	[25]	6. Sep. 1922
5)		[26]	8. Sep. 1922
6)	P	[27]	15. Sep. 1922
7)	P	[39]	16. Jul. [1923]
8)		[40a]	[20. Jul. 1923]
9)	P	[43]	[12. Sep. 1923]
10)	P	[54]	11. Feb. 1924
11)		[55]	16. Feb. 1924
12)	P	[56]	21. Feb. 1924
13)	P	[58]	21. Mär. 1924
14)		[59]	24. Mär. 1924
15)		[60]	24. Mär. 1924
16)	P	[66]	2. Okt. 1924
17)		[73]	11. Dez. 1924
18)	P	[74]	12. Dez. 1924
19)		[77]	22. Dez. 1924
20)	P	[79]	31. Dez. [1924]
21)		[81]	10. Jan. 1925
22)	P	[87]	30. Apr. 1925
23)		[104]	13. Nov. 1925
24)	P	[106]	17. Nov. 1925
25)		[109]	25. Nov. 1925
26)	P	[110]	1. Dez. 1925
27)		[111]	5. Dez. 1925
28)		[113]	24. Dez. 1925
29)	P	[114]	30. Dez. [1925]
30)	P	[119]	5. Feb. 1926
31)		[121]	20. Feb. 1926
32)	P	[122]	26. Feb. 1926

33)		[123]	3. Mär. 1926
34)	P	[124]	5. Mär. 1926
35)		[126]	9. Mär. 1926
36)	P	[127]	12. Mär. 1926
37)		[130]	31. Mär. 1926
38)		[159]	25. Mär. 1927
39)	P	[160]	29. Mär. 1927
40)		[167]	15. Jul. 1927
41)	P	[168]	6. Aug. 1927
42)		[169]	13. Aug. 1927
43)		[170]	2. Sep. 1927
44)		[172]	11. Okt. 1927
45)	P	[173]	17. Okt. 1927
46)		[177]	8. Jan. 1928
47)	P	[179]	13. Jan. 1928
48)		[180]	15. Jan. 1928
49)		[188]	27. Feb. 1928
50)	P	[189]	10. Mär. 1928
51)		[190]	13. Mär. 1928
52)	P	[191]	14. Mär. 1928
53)		[197]	14. Mär. [1928]
54)	P	[201]	16. Jun. 1928
55)	P	[203]	14. Jul. 1928
56)		[205]	7. Aug. 1928
57)	P	[206]	10. Aug. [1928]
58)		[207]	14. Aug. 1928
59)		[213]	8. Jan. 1929
60)	P	[214]	16. Jan. [1929]
61)	P	[217]	5. Mär [1929]
62)	P	[219]	25. Apr. [1929]
63)	P	[220]	6. Mai [1929]
64)		[228]	1. Jul 1929
65)	P	[231]	17. Jul. 1929
66)		[233]	31. Jul. 1929
67)		[241]	26. Dez. 1929

Born 1 (0)

1)	[4]	23. Dez. 1919

Des Coudres 1 (0)

1)	[139]	2. Jul. 1926

		Darwin	**2**	**(0)**
1)		[174]	20. Nov. 1927	
2)		[178]	11. Jan. 1928	

		Dirac	**1**	**(1)**
1)	P	[187]	17. Feb. 1928	

		Eddington	**1**	**(1)**
1)	P	[45]	20. Sep. 1923	

		Ehrenfest	**13**	**(7)**
1)		[152]	24. Jan. 1927	
2)	P	[208]	16. Sep. 1928	
3)		[209]	22. Sep. 1928	
4)		[210]	26. Sep. 1928	
5)		[211]	26. Nov. 1928	
6)	P	[212]	24. Dez. [1928]	
7)	P	[215]	15. Feb. 1929	
8)	P	[222]	7. Mai 1929	
9)		[223]	8. Mai 1929	
10)	P	[224]	15. Mai 1929	
11)		[229]	1. Jul. 1929	
12)	P	[230]	7. Jul. 1929	
13)	P	[237]	29. Sep. 1929	

		Einstein	**3**	**(2)**
1)	P	[48]	10. Nov. 1923	
2)	P	[239]	19. Dez. 1929	
3)		[240]	24. Dez. 1929	

		Gerlach	**2**	**(2)**
1)	P	[19]	1. Jan. [1922]	
2)	P	[20]	17. Feb. [1922]	

		Goudsmit	**1**	**(1)**
1)	P	[129]	13. Mär. [1926]	

		Hansen	**1**	**(1)**
1)	P	[38]	6. Jul. [1923]	

Hecke 1 (0)

1)			7. Feb. 1924

Heisenberg 64 (3)

1)		[16]	19. Nov. [1921]
2)		[17]	25. Nov. [1921]
3)		[18]	17. Dez. [1921]
4)		[21]	6. Mär. [1922]
5)		[28]	29. Sep. [1922]
6)		[30]	12. Dez. 1922
7)		[31]	19. Feb. [1923]
8)		[32]	21. Feb. [1923]
9)		[34]	26. Mär. [1923]
10)		[47]	9. Okt. 1923
11)		[50]	7. Dez. 1923
12)		[57]	4. Mär. [1924]
13)		[61]	26. Mär. 1924
14)		[62]	8. Jun. [1924]
15)		[65]	30. Sep. [1924]
16)		[67]	8. Okt. [1924]
17)		[76]	15. Dez. [1924]
18)		[85]	26. Feb. 1925
19)	P	[86]	28. Feb. 1925
20)		[91]	21. Jun. 1925
21)		[93]	24. Jun. 1925
22)		[94]	29. Jun. [1925]
23)		[95]	4. Jul. [1925]
24)		[96]	9. Jul. 1925
25)		[98]	18. Sep. 1925
26)		[99]	24. Sep. 1925
27)		[101]	12. Okt. [1925]
28)		[102]	23. Okt. [1925]
29)		[103]	3. Nov. [1925]
30)		[105]	16. Nov. 1925
31)		[107]	21. Nov. [1925]
32)		[108]	24. Nov. 1925
33)		[112]	24. Dez. [1925]
34)		[115]	7. Jan. [1926]
35)		[116]	14. Jan. [1926]
36)		[117]	27. Jan. 1926
37)	P	[118]	31. Jan. 1926
38)		[132]	5. Mai 1926
39)		[136]	8. Jun. 1926
40)		[142]	28. Jul. 1926
41)	P	[143]	19. Okt. 1926

42)		[144]	28. Okt. 1926
43)		[145]	4. Nov. 1926
44)		[146]	15. Nov. 1926
45)		[148]	23. Nov. 1926
46)		[153]	5. Feb. 1927
47)		[154]	23. Feb. 1927
48)		[155]	2. Mär. 1927
49)		[156]	9. Mär. 1927
50)		[158]	14. Mär. 1927
51)		[161]	4. Apr. 1927
52)		[163]	16. Mai 1927
53)		[164]	31. Mai 1927
54)		[165]	3. Jun. 1927
55)		[192]	3. Mai 1928
56)		[193]	7. Mai [1928]
57)		[194]	7. Mai [1928]
58)		[195]	10. Mai 1928
59)		[196]	13. Mai [1928]
60)		[198]	21. Mai [1928]
61)		[200]	13. Jan. [1928]
62)		[204]	31. Jul. 1928
63)		[232]	20. Jul. 1929
64)		[234]	1. Aug. [1929]

Hertz 3 (2)

1)	P		15. Nov. 1922
2)	P		2. Dez. 1922
3)			4. Dez. 1922

Jordan 4 (4)

1)	P	[131]	12. Apr. 1926
2)	P	[157]	12. Mär. 1927]
3)	P u.a.	[199]	[4. Jun. 1928]
4)	P	[238]	30. Nov. 1929

F. Klein 11 (0)

1)			6. Mär. 1921
2)		[10]	8. Mär. 1921
3)			10. Apr. 1921
4)			19. Apr. 1921
5)		[11]	28. Apr. 1921
6)			29. Apr. 1921
7)		[12]	7. Mai 1921

8)		[13]	8. Mai	1921
9)			19. Mai	1921
10)			26. Mai	1921
11)			14. Jun.	1921

O. Klein 2 (2)

1)	P	[216]	18. Feb.	1929
2)	P	[218]	16. Mär.	1929

Knauer 1 (1)

1)	P	[236]	4. Sep.	1929

Kottler 3 (0)

1)			20. Jun.	1920
2)			27. Jul.	1920
3)			13. Dez.	1920

Kramers 5 (5)

1)	P	[52]	19. Dez.	1923
2)	P	[97]	27. Jul.	1925
3)	P	[125]	8. Mär.	1926
4)	P	[128]	12. Mär.	1926
5)	P	[184]	7. Feb.	1928

Kronig 11 (11)

1)	P	[88]	4. Mai	1925
2)	P	[89]	21. Mai	1925
3)	P	[100]	9. Okt.	1925
4)	P	[175]	22. Nov.	1927
5)	P	[176]	28. Nov.	[1927]
6)	P	[182]	1. Feb.	[1928]
7)	P	[184]	7. Feb.	1928
8)	P	[185]	10. Feb.	1928
9)	P	[186]	15. Feb.	1928
10)	P u. Scherrer	[221]	6. Mai	1929
11)	P	[226]	2. Jun.	[1929]

Landé 24 (24)

1)	P	[3]	[18. Dez.	1919]
2)	P	[6]	12. Mai	[1920]

3)	P	[14]	5. Okt. 1921
4)	P	[33]	10. Mär. 1923
5)	P	[35]	23. Mai 1923
6)	P	[36]	5. Jun. 1923
7)	P	[41]	26. Jul. 1923
8)	P	[42]	17. Aug. [1923]
9)	P	[44]	15. Sep. [1923]
10)	P	[46]	23. Sep. 1923
11)	P	[49]	28. Nov. 1923
12)	P	[51]	14. Dez. [1923]
13)	P	[53]	20. Jan. 1924
14)	P	[63]	30. Jun. [1924]
15)	P	[68]	10. Nov. 1924
16)	P	[69]	14. Nov. [1924]
17)	P	[71]	24. Nov. 1924
18)	P	[75]	15. Dez. 1924
19)	P	[78]	25. Dez. [1924]
20)	P	[80]	5. Jan. [1925]
21)	P	[82]	15. Jan. [1925]
22)	P	[83]	30. Jan. 1925
23)	P	[84]	6. Feb. [1925]
24)	P	[135]	2. Jun. [1926]

Lorentz 1 (0)

1)		[171]	5. Sep. 1927

Oppenheim 1 (1)

1)	P	[5]	7. Mai 1920

Schrödinger 8 (3)

1)		[8]	12. Jul. 1920
2)		[9]	13. Feb. 1921
3)		[15]	7. Nov. 1921
4)		[29]	8. Nov. 1922
5)	P	[134]	24. Mai [1926]
6)	P	[147]	22. Nov. 1926
7)	P	[150]	12. Dez. 1926
8)		[151]	15. Dez. 1926

Shenstone 1 (1)

1)	P u. Kronig	[202]	23. Jun. 1928

de Sitter 1 (0)

1)		[7]	25. Mai 1920

Sommerfeld 10 (8)

1)	P	[37]	6. Jun. 1923
2)	P	[40]	19. Jul. [1923]
3)	P	[64]	29. Sep. 1924
4)	P	[70]	[Nov. 1924]
5)	P	[72]	6. Dez. 1924
6)		[90]	18. Jun. 1925
7)	P	[92]	22. Jun. 1925
8)	P	[120]	9. Feb. 1926
9)		[141]	26. Jul. 1926
10)	P	[225]	16. Mai 1929

Uhlenbeck 1 (1)

1)	P	[137]	9. Jun. 1926

Wentzel 6 (6)

1)	P	[133]	8. Mai 1926
2)	P	[138]	11. Jun. [1926]
3)	P	[140]	5. Jul. 1926
4)	P	[149]	5. Dez. 1926
5)	P	[162]	[16. Mai 1927]
6)	P	[166]	23. Jun. [1927]

Weyl 5 (3)

1)		[1]	10. Mai 1919
2)		[2]	9. Dez. 1919
3)	P	[181]	29. Jan. 1928
4)	P	[227]	1. Jul. 1929
5)	P	[235]	26. Aug. 1929

7. Personenregister

8. Sachwortregister